# 中文版 AutoCAD 室内装潢设计自学经典

赵莹琳　马婷　郅阳　编著

清华大学出版社
北京

## 内 容 简 介

本书以“理论知识”为铺垫，以“实际应用”为指向，从易教、易学的角度出发，用通俗的语言、合理的结构对实际工程案例进行了细致的剖析。

全书共 13 章，分别对 AutoCAD 辅助绘图基础知识、家装工程室内施工图纸的设计、工装工程室内施工图纸的设计等内容进行了详细阐述，已达到授人以渔的目的。其中，知识点涵盖室内建筑装潢设计知识、新版 AutoCAD 入门知识、绘图环境和对象特性的设置、图层的创建与管理、二维图形的绘制和编辑、图案的填充、图块的创建与应用、文字和表格的应用、尺寸标注、三维模型的绘制与编辑、三维模型的渲染、图形的输出与打印，以及室内施工图的设计等内容。

本书结构清晰，思路明确，内容丰富，语言简炼，解说详略得当，既有鲜明的基础性，也有很强的实用性。

本书既可作为高等院校及大中专院校相关专业学生的学习用书，又可作为建筑设计从业人员的参考用书。同时，也可以作为社会各类 AutoCAD 培训班的首选教材。



**图书在版编目(CIP)数据**

中文版 AutoCAD 室内装潢设计自学经典 / 赵莹琳，马婷，郅阳 编著. —北京：清华大学出版社，2016 (2019. 8重
（自学经典）
ISBN 978-7-302-40422-4

Ⅰ. ①中… Ⅱ. ①赵…②马…③郅… Ⅲ. ①室内装饰设计—计算机辅助设计—AutoCAD 软件
Ⅳ. ①TU238-39

中国版本图书馆 CIP 数据核字（2015）第 122571 号

**责任编辑：** 杨如林
**装帧设计：** 铁海音
**责任校对：** 胡伟民
**责任印制：** 宋　林

**出版发行：** 清华大学出版社
**网　　址：** http://www.tup.com.cn，http://www.wqbook.com
**地　　址：** 北京清华大学学研大厦 A 座　**邮　　编：** 100084
**社 总 机：** 010-62770175　**邮　　购：** 010-62786544
**投稿与读者服务：** 010-62776969，c-service@tup.tsinghua.edu.cn
**质量反馈：** 010-62772015，zhiliang@tup.tsinghua.edu.cn
**印 装 者：** 北京虎彩文化传播有限公司
**经　　销：** 全国新华书店
**开　　本：** 188mm×260mm　**印　　张：** 27.25　**字　　数：** 755 千字
（附光盘 1 张）
**版　　次：** 2016 年 3 月第 1 版　**印　　次：** 2019 年 8 月第 2 次印刷
**定　　价：** 59.80 元

产品编号：063947-01

# 前 言

随着人们生活水平的不断提高，对住房环境的要求是越来越高，这无疑给国内装饰行业带来了前所未有的机遇。大家可以发现，各地的装饰公司如雨后春笋般涌现，各室内设计与装饰公司在追求品牌的过程中，也在积极地扩大自己的经营范围与服务地域。在行业发展中，专业设计类人才的培养成为了各装饰公司首要考虑的问题。

为了方便广大读者能够投身到室内设计这一行业中，我们组织了富有教学和实践经验的一线教师和设计师共同编写此书，旨在培养既懂理论知识、又能在各方面熟练应用的实用型人才。本书以敏锐的视角、简练的语言，并结合室内设计业的特点，运用大量的室内设计实例，对AutoCAD软件进行了全方位讲解。使广大读者能够在短时间内全面掌握AutoCAD软件，并在室内设计实际工作中起到参考作用。

本书特点概括如下。

- 专业的设计水准：书中内容紧扣室内设计这一热点，对家装设计和公装设计两大领域进行了分别阐述。同时，还对各类图纸的绘图原则进行了分析，以保证设计人员做到胸有成足。
- 典型的工程案例：本书所讲解的案例均来自设计一线，每个案例都是集实用性、典型性和代表性于一体。同时，作者还将以往的工作经验图文并茂地展现在读者面前，以授人以渔。
- 灵活的教学思路：考虑到读者对AutoCAD软件的熟悉程度不同，本书先对理论知识进行了必要的讲解，以起到快速充电的作用。接着对室内设计案例展开介绍。在阅读过程中，读者可各取所需进行有针对性地阅读与练习。

全书共13章，其中章节划分情况如下：

| 章　节 | 内　　容 |
|---|---|
| 第1章～第5章 | 介绍了室内建筑装潢设计知识、AutoCAD的环境设置、图层管理、二维图形的绘制与编辑、图案填充、图块的应用、表格的应用、文字标注、尺寸标注、创建与渲染三维模型、打印与输出施工图纸等 |
| 第6章～第9章 | 介绍了常见家装施工图的设计，如小户型施工图、大户型施工图贵、别墅施工图、跃层住宅施工图。每套图纸均包含地面铺装图、天花布置图、平面布置图、立面图及剖面图等 |
| 第10章～第13章 | 介绍了日常公装施工图的设计，如办公室室内空间、专卖店室内空间、中餐厅室内空间、美容会所室内空间。其中每个设计方案中都详细介绍了平面图、立面图、结构详图的绘制方法与技巧 |

本书适合下列读者阅读：

（1）建筑设计相关专业大中专院校师生；

（2）建筑室内设计相关行业的工程技术人员；

（3）参加相关建筑室内装潢施工设计培训的学员；

（4）各类相关专业培训机构学员；

（5）广大室内设计爱好者和准备装修的业主们。

本书由赵莹琳、马婷、郅阳老师主编，其中第1章～第4章由赵莹琳老师编写，第5章～第6章由马婷老师编写，第7章～第8章由郅阳老师编写，第9章朱艳秋、石翠翠老师编写，第10章由蔺双彪、代娣老师编写，第11章由李鹏燕老师编写，第12章由王园园、谢世玉老师编写，第13章由张双双、张素花老师编写，附录部分由张晨晨、郑菁菁老师编写，在此向参与本书编写、审校以及光盘制作的老师表示感谢。

本书在编写过程中力求严谨细致，但由于时间与精力有限，疏漏之处在所难免，望广大读者批评指正。

编 者

# 目 录

## 第4章 室内设计绘图辅助命令 ........ 79



## 第5章 三维建模与图形渲染 ........ 106

# 第 1 章 室内建筑装潢设计知识

本章概述　室内建筑装潢设计指根据建筑物的使用性质、所处环境和相应标准，运用物质技术手段和建筑设计原理，创造功能合理、舒适优美、满足人们物质和精神生活需要的室内环境。本章将对室内建筑装潢设计的基本概念、原则、要素、流程等内容进行介绍。同时，还将通过具体的实例，让用户了解室内设计所要完成的工作。

知识要点
- 室内设计的基础知识；
- 室内设计的流程；
- 室内设计的制图要求；
- 室内设计效果图分析。

## 1.1 室内设计基础知识

随着建筑行业的迅速发展，室内空间设计水准的不断提高，人们对生活空间和办公空间的利用日臻完善。为了更好地掌握这门技术，本书从最基础的室内建筑设计知识讲起，使读者为今后的实际应用奠定良好的基础。

### 1.1.1 什么是室内设计

室内设计是指为满足一定的建造目的而进行的设计，对现有建筑物内部空间进行深加工的增值准备工作。室内设计是从建筑设计中的装饰部分演变而来，是对建筑物内部环境的再创造。

室内设计主要分为居住建筑空间、公共建筑空间、工业建筑空间和农业建筑空间。

**1. 居住建筑室内设计**

居住建筑主要涉及住宅、公寓的室内设计，具体包括起居室、餐厅、书房、卧室、厨房和卫生间设计，俗称家装设计，如图1-1和图1-2所示。

图1-1　客厅效果图

图1-2　卧室效果图

**2. 公共建筑空间设计**

公共建筑包括办公建筑、商业建筑、旅游建筑、科教文卫建筑、通信建筑以及交通运输类建筑，俗称工装设计，如图1-3和图1-4所示。

图1-3　商场效果图

图1-4　办公室效果图

**3. 工业建筑室内设计**

主要涉及各类厂房的车间、生活间及辅助用房的室内设计。

**4. 农业建筑室内设计**

主要涉及各类农业生产用房，如种植暖房、饲养房的室内设计。

当人们提到室内设计时，会提到的还有动线、空间、色彩、照明、功能等相关术语，这是因为所有室内设计工作需要相关行业的知识来完成，比如结构设计、电气设计、暖通设计、给排水设计等。

## 1.1.2　室内设计的原则

现代人对室内空间的设计提出了更高的要求，如图1-5和图1-6所示。现代室内设计应依据环境、需求的变化而不断发展。因此，在设计开发的过程中，应考虑以下几个设计原则。

图1-5　卫生间效果图

图1-6　厨房效果图

**1. 功能性设计原则**

功能性设计的原则是使室内空间、装饰装修、物理环境、陈设绿化最大限度地满足功能所需，并使之与功能和谐、统一。

**2. 经济性设计原则**

广义来说，就是以最少的消耗达到所需的目的。经济性设计原则包括两方面：生产性和有效性。

（1）生产性

生产性是指设计中应考虑景观的生产价值，要结合室内设计所处的地理位置、气候条件、地质水文条件等进行设计，以增强环境系统内部的良性循环与优化，实现物质与能量的高效利用，尽量减少因设计改造对自然环境造成的破坏。

（2）有效性

有效性是指消耗最少原则，也就是要以最少的消耗达到所需的目的。一项设计要为大多数消费者所接受，必须在“代价”和“效用”之间寻求一个平衡点，但降低成本不能以损害施工效果为代价。

**3. 美观性设计原则**

美是一种随时间、空间、环境而变化的适应性极强的概念，在设计中美的标准和目的也大不相同。可以通过形、色、质、声、光等形式语言体现室内空间的美感。

**4. 个性化设计原则**

设计要具有独特的风格，缺少个性的设计是没有生命力与艺术感染力的。无论在设计的构思阶段还是在设计深入的过程中，只有加入新奇的构想和巧妙的构思，才会赋予设计无限生机。

**5. 舒适性设计原则**

人们对舒适性的定义各有不同，但从整体上来看，舒适的室内设计离不开充足的阳光、无污染的清晰空气、宁静的生活氛围、丰富的绿植、宽阔的室外活动空间及标志性的景观等。

**6. 安全性设计原则**

所有建筑都要求具有一定的强度和刚度，而室外环境中的空间领域性划分、空间合理组合，也有利于环境安全。

## 1.1.3 室内设计的流程

室内设计流程大致可分为四个阶段：前期策划阶段、方案论证阶段、施工图设计阶段、设计实施阶段，具体内容如表1–1所示。

**表1-1 室内设计流程**

| 阶段 | 工作重点 | 主要内容 |
| --- | --- | --- |
| 第一阶段 | 前期策划 | （1）任务书：由甲方或业主提供使用功能、经营理念、风格样式、投资情况<br>（2）收集资料：原始土建图纸、现场勘测<br>（3）设计概念草图：由设计师与业主共同完成，包括功能方面的草图、空间方面的草图、技术方面的草图等 |
| 第二阶段 | 方案论证 | （1）深入分析：功能分析、空间分析、装修材料的选择<br>（2）方案成果：作为施工图设计、施工方式、施工预算的依据 |
| 第三阶段 | 施工图设计 | （1）装修施工图：①设计说明、工程材料做法表、饰面材料分类表、装修门窗表；②隔墙定位平面图、平面布置图、铺地平面图、天花布置图；③立面图、剖面图；④大样图、详图<br>（2）设备施工图：①给排水：给排水布置、消防喷淋；②电气：强电系统、灯具走线、开关插座、弱电系统、消防照明、安防监控；③暖通：供暖系统、空调布置 |
| 第四阶段 | 设计实施 | （1）完善设计图纸中未交待的部分<br>（2）根据实际情况对原设计做局部修改或补充<br>（3）按阶段检查施工质量 |

# 1.2 室内设计制图概述

好的设计理念必须通过规范的制图来实现，下面将介绍一些工程制图的概念及制图要求和规范。

## 1.2.1 室内设计制图内容

一套完整的室内设计图包括施工图和效果图。施工图一般包括图纸目录、设计说明、原始房型图、平面布置图、天花布置图、立面图、剖面图和设计详图等。

### 1. 图纸目录

图纸目录是了解整体设计情况的目录，从中可以了解图纸数量及出图大小和工程号，还有设计单位及整个建筑物的主要功能。如果图纸目录与实际图纸有出入，必须核对情况。

### 2. 设计说明

设计说明对结构设计是非常重要的，因为它会提到很多做法及许多结构设计要使用的数据。看设计说明时不能草率，这是结构设计正确与否非常重要的一个环节。

### 3. 原始房型图

设计师在量房之后需要将测量结果用图纸表示出来，包括房型结构、空间关系、尺寸等，这是进行室内装潢设计的第一张图，即原始房型图，如图1-7所示。

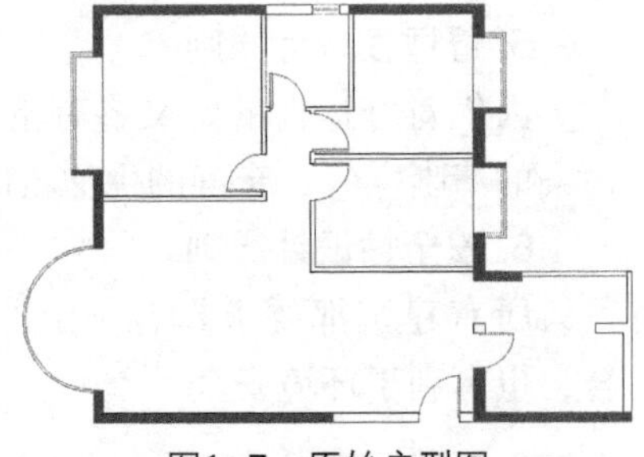

图1-7 原始户型图

### 4. 平面布置图

平面布置图是经过门、窗、洞口将房屋沿水平方向剖切去掉上面部分后画出的水平投影图。平面布置图是室内装饰施工图中的关键图样，它能让业主非常直观地了解设计师的设计理念和设计意图。平面布置图是其他图纸的基础，可以准确地对室内设施进行定位和确定规格大小，从而为室内设施设计提供依据。此外它还体现了室内各空间的功能划分，如图1-8所示。

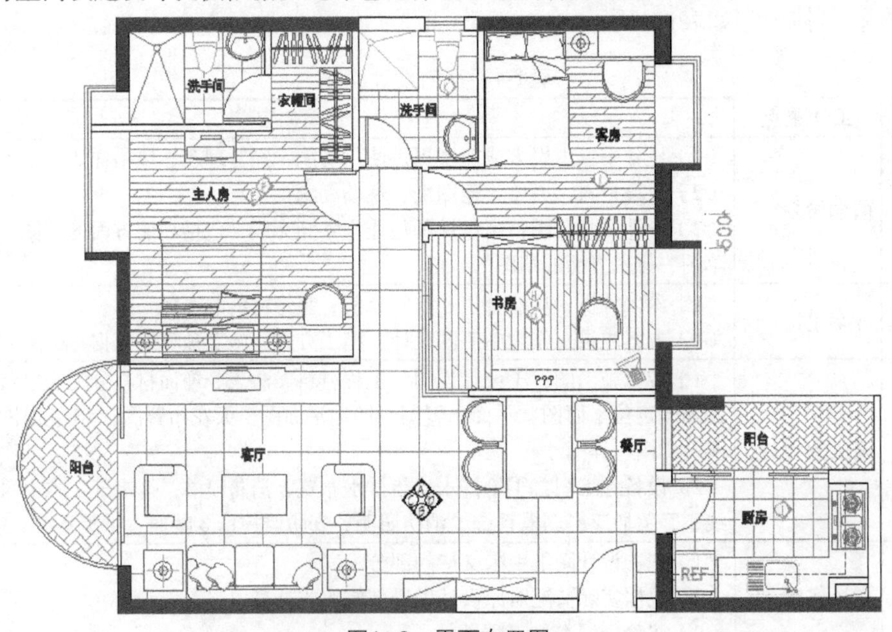


图1-8 平面布置图

### 5. 天花布置图

天花布置图主要用来表示天花板的各种装饰、平面造型以及藻井、花饰、浮雕和阴角线的处理形式、施工方法，以及灯具的类型、安装位置等内容，如图1-9所示。

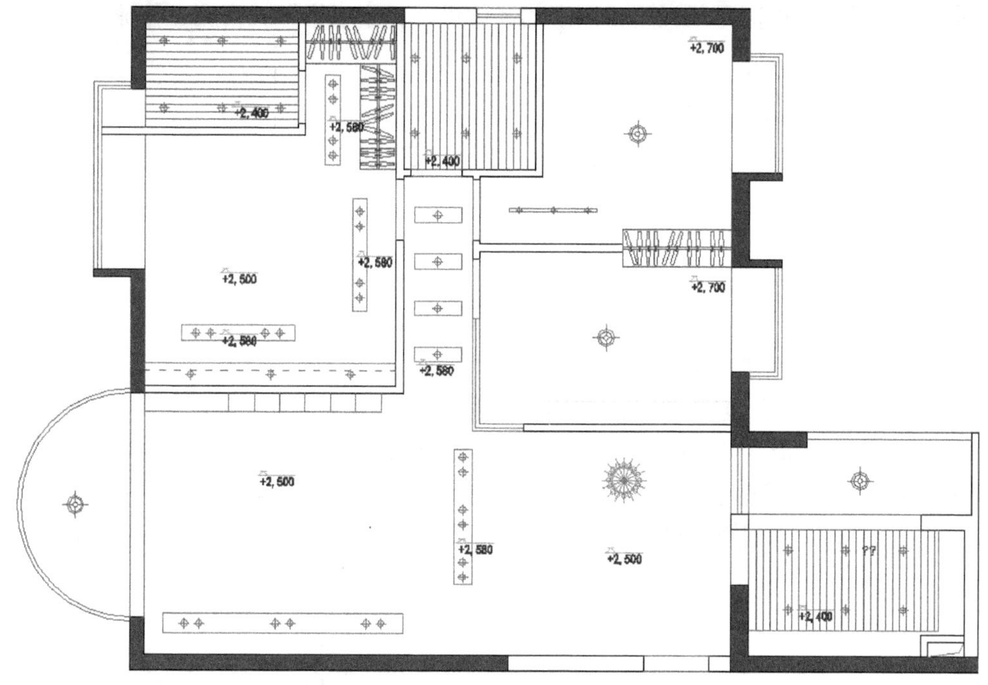


图1-9　天花布置图

### 6. 立面图

平面图是展现家具、电器的平面空间位置，立面图则是反映竖向的空间关系。立面图应绘制出对墙面的装饰要求，墙面上的附加物，家具、灯、绿化、隔屏要表现清楚，如图1-10所示。

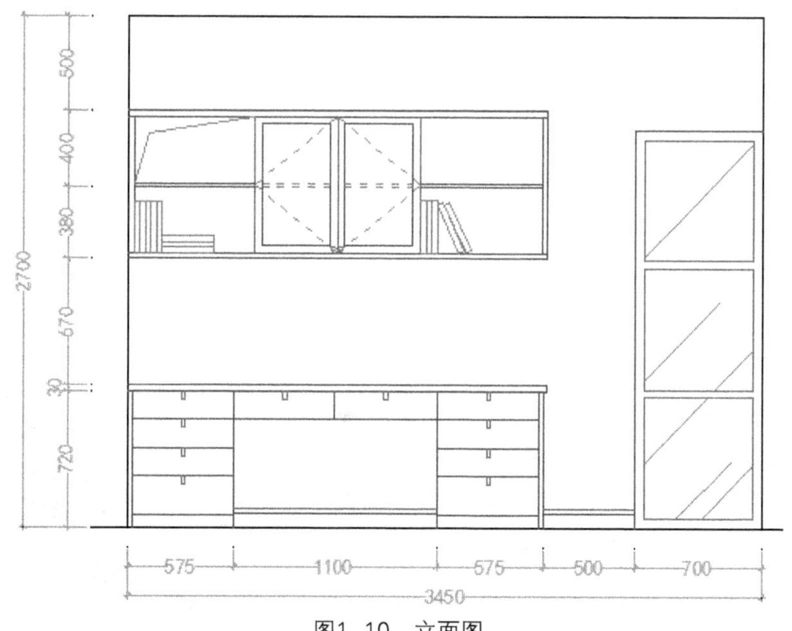


图1-10　立面图

### 7. 剖面图

剖面图是通过对有关图形按一定剖切方向所展示的内部构造图例，是假想用一个剖切平面将物体剖开，移去介于观察者和剖切平面之间的部分，对于剩余部分向投影面所做的正投影图，如图1-11所示。剖面图是工程施工图中的详细设计，用于指导工程施工作业。

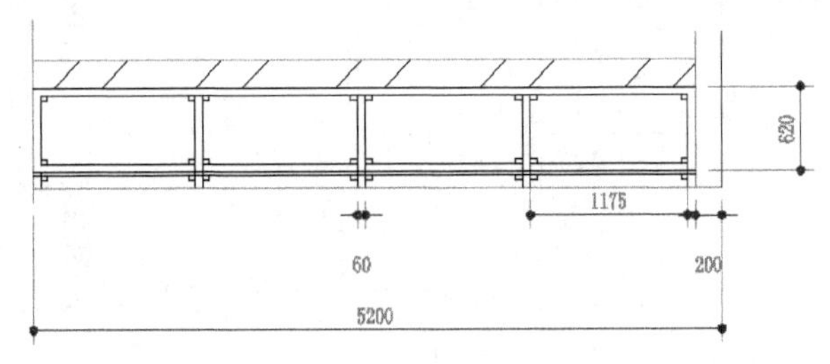


图1-11　剖面图

### 8. 设计详图及其他配套图纸

详图是根据施工需要，将部分图纸放大并绘制出其内部结构以及施工工艺的图纸。一个工程需要画多少详图，画哪些部分的详图，要根据设计情况、工程大小以及复杂程度而定。详图指局部详细图样，由大样图、节点图和断面图三部分组成，如图1-12所示。其他配套图纸包括电路图、给排水图等专业设计图纸，如图1-13所示。

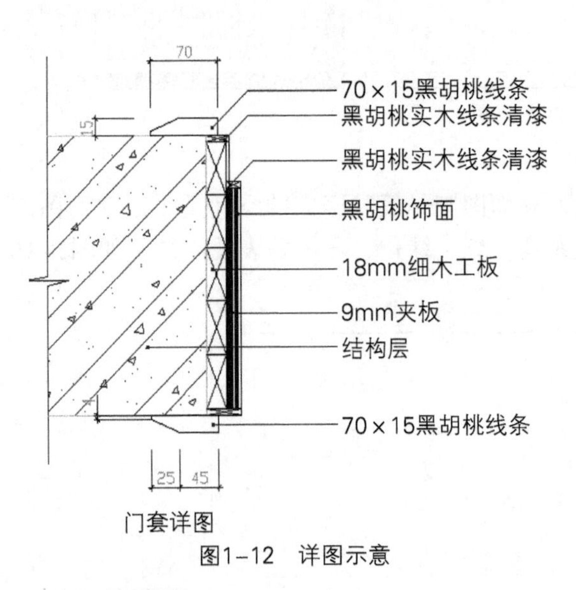


门套详图

图1-12　详图示意

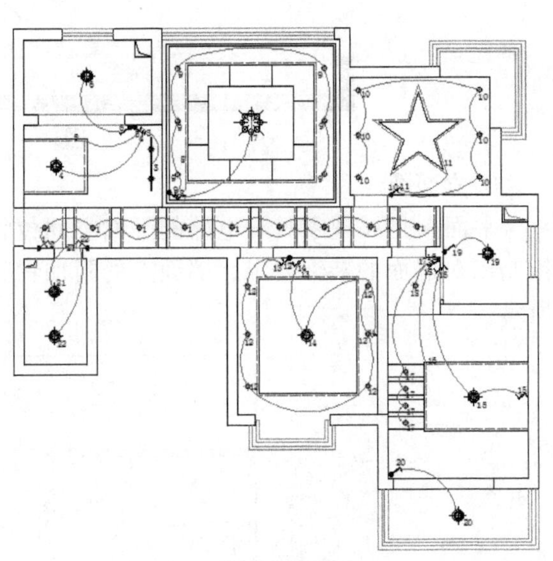

图1-13　电路图

### 9. 效果图

室内设计效果图是室内设计师表达创意构思，并通过3D效果图制作软件，将创意构思进行形象化再现的手段。它通过对物体的造型、结构、色彩、质感等诸多因素的真实表现，真实地再现设计师的创意，从而建立设计师与观者之间视觉语言的联系，使他们更清楚地了解设计的各项性能、构造、材料，如图1-14所示。

图1-14　效果图

### 1.2.2 室内设计制图规范

在绘制图纸时，设计人员应按照绘制规范进行。下面将对室内建筑施工图的制图标准（国家标准GB）进行介绍。

**1. 图纸规范**

图纸规范主要是对图纸幅面和图框等的规范。幅面指的是图纸的大小，简称图幅。标准图纸以A0号图纸841mm×1189mm为幅面基准，通过对折共分为5种规格。图框是在图纸中限定绘图范围的边界线，如表1-2所示。

表1-2 图幅规格 （单位：mm）

| 尺寸代号 | 幅面代号 | | | | |
|---|---|---|---|---|---|
| | A0 | A1 | A2 | A3 | A4 |
| B×L | 841×1189 | 594×841 | 420×594 | 297×420 | 210×297 |
| c | 10 | | | 5 | |
| a | 25 | | | | |

B为图幅短边尺寸，L为图幅长边尺寸，A为装订边尺寸，其余三边尺寸为C。图纸以短边做垂直边的称作横式，以短边作水平边的称作立式。一般A0~A3图纸宜用横式，必要时也可立式使用。一个专业的图纸不宜用多于两种的幅面，目录及表格所采用的A4幅面不在此限制。

加长尺寸的图纸只允许加长图纸的长边，短边不得加长，如表1-3所示。

表1-3 加长尺寸 （单位：mm）

| 幅面尺寸 | 长边尺寸 | 长边加长后尺寸 |
|---|---|---|
| A0 | 1189 | 1486、1635、1783、1932、2080、2230、2378 |
| A1 | 841 | 1051、1261、1471、1682、1892、2102 |
| A2 | 594 | 743、891、1041、1189、1338、1486、1635、1783、1932、2080 |
| A3 | 420 | 603、841、1051、1261、1471、1682、1892 |

**2. 图纸比例**

图样表现在图纸上时应当按照比例绘制，比例能够在图幅上真实地表现物体的实际尺寸。比例的符号为“：”，比例应以阿拉伯数字表示，如1：1、1：2、1：100等。比例宜注写在图名的右侧，字的基准线应取平；比例的字高宜比图名的字高小一号或二号。

图纸的比例针对不同类型有不同的要求，如总平面图的比例一般采用1：500、1：1000、1：2000。同时，不同的比例对图样绘制的深度也有所不同，如表1-4所示。

表1-4 图纸比例

| | | | | | | |
|---|---|---|---|---|---|---|
| 常用比例 | 1：1 | 1：2 | 1：5 | 1：25 | 1：50 | 1：100 |
| | 1：200 | 1：500 | 1：1000 | 1：2000 | 1：5000 | 1：10000 |
| 可用比例 | 1：3 | 1：15 | 1：60 | 1：150 | 1：300 | 1：400 |
| | 1：600 | 1：1500 | 1：2500 | 1：3000 | 1：4000 | 1：6000 |

**3. 标题栏**

图纸的标题栏简称图标，是将工程图的设计单位名称、工程名称、图名、图号、设计号及设计人、绘图人、审批人的签名和日期等集中罗列的表格。可根据工程需要选择其尺寸，如图1-15所示。

**4. 会签栏**

会签栏是为各种工种负责人签字所列的表格，如图1-16所示。栏内应填写会签人员所代表的专业、姓名和日期；一个会签栏不够时，可另加一个，两个会签栏应并列；不需会签的图纸可不设会签栏。

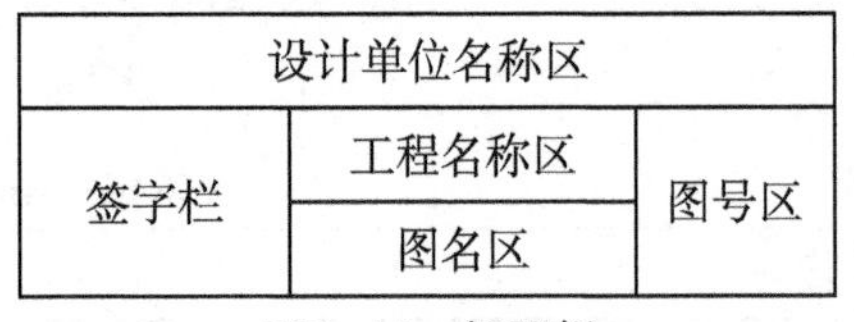

<table>
<tr><td colspan="3">设计单位名称区</td></tr>
<tr><td rowspan="2">签字栏</td><td>工程名称区</td><td rowspan="2">图号区</td></tr>
<tr><td>图名区</td></tr>
</table>

图1-15　标题栏

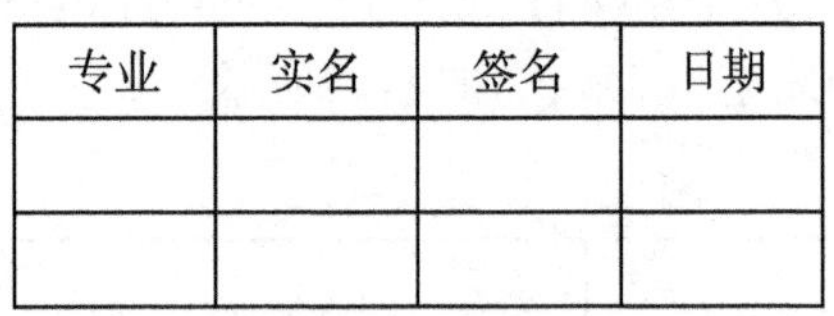

| 专业 | 实名 | 签名 | 日期 |
|---|---|---|---|
| | | | |
| | | | |

图1-16　会签栏

**5. 图线**

通常，工程图样是由图线组成的，为了表达工程图样的不同内容，使之能够分清主次关系，须使用不同的线型和线宽的图线，如表1-5所示。

**表1-5　图线的用途**

| 名称 | 形式 | 用途 | |
|---|---|---|---|
| | | 相对关系 | |
| 粗实线 | | b（0.5~2mm） | 图框线，标题栏外框线 |
| 细实线 | | b/3 | 尺寸界线、剖面线、重合剖面的轮廓线、分界线、辅助线 |
| 虚线 | | b/3 | 不可见轮廓线、不可见过渡线 |
| 细点划线 | | b/3 | 轴线、对称中心线、轨迹线、节线 |
| 双点划线 | | b/3 | 相邻辅助零件的轮廓线、极限位置的轮廓线 |
| 折断线 | | b/3 | 断裂处的分界线 |
| 波浪线 | | b/3 | 断裂处的边界线、视图和剖视的分界线 |

在绘制图线时应注意以下几个方面。

- 相互平行的图线，其间隙不宜小于其中的粗线宽度，且不宜小于0.7mm。
- 虚线、单点长画线或双点长画线的线段长度和间隔，宜各自相等。
- 单点长画线或双点长画线的两端不应是点，而是线段。点画线与点画线交接或点画线与其他图线交接时，应是线段交接。
- 较小图形中绘制单点长画线或双点长画线有困难时，可用实线代替。
- 图线不得与文字、数字或符号重叠、混淆，不可避免时，应首先保证文字等的清晰，断开相应图线。

**6. 字体**

在绘制设计图和设计草图时，除了要选用各种线型来绘出物体，还要用最直观的文字把它表达出来，表明其位置、大小以及说明施工技术要求。文字与数字，包括各种符号的注写是工程图的重要组成部分。因此，对于表达清楚的施工图和设计图来说，适合的线条质量加上漂亮的注字是必须的。

- 文字的高度，选用3.5mm、5 mm、7 mm、10 mm、14 mm、20mm。
- 图样及说明中的汉字，宜采用长仿宋体，也可以采用其他字体，但要容易辨认。
- 汉字的字高，应不小于3.5mm，手写汉字的字高一般不小于5mm。
- 字母和数字的字高不应小于2.5mm。与汉字并列书写时其字高可小一至二号。
- 为了避免拉丁字母中的I、O、Z同图纸上的1、0和2相混淆，不得用于轴线编号。
- 分数、百分数和比例数的注写，应采用阿拉伯数字和数字符号。例如：四分之一、百分之二十五和一比二十应分别写成3/4、25%和1：20。

**7. 尺寸标注**

图样除了画出物体及其各部分的形状外，还必须准确、详尽和清晰地标注尺寸，以确定其大小，作为施工时的依据。图样上的尺寸由尺寸界线、尺寸线、尺寸起止符号和尺寸数字组成。

- 尺寸线：应用细实线绘制，一般应与被注长度平行。图样本身的任何图线不得用作尺寸线。
- 尺寸界限：也用细实线绘制，与被注长度垂直，其一端应离开图样轮廓线不小于2mm，另一端宜超出尺寸线2mm~3mm。必要时图样轮廓线可用作尺寸界限。
- 尺寸起止符号：一般用中粗斜短线绘制，其倾斜方向应与尺寸界限成顺时针45°角，长度宜为2 mm~3mm。
- 尺寸数字：图样上的尺寸应以数字为准，不得从图上直接取量。

**8. 制图符号**

施工图具有严格的符号使用规则，这种专用的行业语言是保证不同的施工人员能够读懂图纸的必要手段。下面简单介绍一些施工图中常用的符号。

（1）索引符号

在工程图样的平、立、剖面图中，由于采用比例较小，工程物体的很多细部（如窗台、楼地面层等）和构配件（如栏杆扶手、门窗等）的构造、尺寸、材料、做法等无法表示清楚，因此为了施工的需要，常将这些在平、立、剖面图上表达不出的地方用较大比例绘制出图样，这些图样称为详图。详图可以是平、立、剖面图中某一局部的放大（大样图），也可以是某一断面、某一建筑的节点（节点图）。

为了在图面中清楚地对这些详图编号，需要在图纸中清晰、有条理地标识出详图的索引符号和详图符号。详图索引符号的圆及直径均应以细实线绘制，圆的直径应为10mm。

如果索引出的详图与被索引的详图同在一张图纸内，则应在索引符号的上半圆内用阿拉伯数字注明该详图的编号，并在下半圆中间画一段水平粗实线。

索引出的详图，若与被索引的详图不在同一张图纸内，则应在索引符号的上半圆中用阿拉伯数字注明该详图的编号，并在下半圆中用阿拉伯数字注明该详图所在图纸的编号。数字较多时可加文字标注，如图1-17所示。

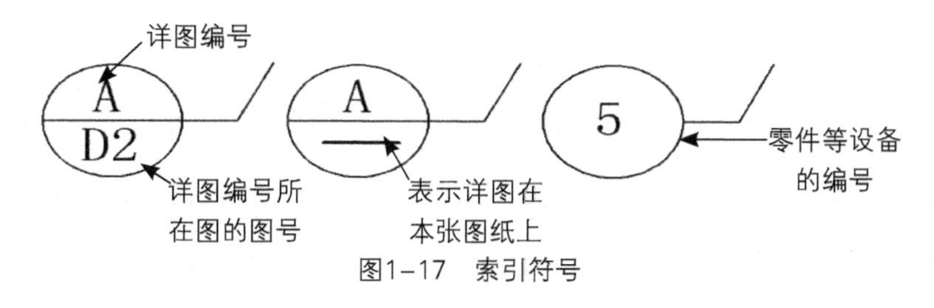


图1-17 索引符号

（2）详图符号

被索引详图的位置和编号，应以详图符号表示。圆用粗实线绘制，直径为14mm，圆内横线用细实线绘制。详图与被索引的图样同在一张图纸内时，应在详图符号内用阿拉伯数字注明详图的编号。详图与被索引的图样不在一张图纸内时，应用细实线在详图符号内画一水平直径，在上半圆中注明详图编号，在下半圆中注明被索引的图纸的编号，如图1-18所示。

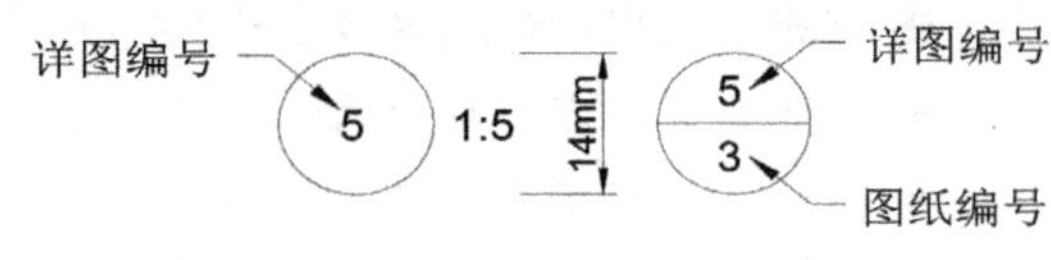

图1-18　详图符号

（3）室内立面索引符号

为表示室内立面在平面上的位置，应在平面图中用内视符号注明视点位置、方向及立面的编号。立面索引符号由直径为8~12mm的圆构成，以细实线绘制，并以三角形为投影方向共同组成。圆内直线以细实线绘制，在立面索引符号的上半圆内用子母标识，下半圆标识图纸所在位置，如图1-19所示。在实际应用中也可扩展灵活使用，如图1-20所示。

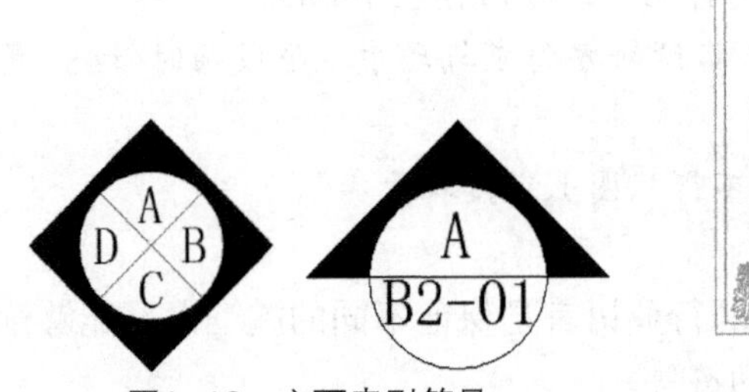

图1-19　立面索引符号

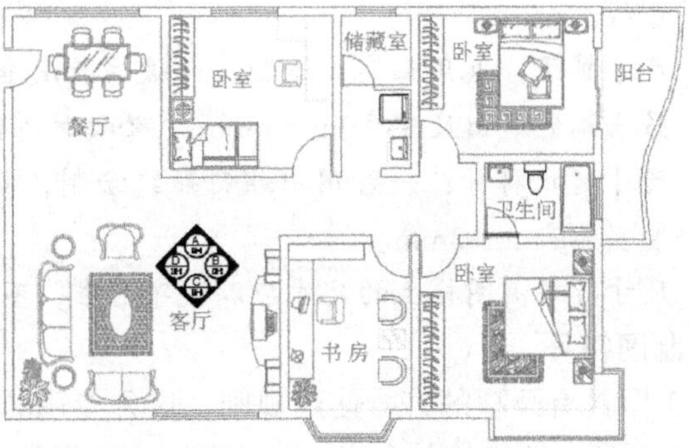

图1-20　图形中应用

（4）标高符号

室内及工程形体的标高、标高符号应以直角等腰三角形表示，用细实线绘制，一般以室内一层地坪高度为标高的相对零点位置，低于该点时前面要标上负号，高于该点时不加任何符号。需要注意的是相对标高以米为单位，标注到小数点后3位，如图1-21所示。

（5）引出线

引出线用细实线绘制，宜采用水平方向的直线，与水平方向成30°、45°、60°、90°的直线，或经上述角度再折为水平线。文字说明宜注写在水平线的上方，也可写在端部。索引详图的引出线，应与水平直径线相连接。同时引出几个相同部分的引出线，宜互相平行，也可以画成集中于一点的放射线，如图1-22所示。

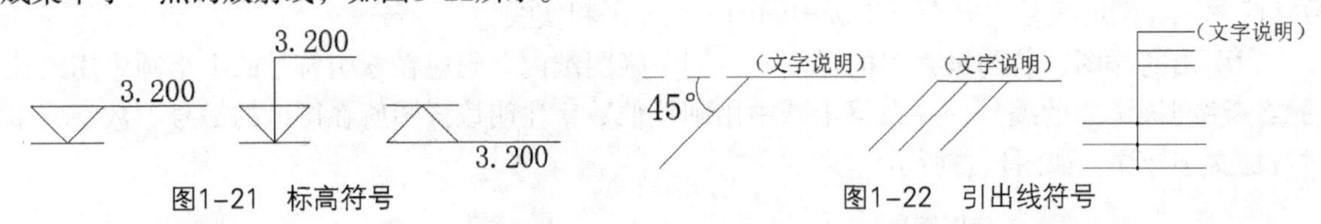

图1-21　标高符号

图1-22　引出线符号

## 1.3 室内空间设计赏析

通常，效果图可以理解为对设计者的设计意图和构思进行形象化再现的形式。效果图的主要功能是将平面的图纸三维化、仿真化。通过高仿真的制作，检查设计方案的细微瑕疵或进行项目方案的推敲。

### 1.3.1 住宅空间设计欣赏

现代住宅空间设计是综合的室内环境设计，是一门集感性和理性于一体的学科。它不仅要分析好空间体量、人体工程学、家具尺寸、人流路线、建筑结构和工艺材料等理性数据，也要规划好风格定位、喜好趋向、个性追求等感性心理需求，如图1-23~图1-28所示。

图1-23 卧室装饰效果图

图1-24 客厅装饰效果图

图1-25 餐厅装饰效果图

图1-26 厨房装饰效果图

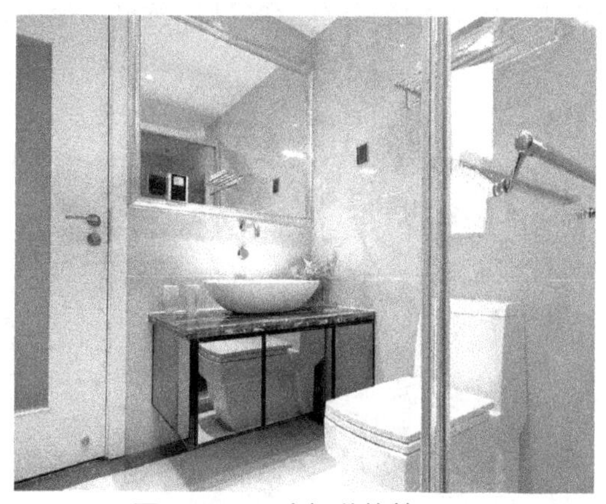

图1-27 卫生间装饰效果图

图1-28 书房装饰效果图

### 1.3.2 餐饮空间设计欣赏

现代餐饮空间设计是一种结合空间布局、氛围塑造及合理控制投资预算的商业设计。人们在餐厅消费，除了“色”、“香”、“味”层面的基本需求外，更注重的是一种就餐气氛、一种消费体验，如图1-29~图1-32所示。

图1-29 茶楼门面装饰效果图

图1-30 茶楼室内陈设效果图

图1-31 快餐店装饰效果图

图1-32 咖啡店装饰效果图

### 1.3.3 办公空间设计欣赏

以现代科技为依托的办公设施日新月异，既使办公环境多样而富有变化，又使人们从观念上对办公室内环境行为模式有了新的认识。下面列举一些典型的办公空间设计效果，如图1-33~图1-36所示。

图1-33 个人办公空间效果图

图1-34 多人办公空间效果图

图1-35　办公空间装饰效果图

图1-36　会议室装饰效果图

### 1.3.4　商业空间设计欣赏

随着人类社会的不断进步和市场经济的迅速发展，现代商业空间的综合规模不断扩大及种类不断增多，人们不再只是满足于商业空间功能和物质上的需求，而对其环境以及人的精神影响也提出了更高的要求，如图1-37~图1-40所示。

图1-37　百货商场装饰效果图

图1-38　化妆品店装饰效果图

图1-39　服装店装饰效果图

图1-40　酒店休息处装饰效果图

## 1.4 常见疑难解答

初学者常常因为对室内装潢没有概念，存在许多问题，下面列举一些关于室内装潢的疑难问题，供读者参考。

**Q：怎样合理搭配室内装修颜色呢?**

A：无论是简约的家庭室内装潢还是尊贵的家庭室内装潢风格，都要考虑房间的大小以及色彩搭配等问题，下面具体介绍室内装修颜色的完美搭配法。

- 色彩平衡：室内点缀色彩的搭配的一种广泛运用的做法是，大面积运用一种颜色——冷色，然后用少数的暖色来平衡。
- 黑白灰的运用：黑色、白色和灰色搭配往往效果明显。棕、灰等中性色是近年点缀色中很盛行的颜色，更是打造素雅空间的经典用色，但为防止颜色过于生硬，应添加木色等进行软化，或选用赤色等对比激烈的暖色。
- 相似色的运用：室内点缀色彩搭配的原则是在房间里将相似色组合起来，装修出更为和谐、平缓的气氛。这些色彩适用于客厅、书房及卧室。为求得色彩的平衡，应运用相同饱和度的不同色彩。
- 互补色的运用：把像红和绿、蓝和黄这样的两种颜色搭配在一起，能产生强烈的对比作用。这种搭配方案可使房间显得充满活力、生气勃勃，适用于家庭活动室、游戏室以及家庭办公室。

**Q：在室内装修搭配时要注意哪些问题?**

A：（1）不要将空间塞满。填充空间的家具应该从实用和美观这两个角度出发，保留足够的活动空间，而不应该是看起来狭小。（2）不要硬塞入大小不适合的家具。太小的家具会使房间显得不平衡；相反，如果家具太大也会使人感到拥挤，所以要注意平衡家具和室内空间的比例。（3）不要当光线不足的牺牲者。照明是设计中最重要的元素之一，房间中应该要有一个以上的光源，如果没有就添加天花板的照明。即使照明设备足够，但是仍然使人觉得有点阴暗，感觉不舒适时，可以考虑在天花照明和吊灯上添加灯光调节器。

**Q：在刷墙漆时应该注意哪些问题?**

A：（1）墙面要保持干燥，表面水份最好要低于6%，PH值小于9。新水泥施工一般须保养20天至40天（检测办法为手摸没有潮湿感，眼看无水印）。（2）可根据气候条件及涂刷材料的不同，酌加少量清水或稀释使用。温度低于7° C，湿度高于85%时，不宜施工。（3）施工前须铲除鼓包，除油，除尘，除碱，除霉及松动层等。（4）为使漆膜耐久、保色、不受墙体内碱性物质的侵害，要使用封固底漆打底。（5）不要在涂刷墙漆的同时使用聚酯类涂料，因为游离子TDI会使胶漆泛黄。

**Q：怎样在室内装修中合理搭配灯光?**

A：灯光设计不仅可以使室内装饰效果事半功倍，还关系到居住者的身心健康。可以从以下几处布置灯光：（1）客厅主灯+多个辅助灯，空间层次会更加突出。客厅的灯光应以明亮为主。（2）卧室灯向顶面照射，反射效果会比较温馨。卧室的灯光应以温馨、微弱为主。（3）厨房的光应照顾到每一个角落，光线以白色为主，起到整洁、安全和明亮的效果。

## 1.5 拓展应用练习

在学习使用AutoCAD绘图之前，先来练习一下AutoCAD的基本操作，以熟悉绘图环境。

### ◎ 更改绘图背景

启动软件后，打开新文件，将绘图区设置为浅蓝色，如图1-41所示。

**操作提示**

01 新建一个空白文件，此时其颜色为默认颜色。

02 打开“选项”对话框，单击“颜色”按钮，打开“图形窗口颜色”对话框。

03 在对话框中将背景颜色设置为浅蓝色。

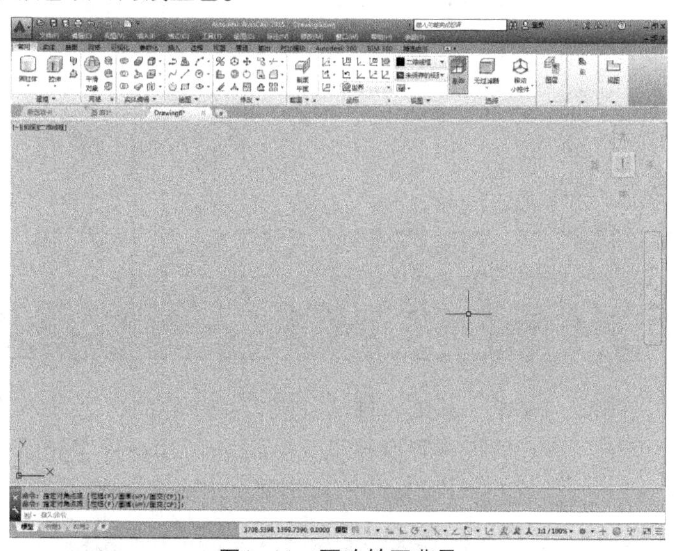

图1-41　更改绘图背景

### ◎ 绘制平面沙发组合

执行直线和矩形命令绘制沙发轮廓，再对其进行编辑，完成沙发组合的绘制。

**操作提示**

01 利用直线和矩形命令绘制沙发基础轮廓。

02 利用倒角、镜像、偏移等命令进行编辑操作，完成平面沙发组合的绘制，如图1-42所示。

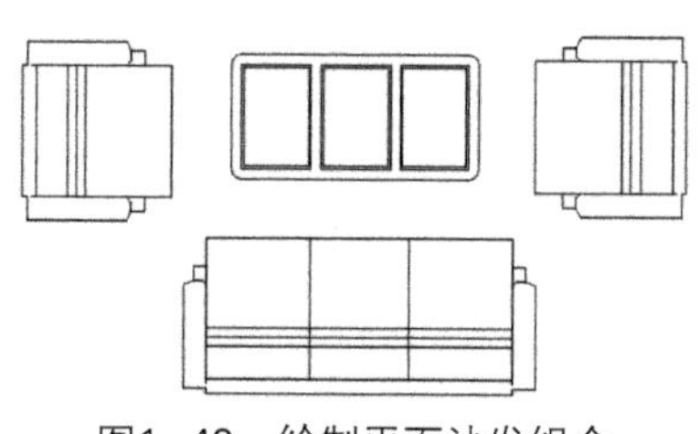

图1-42　绘制平面沙发组合

### ◎ 绘制立面门

执行二维绘图命令绘制双扇门，效果如图1-43所示。

**操作提示**

01 利用直线、矩形和点命令绘制立面门基础轮廓。

02 利用偏移、定数等分、复制等命令编辑门的细节。

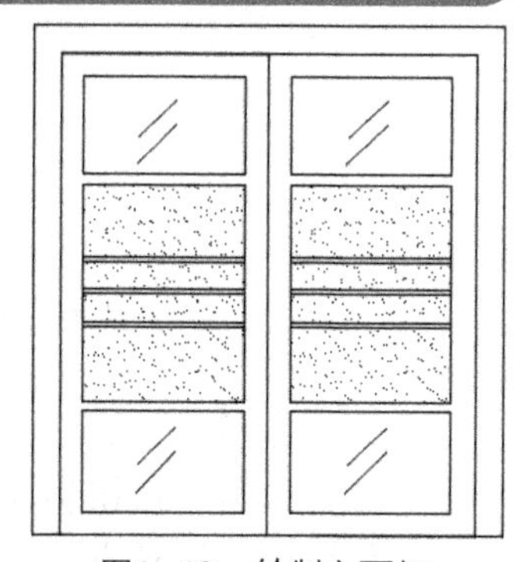

图1-43　绘制立面门

# 第2章

# AutoCAD 2015轻松入门

**本章概述** 使用AutoCAD可以绘制土木建筑行业、装饰装潢行业、工业设计行业、电子工业行业、服装加工行业等的工程图纸，其应用是非常广泛的。AutoCAD现已发展到2015版。本章将以AutoCAD 2015软件为操作平台，对其展开全面的介绍。

**知识要点**
- 设置图层属性；
- 设置绘图环境；
- 设置捕捉功能；
- AutoCAD坐标系；
- 图形的打印操作。

## 2.1 初识AutoCAD 2015

用户在学习软件操作前，应先了解该软件的功能及操作界面，为以后的学习打好基础。双击AutoCAD 2015程序图标，即可进入该程序界面。AutoCAD 2015程序界面主要是由标题栏、文件菜单、功能选项板、绘图区、命令行以及状态栏等部分组成，如图2-1所示。

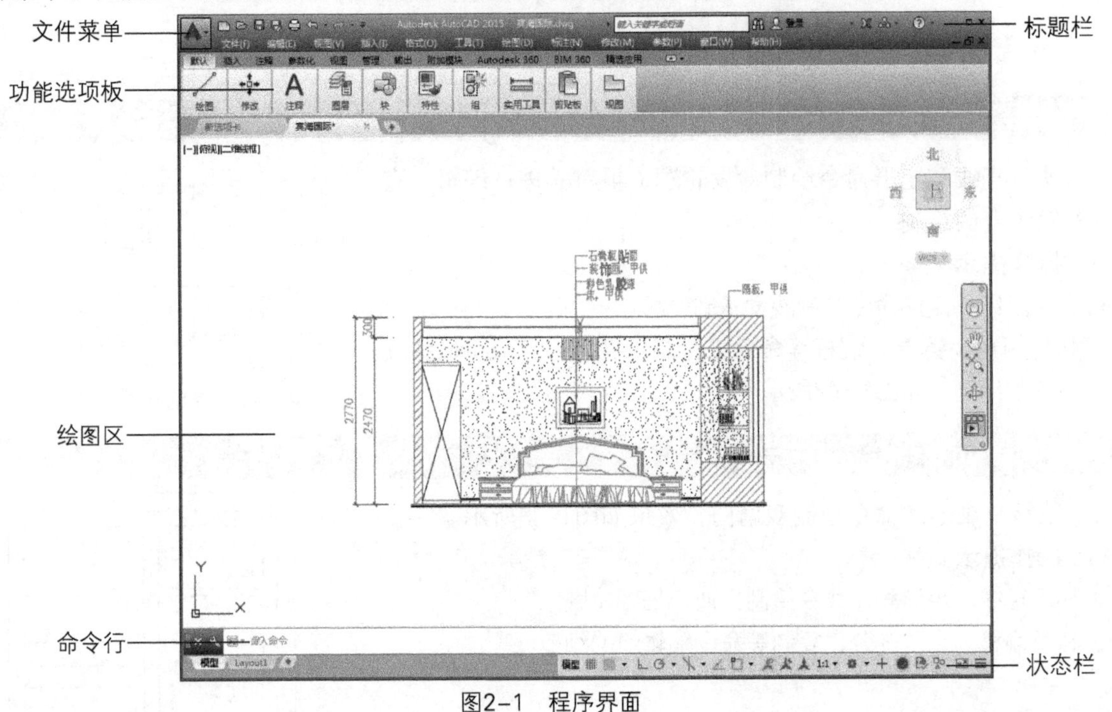


图2-1 程序界面

### 1. 文件菜单

“文件菜单”按钮位于程序界面左上角。该菜单是提供快速的文件管理与图形发布以及选项设置的快捷路径方式。用户只需单击“文件菜单”按钮，即可打开其功能列表。在该菜单中，用户可根据需要，选择相应的命令，如图2-2所示。

### 2. 标题栏

标题栏位于工作界面的最上方，是由“文件菜单”按钮、自定义快速访问工具栏、当前图形标题、搜索栏、Autodesk online服务以及窗口控制按钮组成。单击自定义快速访问工具栏，即可执行相关操作，如图2-3所示。

### 3. 菜单栏

菜单栏是由“文件”、“编辑”、“视图”、“插入”、“格式”、“工具”、“绘图”、“标注”、“修改”、“参数”、“窗口”、以及“帮助”菜单组成。当功能选项板中的命令无法满足时，则可通过菜单栏执行相应的命令。

当启动AutoCAD 2015软件后，若没有发现菜单栏（隐藏状态），则可单击标题栏中的“自定义快速访问工具栏”下拉按钮，选择“显示菜单栏”选项即可，如图2-4所示。

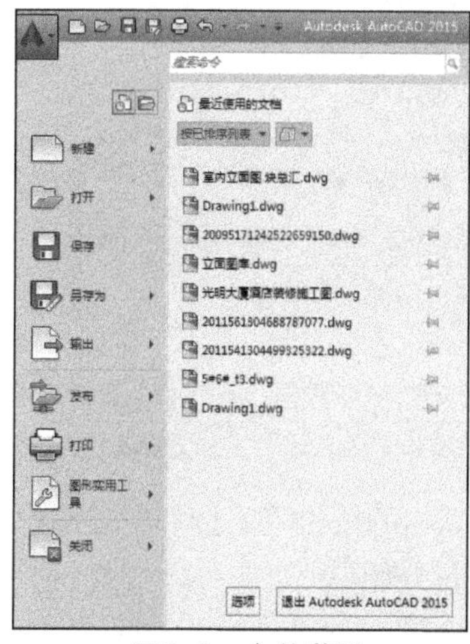

图2-2　文件菜单

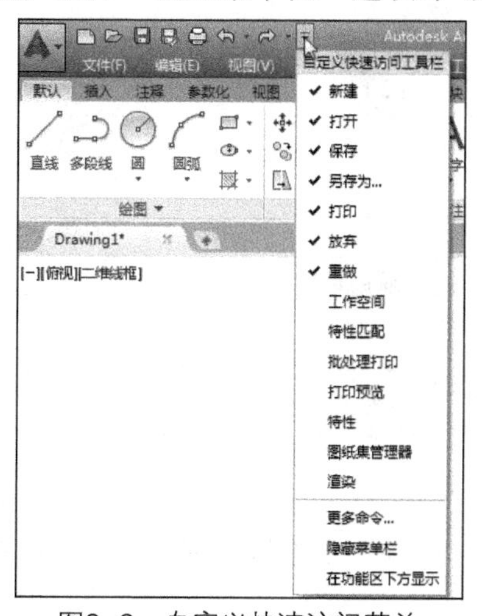

图2-3　自定义快速访问菜单

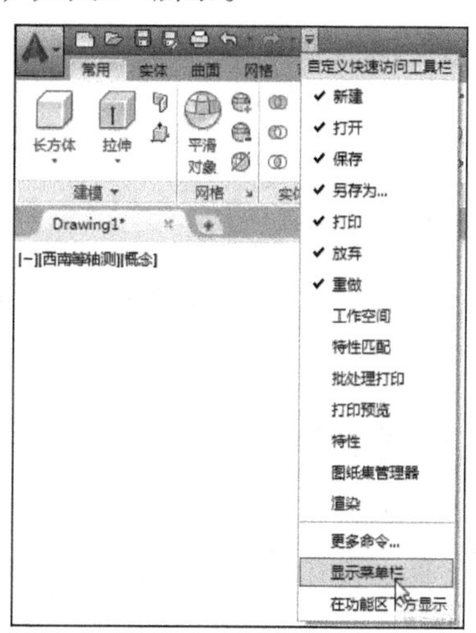

图2-4　显示菜单栏

### 4. 功能选项板

功能选项板位于菜单栏下方，它是由命令选项卡和命令按钮两部分组成的。单击任意选项卡，即可切换至与该命令相对应的功能选项卡。若单击右侧“最小化为面板”下拉按钮，在下拉列表中，根据需要进行选择，即可将功能选项卡隐藏或最小化。再次单击该按钮，可恢复默认设置，如图2-5所示。

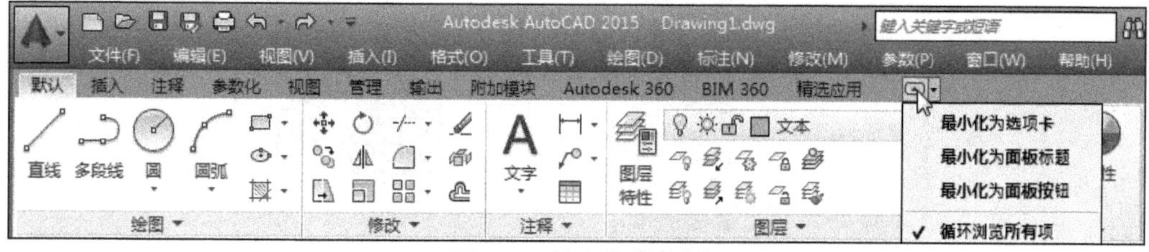

图2-5　最小化为面板

### 5. 绘图区

绘图区位于程序界面中间位置，用户在该区域中完成所有图形的绘制工作。该区域主要由视图、窗口控制按钮、坐标系、视图布局以及快捷功能工具面板这5项功能组成。单击该区域左上方的“视图控件”或“视觉样式控件”按钮，即可对当前绘制的三维模型进行视角以及视觉样式的设置，如图2-6所示。

单击绘图区右上方视角按钮，则可根据不同的角度来观察图形对象，如图2-7所示。

**6. 命令行**

命令行位于绘图区下方，用户需在该命令行中输入命令后，按空格（或回车键），即可执行相应的命令操作。

**7. 状态栏**

状态栏位于界面最下方，它是由“坐标”、“捕捉功能菜单”、“模型布局”、“注释比例”、“工作空间切换”、“工具栏/窗口位置锁定”以及“全屏显示”这几大功能选项组成。单击“工作空间切换”按钮，在打开的列表中，可以选择所需的工作空间，如图2-8所示。

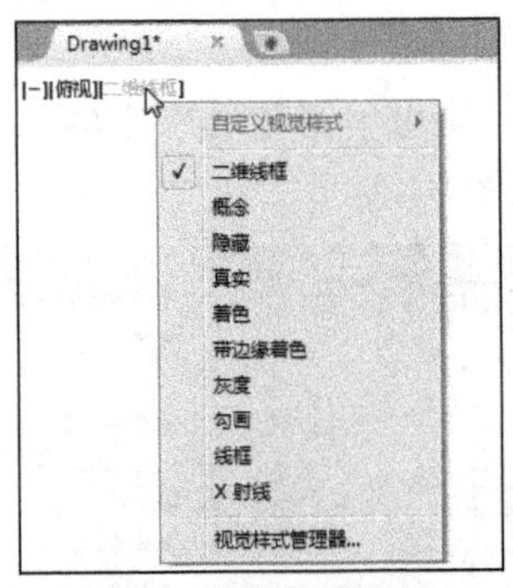


图2-6 视觉样式控件

图2-7 视角按钮

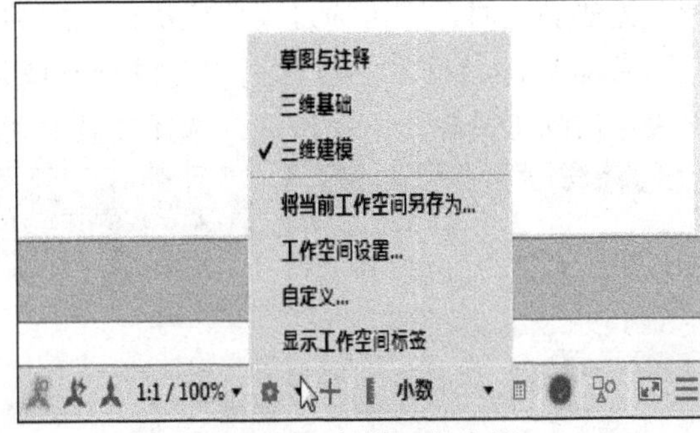


图2-8 切换工作空间

## 2.2 图形文件基本操作

在熟悉了AutoCAD操作界面后，用户就可以使用该软件进行最基本的操作了，例如新建图形文件、保存文件以及输入与输出文件等。本节将分别对这些功能进行介绍。

### 2.2.1 新建图形文件

如果需要创建多个文件，可以按照以下操作方法新建图形文件。

（1）单击“新建”按钮，新建文件。

单击快速访问工具栏左侧的“新建”按钮图标，在打开的“选择样板”对话框中，选择所需的样板文件，单击“打开”按钮，即可新建空白文件，如图2-9所示。

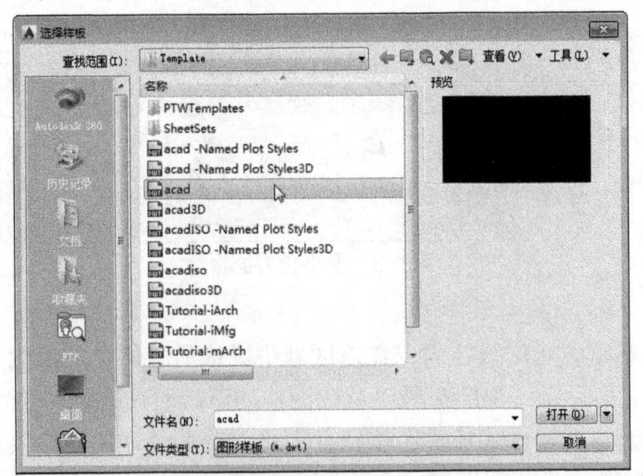


图2-9 “选择样板”对话框

（2）单击“文件菜单”列表中的“新建”命令，新建文件。

单击“文件菜单”按钮，在打开的下拉列表中，选择“新建”或“新建”|“图形”选项，即可打开“选择样板”对话框，并选择合适样板文件，完成新建操作。

（3）输入“new”，新建文件。

在命令行中，输入“new”并按回车键，即可打开“选择样板”对话框，完成新建文件操作。

（4）使用快捷键新建文件。

按键盘的组合键Ctrl+N，同样也可完成新建文件操作。

### 2.2.2 打开图形文件

在AutoCAD 2015软件中，打开已有文件的操作方法有4种，具体操作方法如下。

（1）单击“文件菜单”按钮，打开文件。

单击“文件菜单”按钮，在打开的下拉菜单中，选择“打开”或“打开”|“图形”选项。在“选择文件”对话框中，选择需打开的文件，单击“打开”按钮，即可打开该文件，如图2-10所示。

（2）双击已有图形文件，打开文件。

双击已保存过的CAD图形文件，系统将自动打开该文件。

（3）使用组合键，打开文件。

在键盘上按组合键Ctrl+O，在“选择文件”对话框中，选择所需文件，即可完成打开文件操作。

（4）输入命令“OPEN”，打开文件。

在命令行中，输入“OPEN”后按回车键，即可打开“选择文件”对话框，完成打开文件操作。

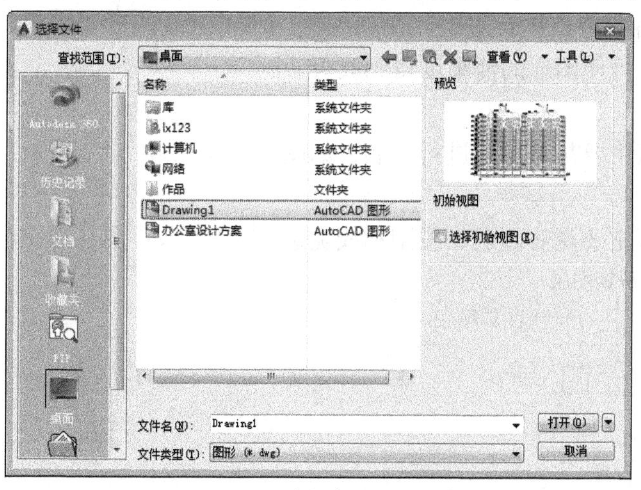


图2-10 “选择文件”对话框

### 2.2.3 保存图形文件

在AutoCAD 2015软件中，保存图形文件的方法有两种，分别为“保存”和“另存为”。

对于新建的图形文件，单击“文件菜单”按钮，在下拉列表中，选择“另存为”选项，在打开的“图形另存为”对话框中，选择保存路径，并输入文件名，单击“保存”按钮，即可将当前图形保存起来，如图2-11所示。

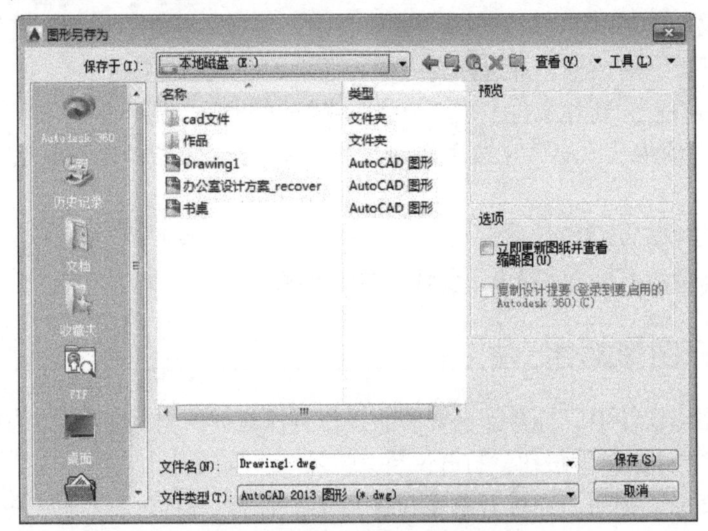

图2-11 “图形另存为”对话框

对于已经保存过的图形文件，若要在改动后进行保存，则单击“文件菜单”按钮，在下拉选项列表中，选择“保存”选项即可。如果要保留原来的图形文件，可选择“另存为”选项进行保存。

除了以上保存方法外，用户还可按键盘上Ctrl+S组合键进行保存。

## 2.3 图层设置与管理

在绘制图形时，可将不同属性的图元放置在不同图层中，以便于用户操作。在图层中，用户可对图形对象的各种特性进行更改，例如颜色、线型以及线宽等。熟练应用图层不仅可以大大提高工作效率，还可使图形的清晰度得到改善。

**1. “图层”面板**

“图层”功能区主要是对图层进行控制，如图2-12所示。

**2. “特性”面板**

“特性”功能区主要是对颜色、线型和线宽进行控制，如图2-13所示。

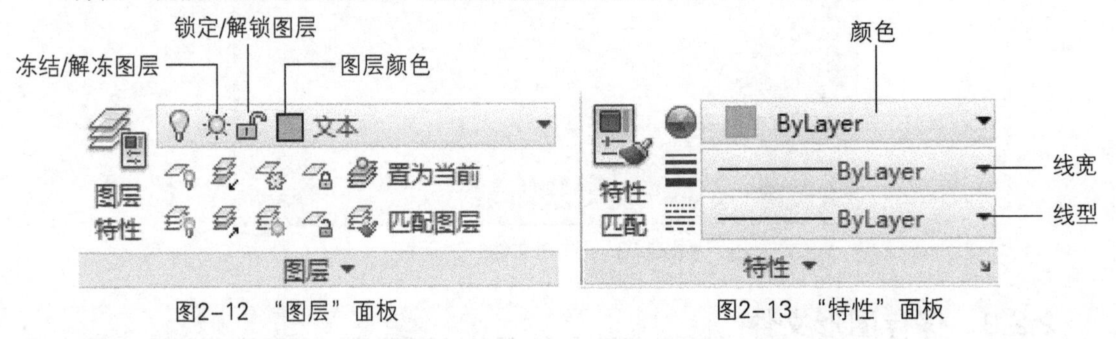

图2-12 “图层”面板　　图2-13 “特性”面板

### 2.3.1 创建新图层

在“图层特性管理器”对话框中，单击“新建图层”按钮，系统将自动创建一个名称为

“图层1”的图层，如图2-14所示。

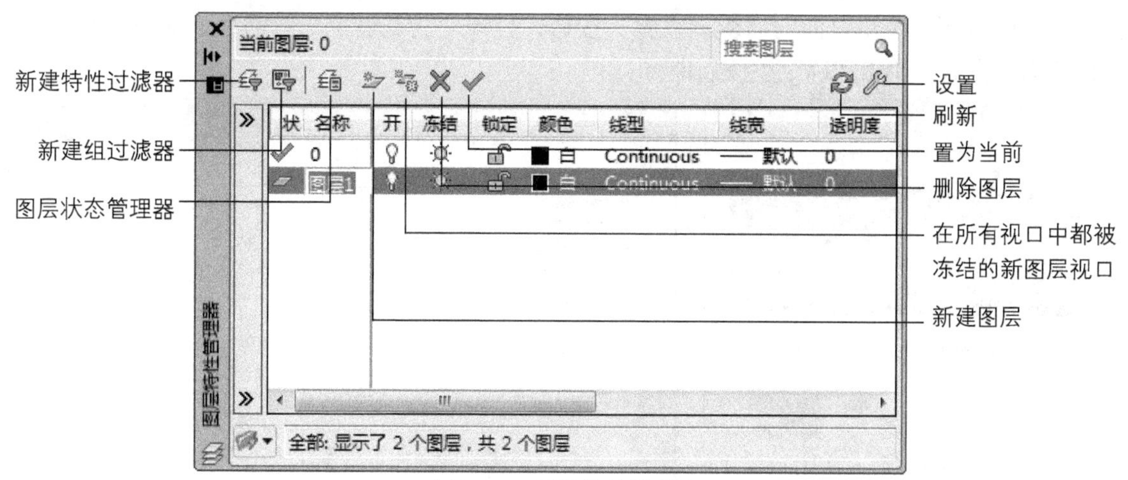

图2-14　图层特性管理器

默认情况下，图层0将被指定使用7号颜色（白色或黑色，由背景色决定）、Continuous线型、默认线宽及NORMAL打印样式。

## 2.3.2　设置图层属性

在“图层特性管理器”对话框中，可对图层的线型、颜色和线宽进行设置。

### 1. 线型的设置

单击线型下拉菜单里的“其他”按钮，系统将打开“线型管理器”对话框，如图2-15所示。

在默认情况下，系统仅加载3种线型。若需要其他线型，则要先加载该线型，即在“线型管理器”对话框中单击“加载”按钮，打开“加载或重载线型”对话框，如图2-16所示。选择所需的线型之后，单击“确定”按钮即可。

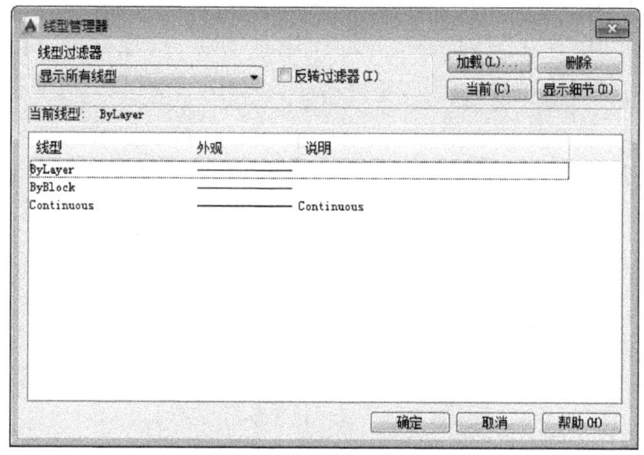

图2-15　“线型管理器”对话框

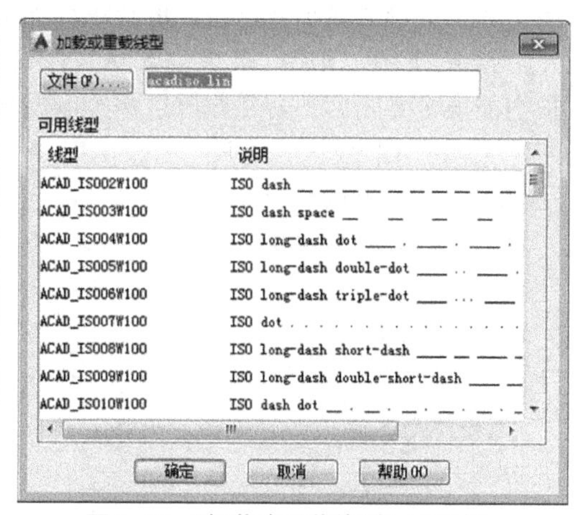

图2-16　“加载或重载线型”对话框

### 2. 颜色的设置

单击颜色图标■ 白，打开“选择颜色”对话框，如图2-17所示。用户可根据需要在“索引颜色”、“真彩色”和“配色系统”选项卡中选择所需的颜色。其中标准颜色名称仅适用于1～7号颜色，分别为：红、黄、绿、青、蓝、洋红、白/黑。

### 3. 线宽的设置

单击线宽下拉菜单里面的“线宽设置”按钮，打开“线宽设置”对话框，如图2-18所示。选择所需线宽后，单击“确定”按钮即可。

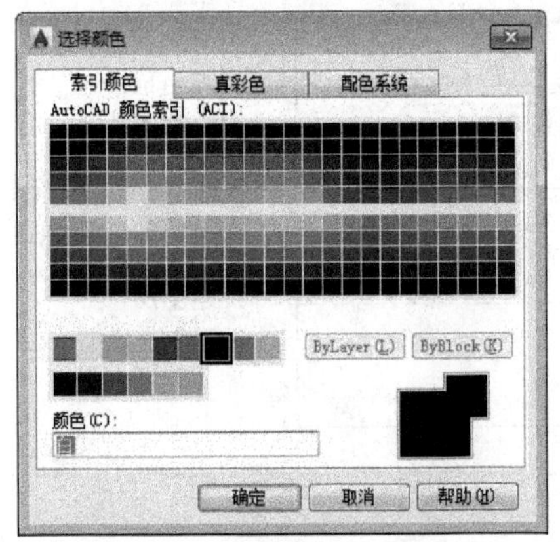


图2-17 “选择颜色”对话框

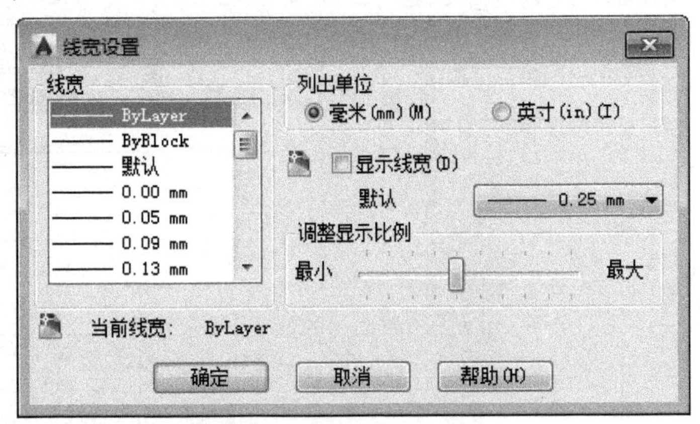


图2-18 “线宽设置”对话框

## 2.3.3 管理图层

在“图层特性管理器”对话框中，除了创建图层并设置图层属性外，还可以对创建好的图层进行管理，如控制图层、置为当前层、改变图层和属性等。

### 1. 图层状态控制

在“图层特性管理器”对话框中，提供了一组状态开关图标，用以控制图层状态，如关闭、冻结、锁定等。

（1）开/关图层

单击“打开”图层按钮，图层即被关闭，而图标变成“”。图层关闭后，该图层上的实体不能在屏幕上显示或打印。重新生成图形时，图层上的实体将重新生成。

若关闭当前图层，系统会询问是否关闭当前层，只需选择“关闭当前图层”选项即可。但是当前层被关闭后，若要在该层中绘制图形，其结果将不显示。

**【例2-1】**隐藏图纸中的门窗图层。

01 打开如图2-19所示的平面图文件，单击“默认”选项卡“图层”面板中的“图层特性”按钮，弹出“图层特性管理器”选项板，如图2-20所示。

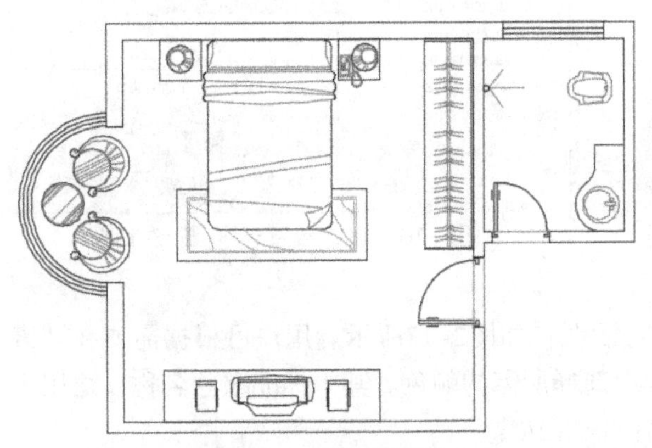

图2-19 卧室平面图

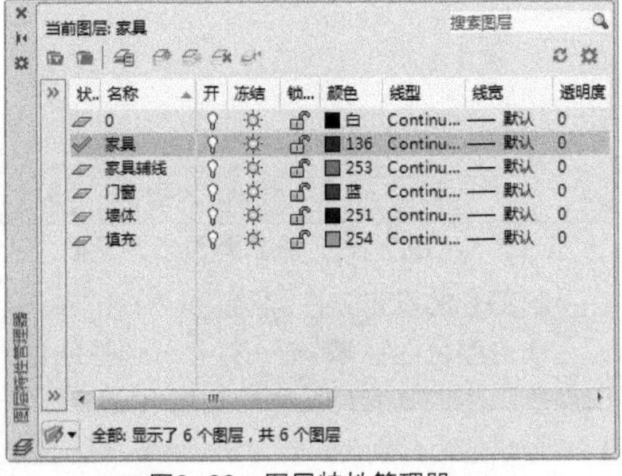


图2-20 图层特性管理器

02 选择“门窗”图层，单击小灯泡按钮，图标变成，此时图形中的门窗即被隐藏，如图2-21和图2-22所示。

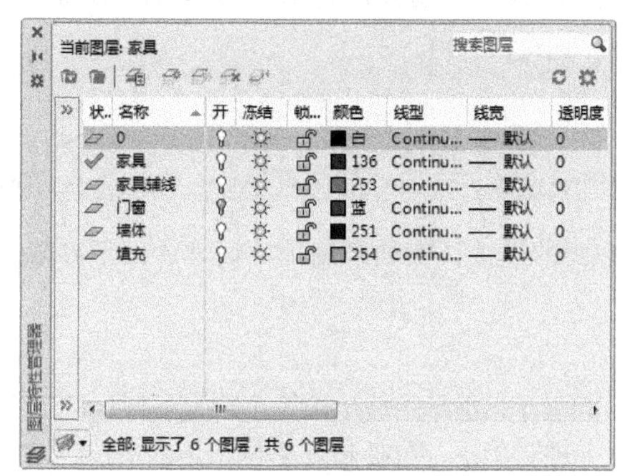


图2-21　隐藏门窗层

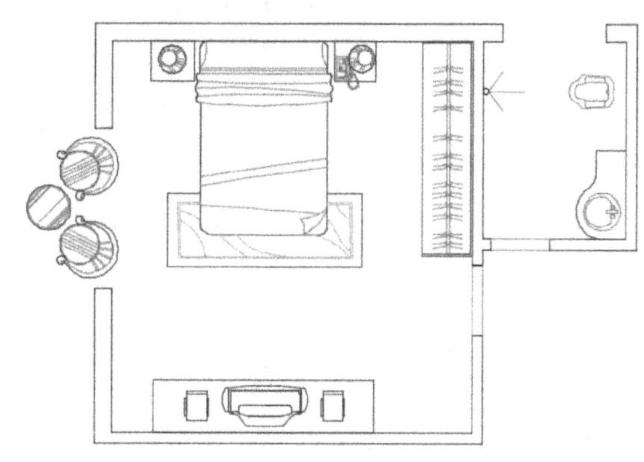

图2-22　隐藏“门窗”图层后的效果

（2）冻结/解冻图层

单击图层的“冻结”按钮，当其变成雪花图样时，即可完成该图层的冻结。图层冻结后，该图层上的实体不能在屏幕上显示或编辑修改（在默认设置下）。重新生成图形时，图层上的实体不会重新生成。

（3）锁定/解锁图层

单击“锁定”按钮，当其变成闭合的锁图样时，图层即被锁定。图层锁定后，用户只能查看、捕捉位于该图层上的对象，可以在该图层上绘制新的对象，而不能编辑或修改位于该图层上的图形对象，但实体仍可以显示和输出。

**2. 置为当前层**

AutoCAD 2015只能在当前图层上绘制图形实体，系统默认当前图层为0图层，可以通过以下方式将所需的图层设置为当前层。

- 在“图层特性管理器”对话框中选中图层，然后单击“置为当前”按钮。
- 在“图层”面板中，右击相应图层，在弹出的菜单中选择“置为当前”选项。

**3. 改变图形对象所在的图层**

通过下列方式可以改变图形对象所在的图层。

- 选中图形对象，然后在“图层”面板的下拉列表中选择所需图层。
- 选中图形对象，右击打开快捷菜单，选择“特性”命令。在“特性”选项板的“常规”选项组中单击“图层”选项右侧的下拉按钮，再从下拉列表中选择所需的图层，如图2-23所示。

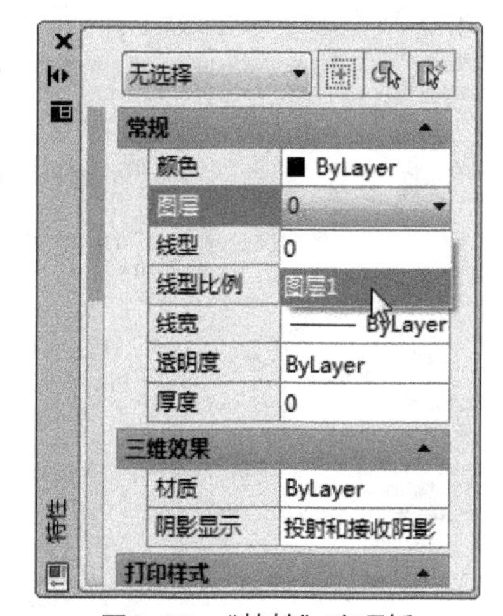


图2-23　“特性”选项板

**4. 改变对象的默认属性**

默认情况下，用户所绘制的图形对象将使用当前图层的颜色、线型和线宽。可在选中图形对象后，利用“特性”选项板“常规”选项组里的各选项为该图形对象设置不同于所在图层默认属性的值。

**绘图秘技 | 调整线宽的显示**

由于线宽属性属于打印设置，在默认情况下系统并未显示线宽设置效果。打开“线宽设置”对话框，勾选“显示线宽”复选框即可。

# 2.4 绘图环境的设置

通常在绘制图纸之前，需将绘图环境进行必要的设置，例如绘制单位设置、图形界限设置等。

## 2.4.1 设置绘图单位

在默认情况下，AutoCAD 2015的图形单位为十进制单位，包括长度单位、角度单位、缩放单位、光源单位以及方向控制等。用户可以通过以下方式调整图形单位。

在菜单栏中单击“格式”|“单位”命令，打开“图形单位”对话框，如图2-24所示。

（1）“长度”选项组。

打开“类型”下拉列表，选择长度单位的类型；打开“精度”下拉列表，选择长度单位的精度，如图2-25所示。

（2）“角度”选项组。

打开“类型”下拉列表，选择角度单位的类型；打开“精度”下拉列表，选择角度单位的精度。不勾选则以逆时针方向旋转为正方向，勾选“顺时针”复选框，以顺时针方向旋转的角度为正方向。

（3）“插入时的缩放单位”选项组。

用于设置使用AutoCAD工具选项板或设计中心拖入图形的块的测量单位。

（4）“光源”选项组。

用于指定光源强度的单位，包括国际、美国、常规选项。

（5）“方向”按钮。

单击“方向”按钮，打开“方向控制”对话框，如图2-26所示。在该对话框中，可以设置角度测量的起始位置。系统默认水平向右为角度测量的起始位置。

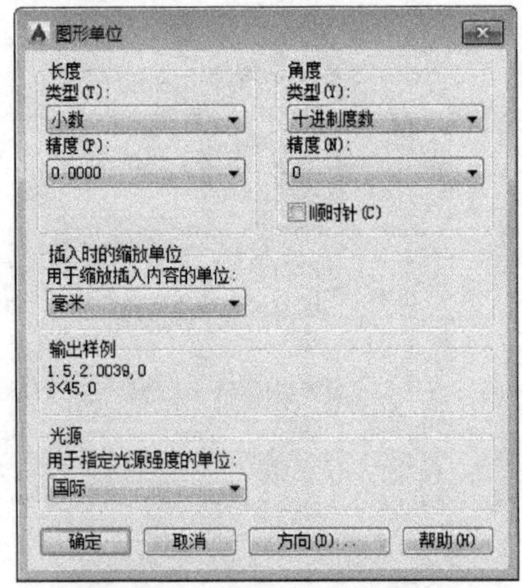


图2-24 “图形单位”对话框

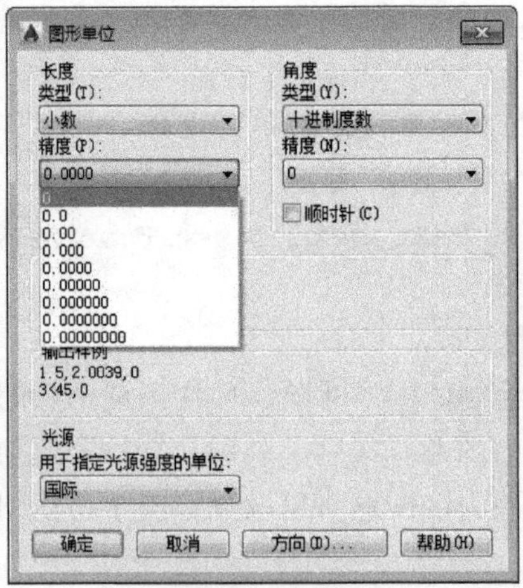


图2-25 设置精度

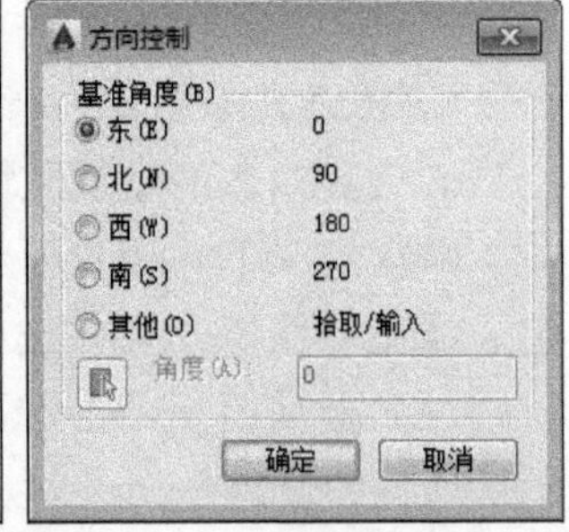


图2-26 “方向控制”对话框

## 2.4.2 设置图形界线

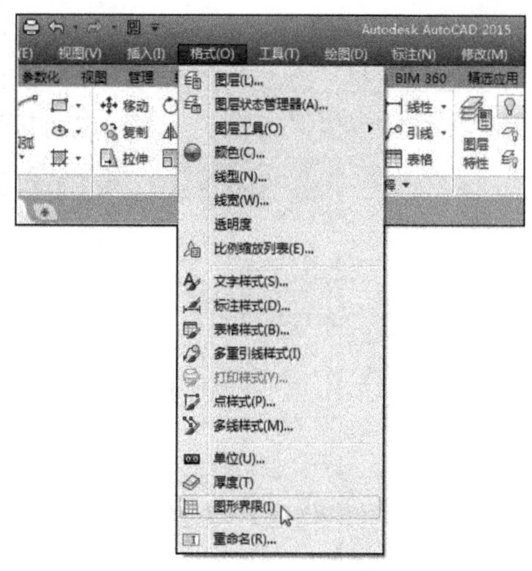

图2-27　图形界线

在AutoCAD软件中，默认的绘图界限为无限大，若不设置界限会增加绘图的工作量，大大降低绘图效率。所以在绘图前，需对图形界限进行设置。

将“图形界限”功能开启后，若绘制范围超出了图形边界，则当前操作将无法执行；关闭“图形界限”功能后，绘制范围将不受限制。

用户选择菜单栏中的“格式”|“图形界限”命令，如图2-27所示。根据命令行中的提示，即可设置图形界限。

命令行提示如下。

```
命令：'_limits
重新设置模型空间界限：
指定左下角点或 [开(ON)/关(OFF)]
 <10.3234, 6.4009>: on                                （输入“on”，按回车键）
命令：'LIMITS
重新设置模型空间界限：
指定左下角点或 [开(ON)/关(OFF)]
 <10.3234, 6.4009>: 0, 0                              （指定图形界限第一点坐标值）
指定右上角点 <23.6692, 14.0129>: 420, 297             （指定图形界限对角点坐标值）
```

## 2.4.3 启动捕捉功能

在绘制图形时，启动捕捉模式和栅格模式可使用户快速、精确地进行点的定位。启动正交模式则利于绘制水平、垂直线段。

### 1. 捕捉模式

捕捉模式用于设置鼠标指针移动的距离，捕捉模式分为栅格捕捉和极轴捕捉两种。当栅格捕捉呈打开状态时，光标只能在栅格方向上精确移动；当极轴捕捉呈打开状态时，光标可在极轴方向上移动。

在AutoCAD 2015软件中，用户可使用3种方法来启动“捕捉”模式。

- 在状态栏中，单击“捕捉”模式按钮，即可启动捕捉模式。
- 按键盘上的功能键F9，即可快速启动该模式。
- 在命令行中输入“SNAP”并按回车键，再输入“on”并按回车键，即可启动捕捉功能。

命令行提示如下。

```
命令：SNAP
指定捕捉间距或 [开(ON)/关(OFF)/纵横向间距(A)/
样式(S)/类型(T)] <0.5000>: on                        （输入“on”，按回车键）
```

### 2. 栅格模式

在状态栏中单击"栅格显示"按钮，将启动栅格模式，如图2-28所示。再次单击该按钮，则关闭栅格显示模式。用户也可按功能键F7来开启或关闭栅格模式。

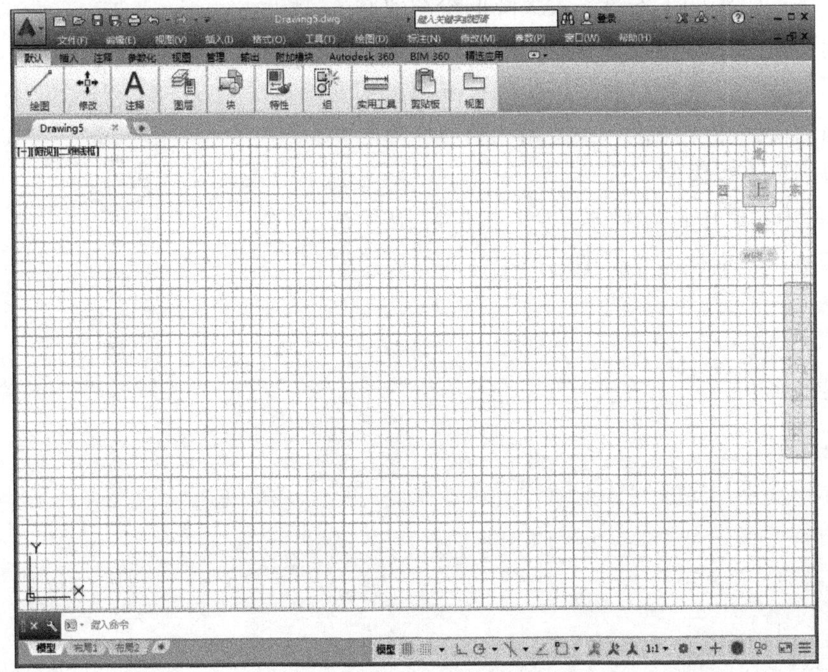

图2-28 显示栅格

选中"栅格显示"按钮，然后单击鼠标右键，在弹出的快捷菜单中，执行"设置"命令，打开"草图设置"对话框，从中可对栅格数量进行设置，如图2-29所示。

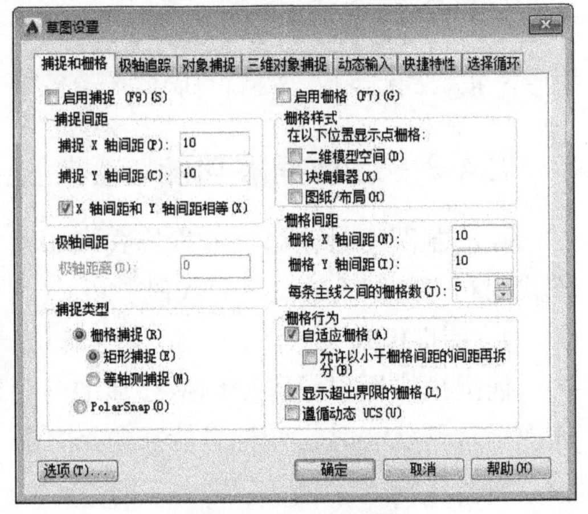


图2-29 设置栅格

在"草图设置"对话框中，勾选"启用栅格"复选框，设置栅格X轴、Y轴的间距和每条主线之间的栅格数。设置完成后，单击"确定"按钮。程序只为当前窗口中的图像显示栅格，缩放图形后栅格将会发生变化。

### 3. 正交模式

正交模式用于在任意角度和直角之间进行切换，在绘制时约束线段为水平或垂直方向时可以启用正交模式。在状态栏中单击"正交模式"按钮，将启用正交模式；再次单击该按钮，则禁用正交模式。启用正交模式时只能沿水平或垂直方向绘制，禁用该模式，则可沿任意角度进行绘制。

## 2.5 认识AutoCAD坐标系

在AutoCAD软件中，坐标系是绘图中不可缺少的元素，它是确定对象位置的基本方法。坐标系分为世界坐标系和用户坐标系两种。

## 2.5.1 世界坐标系

世界坐标系也称为WCS坐标系，它是AutoCAD中的默认坐标系，通过3个相互垂直的坐标轴X、Y、Z来确定空间中的位置。世界坐标系的X轴为水平方向，Y轴为垂直方向，Z轴正方向垂直屏幕向外，坐标原点位于绘图区左下角，如图2-30所示为二维图形空间的坐标系，如图2-31所示为三维图形空间的坐标系。

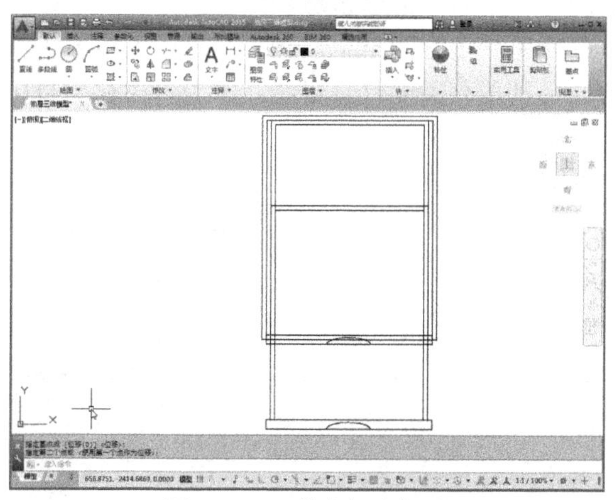

图2-30　二维空间坐标系

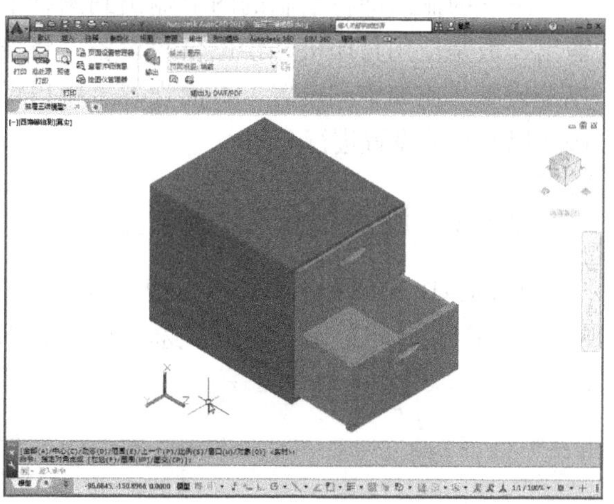

图2-31　三维空间坐标系

## 2.5.2 用户坐标系

用户坐标系也称为UCS坐标系，用户坐标系是可以进行更改的，它主要为图形的绘制提供参考。创建用户坐标系可以通过执行“视图”|“视口工具”子菜单中的命令来实现，也可以通过在命令窗口中输入命令UCS来完成。

## 2.5.3 坐标输入方法

在绘制图形对象时，经常需要输入点的坐标值来确定线条或图形的位置、大小和方向。输入点的坐标有4种方法：绝对直角坐标、相对直角坐标、绝对极坐标和相对极坐标。通过这些坐标，用户可精确定位图形。

**1. 绝对直角坐标**

绝对直角坐标是指从原点（0，0）或（0，0，0）开始进行移动，可以使用整数、小数等形式来表示点的X、Y、Z轴坐标值。坐标间需要用逗号隔开，例如（16，9，0）或（28，0，66）等。

**2. 绝对极坐标**

绝对极坐标也是指从坐标原点（0，0）或（0，0，0）开始进行移动，但它是使用距离和角度进行定位的，其距离和角度之间用小于号进行分隔，同时X轴正方向为0°，Y轴正方向为90°，例如（180<60°）或（270<90°）等。

**3. 相对直角坐标**

相对直角坐标是指相对于某一点的X轴和Y轴进行移动，它也使用整数或小数的形式进行定位，但在数值前需输入相对符号“@”。例如（@120，60）或（@-210，75）等。

**4. 相对极坐标**

相对极坐标用相对于某一特定点的位置和偏移角度来表示。相对极坐标是以上一次操作点为极点进行定位的。例如（@120<30°），其中“@”表示相对，120表示相对于上一次操作点的位置，30表示角度。

## 2.6 图纸的打印与输出

图形的输出即将绘制的图形输出到图纸上，图形输出后才能够被应用于实际生活中。图形输出一般是使用打印机和绘图仪等设备，将设计的成果展示在图纸上。图纸在打印前需要进行相关设置，比如空间设置、页面设置、视口设置以及其他相关的参数设置。本节将对输出打印操作以及相关设置进行介绍。

### 2.6.1 设置工作空间

AutoCAD 2015为用户提供了模型空间和图纸空间（布局）两种工作空间，分别用“模型”和“布局”选项卡控制。这两个选项卡的标签位于绘图区域底部，如图2-32和图2-33所示。

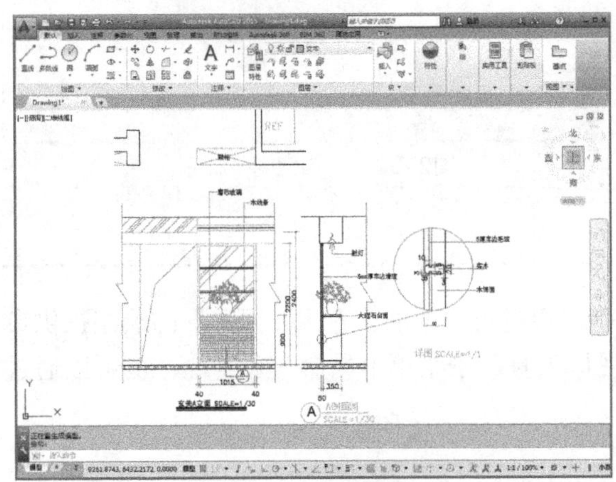

图2-32 模型空间

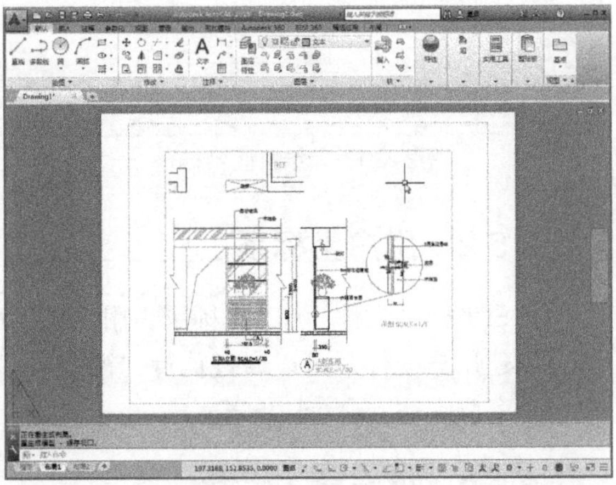

图2-33 布局空间

模型空间用于建立物体模型，而图纸空间则用于将模型空间中生成的三维或二维物体按用户指定的观察方向正投射为二维图形，并且允许用户按需要的比例将图摆放在图形界限内的任何位置。模型空间与图纸空间的切换方法如下。

**1. 从模型空间向图纸空间切换**

01 单击绘图窗口左下角的“布局1”或“布局2”选项卡。

02 单击状态栏中的“模型”按钮模型，该按钮会变为“图纸”按钮图纸。

**2. 从图纸空间向模型空间切换**

单击绘图窗口左下角的“模型”选项卡。

单击状态栏中的“图纸”按钮，该按钮变为“模型”按钮。

在命令行中输入“MSPACE”并按回车键，可以将布局中最近使用的视口置为当前活动视口，进入模型空间工作。

在存在视口的边界内部双击鼠标左键，激活该活动视口，进入模型空间。

### 2.6.2 创建与管理布局

布局空间用于设置在模型空间中绘制图形的不同视图，主要是为输出图形时进行布置。通过布局空间可以同时输出该图形的不同视口，满足各种不同的出图要求。

### 1.创建新布局

打开（默认）图形文件，可以看到有“布局1”和“布局2”两个选项卡。每个布局都代表一张单独打印输出的图纸，用户可以根据自己的需要创建新的布局。

创建新的布局选项卡的方法有如下几种。

- 单击“从样板”按钮用布局命令来创建布局。
- 在菜单栏中执行“插入”|“布局”|“新建布局”命令。
- 在绘图区左下角的“模型”选项卡中创建布局，在选项卡上右击，然后在弹出的快捷菜单中选择“新建布局”命令。
- 右击“布局”选项卡，然后在弹出的快捷菜单中选择“新建布局”命令，如图2-34所示。
- 直接单击“布局2”右侧的新建布局按钮创建布局。

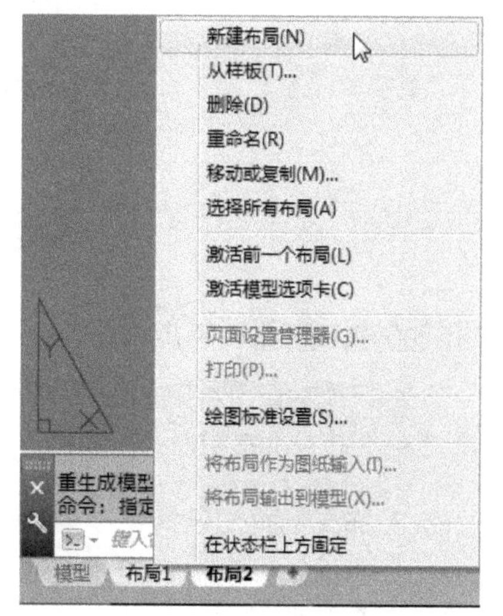

图2-34　创建布局

【例2-2】创建新的布局空间。

01 将空间切换至图纸空间，会出现“布局”选项卡。单击“新建布局”按钮，根据命令提示输入新名称为“布局3”，如图2-35所示。

02 按回车键即可完成布局的创建，如图2-36所示。

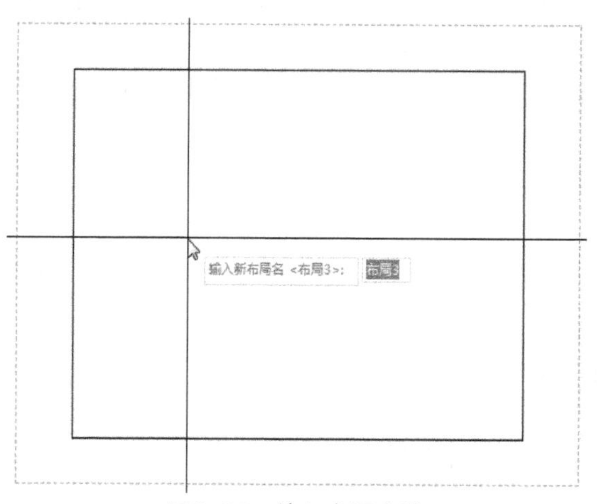

图2-35　输入布局名称

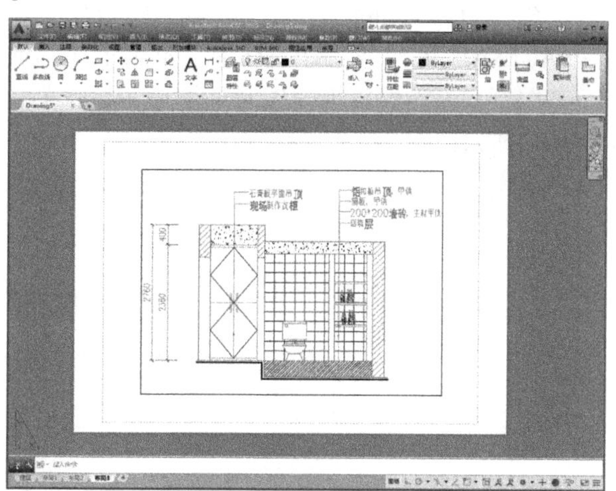
图2-36　完成布局创建

### 2. 管理布局

布局是用来排版出图的，选择布局后可以看到虚线框，表示打印范围。模型图在视口内。

在AutoCAD 2015中，要删除、新建、重命名、移动或复制布局，可将鼠标指针放置在布局标签上，然后右击，在弹出的快捷菜单中选择相应的命令即可，如图2-37所示。

除上述方法外，用户也可在命令行中输入“LAYOUT”并按回车键，根据命令提示选择相应的选项对布局进行管理。

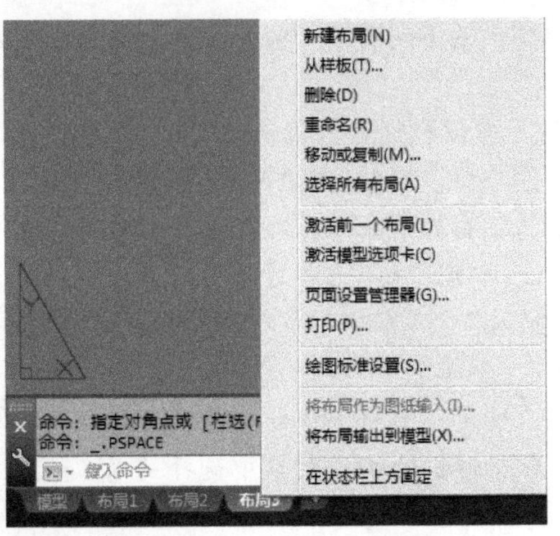


图2-37　快捷菜单中的命令

**注意事项|布局不应太多**

用户可以在图形中创建多个布局，每个布局都可以包含不同的打印设置和图纸尺寸。但是，为了避免在转换发布图形时出现混淆，建议每个图形只创建一个布局。

**3. 布局的页面设置**

页面设置可以对新建布局或已建好的布局进行图纸大小和绘图设备的设置。页面设置是打印设备和其他影响最终输出外观和格式的设置集合，用户可以修改这些设置并将其应用到其他布局中。

在“布局”选项卡的“布局”面板中单击“页面设置”按钮。或者在命令行中输入“PAGESETUP”，然后按回车键，即可打开“页面设置管理器”对话框。

在“页面设置管理器”对话框中，单击“修改”按钮，即可打开“页面设置”对话框，如图2-38所示。

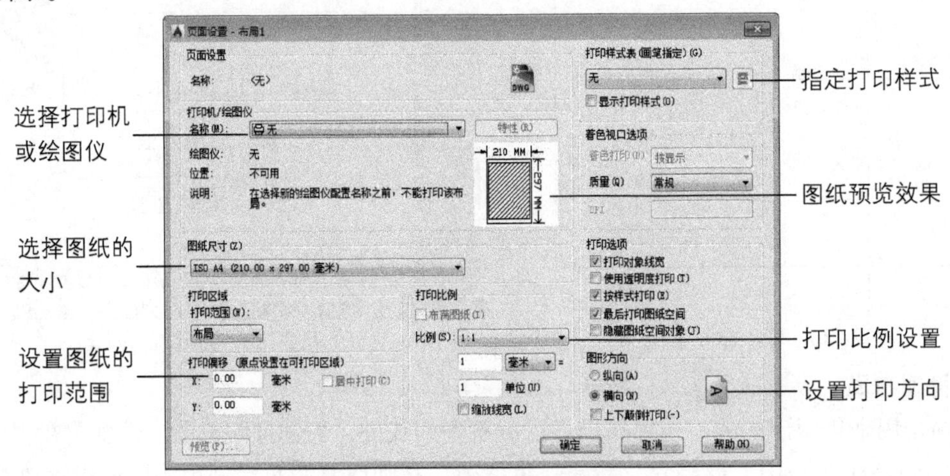


图2-38　“页面设置”对话框

## 2.6.3　创建视口

与模型空间一样，用户可以在布局空间创建多个视口，以便显示模型的不同视图。在布局空间中创建视口时，可以确定视口的大小，并且可以将其定位于布局空间的任意位置，因此，布局空间的视口通常被称为浮动视口。

用户可以创建布满整个绘图区域的单一视口，也可以在布局中放置多个视口。

在AutoCAD 2015中，新建布局视口比之前版本更方便：将当前工作的空间切换至“布局”空间，单击“布局”选项卡，在“布局视口”面板中进行选择。有3种视口创建形式，如图2-39所示。

- 矩形：创建矩形视口空间。
- 多边形：用指定的点创建不规则形状的视口。
- 对象：指定闭合的多线段、椭圆、样条曲线、面域或圆，以转换为视口。

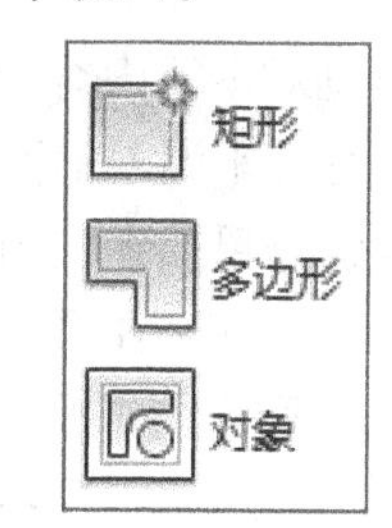


图2-39 “创建视口”下拉菜单

## 2.6.4 打印图形

在模型空间中将图形绘制完毕，并在布局中设置了打印设备、打印样式、图样尺寸等打印参数后，便可以打印出图。

### 1. 打印预览

在“输出”选项卡的“打印”面板中单击“预览”按钮，系统将会显示如图2-40所示的图形预览窗口。利用顶部工具栏中的工具按钮，可对图形执行打印、平移、缩放、窗口缩放、关闭等操作。

### 2. 图形输出

执行“打印”命令，将打开“打印-布局”对话框，如图2-41所示。“打印”对话框和“页面设置”对话框中的同名选项功能完全相同。它们均用于设置打印设备、打印样式、图纸尺寸以及打印比例等项。

（1）“打印区域”选项组

该选项组用于设置打印区域。用户可以在下拉列表中选择要打印哪些选项卡中的内容，通过“打印份数”文本框可以设置打印的份数。

（2）“预览”按钮

单击“预览”按钮，系统会按当前的打印设置显示图形的真实打印效果，与“打印预览”效果相同。

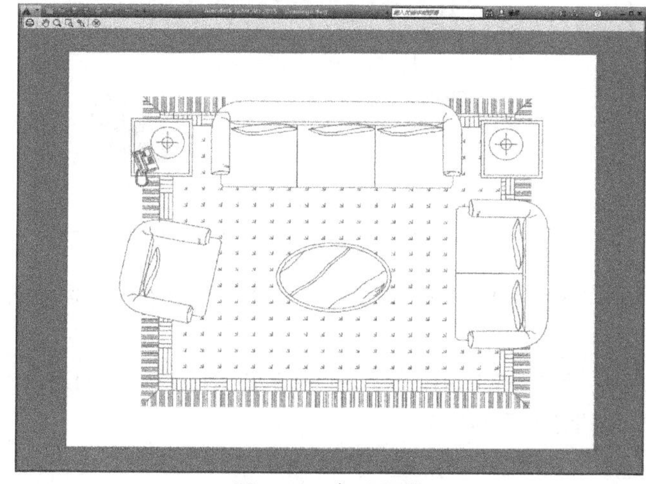

图2-40 打印预览

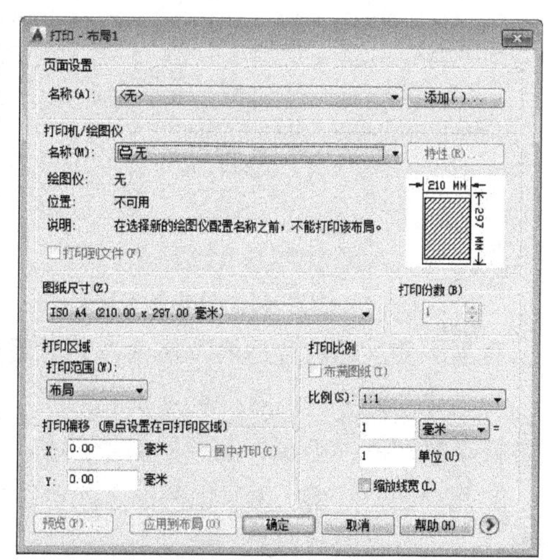


图2-41 “打印”对话框

## 2.7 上机实训

通过对本章内容的学习，读者对AutoCAD 2015软件的基本操作有了更深地了解。下面再通过一个练习来温习前面所学的知识。

**实训题目：**在“图层特性管理器”对话框中进行颜色与线宽的设置。

01 打开“实例文件\第2章\课堂实训\三居室平面图.dwg”文件，如图2-42所示。

02 单击“图层”面板中的“图层特性”按钮，打开“图层特性管理器”对话框，如图2-43所示。

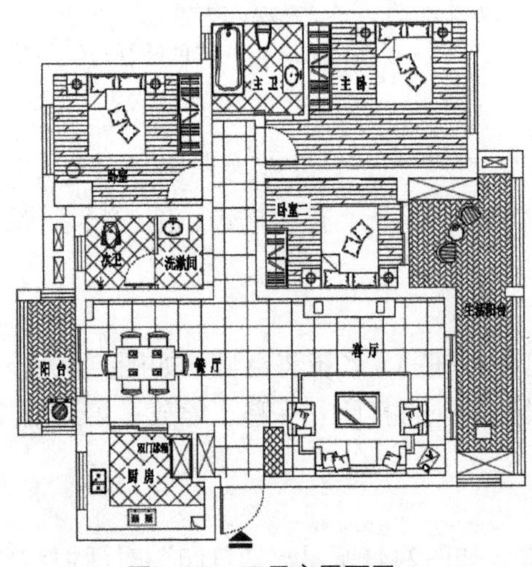


图2-42 三居室平面图

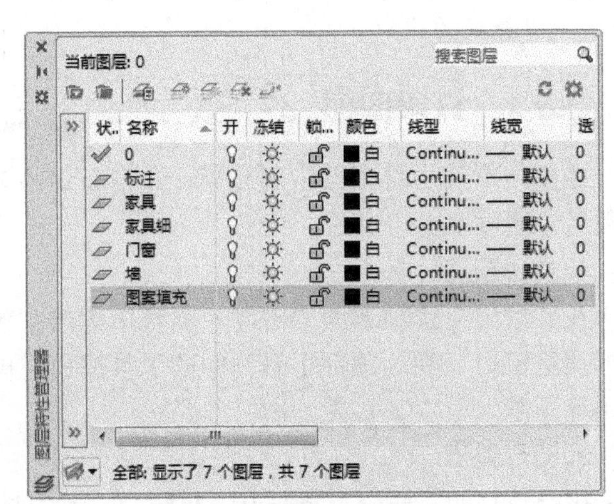


图2-43 图层特性管理器

03 更改图形中家具的颜色。单击“家具”图层的颜色图标，如图2-44所示。

04 打开“选择颜色”对话框，如图2-45所示。选择颜色为“蓝”，然后单击“确定”按钮。

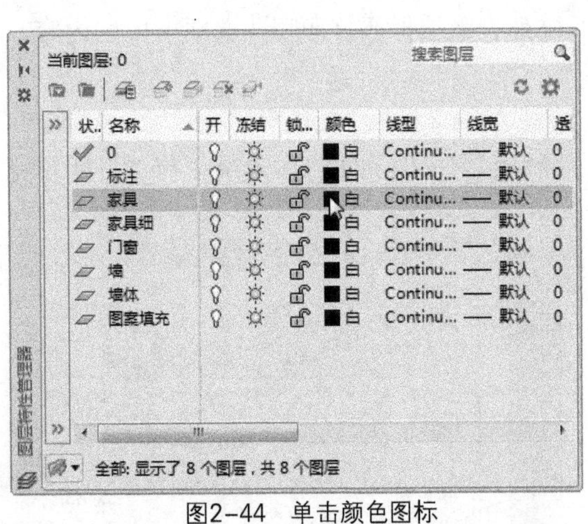


图2-44 单击颜色图标

图2-45 选择颜色

05 查看“图层特性管理器”对话框，可看到已完成图层颜色的更改。返回绘图区中查看图形标注的颜色更改效果，如图2-46所示。

06 接下来更改“门窗”图层的颜色。在“默认”选项卡的“图层”面板中单击“图层”下拉按钮，然后单击“门窗”图层上的图层颜色图标，如图2-47所示。

07 打开“选择颜色”对话框，指定颜色为“蓝”，如图2-48所示。

08 单击“确定”按钮即可完成门窗颜色的更改，效果如图2-49所示。

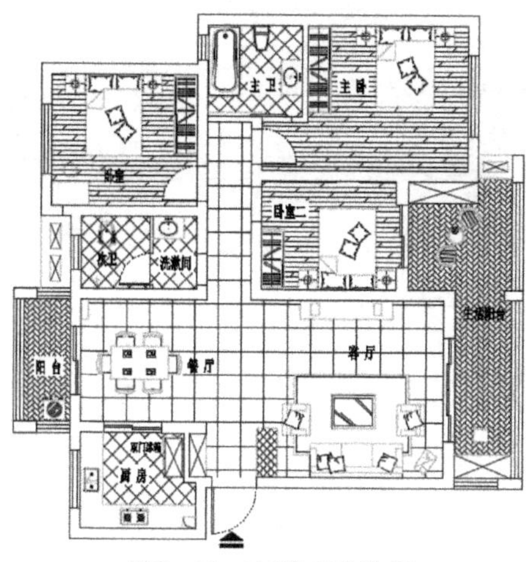

图2-46　查看更改效果

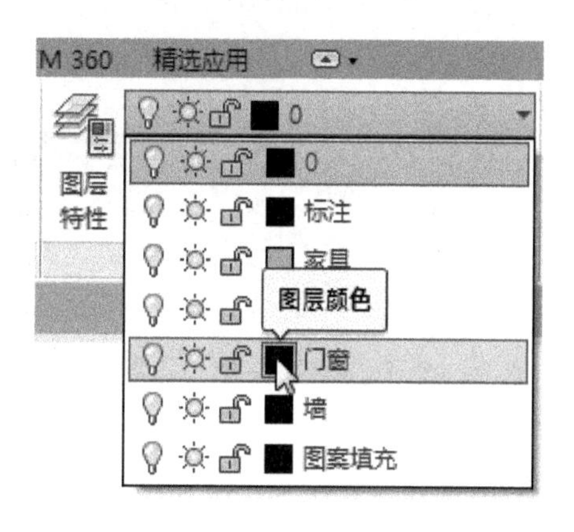


图2-47　选择颜色

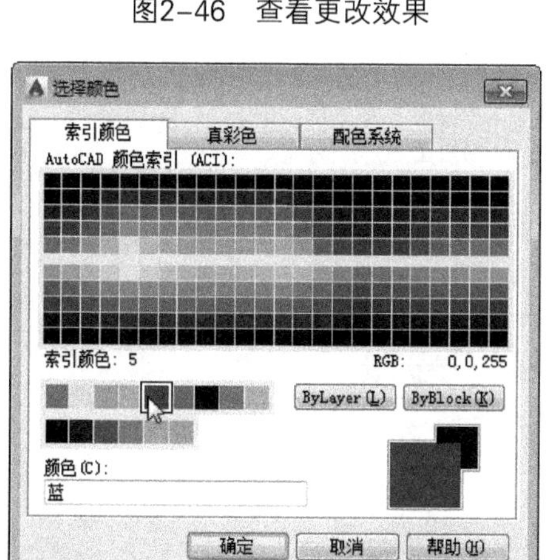


图2-48　选择颜色

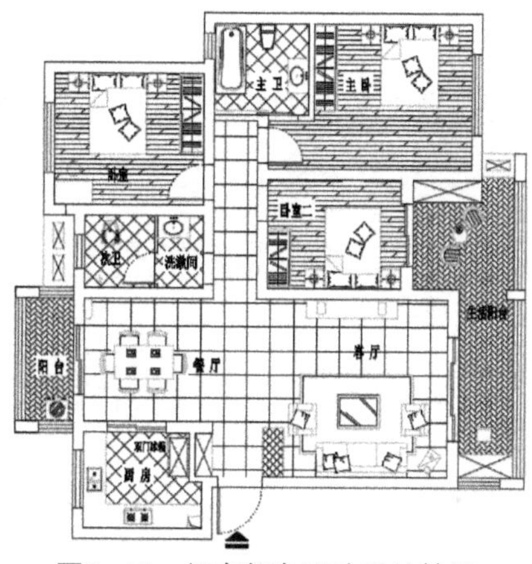

图2-49　门窗颜色更改后的效果

09 用同样的操作方法，更改其他图层的颜色。更改后“图层特性管理器”对话框的结果如图2-50所示。

10 单击“确定”按钮即可完成门窗颜色的更改，效果如图2-51所示。

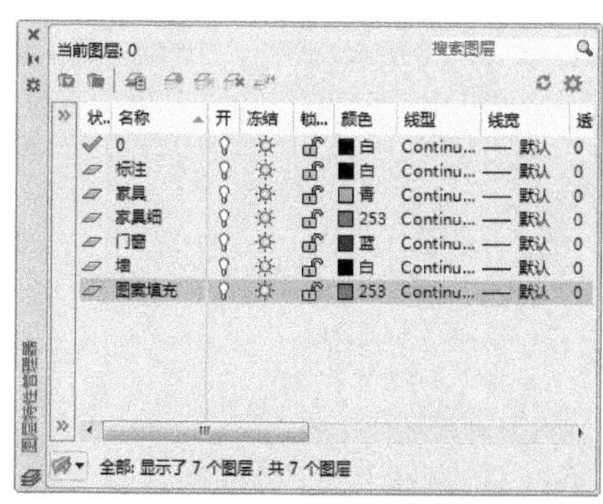


图2-50　图层特性管理器

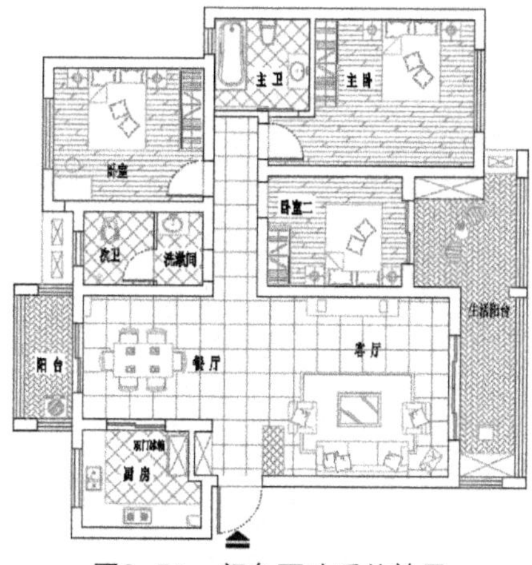

图2-51　颜色更改后的效果

11 接下来更改虚线的线型。单击“图层特性”按钮，打开“图层特性管理器”对话框，单击“家具细”图层的线型图标，如图2-52所示。

12 在打开的“选择线型”对话框中，单击“加载”按钮，然后在“加载或重载线型”对话框中选择合适的虚线线型，如图2-53所示。

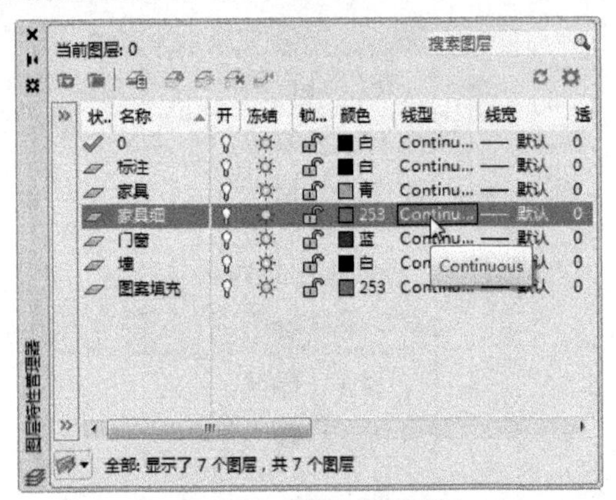

图2-52　单击线型图标

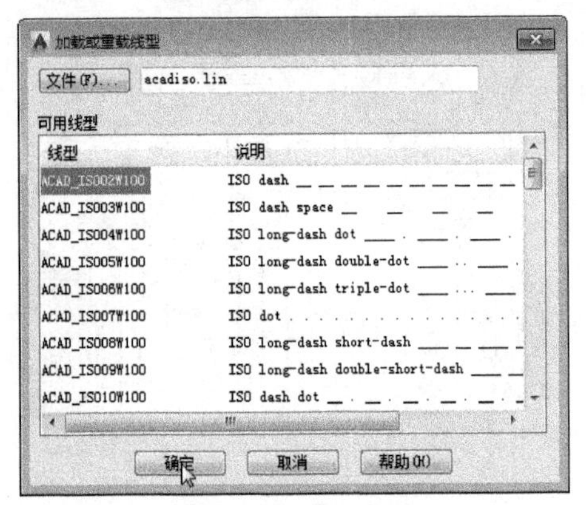

图2-53　选择线型

⑬ 单击“确定”按钮，返回至“选择线型”对话框，选中刚加载的虚线线型，单击“确定”按钮，如图2-54所示。

⑭ 完成线型的更改。返回绘图区并选中需要更改的虚线，如图2-55所示。

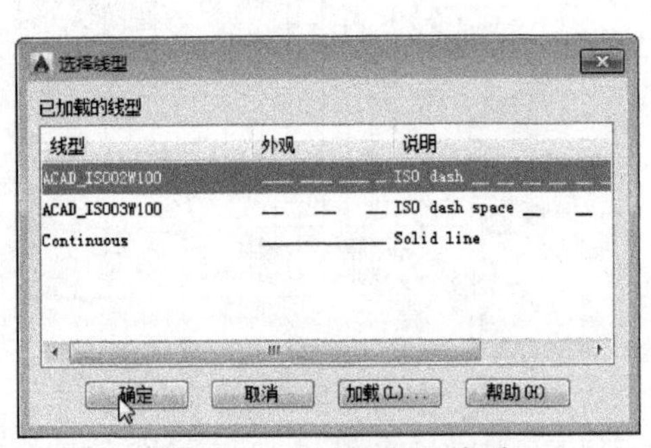

图2-54　选中加载的线型

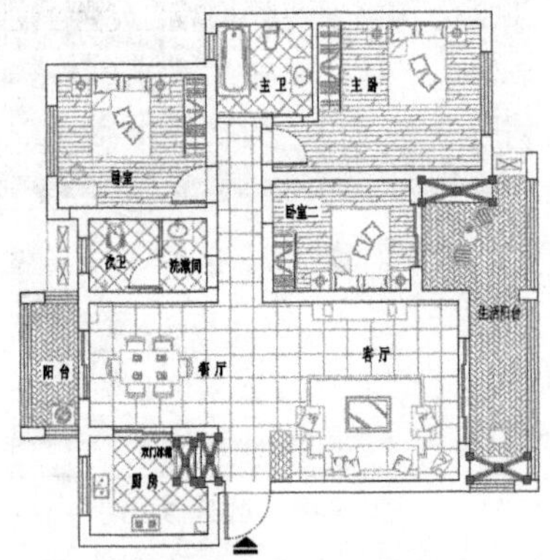

图2-55　选中虚线

⑮ 单击“特性”面板中的“特性”按钮，打开“特性”选项板，将线型比例设置为30，如图2-56所示。

⑯ 关闭“特性”选项板，返回绘图区查看修改效果，如图2-57所示。至此，三居室平面图的颜色与线型更改完成。

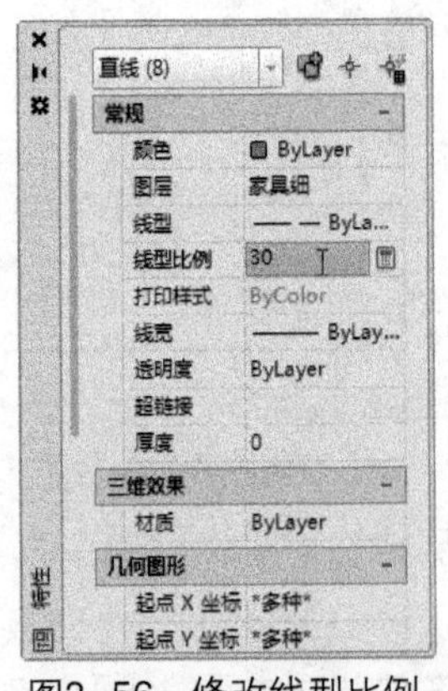

图2-56　修改线型比例

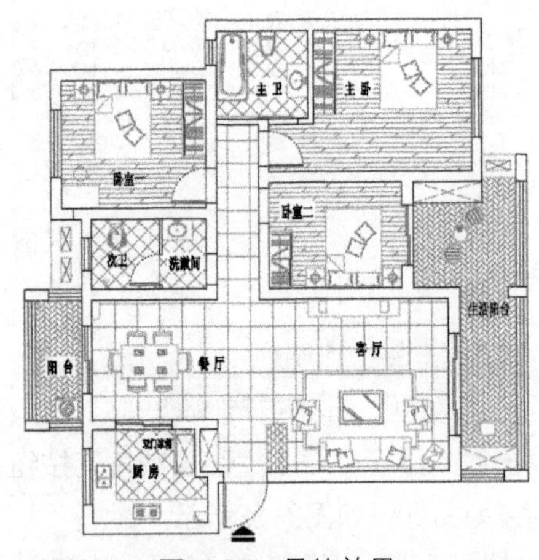

图2-57　最终效果

## 2.8 常见疑难解答

下面列举一些与本章内容相关的常见疑难问题及解答，以帮助读者更快速地了解软件功能。

**Q：为什么功能区面板下方的文件选项卡不见了？怎么恢复？**

A：在“选项”对话框中可以将该选项卡恢复显示。单击鼠标右键，在弹出的快捷菜单列表中选择“选项”选项，如图2-58所示。此时将打开“选项”对话框，在“窗口元素”选项组中勾选“显示文件选项卡”复选框，单击“确定”按钮即可完成设置，如图2-59所示。

图2-58 单击“选项”选项

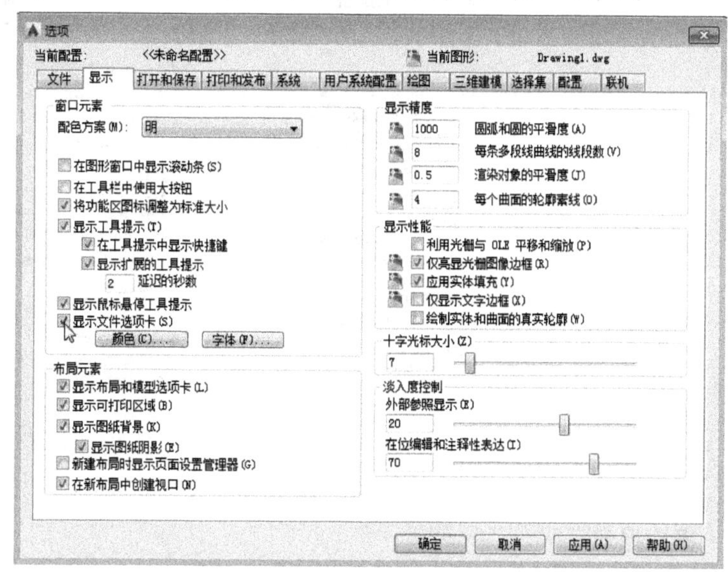


图2-59 勾选“显示文件选项卡”复选框

**Q：为什么新建文件中没有菜单栏？**

A：在AutoCAD 2015中，系统默认将菜单栏隐藏起来，用户利用快速访问工具栏可以将其显示出来。在快速访问工具栏中单击▼按钮，此时弹出自定义快速访问工具栏，在其中单击“显示菜单栏”选项即可显示菜单栏。

**Q：如何在指定布局视口中隐藏需要的图形？**

A：利用图层管理工具可以在指定布局视口中隐藏图形。打开图纸空间，双击并激活视口，在“常用”选项卡中单击图层下拉菜单按钮，在弹出的下拉列表中单击“在当前视口中冻结或解冻”按钮（选择隐藏对象所对应的图层），如图2-60所示。此时当前视口将隐藏该图层中的图形，如图2-61所示。

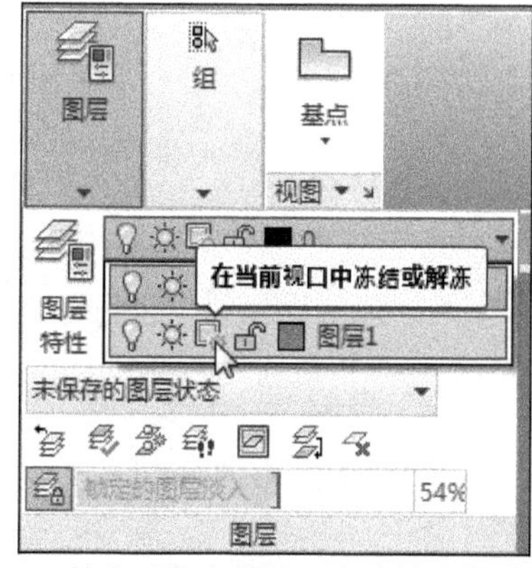


图2-60 单击“在当前视口中冻结或解冻”按钮

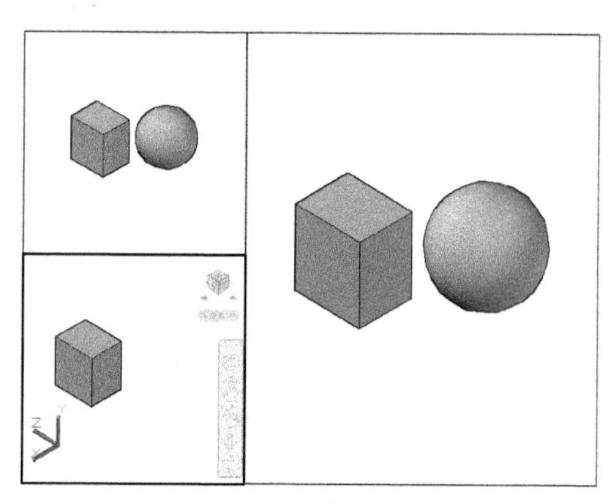

图2-61 隐藏图形效果

## 2.9 拓展应用练习

为了使读者更深入地了解本章内容，下面针对本章知识点列举几个案例，以供练习。

### 设置文件保存格式

将文件保存为AutoCAD 2013图形（*.dwg）格式，如图2-62所示。

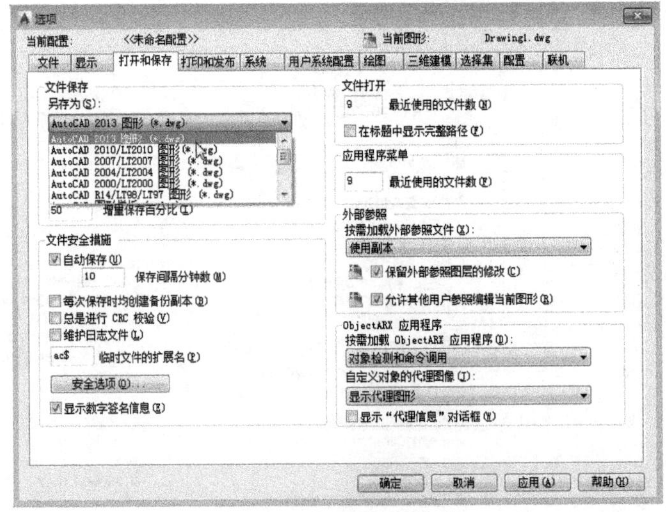


图2-62　设置保存格式

**操作提示**

01 执行“工具”|“选项”命令，打开“选项”对话框。

02 展开“另存为”下拉列表框，选择“AutoCAD 2013图形（*.dwg）”选项。

### 创建并设置线型

创建内边框、椅子、绿植等图层，并将图形对象置于相应的图层中，完成餐椅组合的绘制。

**操作提示**

01 打开“餐椅组合”文件，执行“格式”|“图层”命令。

02 打开“图层特性管理器”对话框，在其中创建并设置图层，如图2-63所示。

03 将文件中的图形与图层相对应，完成餐椅组合的绘制，如图2-64所示。

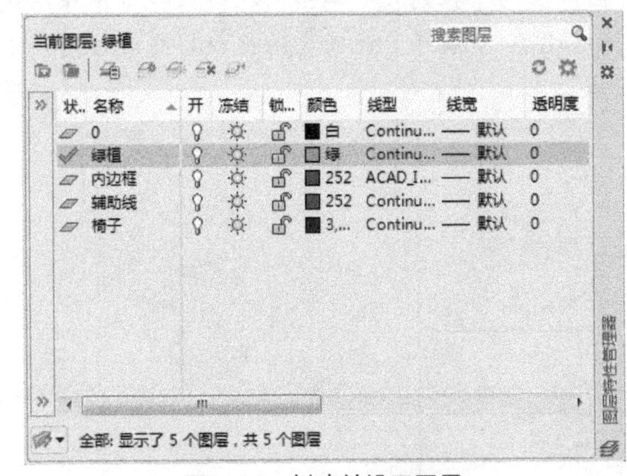


图2-63　创建并设置图层

图2-64　餐椅组合

# 第3章 二维图形的绘制与编辑

本章概述　在学习了AutoCAD 2015的基本操作后，接下来学习如何绘制二维图形。通过对本章内容的学习，读者可以熟悉二维图形的绘制与编辑操作，掌握图块的创建及属性设置方法，熟练应用图案填充命令填充所绘制的图形。

知识要点

- 绘制二维图形；
- 编辑二维图形；
- 创建图块；
- 应用图块；
- 填充图形。

## 3.1 绘制二维图形

常见的二维图形都比较简单，总的来讲是用点、线、面3种基本图形组合而成的。这也是整个AutoCAD 2015的绘图基础。因此，熟练掌握二维平面图形的绘制方法和技巧，才能绘制出复杂的图形。

### 3.1.1 绘制点

点是构成图形的基础，任何复杂曲线都是由无数个点构成的。点可以分为单个点和多个点，在绘制点之前需要设置点的样式。

#### 1. 设置点样式

默认情况下，点对象仅被显示为一个小圆点，用户可以利用系统变量PDMODE和PDSIZE来更改点的显示类型和尺寸。

点的样式有多种，用户需根据绘图习惯来进行选择。执行“实用工具”|“点样式”菜单命令，打开“点样式”对话框；或者在命令行中输入“DDPTYPE”，然后按回车键，也可打开“点样式”对话框，如图3-1所示。

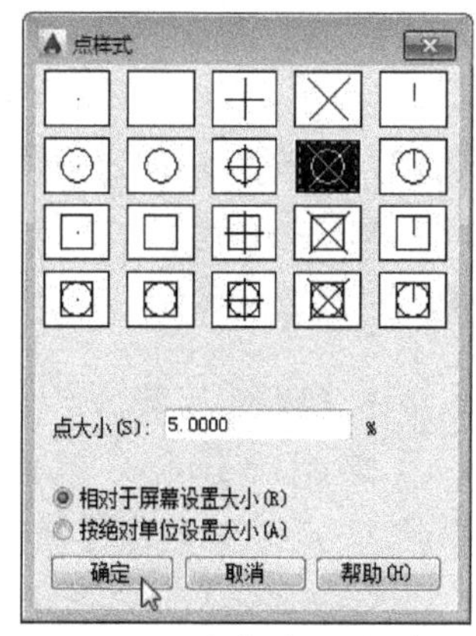

图3-1　“点样式”对话框

在“点样式”对话框中，根据需要选择点样式，单击“确定”按钮返回，则再次执行点命令，新绘制的点以及先前绘制的点的样式将以新的点类型和尺寸显示。

**绘图秘技 | 设置点样式**

若选中“相对于屏幕设置大小”单选按钮，则在“点大小”文本框中输入的是百分数；若选中“按绝对单位设置大小”单选按钮，则在文本框中输入的是实际单位。

#### 2. 绘制单点

在菜单栏中执行“绘图”|“点”|“单点”命令，即可在绘图窗口中指定位置进行单点绘制。

**3. 绘制多点**

绘制多点就是在输入命令后，能一次指定多个点。在“默认”选项卡的“绘图”面板中单击“多点”按钮，然后在绘图窗口中指定位置多次单击，即可完成多个点的绘制。

**4. 绘制定数等分点**

使用“定数等分”命令，可以将所选对象按指定的线段数目进行平均等分。这个操作并不将对象实际等分为单独的对象，而仅是标明定数等分点的位置，以便将它们作为几何参考点使用。

在AutoCAD 2015中，用户可以通过以下方法执行“定数等分”命令。

- 执行“绘图”|“点”|“定数等分”命令。
- 在“默认”选项卡的“绘图”面板中单击“定数等分”按钮。
- 在命令行中输入“DIVIDE”，然后按回车键。

【例3-1】定数等分圆形图案。

执行定数等分命令，之后根据命令行提示进行操作，等分前后效果如图3-2和图3-3所示。

命令行提示如下。

```
命令：_divide
选择要定数等分的对象：                    （选择图形中最外面的圆）
输入线段数目或[块(B)]：6                  （输入“6”，按回车键）
```

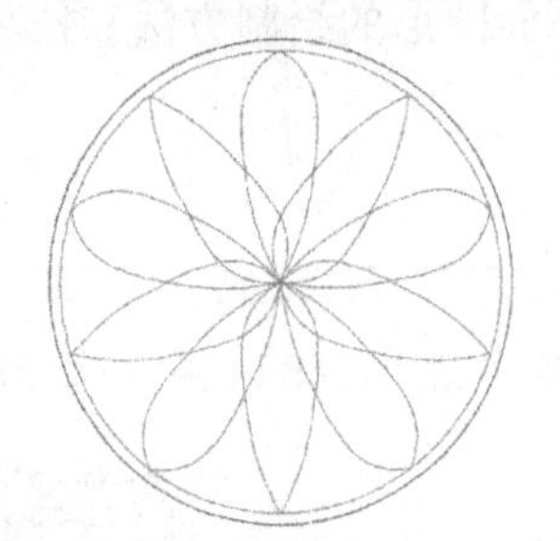

图3-2　选择外侧圆为等分对象

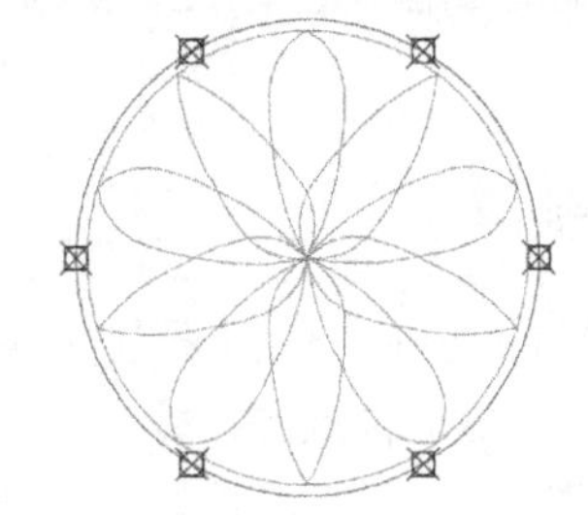

图3-3　等分结果

**注意事项|巧用定数等分**

在命令行中，用户输入的是定数等分，而不是放置点的位置。命令只能针对一个对象操作而不能对一组对象操作。

**5. 绘制定距等分点**

定距等分命令就是沿对象的长度或周长按指定间隔创建点对象或块。单击“绘图”|“点”|“定距等分”命令，即可根据命令行的提示来设置参数。

【例3-2】定距等分矩形。

执行定距等分命令，之后根据命令行提示进行操作。假设长度按150定距等分，则等分前后效果如图3-4和图3-5所示。

命令行提示如下。

```
命令：_measure
选择要定距等分的对象：                    （选择直线）
指定线段长度或[块(B)]：150                （输入“150”，按回车键）
```

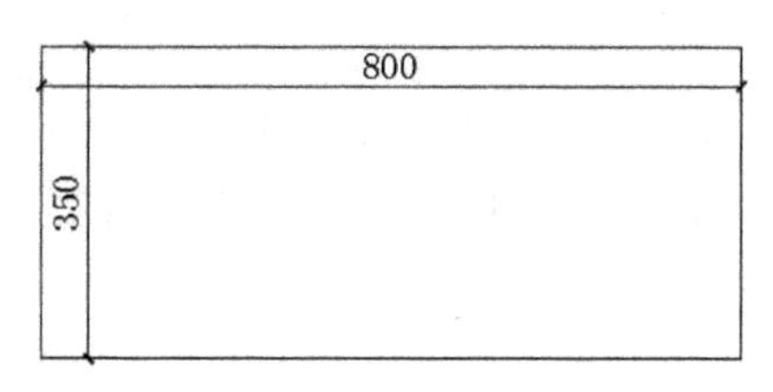

图3-4 选择对象

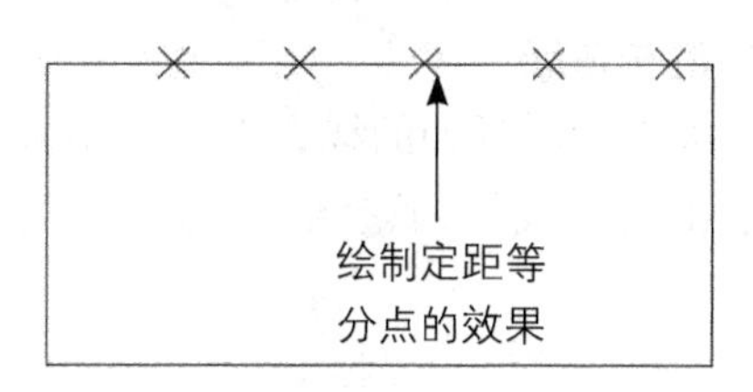

图3-5 等分结果

**注意事项|定距等分的应用**

放置点的起始位置从离选取对象点较近的端点开始。若输入的长度不能被对象总长度整除，则该对象最后的等分点到该段（或块）起始点之间的距离不是输入的长度。

### 3.1.2 绘制线段

在AutoCAD中，直线、构造线、射线是最简单的一组线性对象。各线型具有不同的特征，应根据绘图需要选择不同的线型。

**1. 绘制直线**

直线是绘制图形过程中最基本、最常用的绘图命令。用户可以通过以下方法执行“直线”命令。

- 单击“绘图”|“直线”命令。
- 在“默认”选项卡的“绘图”面板中单击“直线”按钮。
- 在命令行中输入快捷命令“L”，然后按回车键。

**【例3-3】**利用“直线”命令绘制四边形。

01 单击“绘图”面板中的“直线”按钮，在绘图窗口中指定起点，然后开启“正交”模式并向右移动，在光标处输入200，如图3-6所示。

02 按回车键后，在命令行中输入“@100，200”，按回车键确定第2个点，如图3-7所示。

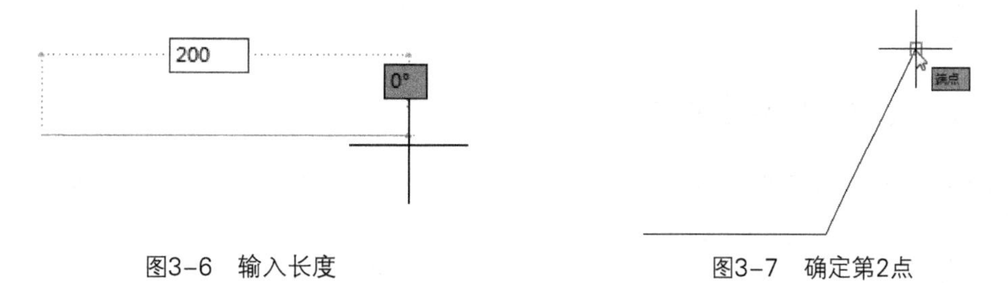

图3-6 输入长度　　图3-7 确定第2点

03 沿X轴负方向，向左绘制长度为200的直线，如图3-8所示。

04 根据命令行的提示，输入“C”即闭合选项，完成四边形的绘制，如图3-9所示。

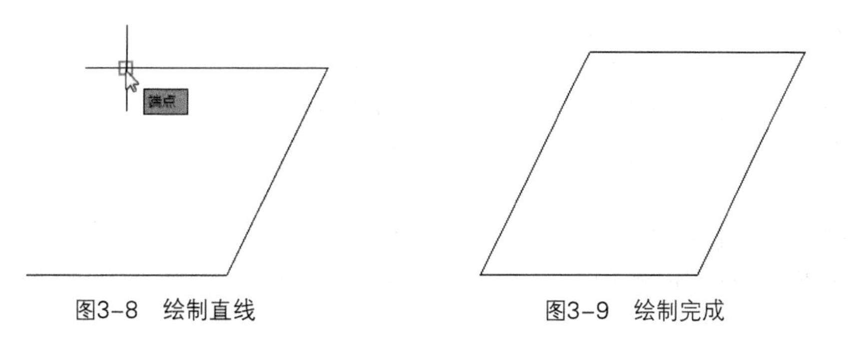

图3-8 绘制直线　　图3-9 绘制完成

**2. 绘制构造线**

构造线是无限延伸的线，也可以用来作为创建其他直线的参照，创建出水平、垂直、具有一定角度的构造线。构造线也起到辅助制图的作用。用户可以通过以下方法执行“构造线”命令。

- 单击“绘图”|“构造线”命令。
- 在“默认”选项卡的“绘图”面板中单击“构造线”按钮。
- 在命令行中输入快捷命令“XL”，然后按回车键。

执行“构造线”命令后，命令行提示内容如下。

```
命令：_xline
指定点或 [水平(H)/垂直(V)/角度(A)/二等分(B)/偏移(O)]：
指定通过点
```

**3. 绘制射线**

射线是以一个起点为中心，向某方向无限延伸的直线，常作为参照线使用。在AutoCAD中，射线常作为绘图辅助线来使用。用户可以通过以下方法执行“射线”命令。

- 单击“绘图”|“射线”命令。
- 在“默认”选项卡的“绘图”面板中单击“射线”按钮。
- 在命令行中输入“RAY”，然后按回车键。

执行“射线”命令后，命令行提示如下。

```
命令：_ray指定起点：                          （指定起点）
指定通过点：<正交 关>                         （指定确认方向点）
指定通过点：                                  （指定第2条射线方向点）
指定通过点：                                  （指定第3条射线方向点）
指定通过点：                                  （按回车键）
```

### 3.1.3 绘制矩形与多边形

在AutoCAD中，矩形及多边形可以构成一个单一的对象。熟练掌握这些绘图命令，可提高绘图效率。

**1. 绘制矩形**

矩形命令在AutoCAD中最常用的命令之一，它是通过两个角点来定义矩形的。用户可以通过以下方法执行“矩形”命令。

- 单击“绘图”|“矩形”命令。
- 在“默认”选项卡的“绘图”面板中单击“矩形”按钮。
- 在命令行中输入快捷命令“REC”，然后按回车键。

执行“矩形”命令后，先指定一个角点，随后指定另外一个角点，最基本的矩形就绘制完成了。

**【例3-4】**绘制倒角、圆角和设置线条宽度的矩形。

依次绘制400×300的倒角矩形、半径为100的圆角矩形和线宽度为50的圆角矩形。

01 执行“矩形”命令，根据命令行的提示绘制倒角矩形。选择“倒角”选项，倒角距离均为50，如图3-10所示。

02 在绘图窗口指定一点，然后选择“尺寸”选项，确定矩形的长度为400，宽度为300，按回车键完成倒角矩形的绘制，如图3-11所示。

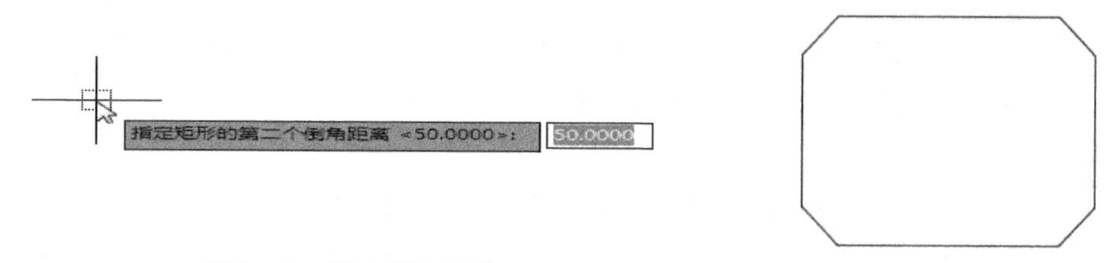


图3-10　输入倒角距离　　图3-11　倒角矩形绘制

03 再次执行“矩形”命令，根据命令行的提示选择“圆角”选项，输入圆角半径为100，如图3-12所示。

04 在绘图窗口指定一点，然后选择“尺寸”选项，长度、宽度为默认值，按3次回车键完成圆角矩形的绘制，如图3-13所示。

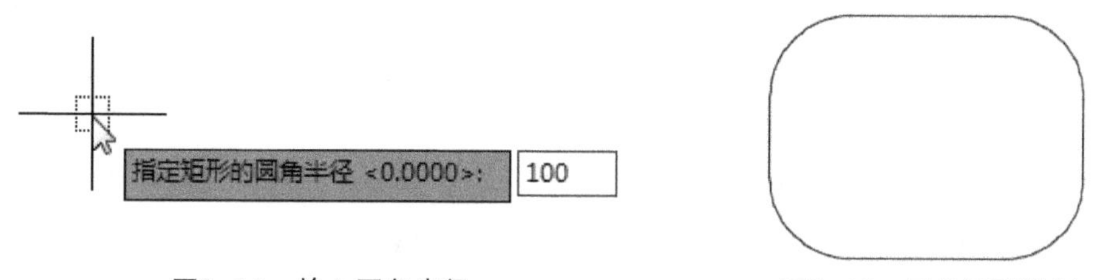


图3-12　输入圆角半径　　图3-13　圆角矩形绘制

05 继续执行“矩形”命令，命令行提示当前矩形模式为“圆角=100”，选择“宽度”选项，输入线宽为50，如图3-14所示。

06 在绘图窗口指定一点，然后选择“尺寸”选项，长度、宽度为默认值，按3次回车键完成指定线宽矩形的绘制，如图3-15所示。

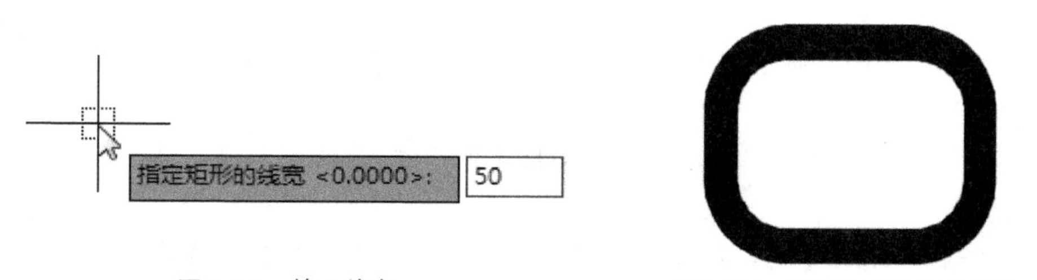


图3-14　输入线宽　　图3-15　线宽为50的圆角矩形

**2.绘制多边形**

正多边形是由多条边长相等的闭合线段组成的，其各边相等，各角也相等。默认情况下，正多边形的边数为4，用户可根据制图需要更改边数。用户可以通过以下方法执行“多边形”命令。

- 单击“绘图”|“多边形”命令。
- 在“默认”选项卡的“绘图”面板中单击“矩形”|“多边形”按钮。
- 在命令行中输入快捷命令“POL”，然后按回车键。

执行“多边形”命令后，命令行提示内容如下。

```
命令: _polygon 输入侧面数 <4>:                               (确定边数)
指定正多边形的中心点或 [边(E)]:
输入选项 [内接于圆(I)/外切于圆(C)] <I>:                      (选择选项)
指定圆的半径
```

根据命令提示中的选项可以看出，正多边形可以通过与假想的圆内接或外切的方法来绘制，也可以通过指定正多边形某一边端点的方法来绘制。

（1）内接于圆。

方法是先确定正多边形的中心位置，然后输入外接圆的半径。所输入的半径值是多边形的中心点到多边形任意端点间的距离，整个多边形位于一个虚构的圆中，如图3-16所示。

（2）外切于圆。

方法同“内接于圆”的方法一样，确定正多边形的中心位置，再输入圆的半径，但所输入的半径值为多边形的中心点到边线中点的垂直距离，如图3-17所示。

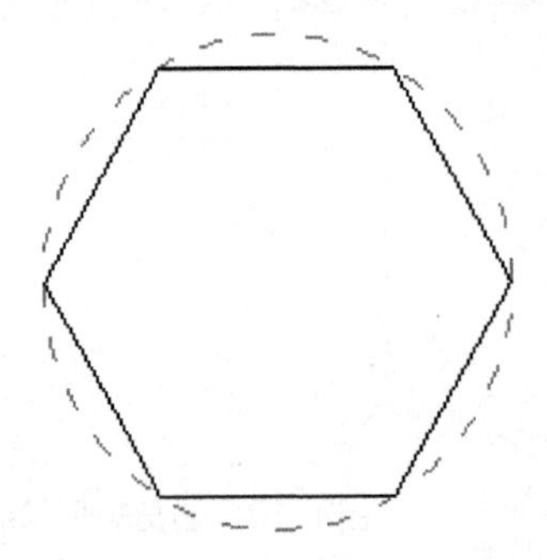

图3-16　内接于圆的正六边形

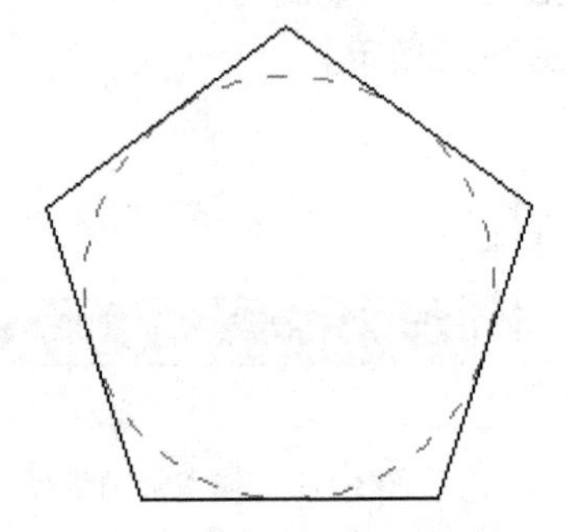

图3-17　外切于圆的正五边形

### 3.1.4　绘制圆形

下面将对圆类图形的绘制方法进行介绍。

**1. 绘制圆**

在绘制二维图形中，圆形使用的频率也是很高的。用户可以通过以下方法执行“圆”命令。

- 单击“绘图”|“圆”命令展开其下拉菜单，有6种绘制圆的方法可选。
- 在“默认”选项卡的“绘图”面板中单击“圆”下拉按钮，在展开的下拉菜单中将显示6种绘制圆方法的按钮，从中选择合适的方法，如图3-18所示。
- 在命令行中输入快捷命令“C”，然后按回车键。

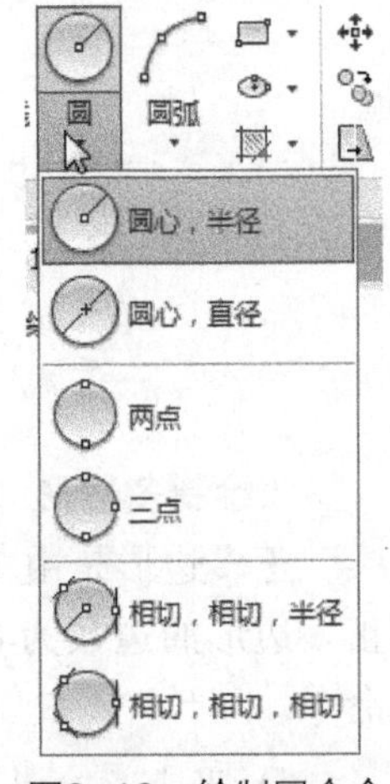


图3-18　绘制圆命令

在系统默认情况下，使用“圆心、半径”的圆的绘制方法，在绘图窗口中，进行圆的绘制。

命令行提示如下。

```
命令: _circle指定圆的圆心或[三点(3P)/两点(2P)/切点、切点、半径(T)]:
指定圆的半径或[直径(D)]<237.2158>: 100
```

**2. 绘制圆弧**

绘制圆弧一般需要指定3个点，圆弧的起点、圆弧上的点和圆弧的端点。在AutoCAD 2015中，绘制圆弧的方法有11种，“三点”命令为系统默认绘制方式，用户可以通过以下方法执行“圆弧”命令。

- 单击“绘图”|“圆弧”命令展开其下拉菜单，选择合适的绘制方法。
- 在“默认”选项卡的“绘图”面板中单击“圆弧”下拉按钮，在展开的下拉菜单中选择合适方式，如图3-19所示。

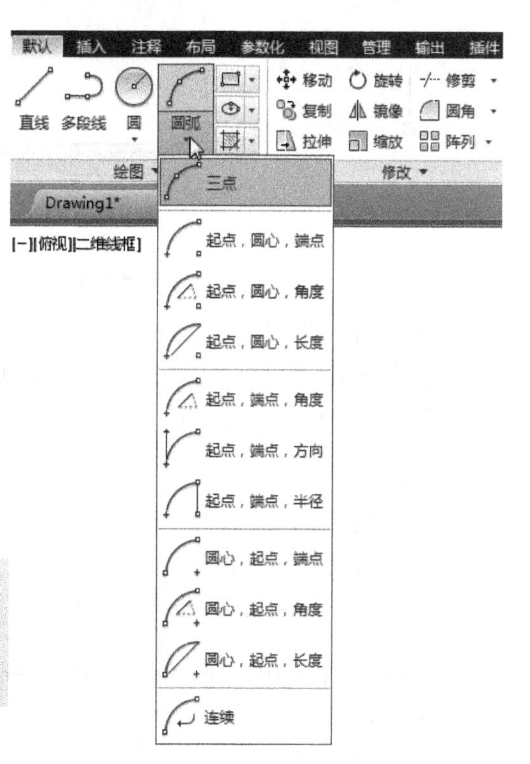


图3-19 绘制圆弧的命令

**绘图秘技 | 默认三点绘图命令**

“三点”命令是通过指定3个点来创建一条圆弧曲线。第1个点为圆弧的起点，第2个点为圆弧上的点，第3个点为圆弧的端点。

**3. 绘制椭圆**

椭圆曲线有长半轴和短半轴之分，长半轴与短半轴的值决定了椭圆曲线的形状。绘制椭圆有3种表现方式：圆心；轴，端点；椭圆弧。其中“圆心”是系统默认的绘制方式。设置椭圆的起始角度和终止角度可以绘制椭圆弧。

用户可以通过以下方法执行“椭圆”命令。

- 单击“绘图”|“椭圆”命令展开其下拉菜单，选择“圆心”按钮或“轴，端点”按钮。
- 在“默认”选项卡的“绘图”面板中单击“椭圆”下拉按钮，在展开的下拉菜单中选择“圆心”按钮或“轴，端点”按钮。
- 在命令行中输入快捷命令“EL”，然后按回车键。

（1）圆心方式。

圆心方式是通过指定椭圆的圆心、长半轴的端点以及短半轴的长度绘制椭圆。在AutoCAD 2015中，执行“圆心”命令后，命令行提示内容如下。

```
命令：_ellispse
指定椭圆的轴端点或[圆弧(A)/中心点(C)]：_c
指定椭圆的中心点：                                  (指定轴的中心点)
指定轴的端点：                                      (指定轴的端点)
指定另一半轴长度或[旋转(R)]：          (确定另一半轴的长度值，按回车键)
```

【例3-5】使用“圆心”命令绘制椭圆。

01 执行“圆心”命令，输入点坐标（0，0），指定原点为中心点，然后向右移动光标确定长半轴长度，输入端点坐标（@400，0），如图3-20所示。

02 按回车键后，输入200确定短半轴的长度，再次按回车键即可完成椭圆的绘制，如图3-21所示。

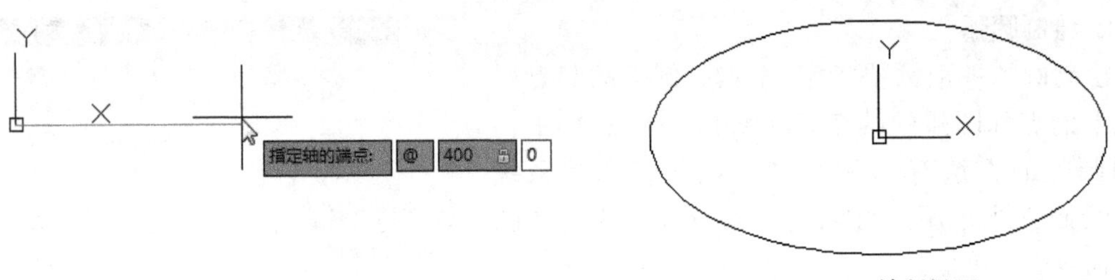


图3-20　输入端点坐标　　　图3-21　绘制椭圆

（2）轴，端点方式。

该方式是在绘图区域直接指定椭圆其一轴的两个端点，再输入另一条半轴的长度，即可完成椭圆弧的绘制。执行“轴，端点”命令后，命令行提示如下。

```
命令：_ellispse
指定椭圆的轴端点或[圆弧（A）/中心点（C）]:
指定轴的另一个端点:                                    （指定轴的端点）
指定另一条半轴长度或 [旋转（R）]:                      （指定轴的另一端点）
```

【例3-6】使用“轴，端点”命令绘制椭圆。

01 执行“轴，端点”命令，输入点坐标（0，0），指定原点为椭圆的轴端点，然后向右移动光标并输入点坐标（@400，0），确定轴的另一个端点，如图3-22所示。

02 按回车键后，输入50确定另一条半轴的长度，再次按回车键即可完成椭圆的绘制，如图3-23所示。

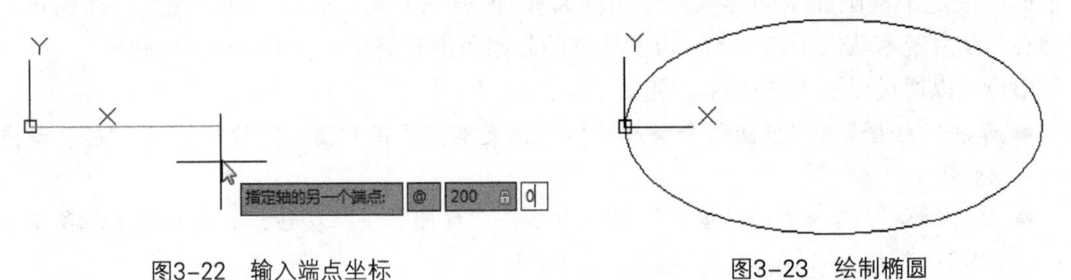


图3-22　输入端点坐标　　　图3-23　绘制椭圆

**4. 绘制椭圆弧**

椭圆弧是指椭圆的部分弧线。指定圆弧的起始角和终止角，即可绘制椭圆弧。在AutoCAD 2015中，用户可以通过以下方法执行“椭圆弧”命令。

- 单击“绘图”|“椭圆”→“椭圆弧”按钮。
- 在“默认”选项卡的“绘图”面板中单击“椭圆”下拉按钮，在展开的下拉菜单中选择“椭圆弧”按钮。

执行“椭圆弧”命令后，命令行提示内容如下。

```
命令：命令：_ellispse
指定椭圆的轴端点或[圆弧（A）/中心点（C）]：_a              （确定为椭圆弧）
指定椭圆弧的轴端点或[中心点/（C）]:                        （确定一个轴起点）
指定轴的另一端点:                                          （确定轴端点）
指定另一半轴长度或[旋转（R）]:                             （确定另一条半轴长度）
指定起点角度或[参数（P）]:                                 （确定弧的起点）
指定起点角度或[参数（P）/包含角度（I）]:                    （确定弧的端点）
```

【例3-7】使用“椭圆弧”命令绘制椭圆弧。

绘制一个长半轴为100，短半轴为60的椭圆弧图形。

01 单击“绘图”面板中的“椭圆弧”按钮，输入点坐标（0，0），作为椭圆弧的轴端点，向右移动光标输入100，确定轴的另一个端点，如图3-24所示。

02 按回车键后，向上移动光标输入另一条半轴的长度30，如图3-25所示。

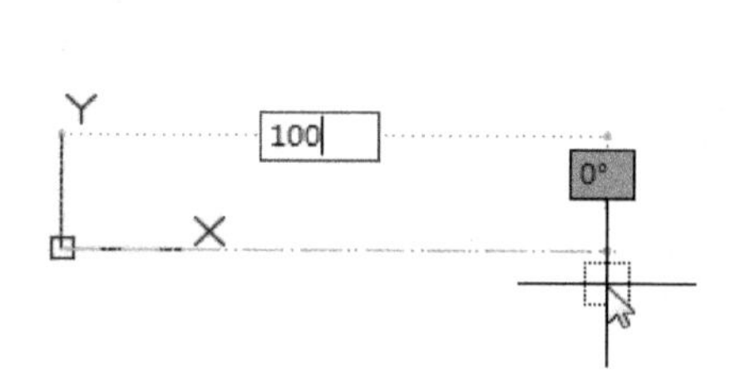


图3-24 输入点坐标

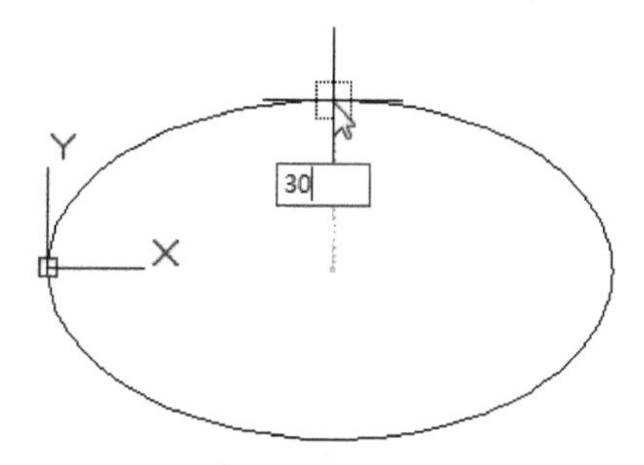


图3-25 输入另一轴半轴长

03 按回车键后，输入起始角度为0°，如图3-26所示。

04 按回车键后，输入终止角度为300，如图3-27所示。

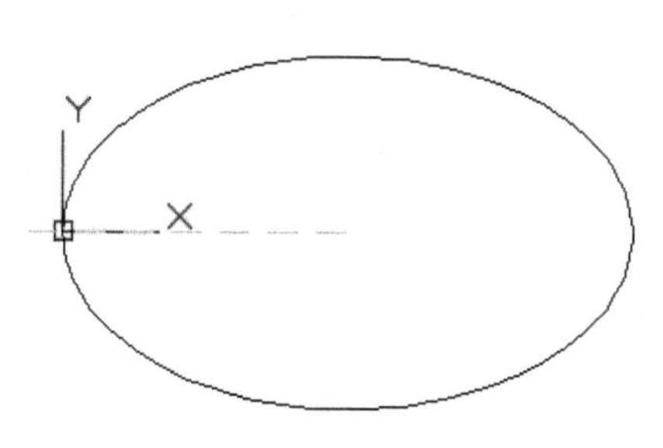


图3-26 设置起始角度

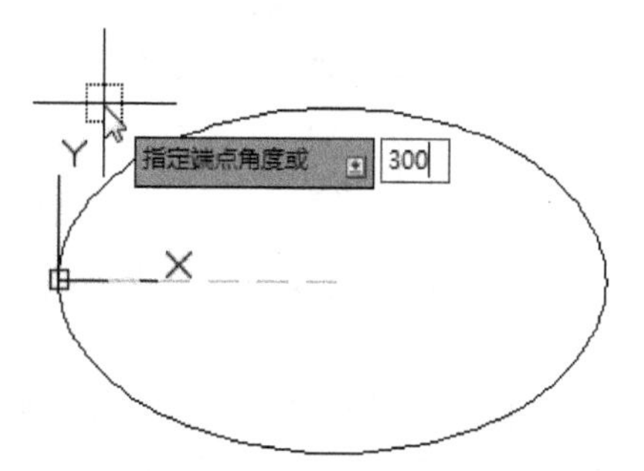


图3-27 设置终止角度

05 再次按回车键即可完成椭圆弧的绘制，如图3-28所示。

06 选择椭圆弧，其在选择状态下如图3-29所示。

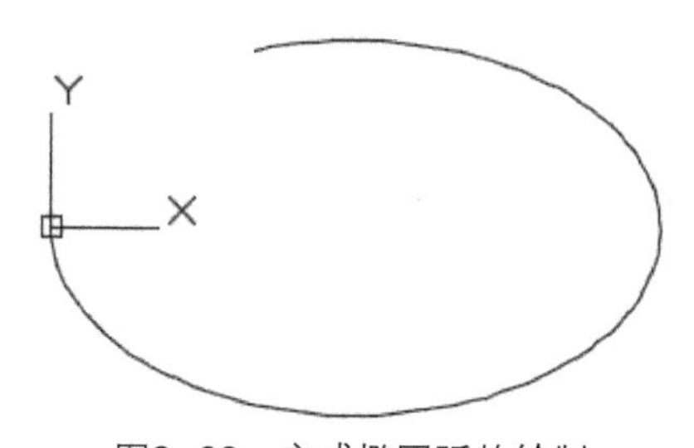


图3-28 完成椭圆弧的绘制

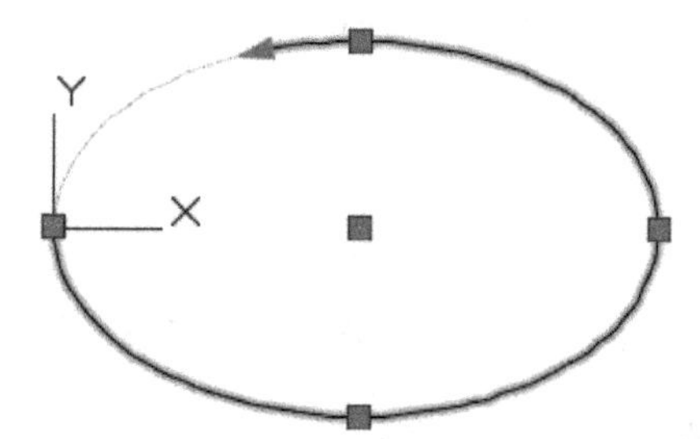


图3-29 选择所绘制的椭圆弧

### 5. 绘制圆环

圆环是填充环或实体填充圆，即带有宽度的闭合多段线。创建圆环需要指定它的内外直径和圆心。通过指定不同的中心点，可以创建具有相同直径的多个副本。想要创建实体填充圆，将内径值指定为0即可。可通过以下方法执行“圆环”命令。

- 单击“绘图”|“圆环”按钮◎。
- 在“默认”选项卡的“绘图”面板中单击“圆环”按钮◎。
- 在命令行输入快捷命令“DO”，然后按回车键。

【例3-8】使用“圆环”命令绘制圆环组合。

执行“圆环”命令，根据命令行的提示绘制内径为100，外径为120的圆环，如图3-30所示。创建一个圆环之后，继续指定圆环的中心点，即可绘制多个圆环，如图3-31所示。

命令行提示如下。

```
命令：_donut
指定圆环的内径<0.50>：100                    （确定内圆的直径）
指定圆环的外径<1.00>：120                    （确定外圆的直径）
指定圆环的中心点或<退出>                      （确定位置）
指定圆环的中心点或<退出>：                    （可以连续绘制圆环）
指定圆环的中心点或<退出>：                    （按回车键）
```

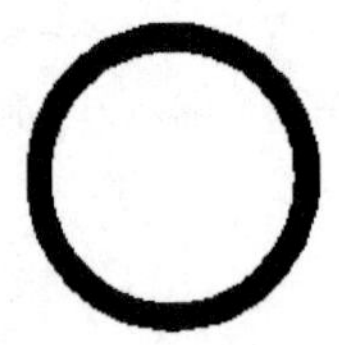

图3-30　创建圆环

图3-31　绘制多个圆环

### 3.1.5　绘制多段线

多段线是作为单个对象创建的相互连接的线段序列。在绘制多段线时，可以随时选择下一条线的宽度、线型和定位方法，从而连续绘制出不同属性线段的多段线。

用户可以通过下列方法执行多段线命令。

- 单击“绘图”|“多段线”按钮。
- 在“默认”选项卡的“绘图”面板中单击“多段线”按钮。
- 在命令行中输入快捷命令“PL”，然后按回车键。

执行“多段线”命令后，命令行提示如下。

```
命令：_pline
指定起点：
当前线宽为0.00
指定下一个点或 [圆弧（A）/半宽（H）/长度（L）/放弃（U）/宽度（W）]：
```

【例3-9】使用“多段线”命令绘制箭头。

01 单击“绘图”面板中的“多段线”按钮，在绘图窗口中指定多段线的起点后，输入点坐标（@500，0），如图3-32所示。

02 输入A并按回车键，选择“圆弧”选项，然后输入点坐标（@0，300），如图3-33所示。

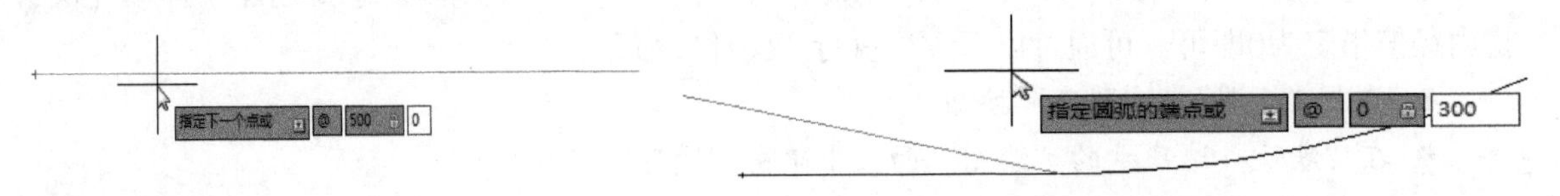


图3-32　指定点坐标　　　图3-33　输入坐标点

03 按回车键后，圆弧绘制完毕。然后输入“L”并按回车键，选择“直线”选项，输入点坐标（-250，0），如图3-34所示。

04 输入“W”并按回车键，选择“宽度”选项，设置起点宽度为60，端点宽度为0；指定一点并按回车键确认，完成箭头的绘制，如图3-35所示。

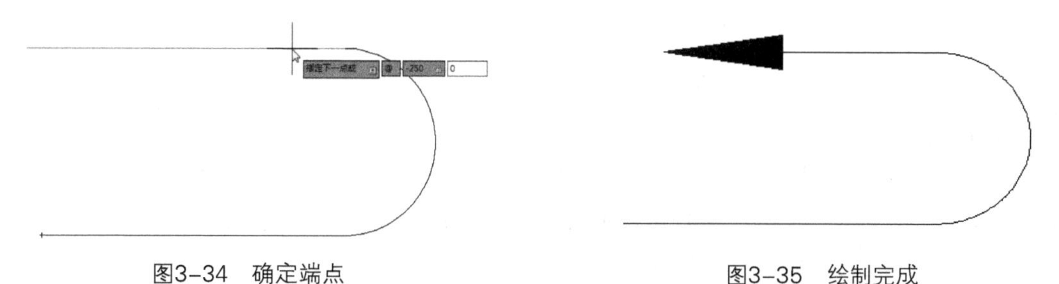

图3-34 确定端点

图3-35 绘制完成

## 3.1.6 绘制样条曲线、云线

本小节将介绍样条曲线与云线的绘制方法与技巧。

**1. 样条曲线**

样条曲线是经过或接近影响曲线形状的一系列点的平滑曲线。可以使用控制点或拟合点创建或编辑样条曲线。默认情况下，样条曲线是一系列三阶（也称为“三次”）多项式的过渡曲线段。三次样条曲线是最常用的，它是模拟使用柔性条带手动创建的样条曲线。这些条带的形状由数据点处的权值塑造。用户可以通过以下方法执行“样条曲线”命令。

- 单击“绘图”|“样条曲线”按钮，在下拉菜单中选择“样条曲线拟合”按钮或“样条曲线控制点”按钮。
- 在“默认”选项卡的“绘图”面板中单击“样条曲线拟合”按钮或“样条曲线控制点”按钮。
- 在命令行中输入快捷命令“SPL”，然后按回车键。

**【例3-10】**按照要求绘制样条曲线。

执行“样条曲线”命令后，根据命令行提示，依次指定起点、中间点和终点，即可绘制出样条曲线，如图3-36和图3-37所示。

命令行提示如下。

```
命令：_SPLINE
当前设置：方式=拟合　　节点=弦
指定第一个点或 [方式（M）/阶数（D）/对象（O）]：_M
输入样条曲线创建方式 [拟合（F）/控制点（CV）]<拟合>：_CV
当前设置：方式=控制点　　阶数=3
指定第一个点或[方式（M）/阶数（D）/对象（O）]：          （指定样条曲线起点）
输入下一个点：<正交 关>                                  （指定下一点）
输入下一个点或[放弃（U）]：                              （指定下一点）
输入下一个点或[闭合（C）/放弃（U）]：                    （指定下一点）
输入下一个点或[闭合（C）/放弃（U）]：                    （指定下一点）
输入下一个点或[闭合（C）/放弃（U）]：                    （按回车键）
```

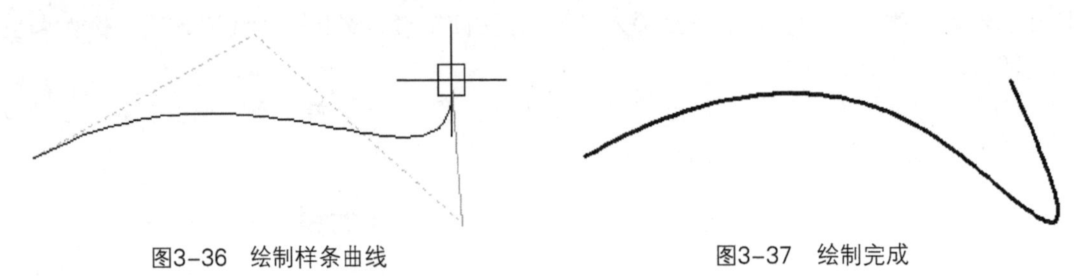

图3-36 绘制样条曲线　　图3-37 绘制完成

**2. 绘制修订云线**

修订云线是由连续圆弧组成的多段线，常常用于绘制花坛、花丛图形中，也可在检查阶段提醒用户注意图形的某个部分。用户可以通过以下方法执行“修订云线”命令。

- 单击“绘图”|“修订云线”按钮。
- 在“默认”选项卡的“绘图”面板中单击“修订云线”按钮。
- 在命令行中输入“REVCLOUD ”，然后按回车键。

执行“修订云线”命令后，命令行提示如下。

```
命令：_revcloud
最小弧长：120    最大弧长：120    样式：手绘
指定起点或[弧长(A)/对象(O)/样式(S)] <对象>：a          (确定为样式)
指定最小弧长<120>：50                                   (确定最小弧长值)
指定最大弧长<50>：70                                    (确定最大弧长值)
指定起点或[弧长(A)/对象(O)/样式(S)] <对象>：            (指定云线起点)
沿云线路径引导十字光标…                                 (移动光标并单击，绘制云线)
```

绘制结果如图3-38和图3-39所示。

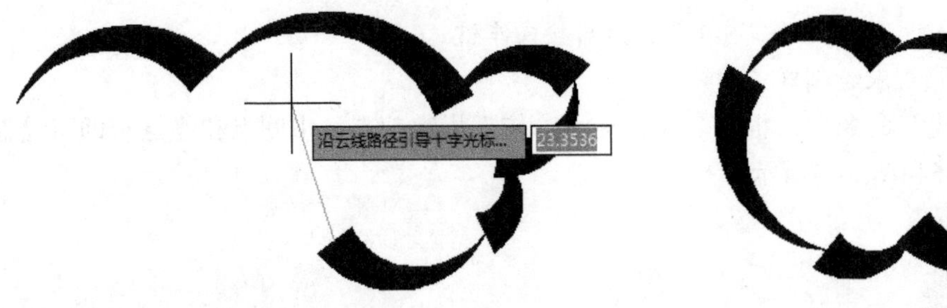


图3-38 绘制云线

图3-39 绘制完成

**绘图秘技 | REVCLOUD命令的使用**

REVCLOUD命令在系统注册表中存储上一次使用的圆弧长度，当程序和使用不同比例因子的图形一起使用时，用Dimscale乘以此值以保持统一。

## 3.2 编辑二维图形

使用绘图命令只能创建出一些基本图形对象，要绘制较为复杂的图形，需借助图形的修改编辑功能来完成。AutoCAD 2015的图形编辑功能非常完善，它提供了一系列编辑图形的工具，利用这些工具可以合理地构造和组织图形，保证绘图的准确性，简化操作，提高效率。

### 3.2.1 选择对象

编辑图形前要对图形进行选择，选择后以虚线亮显所选对象。亮显的对象构成选择集，选择集可包含单个对象，也可以包含多个对象。选取图形有多种方法，常用的有逐个选取、窗口选取和交叉选取等。

在命令行中输入“SELECT”，在命令行“选择对象：”提示下输入“？”按回车键，再根据其中的信息提示，选择相应的选项即可指定对象的选择模式。

执行“多线”命令后，命令行提示内容如下。

```
命令：SELECT
选择对象：?
*无效选择*
需要点或 窗口（W）/上一个（L）/窗交（C）/框（BOX）/全部（ALL）/栏选（F）/
圈围（WP）/圈交（CP）/编组（G）/添加（A）/
删除（R）/多个（M）/前一个（P）/放弃（U）/自动（AU）/单个（SI）/子对象（SU）/对象（O）
```

**1. 用拾取框选择单个对象**

在命令行中输入“SELECT”，默认情况下光标将变成拾取框，之后单击选择对象，系统将检索选中的图形对象。在“隐含窗口”处于打开状态时，若拾取框没有选中图形对象，则该选择将变为窗口或交叉窗口的第一角点。这种选择方法既方便又直观，但选择排列密集的对象时，此方法不宜使用。

**2. 以窗口方式和窗交方式选择对象**

下面介绍使用窗口方式和窗交方式选取图形的操作方法。

（1）以窗口方式选取图形。

在图形窗口中选择第一个对角点，从左向右移动鼠标，显示出一个实线矩形，如图3-40所示。然后选择第二个对角点。选取的对象为完全包含在实线矩形中的对象，不在该窗口内的或者只有部分在该窗口内的对象不会被选中，如图3-41所示。

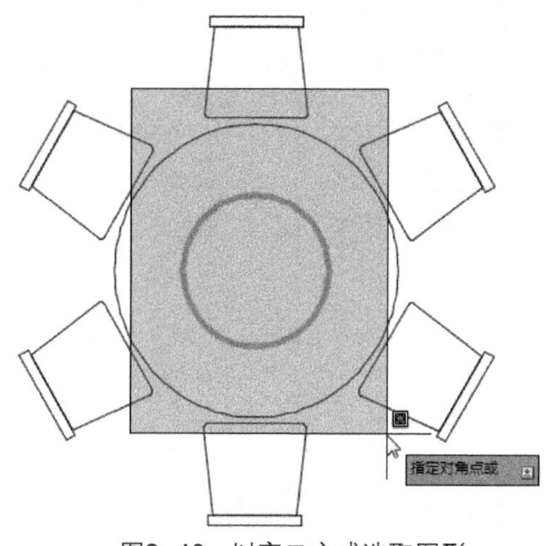


图3-40 以窗口方式选取图形

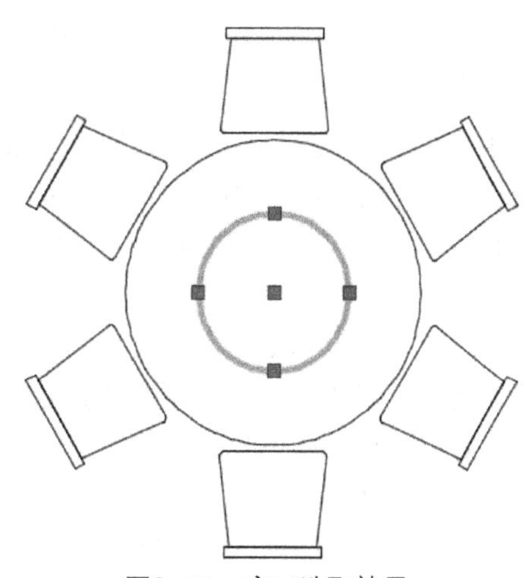

图3-41 窗口选取效果

（2）窗交方式选取图形。

在图形窗口中选择第一个对角点，从右向左移动鼠标显示一个虚线矩形，如图3-42所示。然后选择第二个对角。全部位于窗口之内或与窗口边界相交的对象都将被选中，如图3-43所示。

在窗交模式下并不是只能从右向左拖动矩形来选择对象，也可以在命令行中输入“SELECT”，按回车键，然后输入“？”按回车键，再根据命令行的提示选择“窗交（C）”选项，此时将可以从左向右以窗交方式选取图形对象。

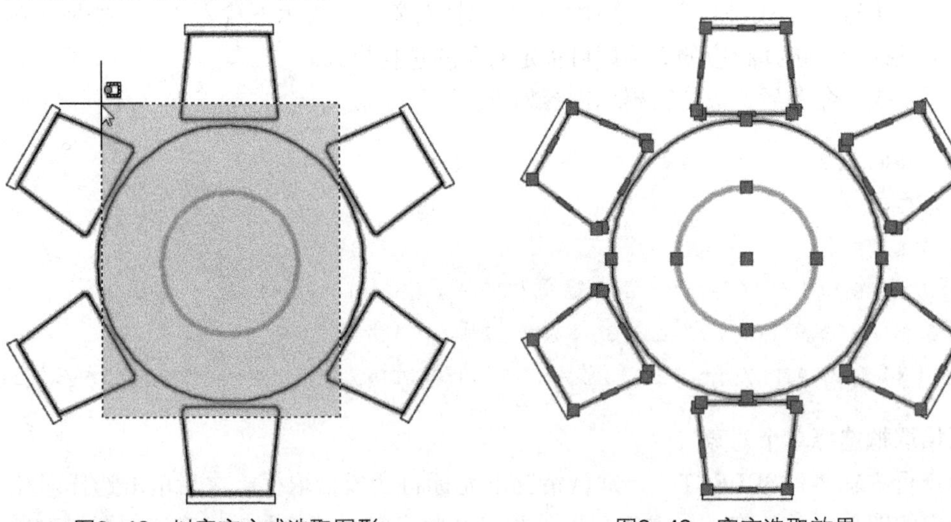

图3-42　以窗交方式选取图形　　　　图3-43　窗交选取效果

### 3. 快速选择图形对象

当需要选择具有某些共同特性的对象时，可通过在“快速选择”对话框中进行相应的设置，根据图形对象的图层、颜色、图案填充等特性和类型来创建选择集。

在AutoCAD 2015中，用户可以通过以下方法执行“快速选择”命令。

- 单击“工具”|“快速选择”按钮。
- 在“默认”选项卡的“实用工具”面板中单击“快速选择”按钮。
- 在命令行中输入“QSELECT”，然后按回车键。

执行上述任一操作后，将打开“快速选择”对话框，如图3-44所示。在“如何应用”选项组中可以选择应用的范围。若选中“包含在新选择集中”单选按钮，则表示将按设定的条件创建新选择集；若选中“排除在新选择集外”单选按钮，则表示将按设定条件选择对象，选择的对象将被排除在选择集之外，即根据这些对象之外的其他对象创建选择集。

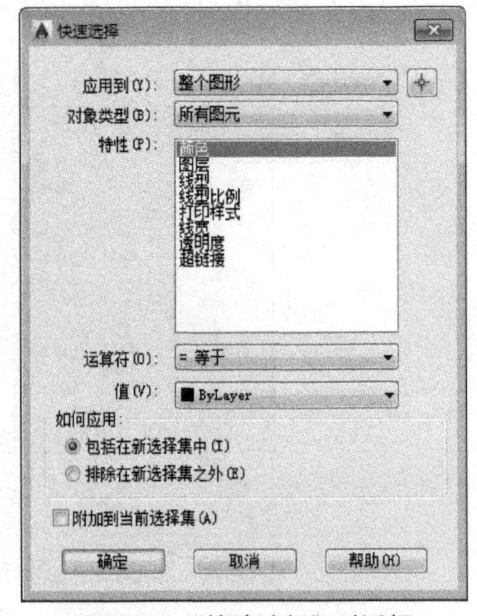


图3-44　“快速选择”对话框

### 4. 编组选择图形对象

编组选择是将图形对象进行编组以创建选择集。编组是已命名的对象选择，随图形一起保存。用户可以通过以下方法执行“快速选择”命令。

- 在“默认”选项卡的“组”面板中单击“编组管理器”按钮。
- 在命令行中输入“CLASSICGROUP”，然后按回车键。

执行上述任一操作后，将打开“对象编组”对话框，如图3-45所示。利用该对话框除了可创建对象编组以外，还可以对编组进行编辑——在“编组名”列表框中选中要修改的编组，然后在“修改编组”选项组中单击下面的按钮进行相应操作。

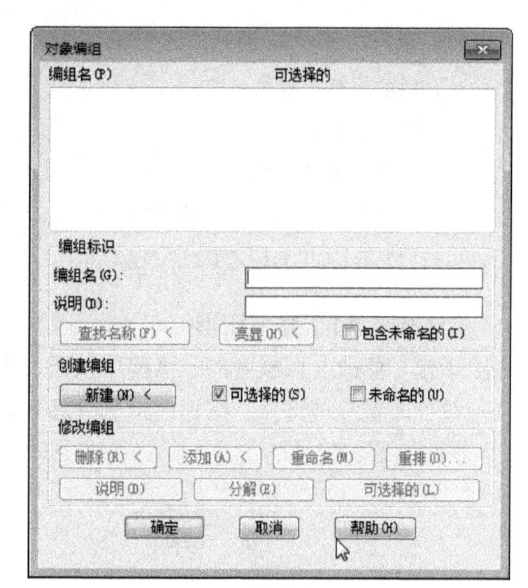

图3-45 “对象编组”对话框

### 3.2.2 删除与修剪对象

在绘制图形的时候，经常需要删除一些辅助或错误的图形，或者是直接修剪图形对象。下面将介绍这两种操作。

#### 1. 删除

在绘制图形的时候，经常需要删除一些辅助或错误的图形。用户可以通过以下方法执行“删除”命令。

- 单击“修改” | “删除”按钮。
- 在“默认”选项卡的“修改”面板中单击“删除”按钮。
- 在命令行中输入快捷命令“E”，然后按回车键。

执行“删除”命令后，命令行提示内容如下。

```
命令: _erase
选择对象: 找到1个                                    (选择对象)
选择对象:                                            (按回车键确认)
```

图3-46所示为选择要删除的对象，图3-47所示为删除结果。

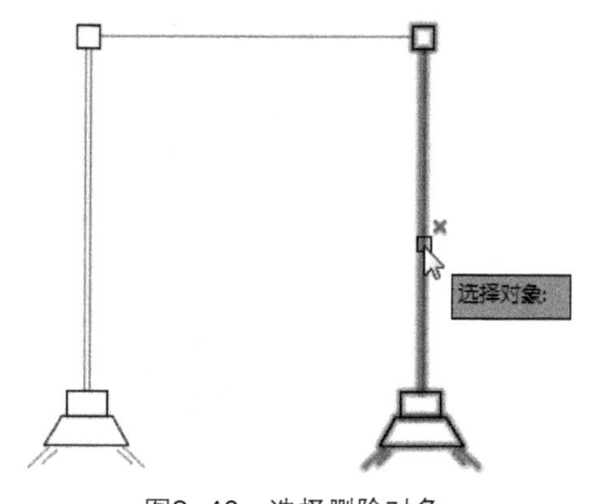

图3-46 选择删除对象

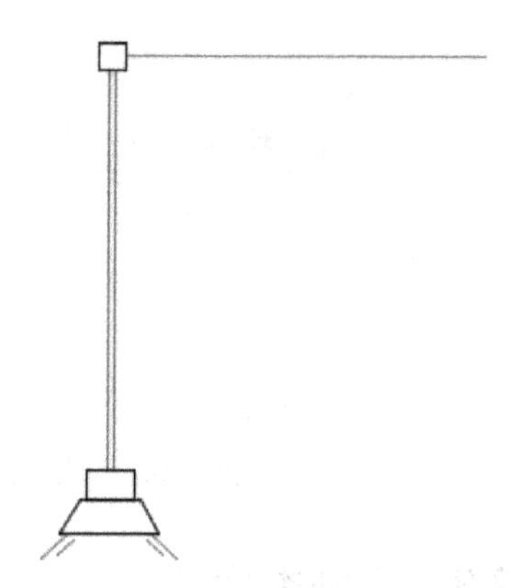
图3-47 删除结果

#### 2. 修剪

修剪命令可将超出图形边界的线段修剪掉。在AutoCAD 2015中，用户可以通过以下方法执行“修剪”命令。

- 单击“修改” | “修剪”按钮。
- 在“默认”选项卡的“修改”面板中单击“修剪”按钮。
- 在命令行中输入快捷命令“TR”，然后按回车键。

执行“修剪”命令后，命令行提示内容如下。

```
命令：_trim
当前设置：投影=UCS，边=无
选择剪切边...
选择对象或 <全部选择>：                    （按回车键可选择全部图形）
选择要修剪的对象，或按住 Shift 键选择要延伸的对象，或
[栏选(F)/窗交(C)/投影(P)/边(E)/删除(R)/放弃(U)]：
```

【例3-11】修剪图形。

01 单击“修改”面板中的“修剪”按钮，根据命令行提示选择修剪对象，如图3-48所示。

02 按回车键完成选择，根据提示删除圆外侧所有线段，如图3-49所示。按回车键完成修剪。

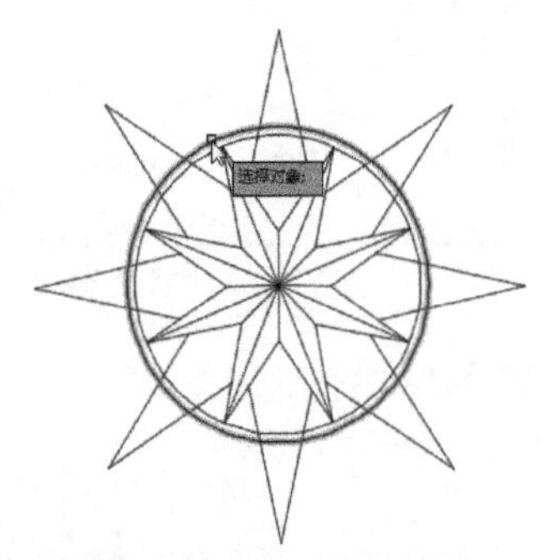


图3-48 选择修剪对象

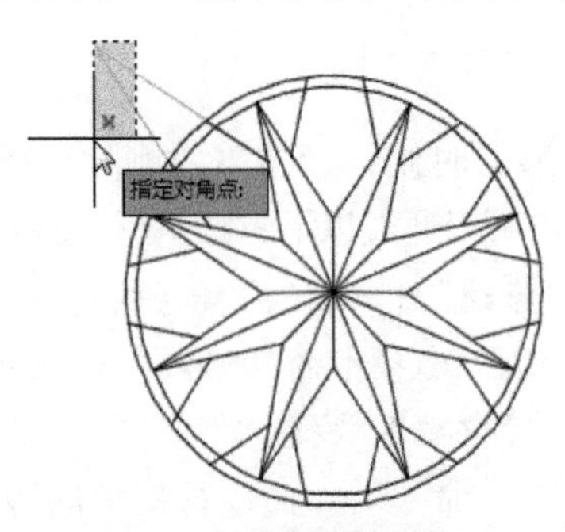


图3-49 修剪效果

03 继续按回车键执行“修剪”命令，按回车键选择所有对象为修剪对象，删除重叠部分，如图3-50所示。

04 若修剪错线段，按Ctrl+Z键撤销当前删除的线段；若完成删除命令后按Ctrl+Z键，可撤销此次的修剪命令。修剪结果如图3-51所示。

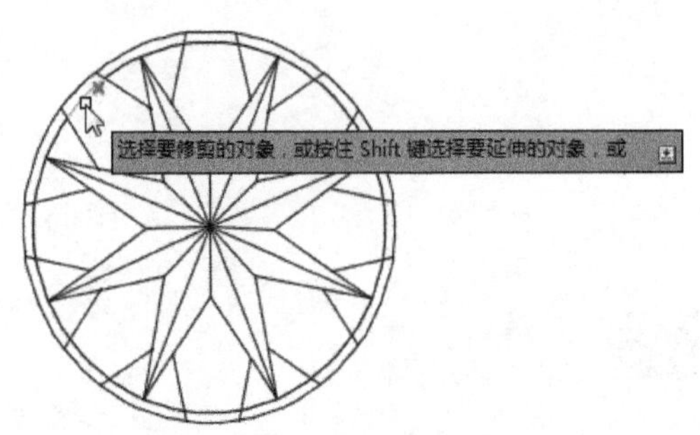


图3-50 删除重叠部分

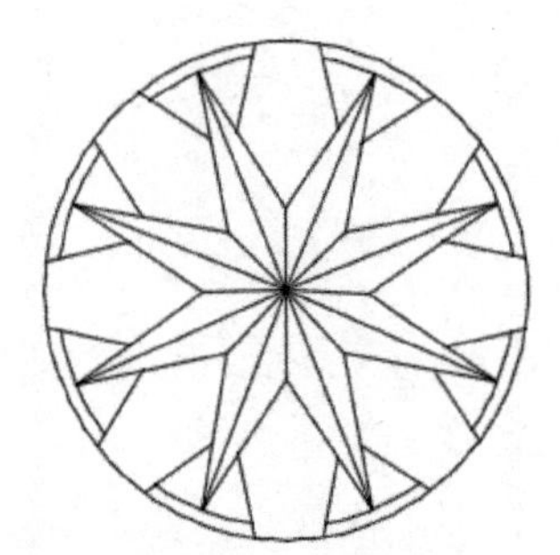

图3-51 修剪效果

### 3.2.3 复制类命令

在绘制图形时，使用“复制”、“镜像”、“阵列”、“偏移”命令，可以复制对象，创建与源对象相同或相似的图形。

#### 1. 复制

复制对象是将原对象保留，移动原对象的副本图形，复制后的对象将继承原对象的属性。在AutoCAD 2015中，用户可以通过以下方法执行“复制”命令。

- 单击“编辑”|“复制”按钮。
- 在“默认”选项卡的“修改”面板中单击“复制”按钮。

● 在命令行中输入快捷命令“CO”，然后按回车键。

【例3-12】复制灯笼图形。

打开图形文件，选择要复制的对象，再选择复制的基点进行绘制，如图3-52和图3-53所示。命令行提示如下。

```
命令：_copy
选择对象：                                                    （选择复制的对象）
选择对象：
当前设置：
指定基点或[位移（D）/模式（O）] <位移>：                          （确定基准点）
指定第二个点或[阵列（A）] <使用第一个点作为位移>：        （移动鼠标确定所需复制到的点）
指定第二个点或 [阵列（A）/退出（E）/放弃（U）] <退出>：              （按回车键确定）
```

图3-52　复制对象

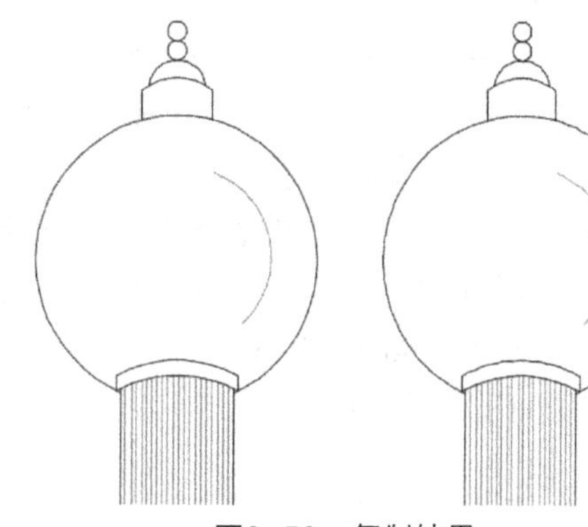

图3-53　复制结果

**2. 镜像**

镜像是指源对象按照指定的镜像轴进行对称复制，源对象可以保留或删除，创建出对称的镜像图像。该功能经常用于绘制对称图形。在AutoCAD 2015中，用户可以通过以下方法执行“镜像”命令。

● 单击“编辑”|“镜像”按钮。

● 在“默认”选项卡的“修改”面板中单击“镜像”按钮。

● 在命令行中输入快捷命令“MI”，然后按回车键。

【例3-13】镜像藤椅，绘制组合茶几。

打开图形文件，选择要镜像的对象后执行“镜像”命令，根据命令行的提示进行操作，如图3-54和图3-55所示。

命令行提示如下。

```
命令：_mirror
选择对象：指定对角点：找到30个                                （选中镜像的对象）
选择对象：                                                      （按回车键确定）
指定镜像线的第一点：                                          （以中心点为镜像点）
指定镜像线的第二点：                                              （确定另一点）
要删除源对象吗？[是（Y）/否（N）] <N>：                           （按回车键确定）
```

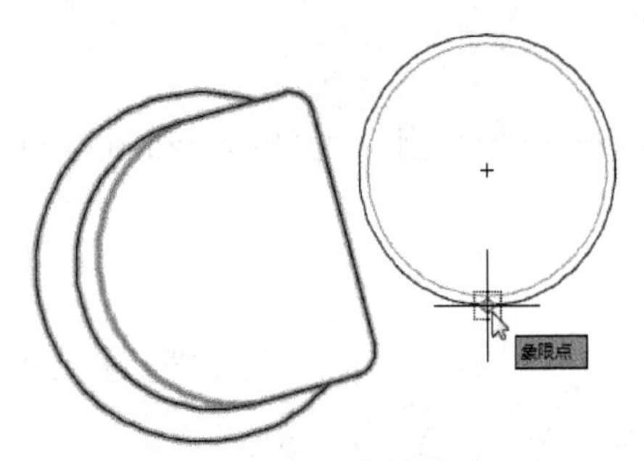

图3-54 指定镜像第一点

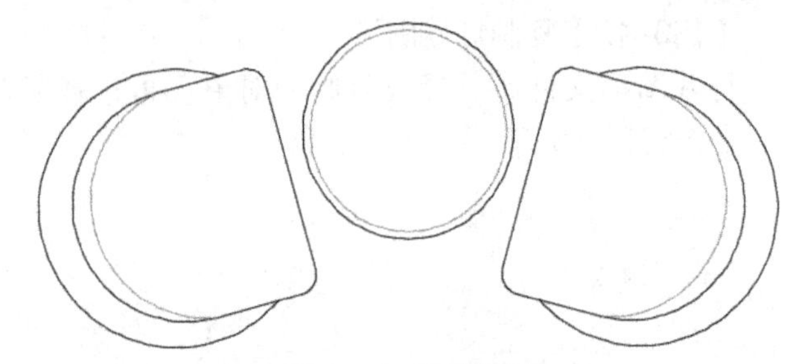

图3-55 镜像结果

**3. 阵列**

阵列命令是一种有规则的复制命令，在绘制一些有规则分布的图形时，可以使用该命令来解决。在AutoCAD 2015软件中，阵列命令有3种：环形阵列、矩形阵列和路径阵列。

（1）矩形阵列。

矩形阵列是按任意行、列和层级组合进行对象副本分布。在“默认”选项卡的“修改”面板中单击“矩形阵列”按钮，或者在命令行中输入“ARRAYRECT”，然后按回车键。之后即可在绘图窗口中进行图形阵列分布。

**【例3-14】**利用矩形阵列命令绘制一个2行3列的图形组合。

执行“矩形阵列”命令后，系统将自动将图形生成3行4列的矩形阵列，之后根据命令行提示进行绘制，如图3-56和图3-57所示。

命令行提示内容如下。

```
命令：_arrayrect
选择对象：指定对角点：
选择对象：
类型=矩形    关联=是
为项目数指定对角点或[基点（B）/角度（A）/计数（C）] <计数>：          （按回车键确定）
输入行数或[表达式（E）]<4>：2                                      （输入阵列行数值）
输入列数或 [表达式（E）] <4>：3                                    （输入阵列列数值）
指定对角点以间隔项目或[间距（S）] <间距>：                          （调整图形间距）
按Enter键接受或[关联（AS）/基点（B）/行（R）/
列（C）/层（L）/退出（X）] <退出>：                                （按回车键确定）
```

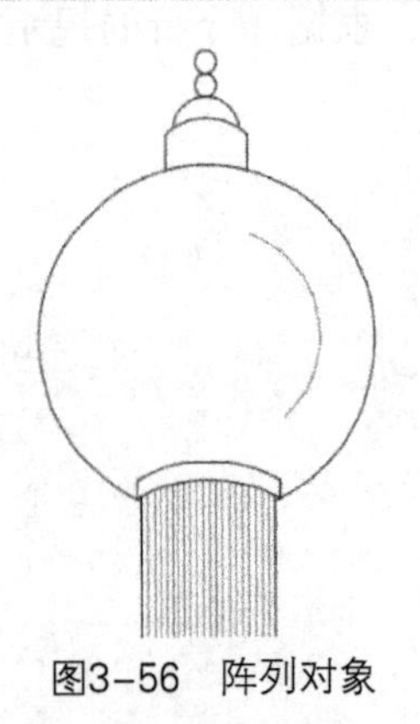

图3-56 阵列对象

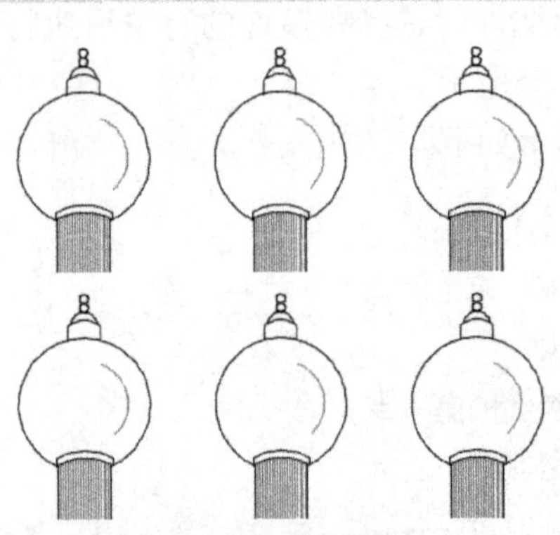

图3-57 阵列结果

（2）环形阵列。

环形阵列是绕某个中心点或旋转轴形成的环形图案平均分布对象副本。单击“修改”|“环形阵列”命令，或在“默认”选项卡的“修改”面板中单击“环形阵列”按钮，可执行环形阵列命令。

**【例3-15】**利用环形阵列命令绘制轮盘。

执行环形阵列命令后，根据命令行的提示进行绘制。绘制过程如图3-58和图3-59所示。

命令行提示如下。

```
命令：_arraypolar
选择对象：找到3个                                              （选中图形）
选择对象：                                                    （按回车键）
类型=极轴    关联=是
指定阵列的中心点或[基点（B）/旋转轴（A）]：
输入项目数或[项目间角度（A）/表达式（E）] <4>：16                  （输入数值）
指定填充角度（+=逆时针、-=顺时针）或[表达式（EX）] <360>：          （确定阵列角度）
按Enter键接受或[关联（AS）/基点（B）/项目（I）/项目间角度（A）/填充角度（F）/
行（ROW）/层（L）/旋转项目（ROT）/退出（X）]：                    （按回车键确定）
```

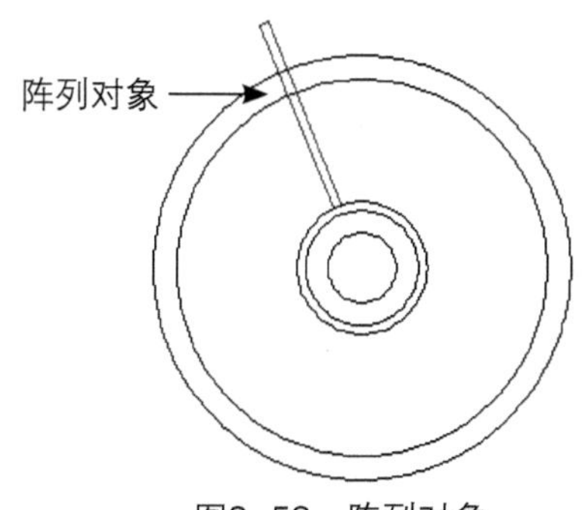


图3-58　阵列对象

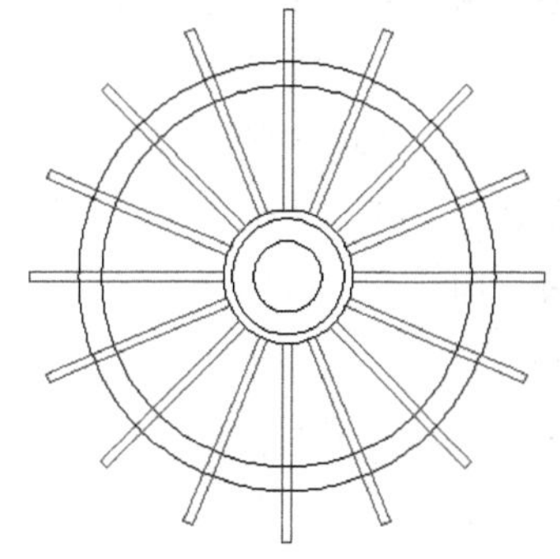

图3-59　环形阵列结果

**绘图秘技|巧妙填充角度正负值**

默认情况下，填充角度若为正值，表示将沿逆时针方向环形阵列对象，若为负值则表示将沿顺时针方向环形阵列对象。

（3）路径阵列

路径阵列是沿整个路径或部分路径平均分布对象副本，路径可以是曲线、弧线、折线等所有开放型线段。单击“修改”|“路径阵列”命令，或者在“默认”选项卡的“修改”面板中单击“路径阵列”按钮，按照命令栏中的提示信息，即可进行绘制。

**【例3-16】**利用路径阵列命令绘制吧台。

执行矩形阵列命令后，根据命令行的提示进行绘制。绘制过程如图3-60和图3-61所示。

命令行提示如下。

```
命令：_arraypath
选择对象：                                            （选中所要阵列的图形）
```

```
选择对象:
类型=路径  关联=是
选择路径曲线:                                                    (选中阵列路径)
输入沿路径的项数或[方向(O)/表达式(E)] <方向>:                      (输入数值)
指定沿路径的项目之间的距离或[定数等分(D)/总距离(T)/表达式(E)]
<沿路径平均定数等分(D)>:                                          (按回车键)
按Enter键接受或[关联(AS)/基点(B)/项目(I)/行(R)/层(L)/对齐项目(A)/Z方
向(Z)/退出(X)]<退出>:                                             (按回车键确定)
```

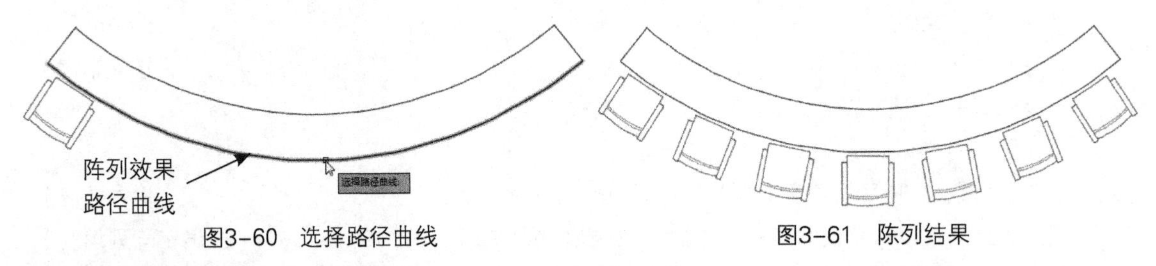

图3-60 选择路径曲线　　图3-61 陈列结果

**4. 偏移**

偏移是将现有图形朝一个方向偏移一定距离，并在新的位置生成相同的图形，偏移后的对象与原来对象具有相同的形状。在AutoCAD 2015中，用户可以通过以下方法执行“偏移”命令。

（1）单击“修改”|“偏移”按钮。

（2）在“默认”选项卡的“修改”面板中单击“偏移”按钮。

（3）在命令行中输入快捷命令“O”，按回车键。

命令行提示如下。

```
命令: _offset
当前设置: 删除源=否  图层=源  OFFSETGAPTYPE=0
指定偏移距离或[通过(T)/删除(E)/图层(L)] <通过>:                  (输入偏移距离值)
选择要偏移的对象，或[退出(E)/放弃(U)] <退出>:                      (选择要偏移的对象)
指定要偏移的那一侧上的点，或[退出(E)/多个(M)/放弃(U)]<退出>: (选择方向，单击左键)
选择要偏移的对象，或[退出(E)/放弃(U)] <退出>:                      (按回车键确定)
```

使用该命令时要注意以下几点。

- 只能以直接拾取方式选择对象。
- 如果用给定偏移方式复制对象，距离值必须大于零。
- 如果给定的距离值或通过点的位置不合适，或者指定的对象不能由偏移命令确认，系统将会给出相应提示。
- 对不同对象执行偏移命令后会产生不同的结果。

## 3.2.4 移动类命令

下面将对常见的移动命令、旋转命令、对齐命令进行详细介绍。

**1. 移动**

移动图形对象是指在不改变对象的方向和大小的情况下，从当前位置移动到新的位置。在

AutoCAD 2015中，用户可以通过以下方法执行“移动”命令。

- 单击“修改”|“移动”按钮。
- 在“默认”选项卡的“修改”面板中单击“移动”按钮。
- 在命令行中输入快捷命令“M”，然后按回车键。

【例3-17】利用移动命令移动椅子图形。

打开如图3-62所示的图形文件，执行移动命令，按照命令行的提示进行移动，结果如图3-63所示。

命令行提示如下。

```
命令：_move
选择对象：指定对角点：找到151个                    （选择图形）
选择对象                                          （按回车键）
指定基点或[位移（D）] <位移>：                     （选择基点）
指定第二个点或<使用第一个点作为位移>                （指定所要移动到的点位置）
```

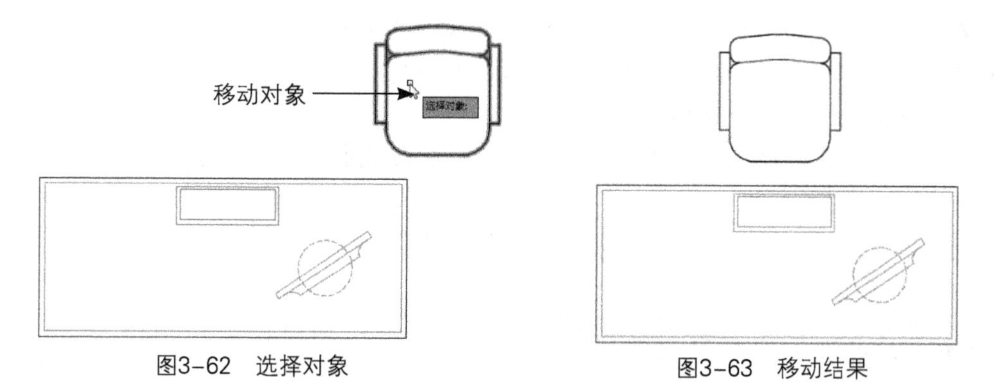


图3-62　选择对象　　图3-63　移动结果

**2. 旋转**

旋转图形是将图形以指定的角度绕基点进行旋转。在AutoCAD 2015中，用户可以通过以下方法执行“旋转”命令。

- 单击“修改”|“旋转”按钮。
- 在“默认”选项卡的“修改”面板中单击“旋转”按钮。
- 在命令行中输入快捷命令“RO”，然后按回车键。

【例3-18】利用旋转命令旋转台球桌图形。

打开如图3-64所示的图形文件，执行旋转命令，按照命令行的提示进行图形的旋转，结果如图3-65所示。

命令行提示如下。

```
命令：_rotate
UCS 当前的正角方向：ANGDIR=逆时针   ANGBASE=0.00
选择对象：指定对角点：找到1个                      （选择图形）
选择对象：                                        （按回车键）
指定基点：                                        （选择旋转基点）
指定旋转角度，或[复制（C）/参照（R）] <0.00>：      （进行旋转）
```

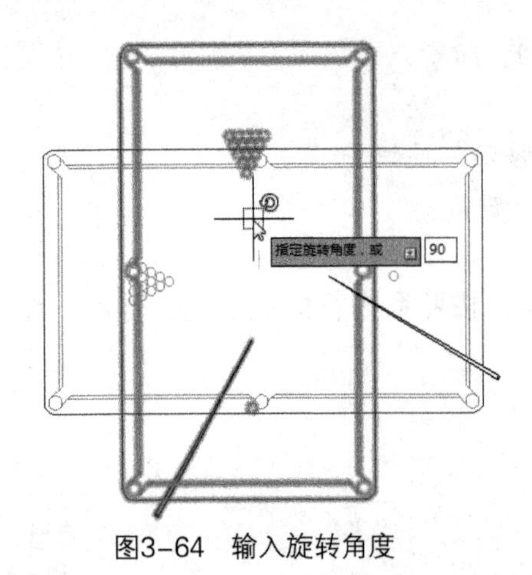


图3-64　输入旋转角度

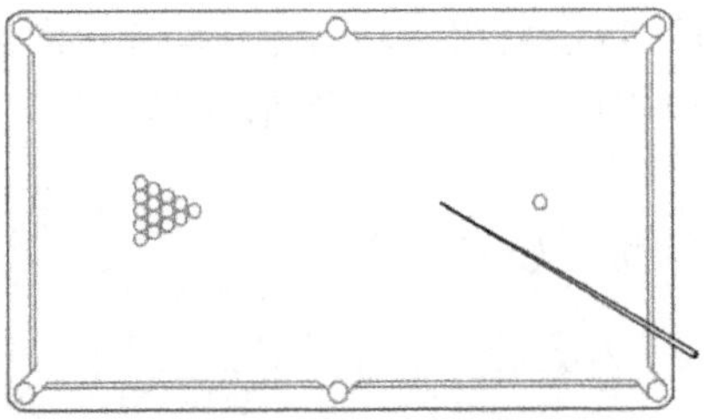

图3-65　旋转结果

**3. 对齐**

对齐图形是指定一对、两对或三对源点和定义点来移动、旋转或倾斜选定的对象，从而将它们与其他对象上的点对齐，同时还能缩放图形比例。通过下列方法可执行对齐命令。

- 在“默认”选项卡的“修改”面板中单击“对齐”按钮。
- 在命令行中输入快捷命令“AL”，然后按回车键。

**【例3-19】**利用对齐命令绘制饮水机。

打开如图3-66所示的图形文件并执行对齐命令。按照命令行的提示进行绘制，结果如图3-67所示。

命令行提示内容如下。

```
命令：_align
选择对象：找到 1 个                                  （选择源对象）
选择对象：
指定第一个源点：                                    （源对象上对齐的第一点）
指定第一个目标点：                                  （目标对象上对齐的第一点）
指定第二个源点：                                    （源对象上对齐的第二点）
指定第二个目标点：                                  （目标对象上对齐的第二点）
指定第三个源点或 <继续>：
是否基于对齐点缩放对象？[是（Y）/否（N）] <否>：        （缩放命令）
```

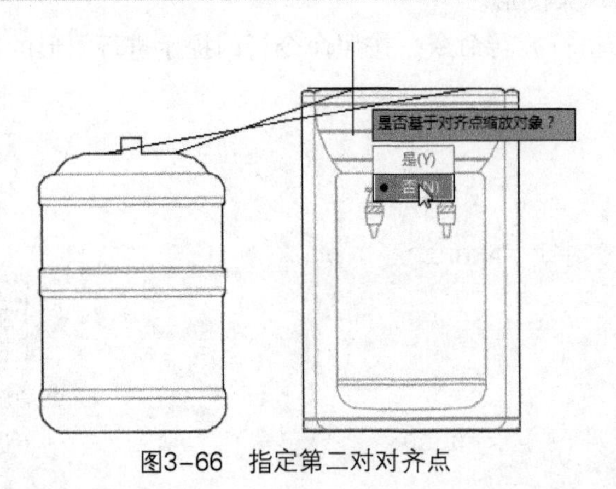


图3-66　指定第二对对齐点

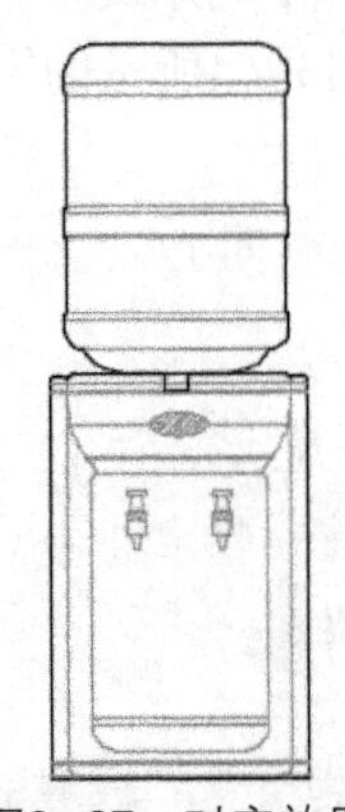

图3-67　对齐效果

### 3.2.5 调整类命令

下面介绍AutoCAD绘图中的缩放命令、拉伸命令和延伸命令。

**1. 缩放**

按比例缩放是将选择的对象按照一定的比例来进行放大或缩小。在AutoCAD 2015中，用户可以通过以下方法执行“缩放”命令。

- 单击“修改”|“缩放”按钮。
- 在“默认”选项卡的“修改”面板中单击“缩放”按钮。
- 在命令行中输入快捷命令“SC”，然后按回车键。

【例3-20】利用缩放命令绘制绿色植物带。

打开如图3-68所示的图形文件，执行“缩放”命令后，根据命令行提示进行绘制，结果如图3-69所示。

命令提示内容如下。

```
命令：_scale
选择对象：指定对角点：找到1个                                  （选中圆桌）
指定基点：                                                  （按回车键，指定基准点）
指定比例因子或[复制（C）/参照（R）]：                         （输入比例值）
```

图3-68 植物

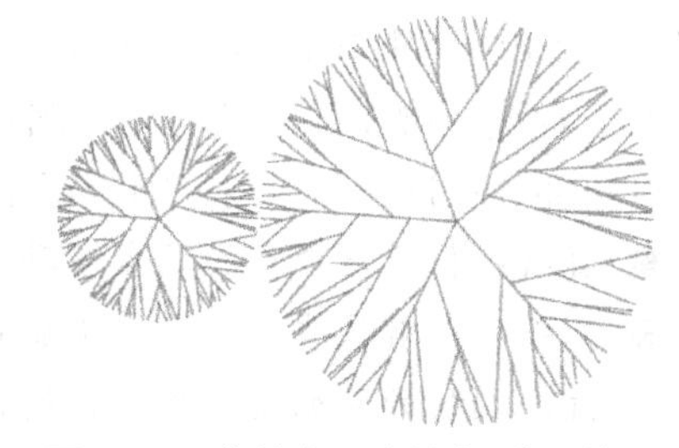

图3-69 将其中一个放大2倍的效果

**绘图秘技|设置比例因子**

比例因子大于1，放大图形；比例因子小于1，缩小图像。参照（R）提供间接确定比例因子的方法，即以两直线长度比。

**2. 拉伸**

拉伸命令是拉伸窗交窗口部分包围的对象。移动完全包含在窗交窗口中的对象或单独选定的对象。在选择图形时只能用交叉窗口或交叉多边形方式，选中的部分被拉伸，其余不变。圆、椭圆和块无法拉伸。

在AutoCAD 2015中，用户可以通过以下方法执行“拉伸”命令。

- 单击“修改”|“缩放”按钮。
- 在“默认”选项卡的“修改”面板中单击“拉伸”按钮。
- 在命令行中输入快捷命令“S”，然后按回车键。

【例3-21】利用拉伸命令绘制宽屏显示器图形。

执行“拉伸”命令后，旋转要拉伸的对象，根据命令行的提示进行绘制操作，如图3-70和图3-71所示。

命令行提示内容如下。

```
命令：_stretch
以交叉窗口或交叉多边形选择要拉伸的对象...
选择对象：指定对角点：找到3个                        （选择对象）
选择对象：                                        （按回车键确定）
指定基点或[位移（D）]<位移>：                       （确定基准点）
指定第二个点或<使用第一个点作为位移>：           （指定第二个点确定位置）
```

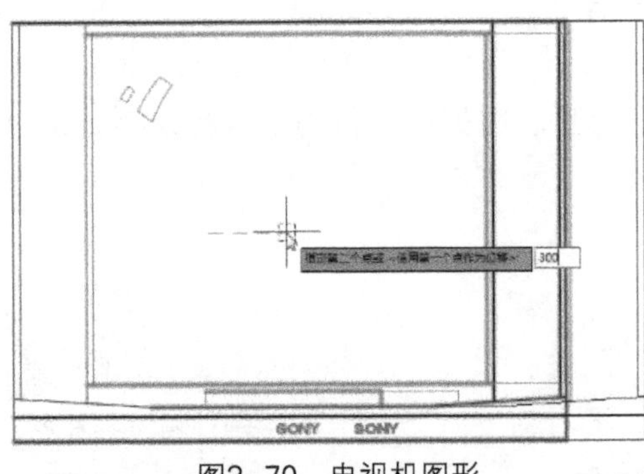

图3-70　电视机图形

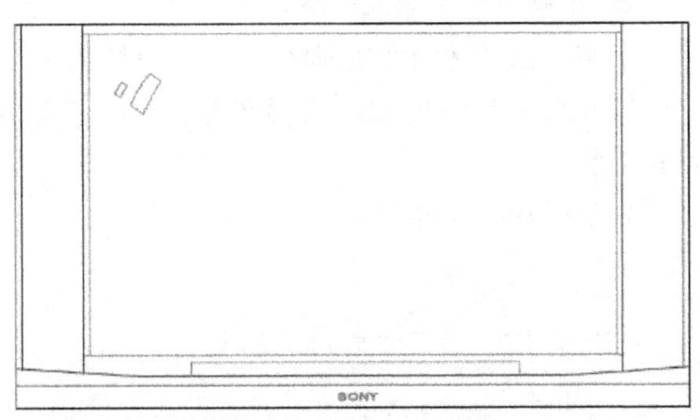

图3-71　拉伸后的图形

在“选择对象：”命令提示下，可输入“C”（交叉窗口方式）或“CP”（不规则交叉窗口方式），将位于选择窗口内的对象进行位移，与窗口边界相交的对象按规则拉伸、压缩和移动。

对于直线、圆弧、区域填充等图形对象，若所有部分均在选择窗口内，则将一起被移动；若只有一部分在选择窗口内，则应遵循以下拉伸规则。

- 直线：位于窗口外的端点不动，位于窗口内的端点移动。
- 圆弧：与直线类似，但在圆弧改变的过程中，圆弧的弦高保持不变，同时调整圆心的位置和圆弧的起始角、终止角的值。
- 区域填充：位于窗口外的端点不动；位于窗口内的端点移动。
- 多段线：与直线和圆弧相似，但多段线两端的宽度、切线方向及曲线拟合信息均不变。
- 其他对象：如果其定义点在选择窗口内，则对象发生移动；否则不动。其中，圆的定义点为圆心，形和块的定义点为插入点，文字和属性的定义点为字符串基线的左端点。

### 3. 延伸

延伸命令是将指定的图形对象延伸到指定的边界。通过下列方法可执行延伸命令。

- 单击“修改”|“延伸”按钮--/。
- 在“默认”选项卡的“修改”面板中单击“延伸”按钮--/。
- 在命令行中输入快捷命令“EX”，然后按回车键。

【例3-22】利用延伸命令绘制镜子图形。

执行“延伸”命令后，选择要延伸的对象，之后根据命令行的提示进行绘制，如图3-72和图3-73所示。

命令行提示如下。

```
命令：_extend
当前设置：投影=UCS，边=无
```

选择边界的边...
选择对象或 <全部选择>：找到1个 （选择所要延伸到的边界线段）
选择对象： （按回车键）
选择要延伸的对象，或按住Shift键选择要修剪的对象，或[栏选（F）/
窗交（C）/投影（P）/边（E）/放弃（U）]：指定对角点： （选择要延伸的线段）

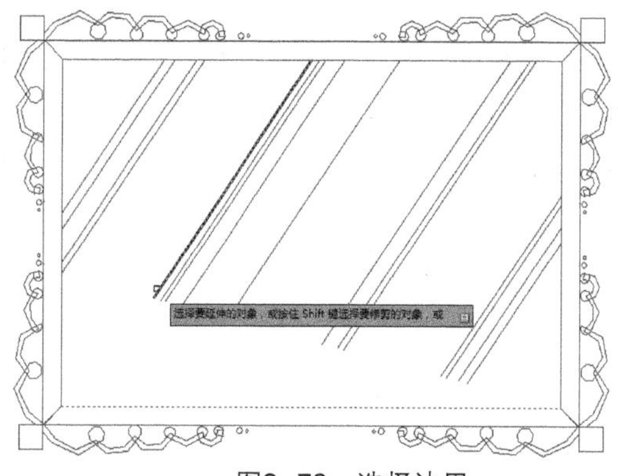

图3-72 选择边界

图3-73 延伸后图形

**注意事项|能够作为边界的对象**

AutoCAD 2015允许用直线、圆弧、圆、椭圆或椭圆弧、多段线、样条曲线、构造线、射线以及文字等对象作为边界的边。

### 3.2.6 对象编辑

下面将对对象的编辑操作进行介绍，比如打断、倒角、圆角、分解等操作。

**1. 打断**

打断图形指的是删除图形上的某一部分或将图形分成两部分。在AutoCAD 2015中，用户可以通过以下方法执行“打断”命令。

- 单击“修改”|“打断”按钮。
- 在“默认”选项卡的“修改”面板中单击“打断”按钮。
- 在命令行中输入快捷命令“BR”。

【例3-23】利用打断命令绘制机械图形。

执行打断命令后，根据命令行的提示进行绘制，如图3-74和图3-75所示。

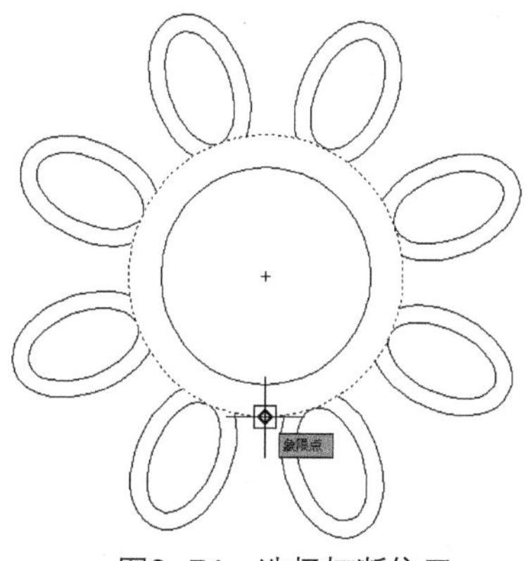

图3-74 选择打断位置

图3-75 打断后的结果

命令行提示如下。

```
命令：_break
选择对象                                                  （选择对象）
指定第二个打断点或[第一点（F）]：                          （指定打断点）
```

**绘图秘技|巧设打断点**

在确定第二个打断点的时候，如果在命令行中输入@，可以使第一个、第二个端点重合，从而将对象一分为二。如果对圆、矩形等封闭图形执行打断命令，程序将沿逆时针方向把两断点间的圆弧或直线删除。

**2. 倒角**

倒角用于给两条非平行直线或多段线作出有斜度的倒角。在AutoCAD 2015中，用户可以通过以下方法执行“倒角”命令。

- 单击“修改”|“倒角”按钮。
- 在“默认”选项卡的“修改”面板中单击“倒角”按钮。
- 在命令行中输入快捷命令“CHA”，然后按回车键。

**【例3-24】**利用倒角命令绘制图形文件。

执行“倒角”命令后，根据命令行的提示进行绘制，如图3-76和图3-77所示。命令行的第二行说明了当前的倒角模式以及倒角距离。

命令行提示如下。

```
命令：_chamfer
（“修剪”模式）当前倒角距离1= 0.0000，距离2 = 0.0000
选择第一条直线或 [放弃（U）/多段线（P）/距离（D）/角度（A）/修剪（T）/
方式（E）/多个（M）]：d
指定第一个倒角距离<0.0000>：100                           （输入第一倒角距离）
指定第二个倒角距离<100.0000>                        （按回车键，默认当前距离）
选择第一条直线或 [放弃（U）/多段线（P）/距离（D）/角度（A）/修剪（T）/
方式（E）/多个（M）]：
选择第二条直线，或按住 Shift 键选择直线以应用角点或 [距离（D）/
角度（A）/方法（M）]：
```

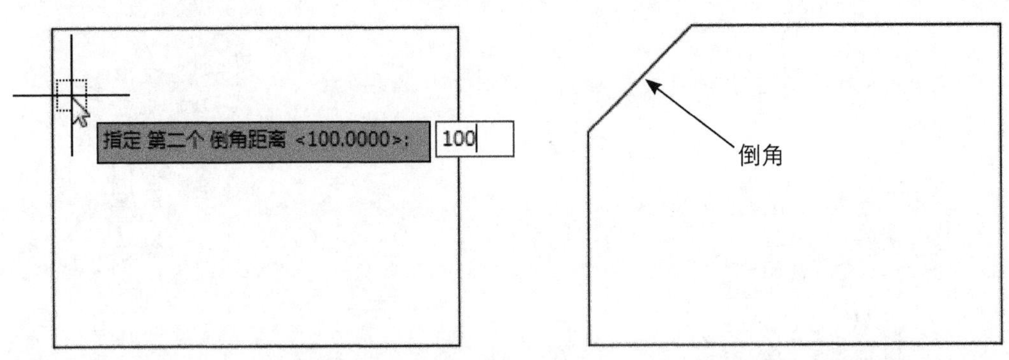


图3-76　输入倒角距离　　　图3-77　倒角效果

### 3.圆角

圆角可将两个相交的线段用弧线相连，并且该弧线与两条线条相切。在AutoCAD 2015中，用户可以通过以下方法执行“圆角”命令。

- 单击“修改”|“圆角”按钮。
- 在“默认”选项卡的“修改”面板中单击“圆角”按钮。
- 在命令行中输入快捷命令“F”，然后按回车键。

**【例3-25】**利用圆角命令绘制淋浴房图形。

执行“圆角”命令后，根据命令行的提示进行绘制，如图3-78和图3-79所示。

命令行提示如下。

```
命令：_FILLET
当前设置：模式=修剪，半径=0.0000
选择第一个对象或［放弃（U）/多段线（P）/半径（R）/
修剪（T）/多个（M）］：r                                    （选择“半径”选项）
指定圆角半径 <0.0000>：450                                   （输入圆角半径值）
选择第一个对象或［放弃（U）/多段线（P）/半径（R）/
修剪（T）/多个（M）］：：                                    （选择一条倒角边）
选择第二个对象，或按住Shift键选择对象以应用角点或［半径（R）］：（选择另一条倒角边）
```

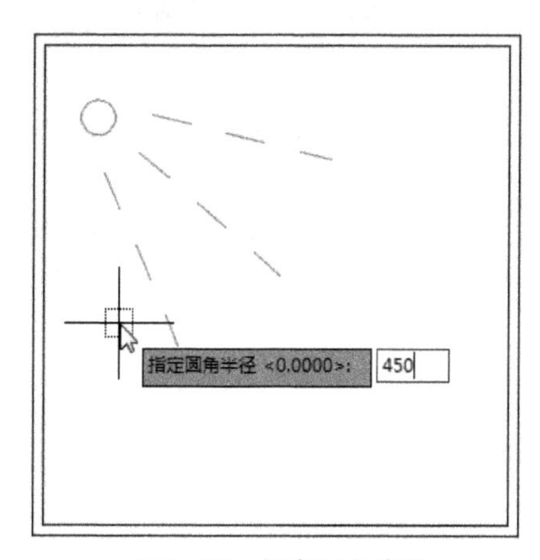


图3-78　指定圆角半径

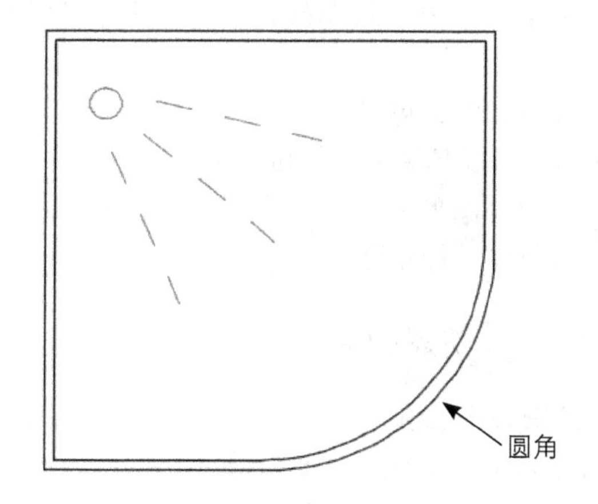


图3-79　圆角效果

### 4. 分解

若想编辑组合图形，需用到“分解”命令。在AutoCAD 2015中，用户可以通过以下方法执行“分解”命令。

- 单击“修改”|“分解”按钮。
- 在“默认”选项卡的“修改”面板中单击“分解”按钮。
- 在命令行中输入快捷命令“BL”，然后按回车键。

**【例3-26】**利用分解命令分解茶杯垫图形。

打开如图3-80所示的图形文件，执行分解命令，之后按照命令行的提示进行操作，结果如图3-81所示。

命令行提示如下。

```
命令: _explode
选择对象: 找到1个                                        (选择图形)
选择对象:                                              (按回车键确定)
```

图3-80　未分解的图形

图3-81　分解后选择图形

## 3.3 图块的创建与设置

图块（简称为块）是由一个或多个对象组成的对象集合，常用于绘制复杂、重复的图形。一旦对象组合成块，就可以根据绘制需要，将这组对象插入到图中任意指定位置，同时还可在插入过程中对其进行缩放和旋转。这样可以避免重复绘制图形，节省绘图时间，提高工作效率。

当生成块时，可以把处于不同图层上的具有不同颜色、线型和线宽的对象定义为块，使块中的对象仍保持原来的图层和特性信息。

当绘制好图形后，用户可将该图形创建成块，以便插入至其他图形文件中。下面将分别对块的各种操作进行介绍。

### 3.3.1 创建图块

内部图块是跟随定义它的图形文件一起保存的，存储在图形文件内部，因此只能在当前图形文件中调用，而不能在其他图形中调用。

创建块可以通过以下几种方法来实现。

- 单击“绘图”|“块”|“创建”按钮。
- 在“默认”选项卡的“块”面板中单击“创建”按钮。
- 在命令行中输入快捷命令“B”，然后按回车键。

执行以上任意一种操作后，即可打开“块定义”对话框，如图3-82所示。在该对话框中进行相关的设置，即可将图形对象创建成块。

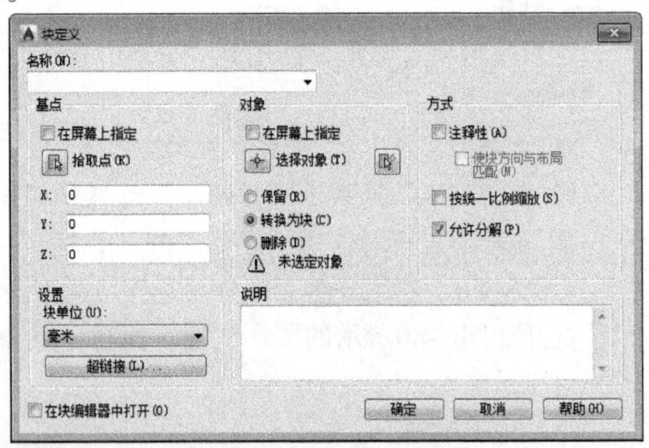

图3-82　“块定义”对话框

【例3-27】创建组合沙发图块。

将图形文件中的沙发、茶几以及地毯图

形组合成一个整体并进行保存，具体操作方法如下。

01 单击“块”面板中的“创建”按钮，打开“块定义”对话框，单击“选择对象”按钮，如图3-83所示。

02 在绘图窗口中，选取要创建为图块的对象，如图3-84所示。

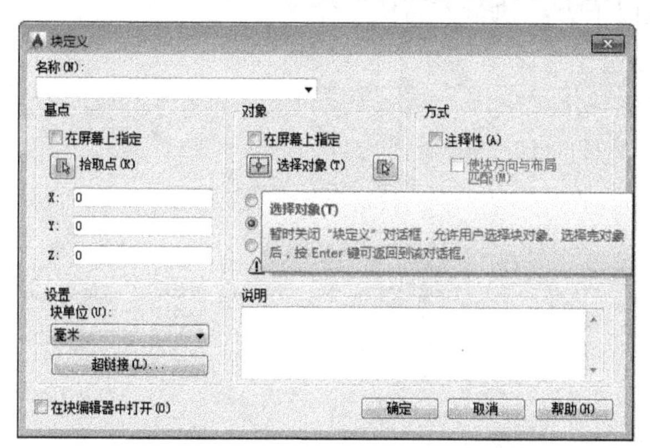


图3-83 单击“选择对象”按钮

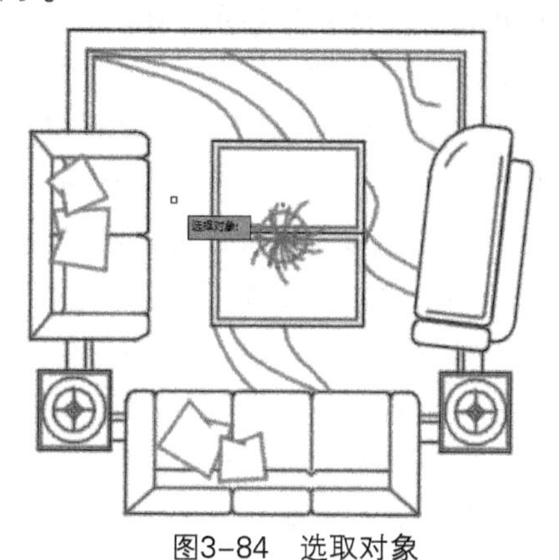

图3-84 选取对象

03 按回车键返回至“块定义”对话框，然后单击“拾取点”按钮，如图3-85所示。

04 在绘图窗口中，指定图形一点为块的基准点，如图3-86所示。

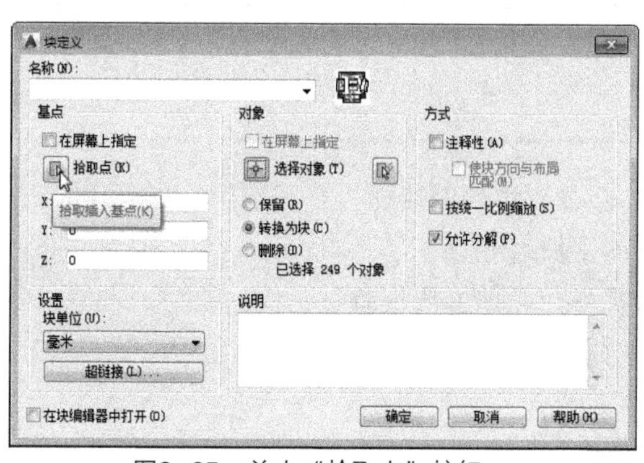


图3-85 单击“拾取点”按钮

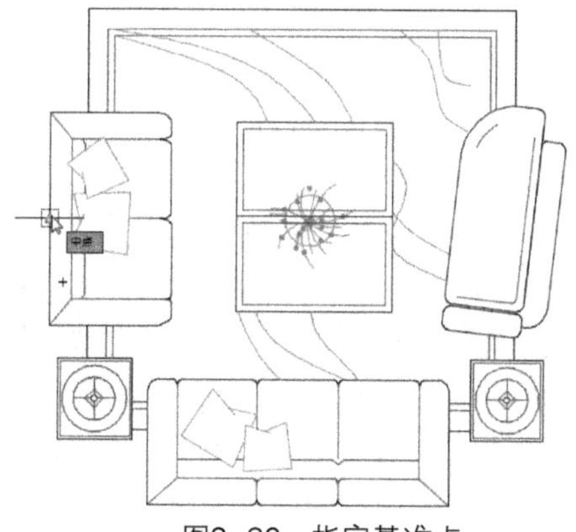

图3-86 指定基准点

05 返回“块定义”对话框，输入块名称“组合沙发”，将“块单位”设置为“毫米”，如图3-87所示。

06 单击“确定”按钮即可完成图块的创建。选择创建好的图块，效果如图3-88所示。

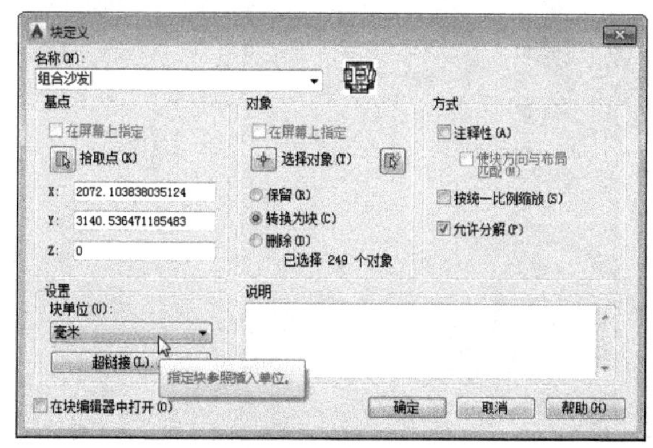


图3-87 输入块名称

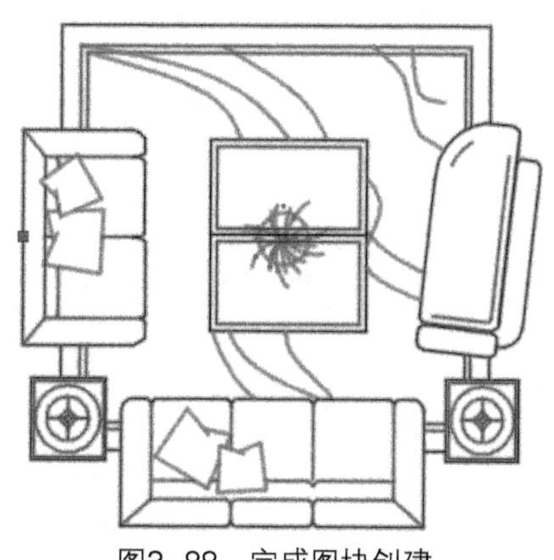

图3-88 完成图块创建

### 3.3.2 存储图块

存储图块是将块、对象或者某些图形文件保存到独立的图形文件中，又称为外部块。在AutoCAD 2015中，使用“写块”命令，可以将文件中的块作为单独的对象保存为一个新文件，新文件可以被其他对象使用。用户可以通过以下方法执行“写块”命令。

（1）在“插入”选项卡的“块定义”面板中单击“写块”按钮。

（2）在命令行中输入快捷命令“W”，然后按回车键。

执行以上任一操作后，即可打开“写块”对话框，如图3-89所示。在该对话框中可以设置组成块的对象来源，其主要选项的含义介绍如下。

- 块：将创建好的块写入磁盘。
- 整个图形：将全部图形写入图块。
- 对象：指定需要写入磁盘的块对象，用户可根据需要使用“基点”选项组设置块的插入基点位置；使用“对象”选项组设置组成块的对象。

此外，在“写块”对话框的“目标”选项组中，用户可以指定文件的新名称、新位置以及插入块时所用的测量单位。

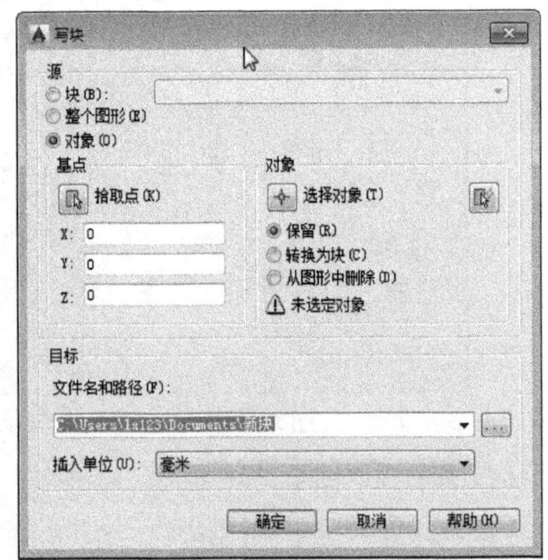


图3-89 “写块”对话框

### 3.3.3 插入图块

当图形被定义为块后，可使用“插入块”命令直接将图块插入到图形中。插入块时可以一次插入一个，也可一次插入呈矩形阵列排列的多个块参照。

在AutoCAD 2015中，用户可以通过以下方法执行“插入块”命令。

- 单击“插入”|“块”按钮。
- 在“默认”选项卡的“块”面板中单击“插入”按钮。
- 在命令行中输入快捷命令“I”，然后按回车键。

执行以上任意一种操作后，即可打开“插入”对话框，如图3-90所示。利用该对话框可以把用户创建的内部图块插入到当前的图形中，或者把创建的图块从外部插入到当前的图形中，如图3-91所示。

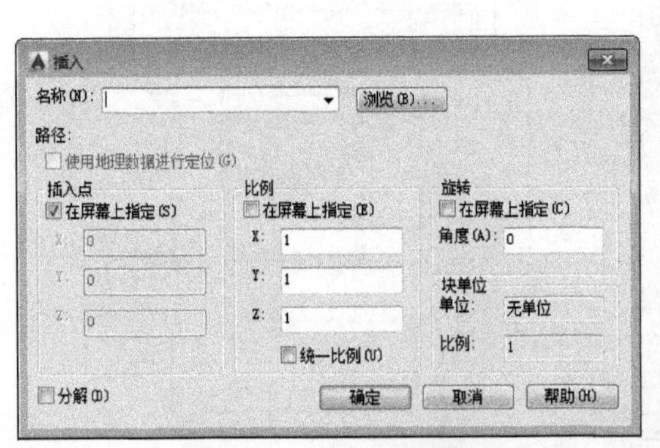


图3-90 “插入”对话框

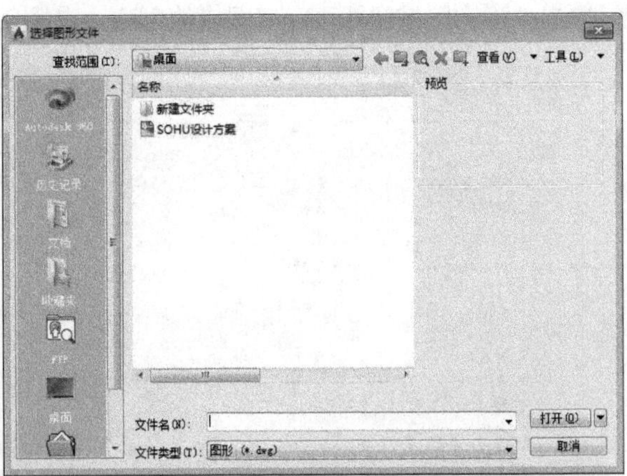


图3-91 “选择图形文件”对话框

### 3.3.4 编辑图块属性

块的属性是块的组成部分，是包含在块定义中的文字对象。在定义块之前，要先定义块的每个属性，这些属性将和图形一起保存。

**1. 块属性的特点**

用户可在图形绘制完成后（甚至在绘制完成前），调用ATTEXT命令将块属性数据从图形中提取出来，并将这些数据写入到一个文件中。这样就可以从图形数据库文件中获取数据信息。

属性块具有如下特点。

- 块属性由属性标记名和属性值两部分组成。如可以把“Name”定义为属性标记名，而具体的姓名“Mat”就是属性值，即属性。
- 定义块前，应先定义该块的每个属性，即规定每个属性的标记名、属性提示、属性默认值、属性的显示格式（可见或不可见）及属性在图中的位置等。一旦定义了属性，该属性的标记名将在图中显示出来，并保存有关的信息。
- 定义块时，图形对象和表示属性定义的属性标记名一起，用来定义块对象。
- 插入有属性的块时，系统将提示用户输入需要的属性值。

**绘图技巧 | 属性块的应用**

插入块后，属性用它的值表示。因此，同一个块在不同点插入，可以有不同的属性值。如果属性值在属性定义时规定为常量，则程序将不再询问它的属性值。

**2. 创建并使用带有属性的块**

属性块由图形对象和属性对象组成。对块增加属性，就是使块中的指定内容可以变化。要创建一个块属性，用户可以使用“定义属性”命令来建立一个属性定义来描述属性特征，包括标记、提示符、属性值、文本格式、位置以及可选模式等。

在AutoCAD 2015中，用户可以通过以下方法执行“定义属性”命令。

- 在“默认”选项卡的“块”面板中单击“定义属性”按钮。
- 在命令行中输入“ATTDEF”，然后按回车键。

执行以上任意一种操作后，程序将自动打开“属性定义”对话框，如图3-92所示。该对话框中各选项的含义如下。

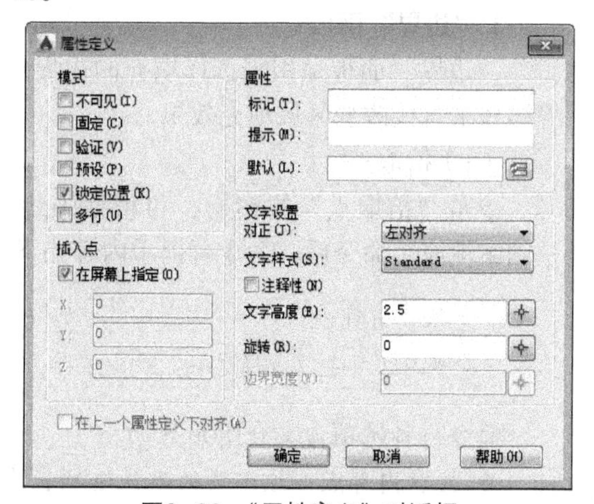


图3-92 “属性定义”对话框

- “模式”选项组：用于在图形中插入块时，设定与块关联的属性值选项。
- “属性”选项组：用于设定属性数据。
- “插入点”选项组：用于指定属性位置。输入坐标值或者选择“在屏幕上指定”，并使用定点设备，根据与属性关联的对象指定属性的位置。
- “文字设置”选项组：用于设定属性文字的对正、样式、高度和旋转角度。
- “在上一个属性定义下对齐”复选框：该选项用于将属性标记直接置于之前定义的属性的下面。如果之前没有创建属性定义，则此选项不可用。

**绘图秘技 | 块属性管理器**

当图块中包含属性定义时，属性将作为一种特殊的文本对象一同被插入。此时即可使用“块属性管理器”工具编辑之前定义的块属性，然后使用“增强属性管理器”工具将属性标记赋予新值，使之符合相似图形对象的设置要求。

# 3.4 填充图案的创建与设置

图案填充功能是使用线条或图案来填充指定的图形区域，这样可以清晰表达出指定区域的外观纹理，以增加所绘图形的可读性。

## 3.4.1 图案填充操作

将某种特定的图案填充到一个封闭的区域内就是图案填充。通过下列方法可以执行“图案填充”命令。

- 单击“绘图”|“图案填充”按钮。
- 在“默认”选项卡的“绘图”面板中单击“图案填充”按钮。
- 在命令行中输入快捷命令“H”，然后按回车键。

执行“图案填充”命令后，系统将自动打开“图案填充创建”选项卡，如图3-93所示。用户可以直接在该选项卡中设置图案填充的边界、图案、特性以及其他属性。

图3-93 “图案填充创建”选项卡

“图案填充创建”选项卡中各面板功能介绍如下。

### 1.“边界”面板

“边界”面板是用来选择填充的边界点或边界线段，也可以通过对边界的删除或重新创建等操作来直接改变区域填充效果。

（1）拾取点

单击“拾取点”按钮，可根据围绕指定点构成封闭区域的现有对象来确定边界。执行“图案填充”命令后，命令行提示内容如下。

```
命令：_hatch
拾取内部点或 [选择对象(S)/放弃(U)/设置(T)]：
```

命令行各选项含义介绍如下。

- 拾取内部点：该选项为默认选项，在填充区域单击即可对图形进行图案填充。
- 选择对象：选择该选项，单击图形对象进行图案填充。
- 放弃：选择该选项，可放弃上一次的填充操作。
- 设置：选择该选项，将打开“图案填充和渐变色”对话框，进行参数设置。

（2）选择

单击“选择”按钮，可根据构成封闭区域的选定对象确定边界。启用该功能时，图案填充命令不会自动检测内部对象。必须选择选定边界内的对象，以按照当前孤岛检测样式填充这些对象。每次单击“选择对象”时，图案填充命令将清除上一选择集。

（3）删除

单击“删除”按钮，可以从边界定义中删除之前添加的任何对象。

（4）重新创建

单击“重新创建”按钮，可围绕选定的图案填充或填充对象创建多段线或面域，并使其与图案填充对象相关联。

**2.“图案”面板**

该面板用于显示所有预定义和自定义图案的预览图像。打开下拉列表，从中选择所需要的图案类型。

**3.“特性”面板**

执行图案填充的第一步就是定义填充图案类型。在该面板中，用户可根据需要设置填充方式、填充颜色、填充透明度、填充角度以及填充比例值等功能，如图3-94所示。

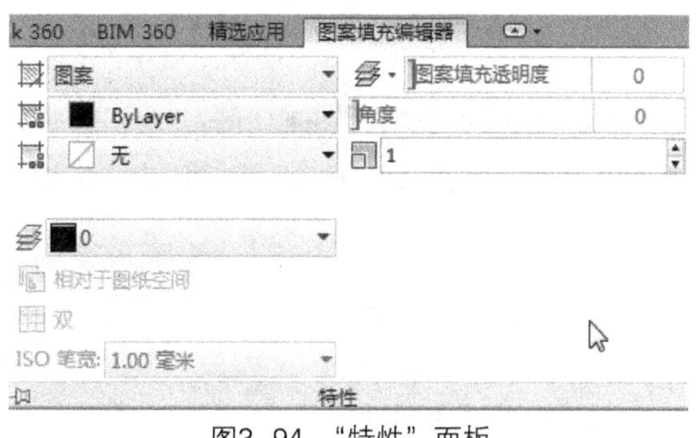

图3-94 “特性”面板

其中，常用选项的功能如下。

（1）图案填充类型。

用于指定是创建实体填充、渐变填充、预定义填充图案，还是创建用户自定义的填充图案。

（2）图案填充颜色或渐变色1。

用于替代实体填充和填充图案的当前颜色，或指定两种渐变色中的第一种。图3-95所示为实体填充。

（3）背景色或渐变色 2。

用于指定填充图案背景的颜色，或指定第二种渐变色。“图案填充类型”设定为“实体”时，“渐变色 2”不可用。图3-96所示填充类型为渐变色，渐变色1为红色，渐变色2为黄色。

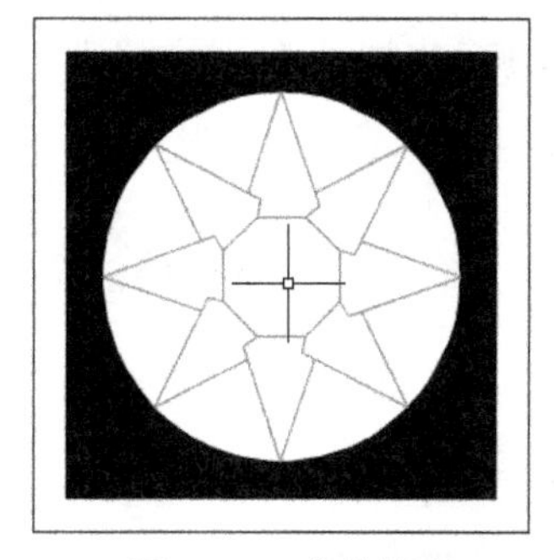
图3-95 实体填充

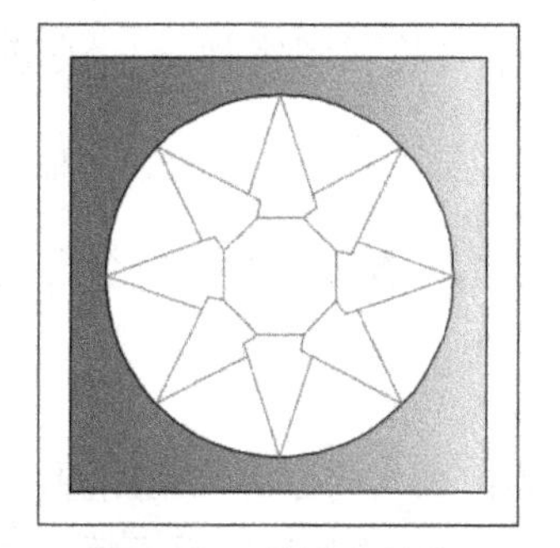
图3-96 渐变色填充

（4）填充透明度。

设定新图案填充或填充的透明度，替代当前对象的透明度。选择“使用当前值”可使用当前对象的透明度设置。

（5）填充角度与比例。

“图案填充角度”选项用于指定图案填充或填充的角度（相对于当前 UCS 的 X 轴）。有效值为 0 到 359。

“填充图案比例”选项用于确定填充图案的比例值，默认比例为1。

图3-97所示填充角度为0度，比例为8。图3-98所示填充角度为45度，比例为15。

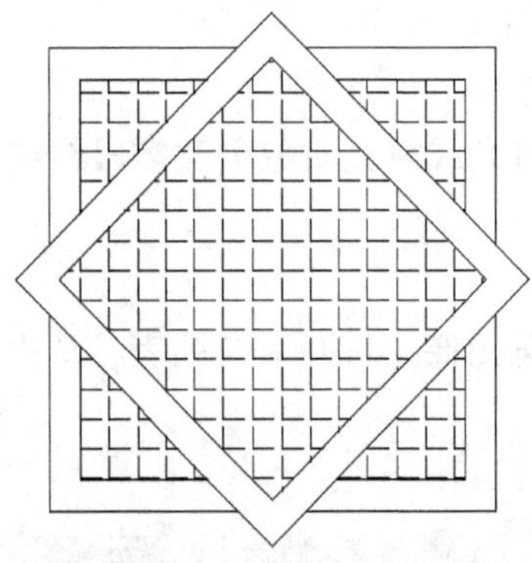

图3-97 角度为0，比例为8

图3-98 角度为45，比例为15

**绘图秘技 | 巧设填充图案比例**

用户可以自由设置填充图案比例值，根据需要放大或缩小填充的图案。需要说明的是，只有将“图案填充类型”设定为“图案”，此选项才可用。

（6）相对于图纸空间。

即相对于图纸空间单位缩放填充图案。使用此选项可以按适合于布局的比例显示填充图案。该选项仅适用于布局。

**4.“原点”面板**

该面板用于控制填充图案生成的起始位置。某些图案填充（例如砖块图案）需要与图案填充边界上的一点对齐。默认情况下，所有图案填充原点都对应于当前的 UCS 原点。

**5.“选项”面板**

控制几个常用的图案填充或填充选项，如选择是否自动更新图案、自动视口大小调整填充比例值，以及填充图案属性的设置等。

（1）关联。

指定图案填充或关联图案填充。关联的图案填充或填充在用户修改其边界对象时将会更新。

（2）注释性。

指定图案填充为注释性。此特性会自动完成缩放注释过程，从而使注释能够以正确的大小在图纸上打印或显示。

（3）特性匹配。

特性匹配分为使用当前原点和使用源图案填充的原点两种。

- 使用当前原点：使用选定图案填充对象设定图案填充的特性，不包括图案填充原点。
- 使用源图案填充的原点：使用选定图案填充对象设定图案填充的特性，包括图案填充原点。

（4）创建独立的图案填充。

控制当指定多条闭合边界时，是创建单个图案填充对象，还是创建多个图案填充对象。

（5）孤岛。

孤岛填充方式属于填充方式中的高级功能。在扩展列表中，该功能分为4种类型。

- 普通孤岛检测：从外部边界向内填充。如果遇到内部孤岛，填充将关闭，直到遇到孤岛中的另一个孤岛，如图3-99所示。
- 外部孤岛检测：从外部边界向内填充。此选项仅填充指定的区域，不会影响内部孤岛，如图3-100所示。
- 忽略孤岛检测：忽略所有内部的对象，填充图案时将通过这些对象，如图3-101所示。
- 无孤岛检测：关闭孤岛检测。

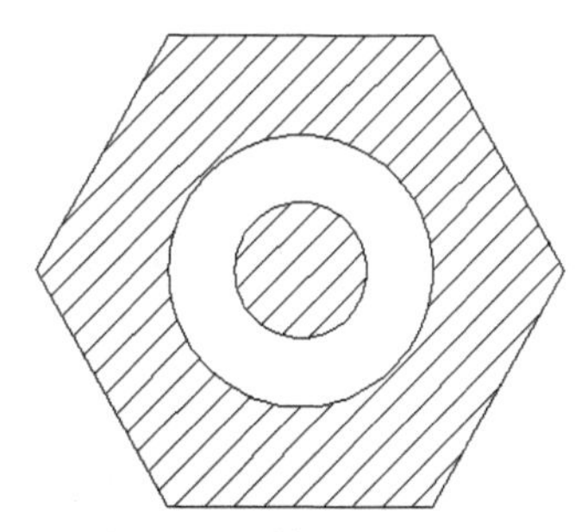

图3-99 普通孤岛检测

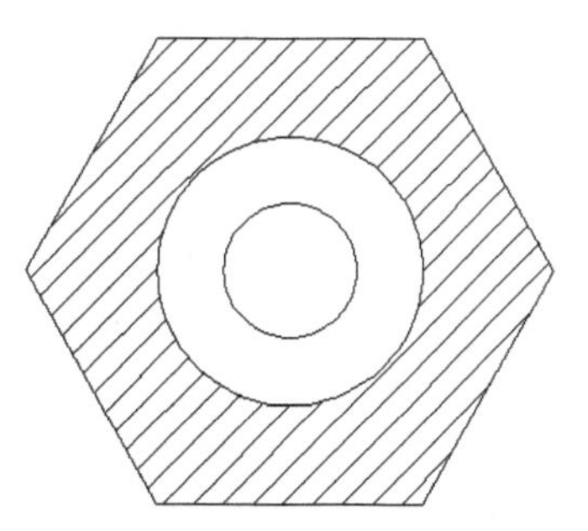

图3-100 外部孤岛检测

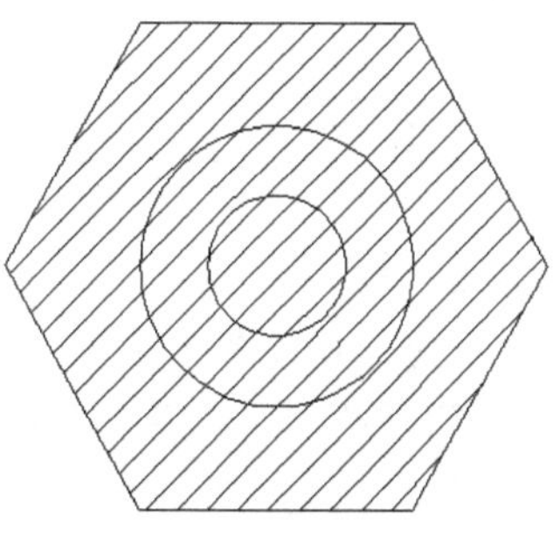

图3-101 忽略孤岛检测

（6）绘图次序。

为图案填充或填充指定绘图次序。图案填充可以放在其他对象之后、其他对象之前、图案填充边界之后或图案填充边界之前。

- 后置：选中需设置的填充图案，选择“后置”选项，即可将当前填充的图案置于其他图形后方。
- 前置：选择需设置的填充图案，选择“前置”选项，即可将选中的填充图案置于其他图形的前方。
- 置于边界之前：填充的图案置于边界前方，不显示图形边界线。
- 置于边界之后：填充的图案置于边界后方，显示图形边界线。

### 3.4.2 编辑填充的图案

填充图形后，若用户觉得效果不满意，可通过图案填充编辑命令，对其进行修改。

在AutoCAD 2015中，用户可通过以下方法执行图案填充编辑命令。

- 单击“图案填充”选项卡“选项”面板右下角的按钮。
- 在命令行中输入“HATCHEDIT”，然后按回车键。

选择需要编辑的图案填充对象，执行以上任意一种操作后，都将打开“图案填充编辑”对话框，如图3-102所示。

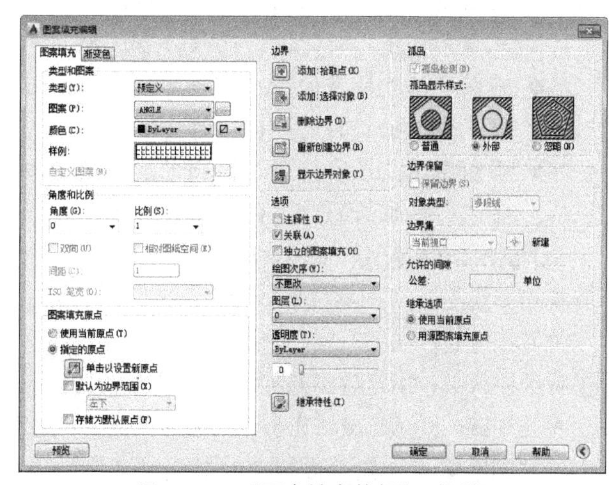

图3-102 “图案填充编辑”对话框

在该对话框中，用户可以修改图案、比例、旋转角度和关联性等选项，但对定义填充边界和对孤岛操作的按钮不可用。

### 3.4.3 控制图案填充的可见性

图案填充的可见性是可以控制的。用户可以用两种方法来控制图案填充的可见性：一种是利用FILL命令；另一种是利用图层。

**1. 使用Fill命令**

在命令行中输入“FILL”按回车键，此时命令行提示内容如下。

```
命令：FILL
输入模式 [开(ON)/关(OFF)] <开>:
```

如果选择“开”选项，可以显示图案填充；如果选择“关”选项，则不显示图案填充。图3-103所示为“开”图案填充，图3-104所示为“关”图案填充。

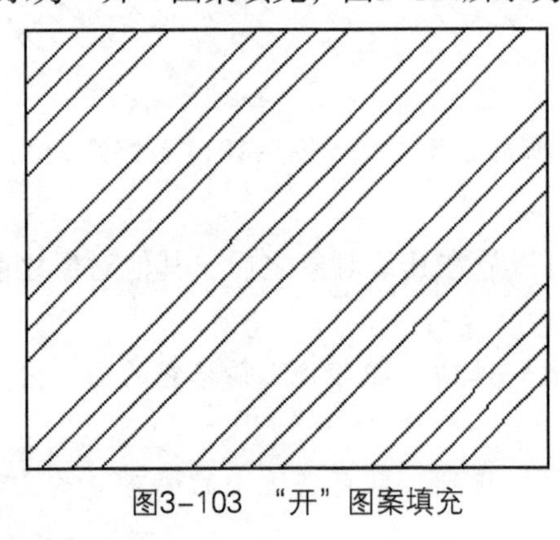
图3-103 “开”图案填充

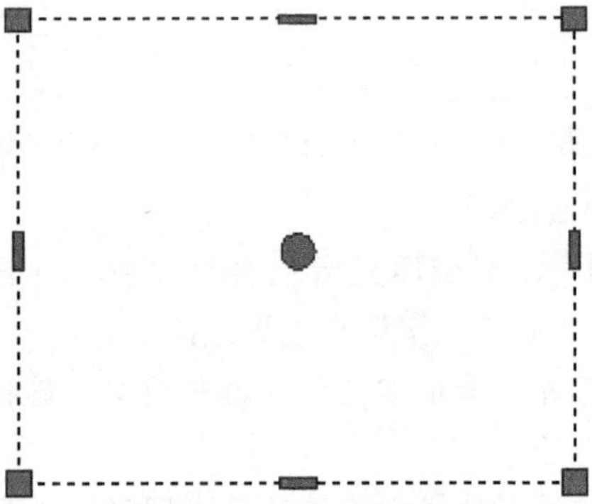

图3-104 “关”图案填充

**2. 使用图层控制**

利用图层功能，将图案填充单独放在一个图层上，当不需要显示该图案填充时，将图案所在层关闭或冻结即可。使用图层控制图案填充的可见性时，不同的控制方式会使图案填充与其边界的关联关系有所不同。

- 当图案填充所在的图层被关闭后，图案与其边界仍保持着关联关系，即修改边界后，填充图案会根据新的边界自动调整位置。
- 当图案填充所在的图层被冻结后，图案与其边界脱离关联关系，即修改边界后，填充图案不会根据新的边界自动调整位置。
- 当图案填充所在的图层被锁定后，图案与其边界脱离关联关系，即修改边界后，填充图案不会根据新的边界自动调整位置。

【例3-28】利用“图案填充”命令填充图案。

01 单击“绘图”|“图案填充”命令，在打开的填充面板中，单击“图案”下拉按钮，选择所需填充的图案样式，如图3-105所示。

02 在绘图区中，指定需填充区域内部的任意点即可进行填充，如图3-106所示。

03 按回车键，即可完成填充。再次按回车键，可继续进行填充操作，如图3-107所示。

04 在“图案填充创建”面板中，单击“图案”下拉按钮，选择要填充的图案样式，如图3-108所示。

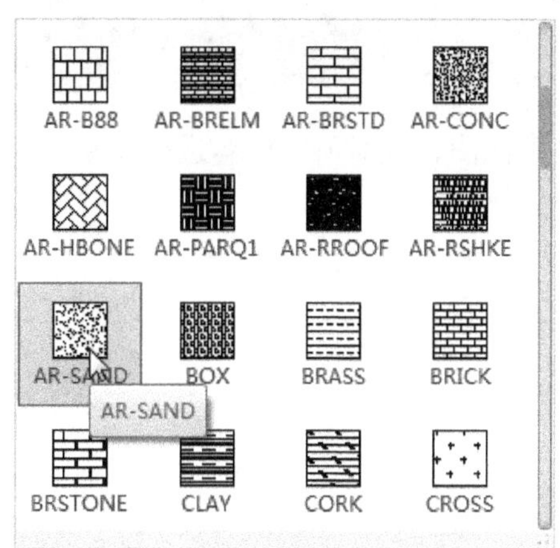


图3-105　选择填充图案

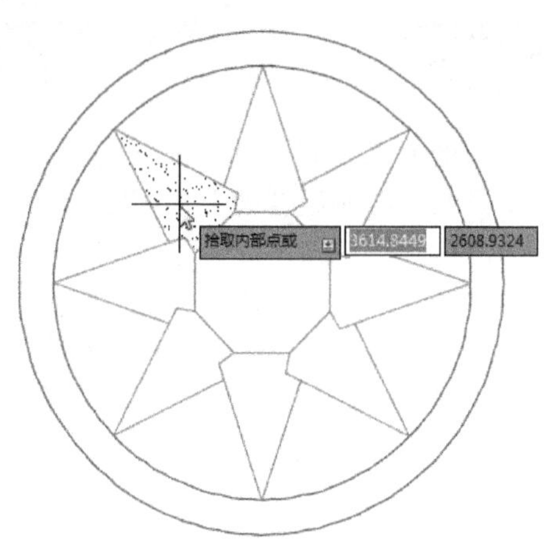


图3-106　指定填充区域

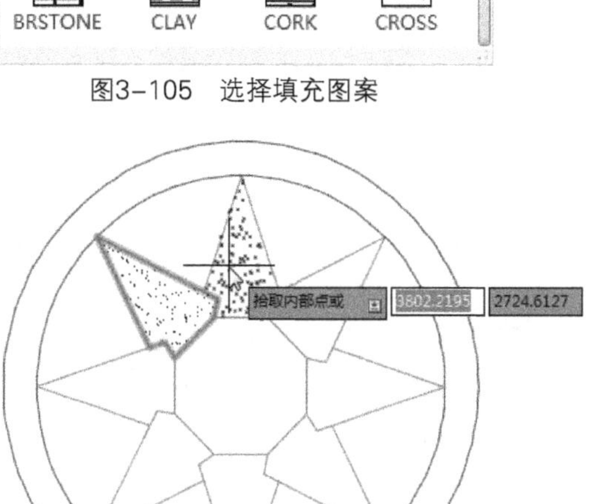


图3-107　继续填充

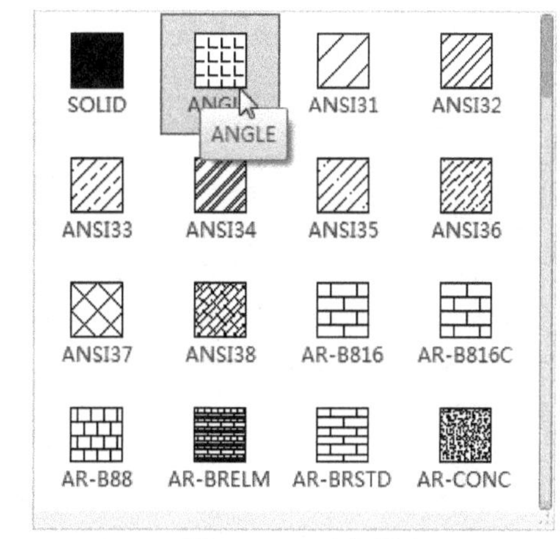


图3-108　选择图案

05 返回绘图区，在图形中，指定所需填充的区域，如图3-109所示。

06 选中“填充图案比例”选项，并输入比例值，即可更改当前图案比例，如图3-110所示。

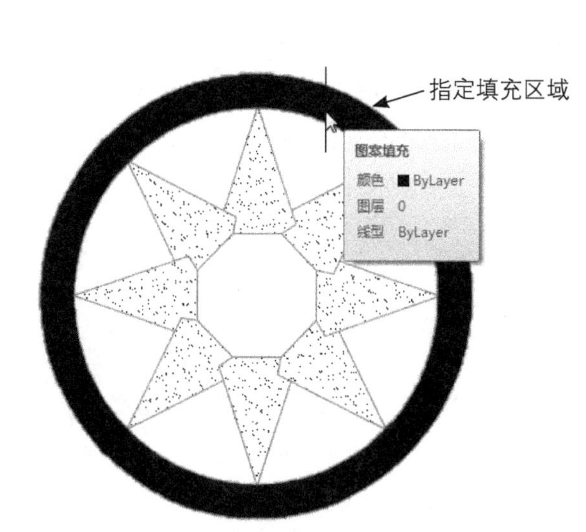


图3-109　继续选择填充区域

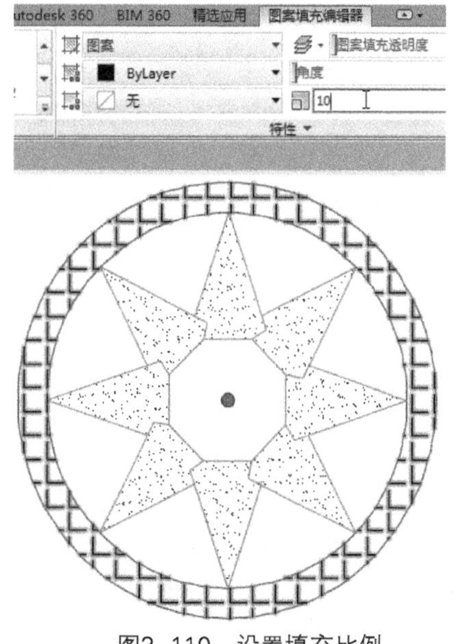


图3-110　设置填充比例

# 3.5 上机实训

通过对前面内容的学习，接下来练习绘制一套家具平面图，以对所学内容进行温习巩固。

实训题目：绘制组合沙发平面图。

01 运行AutoCAD 2015软件，将文件保存为“组合沙发”文件，如图3-111所示。

02 单击图层管理器按钮，新建图层，更改图层属性，将家具层置为当前层，如图3-112所示。

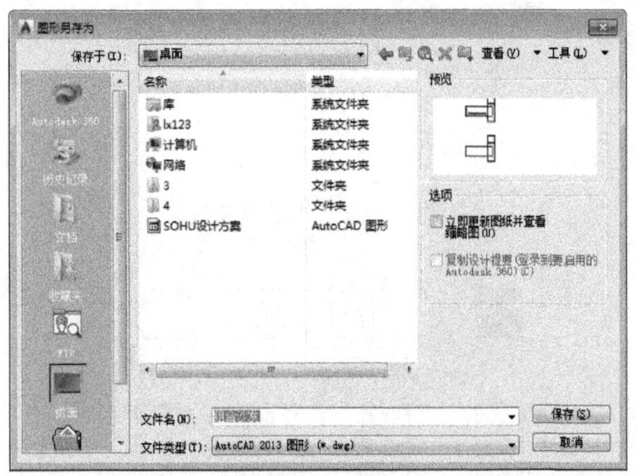


图3-111 保存文件

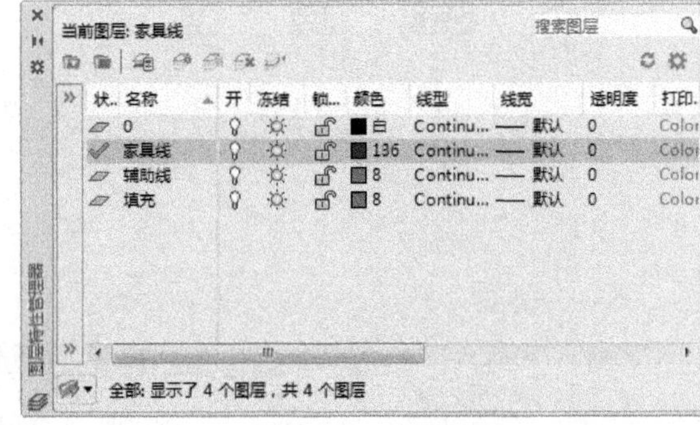


图3-112 设置图层

03 绘制2300mm×860mm的圆角矩形，圆角半径为50mm，如图3-113所示。

04 执行“分解”和“偏移”命令，分解圆角矩形，将顶边线段依次向下偏移160mm、50mm，如图3-114所示。

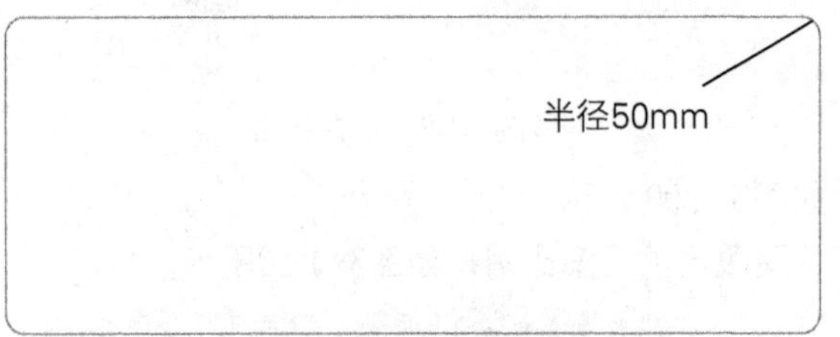


图3-113 绘制圆角矩形

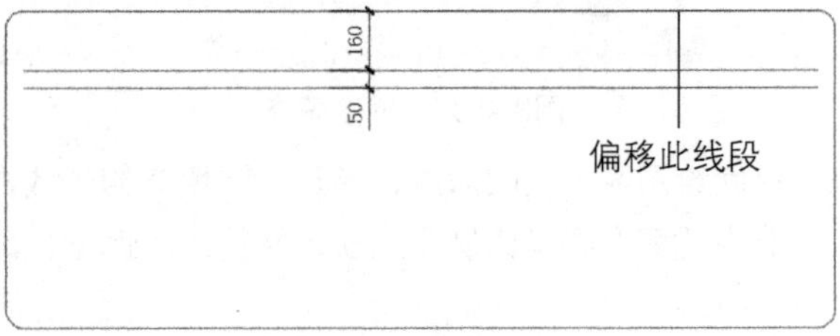

160
50
偏移此线段

图3-114 偏移线段

05 执行“延伸”命令，将偏移的线段延伸至垂直线段位置，如图3-115所示。

06 执行“矩形”命令，绘制270mm×580mm的圆角矩形作为沙发扶手，圆角半径为50mm，位置如图3-116所示。

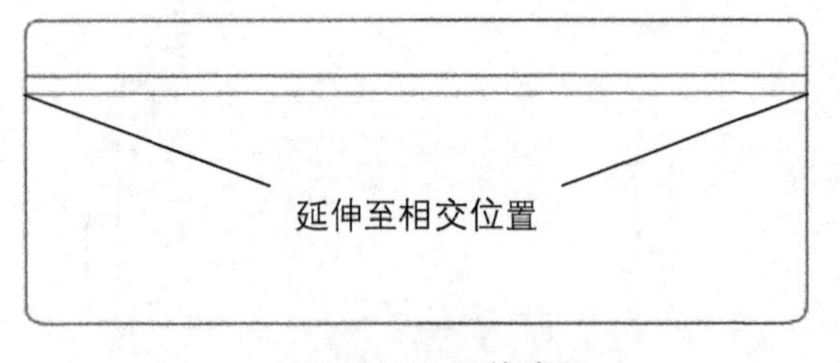


图3-115 延伸线段

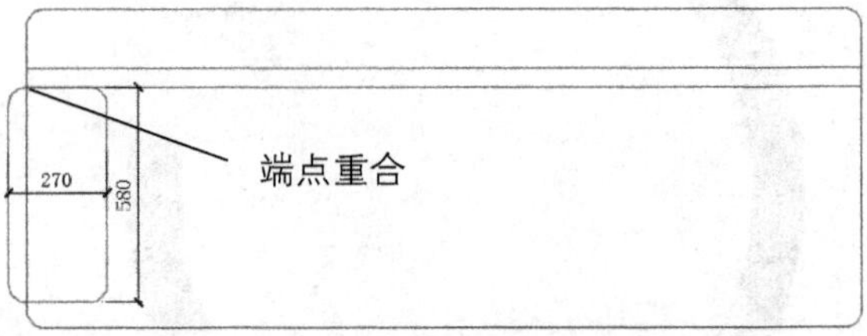

270
580
端点重合

图3-116 绘制沙发扶手

07 执行“镜像”命令，镜像沙发扶手。水平线段中点为镜像点，如图3-117所示。

08 执行“修剪”命令，修剪沙发扶手图形的线段，如图3-118所示。

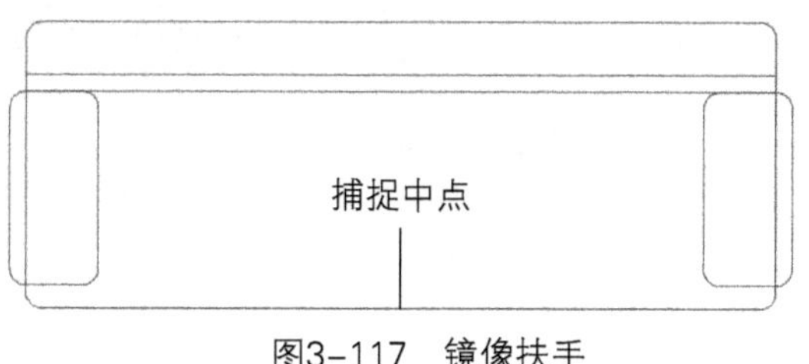


图3-117　镜像扶手

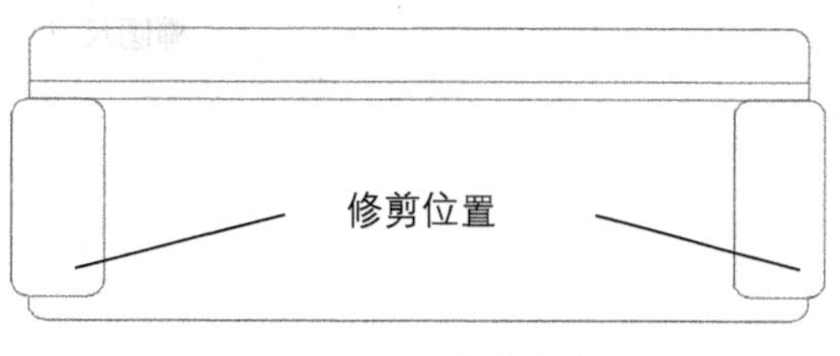


图3-118　修剪多余线段

09 执行“定数等分”命令，将底边线段等分3份，如图3-119所示。

10 执行 “直线”命令，捕捉点绘制垂直线段，删除点，如图3-120所示。

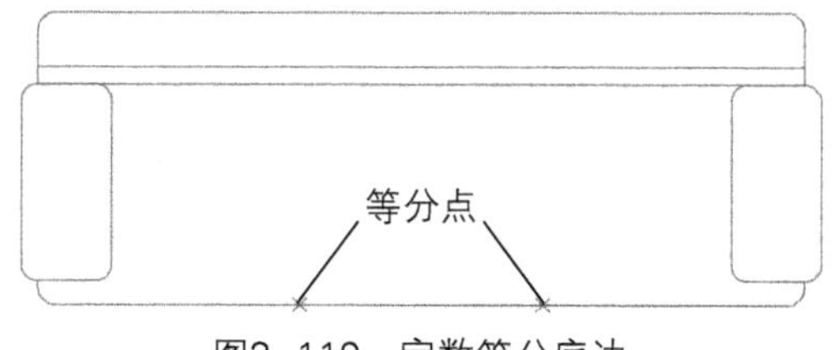


图3-119　定数等分底边

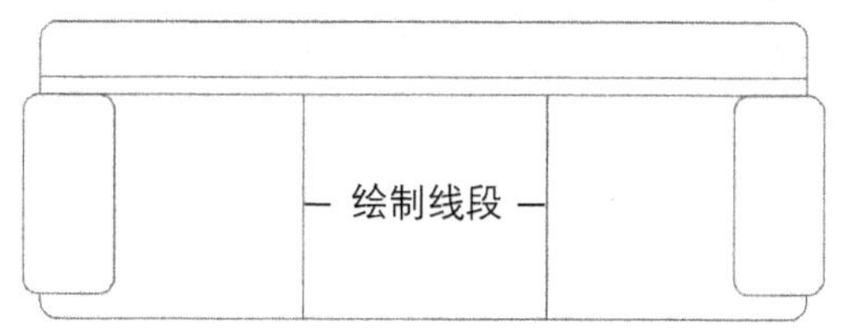


图3-120　删除点

11 执行“复制”、“旋转”、“移动”命令，复制三人沙发，结果如图3-121所示。

12 执行“拉伸”命令，拉伸复制的三人沙发，将沙发中间的线段拉伸至重合，如图3-122所示。

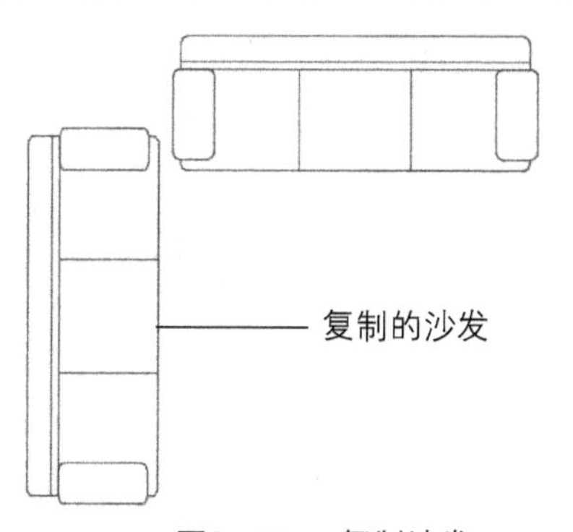


图3-121　复制沙发

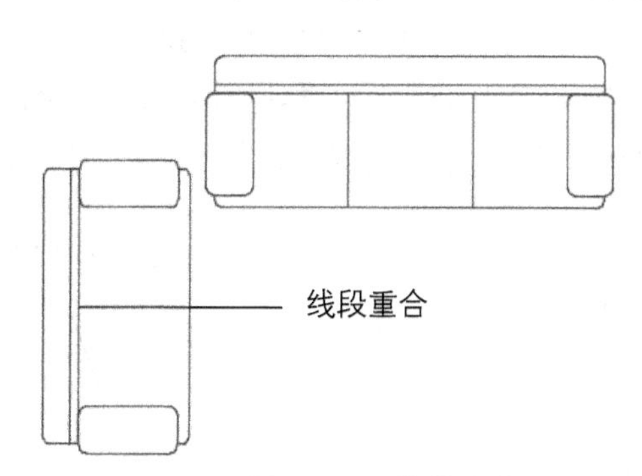


图3-122　拉伸沙发

13 执行“矩形”命令，绘制700mm×700mm的圆角矩形，圆角半径为120mm，执行“圆弧”命令，绘制装饰线条，如图3-123所示。

14 执行“旋转”命令，将沙发墩旋转45°，如图3-124所示。

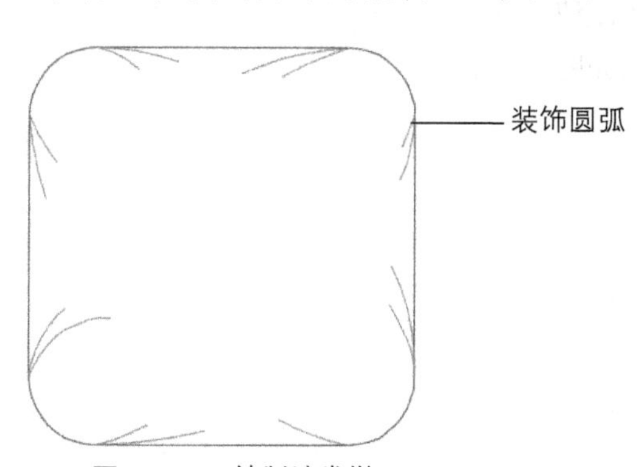


图3-123　绘制沙发墩

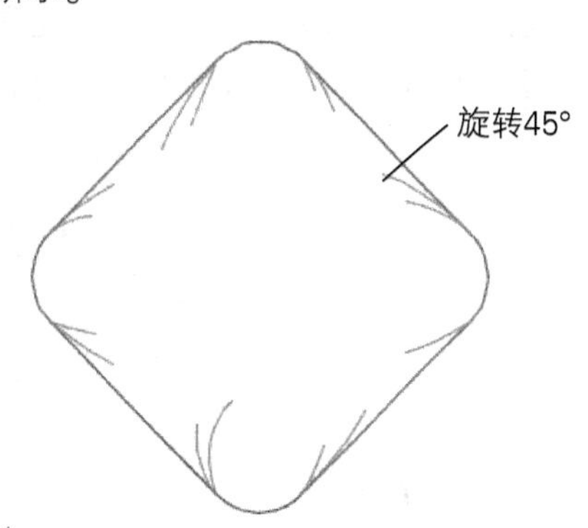


图3-124　旋转沙发墩

15 执行“椭圆”、“偏移”命令，绘制椭圆，向内偏移20mm，如图3-125所示。

16 执行“图案填充”、“插入”命令，填充内部椭圆，插入植物图块，如图3-126所示。

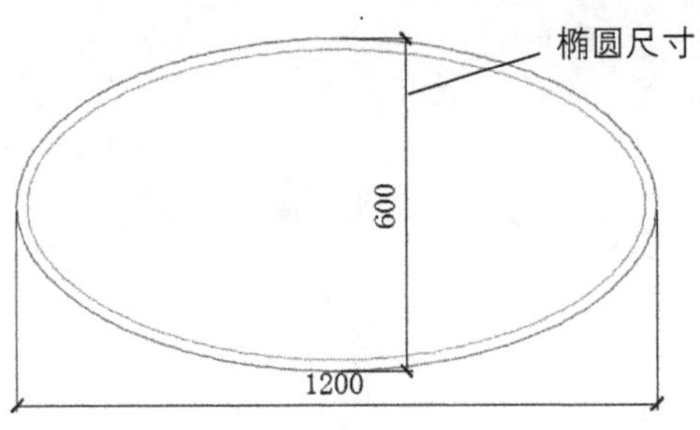


图3-125 绘制椭圆茶几

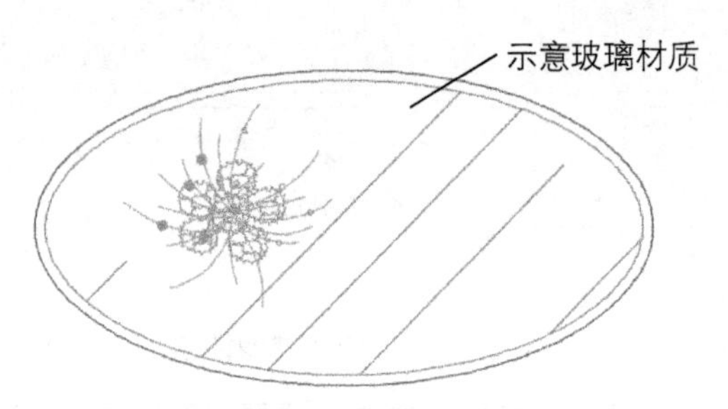


图3-126 插入植物图块

⑰ 执行"移动"命令，将沙发墩及椭圆茶几移动至合适位置，如图3-127所示。

⑱ 执行"矩形"命令，绘制2800mm×2150mm的矩形，位置如图3-128所示。

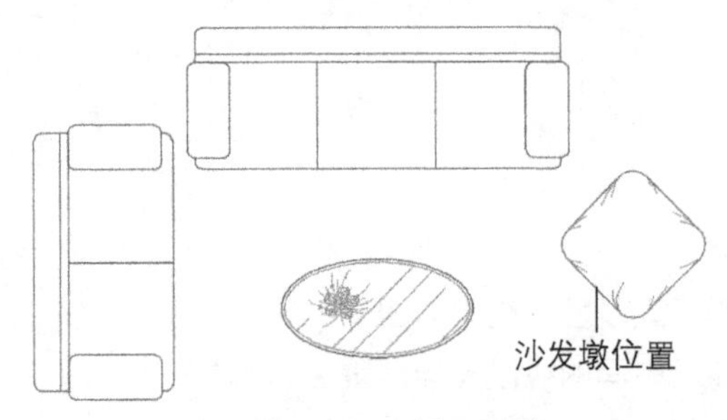


图3-127 插入图形

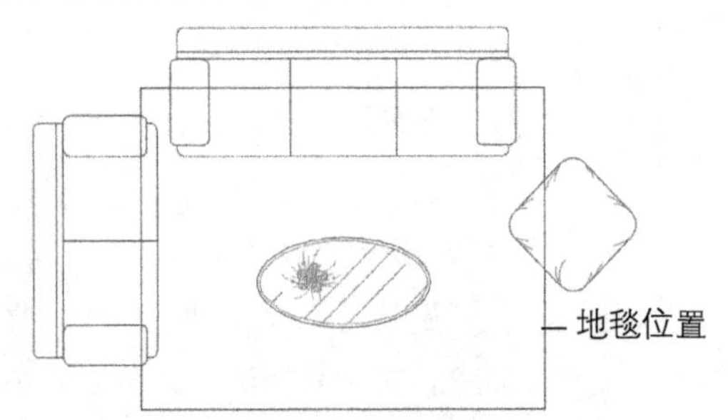


图3-128 绘制地毯

⑲ 执行"修剪"命令，修剪被遮挡部分，如图3-129所示。

⑳ 执行"直线"、"复制"命令，绘制地毯边，如图3-130所示。

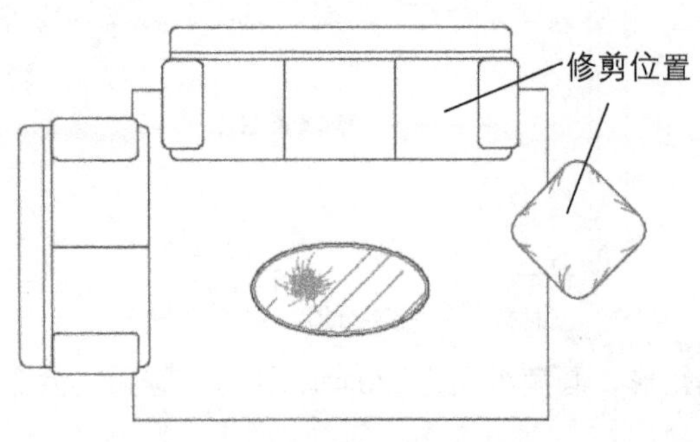


图3-129 修剪被遮挡线段

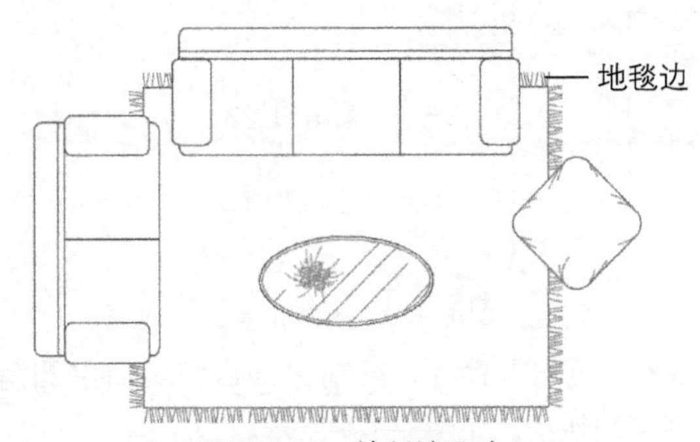


图3-130 绘制地毯边

㉑ 执行"插入"、"修剪"命令，插入坐着的人图块；修剪掉被遮挡部分，如图3-131所示。

㉒ 执行"图案填充"命令，填充地毯部分，结果如图3-132所示。

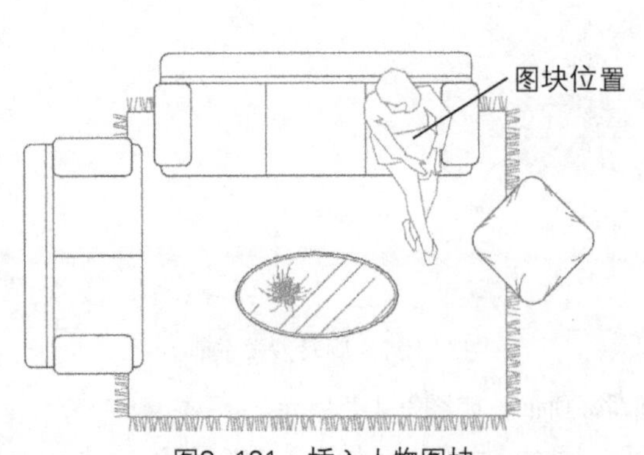


图3-131 插入人物图块

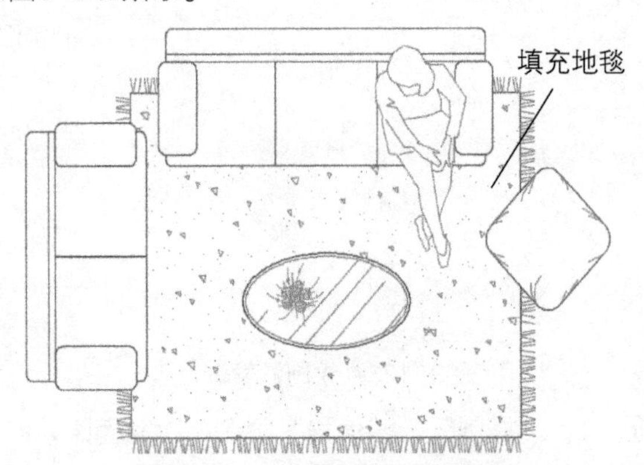


图3-132 完成组合沙发绘制

## 3.6 常见疑难解答

与本章内容相关的常见问题及其解决办法列举如下。

**Q：绘制的圆弧为什么显示不平滑而且有棱角？**

A：这是由于用户设置的显示精度太低造成的，在“选项”对话框中可以设置平滑度。执行“工具”|“选项”命令，打开“选项”对话框，在“显示精度”选项组设置平滑度为1000（如图3-133所示），设置完成后单击“确定”按钮即可。此时绘图区中的圆弧或圆将平滑显示，如图3-134所示。

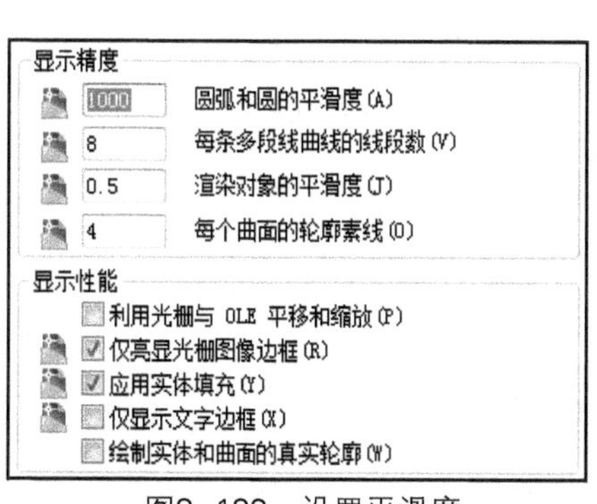


图3-133 设置平滑度

图3-134 平滑效果

**Q：明明设置了填充图案，为什么填充后显示为纯色？**

A：这是由于设置的填充比例数值过小造成的。如果发生这种情况，打开“图案填充和渐变色”对话框，在“角度和比例”选项组中将比例数值设置得大些，就可以解决这个问题。

**知识点拨**

选择填充图案后，在功能区面板中也可以对它进行设置。

**Q：创建块和存储块的区别？**

A：创建块是将编辑过的图形组合为块，该块保存在文件内部，只能在该文件中使用。存储块是将块另存为一个块文件，保存在电脑磁盘中，在新建文件中可以使用“插入”对话框将其插入到当前图形中。

**Q：为什么使用“偏移”命令对多段线进行偏移的时候，偏移后的对象会有圆角？**

A：这是由于“OFFSET-GAPTYPE”变量设置不当导致的：当该变量为0时，偏移时按照原来的规格进行偏移，如图3-135所示；当变量为1时，偏移会出现圆角，如图3-136所示；当变量为2时，偏移会出现棱角，如图3-137所示。

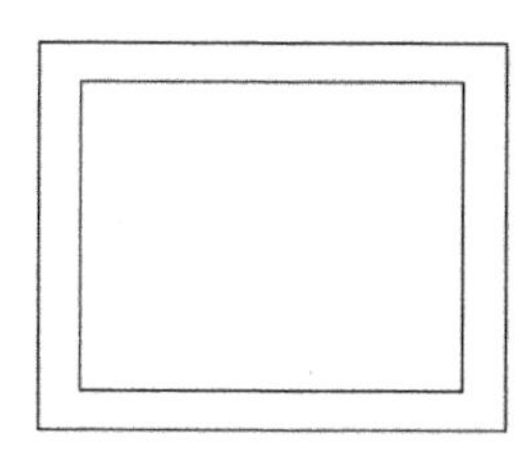

图3-135 变量为0

图3-136 变量为1

图3-137 变量为2

## 3.7 拓展应用练习

为了使读者熟悉并掌握绘制二维图形的知识，下面列举两个简单的案例来巩固本章所学内容。

### ◎ 绘制立面休闲桌椅

使用二维绘图命令绘制立面休闲桌椅，如图3-138所示。

图3-138 绘制立面休闲桌椅

**操作提示**

01 利用直线、矩形、圆弧等命令绘制休闲桌椅轮廓。

02 利用镜像命令镜像沙发，完成立面休闲桌椅的绘制。

### ◎ 绘制厨房立面图

使用二维绘图命令绘制厨房立面图，使用图案填充命令填充墙体和窗户，最后完成厨房立面图的绘制，如图3-139所示。

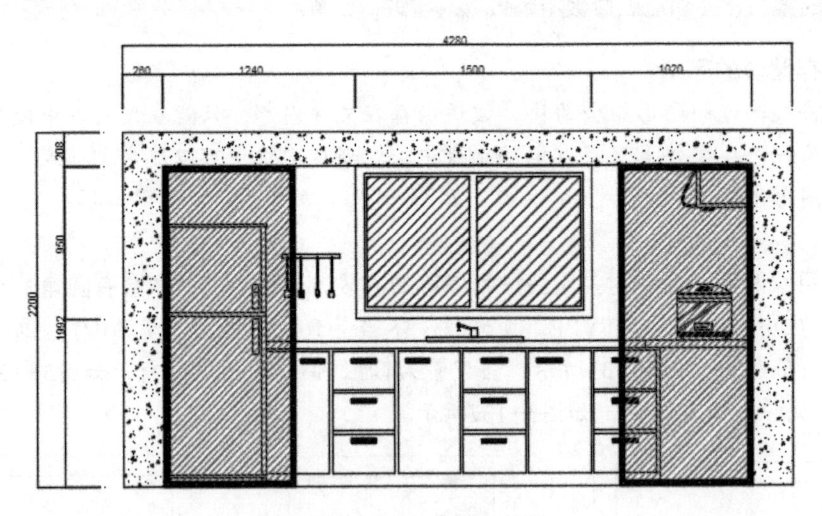


图3-139 绘制厨房立面图

**操作提示**

01 利用直线、矩形、圆弧等命令绘制厨房立面图轮廓。

02 利用定数等分将橱柜等分为6份，绘制橱柜轮廓。

03 将厨具、油烟机、高压锅等图块插入到图形中。

04 利用图案填充命令填充墙体和窗户，完成立面图的绘制。

# 第4章 室内设计绘图辅助命令

**本章概述** 在实际图纸上，文字描述、表格说明以及尺寸标注是必不可少的，这些元素的存在对其他用户正确理解图纸起到了非常重要的作用。本章将对这些辅助绘图元素的使用及创建方法进行讲解。通过对本章内容的学习，读者可以熟悉并掌握文字注解、表格与尺寸及引线标注的应用。

**知识要点**
- 文字注释的添加；
- 表格的创建与编辑；
- 尺寸标注的创建；
- 引线标注的创建。

## 4.1 文字的创建与设置

在绘图形时也经常使用到文字标注，添加文字标注的目的是为了表达各种信息，如使用材料列表或添加技术要求等都需要用到文字注释。下面将介绍文字标注的创建与设置的操作方法。

### 4.1.1 设置文本样式

在进行文字标注之前，应先对文字样式（如样式名、字体、字体的高度、效果等）进行设置，从而方便、快捷地对建筑图形对象进行标注，得到统一、标准、美观的标注文字。

【**例4-1**】根据需要设置文本样式。

在AutoCAD软件中，系统默认的文字样式为“Standard”。为了满足自己的需要，用户可以按照以下操作方法自定义设置。

01 单击“注释”|“文字样式”命令，在“文字样式”对话框，单击“新建”按钮，打开“新建文字样式”对话框。在“样式名”文本框中输入名称，单击“确定”按钮，如图4-1所示。

02 返回“文字样式”对话框，在“样式”列表中会显示新建的样式名，如图4-2所示。

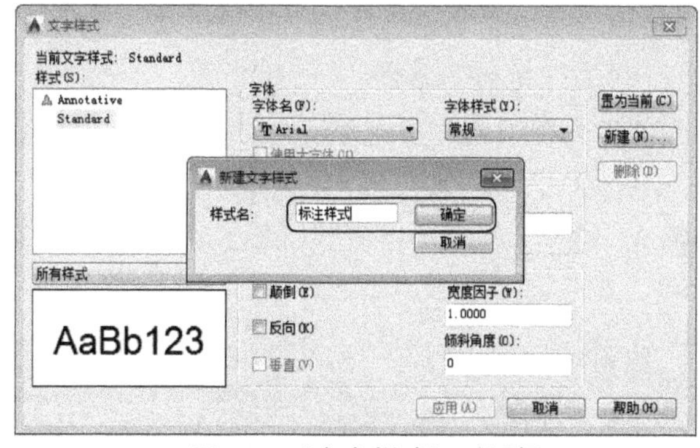


图4-1 “文字样式”对话框

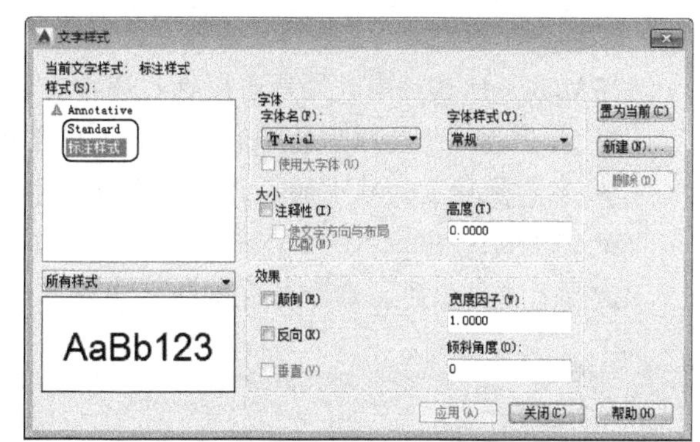


图4-2 新建样式名

03 在“字体”下拉列表框中，选择需要的字体名称，如图4-3所示。

04 在“字体样式”列表框中，选择字体样式，如图4-4所示。

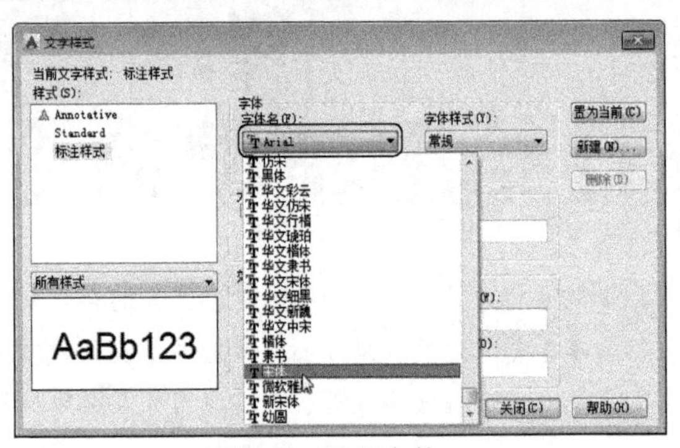


图4-3 选择字体

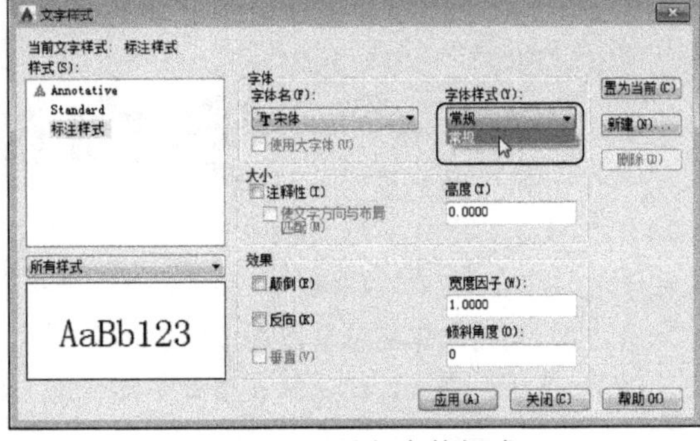


图4-4 选择字体样式

05 在“大小”选项组中设置“高度”值，这里输入“200”，如图4-5所示。

06 在“效果” 选项组中，输入倾斜角度，依次单击“应用”和“关闭”按钮，完成设置，如图4-6所示。

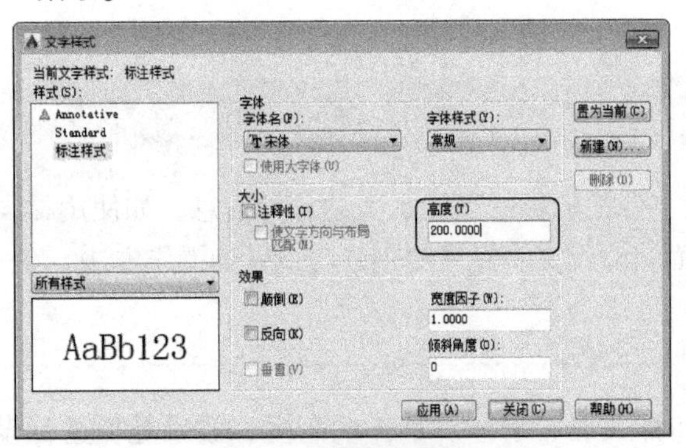


图4-5 设置高度值

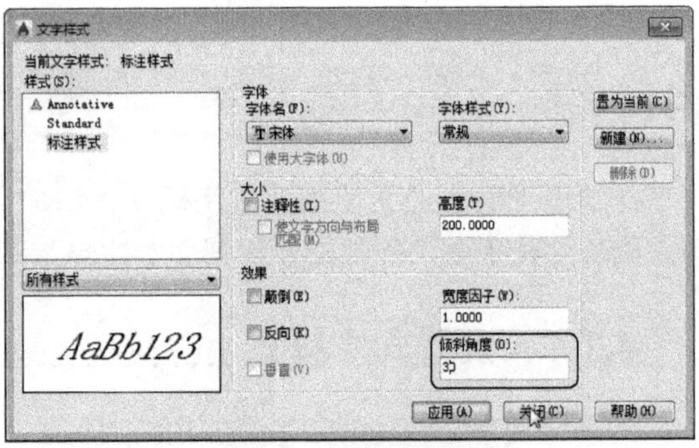

图4-6 设置倾斜角度

除了创建文字样式，用户还可在“文字样式”对话框中更改文字样式名称、删除多余的文字样式。

## 4.1.2 创建单行文本

单行文本就是将每一行文字作为一个文字对象，一次性地在图纸中的任意位置添加所需的文本内容，并且可对每个文字对象进行单独修改。下面介绍单行文本的标注与编辑方法。

### 1. 创建单行文本

在AutoCAD 2015中，用户可以通过以下方法执行“单行文字”命令。

- 在“默认”选项卡的“注释”面板中单击“单行文字”按钮A。
- 在“注释”选项卡的“文字”面板中单击“单行文字”按钮A。
- 在命令行中输入“TEXT”，然后按回车键。

执行上述命令后，命令行提示内容如下。

```
命令：_text
当前文字样式："Standard"  文字高度：2.5000  注释性：否  对正：左
指定文字的起点 或 [对正(J)/样式(S)]:
指定高度 <2.5000>:
指定文字的旋转角度 <0>:
```

单行文字标注可创建一行或多行文字注释，按回车键即可换行输入。注意每行文字都是独立的对象。

【例4-2】创建单行文本。

创建好文字样式后，即可按照自定义的样式输入文本内容，具体的操作方法如下。

01 单击“注释”选项卡的“单行文字”按钮。如图4-7所示。

02 根据命令行提示，在绘图区中指定文字起点及文字方向，如图4-8所示。

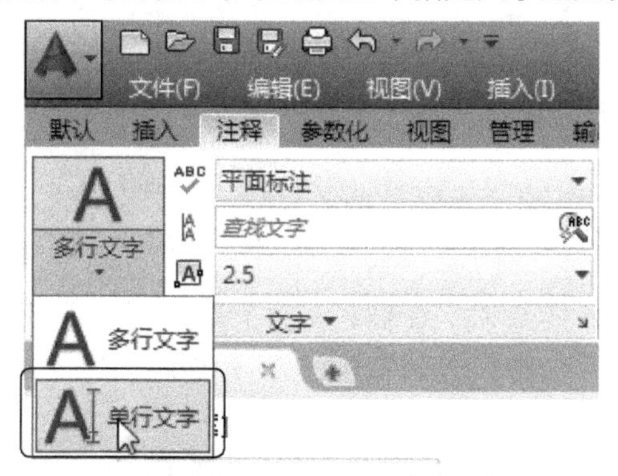


图4-7 单击“单行文字”按钮

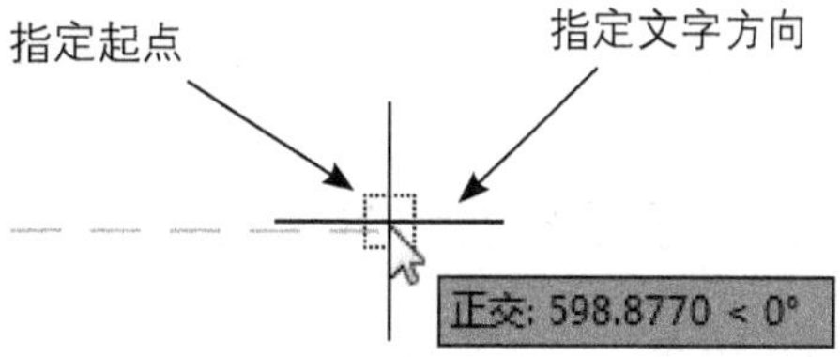

指定起点

指定文字方向

正交: 598.8770 < 0°

图4-8 指定文字方向

03 在命令行中，指定文字高度值，按回车键，之后输入文字旋转角度值，按回车键，完成文字样式设置，如图4-9所示。

04 在文字编辑框中输入文字内容，之后单击绘图区空白处，完成单行文本输入操作，如图4-10所示。

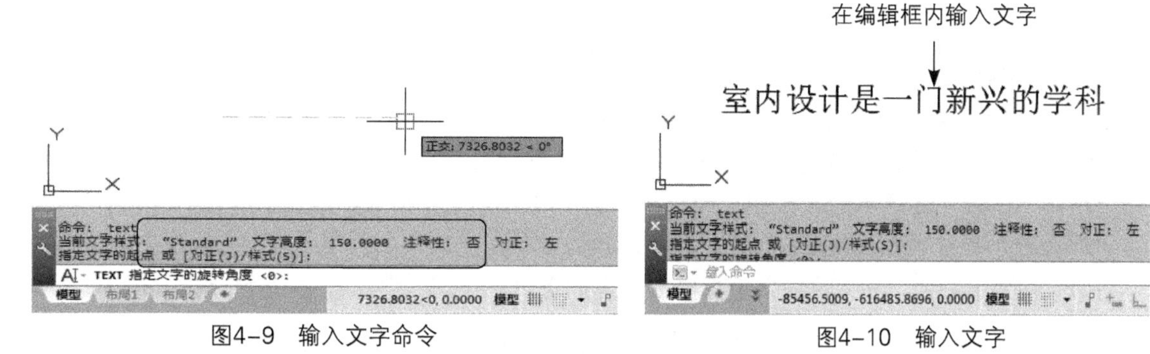


图4-9 输入文字命令

图4-10 输入文字

在输入文字的过程中，可随时改变文字的位置。若在输入文字的过程中想改变后面文字的输入位置，可指定新位置后再输入文本内容。

**2. 编辑单行文本**

若对已标注的文本进行修改，如文字的内容、对正方式、缩放比例等，可使用DDEDIT命令或“特性”对话框进行编辑。

（1）用DDEDIT命令编辑单行文本。

在命令行中输入“DDEDIT”，然后按回车键执行文本编辑命令。此时在绘图窗口中单击要编辑的单行文字，即可进入文字编辑状态。也可以直接双击文字，对文本内容进行修改，如图4-11所示。

室内设计是一门新兴的学科

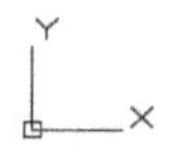

图4-11 文字编辑状态

（2）通过“特性”选项板编辑单行文本。

选择要编辑的单行文本，右击弹出快捷菜单，选择“特性”选项，打开“特性”选项板。在“文字”卷展栏中，可对文字进行修改，如图4-12所示。“特性”选项板中各卷展栏的作用如下。

- 常规：用于修改文本颜色和所属的图层。
- 三维效果：用于设置三维材质。
- 文字：用于修改文字的内容、样式、对正方式、高度、旋转角度、倾斜角度和宽度比例等。
- 几何图形：用于修改文本的起始点位置。

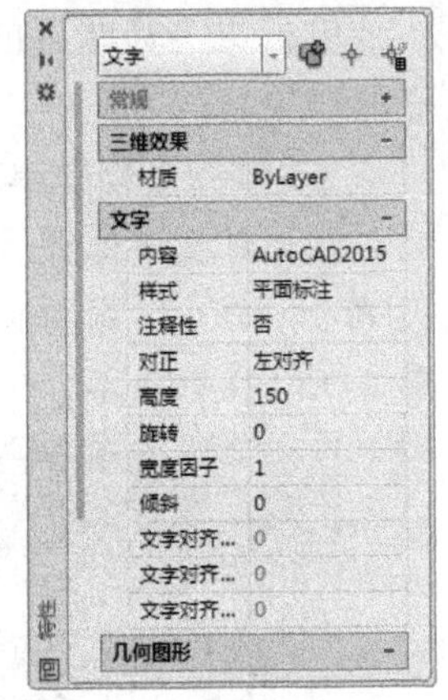

图4-12 “特性”选项板

## 4.1.3 创建多行文本

多行文本包含一个或多个文字段落，可作为单一的对象。在输入多行文字注释之前需要指定文字边框的对角点，文字边框用于定义多行文字对象中段落的宽度。多行文本可用“文字编辑器”选项卡进行编辑。

在“文字编辑器”选项卡中可对文字的样式、字体、加粗与否以及颜色等属性进行设置，如图4-13所示。

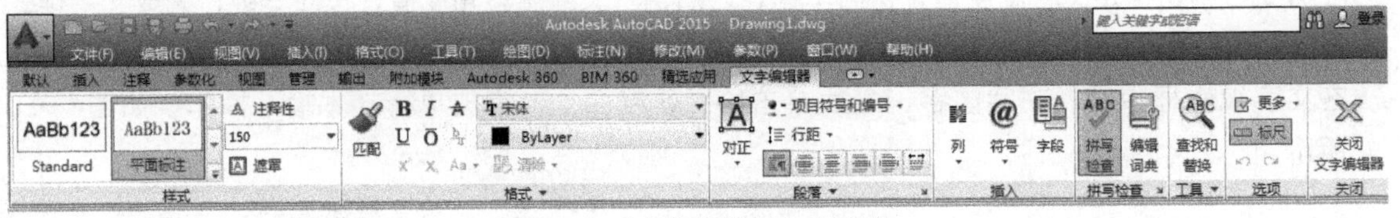

图4-13 “文字编辑器”选项卡

### 1. 创建多行文本

用户可以通过以下方法执行“多行文字”命令。

- 在“默认”选项卡的“注释”面板中单击“多行文字”按钮A。
- 在“注释”选项卡的“文字”面板中单击“多行文字”按钮A。
- 在命令行中输入快捷命令“T”，然后按回车键。

执行“多行文字”命令后，命令行提示内容如下。

```
命令：_mtext
当前文字样式："Standard"  文字高度：100  注释性：否
指定第一角点：
指定对角点或 [高度(H)/对正(J)/行距(L)/旋转(R)/样式(S)/宽度(W)/栏(C)]：
```

【例4-3】创建多行文本。

01 单击“注释”选项卡“文字”面板中的“多行文字”按钮，指定文字起点，并框选出文字范围，如图4-14所示。

02 框选完成后，在文本编辑框中输入文字内容，如图4-15所示。然后单击空白处，完成输入。

### 2. 编辑多行文本

编辑多行文本与编辑单行文本一样，用DDEDIT命令和“特性”选项板即可。

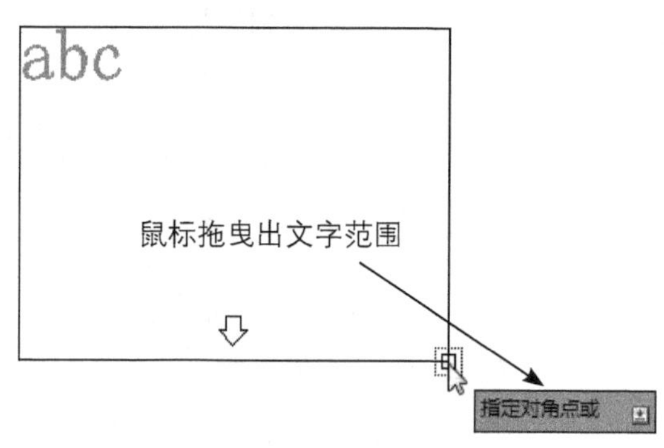


图4-14 指定文字输入范围

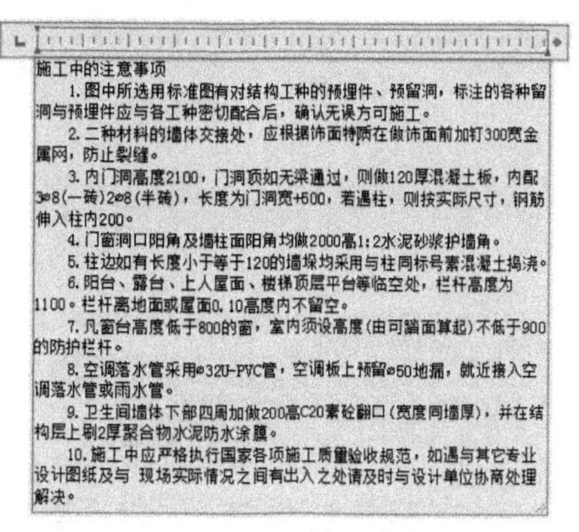

施工中的注意事项

1.图中所选用标准图有对结构工种的预埋件、预留洞，标注的各种留洞与预埋件应与各工种密切配合后，确认无误方可施工。

2.二种材料的墙体交接处，应根据饰面材质在做饰面前加钉300宽金属网，防止裂缝。

3.内门洞高度2100，门洞顶如无梁通过，则做120厚混凝土板，内配3⌀8(一砖)2⌀8(半砖)，长度为门洞宽+500，若遇柱，则按实际尺寸，钢筋伸入柱内200。

4.门窗洞口阳角及墙柱面阳角均做2000高1:2水泥砂浆护墙角。

5.柱边如有长度小于等于120的墙垛均采用与柱同标号素混凝土捣浇。

6.阳台、露台、上人屋面、楼梯顶层平台等临空处，栏杆高度为1100。栏杆离地面或屋面0.10高度内不留空。

7.凡窗台高度低于800的窗，室内须设高度(由可踏面算起)不低于900的防护栏杆。

8.空调落水管采用⌀32U-PVC管，空调板上预留⌀50地漏，就近接入空调落水管或雨水管。

9.卫生间墙体下部四周加做200高C20素砼翻口(宽度同墙厚)，并在结构层上刷2厚聚合物水泥防水涂膜。

10.施工中应严格执行国家各项施工质量验收规范，如遇与其它专业设计图纸及与 现场实际情况之间有出入之处请及时与设计单位协商处理解决。

图4-15 输入文字

● 用DDEDIT命令编辑多行文本

在命令行中输入“DDEDRT”，选择多行文字，将弹出“文字编辑器”选项卡。在“文字编辑器”选项卡中可对多行文字进行字体属性的设置。

● 用“特性”选项板编辑多行文本

选取多行文本后右击，在打开的快捷菜单中选择“特性”选项，打开“特性”选项板，如图4-16所示。与单行文本的“特性”选项板不同的是，这里没有“几何图形”卷展栏，“文字”卷展栏中增加了“行距比例”、“行间距”、“行距样式”3个选项。但缺少了“倾斜”和“宽度因子”选项。

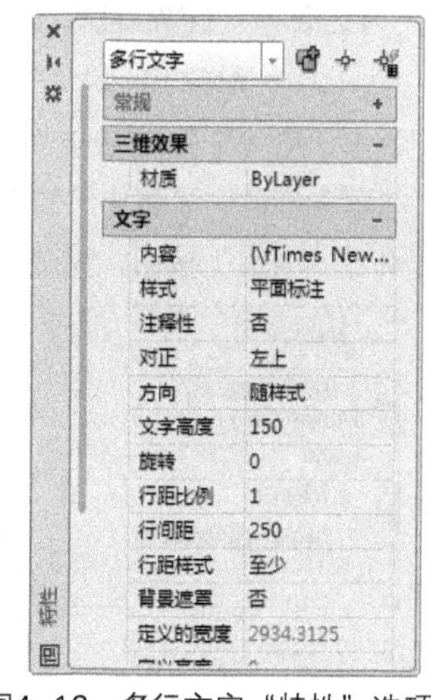


图4-16 多行文字“特性”选项板

**【例4-4】**编辑多行文字。

对当前多行文字进行编辑。选中所要修改的文字，在“文字编辑器”选项卡中，根据需要选中相关命令进行操作即可。

01 双击已创建的多行文字，进入多行“文字编辑器”选项卡，在文字输入框中选择所有的文字，如图4-17所示。

02 在“样式”面板中的“文字高度”输入框中输入高度值，即可更改当前文字的高度，如图4-18所示。

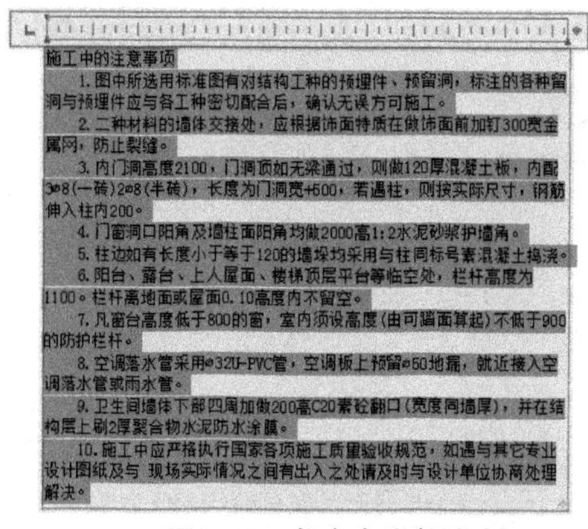

图4-17 将文字全部选中

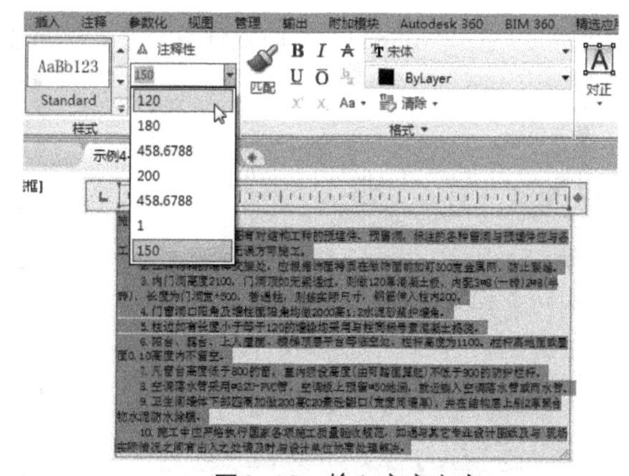


图4-18 输入文字高度

03 再次选中所有文字，在“文字编辑器”选项卡中，单击“粗体”按钮，设置字体为粗体，如图4-19所示。

04 单击“斜体”按钮，将当前文本设置为斜体，如图4-20所示。

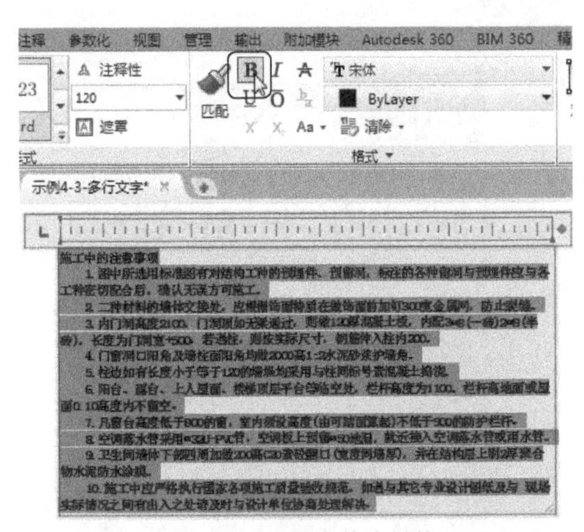

图4-19　设置字体为粗体

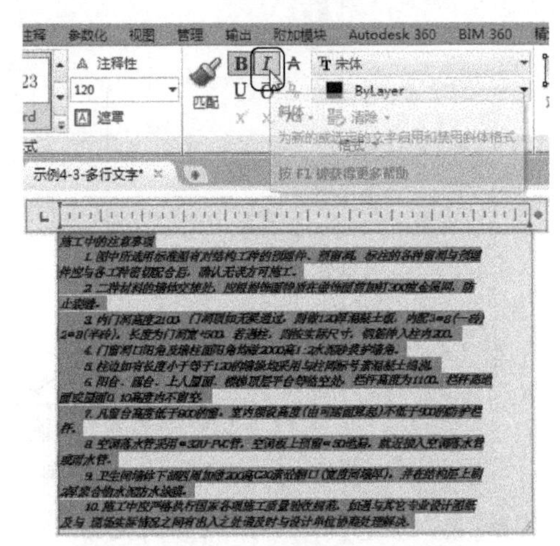

图4-20　设置文本为斜体

05 单击“格式”|“背景遮罩”命令，打开“背景遮罩”对话框，勾选“使用背景遮罩”复选框，将“填充颜色”设置为“青” 色，如图4-21所示。

06 单击“确定”按钮，完成文字背景设置，如图4-22所示。

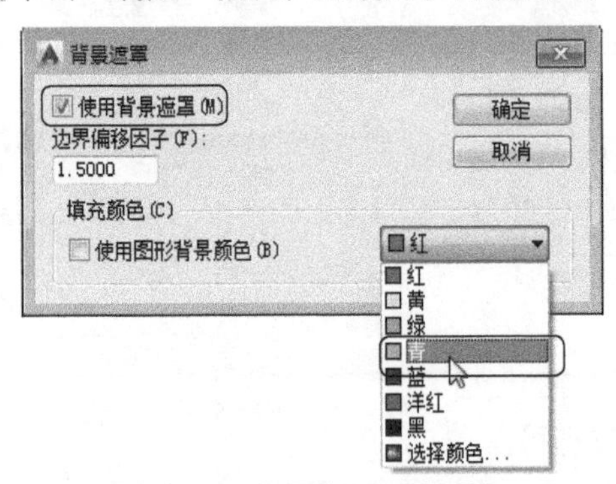


图4-21　“背景遮罩”对话框

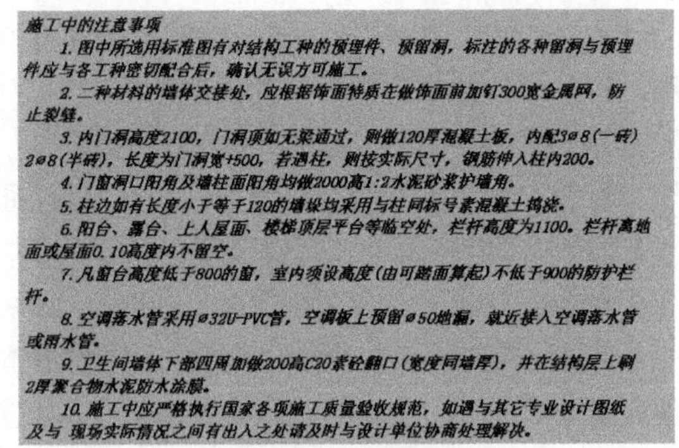


图4-22　完成设置

07 选中文本，单击“段落”|“行距”命令，在下拉列表中，选择合适的行距值，完成段落行间距的设置，如图4-23所示。

08 设置完成后，单击绘图区空白处任意一点，完成多行文字的编辑与设置操作，如图4-24所示。

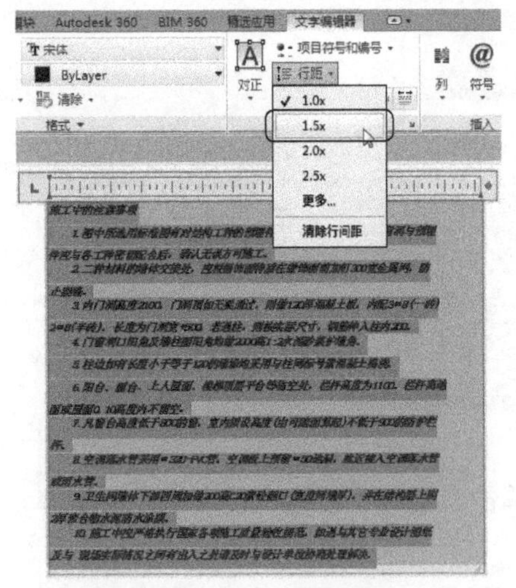


图4-23　设置行距

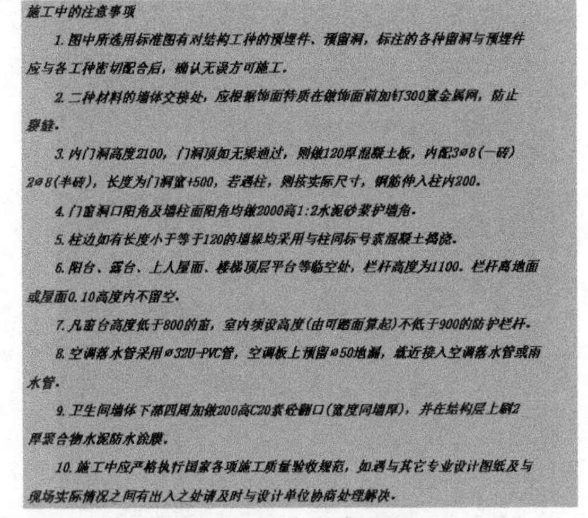


图4-24　完成设置

# 4.2 表格的创建与设置

一张完整的图纸通常由施工图纸、文字说明以及材料列表这3大部分组成，缺一不可。创建材料列表，是为了更好地表达对施工图纸中一些材料的说明，例如灯具列表、开关列表以及材料明细表等。

## 4.2.1 设置表格样式

表格样式控制一个表格的外观，用于统一字体、颜色、文本、高度和行距。用户可以使用默认的表格样式 STANDARD，也可以创建自己的表格样式。

【例4-5】创建表格样式。

01 单击“注释”|“表格”|“表格”命令，打开“插入表格”对话框，如图4-25所示。

02 单击“表格样式”按钮，打开“表格样式”对话框，如图4-26所示。

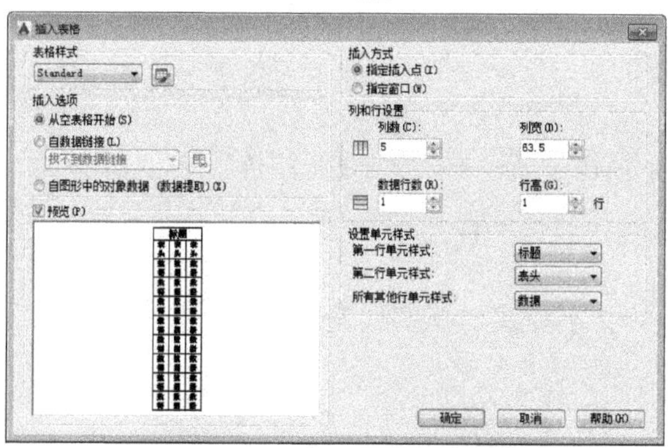


图4-25 “插入表格”对话框

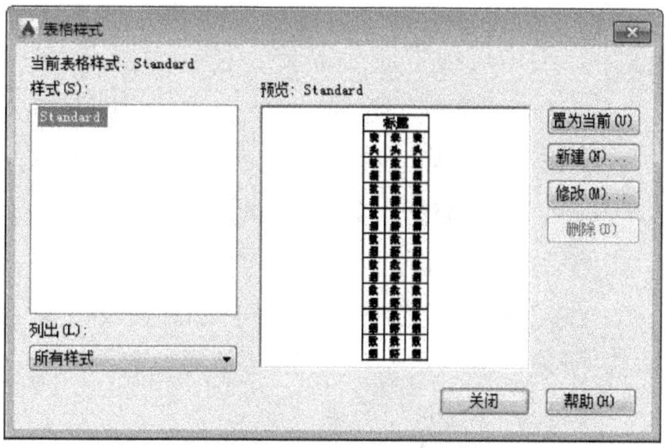

图4-26 “表格样式”对话框

03 单击“新建”按钮，打开“创建新的表格样式”对话框，输入新样式名，如图4-27所示。

04 单击“继续”按钮，打开“新建表格样式”对话框，如图4-28所示。

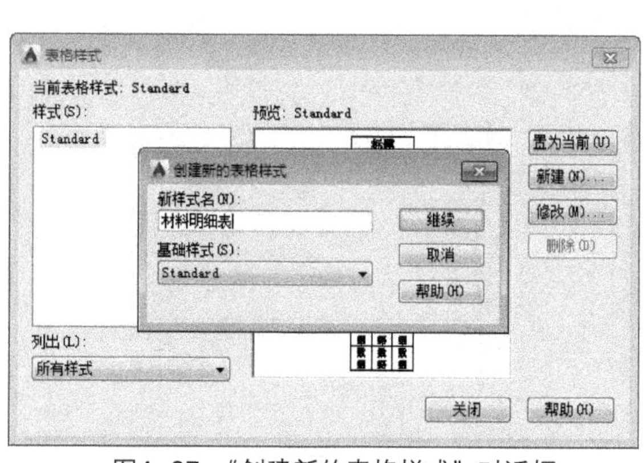


图4-27 “创建新的表格样式”对话框

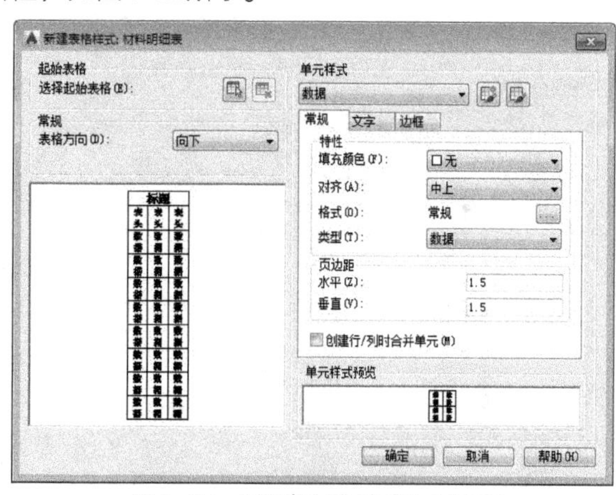


图4-28 “新建表格样式”对话框

05 在“单元样式”下拉列表中，可以设置标题、数据、表头所对应的文字、边框等特性，如图4-29所示。

06 单击“确定”按钮，返回“表格样式”对话框。单击“关闭”按钮，完成表格样式的创建，如图4-30所示。

图4-29　设置单元样式

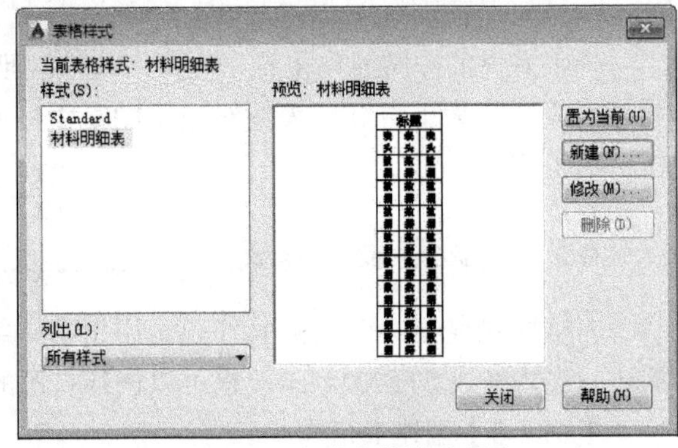


图4-30　完成表格样式创建

在“新建表格样式”对话框中，表格“单元样式”的设置可分为3类，分别为“标题”、“表头”和“数据”。在每一类中，又分为3组设置选项，分别为“常规”、“文字”和“边框”。用户可根据制表需要，进行设置。

（1）“常规”选项

单击“常规”选项卡，用户可对表格的特性进行设置，包括“填充颜色”、“对齐”、“格式”、“类型”以及“页边距”等设置选项。

（2）“文字”选项

在“文字”选项卡中，可以设置表格单元中的文字样式、高度、颜色和角度等特性，如图4-31所示。

（3）“边框”选项

在“边框”选项卡中，可以对表格边框进行设置，共包含8个按钮。当表格具有边框时，还可以设置边框的线宽、线型和颜色。此外，选中“双线”复选框，还可以设置双线之间的间距，如图4-32所示。

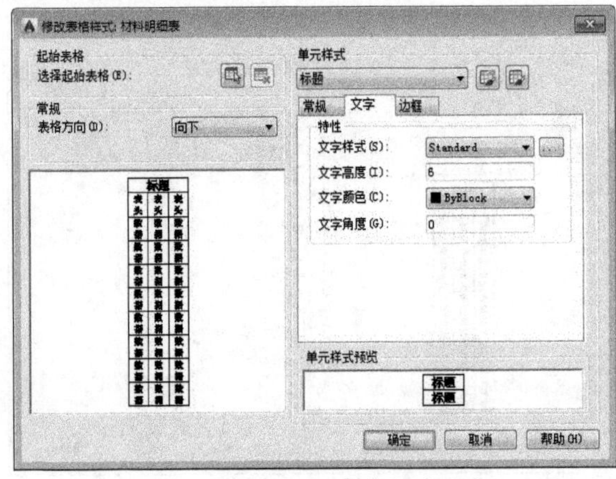


图4-31　“文字”选项卡

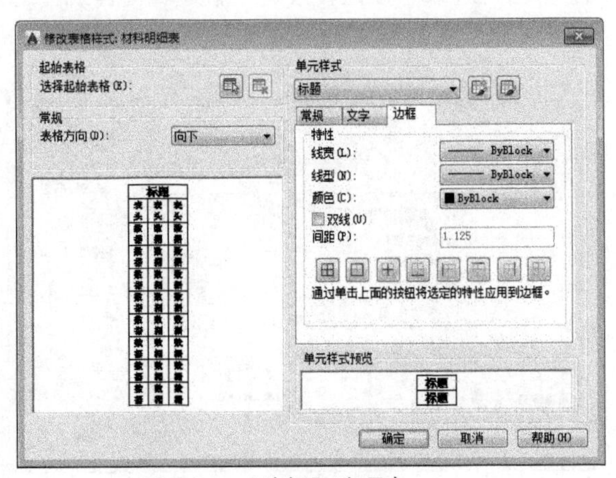


图4-32　“边框”选项卡

### 4.2.2　创建表格

在AutoCAD 2015软件中，用户可使用以下几种方式来创建表格。

- 单击“绘图”｜“表格”按钮。

- 在“默认”选项卡的“注释”面板中单击“表格”按钮。
- 在“注释”选项卡的“注释”面板中单击“表格”按钮。
- 在命令行中输入“TABLE”，然后按回车键。

执行以上操作后会出现“插入表格”对话框，根据需要对其进行设置即可完成表格的创建。

【例4-6】创建材料明细表格。

01 单击“注释”|“表格”命令，打开“插入表格”对话框，如图4-33所示。

02 在当前对话框右侧“列和行设置”选项组中，设置列数和行数，如图4-34所示。

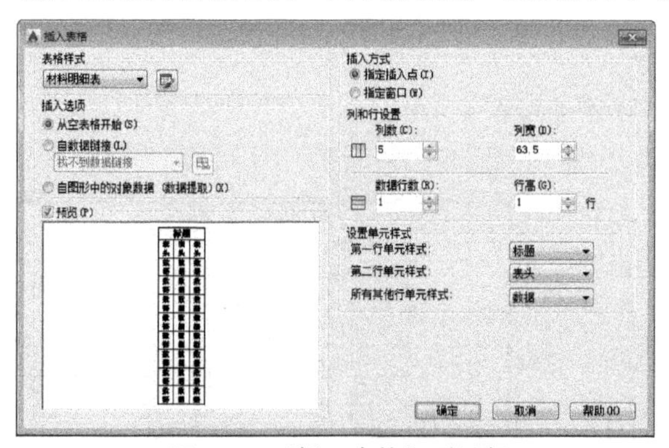

图4-33 “插入表格”对话框

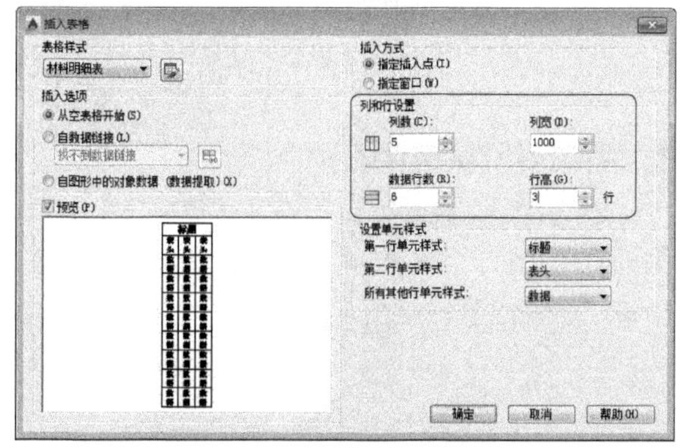

图4-34 列和行设置

03 设置好后，单击“确定”按钮。在绘图区中，指定表格基点，即可插入空白表格，如图4-35所示。

04 插入表格后，程序自动选中表格标题栏，并进入编辑状态，此时输入表格标题内容即可，如图4-36所示。

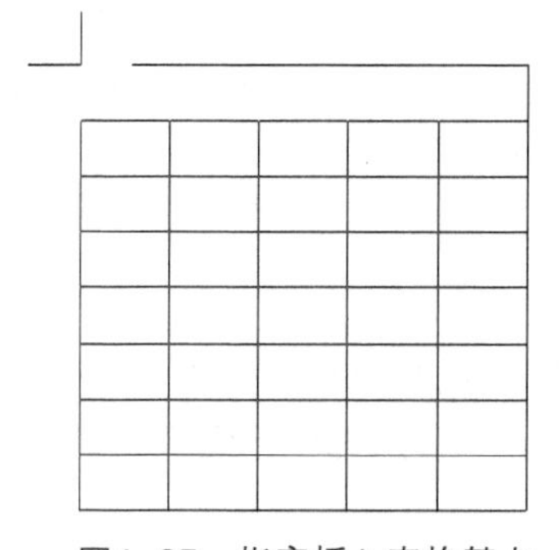

图4-35 指定插入表格基点

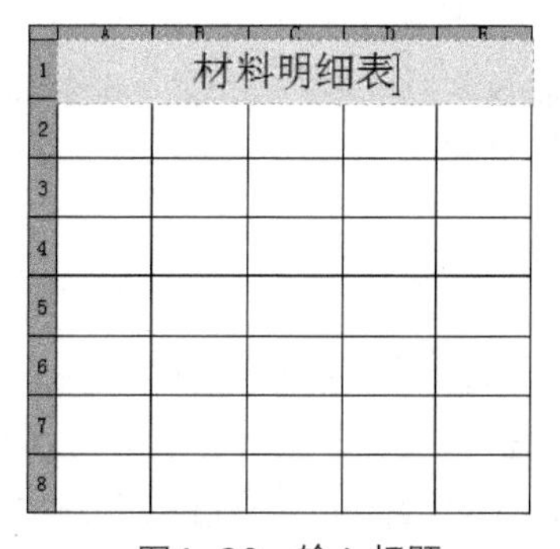


图4-36 输入标题

05 表格标题输入完成后，按回车键，即可进入下一单元格，并呈编辑状态，如图4-37所示。

06 输入内容后，双击下一个需要输入文字的单元格，进行表格内容的输入，如图4-38所示。

图4-37 继续编辑

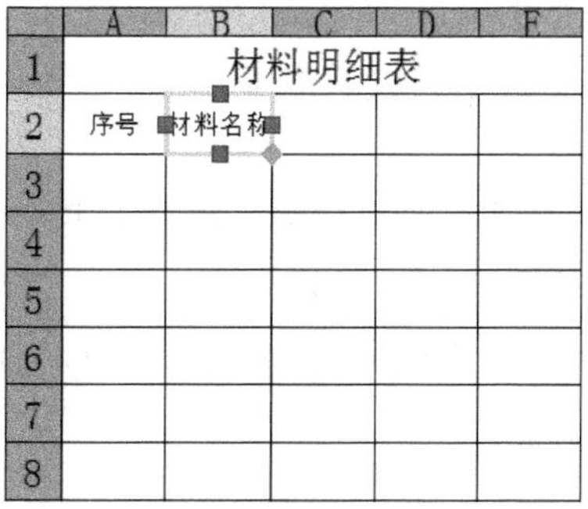

图4-38 双击单元格输入文字

07 表格创建完成后，若对其行高或列宽不满意，可单击表格上任意框线后拉伸即可，如图4-39所示。

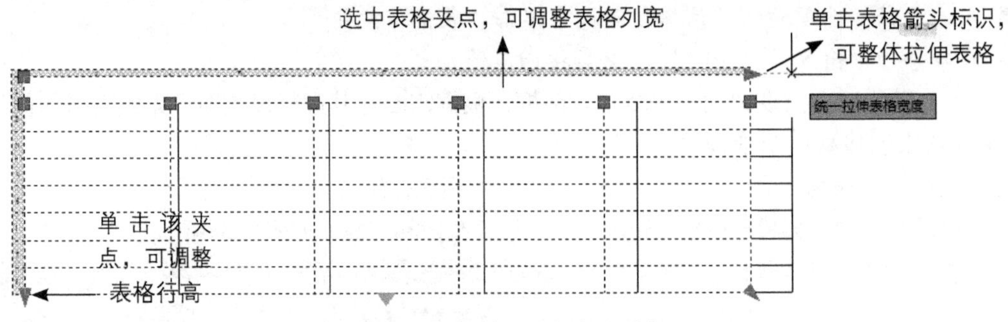


图4-39　拉伸更改行高和列宽

**绘图技巧|编辑表格**

表格创建完成后，用户还可对当前表格进行修改编辑，如插入单元行、列，合并单元格，添加表格底纹以及设置边框等，效果如图4-40所示。

| 材料明细表 | | | | |
|---|---|---|---|---|
| 序号 | 材料名称 | 材料规格 | 数量 | 备注 |
| | 客厅地砖 | 800mm*800mm | | |
| | 厨房地砖 | 300mm*300mm | | |
| | 实木地板 | 自选 | | |
| | 筒灯 | | | |
| | 花灯 | | | |
| | 射灯 | | | |

图4-40　完成表格边框线的设置

## 4.3 尺寸标注的创建与设置

尺寸标注是绘图设计工作中的一项重要内容，在制图过程中，图形真实的大小及相互之间的关系，只有通过尺寸标注来标识。本节将向读者介绍创建与设置标注样式、多重引线标注、编辑标注对象等内容。

### 4.3.1 设置尺寸样式

标注样式可以控制尺寸标注的格式和外观，建立和强制执行图形的绘图标准，这样便于对标注格式和用途进行修改。在AutoCAD 2015中，利用“标注样式管理器”对话框可创建与设置标注样式。打开该对话框可以通过以下方法。

- 单击“格式”|“标注样式”按钮。
- 在“默认”选项卡的“注释”面板中单击“标注样式”按钮。
- 在“注释”选项卡的“标注”面板中单击右下角箭头。
- 在命令行中输入快捷命令“D”，然后按回车键。

执行以上任意一种操作后，都将打开“标注样式管理器”对话框，如图4-41所示。在该对话框中，用户可以创建新的标注样式，也可以对已定义的标注样式进行修改。

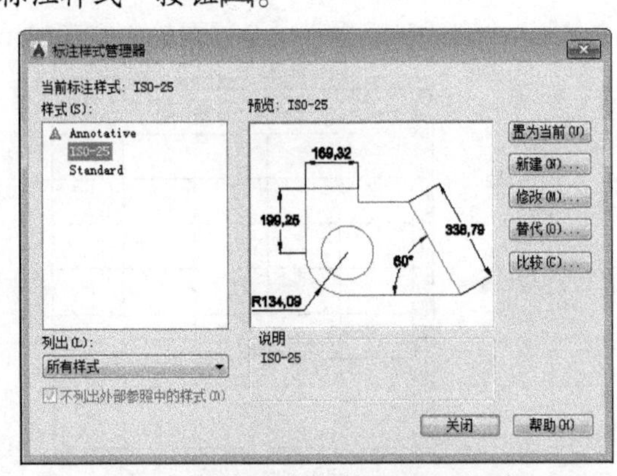


图4-41　“标注样式管理器”对话框

【例4-7】创建标注样式。

在“标注样式管理器”对话框中创建与设置标

注样式具体操作如下。

01 单击“注释”|“标注” 面板的按钮，打开“标注样式管理器”对话框，单击“修改”按钮，如图4-42所示。

02 此时将打开“修改标注样式：ISO-25”对话框，如图4-43所示。

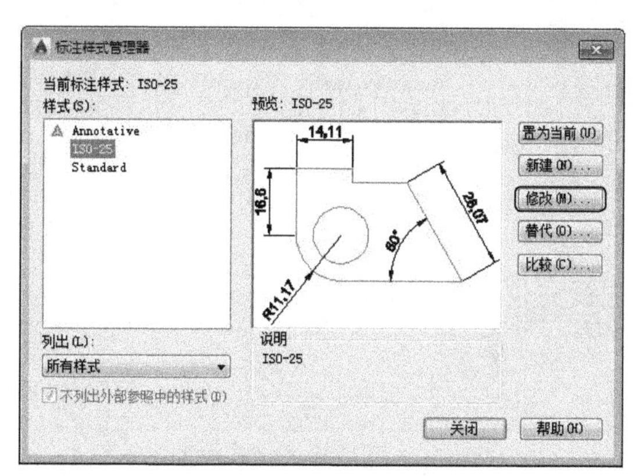


图4-42 单击修改按钮

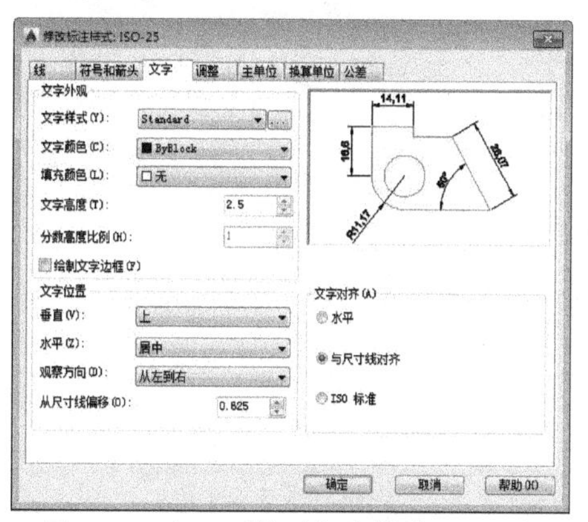


图4-43 打开“修改标注样式”对话框

03 单击“符号和箭头”选项卡，将“箭头”设置为“建筑标记”，如图4-44所示。

04 在“箭头大小”输入框中输入合适的数值，如图4-45所示。

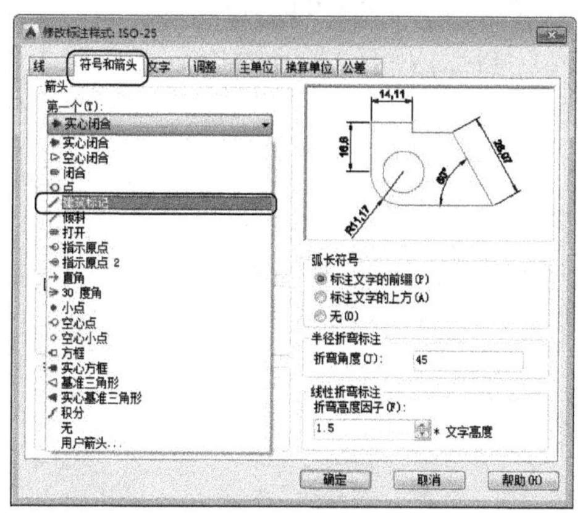


图4-44 “符号和箭头”选项卡

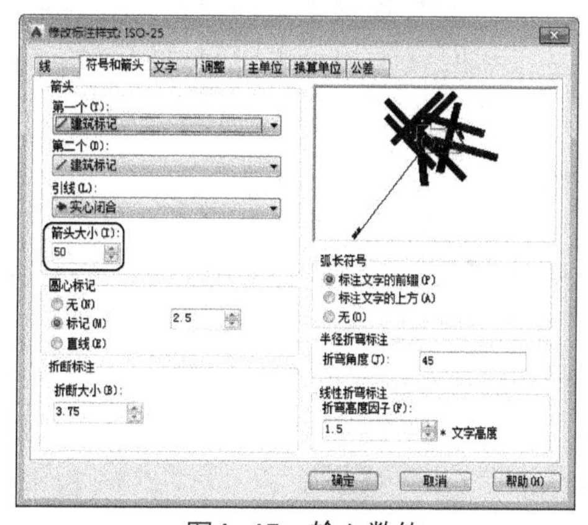


图4-45 输入数值

05 单击“文字”选项卡，设置合适的“文字高度”值及文字位置，如图4-46所示。

06 单击“调整”选项卡，在“文字位置”选项组中，选择合适的文字位置，如图4-47所示。

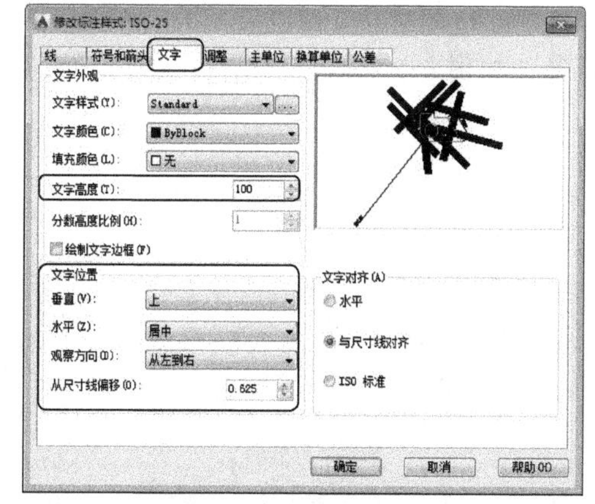


图4-46 设置文字

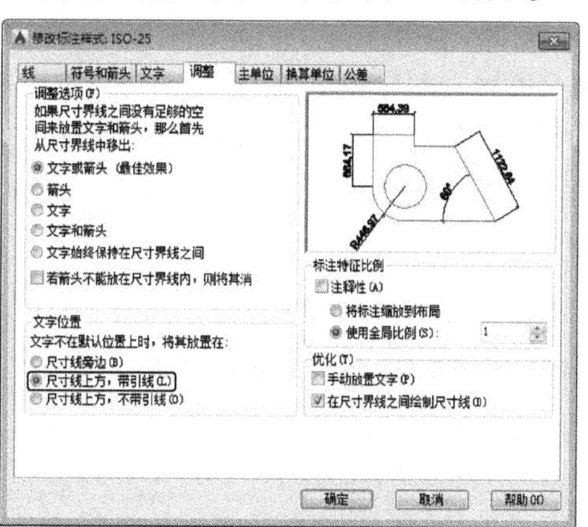


图4-47 选择文字位置

07 单击“主单位”选项卡，将“精度”值设置为“0”，如图4-48所示。

08 设置好后，单击“确定”按钮，返回上一层对话框。单击“置为当前”按钮，完成设置，如图4-49所示。

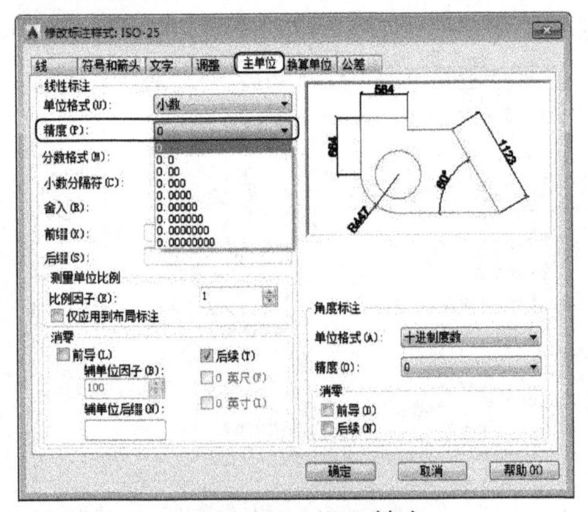


图4-48　设置精度

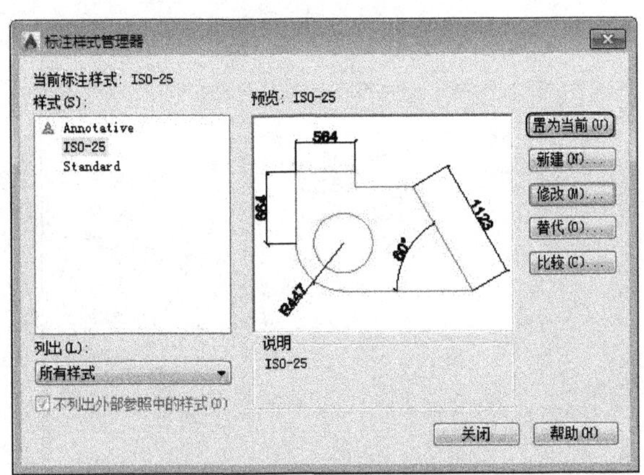


图4-49　完成标注样式设置

## 4.3.2　创建尺寸标注

AutoCAD 2015提供了多种尺寸标注类型，如图4-50所示，它们可以在图形中标注任意两点间的距离、圆或圆弧的半径和直径、圆弧或相交直线的角度等。下面将对常用的标注类型进行介绍。

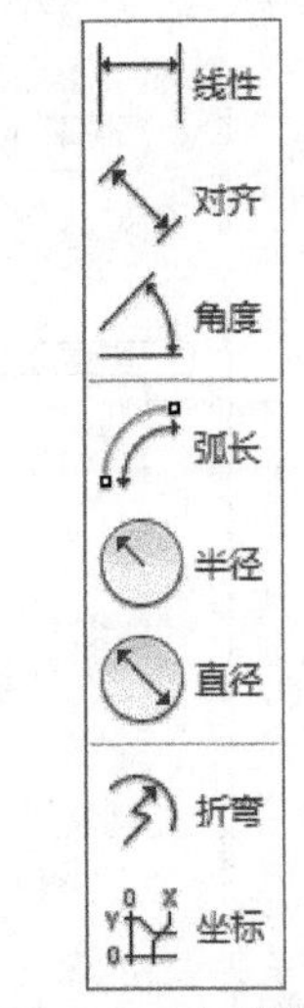


图4-50　标注类型

### 1. 线性标注

线性标注是最基本的标注类型，它可以在图形中创建水平、垂直或倾斜的尺寸标注。在AutoCAD 2015中，用户可以通过以下方法执行“线性”标注命令。

- 执行“标注”|“线性”按钮。
- 在“默认”选项卡的“注释”面板中单击“线性”按钮。
- 在“注释”选项卡的“标注”面板中单击“线性”按钮。
- 在命令行中输入快捷命令“DIM”，然后按回车键。

线性标注有如下3种类型。

- 水平：标注平行于X轴方向两点之间的距离，如图4-51所示。
- 垂直：标注平行于Y轴方向两点之间的距离，如图4-52所示。
- 旋转：标注平行于指定方向上两点之间的距离，如图4-53所示。

【例4-8】为淋浴房平面图添加线性标注。

打开素材文件，执行线性标注命令，根据命令行的提示进行操作。

命令行提示内容如下。

```
命令：_dimlinear
指定第一个尺寸界线原点或 <选择对象>：
指定第二条尺寸界线原点：
指定尺寸线位置或
[多行文字(M)/文字(T)/角度(A)/水平(H)/垂直(V)/旋转(R)]：
```

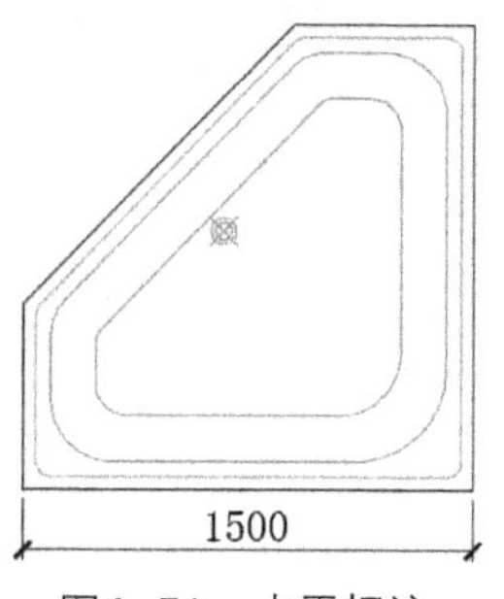


图4-51 水平标注

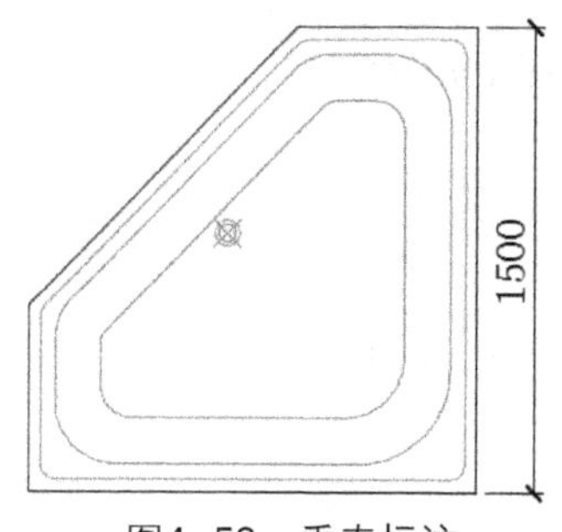


图4-52 垂直标注

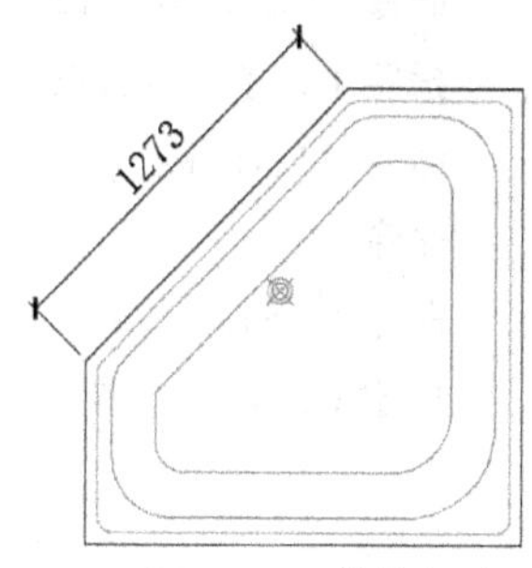


图4-53 旋转标注

**2. 对齐标注**

对齐标注是指尺寸线平行于尺寸界线原点连成的直线，它是线性标注尺寸的一种特殊形式。用户可以通过以下方法执行“对齐”标注命令。

- 执行“标注”|“对齐标注”按钮。
- 在“默认”选项卡的“注释”面板中单击“对齐”按钮。
- 在“注释”选项卡的“标注”面板中单击“对齐”按钮。
- 在命令行中输入快捷命令“DAL”，然后按回车键。

执行“对齐”标注命令后，在绘图窗口中分别指定要标注的第一个点和第二个点，然后指定好标注尺寸位置，即可完成对齐标注操作。

**【例4-9】**为躺椅平面图添加对齐标注。

打开素材文件，执行对齐标注命令，根据命令行的提示进行操作，如图4-54所示。

命令行提示内容如下。

```
命令：_dimaligned
指定第一个尺寸界线原点或 <选择对象>：
指定第二条尺寸界线原点：
指定尺寸线位置或
[多行文字（M）/文字（T）/角度（A）]：
```

**3. 基线标注**

基线标注是从一个标注或选定标注的基线上创建线性、角度或坐标标注。系统会使每一条新的尺寸线偏移一段距离，以避免与前一段尺寸线重合。用户可以通过以下方法执行“基线”标注命令。

- 执行“标注”|“基线标注”按钮。
- 在“注释”选项卡的“标注”面板中单击“基线”按钮。
- 在命令行中输入快捷命令“DBA”，然后按回车键。

执行以上任意一种操作后，系统将自动指定基准标注的第一条尺寸界线作为基线标注的尺寸界线原点，然后用户根据命令行的提示指定第二条尺寸界线原点。选择第二点之后，将绘制基线标注并再次显示“指定第二条尺寸界线原点”提示，依此类推。

**【例4-10】**为楼梯平面图添加基线标注。

打开素材文件，执行基线标注命令，根据命令行的提示进行操作，如图4-55所示。

命令行提示内容如下。

```
命令: _dimbaseline
指定第二条尺寸界线原点或 [放弃(U)/选择(S)] <选择>: *取消*
命令: '_dimstyle
命令:
命令: _dimbaseline
指定第二条尺寸界线原点或 [放弃(U)/选择(S)] <选择>:
```

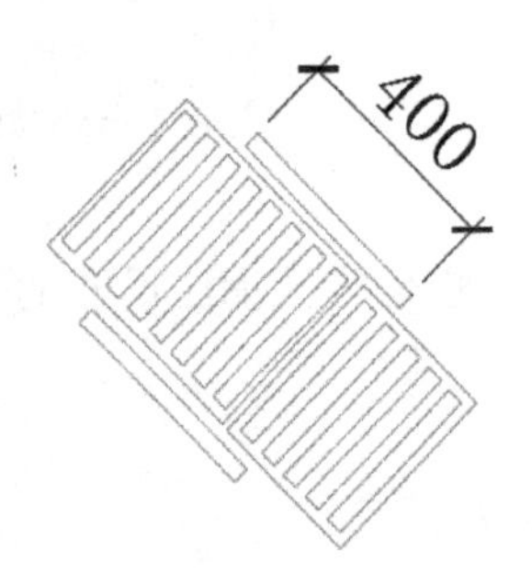


图4-54　对齐标注

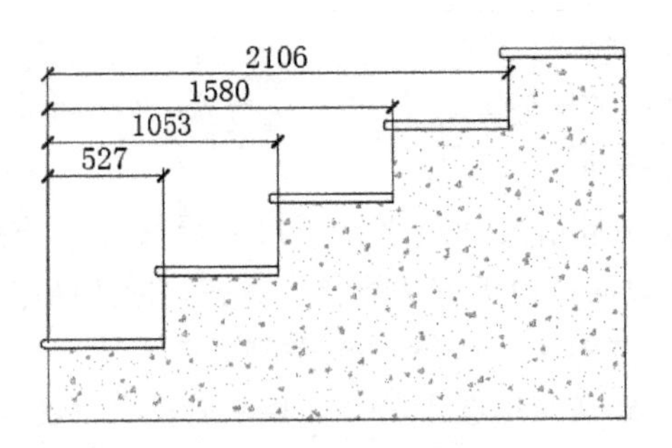


图4-55　基线标注

**4. 连续标注**

连续标注可以创建一系列连续的线性、对齐、角度或坐标标注。用户可通过以下方法执行“连续标注”命令。

- 在“注释”选项卡的“标注”面板中单击“连续”按钮。
- 在命令行中输入快捷命令“DCO”，然后按回车键。

连续标注用于绘制一连串尺寸，每一个尺寸的第二个尺寸界线的原点是下一个尺寸的第一个尺寸界线的原点。在使用“连续标注”之前，要标注的对象必须有一个尺寸标注。

**【例4-11】**为多人沙发平面图添加连续标注。

打开素材文件，执行连续标注命令，根据命令行的提示进行操作，如图4-56所示。

命令行提示内容如下。

```
命令: _dimlinear
指定第一个尺寸界线原点或 <选择对象>:
指定第二条尺寸界线原点:
指定尺寸线位置或
[多行文字(M)/文字(T)/角度(A)/水平(H)/垂直(V)/旋转(R)]:
标注文字 = 650
命令:
命令:
命令: _dimcontinue
指定第二条尺寸界线原点或 [放弃(U)/选择(S)] <选择>:
```

**5. 角度标注**

角度标注测量选定的对象或3个点之间的角度，可以选择的对象包括圆弧、圆和直线等。用户可以通过以下方法执行“角度”标注命令。

- 在“默认”选项卡的“注释”面板中单击“角度”按钮。

● 在“注释”选项卡的“标注”面板中单击“角度”按钮△。

● 在命令行中输入快捷命令“DAN”，然后按回车键。

【例4-12】为壁灯立面图添加角度标注。

打开素材文件，执行角度标注命令，根据命令行的提示进行操作，如图4-57所示。

命令行提示内容如下。

```
命令：_dimangular
选择圆弧、圆、直线或 <指定顶点>：
选择第二条直线：
指定标注弧线位置或 [多行文字(M)/文字(T)/角度(A)/象限点(Q)]：
```

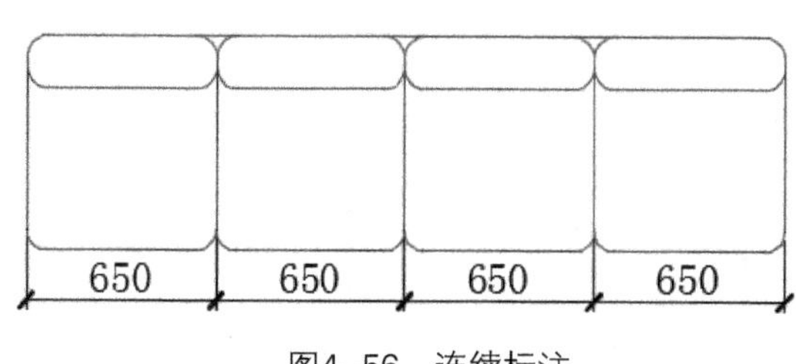


图4-56　连续标注

67°

图4-57　角度标注

**6. 半径标注、直径标注**

半径标注和直径标注用于测量选定的圆或圆弧的半径和直径，并显示前面带有半径或直径符号的标注文字。

（1）半径标注

用户可以通过以下方法执行“半径”标注命令。

● 在“注释”选项卡的“标注”面板中单击“半径”按钮。

● 在“默认”选项卡的“注释”面板中单击“半径”按钮。

● 在命令行中输入快捷命令“DRA”，然后按回车键。

执行“半径”标注命令后，在绘图窗口中选择需标注的圆或圆弧，并指定好标注尺寸位置，即可完成半径标注。

【例4-13】为吊灯平面图添加半径标注。

打开素材文件，执行半径标注命令，根据命令行的提示进行操作，如图4-58所示。

命令行提示内容如下。

```
命令：_dimradius
选择圆弧或圆：
标注文字 = 293
指定尺寸线位置或 [多行文字(M)/文字(T)/角度(A)]：
```

（2）直径标注

用户可以通过以下方法执行“直径”标注命令。

● 在“默认”选项卡的“注释”面板中单击“直径”按钮。

● 在“注释”选项卡的“标注”面板中单击“直径”按钮。

● 在命令行中输入快捷命令“DDI”，然后按回车键。

执行“直径”标注命令后，在绘图窗口中选择要进行标注的圆或圆弧，并指定尺寸标注位置，即可创建出直径标注。

【例4-14】为吊灯平面图添加直径标注。

打开素材文件，执行直径标注命令，根据命令行的提示进行操作，如图4-59所示。

命令行提示内容如下。

```
命令：_dimdiameter
选择圆弧或圆：
标注文字 = 506
指定尺寸线位置或 [多行文字(M)/文字(T)/角度(A)]：
```

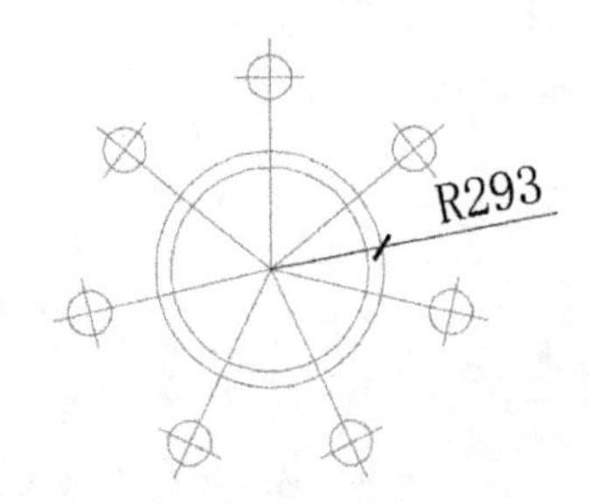


图4-58　半径标注

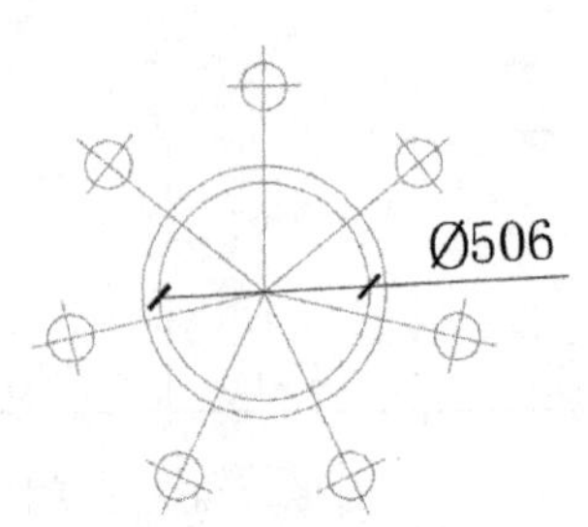


图4-59　直径标注

**7. 弧长标注**

弧长标注用于测量圆弧或多段线圆弧上的距离。弧长标注的尺寸界线可以正交或径向。在标注文字的上方或前面将显示圆弧符号，如图4-60所示。用户可以通过以下方法执行“弧长”标注命令。

- 在“默认”选项卡的“注释”面板中单击“弧长”按钮。
- 在“注释”选项卡的“标注”面板中单击“弧长”按钮。
- 在命令行中输入快捷命令“DIMARC”，然后按回车键。

【例4-15】为吊灯立面图添加弧长标注。

打开素材文件，执行弧长标注命令，根据命令行的提示进行操作，如图4-60所示。

命令行提示内容如下。

```
命令：_dimarc
选择弧线段或多段线圆弧段：
指定弧长标注位置或 [多行文字(M)/文字(T)/角度(A)/部分(P)/引线(L)]：
标注文字 = 1140
```

**8. 折弯标注**

当圆弧或圆的中心位置位于布局之外并且无法在实际位置显示时，将创建折弯半径标注。可以在更方便的位置指定标注的原点，称为中心位置替代。

用户可以通过以下方法执行“折弯标注”命令。

- 在“默认”选项卡的“注释”面板中单击“折弯”按钮。
- 在“注释”选项卡的“标注”面板中单击“折弯”按钮。
- 在命令行中输入DIMJOGGED，然后按回车键。

执行“折弯标注”命令后，选择要标注的圆弧或圆，然后指定图示的中心位置，显示标注文字，在继续指定尺寸线和折弯的位置，即完成折弯标注。

**【例4-16】**为浴缸平面图添加折弯标注。

打开素材文件，执行折弯标注命令，根据命令行的提示进行操作，如图4-61所示。

命令行提示内容如下。

```
命令：_dimjogged
选择圆弧或圆：
指定图示中心位置：
标注文字 = 1571
指定尺寸线位置或 [多行文字(M)/文字(T)/角度(A)]：
指定折弯位置：
```

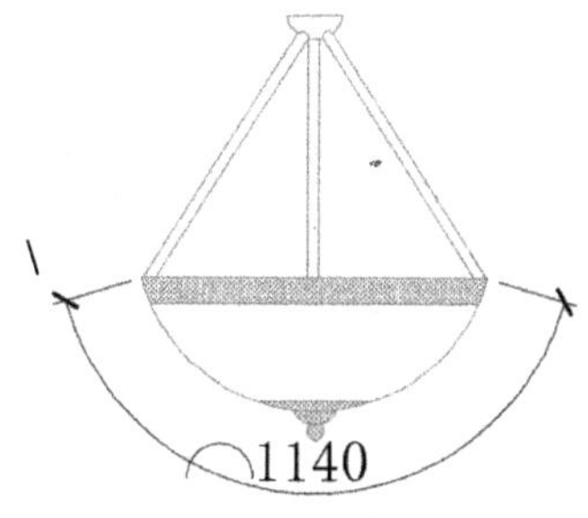

图4-60 弧长标注

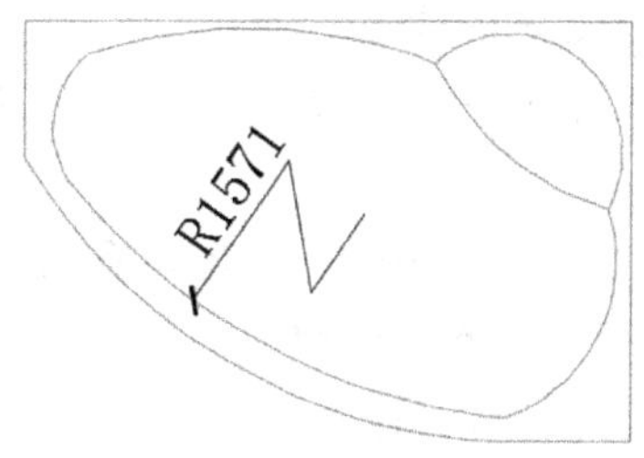

图4-61 折弯标注

**9. 快速标注**

用户可以通过以下方法执行“快速标注”命令。

- 在“注释”选项卡的“标注”面板中单击“快速标注”按钮。
- 在命令行中输入“QDIM”，然后按回车键。

**【例4-17】**为楼梯平面图添加快速标注。

执行“快速标注”命令后，命令行提示内容如下。

```
命令：_qdim
关联标注优先级 = 端点
选择要标注的几何图形：指定对角点：找到 10 个
选择要标注的几何图形：
指定尺寸线位置或 [连续(C)/并列(S)/基线(B)/坐标(O)/半径(R)/直径(D)/基准点(P)/编辑(E)/设置(T)] <连续>：
```

标注过程如图4-62和图4-63所示。

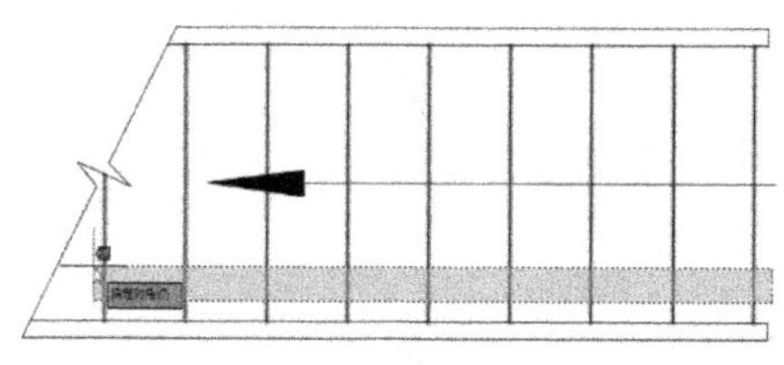
图4-62 选取标注图形

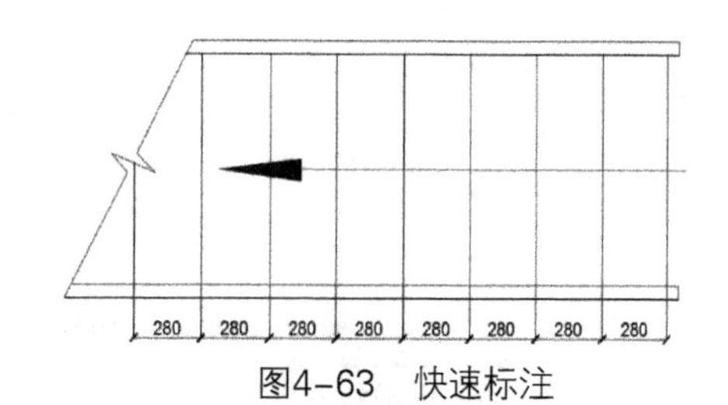

图4-63 快速标注

### 4.3.3 编辑尺寸标注

下面将介绍标注对象的编辑方法，包括编辑标注、替代标注、更新标注等内容。

**1. 编辑标注**

使用编辑标注命令可以改变尺寸文本或者强制尺寸界线旋转一定的角度。通过下列方法可执行编辑标注文字命令。

- 单击“注释”选项卡“标注”面板中的“倾斜”按钮。
- 在命令行中输入快捷命令“DED”，然后按回车键。

执行以上任意一种操作后，命令行提示内容如下。

```
命令：DED
DIMEDIT
输入标注编辑类型 [默认（H）/新建（N）/旋转（R）/倾斜（O）] <默认>:
```

**2. 编辑标注文本的位置**

编辑标注文字命令可以改变标注文字的位置或是放置标注文字。通过下列方法可执行编辑标注文字命令。

- 单击“注释”选项卡“标注”面板中的“文字角度”按钮。
- 在命令行中输入“DIMTEDIT”，然后按回车键。

执行以上任意一种操作后，命令行提示内容如下。

```
命令：DIMTEDIT
选择标注：
为标注文字指定新位置或 [左对齐（L）/右对齐（R）/居中（C）/默认（H）/角度（A）]:
```

**3. 替代标注**

当少数尺寸标注与其他大多数尺寸标注在样式上有差别时，若不想创建新的标注样式，可以创建标注样式替代。

在“标注样式管理器”对话框中，单击“替代”按钮，打开“替代当前样式”对话框，如图4-64所示，从中可对所需的参数进行设置，比如将文字高度改为50，然后单击“确定”按钮即可。此时返回到上一层对话框，在“样式”列表中将显示“样式替代”，如图4-65所示。

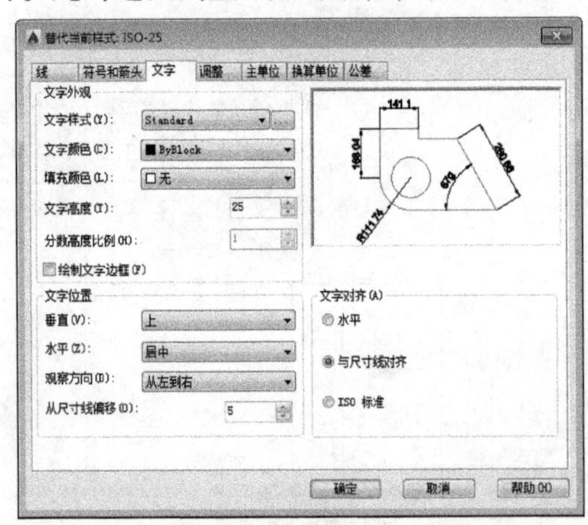


图4-64 “替代当前样式”对话框

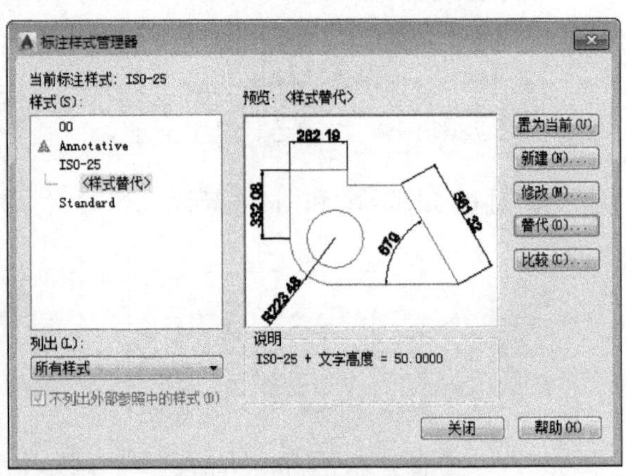


图4-65 “样式替代”选项

#### 4. 更新标注

在标注建筑图形中，用户可以使用更新标注功能，使其采用当前的尺寸标注样式。通过以下方法可执行更新尺寸标注命令。

- 在“注释”选项卡的“标注”面板中单击“更新”按钮。

执行操作后，命令行提示内容如下。

```
命令：_-dimstyle
当前标注样式：尺寸标注    注释性：否
输入标注样式选项
[注释性(AN)/保存(S)/恢复(R)/状态(ST)/变量(V)/应用(A)/?] <恢复>:
```

#### 5. 关联尺寸标注

关联尺寸标注是指所标注尺寸与被标注对象有关联关系。若标注的尺寸值是按自动测量值标注，则标注是按尺寸关联模式标注的。如果改变被标注对象的大小，则相应的标注尺寸也将发生改变，尺寸界线和尺寸线的位置会改变到相应的新位置，尺寸值也将改变成新测量值；反之，改变尺寸界线起始点位置，尺寸值也会发生相应的变化。

**【例4-18】**更改吊灯立面图的关联尺寸标注。

打开素材文件，执行关联尺寸标注命令，根据命令行的提示进行操作，如图4-66和图4-67所示。

命令行提示内容如下。

```
命令：_dimreassociate
选择要重新关联的标注 ...
选择对象或 [解除关联(D)]：找到 1 个
选择对象或 [解除关联(D)]：
指定第一个尺寸界线原点或 [选择对象(S)] <下一个>:
指定第二个尺寸界线原点 <下一个>:
```

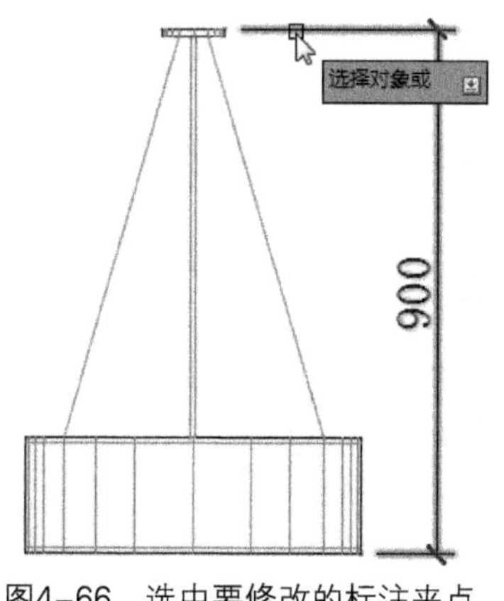


图4-66　选中要修改的标注夹点

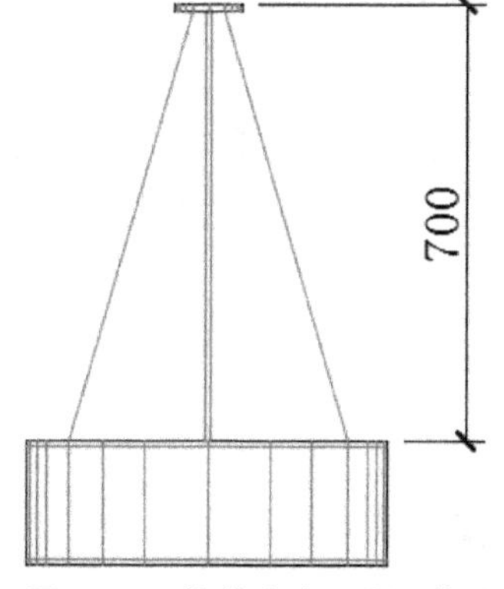


图4-67　拉伸夹点至所需位置

### 4.3.4　引线标注的应用

引线标注用于注释对象信息，从指定的位置绘制出一条引线来标注对象，在引线的末端可以输入文本、公差、图形等元素。它常用于对图形中的某些特定对象进行说明，使图形表达更清楚。

在向AutoCAD图形添加引线时，单一的引线样式往往不能满足设计的要求，这就需要预先定义新的引线样式，即指定基线、引线、箭头和注释内容的格式，来控制多重引线对象的外观。

在AutoCAD 2015中，通过“标注样式管理器”对话框可创建并设置多重引线样式，用户可以通过以下方法打开该对话框。

- 在“默认”选项卡的“注释”面板中单击“多重引线样式”按钮。
- 在“注释”选项卡的“引线”面板中单击右下角箭头。
- 在命令行中输入“MLEADERSTYLE”，按回车键。

### 1. 引线标注样式设置

设置引线样式，通常需设置箭头样式、大小，注释文字大小等，其操作与设置尺寸标注样式相似。下面将介绍其设置步骤。

01 单击“多重引线”按钮，打开“多重引线样式管理器”对话框，如图4-68所示。

02 单击“修改”按钮，打开“修改多重引线样式”对话框，如图4-69所示。

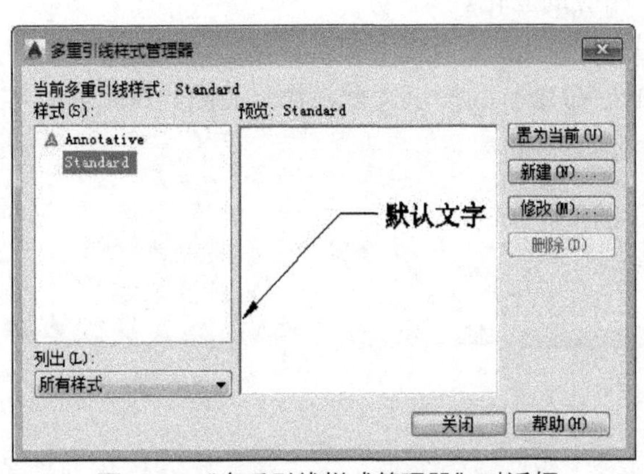


图4-68 “多重引线样式管理器”对话框

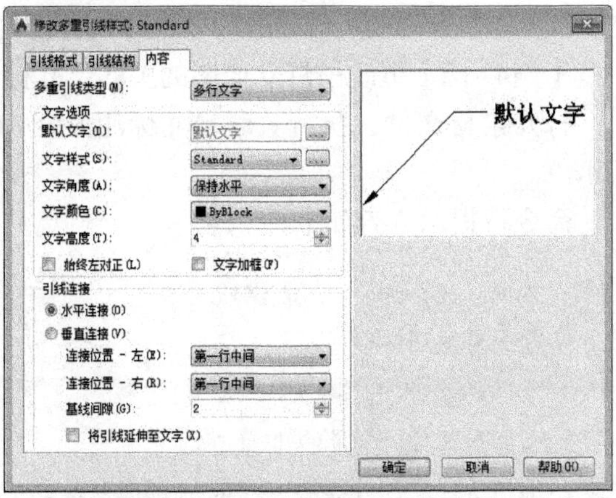

图4-69 “修改多重引线样式”对话框

03 在“引线格式”选项卡中，设置符号样式和箭头大小，如图4-70所示。

04 在“内容”选项卡中，设置“文字高度”值，单击“确定”按钮，再单击“置为当前”按钮，完成设置，如图4-71所示。

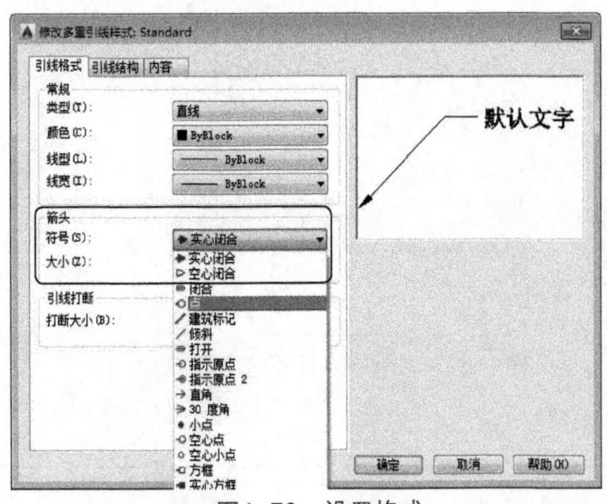


图4-70 设置格式

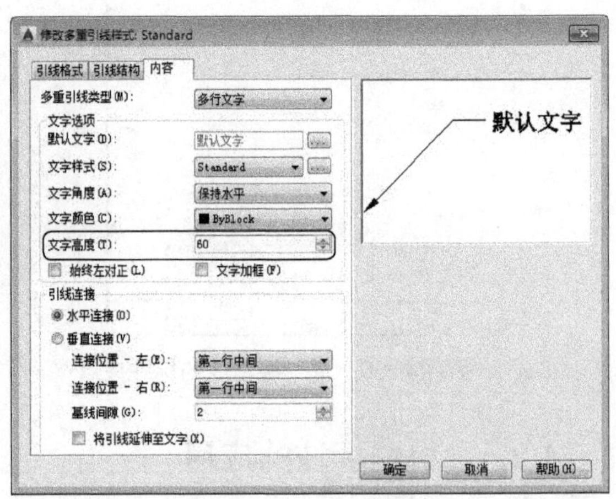


图4-71 完成设置

**2. 添加引线标注**

当设置好引线标注后，单击“注释” | “多重引线”命令，在绘图区中指定好标注位置，再输入内容，即可完成添加。具体操作步骤如下。

**【例4-19】**为竹林立面添加多重引线标注。

本例命令行提示内容如下。

```
命令：_mleader
指定引线箭头的位置或 [引线基线优先(L)/内容优先(C)/选项(O)] <选项>:
指定引线基线的位置：
```

01 执行“多重引线”命令，在绘图区中指定引线起点，移动光标至图形合适位置，如图4-72所示。

02 指定位置后，在光标处输入标注内容，其后，单击绘图区空白处，完成操作。多重引线标注效果如图4-73所示。

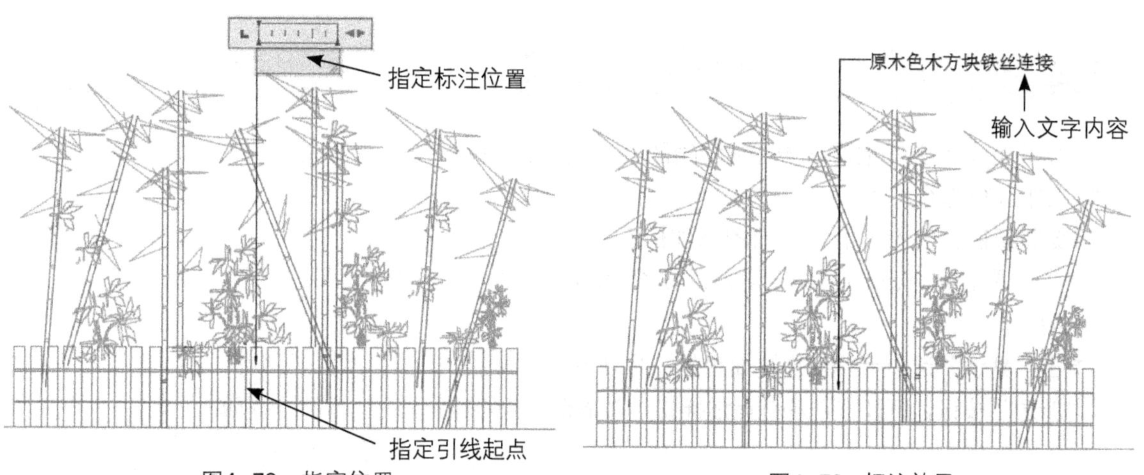


图4-72 指定位置　　图4-73 标注效果

**3. 编辑引线注释**

在AutoCAD 2015中，用户可根据需要编辑当前引线，如添加引线、删除引线、对齐引线以及合并引线等。下面将以“对齐引线”为例来介绍编辑引线步骤。

**【例4-20】**编辑竹林立面图的多重引线标注。

本例命令行提示内容如下。

```
命令：_mleaderalign
选择多重引线：找到 1 个
选择多重引线：找到 1 个，总计 2 个
选择多重引线：
当前模式：使用当前间距
选择要对齐到的多重引线或 [选项(O)]：
指定方向：
```

01 单击“引线” | “对齐”命令，选中需对齐的引线，按回车键，如图4-74所示。

02 选择要对齐的引线，并指定好方向，按回车键，即可完成引线对齐操作，如图4-75所示。

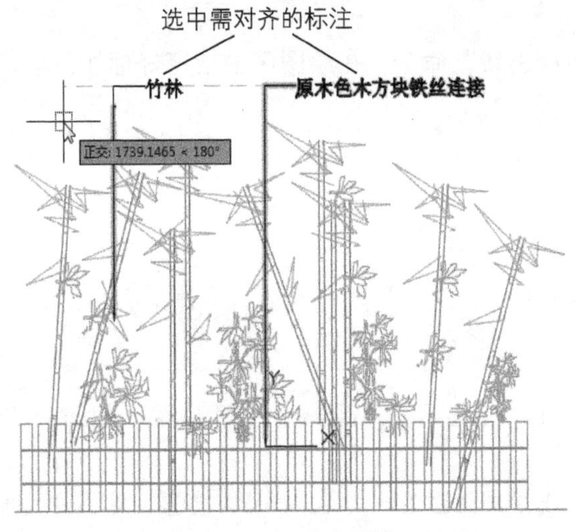


图4-74　选中引线

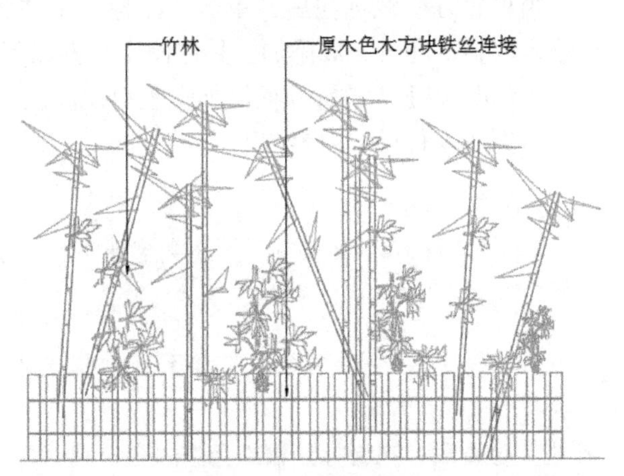


图4-75　完成对齐操作

## 4.4 上机实训

为了让读者更好地掌握本章所讲解的内容，并能够熟练的应用到现实工作中，下面将通过实际操作进行综合练习。

**实训题目：**为衣柜滑轮剖面图添加标注。

01 打开“课堂实训\第4章\衣柜滑轮剖面图.dwg”文件，如图4-76所示。将其另存为“添加文字说明”。

02 单击“默认”选项卡“注释”面板的“标注样式”按钮，打开“标注样式管理器”对话框。单击“新建”按钮，打开“创建新标注样式”对话框，输入新样式名，如图4-77所示。

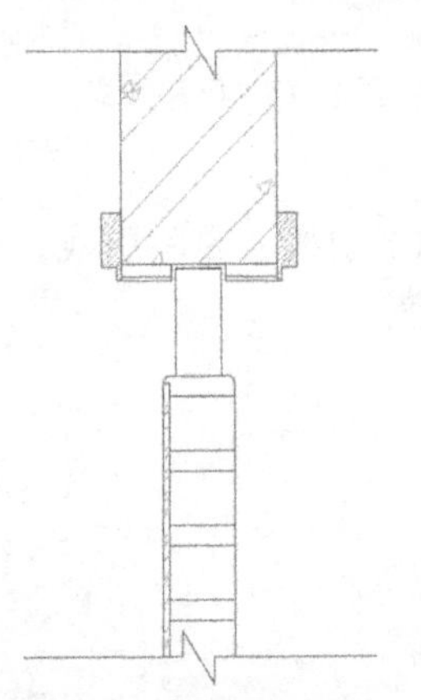

图4-76　打开素材文件

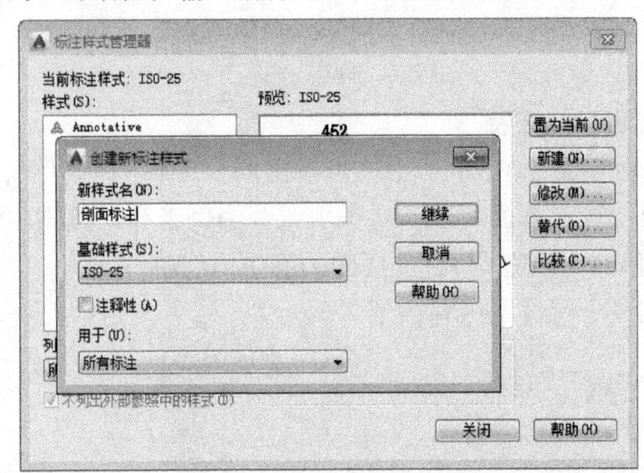


图4-77　新建标注样式

03 单击“继续”按钮，打开“新建标注样式”对话框，在“线”选项卡中，设置超出尺寸线为30，起点偏移量为30，如图4-78所示。

04 在“符号和箭头”选项卡中，设置样式为“建筑标记”，大小为30，如图4-79所示。

05 在“文字”选项卡中，设置字体为“宋体”，字高为60，从尺寸线偏移10，如图4-80所示。

06 在“主单位”选项卡的“线性标注”选项组中，设置单位格式为“小数”，精度为0，单击“确定”按钮，如图4-81所示。

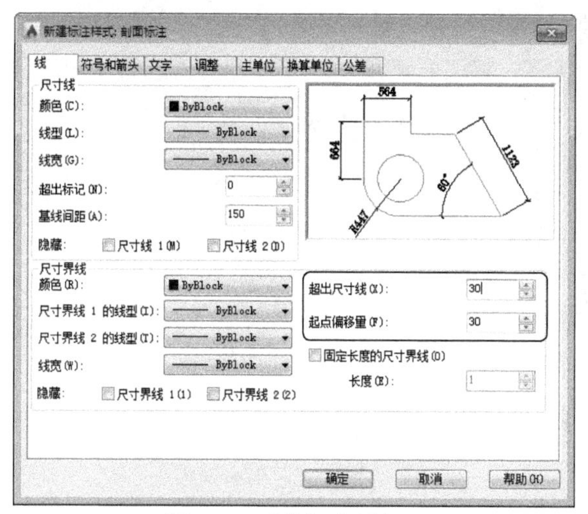


图4-78 “线”选项卡

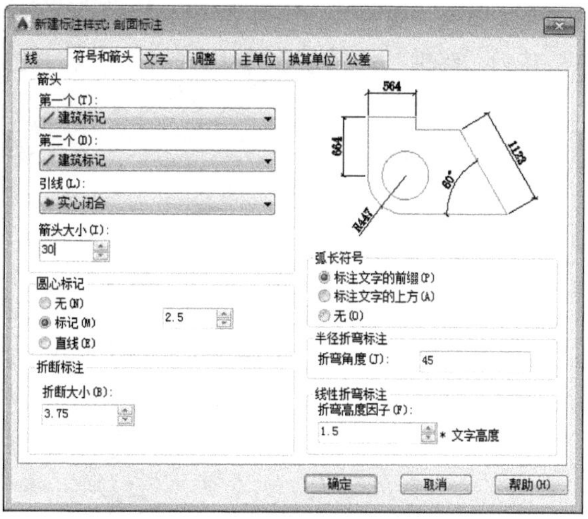

图4-79 “符号和箭头”选项卡

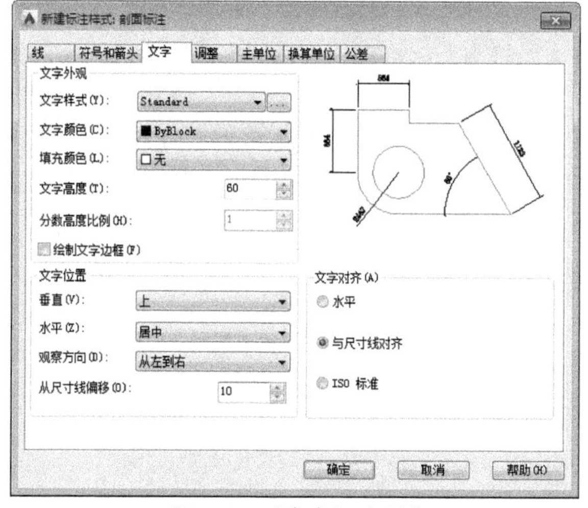


图4-80 “文字”选项卡

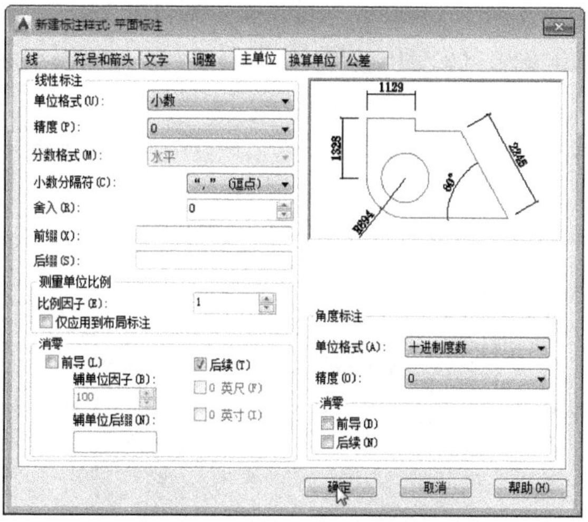

图4-81 “主单位”选项卡

07 依次单击“置为当前”和“关闭”按钮。执行“线性”标注命令，对图形进行线性标注，如图4-82所示。

08 执行“连续”标注命令，进行连续标注操作，如图4-83所示。

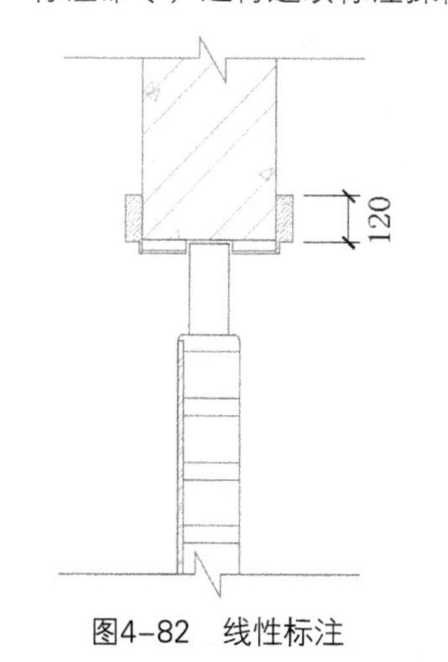


图4-82 线性标注

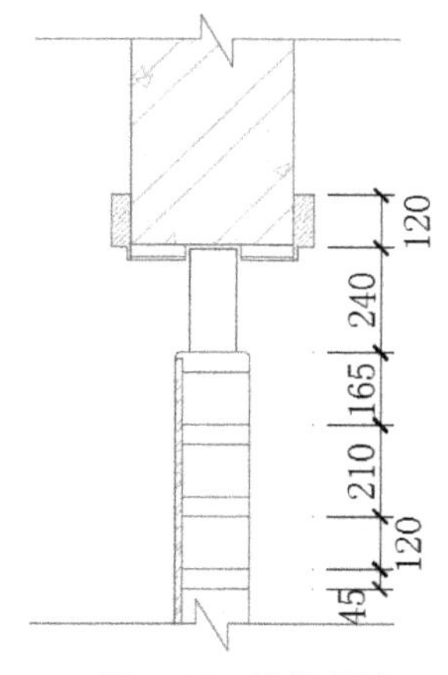


图4-83 连续标注

09 再次执行“线性”标注命令，标注墙体总长度值，如图4-84所示。

10 执行“线性”标注命令，对图形中其他部分进行标注，如图4-85所示。

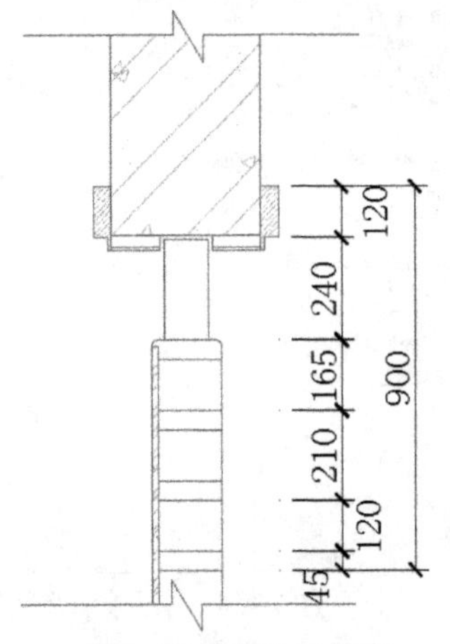


图4-84 标注总长度

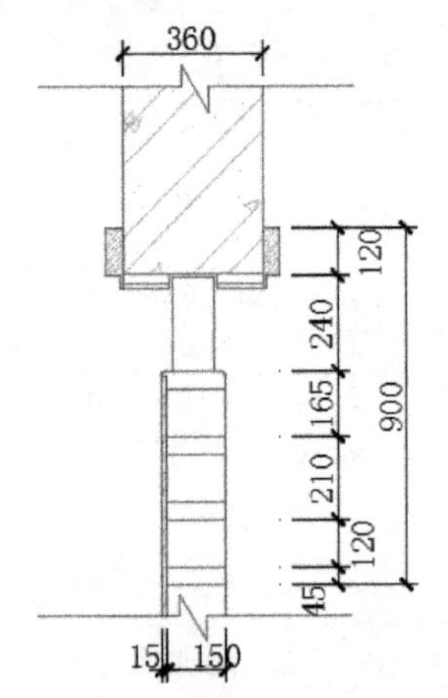


图4-85 标注所有图形尺寸

11 单击“多重引线样式”按钮，打开“多重引线样式管理器”对话框，单击“新建”按钮，输入新样式名，如图4-86所示。

12 在“引线格式”选项卡，设置箭头符号为点，大小为10，如图4-87所示。

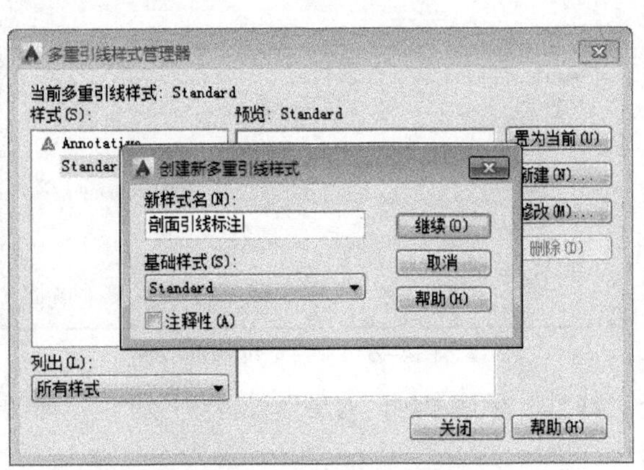


图4-86 新建引线样式

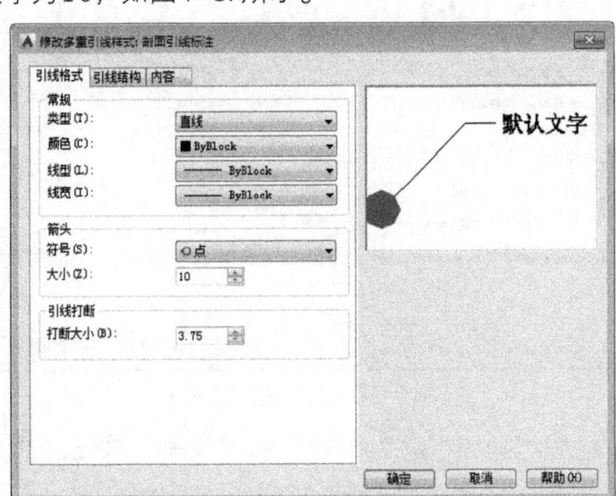


图4-87 “引线格式”选项卡

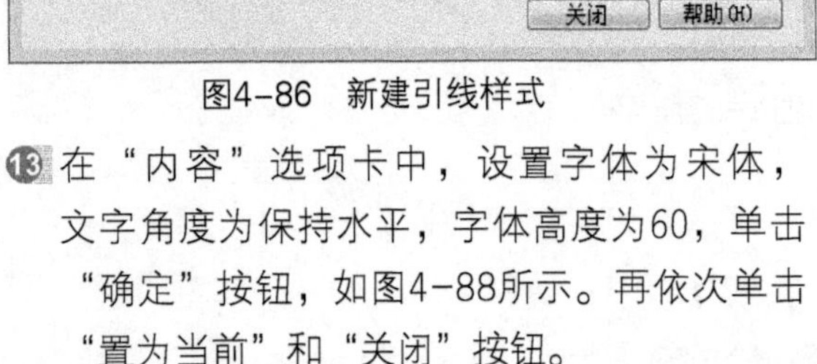

13 在“内容”选项卡中，设置字体为宋体，文字角度为保持水平，字体高度为60，单击“确定”按钮，如图4-88所示。再依次单击“置为当前”和“关闭”按钮。

14 执行“多重引线”命令，选择标注位置，输入文字内容，单击空白处即可完成输入，如图4-89所示。

15 执行“复制”和“修改”命令，标注剖面图其他材质，如图4-90所示。

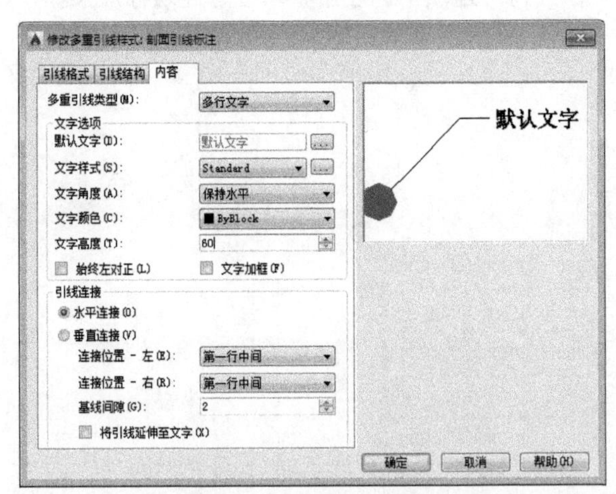


图4-88 “内容”选项卡

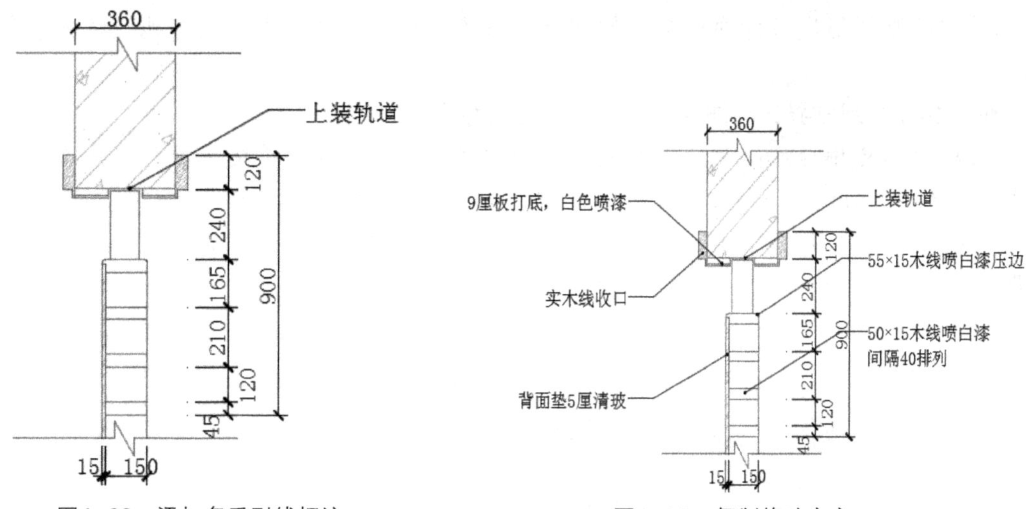


图4-89　添加多重引线标注　　　　图4-90　复制修改文字

⑯ 打开“文字样式”对话框，设置字体为“宋体”，高度为100，如图4-91所示。

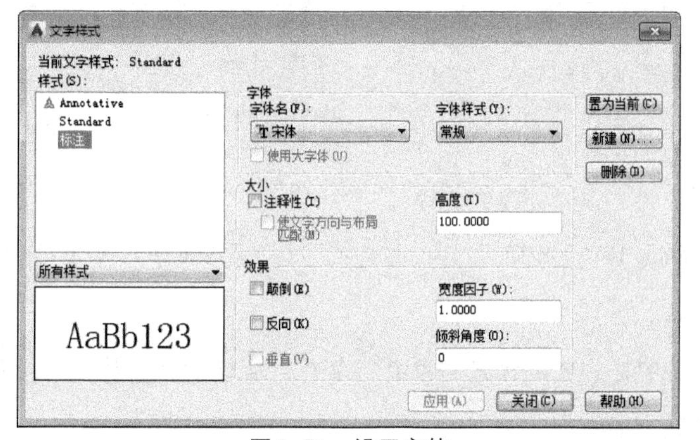


图4-91　设置字体

⑰ 在图形下面框选出输入文字的范围，如图4-92所示。

⑱ 输入文字，执行“直线”命令，绘制水平线段，如图4-93所示。至此完成所有标注的添加。

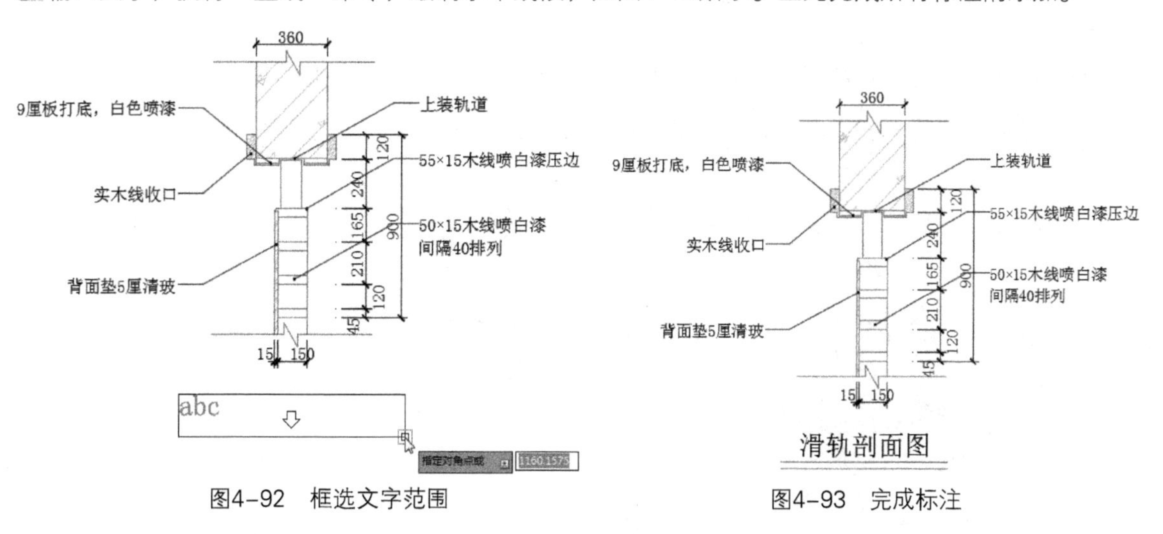


图4-92　框选文字范围　　　　图4-93　完成标注

## 4.5 常见疑难解答

本节对绘制图形进行标注时常见的问题进行了汇总，以帮助读者更好地理解本章介绍的知识。

**Q：如何使标注的尺寸界线与图形之间突出一定的距离？**

**A：**这需要设置尺寸标注的起点偏移量。执行“格式”|“标注样式”命令，打开“标注样式管理器”对话框，单击“修改”按钮，如图4-94所示。打开“修改标注样式”对话框，在“线”选项卡中设置起点偏移量，如图4-95所示。设置完成后单击“确定”按钮即可。

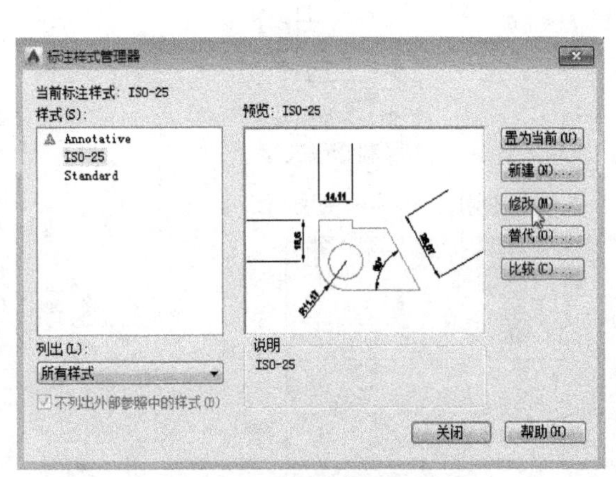


图4-94 单击“修改”按钮

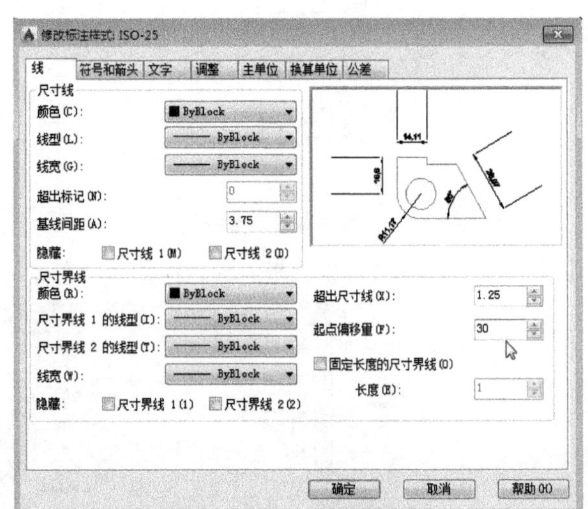


图4-95 设置起点偏移量

**Q：如何输入分数字符？**

**A：**如果需要添加分数字符，可以执行“堆叠”命令，通过“堆叠特性”对话框进行设置，下面介绍具体操作方法。

01 首先执行多行命令，输入字符“3/2”，然后选中字符，在“文字编辑器”选项卡“格式”面板中单击“堆叠”按钮，此时字符会以分数形式显示。

02 选中文字，在快捷菜单列表中单击“堆叠特性”选项，打开“堆叠特性”对话框并在其中设置样式类型，如图4-96所示。

03 设置完成后分号以斜线的形式显示，如图4-97所示。

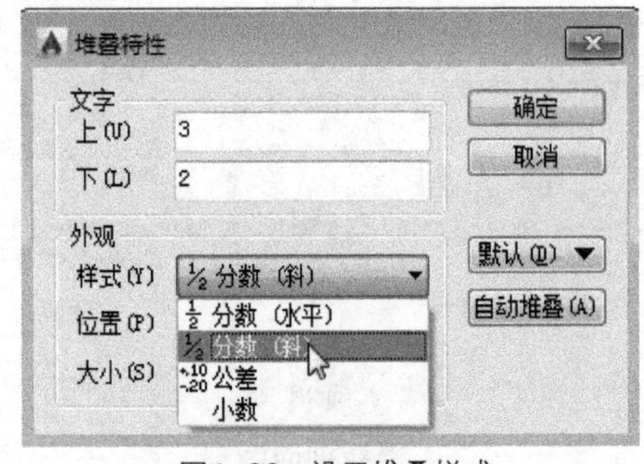


图4-96 设置堆叠样式

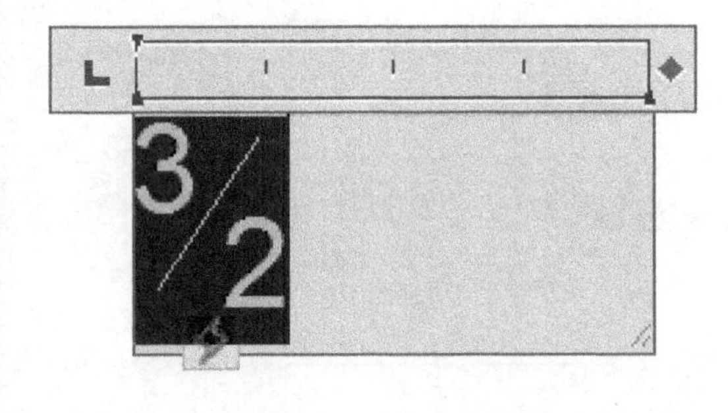


图4-97 斜线效果

## 4.6 拓展应用练习

下面针对本章知识点列举2个简单的案例，以帮助读者巩固知识。

### 创建材料明细表

创建一个13行6列的材料明细表，并输入文字，如图4–98所示。

| 材料明细表 | | | | | |
|---|---|---|---|---|---|
| 项目 | 名称 | 主板名称品牌 | 单位 | 数量 | 单价 |
| 木制品类 | 地板 | 依格 | 平方米 | 58 | 75 |
| | 门套 | 大福 | 项 | 3 | 480 |
| | 工艺门 | 大福 | 扇 | 3 | 300 |
| | 整体橱柜 | 厂家定制成品 | 米 | 3 | 900 |
| | 卫生间台盆柜 | | 项 | 1 | 890 |
| | 窗帘盒及棚线 | 细木工板、石膏板 | 项 | 1 | 620 |
| | 护角 | 玻璃或木作 | 项 | 1 | 240 |
| | 厨卫吊顶 | | 平方米 | 10 | 120 |
| | 客厅餐厅吊顶 | 洛菲尔石膏板、木龙骨 | 平方米 | 5 | 120 |
| | 背影墙 | 洛菲尔石膏板、木龙骨 | 项 | 1 | 1200 |
| 家具类 | 玄关鞋柜 | 细木工板、贴装饰面板 | 项 | 1 | 1300 |
| | 电视柜 | 细木工板、贴装饰面板 | 项 | 1 | 850 |
| | 餐厅酒柜 | 细木工板、贴装饰面板 | 项 | 1 | 960 |

图4–98　材料明细表

**操作提示**

01 在“修改表格样式”对话框中设置表格样式。

02 在“插入表格”对话框中设置表格行与列数值，并插入表格。

03 输入文字后，合并表格，完成表格的创建。

### 标注两居室平面布置图

执行标注命令为图纸标注尺寸和文字说明，如图4–99所示。

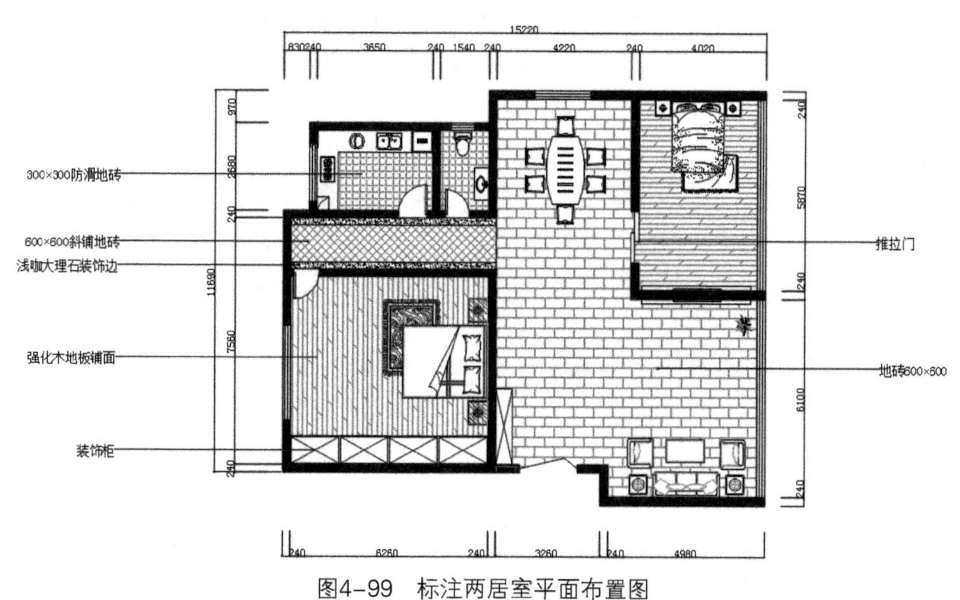


图4–99　标注两居室平面布置图

**操作提示**

01 设置标注样式和多重引线样式。

02 利用线性、连续等命令标注两居室尺寸。

03 利用引线命令为材质添加说明。

# 第5章 三维建模与图形渲染

**本章概述** 新版本的AutoCAD在三维建模和渲染功能方面的表现比较突出，为了让读者能够尽快熟悉三维绘图知识，本章将从最基础的三维坐标设置讲起，对其展开介绍。通过对本章内容的学习，读者可以了解三维建模的基本方法，熟悉三维实体的创建与编辑方法，掌握材质与光源的设置技巧等内容。

**知识要点**

- 三维建模视图样式；
- 创建三维实体；
- 编辑三维实体；
- 创建材质；
- 创建光源；
- 渲染模型。

## 5.1 三维建模基础

绘制三维图形最基本的要素为三维坐标和三维视图。通常在创建实体模型时，需用到三维坐标设置功能，而在查看模型各角度造型是否完善时，则需使用三维视图功能。这两个基本要素缺一不可。

### 5.1.1 创建三维坐标系

三维坐标系分为世界坐标系和用户坐标系两种。世界坐标系为系统默认坐标系，它的坐标原点和方向是固定不变的；用户坐标系则可根据绘图需求，改变坐标原点和方向，使用起来较为灵活。

**1. 世界坐标系**

世界坐标系表示方法有直角坐标、圆柱坐标以及球坐标3种形式。

- 直角坐标：直角坐标又称为笛卡尔坐标，用直角坐标确定空间一点的位置时，需要指定该点的X、Y、Z三个坐标值。其绝对坐标值的输入形式是X，Y，Z；相对坐标值的输入形式是@X，Y，Z。
- 圆柱坐标：用圆柱坐标确定空间一点的位置时，需要指定该点在XY平面内的投影点与坐标系原点的距离、投影点与X轴的夹角以及该点的Z坐标值。绝对坐标值的输入形式为XY平面距离<XY平面角度，Z坐标；相对坐标值的输入形式是@XY平面距离<XY平面角度，Z坐标。
- 球坐标：用球坐标确定空间一点的位置时，需要指定该点与坐标原点的距离，该点和坐标系原点的连线在XY平面上的投影与X轴的夹角，该点和坐标系原点的连线与XY平面形成的夹角。绝对坐标值的输入形式是XYZ距离<平面角度<与XY平面的夹角；相对坐标值的输入形式是@XYZ距离<与XY平面的夹角。

**2. 用户坐标系**

用户可根据需要定义三维空间中的用户坐标。在AutoCAD 2015中，使用UCS命令可创建用户坐标系。用户可以通过以下方法执行“UCS”命令。

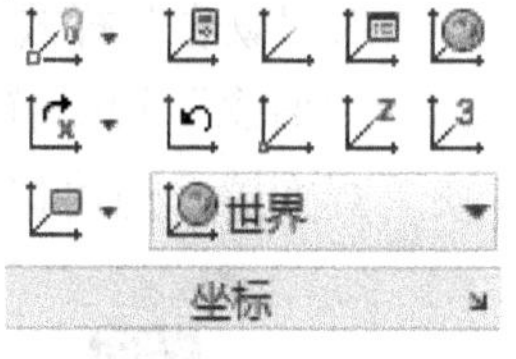


图5-1 “坐标”面板

- 在“常用”选项卡的“坐标”面板中单击相关的UCS按钮，如图5-1所示。
- 在“可视化”选项卡的“坐标”面板中单击相关的UCS按钮，如图5-1所示。
- 在命令行中输入“UCS”，然后按回车键。

在命令行中输入“UCS”后，按回车键，根据命令行提示指定好X、Y、Z轴方向，即可完成设置，如图5-2、图5-3和图5-4所示。

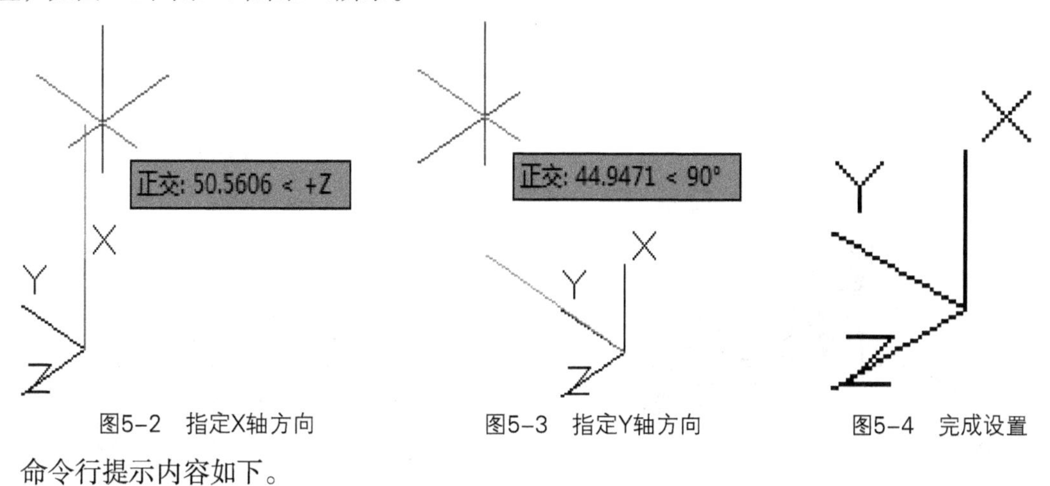


图5-2 指定X轴方向　　图5-3 指定Y轴方向　　图5-4 完成设置

命令行提示内容如下。

```
命令：UCS
当前 UCS 名称：*世界*
指定 UCS 的原点或 [面(F)/命名(NA)/对象(OB)/上一个(P)/
视图(V)/世界(W)/X/Y/Z/Z 轴(ZA)] <世界>:          (指定新的坐标原点)
指定 X 轴上的点或 <接受>：<正交 开>            (移动光标，指定X轴方向)
指定 XY 平面上的点或 <接受>:                   (移动光标，指定Y轴方向)
```

## 5.1.2 三维建模视图样式

在等轴测视图中绘制三维模型时，默认情况下是以线框方式显示的。用户可以使用多种不同的视图样式来观察三维模型，如真实、隐藏等。通过以下方法可执行视觉样式命令。

- 在“常用”选项卡的“视图”面板中单击“视觉样式”下拉按钮，在打开的下拉列表中选择相应的视觉样式选项，如图5-5所示。
- 在“可视化”选项卡的“视觉样式”面板中单击“视觉样式”下拉按钮，在打开的下拉列表中选择相应的视觉样式选项即可。
- 在绘图窗口中单击“视图样式控件”图标，在打开的快捷菜单中选择相应的视图样式选项即可，如图5-6所示。

### 1. “二维线框”样式

“二维线框”视觉样式使用表现实体边界的直线和曲线来显示三维对象。在该模式中光栅和嵌入对象、线型及线宽均是可见的，并且线与线之间都是重复叠加的，如图5-7所示。

**2. “概念”样式**

“概念”视觉样式显示着色后的多边形平面间的对象，并使对象的边平滑化。该视觉样式缺乏真实感，但可以方便用户查看模型的细节，如图5-8所示。

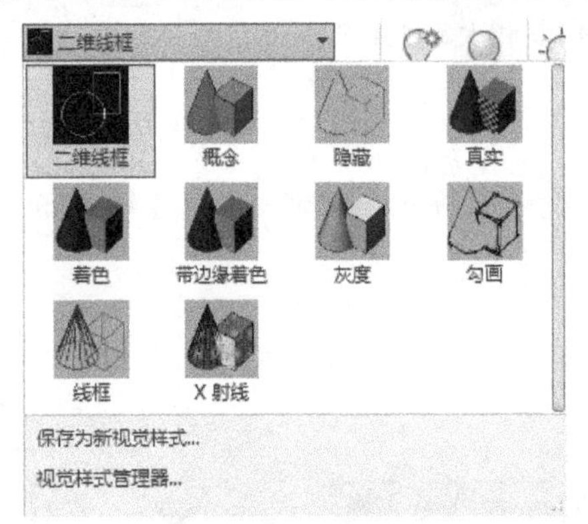


图5-5 视觉样式面板

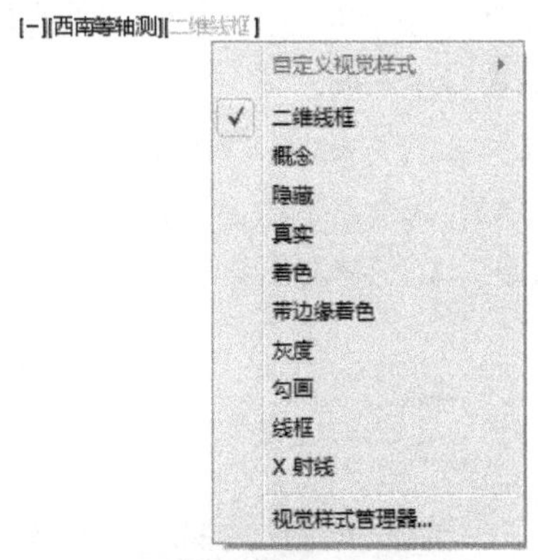


图5-6 “视觉样式控件”快捷菜单

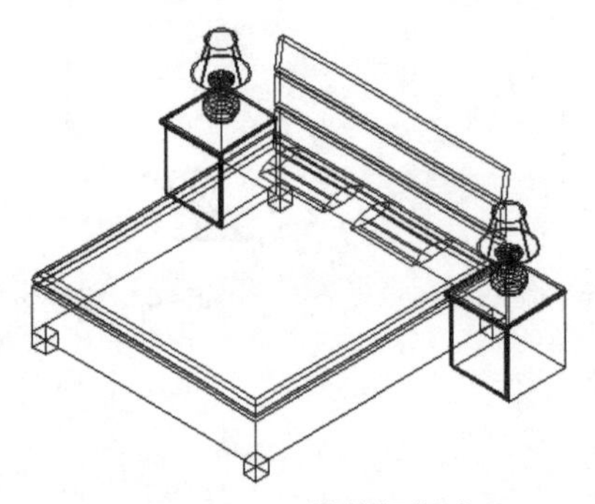

图5-7 二维线框样式

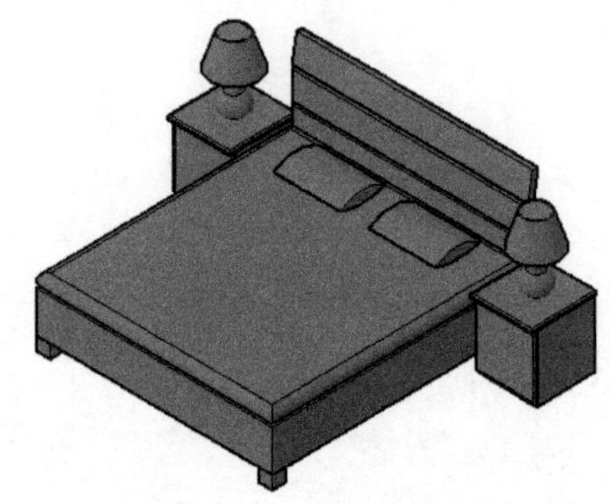

图5-8 概念样式

**3. “真实”样式**

“真实”视觉样式显示着色后的多边形平面间的对象，对可见的表面提供平滑的颜色过渡，其表达效果进一步提高，同时显示已经附着到对象上的材质效果，如图5-9所示。

**4. 其他样式**

在AutoCAD 2015中还包括“隐藏”、“着色”、“带边缘着色”、“灰度”和“线框”等视觉样式。

（1）“隐藏”样式

“隐藏”视觉样式与“概念”视觉样式相似，但是“概念”样式是以灰度显示，并略带有阴影光线，而“隐藏”样式则以白色显示，如图5-10所示。

图5-9 “真实”样式

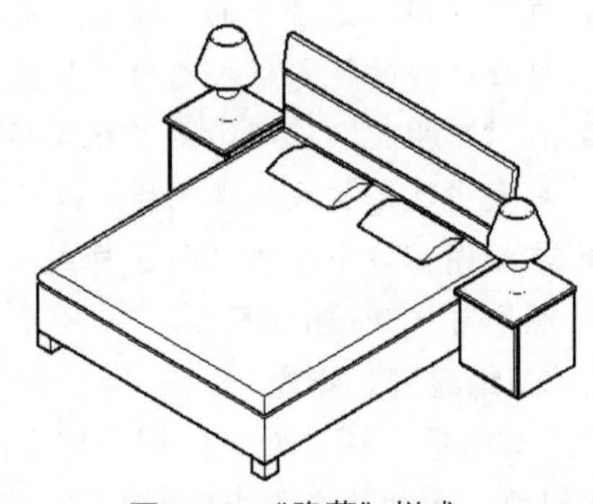

图5-10 “隐藏”样式

（2）“着色”样式

“着色”视觉样式可在实体上产生平滑的着色，如图5-11所示。

（3）“带边缘着色”样式

“带边缘着色”视觉样式可以使用平滑着色和可见边显示对象，如图5-12所示。

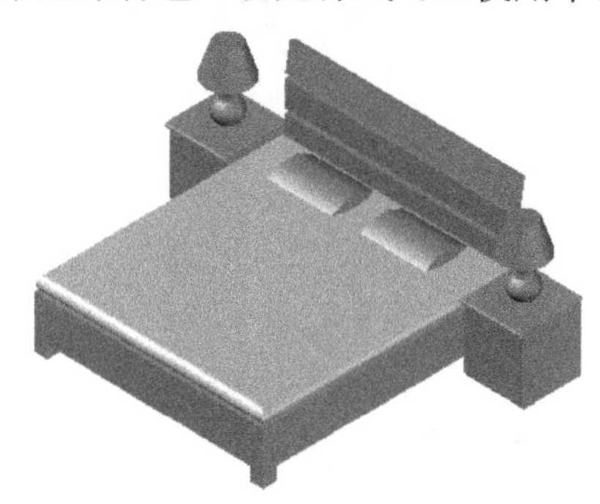

图5-11 “着色”样式

图5-12 “带边缘着色”样式

（4）“灰度”样式

“灰度”视觉样式使用平滑着色和单色灰度显示对象，如图5-13所示。

（5）“勾画”样式

“勾画”视觉样式使用线延伸和抖动边修改器显示手绘效果的对象，如图5-14所示。

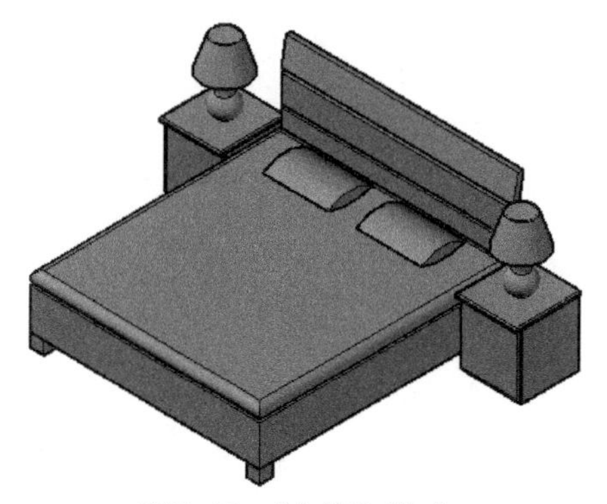

图5-13 “灰度”样式

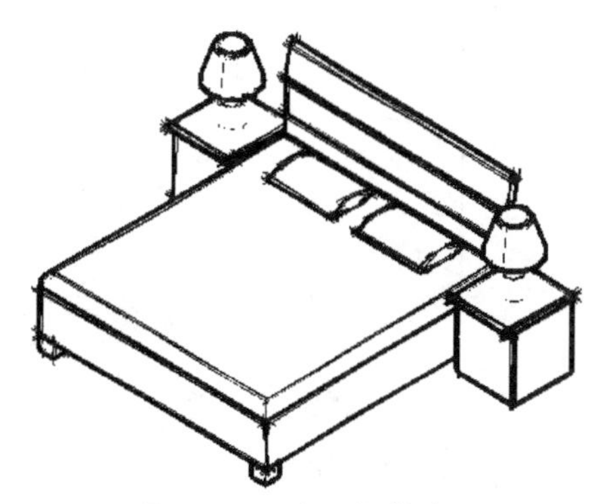

图5-14 “勾画”样式

（6）“线框”样式

“线框”视觉样式通过使用直线和曲线表示边界的方式显示对象，如图5-15所示。

（7）“X射线”样式

“X射线”视觉样式可更改面的不透明度使整个场景变成部分透明，如图5-16所示。

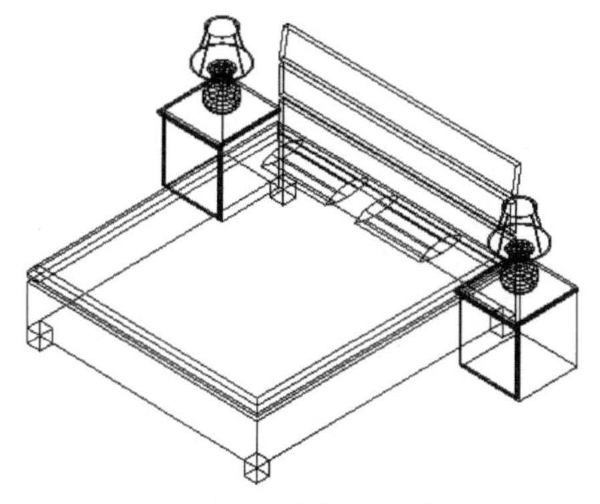

图5-15 “线框”样式

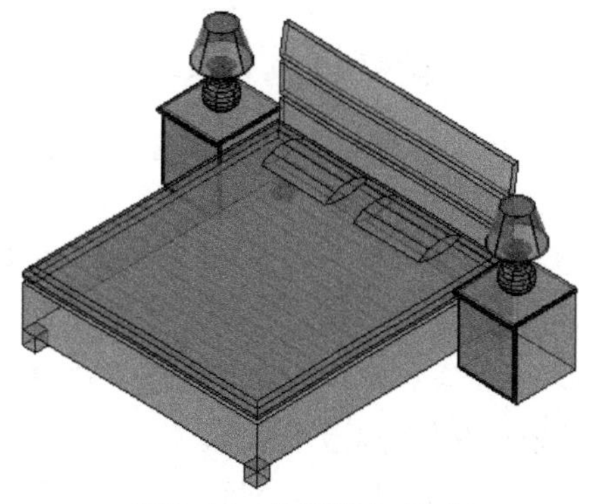

图5-16 “X射线”样式

# 5.2 创建三维模型

基本的三维实体模型主要包括长方体、球体、圆柱体、圆锥体和圆环体等，下面将介绍这些实体的绘制方法。

## 5.2.1 创建长方体

长方体是最基本的实体对象，用户可以通过以下方法执行“长方体”命令。

- 在“常用”选项卡的“建模”面板中单击“长方体”按钮。
- 在“实体”选项卡的“图元”面板中单击“长方体”按钮。
- 在命令行中输入“BOX”，然后按回车键。

在默认设置下，长方体的底面总是与当前坐标系的XY面平行。

【例5-1】绘制长方体模型。

单击“视图”面板中“西南等轴测”选项，执行“长方体”命令，根据命令行的提示创建长方体，如图5-17、图5-18所示。

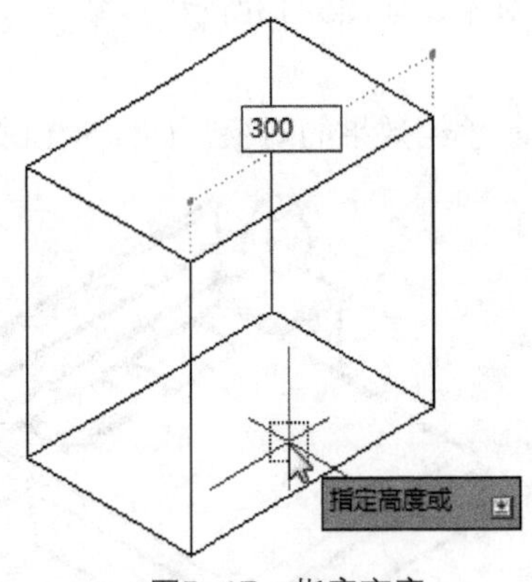


图5-17　指定高度

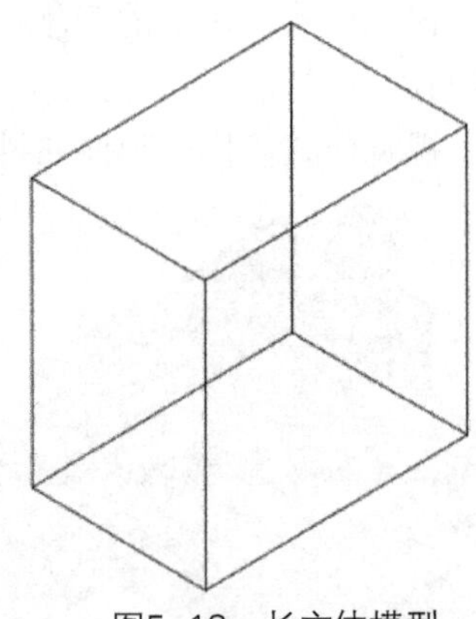

图5-18　长方体模型

命令行提示内容如下。

```
命令：_box
指定第一个角点或 [中心(C)]：0，0，0                          (指定一点 )
指定其他角点或 [立方体(C)/长度(L)]：@200，300，0          (输入@200，300，0)
指定高度或 [两点(2P)] <200.0000>：300                        (输入300)
```

## 5.2.2 创建圆柱体

圆柱体是以圆或椭圆为截面形状，沿该截面法线方向拉伸所形成的实体。用户可以通过以下方法执行“圆柱体”命令。

- 在“常用”选项卡的“建模”面板中单击“圆柱体”按钮。
- 在“实体”选项卡的“图元”面板中单击“圆柱体”按钮。
- 在命令行中输入快捷命令“CYL”，然后按回车键。

【例5-2】绘制圆柱体模型。

单击“圆柱体”命令后，根据命令行提示，输入底面圆心的半径，以及圆柱体的高度值，即可完成圆柱体的创建，如图5-19、图5-20所示。

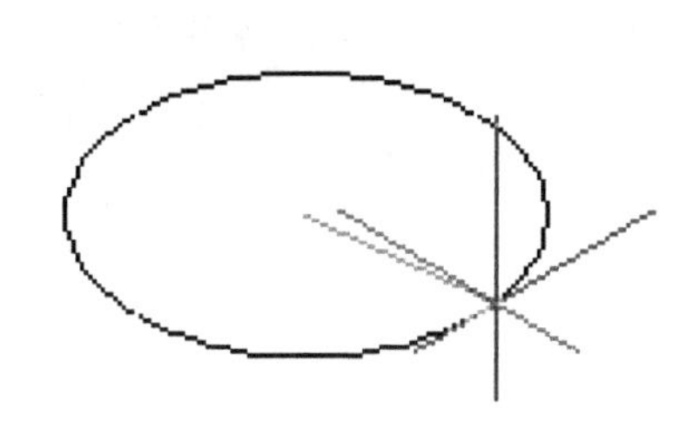

图5-19 设置圆半径

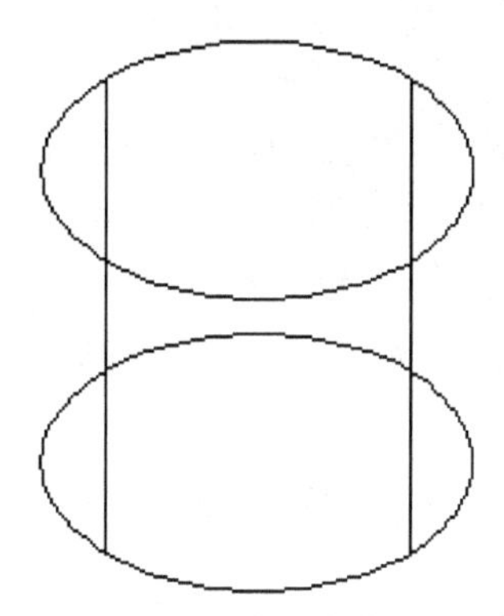

图5-20 完成绘制

命令行提示内容如下。

```
命令：_cylinder
指定底面的中心点或［三点（3P）/两点（2P）/切点、切点、半径（T）/
椭圆（E）]：                                                  （指定底面圆心）
指定底面半径或［直径（D）］<373.5548>：300                   （输入底面半径值）
指定高度或［两点（2P）/轴端点（A）］<600.0000>：600              （输入高度值）
```

**绘图秘技｜绘制椭圆柱体**

当底面圆形为椭圆形，即可绘制出椭圆柱体。与绘制图柱体一样，单击“圆柱体”命令，在命令行中输入“E”后，按回车键，指定底面椭圆的两个轴端点，其后输入椭圆柱高度值即可完成绘制。

## 5.2.3 创建圆锥体

圆锥体是以圆或椭圆为底面，以对称方式形成锥体表面，最后交于一点或交于一个圆或椭圆平面的实体。用户可以通过以下方法执行“圆锥体”命令。

- 在“常用”选项卡的“建模”面板中单击“圆锥体”按钮。
- 在“实体”选项卡的“图元”面板中单击“圆锥体”按钮。
- 在命令行中输入快捷命令“CONE”，然后按回车键。

【例5-3】绘制圆锥体模型。

执行“圆锥体”命令后，根据命令行中的提示进行创建，如图5-21、图5-22所示。

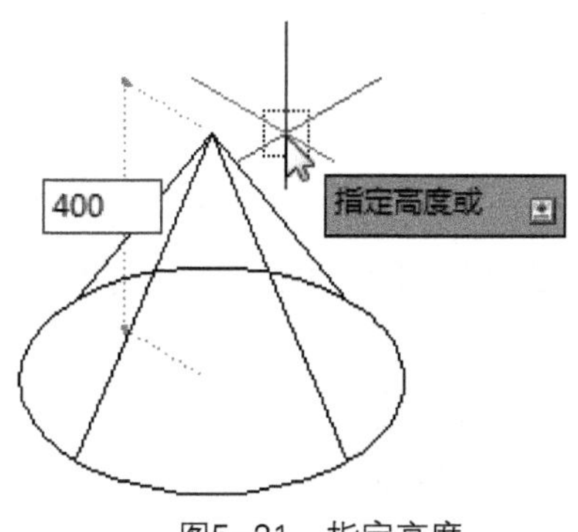


图5-21 指定高度

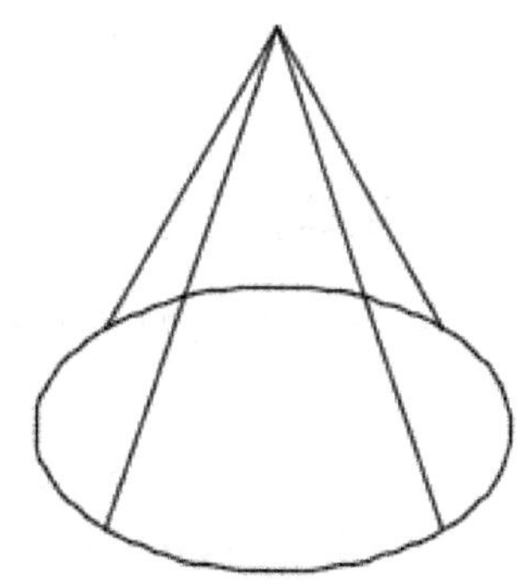

图5-22 圆锥体

命令行提示内容如下。

```
命令：_cone
指定底面的中心点或 [三点（3P）/两点（2P）/切点、切点、半径（T）/椭圆（E）]:
                                                                （指定一点）
指定底面半径或 [直径（D）]:                                      （输入200）
指定高度或 [两点（2P）/轴端点（A）/顶面半径（T）]:                 （输入400）
```

### 5.2.4 创建棱锥体

棱锥体可以看作是以一个多边形面为底面，其余各面有一个公共顶点的具有三角形特征的面所构成的实体。用户可以通过以下方法执行“棱锥体”命令。

- 在“常用”选项卡的“建模”面板中单击“棱锥体”按钮。
- 在“实体”选项卡的“图元”面板中单击“棱锥体”按钮。
- 在命令行中输入快捷命令“PYR”，然后按回车键。

**【例5-4】**绘制棱锥体模型。

执行“棱锥体”命令后，根据命令行中的提示创建棱锥体，如图5-23、图5-24所示。

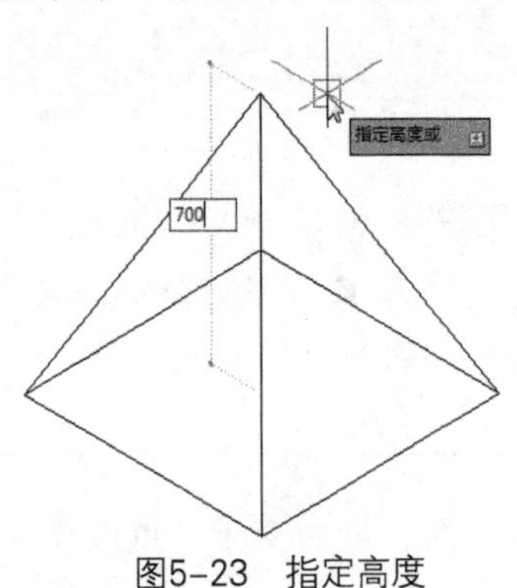


图5-23 指定高度

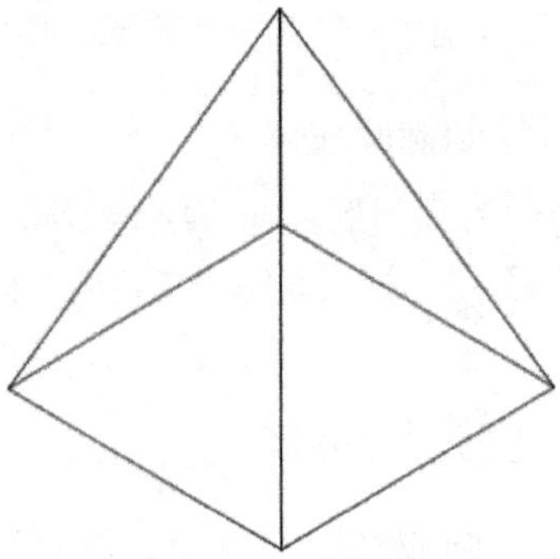

图5-24 棱锥体

命令行提示内容如下。

```
命令：_pyramid
 4 个侧面  外切
指定底面的中心点或 [边（E）/侧面（S）]:                                  （指定一点）
指定底面半径或 [内接（I）] <300.0000>: 300                              （输入半径值）
指定高度或 [两点（2P）/轴端点（A）/顶面半径（T）] <300.0000>: 700        （输入高度值）
```

### 5.2.5 创建球体

球体是到一个点即球心的距离相等的所有点的集合所形成的实体。用户可以通过以下方法执行“球体”命令。

- 在“常用”选项卡的“建模”面板中单击“球体”按钮。
- 在“实体”选项卡的“图元”面板中单击“球体”按钮。
- 在命令行中输入命令“SPHERE”，然后按回车键。

【例5-5】绘制球体模型。

执行“球体”命令后，根据命令行中的提示创建球体，如图5-25、图5-26所示。

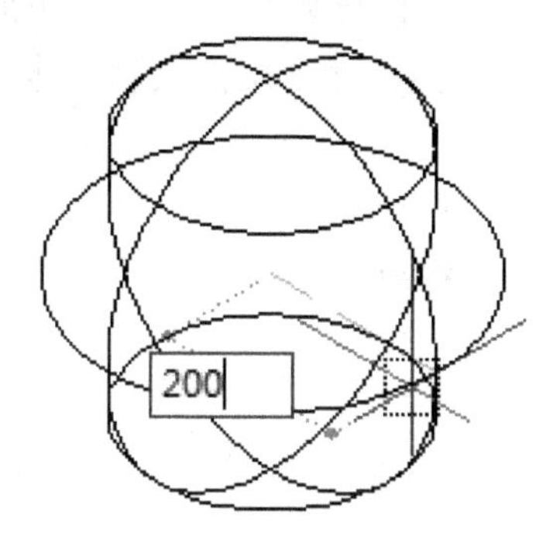


图5-25　指定半径

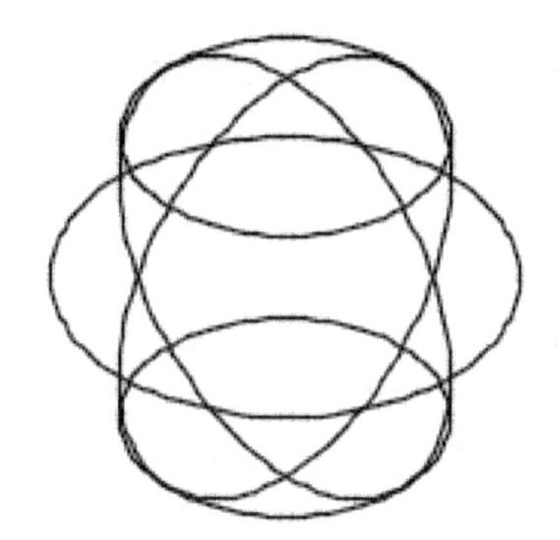

图5-26　球体

命令行提示内容如下。

```
命令: _sphere
指定中心点或 [三点(3P)/两点(2P)/切点、切点、半径(T)]:              (指定一点)
指定半径或 [直径(D)] <200.0000>: 200                              (输入半径值)
```

### 5.2.6 创建圆环

圆环体可以看作是绕圆轮廓线与其共面的直线旋转所形成的实体。用户可以通过以下方法执行“圆环体”命令。

- 在“常用”选项卡的“建模”面板中单击“圆环体”按钮。
- 在“视图”选项卡的“图元”面板中单击“圆环体”按钮。
- 在命令行中输入快捷命令“TOR”，然后按回车键。

【例5-6】绘制圆环体模型。

执行“圆环体”命令后，根据命令行中的提示创建圆环体，如图5-27、图5-28所示。

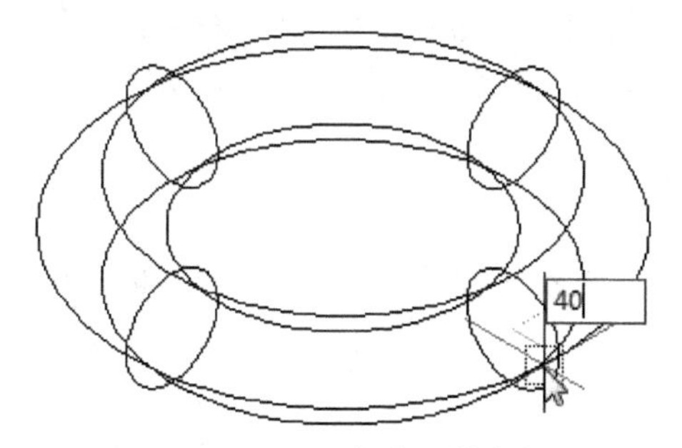


图5-27　指定圆管半径

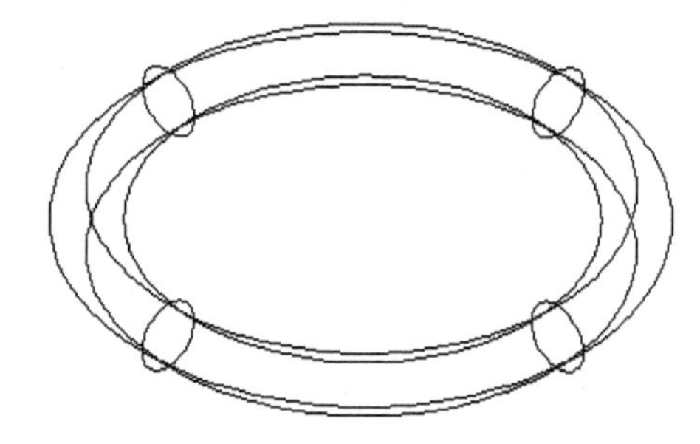

图5-28　圆环体

命令行提示内容如下。

```
命令: _torus
指定中心点或 [三点(3P)/两点(2P)/切点、切点、半径(T)]:              (指定一点)
指定半径或 [直径(D)] <200.0000>: 300                              (输入半径值)
指定圆管半径或 [两点(2P)/直径(D)]: 40                             (输入圆管半径值)
```

### 5.2.7 创建多段体

绘制多段体与绘制多段线的方法相同。在默认情况下，多段体始终带有一个矩形轮廓，可以指定轮廓的高度和宽度。通常在绘制室内效果图时，"多段体"命令用来绘制墙体。用户可以通过以下方法执行"多段体"命令。

- 在"常用"选项卡的"建模"面板中单击"多段体"按钮。
- 在"实体"选项卡的"图元"面板中单击"多段体"按钮。
- 在命令行中输入"POLYSOLID"，然后按回车键。

【例5-7】绘制多段体模型。

执行"多段体"命令后，根据命令行中的提示创建多段体，如图5-29、图5-30所示。

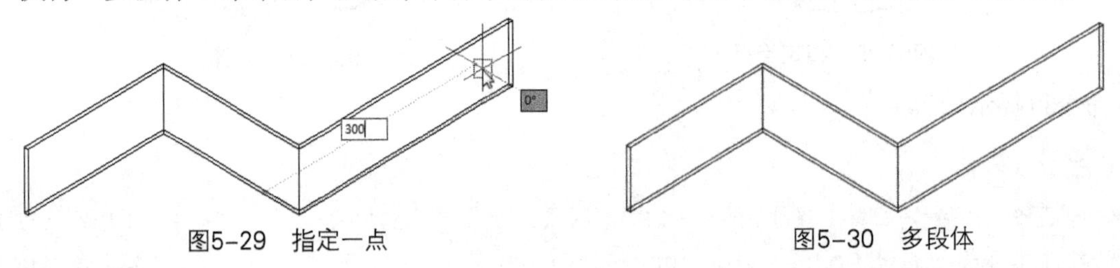


图5-29 指定一点　　图5-30 多段体

命令行提示内容如下。

```
命令：_Polysolid 高度 = 80.0000，宽度 = 5.0000，对正 = 居中
指定起点或 [对象(O)/高度(H)/宽度(W)/对正(J)] <对象>:          (指定一点)
指定下一个点或 [圆弧(A)/放弃(U)]: 200                        (输入200)
指定下一个点或 [圆弧(A)/放弃(U)]: 200                        (输入200)
指定下一个点或 [圆弧(A)/闭合(C)/放弃(U)]: 300                (输入300)
```

## 5.3 编辑三维模型

在AutoCAD 2015中，创建三维实体后，除了使用三维绘图命令绘制实体模型外，还可以将绘制的二维图形进行拉伸、旋转、放样和扫掠等编辑操作，将其转换为三维实体模型。

### 5.3.1 拉伸实体

使用"拉伸"命令，可以绘制各种柱体、台形体和沿指定路径拉伸形成的拉伸实体。用户可以通过以下方法执行"拉伸"命令。

- 在"常用"选项卡的"建模"面板中单击"拉伸"按钮。
- 在"曲面"选项卡的"创建"面板中单击"拉伸"按钮。
- 在"实体"选项卡的"实体"面板中单击"拉伸"按钮。
- 在命令行中输入快捷命令"EXT"，然后按回车键。

使用"拉伸"命令，可以绘制各种柱体、台形体和沿指定路径拉伸形成的拉伸实体。

【例5-8】使用拉伸命令绘制枕头模型。

执行"拉伸"命令后，根据命令行中的提示信息，指定所要拉伸的路径，输入拉伸高度即可完成模型的拉伸操作，如图5-31、图5-32所示。

命令行提示内容如下。

```
命令：_extrude
当前线框密度：ISOLINES=4，闭合轮廓创建模式 = 实体
选择要拉伸的对象或 [模式（MO）]：_MO 闭合轮廓创建模式 [实体（SO）/
曲面（SU）] <实体>：_SO
选择要拉伸的对象或 [模式（MO）]：指定对角点：找到 1 个    （选择所要拉伸的二维图形）
选择要拉伸的对象或 [模式（MO）]：                        （按回车键）
指定拉伸的高度或 [方向（D）/路径（P）/倾斜角（T）/
表达式（E）] <600.0000>：500                  （移动鼠标，并输入拉伸的高度值）
```

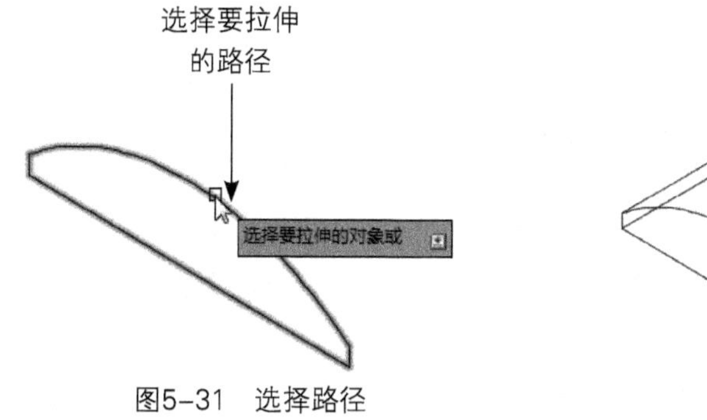


图5-31 选择路径

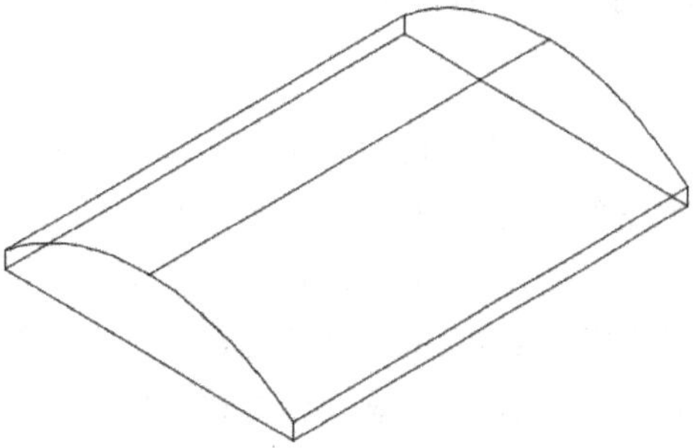

图5-32 完成拉伸

上述示例介绍的是按高度进行拉伸，下面将介绍按指定拉伸路径进行拉伸，如图5-33~图5-35所示。

命令行提示内容如下。

```
命令：_extrude
当前线框密度：ISOLINES=4，闭合轮廓创建模式 = 实体
选择要拉伸的对象或 [模式（MO）]：_MO 闭合轮廓创建模式
[实体（SO）/曲面（SU）] <实体>：_SO
选择要拉伸的对象或 [模式（MO）]：找到 1 个              （选择所需拉伸图形）
选择要拉伸的对象或 [模式（MO）]：                        （按回车键）
指定拉伸的高度或 [方向（D）/路径（P）/倾斜角（T）/表达式（E）] <5.2551>：p
                                                        （选择"路径"）
选择拉伸路径或 [倾斜角（T）]：                      （选择所需拉伸的路径）
```

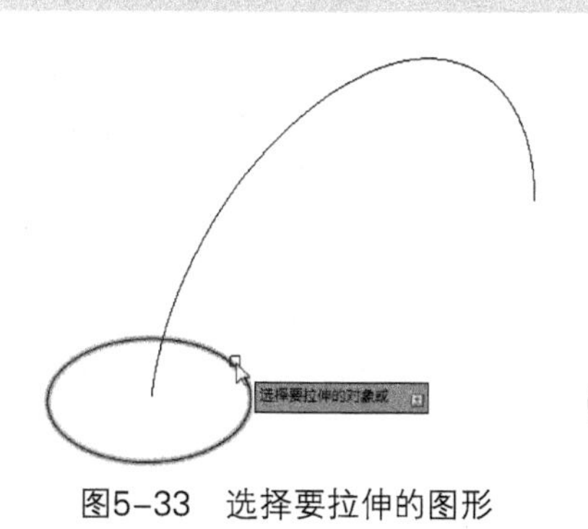


图5-33 选择要拉伸的图形

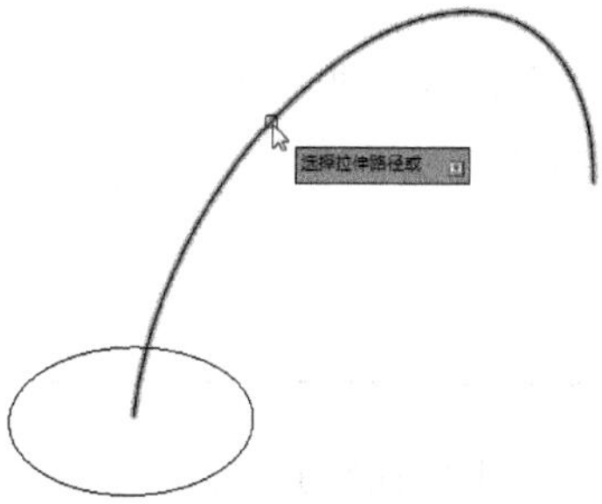

图5-34 选择路径

图5-35 完成拉伸

### 5.3.2 旋转实体

使用旋转命令，可将二维的闭合图形以中心轴为旋转中心进行旋转，从而形成三维实体模型。用户可以通过以下方法执行“旋转”命令。

- 在“常用”选项卡的“建模”面板中单击“旋转”按钮。
- 在“曲面”选项卡的“创建”面板中单击“旋转”按钮。
- 在“实体”选项卡的“实体”面板中单击“旋转”按钮。
- 在命令行中输入快捷命令“REV”，然后按回车键。

【例5-9】使用旋转命令绘制花瓶模型。

执行“旋转”命令后，根据命令行中的提示旋转实体，如图5-36~图5-38所示。

命令行提示内容如下。

```
命令：_revolve
当前线框密度：ISOLINES=4，闭合轮廓创建模式 = 实体
选择要旋转的对象或 [模式(MO)]：_MO 闭合轮廓创建模式 [实体(SO)/
    曲面(SU)] <实体>：_SO
选择要旋转的对象或 [模式(MO)]：找到 1 个          (选择需要旋转的二维图形)
选择要旋转的对象或 [模式(MO)]：                              (按回车键)
指定轴起点或根据以下选项之一定义轴 [对象(O)/X/Y/Z] <对象>：
指定轴端点：                                      (选择旋转轴的起点和终点)
指定旋转角度或 [起点角度(ST)/反转(R)/表达式(EX)] <360>：  (输入旋转角度值)
```

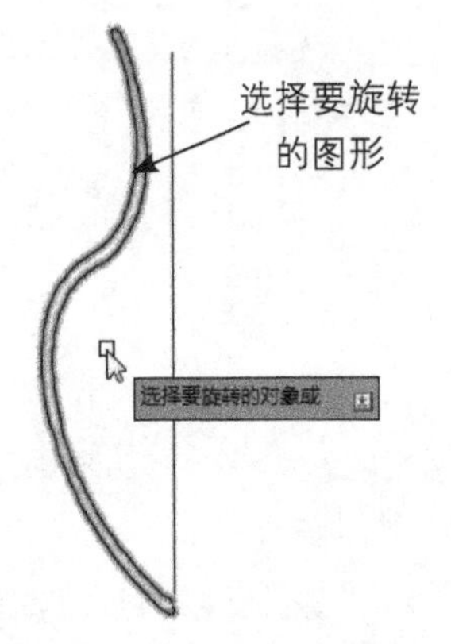


图5-36 选择要旋转的图形

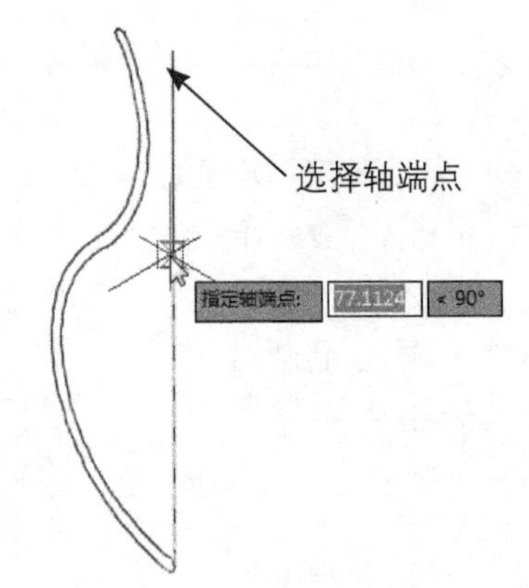


图5-37 输入轴端点

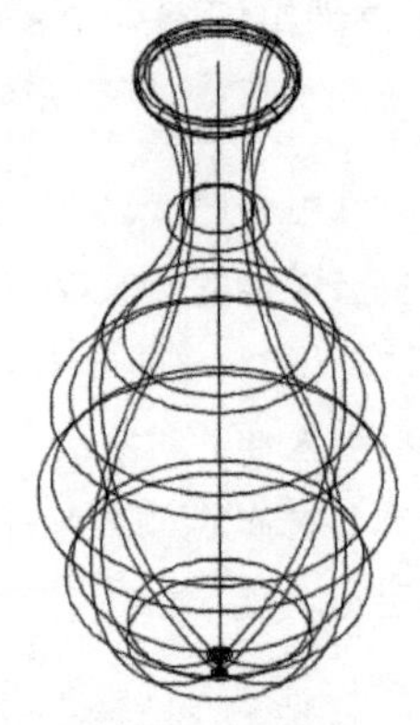

图5-38 旋转结果

**绘图技巧|旋转拉伸对象**

旋转对象的操作与“拉伸”对象相似，可旋转多边形、圆、椭圆、封闭多段线、封闭样条曲线、圆环以及封闭区域。每次只能旋转一个对象。若在旋转的对象中有交叉或重复等多段线，则不能被旋转。

### 5.3.3 放样实体

放样命令用于在横截面之间的空间内绘制实体或曲面。使用放样命令时，必须至少指定两个横截面。用户可以通过以下方法执行“放样”命令。

● 在“常用”选项卡的“建模”面板中单击“放样”按钮。
● 在“曲面”选项卡的“创建”面板中单击“放样”按钮。
● 在“实体”选项卡的“实体”面板中单击“放样”按钮。
● 在命令行中输入“LOFT”，然后按回车键。

【例5-10】使用放样命令绘制器皿模型。

执行“放样”命令后，根据命令行的提示，可按放样次序选择横截面，完成放样，如图5-39~图5-41所示。

命令行提示内容如下。

```
命令：_loft
当前线框密度：ISOLINES=4，闭合轮廓创建模式 = 实体
按放样次序选择横截面或 [点(PO)/合并多条边(J)/模式(MO)]：_MO 闭合
轮廓创建模式 [实体(SO)/曲面(SU)] <实体>：_SO
按放样次序选择横截面或 [点(PO)/合并多条边(J)/模式(MO)]：指定对
角点：找到3个
按放样次序选择横截面或 [点(PO)/合并多条边(J)/模式(MO)]：找到 1
个，总计4个
按放样次序选择横截面或 [点(PO)/合并多条边(J)/模式(MO)]： (框选1~3个横截面)
选中了4个横截面                                                  (按回车键)
输入选项 [导向(G)/路径(P)/仅横截面(C)/设置(S)] <仅横截面>：
                                                        (按回车键完成操作)
```

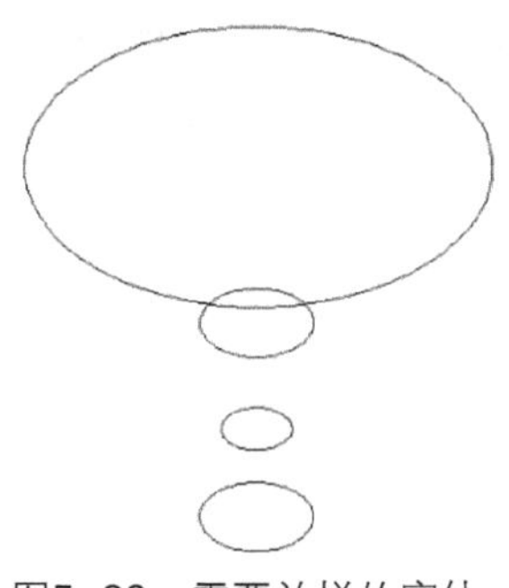
图5-39 需要放样的实体

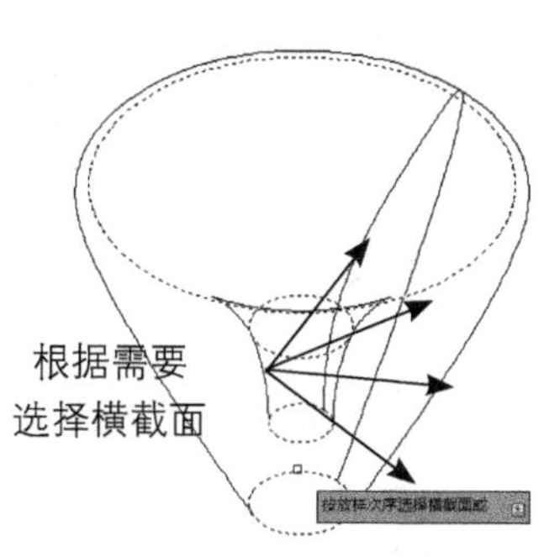

图5-40 选择横截面

图5-41 完成放样

### 5.3.4 扫掠实体

“扫掠”命令可以通过沿开放或闭合的二维或三维路径，扫掠开放或闭合的平面曲线（轮廓）来生成新实体或曲面。用户可以通过以下方法执行“扫掠”命令。

● 在“常用”选项卡的“建模”面板中单击“扫掠”按钮。
● 在“曲面”选项卡的“创建”面板中单击“扫掠”按钮。
● 在“实体”选项卡的“实体”面板中单击“扫掠”按钮。
● 在命令行中输入“SWEEP”，然后按回车键。

【例5-11】使用扫掠命令绘制水龙头模型。

执行“扫掠”命令后，根据命令行的提示信息，选择要扫掠的对象和扫掠路径，按回车键

即可创建扫掠实体，如图5-42~图5-44所示。

命令行提示内容如下。

```
命令：_sweep
当前线框密度：ISOLINES=4，闭合轮廓创建模式 = 实体
选择要扫掠的对象或 [模式(MO)]：_MO 闭合轮廓创建模式 [实体(SO)/
曲面(SU)] <实体>：_SO
选择要扫掠的对象或 [模式(MO)]：找到 1 个                    (选择所需扫掠对象)
选择要扫掠的对象或 [模式(MO)]：                              (按回车键)
选择扫掠路径或 [对齐(A)/基点(B)/比例(S)/扭曲(T)]：           (选择扫掠路径)
```

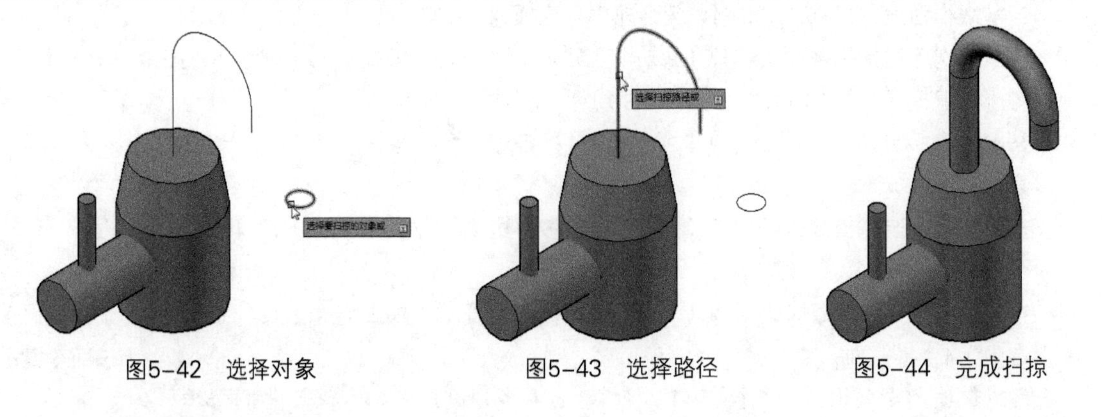

图5-42 选择对象　　图5-43 选择路径　　图5-44 完成扫掠

## 5.3.5 变换三维实体

当创建好基本几何模型后，根据需要，对该模型进行阵列、镜像、旋转和对齐等操作，便可组合成一些较为复杂的实体模型。

### 1. 三维移动

"三维移动"可将实体在三维空间中移动，只需指定一个基点，然后指定一个目标空间点即可。用户可以通过以下方法执行"三维移动"命令。

- 在"常用"选项卡的"修改"面板中单击"三维移动"按钮。
- 在命令行中输入"3DMOVE"，然后按回车键。

【例5-12】使用三维移动命令移动相框。

执行"三维移动"命令后，根据命令行的提示，指定基点，然后指定第二点即可移动实体，如图5-45、图5-46所示。

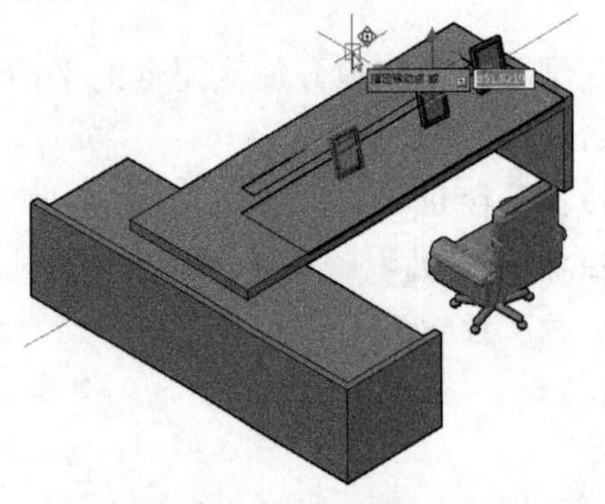

图5-45 指定基点

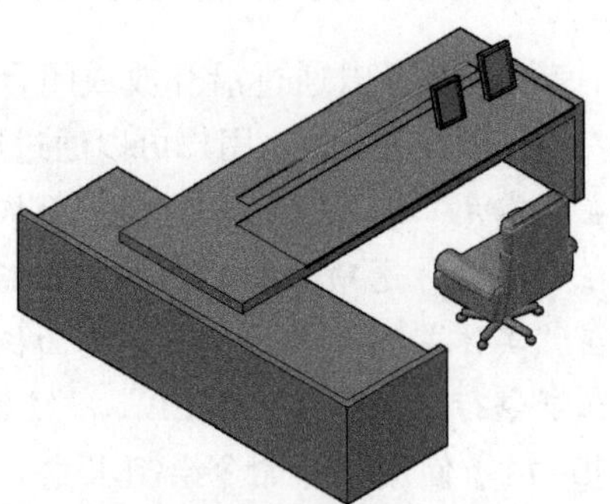

图5-46 三维移动效果

命令行提示内容如下。

命令：_3dmove
选择对象：指定对角点：找到 1 个　　（选择所要移动的图形）
选择对象：　　（按回车键）
指定基点或［位移（D）］<位移>：　　（指定位移基点）
指定第二个点或 <使用第一个点作为位移>：350，0，0　　（移动鼠标，输入所需坐标值）

**2. 三维旋转**

“三维旋转”命令可以将选择的对象绕三维空间定义的任何轴（X轴、Y轴、Z轴）以指定的角度进行旋转。用户可以通过以下方法执行“三维旋转”命令。

- 在“常用”选项卡的“修改”面板中单击“三维旋转”按钮。
- 在命令行中输入“3DROTATE”，然后按回车键。

**【例5-13】**使用三维旋转命令旋转座椅。

执行“三维旋转”命令后，根据命令行的提示，指定基点，拾取旋转轴，然后指定角的起点或输入角度值，按回车键即可完成旋转操作，如图5-47、图5-48所示。

命令行提示内容如下。

命令：_3drotate
UCS 当前的正角方向：ANGDIR=逆时针　ANGBASE=0
选择对象：找到 1 个　　（旋转所需旋转的对象）
选择对象：　　（按回车键）
指定基点：　　（指定旋转基点）
拾取旋转轴：　　（旋转旋转轴）
指定角的起点或键入角度：270　　（输入旋转角度）

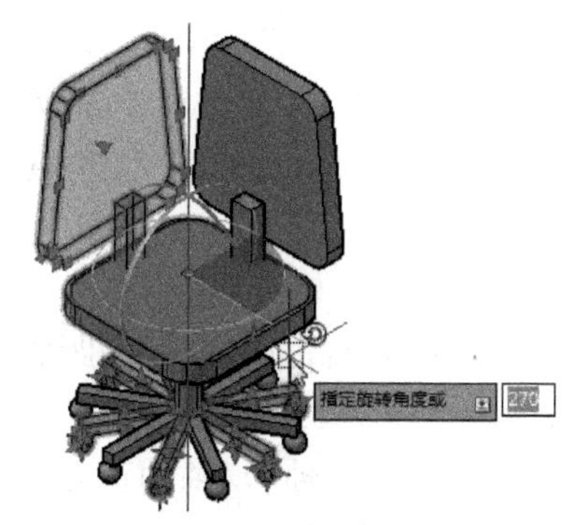

图5-47　拾取旋转轴

图5-48　三维旋转效果

**注意事项｜三维旋转轴的选择**

在使用“三维旋转”命令时，当指定旋转基点后，需选择旋转轴。红色旋转轴为X轴，绿色旋转轴为Y轴，而蓝色旋转轴为Z轴。以不同旋转轴旋转对象得到的效果不一样，所以用户在进行选择时，需要分清。

**3. 三维镜像**

“三维镜像”命令可用于绘制以镜像平面为对称面的三维对象。用户可以通过以下方法执行“三维镜像”命令。

- 在“常用”选项卡的“修改”面板中单击“三维镜像”按钮%。
- 在命令行中输入“MIRROR3D”，然后按回车键。

**【例5–14】**使用三维镜像命令镜像茶杯。

执行“三维镜像”命令后，根据命令行的提示，选取镜像对象，按回车键，然后在实体上指定三个点，将实体镜像，如图5-49、5-50所示。

命令行提示内容如下。

```
命令：_mirror3d
选择对象：找到 1 个                                                    （选择水杯模型）
选择对象：                                                              （按回车键）
指定镜像平面 （三点） 的第一个点或[对象（O）/最近的（L）/Z 轴（Z）/视图（V）/XY
平面（XY）/YZ 平面（YZ）/ZX 平面（ZX）/三点（3）] <三点>：                 （指定中点A）
在镜像平面上指定第二点：                                                 （指定中点B）
在镜像平面上指定第三点：                                                 （指定中点C）
是否删除源对象？[是（Y）/否（N）] <否>：                                   （按回车键）
```

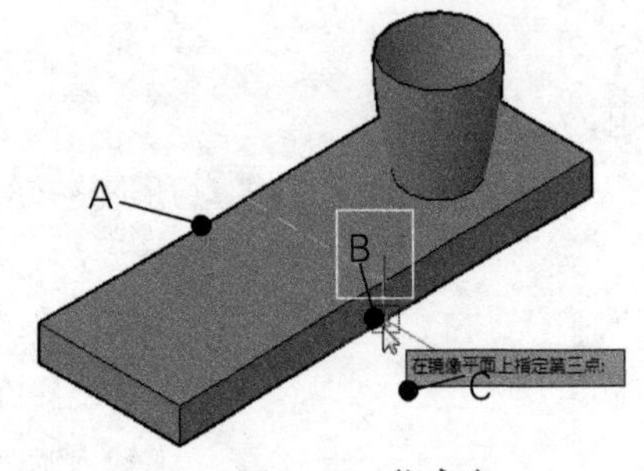


图5-49　指定点

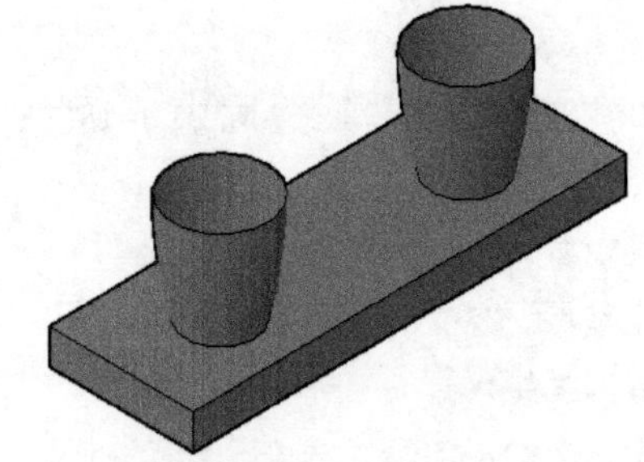

图5-50　三维镜像效果

**4. 三维阵列**

三维阵列可以在三维空间绘制对象的矩形阵列或环形阵列，它与二维阵列不同的是，三维阵列除了指定列数（X方向）和行数（Y方向）以外，还可以指定层数（Z方向）。三维阵列同样也分为矩形阵列和环形阵列两种模式。

（1）三维矩形阵列

三维矩形阵列与二维矩形阵列操作不同之处在于在指定行列数目和间距之后，还可以指定层数和层间距。在指定间距值时，可以分别输入间距值或选取两个点，程序将自动测量两点的距离值，并以此作为间距值。如果间距值为正，将沿X轴、Y轴和Z轴的正方向创建阵列；间距值为负，将沿X轴、Y轴和Z轴的负方向创建阵列。

**【例5–15】**使用三维矩形阵列命令阵列矩形。

执行菜单栏中的“修改”|“三维操作”|“三维阵列”命令，根据命令行提示，输入相关的行数、列数、层数以及各个间距值，即可完成三维阵列创建，如图5-51、图5-52所示。

命令行提示内容如下。

```
命令：_3darray
选择对象：指定对角点：找到 1 个
```

```
选择对象：                                                    （选择阵列对象）
输入阵列类型 [矩形（R）/环形（P）] <矩形>：      （选择阵列类型，默认为"矩形"阵列）
输入行数 （---） <1>：3                                        （输入行数）
输入列数 （|||） <1>：3                                        （输入列数）
输入层数 （...） <1>：3                                        （输入层数）
指定行间距 （---）：100                                      （输入行间距值）
指定列间距 （|||）：100                                      （输入列间距值）
指定层间距 （...）：100                                      （输入层间距值）
```

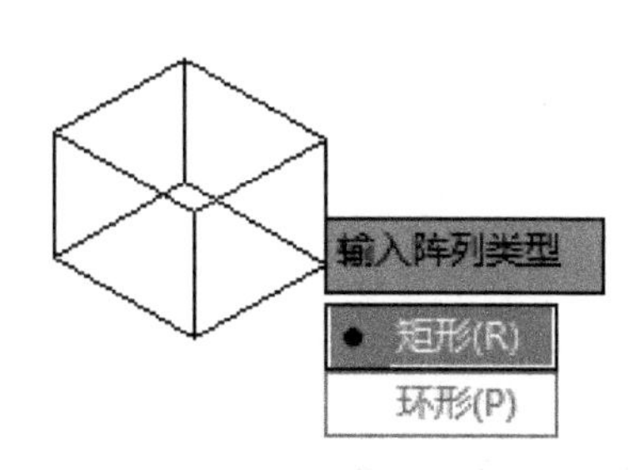


图5-51 选择阵列对象

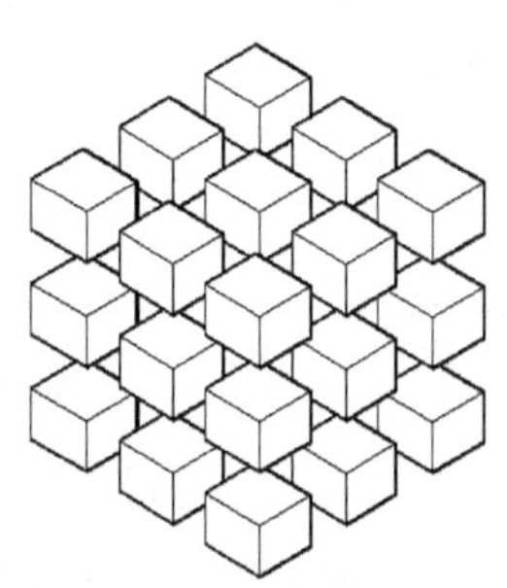

图5-52 矩形阵列效果

（2）三维环形阵列

三维环形阵列是围绕旋转轴按逆时针或顺时针方向来阵列复制选择对象。

**【例5-16】**使用三维环形阵列命令阵列座椅。

执行"三维阵列"命令，选择要阵列的对象，按回车键选择"环形阵列"类型，然后根据命令行提示，指定阵列的项目个数和填充角度，确认是否要进行自身旋转后，指定阵列的中心点及旋转轴上的第二点，即可完成环形阵列操作，效果如图5-53、图5-54所示。

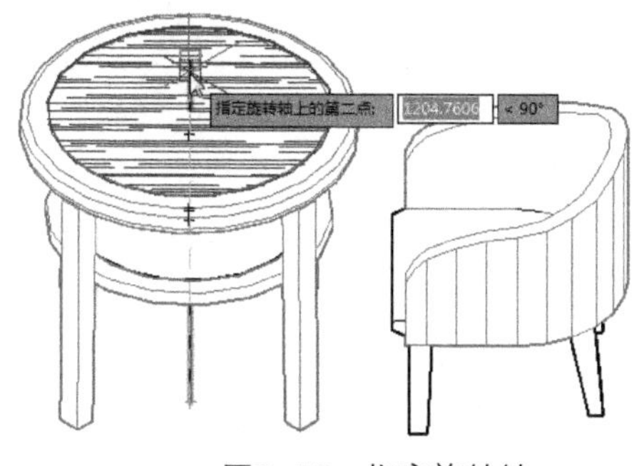


图5-53 指定旋转轴

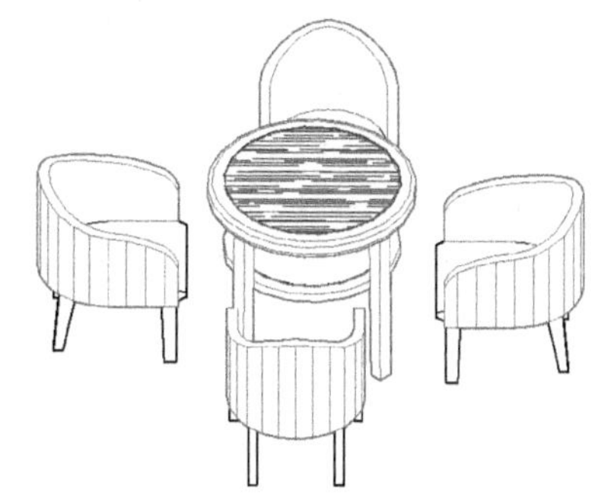

图5-54 环形阵列效果

命令行提示内容如下。

```
命令：_.3A
_.ARRAY
选择对象：找到 1 个                                      （选择要阵列的对象）
选择对象：输入阵列类型 [矩形（R）/环形（P）] <P>：_P          （选择环形阵列）
指定阵列的中心点或 [基点（B）]：
输入阵列中项目的数目：4                                    （输入阵列的数目）
指定填充角度 （+=逆时针，-=顺时针） <360>：360                （选择默认角度值）
```

```
是否旋转阵列中的对象? [是(Y)/否(N)] <Y>: _Y                （选择“是”选项）
指定阵列的中心点:                                          （指定轴线）
指定旋转轴上的第二点:                                      （指定轴上任意一点）
```

## 5.3.6 编辑三维实体

在AutoCAD 2015中，对三维实体的编辑方法有多种，包括“倒圆角”、“倒直角”、“剖切”、“分隔”、“加厚”以及“抽壳”等。用户只需根据不同做图需要进行操作即可。下面将介绍几种在建筑领域中，常用三维实体编辑功能的使用方法。

**1. 三维实体倒角**

三维实体的倒角分成“倒圆角”和“倒直角”两种类型，其编辑操作方法与二维倒角的方法相似。

（1）实体倒直角

使用“倒角边”命令，可以对三维实体以一定距离进行倒角，即沿一条边线走向创建一个面。用户可以通过以下方法执行“倒角边”命令。

- 在“实体”选项卡的“实体编辑”面板中单击“倒角边”按钮。
- 在命令行中输入“CHAMFEREDGE”，然后按回车键。

**【例5-17】**使用“倒角边”命令倒角茶几腿。

执行“倒角边”命令后，根据命令行的提示，选择“距离”选项，指定两个距离均为30，再选择边后，即可对实体倒直角，如图5-55、图5-56所示。

```
命令: _CHAMFEREDGE 距离 1 = 1.0000, 距离 2 = 1.0000
选择一条边或 [环(L)/距离(D)]: d
指定距离 1 或 [表达式(E)] <1.0000>: 30                     （设置距离1）
指定距离 2 或 [表达式(E)] <1.0000>: 30                     （设置距离2）
选择一条边或 [环(L)/距离(D)]:                              （选择对象）
选择同一个面上的其他边或 [环(L)/距离(D)]:
按 Enter 键接受倒角或 [距离(D)]:                           （按回车键）
```

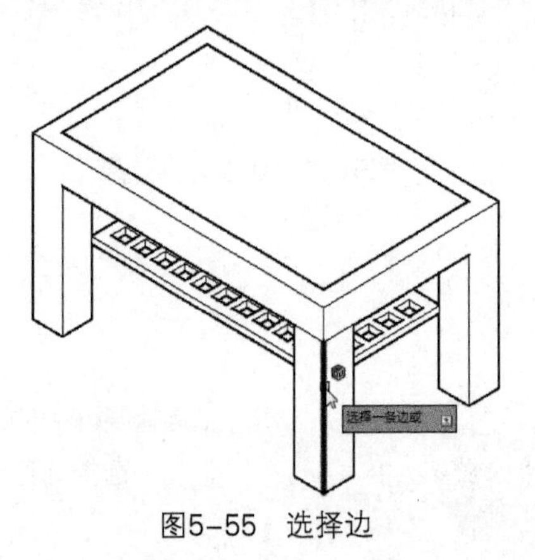


图5-55 选择边

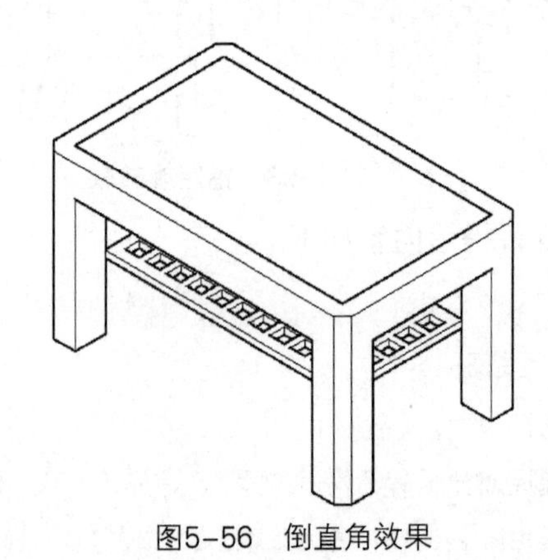

图5-56 倒直角效果

（2）实体倒圆角

“圆角边”命令是为实体对象边建立圆角。用户可以通过以下方法执行“圆角边”命令。

- 在“实体”选项卡的“实体编辑”面板中单击“圆角边”按钮。
- 在命令行中输入“FILLETEDGE”，然后按回车键。

【例5-18】使用圆角边命令倒圆角茶几腿。

执行“圆角边”命令后，设置圆角半径，然后选择边，即可对实体倒圆角，如图5-57、图5-58所示。

命令行提示内容如下。

```
命令：_FILLETEDGE
半径 = 1.0000
选择边或 [链(C)/环(L)/半径(R)]：r
输入圆角半径或 [表达式(E)] <1.0000>：30                （设置圆角半径值）
选择边或 [链(C)/环(L)/半径(R)]：                         （选择对象）
选择边或 [链(C)/环(L)/半径(R)]：                         （按回车键）
已拾取到边。
选择边或 [链(C)/环(L)/半径(R)]：                         （按回车键）
已选定 1 个边用于圆角。
按 Enter 键接受圆角或 [半径(R)]：                        （按回车键）
```

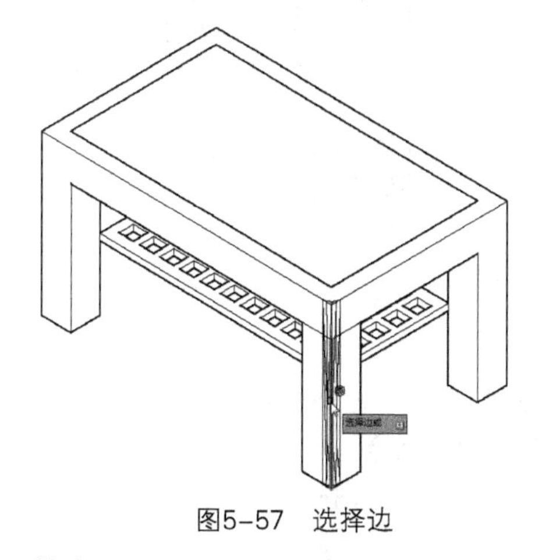

图5-57 选择边

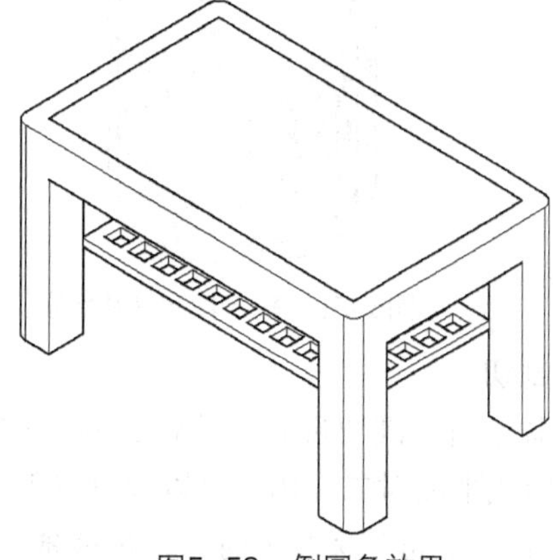

图5-58 倒圆角效果

## 2. 抽壳

该命令可以将三维实体转换为中空薄壁或壳体。将实体对象转换为壳体时，可以通过将现有面朝向原始位置的内部或外部偏移来创建新面。用户可以通过以下方法执行“抽壳”命令。

- 在“常用”选项卡的“实体编辑”面板中单击“抽壳”按钮。
- 在“实体”选项卡的“实体编辑”面板中单击“抽壳”按钮。

【例5-19】使用抽壳命令对圆柱体进行抽壳。

执行“抽壳”命令后，根据命令行的提示，选择抽壳对象，然后选择删除面并按回车键，输入偏移距离100，即可对实体抽壳，如图5-59、图5-60所示。

```
命令：_solidedit
实体编辑自动检查：SOLIDCHECK=1
输入实体编辑选项 [面(F)/边(E)/体(B)/放弃(U)/退出(X)] <退出>：_body
```

```
输入体编辑选项
[压印(I)/分割实体(P)/抽壳(S)/清除(L)/检查(C)/放弃(U)/退出(X)] <退出>: _shell
选择三维实体:                                                    (选择三维对象)
删除面或 [放弃(U)/添加(A)/全部(ALL)]: 找到一个面，已删除 1 个。 (删除一个面)
删除面或 [放弃(U)/添加(A)/全部(ALL)]:                             (按回车键)
输入抽壳偏移距离: 100                                             (输入距离)
已开始实体校验。
已完成实体校验。
输入体编辑选项
[压印(I)/分割实体(P)/抽壳(S)/清除(L)/检查(C)/放弃(U)/
退出(X)] <退出>:                                                  (按回车键)
实体编辑自动检查: SOLIDCHECK=1
输入实体编辑选项 [面(F)/边(E)/体(B)/放弃(U)/退出(X)] <退出>:     (按回车键)
```

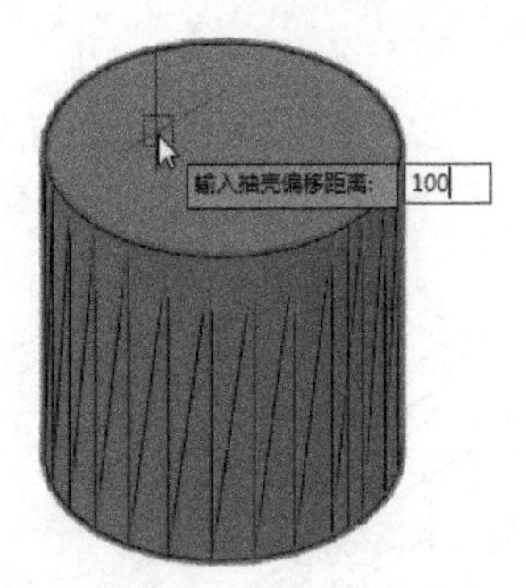

图5-59　输入抽壳偏移距离

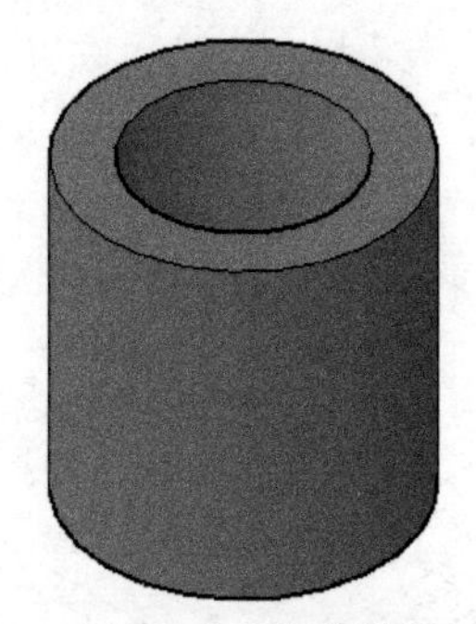
图5-60　抽壳效果

### 3. 剖切

该命令通过剖切现有实体创建新实体，可以通过多种方式定义剪切平面，包括指定点或者选择曲面或平面对象。用户可以通过以下方法执行“剖切”命令。

- 在“常用”选项卡的“实体编辑”面板中单击“剖切”按钮。
- 在“实体”选项卡的“实体编辑”面板中单击“剖切”按钮。
- 在命令行中输入快捷命令“SL”，然后按回车键。

**【例5-20】**使用“剖切”命令剖切抽屉模型。

执行“剖切”命令后，根据命令行的提示，选择对象，然后在实体上依次指定A、B两点，即可将模型剖切，如图5-61、图5-62所示。

命令行提示内容如下。

```
命令: _slice
选择要剖切的对象: 找到 3 个                                       (选择实体对象)
选择要剖切的对象:                                                 (按回车键)
指定切面的起点或[平面对象(O)/曲面(S)/Z 轴(Z)/视图(V)/
    XY(XY)/YZ(YZ)/ZX(ZX)/三点(3)] <三点>:                        (指定点A)
指定平面上的第二个点:                                             (指定点B)
```

```
正在检查703个交点...
在所需的侧面上指定点或 [保留两个侧面(B)]
<保留两个侧面>:                                  (在要保留的那一侧实体上单击)
```

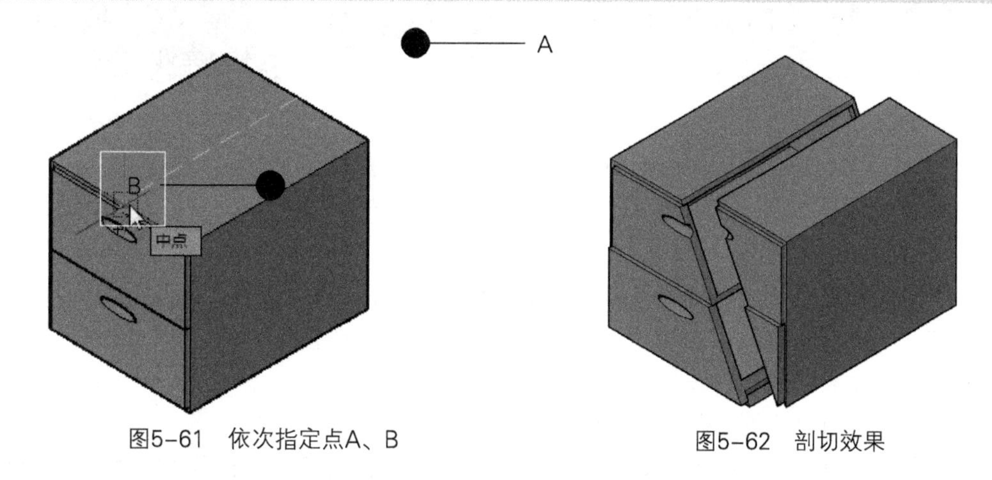


图5-61　依次指定点A、B　　　图5-62　剖切效果

### 5.3.7　设置布尔运算

布尔运算在三维建模中是一项较为重要的功能，它是将两个或两个以上的图形，通过加减方式结合而生成的新实体。在CAD软件中，用户可使用“并集”、“交集”及“差集”命令，进行相关操作。

**1. 并集**

并集命令就是将两个或多个实体对象合并成一个新的复合实体。新实体由各个组成对象的所有部分组成，没有相重合的部分。用户可以通过以下方法执行“并集”命令。

- 执行“修改”|“实体编辑”|“并集”命令。
- 在“常用”选项卡的“实体编辑”面板中单击“并集”按钮。
- 在“实体”选项卡的“布尔值”面板中单击“并集”按钮。
- 在命令行中输入快捷命令“UNI”，然后按回车键。

【例5-21】使用“并集”命令合并实体。

执行“并集”命令后，选中所有需要合并的实体，按回车键即可完成操作，如图5-63、图5-64所示。

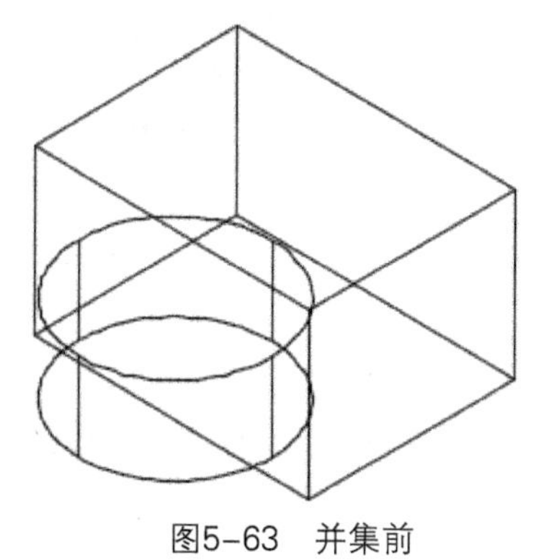

图5-63　并集前

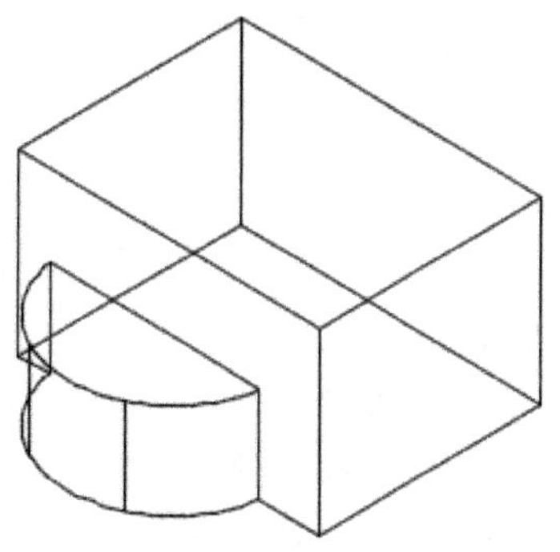

图5-64　并集后

命令行提示内容如下。

```
命令：_union
选择对象：指定对角点：                    （选择所有并集对象）
选择对象：找到 1 个
选择对象：找到 1 个，总计 2 个
选择对象：                                （按回车键，完成并集操作）
```

**2. 差集**

差集命令是从一个或多个实体中减去其中之一或若干部分，得到一个新的实体。用户可以通过以下方法执行“差集”命令。

- 执行“修改”|“实体编辑”|“差集”命令。
- 在“常用”选项卡的“实体编辑”面板中单击“差集”按钮。
- 在“实体”选项卡的“布尔值”面板中单击“差集”按钮。
- 在命令行中输入快捷命令“SU”，然后按回车键。

**【例5-22】**使用“差集”命令从实体中减去一部分。

执行“差集”命令后，选择对象，然后选择要从中减去的实体、曲面和面域，按回车键即可得到差集效果，如图5-65、图5-66所示。

命令行提示内容如下。

```
命令：_subtract 选择要从中减去的实体、曲面和面域...
选择对象：找到 1 个                       （选择图中的长方体）
选择对象：选择要减去的实体、曲面和面域...
选择对象：找到 1 个                       （选择图中的圆柱体）
选择对象：                                （按回车键）
```

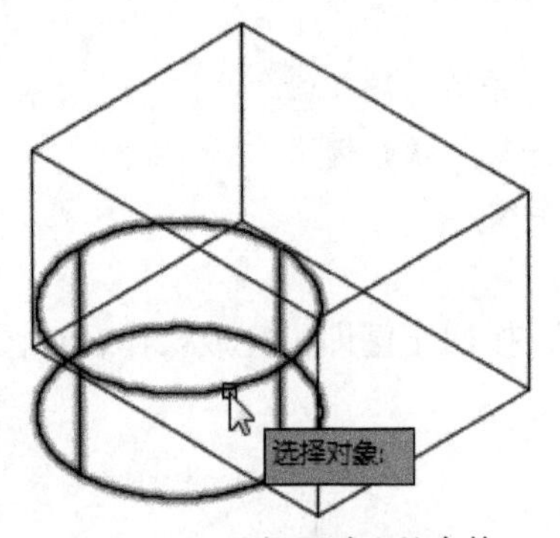

图5-65　选择要减去的实体

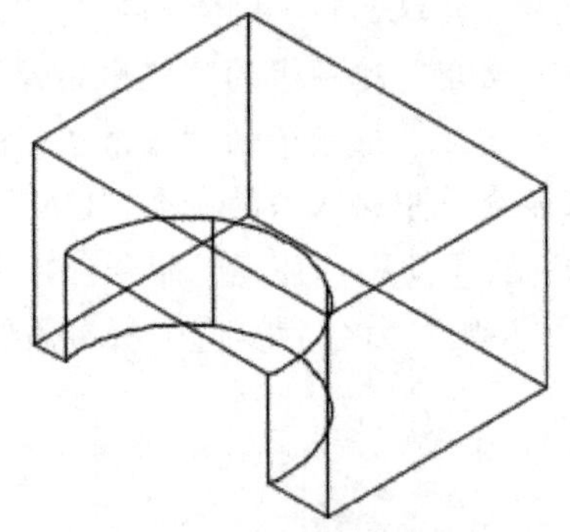
图5-66　差集效果

**3. 交集**

交集命令可以从两个以上重叠实体的公共部分创建复合实体。用户可以通过以下方法执行“交集”命令。

- 在“常用”选项卡的“实体编辑”面板中单击“交集”按钮。
- 在“实体”选项卡的“布尔值”面板中单击“交集”按钮。
- 在命令行中输入快捷命令“IN”，然后按回车键。

**【例5-23】**使用“交集”命令取得实体相交部分。

执行“交集”命令后，根据命令行的提示，选中所有实体，按回车键即可完成交集操作，如图5-67、图5-68所示。

命令行提示内容如下。

```
命令：_intersect
选择对象：指定对角点：找到 2 个                                    （选择所需的实体）
选择对象：                                                  （按回车键，完成交集操作）
```

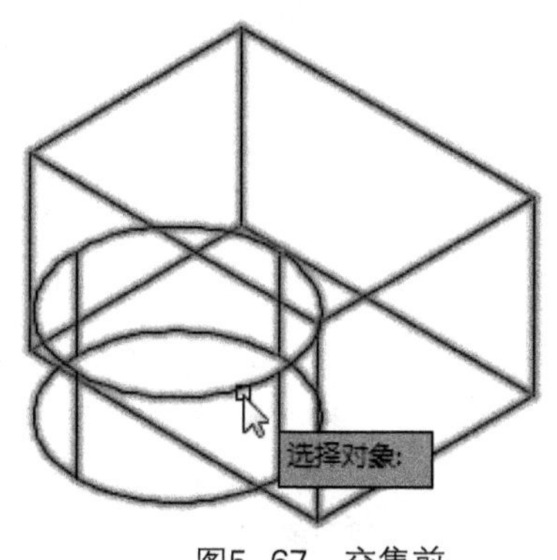


图5-67　交集前

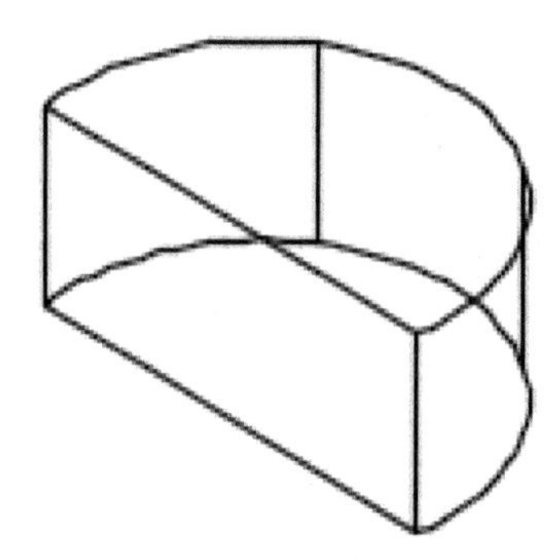

图5-68　交集后

【例5-24】绘制三维墙体。

综合利用前面所学的知识，练习绘制三维墙体，以深入掌握三维绘图命令的使用方法与绘图技巧。

01 打开“户型图.dwg”文件，将工作空间切换至“三维建模”，执行“视图”|“三维导航”|“东南等轴测”命令，如图5-69所示。

02 执行“建模”|“多段体”命令，根据命令行的提示内容绘制墙体，如图5-70所示。

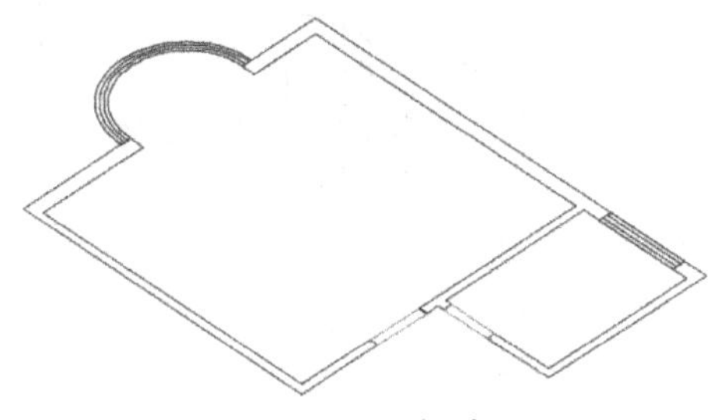

图5-69　户型图

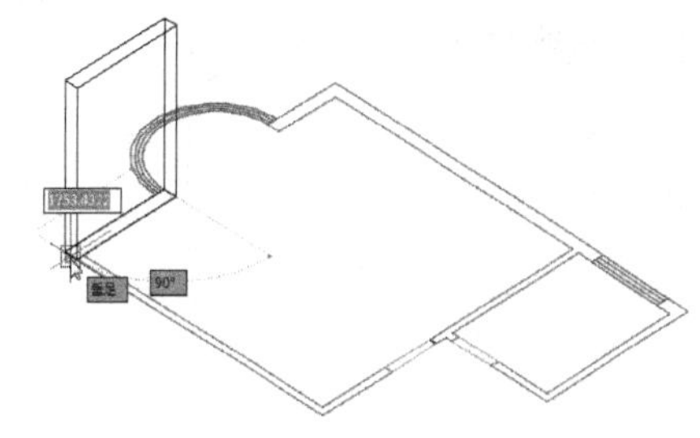

图5-70　绘制墙体

命令行提示内容如下。

```
指定下一个点或 [圆弧(A)/闭合(C)/放弃(U)]:                          （按回车键）
命令：_Polysolid 高度 = 80.0000，宽度 = 5.0000，对正 = 居中
指定起点或 [对象(O)/高度(H)/宽度(W)/对正(J)] <对象>：h           （选择高度）
指定高度 <80.0000>：2400                                          （输入高度值）
高度 = 2400.0000，宽度 = 5.0000，对正 = 居中
指定起点或 [对象(O)/高度(H)/宽度(W)/对正(J)] <对象>：w           （选择宽度）
指定宽度 <5.0000>：200                                            （输入宽度值）
指定起点或 [对象(O)/高度(H)/宽度(W)/对正(J)] <对象>：j
输入对正方式 [左对正(L)/居中(C)/右对正(R)] <居中>：R
```

```
高度 = 2400.0000，宽度 = 200.0000，对正 = 右对正
指定起点或 [对象(O)/高度(H)/宽度(W)/对正(J)] <对象>:
指定下一个点或 [圆弧(A)/放弃(U)]:                    (指定起点)
指定下一个点或 [圆弧(A)/放弃(U)]:                    (指定端点)
```

03 执行“多段体”命令，绘制其余部分墙体，如图5-71所示。

04 继续执行“多段体”命令，绘制宽度为120mm的所有墙体，如图5-72所示。

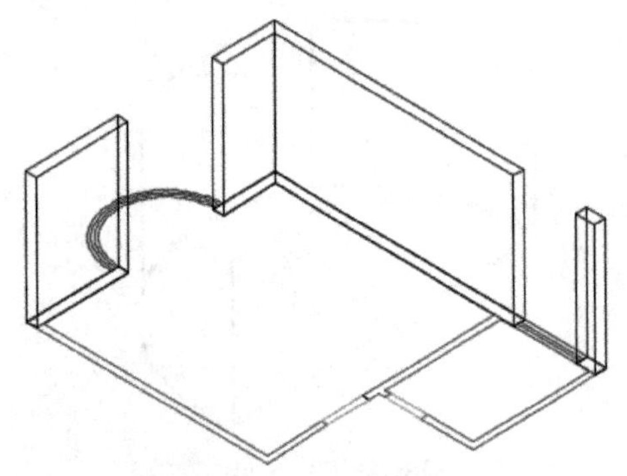

图5-71　绘制墙体

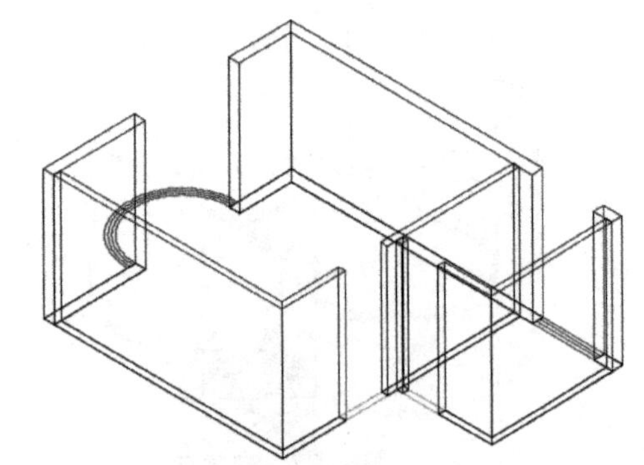

图5-72　绘制所有墙体

05 执行“多段体”命令，绘制窗台，其高度为800，宽度为200，如图5-73所示。

06 继续执行“多段体”命令，绘制圆弧形的窗台，如图5-74所示。

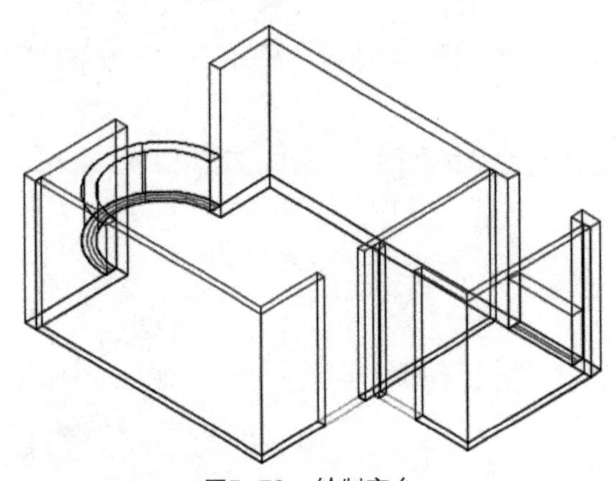

图5-73　绘制窗台

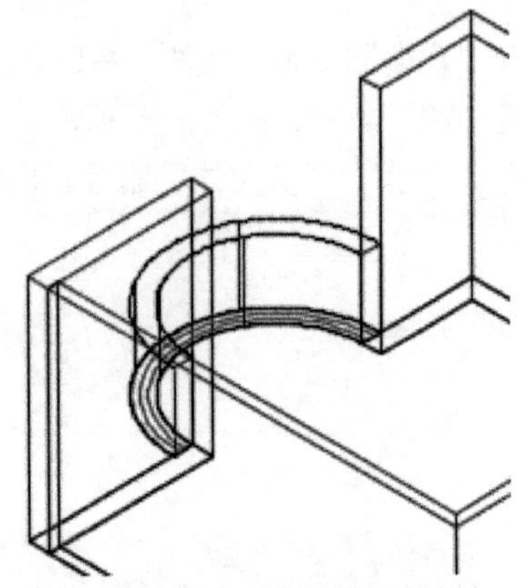

图5-74　绘制圆弧形窗台

命令行提示内容如下。

```
命令: _Polysolid 高度 = 800.0000，宽度 = 200.0000，对正 = 右对齐
指定起点或 [对象(O)/高度(H)/宽度(W)/对正(J)] <对象>:
指定下一个点或 [圆弧(A)/放弃(U)]: a
指定圆弧的端点或 [方向(D)/直线(L)/第二点(S)/放弃(U)]:
指定下一个点或 [圆弧(A)/放弃(U)]: 指定圆弧的端点或 [闭合(C)/方向(D)/直线(L)/第二个点(S)/放弃(U)]:
```

07 更换至“概念”视觉样式，执行“长方体”命令，指定两个角点，沿Z轴方向向下移动光标，输入高度值为300，如图5-75所示。

08 继续执行“长方体”命令，绘制其他窗户顶部与门顶部的墙体，如图5-76所示。

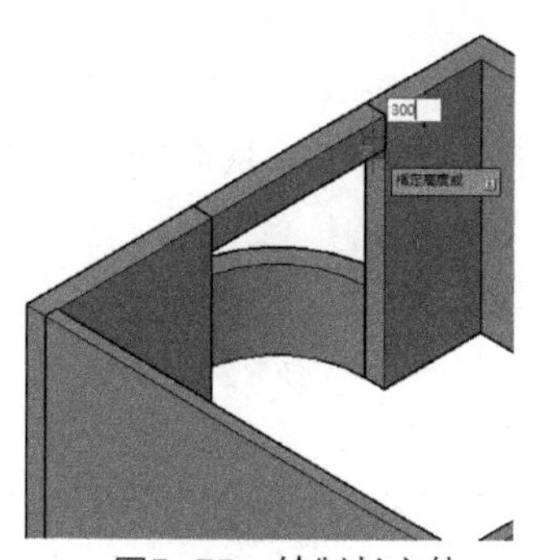

图5-75　绘制长方体

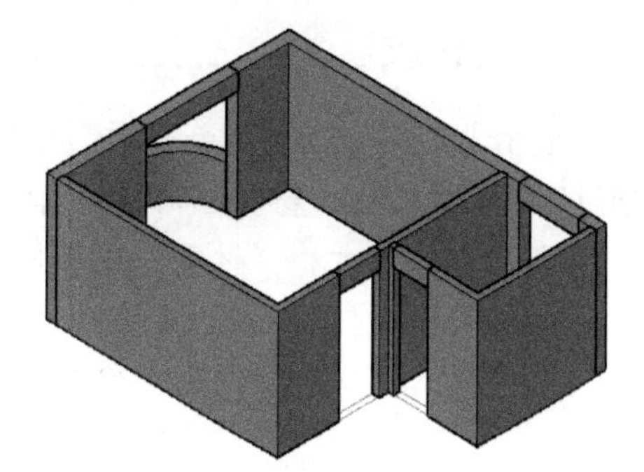

图5-76　绘制窗户与门顶部墙体

09 执行“并集”命令，选中墙体，按回车键即可完成交集运算，如图5-77所示。

10 继续执行“并集”命令对其余所有墙体进行并集操作，最终效果如图5-78所示。

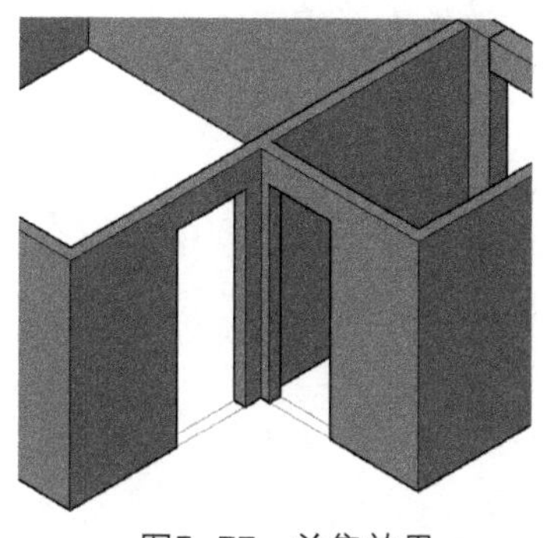

图5-77　并集效果

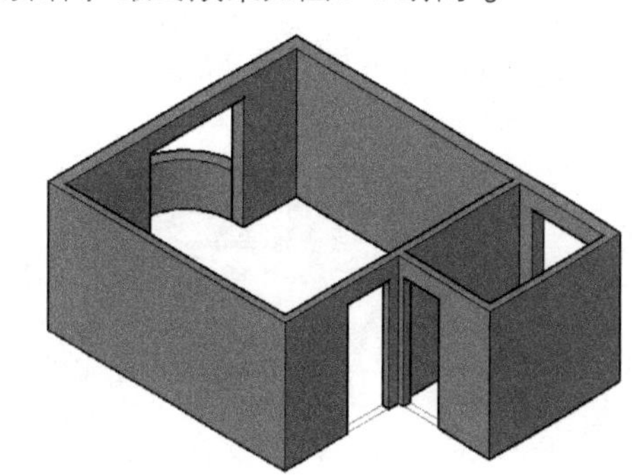

图5-78　最终效果

## 5.4 材质的创建与设置

模型创建好后，可将模型添加合适的材质贴图，并对其进行渲染。在材质中，贴图可以模拟纹理、凹凸效果、反射或折射。

### 5.4.1 创建材质

用“材质浏览器”可导航和管理用户的材质。打开“材质游览器”选项板的方法有以下几种，如图5-79所示。

- 在“可视化”选项卡的“材质”面板中单击“材质浏览器”按钮。
- 在“视图”选项卡的“选项板”面板中单击“材质浏览器”按钮。
- 在命令行中输入快捷命令“MAT”，然后按回车键。

面板中选项的含义介绍如下。

- 搜索：在多个库中搜索材质外观。
- “文档材质”面板：显示随打开的图形保存的材质。
- 主页：单击该按钮，在库面板的右侧内容窗格中显示库的文件夹视图。单击文件夹可打开库列表。
- “库”面板：列出当前可用“材质”库中的类别。选定类别中的材质将显示在右侧。将鼠标悬停在材质样例上时，用于应用或编辑材质的按钮将变为可用。

此外，浏览器底部还包含管理库按钮、创建材质按钮以及材质编辑器按钮。

## 5.4.2 编辑材质

在“材质编辑器”中可以创建新材质，设置材质的颜色、反射率、透明度、凹凸等属性。用户可以通过以下方法打开“材质编辑器”选项板，如图5-80所示。

- 在“可视化”选项卡的“材质”面板中单击右下角箭头按钮。
- 在“视图”选项卡的“选项板”面板中单击“材质编辑器”按钮。
- 在命令行中输入“MATEDITOROPEN”，然后按回车键。

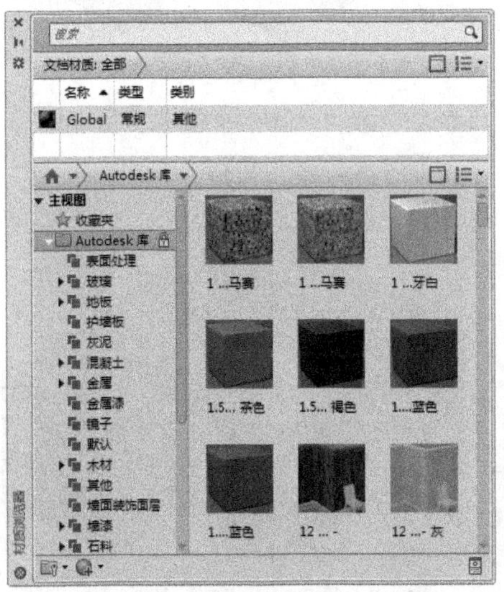


图5-79 “材质浏览器”选项板

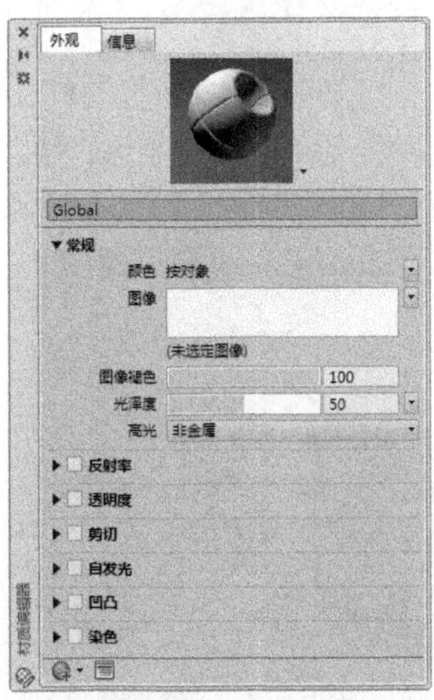


图5-80 “材质编辑器”选项板

## 5.4.3 赋予材质

若要创建新材质，可执行“可视化”|“材质”|“材质浏览器”命令，在打开的“材质浏览器”选项板中，单击“创建材质”按钮，然后选择材质，如图5-81所示。其后打开“材质编辑器”选项板，可输入名称，指定材质颜色选项，并设置反光度、不透明度、折射、半透明度等的特性，如图5-82所示。

返回至“材质浏览器”选项板，在“文档材质”面板中，拖曳创建好的材质，赋予实体模型上，如图5-83所示。

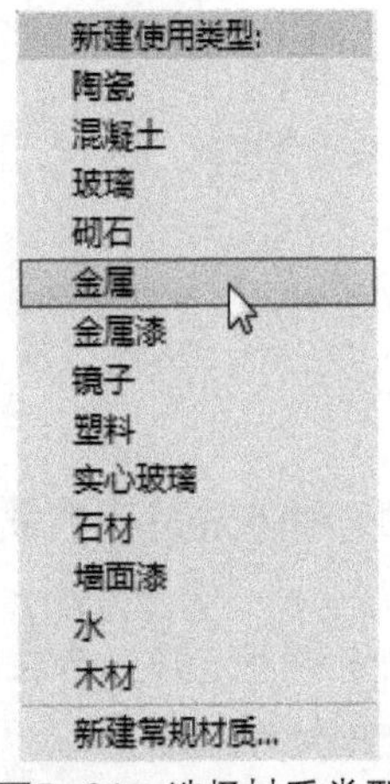


图5-81 选择材质类型

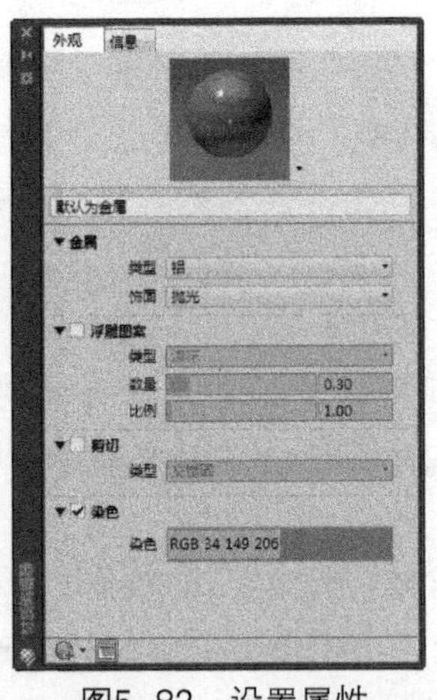


图5-82 设置属性

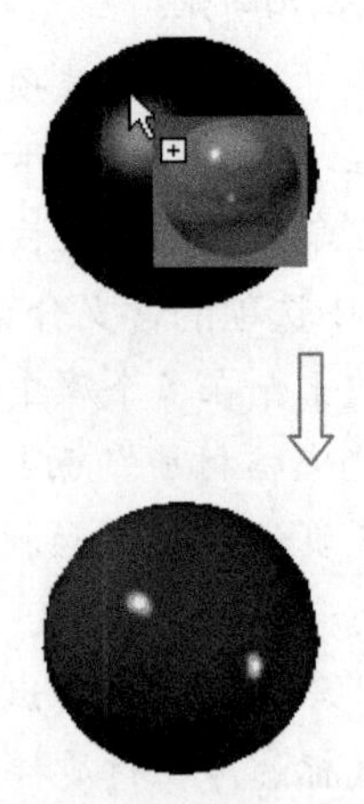

图5-83 新建材质效果

# 5.5 光源的创建与设置

光源创建的好坏，直接影响到模型渲染的效果，所以在绘制效果图时，光源的设置尤为重要。适当地调整光源，可以使实体模型更具真实感。

## 5.5.1 光源类型

在AutoCAD 2015中，光源类型有4种，包括：点光源、聚光灯、平行光以及光域网灯光。当没有开启任何光源时，程序使用默认光源，如图5-84、图5-85所示。

图5-84 默认光源照射效果

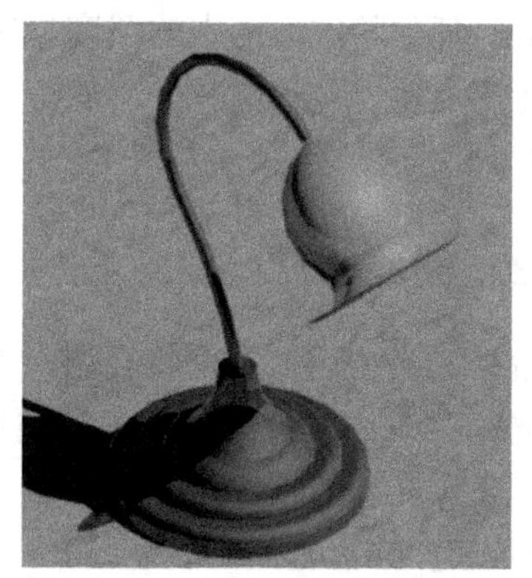

图5-85 阳光状态下的照射效果

● 点光源

该光源从其所在位置向四周发射光线，它与灯泡发出的光源类似。点光源不以一个对象为目标。根据点光线的位置，模型将产生较为明显的阴影效果，使用点光源以达到基本的照明效果，如图5-86所示。

● 聚光灯

该光源分布投射一个聚焦光束，为定向锥形光，其光源方向和圆锥体尺寸可以控制。像点光源一样，聚光灯也可以手动设置为强度随距离衰减，但是，聚光灯的强度始终还是根据相对于聚光灯的目标矢量的角度衰减，此衰减由聚光灯的聚光角角度和照射角角度控制。聚光灯可用于亮显模型中的特定特征和区域，如图5-87所示。

图5-86 点光源

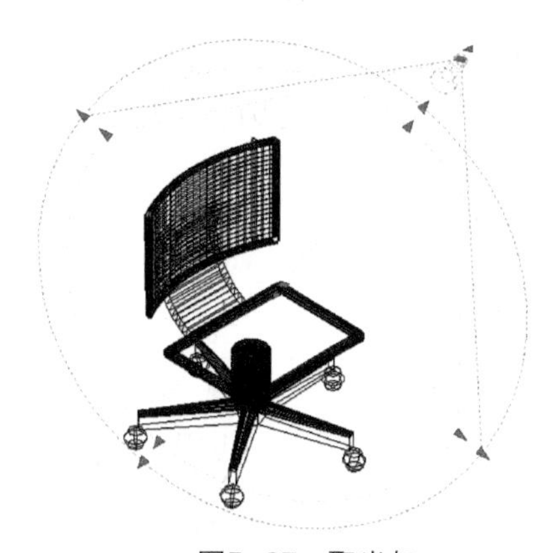

图5-87 聚光灯

● 平行光

该光源仅向一个方向发射统一的平行光光线。它需要指定光源的起始位置和发射方向，从而以定义光线的方向。平行光的强度并不随着距离的增加而衰减；对于每个照射的面，平行光的亮度都与其在光源处相同。统一照亮对象或照亮背景时，平行光很有用。

● 光域网灯光

该光源是具有现实中的自定义光分布的光度控制光源。它同样也需指定光源的起始位置和发射方向。光域网是灯光分布的三维表示，它将测角图扩展到三维，以便同时检查照度对垂直角度和水平角度的依赖性。光域网的中心表示光源对象的中心。任何给定方向中的照度与光域网和光度控制中心之间的距离成比例，沿离开中心的特定方向的直线进行测量，如图5-88所示。

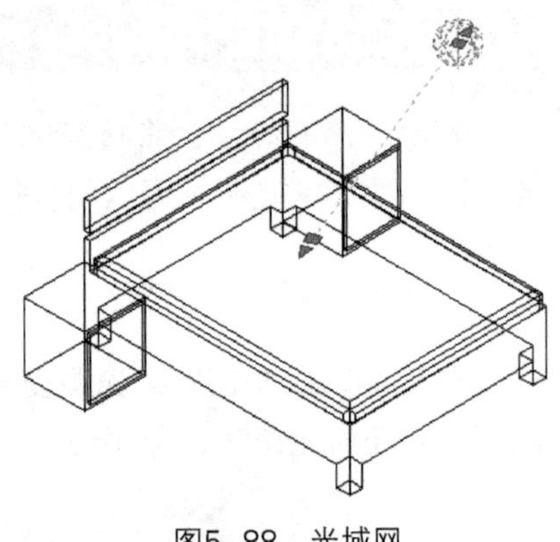

图5-88　光域网

## 5.5.2　创建光源

在了解灯光类型后，下面将介绍一下如何添加光源。单击“渲染”|“光源”|“创建光源”命令，在光源列表中，选中所需光源类型，在绘图区中指定光源起点和方向，并设置光源强度参数，即可完成光源的创建。

【例5-25】创建光域网灯光。

01 打开模型文件，单击“可视化”|“光源”|“创建光源”|“光域网灯光”命令，如图5-89所示。

02 在“光源-视口光源模式”对话框中，禁用“关闭默认光源（建议）”选项，关闭默认光源，如图5-90所示。

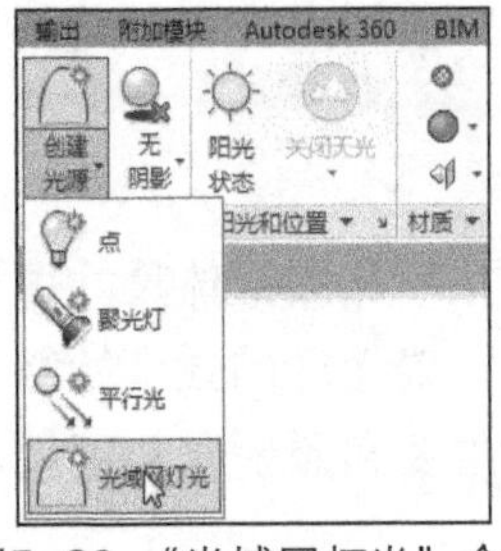


图5-89　“光域网灯光”命令

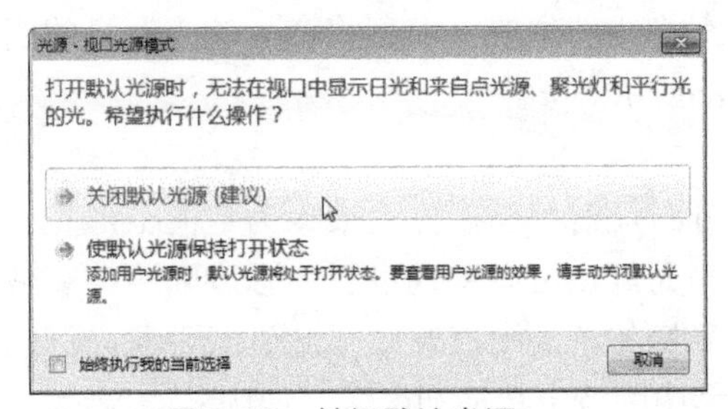


图5-90　关闭默认光源

03 在绘图区中，指定光域网灯光起点和光源方向位置，如图5-91所示。

04 在命令行中，选中“强度因子”选项，输入灯光强度值，如图5-92所示。

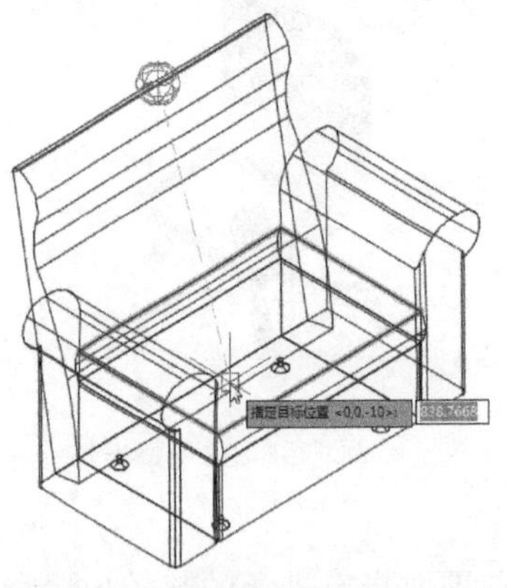

图5-91　指定光源起点与方向

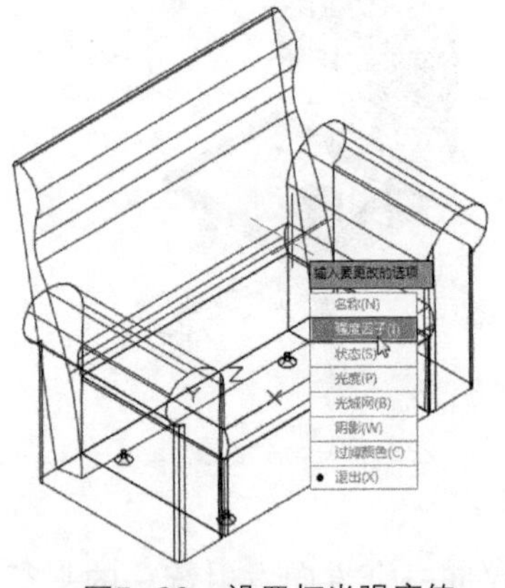


图5-92　设置灯光强度值

05 设置好后，按回车键。单击“视图”命令，切换各视图，调整好光源位置，如图5-93所示。

06 调整好后，将视图设为三维视图，即可完成灯光的创建，如图5-94所示。

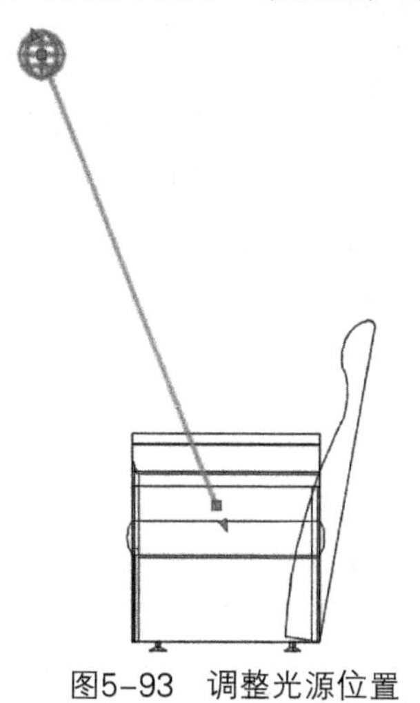

图5-93 调整光源位置

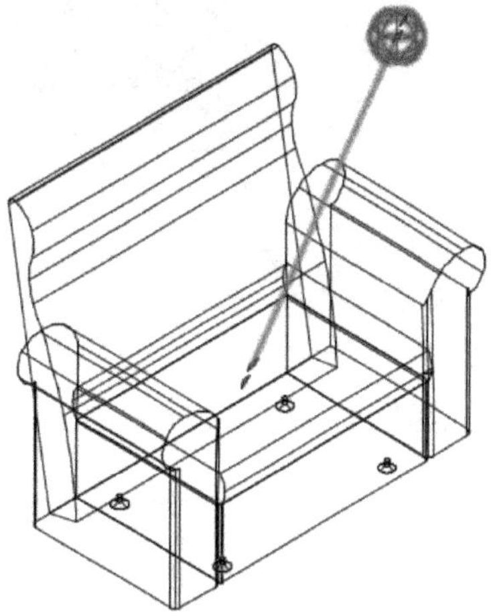

图5-94 完成灯光的创建

## 5.5.3 设置光源

当创建完光源后，若不能满足用户的需求，可对创建的光源进行设置。下面将分别对其设置进行介绍。

### 1. 设置光源参数

若当前光源强度感觉太弱，可适当增加光源强度值。选中所需光源，在命令行中输入“CH”，按回车键。在“特性”面板中，选择“强度因子”选项，并在其后的文本框中，输入合适的参数即可，如图5-95所示。在“特性”面板中，除了可更改灯光强度值外，还可对光源颜色、阴影以及灯光类型进行设置，如图5-96所示。

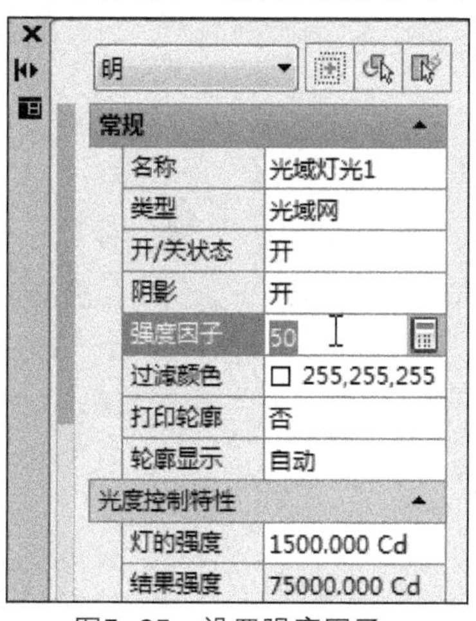


图5-95 设置强度因子

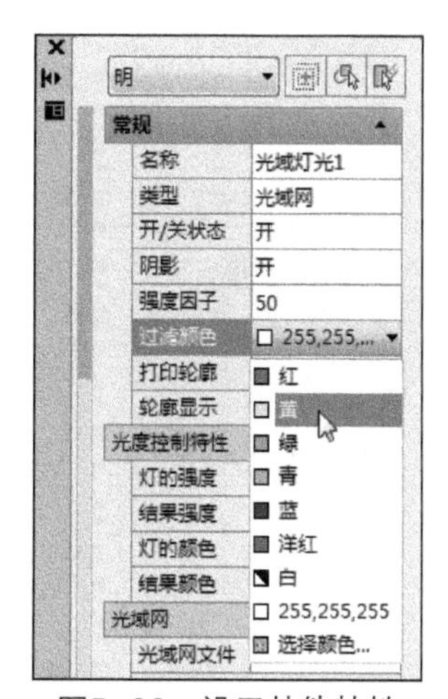


图5-96 设置其他特性

### 2. 阳光状态设置

阳光与天光是 AutoCAD 中自然照明的主要来源。用户若单击“渲染”|“阳光和位置”|“阳光状态”命令，则程序会模拟太阳照射的效果来渲染当前模型。图5-97为“阳光状态”下的照射效果，图5-98为点光源照射效果。

图5-97 “阳光状态”下的照射效果

图5-98 点光源照射效果

在“阳光和位置”功能组中，用户也可根据需要，对阳光照射的位置、时间进行调整。

## 5.6 上机实训

为了更好地掌握前面所介绍的绘图知识，下面将通过具体的案例，以达到让读者熟练应用的目的。

**实训题目：**制作卧室效果图。

01 打开卧室平面布置图文件，如图5-99所示。设置工作空间为“三维建模”，视图为“东南等轴测”，视觉样式为“二维线框”。

02 执行“多段体”命令，设置其宽度为280mm，高度为2800mm，绘制墙体，如图5-100所示。

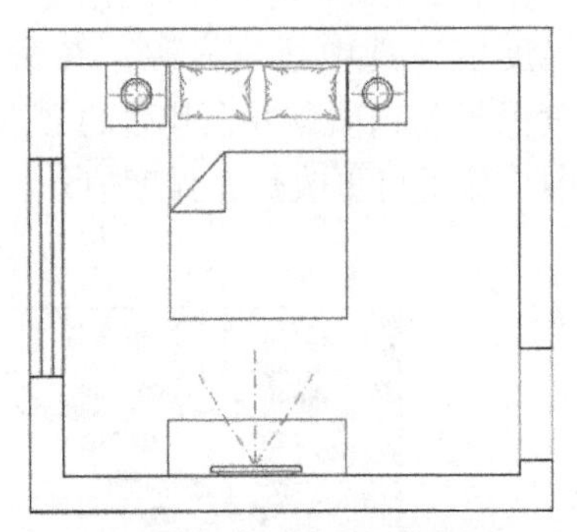

图5-99 卧室平面布置图

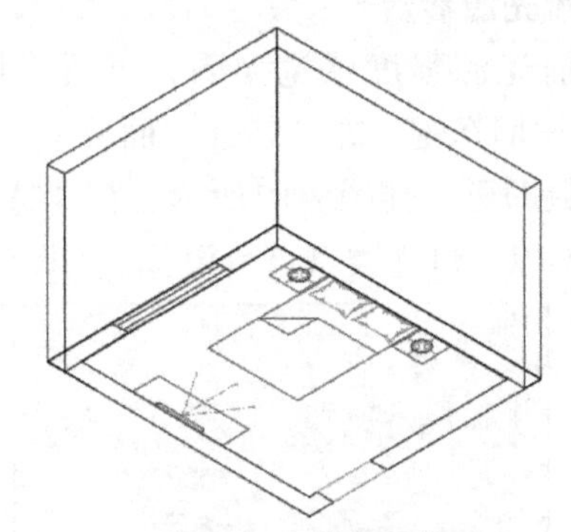

图5-100 绘制墙体

03 执行“矩形”命令，捕捉对角点绘制矩形，高度为280mm，完成地面的绘制，删除多余图块，如图5-101所示。

04 执行“长方体”命令，绘制尺寸为1745mm×1450mm×280mm的矩形，位置如图5-102所示。

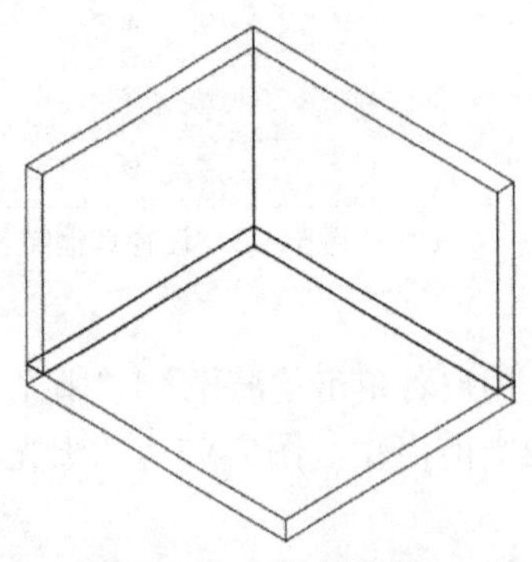

图5-101 绘制地面

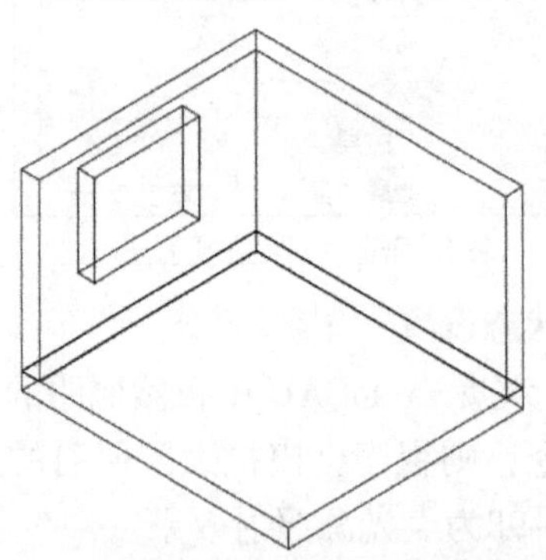

图5-102 窗户位置

05 执行“差集”命令，将窗洞图块从墙体中减去，效果如图5-103所示。

06 将视图切换至“右视”，执行“矩形”、“偏移”命令，绘制矩形。将矩形向内偏移50，如图5-104所示。

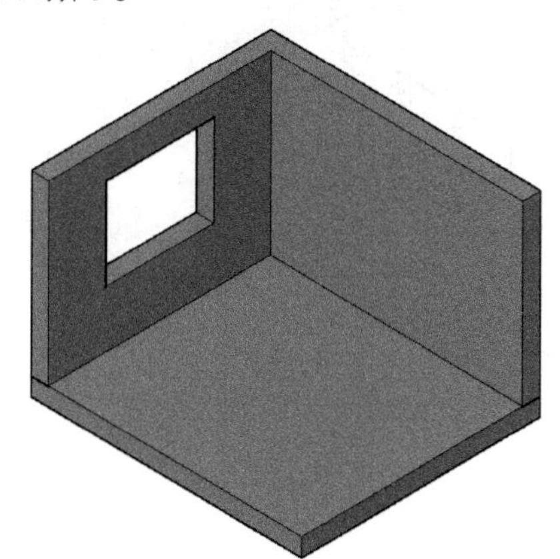

图5-103　差集命令

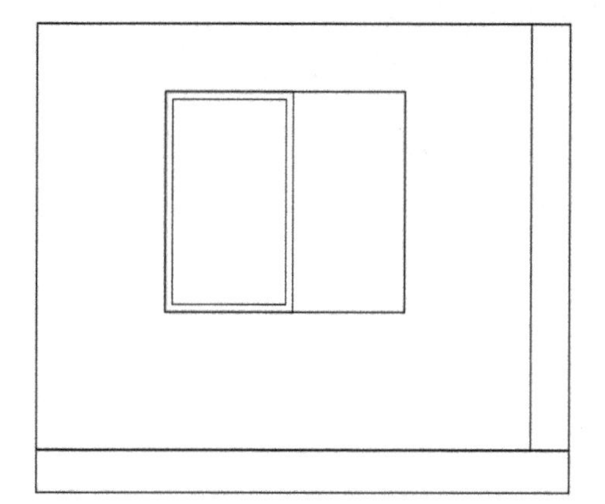

图5-104　绘制偏移矩形

07 切换至“东南等轴测”视图，执行“拉伸”命令，将大矩形向外拉伸60，小矩形拉伸80；执行“差集”命令，将小矩形从大矩形内减去，完成窗框的绘制，如图5-105所示。

08 执行“长方体”命令，在门框内绘制出长方体作为玻璃，执行“移动”命令，将其移动至合适位置，如图5-106所示。

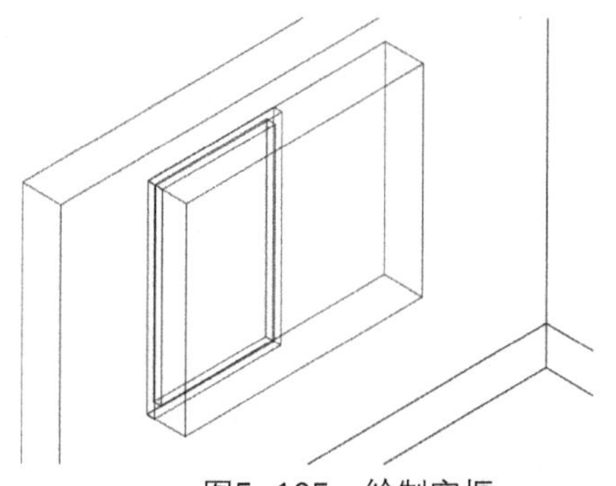

图5-105　绘制窗框

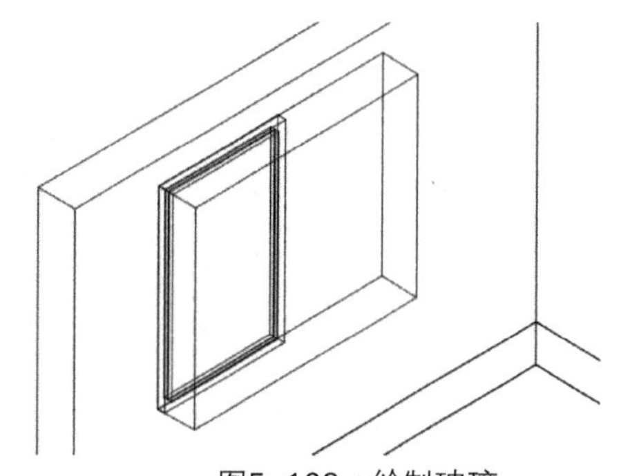

图5-106　绘制玻璃

09 切换至“俯视”图，执行“复制”命令，将窗户框和玻璃整体进行复制，完成窗户的绘制，效果如图5-107所示。

10 切换至“东南等轴测”视图，然后设置视觉样式为“概念”。窗户的绘制效果如图5-108所示。

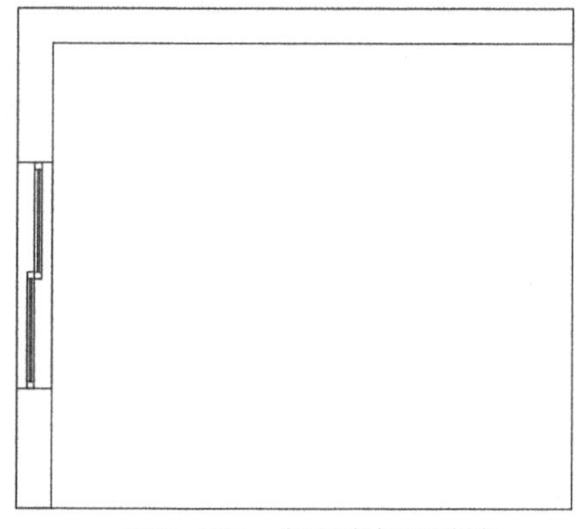

图5-107　复制窗框和玻璃

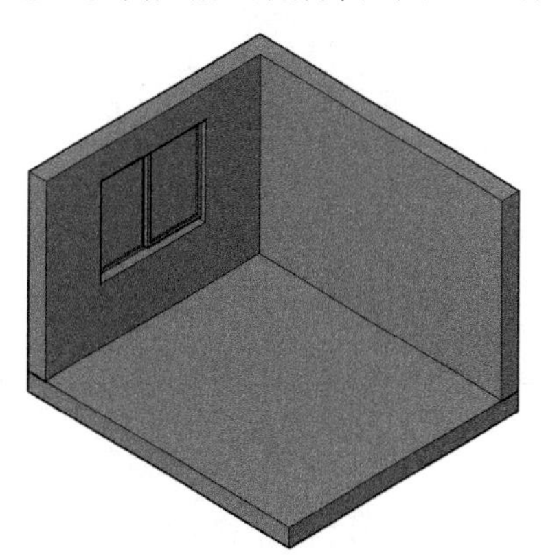

图5-108　窗户效果

⑪ 执行“矩形”命令，绘制床板造型，如图5-109所示。

⑫ 继续执行“矩形”命令，绘制床腿，如图5-110所示。

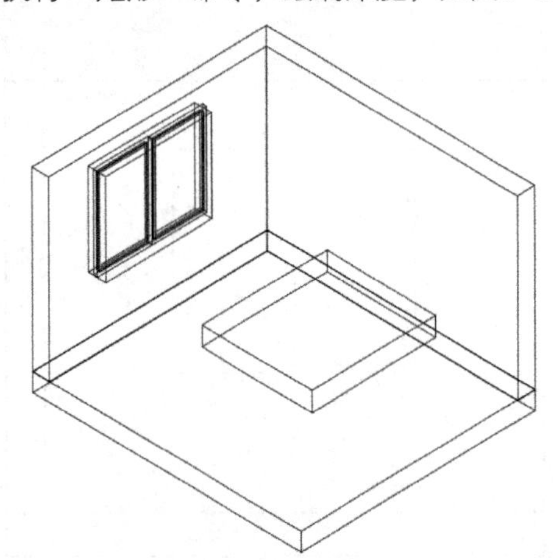

图5-109 绘制床板

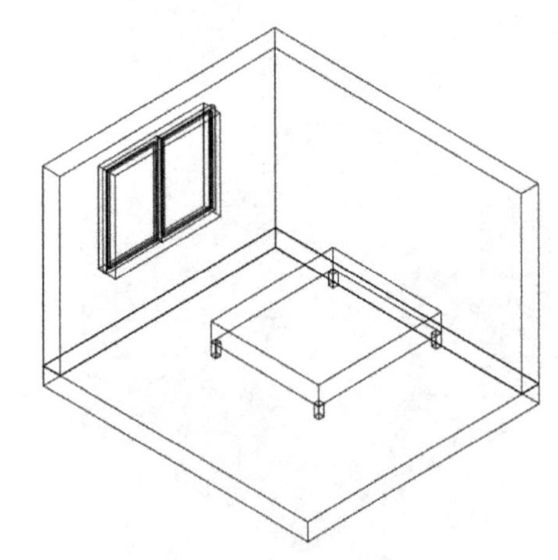

图5-110 绘制床腿

⑬ 执行“并集”命令，将床板与床腿合并，如图5-111所示。

⑭ 执行“长方体”、“圆角”命令，绘制床垫并进行圆角处理，如图5-112所示。

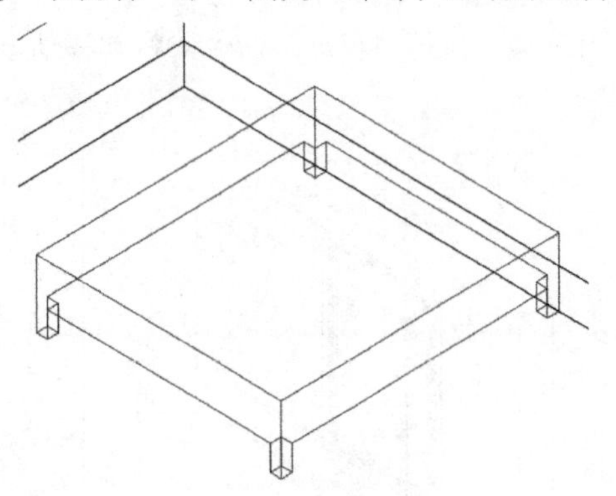

图5-111 并集命令

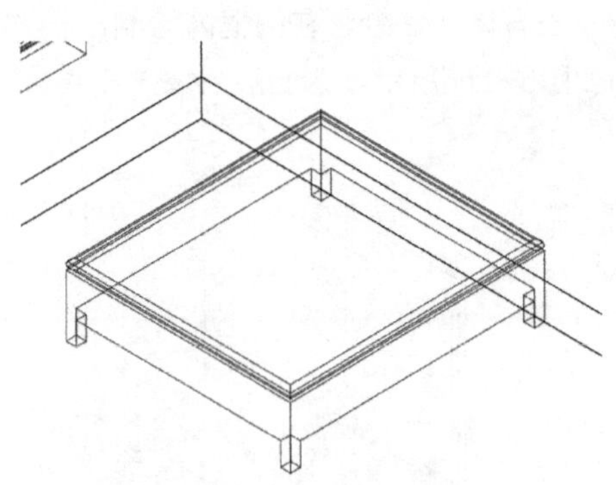

图5-112 绘制床垫

⑮ 将视图改为右视图，执行“多段线”命令，绘制床靠背截面图，如图5-113所示。

⑯ 将视图改为东南等轴测，执行“拉伸”命令，拉伸靠背长度为1800mm，如图5-114所示。

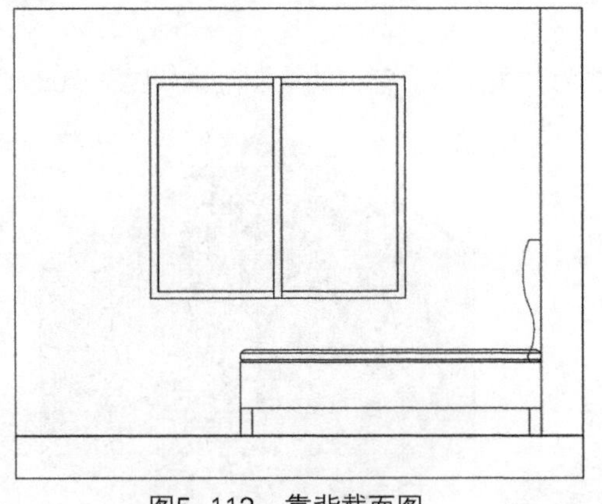

图5-113 靠背截面图

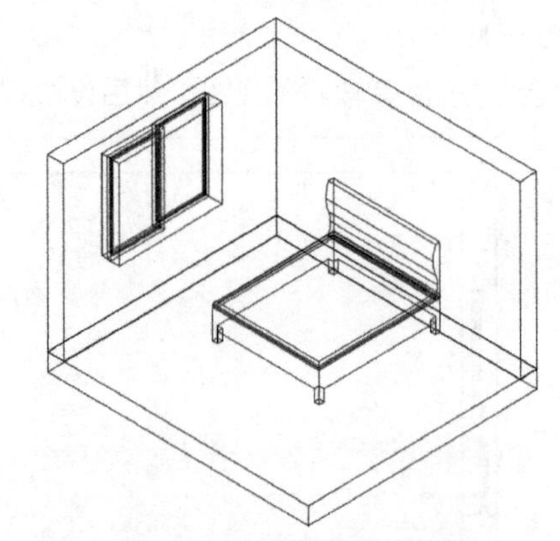

图5-114 拉伸靠背截面图

⑰ 将视图改为前视图，执行“多段线”命令，绘制被褥截面，如图5-115所示。

⑱ 将视图改为东南等轴测，执行“拉伸”命令，拉伸被褥，如图5-116所示。

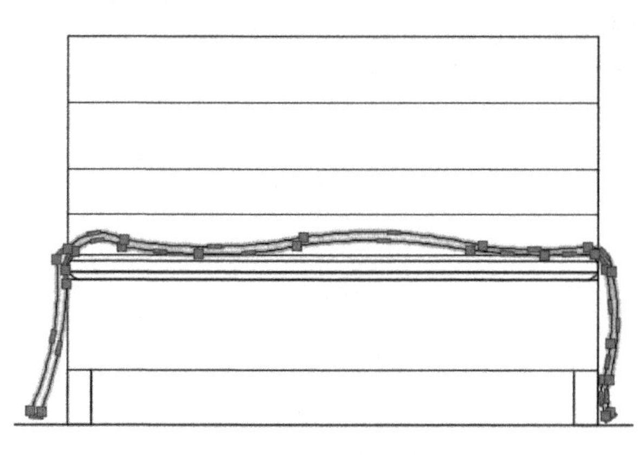
图5-115 被褥截面图

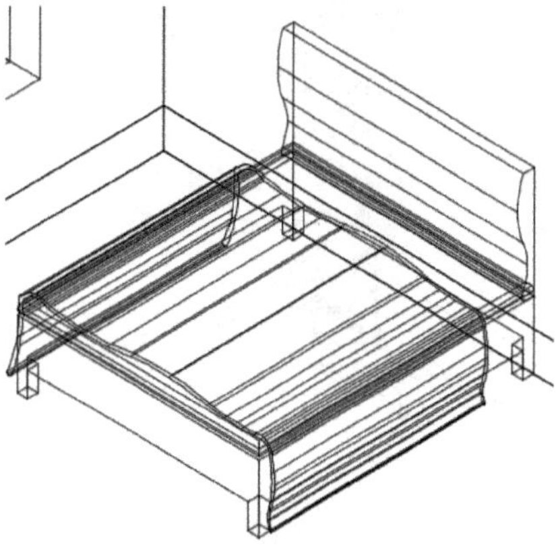

图5-116 拉伸被褥

⑲ 用同样的操作方法绘制枕头模型，并进行复制，如图5-117所示。

⑳ 执行“长方体”命令，绘制床头柜，如图5-118所示。

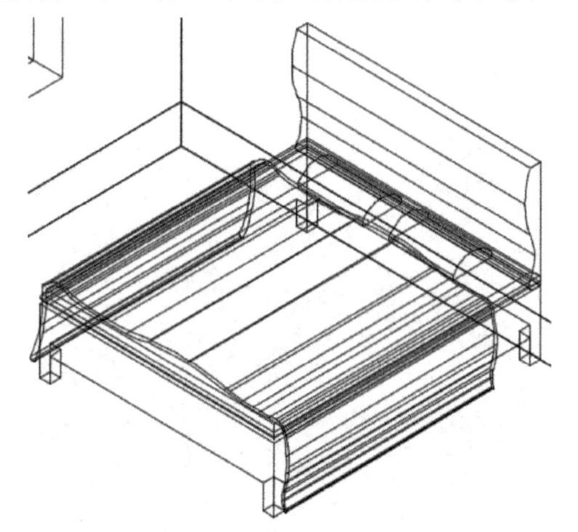
图5-117 绘制枕头模型

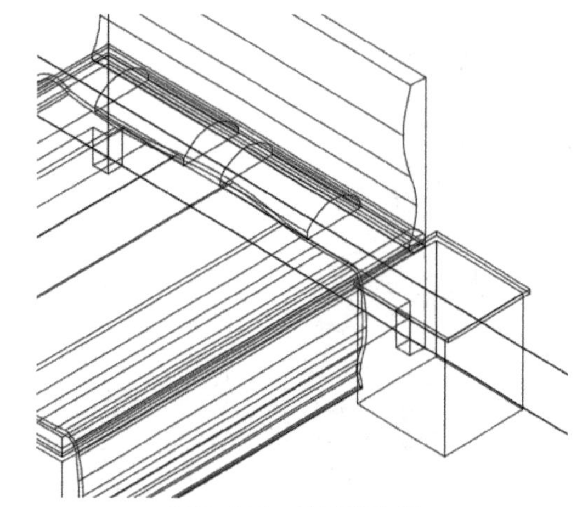
图5-118 绘制床头柜

㉑ 继续执行“长方体”命令，绘制抽屉面板，再复制出另一个，如图5-119所示。

㉒ 执行“圆角”命令，对床头柜进行圆角处理，如图5-120所示。

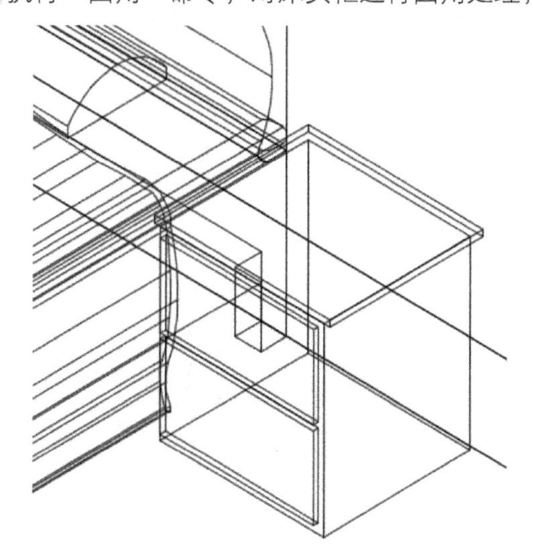
图5-119 绘制抽屉面板

图5-120 圆角床头柜

㉓ 执行“复制”命令，将床头柜进行复制，如图5-121所示。

㉔ 执行“长方体”命令，在床头位置绘制长方体做装饰墙，如图5-122所示。

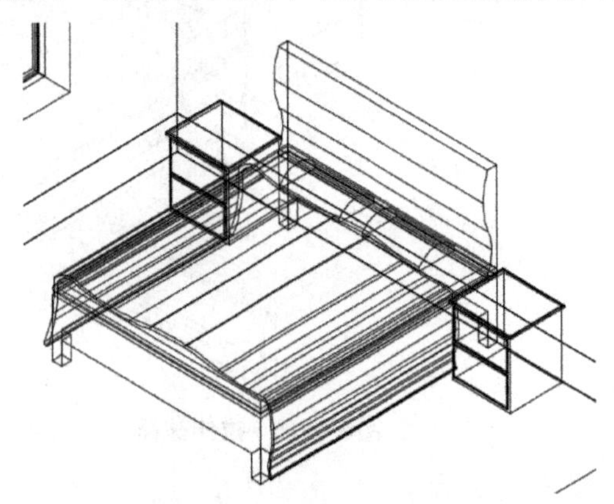

图5-121 复制床头柜

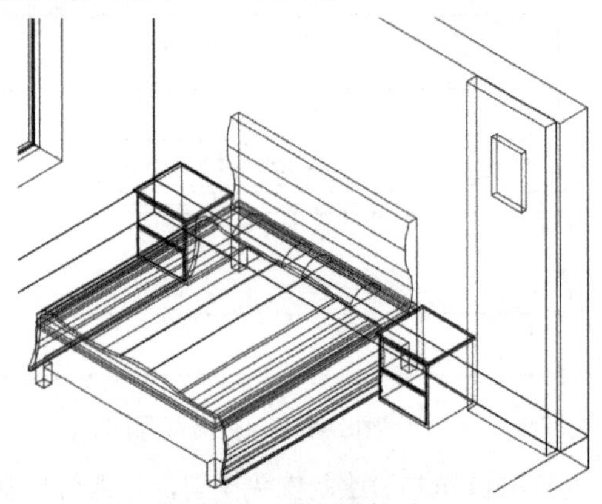

图5-122 绘制装饰墙

㉕ 执行“复制”命令，复制小的长方体，如图5-123所示。

㉖ 执行“差集”命令，将小长方体从大长方体中减去，如图5-124所示。

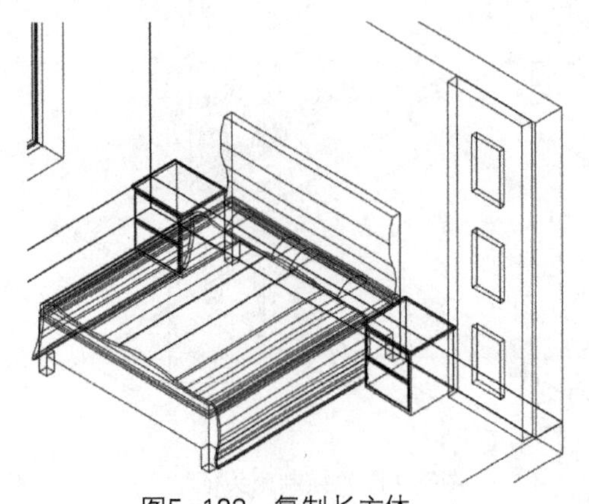

图5-123 复制长方体

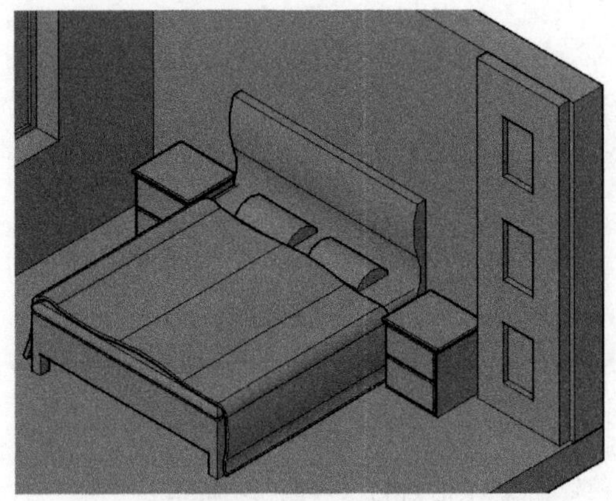

图5-124 差集命令

㉗ 将视图设为前视，执行“矩形”命令，绘制装饰隔板，位置如图5-125所示。

㉘ 将视图设为东南等轴测，执行“拉伸”命令，拉伸距离为200mm，如图5-126所示。

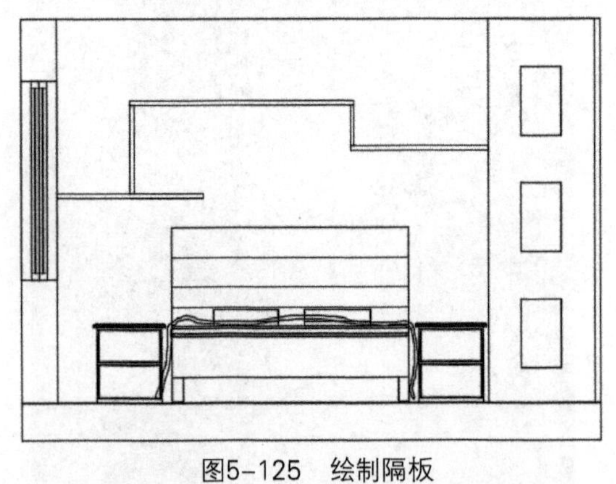

图5-125 绘制隔板

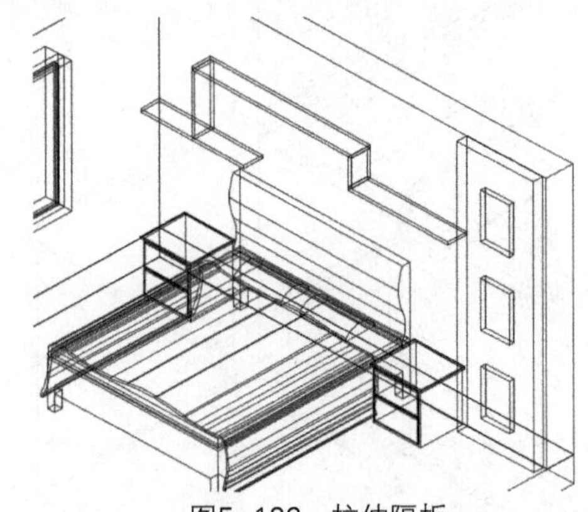

图5-126 拉伸隔板

㉙ 执行“长方体”命令，绘制装饰画模型，位置如图5-127所示。

㉚ 执行“长方体”、“球体”命令，绘制装饰画和装饰品，如图5-128所示。

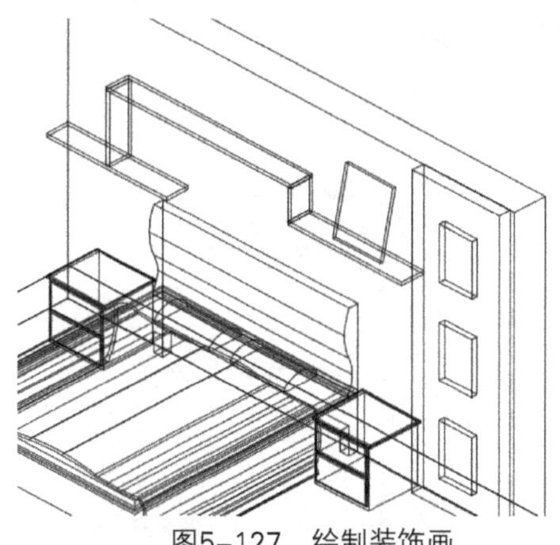

图5-127　绘制装饰画

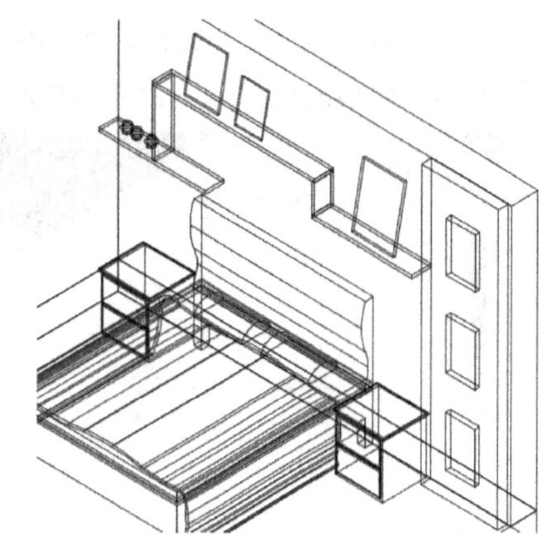

图5-128　绘制装饰画和装饰品

㉛ 执行“多段线”命令，绘制窗帘截面，拉伸并复制，如图5-129所示。

㉜ 将视觉样式改为模型样式，查看绘制结果，如图5-130所示。

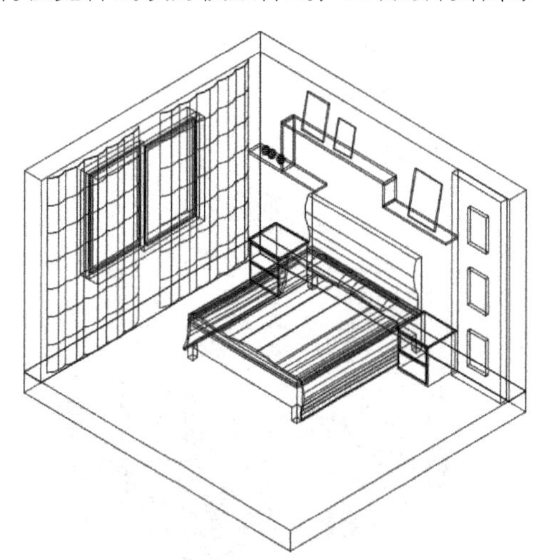

图5-129　绘制窗帘

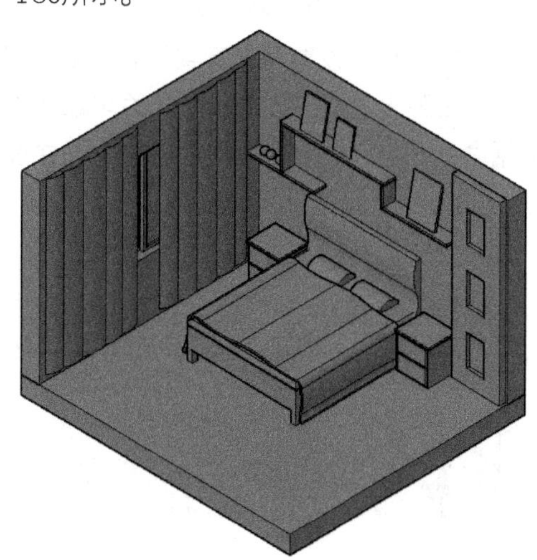

图5-130　查看绘制结果

㉝ 执行“材质浏览器”命令，查看“地板”材质选项，如图5-131所示。

㉞ 选择合适的材质，并将其拖曳至模型处，按照同样的方法赋予其他模型材质，如图5-132所示。

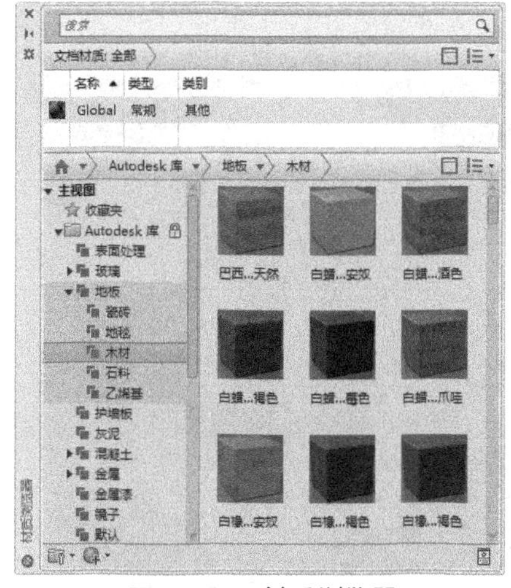


图5-131　材质浏览器

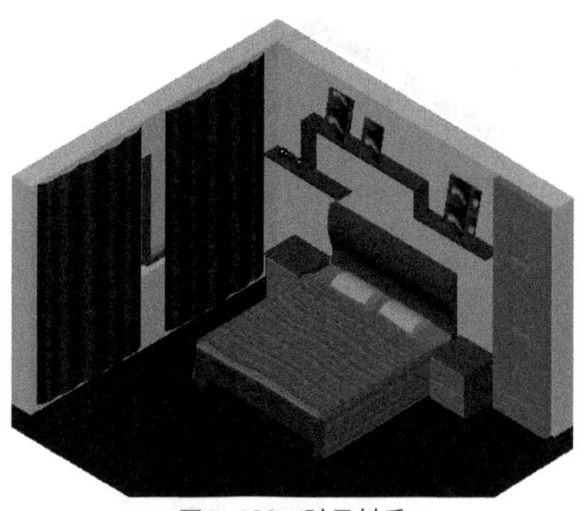

图5-132　赋予材质

35 执行“渲染面域”命令，对图形进行局部渲染，如图5-133所示。

36 继续为未添加材质的模型赋予合适的材质，结果如图5-134所示。

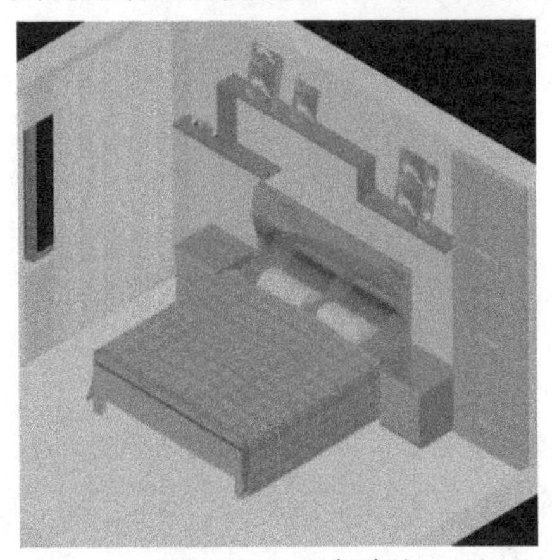

图5-133　局部渲染

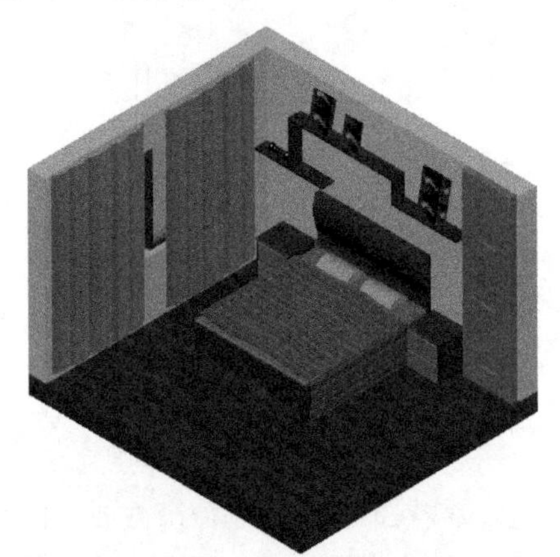

图5-134　继续添加材质

37 将当前视觉样式设置为“真实”，然后在“渲染”选项卡的“光源”面板中单击“局域网灯光”按钮，在弹出的对话框中单击“关闭默认光源”按钮，如图5-135所示。

37 根据命令提示，指定局域网灯光的位置并设置强度因子，如图5-136所示。

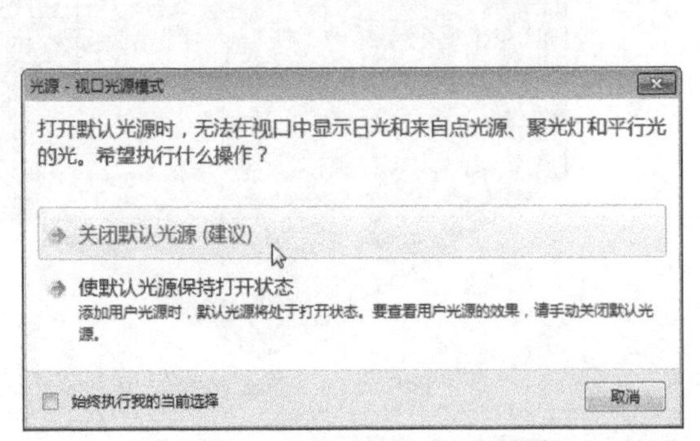


图5-135　单击“默认光源”按钮

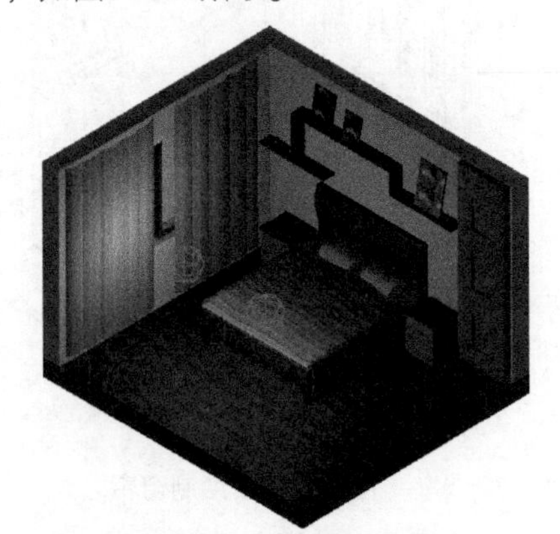

图5-136　局域网灯光光源

39 再创建“点光源”灯光，对点光源进行复制，效果如图5-137所示。

40 执行“渲染”命令进行渲染，查看图形的渲染效果，如图5-138所示。

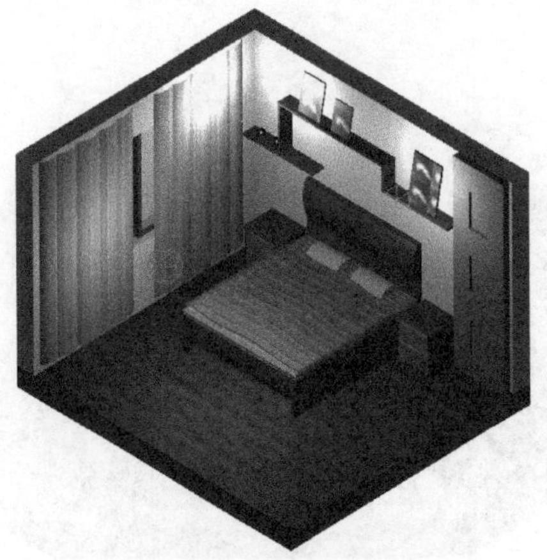

图5-137　复制点光源

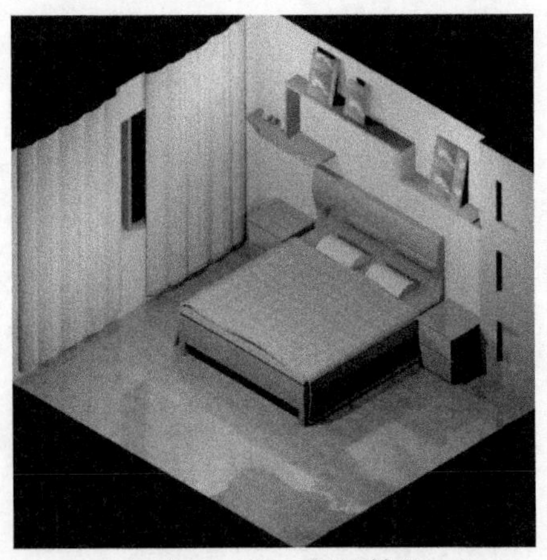

图5-138　最终效果

## 5.7 常见疑难解答

在三维和二维图形的切换过程中，用户会遇到很多问题。下面列举了一些常见的疑难问题及解决办法，以帮助读者自行解决这些问题。

**Q：为什么视图坐标会发生变化，如何恢复坐标？**

A：坐标与视图有着一定的联系，它会随视图的更改而变化。例如当东南等轴测图切换到右视图后，再回到东南等轴测图，则三维视图的坐标就发生了更改。当遇到这种情况，只需要在命令行输入“UCS”，按两次回车键即可恢复成原始坐标。

**Q：如何创建正方体？**

A：执行“绘图”|“建模”|“长方体”命令，在绘图区指定中心点后，根据提示输入“C”，按回车键输入正方命令即可。

**Q：在进行三维模型的编辑时，总是切换视图非常麻烦，怎样解决这一问题？**

A：用户可更改视口数目，并更改每个视口的视觉样式和视图。在“可视化”选项卡“模型视口”面板中单击“视口配置”下拉菜单按钮，在弹出的下拉列表框中选择相应的选项，如图5-139所示。设置完成后绘图区将更改为3个视图，如图5-140所示。

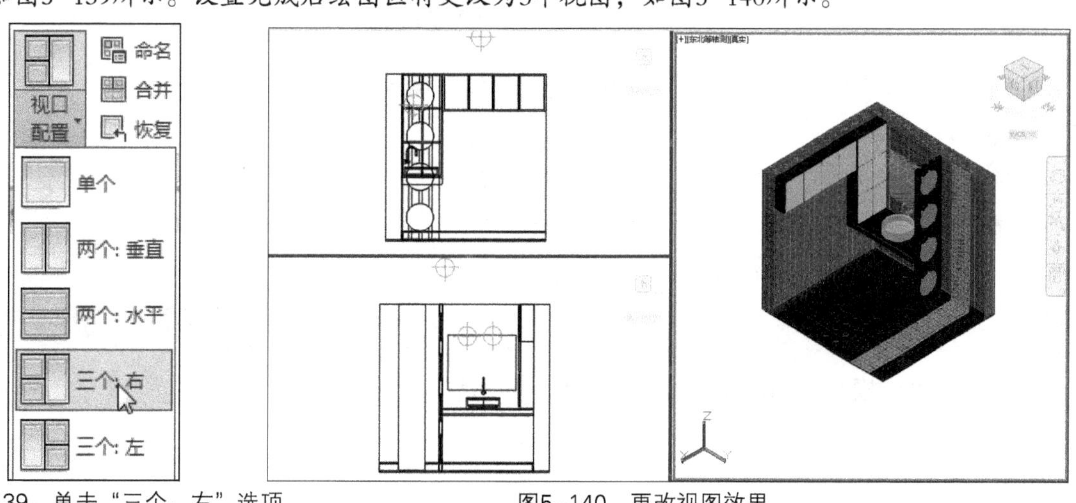


图5-139　单击“三个：右”选项　　　图5-140　更改视图效果

**Q：CAD中想恢复被删除的对象又不想撤消刚做的操作怎么办？**

A：CAD针对刚被删除对象提供了一个专门的恢复命令，即OOPS。在下述情况可以使用该命令：（1）恢复最近一次删除的图形。当删除了某个图形后绘制了其他图形或进行了其他操作。（2）定义图块后恢复用于定义块的图形。在使用BLOCK（B）或WBLOCK（W）命令定义图块时，如果选择了“转换为块”或“删除”选项，用于定义块的图形相当于已被删除了。

**Q：如何将图形中的部分模型暂时隐藏和隔离？**

A：当图面复杂时，为了能够集中精力于某一范围，或是不想误改已绘制完毕的区域，通常要利用图层功能将不想关注或不想被误操作的区域隐藏。但是图层操作并不总是能满足需要，如果用户只需观察某一图形，不考虑其他图形时，可以选择图形后，执行“工具”|“隔离”|“隔离对象”命令将指定图形隔离出来，此时其他图形也被隐藏了。

## 5.8 拓展应用练习

**下面以创建梳妆台模型和创建双人床组合模型为例，来巩固本章所学知识。**

### ◎ 创建梳妆台模型

执行三维建模命令创建一个欧式梳妆台模型，并赋予材质，如图5-141所示。

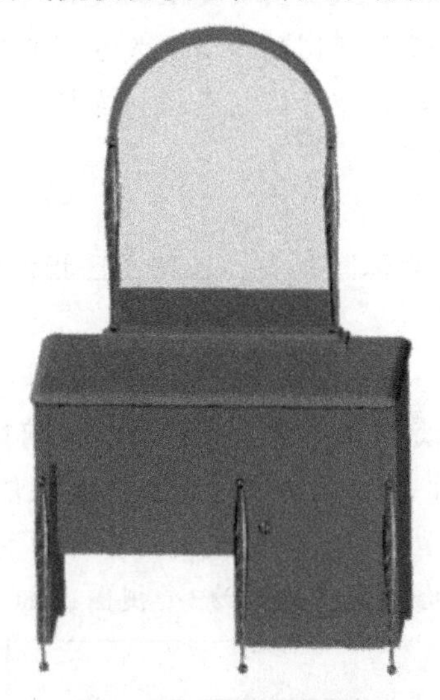

图5-141　梳妆台模型

**操作提示**

01 利用长方体、球体等命令绘制梳妆台模型轮廓，然后进行倒圆角操作。

02 绘制直线、圆弧和样条曲线，将之拉伸和旋转，创建镜子和装饰金属模型。

03 创建材质并将其赋予相应的模型。

### ◎ 创建双人床组合模型

执行三维建模命令创建双人床组合，效果如图5-142所示。

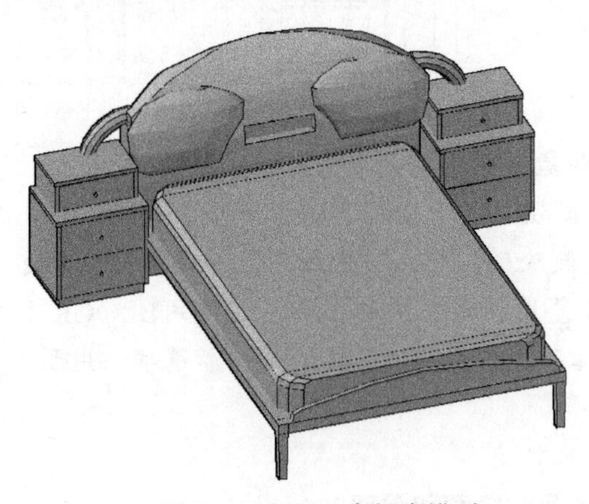

图5-142　双人床组合模型

**操作提示**

01 利用长方体命令创建床板和床头柜轮廓，并将床板边缘进行倒圆角操作。

02 利用镜像命令将床头柜镜像到双人床的另一侧。

03 利用直线命令绘制其他模型轮廓，再将其进行扫掠、拉伸等操作，完成模型创建。

# 第6章 小户型施工图的绘制

本章概述 小户型是一个比较模糊的概念，各个城市制定的面积标准也是不一致的。这里介绍的小户型是相对于大户型而言的。在布置上，一方面要注意功能完备，另一方面要注意最大限度地提高空间利用率，充分表现视觉空间的宽阔。本章不仅对小户型空间的设计原则、要点等理论知识进行了介绍，同时还对其平面图、立面图的绘制方法进行了介绍。

知识要点
- 小户型住宅设计的技巧；
- 户型图的绘制方法；
- 室内平面图的绘制方法；
- 室内立面图的绘制方法。

## 6.1 设计概述

相对于大户型来讲，小户型空间的设计一定要合理紧凑，在不影响居住的前提下，还应具备会客、洗浴、做饭等功能。现阶段，小户型是年轻人居住的首选。本节将对小户型的设计理念进行阐述。

### 6.1.1 图纸设计原则

对于年轻的家庭以及单身一族来说，房子的大小并不重要，而重在营造出温馨的气氛，构建一个属于自己的生活空间，因此，很多年轻人会选择小户型作为过渡。小户型在设计及装修上是有一些原则要遵守的。

（1）小户型的整体效果很重要

小户型空间有限，若打造众多的亮点，就会使家显得更加小气，缺乏整体感。正确的做法是，在色彩的运用上最好使用明快的色彩，或是素色的，偏重或是过于跳跃的色彩会使空间更小；吊顶要少做、简单做或不做，单纯做一些简单的石膏线就可以了，如图6–1所示。

（2）小户型的软式装饰不可少

无论是年轻的家庭或是单身一族，家的各种功能还是要具备的，比如，看电视、阅读、吃饭等都要有各自的空间。有空间不代表“分割”空间，小户型要尽量不使用硬隔断，而要通过一些软性装饰来区分空间。比如，用一道珠帘来分清客厅和餐厅，或是打造一个小小的阳台阅读区，利用一面大大的书柜来区分卧室和客厅。在装修风格上要简约、现代，尽量减少装修的工程量，而更多地采用配饰来装饰。

（3）小户型的空间利用率要提高

温暖的家，舒适的家，小户型使家庭成员更加亲密，但是，空间的安排要学会加加减减，效果才会更出色。整体装修宜简洁，以打造整体感，但对于灯饰则应多花点心思。利用灯饰来营造居室的效果，可形成不同的视觉空间。比如，射灯、落地灯、壁灯、台灯等，都可以很好地营造出不同的气氛。

如果很少做饭，那么厨房的设施就可以简单些。开放式厨房，可利用小吧台来做早餐区或是阅读区，也可做为二人世界其中一个人的工作台，如图6-2所示。

图6-1　卧室效果

图6-2　厨房效果

### 6.1.2　案例设计欣赏

室内装饰设计风格是以不同的文化背景及不同的地域特色为依据，通过各种设计元素来营造特有的装饰风格。时下要求进行家装的人群越来越广，人们对美的追求也远远不再局限于原始的几个模式，更多的装修风格开始融入到家居装饰中。

（1）现代简约风格

该风格由曲线或非对称线条构成，有的线条柔美雅致，有的遒劲而富于节奏感。整个立体形式都与有条不紊的、有节奏感的曲线融为一体，是最具创造性也是当前最为流行的设计风格之一，如图6-3和图6-4所示。

图6-3　简约风格

图6-4　优雅造型

（2）地中海风格

清新淡雅的特点是很多年轻人共同的追求；更多开放式自由空间是当前拥挤的房间最佳选择；拱门与半拱门、马蹄状的门窗、白墙、色彩明度低、线条简单且修边圆润的木质家具等是当前很多装修公司主打风格之一，如图6-5~图6-7所示。

（3）时尚混搭风格

该风格的设计就像一匹黑马在近年来流行于世界各地，它结合了现代实用主义的优点，又融入了传统题材，是一种富有创造性的设计风格，越来越受到人们的喜爱，如图6-8至图6-10所示。

图6-5 地中海式走廊

图6-6 地中海式餐厅

图6-7 地中海式客厅

图6-8 混搭风格

图6-9 混搭风格

图6-10 混搭风格

（4）美式乡村风格

美式乡村风格，恬淡质朴而浪漫，是美国西部乡村生活方式演变到今日的一种形式，它在古典中带有一点随意，摒弃了过多的繁琐与奢华，简洁明快，温暖舒适。美式乡村风格非常重视生活环境的自然舒适，充分展现出乡村的朴实风味，如图6-11至图6-13所示。

图6-11 美式乡村风格

图6-12 美式乡村风格

图6-13 美式乡村风格

除了以上介绍的设计风格外，还有中式古典风格、后现代风格、巴洛克风格、日式风格、田园风格、北欧风格等，如图6-14至图6-16所示。

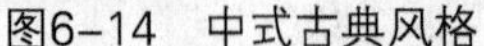

图6-14　中式古典风格

图6-15　日式风格

图6-16　北欧风格

## 6.2 平面图的设计

室内平面图是施工图纸中必不可少的一项内容。它能够反映出在当前户型中各空间布局以及家具摆放是否合理，同时，还能让用户从中了解到各空间的功能和用途。

### 6.2.1 绘制原始户型图

在室内设计中，平面图包括原始户型图、平面布置图、地面布置图、顶面布置图等。在进入制图程序时，首先要绘制的是原始户型图，下面将为用户介绍原始户型图的绘制步骤。启动AutoCAD 2015软件，新建文件并将文件保存为名为“SOHO设计方案”的图形文件。

01 执行“图层特性”命令，单击“新建图层”按钮，新建“轴线”图层，设置颜色为红色，如图6-17所示。

02 继续单击“新建图层”按钮，依次创建出“墙体”、“门窗”、“标注”等图层，并设置图层参数，如图6-18所示。

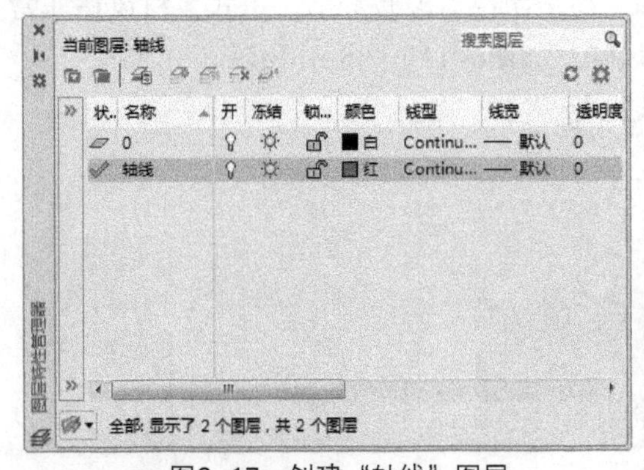


图6-17　创建“轴线”图层

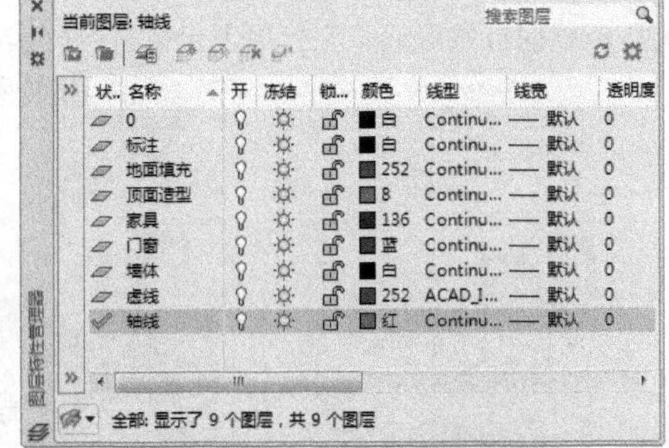


图6-18　创建其余图层

03 将“轴线”层置为当前层，执行“直线”、“偏移”命令，根据实际尺寸，绘制出墙体轴线，如图6-19所示。

04 将“墙体”图层设置为当前层，执行“多段线”命令，沿轴线绘制出墙体轮廓，如图6-20所示。

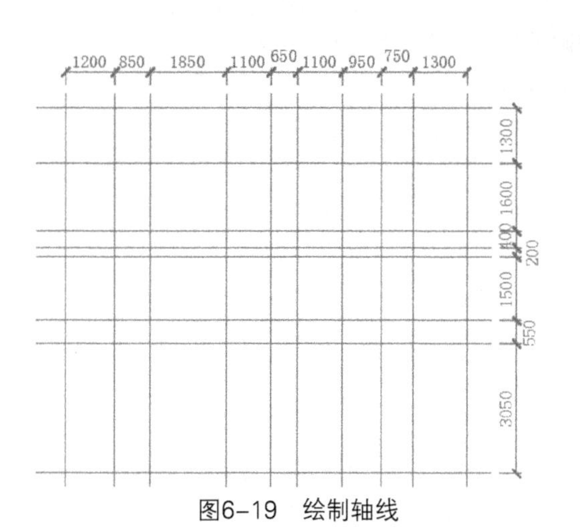


图6-19　绘制轴线

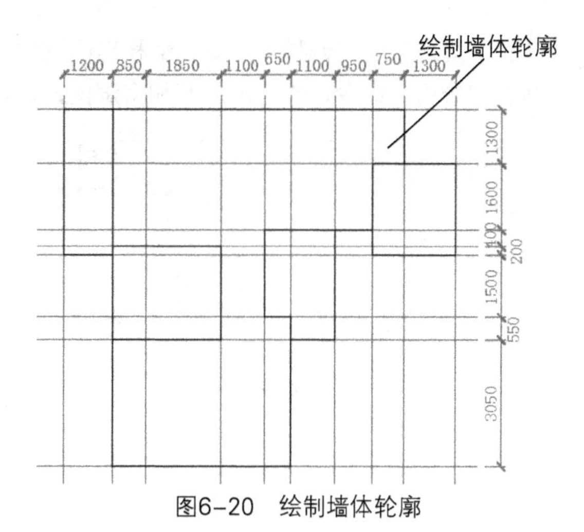


图6-20　绘制墙体轮廓

05 关闭“轴线”图层，然后执行“偏移”命令，将多段线分别向两侧偏移120，删除中间的线段，如图6-21所示。

06 执行“修剪”、“延伸”、“删除”命令，修剪删除掉多余的线段，结果如图6-22所示。

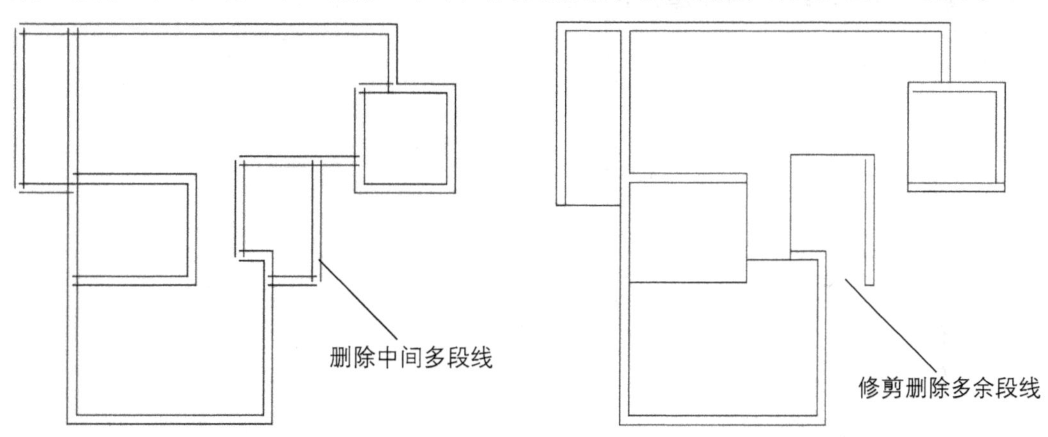


图6-21　偏移多段线　　　　图6-22　修剪墙体

07 绘制内墙执行“偏移”命令，偏移120mm的墙体；执行“修剪”命令，修剪掉多余线段，如图6-23所示。

08 执行“直线”、“偏移”命令，绘制出其他墙体，尺寸如图6-24所示。

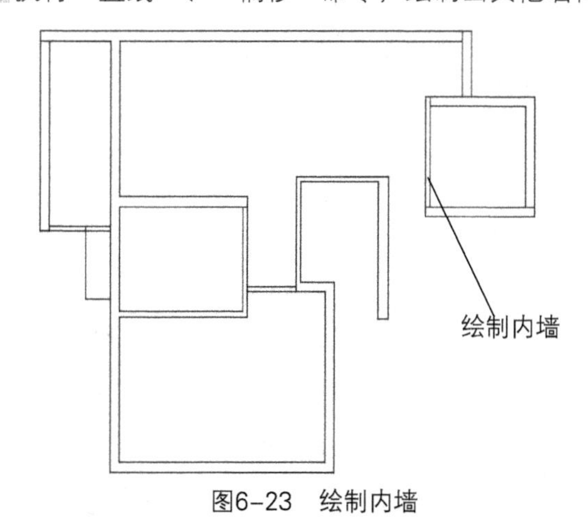


图6-23　绘制内墙

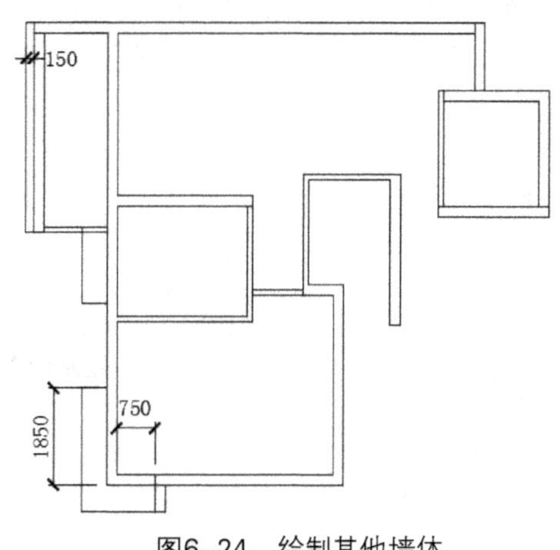


图6-24　绘制其他墙体

09 执行“直线”、“偏移”命令，偏移出门洞和窗洞的位置，尺寸如图6-25所示。

10 执行“修剪”命令，修剪出门洞和窗洞位置，如图6-26所示。

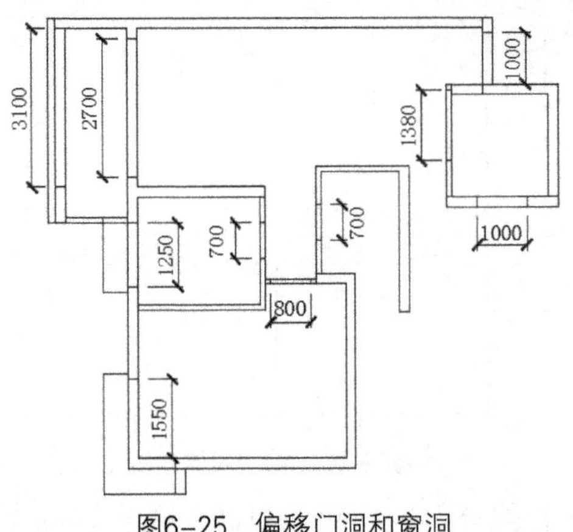

图6-25　偏移门洞和窗洞

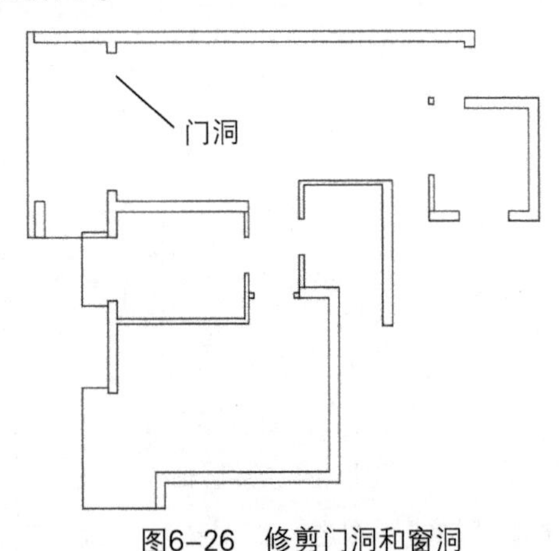

图6-26　修剪门洞和窗洞

11 将“门窗”图层设置为当前图层，执行“直线”命令，在窗洞位置绘制直线，如图6-27所示。

12 执行“偏移”命令，偏移绘制的直线，偏移距离为80，窗户的绘制结果如图6-28所示。

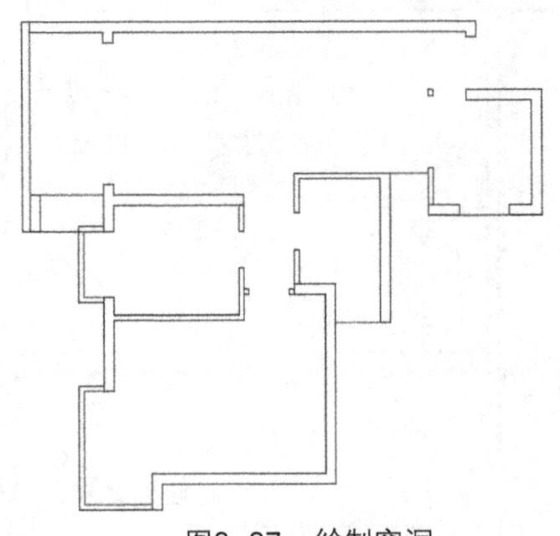
图6-27　绘制窗洞

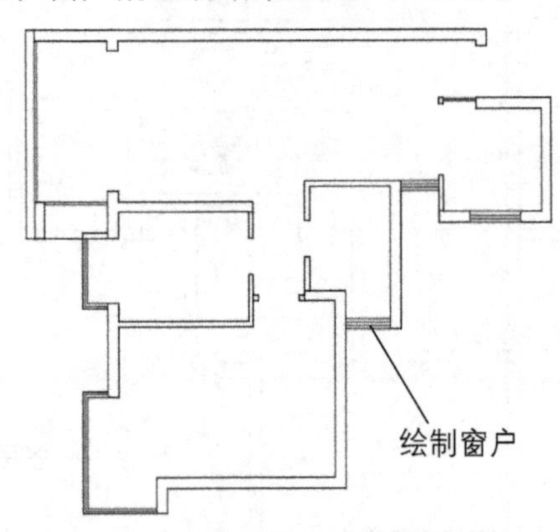

图6-28　绘制窗户

13 执行“矩形”、“圆”、“复制”、“旋转”等命令，绘制出门图形并将其放置在合适位置，如图6-29所示。

14 将“墙体”图层设置为当前层，执行“圆”、“矩形”等命令，在合适位置绘制墙柱、下水管及排烟管图形，如图6-30所示。

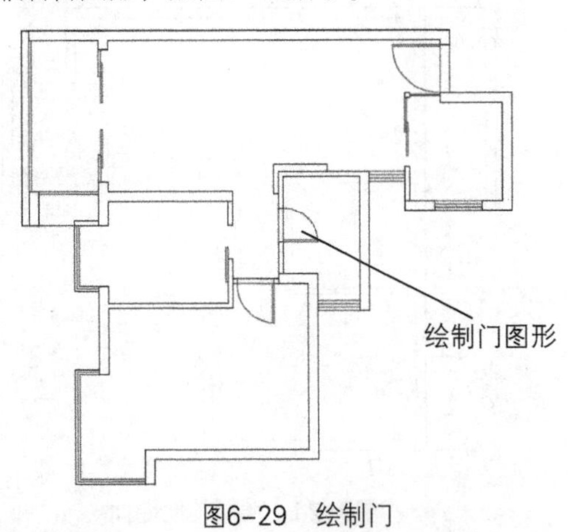

图6-29　绘制门

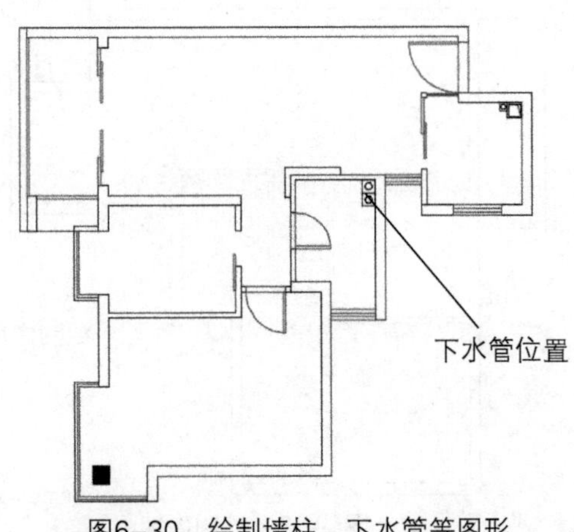

图6-30　绘制墙柱、下水管等图形

15 执行“标注样式”命令，新建“平面标注”样式，设置其样式参数，并将其设置为当前标注样式，如图6-31所示。

16 将“标注”图层置为当前层，执行“线性”、“连续”标注命令，为平面布置图添加尺寸标注，如图6-32所示。至此SOHO户型图绘制完毕。

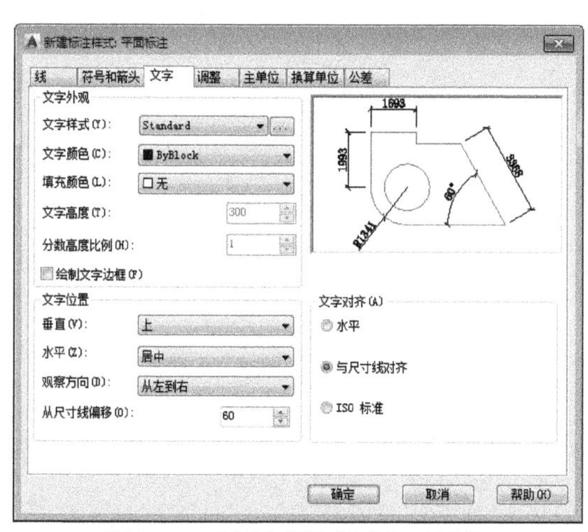


图6-31 “新建标注样式”对话框

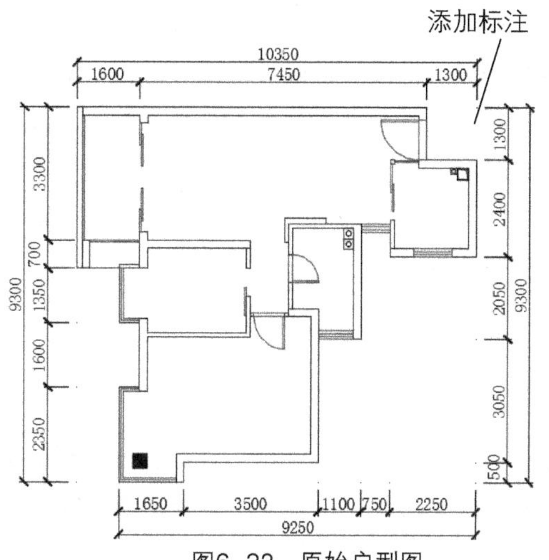


图6-32 原始户型图

## 6.2.2 绘制平面布置图

对室内平面图进行布置时，需注意家具之间的距离以及家具摆放是否合理。绘制时，可在原始结构上执行操作，绘制、插入家具图块，并放置于图纸合适位置。本例绘制过程如下。

01 打开“SOHO设计方案”文件，复制原始结构图，删除标注，如图6-33所示。

02 将“家具”图层设置为当前层，执行“矩形”命令，绘制1000mm×200mm的矩形，位置如图6-34所示。

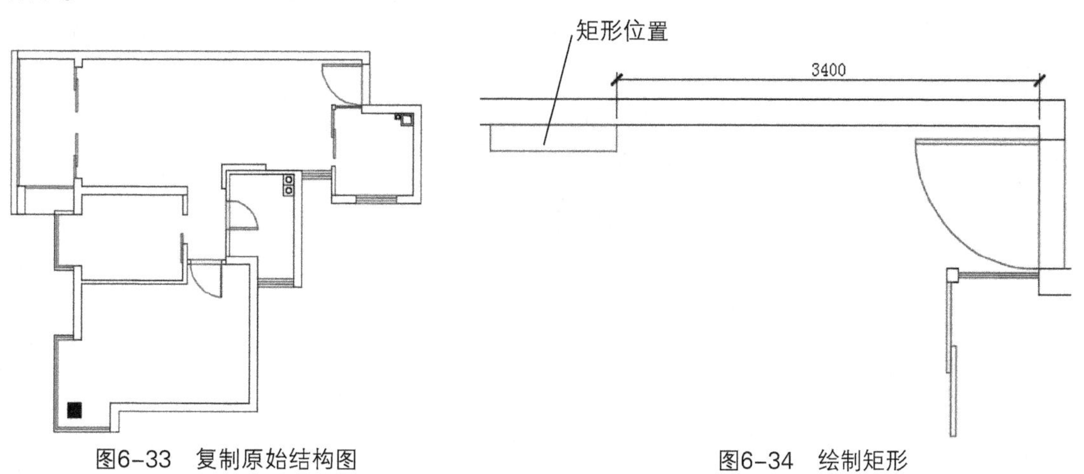


图6-33 复制原始结构图

图6-34 绘制矩形

03 依次执行“分解”、“偏移”命令，将矩形左边线段向右依次偏移250mm、500mm，绘制柜子，如图6-35所示。

04 执行“直线”命令，捕捉线段端点绘制两条相交的线段。选择线段，将其置于虚线层，结果如图6-36所示。

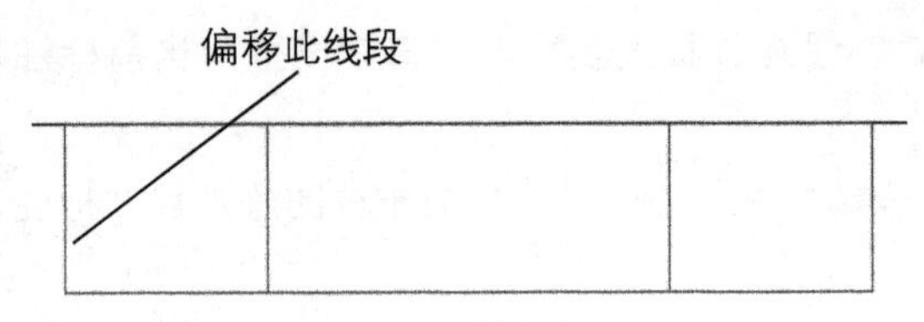


图6-35　绘制柜子

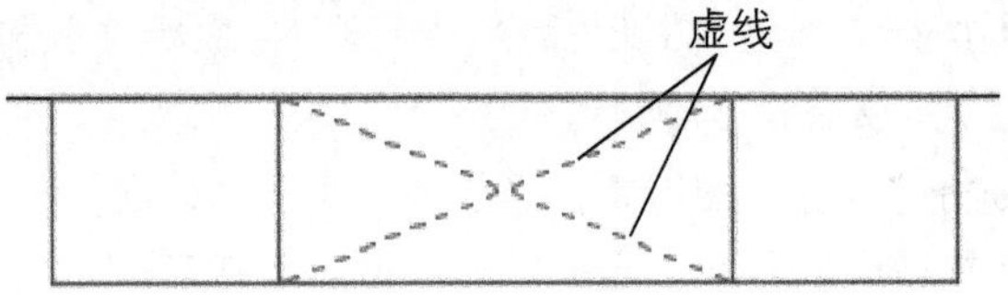

图6-36　示意高柜

05 执行“直线”、“偏移”、“修剪”命令，绘制客厅背景墙，尺寸如图6-37所示。

06 执行“插入”命令，插入电视机图块，如图6-38所示。

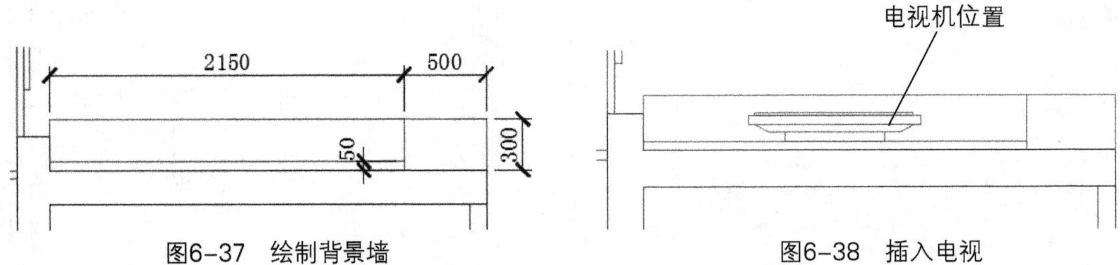


图6-37　绘制背景墙

图6-38　插入电视

07 继续执行“插入”命令，插入组合沙发图块，如图6-39所示。

08 执行“直线”、“偏移”命令，绘制餐厅背景墙，如图6-40所示。

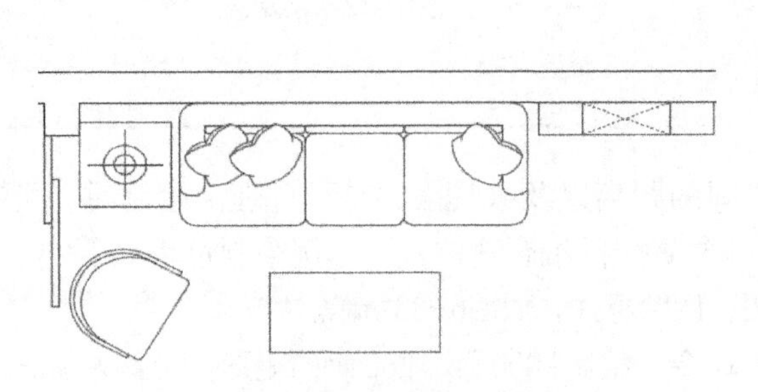

图6-39　插入组合沙发

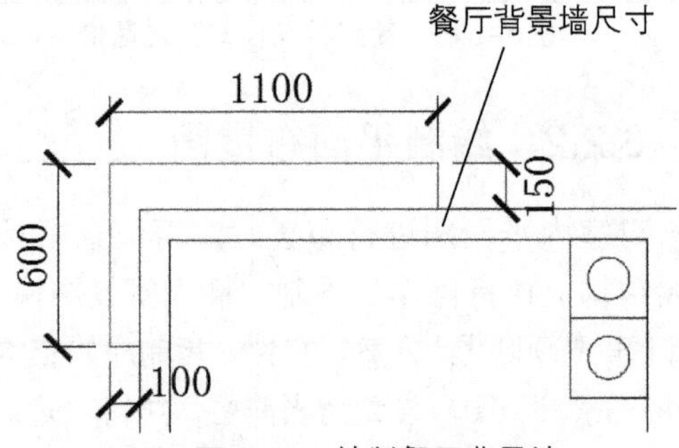


图6-40　绘制餐厅背景墙

09 执行“插入”命令，插入餐桌椅图块，然后执行“分解”、“修剪”命令，修剪掉被遮挡部分，如图6-41所示。

10 执行 “直线”、“偏移”命令，绘制卧室衣柜及台面，尺寸如图6-42所示。

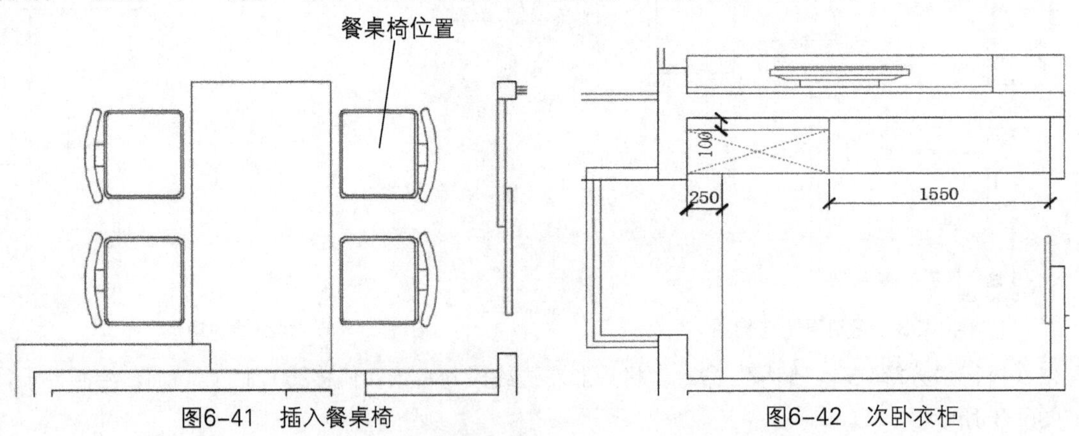


图6-41　插入餐桌椅

图6-42　次卧衣柜

11 执行“插入”命令，插入衣架、座椅及单人床的图形文件，如图6-43所示。

12 执行“直线”、“偏移”命令，绘制主卧衣柜及台面，如图6-44所示。

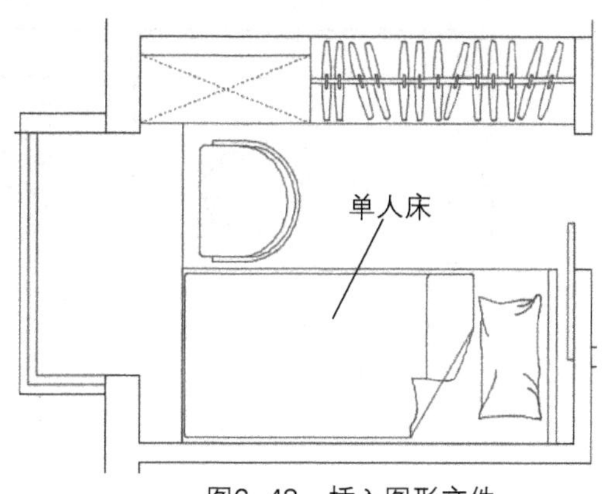


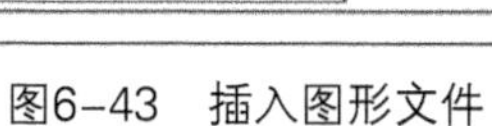
图6-43 插入图形文件

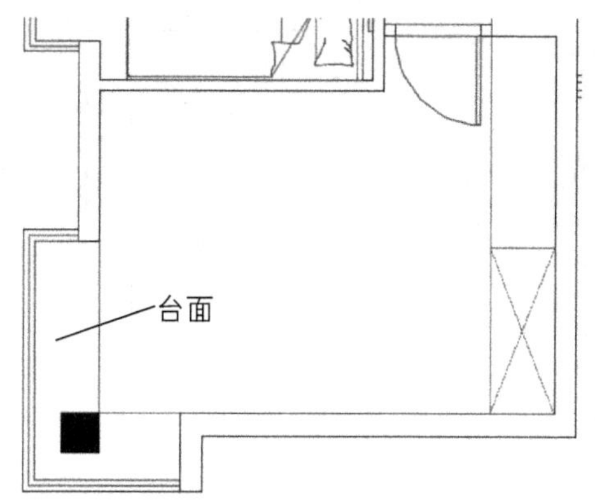


图6-44 绘制主卧衣柜

13 再执行“插入”命令，插入衣架、座椅及双人床的图形文件，如图6-45所示。

14 执行“直线”、“圆弧”等命令，绘制卫生间台面及置物柜，如图6-46所示。

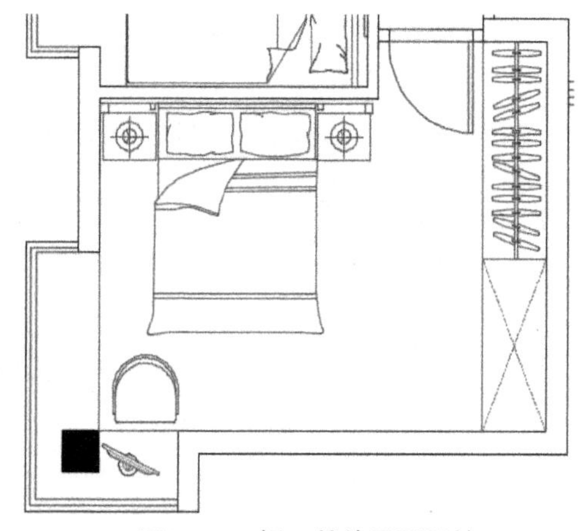

图6-45 插入其他图形图块

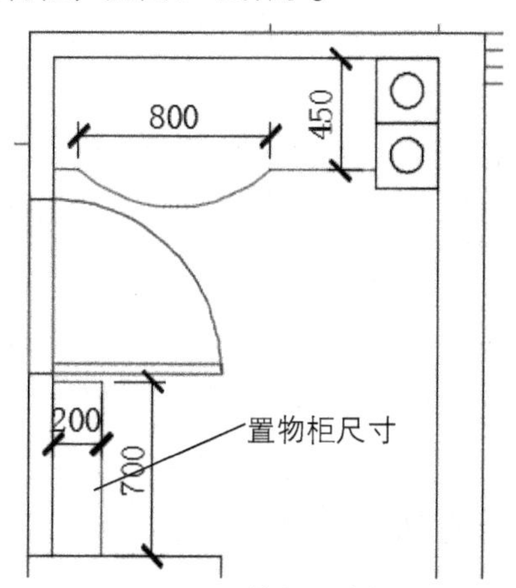


图6-46 绘制卫生间用具

15 执行“插入”命令，插入洗手池、马桶及浴缸的图形文件，如图6-47所示。

16 执行“直线”、“偏移”命令，绘制厨房台面及吊柜，如图6-48所示。

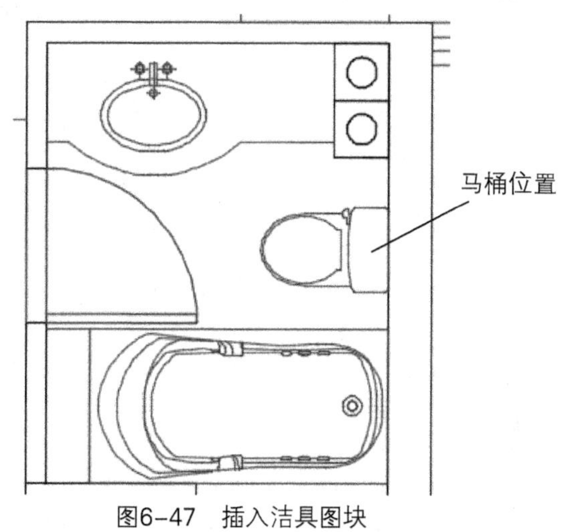


图6-47 插入洁具图块

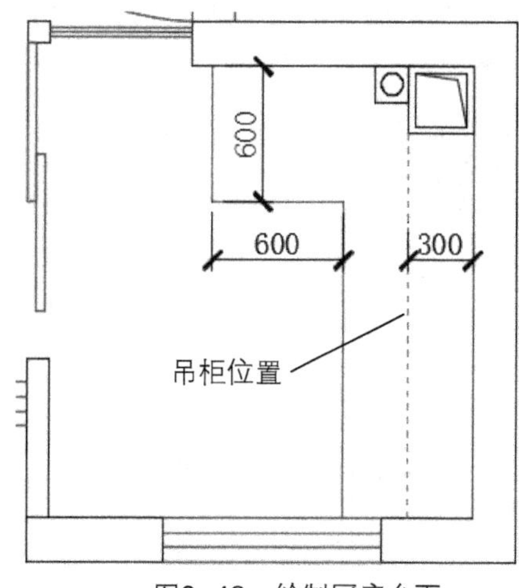


图6-48 绘制厨房台面

17 执行“插入”命令，插入洗手池、燃气灶及冰箱的图形文件，如图6-49所示。

18 继续执行“插入”命令，插入植物图块，置于阳台位置，如图6-50所示。

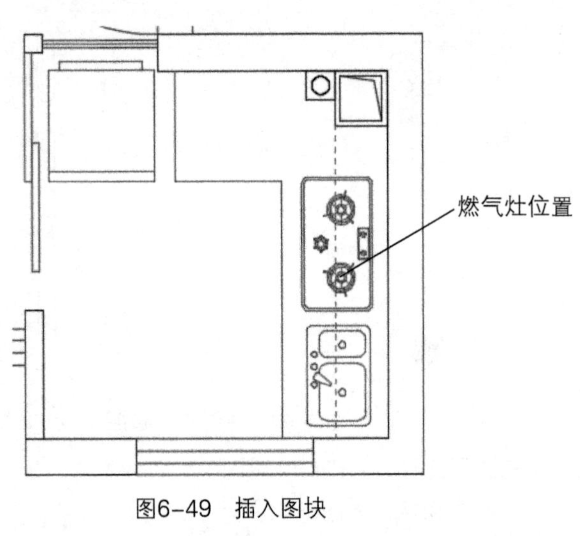


图6-49　插入图块

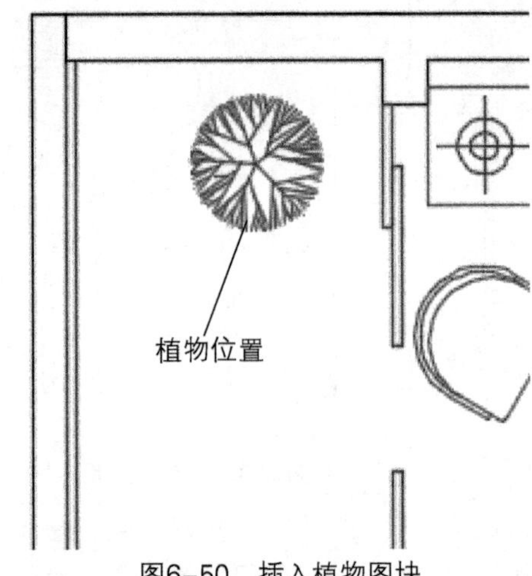


图6-50　插入植物图块

⑲ 执行“文字样式”命令，新建“文字说明”样式，并设置其字体为“宋体”，高度为250，如图6-51所示。

⑳ 将“标注”图层设置为当前层。执行“多行文字”命令，对客厅添加文字注释，如图6-52所示。

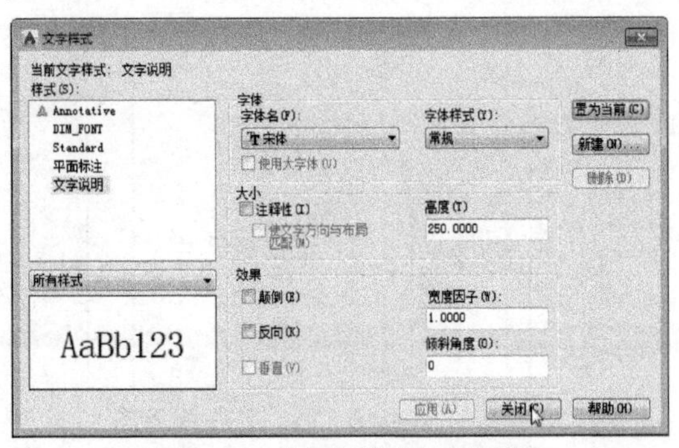


图6-51　“文字样式”对话框

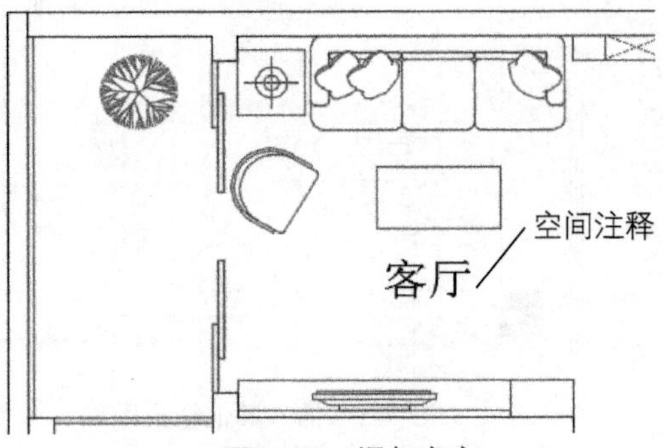


图6-52　添加文字

㉑ 继续执行“多行文字”命令，对平面图其他部分进行文字注释，如图6-53所示。

㉒ 执行“线性”和“连续”标注命令，为平面布置图添加尺寸标注，如图6-54所示。至此完成平面布置图的绘制。

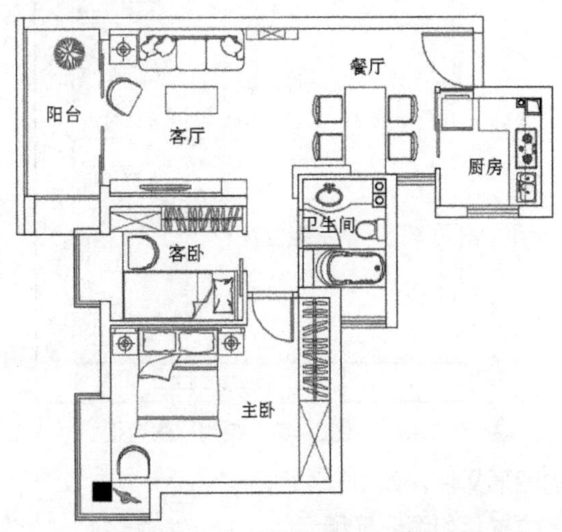


图6-53　添加其他部分文字注释

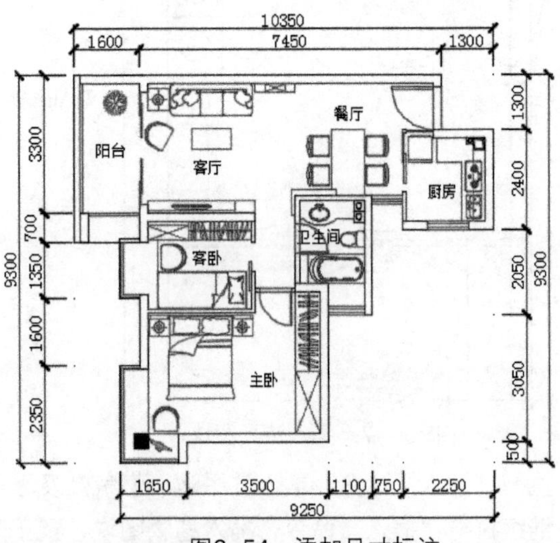


图6-54　添加尺寸标注

## 6.2.3 绘制地面布置图

布置好各房间的基本设施后，应布置相应的地板砖。地面布置图能够反映出住宅地面材质及造型效果。地面布置图可在平面布置图基础上将家具删除，运用图案填充命令来绘制。

在对各功能区进行填充时，应绘制相应的辅助线，将各区域封闭起来。绘制过程如下。

01 执行“复制”命令，复制平面布置图，删除家具及标注，如图6-55所示。

02 执行“直线”命令，封闭各区域，调整文字位置，如图6-56所示。

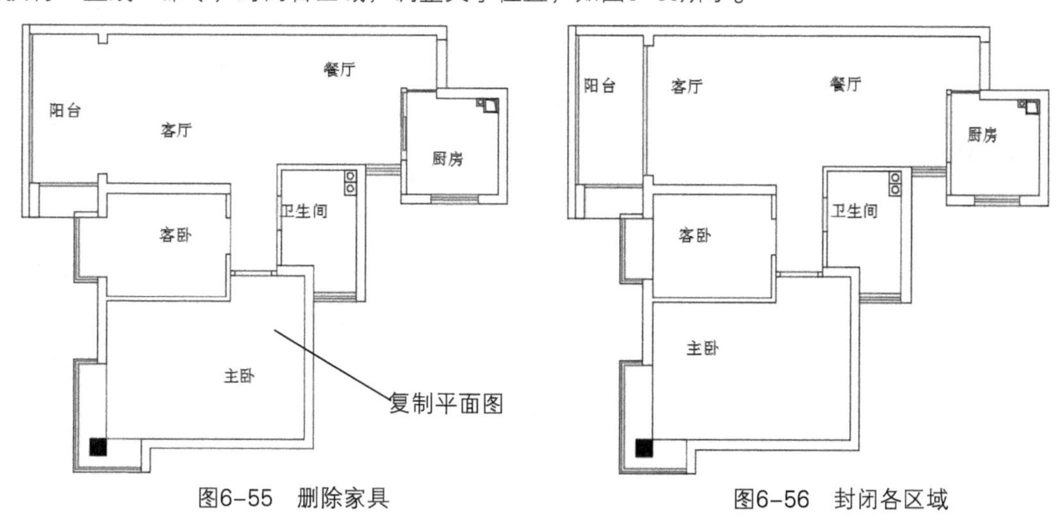


图6-55 删除家具　　图6-56 封闭各区域

03 将“地面填充”图层置为当前层，执行“图案填充”命令，选择图案“DOLMIT”，设置填充比例为25，如图6-57所示。

04 单击“主卧”内部为拾取点，按回车键完成填充命令，如图6-58所示。继续拾取次卧位置进行填充。

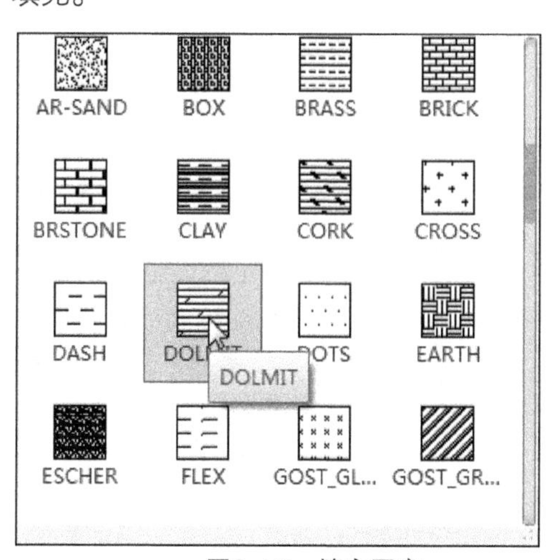


图6-57 填充图案

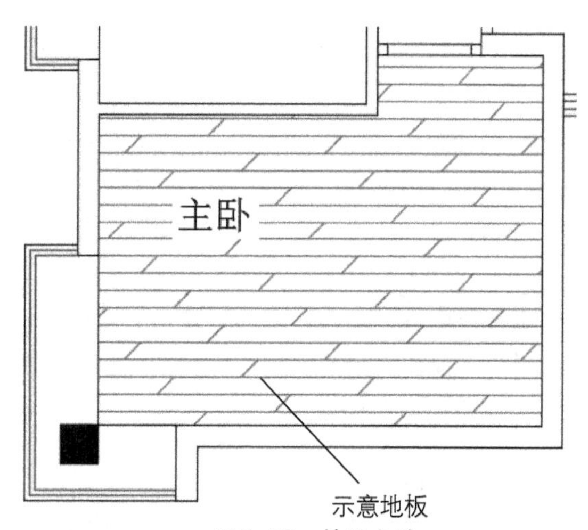


图6-58 拾取主卧

05 继续执行“图案填充”命令，选择“用户定义”图案，双向、比例300、角度45°，如图6-59所示。

06 依次拾取“卫生间”、“厨房”、“阳台”内部进行图案填充，按回车键完成填充，结果如图6-60所示。

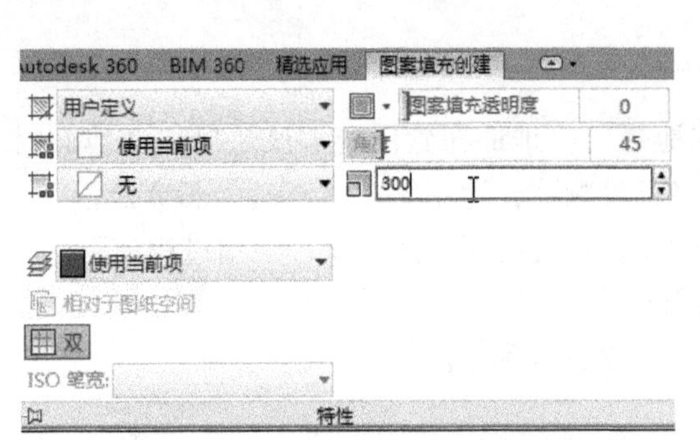

图6-59 “图案填充创建”面板

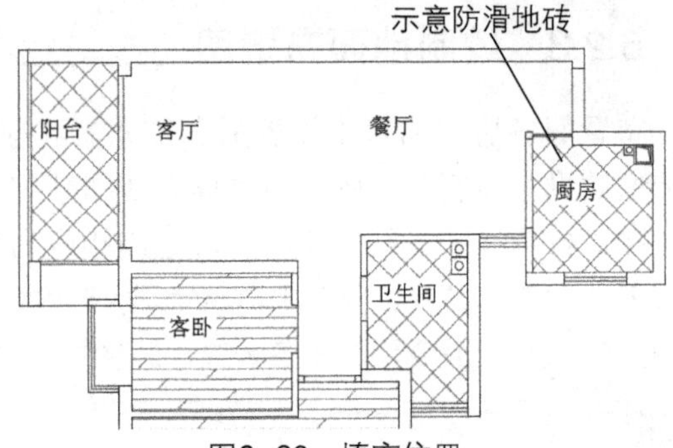

图6-60 填充位置

07 执行“图案填充”命令，选择“用户定义”图案，双向、比例600、角度0°，填充客厅及餐厅位置，如图6-61所示。

08 继续执行“图案填充”命令，依次拾取卧室飘窗位置进行填充，图案为“AR-CONC”，比例为2，如图6-62所示。

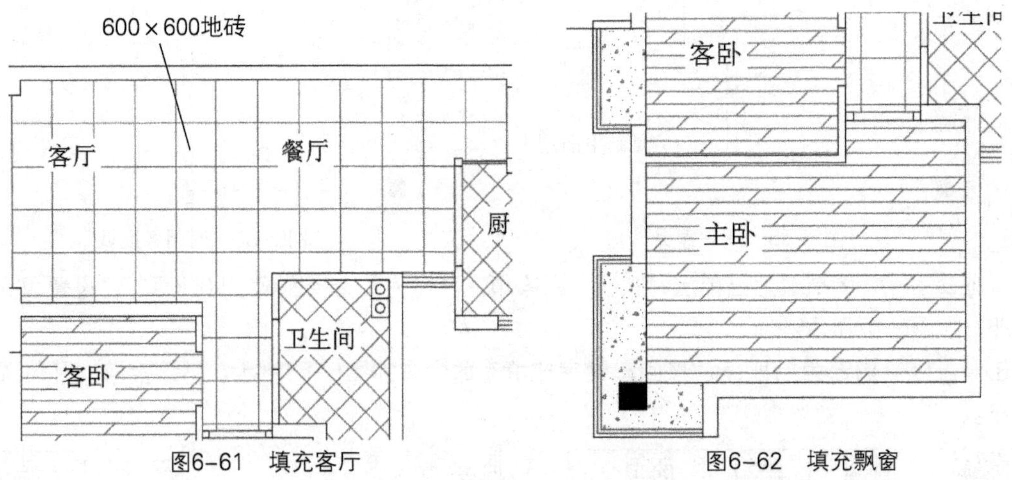

图6-61 填充客厅　　图6-62 填充飘窗

09 执行“多行文字”命令，在厨房内框选出文字输入范围后，单击“背景遮罩”按钮。在打开的对话框中，设置边界偏移量为1，填充颜色为白色，如图6-63所示。

10 设置完成后单击“确定”按钮。将“标注”图层设置为当前图层，对厨房地面材质进行文字说明，设置字体大小为150，如图6-64所示。

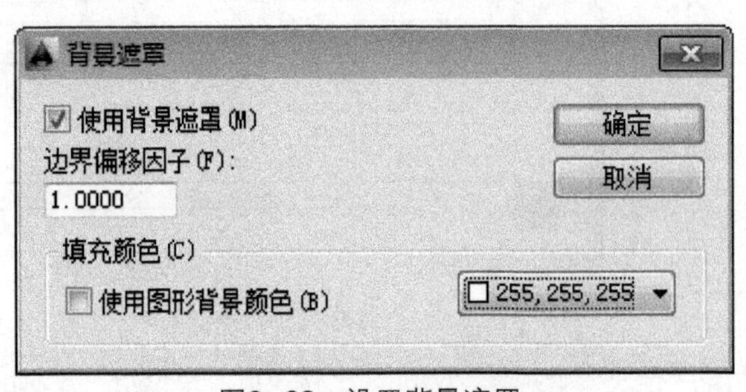

图6-63 设置背景遮罩

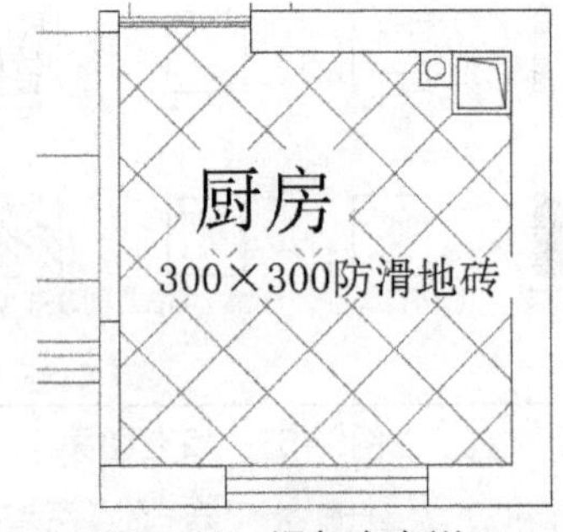

图6-64 添加文字说明

11 执行“复制”命令，双击文字进行修改。对其余地面材质也进行文字说明，结果如图6-65所示。

12 执行“线性”和“连续”标注命令，为地面布置图添加尺寸标注，如图6-66所示。至此完成地面布置图的绘制。

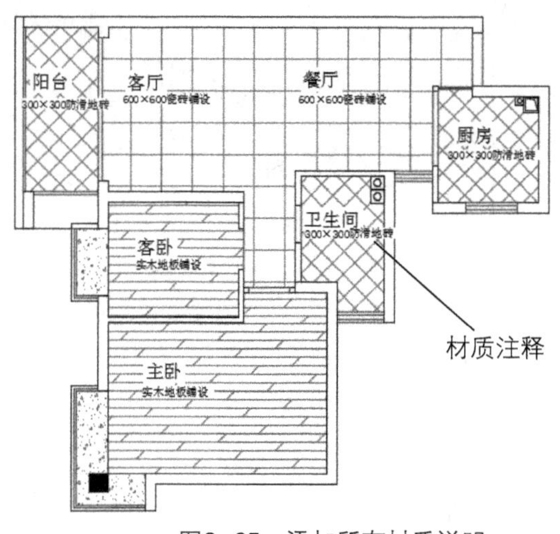


图6-65 添加所有材质说明

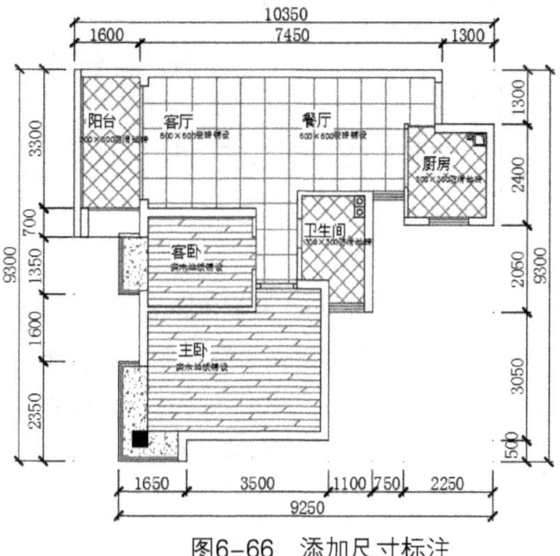


图6-66 添加尺寸标注

## 6.3 顶面图的设计

顶面图是施工图纸中的重要图纸之一，它能够反映出住宅顶面造型的效果。顶面图通常由顶面造型线、灯具图块、标高、材料注释及灯具列表组成。

### 6.3.1 绘制顶面造型

顶面造型的好坏直接影响整体的装修效果。绘制顶面图的方法不难，难在如何合理布置顶面区域，顶面的装修风格应与整体风格相互统一，相互呼应。此外在进行吊顶装修前，一定要预留好灯槽照明线，这是做吊顶工程的基础。

01 打开“SOHO设计方案”文件，复制平面布置图，删除家具及标注，如图6-67所示。

02 将“顶面造型”图层置为当前层，执行“直线”命令，将各区域封闭起来，如图6-68所示。

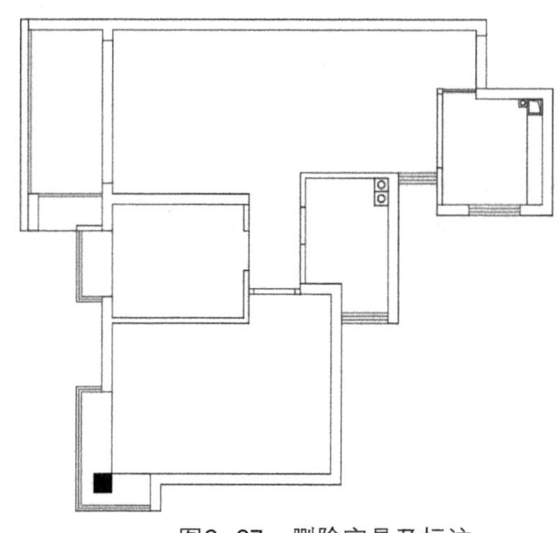

图6-67 删除家具及标注

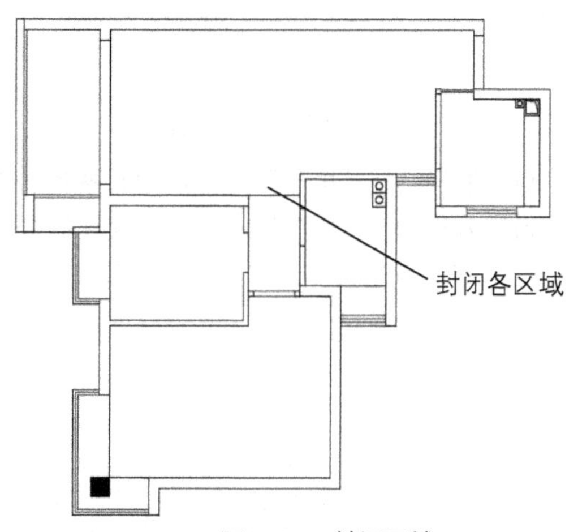


图6-68 封闭区域

03 执行“样条曲线”和“偏移”命令，绘制次、主卧吊顶造型，然后依次向上偏移50mm、50mm、100mm，将最上层曲线置为灯带图层，如图6-69所示。

04 执行“矩形”和“复制”命令，绘制矩形造型，位置如图6-70所示。

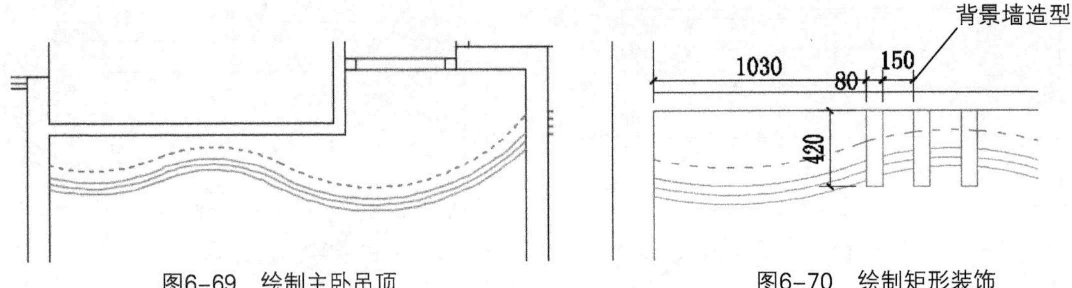


图6-69 绘制主卧吊顶　　图6-70 绘制矩形装饰

05 执行“矩形”命令，在主卧绘制矩形做射灯轨道，位置如图6-71所示。

06 执行“复制”命令，将上步骤绘制的矩形复制到客卧里，位置如图6-72所示。

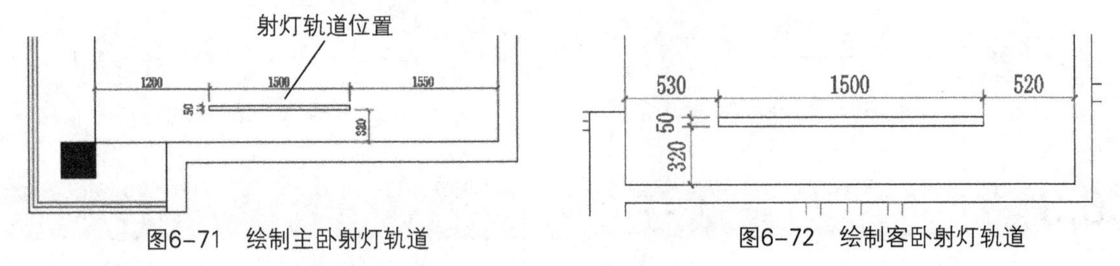


图6-71 绘制主卧射灯轨道　　图6-72 绘制客卧射灯轨道

07 执行“矩形”命令，在走廊绘制矩形，位置如图6-73所示。

08 执行“偏移”命令，偏移卫生间吊顶，如图6-74所示。

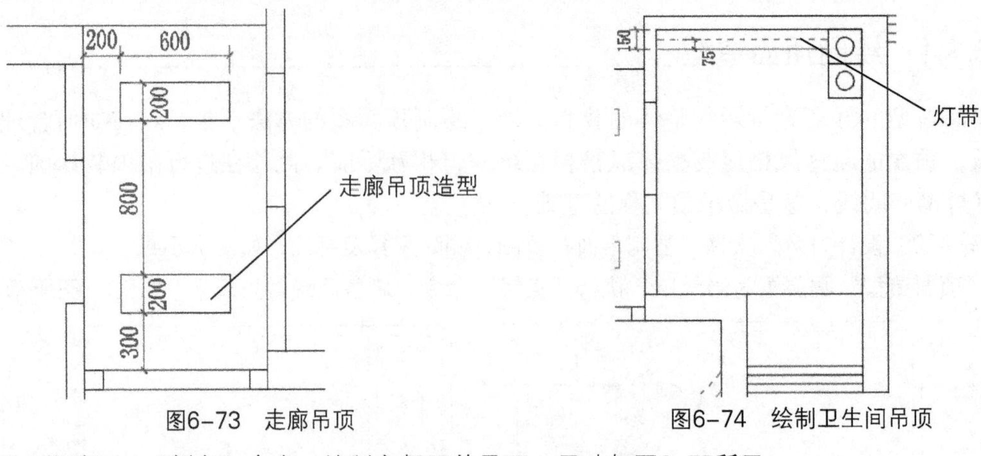


图6-73 走廊吊顶　　图6-74 绘制卫生间吊顶

09 执行“偏移”、“倒角”命令，绘制客餐厅的吊顶，尺寸如图6-75所示。

10 执行“偏移”、“修剪”命令，继续绘制客餐厅吊顶，如图6-76所示，直至完成。

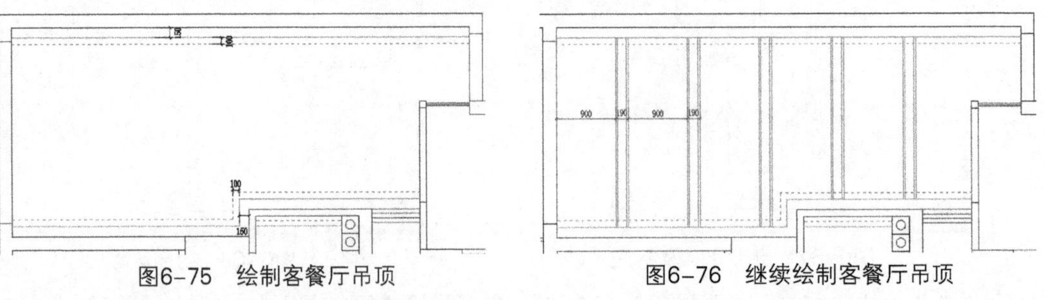

图6-75 绘制客餐厅吊顶　　图6-76 继续绘制客餐厅吊顶

## 6.3.2 布置顶面灯具

当吊顶造型线绘制完成后，即可将灯具图块调入至各顶面的合适位置。室内灯具是室内照明的主要设施，它不仅能给较为单调的顶面色彩和造型增加新的内容，还可以通过室内灯具造型的变化、灯光强弱的调整等手段，达到烘托室内气氛、改变房间结构感觉的作用。

在布置灯具时，同房间的灯具高度应相适应，房高在3m以下时，不适合选用长吊灯；灯饰面积不要大于房间面积的2%~3%；各灯饰需要与装修风格统一。

01 执行“插入块”命令，将艺术吊灯图块插入主卧合适位置，如图6-77所示。

02 继续执行“插入”命令，插入“射灯”图块，位置如图6-78所示。

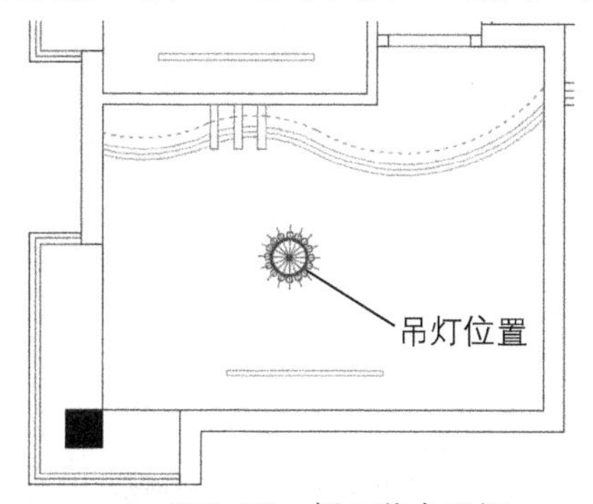

图6-77 插入艺术吊灯

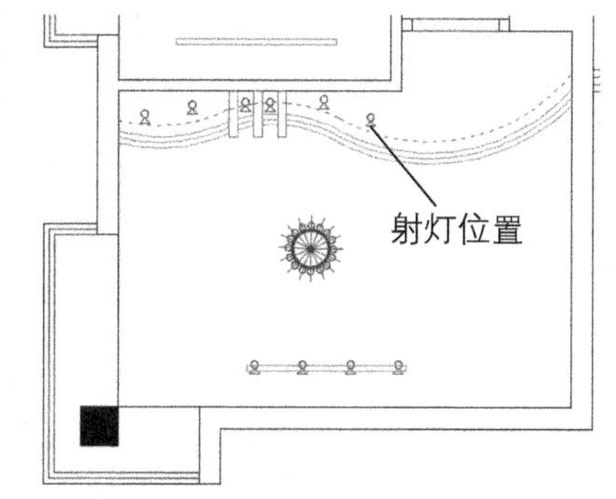

图6-78 插入射灯

03 在主卧插入“筒灯”图块，位置如图6-79所示。

04 执行“复制”命令，复制“筒灯”至走廊矩形的中间位置，如图6-80所示。

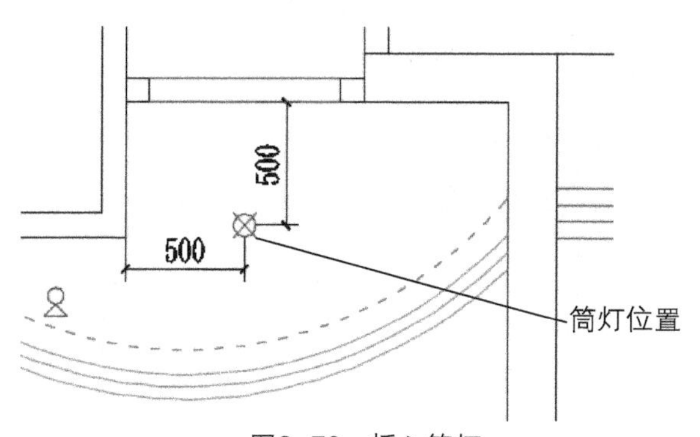

图6-79 插入筒灯

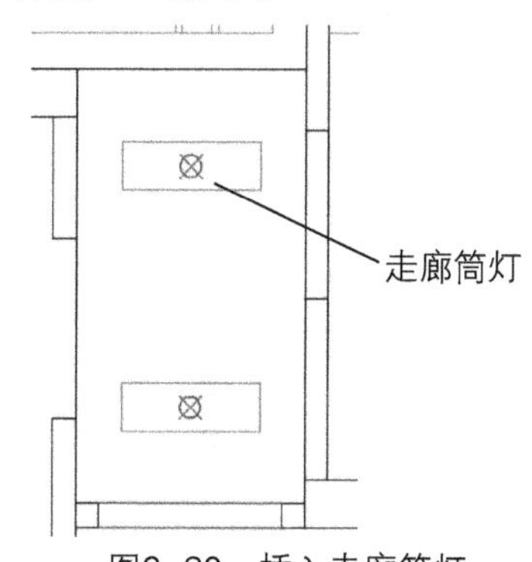

图6-80 插入走廊筒灯

05 继续执行“复制”命令，复制主卧处的射灯至客卧，然后插入吸顶灯图形至客卧合适位置，如图6-81所示。

06 复制“吸顶灯”至卫生间的中间位置，如图6-82所示。

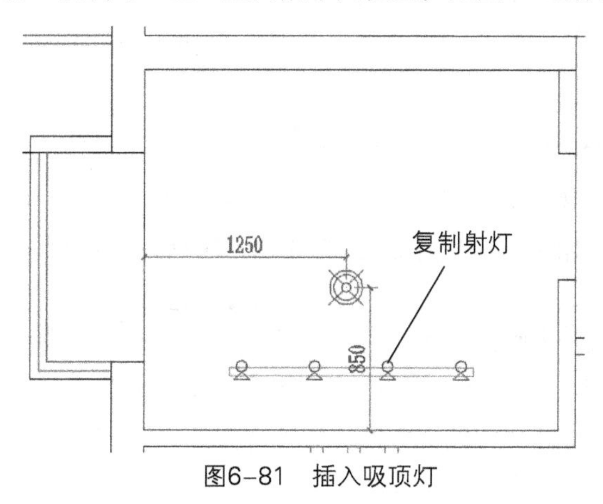

图6-81 插入吸顶灯

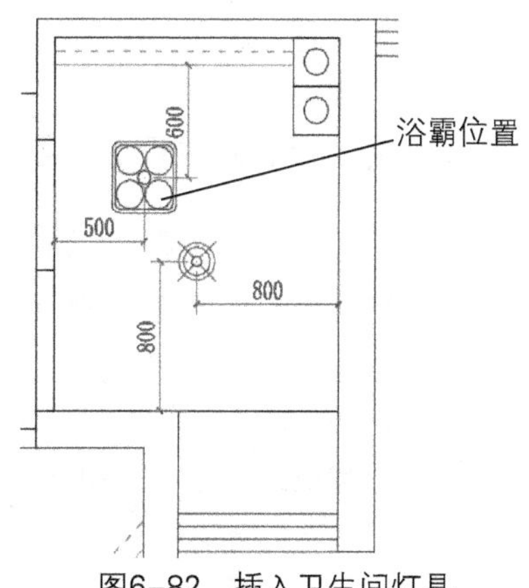

图6-82 插入卫生间灯具

07 执行“复制”命令，复制吸顶灯至厨房合适位置，如图6-83所示。

08 复制“吸顶灯”至阳台的中间位置，如图6-84所示。

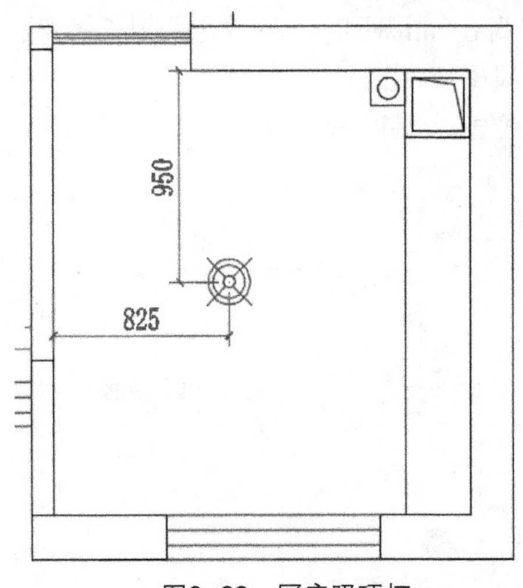


图6-83 厨房吸顶灯

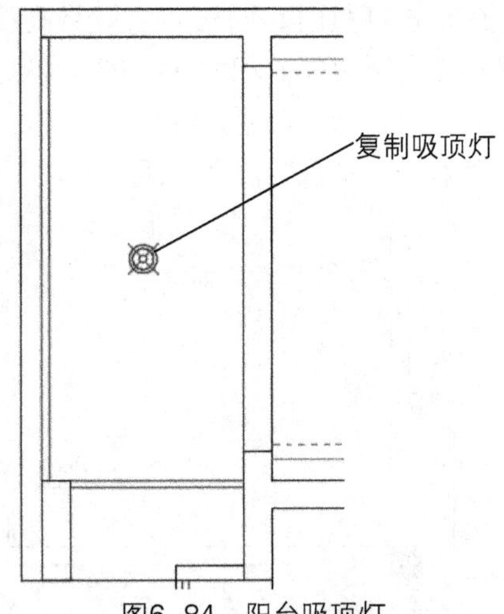


图6-84 阳台吸顶灯

09 继续执行“复制”命令，复制若干筒灯至客厅位置，然后依次进行布置，位置如图6-85所示。

10 选择上步骤所有筒灯进行基点复制，指定基点复制的筒灯，执行“移动”命令，成右侧两列筒灯，位置如图6-86所示。

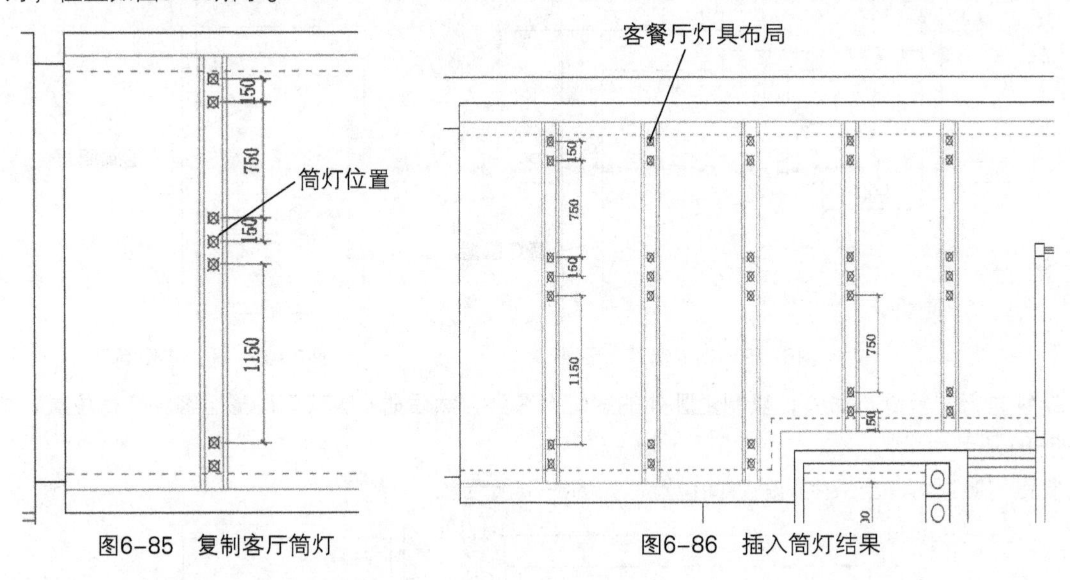


图6-85 复制客厅筒灯

图6-86 插入筒灯结果

### 6.3.3 填充和标注顶面图

灯具添加完成后，下面就可以输入吊顶材料标注及标高了。为了使图形美观，也可以将吊顶按照不同材料进行填充。对吊顶材料进行标注，有助于施工人员按照图纸标明的材料进行购买和安装。

01 执行“图案填充”命令，填充主卧吊顶，填充图案为“CROSS”，比例为10，如图6-87所示。

02 继续执行“图案填充”命令，填充客餐厅吊顶，填充图案为“AR-SAND”，比例为2，如图6-88所示。

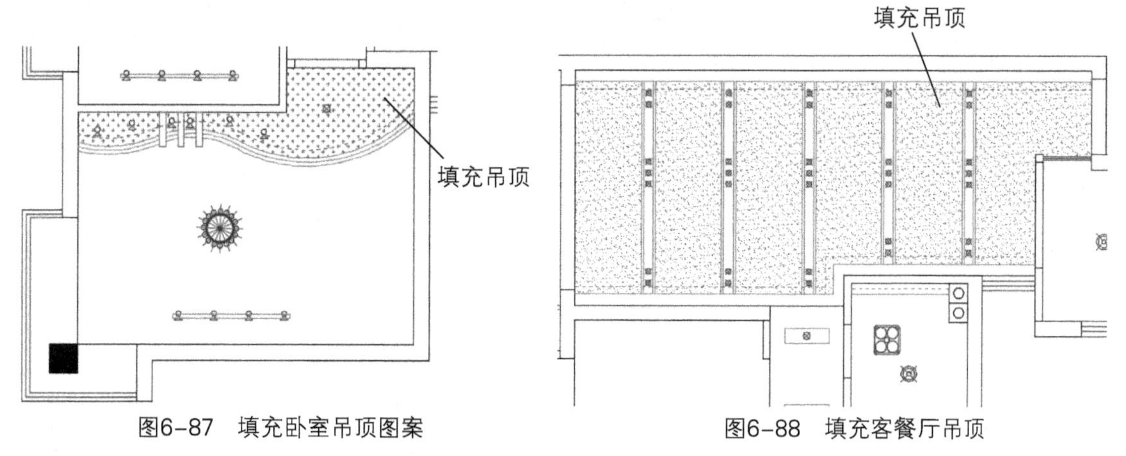

图6-87 填充卧室吊顶图案　　图6-88 填充客餐厅吊顶

03 执行“图案填充”命令，填充厨房吊顶，填充图案为“用户定义”，双向，比例为300，如图6-89所示。

04 重复执行“图案填充”命令，填充卫生间吊顶，填充图案为“用户定义”，单向，比例为200，角度90°，如图6-90所示。

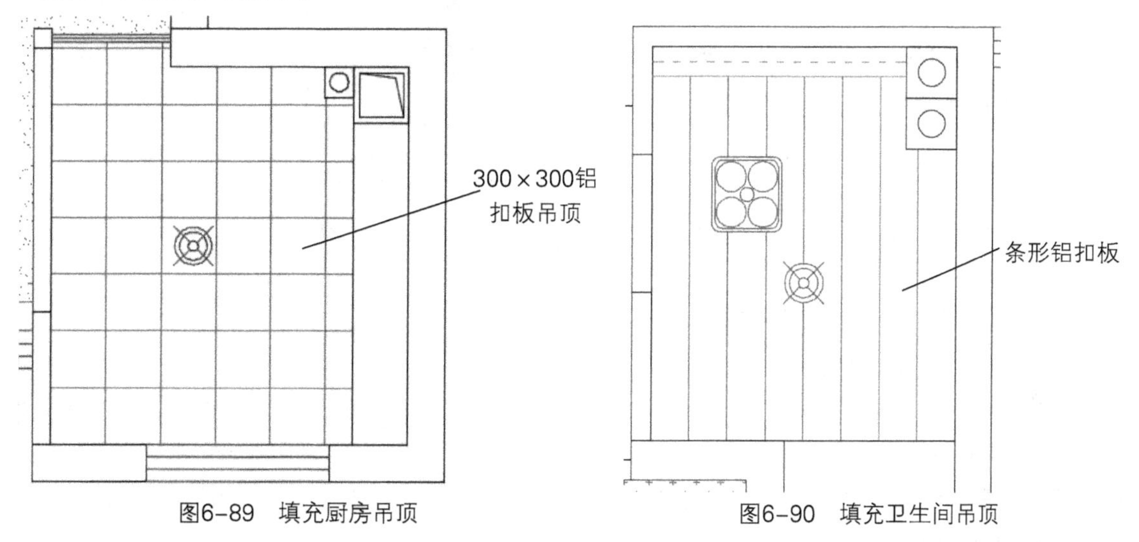

图6-89 填充厨房吊顶　　图6-90 填充卫生间吊顶

05 将标注层置为当前层，执行“直线”命令，开启“极轴追踪”命令，绘制标高图形，如图6-91所示。

06 执行“单行文字”命令，输入标高值，如图6-92所示。

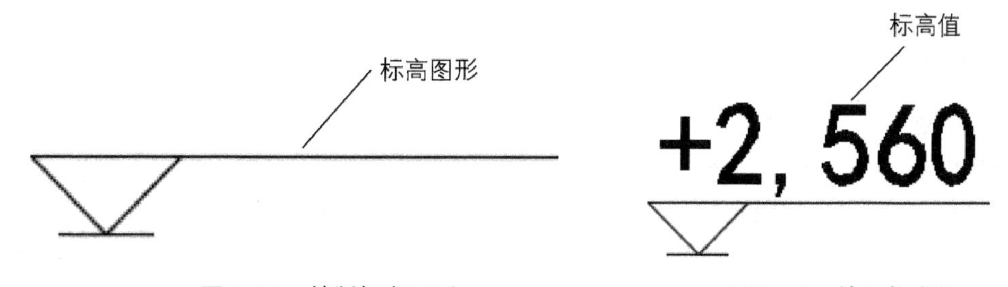

图6-91 绘制标高图形　　图6-92 输入标高值

07 将绘制好的标高放置于客厅合适位置，如图6-93所示。

08 执行“复制”命令，将该标高图块复制到旁边部分。双击标高值，对其进行修改，如图6-94所示。

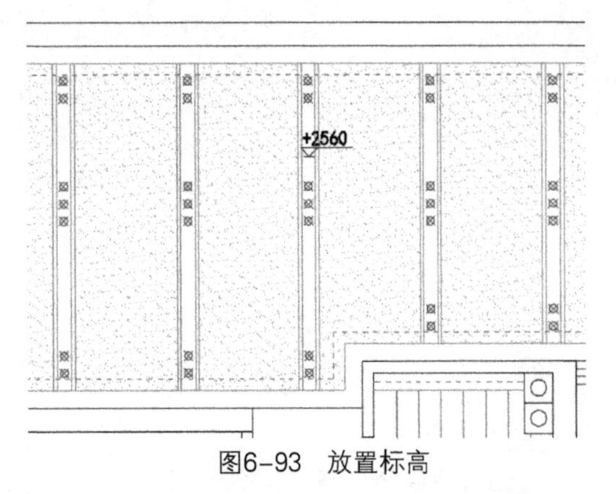


图6-93 放置标高

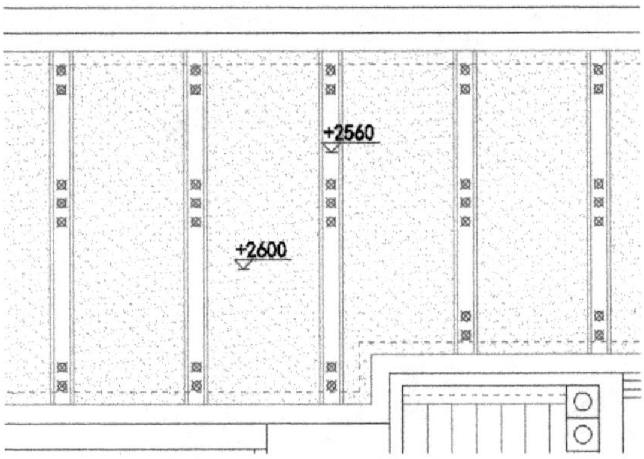

图6-94 复制修改标高

09 按照同样的操作方法，对其他房间进行标注，结果如图6-95所示。

10 执行“多重引线样式”命令，在“修改多重引线样式”对话框中，单击“修改”按钮，对引线样式进行设置，如图6-96所示。

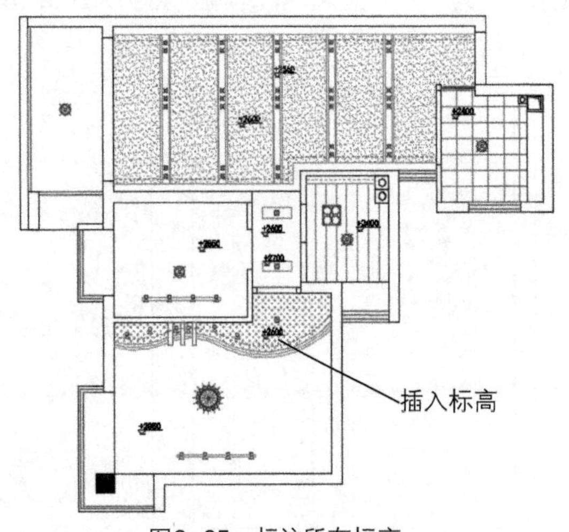


图6-95 标注所有标高

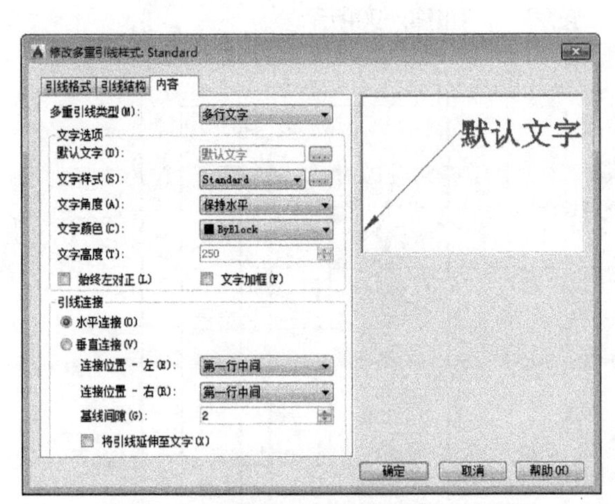


图6-96 “修改多重引线样式”对话框

11 执行“多重引线”命令，在图纸中指定标注位置，并在指定引线位置后输入名称，单击空白处即可完成操作，如图6-97所示。

12 选择刚绘制的引线标注，执行“复制”命令，将其复制到其他图形合适位置，双击文字内容，更改成所需内容，如图6-98所示。

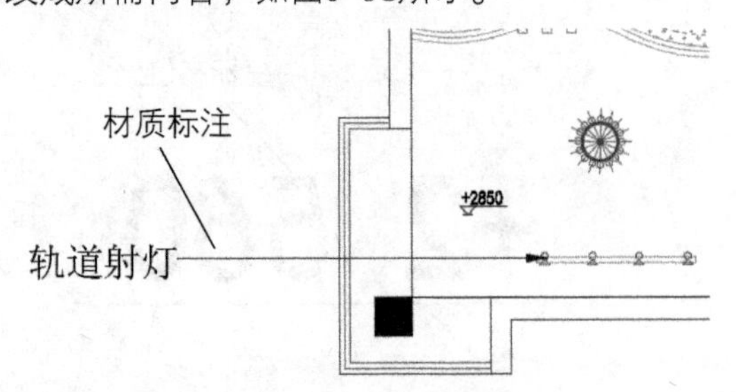


图6-97 插入多重引线

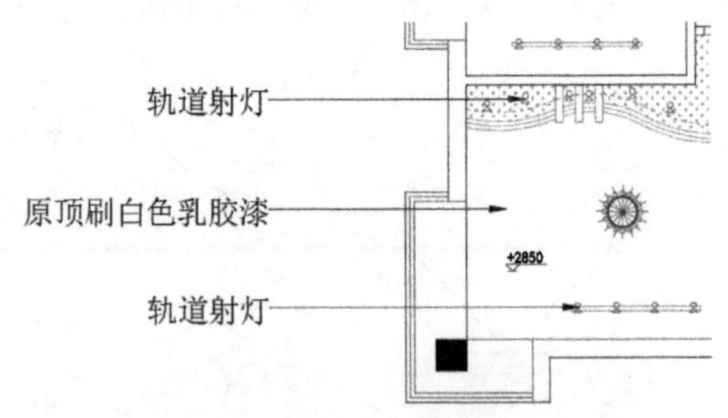


图6-98 复制并修改文字标注内容

13 按照同样的操作方法，对其余房间吊顶进行标注，如图6-99所示。至此完成SOHO户型顶面图的绘制。

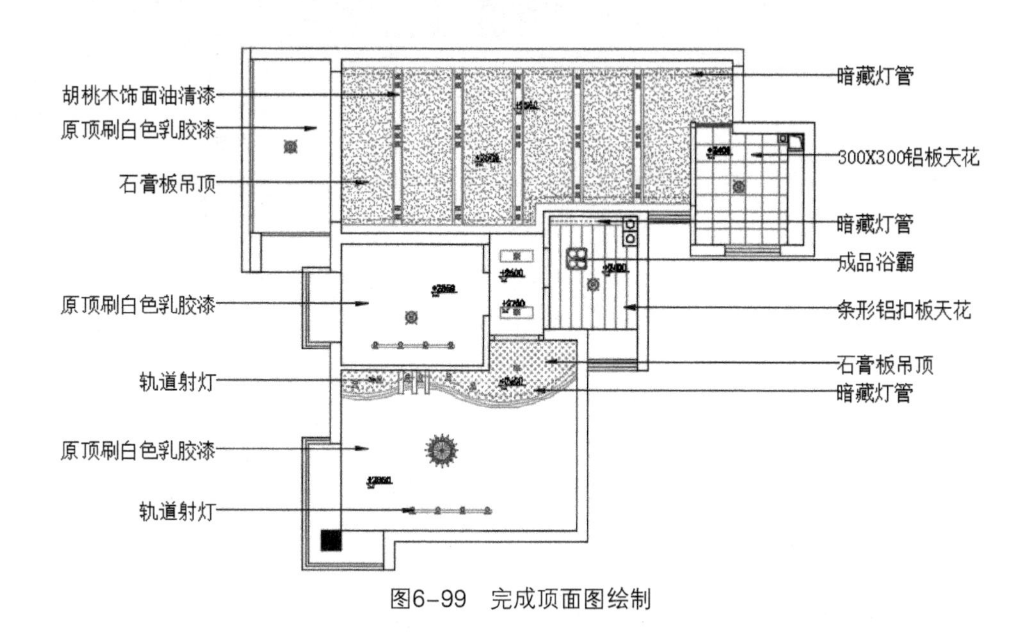


图6-99　完成顶面图绘制

## 6.4 立面图的设计

立面图设计是将建筑物装饰的外观墙面或内部墙面向铅直投影面所做的正投影图。立面图设计主要反映墙面的装饰造型、饰面处理以及剖切吊顶顶棚的断面形状、投影到的灯具等内容。

### 6.4.1　绘制卧室立面区域

在绘制之前要先复制立面图的平面区域，然后执行“射线”、“直线”、“偏移”等命令绘制立面图轮廓线。在绘制家具立面图的时候，要根据人体工程学确定好尺寸再进行绘制。本例的绘制过程如下。

01 单击“图层特性管理器”按钮，新建“轮廓线”、“装饰品”等图层，设置图层特性，如图6-100所示。

02 执行“复制”命令，复制主卧床头背景墙部分。在要绘制部位绘制矩形，执行修剪命令，修剪掉矩形外面的所有线段，如图6-101所示。

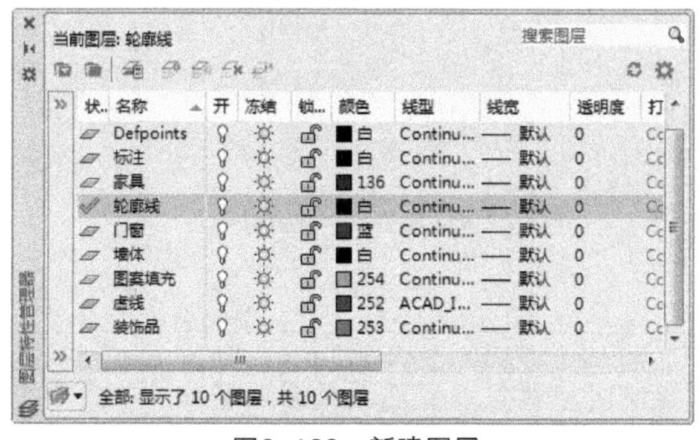


图6-100　新建图层

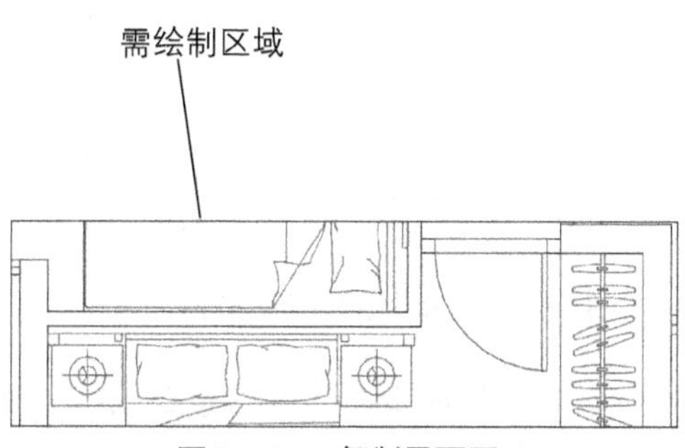


图6-101　复制平面图

03 执行“射线”命令，捕捉平面图主要的轮廓位置，绘制射线，如图6-102所示。

04 执行“直线”、“偏移”、“修剪”命令，绘制高度为2850mm的立面轮廓，如图6-103所示。

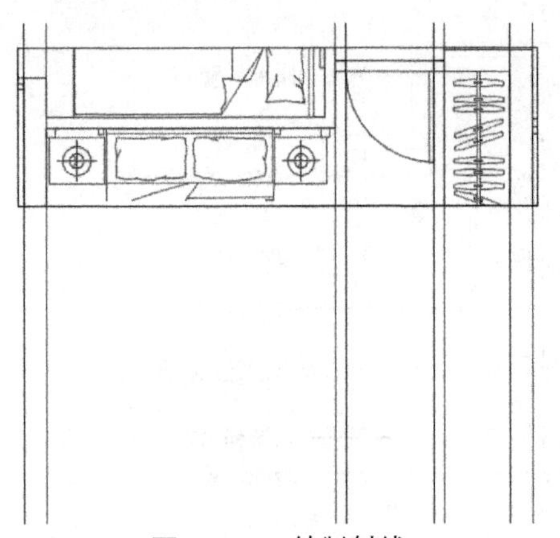

图6-102　绘制射线

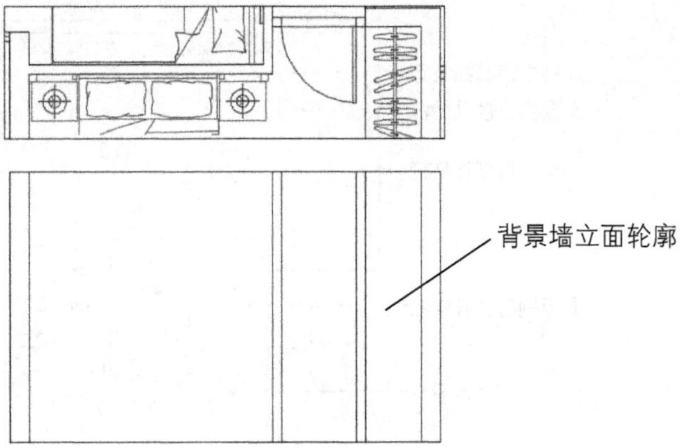

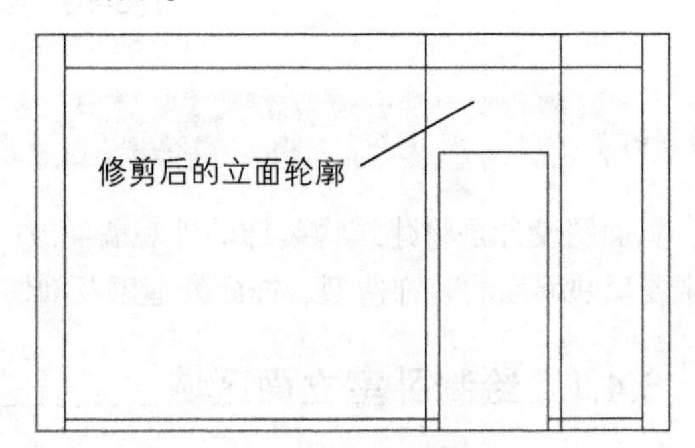


图6-103　背景墙立面轮廓

05 执行"偏移"命令，将顶边线段分别向下偏移250mm、600mm、1920mm，分别为吊顶轮廓线、门高、踢脚线，如图6-104所示。

06 执行"修剪"命令，修剪掉多余线段，结果如图6-105所示。

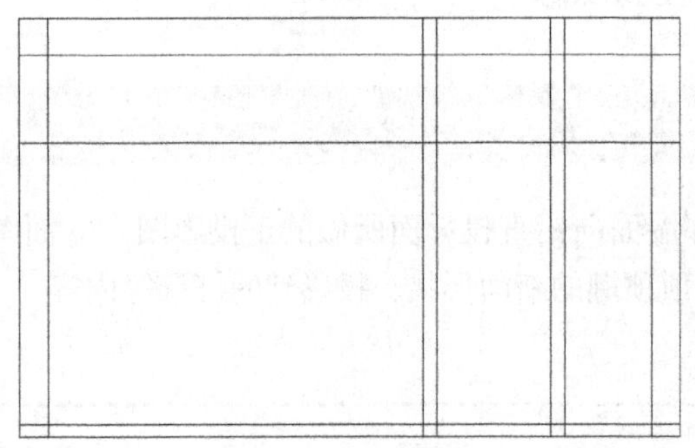

图6-104　偏移线段

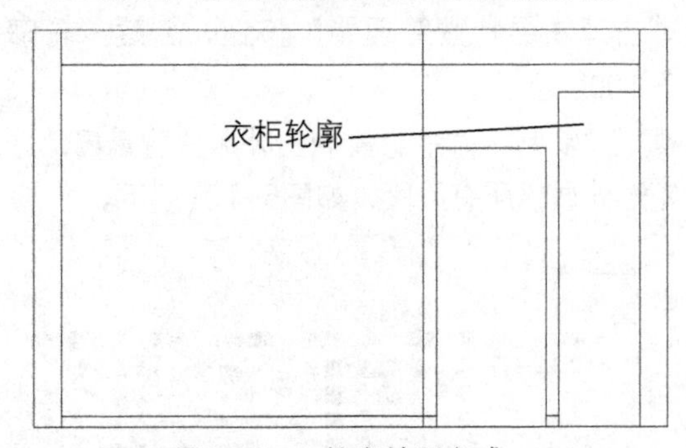


图6-105　修剪线段

07 执行"偏移"命令，将顶边线段向下偏移450mm，此为衣柜高度，如图6-106所示。

08 执行"修剪"命令，修剪掉多余线段，结果如图6-107所示。卧室背景墙立面轮廓线完成。

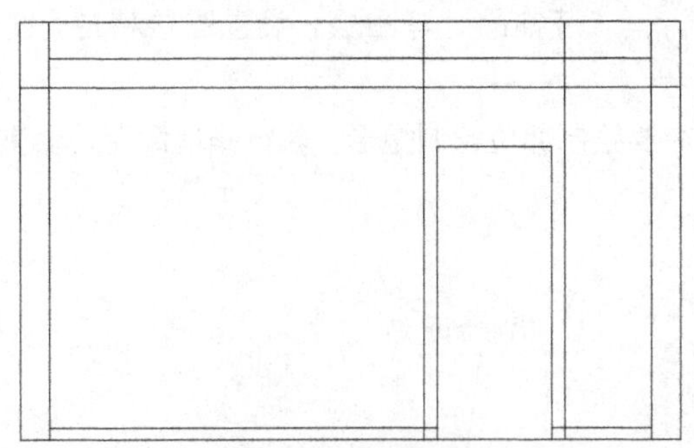

图6-106　偏移衣柜



图6-107　轮廓绘制完成

## 6.4.2　布置卧室立面图

根据平面布置图中卧室的布置结构，继续绘制卧室背景墙立面图，插入家具的立面图块，添加文字说明，具体步骤如下。

01 执行"偏移"、"修剪"命令，偏移吊顶造型和装饰面，修剪多余线段，具体尺寸如图6-108所示。

02 继续执行"偏移"、"修剪"命令，绘制背景墙装饰，修剪掉多余线段。具体尺寸如图6-109所示。

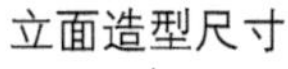


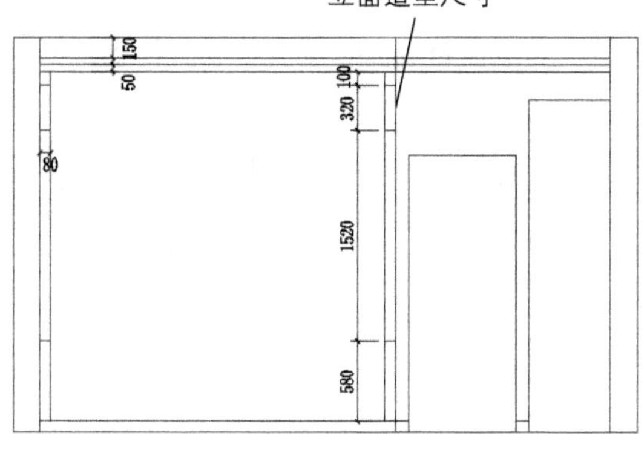


图6-108 绘制背景墙造型

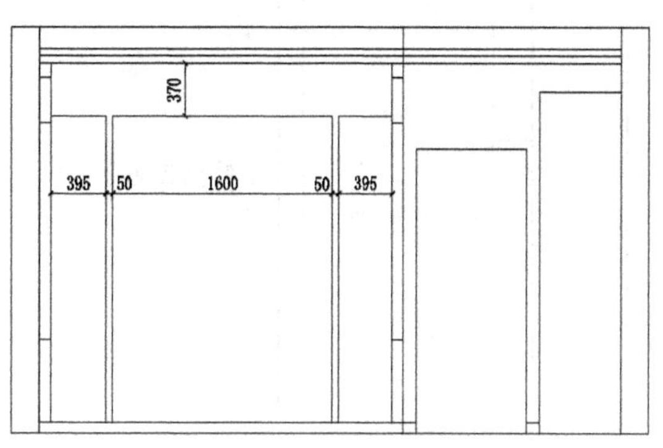


图6-109 继续绘制

03 分别执行“矩形”、“直线”、“复制”、“修剪”命令，绘制背景造型。具体尺寸如图6-110所示。

04 执行“偏移”、“修剪”命令，依次偏移10mm、30mm、20mm，偏移出门框。修剪掉多余线段，如图6-111所示。

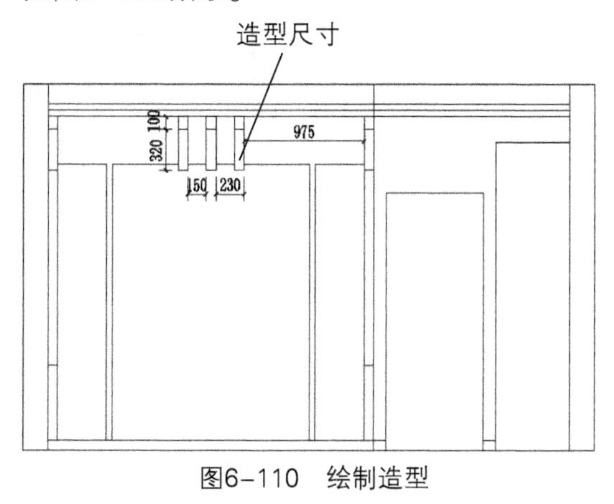


图6-110 绘制造型

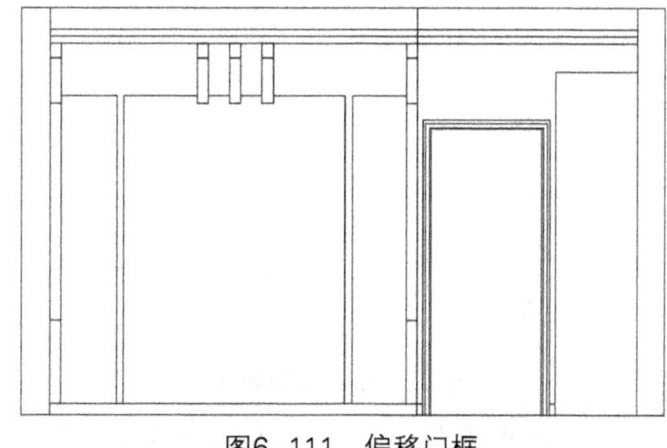

图6-111 偏移门框

05 执行“直线”命令，绘制线段示意门洞，如图6-112所示。

06 继续执行“直线”命令，在衣柜位置处绘制交叉线段，然后将线段置于虚线层，如图6-113所示。

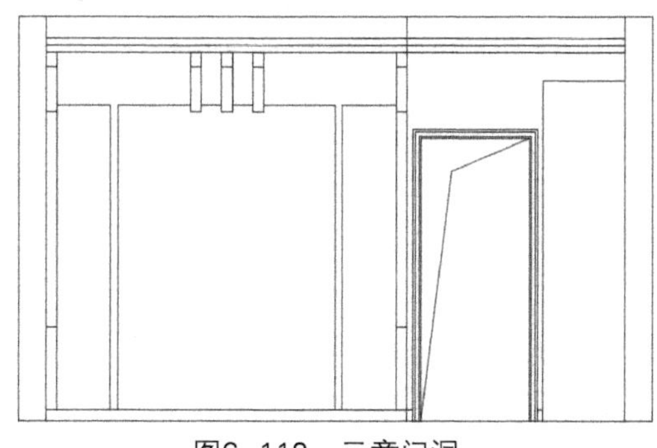

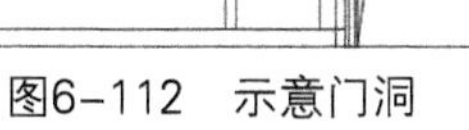

图6-112 示意门洞

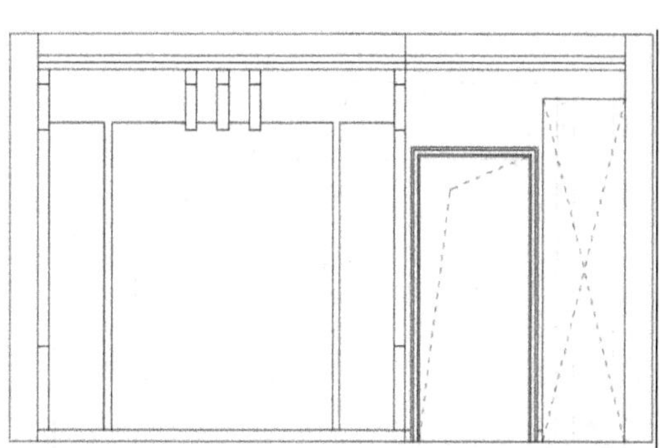

图6-113 绘制直线

07 执行“插入”命令，插入床头柜立面图；执行“修剪”命令，修剪掉被遮挡部分，结果如图6-114所示。

08 继续执行“插入”命令，插入双人床立面图；执行“修剪”命令，修剪掉被遮挡部分，如图6-115所示。

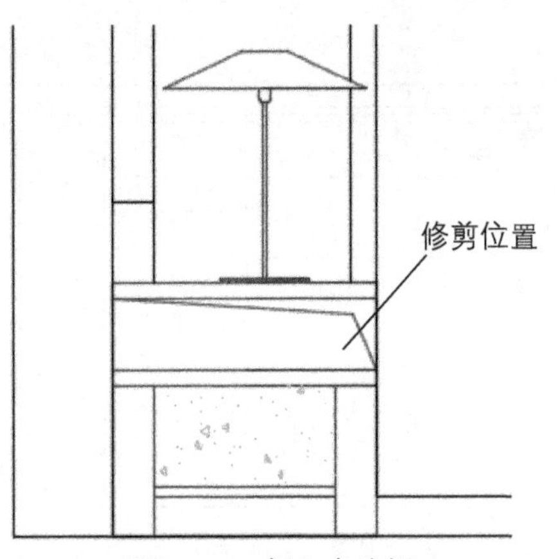


图6-114 插入床头柜

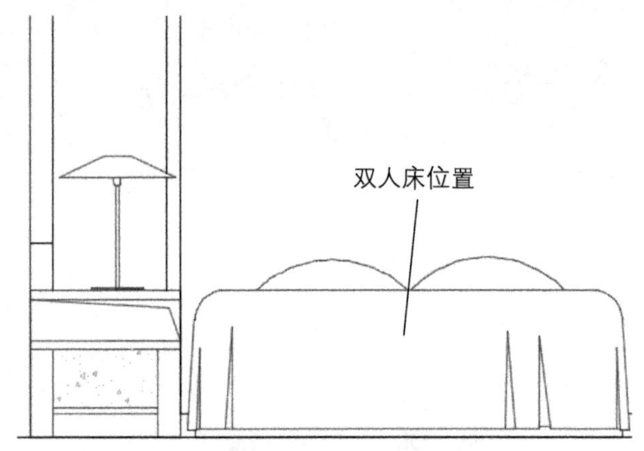


图6-115 插入双人床

09 执行“镜像”命令，镜像床头柜立面图；执行“修剪”命令，修剪掉被遮挡部分，结果如图6-116所示。

10 执行“插入”命令，插入装饰画和射灯立面图，位置如图6-117所示。

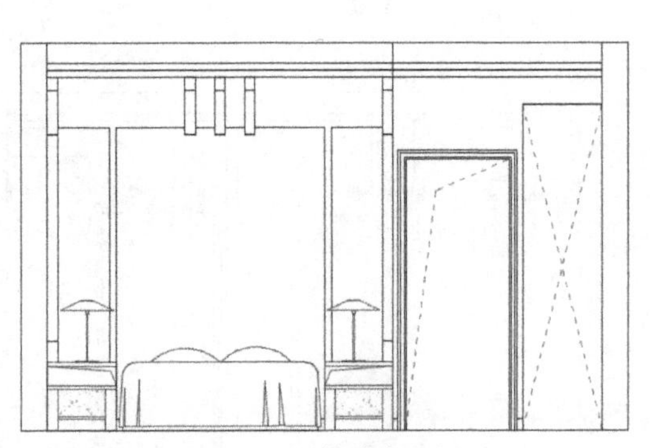

图6-116 镜像床头柜

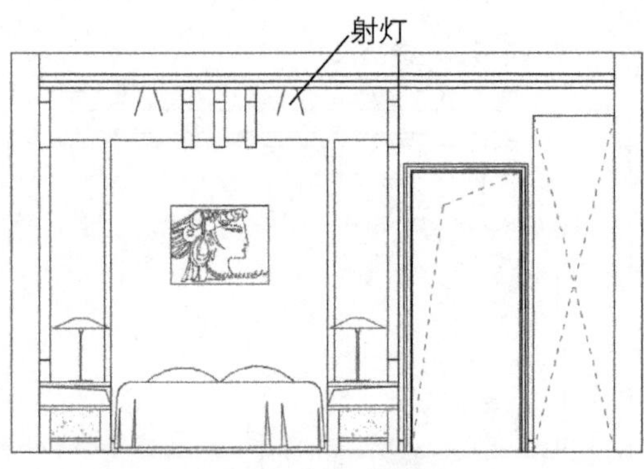


图6-117 插入装饰画

11 执行“图案填充”命令，拾取双人床上方位置，填充图案为“用户定义”，单向，比例为400，如图6-118所示。

12 重复执行“图案填充”命令，拾取位置同上，填充图案为“用户定义”，单向，比例为200，角度为90°，如图6-119所示。

图6-118 填充图案

图6-119 填充图案

⑬ 执行“图案填充”命令，拾取床头柜上方位置，填充图案为“AR-RROOF”，比例为20，角度为45°，如图6-120所示。

⑭ 执行“图案填充”命令，拾取射灯位置，填充图案为“ANSI32”，比例为200，角度为315°，如图6-121所示。

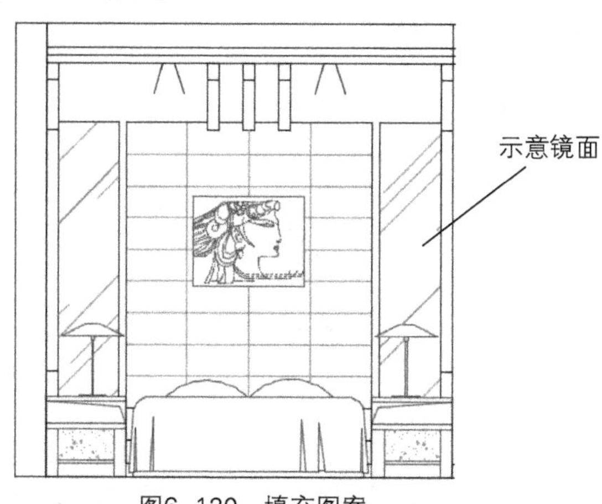


图6-120　填充图案

图6-121　填充图案

⑮ 执行“图案填充”命令，拾取其他位置填充，填充结果如图6-122所示。

⑯ 执行“图案填充”命令，拾取墙体部分，填充图案为“ANSI35”，比例为15，如图6-123所示。

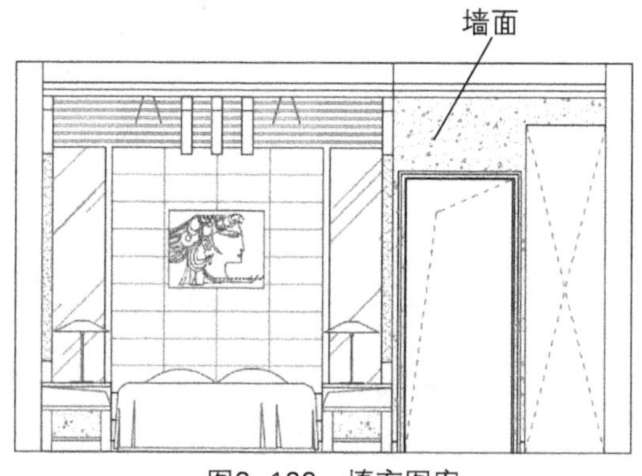


图6-122　填充图案

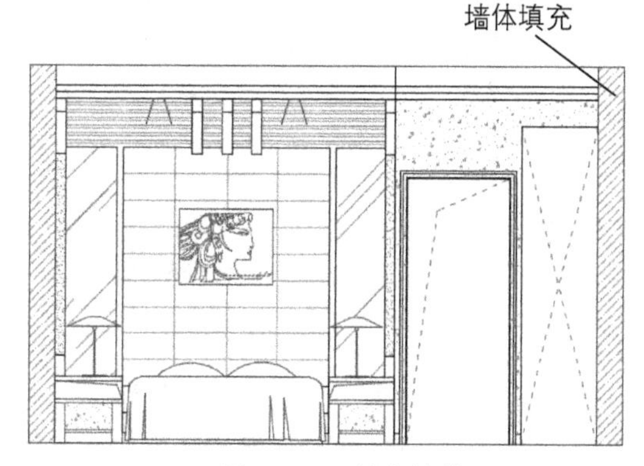


图6-123　填充墙体

**绘图秘技 | 立面图包含的内容**

绘制装饰立面图有利于进行墙面装饰施工和墙面装饰物的布置等工作。完整的装饰立面图包含以下内容。

（1）墙面装饰造型的构造方式、装饰材料、陈设、门窗造型等。

（2）墙面所用设备和附墙固定家具位置、规格尺寸等。

（3）顶棚的高度尺寸及其叠级造型（凹进或凸出）的构造关系和尺寸。

（4）墙面与吊顶的衔接、收口方式。

（5）相对应的本层地面的标高，标注地台、踏步的位置尺寸。

（6）图名和比例、文字说明、材料图例、索引符号等。

### 6.4.3　添加文字标注

在进行文字及尺寸标注之前，要对文字样式和标注样式进行设置，然后再在图形中进行标注，具体步骤如下。

01 执行“文字样式”命令，新建“文字标注”样式，如图6-124所示。

02 设置字体为“宋体”，高度为120，将其置为当前样式，如图6-125所示。

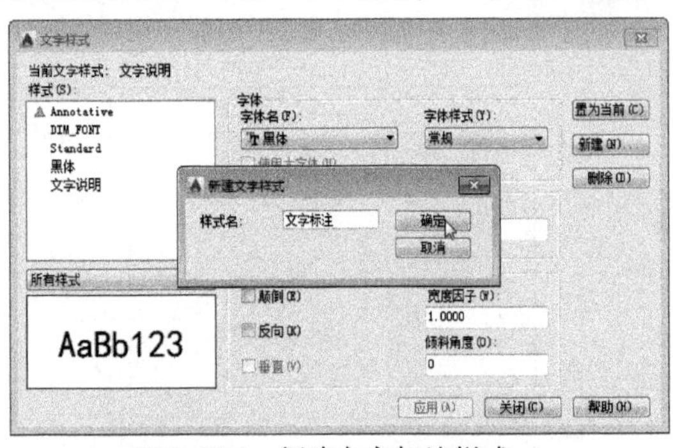


图6-124 新建文字标注样式

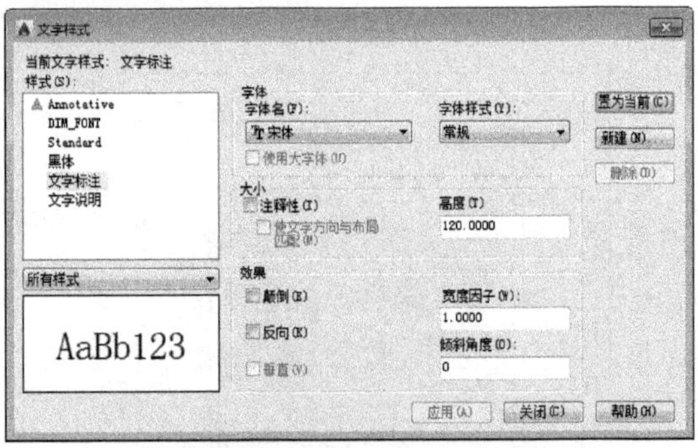

图6-125 设置文字样式

03 执行“多重引线样式”命令，新建“立面引线”样式，如图6-126所示。

04 设置箭头大小为50，高度为120，单击“确定”按钮，将其置为当前引线样式，如图6-127所示。

图6-126 新建引线样式

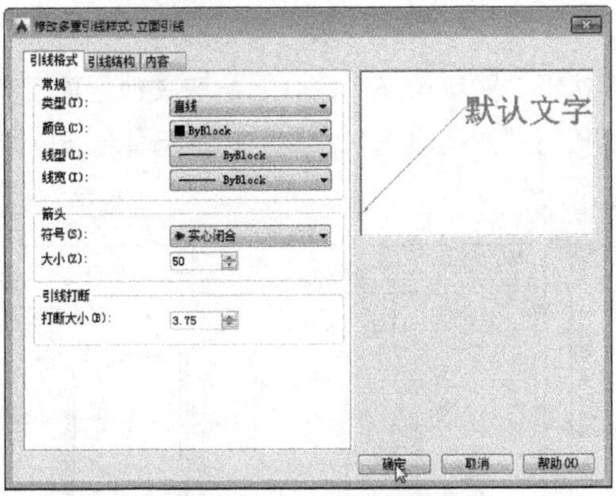

图6-127 设置引线样式

05 执行“标注样式”命令，新建“立面标注”样式，如图6-128所示。

06 设置超出尺寸线20，起点偏移量50，箭头为建筑标记，大小为30，如图6-129所示。

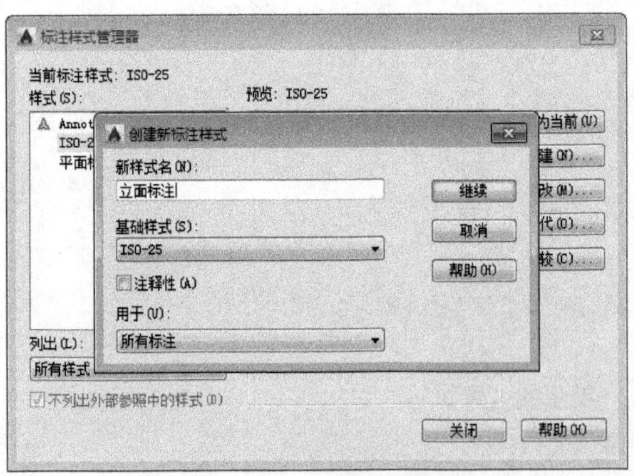


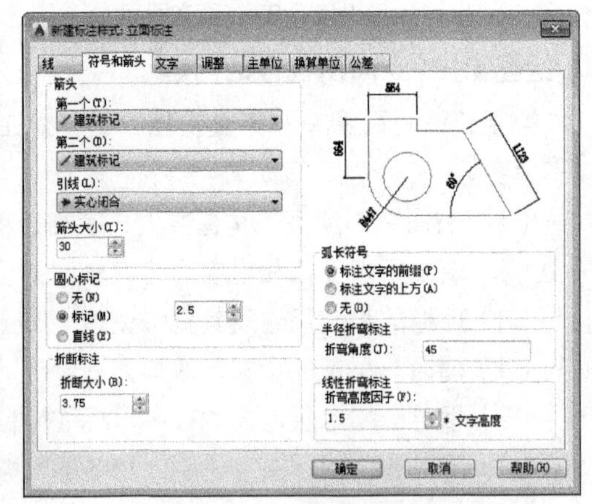


图6-128 新建标注样式

图6-129 设置标注样式

07 设置文字高度为80，主单位精度为0，如图6-130所示。

08 执行“多重引线”命令，指定标注的位置，指定引线方向，输入文字，如图6-131所示。

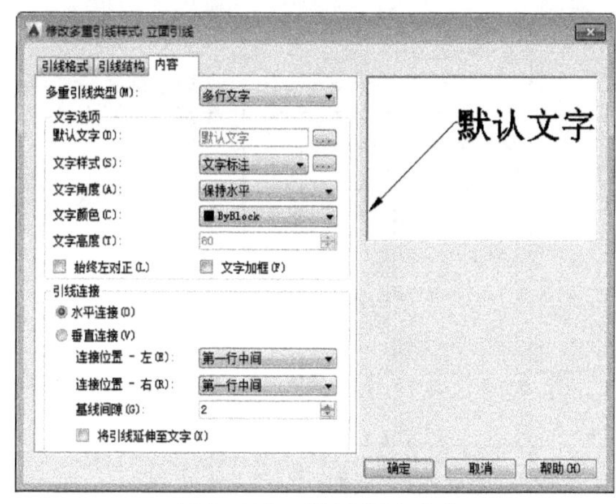


图6-130　设置标注文字

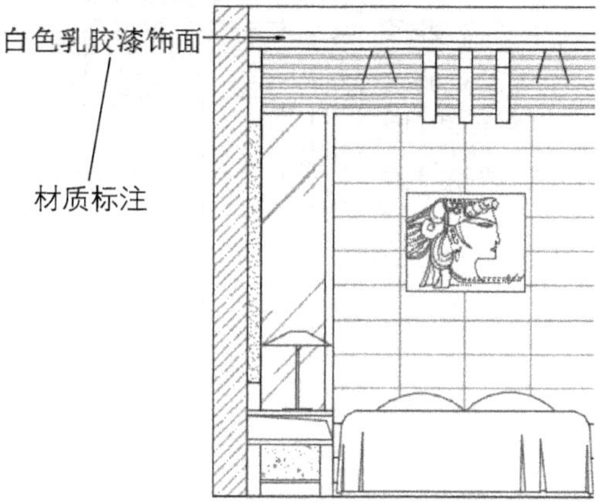

白色乳胶漆饰面

材质标注

图6-131　添加多重引线

09 重复执行“多重引线”命令，按照同样的操作方法，标注其他墙面的装饰材质，结果如图6-132所示。

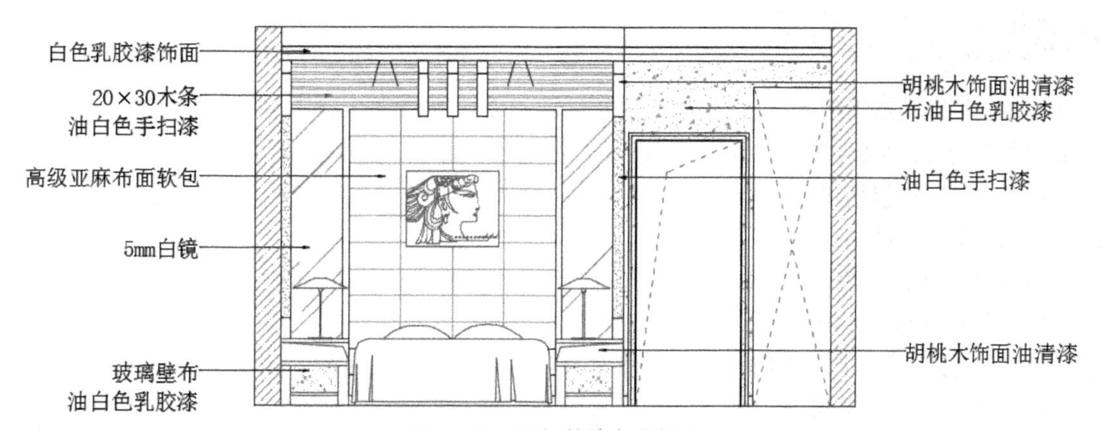


图6-132　添加其他文字标注

10 执行“尺寸标注”命令，指定尺寸界线点，并指定尺寸线位置，进行尺寸标注，如图6-133所示。

11 执行“连续标注”命令，标注其他尺寸，如图6-134所示。

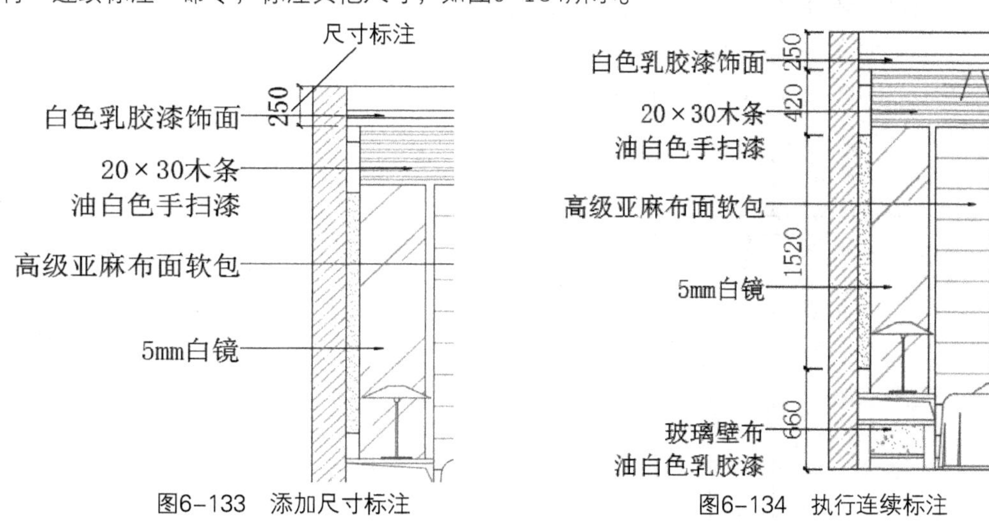


图6-133　添加尺寸标注　　图6-134　执行连续标注

12 继续执行“尺寸标注”和“连续标注”命令，标注其他位置尺寸，结果如图6-135所示。

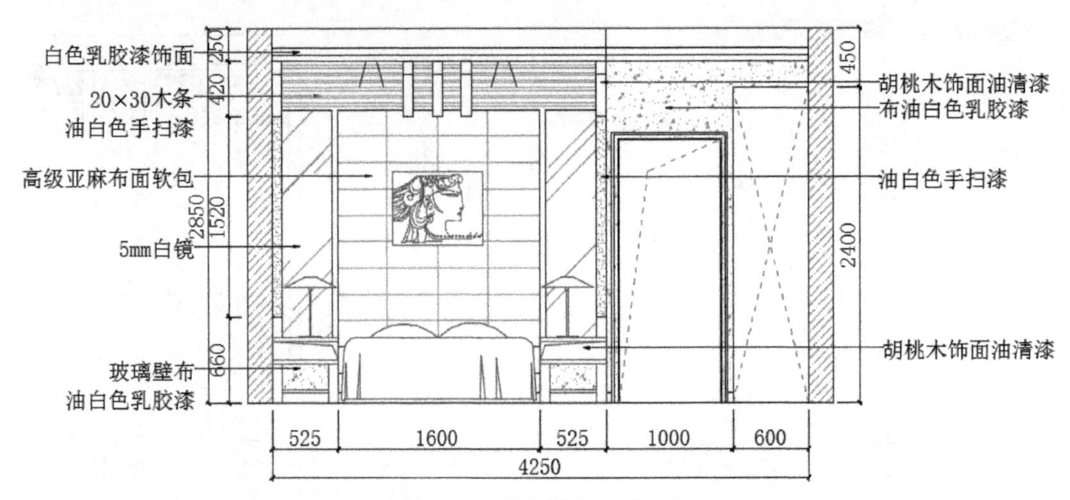


图6-135　添加所有尺寸标注

## 6.5 绘制立面结构详图

结构详图是指对平面布置图、立面图等图样未表达清楚的部分进一步放大比例绘制的更详细的图样，使施工人员在施工时可以清楚地了解每一个细节，做到准确无误。

住宅结构详图包括吊顶、墙面、地面以及装饰物等的详图。在绘制住宅结构详图时，应按照以下方法进行绘制。

（1）选取比例，确定图纸幅面，根据要绘制物体的尺寸绘制轮廓。

（2）用粗实线绘制剖切到的装饰形体的轮廓。

（3）用细实线绘制剖切到的装饰形体的构造层次、材料图例等。

（4）详细标注相关尺寸与文字说明，书写图名和比例。

### 6.5.1 绘制卧室背景墙立面结构造型

下面将对卧室背景墙立面结构造型的绘制过程进行介绍。

01 执行“插入”命令，在合适的位置插入剖面符号，如图6-136所示。

02 执行“射线”命令，捕捉端点绘制射线，如图6-137所示。

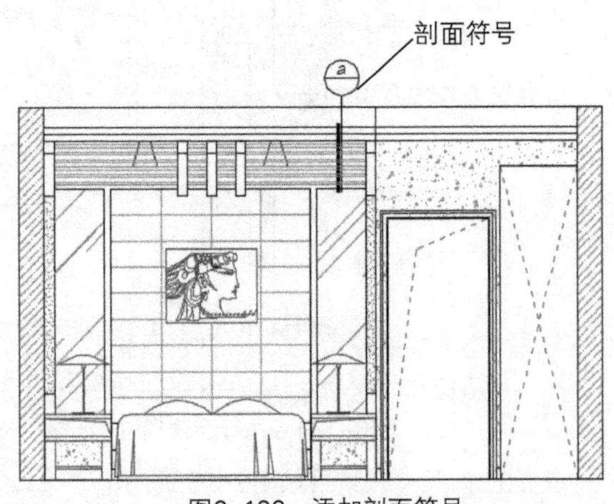


图6-136　添加剖面符号

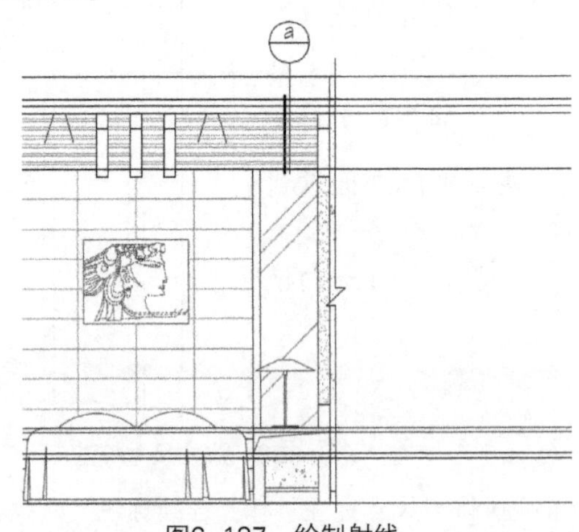


图6-137　绘制射线

03 执行“直线”、“偏移”、“修剪”命令，根据平面图尺寸绘制剖面轮廓，如图6-138所示。

04 执行“修剪”命令，修剪多余线段，如图6-139所示。

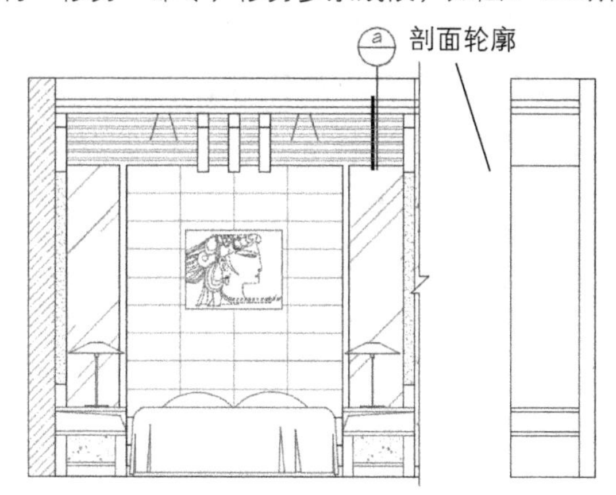

图6-138　绘制剖面轮廓

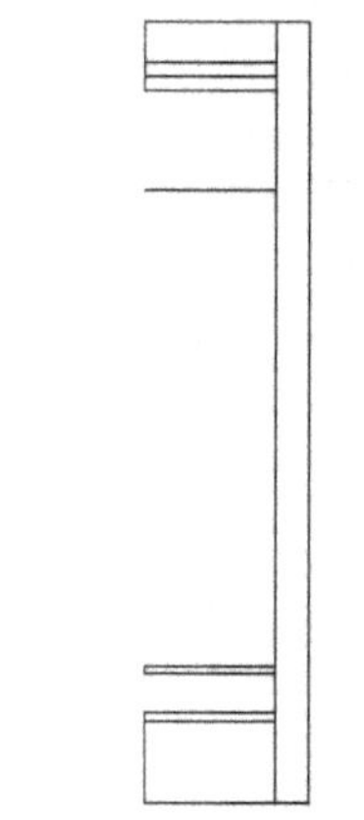
图6-139　修剪多余线段

05 执行“直线”、“偏移”、“修剪”命令，绘制吊顶部分细节图。详细尺寸如图6-140所示。

06 继续执行“直线”、“偏移”、“修剪”命令，绘制吊顶下侧墙面装饰部分，修剪多余线段，如图6-141所示。

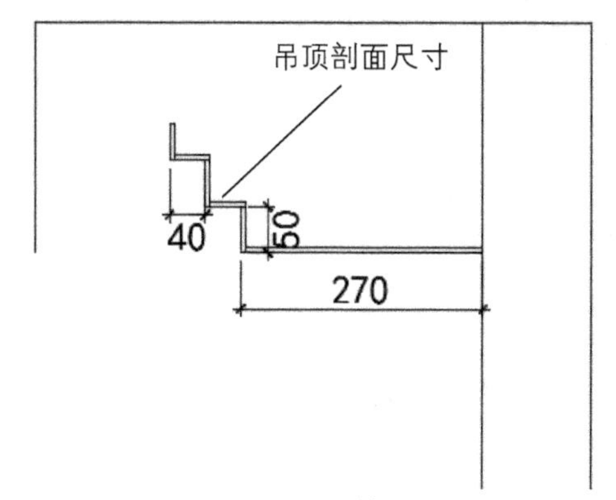

图6-140　绘制吊顶

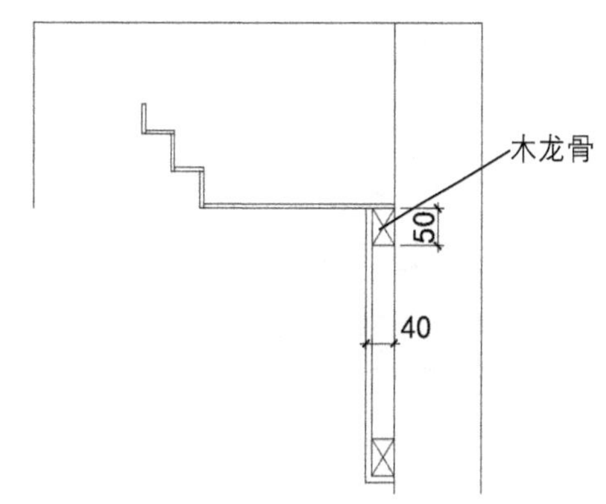

图6-141　绘制装饰部分

07 执行“矩形”命令，绘制20mm×30mm的矩形装饰木条；执行“矩形阵列”命令，阵列结果如图6-142所示。

08 执行 “偏移”、“修剪”命令，偏移墙线两次，修剪多余线段，如图6-143所示。

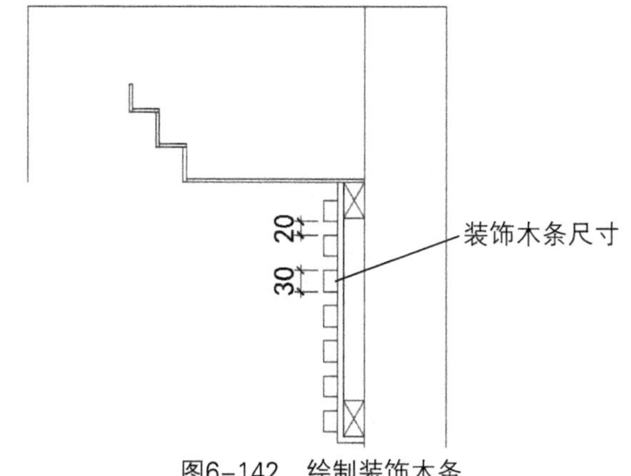

图6-142　绘制装饰木条

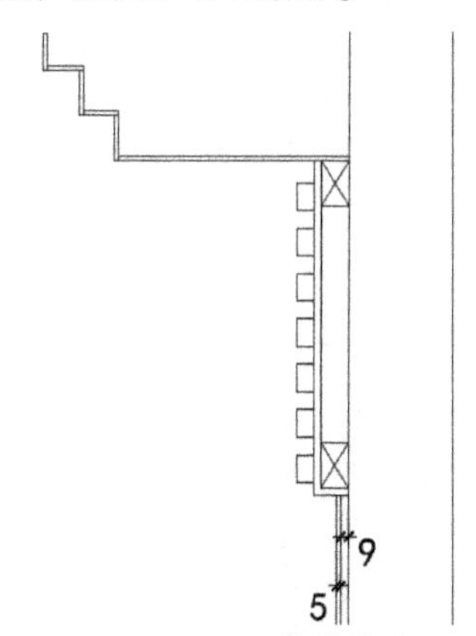

图6-143　偏移线段

09 执行“偏移”、“修剪”命令，绘制床头柜，结果如图6-144所示。

10 执行“偏移”、“修剪”命令，绘制床头装饰；执行“插入”命令，插入射灯立面图块，如图6-145所示。

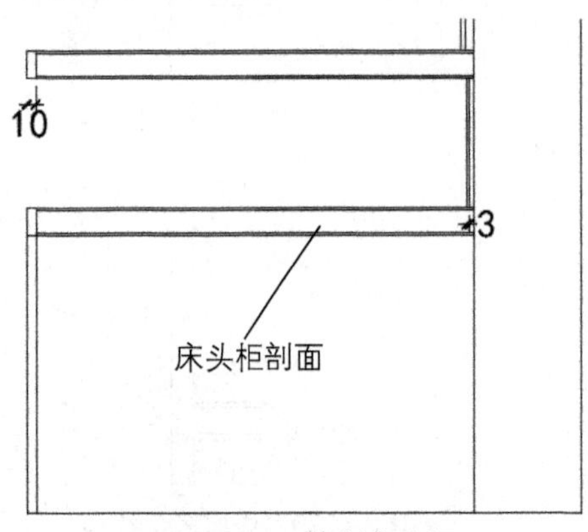


图6-144 绘制床头柜

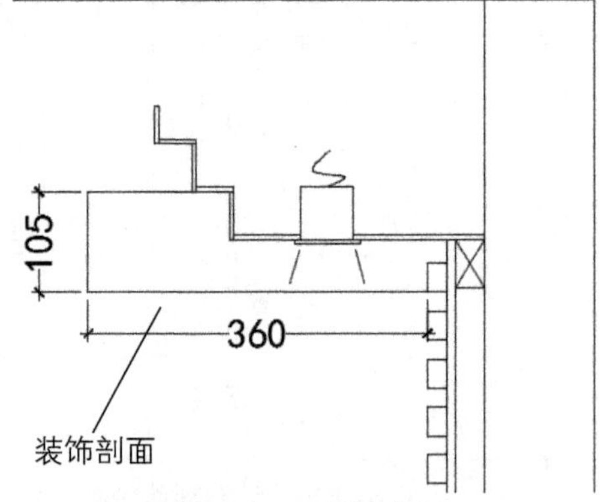


图6-145 插入射灯

11 继续执行“偏移”、“修剪”命令，绘制装饰造型，结果如图6-146所示。

12 执行“圆弧”命令，在装饰木条部分绘制填充图案，如图6-147所示。

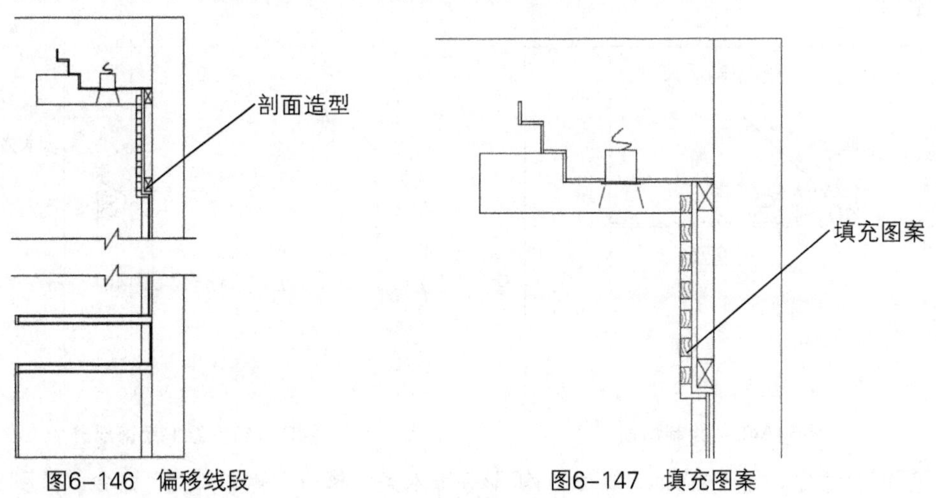


图6-146 偏移线段　　图6-147 填充图案

13 执行“图案填充”命令，填充墙面部分，结果如图6-148所示。

14 执行“修剪”命令，修剪被遮挡的部分，如图6-149所示。

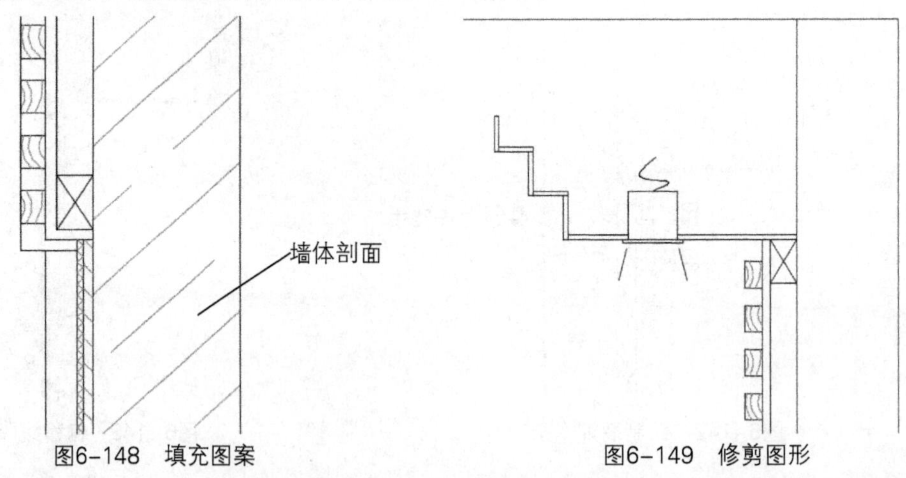


图6-148 填充图案　　图6-149 修剪图形

15 执行“图案填充”命令，填充床头柜部分，结果如图6-150所示。

16 执行“图案填充”命令，填充墙面部分，结果如图6-151所示。

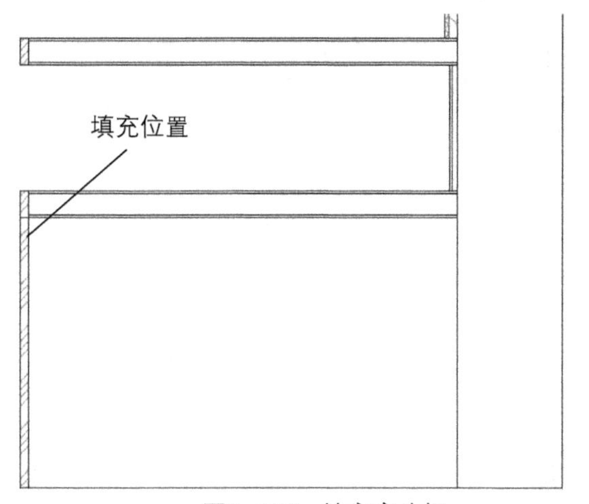


图6-150　填充床头柜

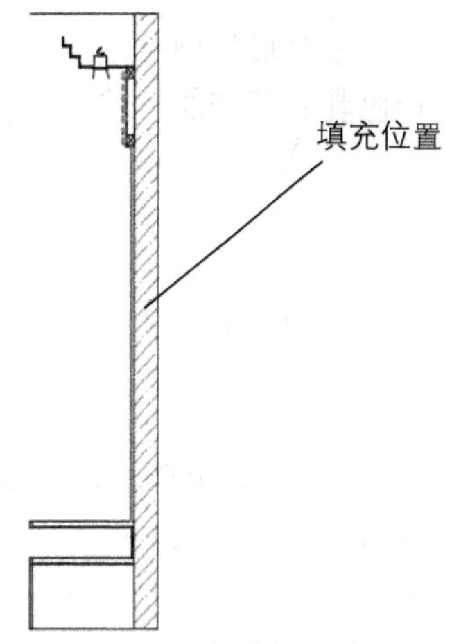


图6-151　完成剖面绘制

## 6.5.2　添加卧室背景墙立面详图的尺寸标注

背景墙立面详图造型绘制完成后，下一步进行尺寸标注和文字标注，具体操作过程如下。

01 执行“多重引线样式”命令，新建“详图引线”样式，如图6-152所示。

02 设置箭头大小为30，高度为50，将其置为当前样式，如图6-153所示。

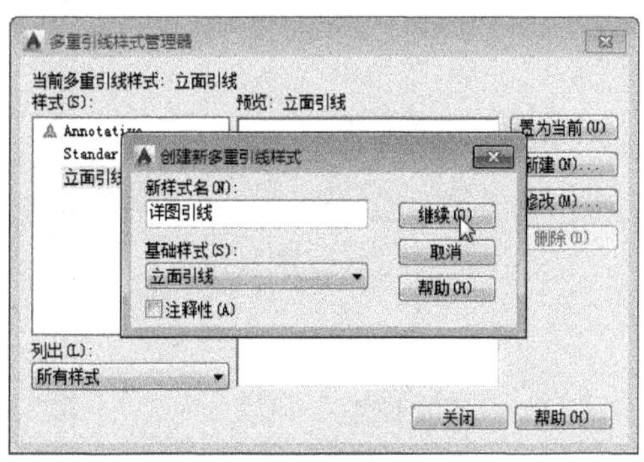


图6-152　创建引线样式

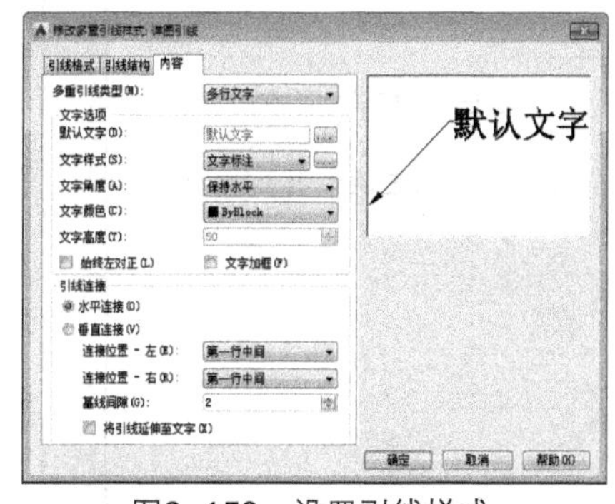


图6-153　设置引线样式

03 执行“标注样式”命令，新建“剖面标注”样式，如图6-154所示。

04 设置超出尺寸线20，箭头为建筑标记，大小为30，字体如图6-155所示。

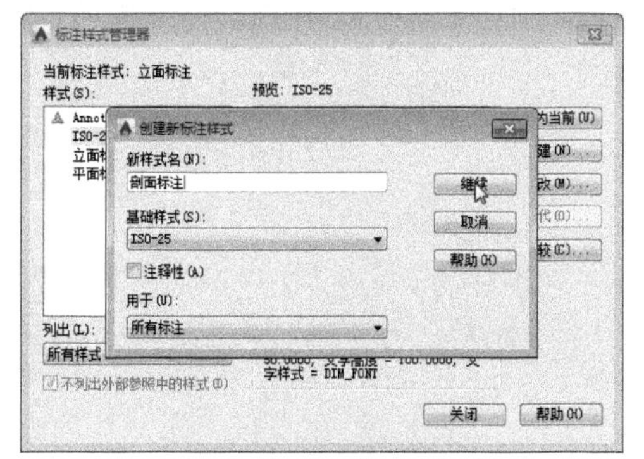


图6-154　创建标准样式

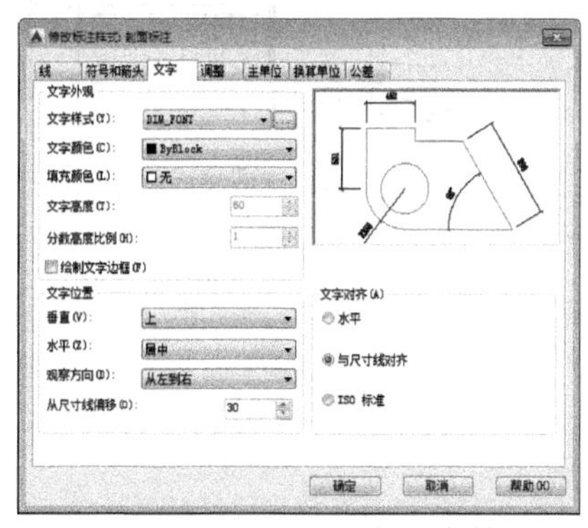

图6-155　设置标注字体

05 执行"多重引线"命令，指定标注位置和引线方向，输入文字内容，如图6-156所示。

06 执行"复制"命令，复制引线至其他需要标注的位置，双击文字进行修改，如图6-157所示。

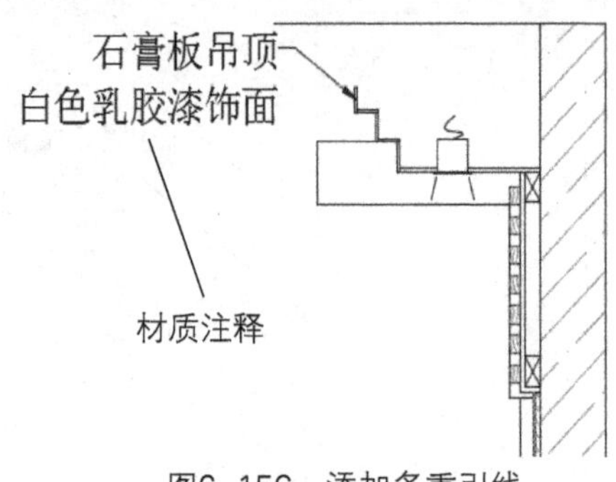


图6-156 添加多重引线　　图6-157 复制并修改注释文字

07 重复以上步骤，标注其他位置的材质，完成文字标注如图6-158所示。

08 执行"复制"命令，复制引线至其他需要标注的位置，双击文字进行修改，如图6-159所示。

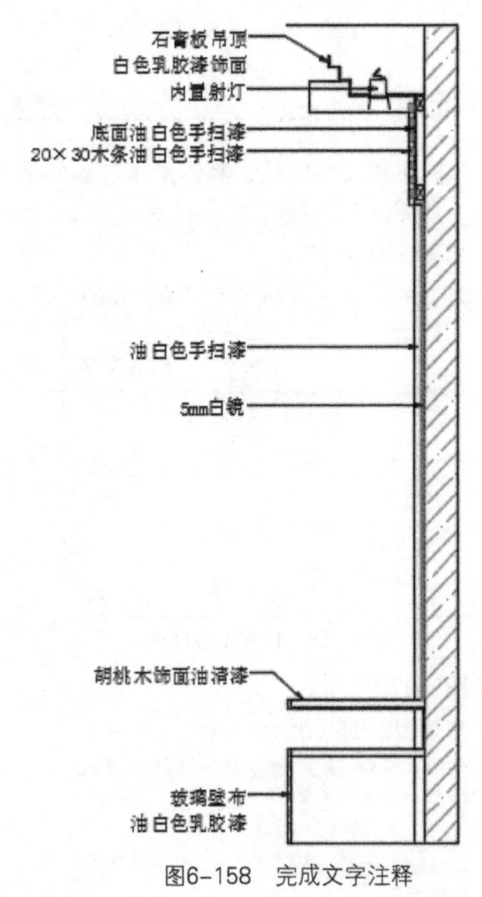


图6-158 完成文字注释

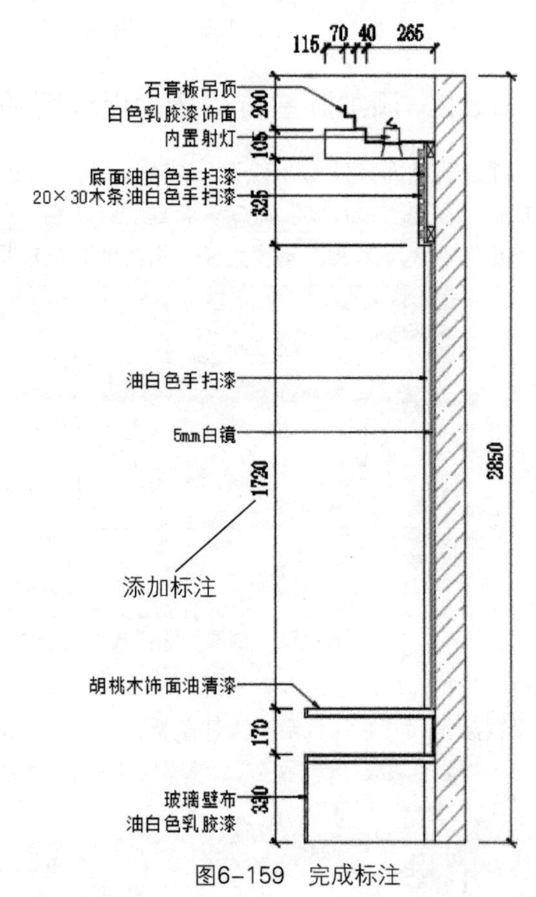


图6-159 完成标注

# 第7章 大户型施工图的绘制

本章概述　通常，大户型是指面积大、环境好、档次高的住宅，在设计施工图时，与小户型的设计是有很大区别的。本章将以四室两厅两卫户型施工图的绘制为例进行介绍。通过对本章内容的学习，读者可以掌握平面图和立面图的绘制方法与绘图技巧。

知识要点
- 大户型住宅设计的技巧；
- 室内平面图的绘制方法；
- 户型图的绘制方法；
- 室内立面图的绘制方法。

## 7.1 设计概述

大户型住宅是很多人向往的宽敞、舒适的房屋，在设计时，为了展示主人的气质与个性，会将多种元素纳入设计图纸中。在合理应用空间的基础上，应尽可能让整体的装修效果显得大气，丰富、不单调。

### 7.1.1 设计的基本原则

大户型与小户型装修是有很多不同的，大户型设计的原则有如下几点。

（1）空间划分要合理

不管空间大小，家居装修都需要对空间功能进行合理地划分及利用。协调统一才能杜绝突兀的感觉，比如现代大户型客厅一般被划分为就餐区、会客区和休闲区等，如图7-1所示。

（2）视觉效果要一致

在视觉效果上，是要给人一个较为明朗的印象，这可以通过空间吊顶的走向、装饰品的摆设等来体现。但是要注意整个空间的和谐统一，即各个功能区域的装饰格调要与全区的基调一致，以体现总体的协调性，如图7-2所示。

图7-1　合理规划空间

图7-2　视觉效果一致

（3）布艺摆件要活用

布艺制品的巧妙运用能使整体空间在色彩上鲜活起来，可以起到画龙点睛的作用。别致独特的小摆设也能反应出主人的性情，甚至成为空间不可获缺的点缀品，如图7-3所示。

（4）植物点缀要自然

大户型软装的选择与摆设，既要符合功能区的环境要求，也要体现自己的个性与主张。富有生气的植物给人清新、自然的感受，如图7-4所示。

图7-3 布艺与摆件

图7-4 植物点缀

此外，在大户型室内设计中，色彩的协调问题也很关键。虽说大户型的空间大小不成问题，但装修时一定要注意和谐统一。

### 7.1.2 经典设计欣赏

下面将展示一些经典的设计案例，帮助读者熟悉各类设计风格并加以区别。

（1）中式风格

本案例是一个大户型的四居室，充满古典气质的中式居所。业主喜爱这种素雅而又简洁的中式家具，整体搭配创造了这种质朴却不失品位，含蓄但不单调的生活氛围，如图7-5~7-7所示。

图7-5 中式客厅

图7-6 中式卧室

图7-7 中式餐厅

（2）田园风格

此案例以家的舒适温馨做为风格基底，融入了英式乡村田园风格的细腻雅致，以开放格局，营造出通透开阔的明亮场域。英式田园家具多以奶白、象牙白等白色为主，以高档的桦木做框架，配以高档的环保中纤板内板，造型优雅、线条细致，经高档油漆处理，使得每一件产品散发着从容淡雅的生活气息，如图7-8~7-10所示。

图7-8 田园风格的客厅

图7-9 田园风格的厨房

图7-10 田园风格的储物家具

（3）混搭风格

生活的质感，在于收纳的灵活配置。考虑到居者的实际需求，设计师对原有的格局作了调整。设计师将特制的复古地砖铺设在公共空间，而在玄关处做拼花处理，利用材质的变化与反差，让立体鲜明的线条语汇，刻画出了精致细腻的生活轮廓，如图7-11~7-13所示。

图7-11 混搭风格的客厅

图7-12 混搭风格的餐厅

图7-13 混搭风格的隔断

（4）日式风格

此案例的风格属于日式洋风，除了一间单独的茶室使用了榻榻米外，别的区域还是偏向现代化的。木线条、屏风隔断与素色窗帘充满了日式元素，做工考究，精致细腻，专注于内部的处理，如图7-14~7-16所示。

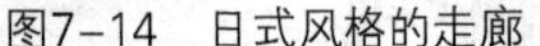

图7-14　日式风格的走廊

图7-15　日式风格的客厅

图7-16　日式风格的电视背景墙

## 7.2 平面图的设计

在室内设计制图中，平面图包括平面布置图、地面布置图、顶棚布置图、电路布置图以及插座开关布置图等，下面将介绍148m²公寓平面图的绘制方法。

### 7.2.1 绘制原始户型图

在进入制图程序时，首先要绘制原始户型图。启动AutoCAD 2015软件，将文件保存为“公寓设计方案”图形文件。

01 执行“图层特性”命令，在打开的对话框中单击“新建图层”按钮，新建“轴线”图层，设置其颜色为“红色”，如图7-17所示。

02 继续单击“新建图层”按钮，依次创建出“墙体”、“门窗”、“标注”等图层，并设置图层参数，如图7-18所示。

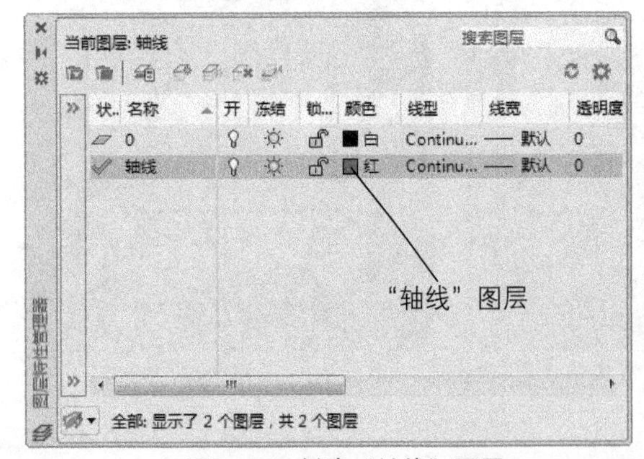


图7-17　创建“轴线”图层

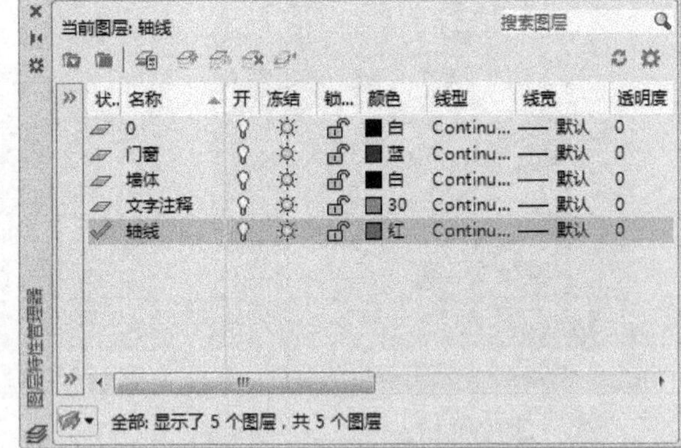


图7-18　创建其余图层

03 双击“轴线”图层，将其设为当前层。执行“直线”和“偏移”命令，根据实际测量尺寸绘制出墙体轴线，如图7-19所示。

04 将“墙体”图层设置为当前层，执行“多段线”命令，沿轴线绘制出墙体轮廓，如图7-20所示。

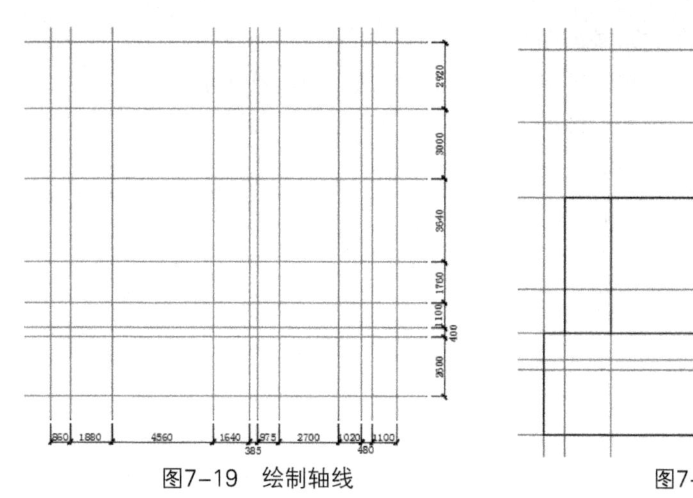


图7-19　绘制轴线

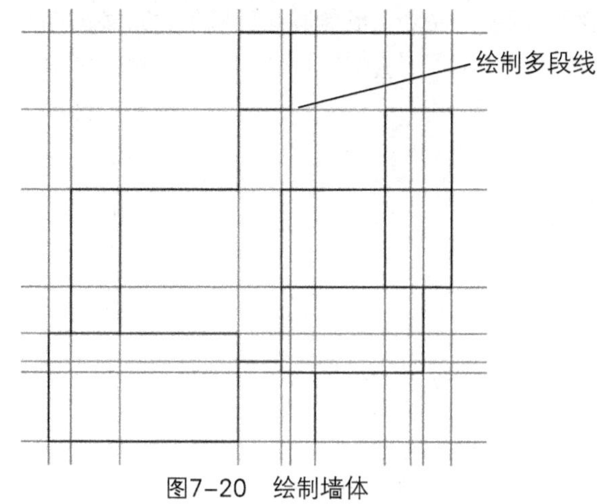


图7-20　绘制墙体

05 关闭“轴线”图层，然后执行“偏移”命令，将多段线分别向两侧偏移120，删除中间的线段，如图7-21所示。

06 执行“偏移”命令，将墙体偏移120mm，执行“修剪”命令，修剪掉多余线段，如图7-22所示。

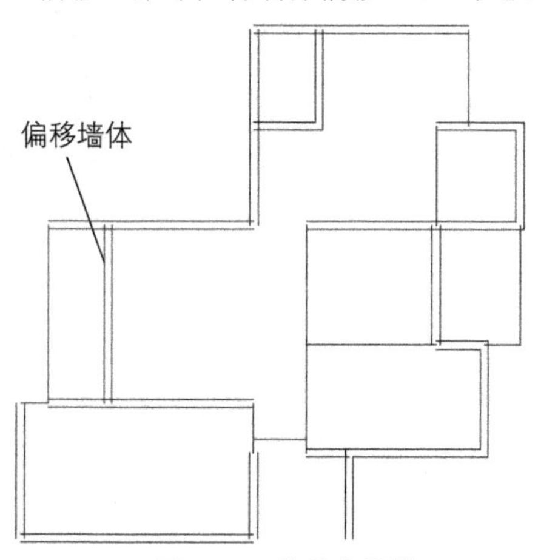


图7-21　偏移多段线

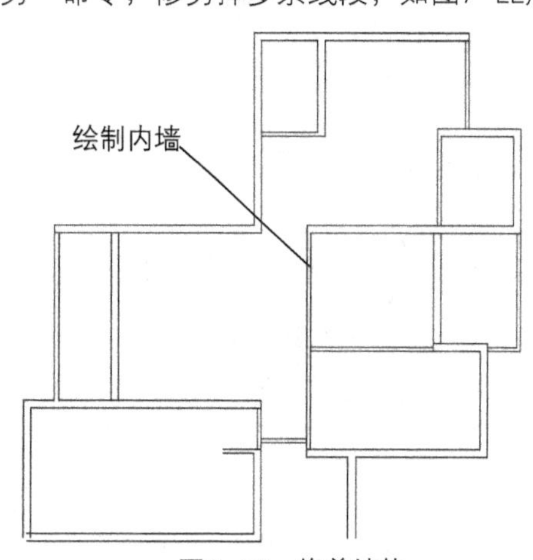


图7-22　修剪墙体

07 执行“直线”、“偏移”命令，绘制出其他墙体，尺寸如图7-23所示。

08 执行“修剪”、“倒角”命令，修剪删除掉多余的线段，结果如图7-24所示。

图7-23　偏移其他墙体

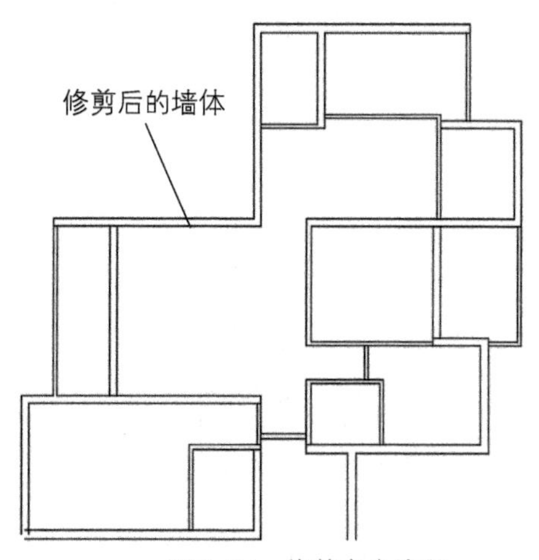


图7-24　修剪多余线段

09 执行“圆弧”命令，绘制圆弧形墙体，尺寸如图7-25所示。

10 执行“修剪”、“直线”命令，修剪并删除掉多余的线段，结果如图7-26所示。

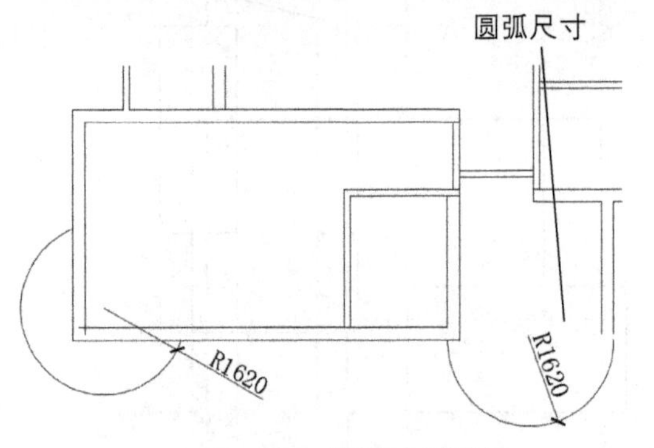


图7-25　绘制弧形墙体

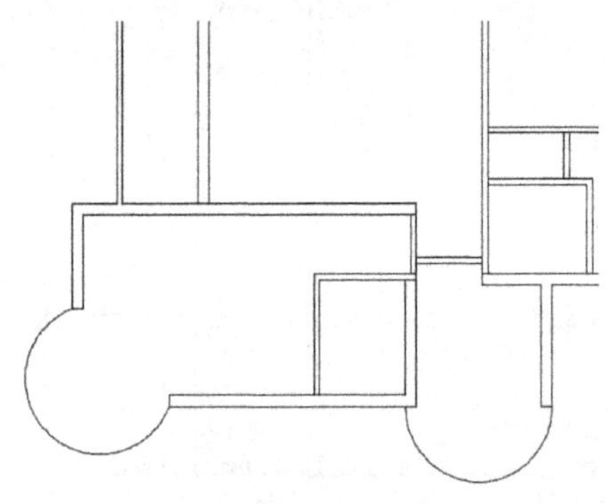

图7-26　修剪多余线段

11 执行“直线”、“偏移”命令，绘制出门洞和窗洞，尺寸如图7-27所示。

12 执行“修剪”命令，修剪并删除掉门洞和窗洞位置的线段，如图7-28所示。

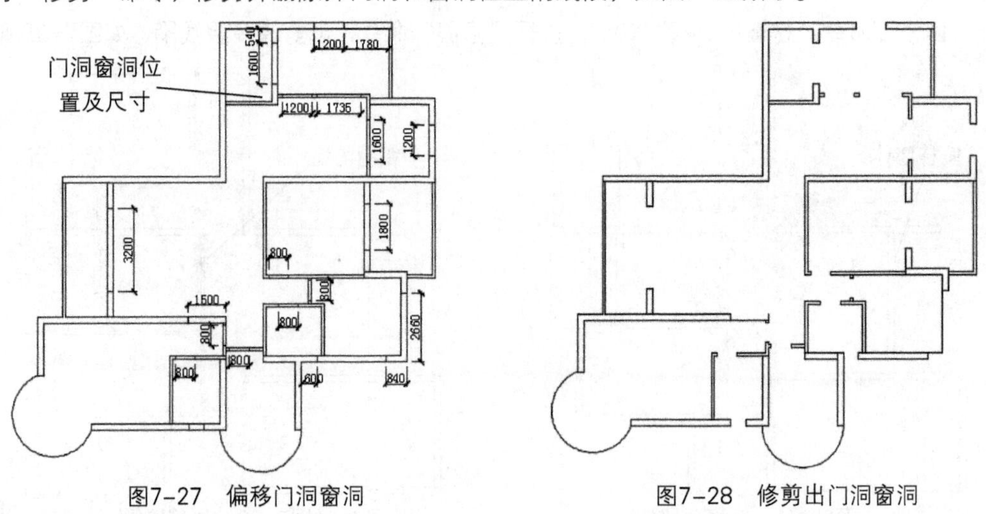


图7-27　偏移门洞窗洞

图7-28　修剪出门洞窗洞

13 将“门窗”图层设置为当前图层，执行“直线”命令，在窗洞位置绘制直线，如图7-29所示。

14 执行“偏移”命令，偏移绘制的直线，偏移距离为80，结果如图7-30所示。

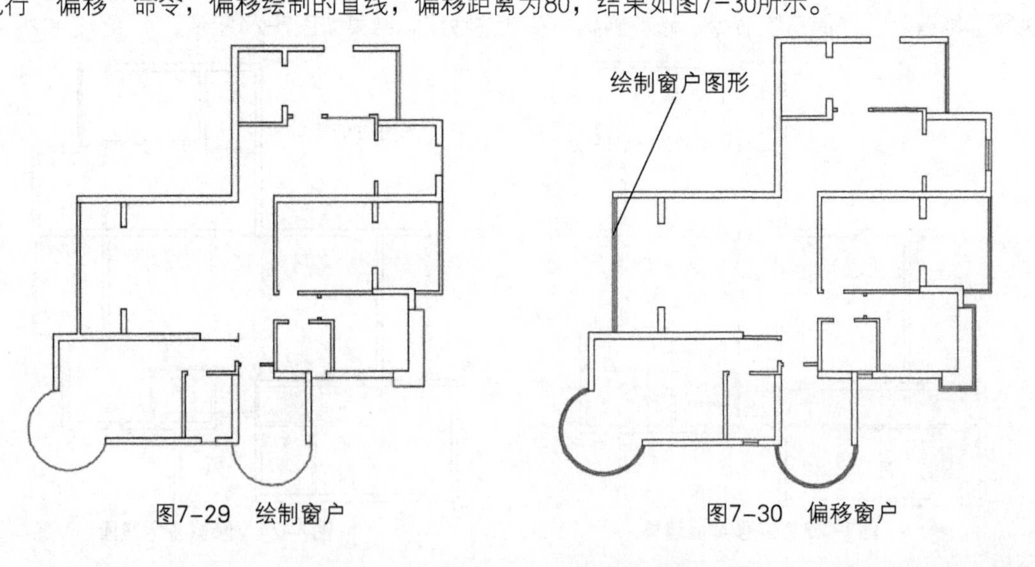


图7-29　绘制窗户

图7-30　偏移窗户

⑮ 执行“矩形”、“圆”、“复制”、“旋转”等命令，绘制出门的图形并将其放置在合适位置，如图7-31所示。

⑯ 将“墙体”层设为当前层，执行“直线”、“矩形”等命令，在合适位置绘出下水管及排烟管示意图，如图7-32所示。

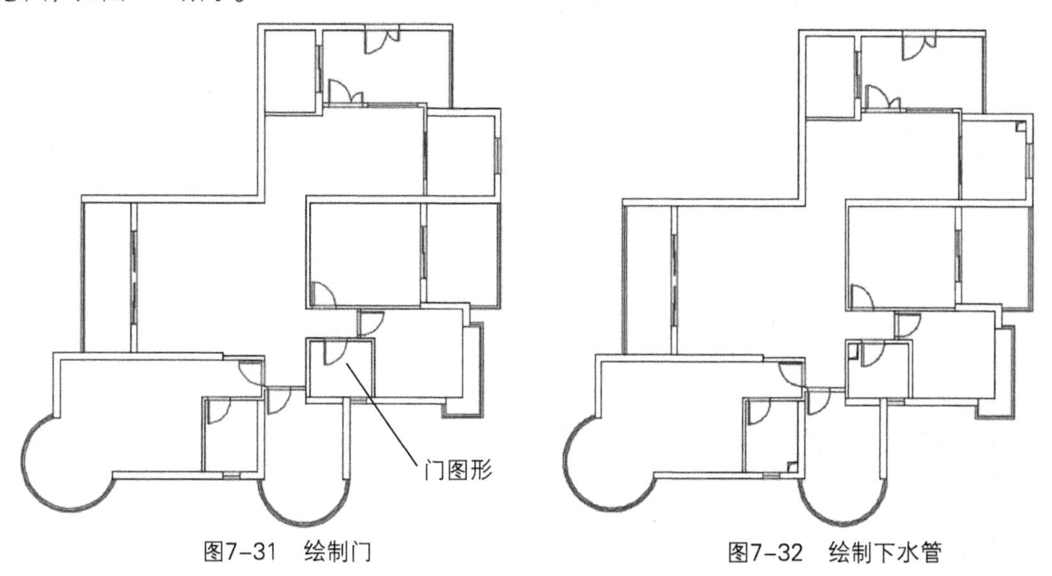


图7-31 绘制门　　　　图7-32 绘制下水管

⑰ 执行“标注样式”命令，新建“平面标注”样式，设置起点偏移量为300，箭头和符号设置如图7-33所示。

⑱ 调整文字位置为“尺寸线上方，不带引线”选项，设置主单位线型标注精度为0，文字设置如图7-34所示。

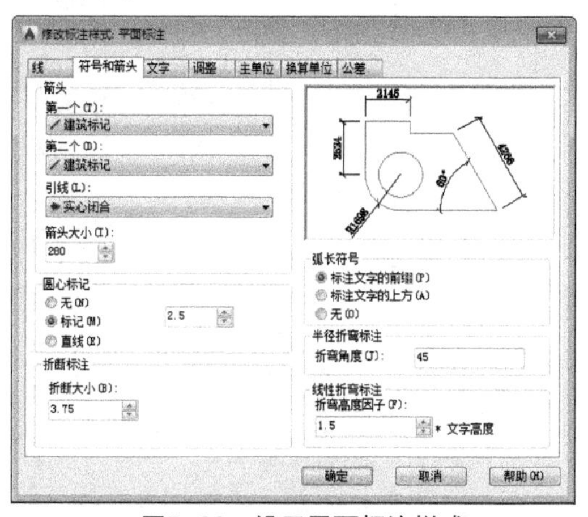


图7-33 设置平面标注样式

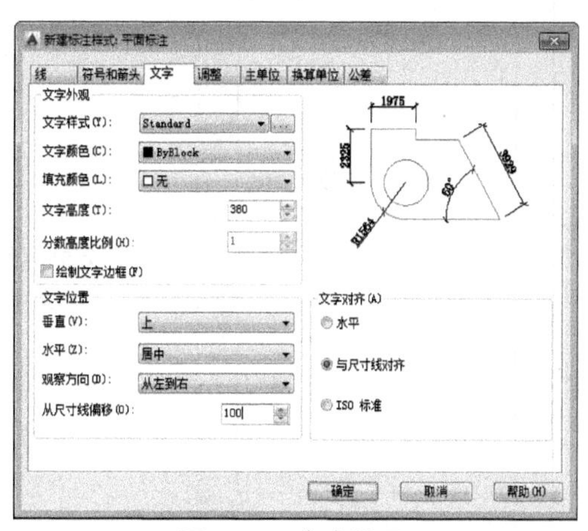


图7-34 文字设置

⑲ 执行“线性”、“连续”命令，标注户型图尺寸，再次执行“线性”命令，标注总长度，如图7-35所示。

⑳ 继续执行“线性”和“连续”标注命令，添加其他尺寸，如图7-36所示。

㉑ 执行“文字样式”命令，新建“文字标注”样式，设置如图7-37所示。

㉒ 执行“单行文字”命令，输入文字内容，如图7-38所示。

㉓ 执行“复制”命令，复制文字，双击文字进行修改，如图7-39所示。

㉔ 重复之前的操作，添加所有文字，如图7-40所示。至此公寓原始户型图绘制完毕。

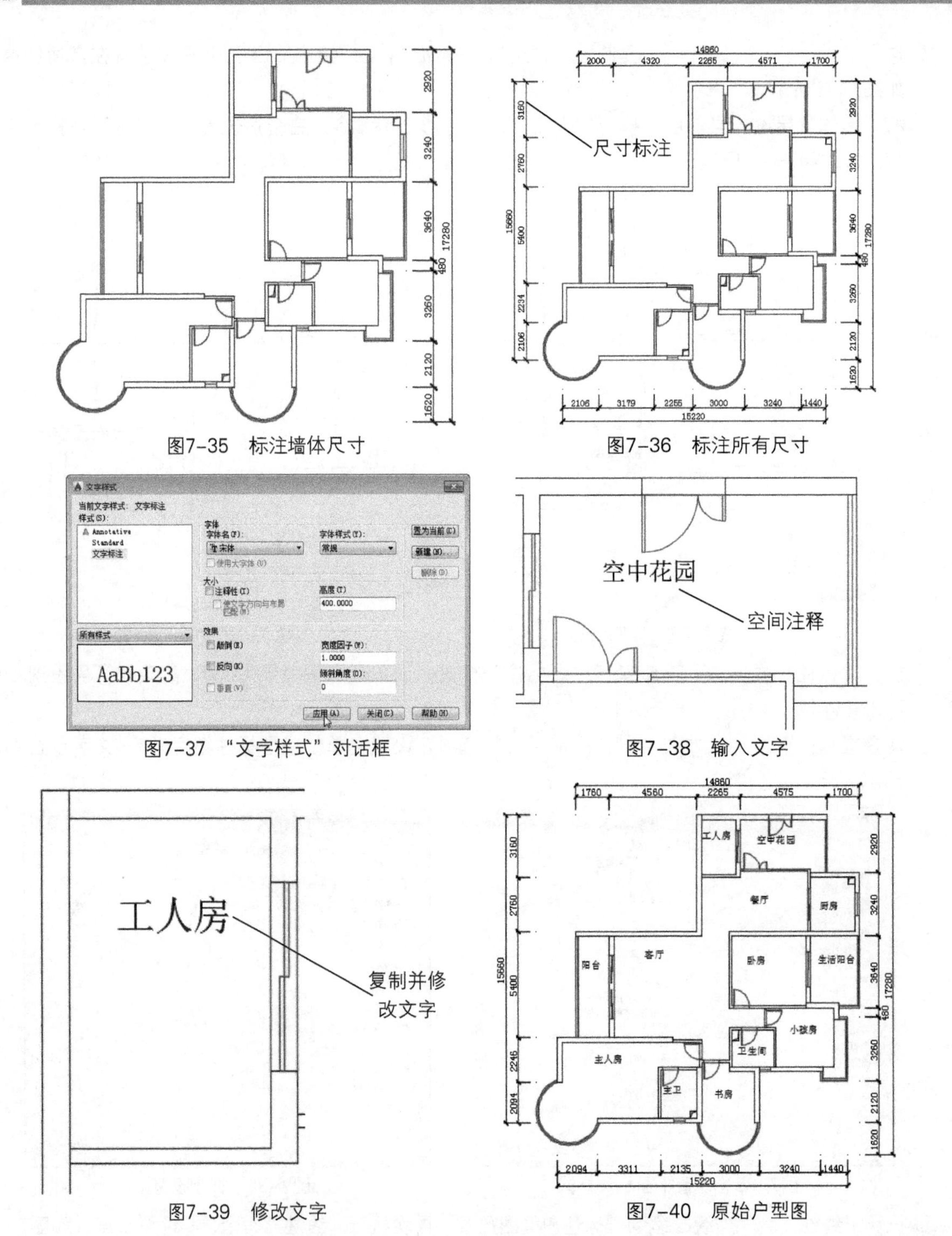


图7-35 标注墙体尺寸

图7-36 标注所有尺寸

图7-37 “文字样式”对话框

图7-38 输入文字

图7-39 修改文字

图7-40 原始户型图

## 7.2.2 绘制平面布置图

住宅的建筑平面图一般比较详细，对室内平面图进行布置时，需注意家具之间的距离，以及家具摆放是否合理。在绘制时，可在原始结构上运用一些基本操作命令，绘制或插入家具图块，并合理放置于图纸合适位置。绘制过程如下。

01 复制原始结构图，打开“图层特性管理器”对话框，新建图层，如图7-41所示。

02 将“家具”图层设置为当前层，执行“矩形”、“直线”命令，在入门位置绘制1500mm×340mm的矩形，如图7-42所示。

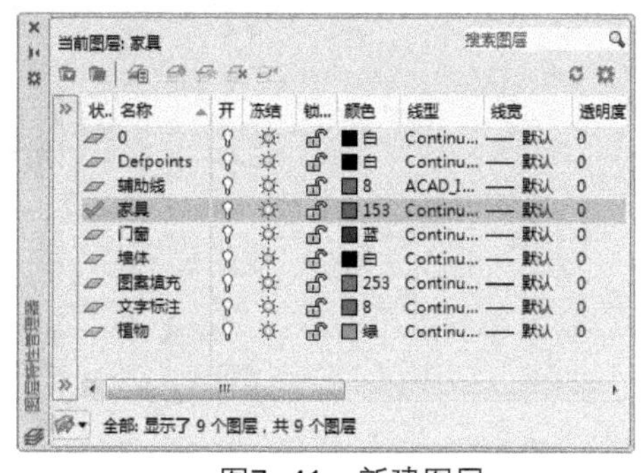


图7-41 新建图层

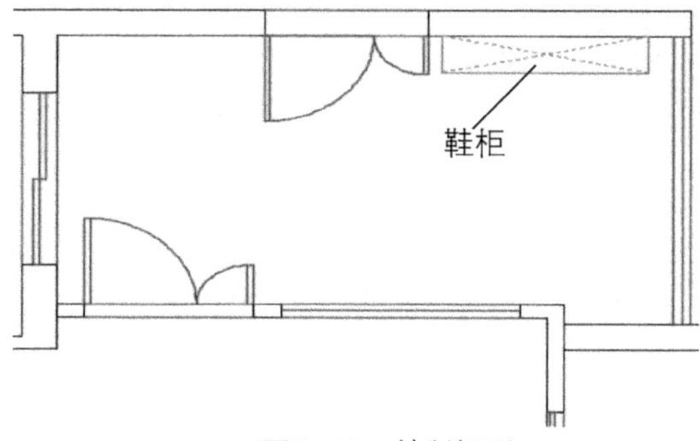


图7-42 绘制矩形

03 执行“偏移”、“直线”命令，将工人房顶边线段向下偏移450mm，将交叉的线段置于辅助线层，如图7-43所示。

04 执行“偏移”、“直线”命令，在客厅部分绘制线段，结果如图7-44所示。

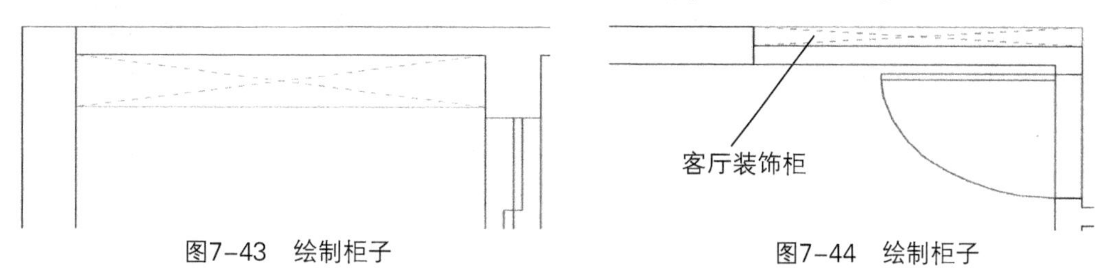


图7-43 绘制柜子　　图7-44 绘制柜子

05 执行“直线”、“偏移”、“修剪”命令，在餐厅位置绘制餐柜，如图7-45所示。

06 执行“倒圆角”命令，设置圆角半径为360mm，如图7-46所示。

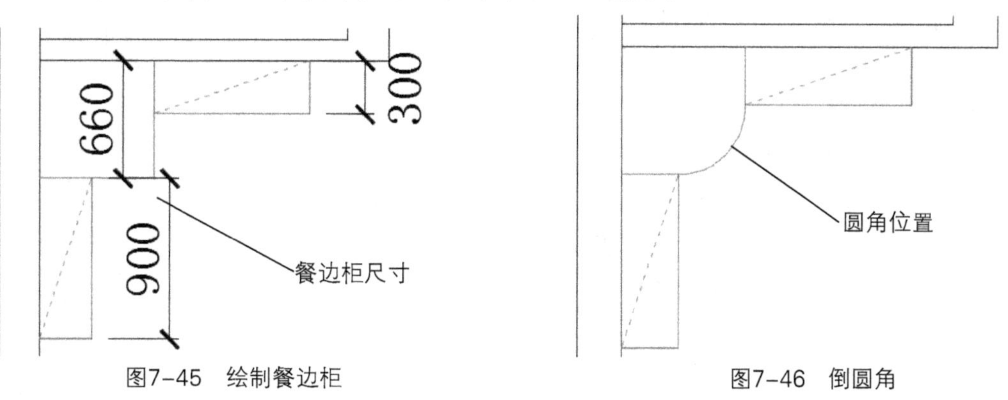


图7-45 绘制餐边柜　　图7-46 倒圆角

07 执行“直线”、“偏移”、“修剪”命令绘制电视背景墙，尺寸如图7-47所示。

08 执行“插入”命令，插入电视机图块，如图7-48所示。

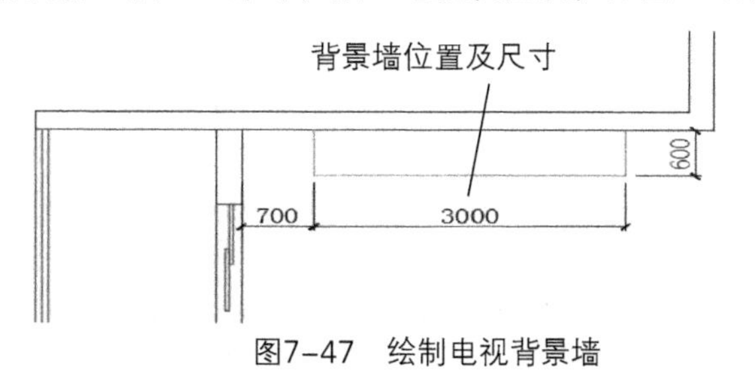


图7-47 绘制电视背景墙

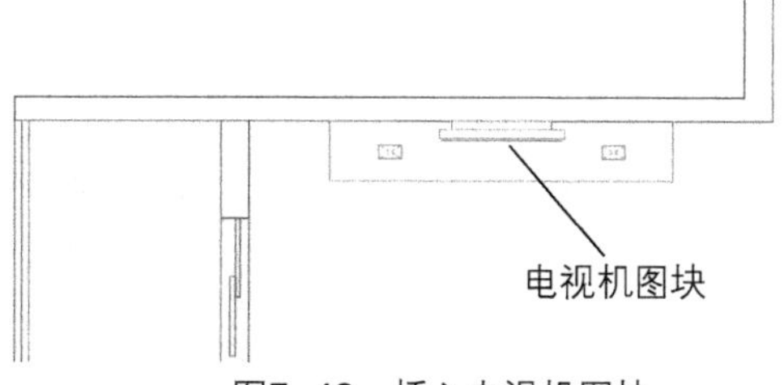


图7-48 插入电视机图块

09 继续执行“插入”命令，插入组合沙发图块，如图7-49所示。

10 执行“插入”命令，在餐厅位置插入餐桌椅图块，如图7-50所示。

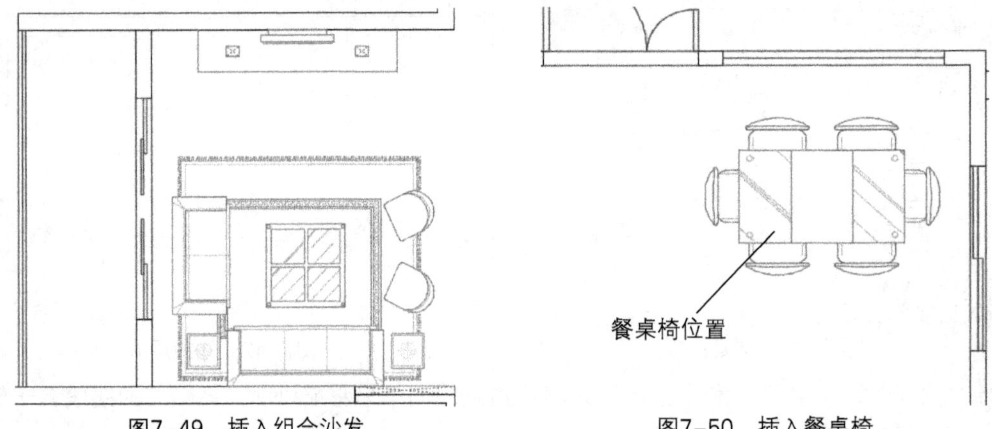


图7-49　插入组合沙发　　图7-50　插入餐桌椅

11 执行“插入”命令，插入单人床图块至工人房，如图7-51所示。

12 执行“偏移”、“修剪”命令，绘制厨房台面，插入厨房用具图块，如图7-52所示。

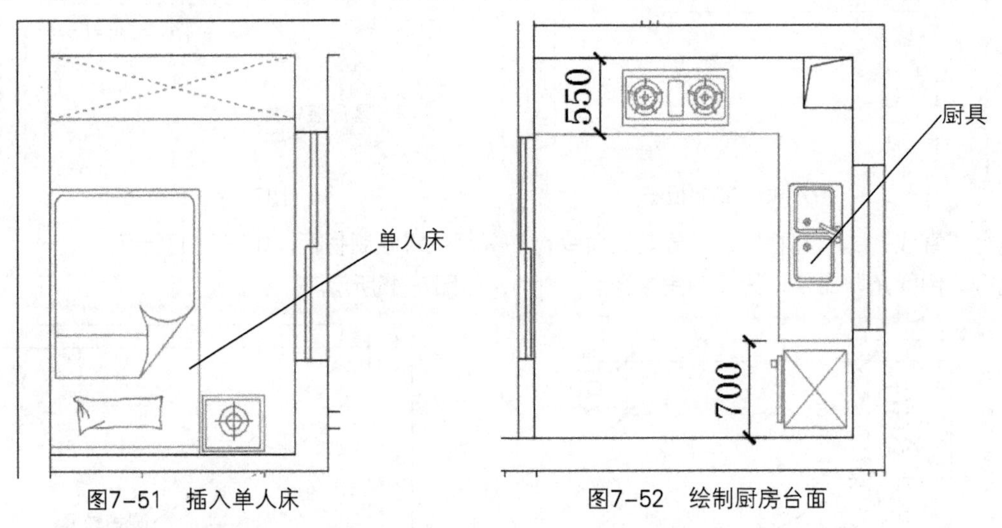


图7-51　插入单人床　　图7-52　绘制厨房台面

13 执行“直线”、“偏移”命令，绘制卧室衣柜及电视柜，尺寸如图7-53所示。

14 执行“插入”命令，在卧室位置插入双人床、衣柜等图块，如图7-54所示。

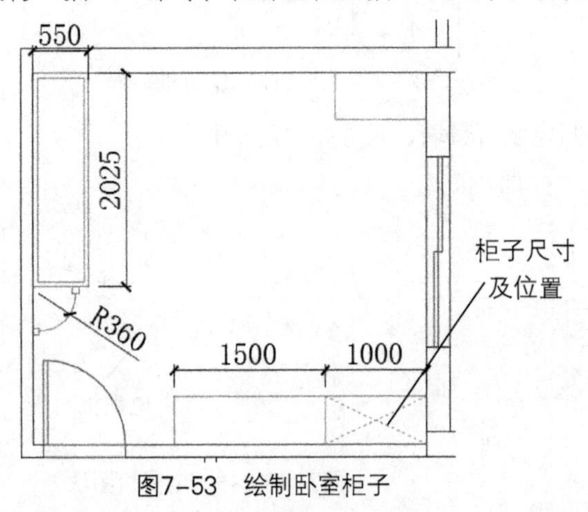


图7-53　绘制卧室柜子

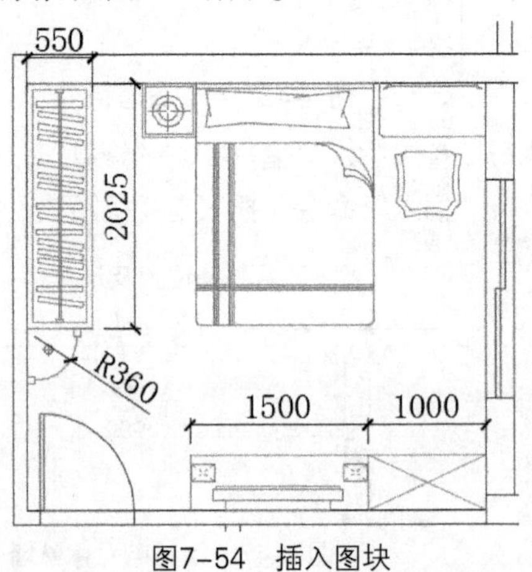


图7-54　插入图块

⑮ 执行“复制”、“直线”命令，绘制小孩房的衣柜及电脑桌，如图7-55所示。

⑯ 执行“插入”命令，在小孩房插入单人床、衣柜等图块，如图7-56所示。

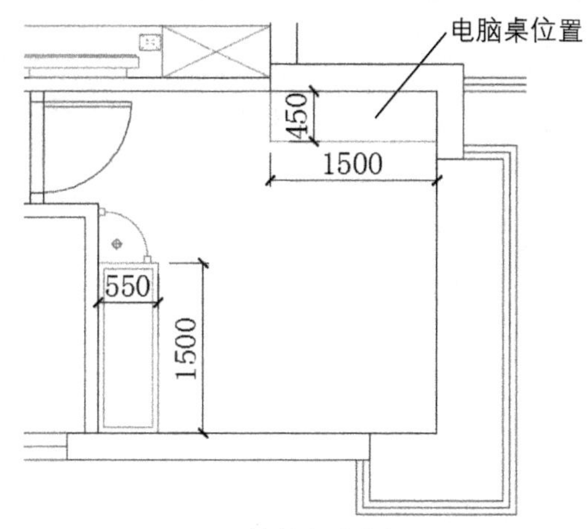


图7-55 绘制小孩房柜子

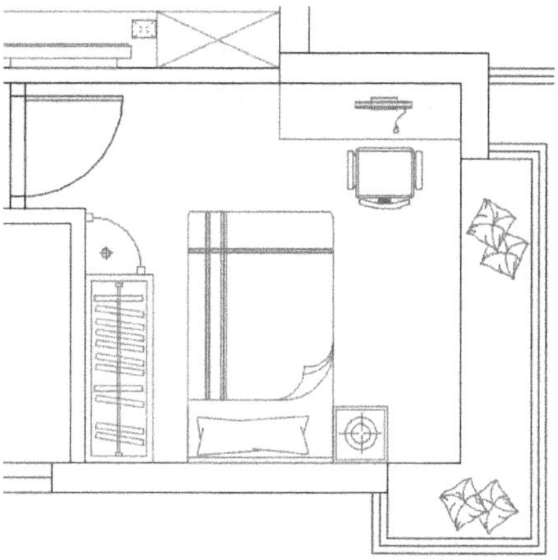

图7-56 插入图块

⑰ 执行“偏移”、“修剪”命令，绘制卫生间的洗手池台面，如图7-57所示。

⑱ 执行“插入”命令，插入台盆、马桶、淋浴头图块，如图7-58所示。

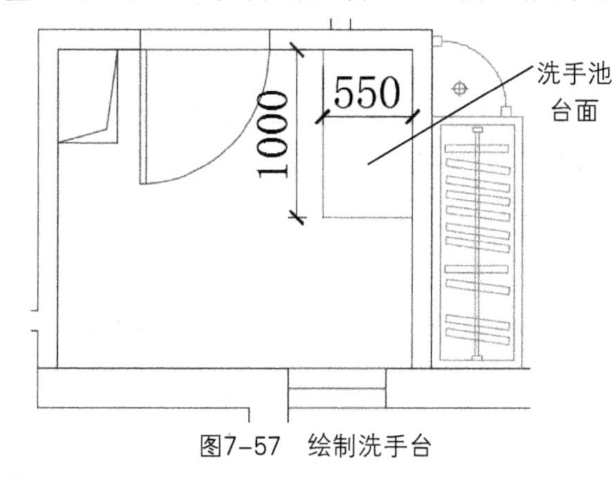


图7-57 绘制洗手台

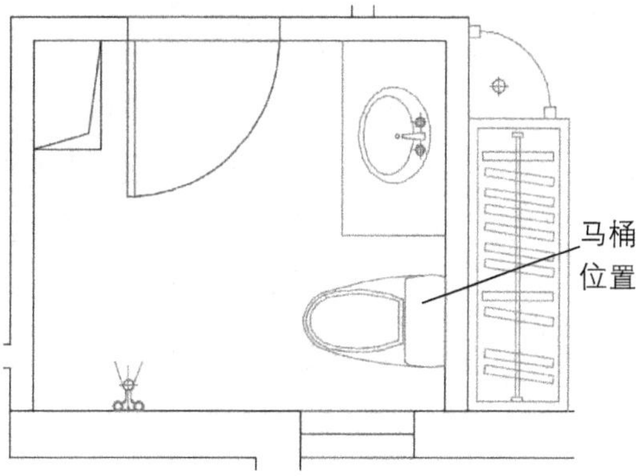

马桶
位置

图7-58 插入清洁用具

⑲ 执行“直线”、“偏移”命令，绘制书房书桌，如图7-59所示。

⑳ 执行“插入”命令，插入座椅及单人床的图形文件，如图7-60所示。

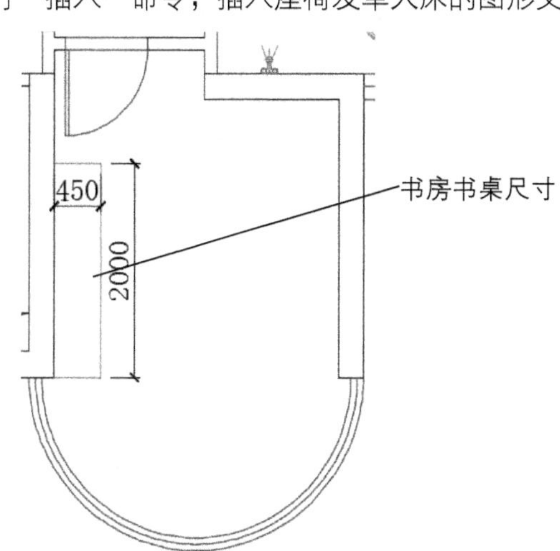


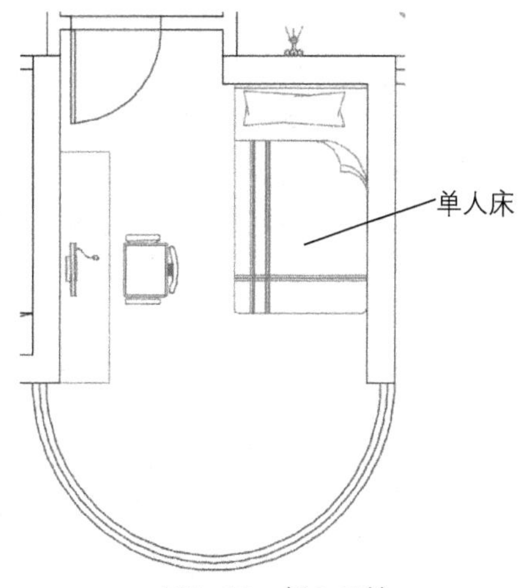


图7-59 绘制书房书桌

图7-60 插入图块

21 执行“直线”、“偏移”、“修剪”命令，绘制主卧电视背景墙，如图7-61所示。

22 执行“复制”命令，复制电视机图块至电视柜合适位置，如图7-62所示。

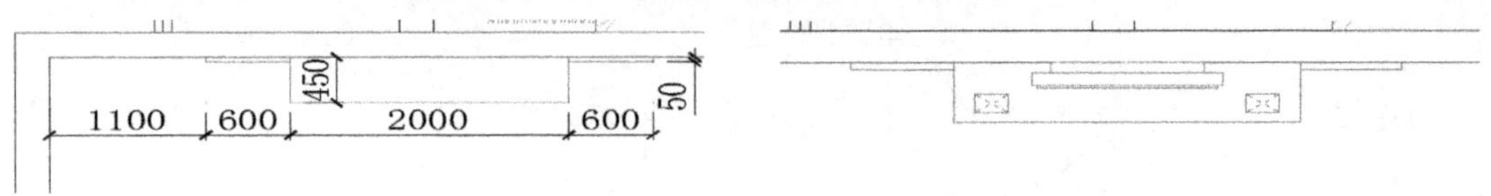


图7-61 绘制主卧电视背景墙　　图7-62 插入电视机图块

23 执行“直线”、“偏移”命令，绘制主卧衣柜及书桌，如图7-63所示。

24 执行“复制”、“插入”命令，插入双人床、座椅等的图块，如图7-64所示。

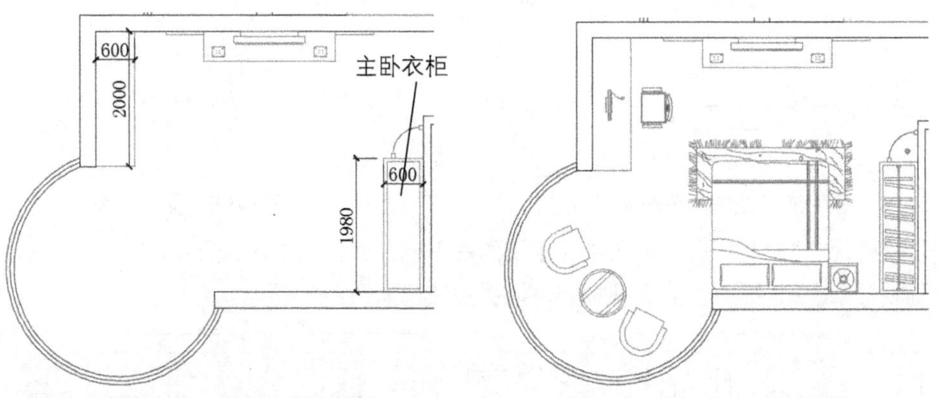


图7-63 绘制衣柜及书桌　　图7-64 插入图块

25 执行“直线”、“偏移”命令，绘制主卫洗手池台面，尺寸如图7-65所示。

26 执行“插入”命令，插入台盆及浴缸等图块，如图7-66所示。

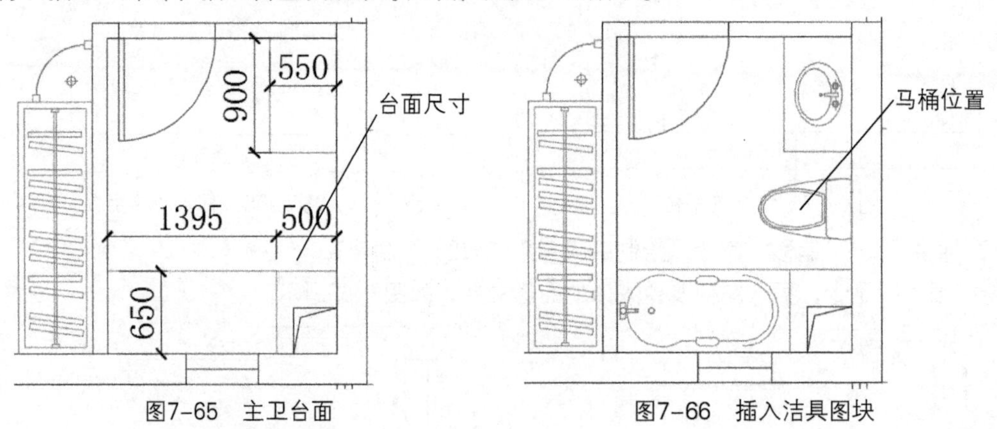


图7-65 主卫台面　　图7-66 插入洁具图块

27 执行“矩形”命令，绘制过道装饰，尺寸如图7-67所示。

28 执行“复制”命令，复制过道装饰至客厅过道处，如图7-68所示。

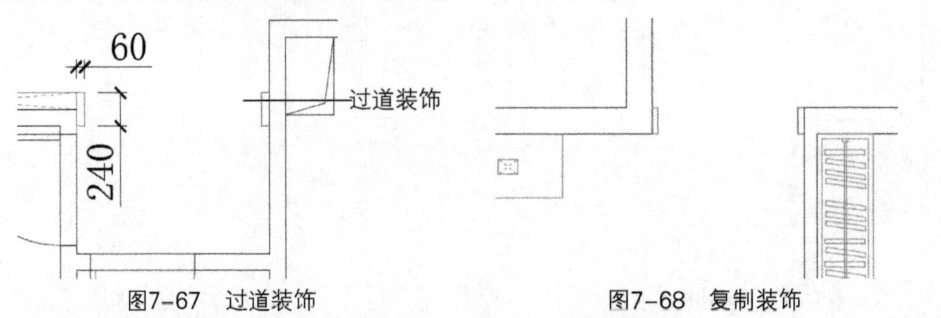


图7-67 过道装饰　　图7-68 复制装饰

㉙ 执行“圆弧”命令，在阳台位置绘制波浪线，如图7-69所示。

㉚ 执行“样条曲线”、“圆”命令，在波浪线左侧绘制鹅卵石，如图7-70所示。

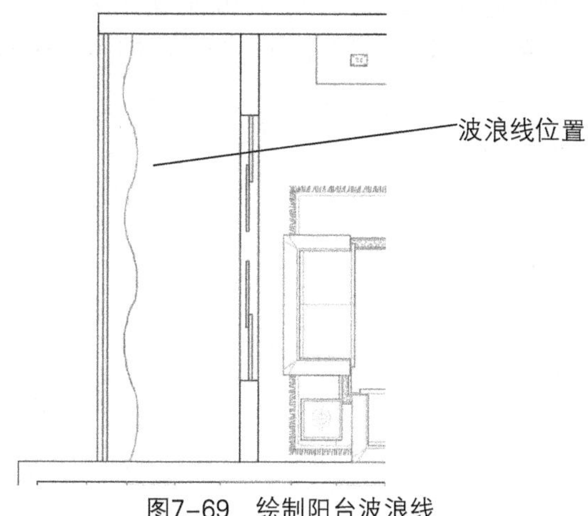


图7-69　绘制阳台波浪线

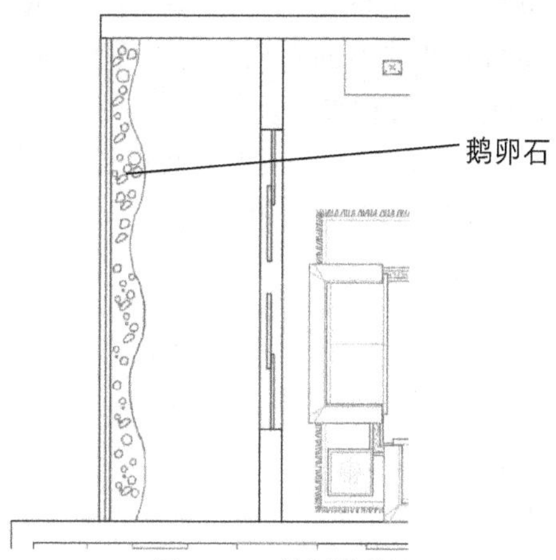


图7-70　绘制鹅卵石

㉛ 执行“插入”命令，在生活阳台位置插入洗衣机图块，位置如图7-71所示。

㉜ 继续执行“插入”命令，在空中花园位置插入植物图块，位置如图7-72所示。

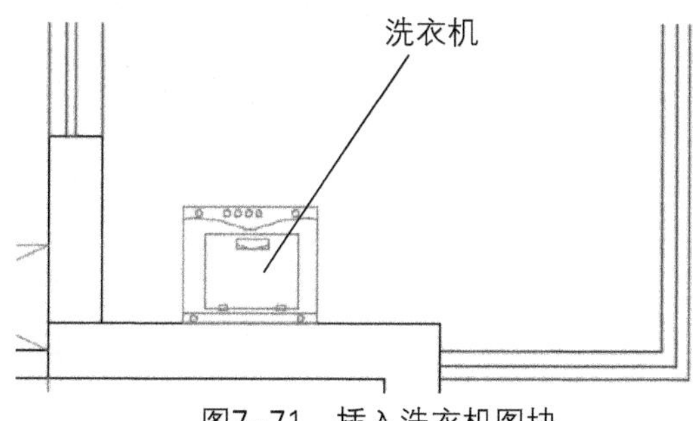


图7-71　插入洗衣机图块

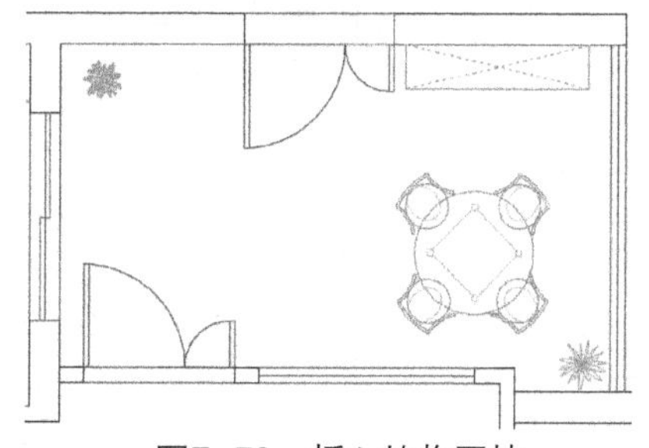

图7-72　插入植物图块

㉝ 继续“插入”植物至其他房间，如图7-73所示。

㉞ 执行“复制”命令，复制原始户型图的文字及尺寸标注，调整文字位置，如图7-74所示，平面布置图绘制完毕。

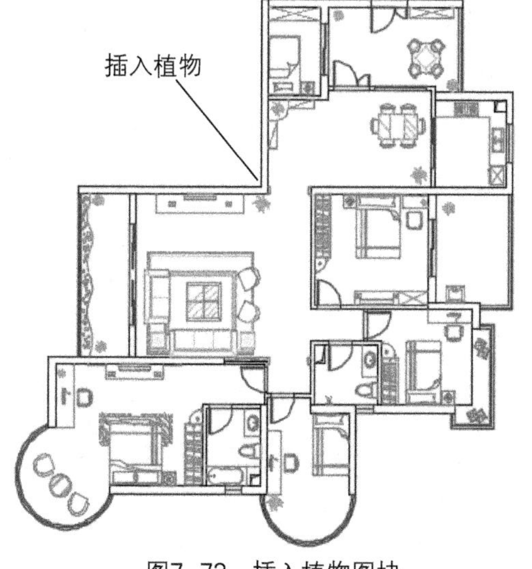


图7-73　插入植物图块

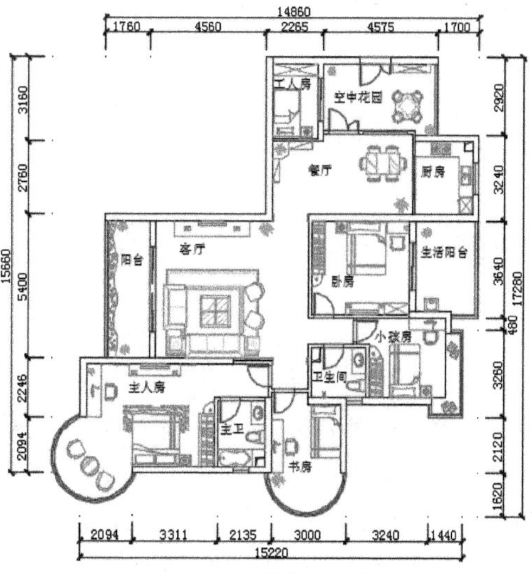


图7-74　公寓平面布置图

### 7.2.3 绘制地面布置图

布置好各房间的基本设备后，就可以对各房间布置地板砖了。地面布置图能够反映出住宅地面材质及造型的效果。可在平面图上将家具删除后，运用图案填充命令，绘制出地面布置图，具体绘制过程如下。

01 执行“复制”命令，复制平面布置图，删除家具及标注，如图7-75所示。

02 打开“图层特性管理器”对话框，新建地面填充图层，将“地面填充”图层置为当前层，如图7-76所示。

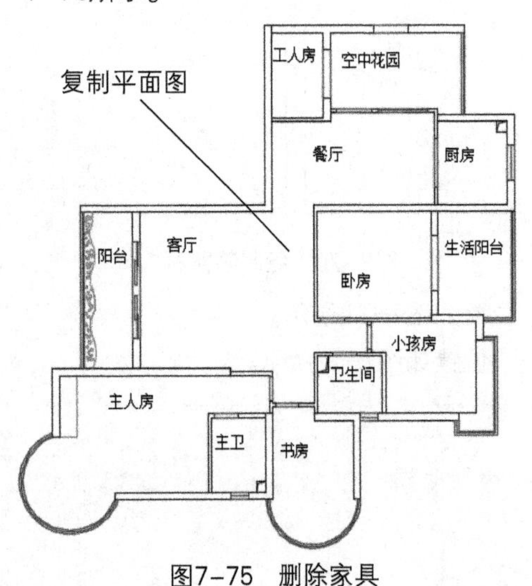


图7-75 删除家具

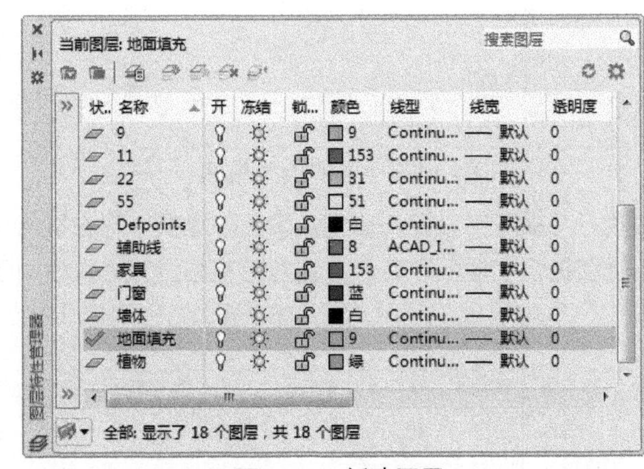


图7-76 新建图层

03 执行“图案填充”命令，选择“DOLMIT”图案，设置填充比例为25，示意实木地板，如图7-77所示。

04 单击“卧房”内部为拾取点，按回车键完成填充，如图7-78所示。

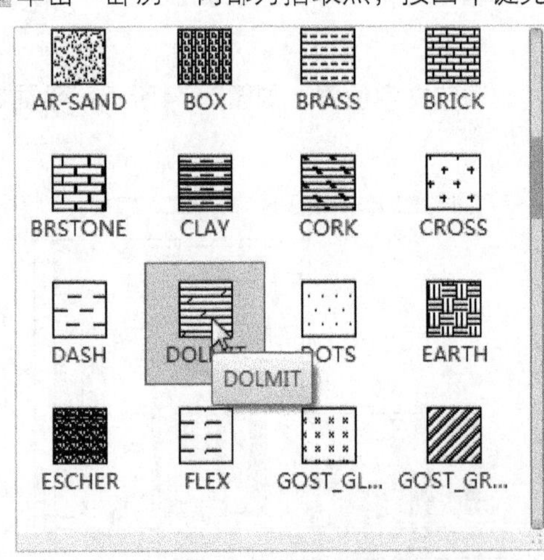


图7-77 填充图案

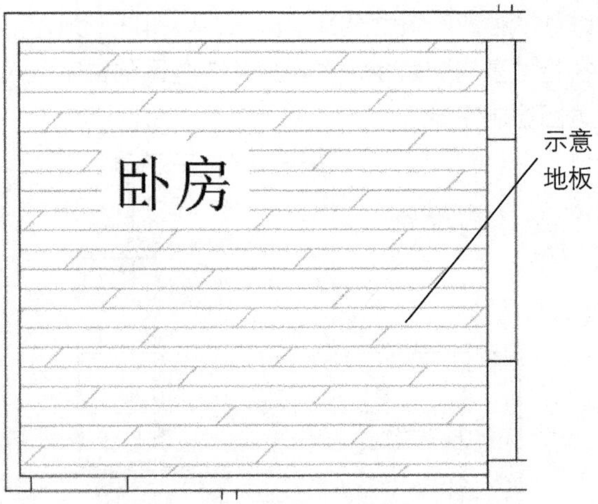

卧房

示意地板

图7-78 填充卧房地面

05 按回车键，依次拾取小孩房、书房及主人房进行填充，如图7-79所示。

06 执行“图案填充”命令，选择“ANGLE”图案，比例为45，填充厨房，如图7-80所示。

07 按回车键，依次拾取工人房、阳台及卫生间进行填充，如图7-81所示。

08 执行“图案填充”命令，填充800mm×800mm地砖至客厅、餐厅地面，如图7-82所示。

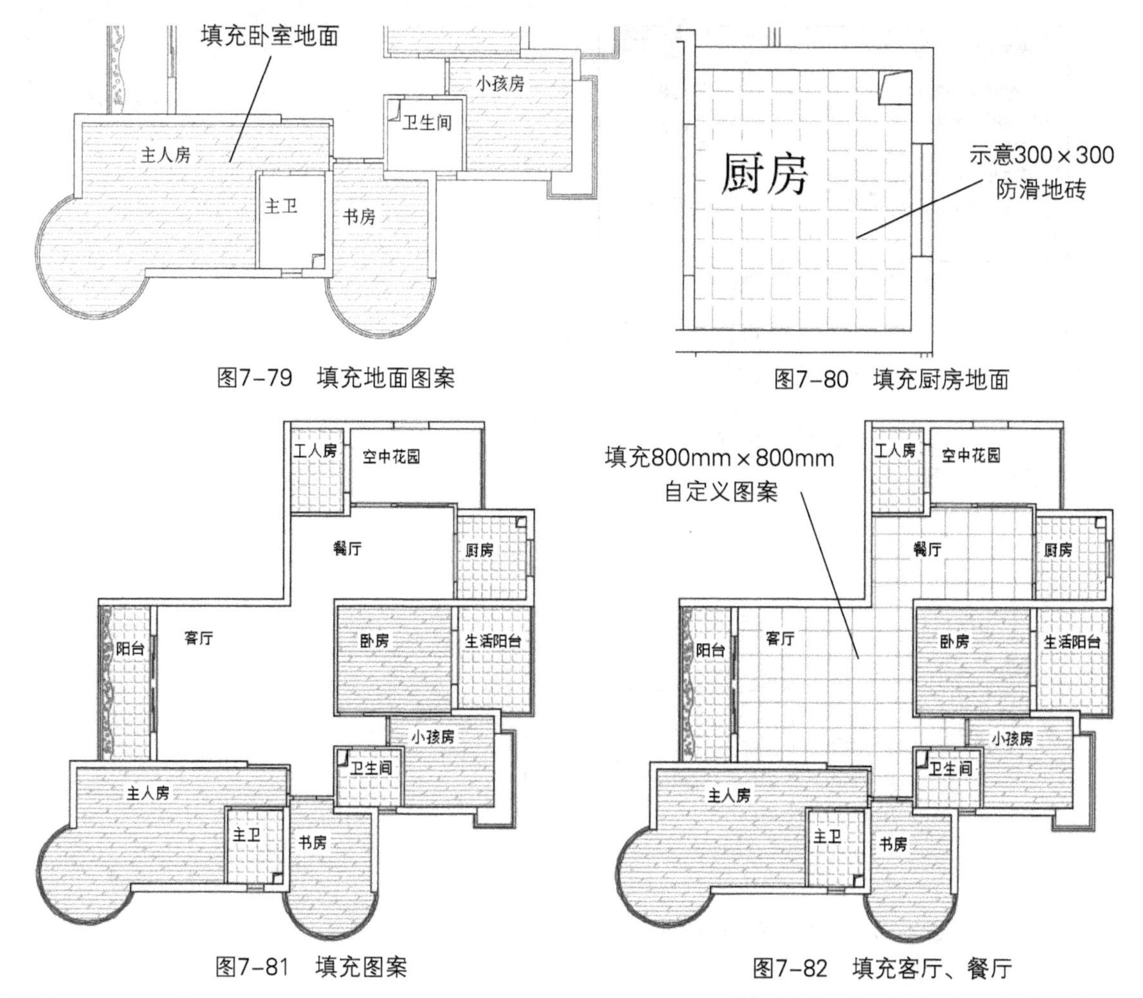


图7-79 填充地面图案　　图7-80 填充厨房地面

图7-81 填充图案　　图7-82 填充客厅、餐厅

09 执行“图案填充”命令，选择“AR-B816”图案，比例为1.5，填充空中花园位置，如图7-83所示。

10 继续执行“图案填充”命令，填充小孩房飘窗位置，图案为“AR-CONC”，比例为2，如图7-84所示。

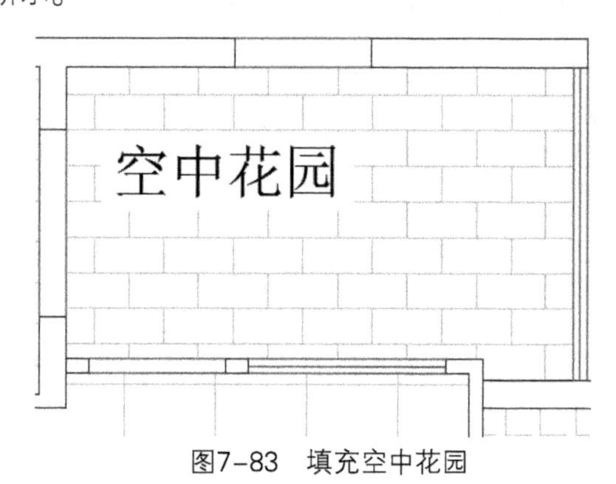


图7-83 填充空中花园

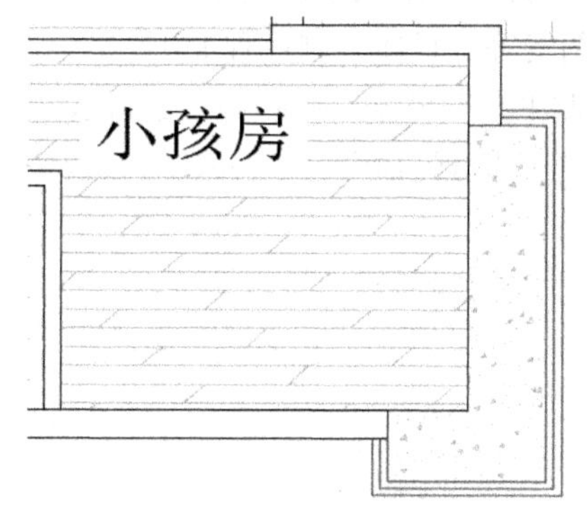


图7-84 填充飘窗

11 执行“多行文字”命令，在空中花园位置处框选出文字输入范围后，单击“背景遮罩”按钮，在打开的对话框中，设置边界偏移量为1，填充颜色为白色，如图7-85所示。

12 设置完成后单击“确定”按钮。将“标注”图层设置为当前图层，对空中花园地面材质进行文字说明，设置字体大小为200，如图7-86所示。

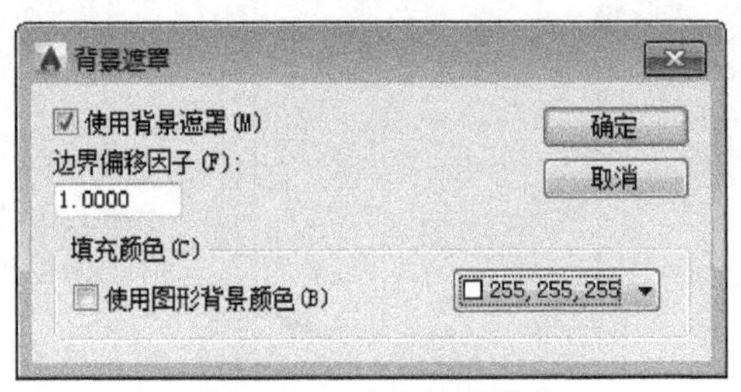

图7-85　设置背景遮罩

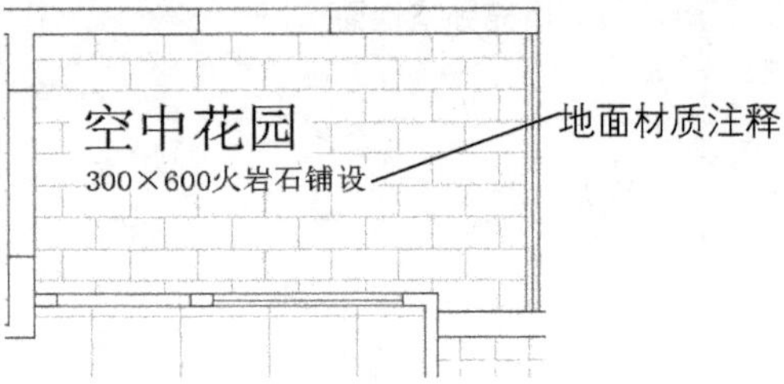

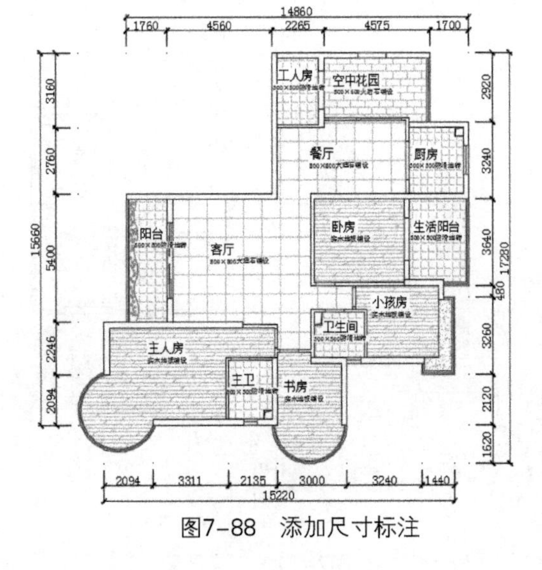

图7-86　添加文字说明

13 执行"复制"命令，双击文字进行修改，对其余地面材质进行文字说明，如图7-87所示。

14 执行"复制"命令，复制平面图尺寸标注，如图7-88所示。至此完成公寓地面布置图的绘制。

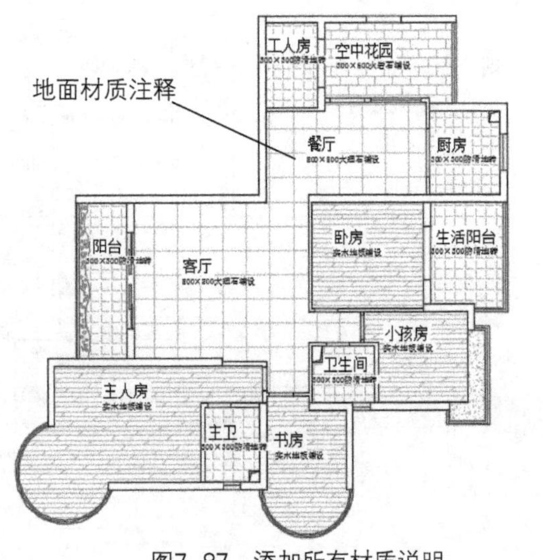

图7-87　添加所有材质说明

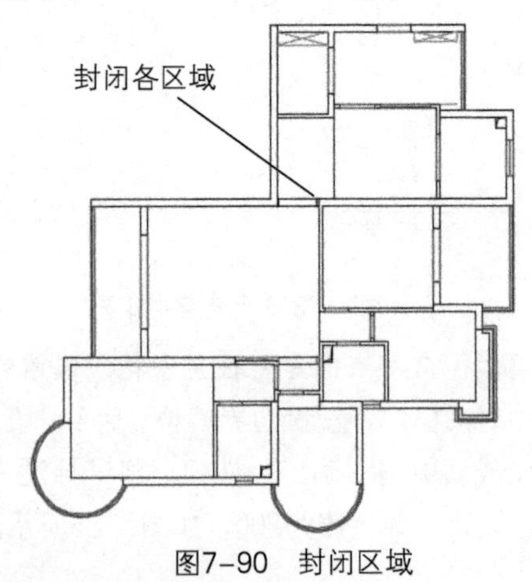

图7-88　添加尺寸标注

## 7.2.4　绘制顶面布置图

顶面造型的好坏直接影响整体的装修效果，顶面的装修风格应与整体风格相互统一，相互呼应。可以复制平面布置图，删除家具及所有标注，再进行顶面布置图的绘制，如插入灯具、填充图案等，具体绘制过程如下。

01 复制平面布置图，删除家具及标注，如图7-89所示。

02 执行"直线"命令，将各区域封闭起来，如图7-90所示。

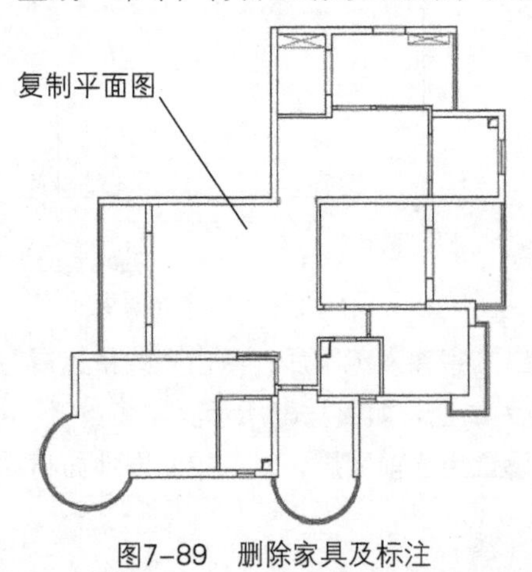

图7-89　删除家具及标注


图7-90　封闭区域

03 新建“顶面造型”、“回光灯”图层，设置其参数，然后将“顶面造型”图层置为当前层，如图7-91所示。

04 执行“直线”、“偏移”、“修剪”命令，在空中花园位置绘制吊顶，尺寸如图7-92所示。

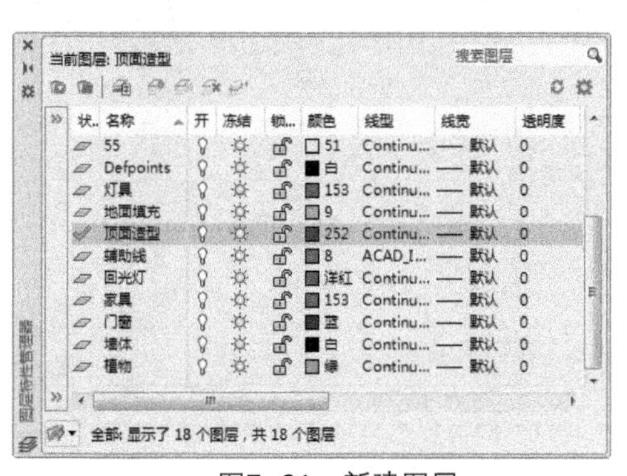


图7-91 新建图层

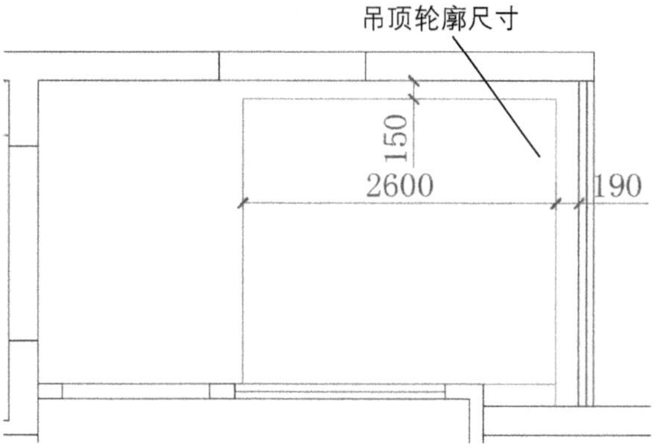

吊顶轮廓尺寸
150
2600
190

图7-92 绘制空中花园位置吊顶

05 执行“偏移”、“修剪”命令，继续绘制空中花园吊顶，如图7-93所示。

06 执行“延伸”命令，延伸线段，位置如图7-94所示。

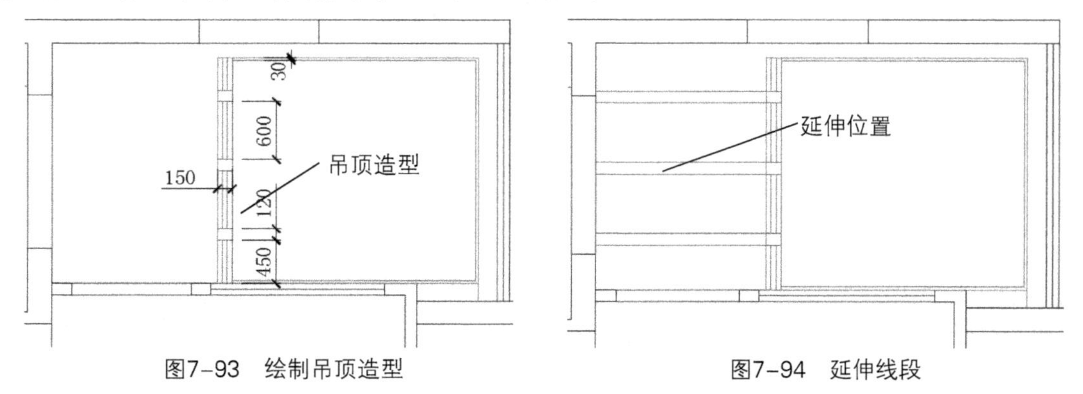


图7-93 绘制吊顶造型　　图7-94 延伸线段

07 执行“插入”命令，插入窗帘、吸顶灯、筒灯、射灯等图块，如图7-95所示。

08 执行“复制”命令，复制吸顶灯至工人房，位置如图7-96所示。

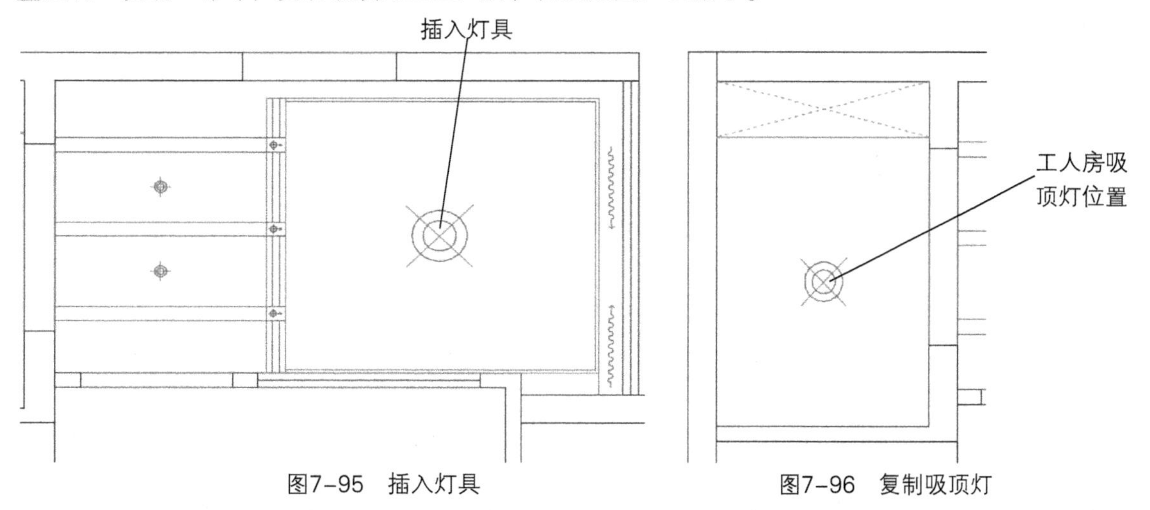


图7-95 插入灯具　　图7-96 复制吸顶灯

09 执行“矩形”、“偏移”、“圆”命令，绘制餐厅吊顶，尺寸如图7-97所示。

10 执行“偏移”和“插入”命令，添加餐厅吊顶灯具，如图7-98所示。

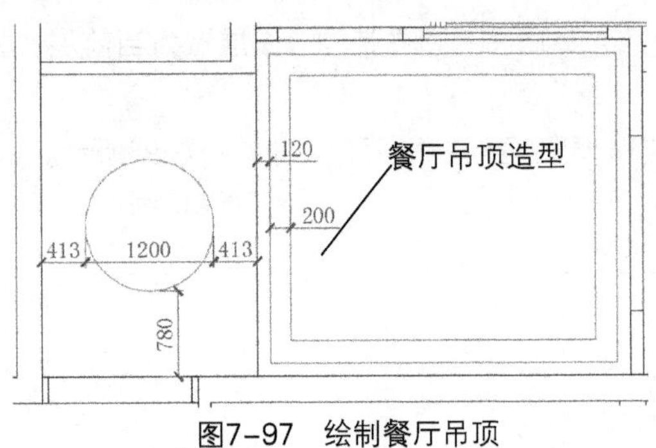


图7-97 绘制餐厅吊顶　　图7-98 插入灯具

⑪ 执行“复制”命令，复制吸顶灯至厨房位置，然后填充图案，如图7-99所示。

⑫ 执行“复制”命令，复制吸顶灯至生活阳台，位置如图7-100所示。

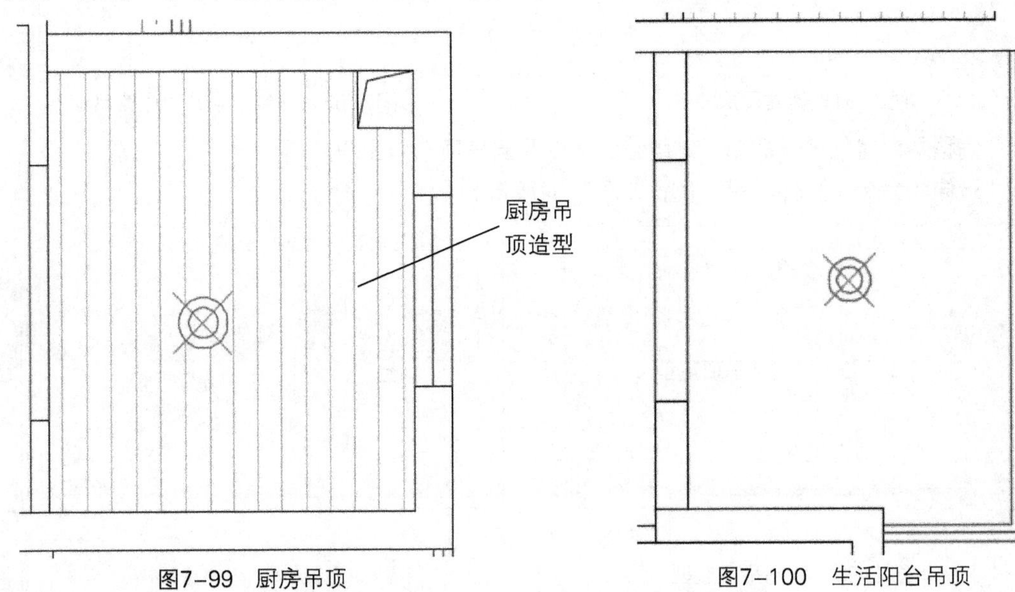


图7-99 厨房吊顶　　图7-100 生活阳台吊顶

⑬ 执行“矩形”命令，在卧房位置绘制矩形，位置如图7-101所示。

⑭ 执行“偏移”、“插入”命令，偏移灯带，插入灯具及风口示意图块，如图7-102所示。

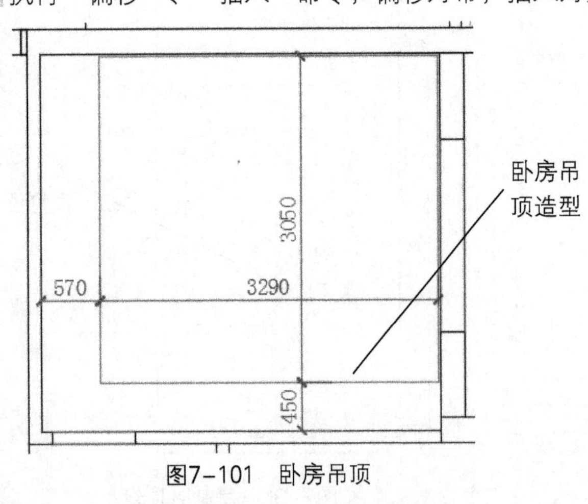


图7-101 卧房吊顶

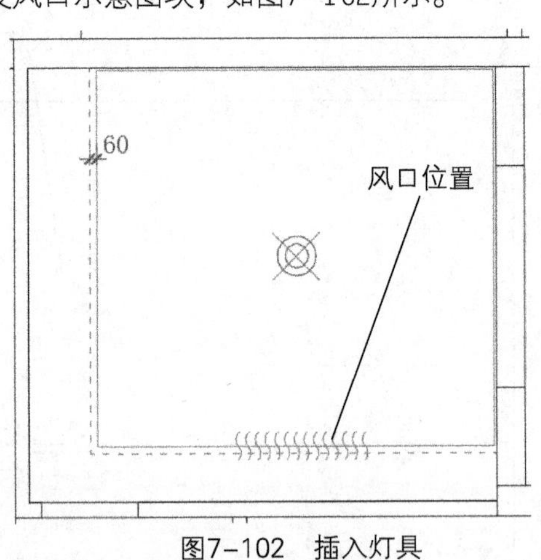


图7-102 插入灯具

⑮ 执行“偏移”、“倒角”、“修剪”命令，绘制客厅的吊顶，尺寸如图7-103所示。

⑯ 执行“偏移”、“插入”命令，偏移灯带，插入灯具、窗帘图块，如图7-104所示。

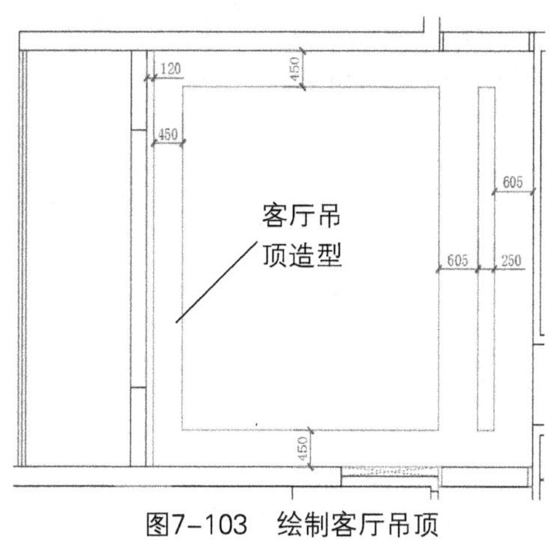

图7-103 绘制客厅吊顶

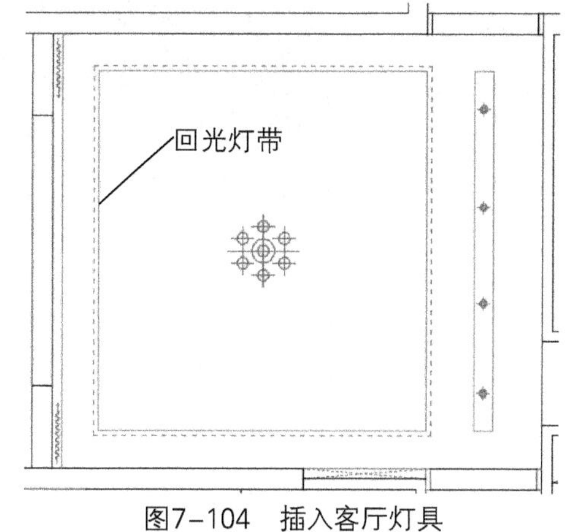

图7-104 插入客厅灯具

⑰ 执行“偏移”、“倒角”命令，绘制主卧的吊顶，尺寸如图7-105所示。

⑱ 执行“偏移”、“插入”命令，偏移灯带，插入灯具、窗帘图块，如图7-106所示。

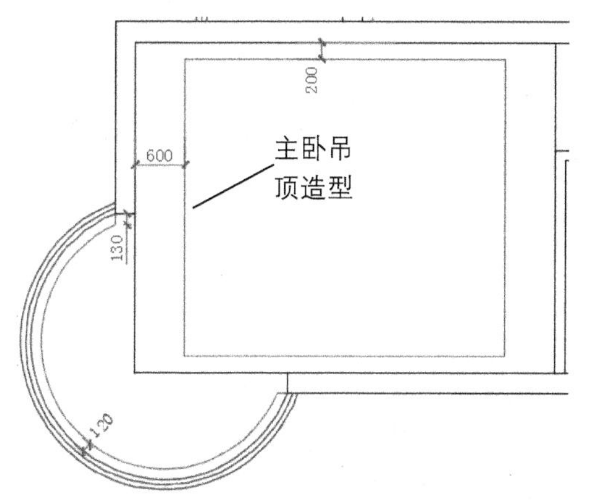

图7-105 主卧吊顶

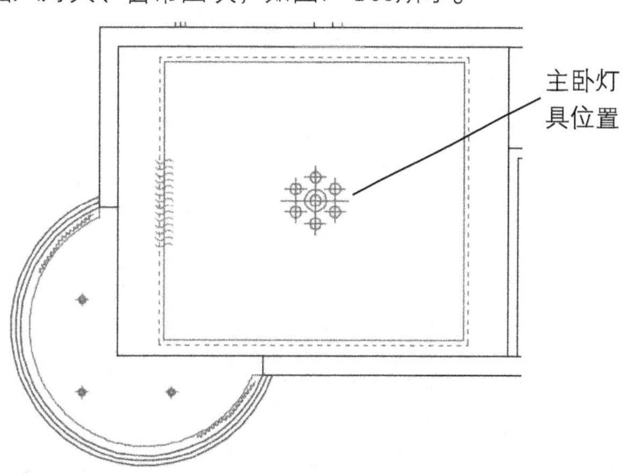

图7-106 插入主卧灯具

⑲ 执行“偏移”、“修剪”命令，绘制主卧过道和主卫的吊顶造型，尺寸如图7-107所示。

⑳ 执行“偏移”、“插入”命令，偏移灯带，插入灯具，执行“图案填充”命令，填充主卫吊顶，如图7-108所示。

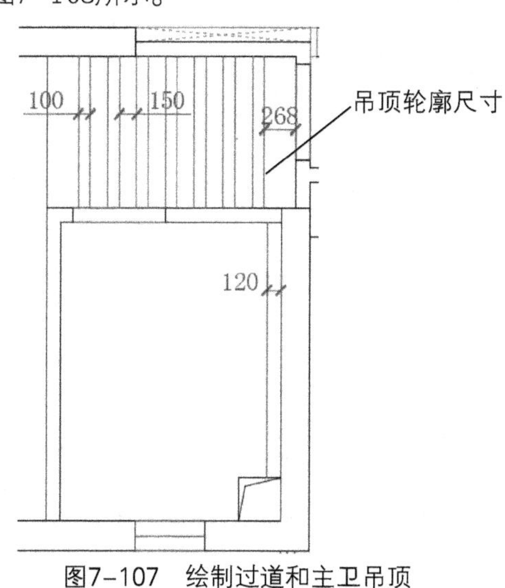

图7-107 绘制过道和主卫吊顶

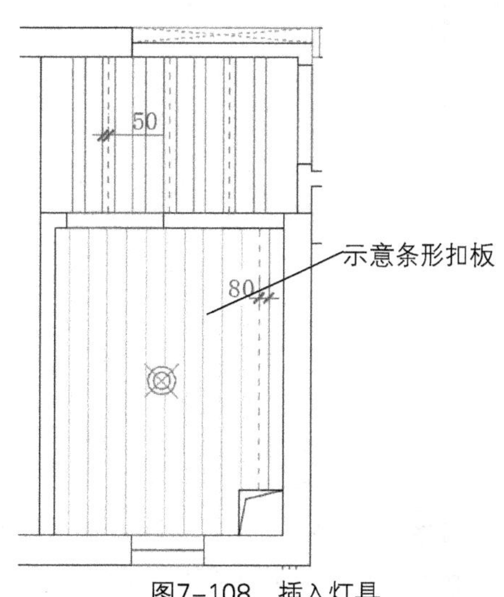

图7-108 插入灯具

㉑ 执行“偏移”、“修剪”命令，绘制过道吊顶造型，尺寸如图7-109所示。

㉒ 执行“插入”命令，在小孩房的过道处插入筒灯，位置如图7-110所示。

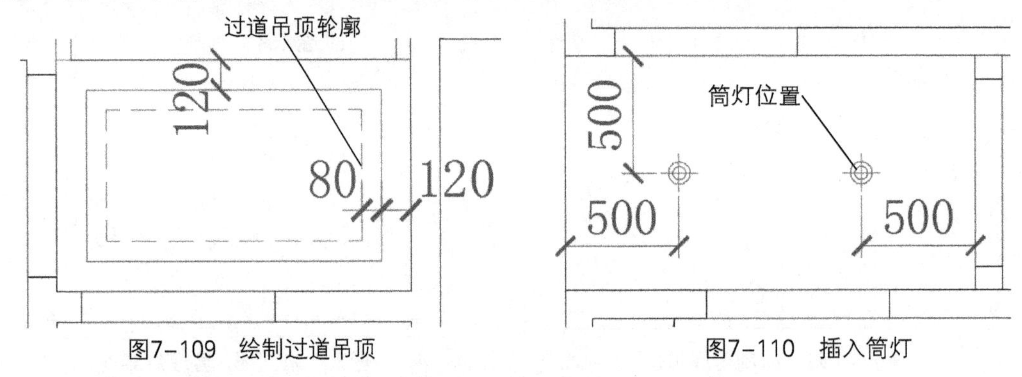


图7-109　绘制过道吊顶　　　　图7-110　插入筒灯

㉓ 执行“偏移”、“修剪”命令，绘制小孩房的吊顶造型，尺寸如图7-111所示。

㉔ 执行“偏移”、“插入”命令，偏移灯带，插入灯具，如图7-112所示。

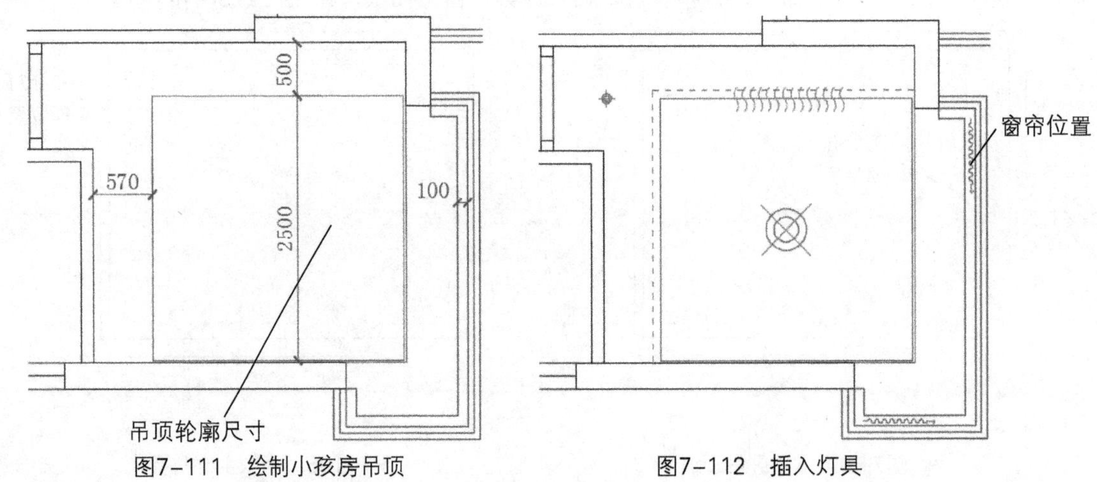


图7-111　绘制小孩房吊顶　　　　图7-112　插入灯具

㉕ 执行“偏移”、“修剪”命令，绘制卫生间的吊顶造型，尺寸如图7-113所示。

㉖ 执行“插入”、“图案填充”命令，插入灯具，填充主卫吊顶，如图7-114所示。

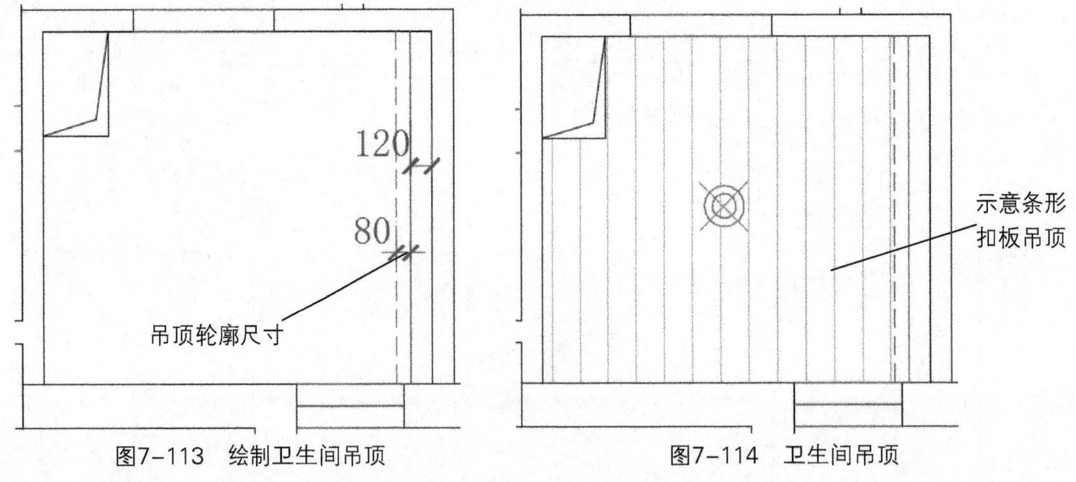


图7-113　绘制卫生间吊顶　　　　图7-114　卫生间吊顶

㉗ 执行“偏移”、“修剪”、“矩形”命令，绘制书房的吊顶造型，如图7-115所示。

㉘ 执行“插入”命令，插入灯具及窗帘，如图7-116所示。

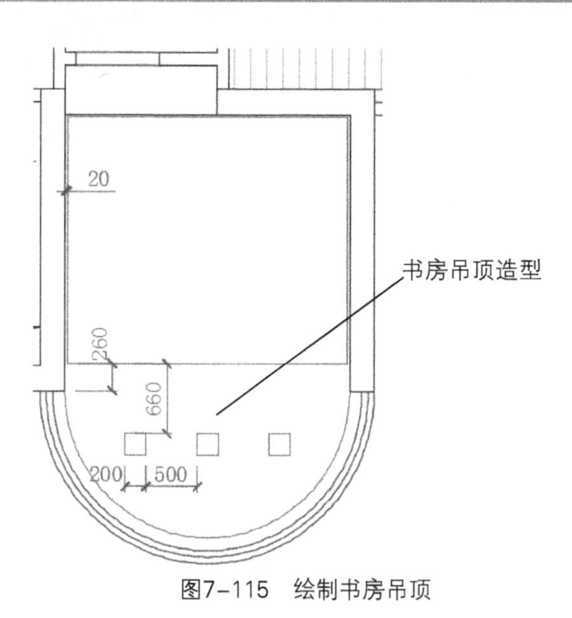


图7-115 绘制书房吊顶

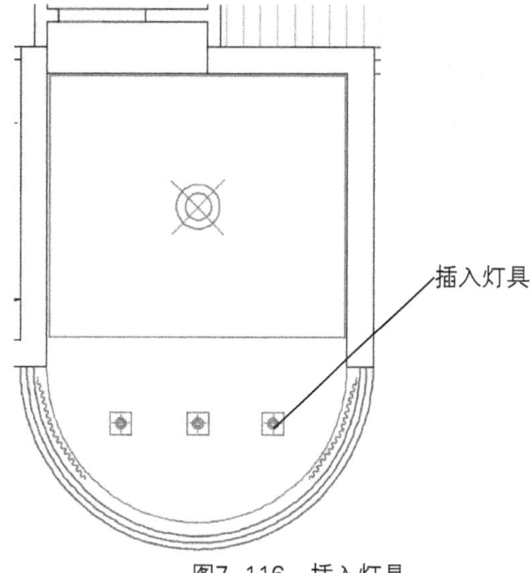


图7-116 插入灯具

㉙ 将标注层置为当前层，执行“直线”命令，开启“极轴追踪”命令，绘制标高图形，如图7-117所示。

㉚ 执行“单行文字”命令，输入标高值，如图7-118所示。

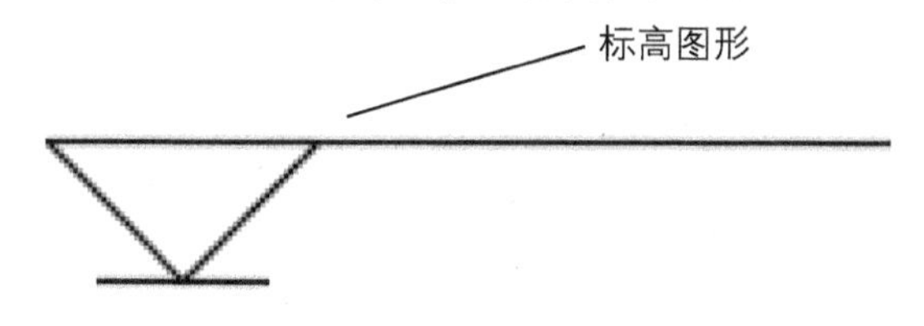


图7-117 绘制标高图形

图7-118 输入标高值

㉛ 将绘制好的标高放置于客厅合适位置，如图7-119所示。

㉜ 执行“复制”命令，复制标高，双击标高值，对其进行修改，如图7-120所示。

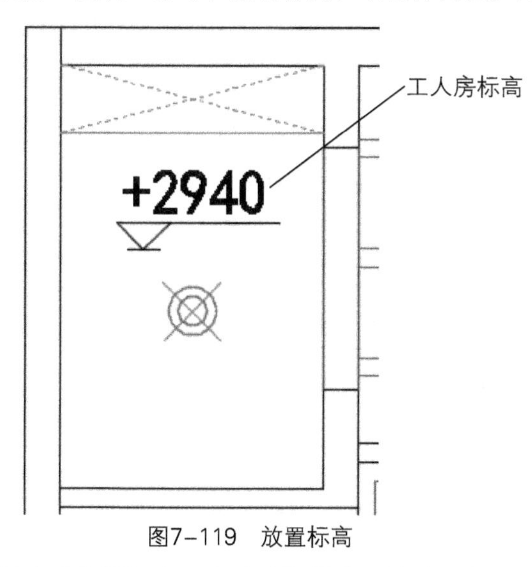


图7-119 放置标高

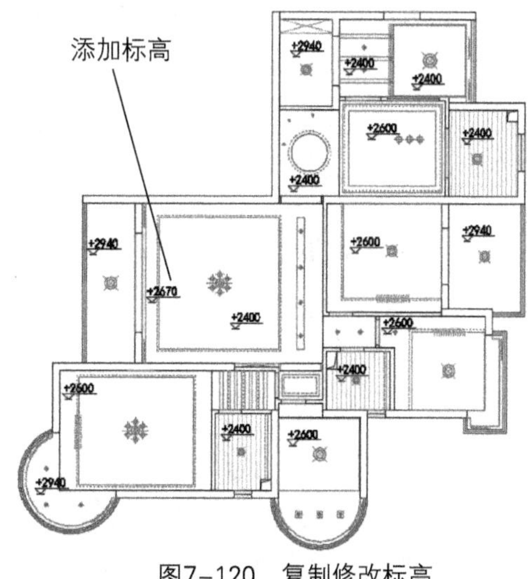


图7-120 复制修改标高

㉝ 新建“平面标注”多重引线样式，箭头大小为200，字体大小为350，如图7-121所示。

㉞ 执行“多重引线”命令，标注吊顶材质，如图7-122所示。

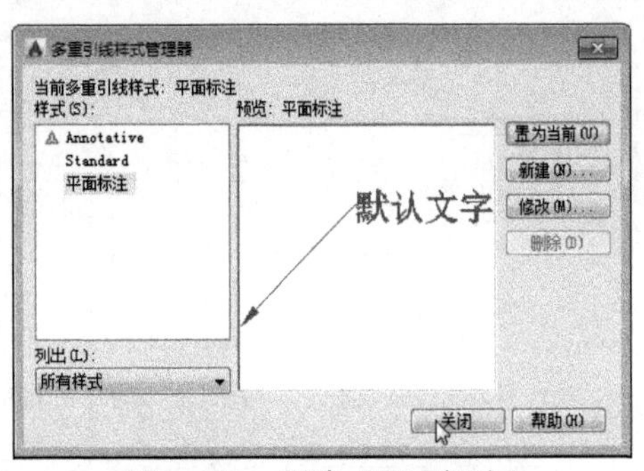


图7-121 新建“平面标注”

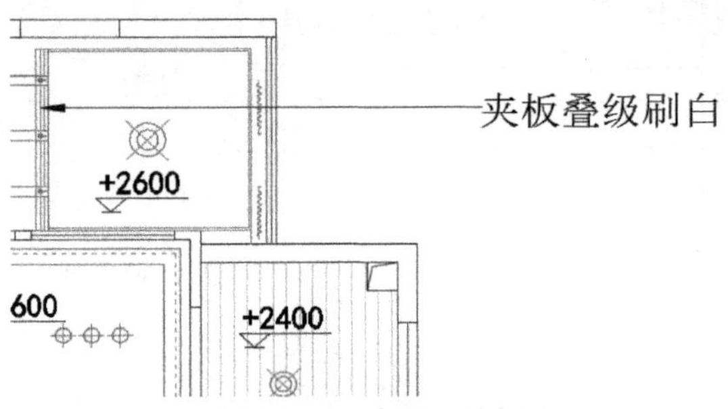


图7-122 多重引线标注

35 选择绘制的引线标注，执行“复制”命令，将其复制到合适位置，双击文字内容，将其更改成所需内容。按照同样的操作方法，对其余房间吊顶进行标注，如图7-123所示。

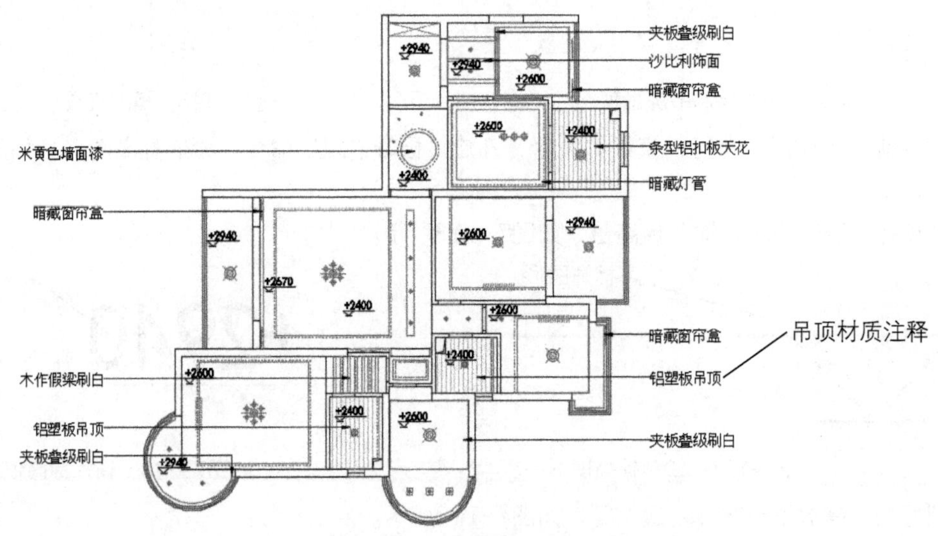


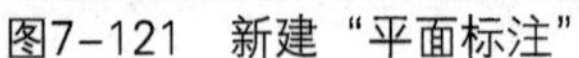

图7-123 完成多重引线标注

36 执行“复制”命令，复制尺寸标注到合适位置，如图7-124所示。至此完成公寓顶面图的绘制。

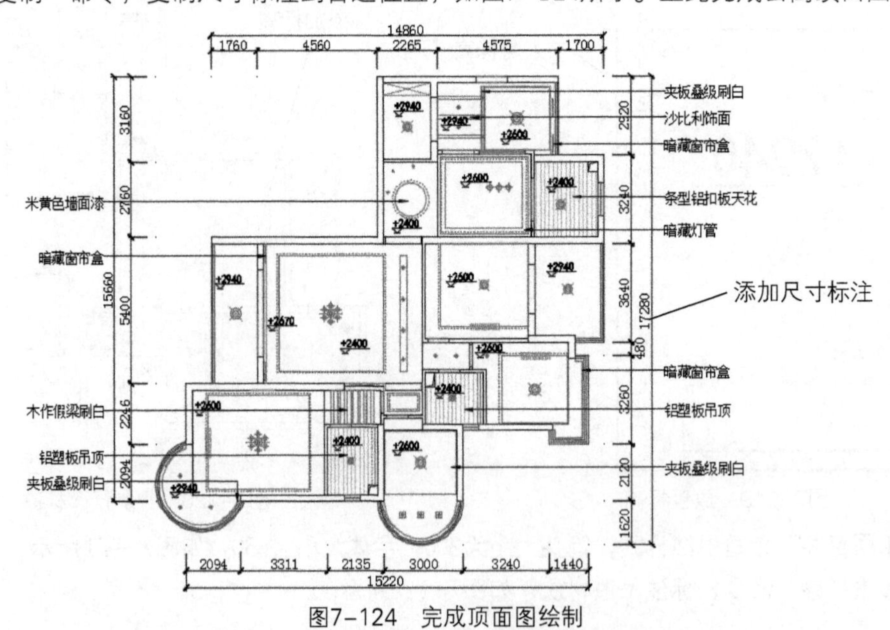


图7-124 完成顶面图绘制

### 7.2.5 绘制开关布置图

通常情况下，电路图是在顶棚布置图的基础上绘制的。在绘制时，先复制顶面布置图，然后运用“圆弧”命令，绘制出线路图。下面将介绍公寓电路图的绘制过程。

01 复制顶面布置图，删除标高及标注，如图7-125所示。

02 执行“插入”命令，在空中花园入口处插入三控开关符号，然后执行“多段线”命令，绘制该开关所控制的灯具路线图，如图7-126所示。

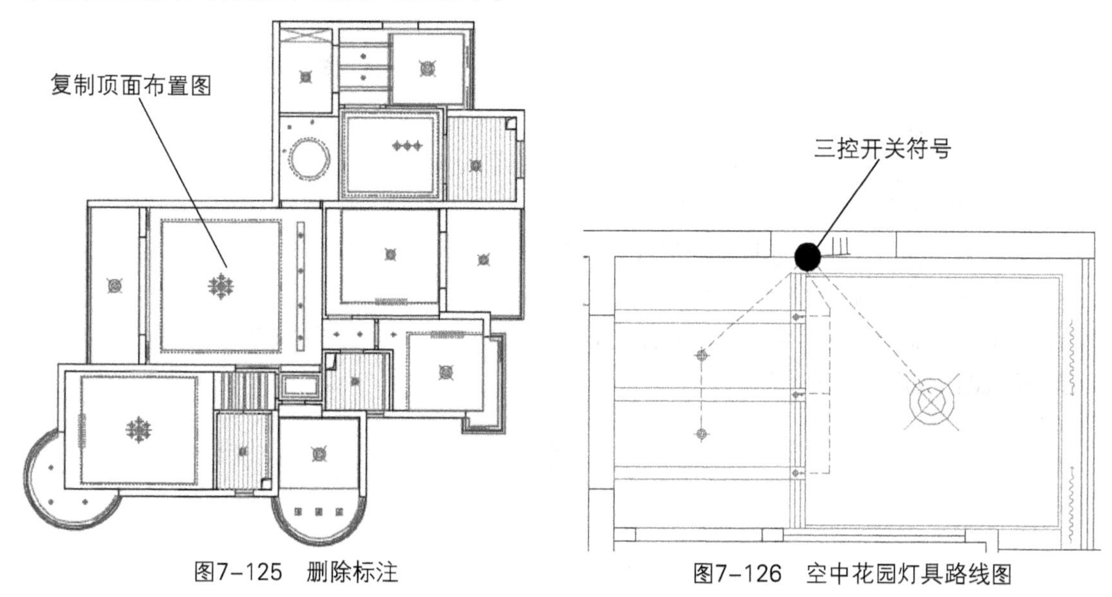

图7-125 删除标注　　图7-126 空中花园灯具路线图

03 执行“插入”命令，在工人房门口处插入单控开关符号；执行“直线”命令，绘制该开关所控制的灯具路线图，如图7-127所示。

04 执行“插入”命令，在餐厅口处插入四控开关符号，执行“直线”、“多段线”、“圆弧”命令，绘制该开关所控制的灯具路线图，如图7-128所示。

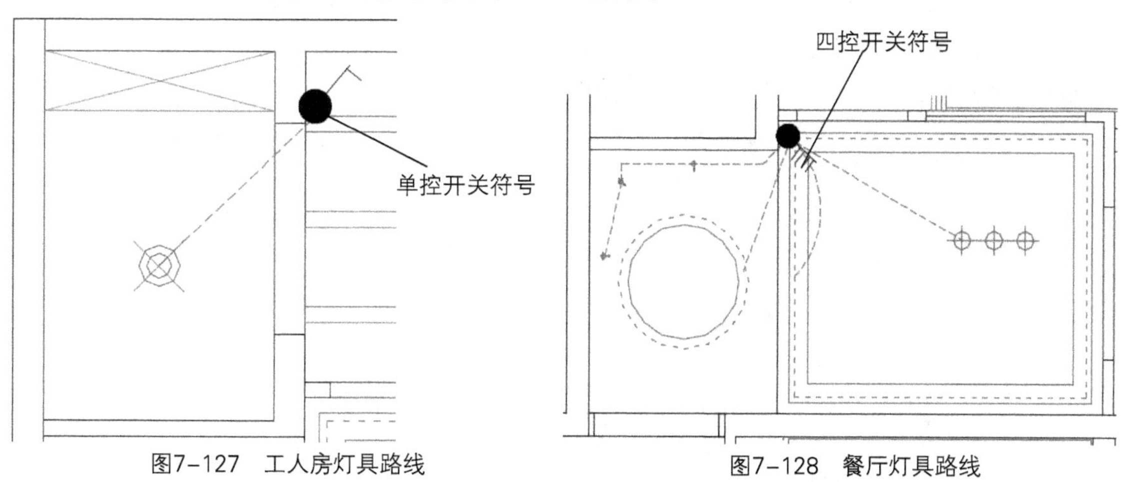

图7-127 工人房灯具路线　　图7-128 餐厅灯具路线

05 执行“插入”命令，在厨房和生活阳台门口处插入单控开关符号；执行“直线”命令，绘制开关所控制的灯具路线图，如图7-129所示。

06 执行“插入”命令，在客厅和卧房入口处各插入双控开关符号；执行“直线”、“多段线”命令，绘制开关所控制的灯具路线图，如图7-130所示。

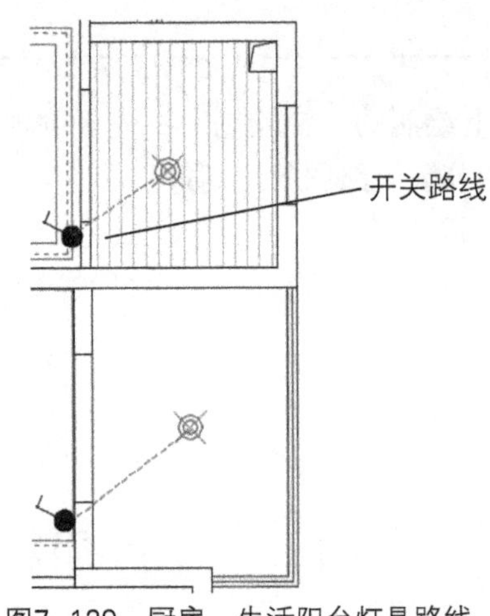


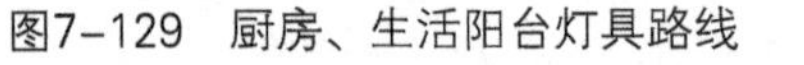
图7-129　厨房、生活阳台灯具路线

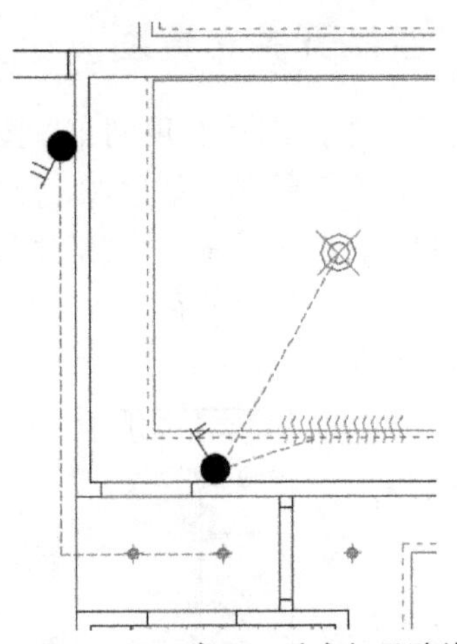
图7-130　客厅、卧房灯具路线

07 执行“插入”命令，在客厅和阳台门口处分别插入三控开关和单控开关符号；执行“直线”命令，绘制开关所控制的灯具路线图，如图7-131所示。

08 执行“插入”命令，在卫生间入口处插入双控开关符号；执行“直线”命令，绘制开关所控制的灯具路线图，如图7-132所示。

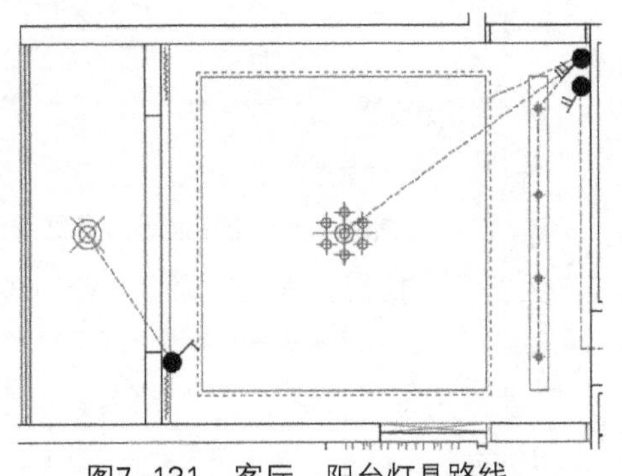
图7-131　客厅、阳台灯具路线

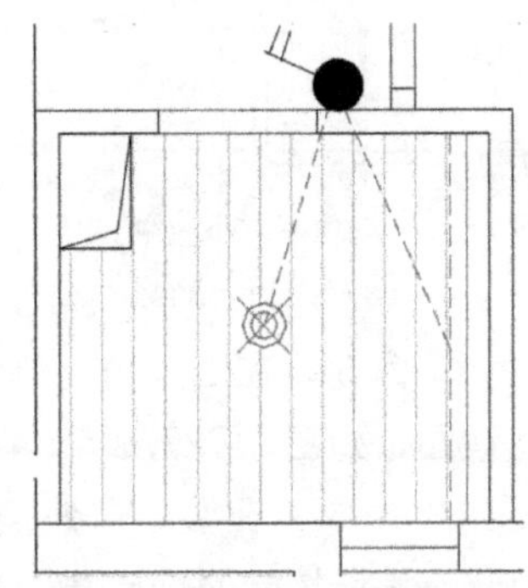
图7-132　卫生间灯具路线

09 执行同样的操作步骤绘制其他空间的开关符号及线路图，如图7-133所示。

10 执行“矩形”、“单行文字”命令，绘制图例，如图7-134所示。至此完成开关布置图的绘制。

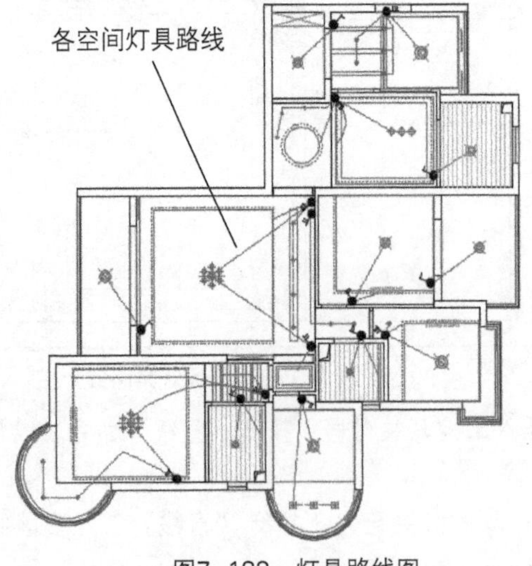

图7-133　灯具路线图

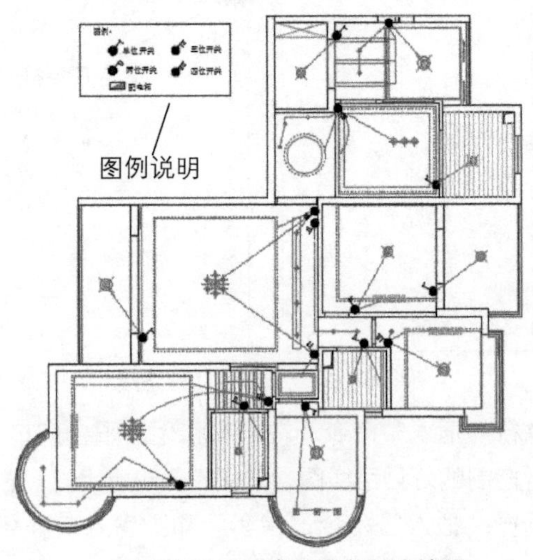

图7-134　完成开关布置图绘制

## 7.2.6 绘制插座布置图

插座布置图是在平面布置图的基础上添加插座符号得到的。绘制公寓插座布置图的具体操作步骤如下。

01 复制平面布置图，删除尺寸标注，选择复制的图形，颜色改为颜色9，如图7-135所示。

02 执行“插入”命令，在工人房插入三孔电源插座符号，如图7-136所示。

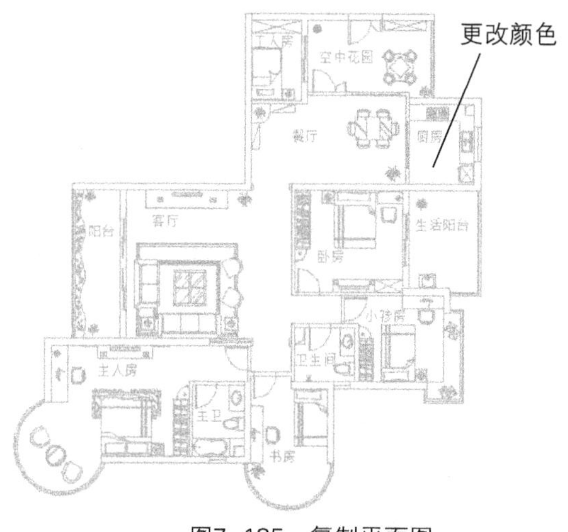


图7-135 复制平面图

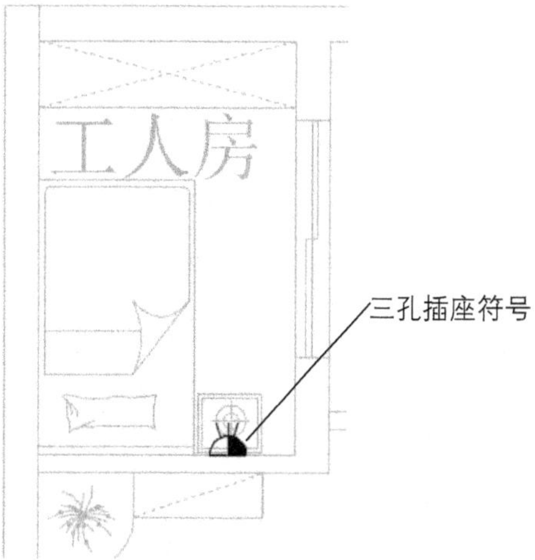

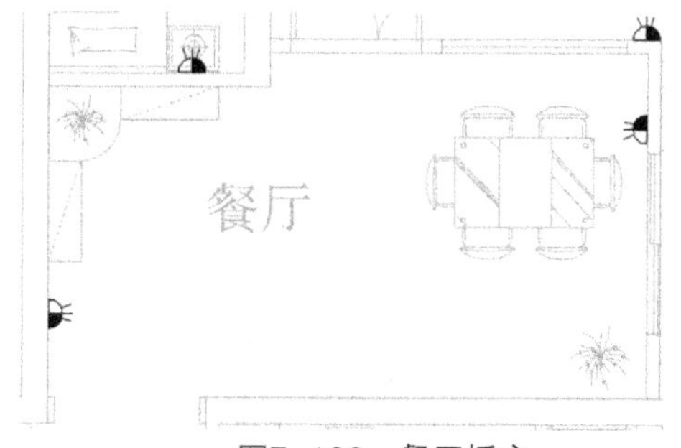

图7-136 工人房插座

03 继续执行“插入”命令，在空中花园插入三孔电源插座符号，如图7-137所示。

04 执行“插入”命令，在餐厅插入两个三孔电源插座符号，如图7-138所示。

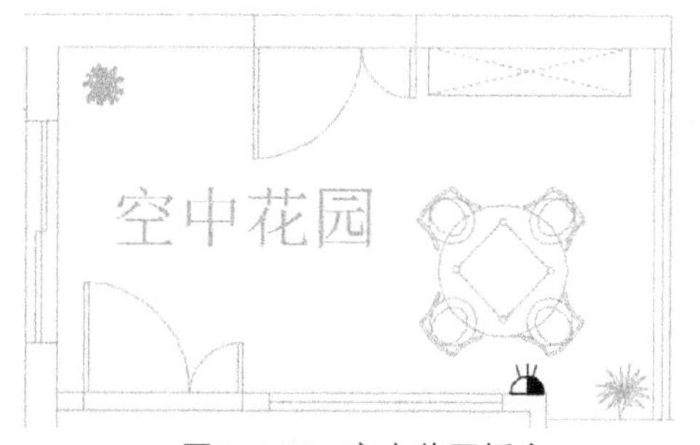


图7-137 空中花园插座

图7-138 餐厅插座

05 执行“插入”命令，在厨房插入三个三孔电源插座符号，如图7-139所示。

06 执行“插入”命令，在生活阳台插入三孔电源插座符号，如图7-140所示。

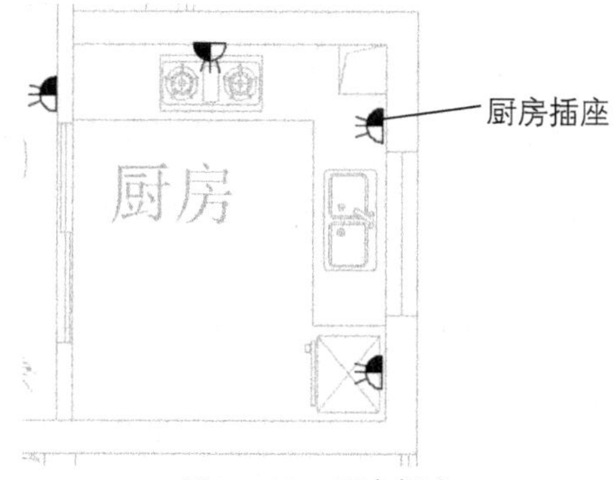


图7-139 厨房插座

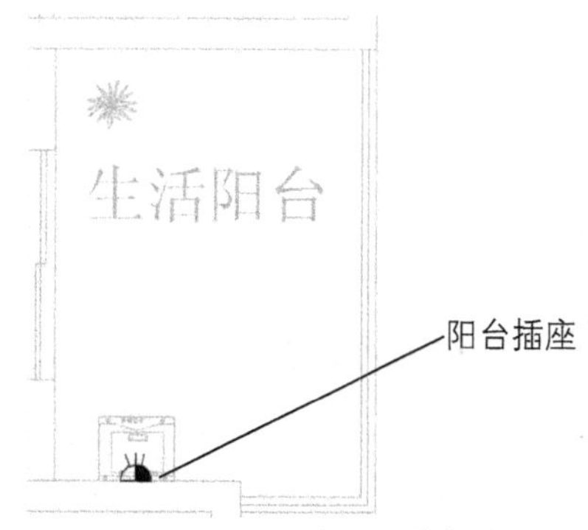


图7-140 生活阳台插座

07 执行“插入”命令，在卧房插入电源插座、电视天线及电话插座符号，如图7-141所示。

08 执行“插入”命令，在客厅插入三孔电源插座、电视天线及音响插孔符号，如图7-142所示。

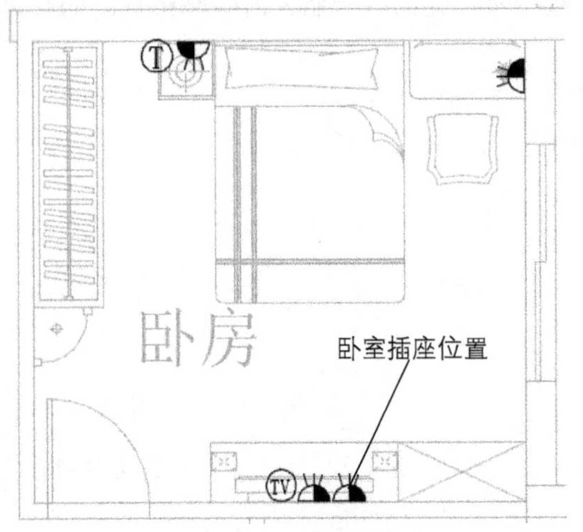


图7-141　卧房插座

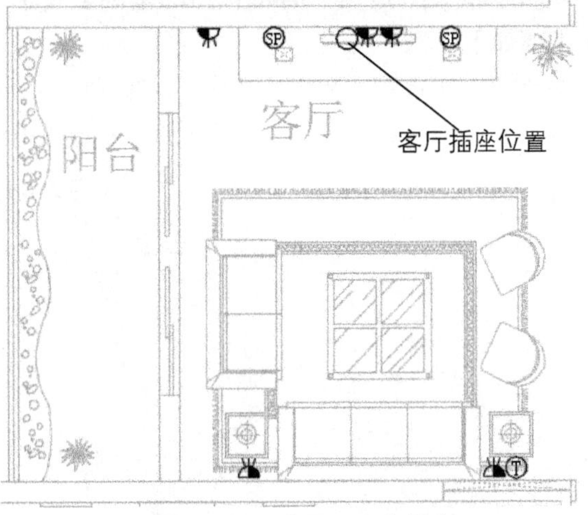


图7-142　客厅、阳台插座

09 执行同样的操作步骤绘制其他空间的开关符号及线路图，如图7-143所示。

10 执行“矩形”、“单行文字”命令，绘制图例，如图7-144所示。至此完成插座布置图的绘制。

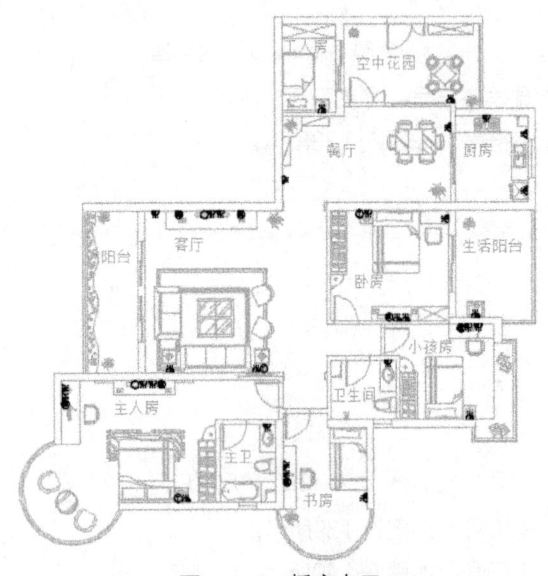


图7-143　插座布置

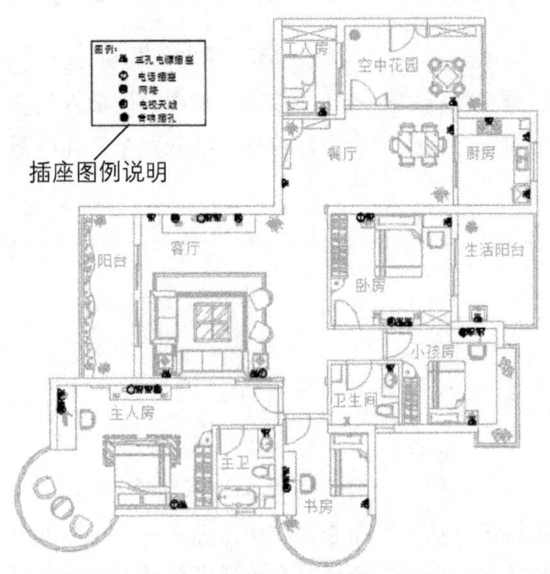


图7-144　绘制图例说明

## 7.3 立面图的设计

下面将根据公寓平面图，绘制其立面图，其中包括餐厅A、B立面和主卧C立面。

### 7.3.1　绘制餐厅A立面图

餐厅A立面图的具体绘制步骤如下。

01 复制餐厅平面图，插入立面索引符号，如图7-145所示。

02 单击“图层特性管理器”按钮，新建“轮廓线”等图层，设置图层特性，如图7-146所示。

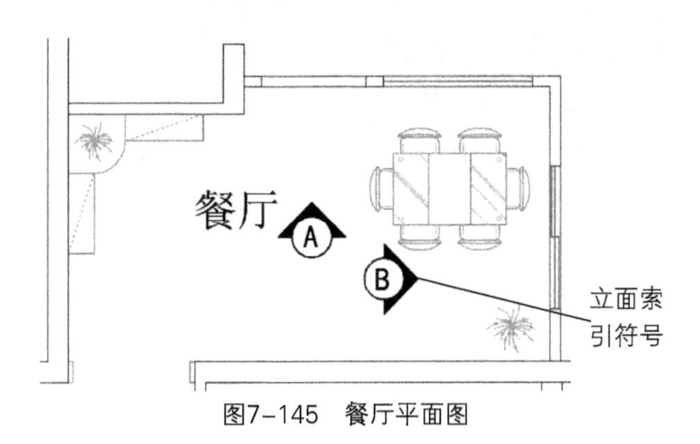


图7-145 餐厅平面图

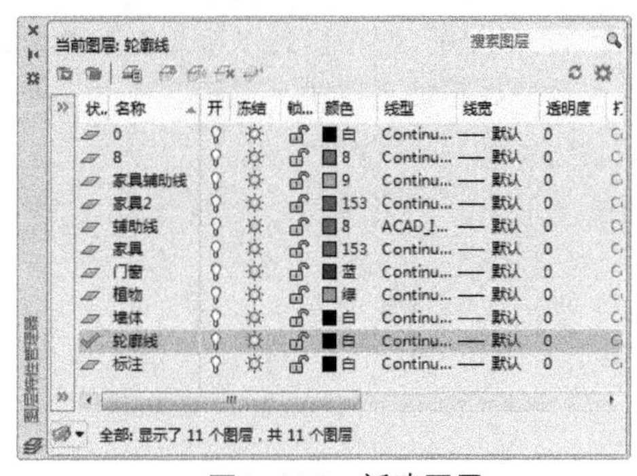


图7-146 新建图层

03 执行“射线”命令，捕捉平面图主要轮廓绘制射线，如图7-147所示。

04 执行“直线”、“偏移”命令，绘制A立面轮廓，如图7-148所示。

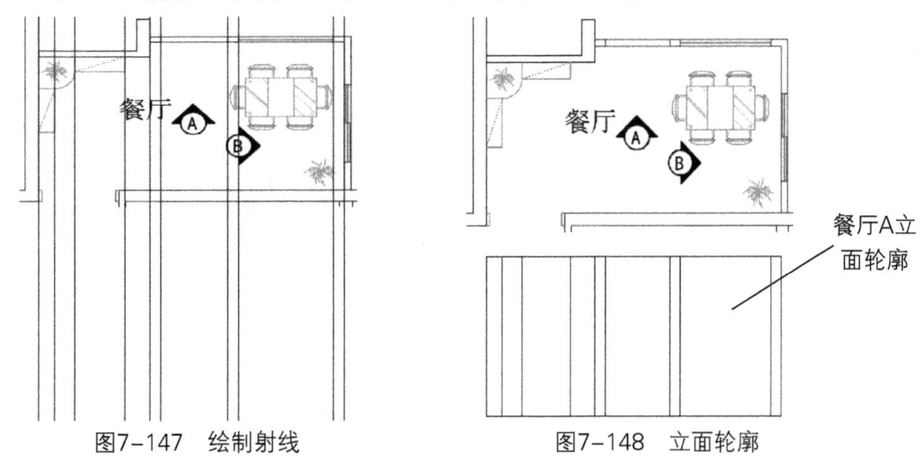


图7-147 绘制射线　　图7-148 立面轮廓

05 执行“偏移”命令，将顶边线段依次向下偏移，具体尺寸如图7-149所示。

06 执行“修剪”命令，修剪掉多余线段，结果如图7-150所示。

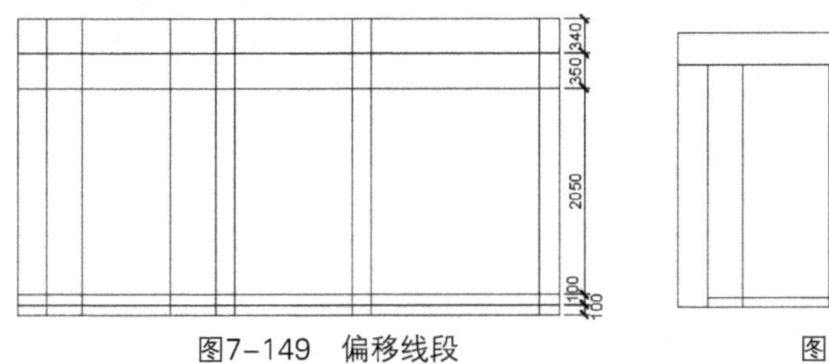


图7-149 偏移线段　　图7-150 修剪出轮廓

07 执行“偏移”命令，将吊顶线段分别依次向下偏移，尺寸如图7-151所示。

08 执行“修剪”命令，修剪掉多余线段，结果如图7-152所示。

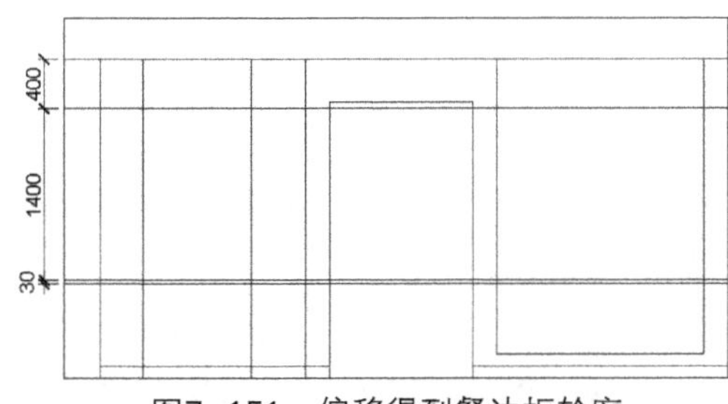


图7-151 偏移得到餐边柜轮廓

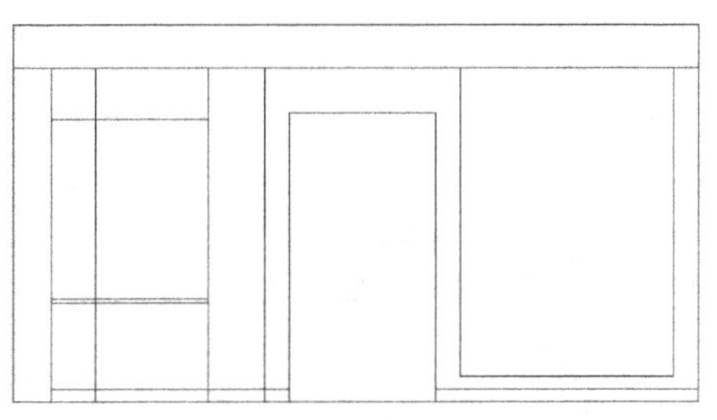

图7-152 修剪线段

09 执行"偏移"、"修剪"命令，偏移吊顶造型，具体尺寸如图7-153所示。

10 根据顶面布置图，执行"偏移"、"修剪"命令，绘制吊顶立面，如图7-154所示。

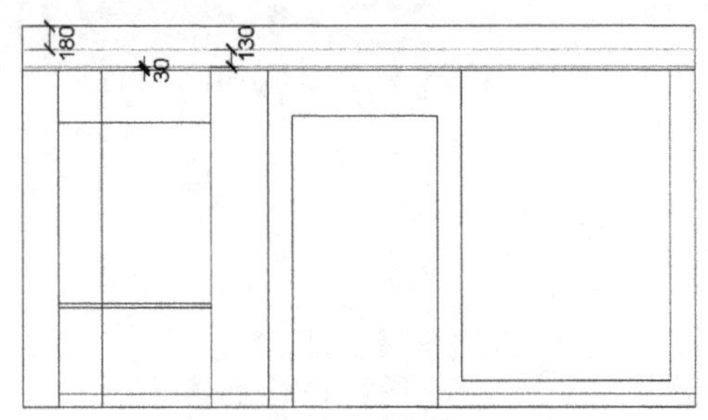

图7-153 绘制吊顶造型

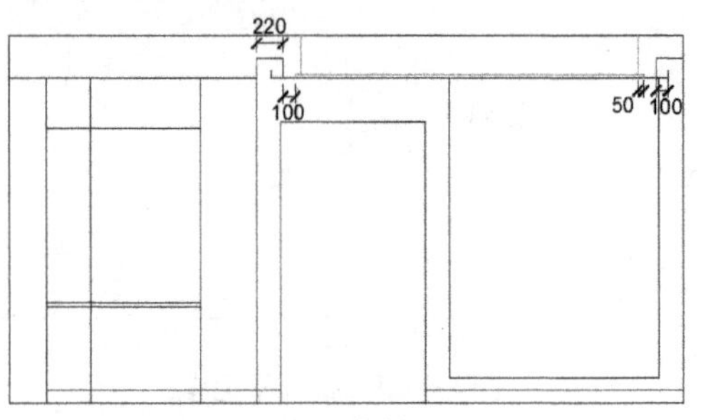

图7-154 修剪吊顶

11 执行"矩形"、"偏移"命令，绘制窗框，具体尺寸如图7-155所示。

12 执行"偏移"、"修剪"命令，绘制窗户装饰，修剪掉多余线段，具体尺寸如图7-156所示。

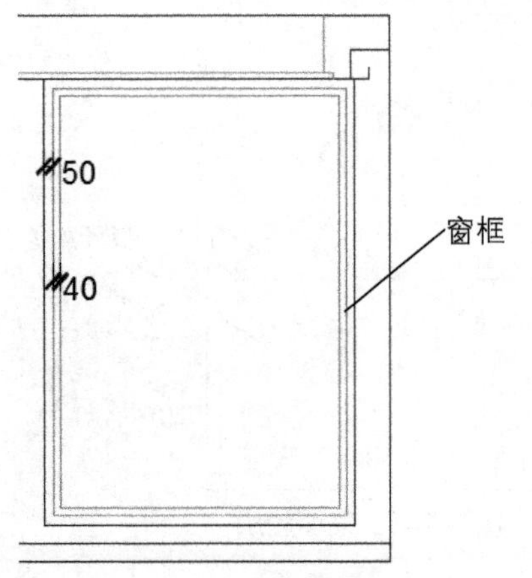

图7-155 绘制窗框

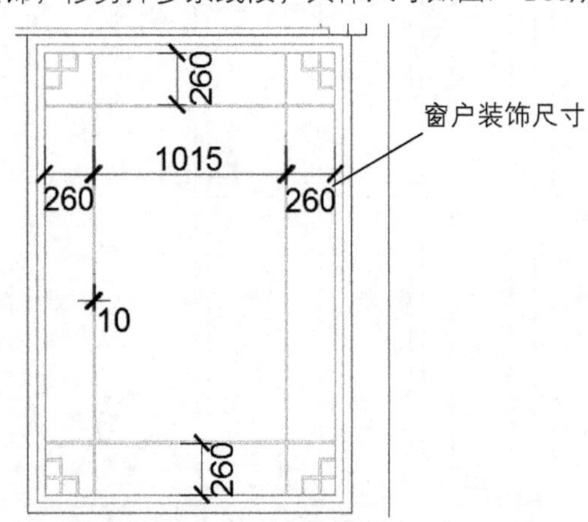

图7-156 窗户装饰

13 分别执行"矩形"、"偏移"、"修剪"命令，绘制门框，具体尺寸如图7-157所示。

14 执行"定数等分"、"直线"、"插入"命令，绘制门装饰线条，插入门把手，如图7-158所示。

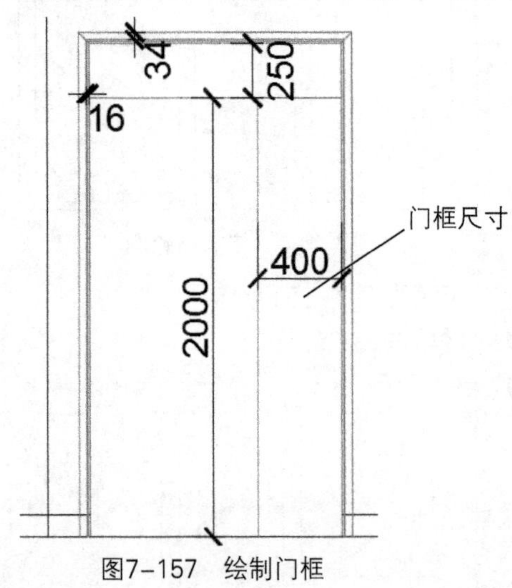

图7-157 绘制门框

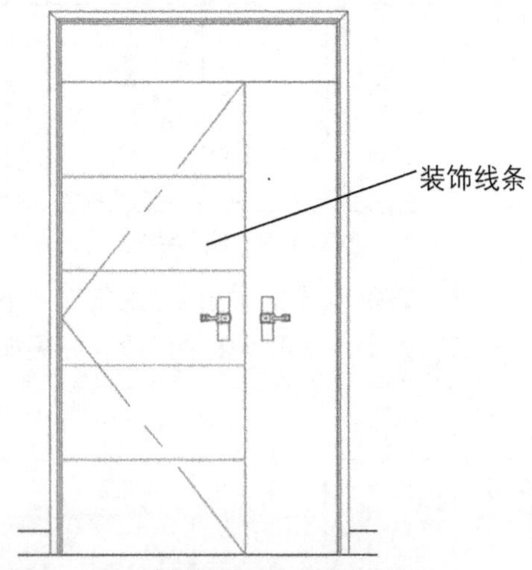

图7-158 绘制装饰线条及插入把手

15 执行"偏移"、"直线"、"修剪"命令，绘制餐边柜，具体尺寸如图7-159所示。

16 执行"偏移"、"修剪"命令，偏移圆弧形柜子，在左侧绘制交叉线段，如图7-160所示。

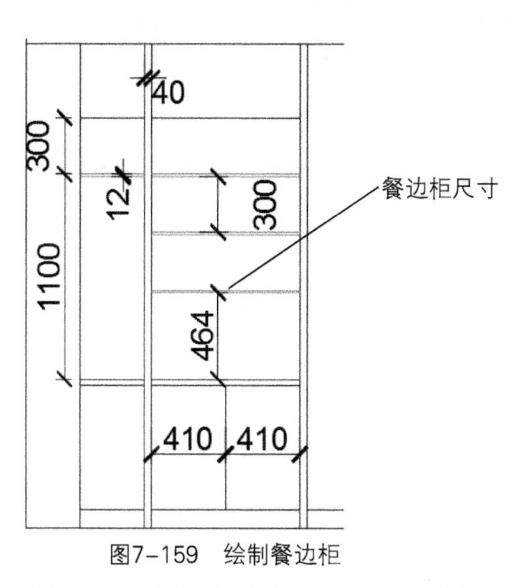

图7-159 绘制餐边柜

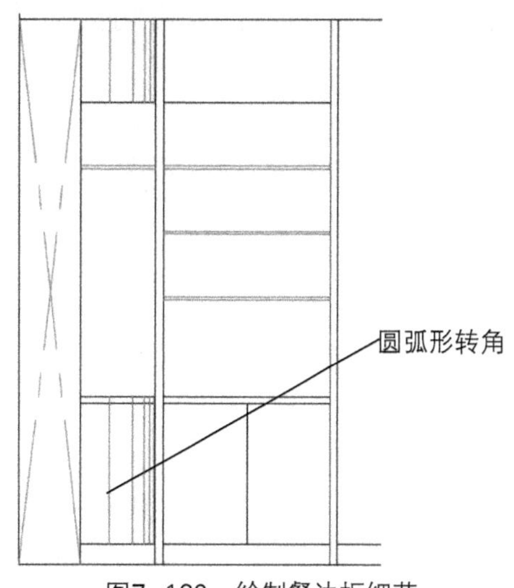

图7-160 绘制餐边柜细节

17 执行“插入”、“复制”命令，插入餐边柜灯具及吊顶灯具，如图7-161所示。

18 继续执行“插入”命令，在餐边柜上插入装饰品，如图7-162所示。

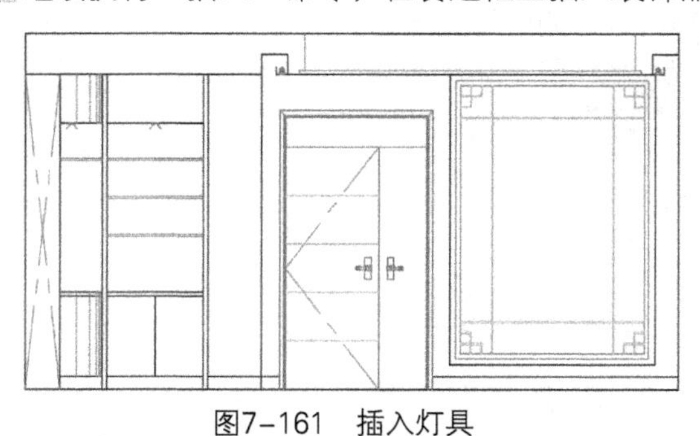
图7-161 插入灯具

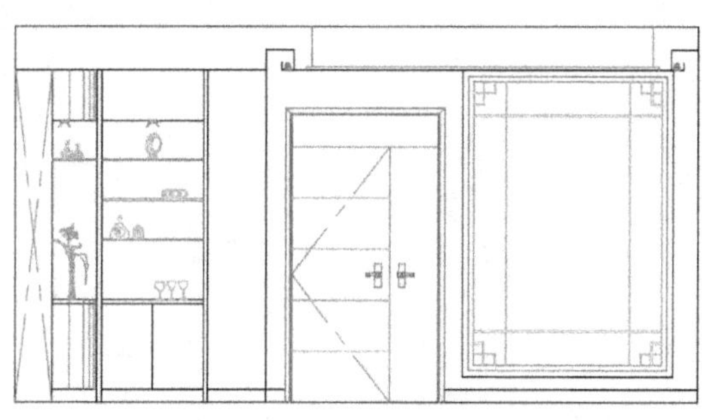
图7-162 插入装饰品

19 执行“图案填充”命令，填充餐边柜位置，如图7-163所示。

20 继续执行“图案填充”命令，在门位置进行填充，如图7-164所示。

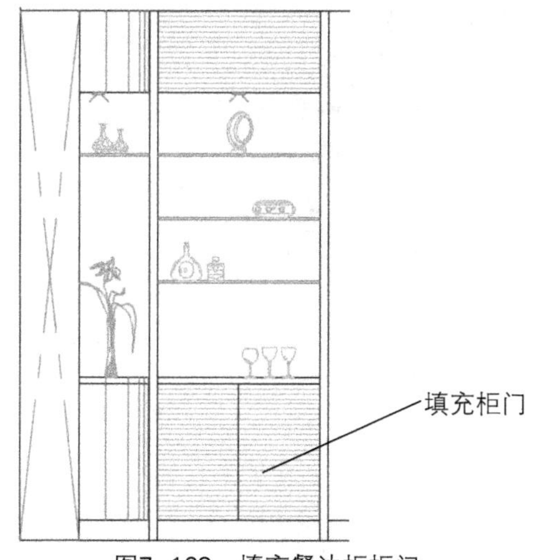

图7-163 填充餐边柜柜门

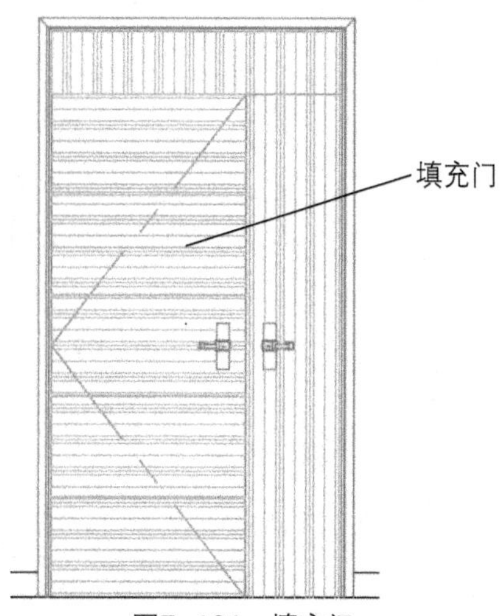

图7-164 填充门

21 执行“图案填充”命令，填充窗户位置，如图7-165所示。

22 继续执行“图案填充”命令，在墙面部分进行填充，如图7-166所示。

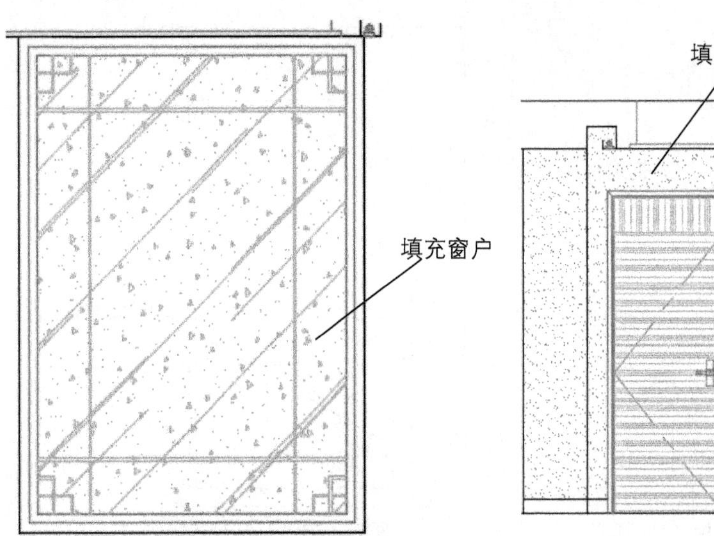


图7-165 填充窗户　　图7-166 填充墙面

㉓ 执行“文字样式”命令，新建“文字标注”样式，如图7-167所示。

㉔ 设置字体为“宋体”，高度为120，将其置为当前样式，如图7-168所示。

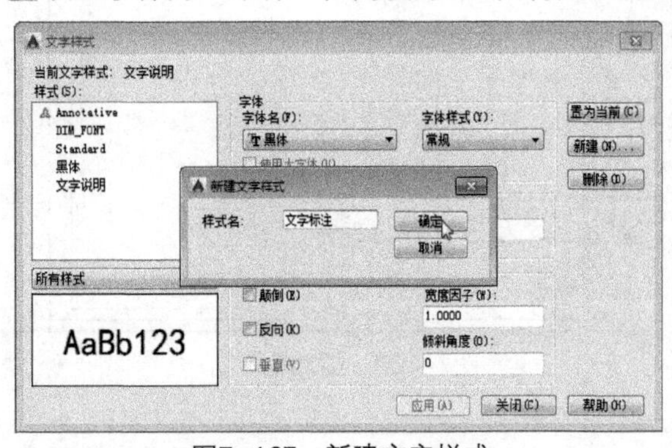

图7-167 新建文字样式

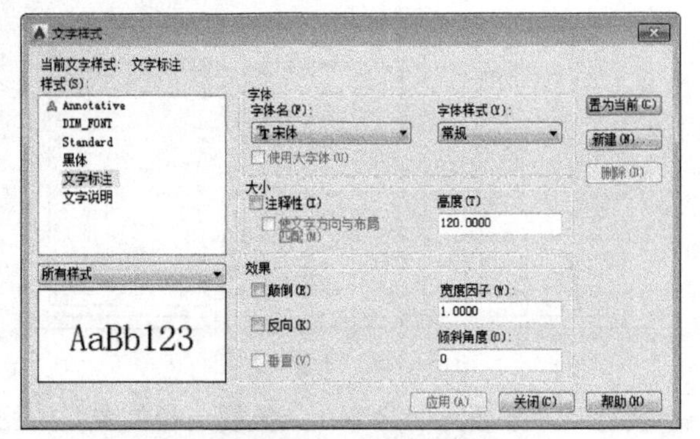

图7-168 设置文字样式

㉕ 执行“多重引线样式”命令，新建“立面引线”样式，如图7-169所示。

㉖ 设置箭头大小为50，高度为120。将该样式置为当前样式，如图7-170所示。

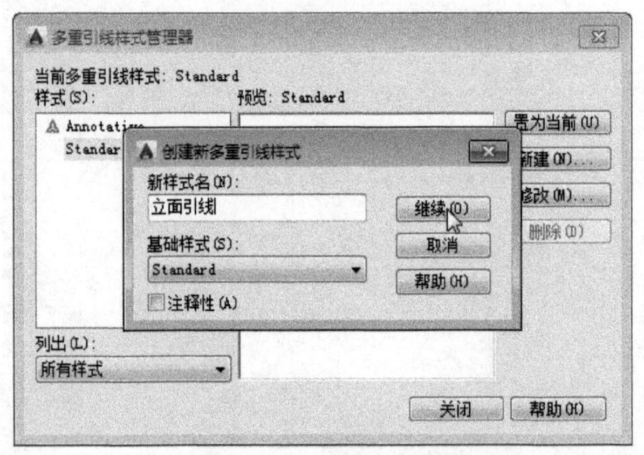

图7-169 新建引线样式

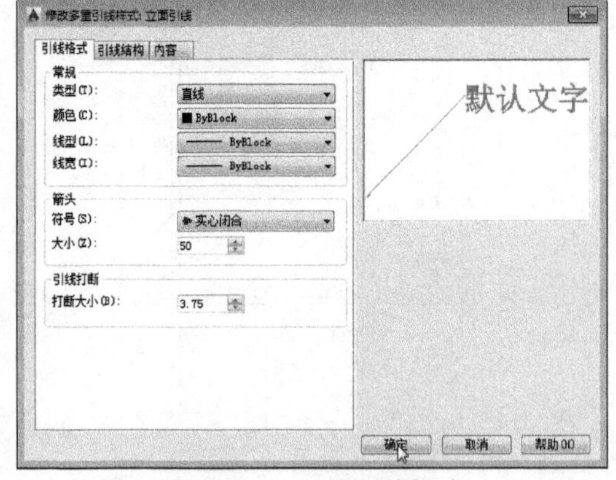

图7-170 设置引线样式

㉗ 执行“标注样式”命令，新建“立面标注”样式，如图7-171所示。

㉘ 设置超出尺寸线20，起点偏移量50。箭头为建筑标记，大小为30，如图7-172所示。

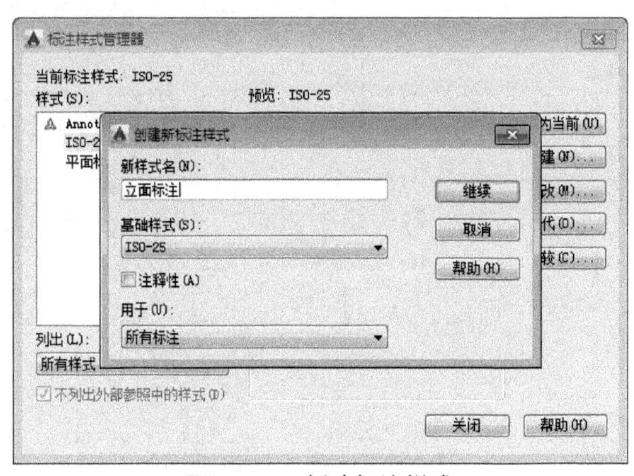


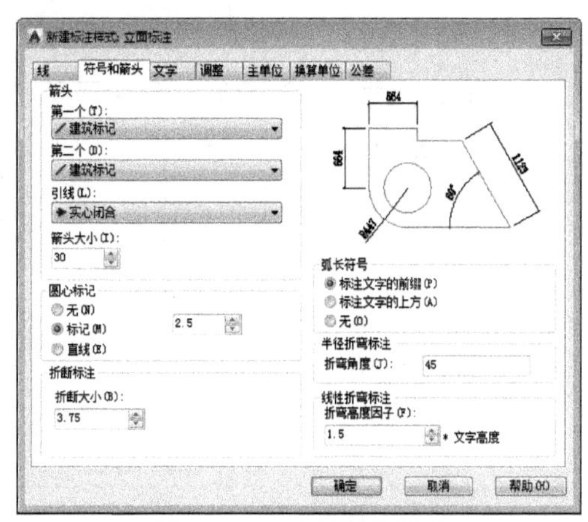


图7-171 新建标注样式　　图7-172 设置标注样式

㉙ 设置文字高度为80，主单位精度为0，如图7-173所示。

㉚ 执行“多重引线”命令，指定标注的位置，指定引线方向，输入文字，如图7-174所示。

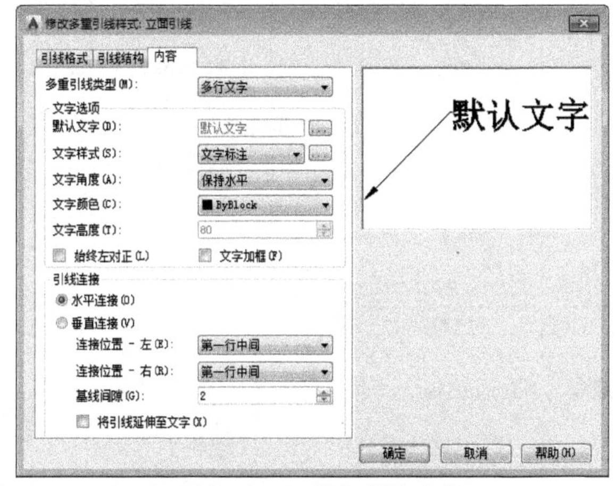


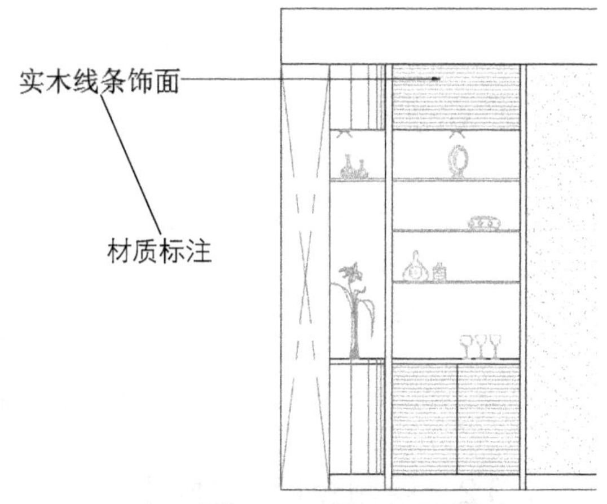


图7-173 设置标注文字　　图7-174 添加多重引线

㉛ 重复执行“多重引线”命令，按照同样的操作方法，标注其他墙面的装饰材质，结果如图7-175所示。

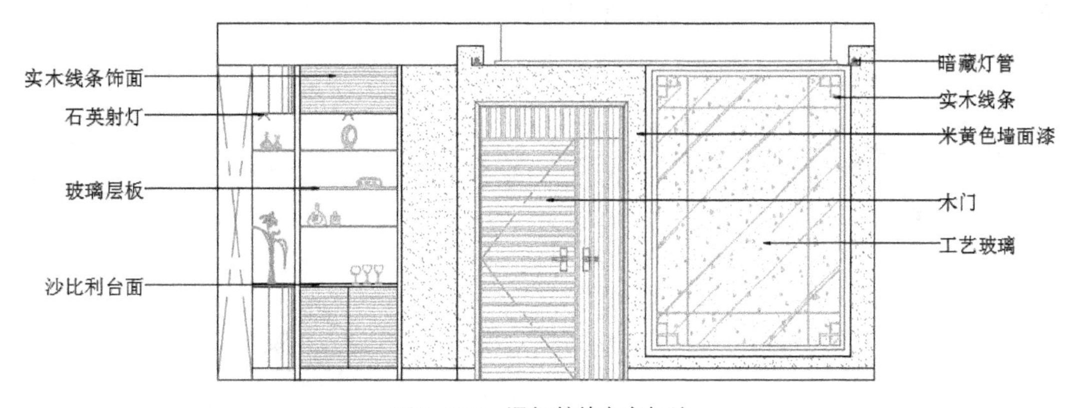


图7-175 添加其他文字标注

㉜ 执行“尺寸标注”命令，对立面图进行尺寸标注，如图7-176所示。

㉝ 执行“连续标注”命令，标注其他尺寸，如图7-177所示。

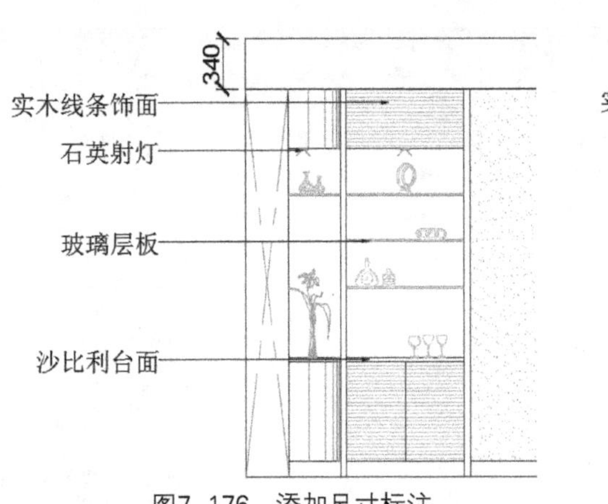

图7-176　添加尺寸标注

图7-177　继续添加尺寸标注

34 重复执行“尺寸标注”和“连续标注”命令，标注其他位置尺寸，结果如图7-178所示。

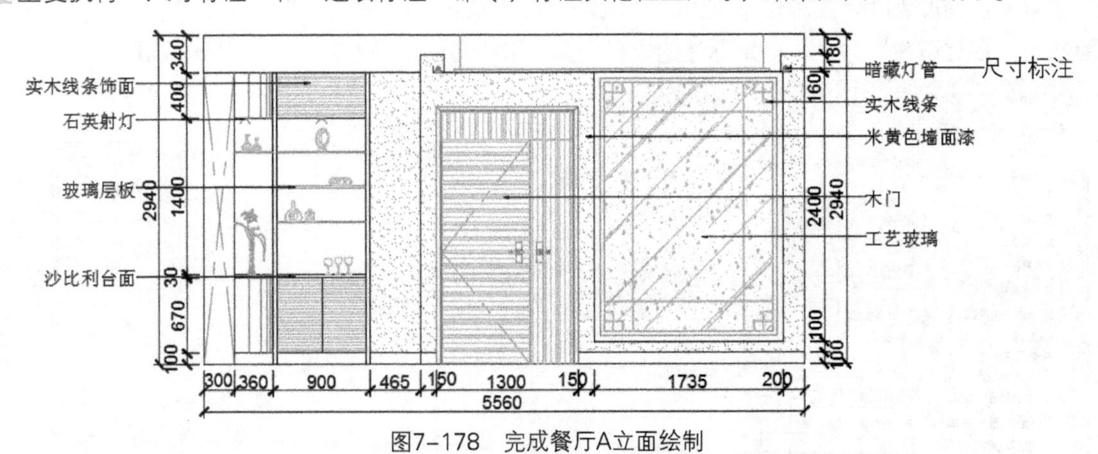

图7-178　完成餐厅A立面绘制

## 7.3.2　绘制餐厅B立面图

下面将绘制餐厅B立面图，具体操作步骤如下。

01 执行“旋转”命令，将餐厅平面图旋转90°，如图7-179所示。

02 执行“矩形”、“修剪”命令，框选出餐厅B立面位置，如图7-180所示。

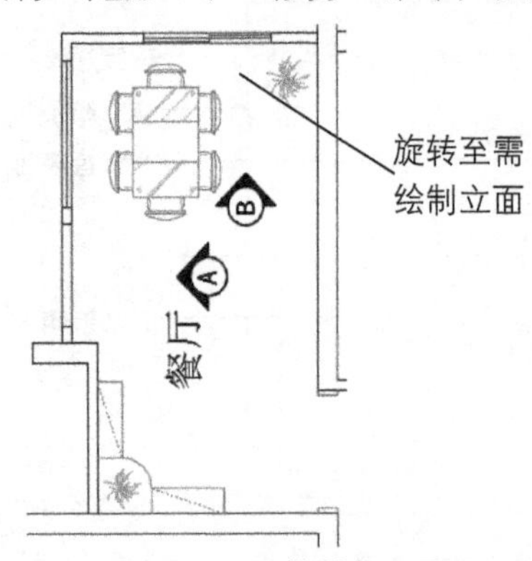

图7-179　旋转餐厅平面

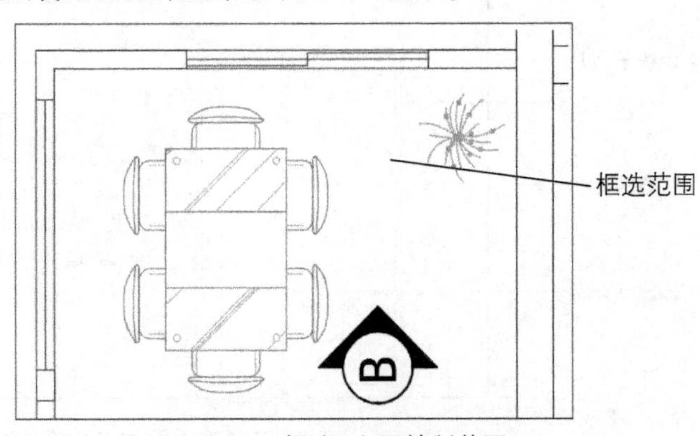

图7-180　框选B立面绘制范围

03 执行“射线”命令，捕捉平面图主要的轮廓位置绘制射线，如图7-181所示。

04 执行“直线”、“偏移”命令，绘制B立面轮廓，如图7-182所示。

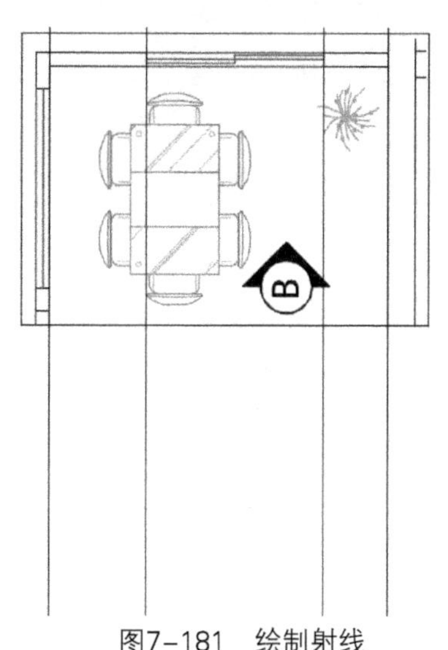


图7-181　绘制射线

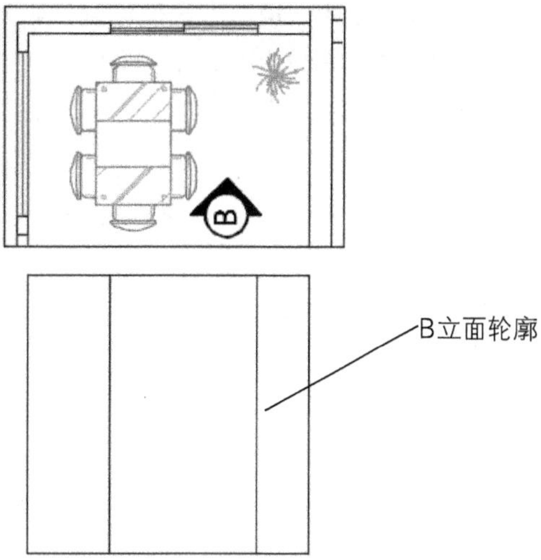

图7-182　绘制轮廓

05 执行“复制”、“修剪”命令，根据顶面图复制A立面吊顶部分，修剪多余线段，如图7-183所示。

06 执行“偏移”、“修剪”命令，偏移出门的位置，修剪掉多余线段，结果如图7-184所示。

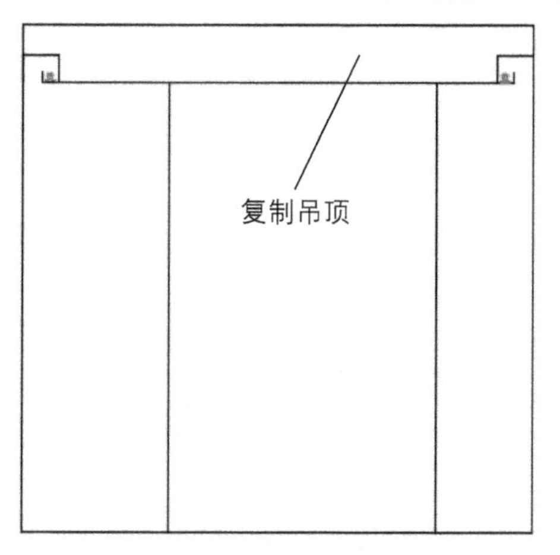


图7-183　绘制吊顶

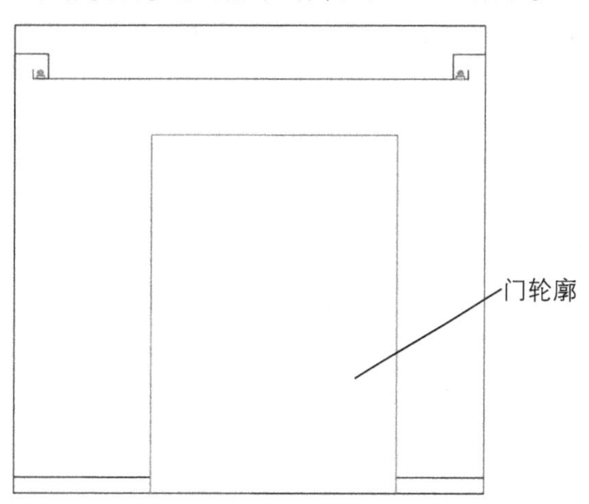


图7-184　绘制门

07 执行“偏移”命令，绘制门，尺寸如图7-185所示。

08 执行“插入”命令，插入门装饰木条，结果如图7-186所示。

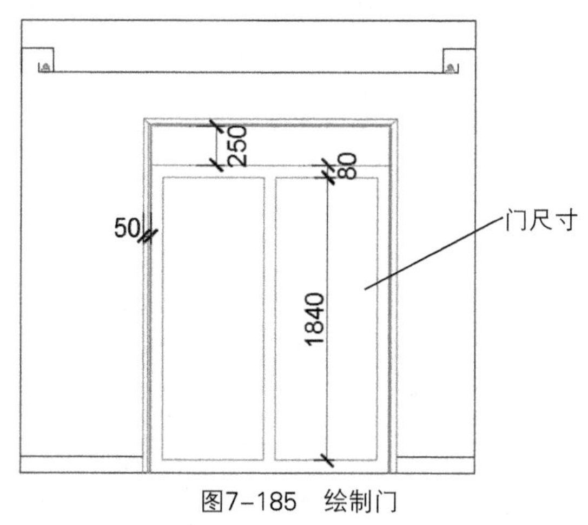


图7-185　绘制门

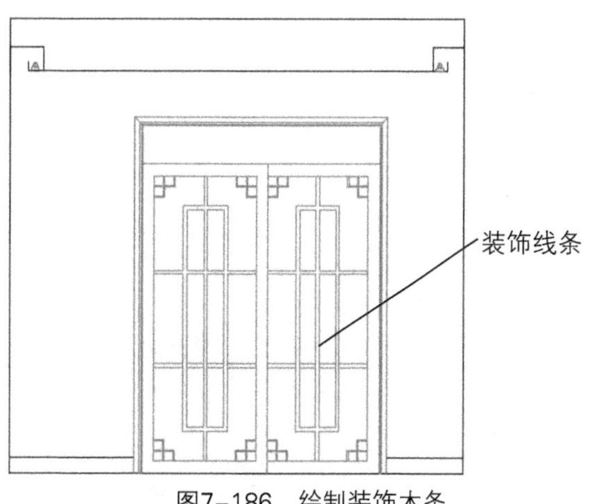


图7-186　绘制装饰木条

09 执行“图案填充”命令，填充门玻璃位置，如图7-187所示。

10 继续执行“图案填充”命令，填充门板位置，如图7-188所示。

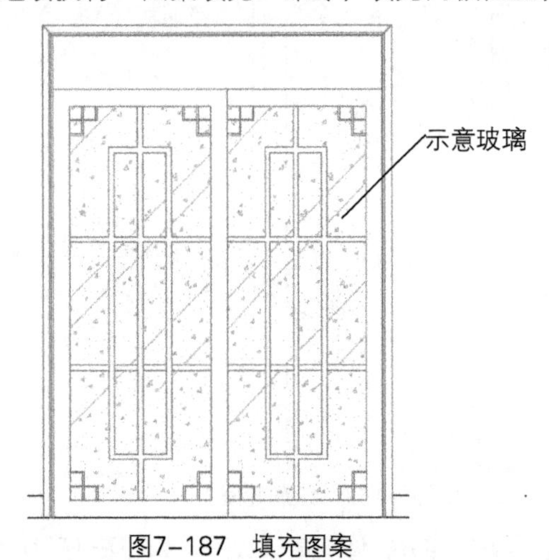


图7-187 填充图案

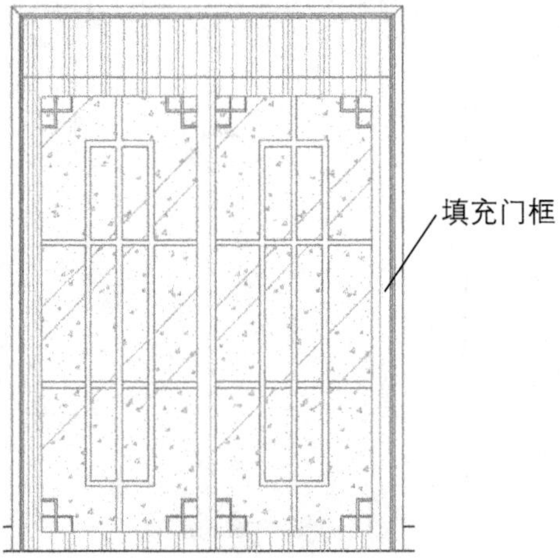

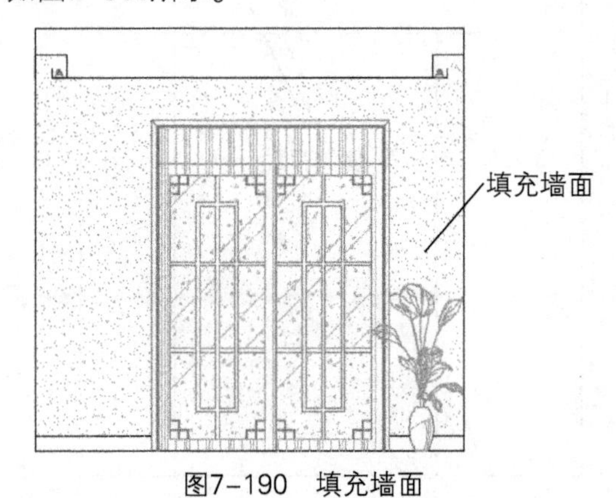


图7-188 继续填充

11 执行“插入”命令，插入植物图块至合适位置，如图7-189所示。

12 执行“图案填充”命令，在墙面位置进行填充，如图7-190所示。

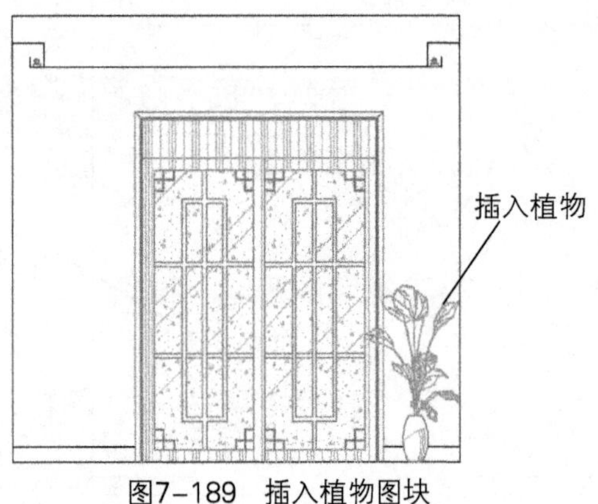


图7-189 插入植物图块

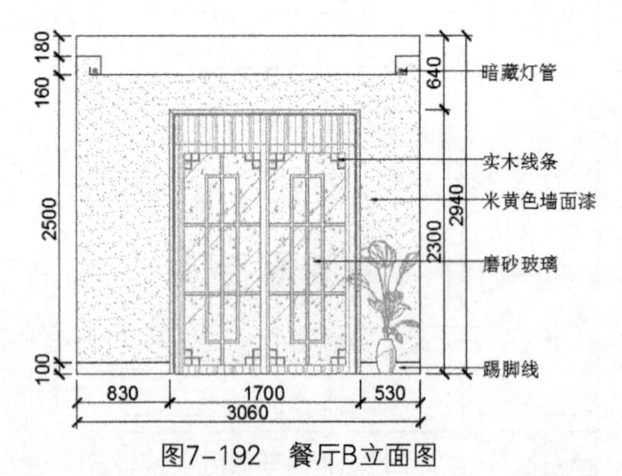


图7-190 填充墙面

13 执行“多重引线”命令，指定标注的位置，指定引线方向，输入文字，对立面图进行文字标注，如图7-191所示。

14 执行“尺寸标注”和“连续标注”命令，标注尺寸，标注结果如图7-192所示。至此完成餐厅B立面图的绘制。

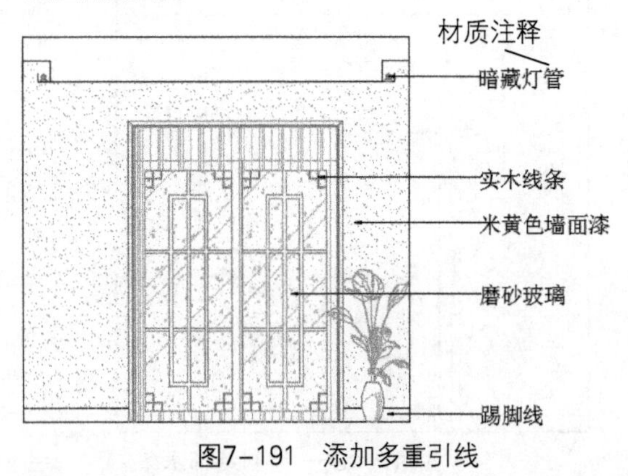


图7-191 添加多重引线



图7-192 餐厅B立面图

## 7.3.3 绘制卧室C立面图

下面将绘制卧室C立面图，具体操作步骤如下。

01 复制主人房平面图，插入立面索引符号，如图7-193所示。

02 单击“图层特性”按钮，新建轮廓线等图层，设置图层参数，如图7-194所示。

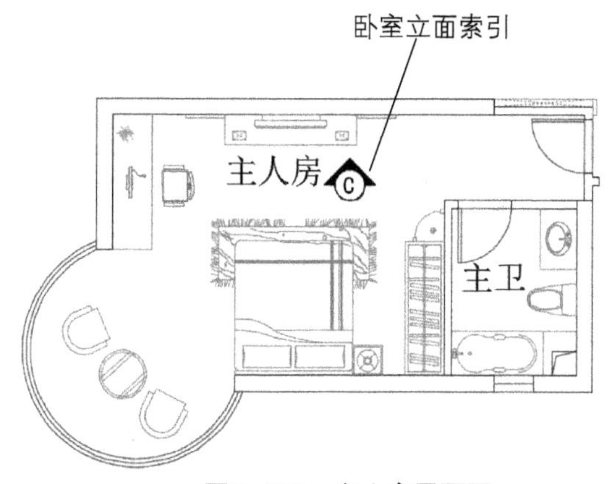


图7-193 主人房平面图

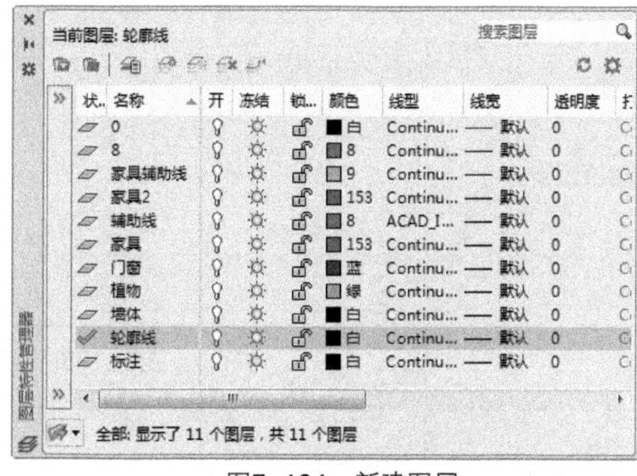


图7-194 新建图层

03 执行“射线”命令，捕捉平面图主要的轮廓位置绘制射线，如图7-195所示。

04 执行“直线”、“偏移”命令，绘制C立面轮廓，如图7-196所示。

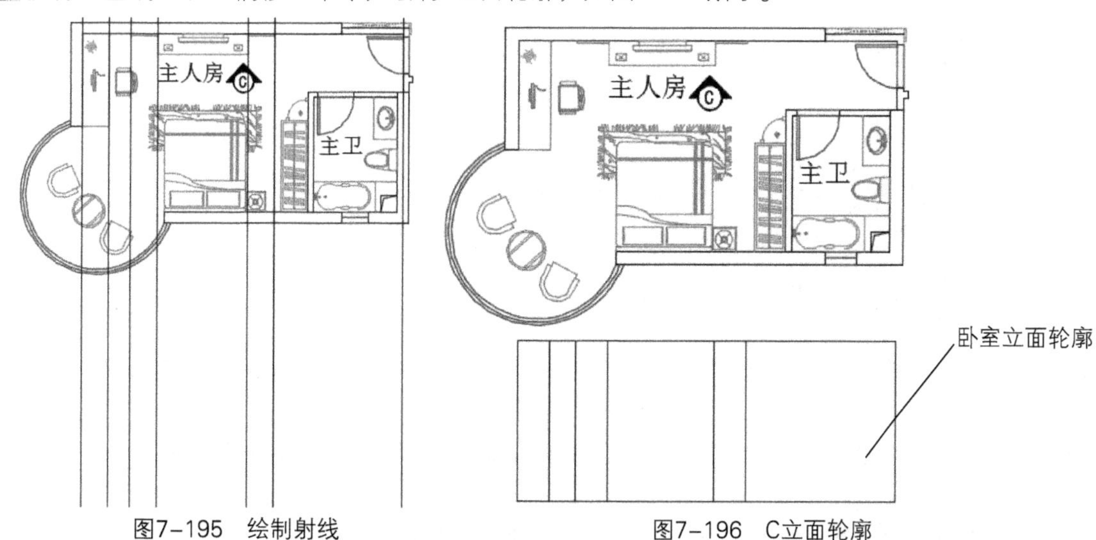


图7-195 绘制射线

图7-196 C立面轮廓

05 执行“偏移”命令，将顶边线段依次向下偏移，具体尺寸如图7-197所示。

图7-197 偏移线段

06 执行“修剪”命令，修剪多余线段，然后执行“倒角”命令，对书桌位置进行倒角，如图7-198所示。

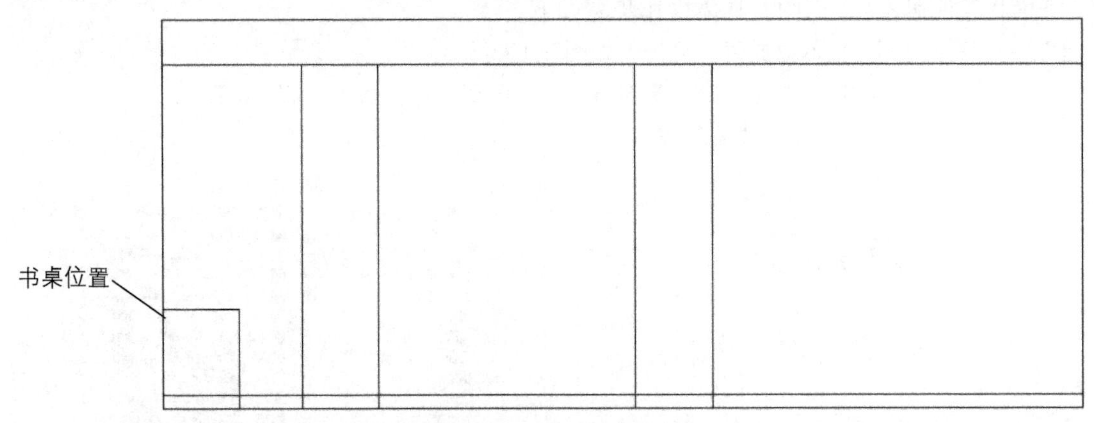


图7-198　绘制书桌轮廓

07 执行“偏移”、“直线”、“修剪”命令，绘制吊顶部分，然后执行“复制”命令，复制暗藏灯管至合适位置，如图7-199所示。

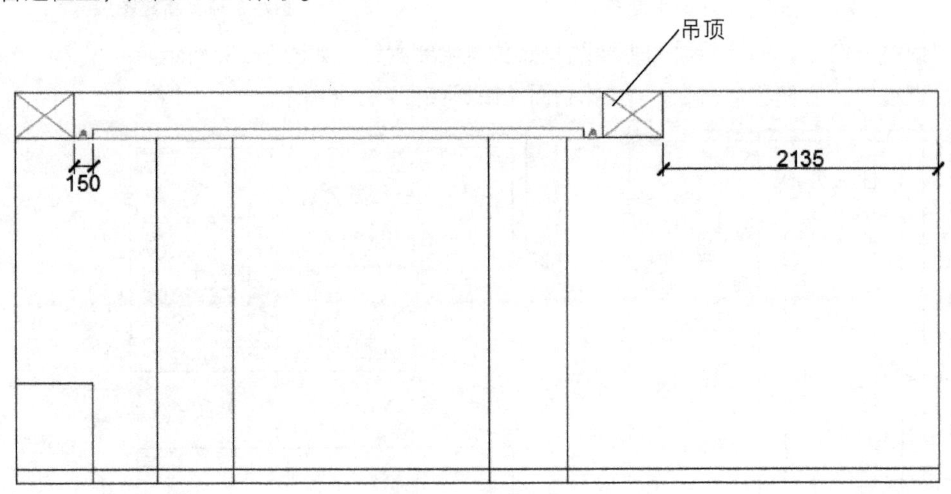


图7-199　绘制吊顶

08 执行“矩形”、“复制”、“修剪”命令，根据顶面布置图绘制主卧过道部分的吊顶，尺寸如图7-200所示。

09 执行“复制”命令，复制暗藏灯管至合适位置，如图7-201所示。

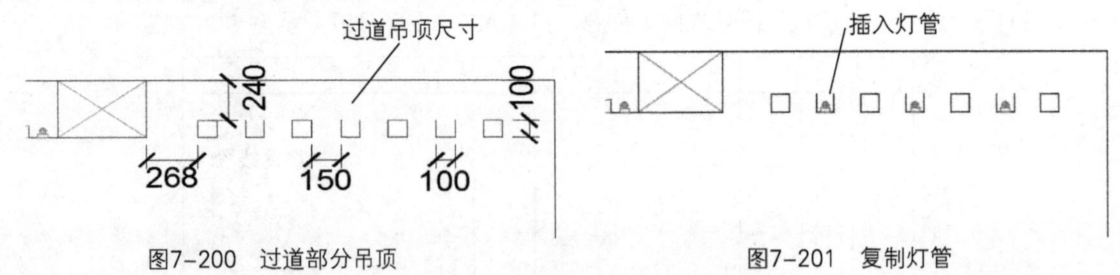


图7-200　过道部分吊顶　　　　图7-201　复制灯管

10 执行“偏移”命令，绘制书桌立面，具体尺寸如图7-202所示。

11 执行“修剪”命令，修剪掉多余线段，将线段置于家具图层，然后绘制两条相交线段，如图7-203所示。

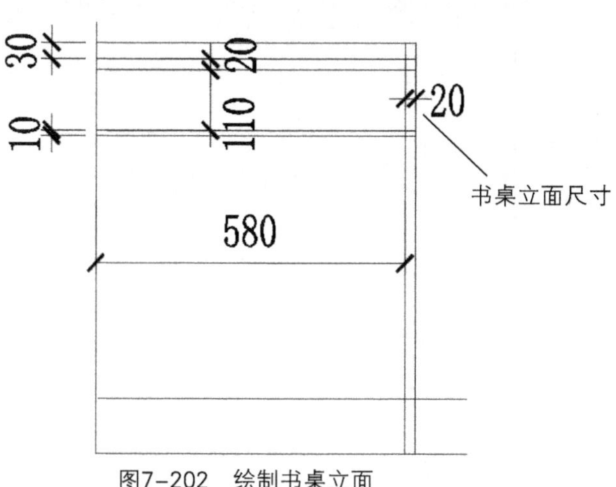

图7-202　绘制书桌立面

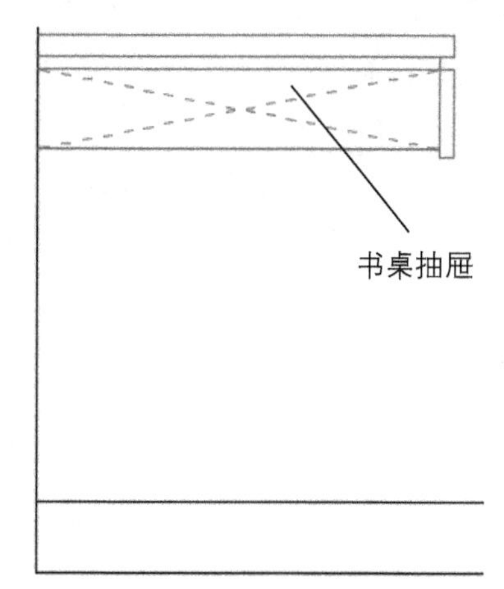

图7-203　修剪多余线段

⑫ 执行“偏移”、“修剪”命令，绘制电视背景墙，将线段置于家具层，尺寸如图7-204所示。

⑬ 执行“圆弧”、“偏移”命令，绘制电视柜及背景墙造型，尺寸如图7-205所示。

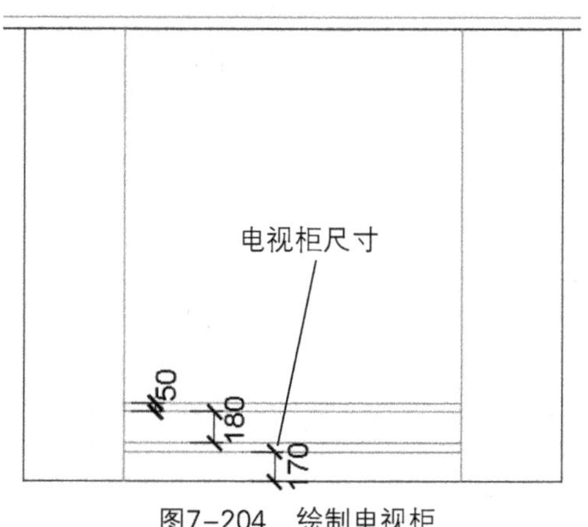

图7-204　绘制电视柜

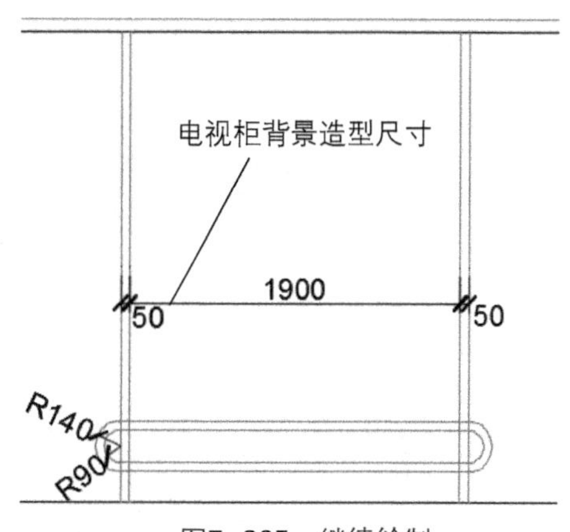

图7-205　继续绘制

⑭ 分别执行“修剪”、“偏移”命令，绘制背景墙造型，具体尺寸如图7-206所示。

⑮ 执行“插入”命令，插入电视机和音响的立面图块，如图7-207所示。

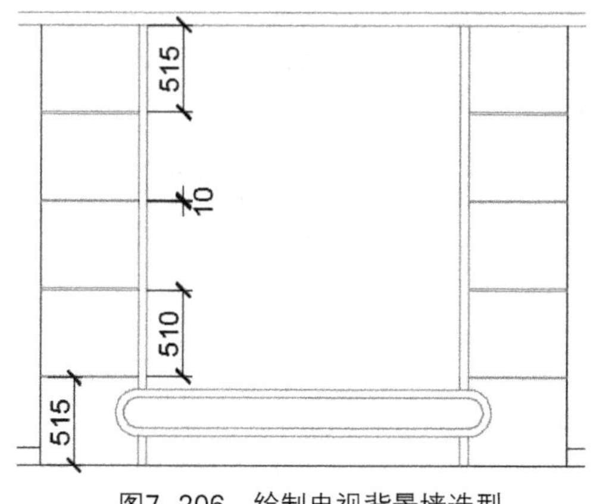

图7-206　绘制电视背景墙造型

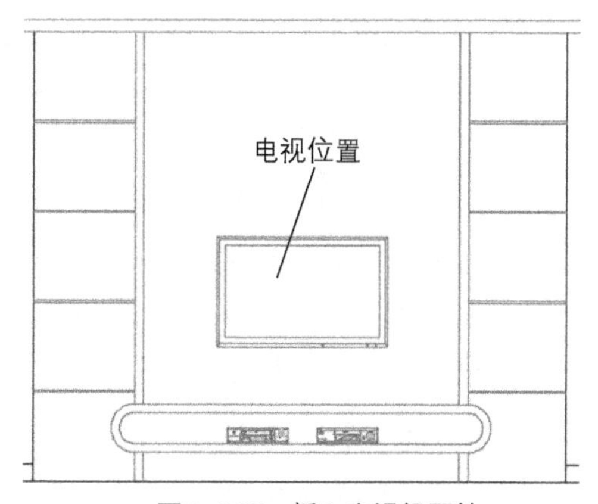

图7-207　插入电视机图块

⑯ 执行“图案填充”命令，填充背景墙部分，如图7-208所示。

⑰ 执行“插入”命令，插入笔记本和植物图块至合适位置，如图7-209所示。

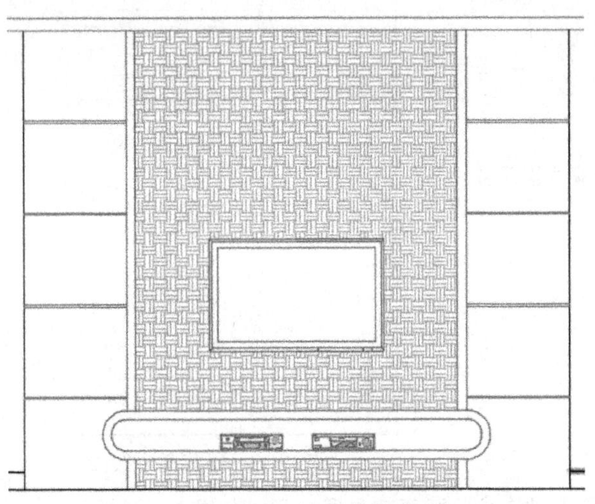

图7-208 填充背景墙

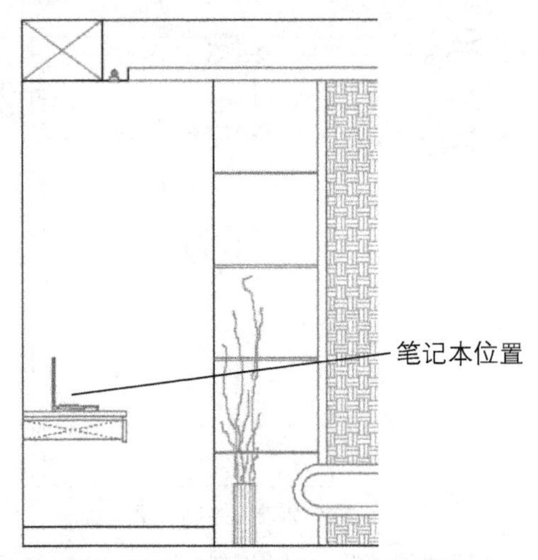


图7-209 插入笔记本、植物图块

⑱ 执行“图案填充”命令，填充墙面部分，如图7-210所示。

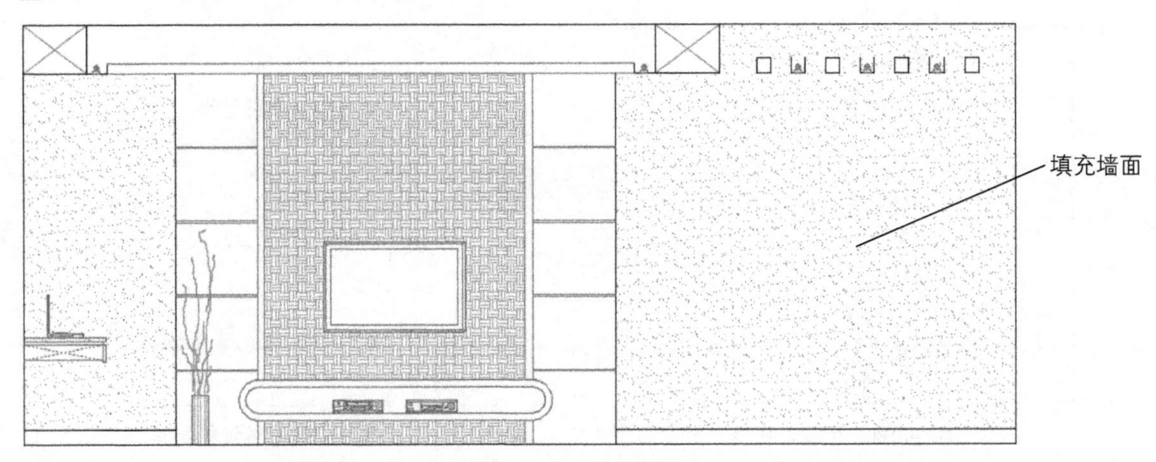


图7-210 填充墙面

⑲ 执行“多重引线”命令，标注墙面的装饰材质，结果如图7-211所示。

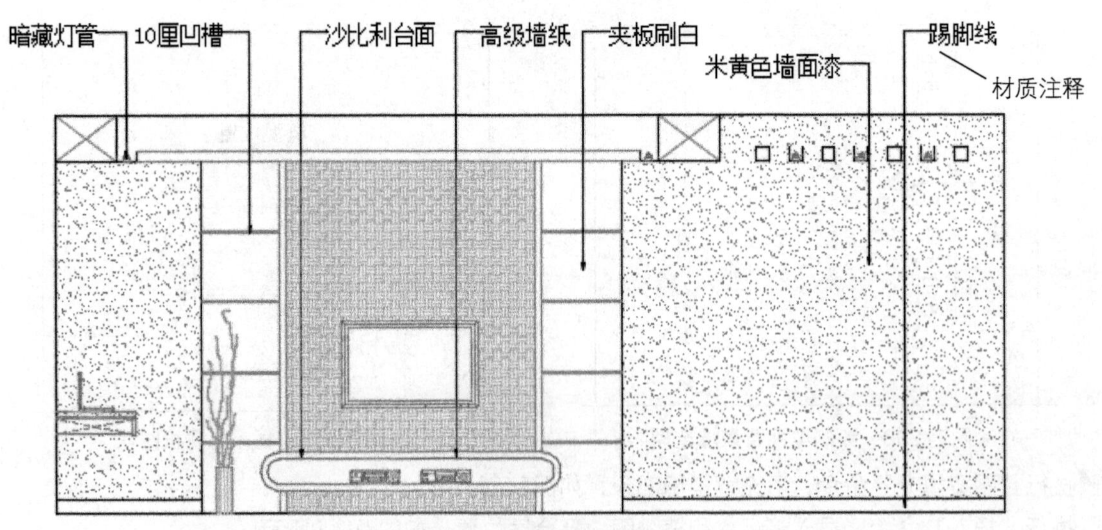


图7-211 添加文字标注

⑳ 执行“尺寸标注”和“连续标注”命令，标注卧室立面图的尺寸，结果如图7-212所示。至此完成卧室C立面图的绘制。

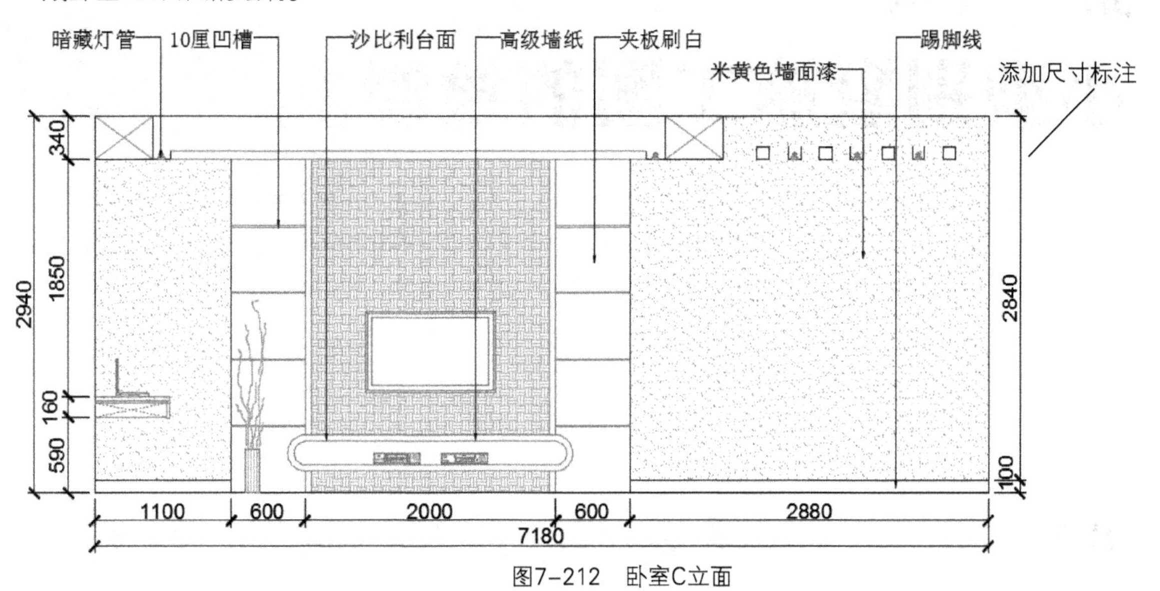


图7-212　卧室C立面

# 第8章 小型别墅施工图的绘制

本章概述　别墅是居宅之外用来享受生活的居所，随着人们生活水平的不断提高，别墅入住率也随之增长，别墅设计在装修市场中，已逐步成为主流。别墅设计与一般家居设计有着明显的区别，不但要对室内进行设计，同时还要对别墅外观进行设计。

知识要点
- 别墅设计的技巧及要点；
- 平面图的绘制方法；
- 立面图的绘制方法；
- 剖面图的绘制方法。

## 8.1 设计概述

别墅风格不仅取决于业主的喜好，还取决于生活的性质。有的近郊别墅是作为日常居住，有的则是度假性质。作为日常居住的别墅，考虑到日常生活的功能，不能太乡村化，而度假性质的别墅，则可以适于放松和休闲，营造一种与日常居家不同的感觉，如图8–1、8–2所示。

图8–1　近郊别墅

图8–2　度假别墅

### 8.1.1 设计的基本原则

好的设计善于把握装饰中的细节。在别墅设计中，设计师要想完成一件成功的作品就需要将细节融入创意，这个过程中，有一些原则是必须遵守的。

（1）多元化原则

多元化包括功能的多元化、材料及手法的多样化、空间层次的多元化等。在满足了人们基本需要后，建筑及景观环境在空间层次、造型和材料上的丰富多元化提供了人们所需要的精神层次上的享受，这就是提倡的材料及手法和空间层次的多元化的根本涵义，如图8–3、8–4所示。

（2）人性化原则

一个好的设计应该体现出设计师对使用者需求的深刻洞察和细致入微的关怀。对于追求高品位和高档次的别墅项目来说，这一点尤为重要。任何项目都不应该脱离其所属环境而单独存在，因此，研究并开发出项目所属地域在历史传统上的文化特色往往成为设计灵感的重要源泉。一个建筑是否有独到、考究而又贴切的细部处理往往能反映出建筑本身的价值和使用者的品位，如图8-5、8-6所示。

图8-3 落地窗效果

图8-4 别墅客厅效果

图8-5 别墅入口

图8-6 别墅客厅

（3）个性化原则

设计的无穷魅力就在于创新精神，能够突破习惯思维的、经得住时间考验的建筑才是真正被社会和时代所认可的一流作品，如图8-7、8-8所示。

图8-7 个性化客厅

图8-8 创新卧室

（4）协调性原则

别墅装修很注重整体性，色调是其中很重要的一个方面，暖色调使人产生较轻、向前或上浮的感觉，冷色调使人产生收缩、后退或疏远的感觉。利用这些错觉可以调节室内的空间感，如图8-9、8-10所示。

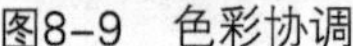

图8-9 色彩协调　　图8-10 别墅卧室

## 8.1.2 经典设计欣赏

接下来介绍几种别墅的装修风格。

（1）美式乡村风格

该风格的设计中，设计师通过入户花园进入室内，就是宽达6米的客厅。45° 斜角的米黄色石材、用深色榆木地板分隔形成的地面拼纹，与顶棚井干式穿插的木梁对应起来，视觉上令人感到和谐而稳定。墙面居中的位置是巨幅中国画，在美式乡村风格当中也不忘融入中国文化，总体设计有种中西合璧的感觉，如图8-11 ~ 8-13所示。

图8-11 美式别墅客厅

图8-12 美式别墅餐厅

图8-13 美式别墅卧室

（2）新古典风格

“以人为本”现已成为室内设计的新主张，而新古典给人的感觉总是奢华与繁琐交织的艺术。在这个设计中，设计师摒弃了繁琐的传统古典风格，运用简约与时尚的手法构成本案的新古典主义设计风格，如图8-14 ~ 8-16所示。

（3）现代风格

整体用不同深度的灰色勾勒出冷酷高雅的格调。在面向游泳池的客厅、餐厅、厨房、休息区一律铺上大理石瓷砖，炫目的反光效果和天然质感打造出具有现代感的时尚空间。如图8-17 ~ 8-19所示。

图8-14　新古典别墅客厅

图8-15　新古典别墅餐厅

图8-16　新古典别墅卧室

图8-17　现代别墅客厅

图8-18　室外游泳池

图8-19　现代别墅厨房

（4）法式风格

法式风格像一匹黑马在近年来流行于世界各地，它结合了现代实用性的优点，又融入了传统设计元素，是一种富有创造性的设计风格，如图8-20～8-22所示。

图8-20　法式别墅客厅

图8-21　法式别墅扶栏

图8-22　法式别墅卧室

**绘图秘技 | 别墅图纸设计要点**

别墅设计的重点仍是对功能与风格的把握。为了充分满足业主对生活功能的需求，别墅设计应做到以下两点。

（1）别墅设计一定要注重结构的合理运用。局部的细节设计要体现出主人的个性及优雅的生活情趣。

（2）在别墅的设计过程中，设计师首先要考虑整个空间的使用功能是否合理，在此基础上再去演化优雅新颖的设计。

# 8.2 绘制别墅各层平面图

别墅平面图的绘制与其他一般住宅的绘制方法相似，都需按照现场测量的尺寸，绘制出原始户型图，然后再在户型图上进行加工。

## 8.2.1 别墅各层原始户型图

本案例所绘制的别墅共有3层，下面将分别介绍其原始图的绘制过程。

**1. 绘制别墅一层原始户型图**

下面介绍别墅一层原始户型图的绘制过程。

01 将轴线图层置为当前层，按照测量数据，绘制一楼墙体轴线，如图8-23所示。

02 将“墙体”层设为当前层，执行“多段线”命令，绘制一楼墙体，如图8-24所示。

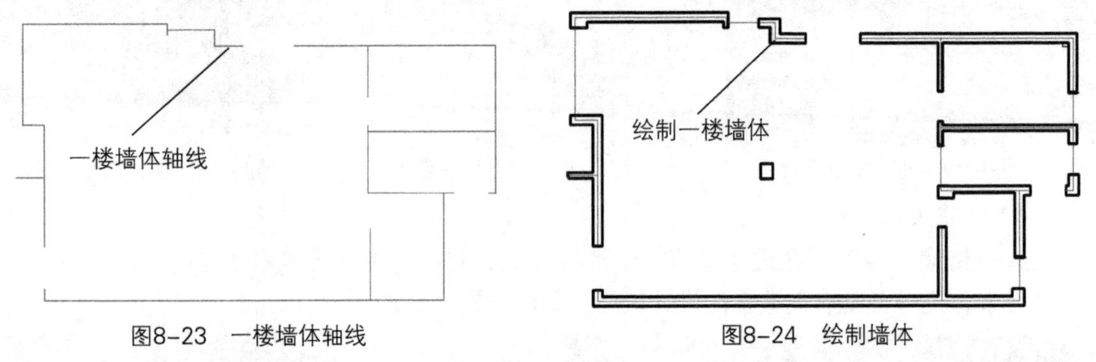


图8-23 一楼墙体轴线　　图8-24 绘制墙体

03 将“门窗”图层设置为当前层。执行“直线”和“偏移”命令，绘制出窗户图块，如图8-25所示。

04 将“梁”图层置为当前层，执行“直线”、“偏移”命令，绘制一层房梁位置，如图8-26所示。

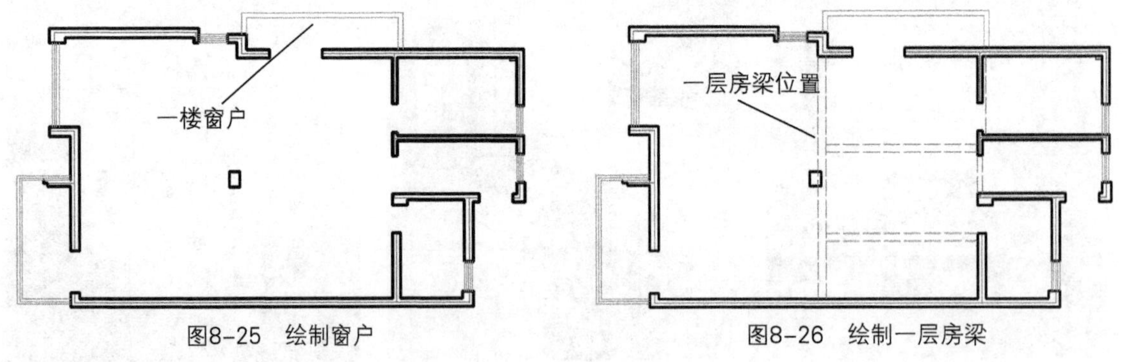


图8-25 绘制窗户　　图8-26 绘制一层房梁

05 将内墙线层设为当前层，执行“直线”命令，绘制一层楼梯和台阶，如图8-27所示。

06 执行“多段线”、“单行文字”命令，绘制楼梯上下表示线，如图8-28所示。

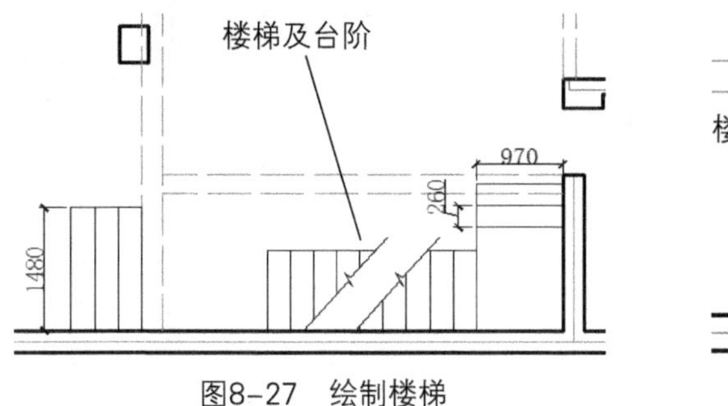


图8-27　绘制楼梯

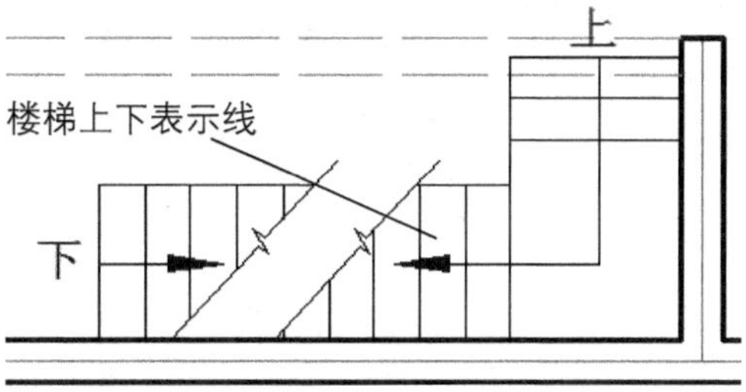

楼梯上下表示线

图8-28　绘制楼梯上下表示线

07 执行“插入”命令，将排污管、燃气、排气孔图块调入图形合适位置，如图8-29所示。

08 执行“多行文字”命令，标注窗户和门洞尺寸，如图8-30所示。

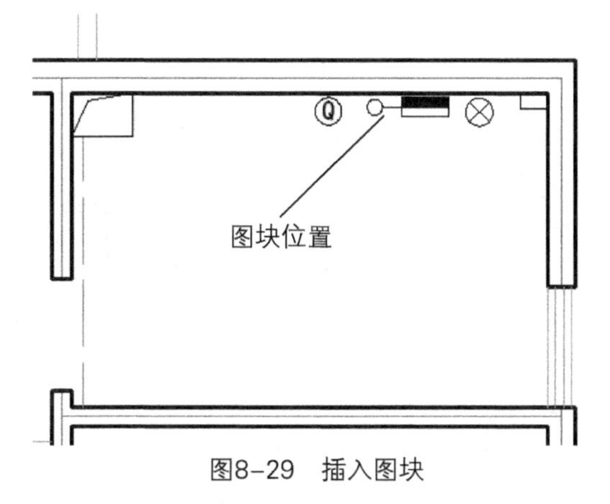


图8-29　插入图块

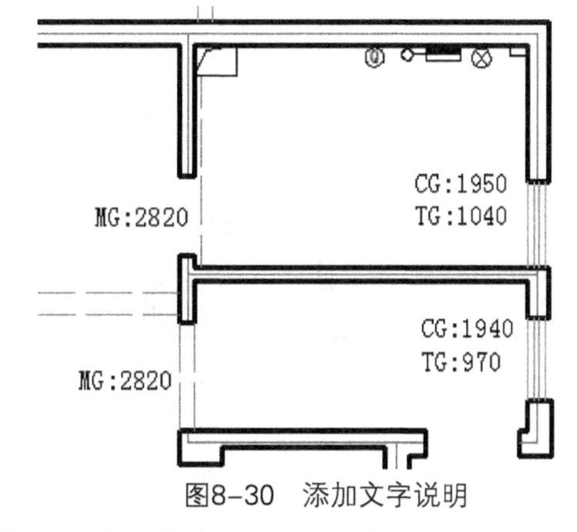


图8-30　添加文字说明

09 将标高图块调入该图形中，并根据一层实际层高，修改标高数值，如图8-31所示。

10 执行“线性标注”命令，标注一层图纸尺寸，如图8-32所示。

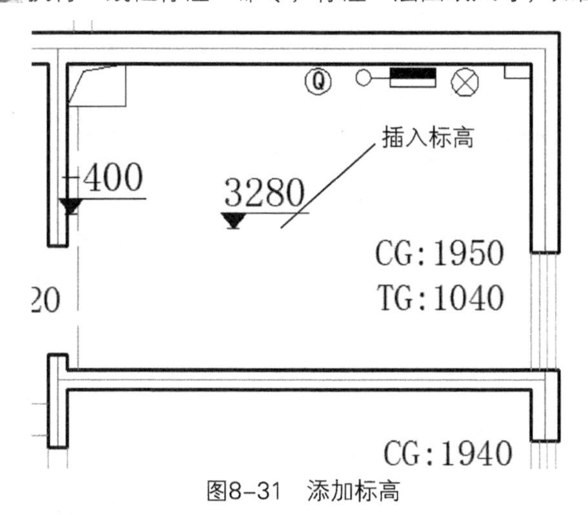


图8-31　添加标高

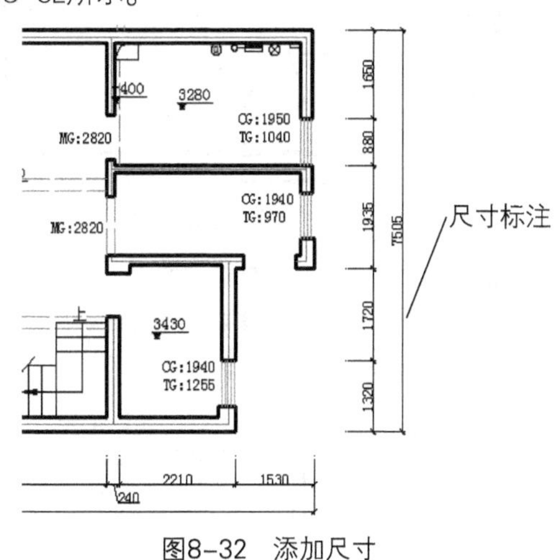


图8-32　添加尺寸

**2. 绘制别墅二层原始户型图**

下面介绍别墅二层原始户型图的绘制过程。

01 执行“复制”命令，复制别墅一层原始图，删除文字注释、房梁及楼梯图块，如图8-33所示。

02 将“轴线”层设置为当前层，执行“直线”、“修剪”命令，修改别墅一层墙体轴线，如图8-34所示。

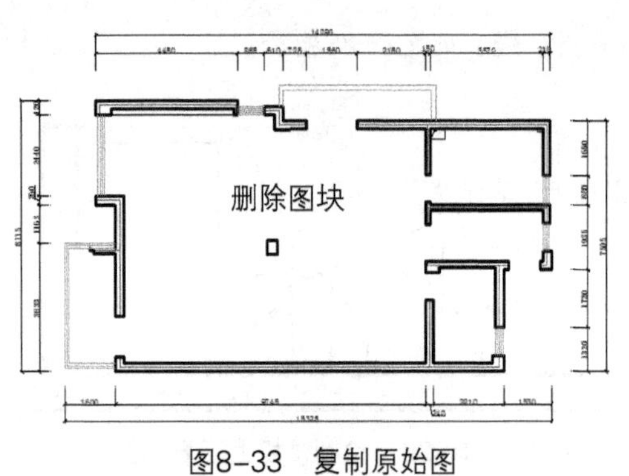


图8-33　复制原始图

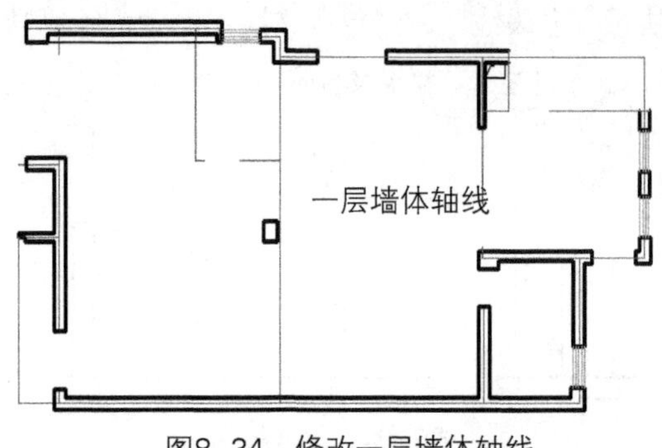


图8-34　修改一层墙体轴线

03 将“墙体”层设为当前层，执行“直线”命令，完成二层墙体的绘制，如图8-35所示。

04 将“门窗”图层设为当前层，执行“直线”命令，绘制二层窗户及阳台图形，如图8-36所示。

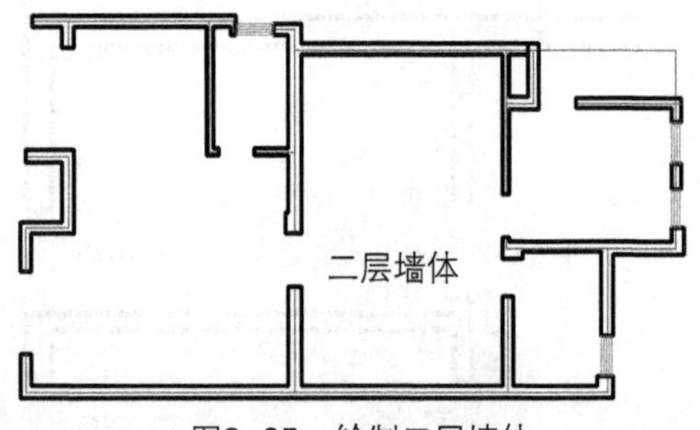


图8-35　绘制二层墙体

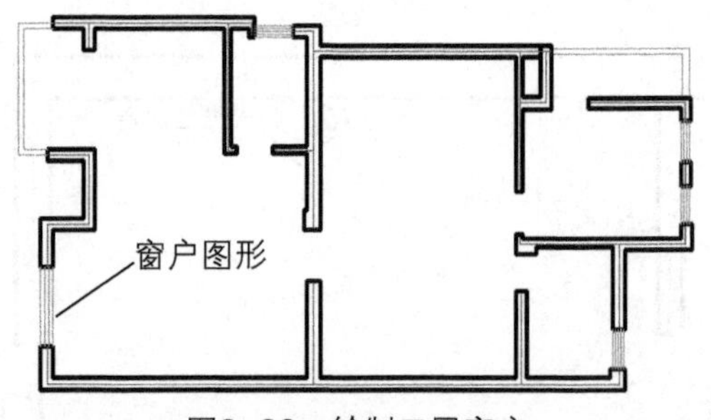


图8-36　绘制二层窗户

05 将内墙线设为当前层，执行“直线”命令，绘制二层楼梯图形，如图8-37所示。

06 执行“多段线”、“单行文字”命令，绘制楼梯上下示意符号，如图8-38所示。

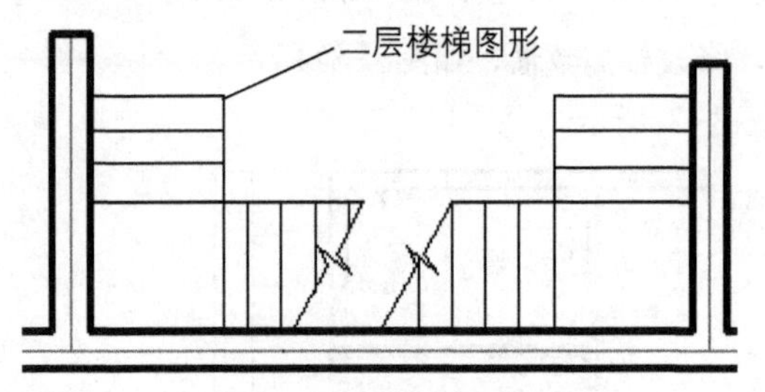


图8-37　绘制二层楼梯

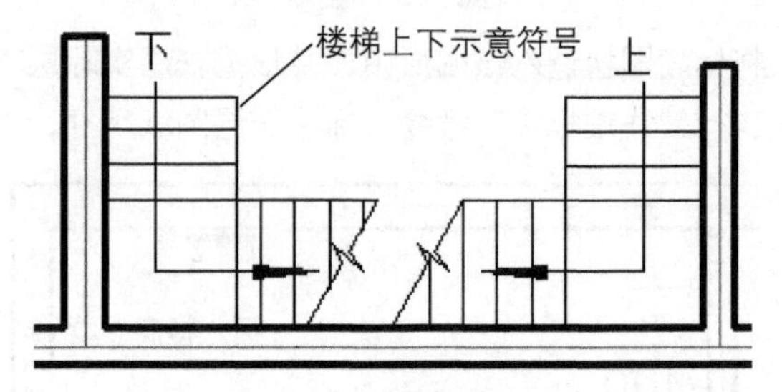


图8-38　添加楼梯示意符号

07 将“梁”图层设置为当前层，执行“直线”、“偏移”命令，绘制二层房梁图形，如图8-39所示。

08 输入窗户参数值。将标高符号插入其中，并进行修改，之后执行“线性”标注命令，标注该图纸，如图8-40所示。

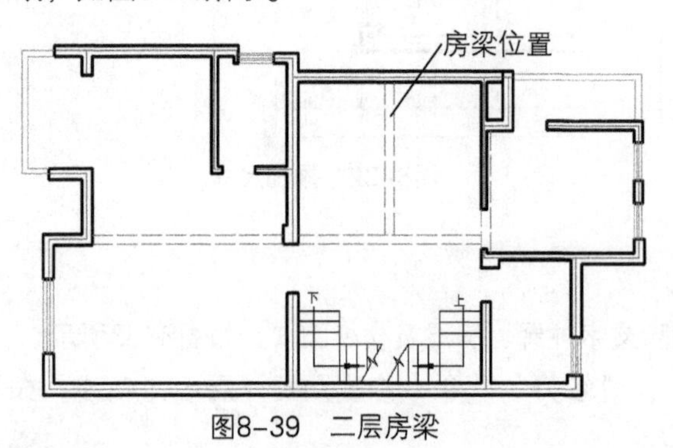


图8-39　二层房梁

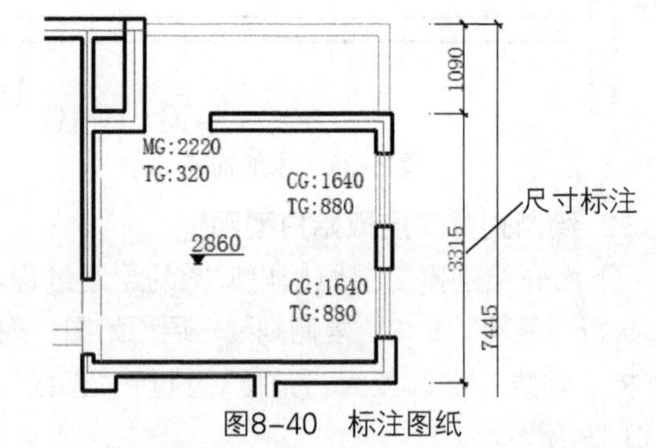


图8-40　标注图纸

### 3. 绘制别墅三层原始户型图

下面介绍别墅三层原始户型图的绘制过程。

01 将二层户型图进行复制，将墙体层设置为当前层，执行“直线”、“修改”命令，绘制三层墙体轴线，如图8-41所示。

02 将门窗图层设置为当前层，执行“直线”命令，绘制三层门窗图形，如图8-42所示。

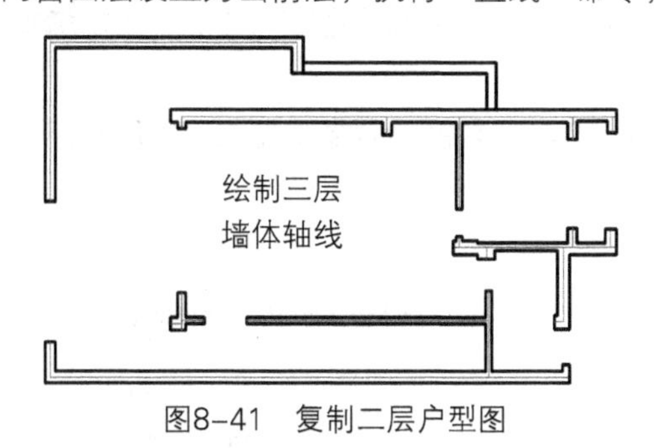


图8-41 复制二层户型图

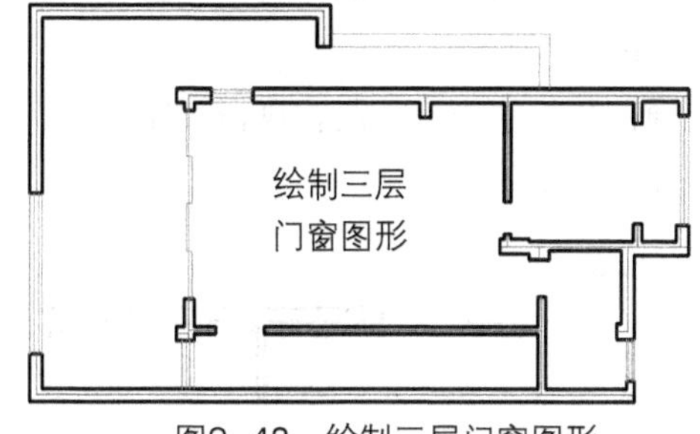


图8-42 绘制三层门窗图形

03 将梁图层设置为当前层，执行“直线”命令，绘制三层房梁图形，如图8-43所示。

04 将内墙线图层设为当前层，执行“偏移”、“插入”命令，完成楼梯以及排污管、下水管等图形的绘制，如图8-44所示。

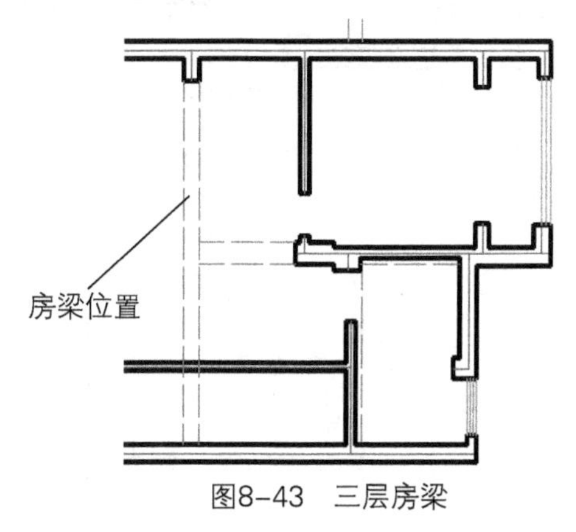


图8-43 三层房梁

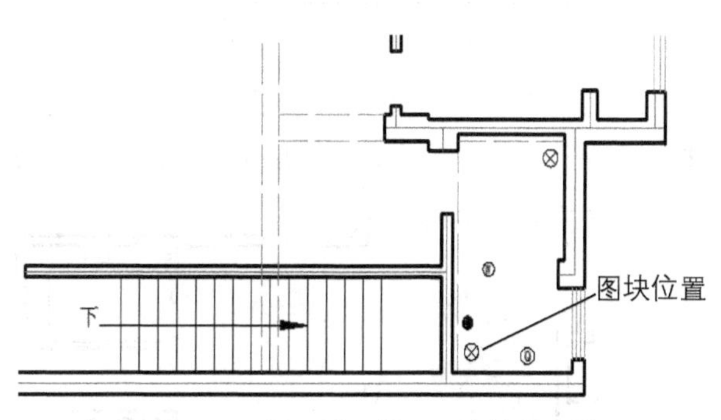


图8-44 插入排污管、下水管等图块

05 输入三层窗户参数值，并执行“插入”命令，将标高图块插入其中，并修改其标高值，如图8-45所示。

06 将标注层设为当前层，执行“线性”标注命令，对三层户型图进行尺寸标注，如图8-46所示。

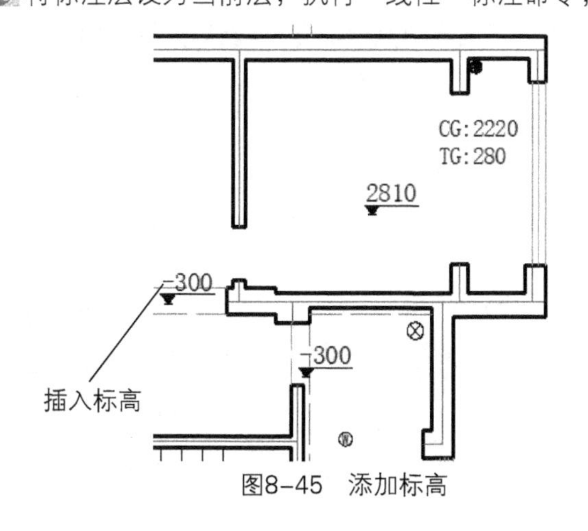


图8-45 添加标高

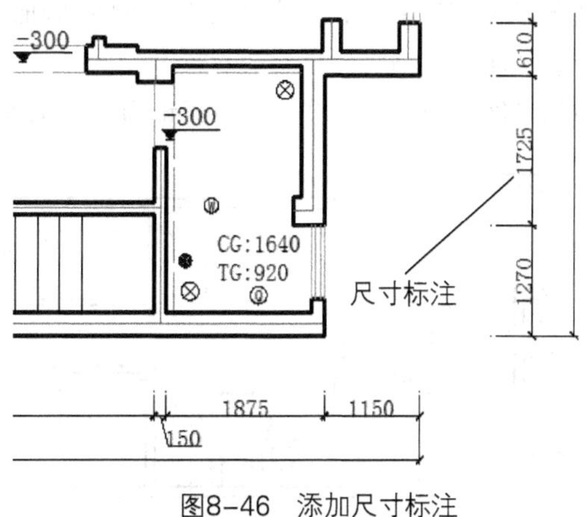


图8-46 添加尺寸标注

### 8.2.2 别墅各层平面布置图

下面将绘制别墅平面布置图，包括别墅一层、二层和三层的平面布置图。

**1. 绘制别墅一层平面布置图**

下面介绍别墅一层平面布置图的绘制过程。

01 执行“复制”命令，复制一层户型图，删除所有文字注释，执行“直线”命令，绘制增加的内墙线，如图8-47所示。

02 将门窗图层设置为当前层，执行“矩形”、“圆弧”和“复制”命令，完成一层所有门图形的绘制，如图8-48所示。

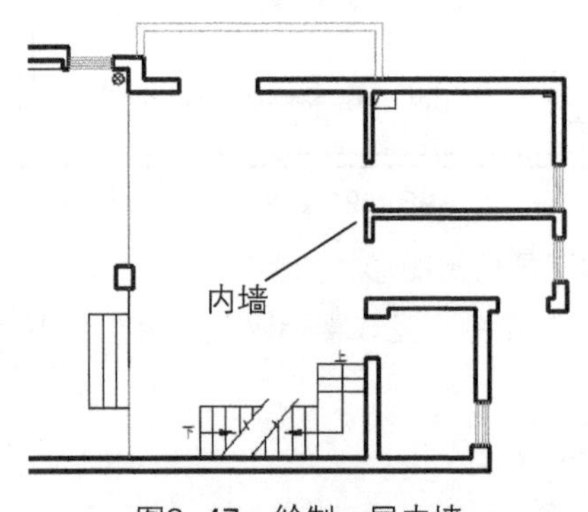


图8-47 绘制一层内墙

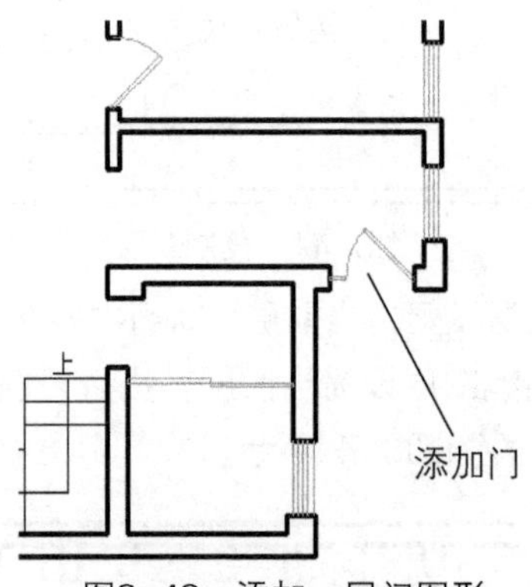


图8-48 添加一层门图形

03 执行“插入”命令，将沙发、电视机、餐桌等图块插入一层平面图中，如图8-49所示。

04 执行“单行文字”命令，对一层地面材质进行注释，如图8-50所示。

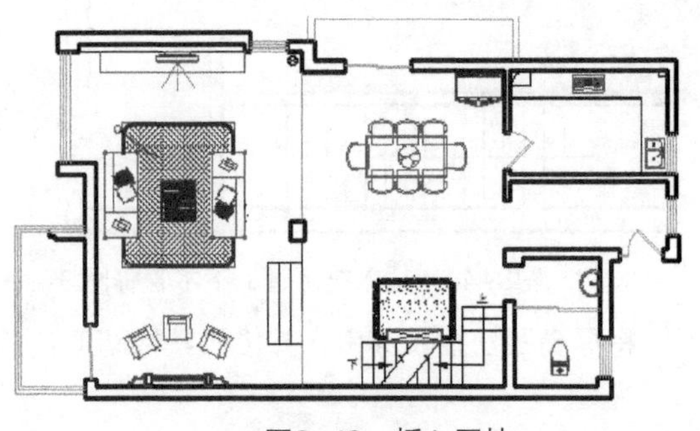

图8-49 插入图块

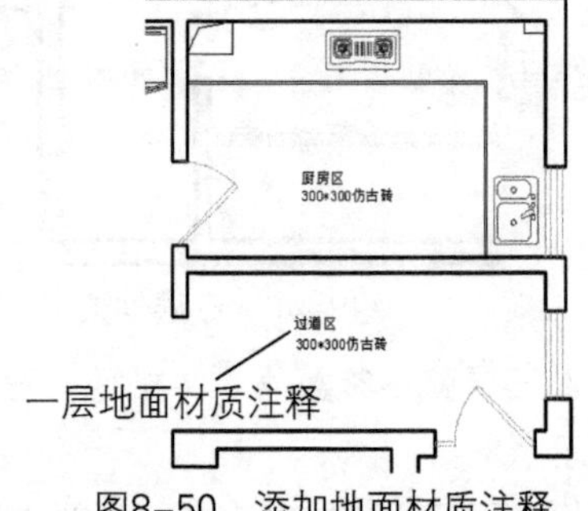


图8-50 添加地面材质注释

05 执行“偏移”命令，将内墙线向内偏移200mm；执行“图案填充”命令，对偏移后的图形进行填充，如图8-51所示。

06 执行“图案填充”命令，对一层地面进行填充，如图8-52所示。

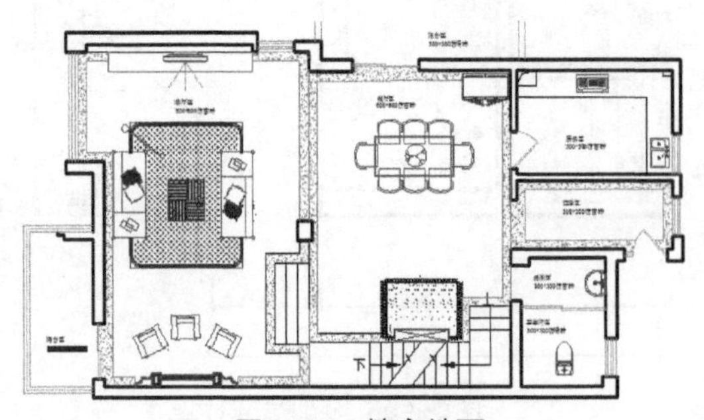

图8-51 填充地面

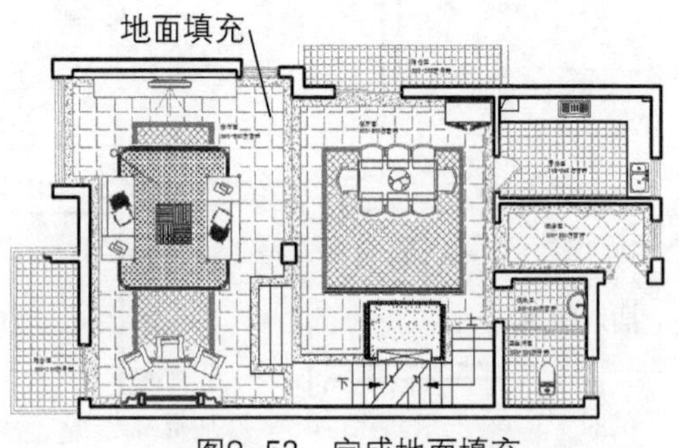


图8-52 完成地面填充

### 2. 绘制别墅二层平面布置图

下面介绍别墅二层平面布置图的绘制过程。

01 执行“复制”命令，复制二层户型图，删除所有文字注释，执行“直线”命令，绘制增加的内墙线，如图8-53所示。

02 将门窗图层设置为当前层，执行“矩形”、“圆弧”和“复制”命令，完成二层所有门图形的绘制，如图8-54所示。

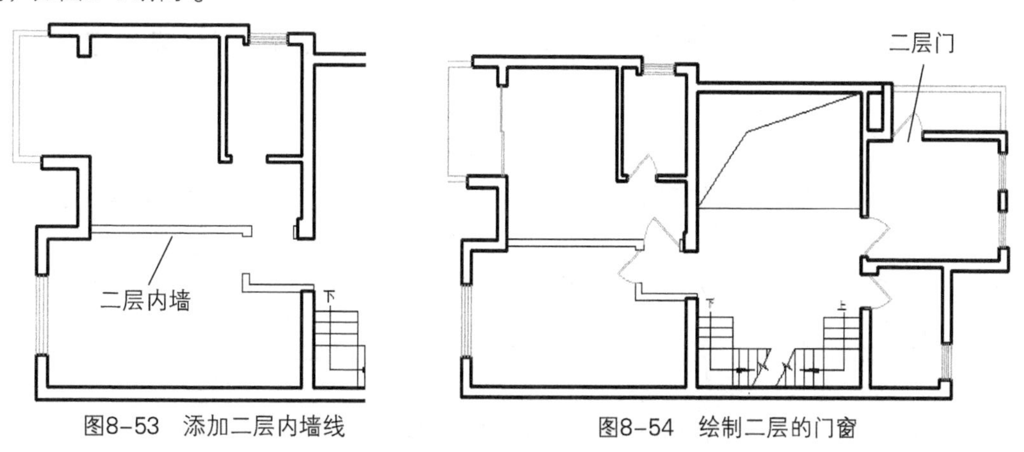


图8-53 添加二层内墙线　　图8-54 绘制二层的门窗

03 执行“插入”命令，将床、书桌、座椅等图块插入二层平面图中，如图8-55所示。

04 执行“单行文字”命令，对二层地面材质进行注释，如图8-56所示。

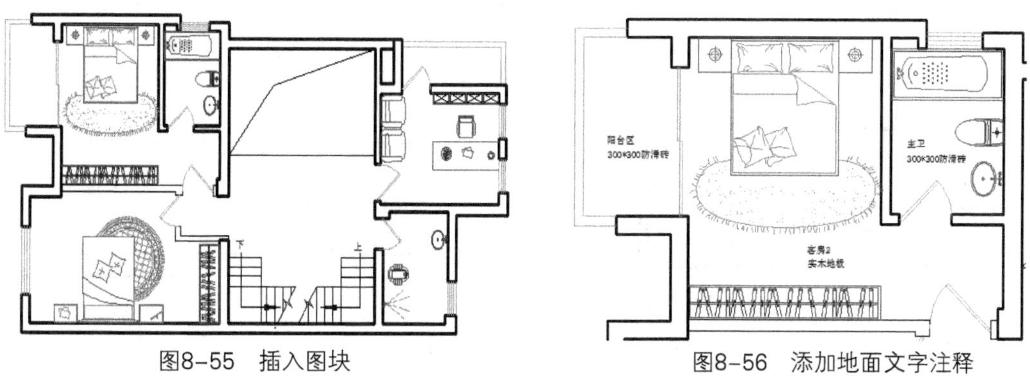


图8-55 插入图块　　图8-56 添加地面文字注释

05 执行“偏移”命令，将内墙线向内偏移200mm，并执行“图案填充”命令，将偏移后的图形进行填充，如图8-57所示。

06 执行“图案填充”命令，填充二层地面，如图8-58所示。

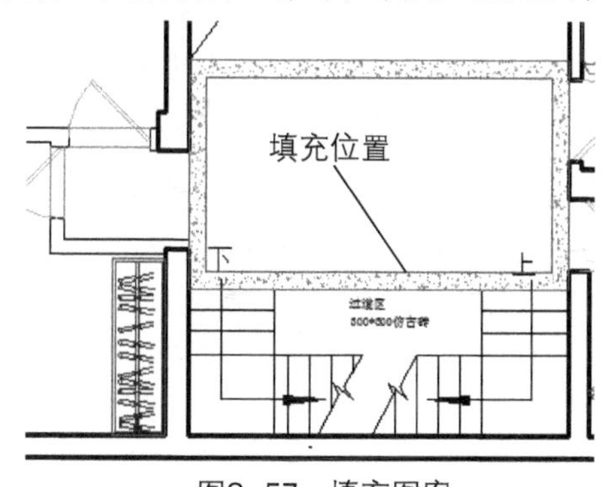


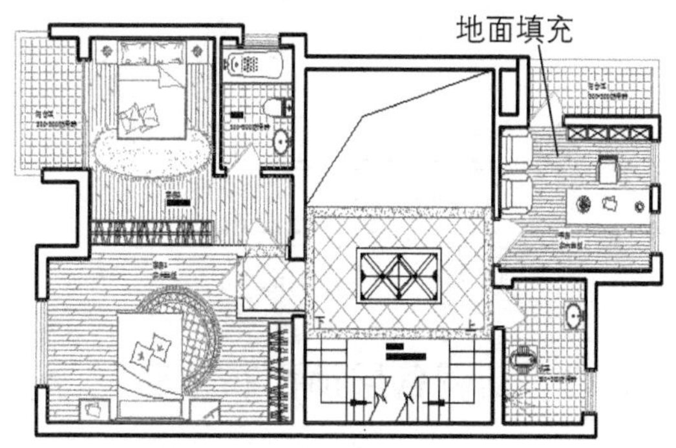


图8-57 填充图案　　图8-58 完成地面填充

### 3. 绘制别墅三层平面布置图

下面介绍别墅三层平面布置图的绘制过程。

01 将三层户型图进行复制，删除所有文字注释，执行“直线”命令，绘制新增加的内墙线，如图8-59所示。

02 将门窗图层设置为当前层，执行“矩形”、“圆弧”和“复制”命令，完成三层所有门图形的绘制，如图8-60所示。

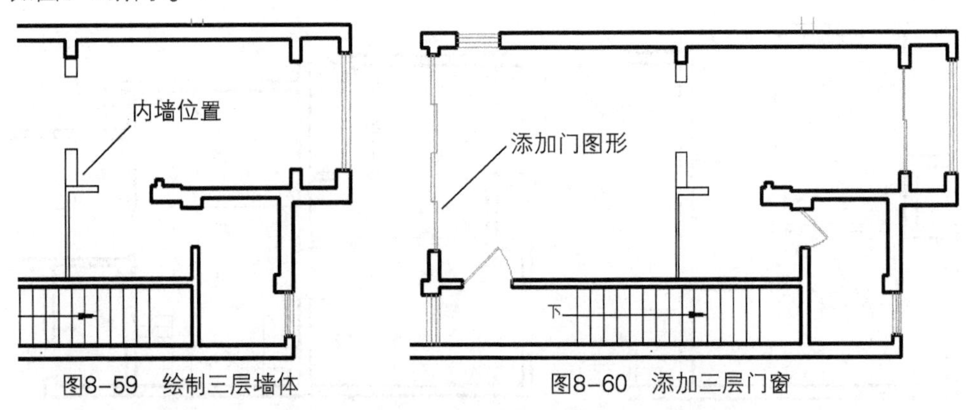


图8-59 绘制三层墙体　　图8-60 添加三层门窗

03 执行“插入”命令，将床、书柜、座椅、洁具等图块插入三层平面图中，如图8-61所示。

04 执行“单行文字”命令，对三层地面材质进行注释，如图8-62所示。

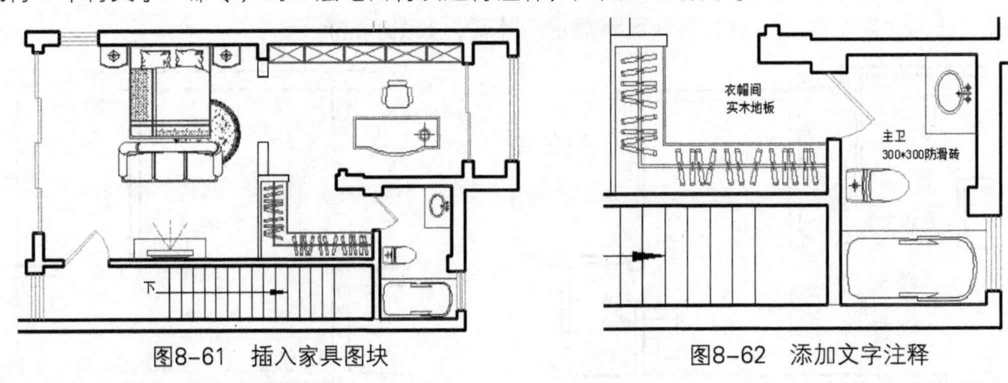


图8-61 插入家具图块　　图8-62 添加文字注释

05 执行“图案填充”命令，填充主卧室地面，如图8-63所示。

06 按照同样的操作方法，完成三层地面的填充，如图8-64所示。

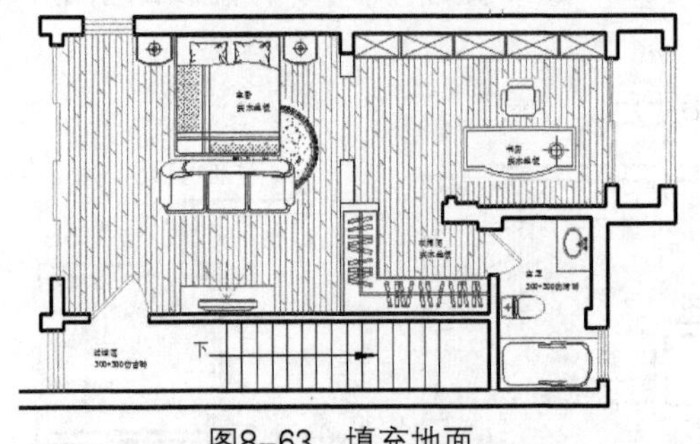


图8-63 填充地面

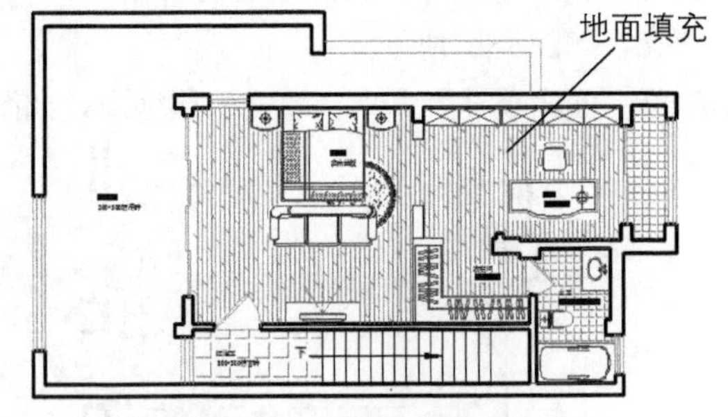


图8-64 完成地面填充

## 8.2.3 别墅各层顶面布置图

下面将分别绘制别墅一层、二层及三层的顶面布置图。

### 1. 绘制别墅一层顶面布置图

下面介绍别墅一层顶面布置图的绘制过程。

01 将一层平面图进行复制，将图纸中的图块以及填充图案删除，如图8-65所示。

02 将门图块进行删除，执行“直线”命令，对一层户型图进行封闭，如图8-66所示。

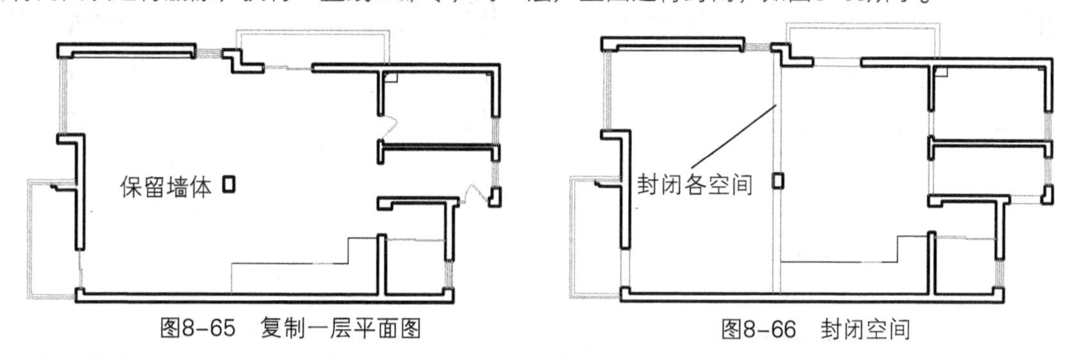


图8-65　复制一层平面图　　图8-66　封闭空间

03 执行“偏移”命令，将墙体线向内进行偏移，完成吊顶石膏线条的绘制，如图8-67所示。

04 执行“插入”命令，将灯具图块插入顶面合适位置，如图8-68所示。

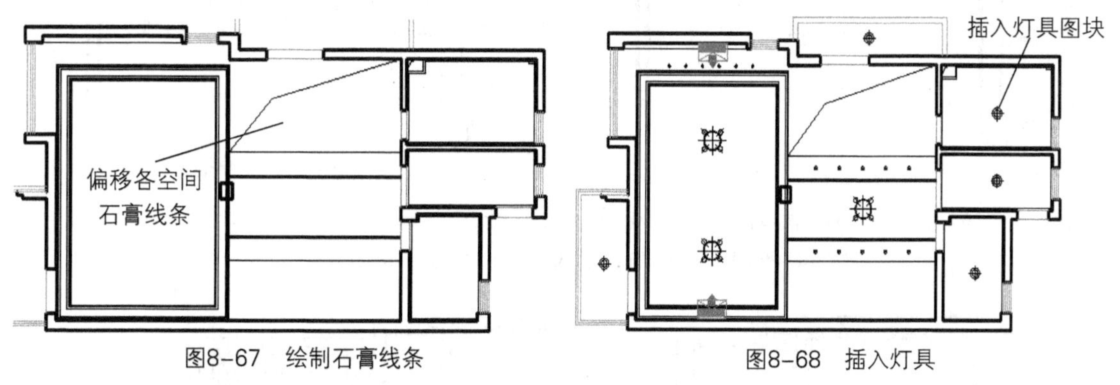


图8-67　绘制石膏线条　　图8-68　插入灯具

05 执行“单行文字”命令，对顶面材料进行注释，如图8-69所示。

06 执行“图案填充”命令，对一层吊顶进行填充，如图8-70所示。

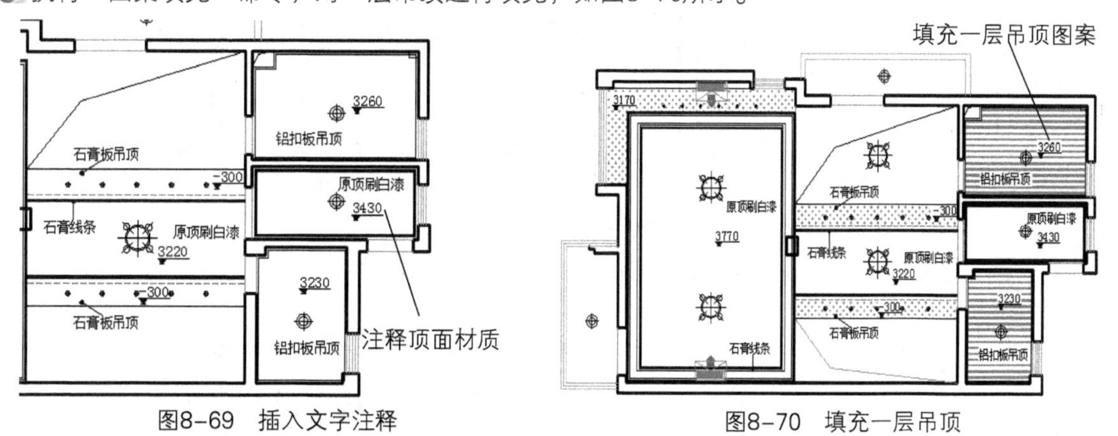


图8-69　插入文字注释　　图8-70　填充一层吊顶

### 2. 绘制别墅二层顶面布置图

下面介绍别墅二层顶面布置图的绘制过程。

01 将二层平面图进行复制，将图纸中的图块以及填充图案删除，如图8-71所示。

02 执行“直线”命令，对二层户型图进行封闭，如图8-72所示。

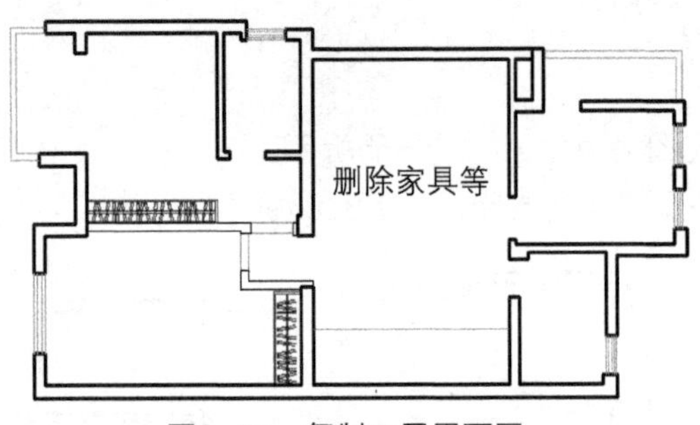


图8-71　复制二层平面图

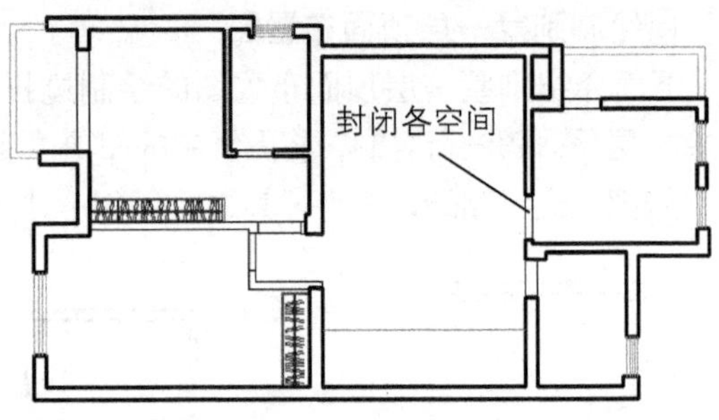


图8-72　封闭二层空间

03 执行“矩形”、“偏移”命令，绘制600mm×600mm的矩形，将矩形向内偏移50mm，如图8-73所示。

04 执行“复制”命令，复制绘制好的矩形，将其放置在餐厅顶面合适位置，如图8-74所示。

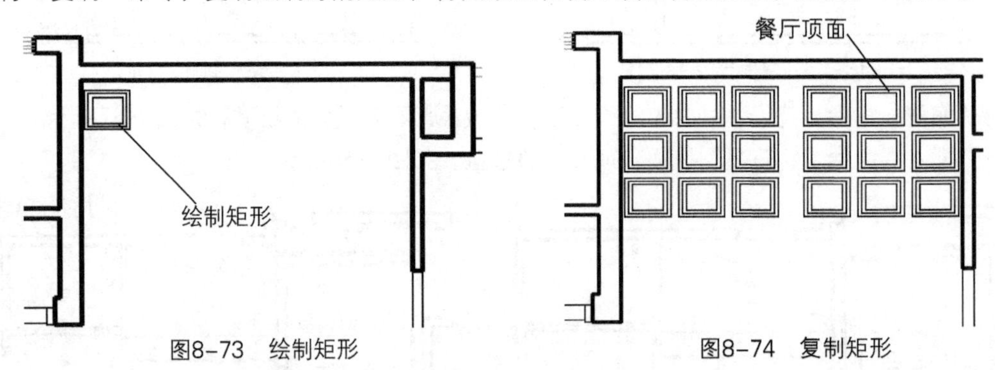


图8-73　绘制矩形　　图8-74　复制矩形

05 执行“偏移”命令，将内墙线向内进行偏移，完成房间石膏线的绘制，如图8-75所示。

06 执行“插入”命令，将灯具图块插入顶面合适位置，如图8-76所示。

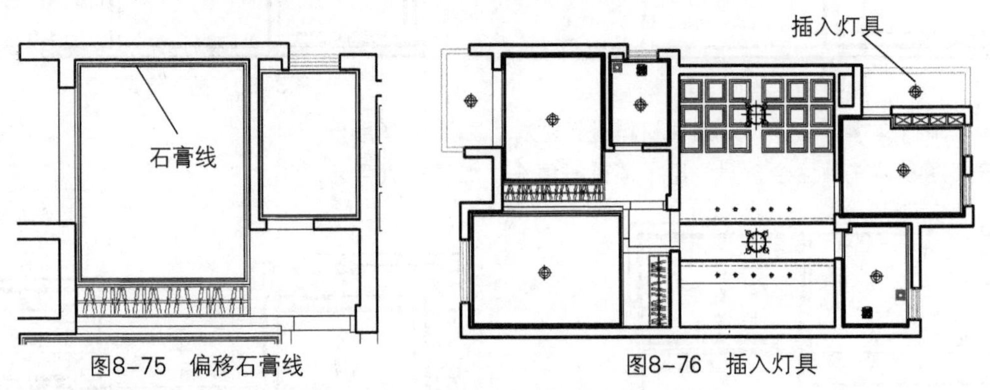


图8-75　偏移石膏线　　图8-76　插入灯具

07 执行“单行文字”命令，对顶面材料进行注释，如图8-77所示。

08 执行“图案填充”命令，对二层吊顶进行填充，如图8-78所示。

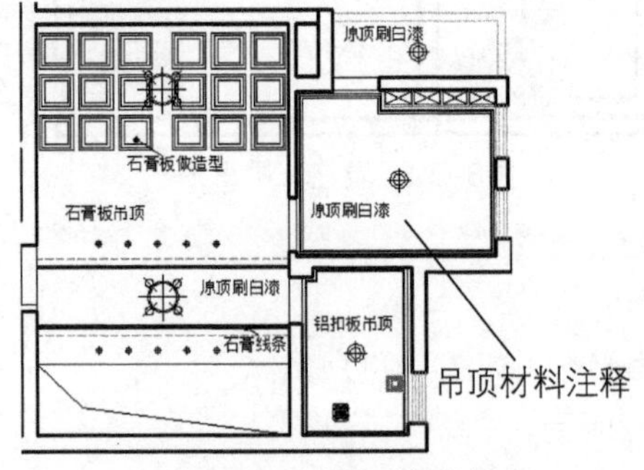


图8-77　添加材料注释

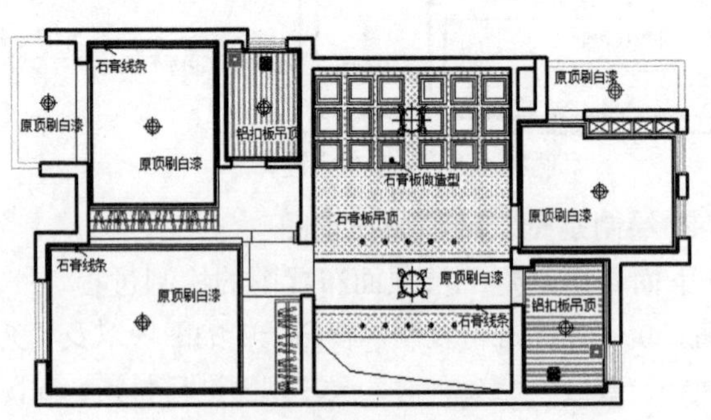


图8-78　填充二层吊顶

### 3. 绘制别墅三层顶面布置图

下面介绍别墅三层顶面布置图的绘制过程。

01 将三层平面图进行复制，删除图纸中的图块以及填充图案，如图8-79所示。

02 执行“直线”命令，对三层户型图进行封闭，如图8-80所示。

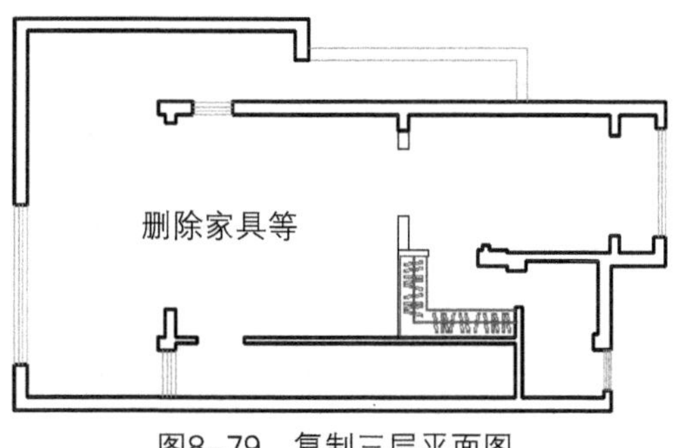


图8-79　复制三层平面图

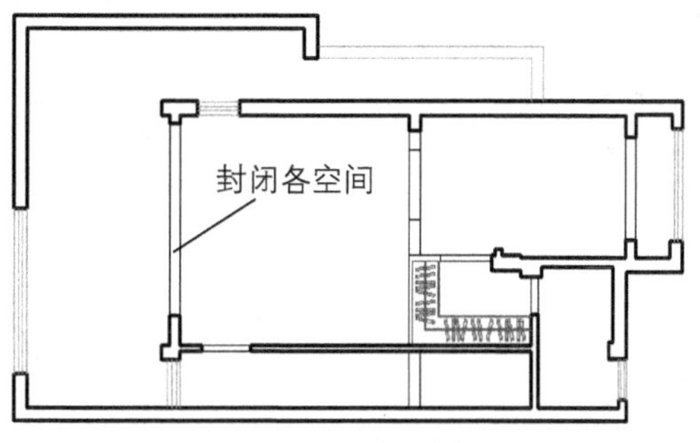


图8-80　封闭空间

03 执行“偏移”命令，将内墙线向内进行偏移，完成房间石膏线的绘制，如图8-81所示。

04 执行“插入”命令，将灯具图形调入顶面合适位置，如图8-82所示。

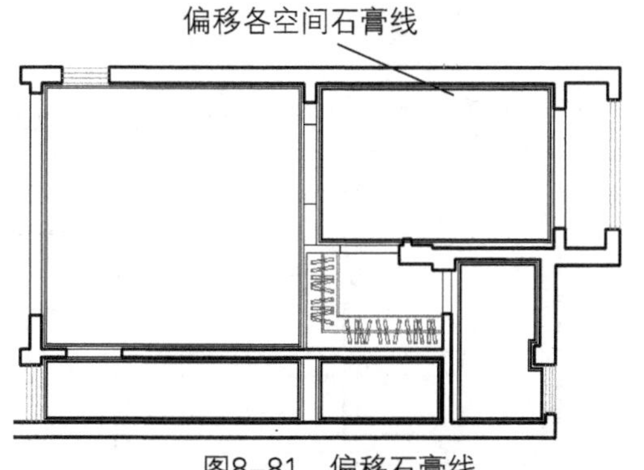


图8-81　偏移石膏线

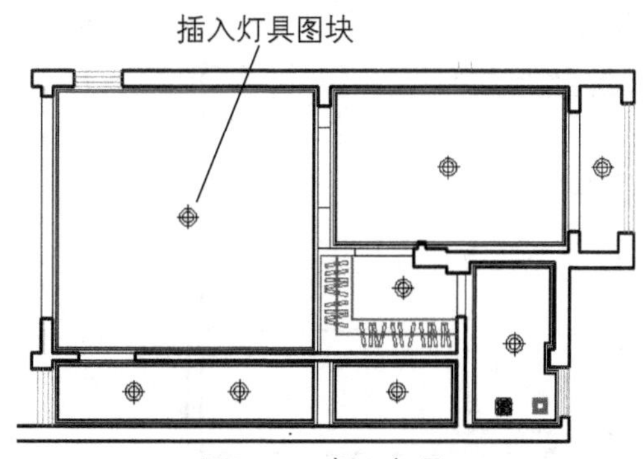


图8-82　插入灯具

05 执行“单行文字”命令，对顶面材料进行注释，如图8-83所示。

06 执行“图案填充”命令，对三层吊顶进行填充，如图8-84所示。

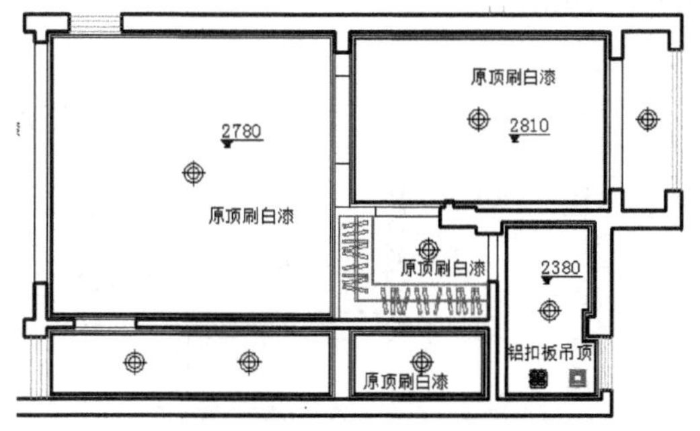


图8-83　添加材料说明

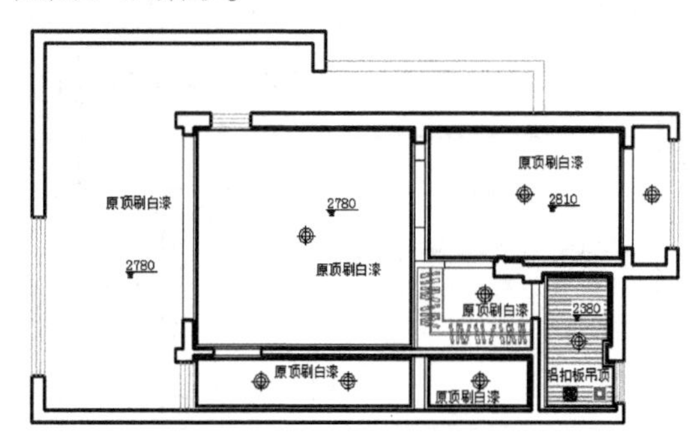


图8-84　填充吊顶

## 8.2.4　别墅各层开关布置图

下面将绘制别墅电路图纸。通常电路图都是在顶面图的基础上进行绘制的，在绘制时，只需复制顶面图，其后运用“直线”命令绘制出线路图即可。

### 1. 绘制别墅一层开关线路图

下面介绍别墅一层开关线路图的绘制过程。

01 将一层顶面图进行复制，删除顶面图中的填充、标高以及文字注释，结果如图8-85所示。

02 将三控开关符号插入图形合适位置，执行“圆弧”命令，绘制出该开关所控制的灯具路线图，如图8-86所示。

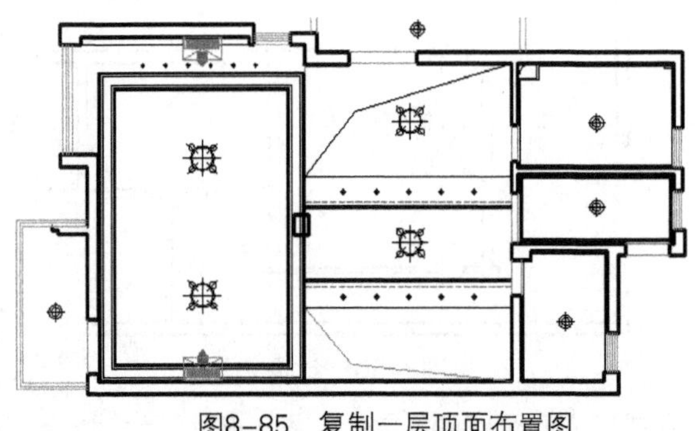

图8-85　复制一层顶面布置图

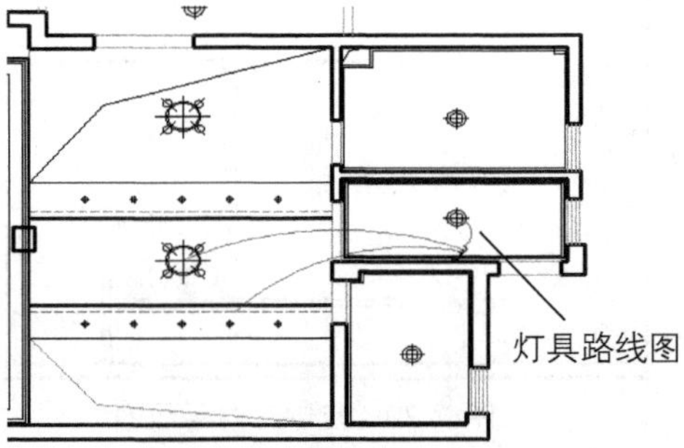

灯具路线图

图8-86　插入三控开关符号

03 将双控开关符号放置于合适位置，执行“圆弧”命令，绘制灯具线路图，如图8-87所示。

04 将单控开关符号插入图形合适位置，执行“圆弧”命令，绘制出线路图，如图8-88所示。

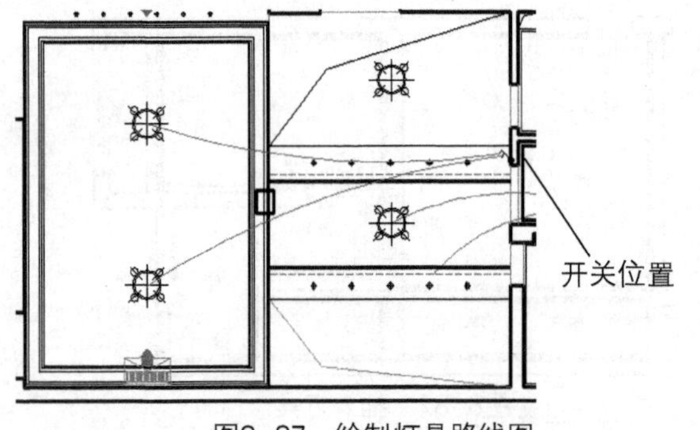


图8-87　绘制灯具路线图

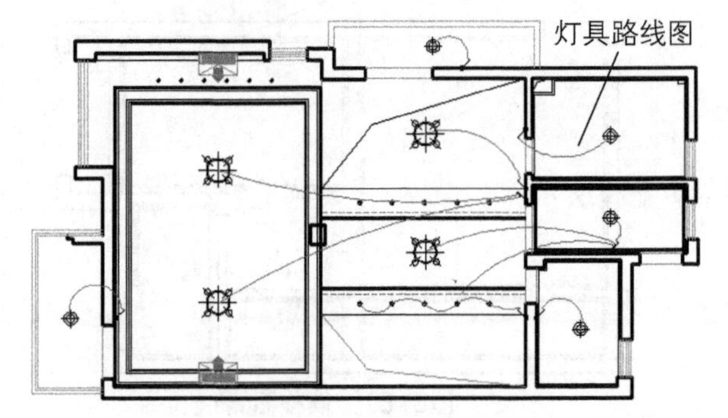


图8-88　插入单控开关

05 执行“单行文字”命令，对开关及相应的灯具进行标注，如图8-89所示。

06 按照同样的操作方法，完成一层电路图的绘制，如图8-90所示。

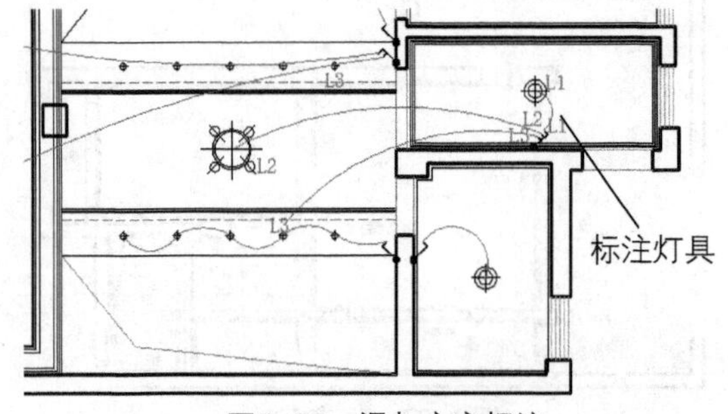


图8-89　添加文字标注

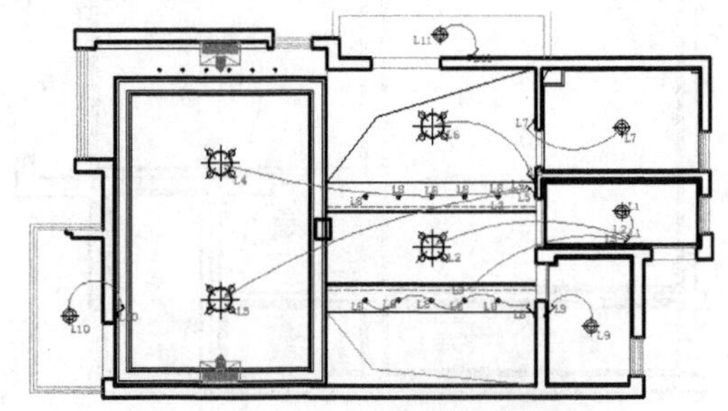

图8-90　完成一层电路图绘制

### 2. 绘制别墅二层开关线路图

下面介绍别墅二层开关线路图的绘制过程。

01 执行“插入”命令，将所需的控制开关放置在图形的合适位置，执行“圆弧”命令，绘制线路图，如图8-91所示。

02 执行“单行文字”命令，完成二层开关及相应的灯具标注，如图8-92所示。

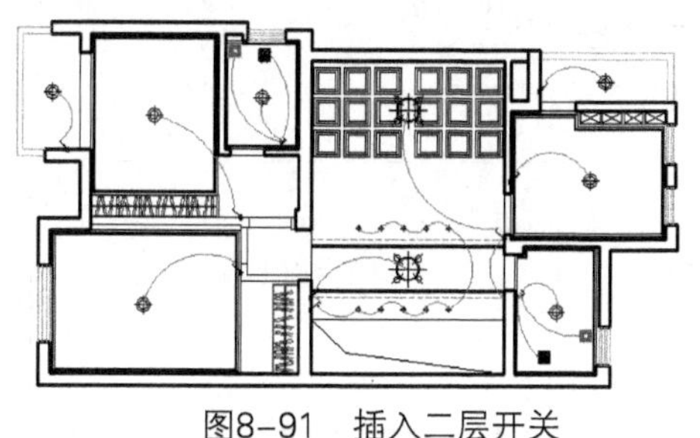

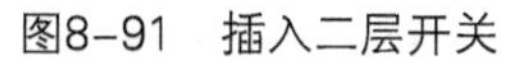
图8-91 插入二层开关

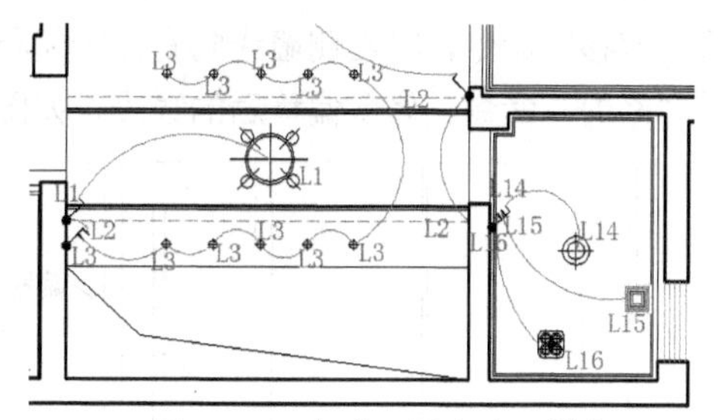
图8-92 完成二层电路图绘制

**3. 绘制别墅三层开关线路图**

下面介绍别墅三层开关线路图的绘制过程。

01 执行“插入”命令，将所需的控制开关放置在图形的合适位置，执行“圆弧”命令，绘制线路图，如图8-93所示。

02 执行“单行文字”命令，完成三层开关及相应的灯具标注，如图8-94所示。

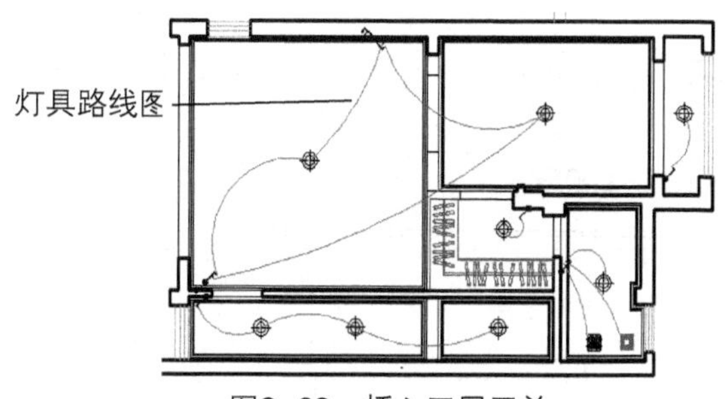

图8-93 插入三层开关

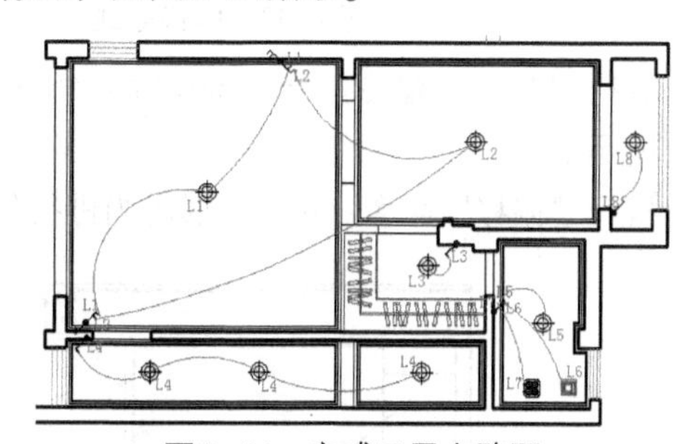
图8-94 完成三层电路图

## 8.3 绘制各层主要立面图

别墅平面图绘制完成后，接下来将绘制别墅各个立面造型图。下面将介绍别墅部分立面图的绘制方法。

### 8.3.1 别墅一层餐厅A立面图

别墅一层餐厅A立面图的绘制方法如下。

01 执行“复制”命令，复制一层餐厅A平面图块；执行“直线”命令，绘制餐厅立面区域，如图8-95所示。

02 执行“偏移”、“直线”命令，绘制二层楼板剖面，如图8-96所示。

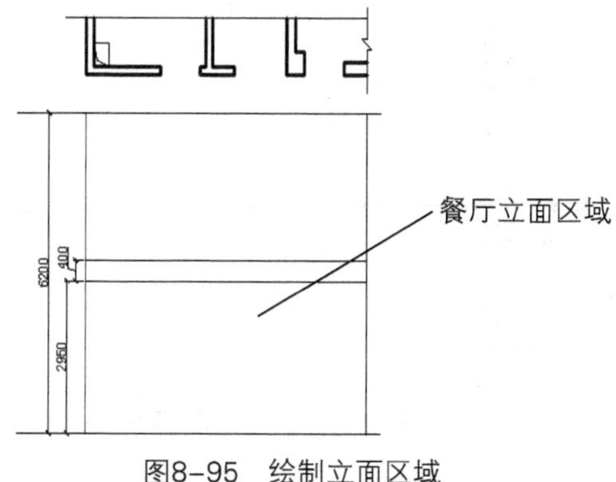

图8-95 绘制立面区域

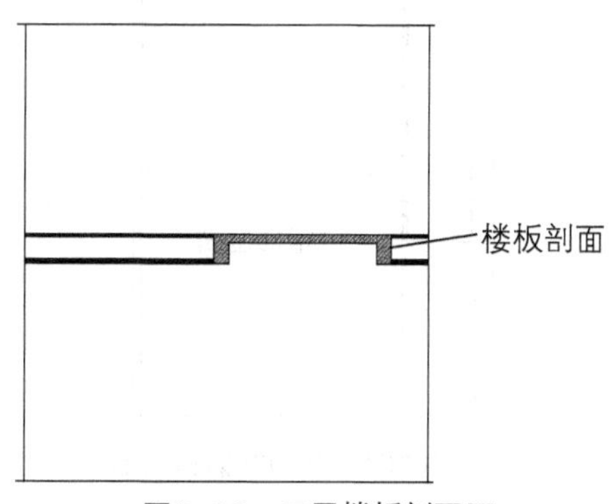

图8-96 二层楼板剖面图

03 执行“偏移”命令，将左侧墙线向右进行偏移，如图8-97所示。

04 执行“修剪”命令，修剪偏移后的线段，如图8-98所示。

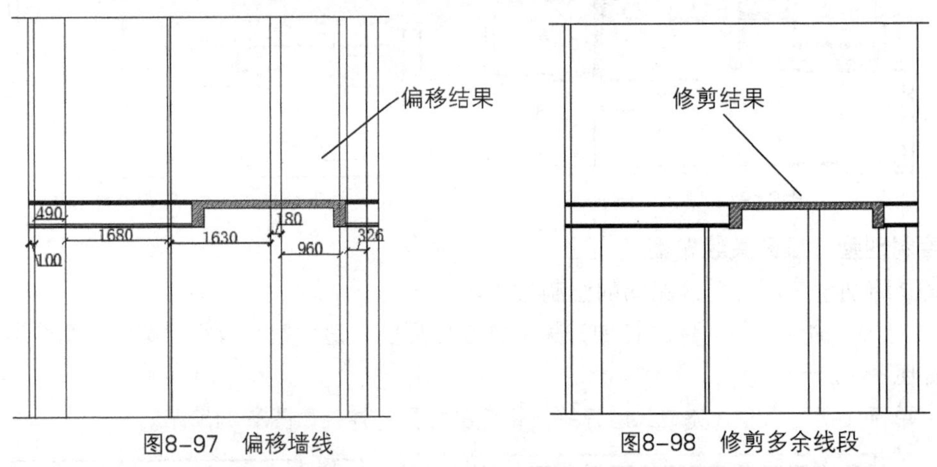


图8-97　偏移墙线　　图8-98　修剪多余线段

05 执行“矩形”命令，绘制626mm×490mm的长方形，并将其放置在图形的合适位置，如图8-99所示。

06 执行“偏移”命令，将长方形向内进行偏移，如图8-100所示。

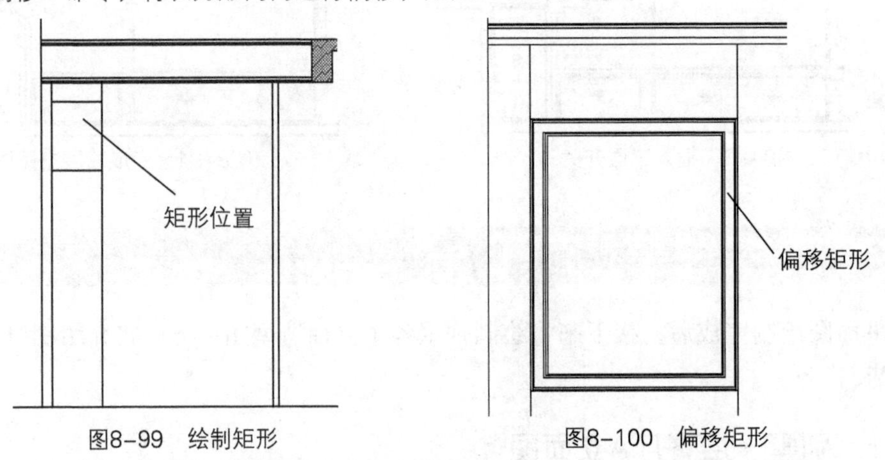


图8-99　绘制矩形　　图8-100　偏移矩形

07 执行“矩形”命令，绘制984mm×490mm的长方形，并将其向内进行偏移，位置如图8-101所示。

08 继续执行“偏移”、“矩形”命令，完成装饰线条及踢脚线图形的绘制，如图8-102所示。

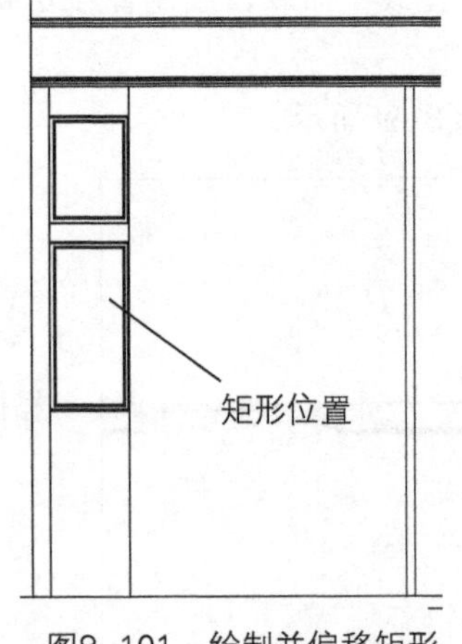


图8-101　绘制并偏移矩形

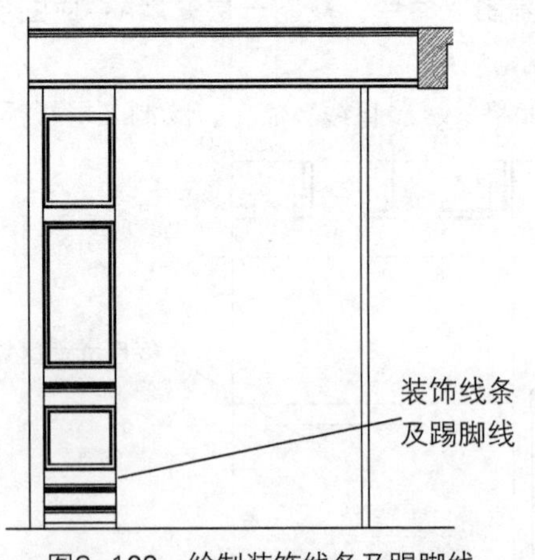


图8-102　绘制装饰线条及踢脚线

09 执行“直线”、“圆弧”及“偏移”命令，绘制拱门线条造型，如图8-103所示。

10 按照同样的操作方法，绘制另一拱门线条图形，如图8-104所示。

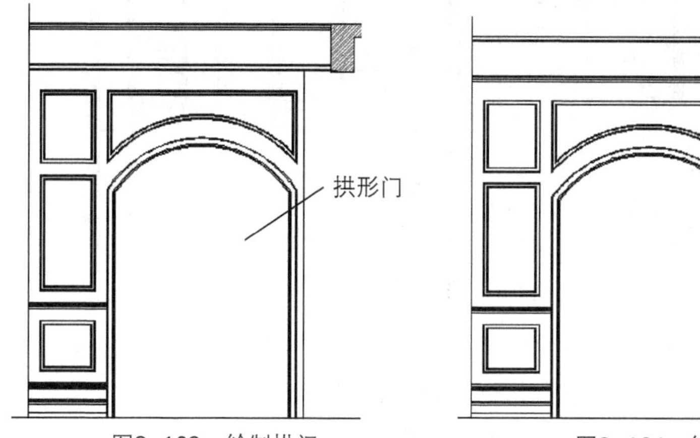


图8-103　绘制拱门　　图8-104　绘制另一个拱门

11 执行“直线”、“圆弧”及“偏移”命令，完成欧式门轮廓线的绘制，如图8-105所示。

12 执行“插入”命令，将楼梯扶手图块插入二层立面图上，如图8-106所示。

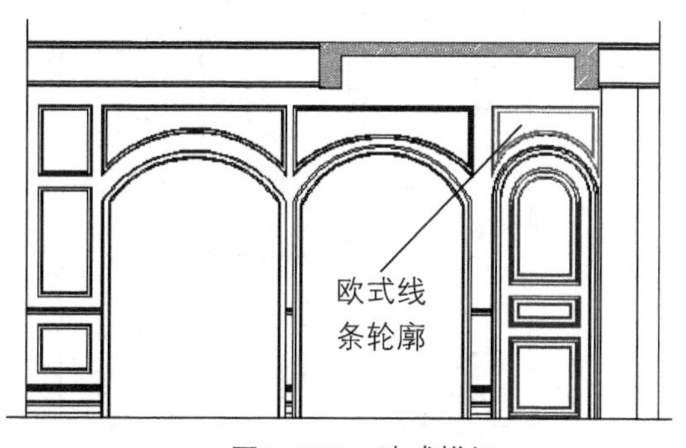


图8-105　欧式拱门

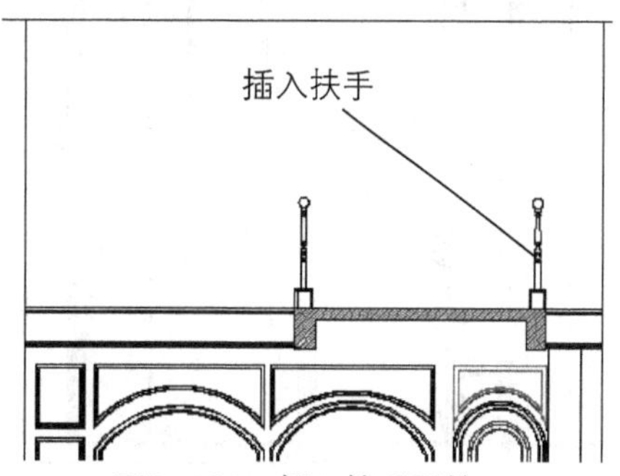


图8-106　插入扶手图块

13 执行“插入”命令，将门图块插入二层立面合适位置，如图8-107所示。

14 执行“偏移”命令，完成二层楼踢脚线图形，如图8-108所示。

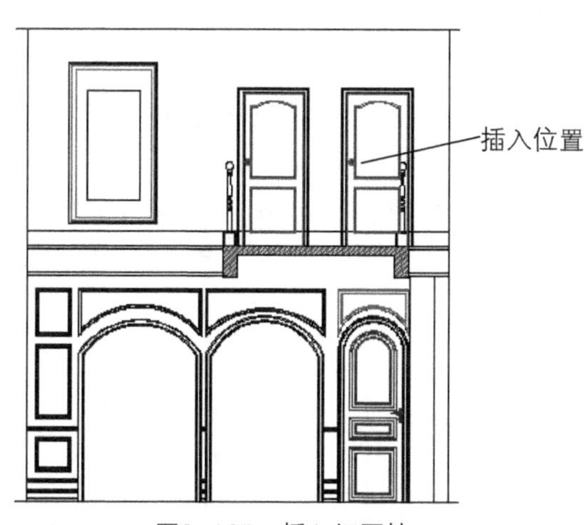


图8-107　插入门图块

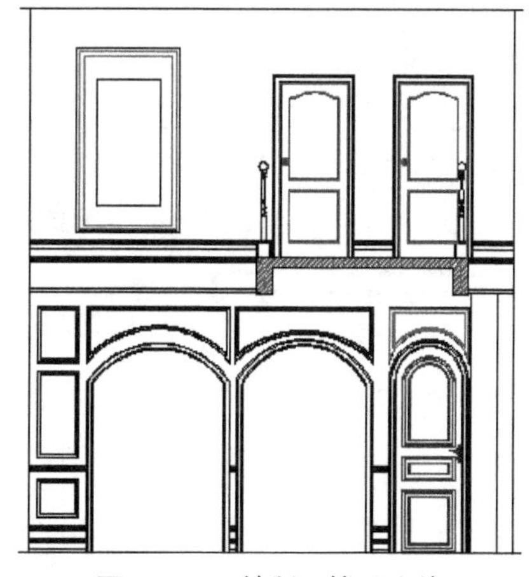

图8-108　绘制二楼踢脚线

15 执行“直线”和“修剪”命令，完成二层房梁图形的绘制，如图8-109所示。

16 执行“图案填充”命令，填充吊顶、墙体图形，如图8-110所示。

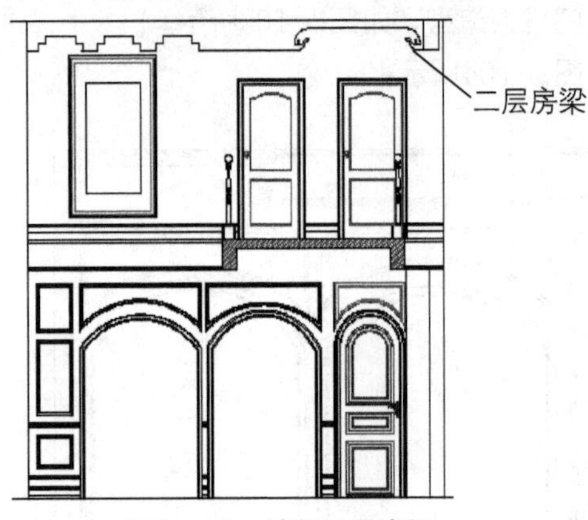


图8-109　绘制二层房梁

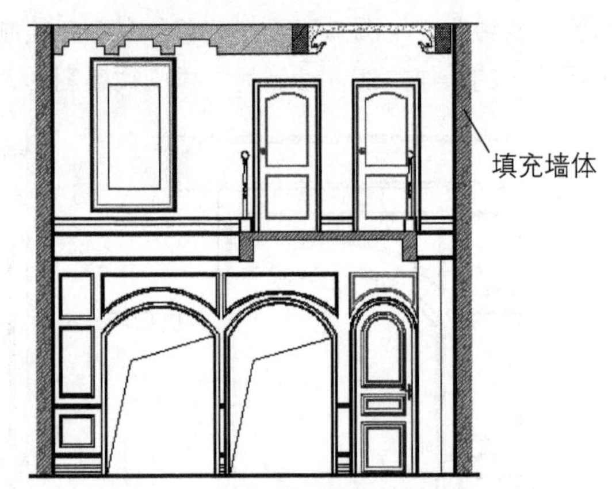


图8-110　填充吊顶和墙体图形

⑰ 执行“线性标注”命令，对立面图进行尺寸标注，如图8-111所示。

⑱ 执行“引线标注”命令，对该立面图进行文字标注，如图8-112所示。

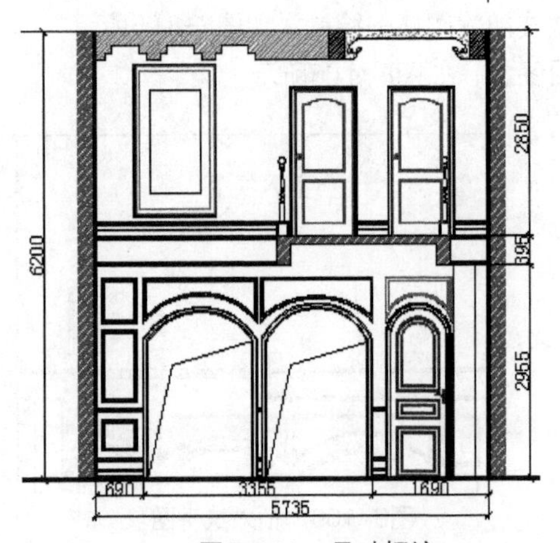


图8-111　尺寸标注

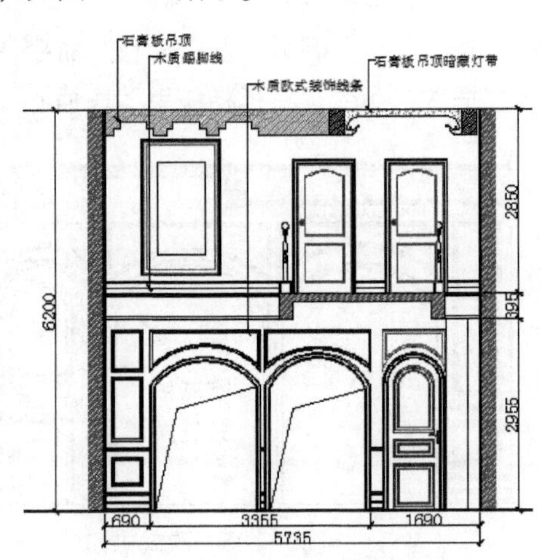


图8-112　文字标注

## 8.3.2　别墅一层客厅D立面图

别墅一层客厅D立面图的绘制方法如下。

01 执行“复制”命令，复制一层电视背景图块；执行“直线”命令，绘制客厅电视背景立面区域，如图8-113所示。

02 执行“偏移”命令，将地平线向上偏移200mm，完成踢脚线图形的绘制，如图8-114所示。

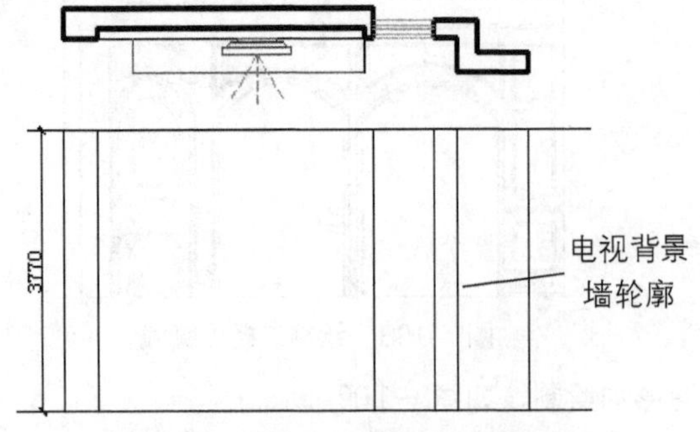


图8-113　电视背景墙立面区域

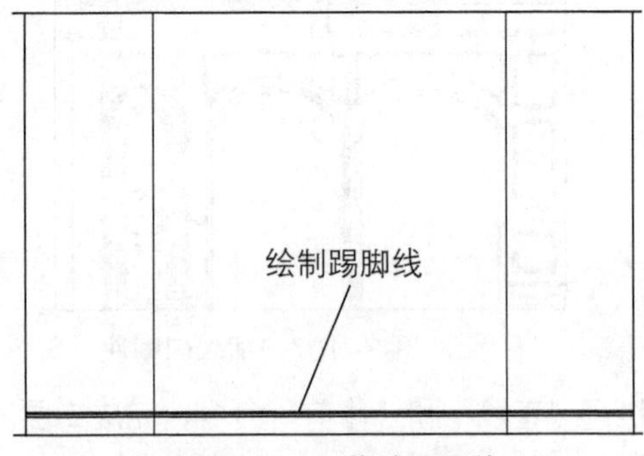


图8-114　偏移踢脚线

03 将踢脚线向上依次偏移450mm和2520mm，如图8-115所示。

04 执行“偏移”命令，完成吊顶石膏线条的绘制，如图8-116所示。

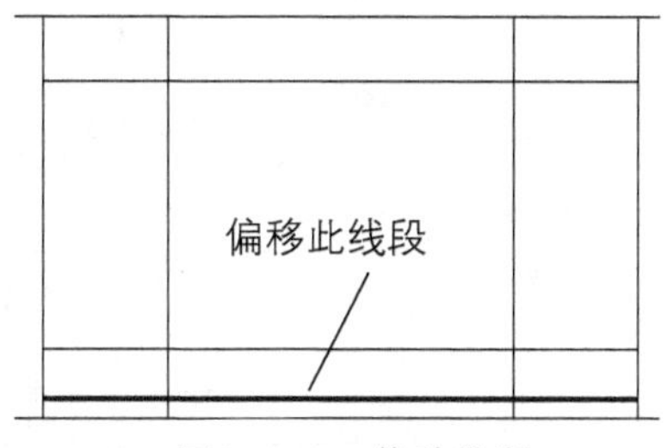

图8-115　偏移线段

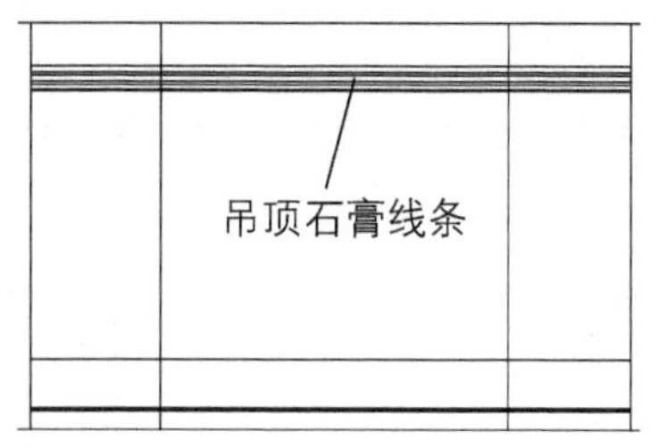

图8-116　绘制石膏线条

05 执行“矩形”、“圆弧”和“修剪”命令，绘制窗户立面轮廓，如图8-117所示。

06 执行“偏移”和“直线”命令，完成窗户立面图的绘制，如图8-118所示。

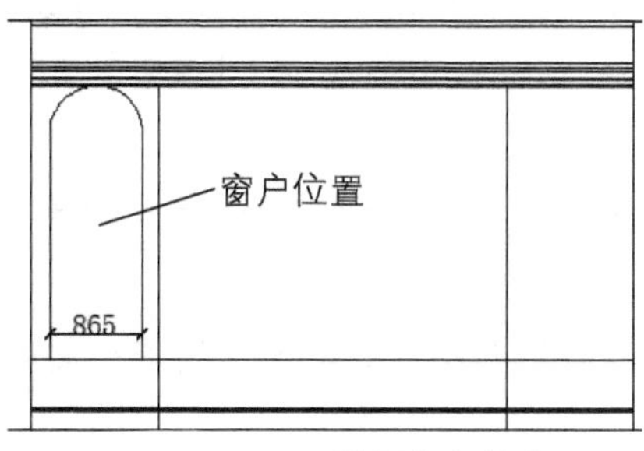

图8-117　绘制窗户轮廓

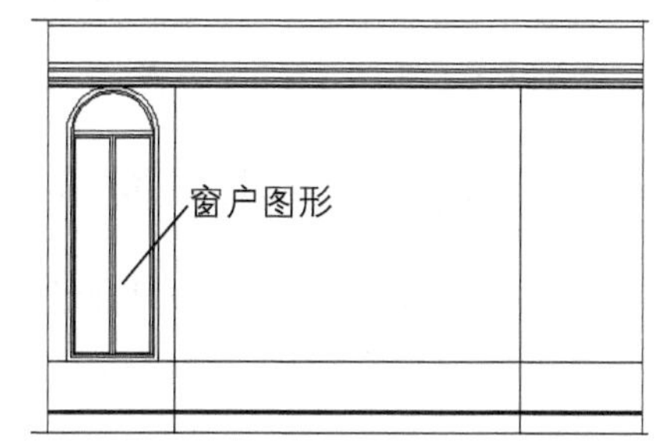

图8-118　绘制窗户

07 执行“图案填充”命令，填充窗户图形。绘制700mm×290mm的矩形，将其向内进行偏移，如图8-119所示。

08 执行“镜像”命令，将绘制好的窗户和装饰线条进行镜像复制，如图8-120所示。

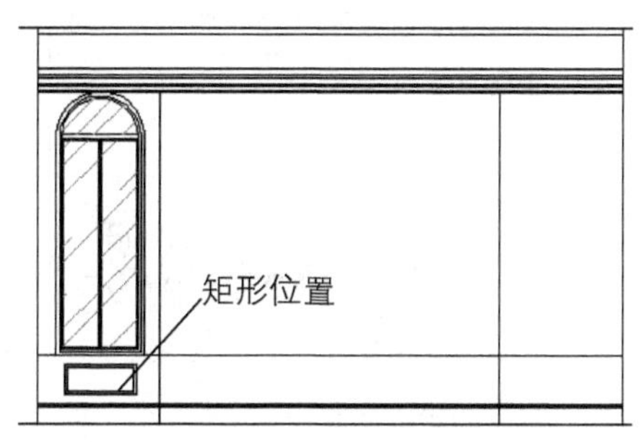

图8-119　绘制矩形

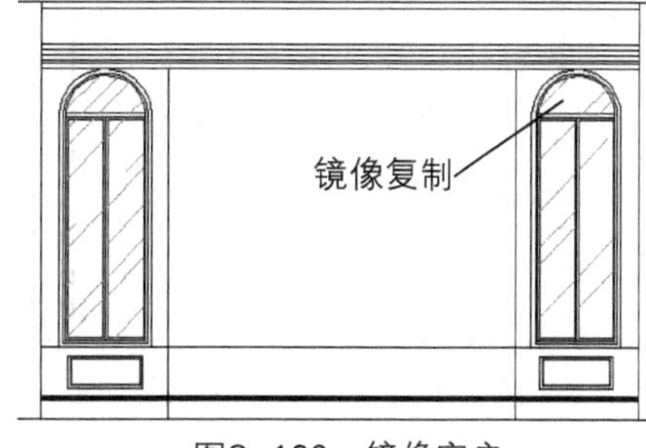

图8-120　镜像窗户

09 执行“插入”命令，将电视柜、电视机图块插入至图形合适位置，如图8-121所示。

10 执行“偏移”、“修剪”命令，将踢脚线向上依次偏移330mm，做为电视背景装饰，如图8-122所示。

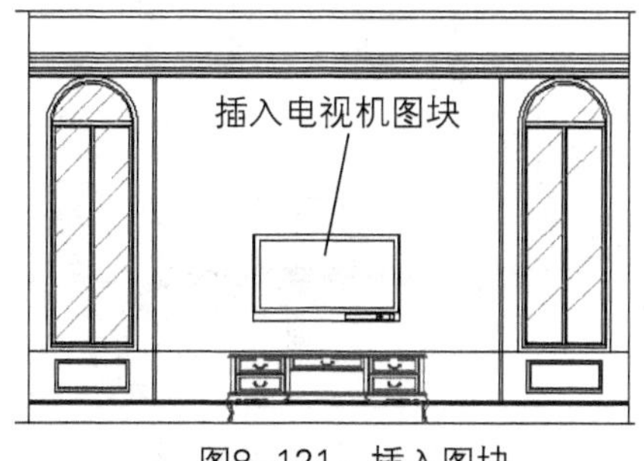

图8-121　插入图块

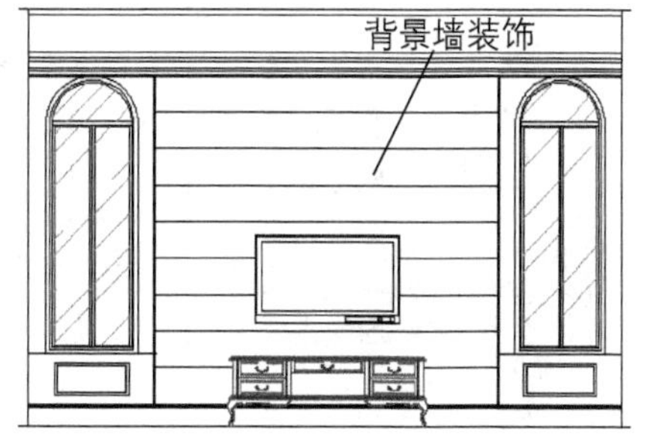

图8-122　绘制电视背景

⑪ 执行“插入”命令，将射灯图块插入中电视背景中。如图8-123所示。

⑫ 执行“线性”标注命令，对图形进行尺寸标注；执行“引线注释”命令，对立面图进行文字注释，如图8-124所示。

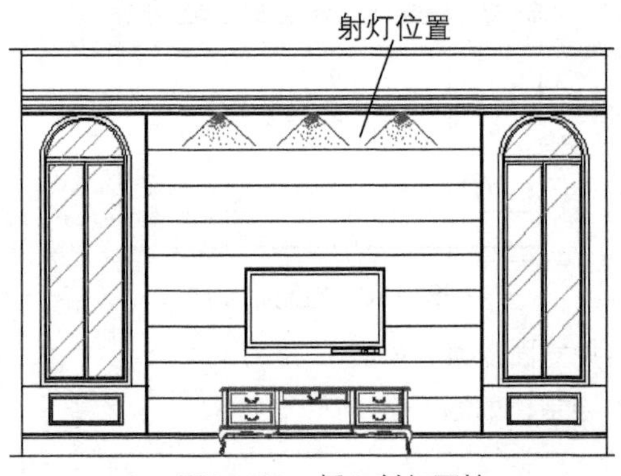


图8-123　插入射灯图块

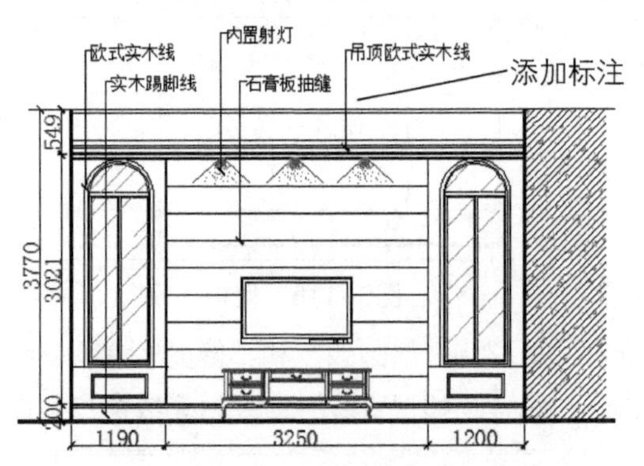


图8-124　客厅D立面图

## 8.3.3　别墅二层客房D立面图

别墅二层客房D立面图的绘制方法如下。

01 执行“复制”命令，复制二层客房2床背景，单击“直线”命令，绘制床背景立面区域，如图8-125所示。

02 执行“偏移”命令，将方形顶部边线向下偏移100mm；执行“插入”命令，将床图块插入至图形中，如图8-126所示。

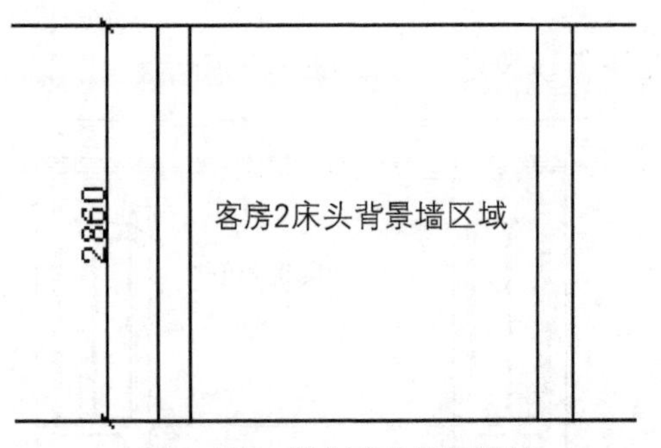


图8-125　绘制床头背景区域

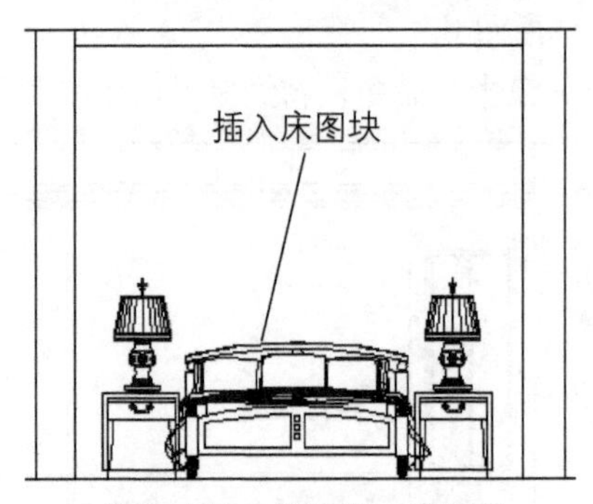


图8-126　插入双人床图块

03 执行“插入”命令，将装饰画图块放置于图形中，如图8-127所示。

04 执行“偏移”、“修剪”命令，完成踢脚线图形的绘制，如图8-128所示。

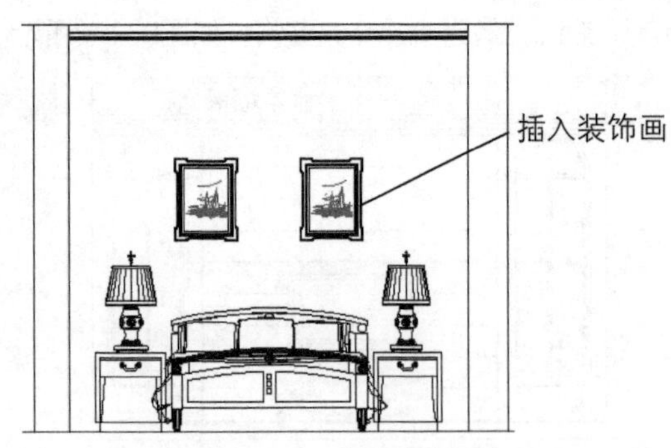


图8-127　插入装饰画

图8-128　绘制踢脚线

05 执行“偏移”命令，将踢脚线向上依次偏移700mm、100mm，如图8-129所示。

06 执行“矩形”、“偏移”命令，绘制两个1000mm×450mm的矩形，并进行偏移，如图8-130所示。

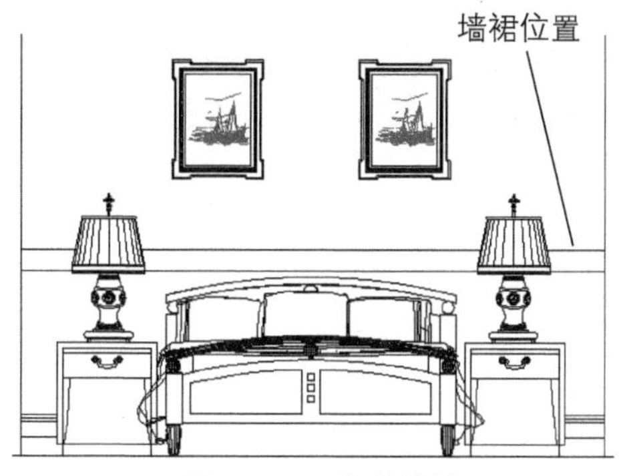


图8-129 偏移线段

图8-130 绘制偏移矩形

07 执行“修剪”命令，将图形进行修剪，完成卧室墙裙图形的绘制，如图8-131所示。

08 执行“图案填充”命令，对卧室墙体进行填充，如图8-132所示。

图8-131 绘制墙裙

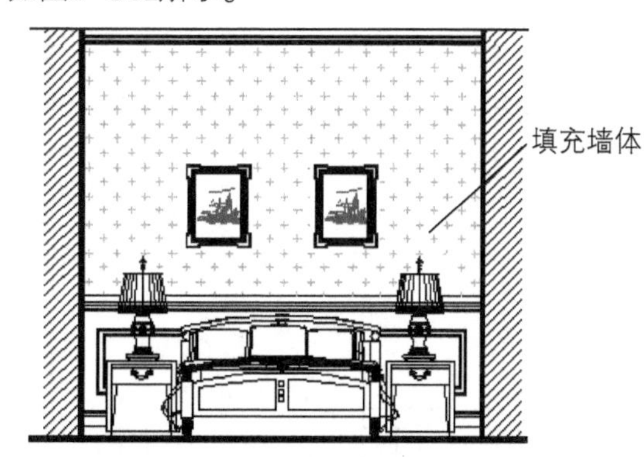


图8-132 填充立面图

09 执行“线性”标注命令，对卧室立面图进行尺寸标注，如图8-133所示。

10 执行“多重引线”命令，对该立面图进行文字标注，如图8-134所示。

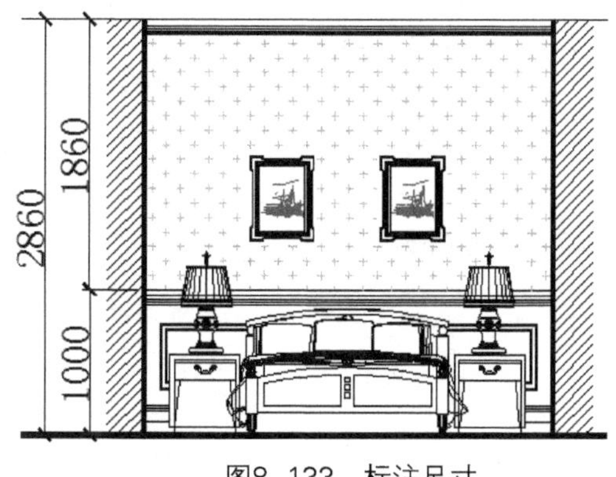


图8-133 标注尺寸

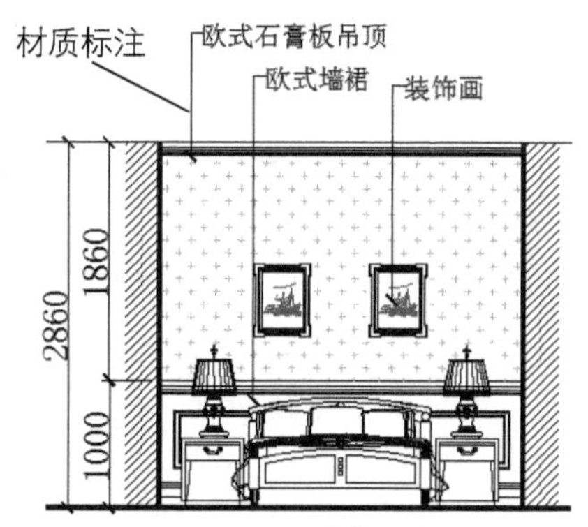


图8-134 卧室2D立面图

## 8.4 绘制别墅主要剖面图

有时在绘制某立面图时，为了更利于说明，也可绘制其相应的剖面图。如果立面图较为复杂，则可单独绘制剖面图。

### 8.4.1 绘制楼梯剖面图

别墅部分楼梯的剖面图绘制方法如下。

01 执行“直线”命令，绘制一条长250mm的垂直线及一条150mm的水平线，如图8-135所示。

02 执行“直线”命令，绘制楼梯斜线；执行“偏移”命令，将刚绘制的线段向下偏移20mm，如图8-136所示。

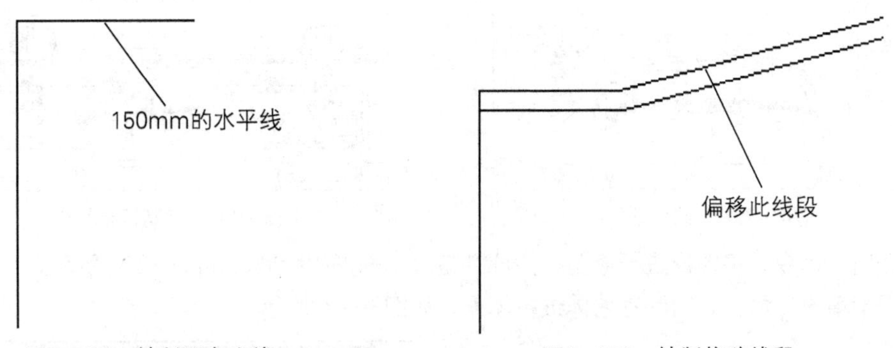


图8-135 绘制两条直线　　图8-136 绘制偏移线段

03 执行“偏移”命令，将垂直线依次向右偏移10mm、60mm、25mm、25mm、240mm、25mm和25mm，如图8-137所示。

04 继续执行“偏移”命令，将地平线向上依次偏移110mm、20mm、20mm、110mm、20mm和20mm，如图8-138所示。

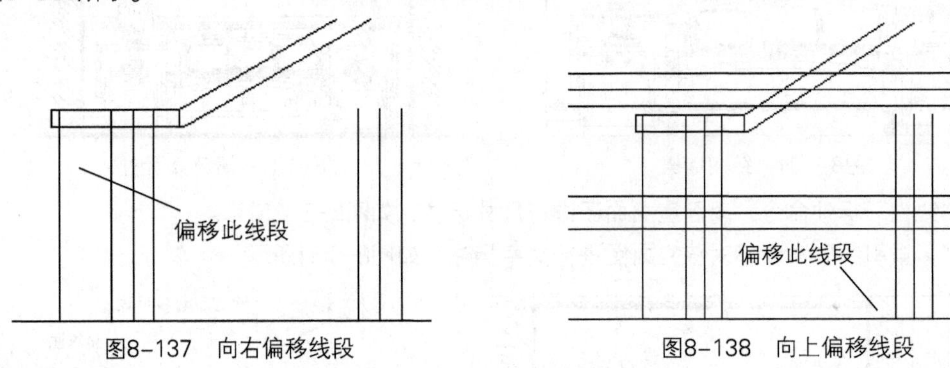


图8-137 向右偏移线段　　图8-138 向上偏移线段

05 执行“修剪”、“延长”命令，将图形进行修剪；执行“圆角”命令，将台阶进行倒圆角，如图8-139所示。

06 执行“图案填充”命令，对楼梯台阶进行填充，如图8-140所示。

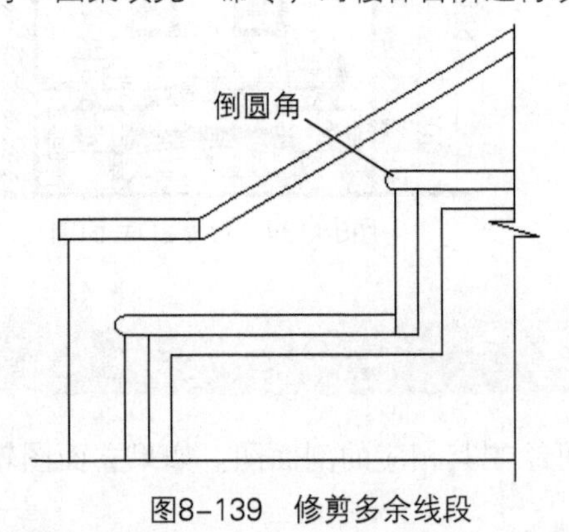


图8-139 修剪多余线段

图8-140 填充楼梯台阶

07 执行“插入”命令，将楼梯扶手图块插入其中，如图8-141所示。

08 执行“线性标注”和“多重引线”命令，对楼梯材料进行注释，如图8-142所示。

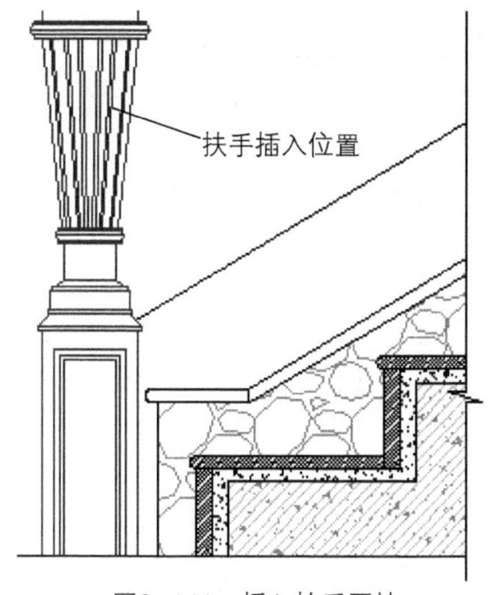


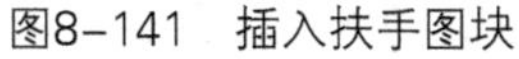

图8-141　插入扶手图块

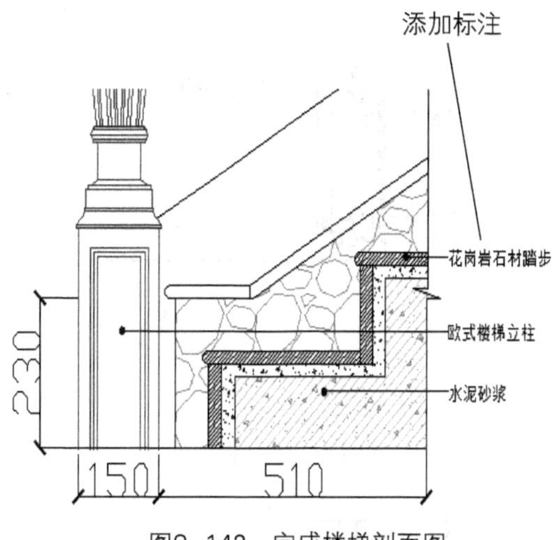


图8-142　完成楼梯剖面图

## 8.4.2　别墅墙纸砖踢脚线剖面图

踢脚线分很多种，以下所绘制的剖面图为墙砖踢脚线，具体绘制方法如下。

01 执行“直线”命令，绘制地平线；执行“偏移”命令，将地平线向上偏移30mm，并绘制垂直线，如图8-143所示。

02 将用来固定踢脚地砖的槽钢以及膨胀螺栓图块插入其中，执行“图案填充”命令，填充墙体图案，如图8-144所示。

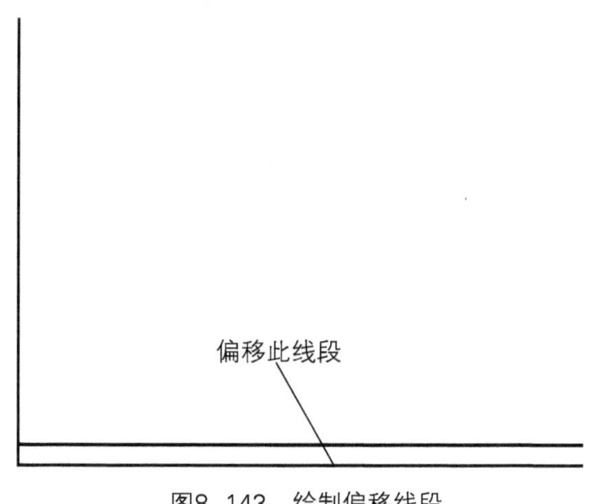


图8-143　绘制偏移线段

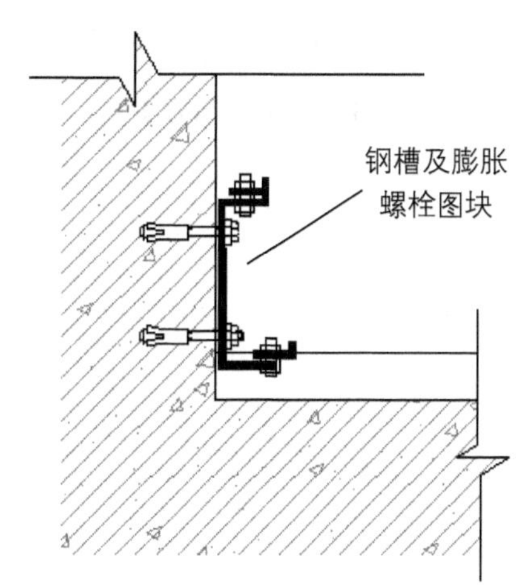


图8-144　插入图块、填充图案

03 执行“矩形”命令，绘制一个长200mm、宽20mm的长方形，做为踢脚墙砖，放置于图形适合的位置，如图8-145所示。

04 继续执行“矩形”命令，完成其他墙砖轮廓的绘制，并放置于图形适合的位置，如图8-146所示。

05 执行“多段线”命令，绘制镀锌角钢，并放置在地砖下方；执行“图案填充”命令，对图形进行填充，如图8-147所示。

06 执行“多重引线”命令，为图形添加文字注明；执行“线性”标注命令，为图形进行尺寸标注，如图8-148所示。

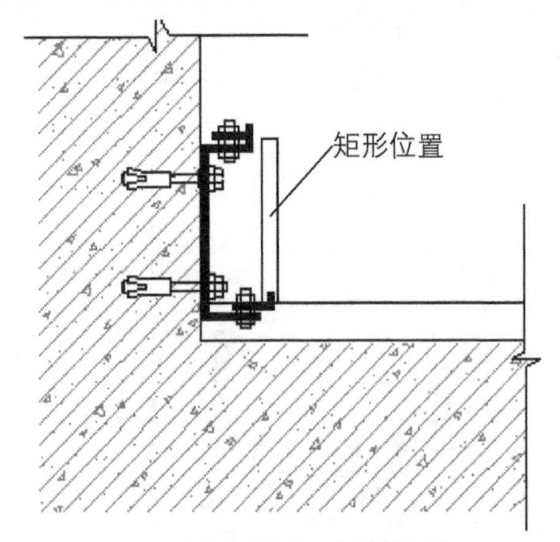

矩形位置

图8-145　绘制矩形

墙砖轮廓

图8-146　绘制墙砖轮廓

镀锌角钢

图8-147　填充图案

莎安娜米黄墙砖
莎安娜米黄墙砖
添加标注
膨胀螺栓
30×30×4　镀锌角钢
200
地面花岗岩
30厚水泥砂浆结合层

图8-148　墙纸踢脚线剖面图

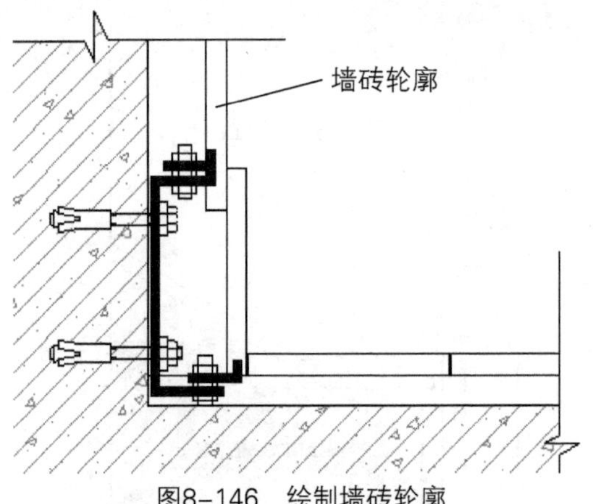

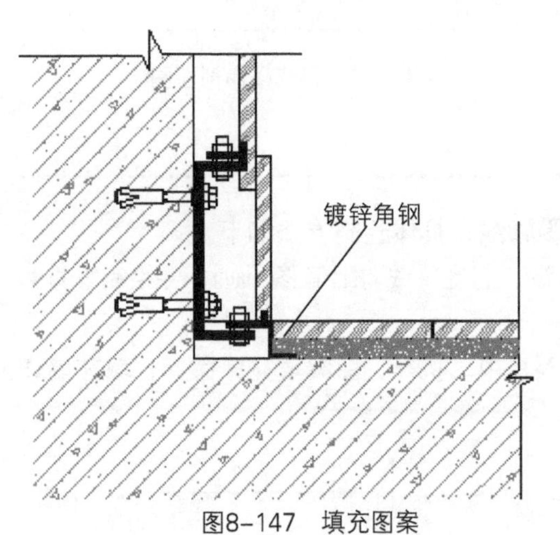

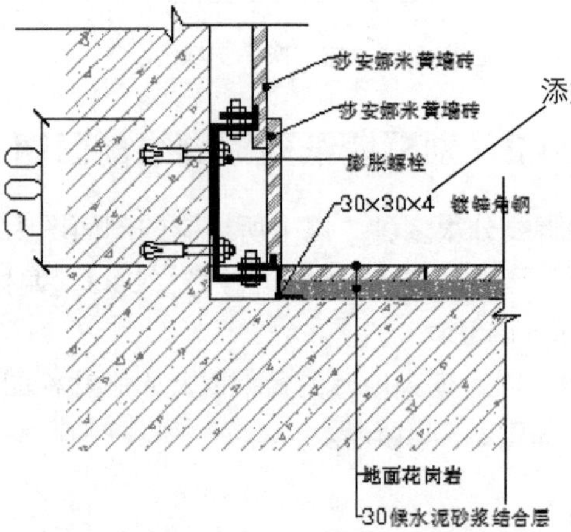

# 第9章 跃层住宅施工图的绘制

本章概述　所谓跃层，是指住宅占有上下两层楼面，卧室、客厅、卫生间、厨房及其他辅助用房可以分层布置，上下层之间的交通不通过公共楼梯而采用户内独用小楼梯连接。本章主要介绍跃层户型室内设计的一些相关知识及其图纸的绘制方法。

知识要点
- 跃层户型住宅设计的技巧；
- 平面图的绘制方法；
- 立面图的绘制方法；
- 剖面图的绘制方法。

## 9.1 设计概述

跃层住宅泛指一个物业单位内属于统一空间，地面平面存在一定落差以便于对空间进行分割，之间通过台阶进行过渡。该类住宅的优点是每户都有较大的采光面；通风较好，户内居住面积和辅助面积较大，布局紧凑，功能明确；相互干扰较小。在高层建筑中，由于每两层才设电梯平台，可缩小电梯公共平台面积，提高空间使用效率，如图9-1、9-2所示。

图9-1　跃层-餐厅效果

图9-2　跃层-客厅效果

### 9.1.1　设计的基本原则

跃层式住宅户型因具有较高的功能空间适应能力而广受关注，在装修时应遵循功能要齐全、分区要明确、重点要突出等原则，在较小的空间里享受更大的舒适度。

（1）功能齐全，分区明确原则

跃层住宅有足够的空间用来分割，要按照主客之分、动静之分、干湿之分的原则进行功能分区，满足主人休息、娱乐、就餐、读书、会客等各种需要，同时也要考虑外来客人、保姆等的需要。功能分区要明确合理，避免相互干扰。一般下层设起居、炊事、进餐、娱乐等功能区，上层设休息睡眠、读书、储藏等功能区。卧房又可以设父母房、儿童卧室、客房等，以最大限度满足用户需要，如图9-3、9-4所示。

图9-3 休息区

图9-4 客厅

（2）中空设计，凸显大气原则

通常，客厅部分采用中空设计，使楼上楼下有效结为一体，既有利于采光、通风，更有利于家庭人员间的交流沟通。由于有着足够的层高落差，在设计时要充分彰显这种豪华感。如在做吊顶时对灯具款式的选择面更大一些，可以选择一些高档的豪华灯具，以体现主人生活和思想的品位，如图9-5、9-6所示。

图9-5 中空设计

图9-6 凸显尊贵

（3）上下衔接，楼梯点睛原则

楼梯是这类住宅装修中的一个点睛之笔，多会采用钢架结构、玻璃材质，以增加通透性。形状一般为“U”形、“L”形，是为了节约空间。“S”形旋转楼梯更有弧度的韵味，更有利于突出楼梯，更有现代感。

楼梯下的空间或装饰或配置几盆花卉盆景、饲养虫鱼，使空间更富有活力和动感。在楼梯的色彩上，忌用过冷或过热的色调，要有冷暖的自然过渡，往往是与扶栏的色彩相互匹配，方相得益彰，如图9-7～9-9所示。

（4）多样灯具，营造氛围原则

正因为有了楼层空间的落差变化，所以可以在客厅灯具的选择上，用更高档的灯具来装饰点缀，以备家庭聚会或有重大活动之用。而在其他地方可以使用吊灯、筒灯、射灯、壁灯等，灵活搭配使用，会显得富有韵味和变化、灵动活泼。

在楼梯附近要有照明灯光的引导，也是室内效果的点缀。在有挑空客厅的时候，由于楼层的层高更高，增加点光源，少用主光源。从实用角度讲，既可以节约能源，又增加了光照度。这样就通过设计不同的灯光，主次明暗的层次变幻，营造出一种舒适随意的家的氛围，如图9-10～9-12所示。

图9-7 “U”形楼梯

图9-8 “L”形楼梯

图9-9 “S”形楼梯

图9-10 客厅

图9-11 吊灯

图9-12 艺术吊灯

## 9.1.2 经典住宅设计欣赏

跃层是很多人的钟爱，错落有致的空间，相对独立的空间，种种原因让更多的人在房价高升的年代爱上小跃层。但是跃层装修也颇费人心劲，下面介绍一些较常见的装修风格。

（1）田园风格

客厅的电视墙壁纸采用碎花型样式，特能体现出田园风格的特点。餐厅的墙面上做一个架子，上面可以放一些红酒来方便主人吃饭时拿取。楼梯没有花哨的田园风格气息，但是简单的原木色就能使其富有活力。在卧室里做一个小型的书柜，放一些自己喜欢的读物，是个不错的选择，如图9-13～9-15所示。

图9-13　田园风格跃层餐厅

图9-14　田园风格跃层楼梯

图9-15　田园风格跃层卧室

（2）简约风格

紧凑中带着空灵，简洁中夹着浪漫，公寓干练而富于情趣的形象俨然就是现代单身女性生活与性格的写照。在设计与家具的选择上，从女性化以及感性的角度出发，延续了干净而宁静的意向，整体上简练的进行铺陈，使空间充满了层次感以及戏剧化的张力，如图9-16～9-18所示。

图9-16　简约风格跃层中空

图9-17　简约风格跃层餐厅

图9-18　简约风格跃层卫生间

（3）日式风格

一楼客厅的天花采用挑高设计，古朴的屏风门作为客厅、餐厅的隔断，让一楼形成一体。餐厅旁边是通往夹层的楼梯，用照片墙装扮。一楼的客厅、餐厅、厨房以开放形式相连，中间用屏风做隔断，既符合整体日系原木风格，又可做到有效的功能分隔，如图9-19～9-21所示。

图9-19　日式风格跃层客厅

图9-20　日式风格跃层楼梯

图9-21　日式风格跃层洗手池

（4）现代风格

以荷塘月色为主题的现代风格，正如诗句中表达的意境一般，展现了设计师的要表达的理念，如图9-22、9-23所示。

图9-22　现代风格跃层转角

图9-23　现代风格跃层客厅

## 9.2 平面图的设计

绘制跃层户型的平面图与其他一般住宅平面图的方法相似，都需要按照现场测量的尺寸，绘制出原始户型图，然后在原始户型图的基础上进行深入绘制。

### 9.2.1 绘制原始户型图

跃层户型共有2层，下面将分别绘制各层的原始户型图。启动AutoCAD 2015软件，先将文件保存为“单身公寓设计方案”文件。

01 执行“图层特性”命令，新建“轴线”图层，并设置其颜色为红色，如图9-24所示。

02 继续单击“新建图层”按钮，依次创建出“墙体”、“门窗”、“文字注释”等图层，并设置图层参数，如图9-25所示。

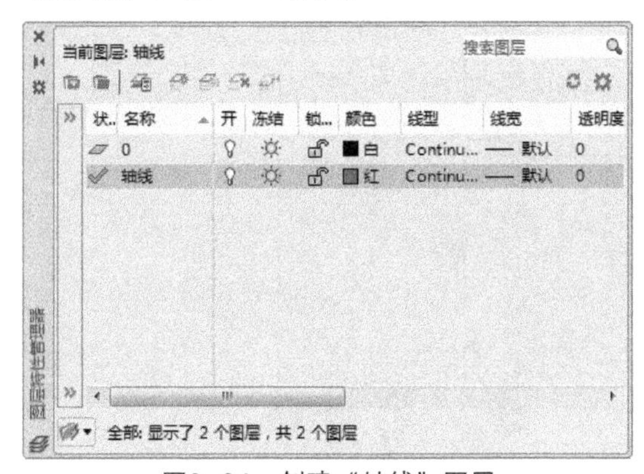


图9-24　创建“轴线”图层

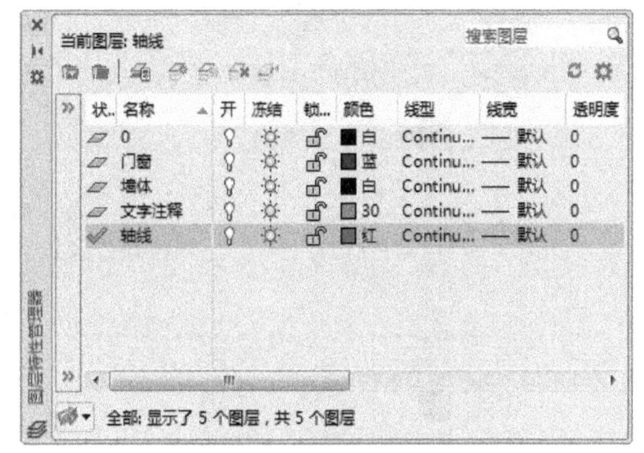


图9-25　创建其余图层

03 将“轴线”层置为当前层。执行“直线”、“偏移”命令，根据现场测量的实际尺寸，绘制出墙体轴线，如图9-26所示。

04 将“墙体”图层设置为当前层，执行“多段线”命令，沿轴线绘制出墙体轮廓，如图9-27所示。

05 关闭“轴线”图层，执行“偏移”命令，将多段线分别向两侧偏移120mm，删除中间的线段，如图9-28所示。

06 执行“分解”、“直线”、“倒角”命令，对墙体进行补充修改，如图9-29所示。

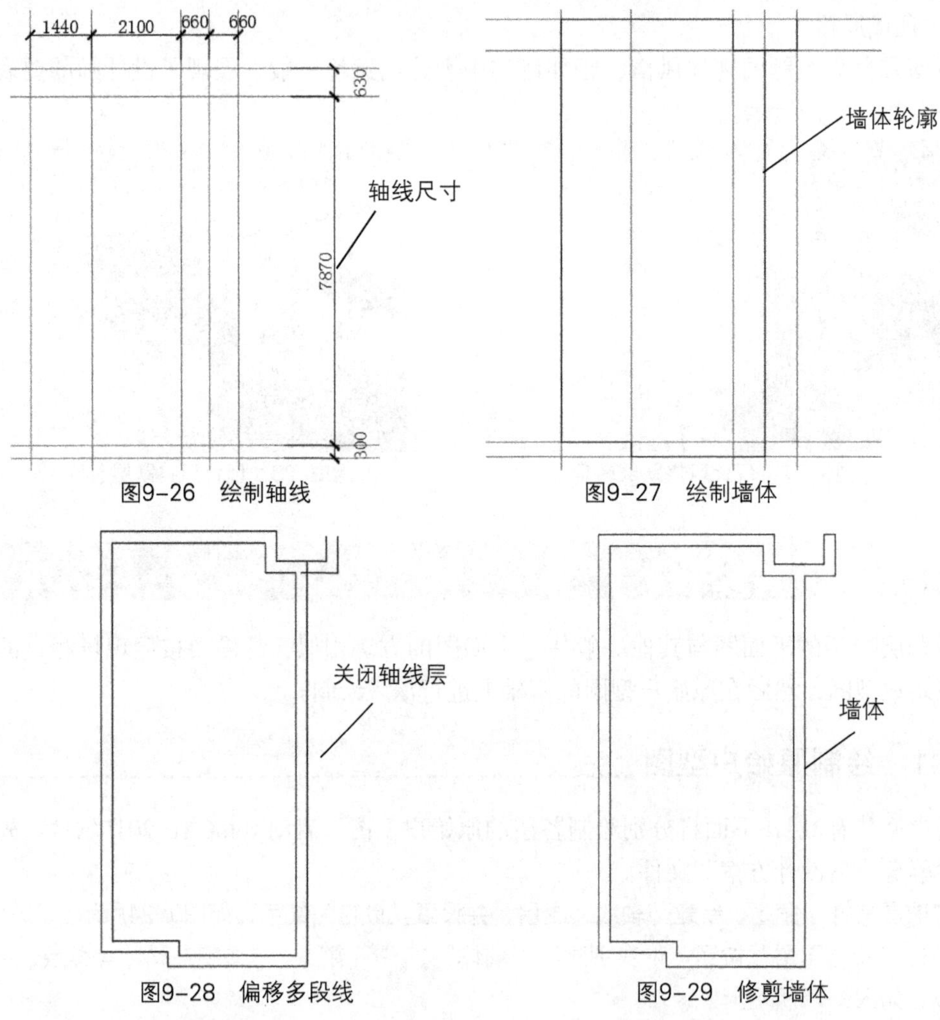


图9-26 绘制轴线　　图9-27 绘制墙体

图9-28 偏移多段线　　图9-29 修剪墙体

07 执行“矩形”、“图案填充”命令，绘制出墙柱位置，具体尺寸如图9-30所示。

08 执行“偏移”、“修剪”命令，绘制120mm的墙体，结果如图9-31所示。

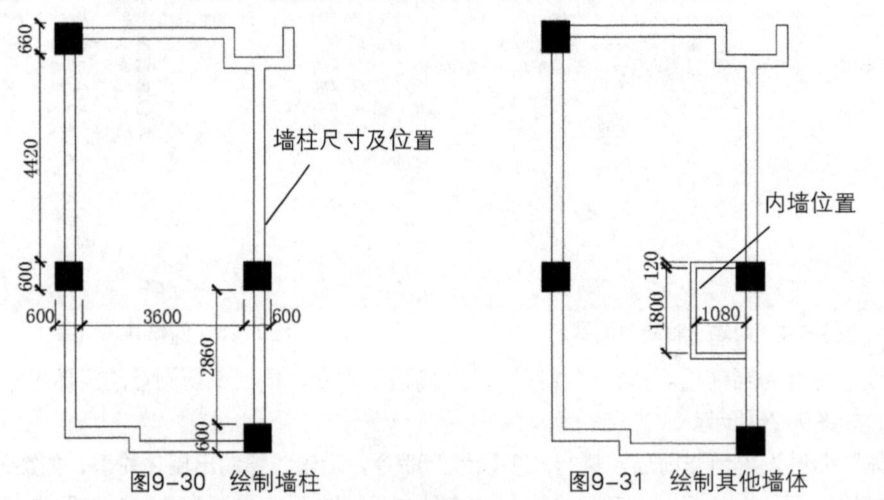


图9-30 绘制墙柱　　图9-31 绘制其他墙体

09 执行“偏移”、“直线”等命令，绘制下水管及隔断，尺寸如图9-32所示。

10 执行“偏移”、“修剪”命令，绘制厨房玻璃墙，尺寸如图9-33所示。

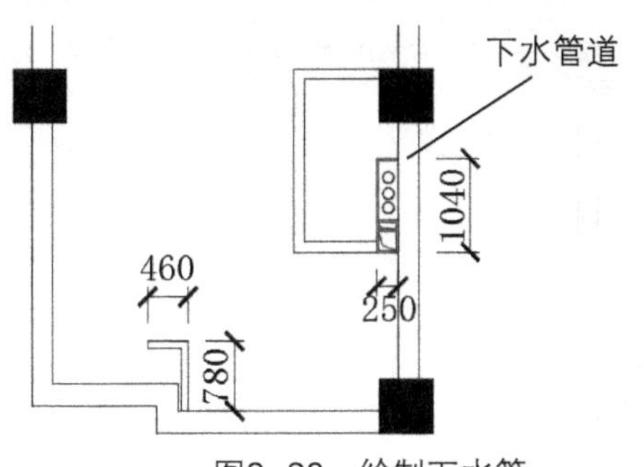

图9-32 绘制下水管

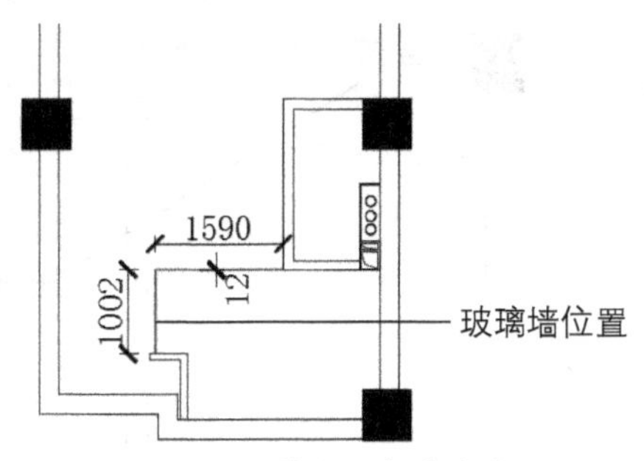

图9-33 绘制厨房玻璃墙

⑪ 执行“直线”、“偏移”命令，绘制厨房排水管，尺寸及位置如图9-34所示。

⑫ 执行“偏移”命令，绘制空调外机放置位置，尺寸如图9-35所示。

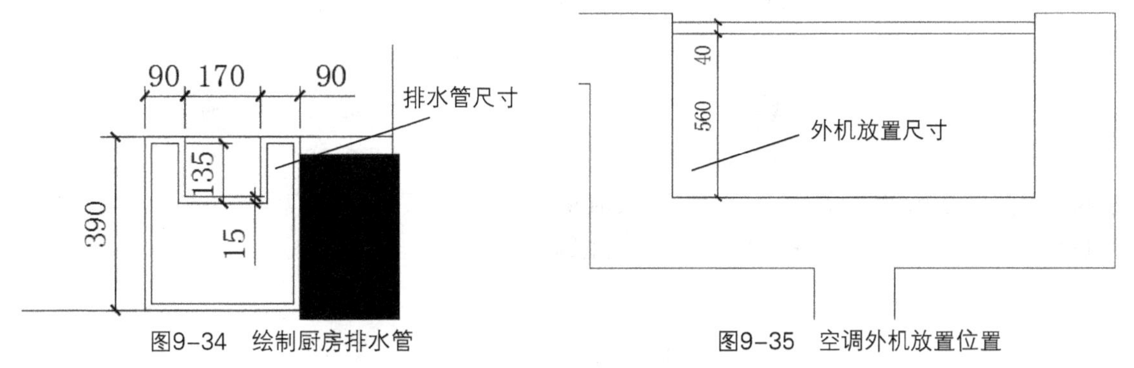

图9-34 绘制厨房排水管　　图9-35 空调外机放置位置

⑬ 执行“直线”、“偏移”命令，绘制门洞和窗洞位置，尺寸如图9-36所示。

⑭ 执行“修剪”命令，修剪出门洞窗洞位置，结果如图9-37所示。

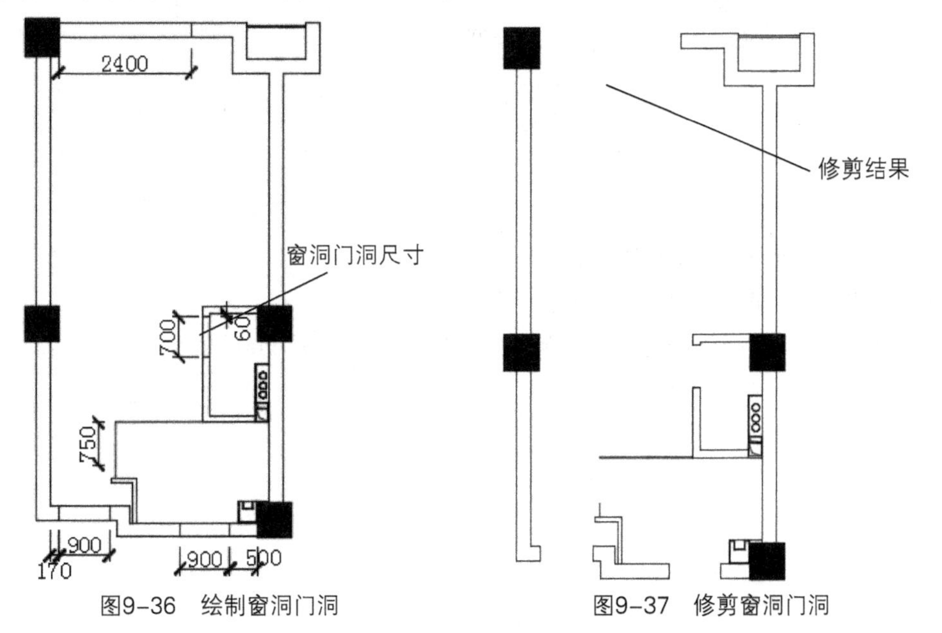

图9-36 绘制窗洞门洞　　图9-37 修剪窗洞门洞

⑮ 将“门窗”图层设置为当前图层，执行“直线”命令，在窗洞位置绘制直线；执行“偏移”命令，偏移距离为80mm，如图9-38所示。

⑯ 执行“矩形”、“圆”、“复制”、“旋转”等命令，绘制出门图形并将其放置在合适位置，如图9-39所示。

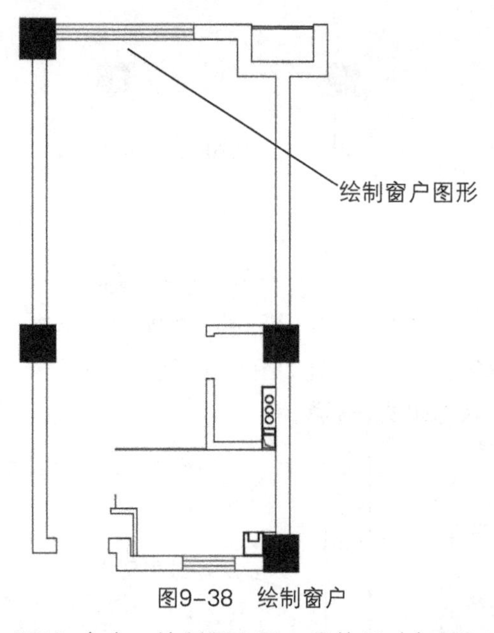


图9-38 绘制窗户

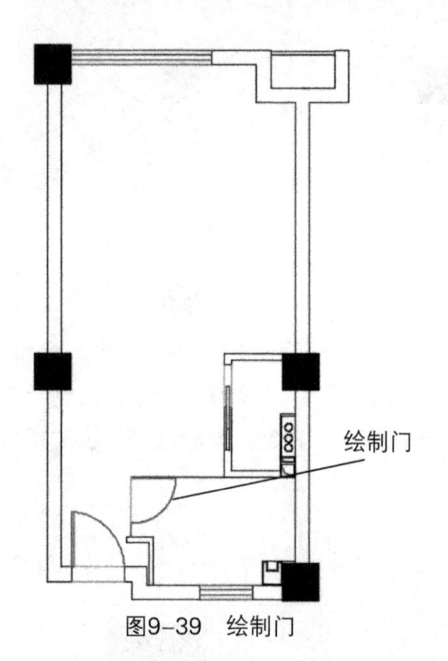


图9-39 绘制门

⑰ 执行“圆”命令，绘制同心圆，具体尺寸如图9-40所示。

⑱ 执行“定数等分”、“直线”命令，将外侧的圆等分17份，连接圆心与点，如图9-41所示。

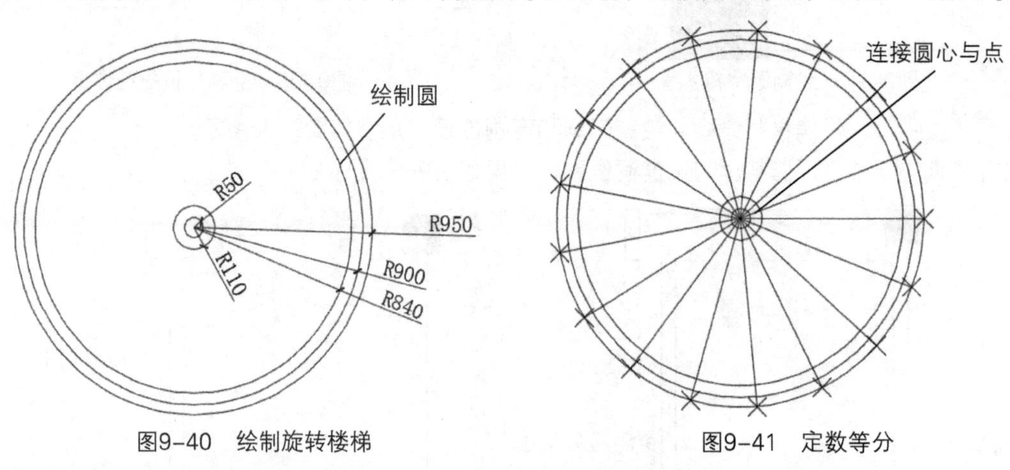


图9-40 绘制旋转楼梯

图9-41 定数等分

⑲ 执行“圆弧”、“直线”命令，绘制扶手位置，如图9-42所示。

⑳ 执行“修剪”、“删除”命令，修剪删除掉多余线段，如图9-43所示。

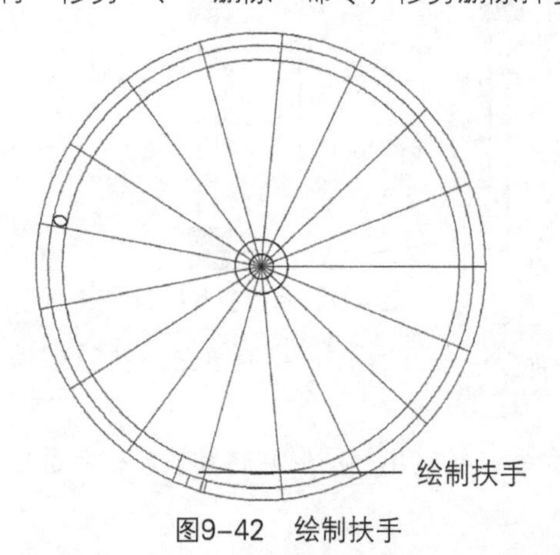


图9-42 绘制扶手

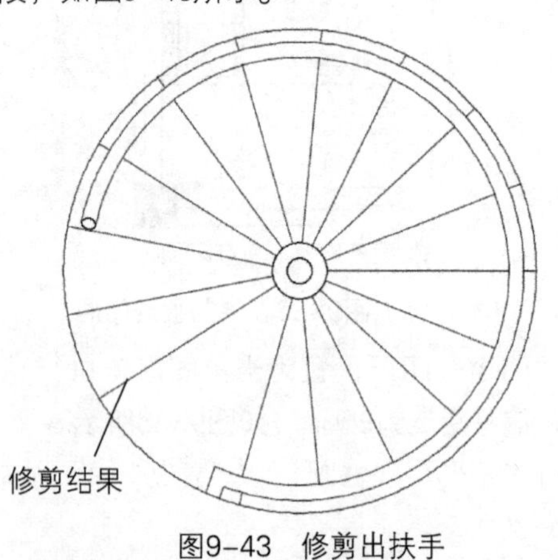


图9-43 修剪出扶手

21 执行“移动”命令，将楼梯移动至合适位置，如图9-44所示。

22 执行“多段线”命令，绘制方向箭头，如图9-45所示。

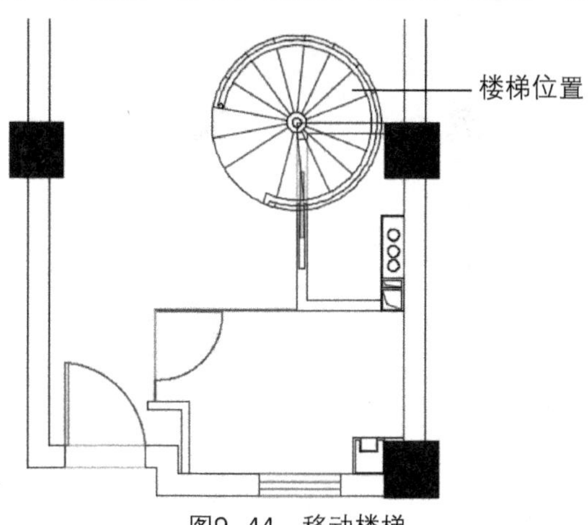

图9-44 移动楼梯

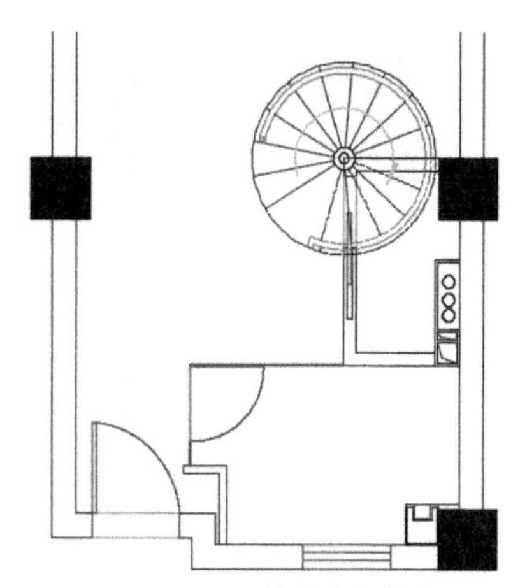
图9-45 绘制方向箭头

23 执行“复制”、“删除”命令，复制一层户型图，删除多余墙体，如图9-46所示。

24 执行“偏移”、“修剪”命令，补充下面的墙体，如图9-47所示。

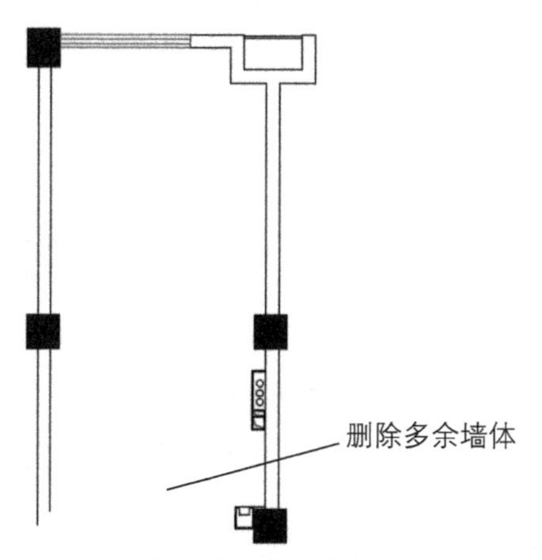

图9-46 复制户型图

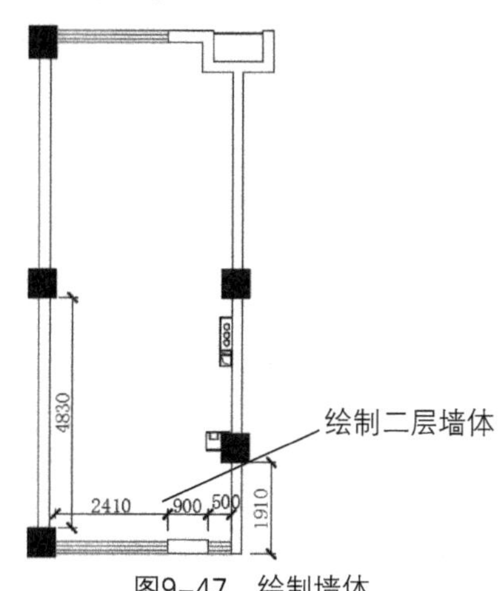

图9-47 绘制墙体

25 执行“直线”、“圆”等命令，绘制120mm的墙体，尺寸如图9-48所示。

26 执行“直线”、“偏移”命令，确定门洞位置，如图9-49所示。

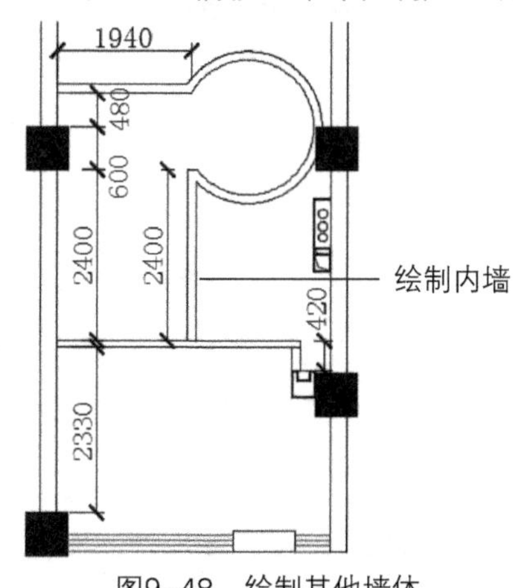

图9-48 绘制其他墙体

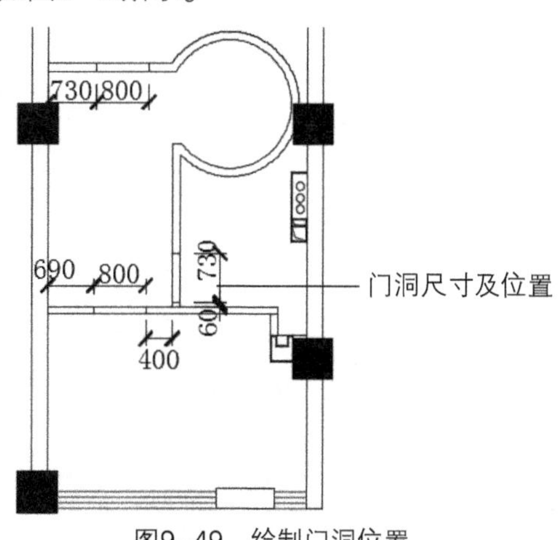

图9-49 绘制门洞位置

27 执行“修剪”命令，修剪出门洞位置，如图9-50所示。

28 执行“复制”、“旋转”命令，添加门图形，如图9-51所示。

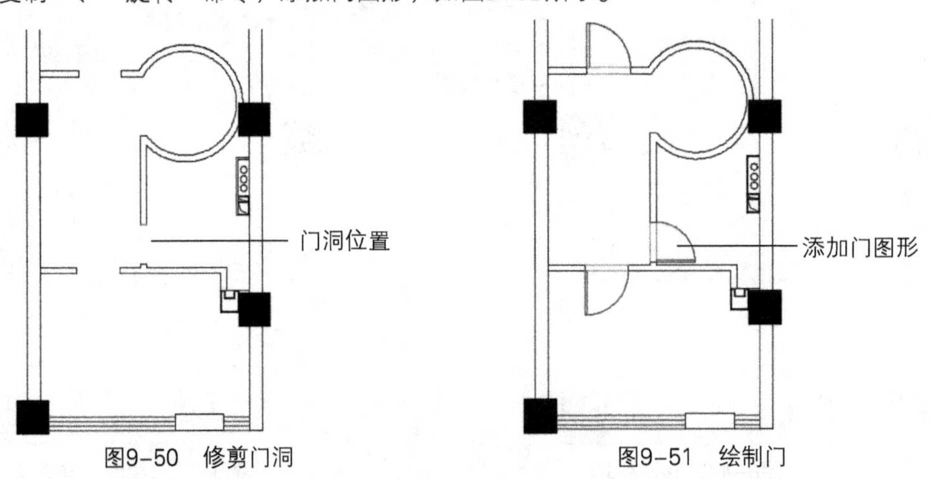


图9-50　修剪门洞　　　　图9-51　绘制门

29 执行“复制”、“删除”命令，复制圆形楼梯，如图9-52所示。

30 执行“直线”、“偏移”、“修剪”、“删除”命令，修剪并删除掉多余线段，如图9-53所示。

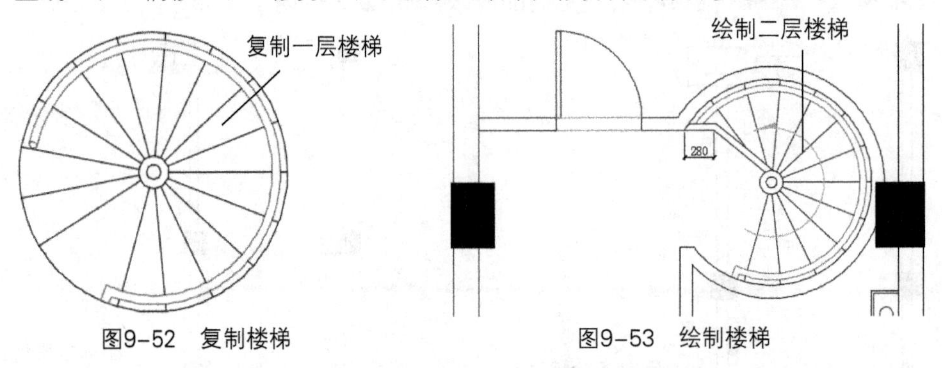


图9-52　复制楼梯　　　　图9-53　绘制楼梯

31 执行“标注样式”命令，新建“平面标注”样式，设置起点偏移量为300，箭头和符号设置如图9-54所示。

32 调整文字位置为“尺寸线上方，不带引线”选项，设置主单位线型标注精度为0，文字设置如图9-55所示。

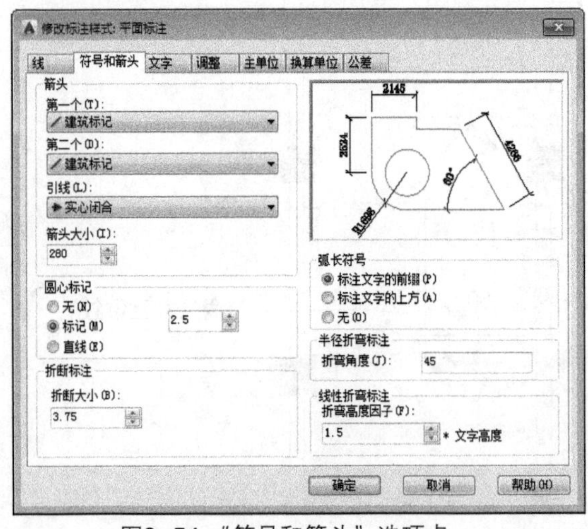


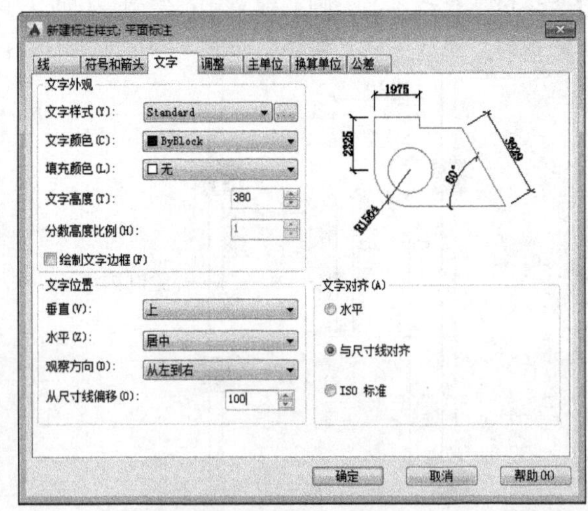


图9-54　“符号和箭头”选项卡　　　　图9-55　“文字”选项卡

33 执行“线性”、“连续”命令，标注一层户型图尺寸；执行“线性”命令，标注总长度，如图9-56所示。

34 继续执行“线性”和“连续”标注命令，添加其他尺寸，如图9-57所示。

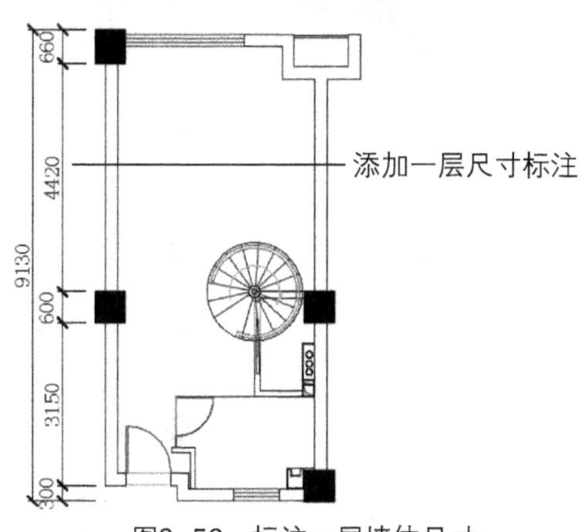


图9-56 标注一层墙体尺寸

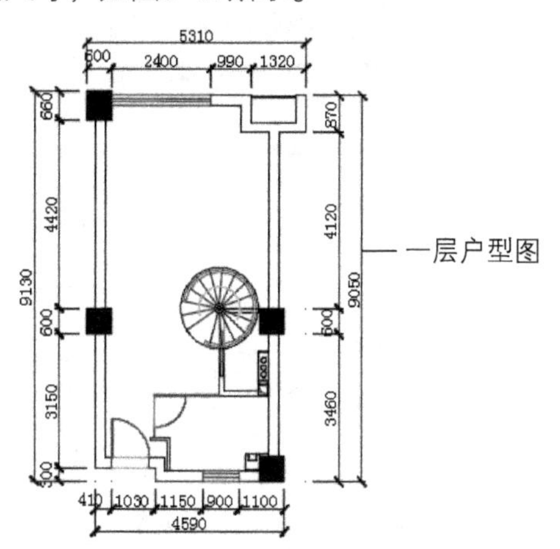


图9-57 标注所有尺寸

35 重复执行“线性”、“连续”命令，标注二层户型图尺寸，如图9-58所示。

36 继续执行“线性”和“连续”标注命令，添加其他尺寸，如图9-59所示。

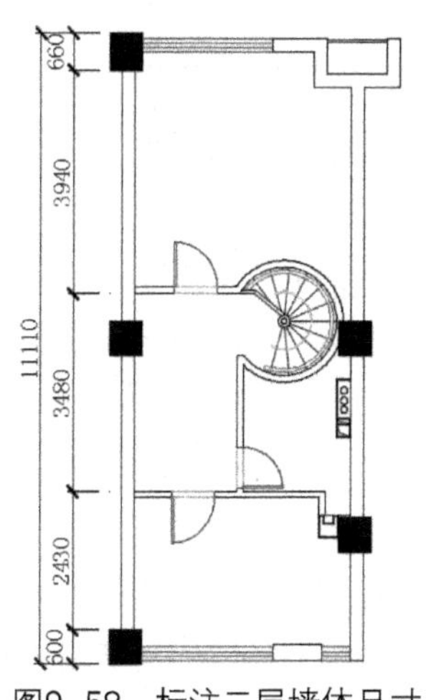


图9-58 标注二层墙体尺寸

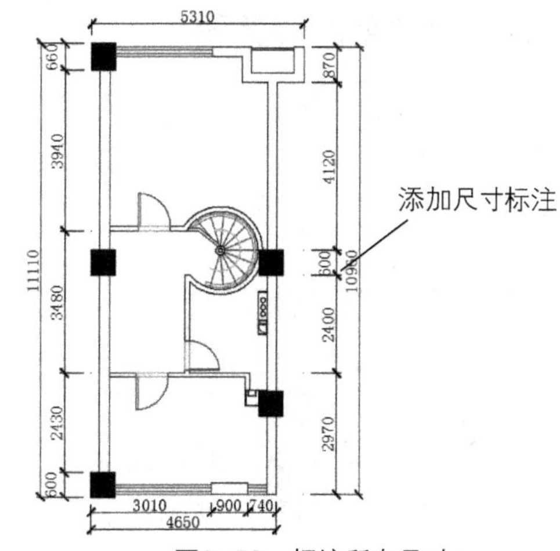


图9-59 标注所有尺寸

37 执行“文字样式”命令，新建“文字标注”样式，设置如图9-60所示。

38 执行“单行文字”命令，输入文字内容，如图9-61所示。

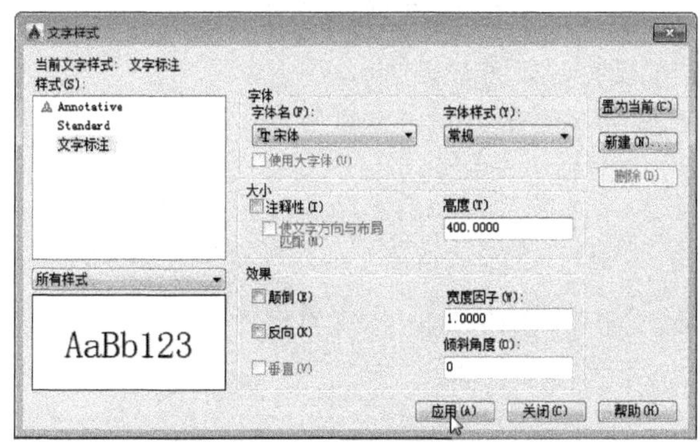


图9-60 “文字样式”对话框

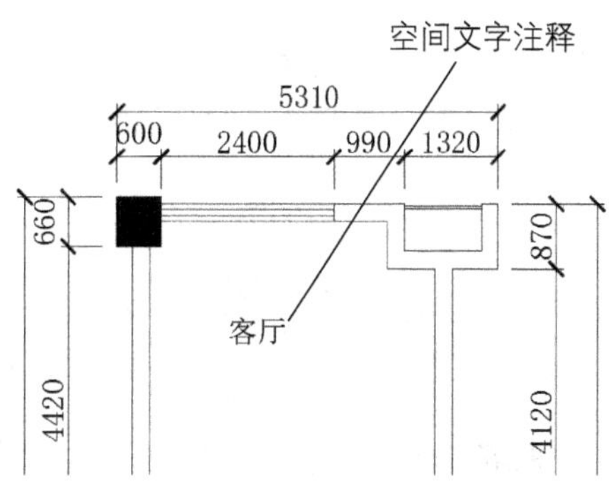


图9-61 输入文字

39 执行“复制”命令，复制文字，双击文字进行修改，如图9-62所示。

40 重复操作，添加所有文字，如图9-63所示。至此公寓原始户型图绘制完毕。

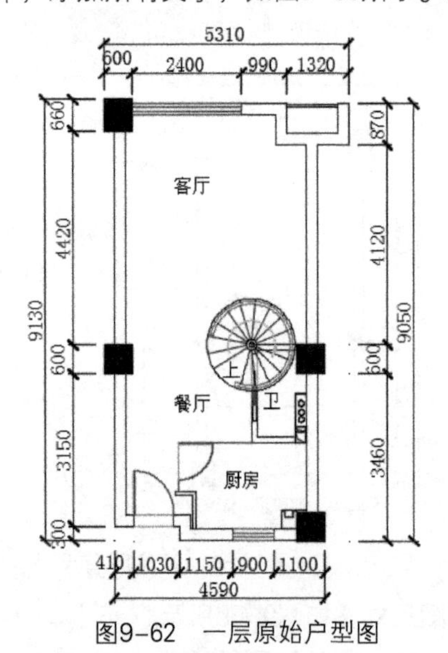


图9-62 一层原始户型图

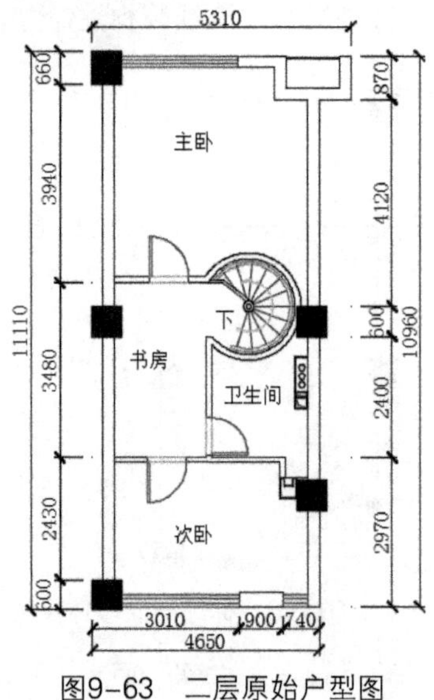


图9-63 二层原始户型图

## 9.2.2 绘制平面布置图

下面将绘制跃层户型单身公寓的平面布置图，包含一层和二层的平面布置图。

01 复制原始结构图，打开“图层特性”对话框，新建图层，如图9-64所示。

02 将“家具”图层设置为当前层，执行“矩形”、“直线”命令，在入门位置绘制电视柜，具体尺寸如图9-65所示。

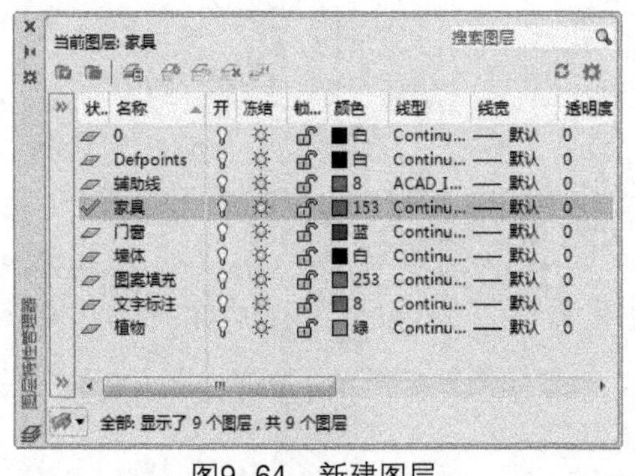


图9-64 新建图层

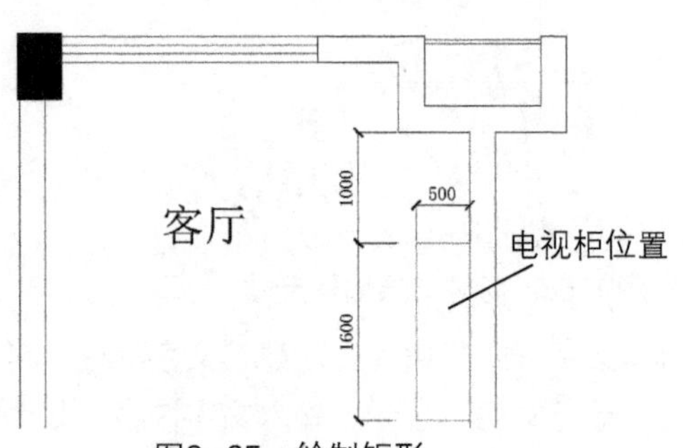


图9-65 绘制矩形

03 执行“矩形”、“直线”命令，绘制客厅旁边的矮柜，如图9-66所示。

04 执行“偏移”、“直线”命令，绘制鞋柜，如图9-67所示。

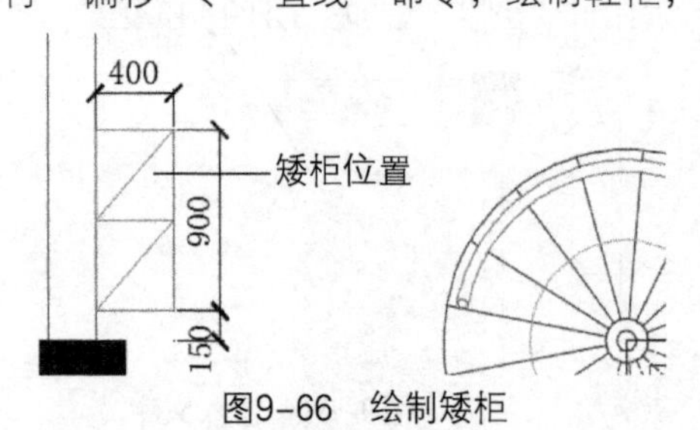


图9-66 绘制矮柜

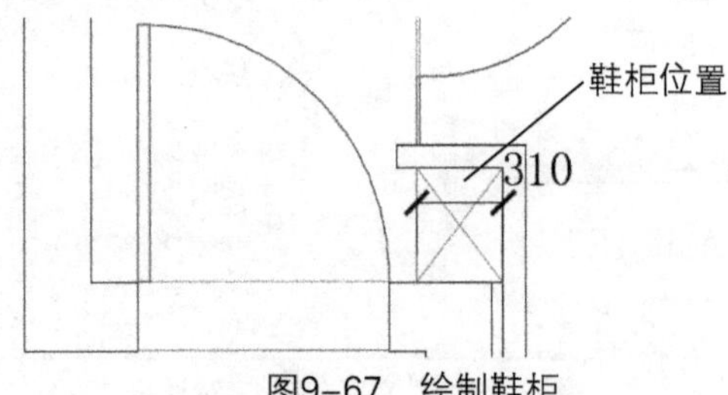


图9-67 绘制鞋柜

05 执行 “直线”、“偏移”、“修剪”命令，绘制橱柜，具体尺寸如图9-68所示。

06 执行“插入”命令，插入厨具图块，如图9-69所示。

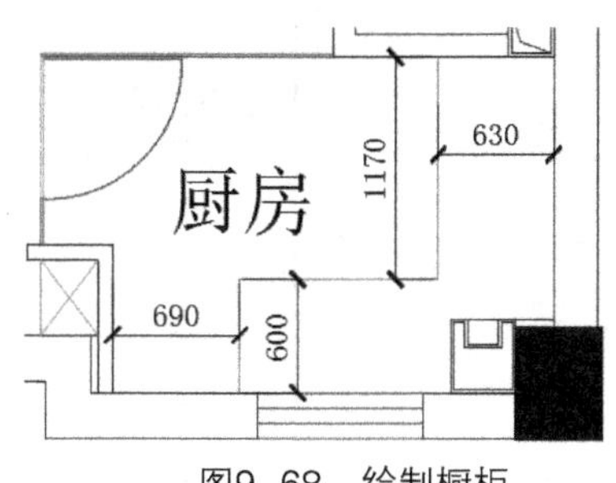


图9-68 绘制橱柜

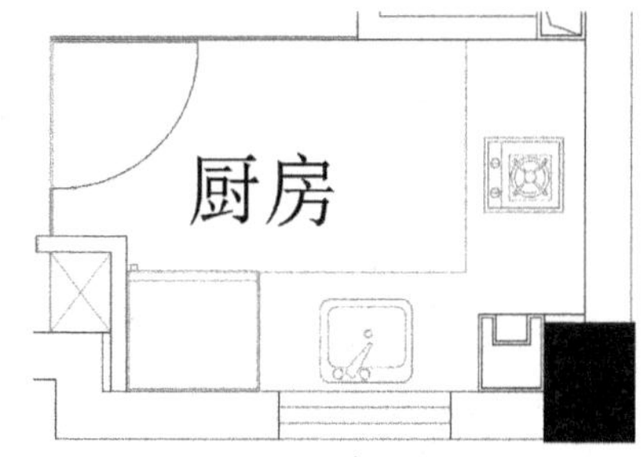


图9-69 插入厨具

07 执行“插入”命令，插入餐桌椅，如图9-70所示。

08 执行“插入”命令，插入空调内外机图块，如图9-71所示。

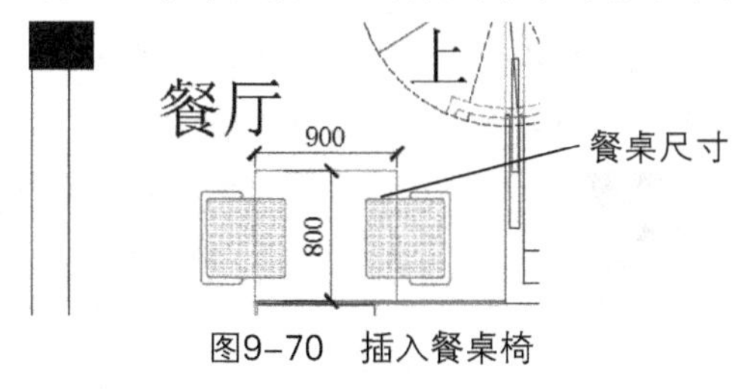


图9-70 插入餐桌椅

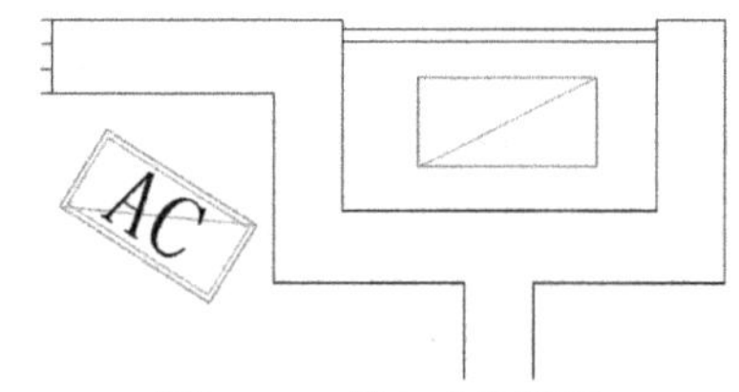


图9-71 插入空调图块

09 继续执行“插入”命令，插入组合沙发图块，如图9-72所示。

10 执行“插入”命令，在卫生间位置插入洁具图块，如图9-73所示。

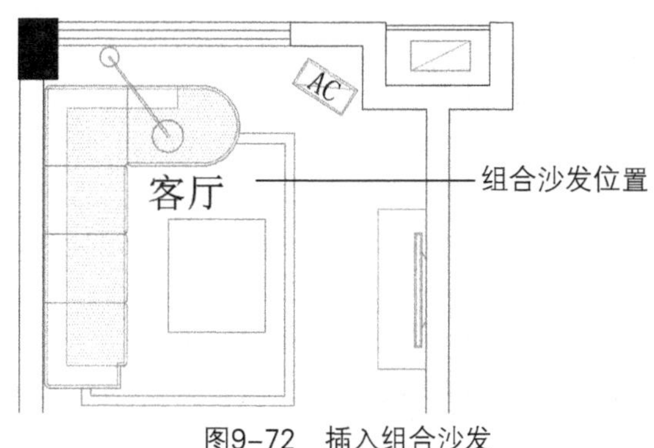


图9-72 插入组合沙发

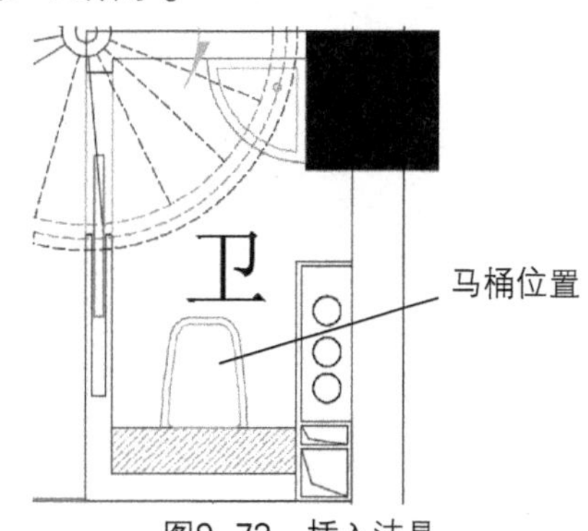


图9-73 插入洁具

11 执行“偏移”、“修剪”命令，绘制电视背景墙灯槽部分，如图9-74所示。

12 执行“图案填充”命令，填充绘制部分，如图9-75所示。

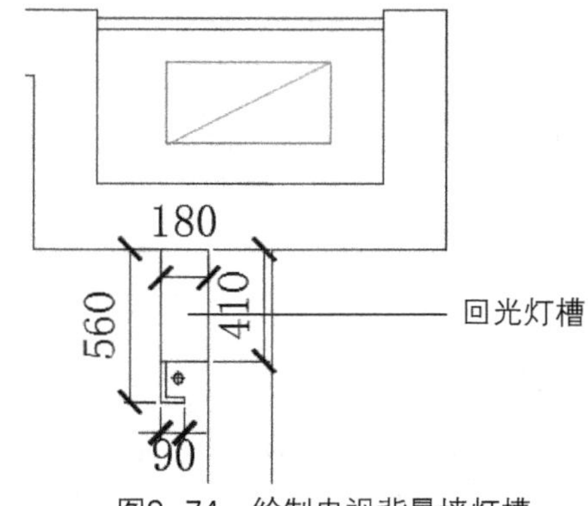


图9-74 绘制电视背景墙灯槽

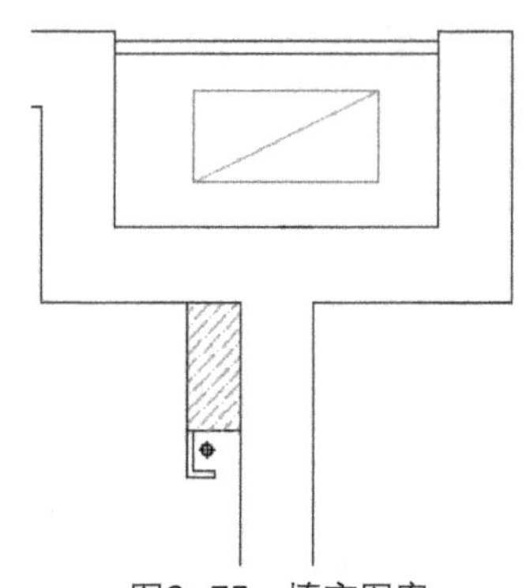

图9-75 填充图案

13 执行“直线”、“偏移”、“复制”命令，绘制电视背景墙另外一侧灯槽，尺寸如图9-76所示。

14 执行“图案填充”命令，填充背景墙部分，如图9-77所示。

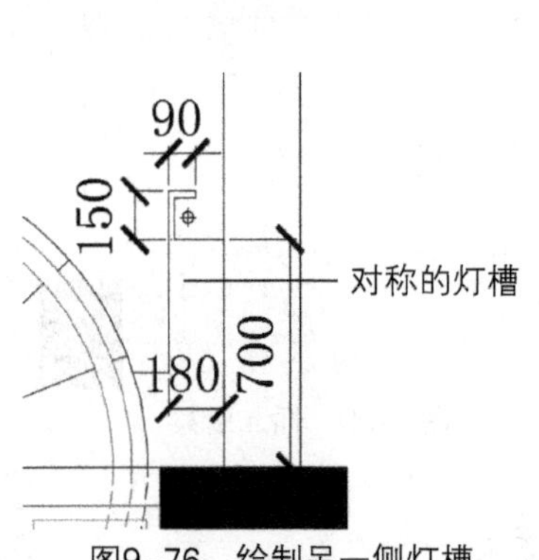


图9-76 绘制另一侧灯槽

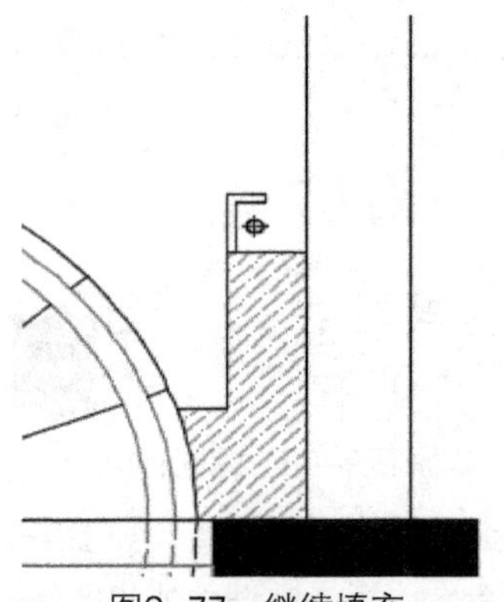

图9-77 继续填充

15 执行“偏移”、“直线”、“修剪”命令，绘制二层主卧衣柜及电视柜，尺寸如图9-78所示。

16 执行“插入”命令，在主卧位置插入双人床、衣柜、电视等图块，如图9-79所示。

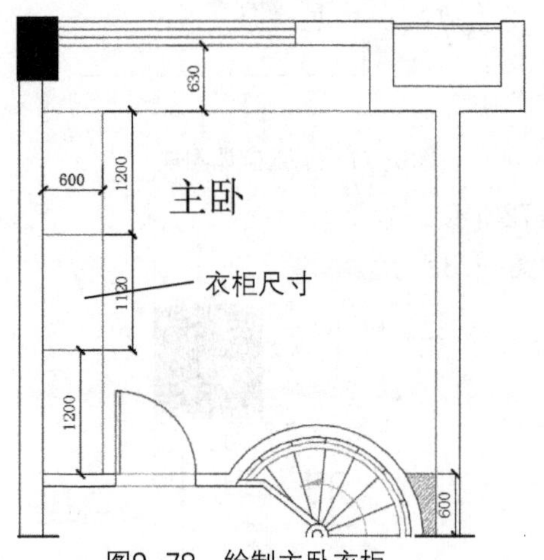


图9-78 绘制主卧衣柜

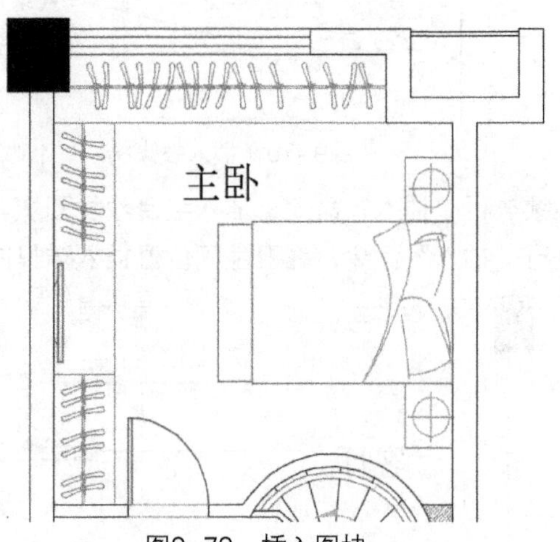


图9-79 插入图块

17 执行“偏移”、“修剪”命令，绘制书房书桌书柜，尺寸如图9-80所示。

18 执行“直线”、“偏移”、“修剪”、“图案填充”命令，填平卫生间部分并绘制置物柜，如图9-81所示。

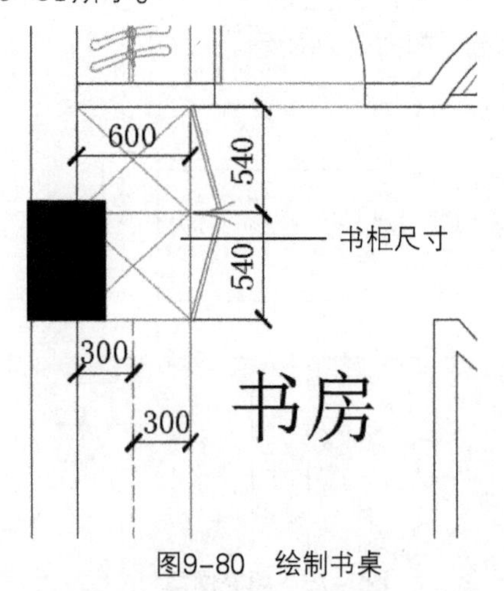


图9-80 绘制书桌

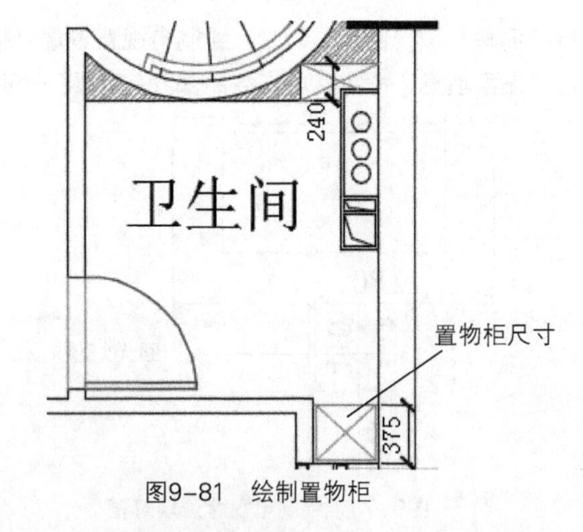


图9-81 绘制置物柜

19 执行“插入”命令，插入洁具图块，如图9-82所示。

20 执行 “偏移” 、 “修剪” 命令，绘制次卧衣柜电视柜，如图9-83所示。

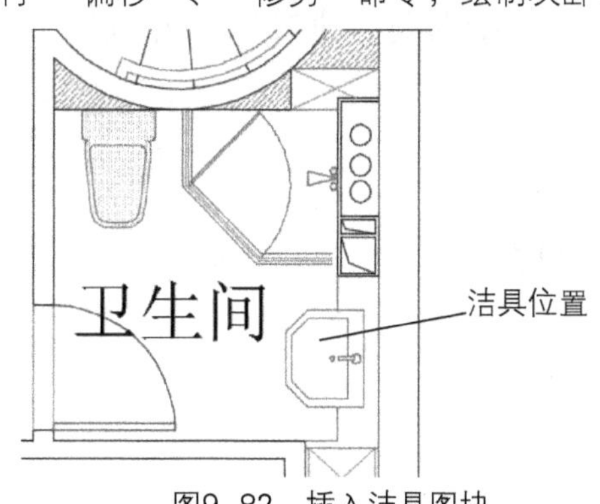


图9-82 插入洁具图块

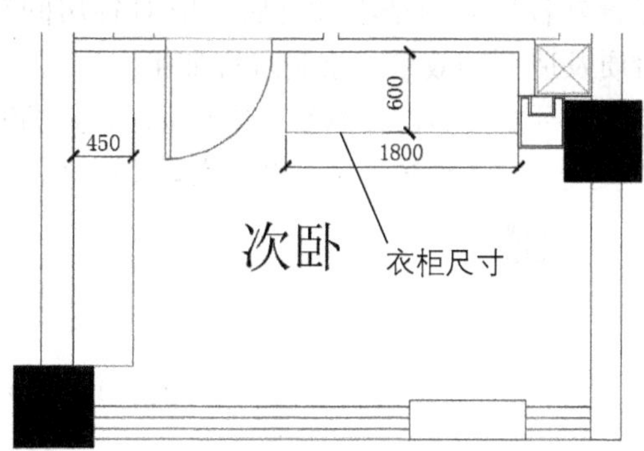


图9-83 绘制衣柜

21 执行“插入”命令，插入图块，如图9-84所示。

22 执行“复制”命令，复制一层的空调外机图块，如图9-85所示。

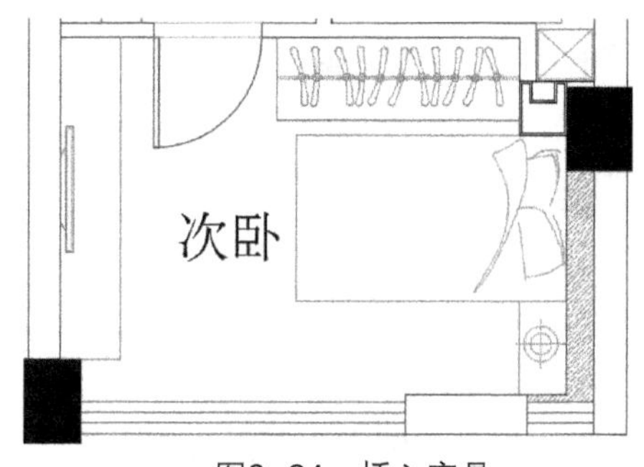


图9-84 插入家具

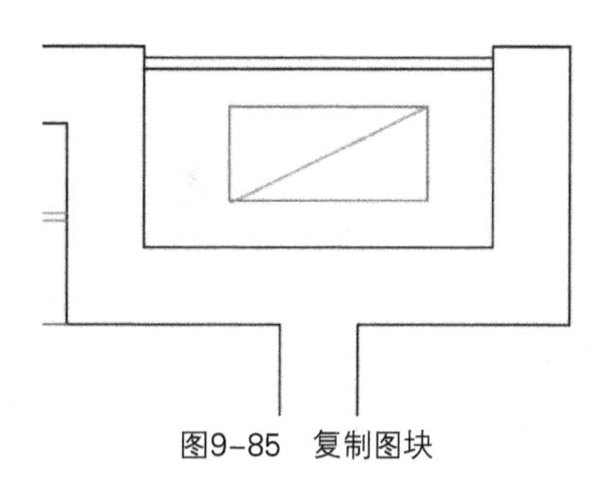

图9-85 复制图块

23 完成一层平面布置图的绘制，结果如图9-86所示。

24 查看二层平面布置图，结果如图9-87所示。

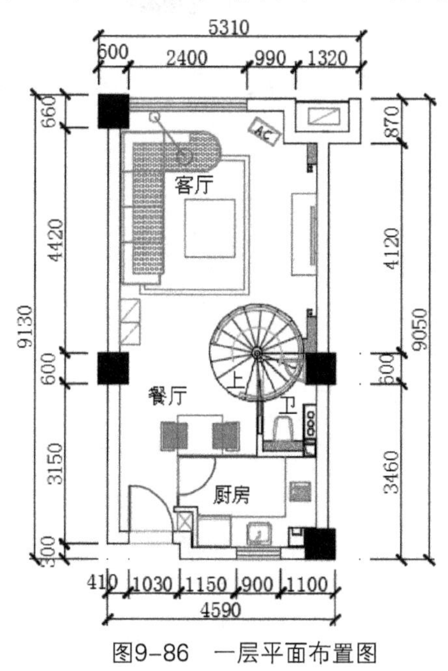


图9-86 一层平面布置图

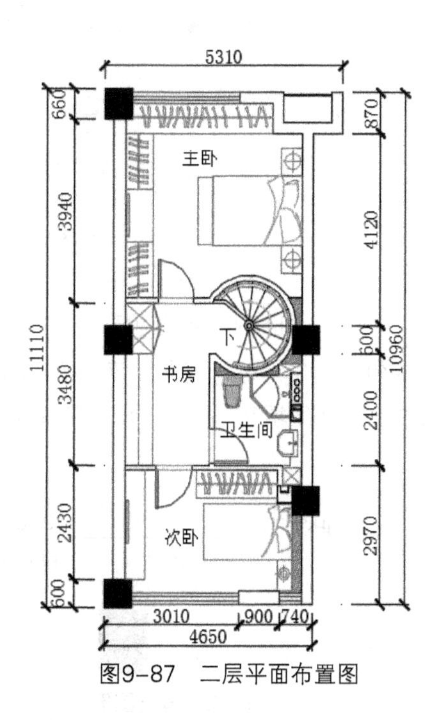


图9-87 二层平面布置图

## 9.2.3 绘制地面布置图

布置好各房间的基本设备后，应对各房间布置相应的地板砖。地面布置图能够反映出住宅地面材质及造型的效果，绘制过程如下。

01 复制一层平面布置图，删除家具及标注，如图9-88所示。

02 继续复制二层平面布置图，删除家具及标注，如图9-89所示。

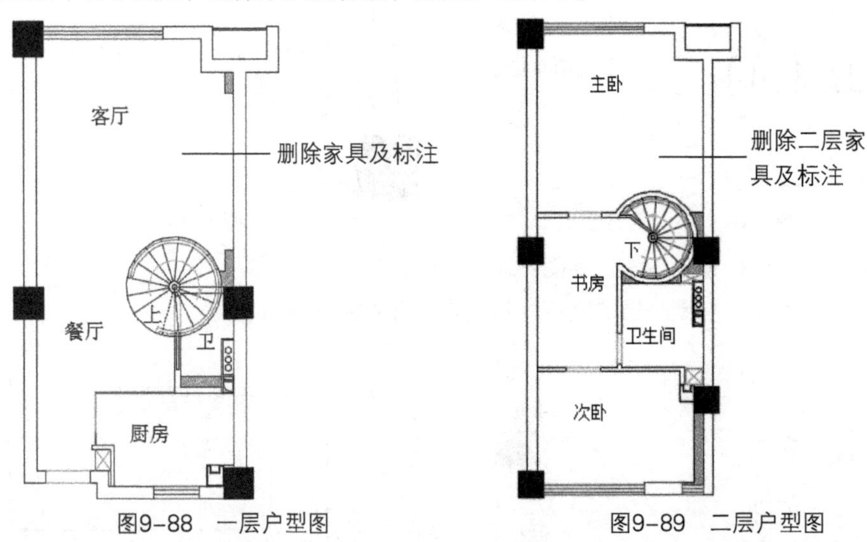


图9-88 一层户型图　　图9-89 二层户型图

03 打开“图层特性管理器”对话框，新建“地面填充”图层，将“地面填充”图层置为当前层，如图9-90所示。

04 单击一层卫生间内部为拾取点，填充300×300地砖，按回车键完成填充命令，如图9-91所示。

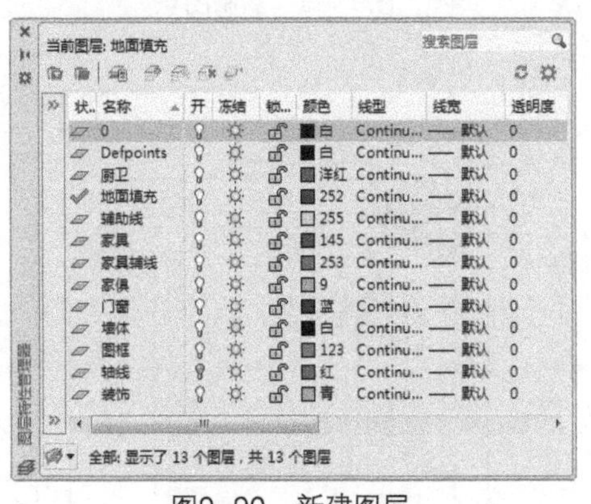


图9-90 新建图层

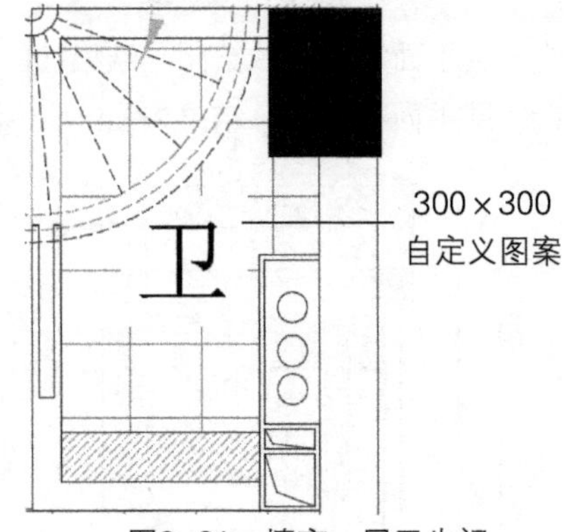


图9-91 填充一层卫生间

05 按回车键，对厨房进行填充，填充图形同上，如图9-92所示。

06 继续执行“图案填充”命令，填充空调外置位置，图案为“AR-CONC”，比例为2，如图9-93所示。

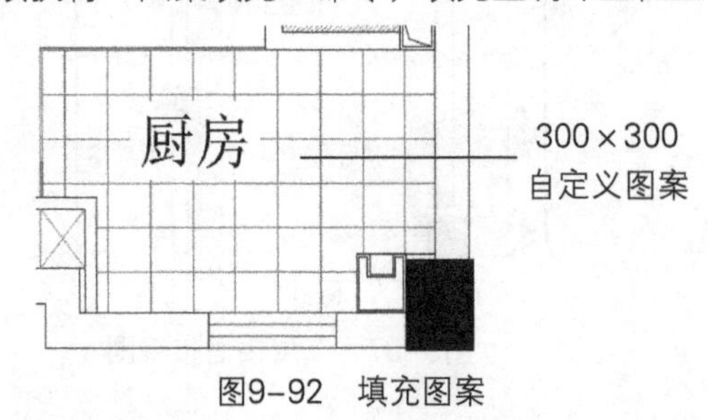


图9-92 填充图案

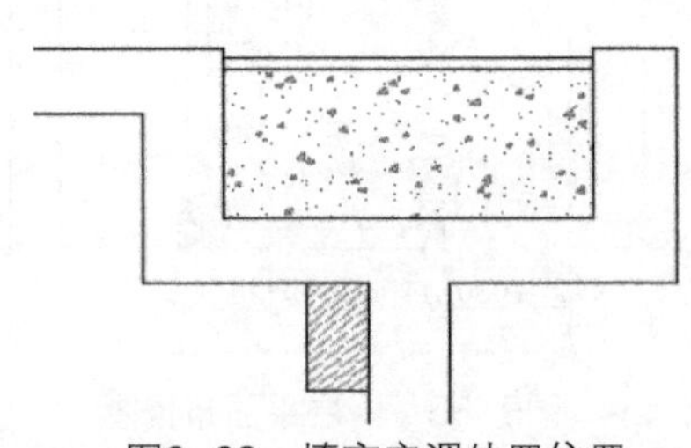

图9-93 填充空调外置位置

07 执行“图案填充”命令，选择用户定义图案，双向、比例800、角度0°，填充客厅及餐厅位置，如图9-94所示。

08 执行“图案填充”命令，选择“DOLMIT”图案，比例25、角度0° ，填充主卧位置，如图9-95所示。

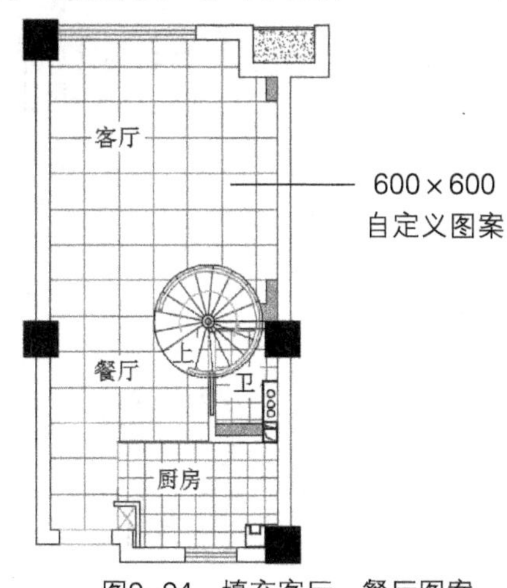


图9-94 填充客厅、餐厅图案

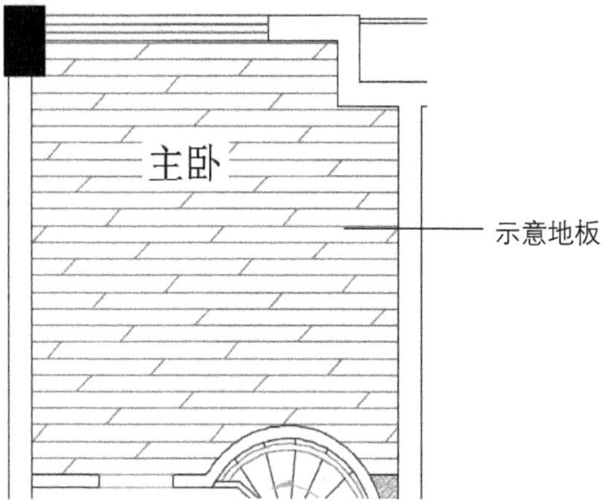

图9-95 填充主卧

09 按回车键，依次拾取书房及次卧进行填充，如图9-96所示。

10 继续执行“图案填充”命令，填充二层卫生间，结果如图9-97所示。

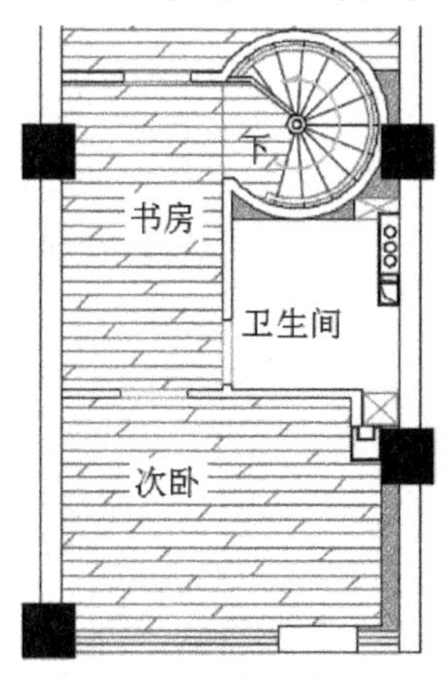


图9-96 填充书房及次卧

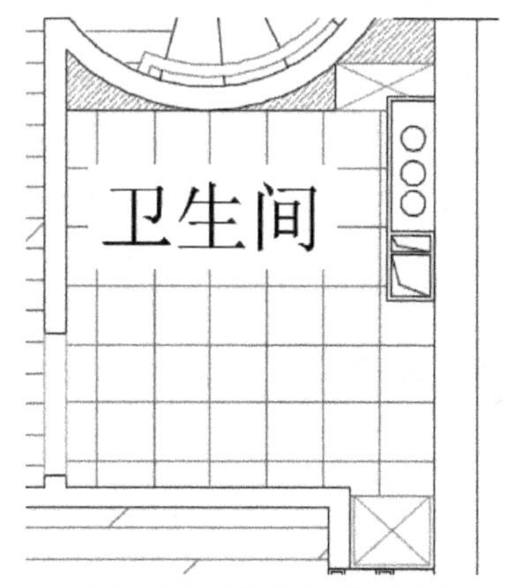


图9-97 填充二层卫生间

11 执行“多行文字”命令，在客厅位置框选出文字输入范围后，单击“背景遮罩”按钮，在打开的对话框中，设置边界偏移量为1，填充颜色为白色，如图9-98所示。

12 将“标注”图层设置为当前图层，对客厅地面材质进行文字说明，设置字体大小为200，如图9-99所示。

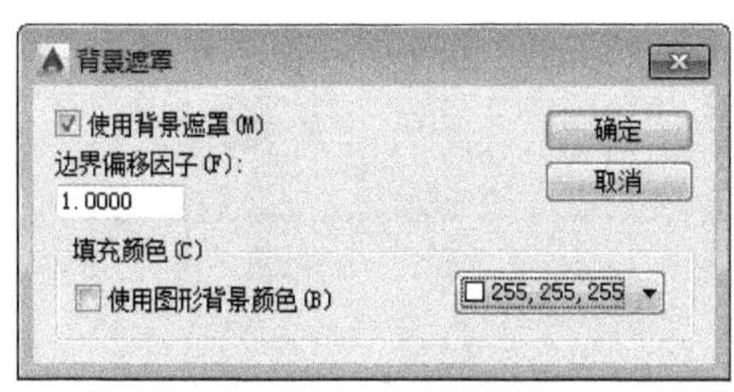


图9-98 设置背景遮罩

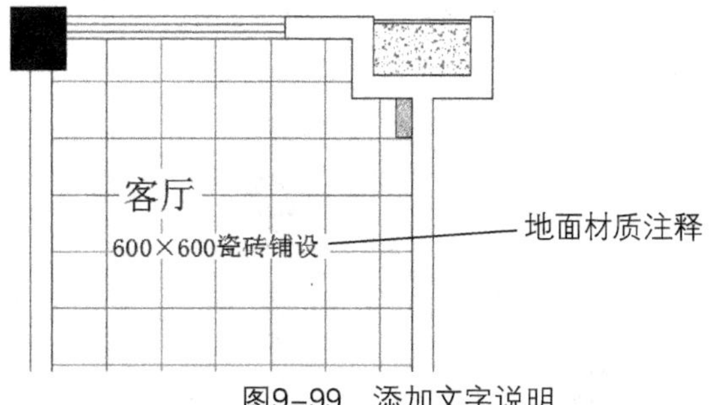


图9-99 添加文字说明

⑬ 执行“复制”命令，双击文字进行修改，对其余地面材质进行文字说明，如图9-100所示。

⑭ 执行“线性”标注命令，对一层地面图进行尺寸标注，如图9-101所示。

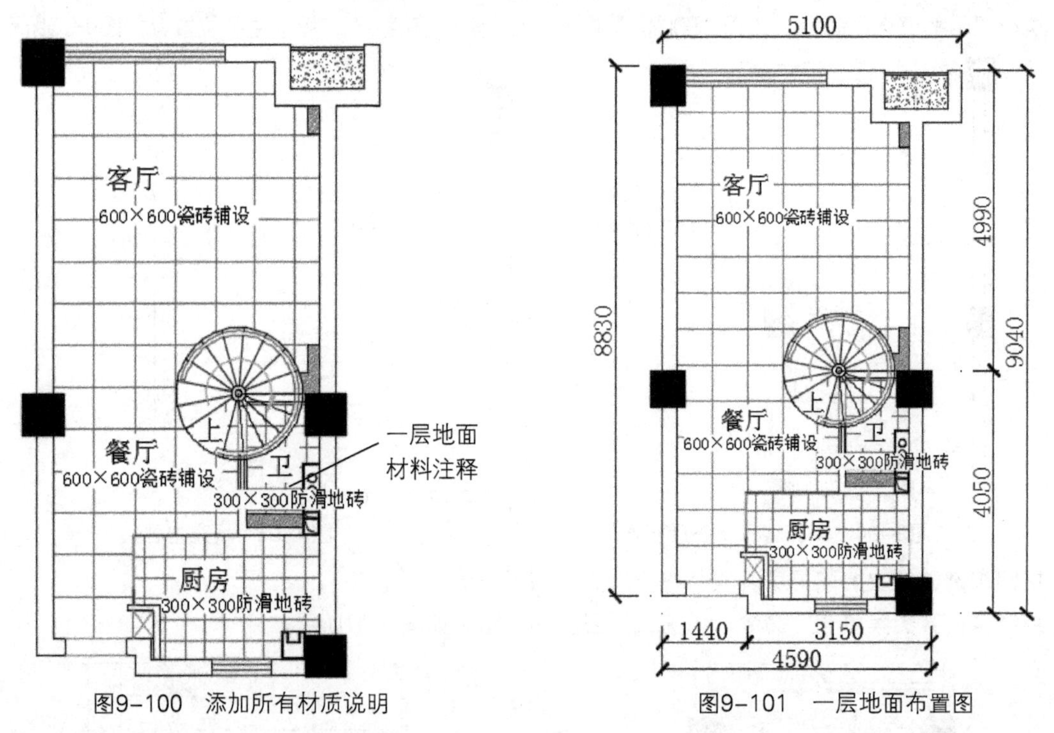


图9-100 添加所有材质说明　　　　图9-101 一层地面布置图

⑮ 执行“复制”命令，双击文字进行修改，对二层地面材质进行文字说明，如图9-102所示。

⑯ 执行“线性”标注命令，对二层地面图进行尺寸标注，如图9-103所示。至此完成跃层地面布置图的绘制。

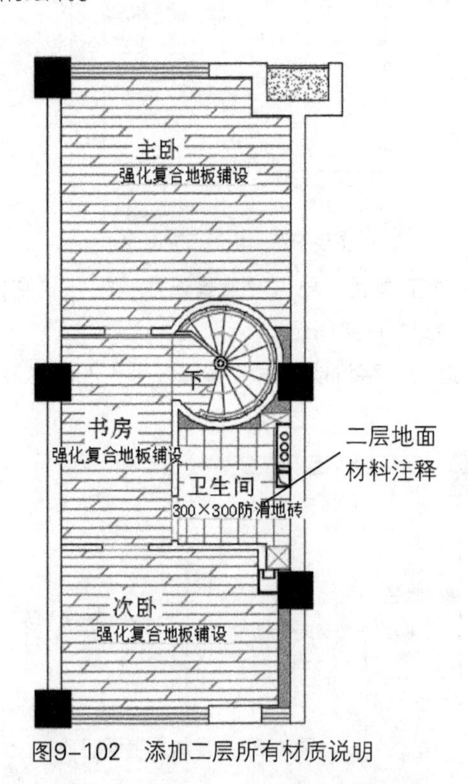


图9-102 添加二层所有材质说明

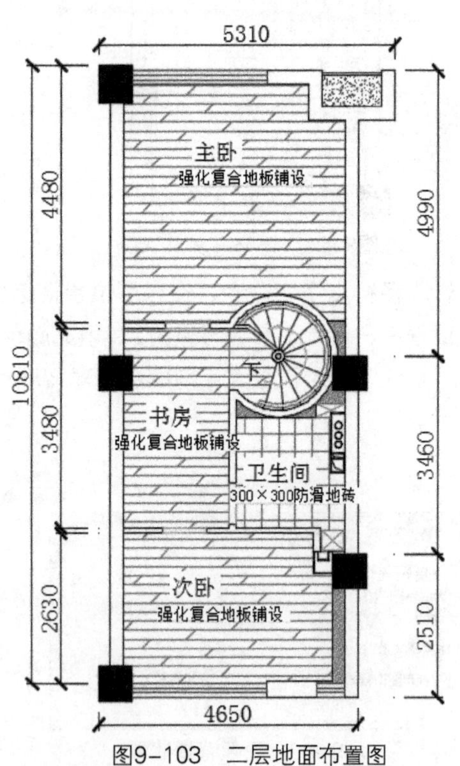


图9-103 二层地面布置图

## 9.2.4 绘制顶面布置图

顶面造型的好坏直接影响整体的装修效果，绘制顶面图的方法不难，难在如何合理布置顶面区域。顶面的装修风格应与整体风格相互统一，相互呼应。

下面将介绍跃层户型顶面布置图的绘制方法，具体绘制过程如下。

01 复制一层平面布置图，删除家具及标注，如图9-104所示。

02 执行“直线”命令，示意楼梯部分，如图9-105所示。

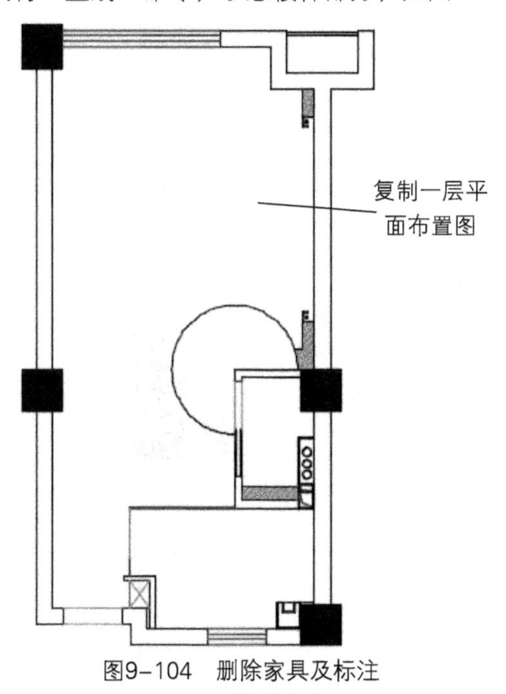


图9-104 删除家具及标注

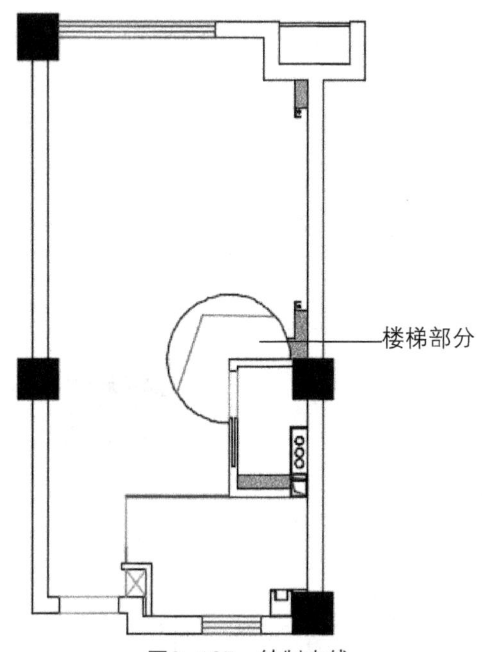


图9-105 绘制直线

03 新建“吊顶造型”、“回光灯”图层，设置其参数，如图9-106所示。然后将“吊顶造型”图层置为当前层。

04 执行“直线”、“偏移”、“修剪”命令，在一层客厅位置绘制吊顶，尺寸如图9-107所示。

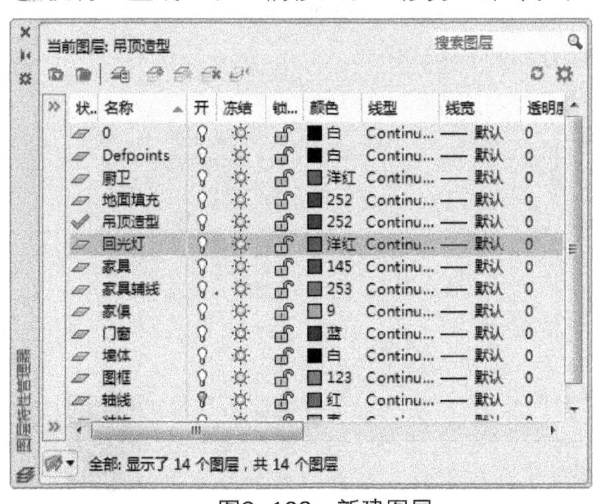


图9-106 新建图层

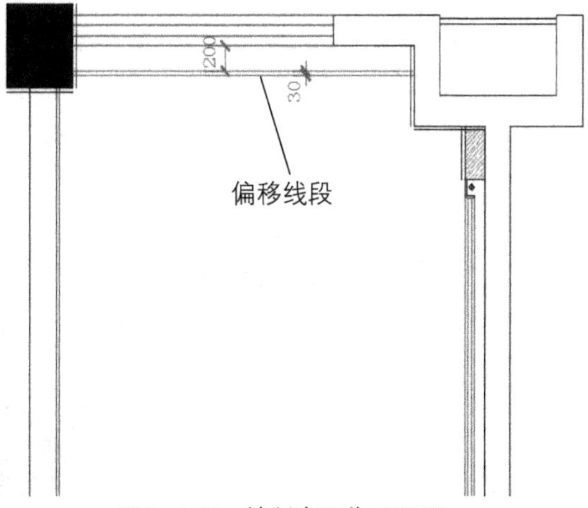


图9-107 绘制客厅位置吊顶

05 执行“修剪”、“插入”命令，插入窗帘、灯具图块，如图9-108所示。

06 执行“复制”、“插入”命令，插入餐厅灯具图块，如图9-109所示。

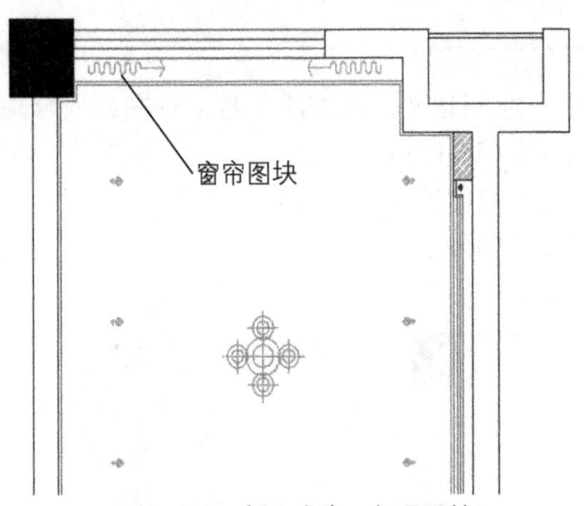


图9-108 插入窗帘、灯具图块

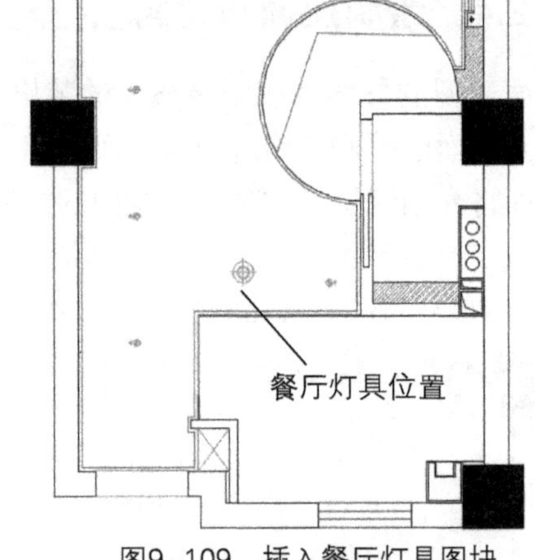


图9-109 插入餐厅灯具图块

07 执行“插入”命令，插入一层卫生间的灯具图块，位置如图9-110所示。

08 执行“图案填充”命令，对卫生间吊顶进行填充，如图9-111所示。

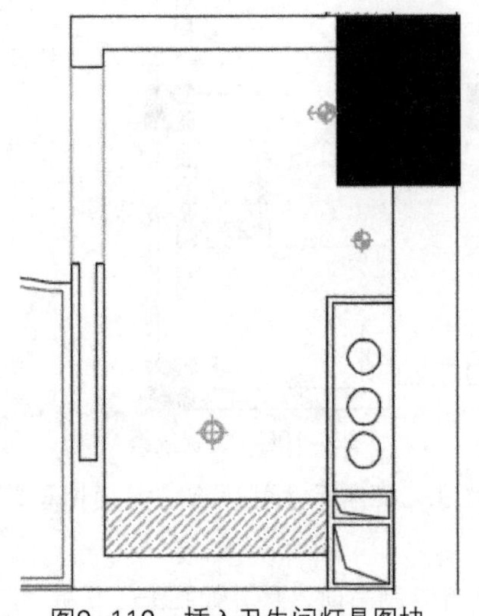

图9-110 插入卫生间灯具图块

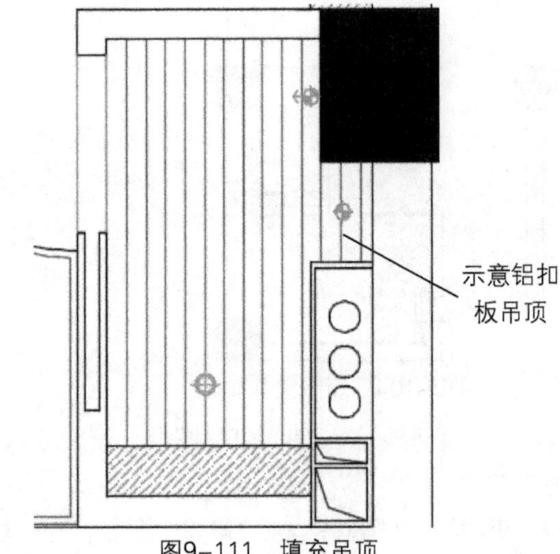


图9-111 填充吊顶

09 执行“矩形”、“直线”命令，绘制餐厅吊柜，尺寸如图9-112所示。

10 执行“插入”、“图案填充”命令，添加餐厅吊顶灯具，如图9-113所示。

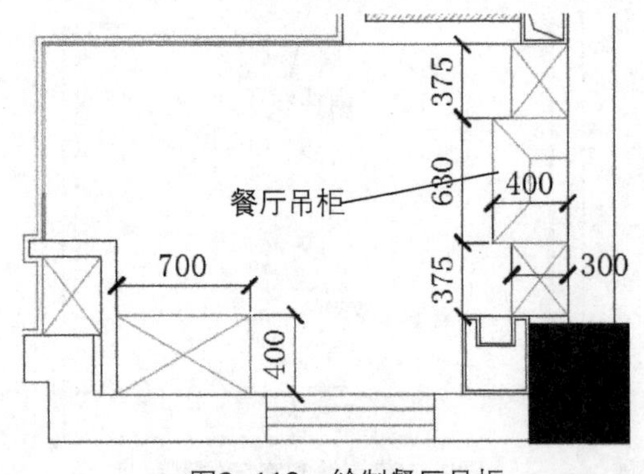


图9-112 绘制餐厅吊柜

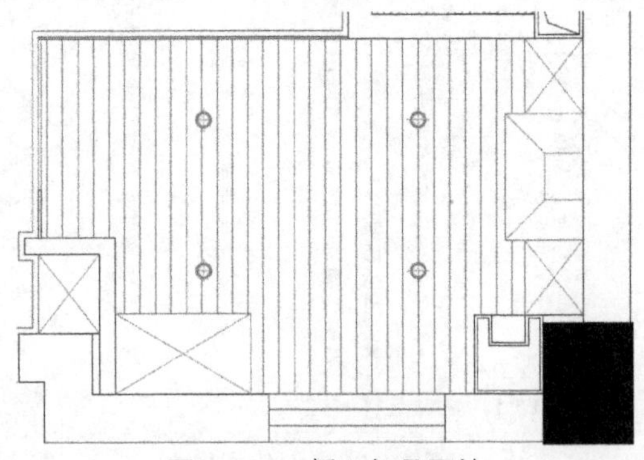

图9-113 插入灯具图块

11 执行“复制”命令，复制二层平面布置图，删除家具图块，如图9-114所示。

12 执行“偏移”、“直线”命令，绘制房梁，封闭各空间，如图9-115所示。

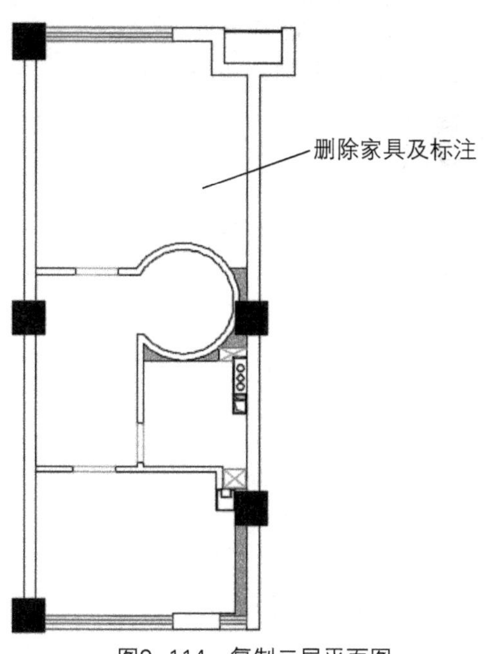


图9-114 复制二层平面图

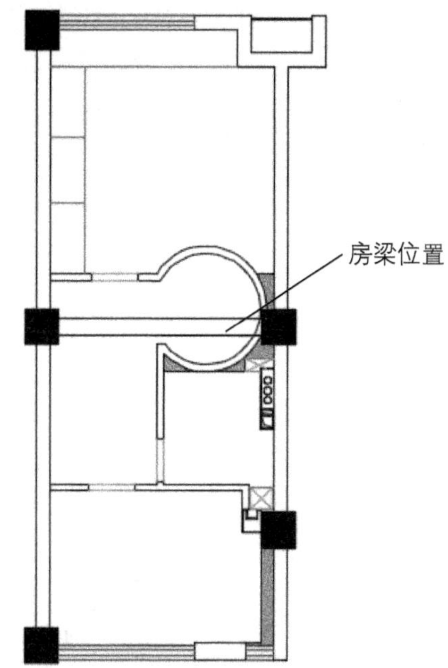


图9-115 封闭各空间

⑬ 执行“偏移”、“修剪”命令，在次卧位置绘制吊顶，尺寸如图9-116所示。

⑭ 执行“插入”命令，插入灯具及窗帘图块，如图9-117所示。

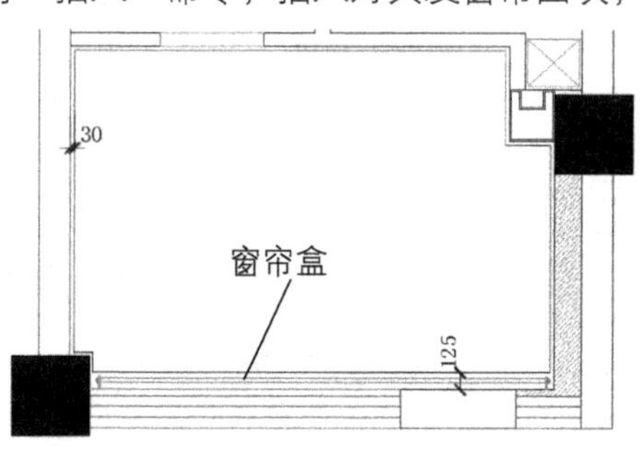


图9-116 卧房吊顶

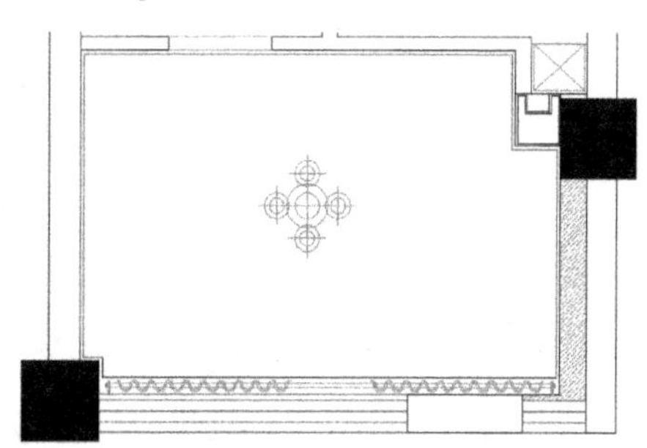

图9-117 插入灯具

⑮ 执行“偏移”、“插入”命令，插入书房位置的回光灯及灯具图形，如图9-118所示。

⑯ 执行“插入”命令，插入二层卫生间灯具，如图9-119所示。

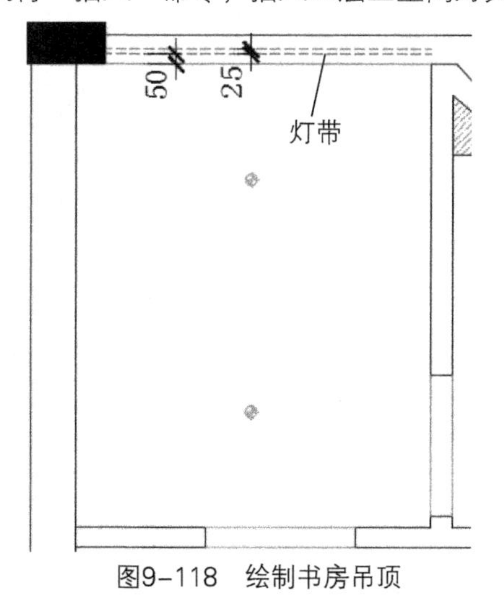


图9-118 绘制书房吊顶

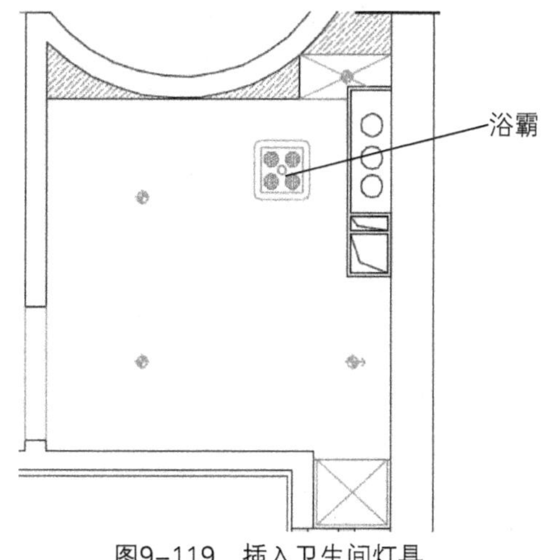


图9-119 插入卫生间灯具

⑰ 执行“偏移”、“倒角”命令，绘制主卧的吊顶，尺寸如图9-120所示。

⑱ 执行“偏移”、“插入”命令，偏移灯带，插入灯具、窗帘图块，如图9-121所示。

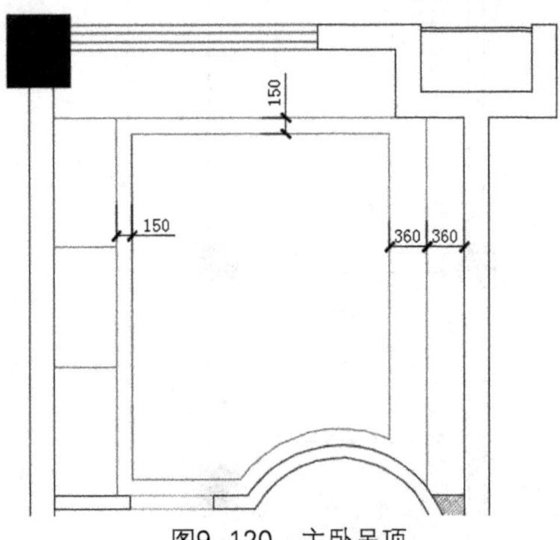


图9-120 主卧吊顶

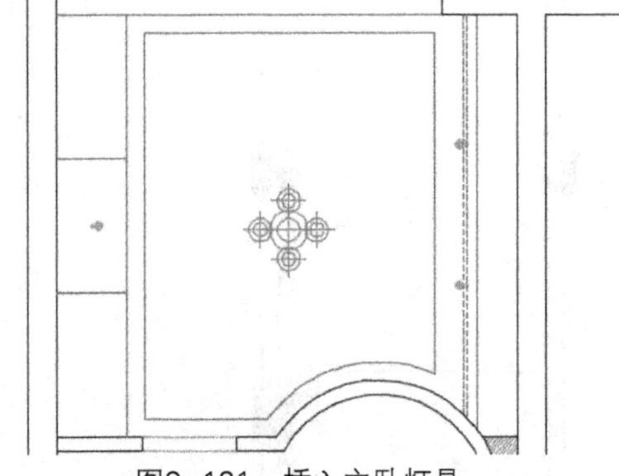

图9-121 插入主卧灯具

⑲ 执行“偏移”、“圆”、“修剪”命令，绘制主卧过道和楼梯的吊顶造型，尺寸如图9-122所示。

⑳ 执行“插入”、“圆形阵列”命令，插入灯具，如图9-123所示。

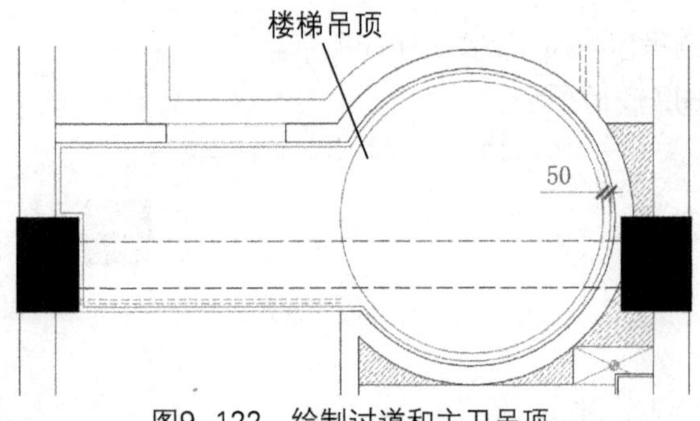


图9-122 绘制过道和主卫吊顶

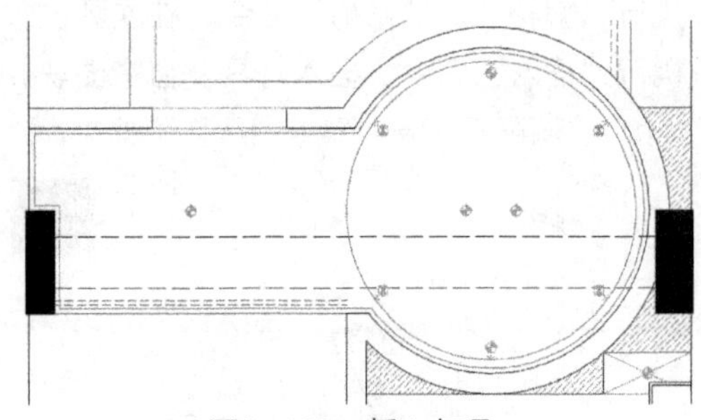

图9-123 插入灯具

㉑ 执行“图案填充”命令，填充楼梯吊顶，如图9-124所示。

㉒ 执行“复制”、“图案填充”命令，填充二层卫生间吊顶，如图9-125所示。

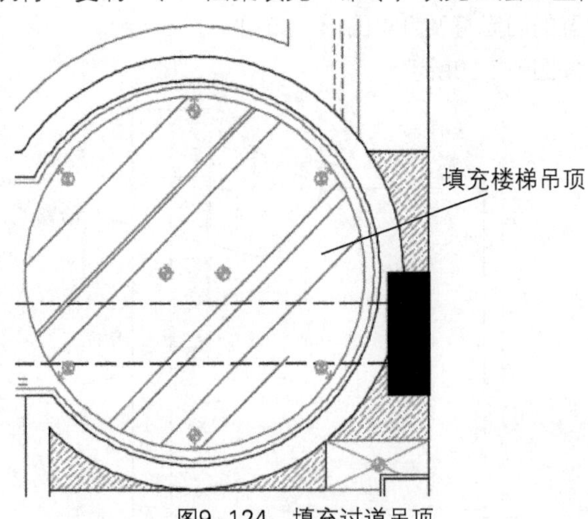


图9-124 填充过道吊顶

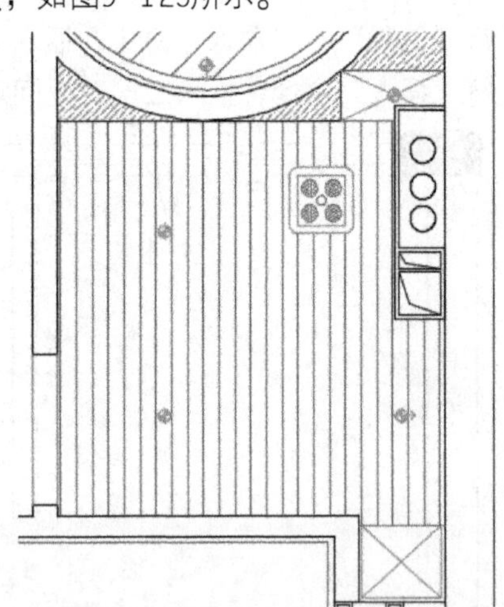

图9-125 绘制二层卫生间吊顶

㉓ 执行“插入”命令，插入标高，更改标高数值，并将其放在合适位置，如图9-126所示。

㉔ 执行“复制”命令，复制标高，双击标高值，对其进行修改，放置于合适位置，如图9-127所示。

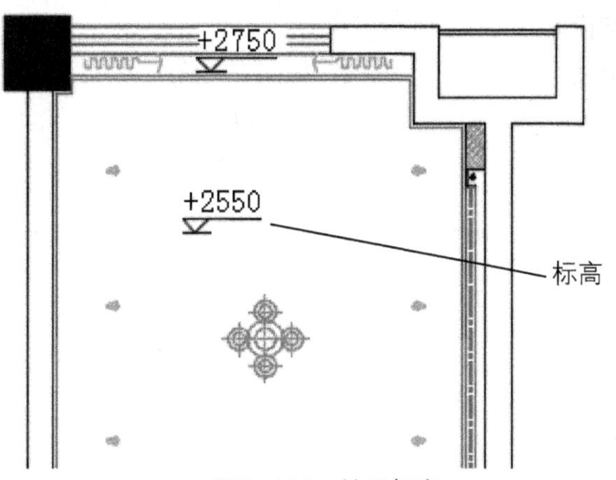

图9-126 放置标高

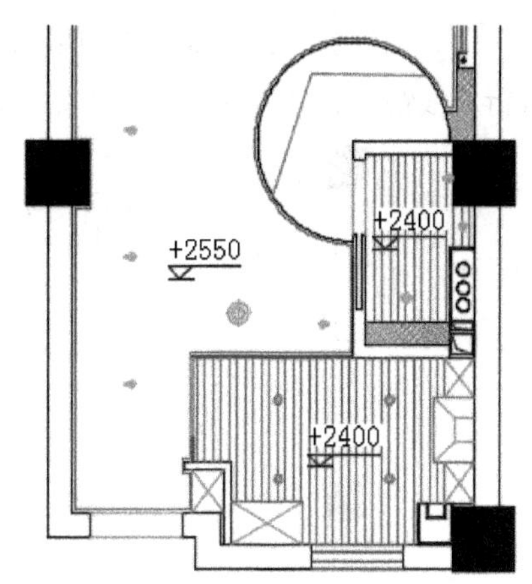

图9-127 复制并修改标高

25 对二层顶面布置图添加标高，如图9-128所示。

26 继续添加次卧、书房及卫生间的标高，如图9-129所示。

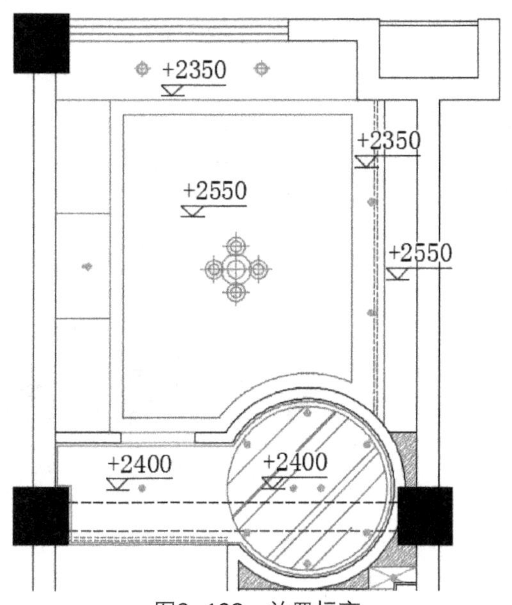

图9-128 放置标高

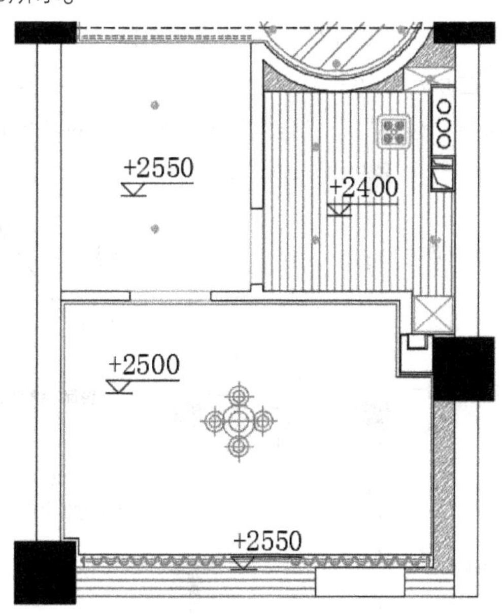

图9-129 复制修改标高

27 新建“平面标注”多重引线样式，箭头大小为200，字体大小为250，如图9-130所示。

28 执行“多重引线”命令，添加标注，如图9-131所示。

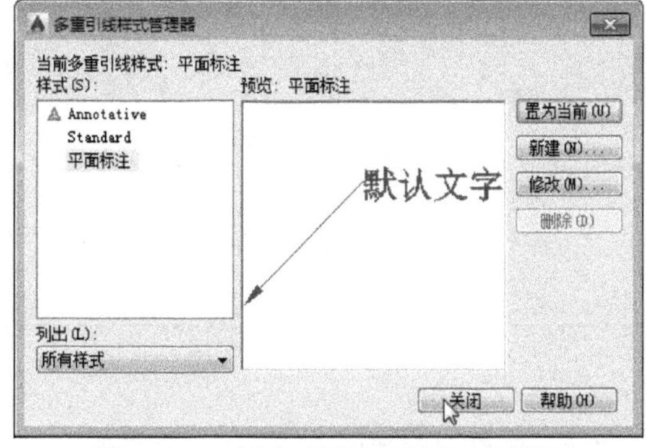

图9-130 新建“平面标注”引线样式

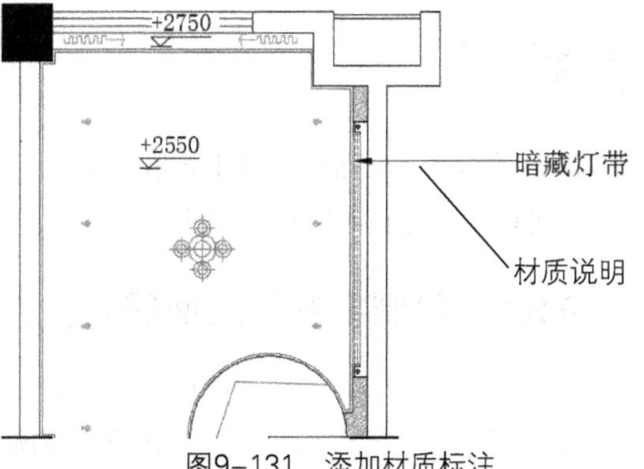

图9-131 添加材质标注

29 执行“复制”命令，对其余房间吊顶进行文字说明，如图9-132所示。

30 执行“线性”、“连续”标注命令，对一层顶面布置进行尺寸标注，如图9-133所示。

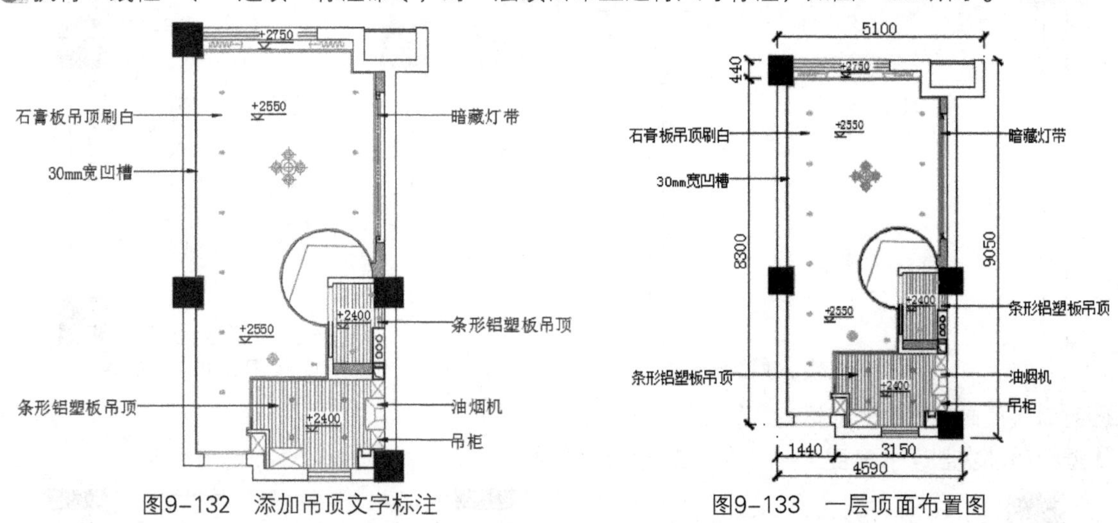


图9-132 添加吊顶文字标注　　图9-133 一层顶面布置图

31 为二层吊顶添加文字说明，如图9-134所示。

32 执行“线性”、“连续”标注命令，对二层顶面布置进行尺寸标注，如图9-135所示。

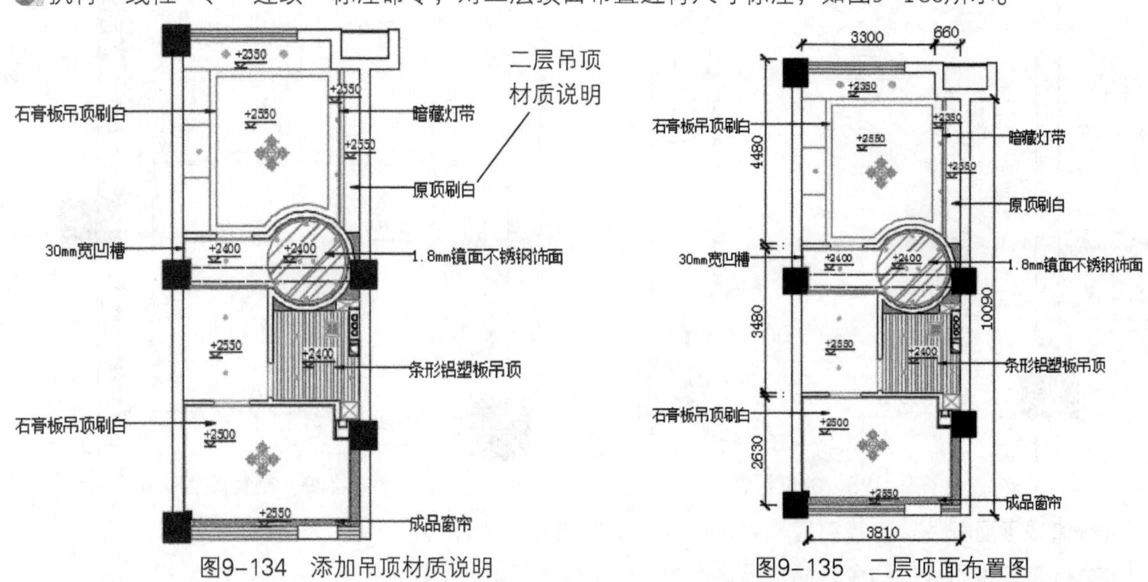


图9-134 添加吊顶材质说明　　图9-135 二层顶面布置图

## 9.3 立面图的设计

跃层单身公寓平面布置图绘制完成后，下面将根据平面图，绘制立面图，包括客餐厅A立面，主卧B、C立面和楼梯立面图。

### 9.3.1 绘制客餐厅立面图

01 复制一层平面图，插入立面索引符号，如图9-136所示。

02 单击“图层特性管理器”按钮，新建“轮廓线”等图层，设置图层特性，如图9-137所示。

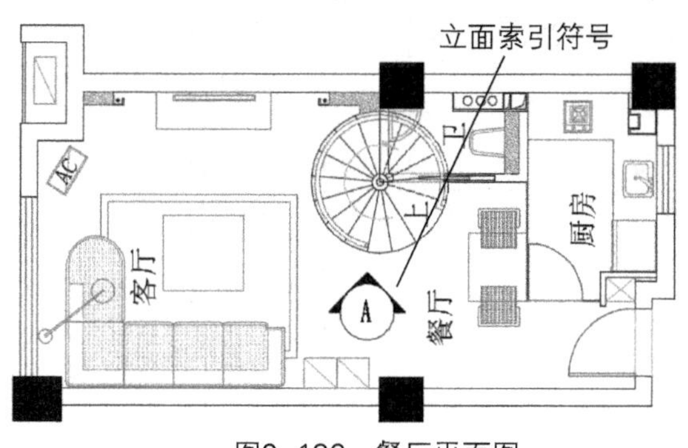

图9-136 餐厅平面图

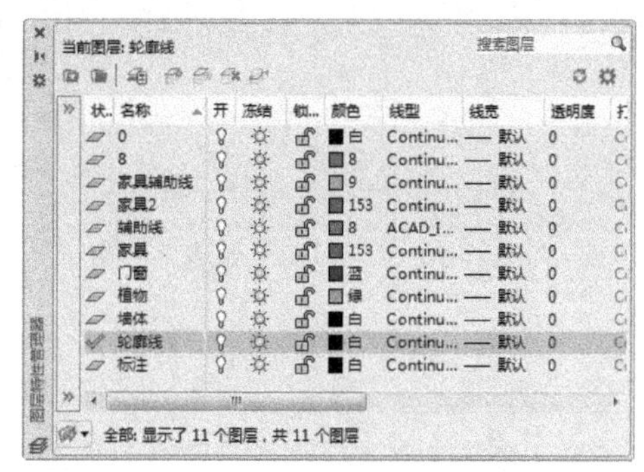


图9-137 新建图层

03 执行“射线”命令，捕捉平面图主要的轮廓位置绘制射线，如图9-138所示。

04 执行“直线”、“偏移”命令，绘制线段，向下偏移2550mm，如图9-139所示。

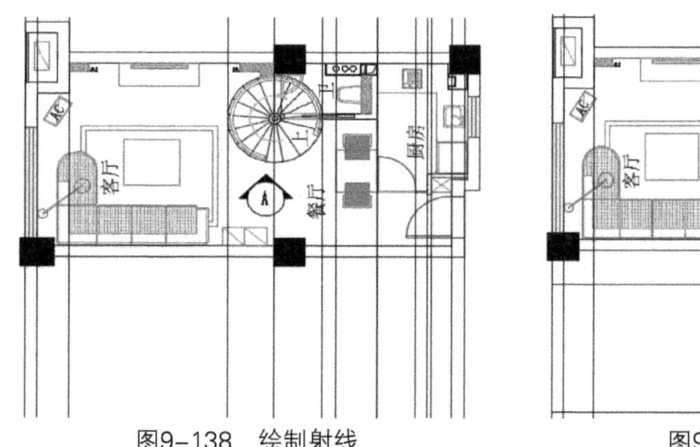

图9-138 绘制射线

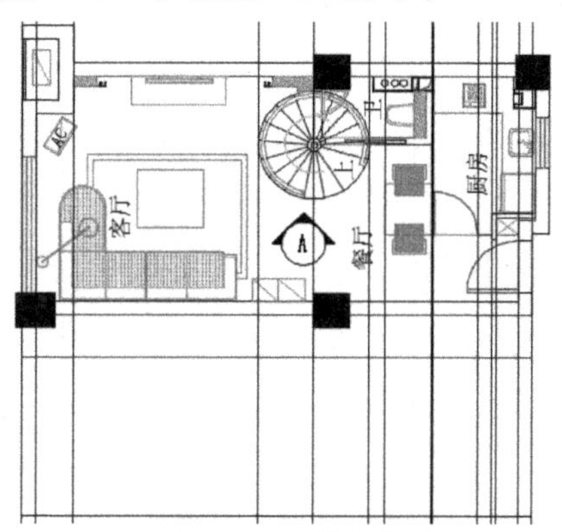

图9-139 偏移层高

05 执行“修剪”命令，保留两条线段中间的线；执行“偏移”命令，将顶边线段依次向下偏移，具体尺寸如图9-140所示。

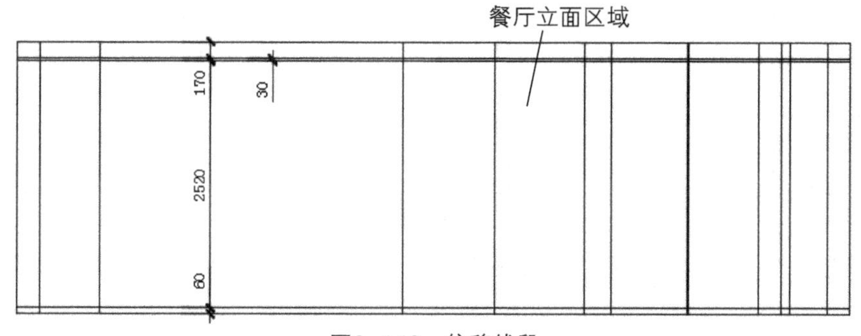


图9-140 偏移线段

06 执行“偏移”命令，根据顶面布置图偏移30mm凹槽，具体位置如图9-141所示。

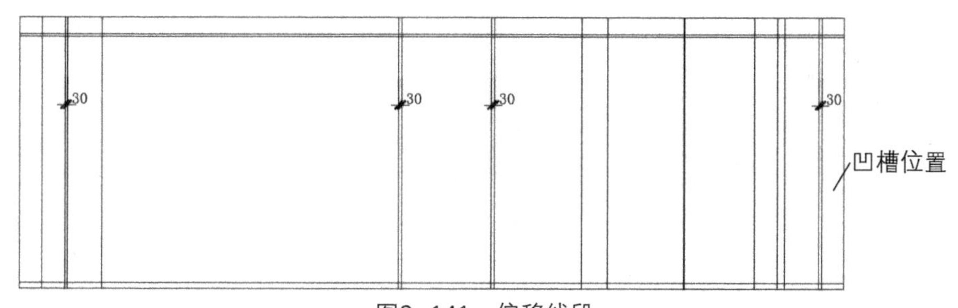


图9-141 偏移线段

07 执行“修剪”命令，修剪掉多余线段，结果如图9-142所示。

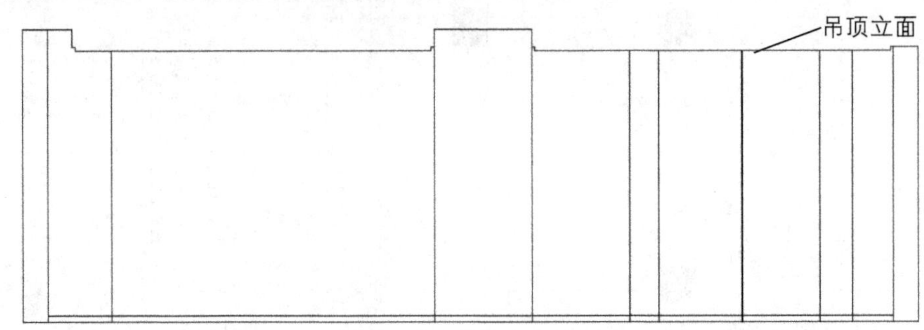

图9-142　修剪多余线段

08 执行“射线”命令，根据平面图确定门及电视背景墙位置，然后执行“偏移”命令，将底边线段向上偏移2230mm，结果如图9-143所示。

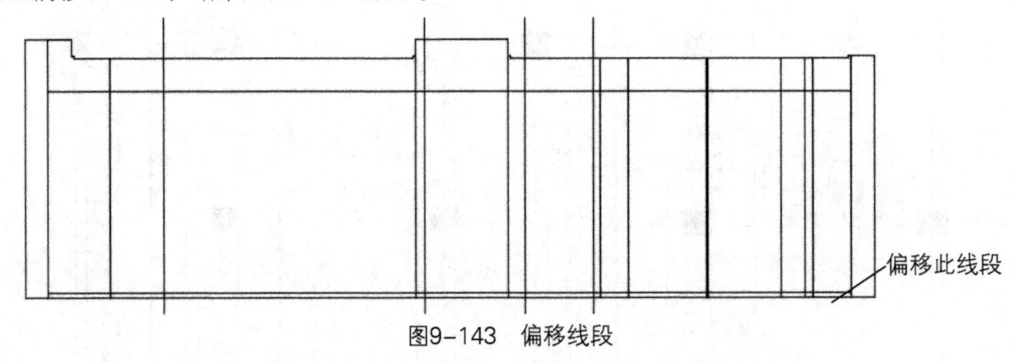

图9-143　偏移线段

09 执行“修剪”、“倒角”命令，修剪出电视背景墙和门的轮廓，如图9-144所示。

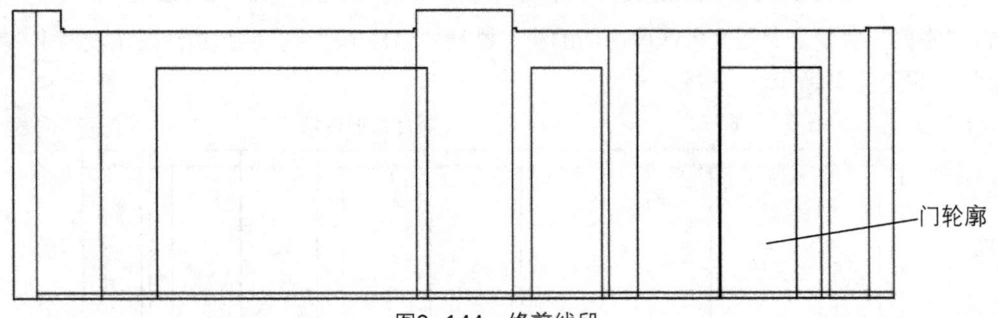

图9-144　修剪线段

10 执行“偏移”命令，对电视背景墙、门和厨房门框位置依次进行偏移，具体尺寸如图9-145所示。

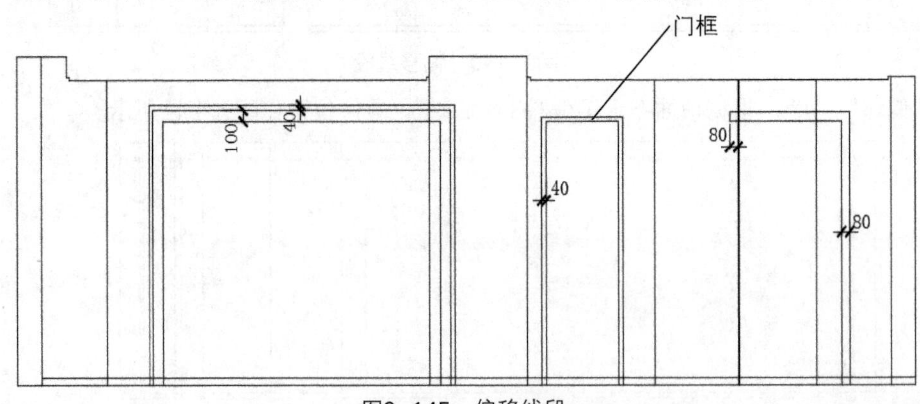

图9-145　偏移线段

⑪ 执行“偏移”、“修剪”命令，绘制电视柜，具体尺寸如图9-146所示。

⑫ 根据平面布置图餐桌尺寸，执行“偏移”、“修剪”命令，绘制餐桌立面图像，尺寸如图9-147所示。

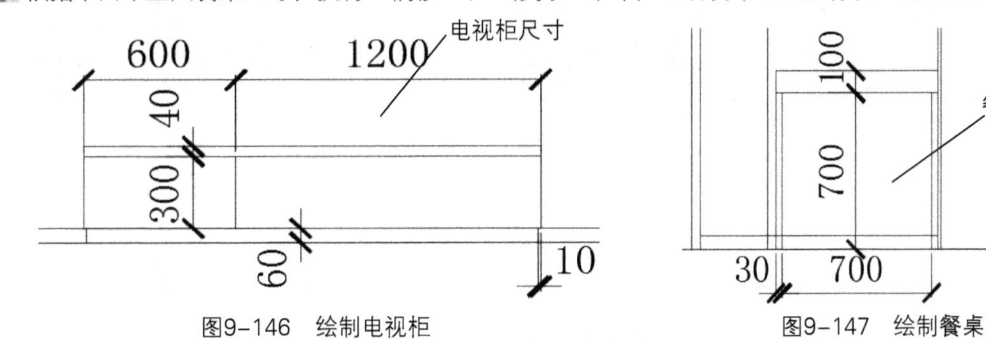


图9-146 绘制电视柜　　图9-147 绘制餐桌

⑬ 执行“直线”、“偏移”、“圆”命令，绘制厨房钢化玻璃门及鞋柜立面，具体尺寸如图9-148所示。

⑭ 执行“图案填充”、“直线”命令，对玻璃门和鞋柜门进行图案填充。填充结果如图9-149所示。

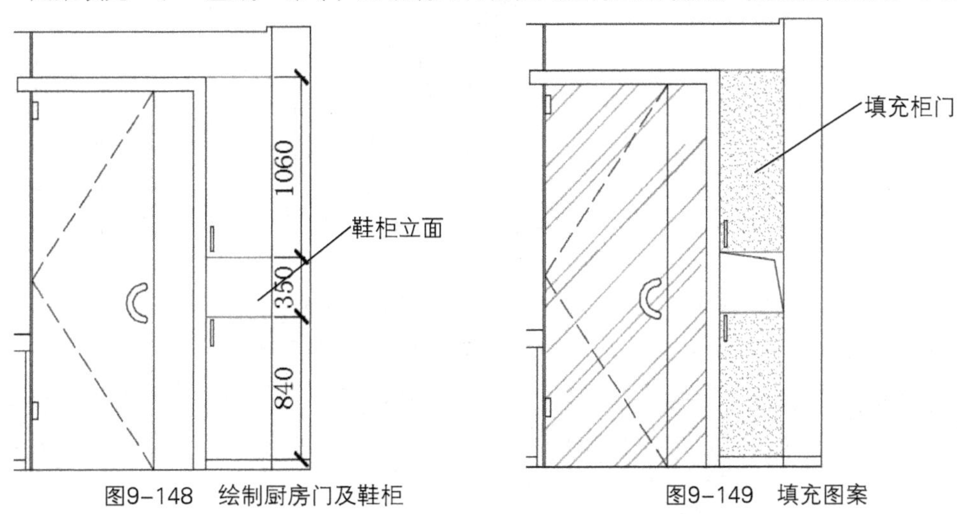


图9-148 绘制厨房门及鞋柜　　图9-149 填充图案

⑮ 分别执行“矩形”、“直线”、“偏移”命令，绘制门框及灯具，如图9-150所示。

⑯ 执行“插入”、“修剪”命令，插入楼梯立面图，如图9-151所示。

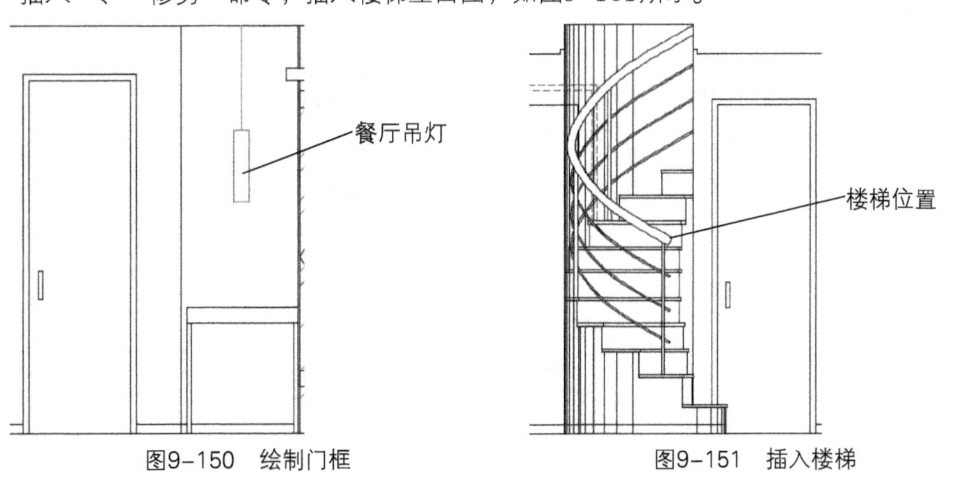


图9-150 绘制门框　　图9-151 插入楼梯

⑰ 执行“偏移”、“插入”、“样条曲线”命令，绘制灯带及窗帘图形，插入电视机立面图块，如图9-152所示。

⑱ 执行“图案填充”命令，对墙体和电视背景墙进行填充，如图9-153所示。

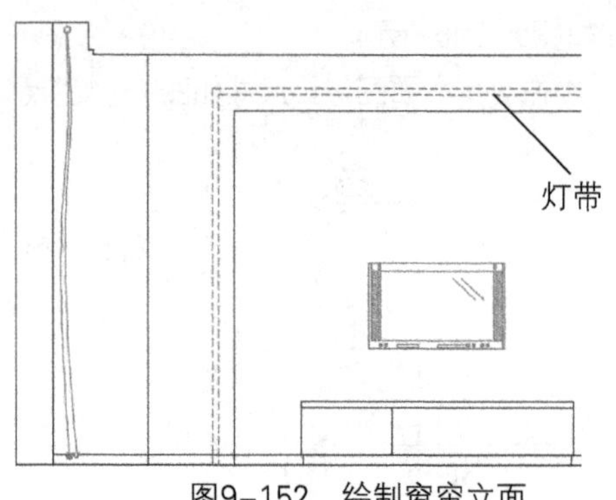


图9-152　绘制窗帘立面

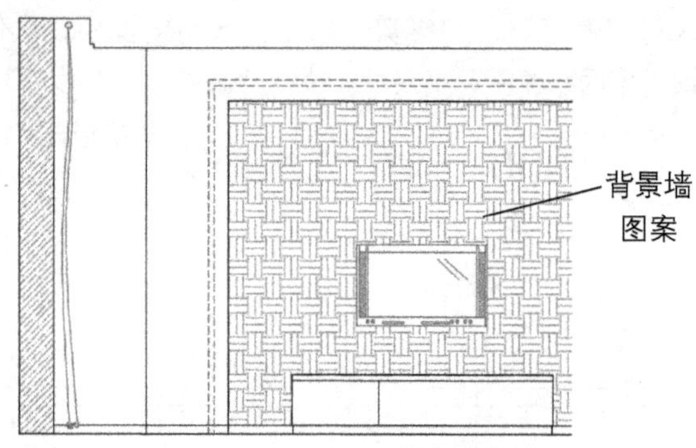


图9-153　填充背景墙

⑲ 执行“单行文字”、“直线”命令，在卫生间门位置添加标示，如图9-154所示。

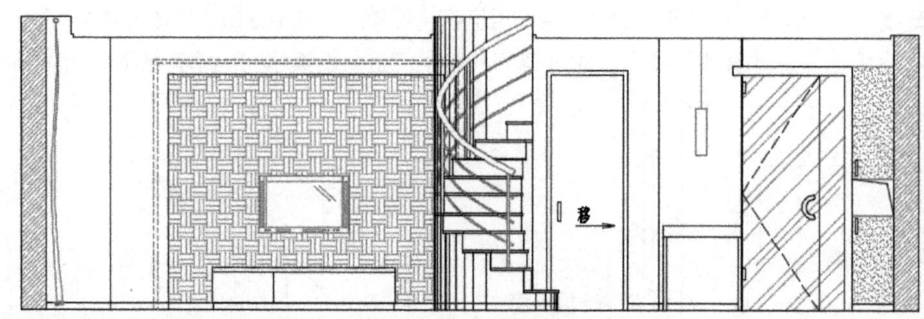

图9-154　添加文字

⑳ 执行“文字样式”命令，新建“文字标注”样式，如图9-155所示。

㉑ 设置字体为“宋体”，高度为120，将其置为当前样式，如图9-156所示。

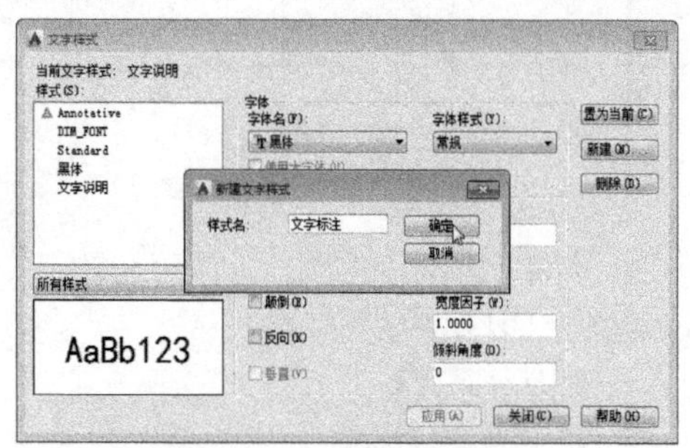


图9-155　新建文字样式

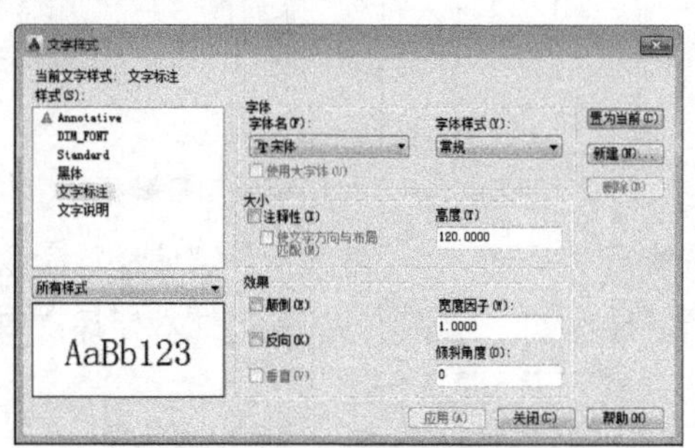


图9-156　设置文字样式

㉒ 执行“多重引线样式”命令，新建“立面引线”样式，如图9-157所示。

㉓ 设置箭头大小为50，高度为120，将其置为当前样式，如图9-158所示。

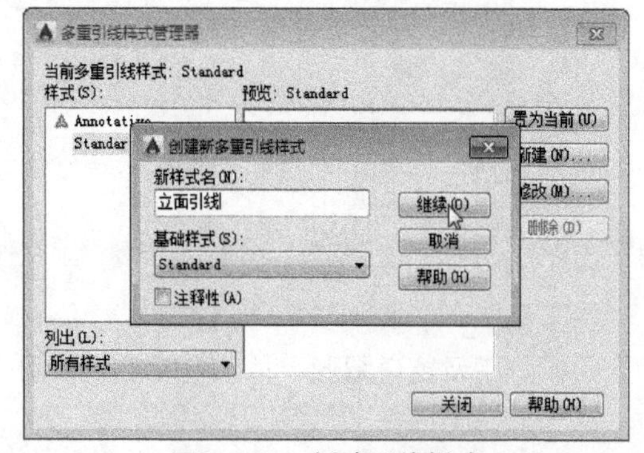


图9-157　新建引线样式

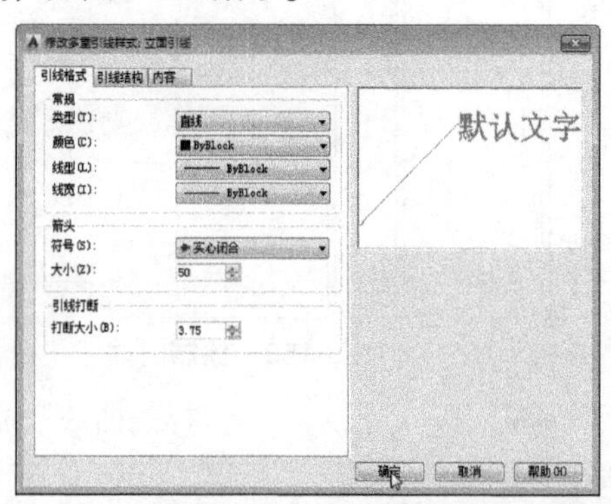


图9-158　设置引线样式

24 执行“标注样式”命令，新建“立面标注”样式，如图9-159所示。

25 设置超出尺寸线20，起点偏移量50，箭头为“建筑标记”，大小为80，如图9-160所示。

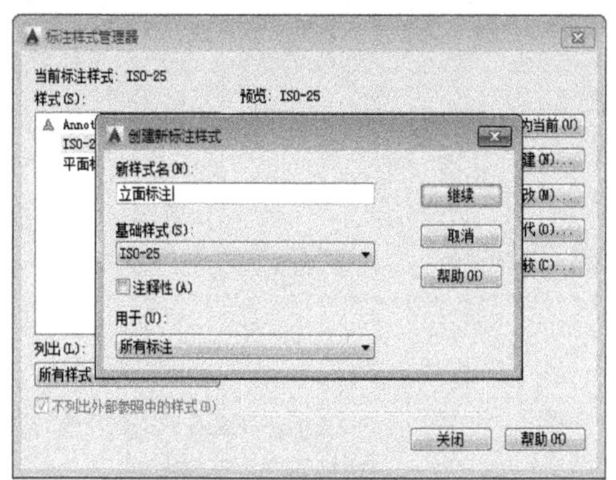

图9-159　新建标注样式

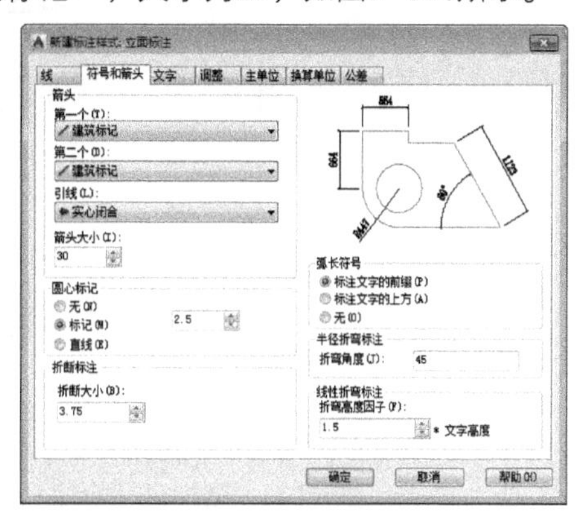

图9-160　设置标注样式

26 设置文字高度为80，主单位精度为0，如图9-161所示。

27 执行“多重引线”命令，指定标注的位置，输入文字，如图9-162所示。

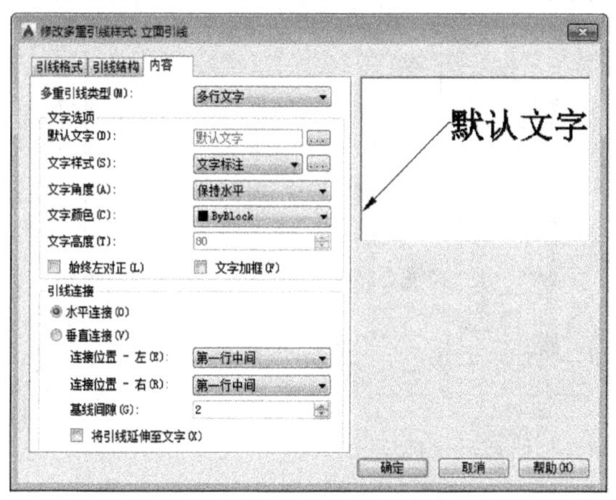


图9-161　设置标注文字

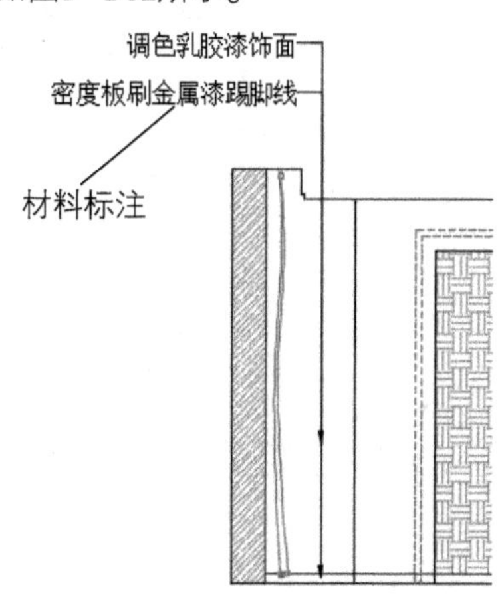


图9-162　添加材料标注

28 重复执行“多重引线”命令，按照同样的操作方法，标注其他墙面的装饰材质，结果如图9-163所示。

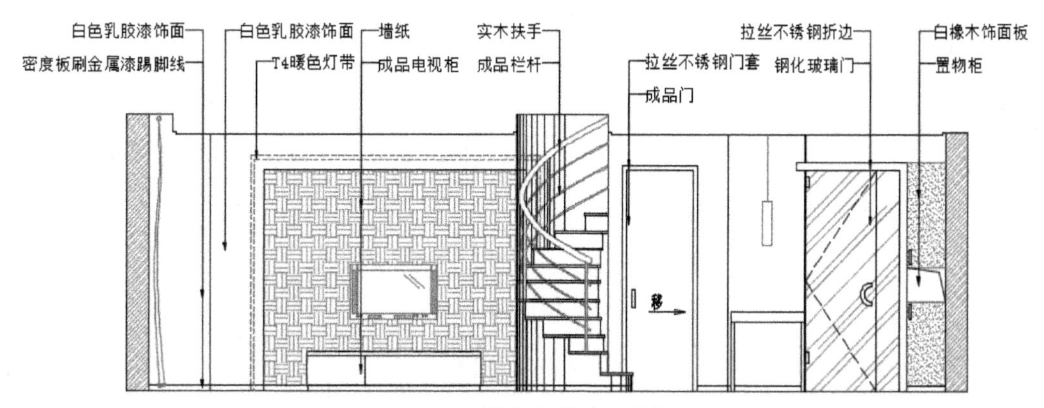


图9-163　添加其他文字标注

29 执行“尺寸标注”命令，对立面图进行尺寸标注，如图9-164所示。

30 执行“连续标注”命令，标注其他尺寸，如图9-165所示。

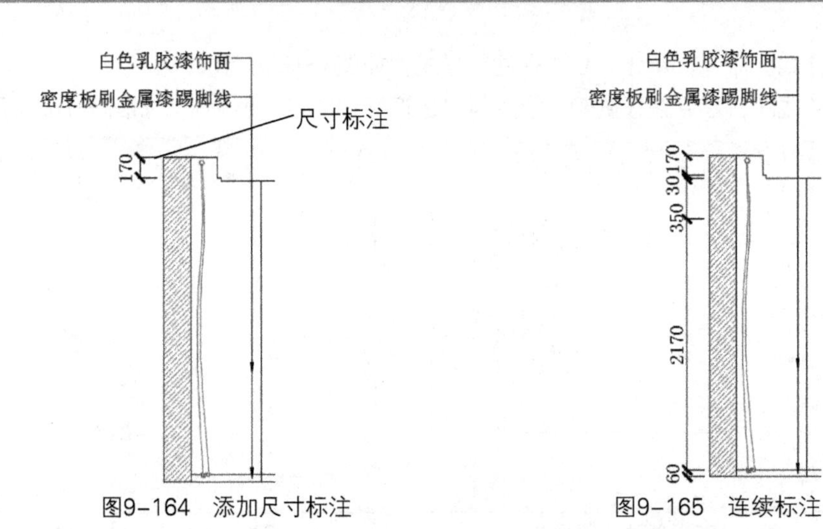


图9-164　添加尺寸标注　　　　图9-165　连续标注

31 重复执行“尺寸标注”和“连续标注”命令，标注其他位置尺寸，结果如图9-166所示。至此完成客餐厅立面图的绘制。

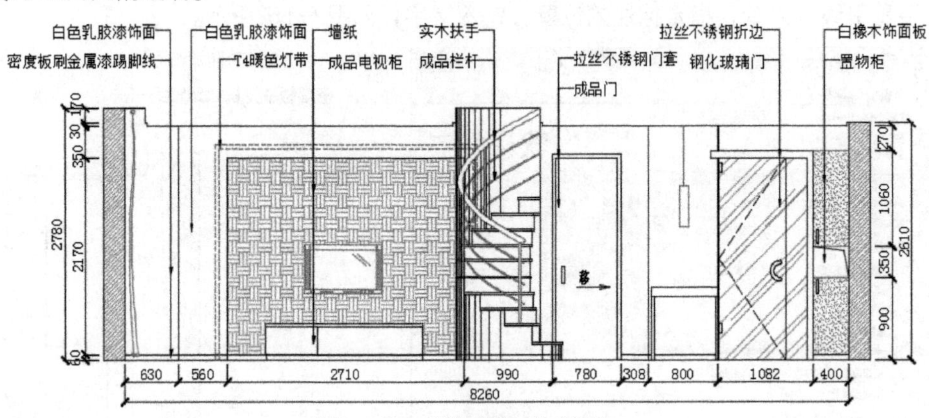


图9-166　添加所有尺寸标注

## 9.3.2　绘制主卧B立面图

下面绘制主卧B立面图，具体绘制过程如下。

01 复制主卧平面图，插入立面索引符号，如图9-167所示。

02 单击“图层特性”按钮，新建轮廓线等图层，设置特性，如图9-168所示。

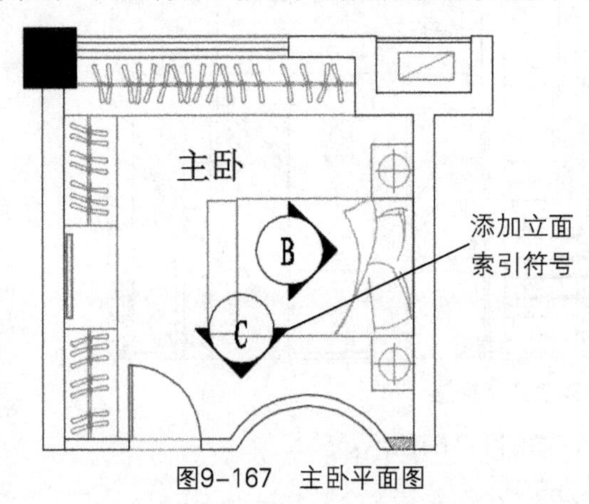


图9-167　主卧平面图

当前图层: 轮廓线

| 状. | 名称 | 开 | 冻结 | 锁... | 颜色 | 线型 | 线宽 | 透明度 |
|---|---|---|---|---|---|---|---|---|
| | 地面 | | | | 8 | Continu... | —— 默认 | 0 |
| | 地面填充 | | | | 252 | Continu... | —— 默认 | 0 |
| | 吊顶造型 | | | | 252 | Continu... | —— 默认 | 0 |
| | 回光灯 | | | | 洋红 | DASH | —— 默认 | 0 |
| | 家具 | | | | 145 | Continu... | —— 默认 | 0 |
| | 家具辅线 | | | | 253 | Continu... | —— 默认 | 0 |
| | 家具线 | | | | 青 | Continu... | —— 默认 | 0 |
| | 家俱 | | | | 9 | Continu... | —— 默认 | 0 |
| ✓ | 轮廓线 | | | | 白 | Continu... | —— 默认 | 0 |
| | 门窗 | | | | 蓝 | Continu... | —— 默认 | 0 |
| | 墙体 | | | | 白 | Continu... | —— 默认 | 0 |
| | 图层5 | | | | 绿 | Continu... | —— 默认 | 0 |
| | 图框 | | | | 123 | Continu... | —— 默认 | 0 |

全部: 显示了 23 个图层，共 23 个图层

图9-168　新建图层

03 执行“射线”命令，捕捉平面图主要的轮廓位置绘制射线，如图9-169所示。

04 执行“直线”、“偏移”命令，绘制线段，并将线段向下偏移2550mm，如图9-170所示。

图9-169 绘制射线

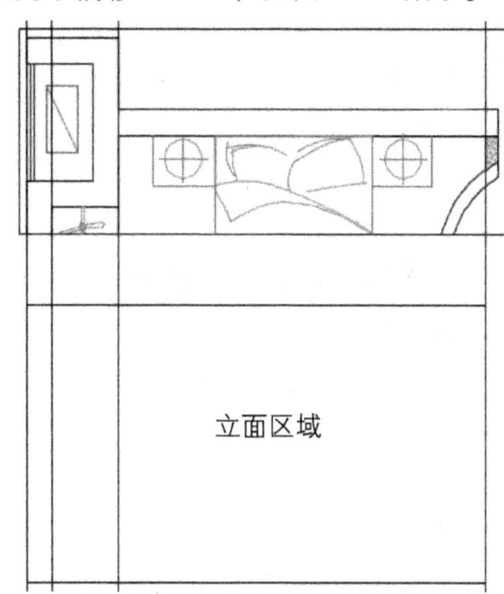


图9-170 偏移层高

05 执行“修剪”命令，修剪出轮廓，然后执行“偏移”命令，将顶边线段依次向下偏移，具体尺寸如图9-171所示。

06 继续执行“偏移”命令，根据顶面布置图尺寸，偏移吊顶位置线段，具体尺寸如图9-172所示。

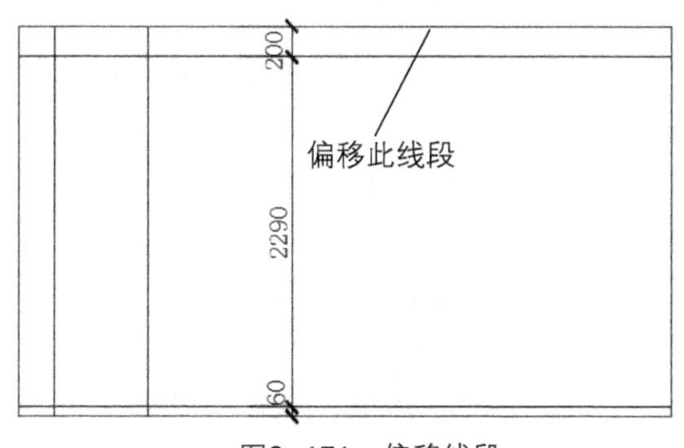


图9-171 偏移线段

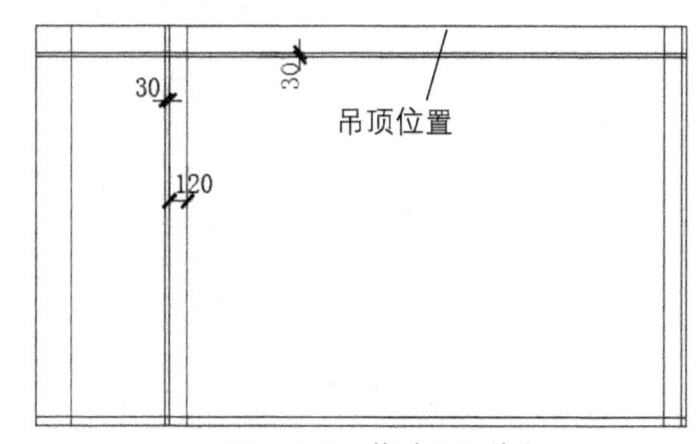


图9-172 偏移吊顶线段

07 执行“修剪”命令，修剪出吊顶轮廓，如图9-173所示。

08 执行“偏移”、“修剪”命令，绘制床头背景墙轮廓，尺寸如图9-174所示。

图9-173 修剪吊顶轮廓

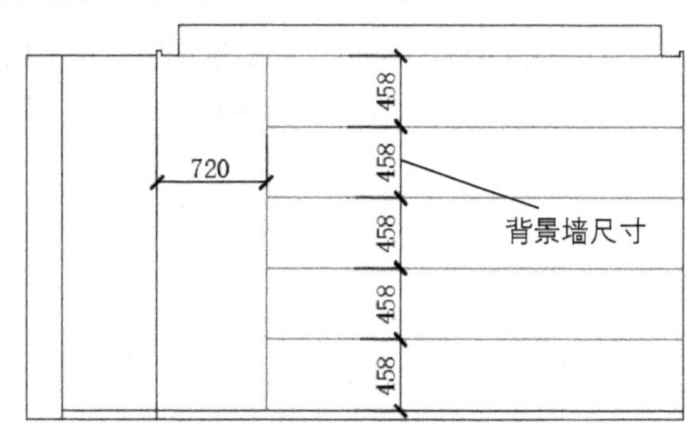


图9-174 绘制床头背景墙

09 执行“偏移”命令，偏移3mm不锈钢边缝，绘制衣服吊杆部分，如图9-175所示。

10 执行“图案填充”命令，对墙体、镜面及背景软包进行填充。填充结果如图9-176所示。

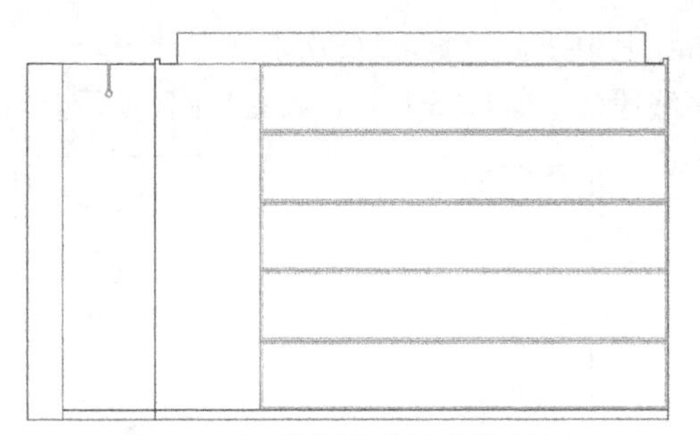
图9-175 绘制边缝及衣服吊杆

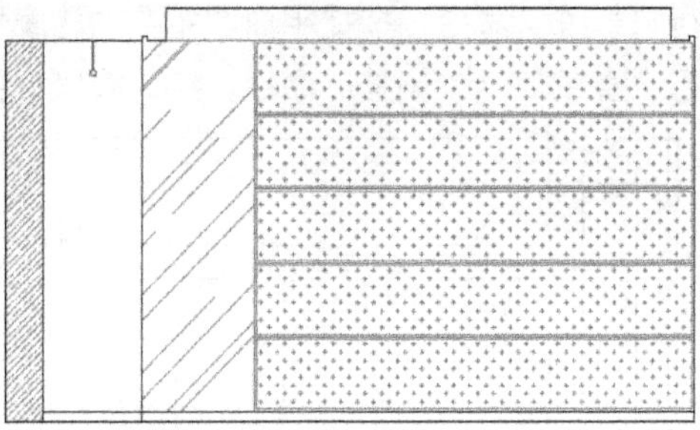

图9-176 填充墙体、镜面

⑪ 执行"插入"、"修剪"命令，插入双人床立面图，修剪掉被遮挡部分，如图9-177所示。

⑫ 执行"多重引线"命令，指定标注的位置，指定引线方向，输入注解文字，如图9-178所示。

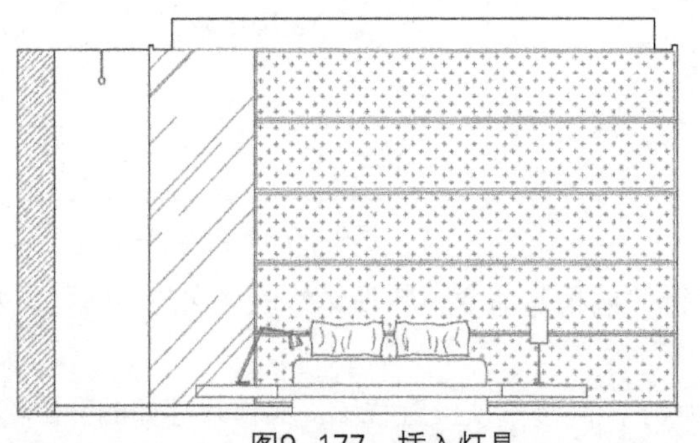
图9-177 插入灯具

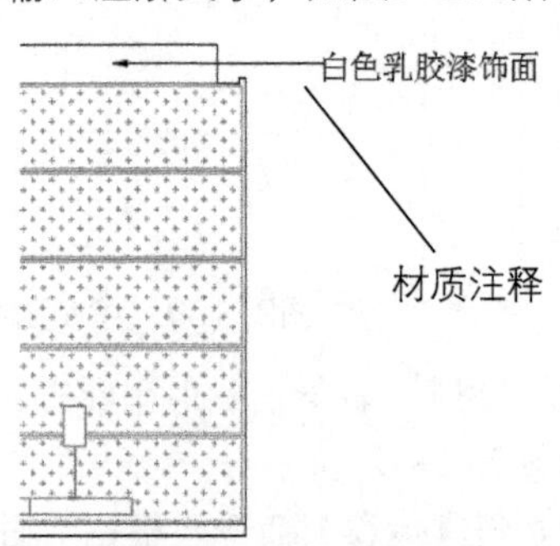

图9-178 添加材质注释

⑬ 重复执行"多重引线"命令，按照同样的操作方法，标注其他墙面的装饰材质，结果如图9-179所示。

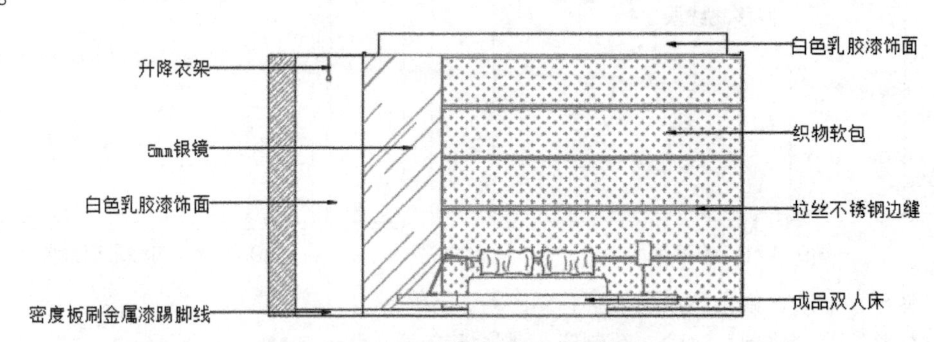

图9-179 添加其他文字标注

⑭ 执行"尺寸标注"命令，对立面图进行尺寸标注，如图9-180所示。

⑮ 执行"连续标注"命令，标注其他尺寸，如图9-181所示。

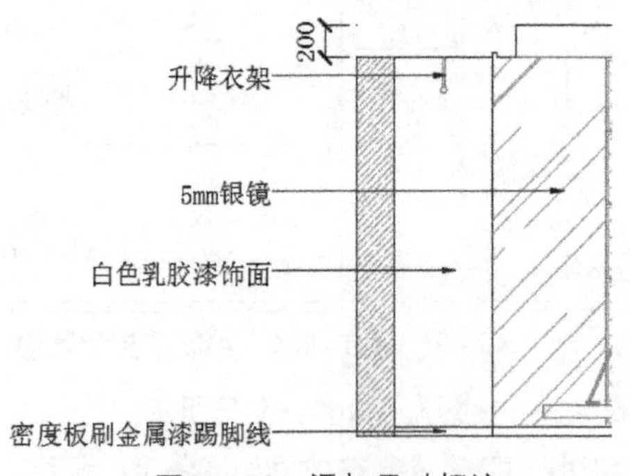

图9-180 添加尺寸标注

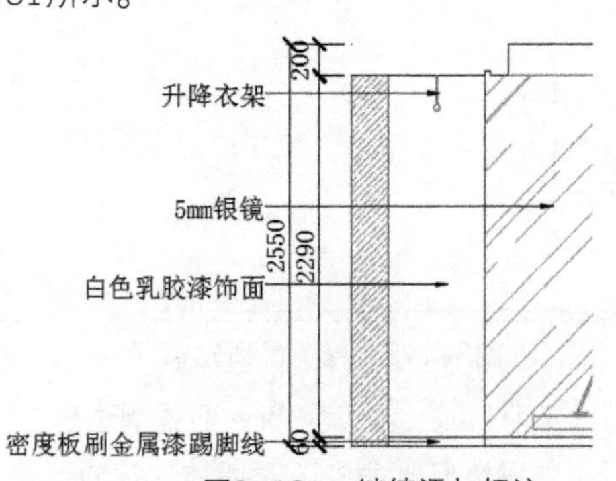

图9-181 继续添加标注

⑯ 重复执行“尺寸标注”和“连续标注”命令，标注其他位置尺寸，结果如图9-182所示。至此完成主卧B立面图的绘制。

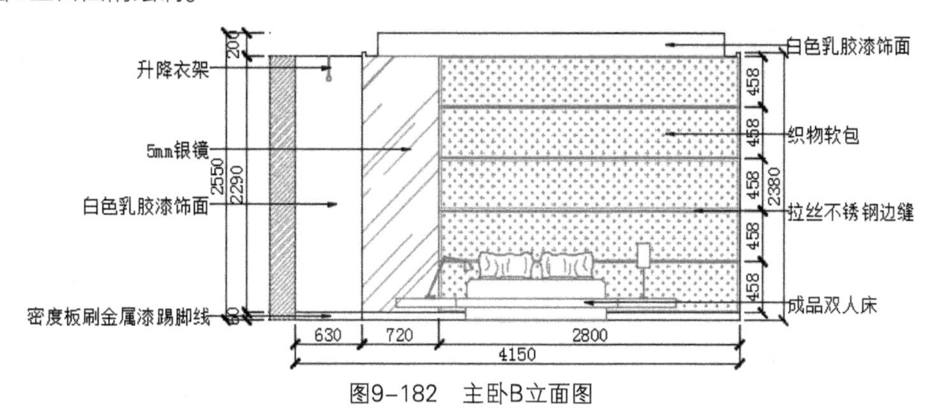

图9-182 主卧B立面图

## 9.3.3 绘制主卧C立面图

下面绘制主卧C立面图。

01 执行“旋转”命令，将主卧平面图旋转至索引符号C面，如图9-183所示。

02 单击“矩形”、“修剪”、“删除”命令，框选出C立面需要绘制部分，结果如图9-184所示。

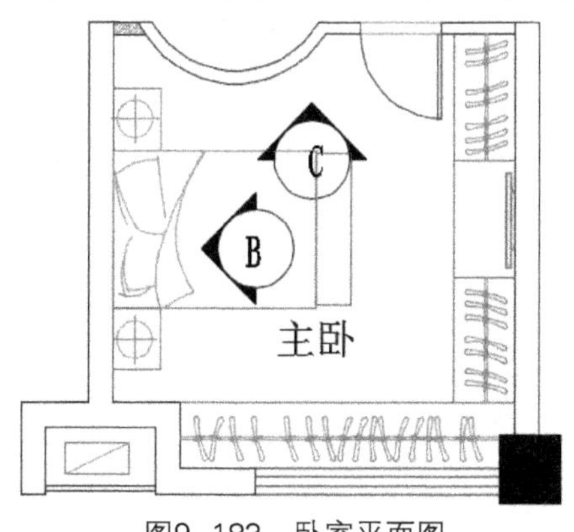

图9-183 卧室平面图

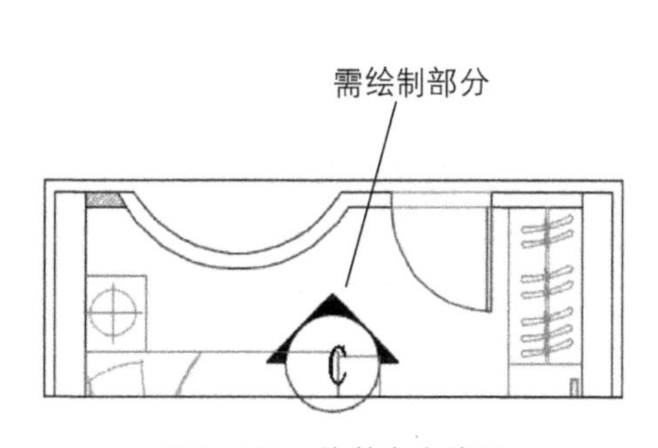

图9-184 修剪多余线段

03 执行“射线”命令，捕捉平面图主要的轮廓位置绘制射线，如图9-185所示。

04 执行“直线”、“偏移”、“修剪”命令，绘制一条线段，将线段向下偏移2550mm，修剪掉多余线段，如图9-186所示。

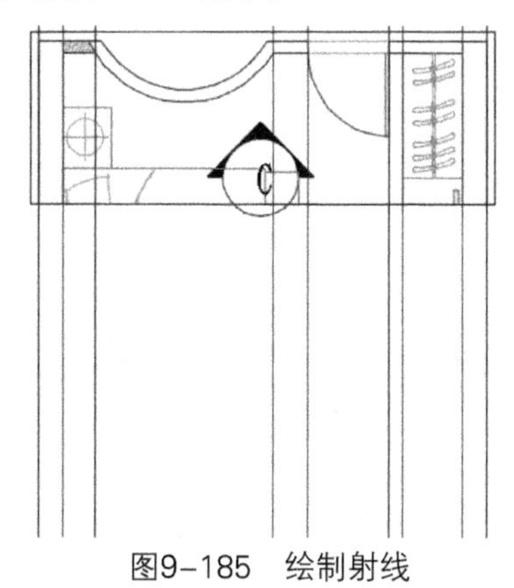

图9-185 绘制射线

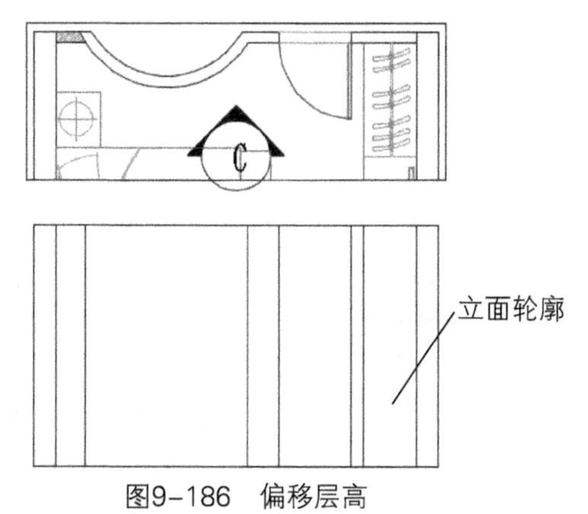

图9-186 偏移层高

05 执行“偏移”命令，将顶边线段依次向下偏移，具体尺寸如图9-187所示。

06 执行“修剪”命令，修剪掉多余线段，结果如图9-188所示。

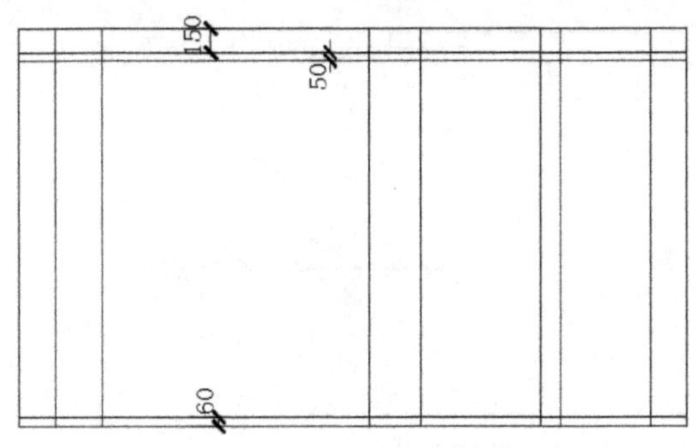


图9-187 偏移线段

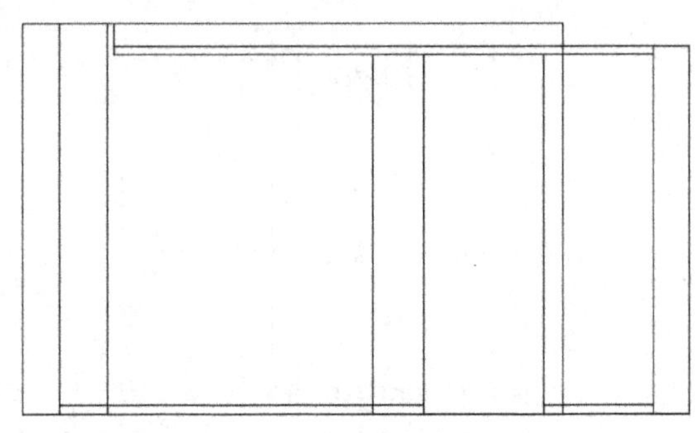

图9-188 修剪出轮廓

07 执行“偏移”、“修剪”、“倒角”命令，绘制吊顶回光灯部分，具体尺寸如图9-189所示。

08 执行“偏移”、“修剪”命令，根据顶面布置图绘制右侧吊顶部分，尺寸如图9-190所示。

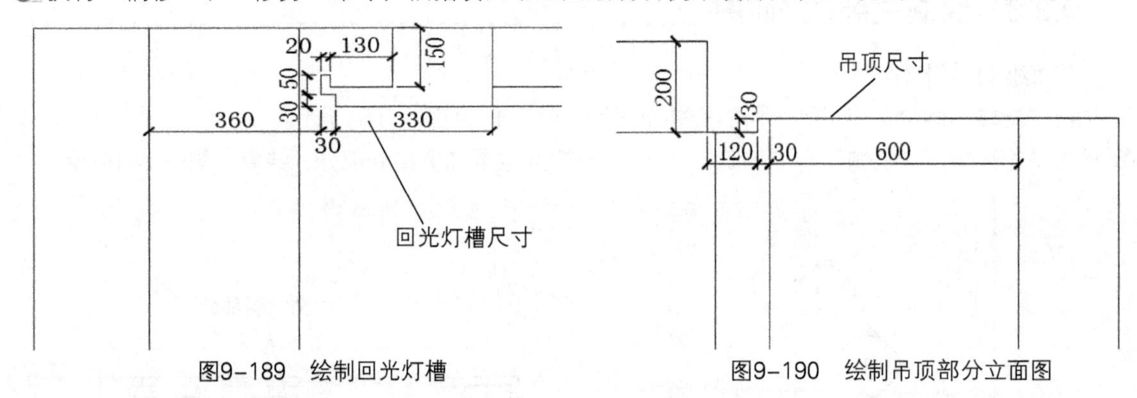


图9-189 绘制回光灯槽　　图9-190 绘制吊顶部分立面图

09 执行“偏移”命令，偏移出门框，具体尺寸如图9-191所示。

10 执行“倒角”、“修剪”命令，修剪掉多余线段，如图9-192所示。

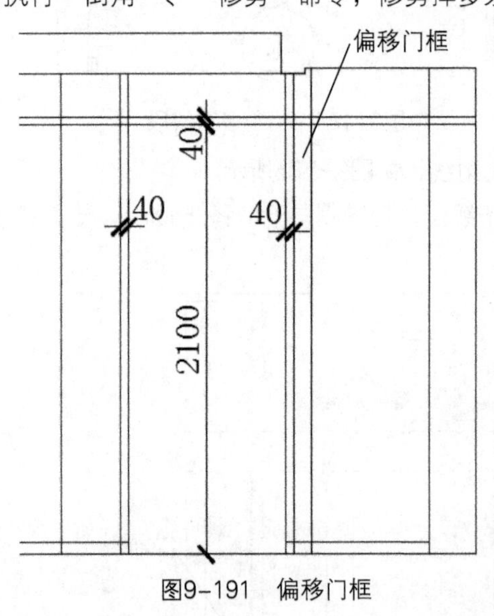


图9-191 偏移门框

图9-192 绘制门框

11 执行“直线”、“插入”命令，绘制直线，插入门把手，如图9-193所示。

12 执行“矩形”、“矩形阵列”命令，绘制140mm×140mm的矩形，并进行阵列，结果如图9-194所示。

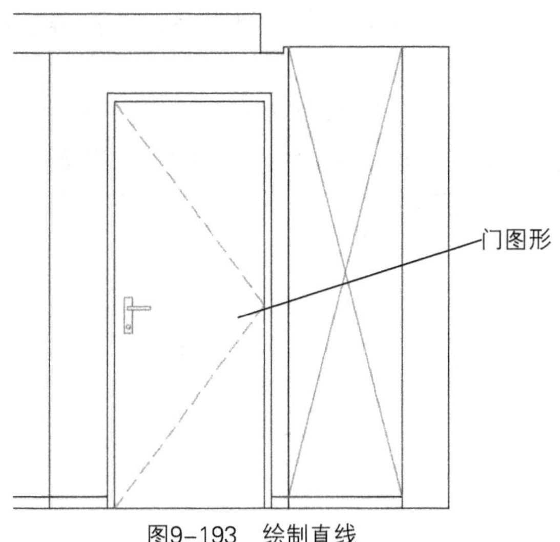


图9-193 绘制直线

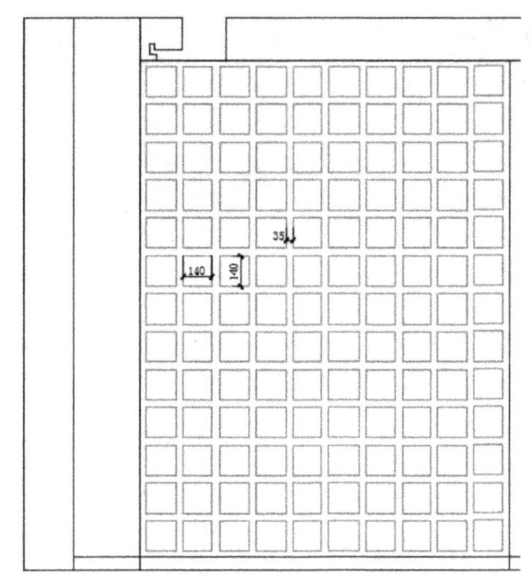


图9-194 阵列矩形

13 执行“偏移”、“圆弧”命令，示意圆弧形墙体，如图9-195所示。

14 执行“插入”命令，插入灯管，如图9-196所示。

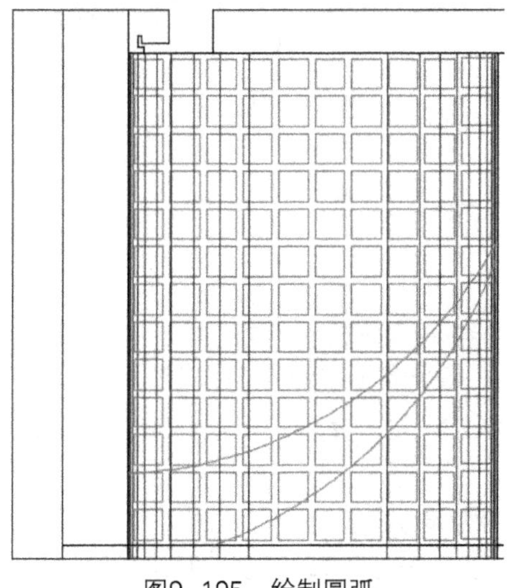

图9-195 绘制圆弧

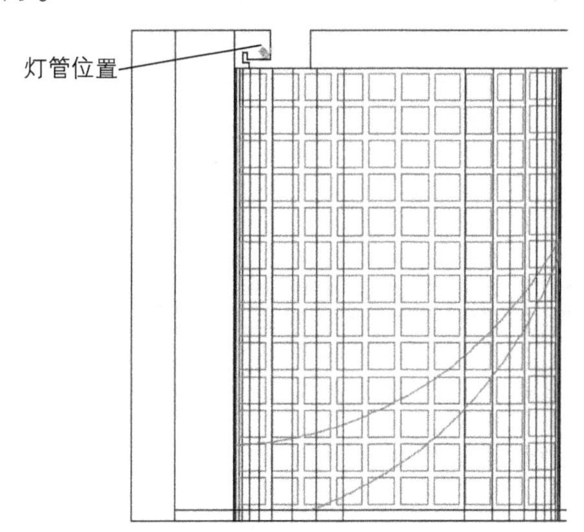


图9-196 插入灯具

15 执行“图案填充”命令，填充墙体，如图9-197所示。

16 执行“多重引线”命令，指定标注的位置，指定引线方向，输入标注文字，如图9-198所示。

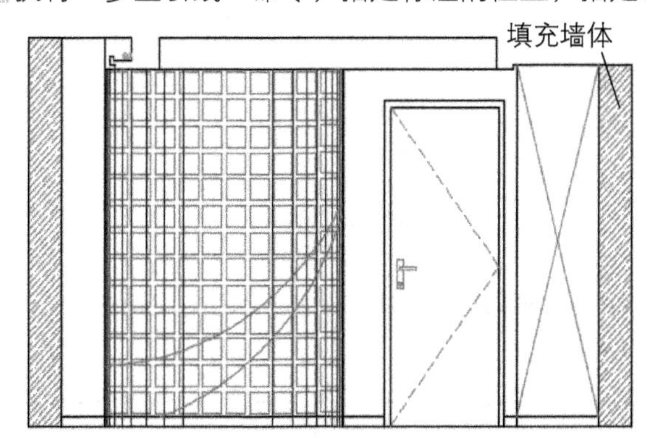


图9-197 填充墙体

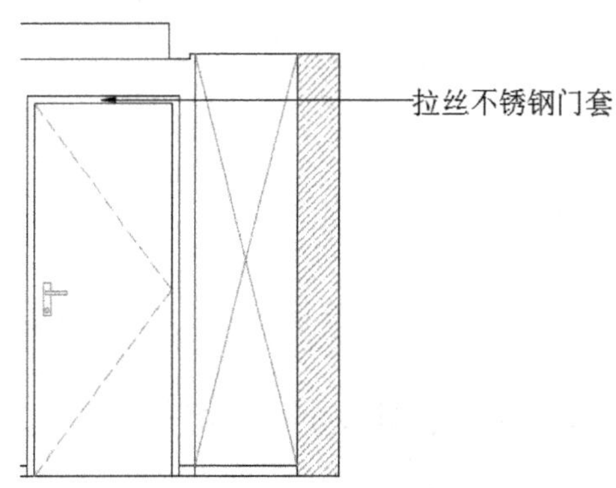


图9-198 添加文字标注

⑰ 重复执行“多重引线”命令，按照同样的操作方法，标注其他墙面装饰材质，结果如图9-199所示。

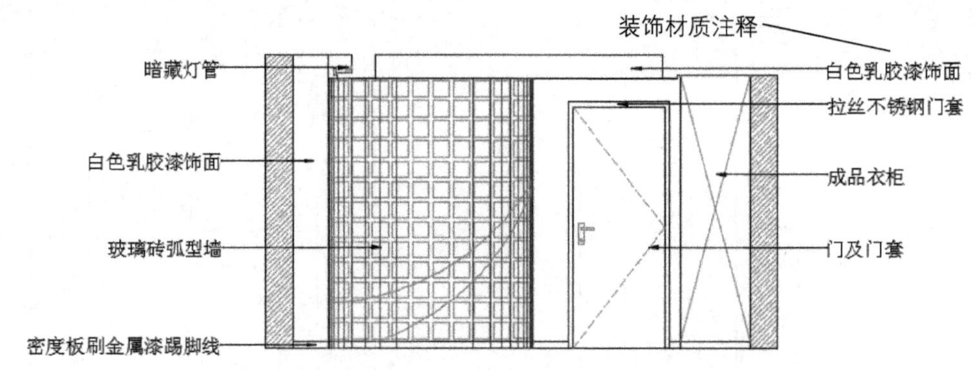


图9-199　添加其他文字标注

⑱ 执行“尺寸标注”命令，对立面图进行尺寸标注，如图9-200所示。

⑲ 执行“连续标注”命令，标注其他尺寸，如图9-201所示。

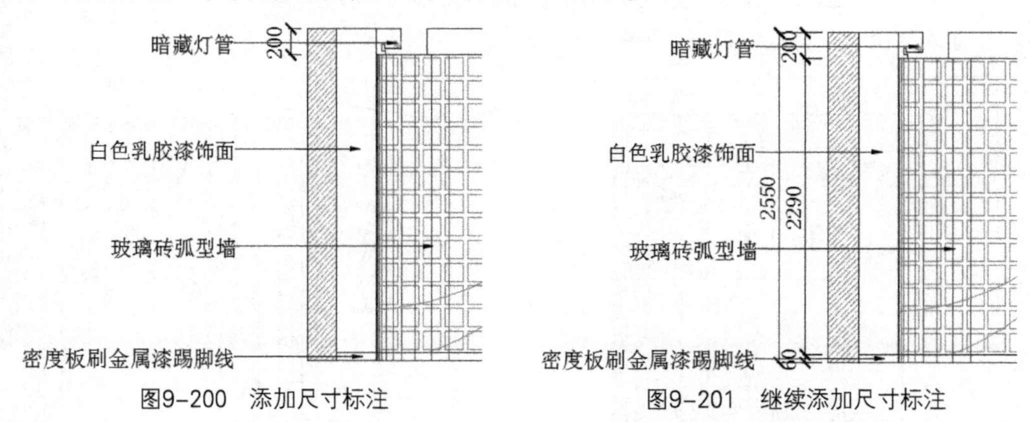


图9-200　添加尺寸标注　　　图9-201　继续添加尺寸标注

⑳ 重复执行“尺寸标注”和“连续标注”命令，标注其他位置尺寸，结果如图9-202所示。至此完成主卧C立面图的绘制。

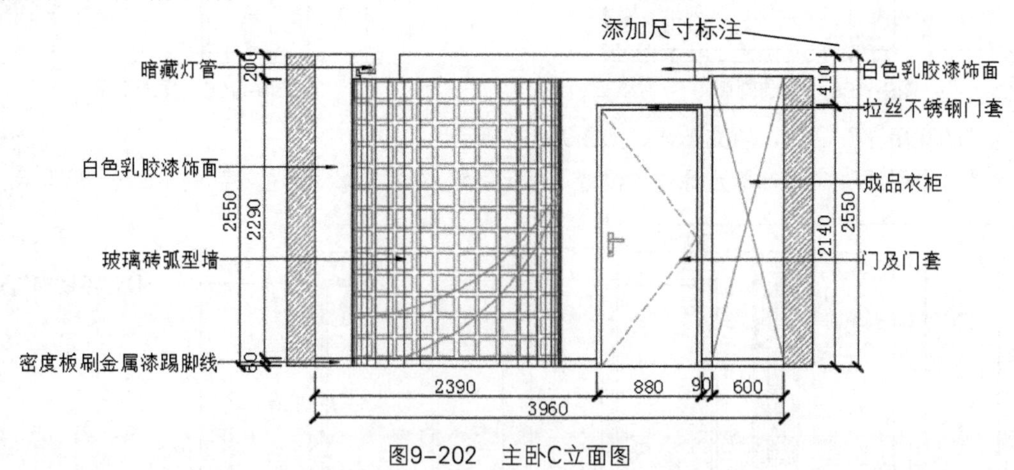


图9-202　主卧C立面图

## 9.3.4　绘制楼梯立面图

下面绘制楼梯立面图。

01 执行“矩形”、“分解”、“偏移”命令，绘制墙体轮廓，如图9-203所示。

02 执行“修剪”按钮，修剪出跃层墙体轮廓，如图9-204所示。

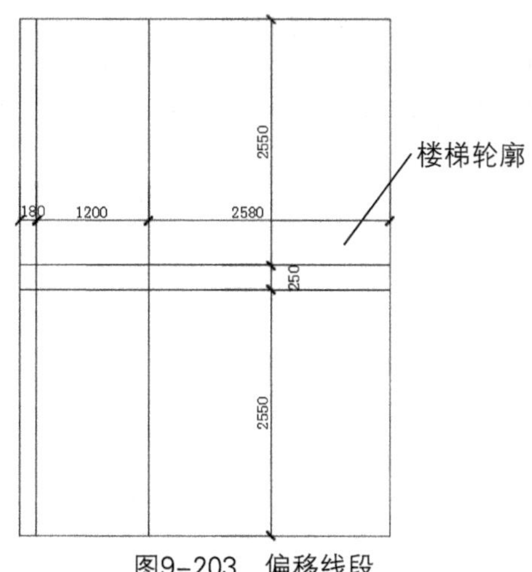

图9-203 偏移线段

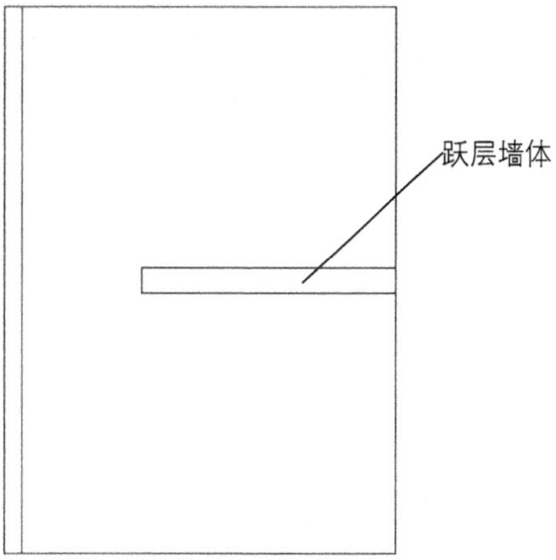

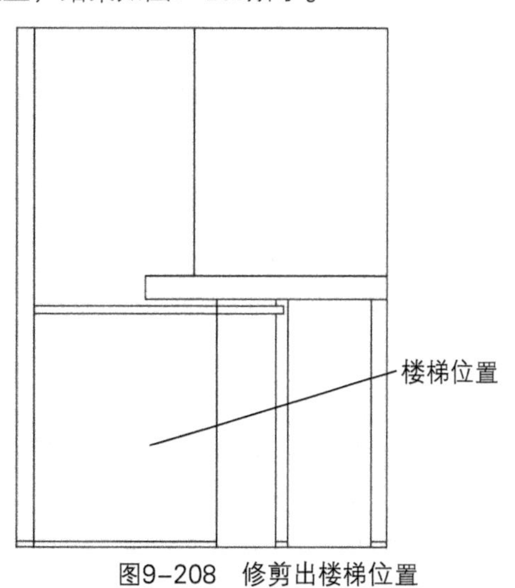

图9-204 修剪墙体

03 执行“偏移”命令，偏移出厨房位置，如图9-205所示。

04 执行“修剪”命令，修剪多余线段，如图9-206所示。

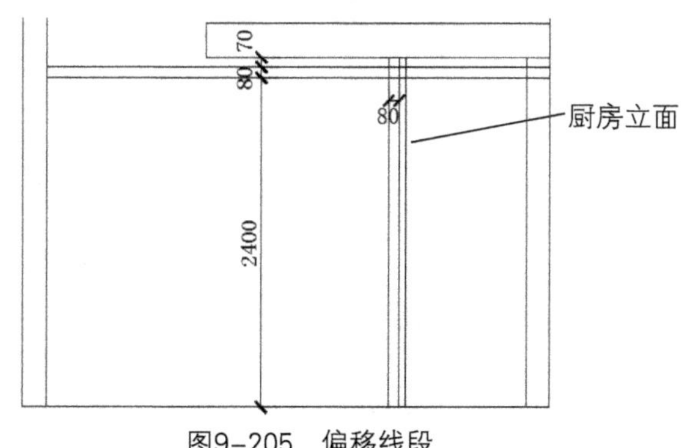

图9-205 偏移线段

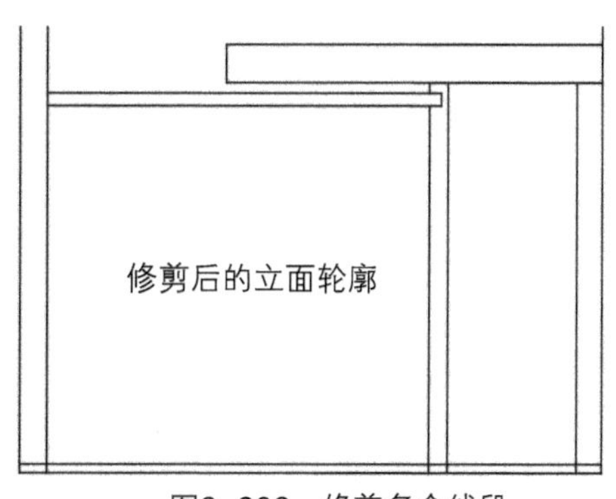

图9-206 修剪多余线段

05 执行“偏移”命令，将左边线段依次向右偏移，具体尺寸如图9-207所示。

06 执行“修剪”命令，修剪掉多余线段，确定楼梯位置，结果如图9-208所示。

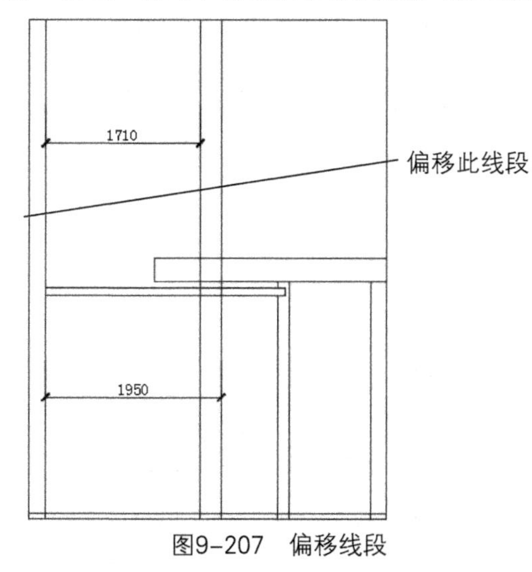

图9-207 偏移线段

图9-208 修剪出楼梯位置

07 执行“偏移”、“复制”命令，绘制出楼梯水平线段，尺寸如图9-209所示。

08 执行“偏移”、“修剪”命令，偏移垂直线段，修剪出楼梯台阶，如图9-210所示。

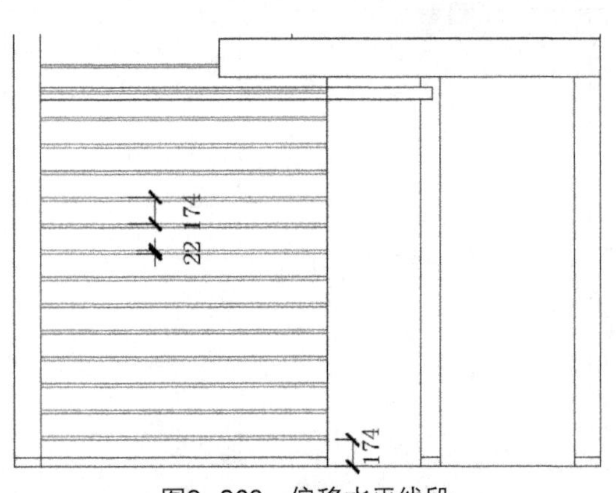


图9-209 偏移水平线段

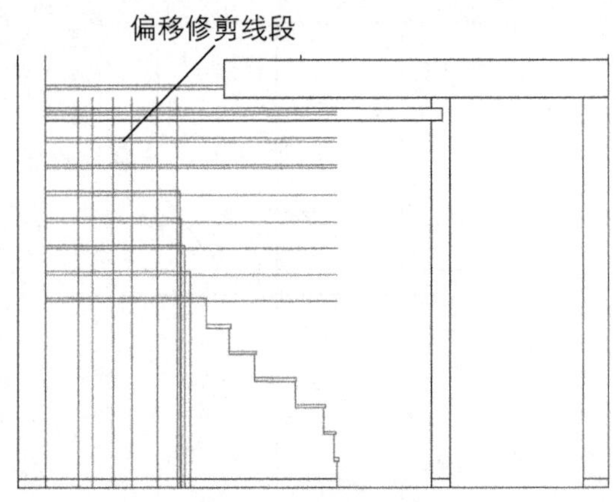


图9-210 修剪线段

09 执行“修剪”命令，修剪出楼梯立面图，如图9-211所示。

10 执行“直线”命令，绘制楼梯里的隔板，如图9-212所示。

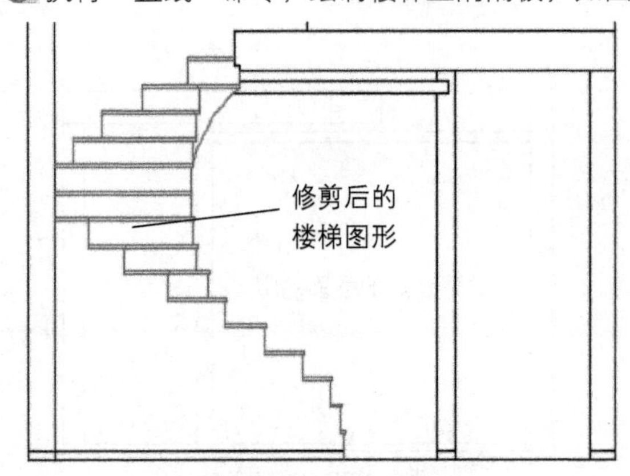


图9-211 楼梯立面

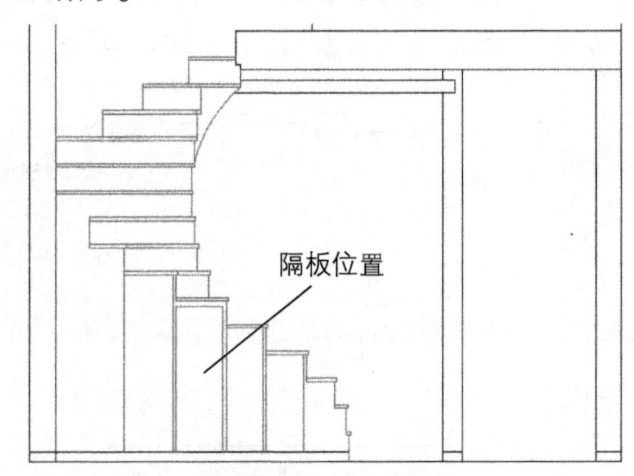


图9-212 绘制隔板

11 执行“偏移”、“修剪”命令，偏移隔板的水平线段，具体尺寸如图9-213所示。

12 执行“直线”命令，示意隔板位置，如图9-214所示。

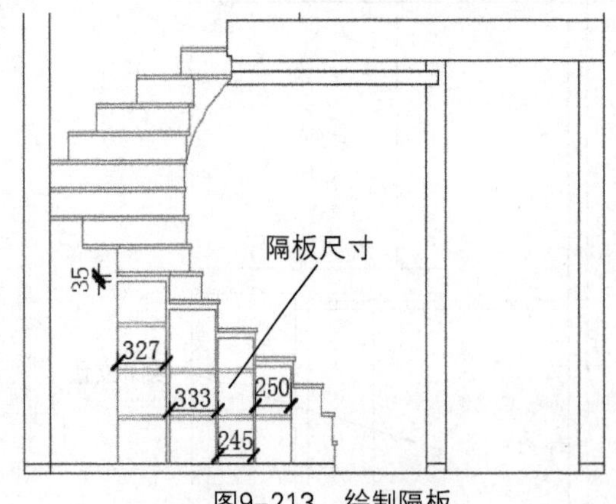


图9-213 绘制隔板

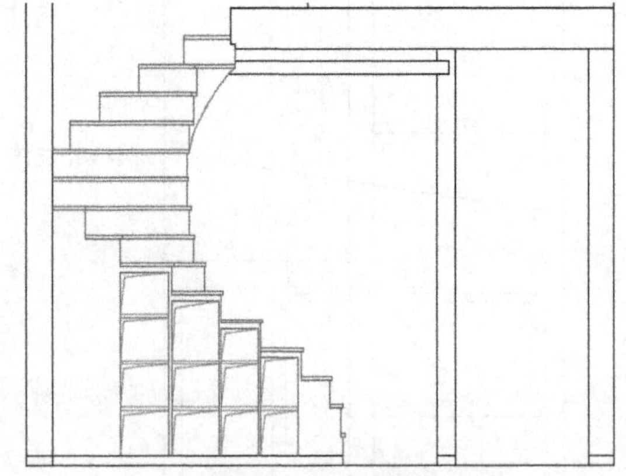

图9-214 示意隔板位置

13 执行“样条曲线”、“直线”命令，绘制扶手及栏杆，如图9-215所示。

14 执行“修剪”命令，修剪掉被遮挡部分线段，如图9-216所示。

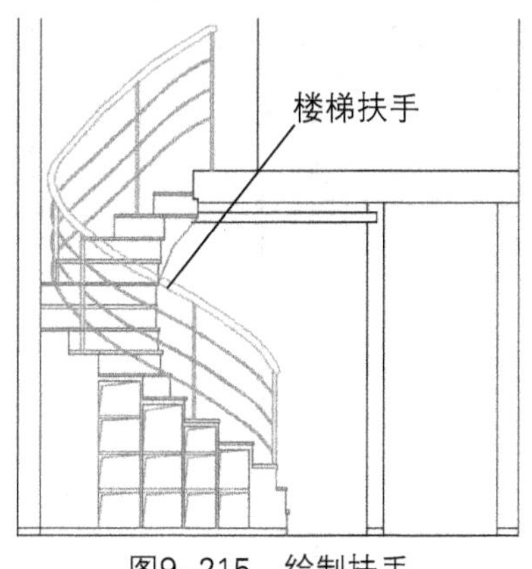

图9-215　绘制扶手

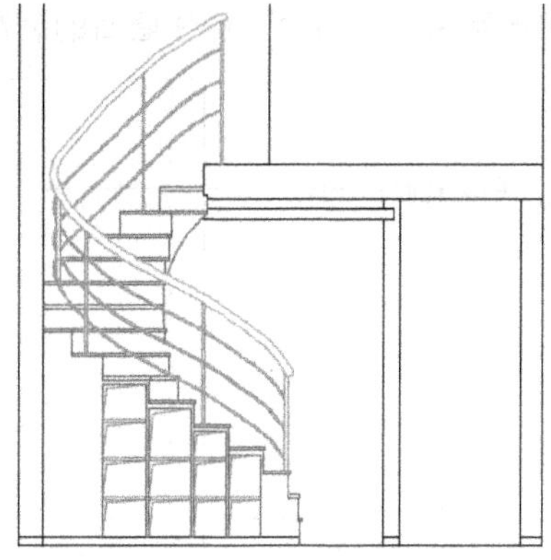
图9-216　修剪被遮挡部分

15 执行“直线”命令，绘制直线，示意空白未绘制部分，如图9-217所示。

16 执行“偏移”命令，偏移线段，示意圆弧形墙体，如图9-218所示。

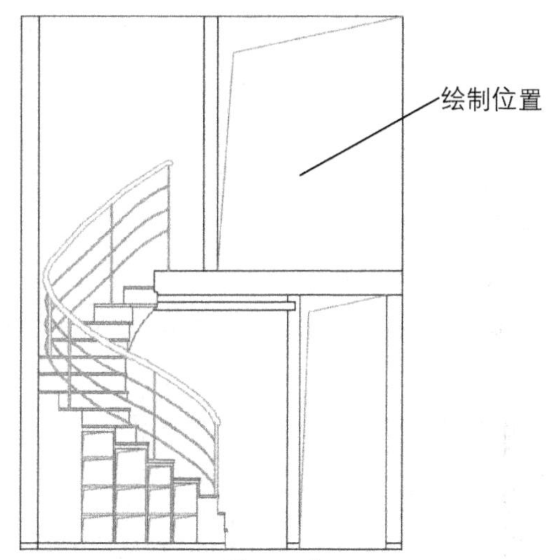

图9-217　绘制直线

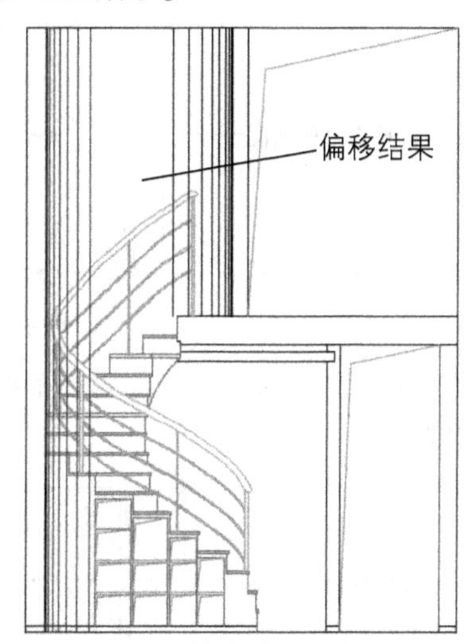

图9-218　偏移线段示意圆弧形

17 执行“修剪”、“圆弧”命令，修剪被遮挡线段，如图9-219所示。

18 执行“图案填充”命令，填充玻璃及墙体，如图9-220所示。

图9-219　修剪多余线段

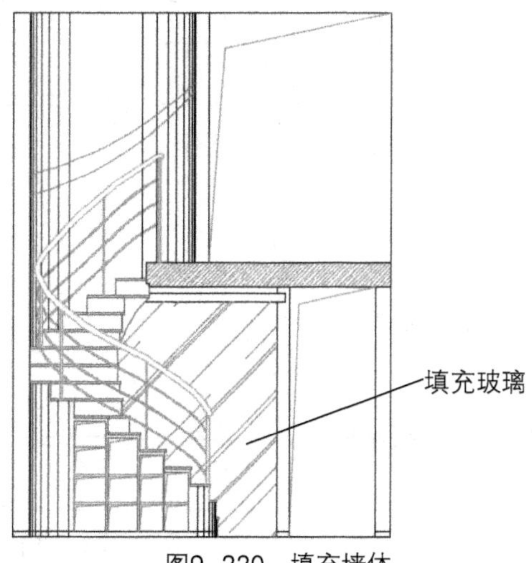

图9-220　填充墙体

⑲ 执行“多重引线”命令，标注墙面的装饰材质，结果如图9-221所示。

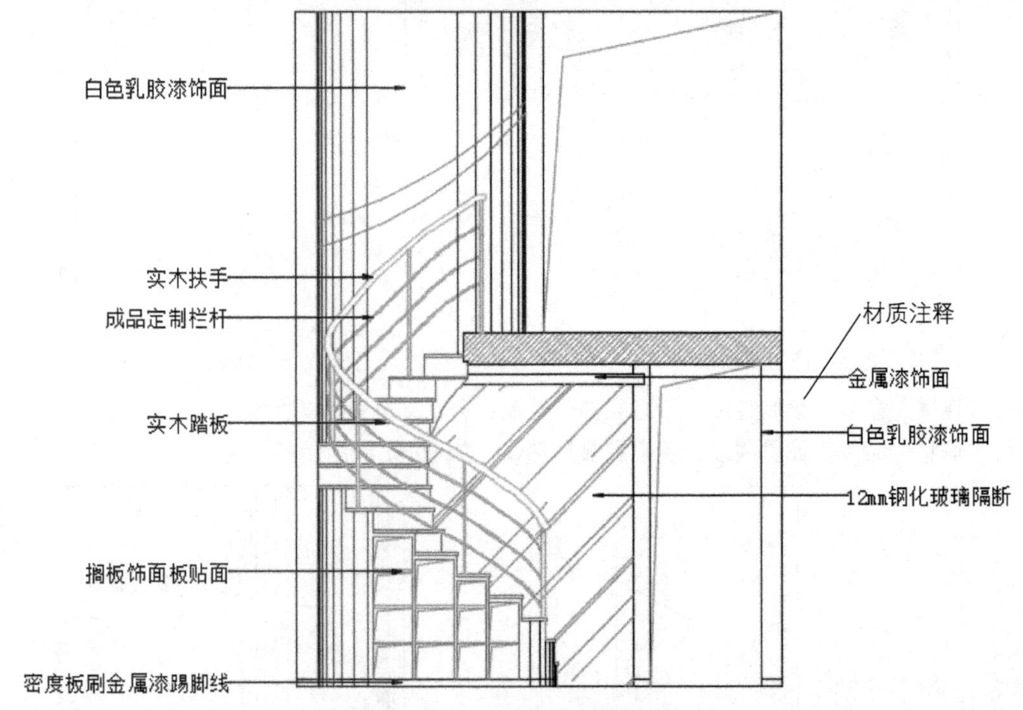


图9-221 添加其他文字标注

⑳ 执行“尺寸标注”和“连续标注”命令，标注图形具体尺寸，结果如图9-222所示。楼梯立面图绘制完成。

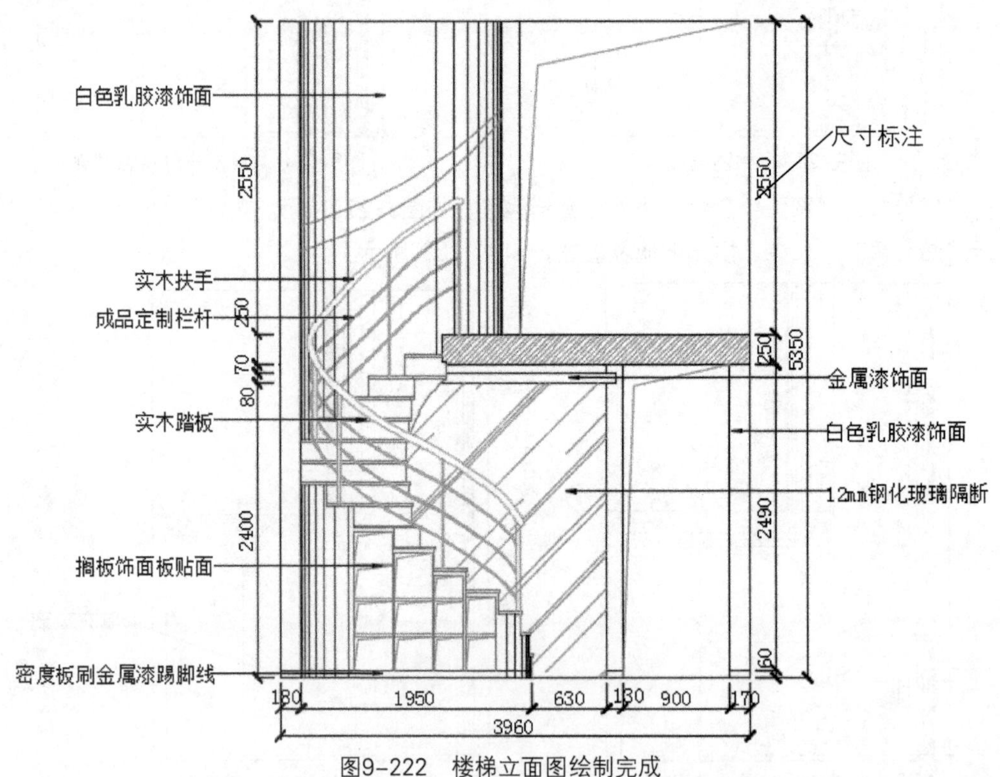


图9-222 楼梯立面图绘制完成

## 9.4 楼梯剖面图的绘制

在绘制立面图时，有时也可以绘制相应的剖面图。如果立面图较为复杂，则可单独绘制剖面图。下面介绍楼梯剖面图的绘制方法。

01 执行“插入”命令，在合适的位置插入剖面符号，如图9-223所示。

02 执行“射线”命令，捕捉端点绘制射线，如图9-224所示。

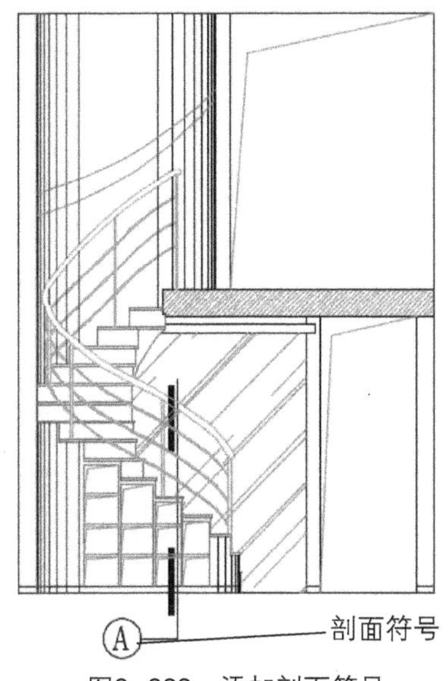


图9-223 添加剖面符号

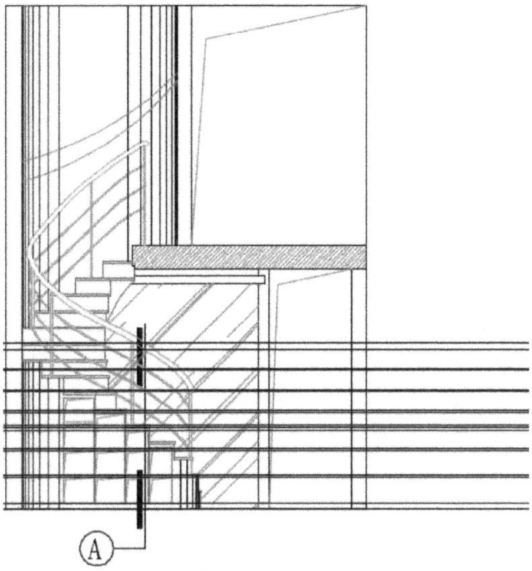

图9-224 绘制射线

03 执行“直线”、“偏移”、“修剪”命令，根据平面图尺寸绘制剖面轮廓，如图9-225所示。

04 执行“缩放”命令，放大剖面轮廓，如图9-226所示。

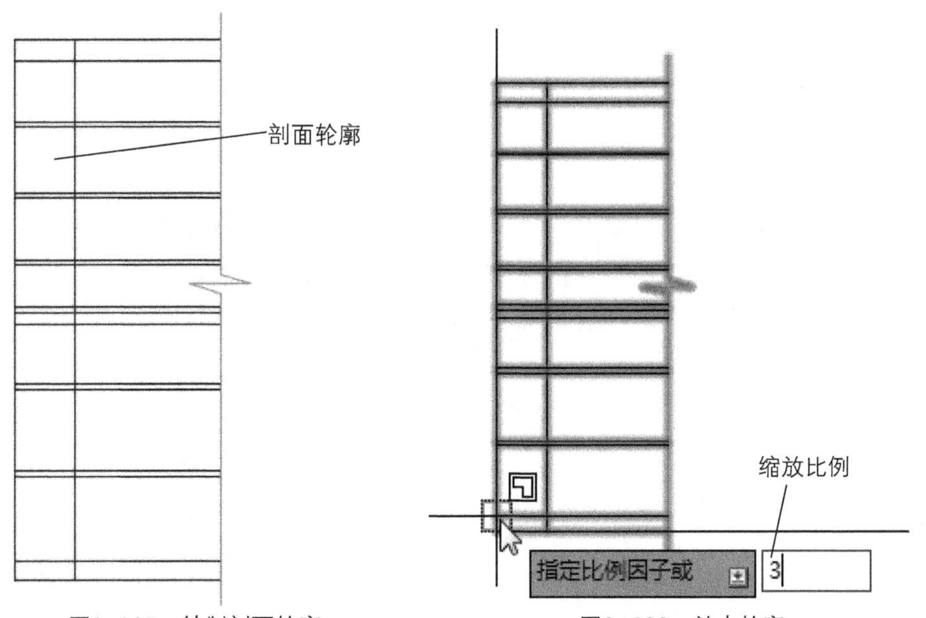


图9-225 绘制剖面轮廓

图9-226 放大轮廓

05 执行“修剪”命令，修剪掉多余线段，如图9-227所示。

06 执行“偏移”命令，偏移隔板线段，如图9-228所示。

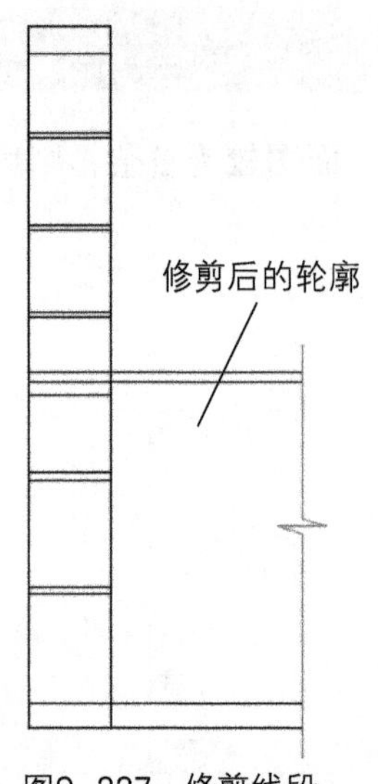


图9-227 修剪线段

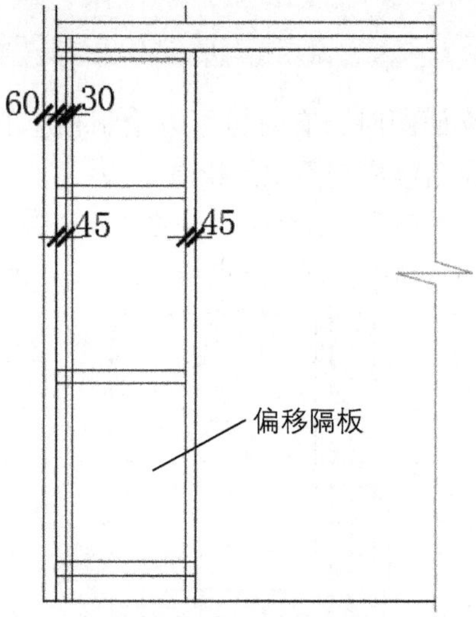

图9-228 偏移隔板

07 执行“修剪”命令，修剪多余线段，如图9-229所示。

08 执行“偏移”、“修剪”命令，偏移夹板及木工板，如图9-230所示。

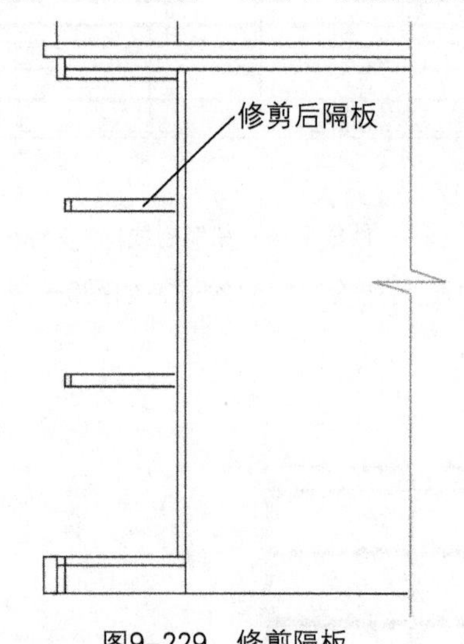


图9-229 修剪隔板

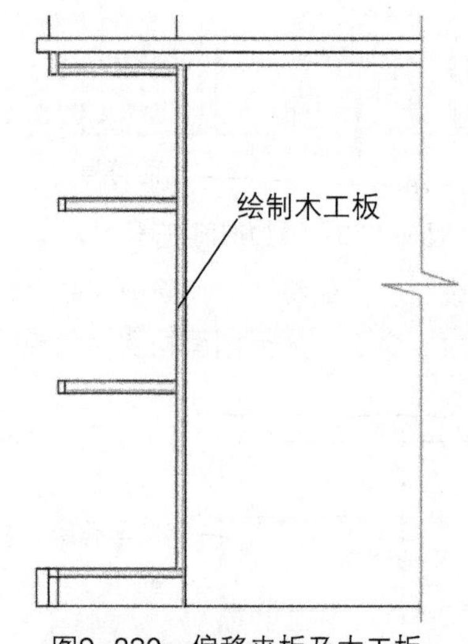


图9-230 偏移夹板及木工板

09 执行“直线”、“复制”命令，绘制木工板细节图，结果如图9-231所示。

10 执行“偏移”、“修剪”命令，绘制隔板细节图，尺寸如图9-232所示。

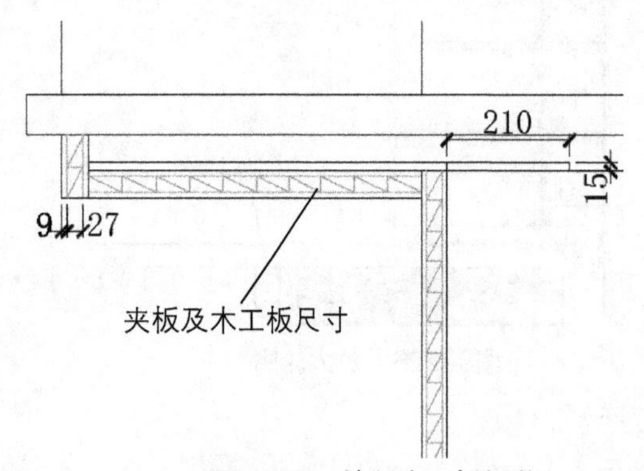


图9-231 绘制木工板细节

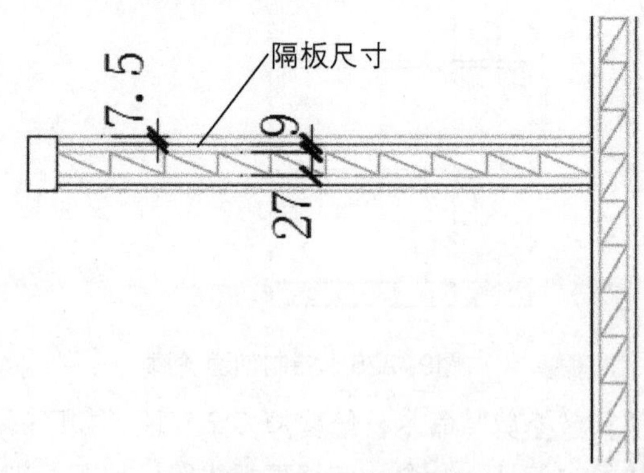


图9-232 绘制隔板

⑪ 执行“直线”、“图案填充”命令，填充踏板及水泥部分，如图9-233所示。

⑫ 执行“偏移”、“修剪”命令，绘制栏杆、扶手部分，如图9-234所示。

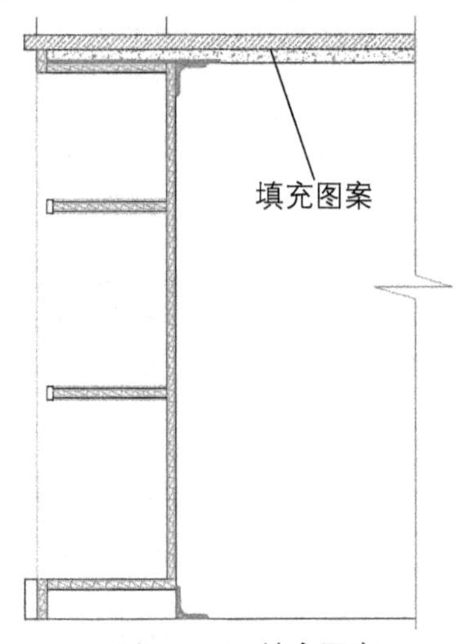


图9-233 填充图案

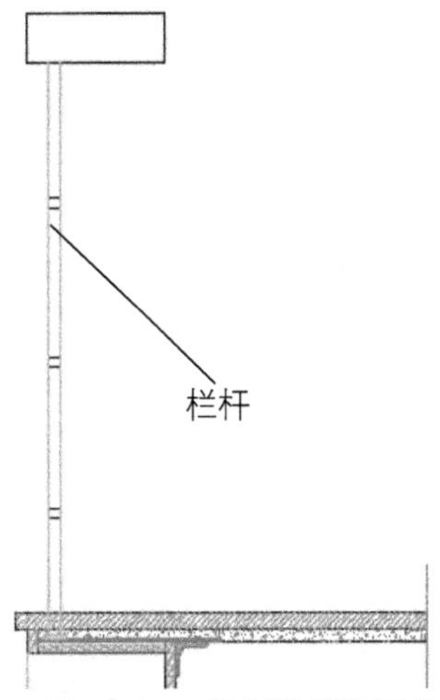


图9-234 绘制扶栏杆部分

⑬ 执行“矩形”命令，绘制细节部分，尺寸如图9-235所示。

⑭ 执行“圆”命令，绘制栏杆连接处，如图9-236所示。

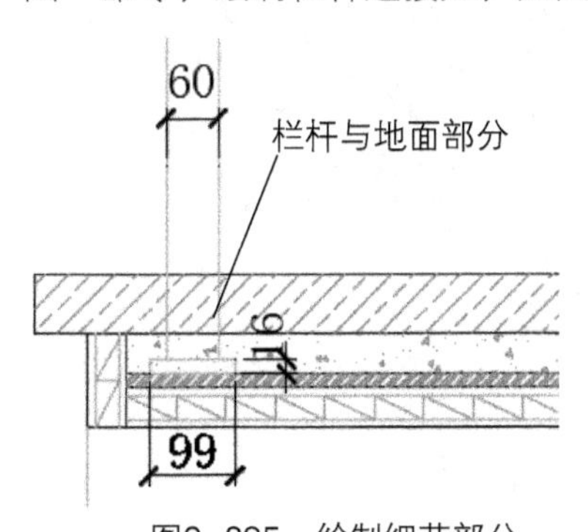


图9-235 绘制细节部分

图9-236 绘制圆

⑮ 继续执行“圆”命令，绘制扶手部分，如图9-237所示。

⑯ 执行“图案填充”命令，填充扶手部分，如图9-238所示。

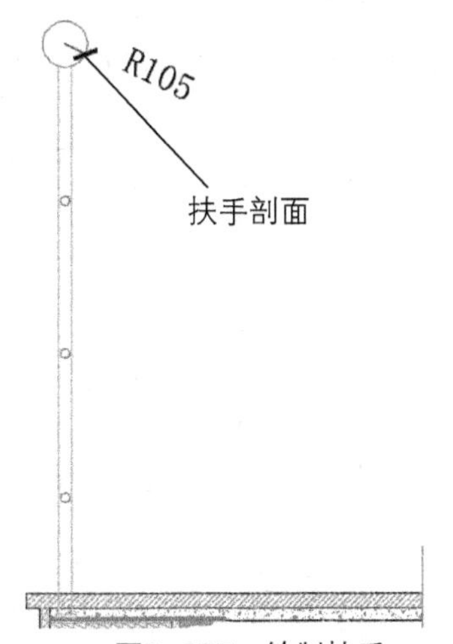


图9-237 绘制扶手

图9-238 填充扶手

⑰ 执行“多重引线”命令，添加材质说明，如图9-239所示。

⑱ 执行“复制”命令，复制多重引线，双击文字进行修改，如图9-240所示。

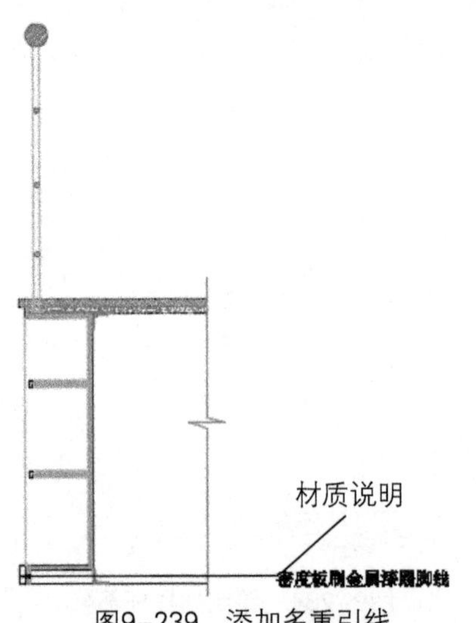


图9-239 添加多重引线

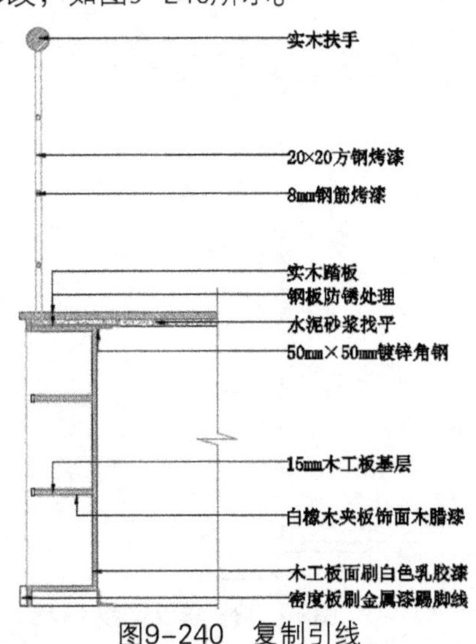


图9-240 复制引线

⑲ 执行“标注样式”命令，新建“剖面标注”样式，如图9-241所示。

⑳ 设置超出尺寸线20，起点偏移量50，箭头为建筑标记，大小为60，文字如图9-242所示。

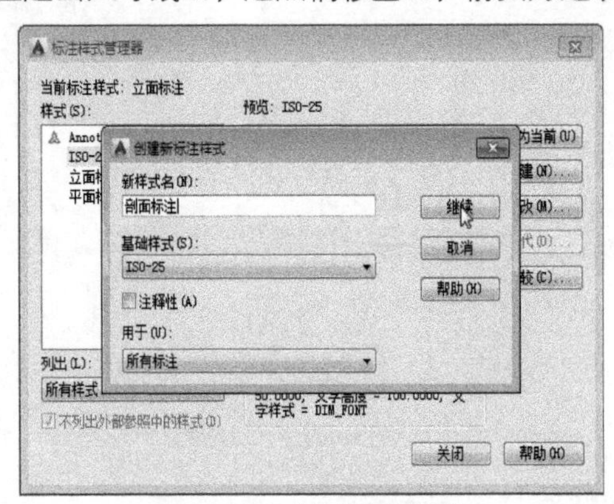


图9-241 创建标准样式

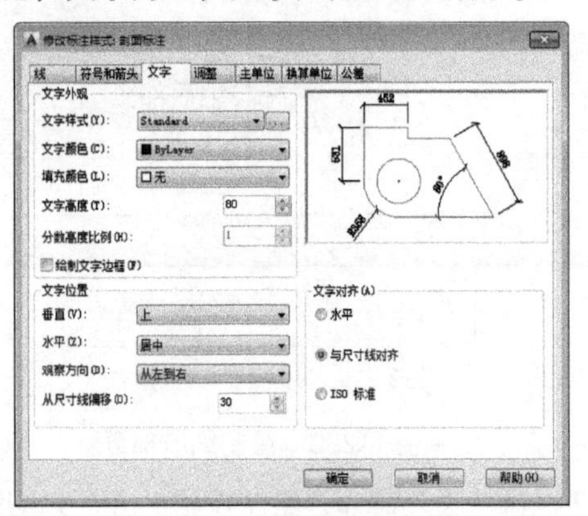


图9-242 设置标注文字样式

㉑ 执行“线性”标注命令，对踢脚线进行尺寸标注，如图9-243所示。

㉒ 选择标注，右击选择“特性”选项，打开“特性”面板，在“文字替代”处输入60，如图9-244所示。

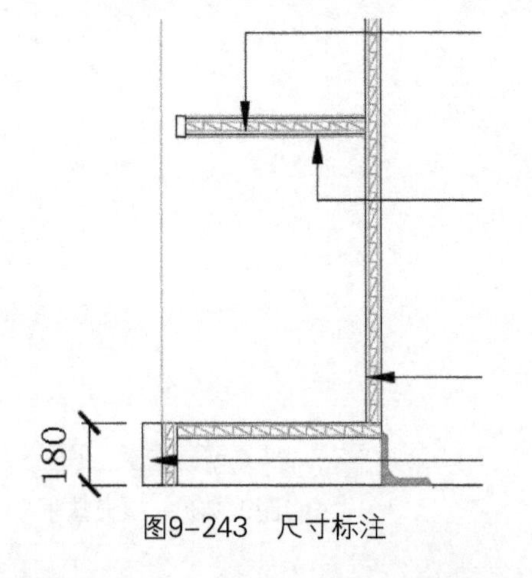


图9-243 尺寸标注

图9-244 替代文字

㉓ 返回查看踢脚线标注，标注文字已更改，如图9-245所示。

㉔ 继续执行“线性”标注命令，标注隔板尺寸，更改标注文字，如图9-246所示。

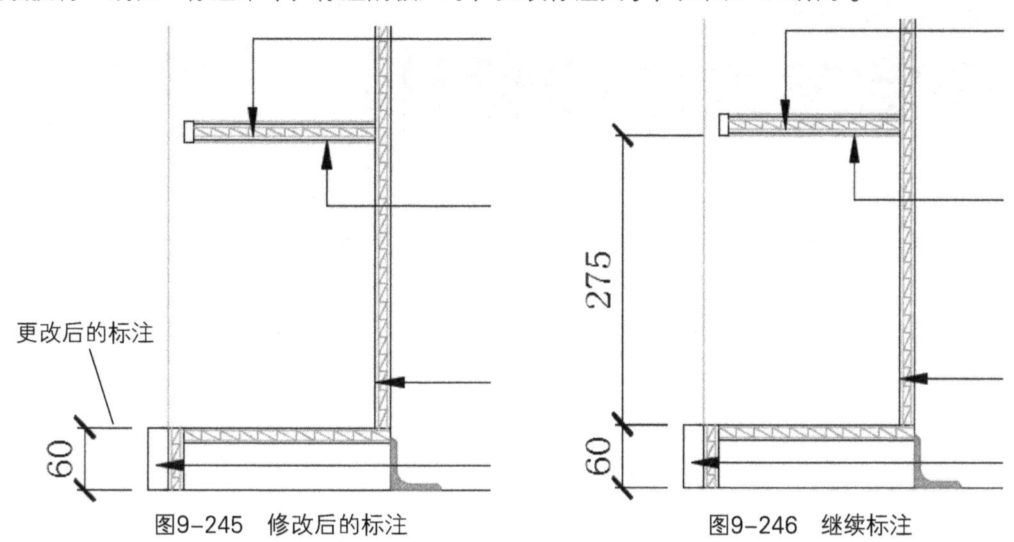


图9-245　修改后的标注　　图9-246　继续标注

㉕ 继续执行“线性”、“连续”标注命令，对剖面图尺寸进行标注，更改文字内容，如图9-247所示。

㉖ 按照同样的操作方法，对未标注的部分进行标注，结果如图9-248所示。至此完成楼梯剖面图的绘制。

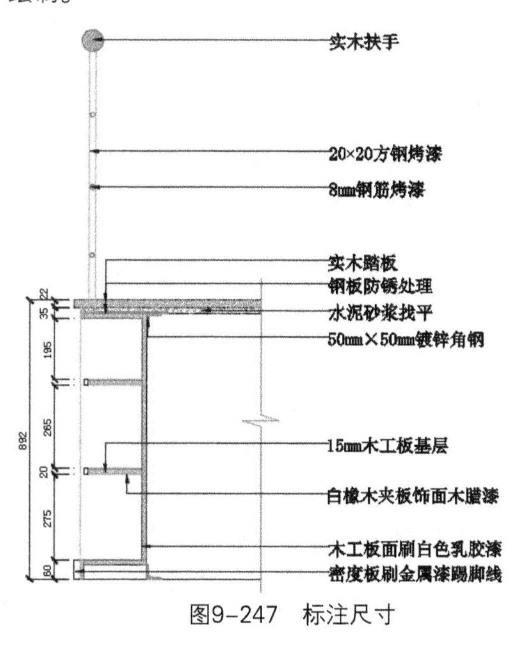


图9-247　标注尺寸

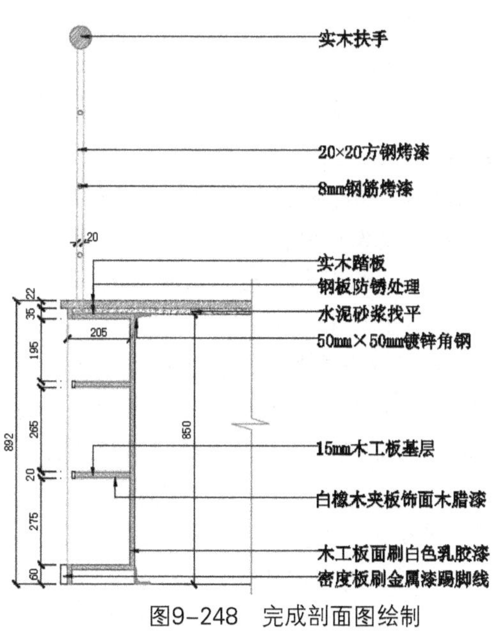


图9-248　完成剖面图绘制

# 第10章 办公室室内空间设计

**本章概述**

办公空间设计是对布局、格局、空间的物理和心理分割，其最大目标就是要为工作人员创造一个舒适、方便、卫生、安全、高效的工作环境，以便最大限度地提高员工的工作效率。办公室的装修也是企业整体形象的体现，一个完整、统一而美观的办公室环境，能增加客户的信任度，同时也能给员工心理上带来满足。本章将对办公室空间设计的基本要素、办公室平面图、办公室立面图和办公室详图的绘制方法进行介绍。

**知识要点**

- 办公空间设计的技巧；
- 办公空间平面图的绘制方法；
- 办公空间立面图的绘制方法；
- 办公空间详图的绘制方法。

## 10.1 办公空间设计概述

办公空间室内设计的最大目标就是要为工作人员创造一个舒适、方便、卫生、安全、高效的工作环境，以便更大限度地提高员工的工作效率。

办公空间具有不同于普通住宅的特点，它是由门厅、走廊、办公室、会议室、资料室等构成的内部空间，其中办公室是办公空间的主体部分。因此办公室装修更需要科学化、人性化，合理地显示空间布局，充分利用办公空间资源，解决装修的功能要求。

**1. 办公室设计潮流**

随着技术的发展以及公司所处内外部环境的变动，办公室装修设计呈现出一些新的风向，主要表现在如下几个方面。

- 要求办公室装修比较实用、简约。
- 要求办公室装修体现非常高的透明度。
- 淡化等级观念，尤其是在高科技公司，越来越淡化办公空间的等级界限。
- 增加弹性空间。公司变化非常大，人员流动性也很大，因此要求办公室装修能够适应这种变化，其主要表现之一就是开放式空间在办公室所占比例越来越大。
- 让员工有家的感觉。比如说，在办公室装修设计中考虑到内部设置休息室，这样有助于增加员工工作的趣味性，提高创造性。

**2. 办公室设计形态**

首先，了解一下目前较为流行的办公空间设计形态。

（1）蜂巢型

该类型属于典型的开放式空间，自律性及互动性最小，属于例行性、重复性高而个人积极性极低的工作形态，适合朝九晚五或者24小时轮班的工作形式。办公室采用开放形态，同事间互动较少，这是比较传统的办公室规划。例如银行、财务、行政、资料输入和客服人员等的办公空间，如图10-1、10-2所示。

图10-1　蜂巢型办公空间

图10-2　蜂巢型办公空间

（2）密室型

该类型属于较为个人化的独立工作空间，自律度高而互动性差，适合个人化的、专注的及较少互动性且工作时间及地点较不规律的工作。这种办公室具有独立的单间，或是在开放空间中有较高的办公隔间，其中各种办公功能齐全，使个人工作时不受干扰。例如会计师、律师、电脑工程师及公司管理层办公室，如图10-3、10-4所示。

图10-3　密室型办公空间

图10-4　经理办公室

（3）小组型

该类型属于团队小组式的工作空间，自律性低但互动性高。办公空间通常为开放空间或独立的组群房间，每个人有固定的工作桌和电脑，复印机及其他办公设备则共享，其中还包含共用的洽谈桌或会议桌等讨论空间。例如设计小组、研发团队、多媒体部门、保安部门、业务部门等的办公空间，如图10-5、10-6所示。

图10-5　小组型办公空间

图10-6　小组型办公空间

### 10.1.1 设计的基本原则

除了综合考虑实用性、经济性、美观性原则外，办公室设计还要遵循以下几个原则。

（1）了解企业类型和企业文化，才能设计出能反映该企业风格与特征的办公空间，使设计具有个性与生命，如图10-7所示。

（2）对企业内部机构设置及其相互联系进行了解，确定各部门所需面积，设置和规划好人流线路。

（3）办公室网络布线的整体性和实用性。

（4）在规划灯光、空调和选择办公家具时，应充分考虑人体工程学，注重其适用性和舒适性，如图10-8所示。

图10-7 企业风格

图10-8 美观舒适

### 10.1.2 办公空间案例欣赏

下面将展示几种常见的办公空间典型装修风格。

（1）现代风格

现代风格办公室是目前人们使用最多的装修风格。办公室是用来处理工作的空间，需要的是经济实用、美观大方，这款办公室的设计把这两个特点体现得很明显，简约且富有现代感。吊顶的设计加上隔断的做法都非常有特点，给人一种非常前卫的感觉。在这样的办公室里面工作，想必心情也会好很多，如图10-9、10-10所示。

图10-9 视觉环境

图10-10 照明系统

**绘图秘技 | 办公空间明快感的表现**

让办公室给人一种明快感也是设计的基本要求。办公环境明快是指办公环境的色调干净明亮，灯光布置合理，有充足的光线等。这也是办公室的功能要求所决定的。在装饰中明快的色调可给人一种愉快心情，一种洁净之感，同时明快的色调也可在白天增加室内的采光度。目前，许多设计师将明度较高的绿色引入办公室，这类设计往往给人一种良好的视觉效果，从而营造一种春意，这也是一种明快感在室内设计上的创意手段。

（2）简约风格

这套现代简约办公室设计案例整体采用了白色，但是局部少量使用了色彩鲜艳的色调，符合现代年轻人的需要。设计了曲线优美的“活动墙”，使办公室的功能分区更加灵活。另外在地面装修方面用竹地板代替了实木地板，更加清新自然，如图10-11、10-12所示。

图10-11　视觉环境

图10-12　照明系统

（3）欧式风格

欧式风格是欧洲各国文化传统所表达的强烈的文化内涵。欧式多以白色为主，主题鲜明，当下已经逐渐成熟起来的欧式风格有巴洛克风格、地中海风格、新古典主义风格、北欧风格等。

此案例在处理空间方面强调室内空间宽敞、内外通透，在空间平面设计中追求不受承重墙限制的自由。墙面、地面、顶棚以及家具陈设乃至灯具器皿等均以简洁的造型、纯洁的质地、精细的工艺为其特征，如图10-13、10-14所示。

图10-13　视觉环境

图10-14　照明系统

## 10.2 办公空间平面图

下面讲解绘制办公平面图的步骤，包括原始平面图、平面布置图、地面布置图及顶面布置图等。

### 10.2.1 绘制办公室原始户型图

原始平面图是一切施工图的基础，先进行图层的相关设置，再绘制墙体、门窗等基础部分，最后设置尺寸标注与文字标注，添加标注和图名。

办公室原始平面图的绘制过程如下。

01 执行“图层特性”命令，新建“轴线”图层，并设置其颜色为红色，如图10-15所示。

02 单击“新建图层”按钮，依次创建出“墙体”、“门窗”、“文字注释”等图层，并设置图层参数，如图10-16所示。

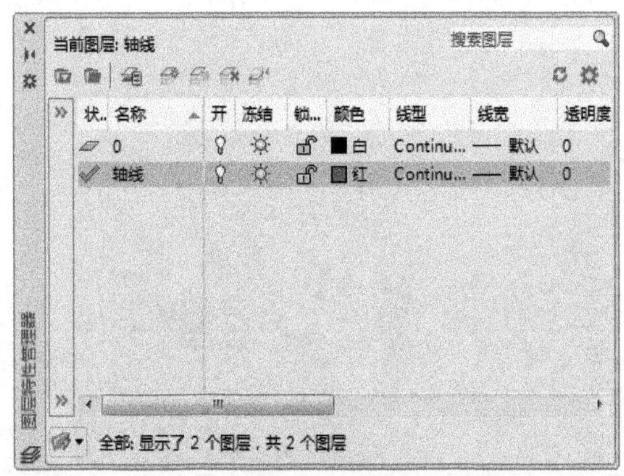


图10-15 创建“轴线”图层

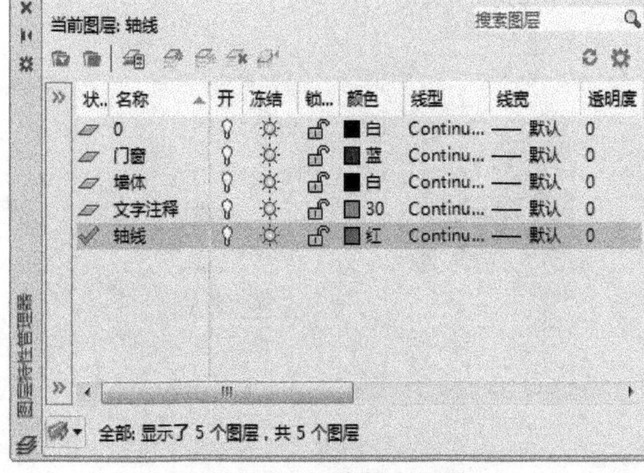


图10-16 创建其余图层

03 双击“轴线”图层，将其设置为当前层。执行“直线”和“偏移”命令，根据现场测量的实际尺寸，绘制出墙体轴线，如图10-17所示。

04 将“墙体”图层设置为当前层，执行“多段线”命令，沿轴线绘制出墙体轮廓，如图10-18所示。

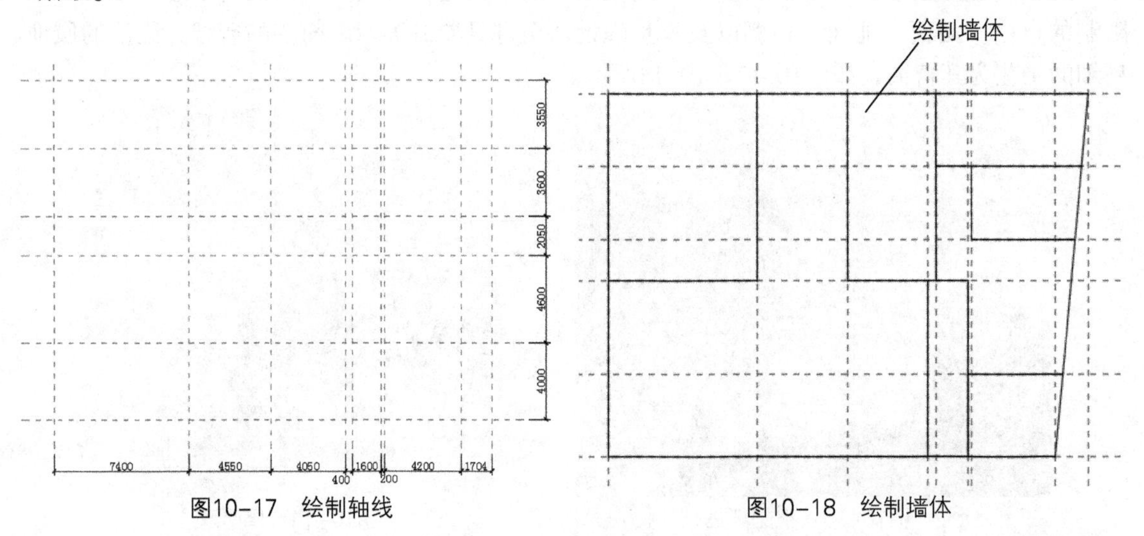


图10-17 绘制轴线

图10-18 绘制墙体

05 关闭“轴线”图层，然后执行“偏移”命令，将多段线分别向两侧偏移100mm，删除中间的线段，如图10-19所示。

06 执行“分解”、“修剪”命令，分解多段线，修剪掉多余线段，如图10-20所示。

07 执行“直线”、“偏移”命令，绘制出其他墙体，尺寸如图10-21所示。

08 执行“修剪”、“倒角”命令，修剪并删除掉多余的线段，结果如图10-22所示。

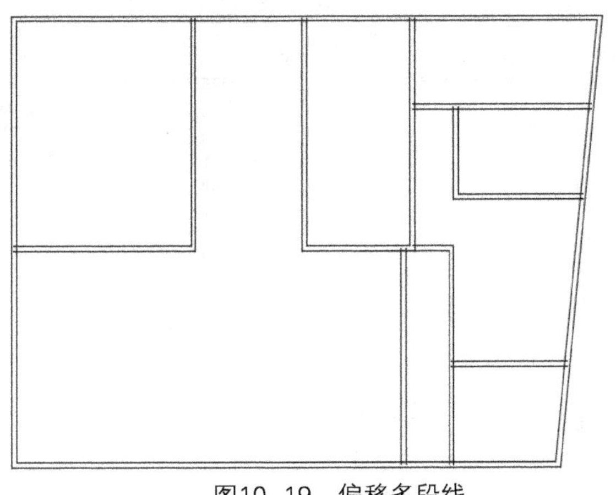

图10-19　偏移多段线

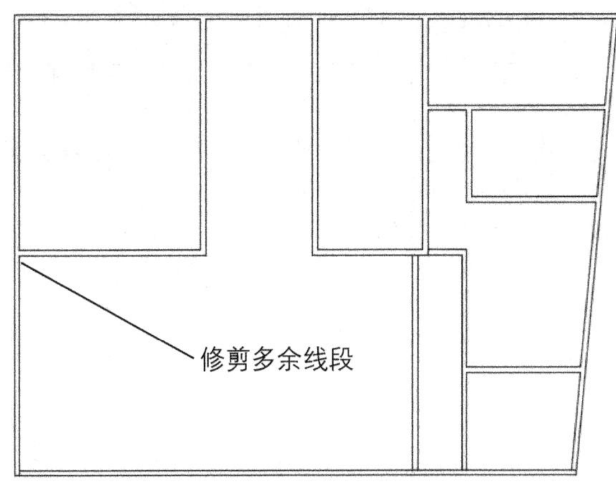


图10-20　修剪墙体

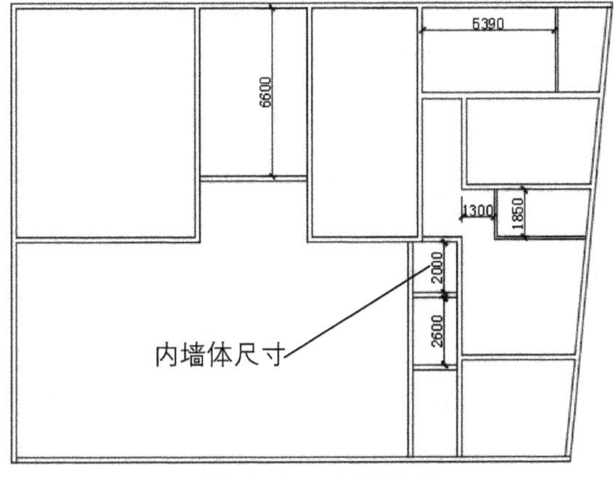


图10-21　绘制内墙

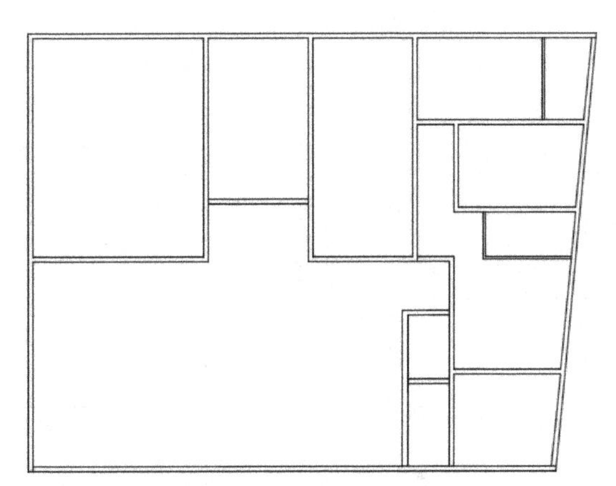

图10-22　修剪多余线段

09 执行“直线”、“偏移”命令，绘制门洞和窗洞，尺寸及位置如图10-23所示。

10 执行“修剪”命令，修剪出门洞和窗洞，结果如图10-24所示。

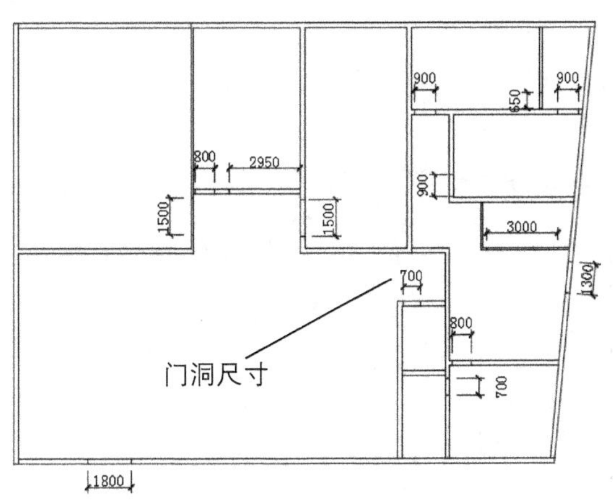


图10-23　偏移门洞和窗洞

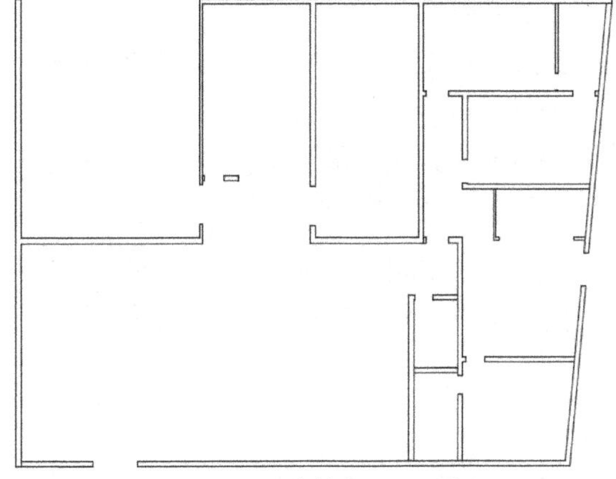

图10-24　修剪出门洞和窗洞

11 将“门窗”图层设置为当前图层，执行“直线”命令，在窗洞位置绘制直线，如图10-25所示。

12 执行“偏移”命令，偏移绘制的直线，偏移距离为80mm，结果如图10-26所示。

13 执行“插入”命令，插入门图块并将其放置在合适位置，如图10-27所示。

14 将“墙体”图层设置为当前层，执行“矩形”、“图案填充”等命令，在合适位置绘制墙柱，如

图10-28所示。

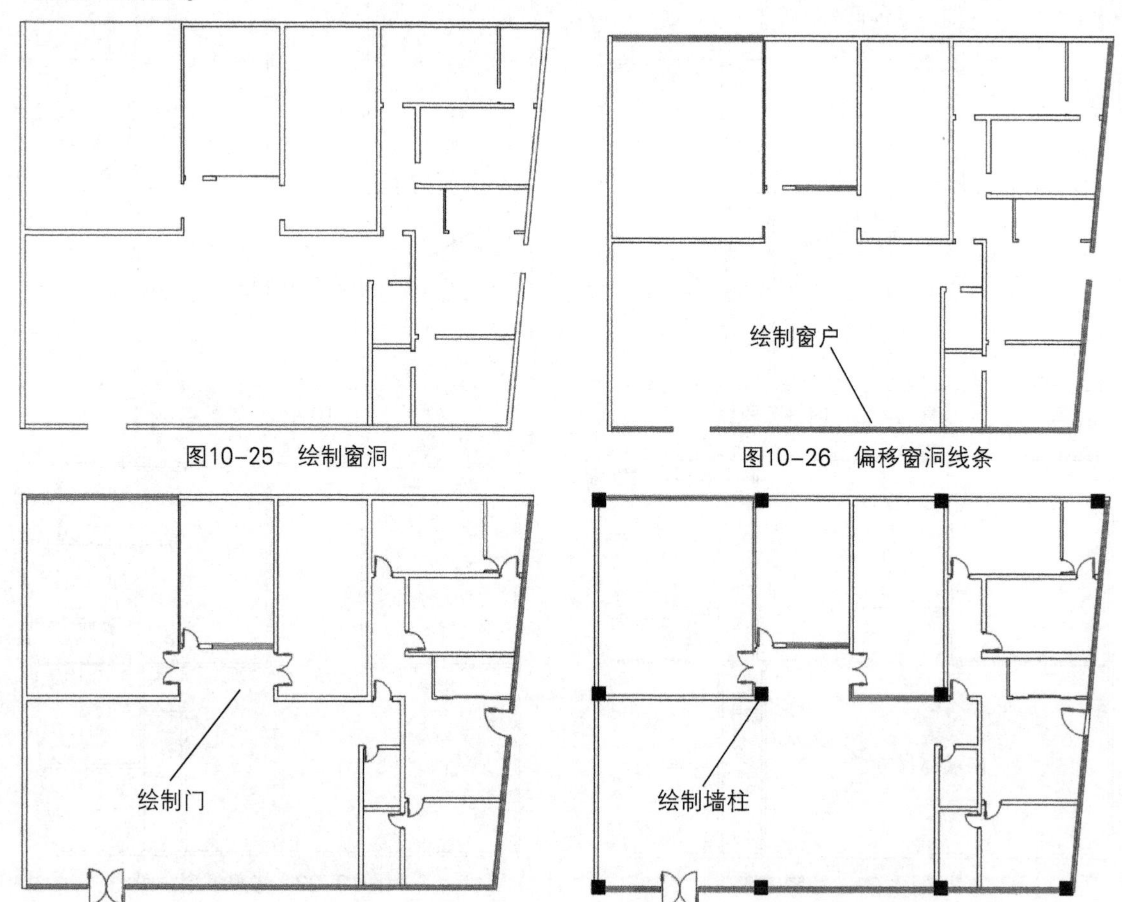


图10-25 绘制窗洞　　图10-26 偏移窗洞线条

图10-27 绘制门　　图10-28 绘制墙柱

⑮ 执行“标注样式”命令，新建“平面标注”样式，设置起点偏移量为300，箭头和符号设置如图10-29所示。

⑯ 调整文字位置为“尺寸线上方，不带引线”选项，设置主单位线型标注精度为0，文字设置如图10-30所示。

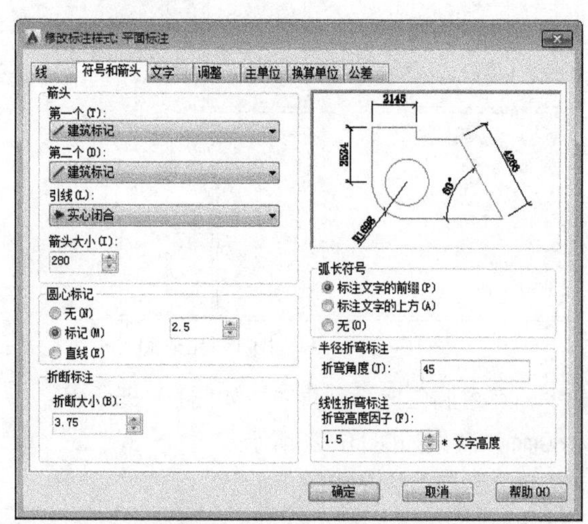


图10-29 “符号和箭头”选项卡

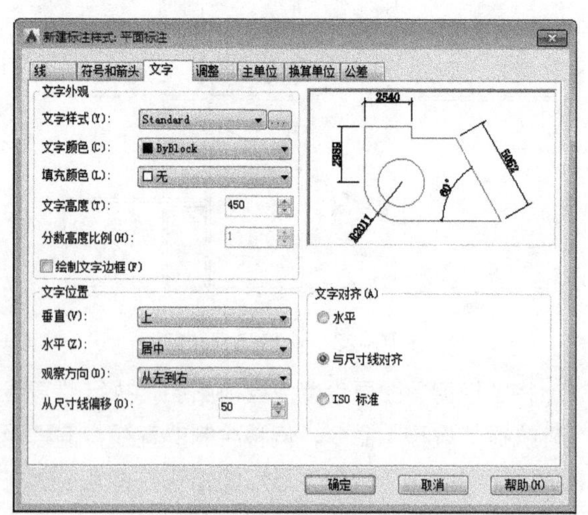


图10-30 设置文字

17 执行“线性”、“连续”命令，标注户型图尺寸；执行“线性”命令，标注总长度，如图10-31所示。

18 继续执行“线性”、“对齐”和“连续”标注命令，添加其余尺寸，如图10-32所示。

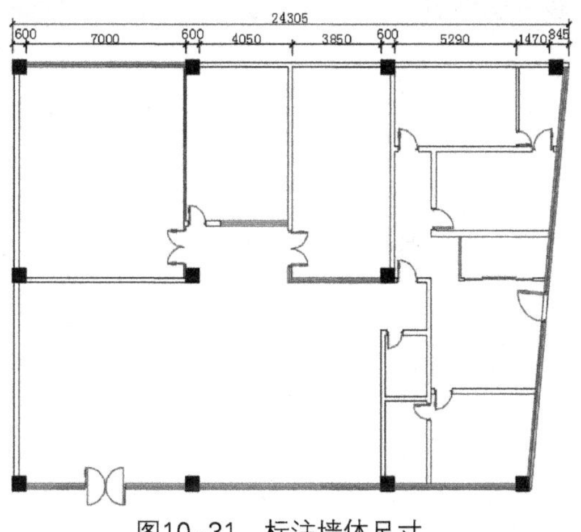


图10-31 标注墙体尺寸

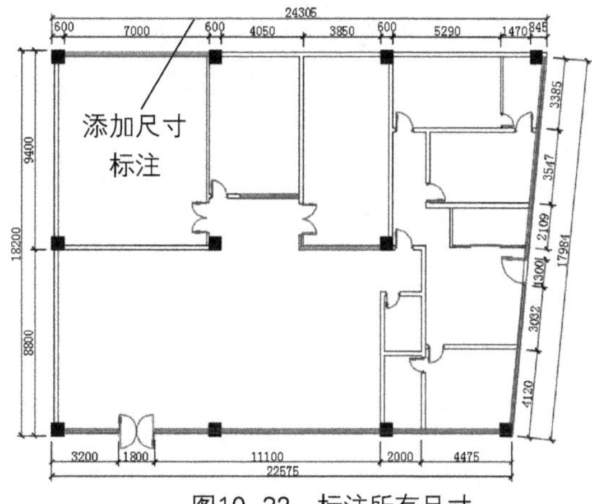


图10-32 标注所有尺寸

19 执行“文字样式”命令，新建“文字标注”样式，设置如图10-33所示。

20 执行“单行文字”命令，输入文字注释内容，如图10-34所示。

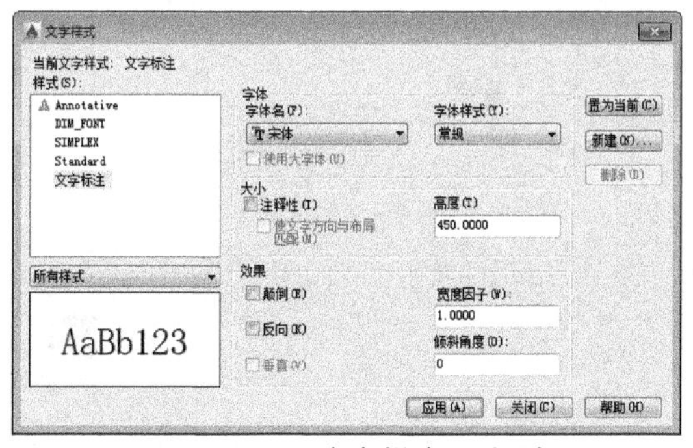


图10-33 “文字样式”对话框

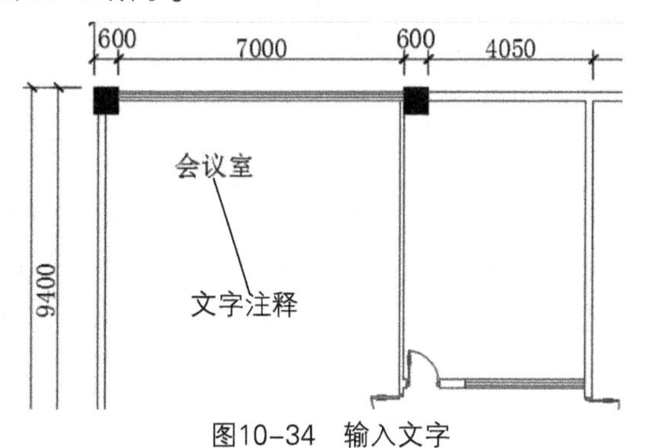


图10-34 输入文字

21 执行“复制”命令，复制文字，双击文字进行修改，如图10-35所示。

22 重复操作，添加所有空间的文字说明，如图10-36所示。至此完成办公室原始户型图的绘制。

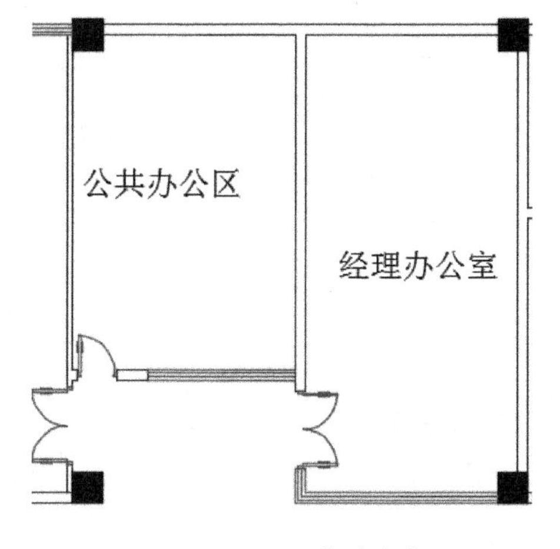


图10-35 修改文字

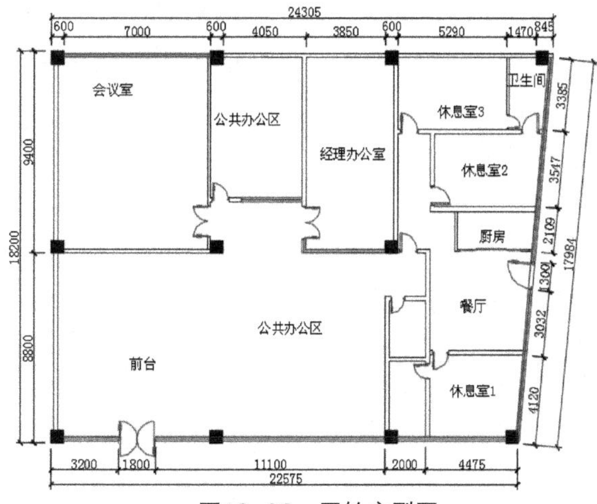


图10-36 原始户型图

### 10.2.2 绘制办公室平面布置图

接下来绘制办公室平面布置图。先新建相关的图层，绘制相关的资料柜及矮柜，再绘制卫生间等部分，然后插入办公家具等图块，最后设置多重引线样式、文字样式，添加文字标注。办公室平面布置图的具体绘制过程如下。

01 复制原始结构图，打开“图层特性管理器”对话框，新建“办公用具”图层，将该图层设置为当前层，如图10-37所示。

02 执行“偏移”、“直线”命令，在会议室绘制宽为400mm的资料柜，如图10-38所示。

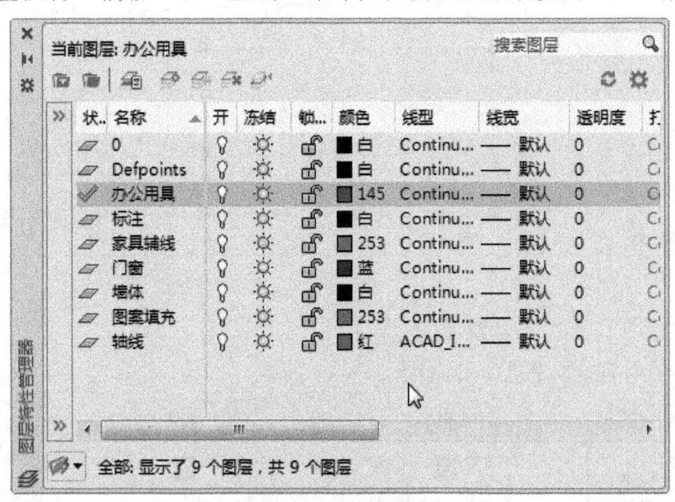


图10-37 新建图层

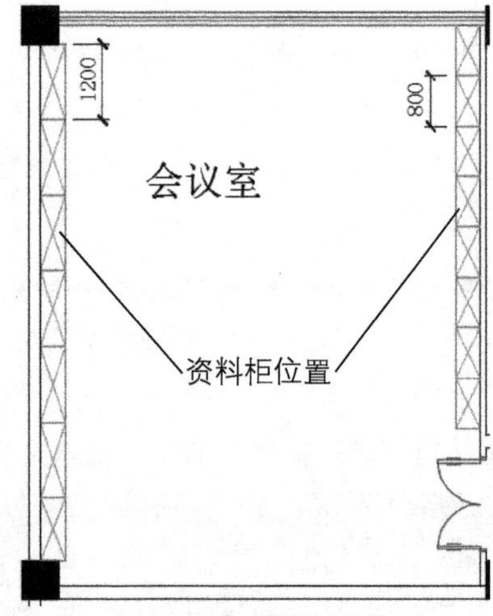


图10-38 绘制资料柜

03 执行“偏移”、“直线”命令，绘制公共办公区及经理办公室的文件柜，如图10-39所示。

04 执行“偏移”、“直线”、“圆弧”命令，绘制休息室2和3的组合柜，如图10-40所示。

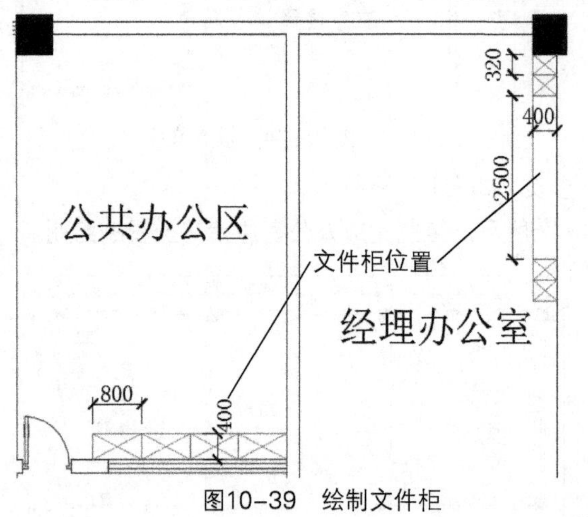


图10-39 绘制文件柜

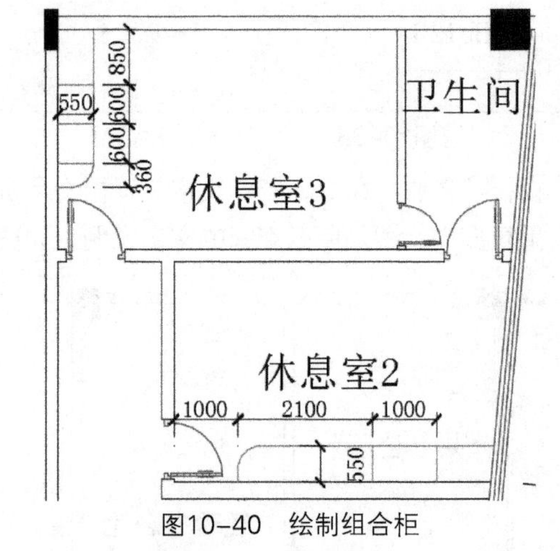


图10-40 绘制组合柜

05 执行“直线”、“偏移”命令，在入口处绘制公共办公区的墙体及文件柜，具体尺寸如图10-41所示。

06 执行“偏移”、“直线”、“圆弧”命令，绘制休息室1及餐厅的家具，尺寸如图10-42所示。

07 执行“直线”、“圆弧”、“偏移”、“修剪”命令，绘制前台背景墙及接待台，具体尺寸如图10-43所示。

08 执行“矩形”、“偏移”、“修剪”、“圆角”命令，绘制厨具及餐边柜，如图10-44所示。

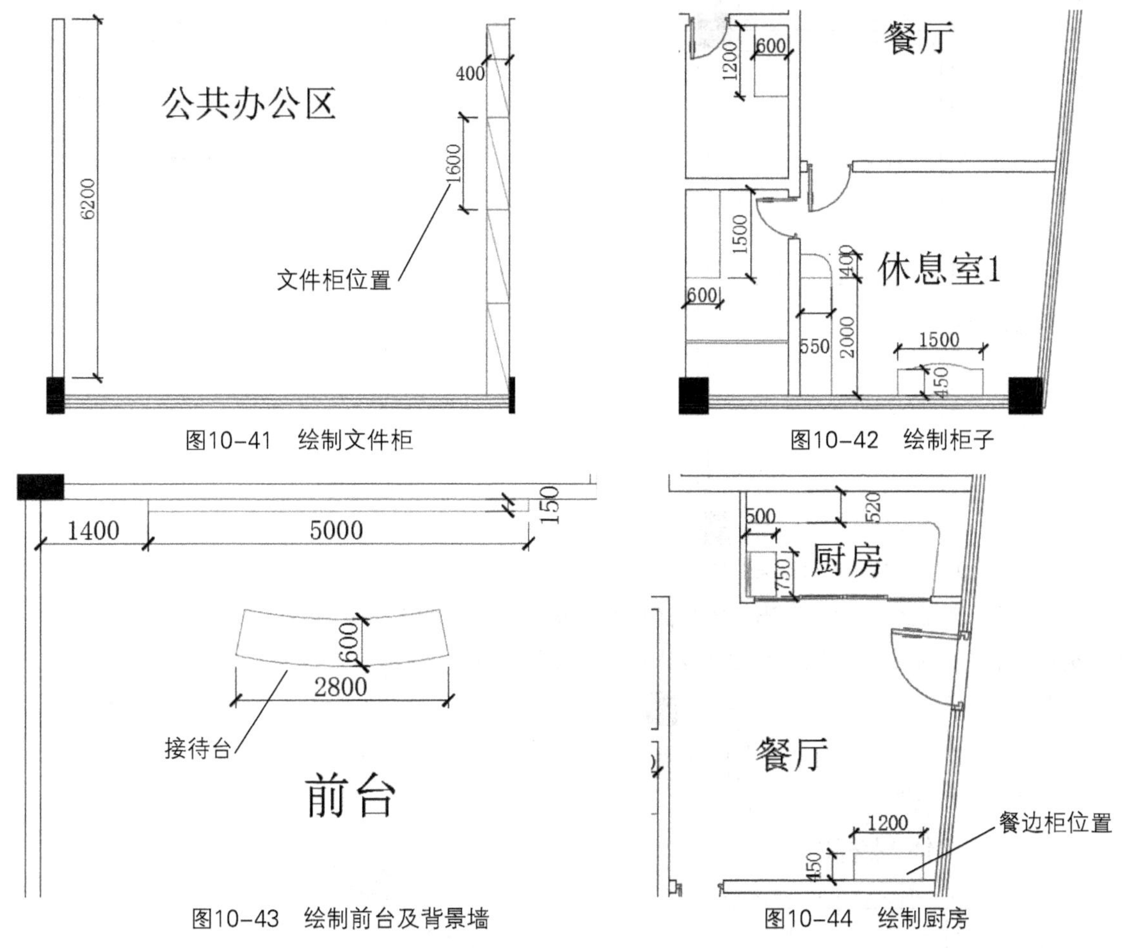


图10-41 绘制文件柜

图10-42 绘制柜子

图10-43 绘制前台及背景墙

图10-44 绘制厨房

09 执行 “插入”命令，在会议室插入会议桌图块，将文字移至合适位置，如图10-45所示。

10 继续执行“插入”命令，在公共办公区插入办公桌椅图块，如图10-46所示。

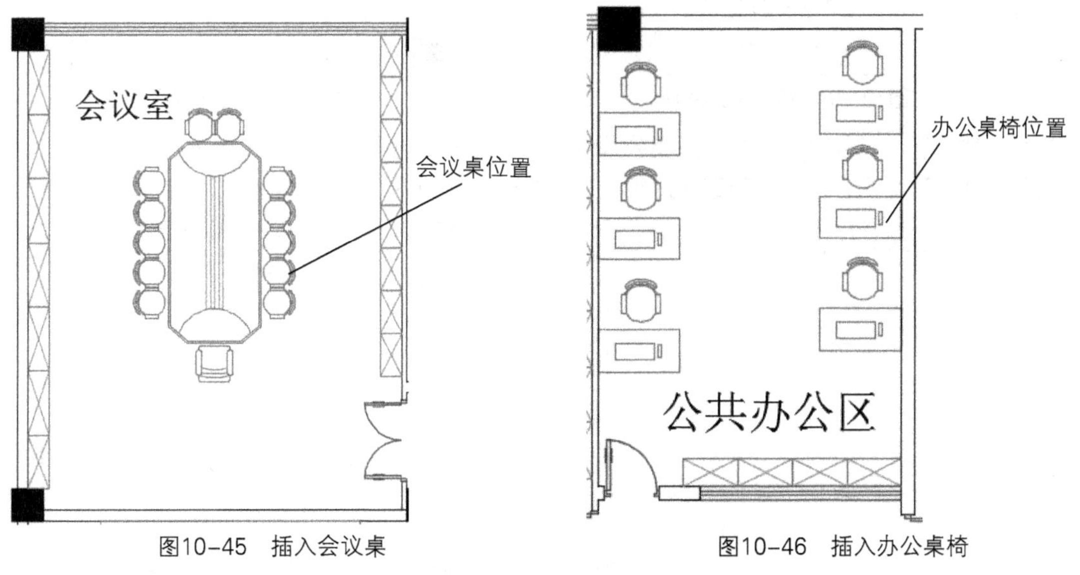


图10-45 插入会议桌

图10-46 插入办公桌椅

11 执行“插入”命令，插入办公图块至经理办公室，如图10-47所示。

12 继续执行“插入”命令，插入厨房用具图块及餐桌图块，如图10-48所示。

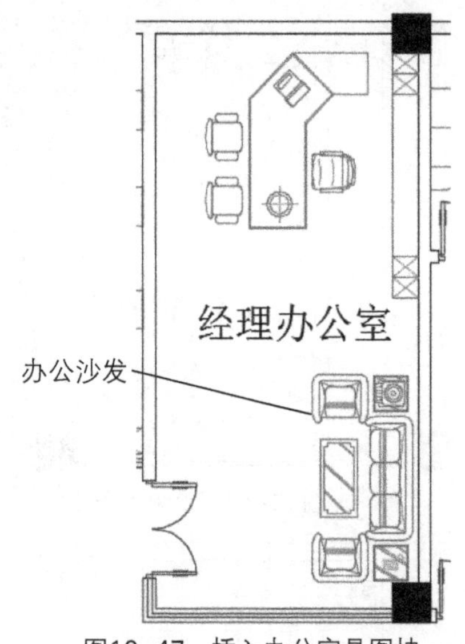

图10-47　插入办公家具图块

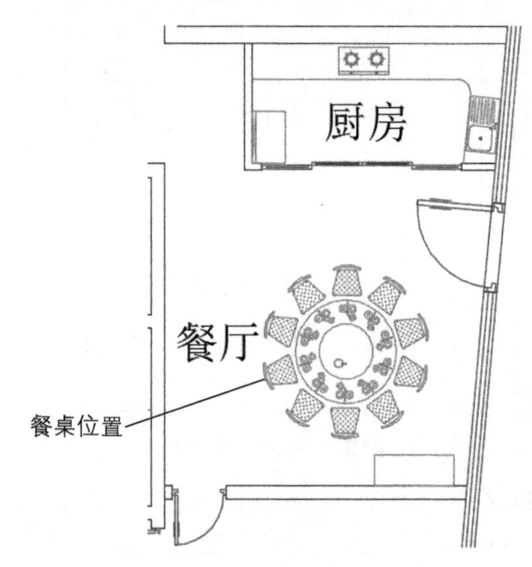

图10-48　插入餐桌及厨具

⑬ 执行“插入”命令，插入适当的家具图块至休息室及卫生间，如图10-49所示。

⑭ 执行“插入”命令，在休息室插入双人床、衣柜等图块，如图10-50所示。

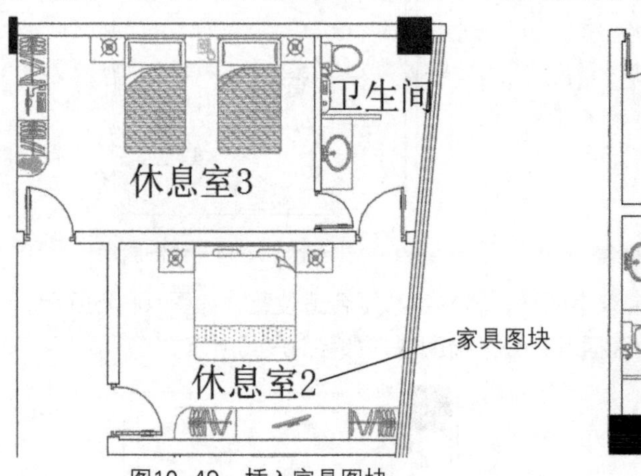

图10-49　插入家具图块

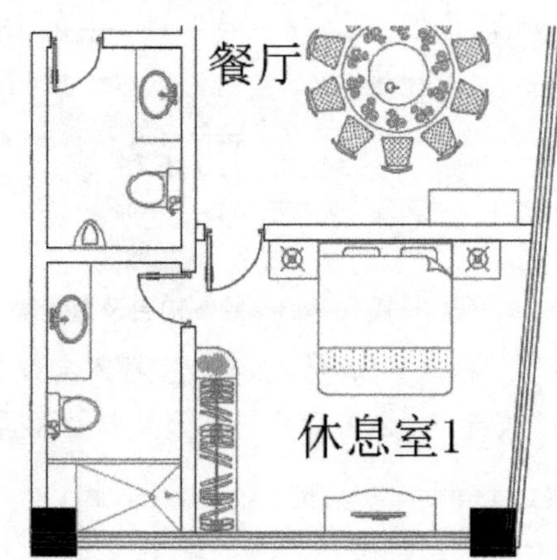

图10-50　插入家具图块

⑮ 执行“插入”、“复制”命令，绘制公共办公区的办公桌椅，如图10-51所示。

⑯ 执行“插入”命令，在前台位置插入组合沙发等图块，如图10-52所示。

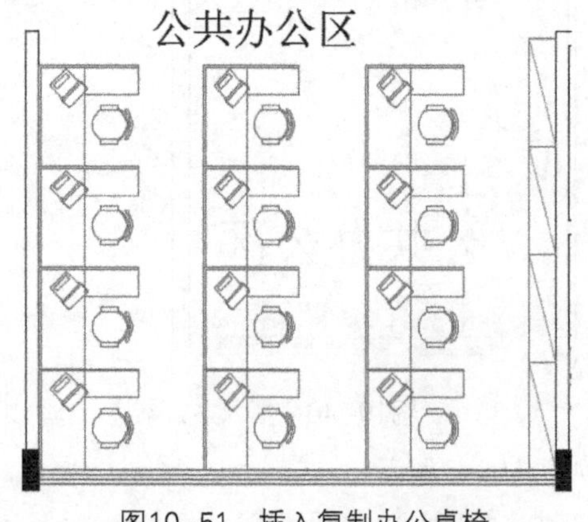

图10-51　插入复制办公桌椅

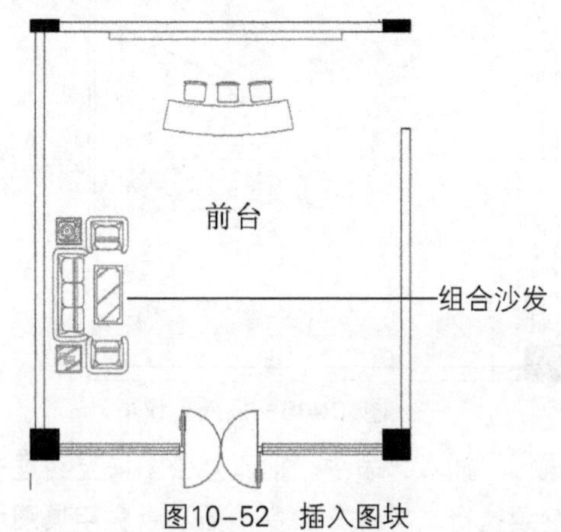

图10-52　插入图块

17 执行“插入”命令，插入植物至合适位置，如图10-53所示。至此完成办公室平面布置图的绘制。

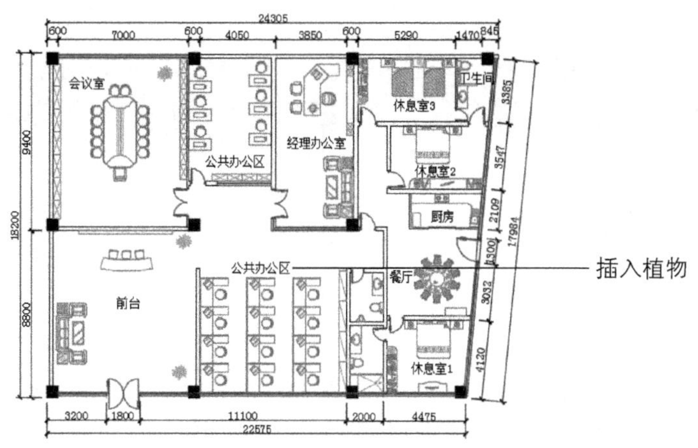


图10-53　办公室平面布置图

### 10.2.3　绘制办公室地面布置图

地面布置图是在平面图的基础上绘制的，绘制地面布置图的过程如下。

01 执行“复制”命令，复制平面布置图，删除家具，如图10-54所示。

02 执行“直线”命令，封闭各个空间，如图10-55所示。

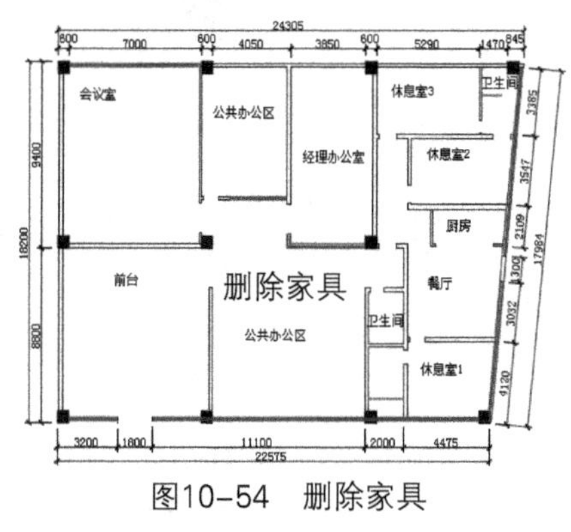


图10-54　删除家具

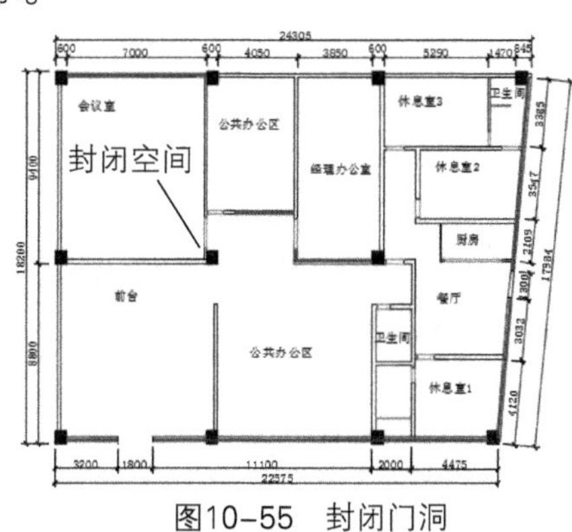


图10-55　封闭门洞

03 执行“直线”、“旋转”、“偏移”命令，绘制前台地面造型，如图10-56所示。

04 打开“图层特性管理器”对话框，新建“地面填充”图层，将“地面填充”图层置为当前层，如图10-57所示。

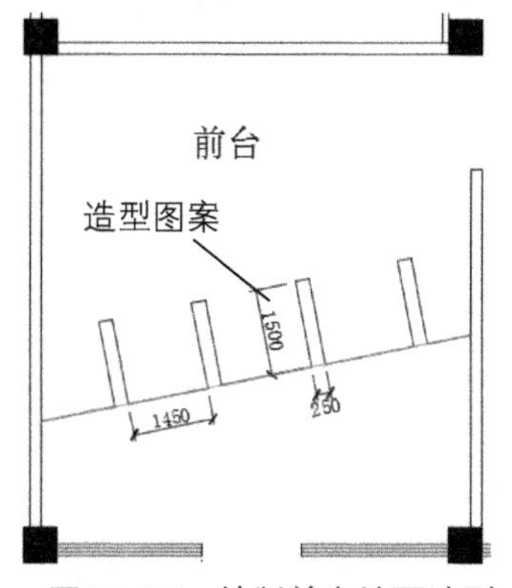


图10-56　绘制前台地面造型

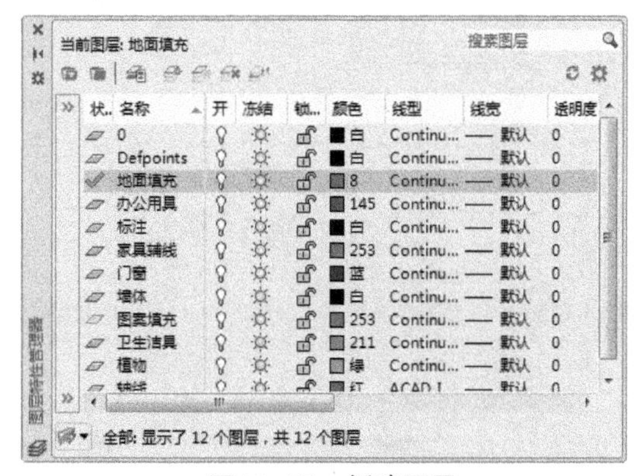


图10-57　新建图层

05 执行"图案填充"命令，选择"DOLMIT"图案，如图10-58所示。设置填充比例为25，示意实木地板。

06 单击"会议室"内部为拾取点，按回车键完成填充命令，如图10-59所示。

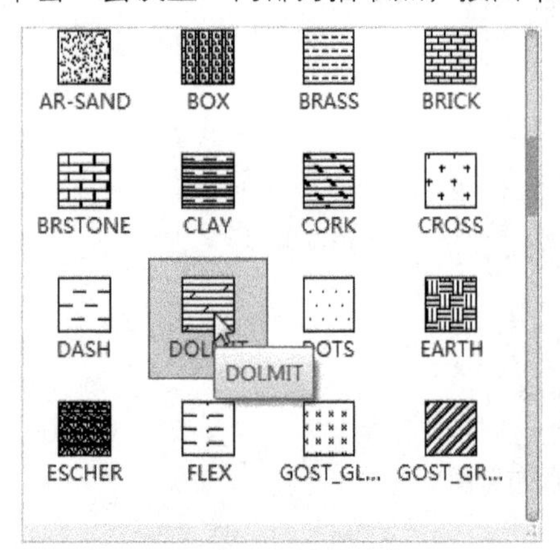


图10-58 填充图案

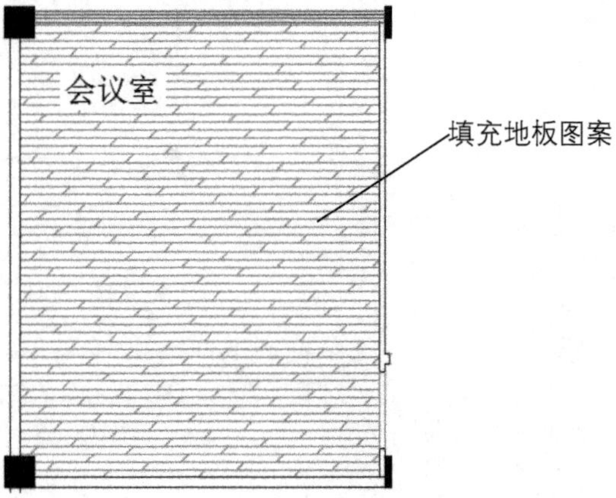

会议室
填充地板图案

图10-59 拾取会议室

07 按回车键，依次拾取3个休息室进行填充，如图10-60所示。

08 继续执行"图案填充"命令，选择"ANGLE"图案，比例为45，示意防滑地砖，填充卫生间部分，如图10-61所示。

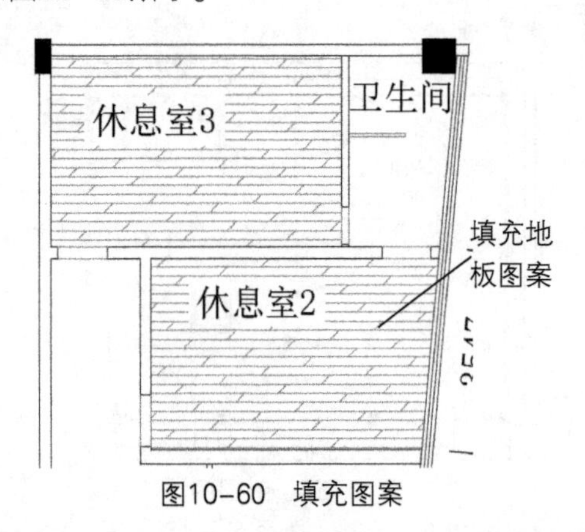


图10-60 填充图案

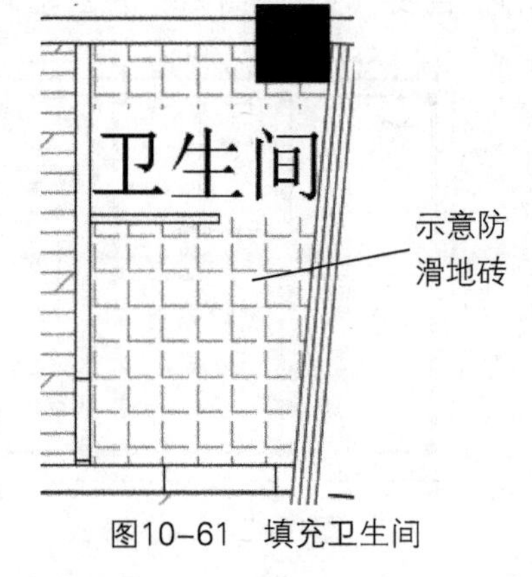


图10-61 填充卫生间

09 按回车键，依次拾取厨房及另一卫生间进行填充，如图10-62所示。

10 执行"图案填充"命令，填充公共办公区及经理办公室空间，如图10-63所示。

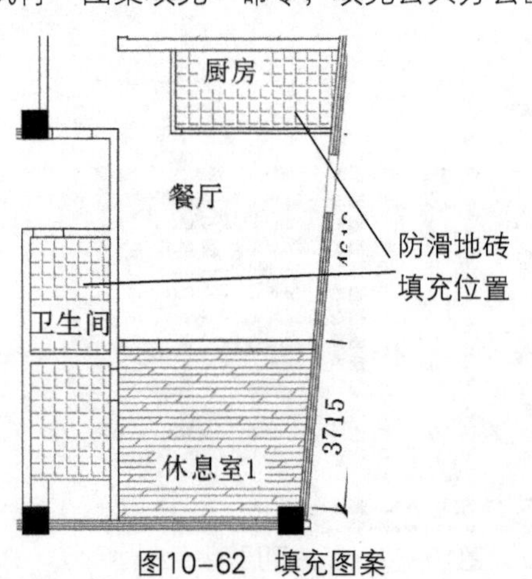


图10-62 填充图案

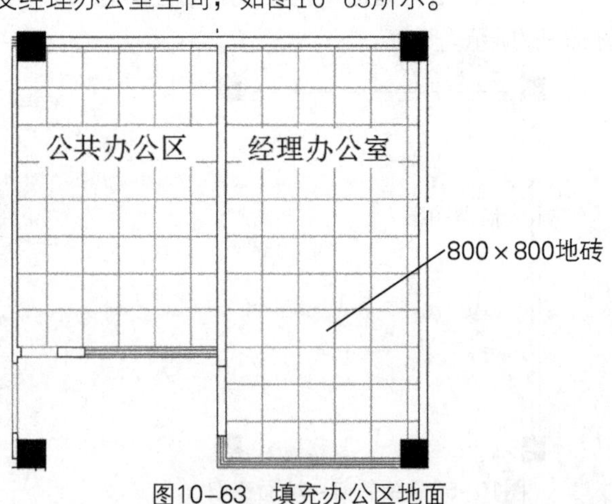


图10-63 填充办公区地面

⑪ 按回车键依次选择餐厅、公共办公室及前台进行填充，如图10-64所示。

⑫ 执行“图案填充”命令，填充前台剩余位置，如图10-65所示。

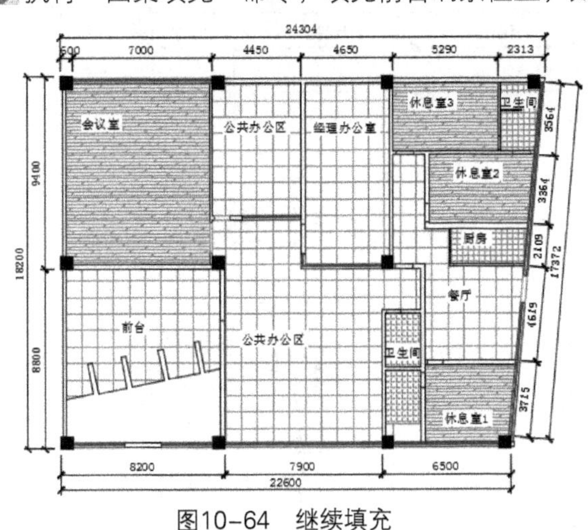


图10-64 继续填充

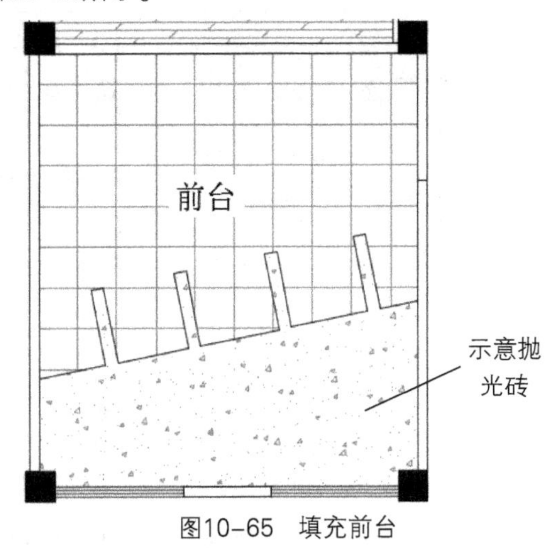


图10-65 填充前台

⑬ 执行“多行文字”命令，在会议室处框选出文字输入范围后，单击“背景遮罩”按钮，在“背景遮罩”对话框中，设置参数，如图10-66所示。

⑭ 将“标注”图层设置为当前图层，对会议室地面材质进行文字说明，设置字体大小为300，如图10-67所示。

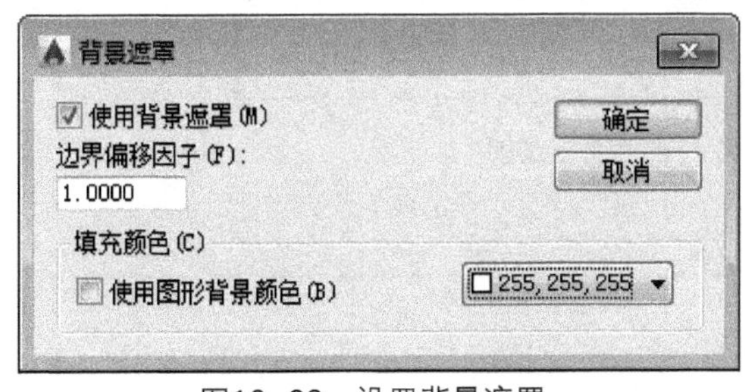


图10-66 设置背景遮罩

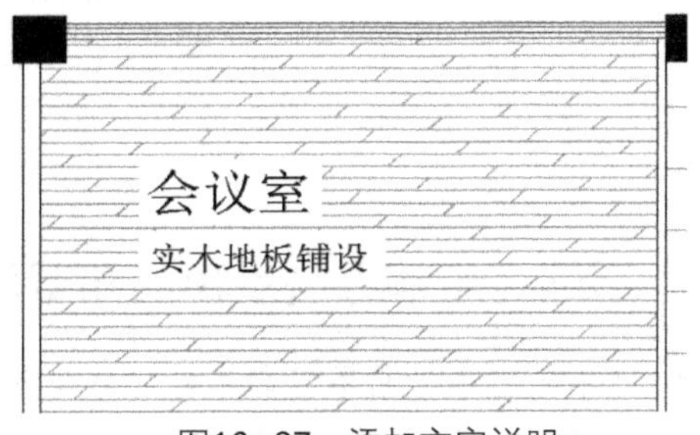


图10-67 添加文字说明

⑮ 执行“复制”命令，双击文字进行修改，对其余地面材质进行文字说明，如图10-68所示。

⑯ 执行“复制”命令，复制文字标注，双击文字进行修改，对其余地面材质进行文字说明，如图10-69所示。

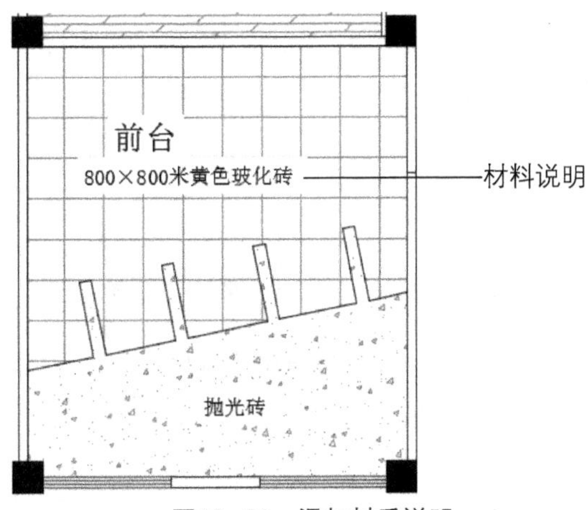


图10-68 添加材质说明

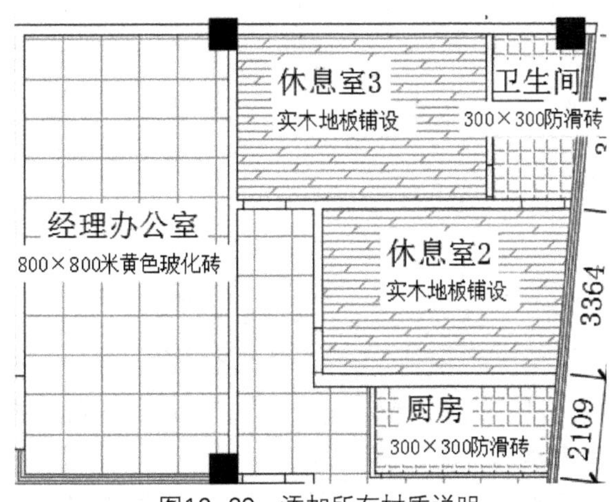


图10-69 添加所有材质说明

17 至此完成地面布置图的绘制，如图10-70所示。

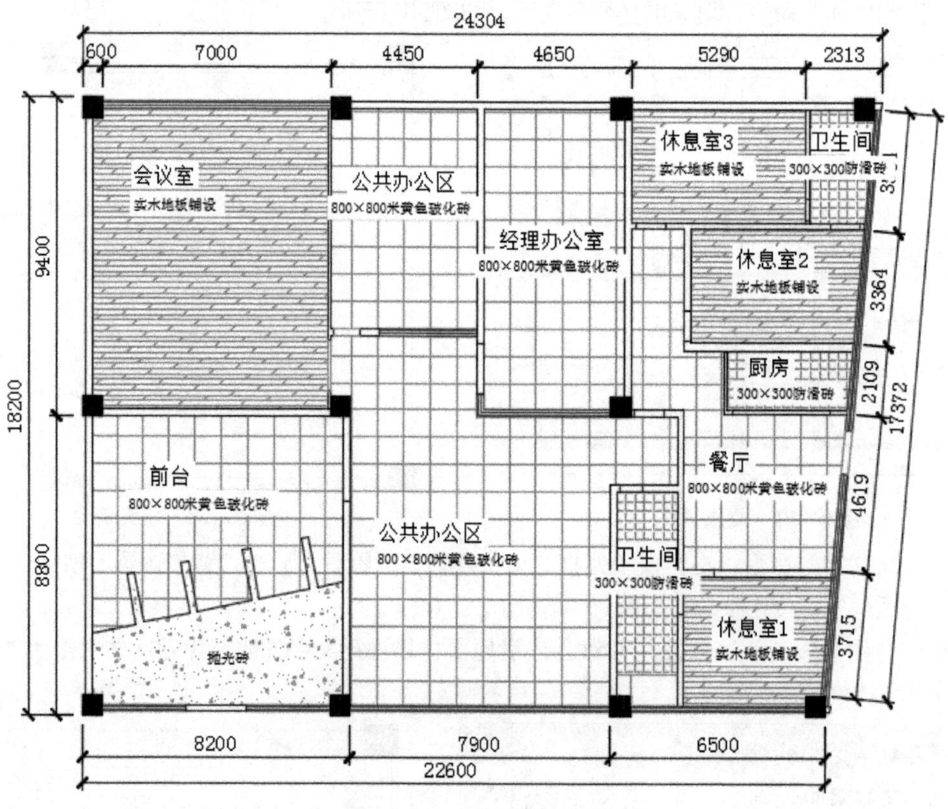


图10-70　办公室地面布置图

## 10.2.4　绘制办公室顶面布置图

01 复制平面布置图，删除家具及标注，如图10-71所示。

02 执行“直线”命令，将各区域封闭起来，如图10-72所示。

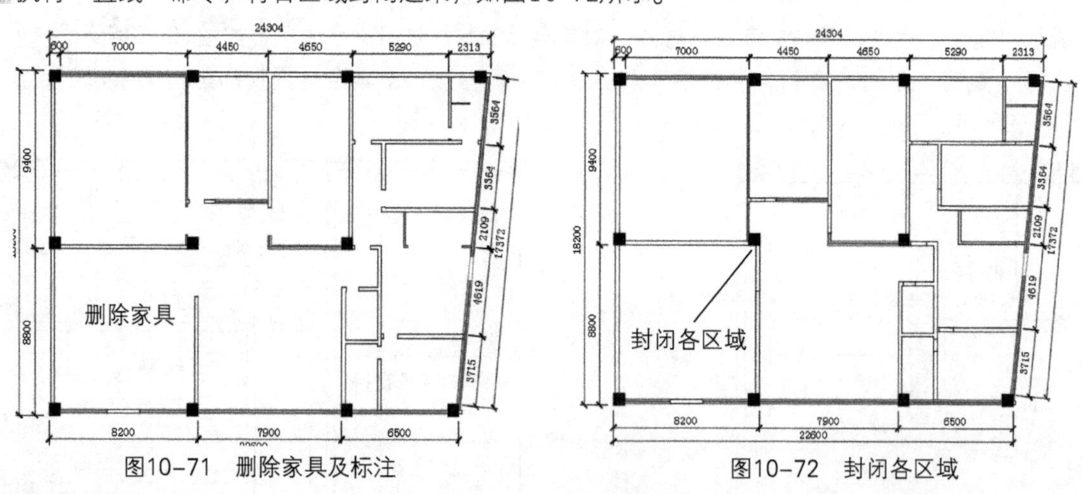


图10-71　删除家具及标注　　　　图10-72　封闭各区域

03 新建“顶面造型”、“回光灯”图层，设置其参数，如图10-73所示，将“顶面造型”图层置为当前层。

04 执行“偏移”、“修剪”命令，在会议室位置绘制吊顶，尺寸如图10-74所示。

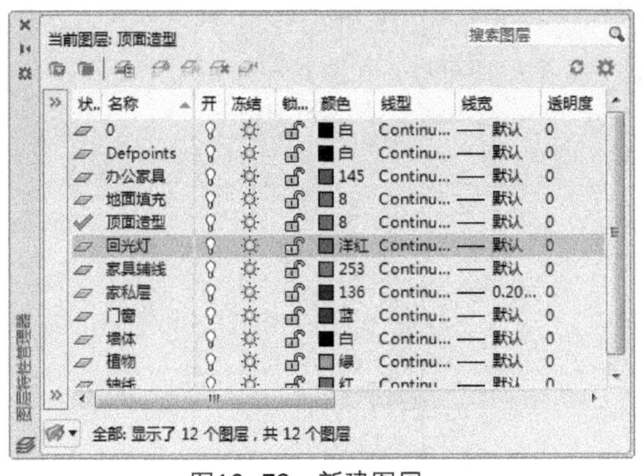


图10-73　新建图层

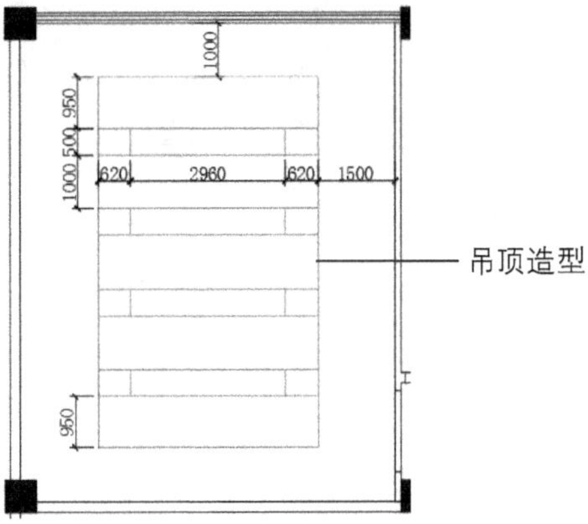

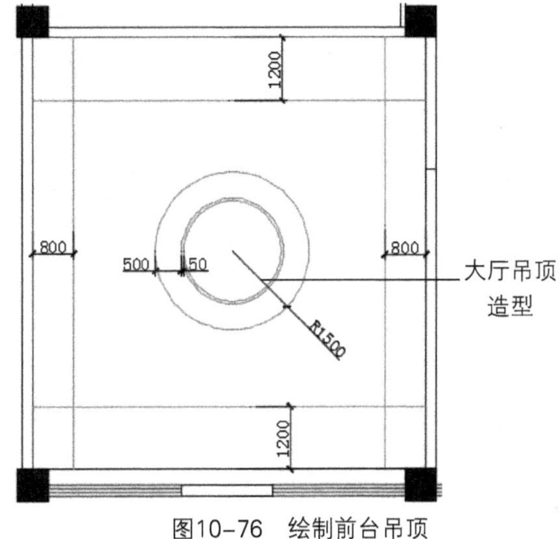


图10-74　绘制会议室吊顶

05 执行“插入”命令，在会议室吊顶位置插入灯具，如图10-75所示。

06 执行“偏移”、“圆”命令，绘制前台大厅位置的吊顶，如图10-76所示。

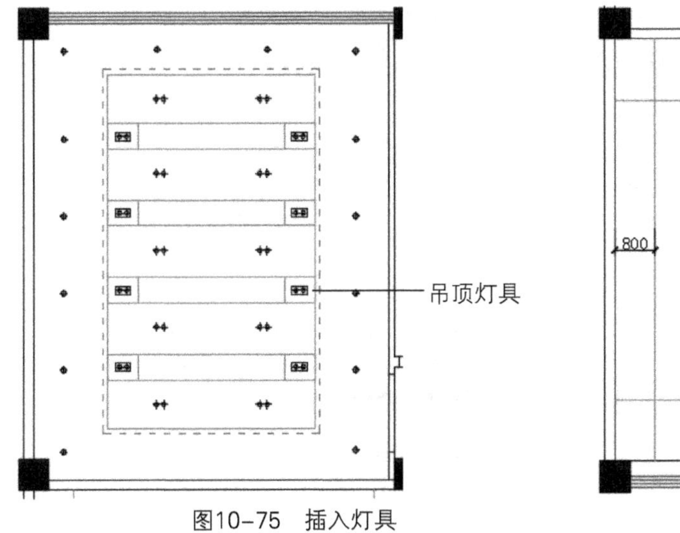


图10-75　插入灯具

图10-76　绘制前台吊顶

07 执行“修剪”、“偏移”、“插入”命令，插入灯具图块，如图10-77所示。

08 执行“图案填充”命令，填充吊顶部分，位置如图10-78所示。

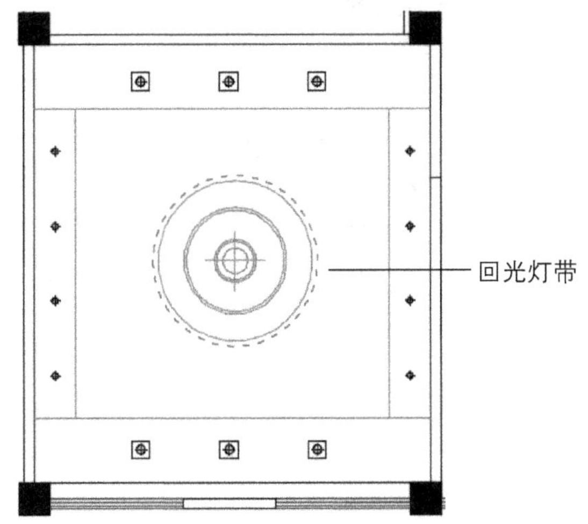


图10-77　插入灯具图块

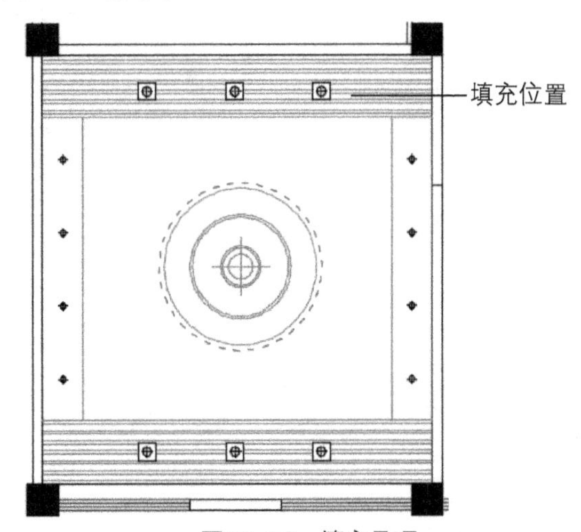


图10-78　填充吊顶

09 执行“矩形”、“偏移”、“圆”命令，绘制经理办公室吊顶，尺寸如图10-79所示。

10 执行 “插入”、“图案填充”命令，添加经理办公室吊顶灯具，如图10-80所示。

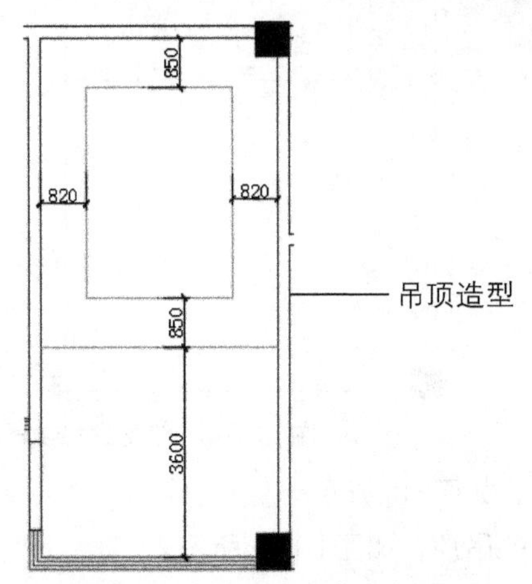


图10-79 绘制经理办公室吊顶

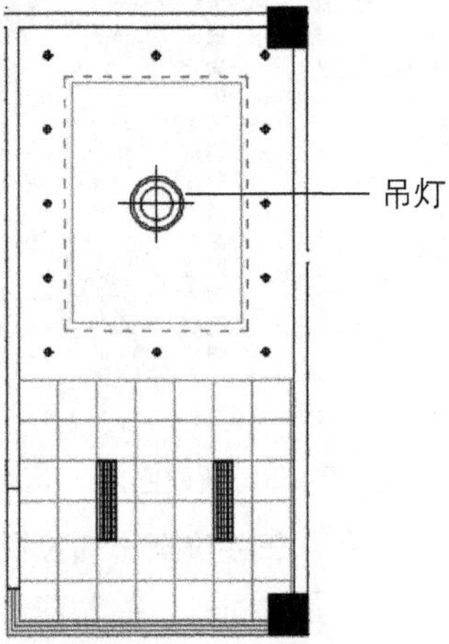

吊灯

图10-80 插入灯具

11 执行“插入”命令，插入吸顶灯和排风扇至休息室及卫生间位置，如图10-81所示。

12 执行“插入”命令，插入公共办公区的灯具，位置如图10-82所示。

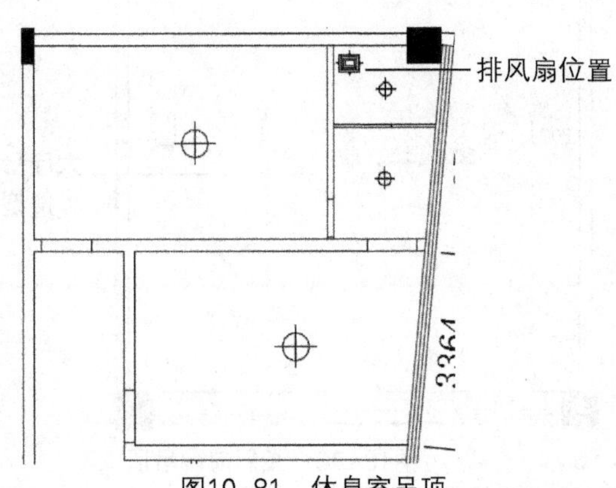


图10-81 休息室吊顶

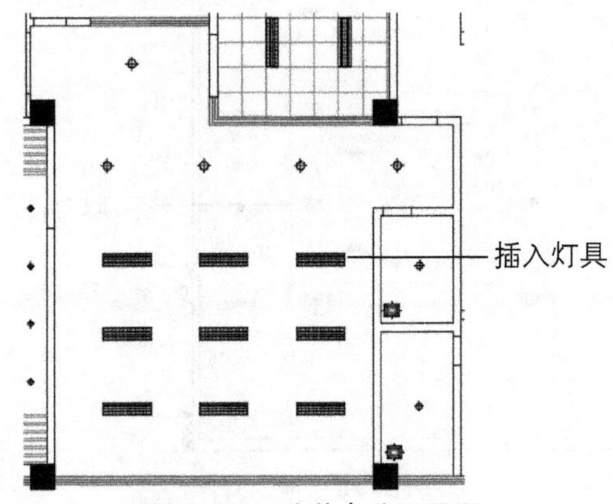


图10-82 公共办公区吊顶

13 执行“图案填充”命令，填充公共办公区，位置如图10-83所示。

14 执行“复制”、“图案填充”命令，复制灯具，位置如图10-84所示。

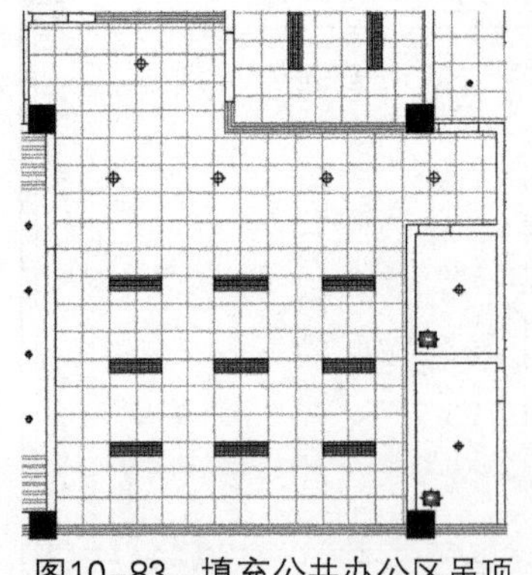

图10-83 填充公共办公区吊顶

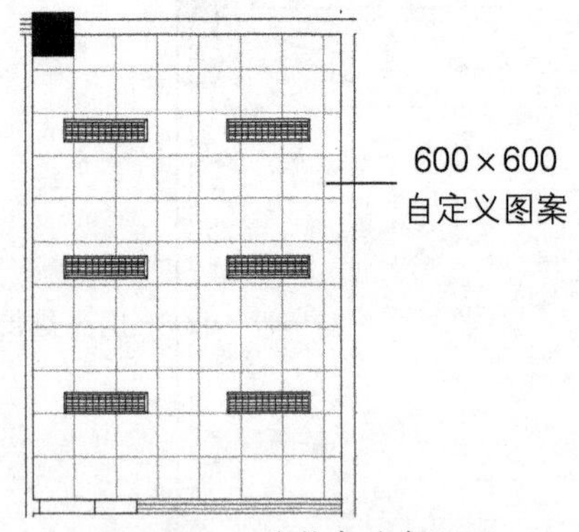


图10-84 公共办公室吊顶

15 执行“复制”命令，在厨房和餐厅位置插入灯具，如图10-85所示。

16 执行“图案填充”命令，填充厨房和餐厅吊顶，如图10-86所示。

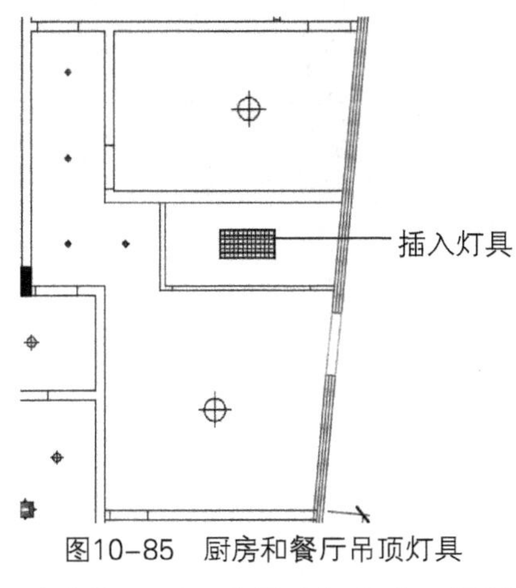

图10-85　厨房和餐厅吊顶灯具

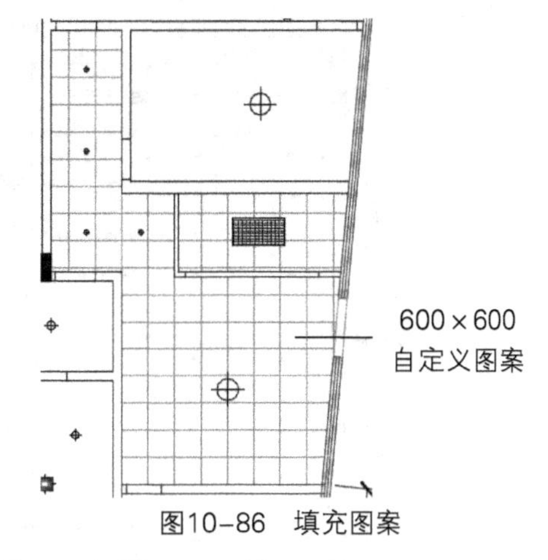

图10-86　填充图案

⑰ 执行“复制”、“图案填充”命令，绘制卫生间吊顶，如图10-87所示。

⑱ 执行“复制”命令，复制吸顶灯至休息室1，如图10-88所示。

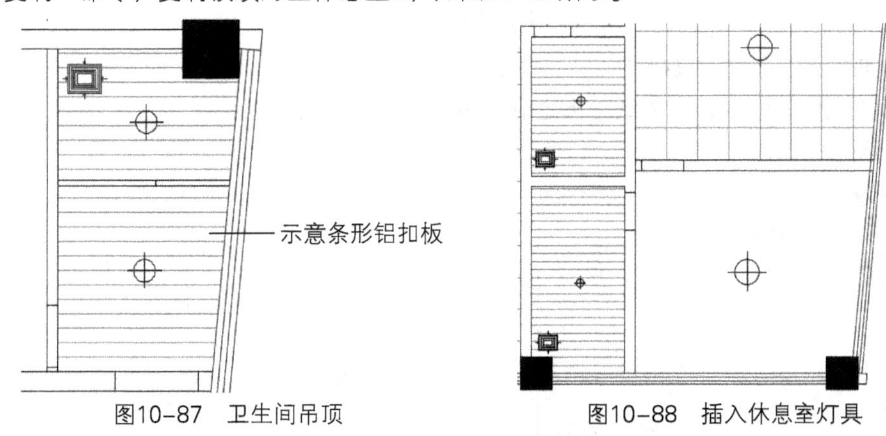

图10-87　卫生间吊顶　　图10-88　插入休息室灯具

⑲ 将“标注”层置为当前层，执行“直线”命令，开启“极轴追踪”命令，绘制标高图形，如图10-89所示。

⑳ 执行“单行文字”命令，输入标高值，如图10-90所示。

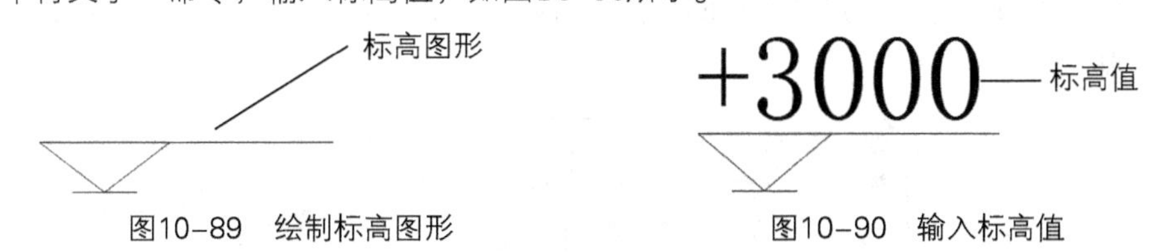

图10-89　绘制标高图形　　图10-90　输入标高值

㉑ 将绘制好的标高放置于客厅合适位置，如图10-91所示。

㉒ 执行“复制”命令，复制标高，双击标高值，进行修改，如图10-92所示。

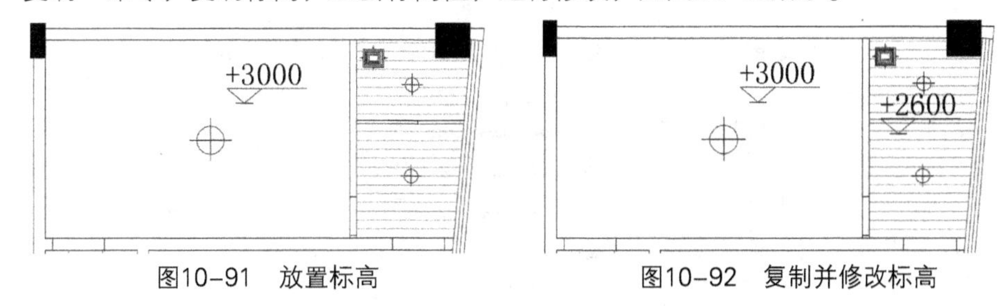

图10-91　放置标高　　图10-92　复制并修改标高

㉓ 将绘制好的标高放置于其他空间合适位置，如图10-93所示。

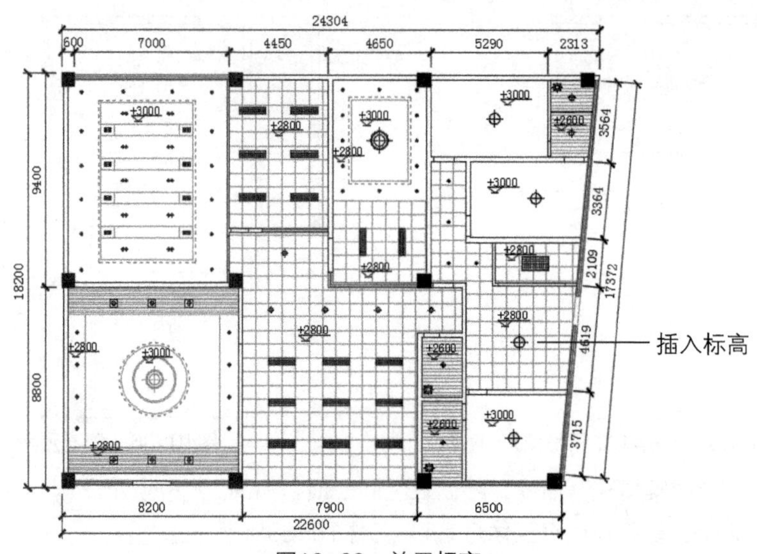


图10-93　放置标高

24 新建“平面标注”多重引线样式，箭头大小为200，字体大小为350，如图10-94所示。

25 执行“多重引线”命令，在图纸中指定卫生间吊顶位置，并指定引线位置，输入材质说明，如图10-95所示。

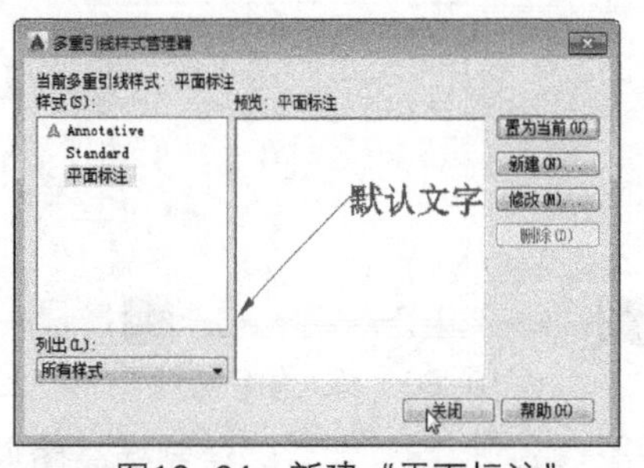


图10-94　新建“平面标注”

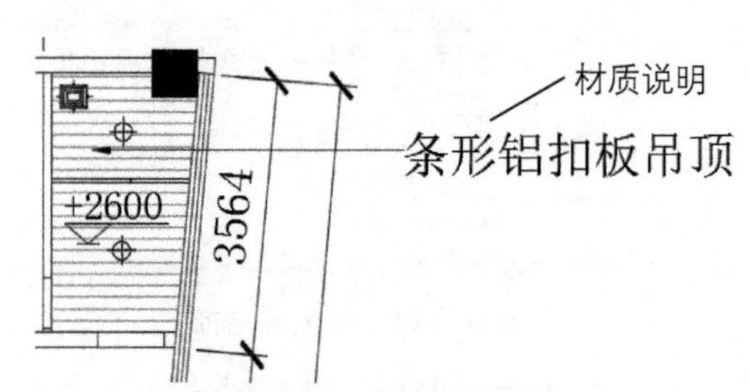


图10-95　多重引线标注

26 选择绘制的引线标注，执行“复制”命令，将其复制到合适位置，双击文字内容，更改成所需内容。按照同样的操作方法，对其余房间吊顶进行标注，如图10-96所示。至此完成办公室顶面布置图的绘制。

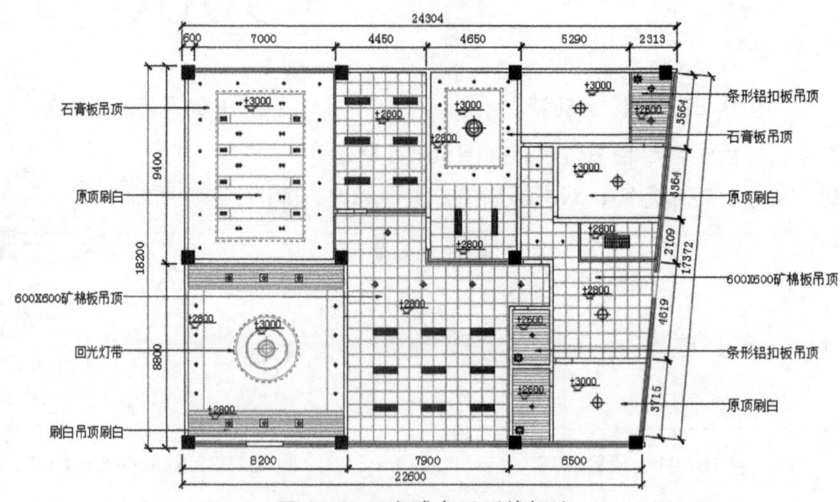


图10-96　完成多重引线标注

# 10.3 办公室立面图的设计

绘制办公室立面图和绘制住宅立面图一样，要根据办公室平面布置图的配景家具布置和顶面的标高等因素，进行立面图的绘制。

## 10.3.1 绘制前台背景墙立面图

绘制办公前台背景墙立面图，首先根据平面布置图中的造型及顶面布置图的标高，用直线绘制轮廓线，执行偏移、修剪、图案填充等命令进行细节装饰等的绘制，然后对标注样式及引线样式进行设置，对立面图进行标注。下面介绍办公前台背景墙立面图的绘制步骤。

01 复制前台平面图，插入立面索引符号，如图10-97所示。

02 单击“图层特性管理器”按钮，新建“轮廓线”等图层，设置图层特性，如图10-98所示。

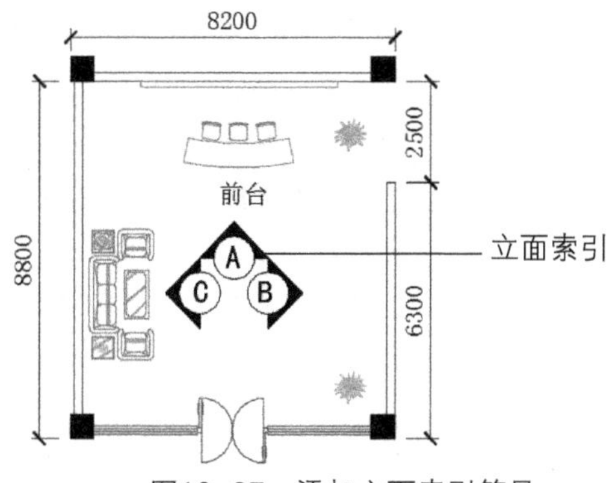


图10-97 添加立面索引符号

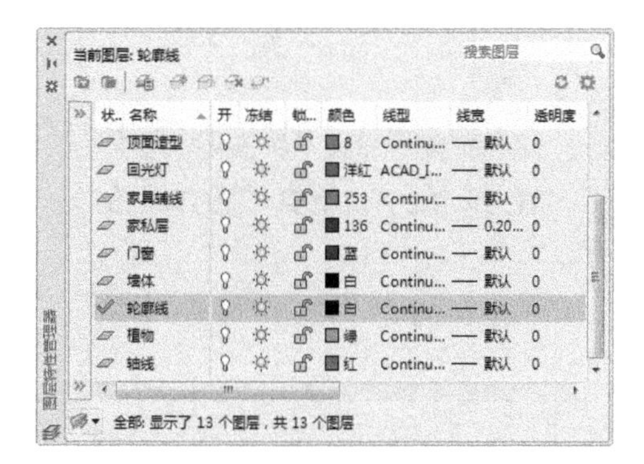


图10-98 新建图层

03 执行“射线”命令，捕捉平面图主要的轮廓位置绘制射线，如图10-99所示。

04 执行“直线”、“偏移”命令，绘制前台背景墙轮廓，如图10-100所示。

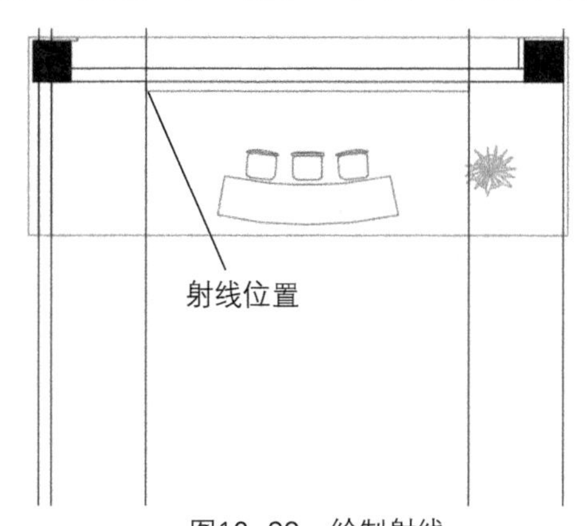


图10-99 绘制射线

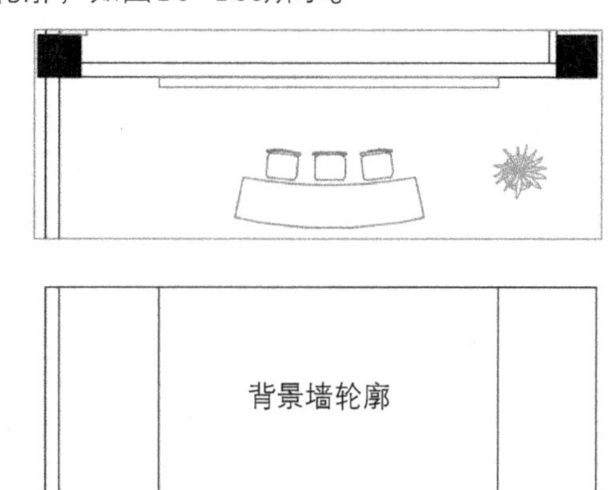


图10-100 绘制背景墙轮廓

05 执行“偏移”命令，将顶边线段依次向下偏移，具体尺寸如图10-101所示。

06 执行“修剪”、“倒角”命令，并修剪掉多余线段，结果如图10-102所示。

07 执行“偏移”命令，将顶边和左边线段分别进行偏移，尺寸如图10-103所示。

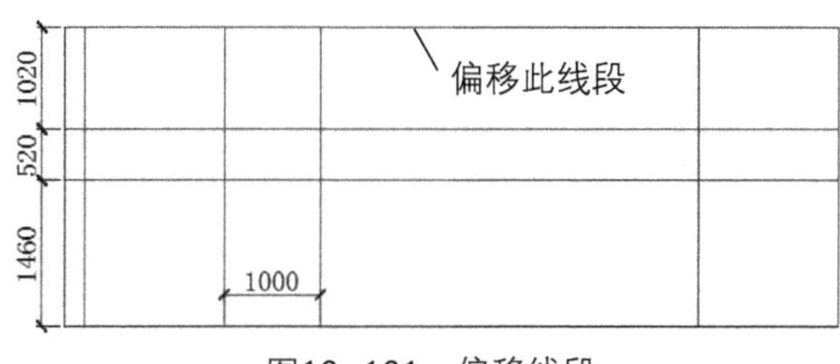


图10-101 偏移线段

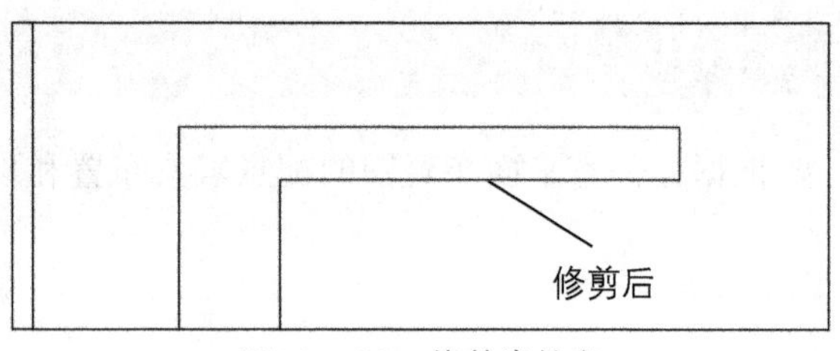


图10-102　修剪出轮廓

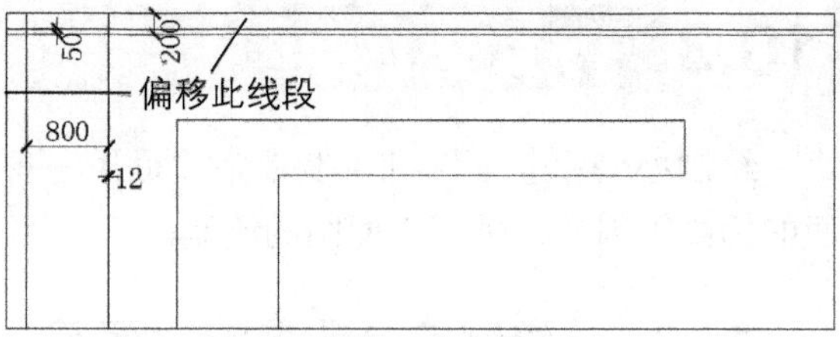

偏移此线段

图10-103　偏移线段

08 执行“偏移”、“修剪”命令，偏移吊顶立面造型轮廓线，具体尺寸如图10-104所示。

09 执行“插入”命令，插入灯具立面图块，如图10-105所示。

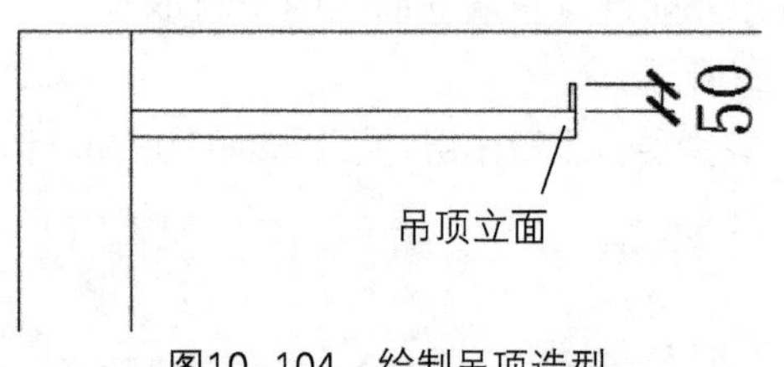


图10-104　绘制吊顶造型

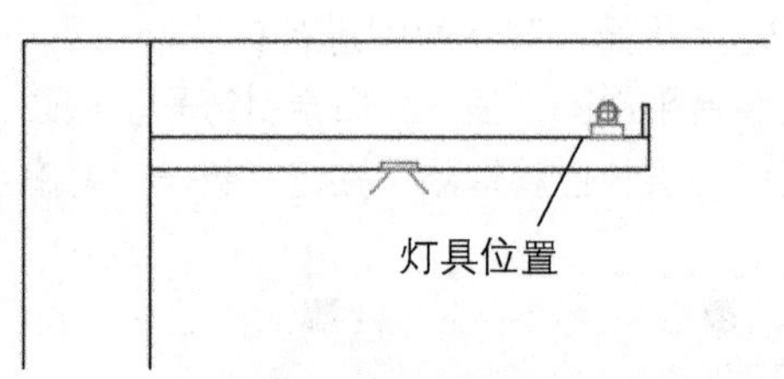


图10-105　插入灯具

10 执行“镜像”命令，镜像吊顶立面图形；执行“矩形”命令，绘制接待台，尺寸如图10-106所示。

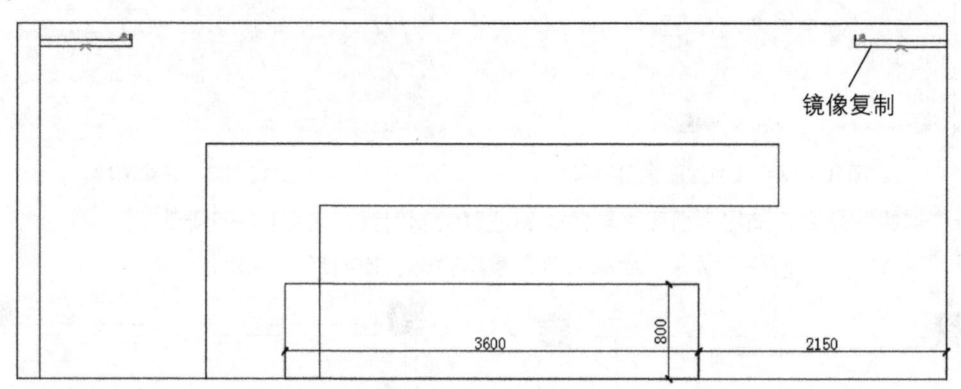


图10-106　绘制接待台

11 分别执行“分解”、“偏移”命令，绘制接待台造型，具体尺寸如图10-107所示。

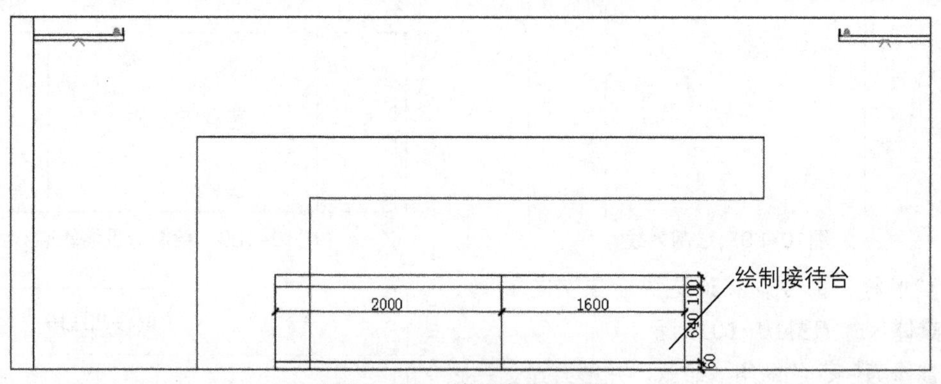


图10-107　绘制接待台细节

12 执行“偏移”、“直线”、“修剪”命令，绘制接待台轮廓，如图10-108所示。

13 执行“偏移”命令，绘制接待台左侧细节，如图10-109所示。

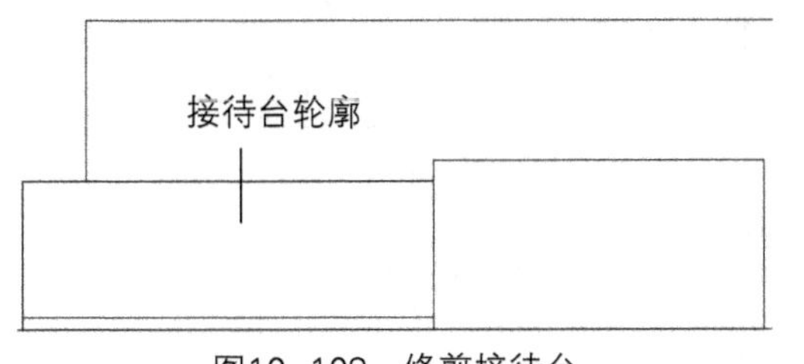

图10-108 修剪接待台

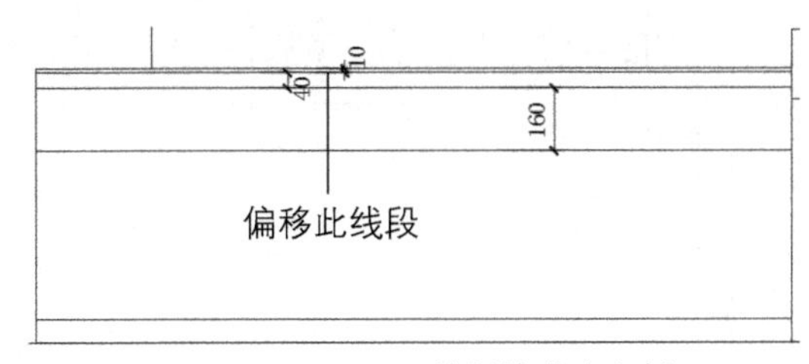

图10-109 绘制接待台左侧

⑭ 执行“矩形”、“复制”命令，绘制台面立柱，如图10-110所示。

⑮ 执行“圆”、“镜像”命令，绘制圆，具体位置如图10-111所示。

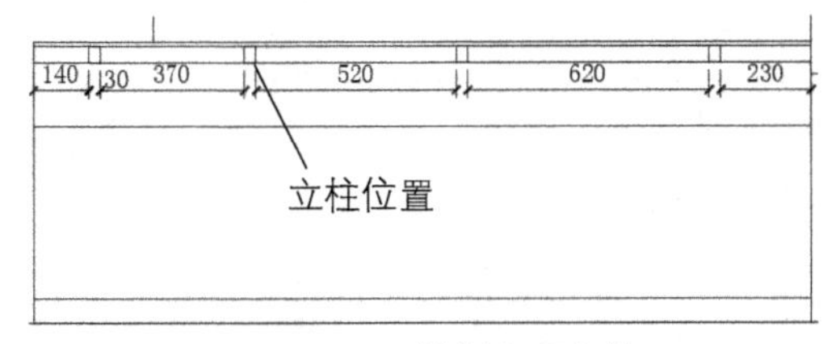

图10-110 绘制台面立柱

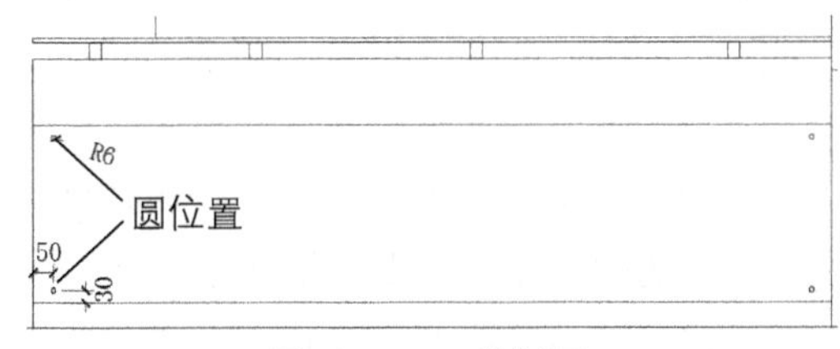

图10-111 绘制圆

⑯ 执行“偏移”、“修剪”命令，绘制接待台右侧，如图10-112所示。

⑰ 执行“复制”命令，复制圆至合适位置，如图10-113所示。

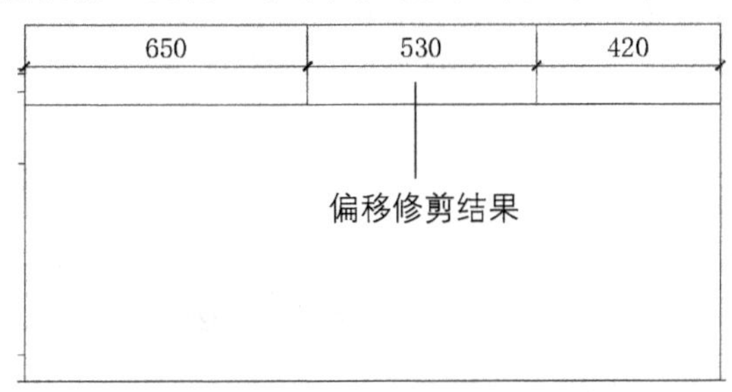

图10-112 绘制接待台右侧

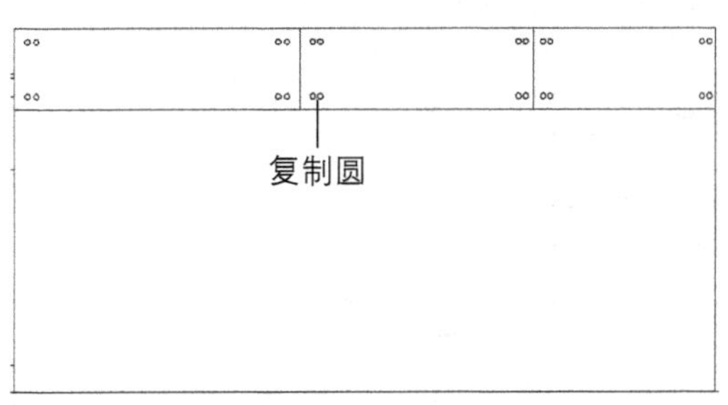

图10-113 复制圆

⑱ 执行“图案填充”命令，填充接待台。填充结果如图10-114所示。

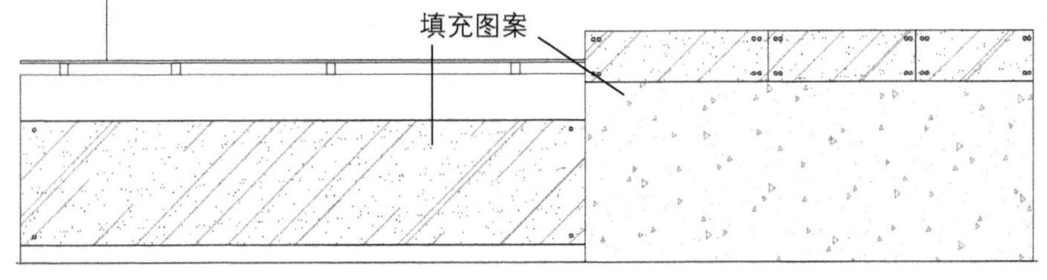

图10-114 填充接待台

⑲ 执行“插入”、“修剪”命令，插入座椅靠背，修剪掉被遮挡部分，如图10-115所示。

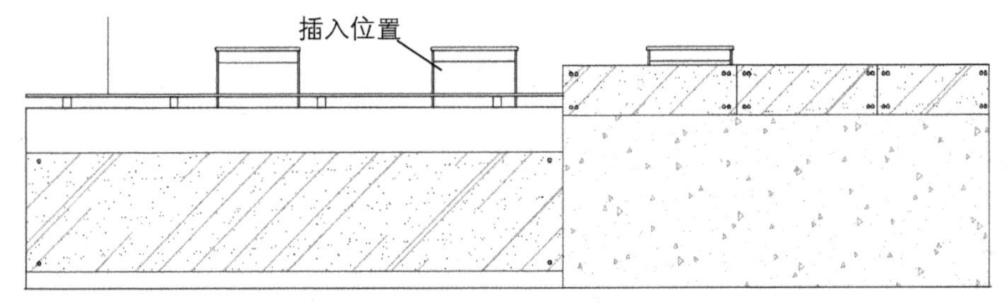

图10-115 插入座椅

⑳ 执行“图案填充”命令，填充背景墙。填充结果如图10-116所示。

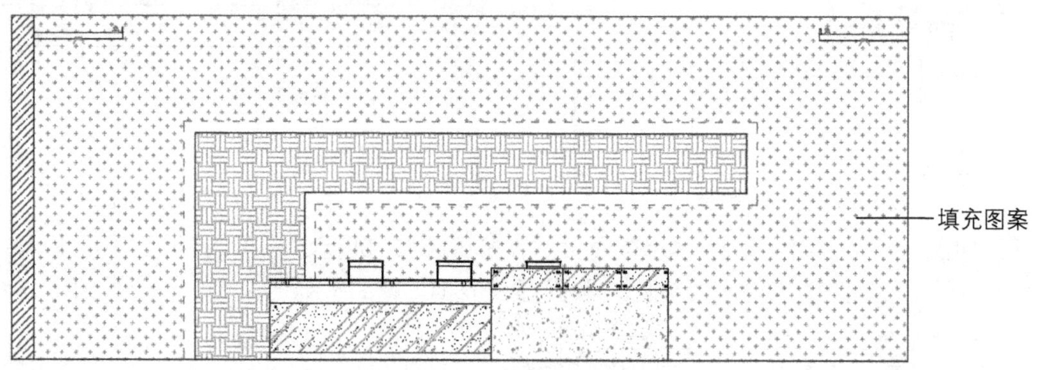


图10-116　填充背景墙

㉑ 执行“文字样式”命令，新建“文字标注”样式，如图10-117所示。

㉒ 设置字体为“宋体”，高度为120，将该样式置为当前样式，如图10-118所示。

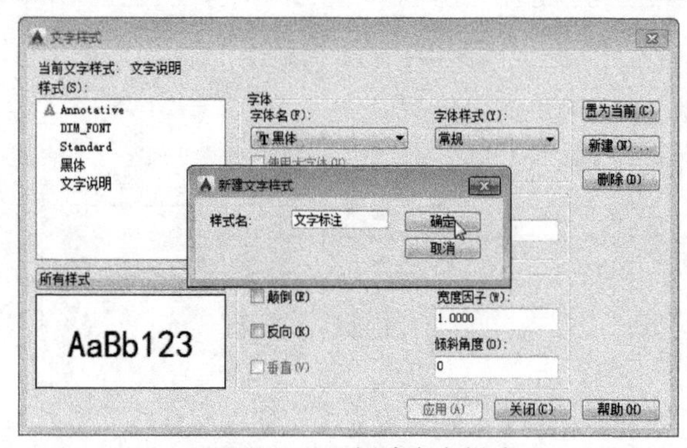


图10-117　新建文字样式

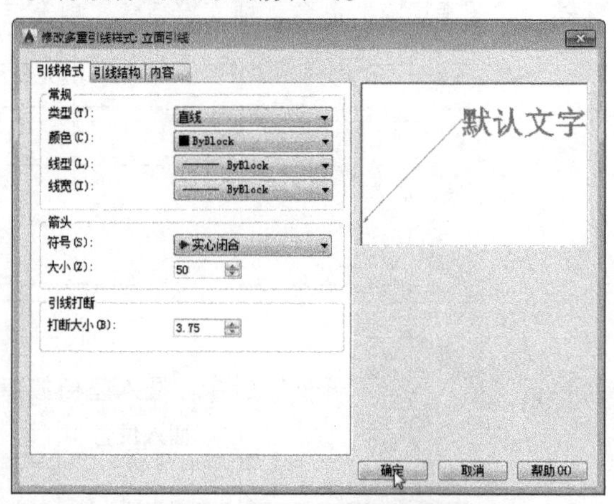


图10-118　设置文字样式

㉓ 执行“多重引线样式”命令，新建“立面引线”样式，如图10-119所示。

㉔ 设置箭头大小为50，高度为120，如图10-120所示。将该样式置为当前样式。

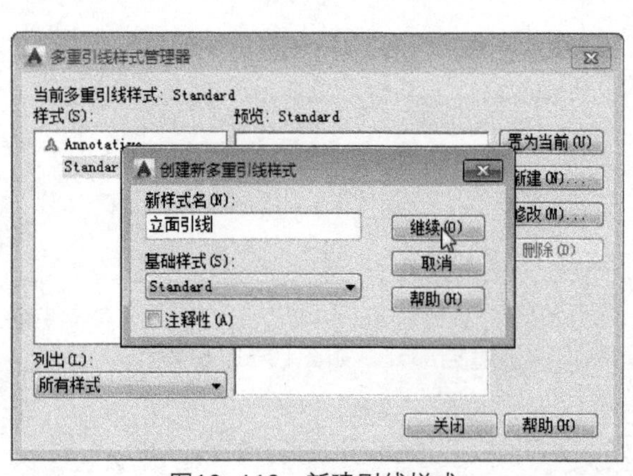


图10-119　新建引线样式

图10-120　设置引线样式

㉕ 执行“标注样式”命令，新建“立面标注”样式，如图10-121所示。

㉖ 设置超出尺寸线20，起点偏移量50，符号与箭头设置如图10-122所示。

㉗ 设置文字高度为80，主单位精度为0，如图10-123所示。

㉘ 执行“多重引线”命令，指定标注的位置，输入文字标注，如图10-124所示。

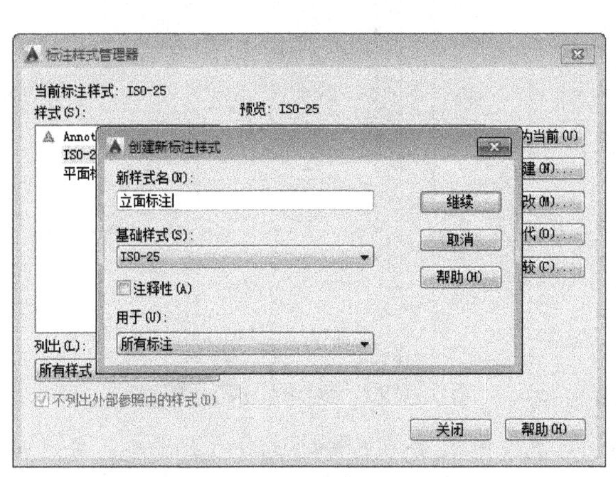


图10-121 新建标注样式

图10-122 设置标注样式

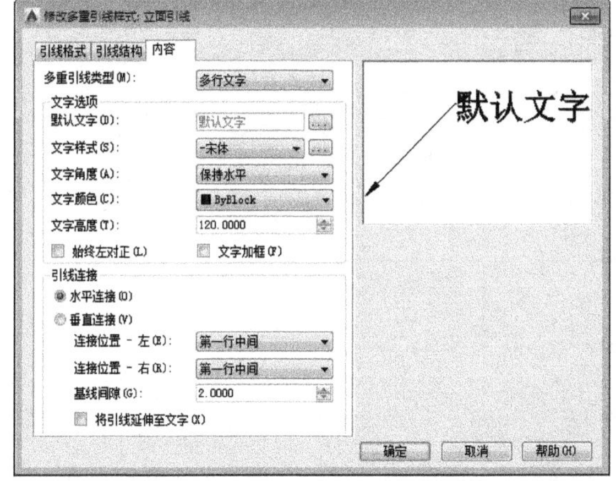


图10-123 设置标注文字

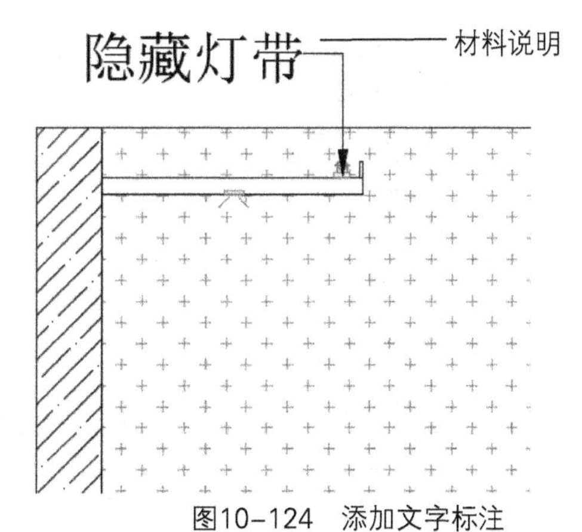


图10-124 添加文字标注

29 重复执行“多重引线”命令，按照同样的操作方法，标注其他墙面的装饰材质，结果如图10-125所示。

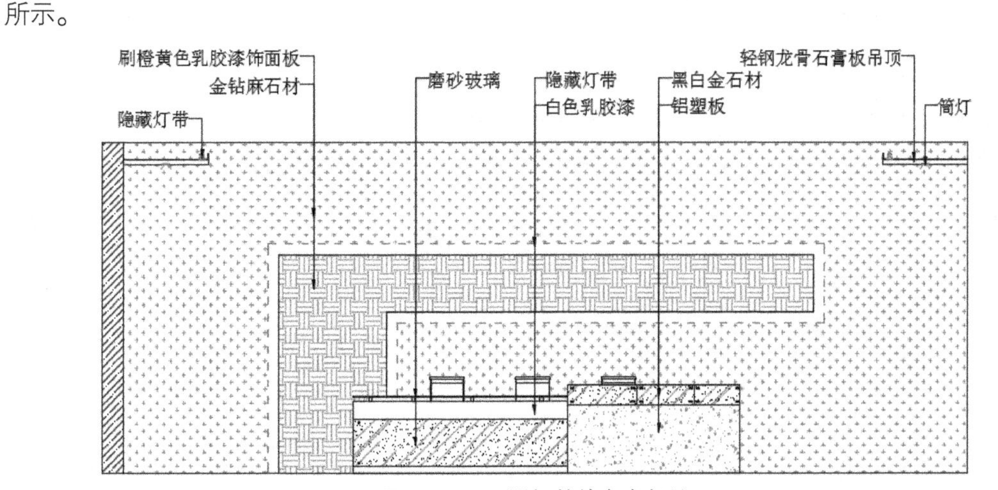


图10-125 添加其他文字标注

30 执行“线性”标注命令，对立面图进行尺寸标注，如图10-126所示。

31 执行“连续标注”命令，标注其他尺寸，如图10-127所示。

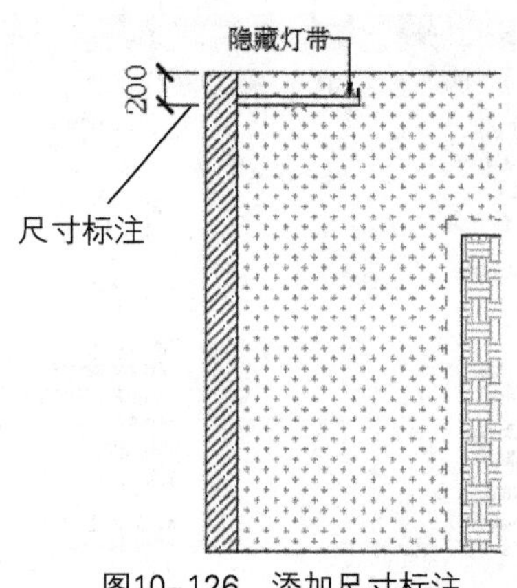

图10-126 添加尺寸标注

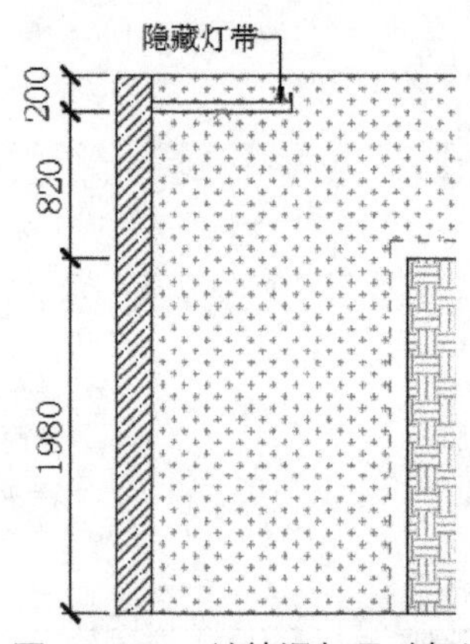

图10-127 继续添加尺寸标注

32 重复执行“尺寸标注”和“连续标注”命令，标注其他位置尺寸，结果如图10-128所示。至此完成前台背景墙立面图的绘制。

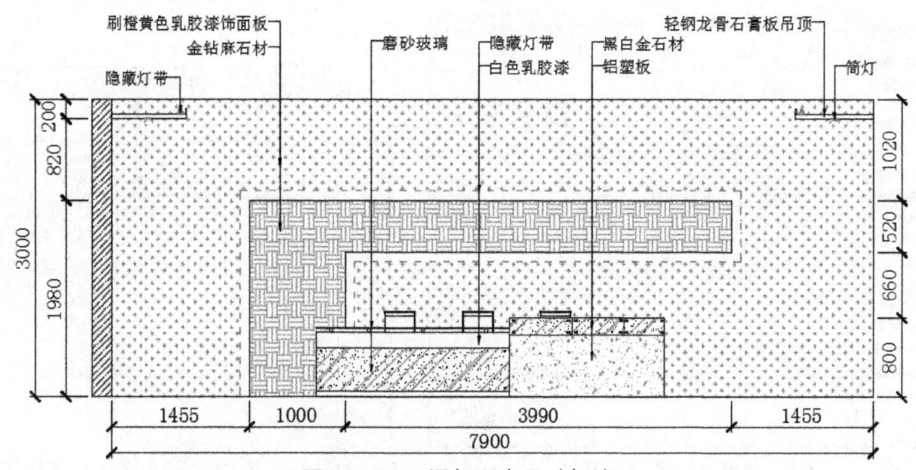

图10-128 添加所有尺寸标注

## 10.3.2 绘制前台B立面图

下面绘制办公室前台B立面图，步骤如下。

01 执行“旋转”命令，旋转前台平面图，如图10-129所示。

02 执行“射线”命令，捕捉平面图主要的轮廓位置，绘制射线，如图10-130所示。

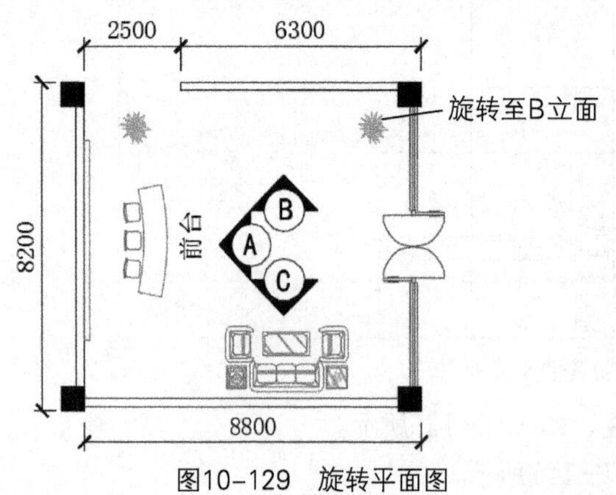

图10-129 旋转平面图

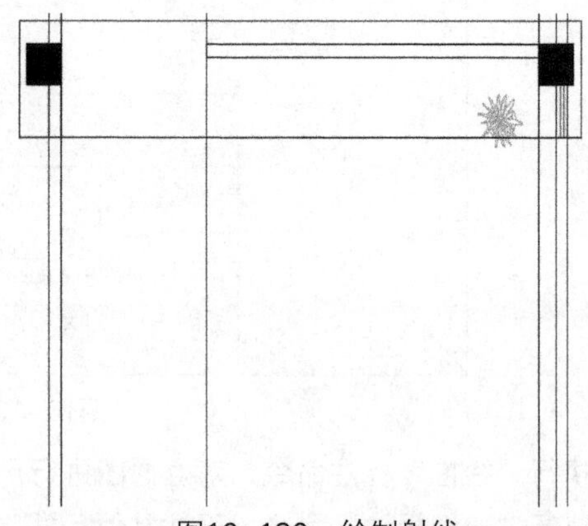
图10-130 绘制射线

03 执行“直线”、“偏移”命令，绘制立面轮廓，如图10-131所示。

04 执行“修剪”命令，保留两条线段中间的线，如图10-132所示。

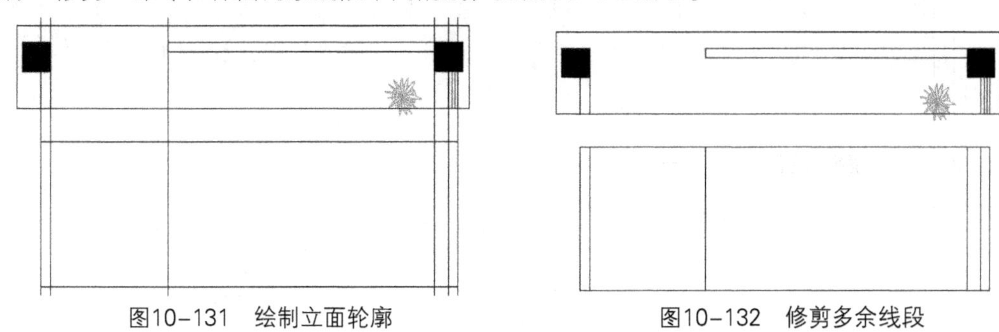

图10-131　绘制立面轮廓　　　　图10-132　修剪多余线段

05 执行“偏移”命令，将顶边线段依次向下偏移，具体尺寸如图10-133所示。

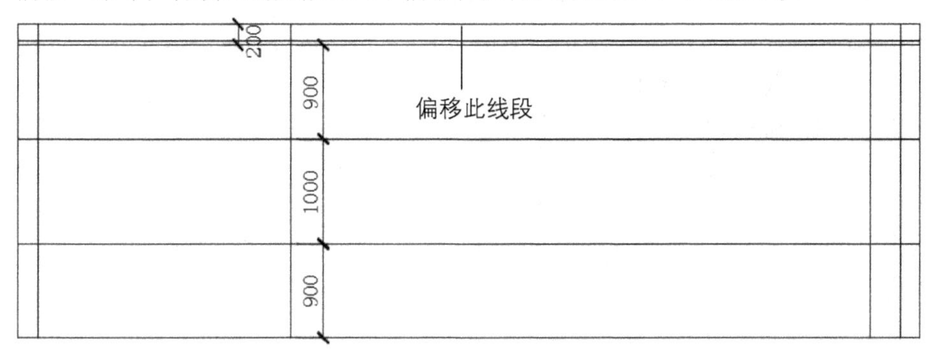


图10-133　偏移线段

06 执行“修剪”命令，修剪多余线段，如图10-134所示。

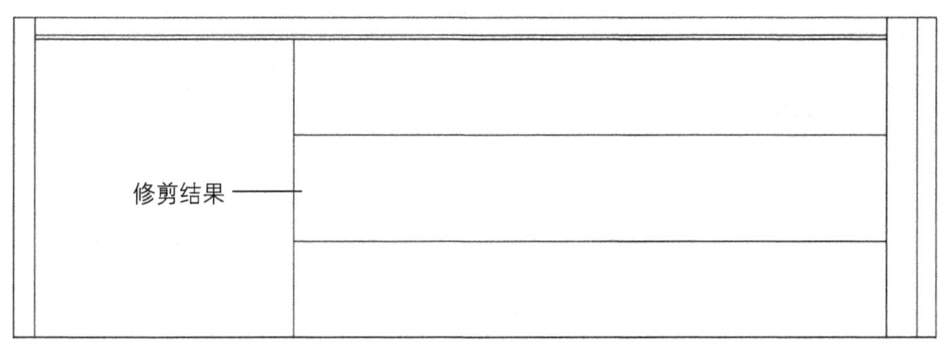


图10-134　修剪出轮廓

07 执行“直线”、“偏移”、“修剪”命令，绘制不锈钢吊索，如图10-135所示。

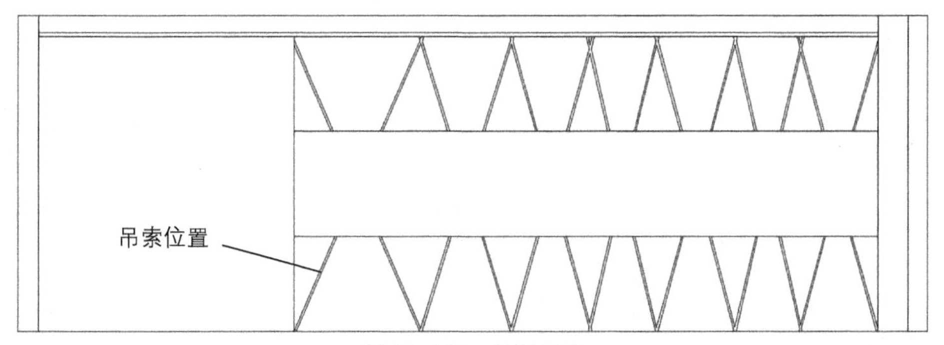


图10-135　绘制吊索

08 执行“直线”、“矩形”命令，绘制镜框并复制至合适位置，如图10-136所示。

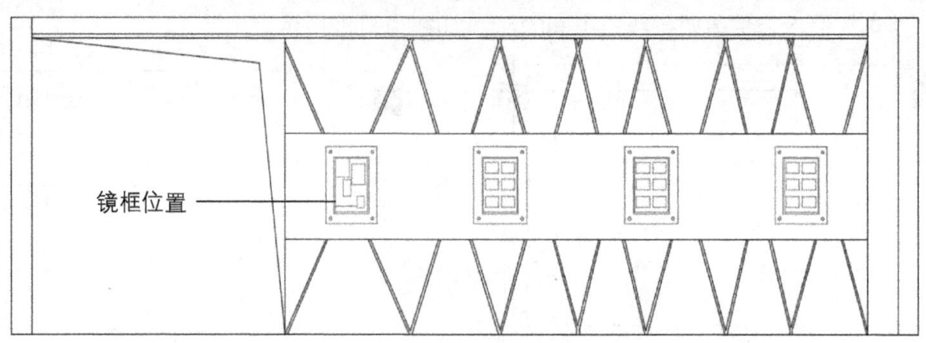


图10-136　复制镜框

09 执行“插入”命令，插入筒灯至合适位置，结果如图10-137所示。

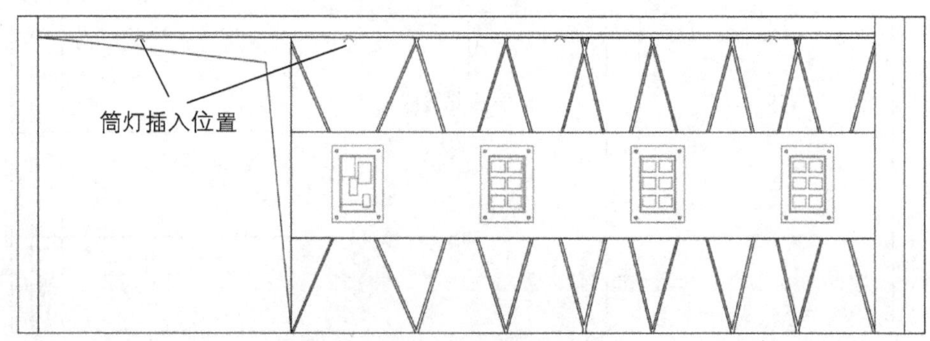


图10-137　插入筒灯

10 执行“图案填充”命令，填充墙体部分。填充结果如图10-138所示。

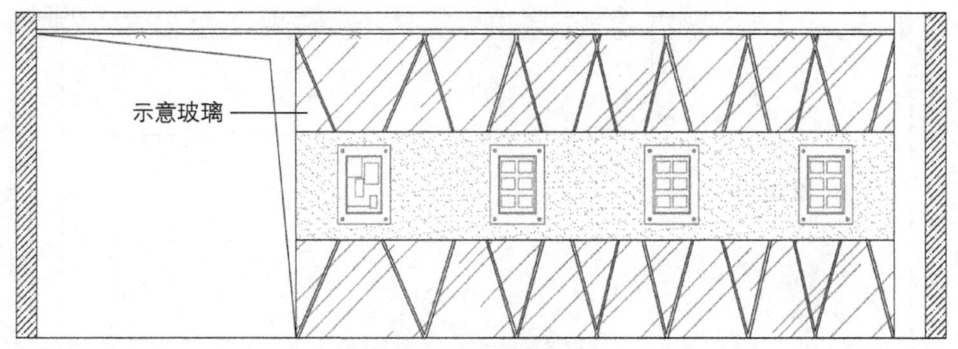


图10-138　填充图案

11 执行“插入”、“修剪”命令，插入植物，修剪掉被遮挡部分，如图10-139所示。

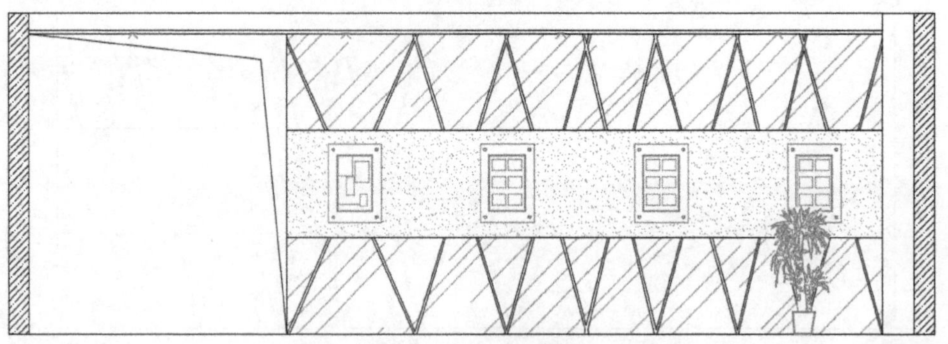

图10-139　插入植物

⑫ 执行“多重引线”命令，指定标注的位置，输入文字，如图10-140所示。

⑬ 执行“复制”命令，复制多重引线标注，双击文字进行更改，添加文字标注，如图10-141所示。

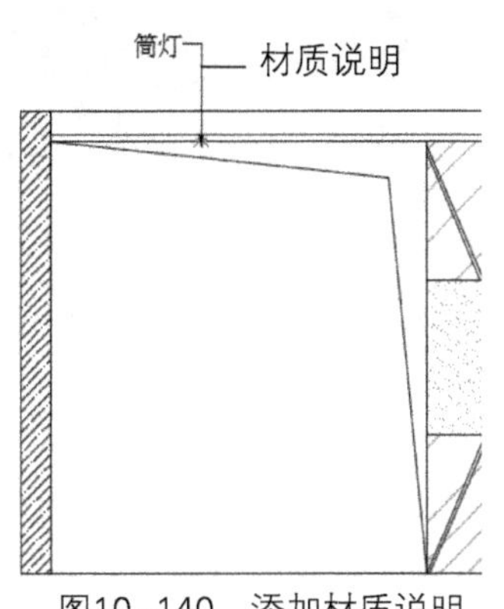


图10-140 添加材质说明

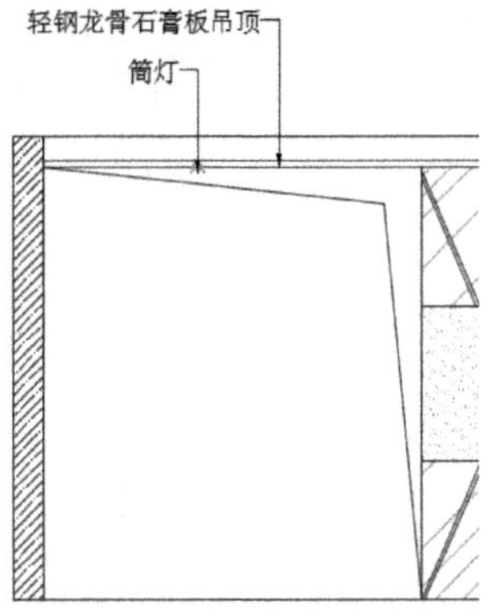


图10-141 添加文字标注

⑭ 重复执行“多重引线”命令，按照同样的操作方法，标注其他墙面的装饰材质，结果如图10-142所示。

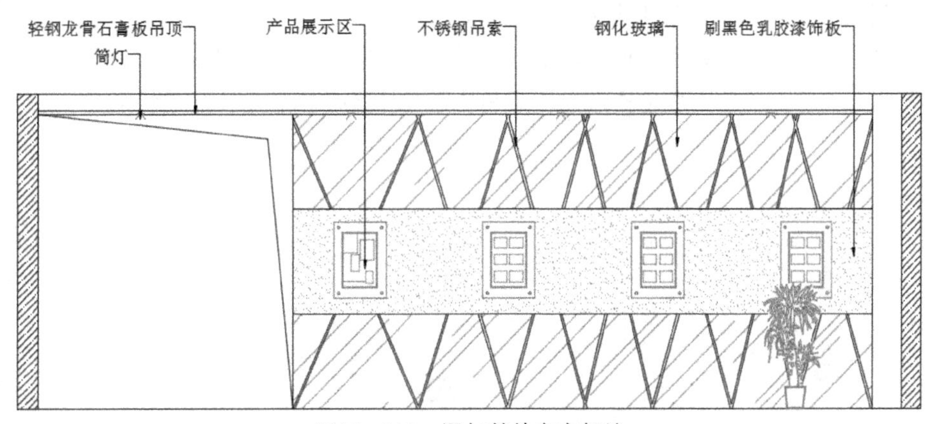


图10-142 添加其他文字标注

⑮ 执行“线性”、“连续”标注命令，对立面图进行尺寸标注，如图10-143所示。

⑯ 执行“线性”命令，标注总尺寸，如图10-144所示。

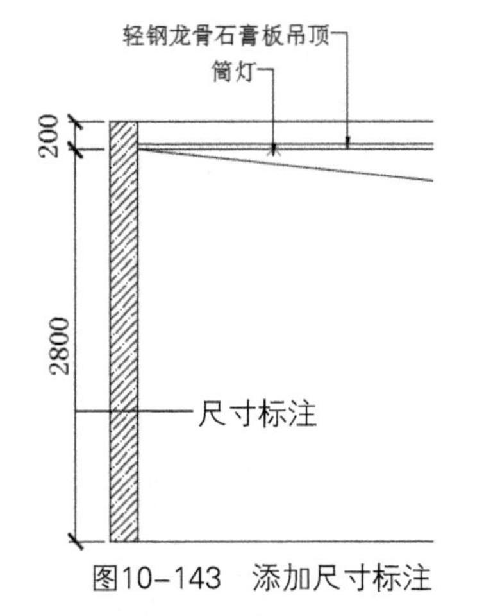


图10-143 添加尺寸标注

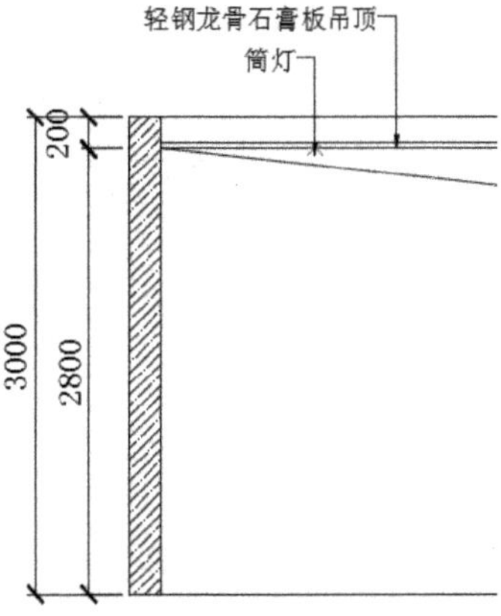

图10-144 继续添加尺寸标注

⑰ 重复执行“尺寸标注”和“连续标注”命令，标注其他位置尺寸，结果如图10-145所示。至此完成前台背景墙B立面图的绘制。

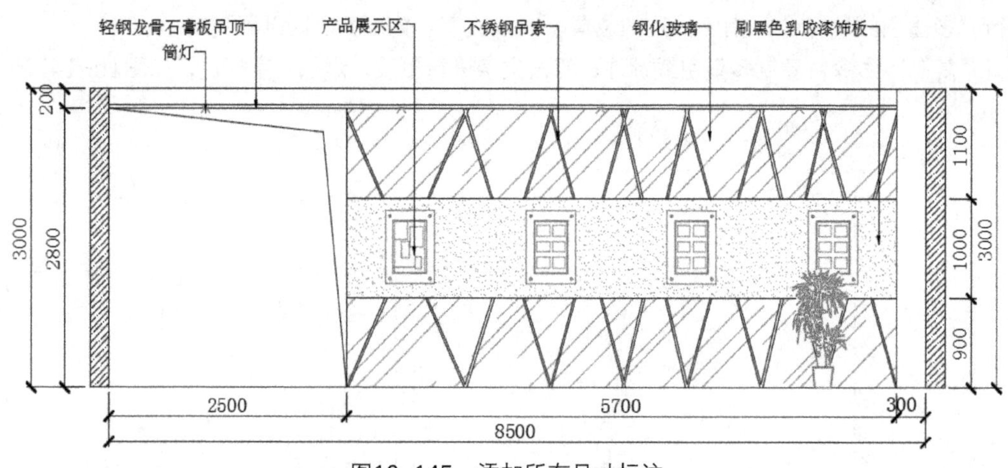


图10-145　添加所有尺寸标注

## 10.3.3　绘制前台C立面图

下面绘制办公室前台沙发背景墙C立面图，绘制过程如下。

01 执行“旋转”命令，复制餐厅平面图，插入立面索引符号，如图10-146所示。

02 执行“矩形”、“修剪”命令，框选出需绘制的C立面部分，如图10-147所示。

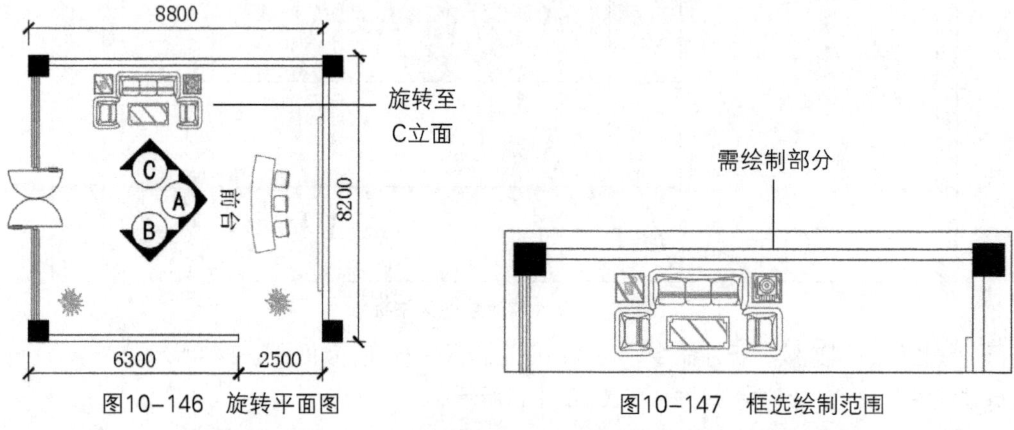


图10-146　旋转平面图　　图10-147　框选绘制范围

03 执行“射线”命令，捕捉平面图主要的轮廓位置绘制射线，如图10-148所示。

04 执行“直线”、“偏移”命令，绘制立面轮廓，如图10-149所示。

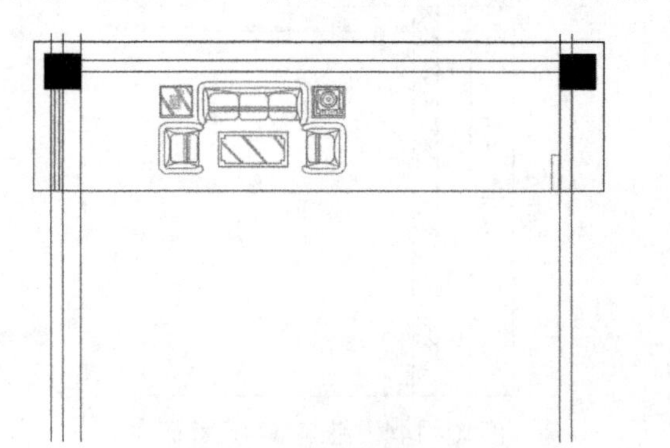

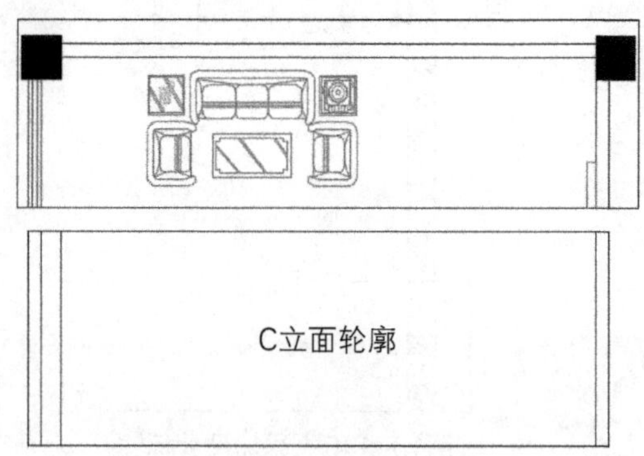


图10-148　绘制射线　　图10-149　绘制立面轮廓

05 执行“偏移”命令，将顶边线段依次向下偏移，具体尺寸如图10-150所示。

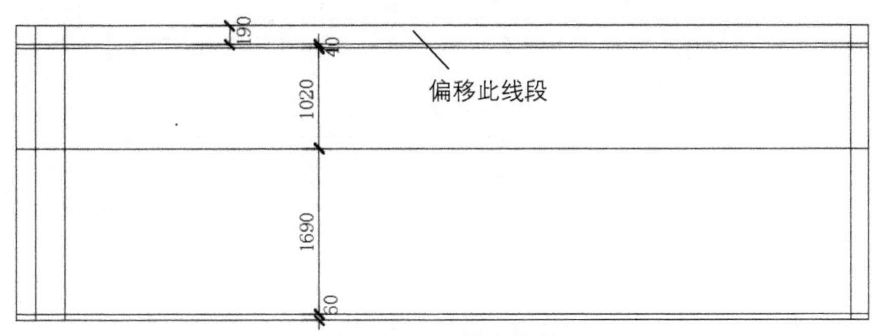

图10-150 偏移线段

06 执行“偏移”命令，偏移装饰线条，具体尺寸如图10-151所示。

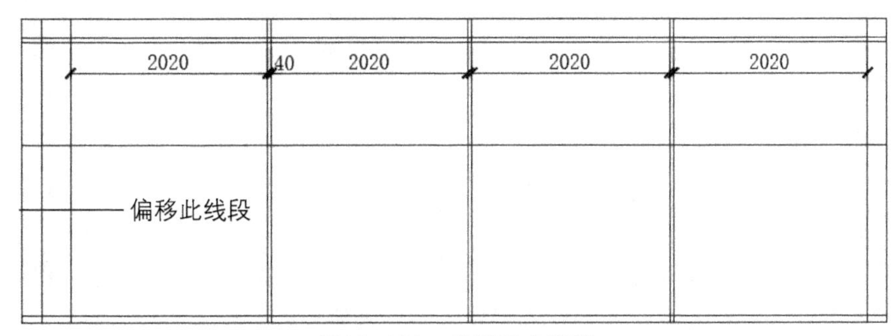

图10-151 偏移垂直线段

07 执行“修剪”命令，修剪多余线段，结果如图10-152所示。

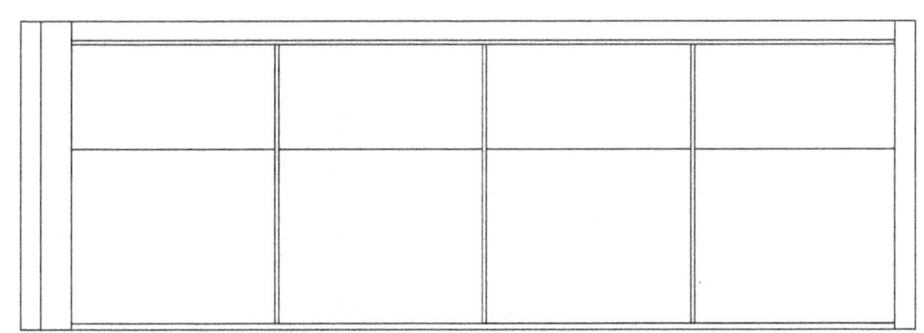
图10-152 修剪多余线段

08 执行“偏移”、“复制”命令，偏移60mm做为回光灯位置，然后复制筒灯至合适位置，如图10-153所示。

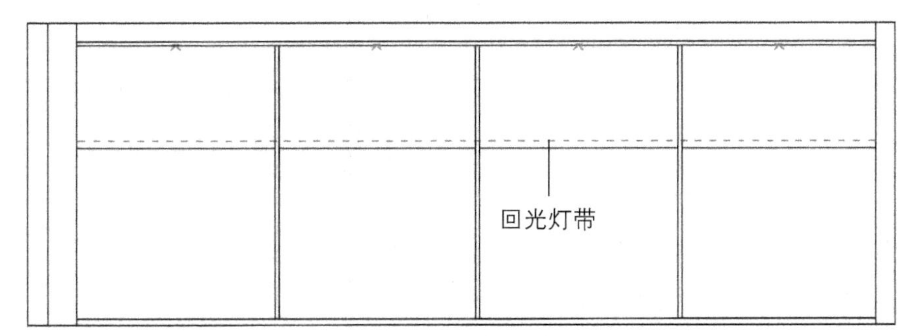

图10-153 插入筒灯

09 分别执行“矩形”、“圆”命令，绘制装饰相框，然后执行“复制”命令，对镜框进行复制，结果如图10-154所示。

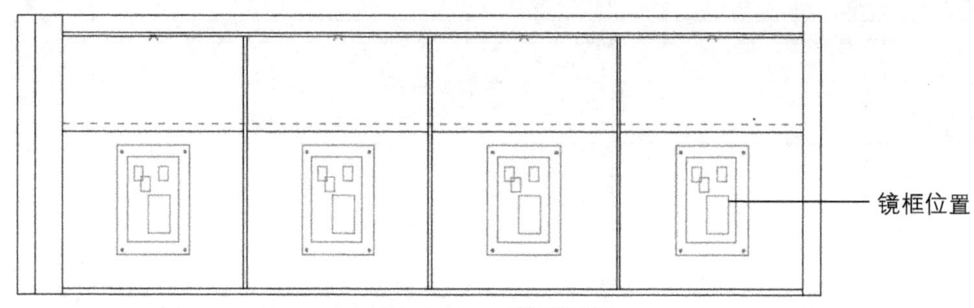


图10-154 复制镜框

⑩ 执行“图案填充”命令，填充背景墙部分，填充结果如图10-155所示。

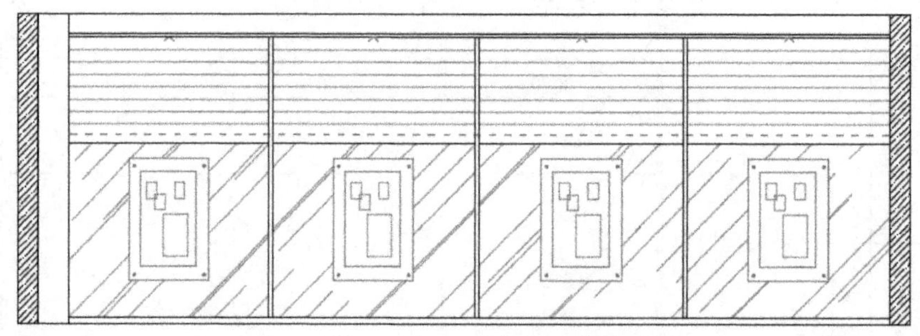

图10-155 填充背景墙

⑪ 执行“插入”、“修剪”命令，插入组合沙发，修剪掉被遮挡部分，如图10-156所示。

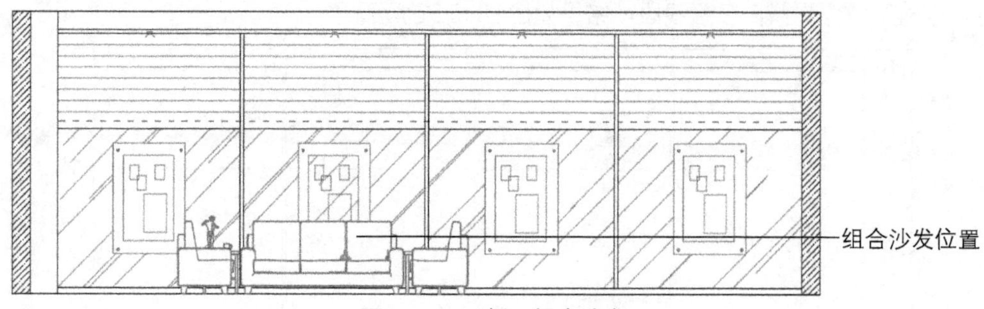


图10-156 插入组合沙发

⑫ 执行“多重引线”命令，指定标注的位置，指定引线方向，输入文字，如图10-157所示。

⑬ 执行“复制”命令，复制多重引线标注，双击文字进行更改，如图10-158所示。

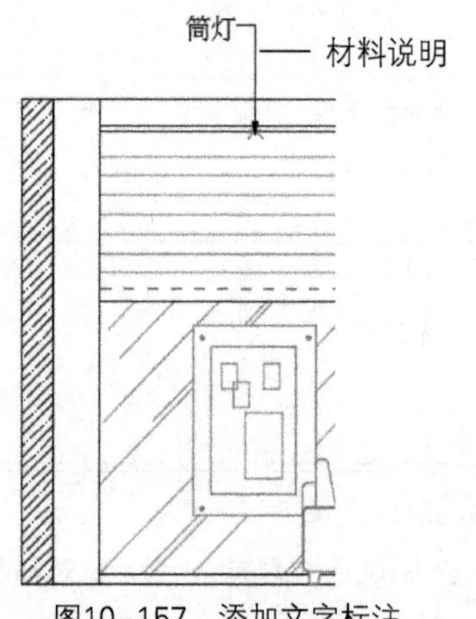


图10-157 添加文字标注

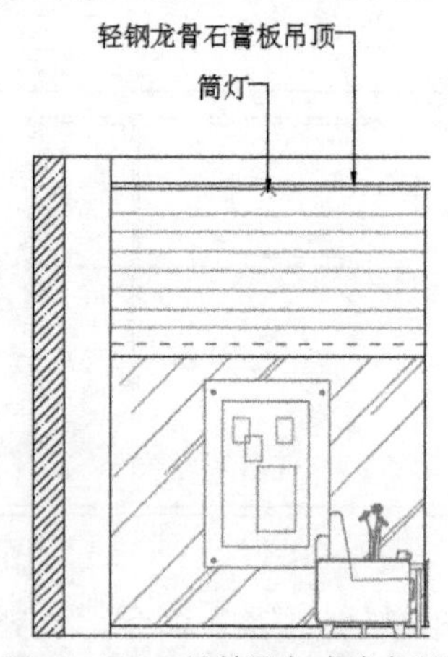


图10-158 继续添加文字标注

⑭ 重复执行“多重引线”命令，标注其他墙面的装饰材质，结果如图10-159所示。

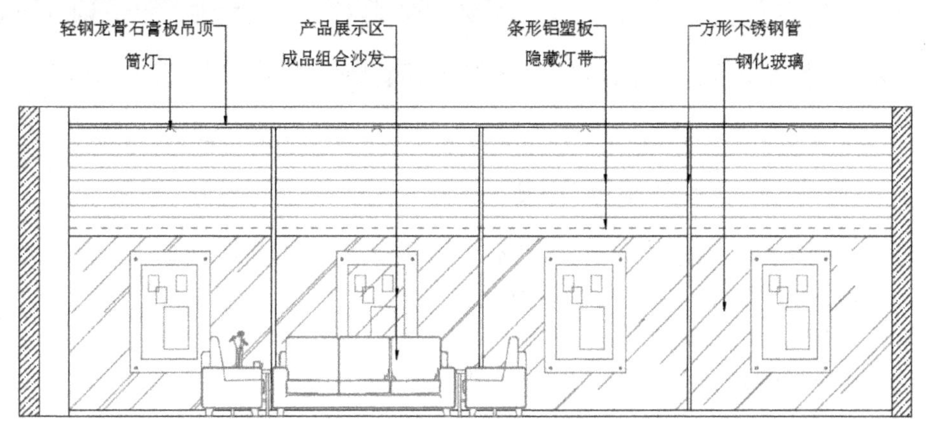


图10-159　添加其他文字标注

⑮ 执行“线性”、“连续”标注命令，对立面图进行尺寸标注，如图10-160所示。

⑯ 执行“线性”命令，标注总尺寸，如图10-161所示。

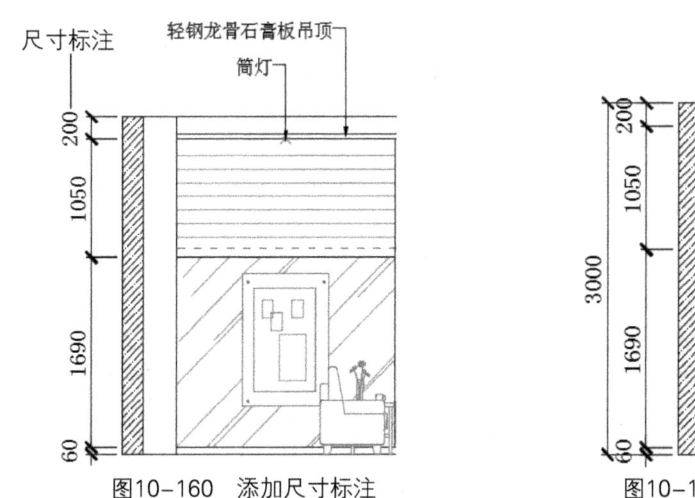


图10-160　添加尺寸标注

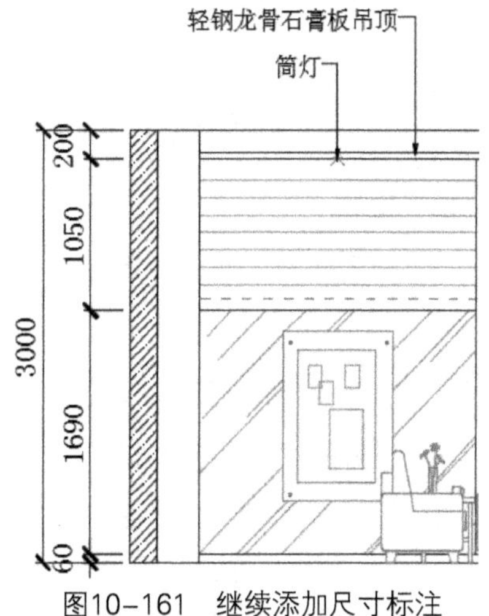


图10-161　继续添加尺寸标注

⑰ 重复执行“尺寸标注”和“连续标注”命令，标注其他位置尺寸，结果如图10-162所示。至此完成前台背景墙C的绘制。

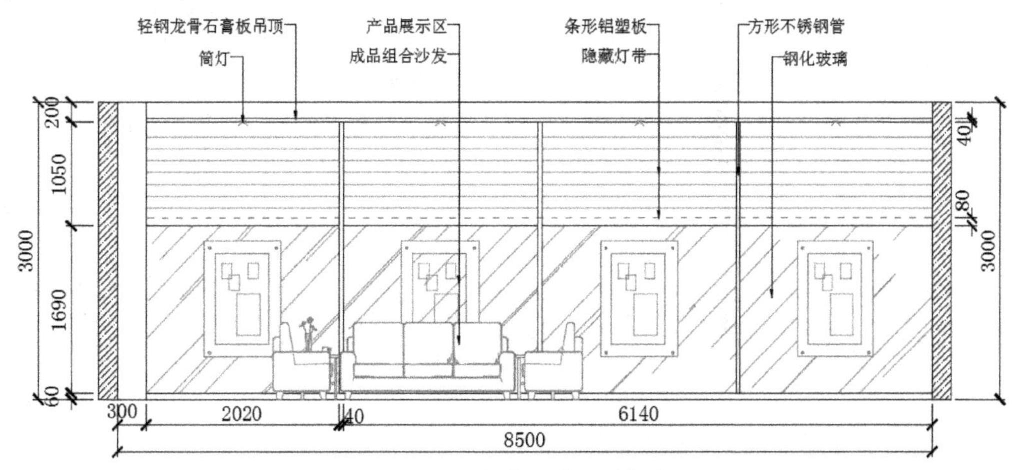


图10-162　添加所有尺寸标注

# 10.4 前台背景墙剖面图的绘制

根据要绘制位置的立面图和平面尺寸，绘制剖面轮廓。下面介绍办公室前台背景墙剖面图的绘制步骤。

## 10.4.1 绘制前台背景墙剖面图

首先根据立面图绘制所剖位置线段，然后根据平面图确定剖面的厚度，再根据实际情况绘制剖面的细节部分，添加标注，具体绘制过程如下。

01 执行“插入”命令，在合适的位置插入剖面符号，如图10-163所示。

02 执行“射线”命令，捕捉端点，绘制射线，如图10-164所示。

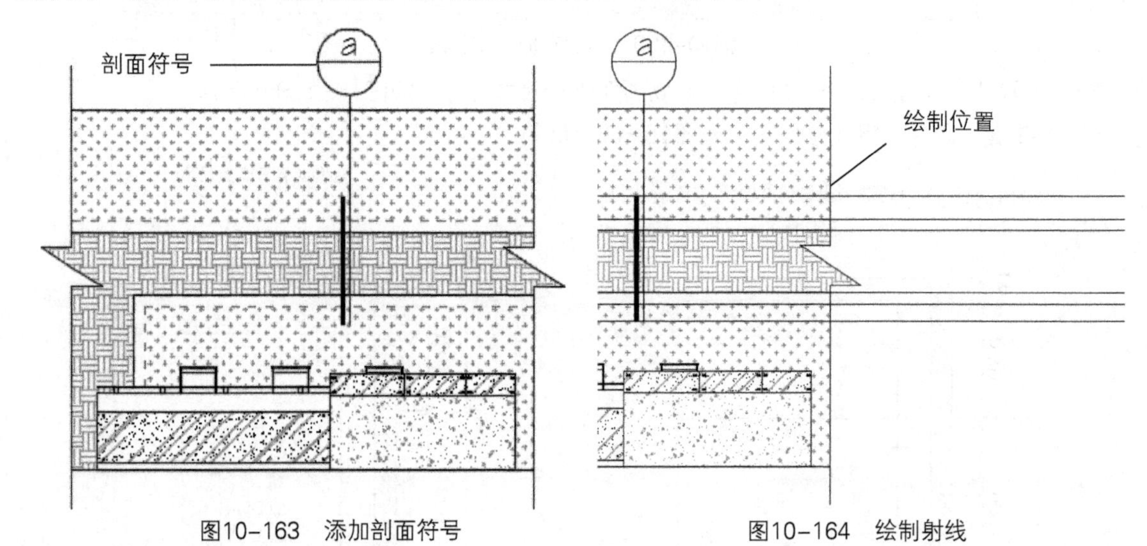


图10-163 添加剖面符号　　图10-164 绘制射线

03 执行“直线”、“偏移”、“修剪”命令，根据平面图尺寸绘制剖面轮廓，如图10-165所示。

04 执行“修剪”命令，修剪部分线段，如图10-166所示。

05 执行“缩放”命令，放大修剪好的图形，如图10-167所示。

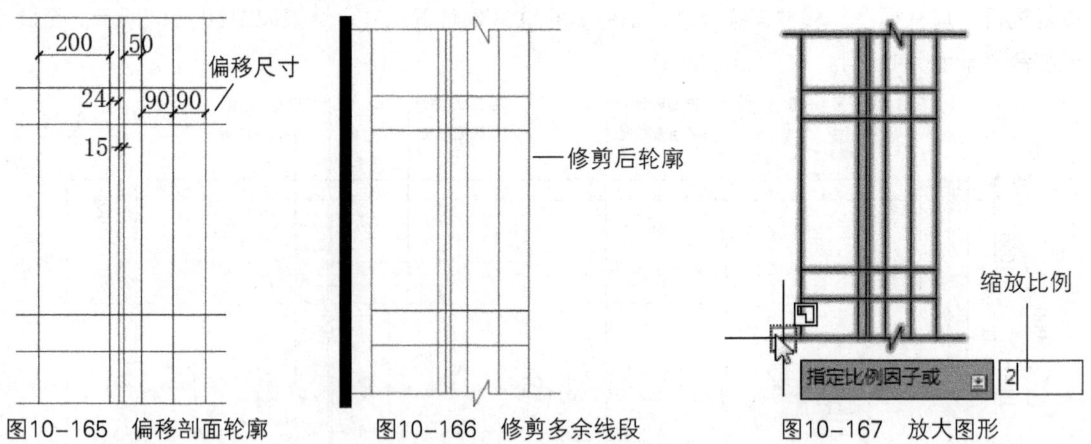


图10-165 偏移剖面轮廓　　图10-166 修剪多余线段　　图10-167 放大图形

06 执行“修剪”命令，修剪多余线段，如图10-168所示。

07 执行“图案填充”命令，对剖面图进行填充，填充结果如图10-169所示。

08 执行“插入”命令，插入暗藏灯具，如图10-170所示。

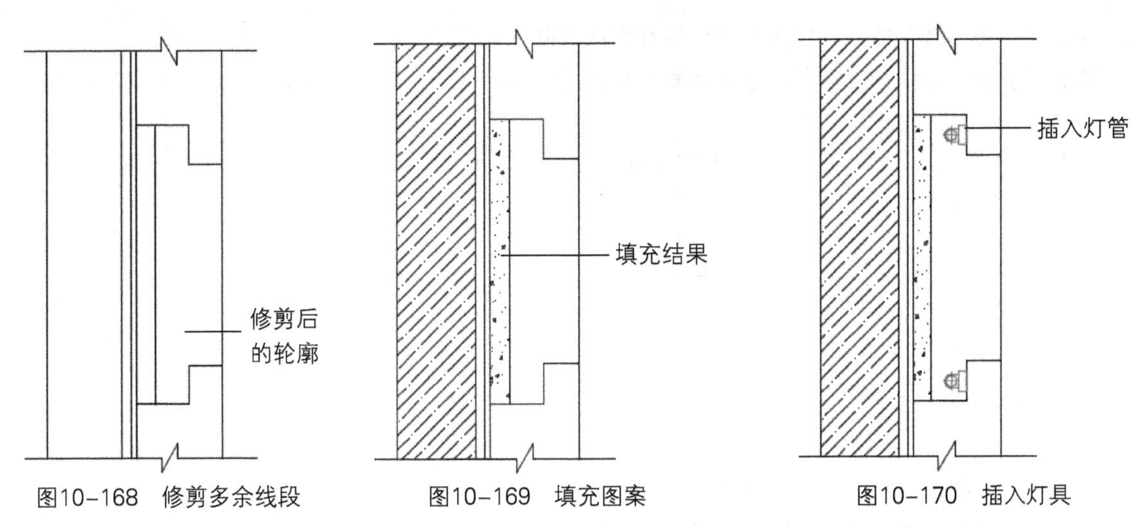


图10-168　修剪多余线段　　图10-169　填充图案　　图10-170　插入灯具

09 执行“多重引线样式”命令，新建“详图引线”样式，如图10-171所示。

10 设置箭头大小为50，文字高度为80，将其置为当前样式，如图10-172所示。

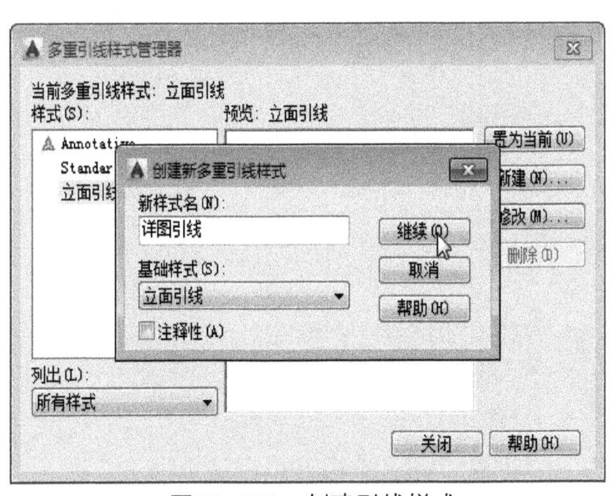


图10-171　创建引线样式　　图10-172　设置引线样式

11 执行“标注样式”命令，新建“立面标注”样式，如图10-173所示。

12 设置超出尺寸线20，起点偏移量50，箭头为“建筑标记”，大小为30，文字设置如图10-174所示。

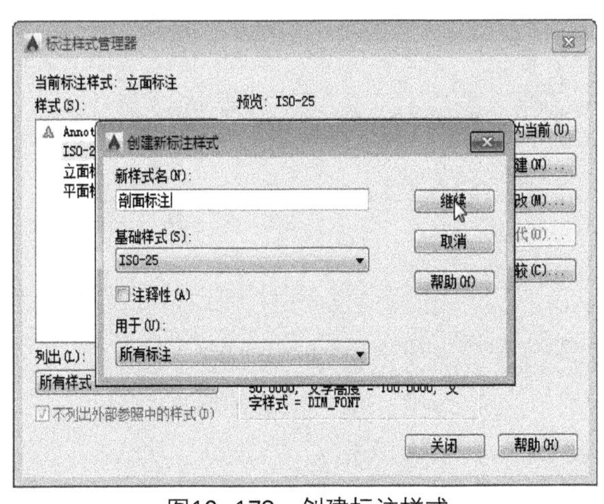


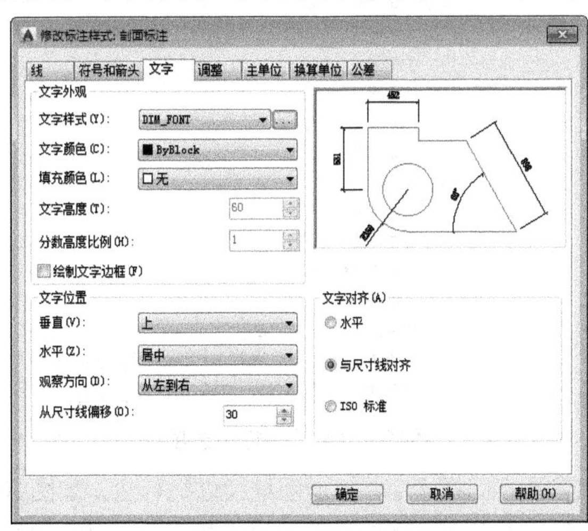


图10-173　创建标注样式　　图10-174　设置标注字体

⑬ 执行“多重引线”命令，指定标注位置和引线方向，输入文字内容，如图10-175所示。

⑭ 执行“复制”命令，复制引线至其他需要标注的位置，双击文字进行修改，如图10-176所示。

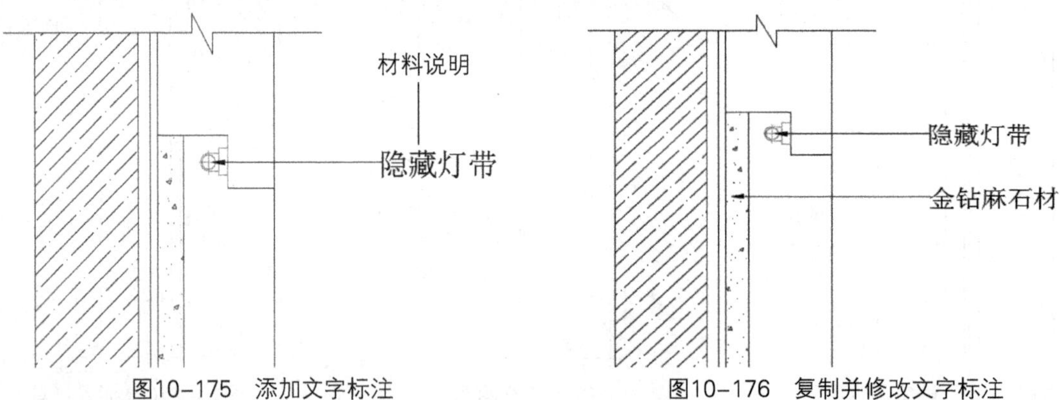


图10-175　添加文字标注　　图10-176　复制并修改文字标注

⑮ 重复以上步骤，标注其他位置的材质，如图10-177所示。

⑯ 执行“线性”标注命令，对详图进行尺寸标注，如图10-178所示。

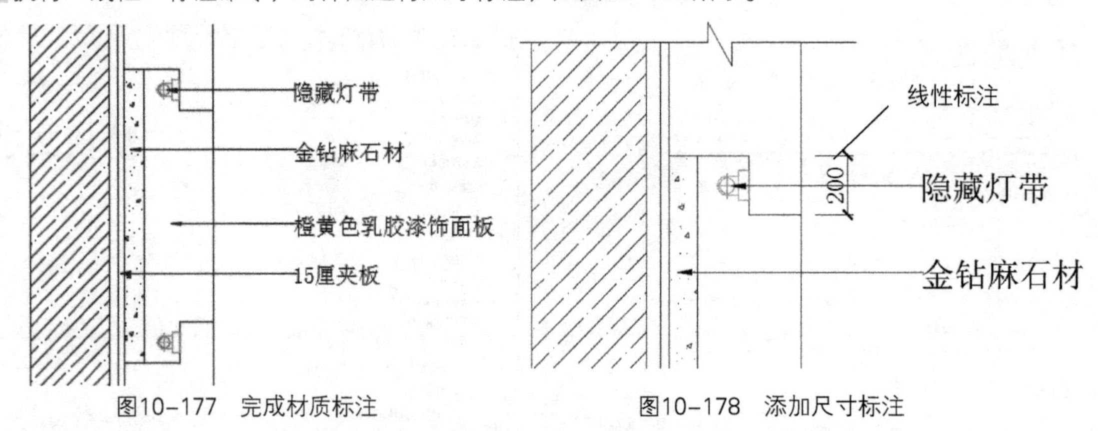


图10-177　完成材质标注　　图10-178　添加尺寸标注

⑰ 选择标注，打开“特性”选项板，将“文字替代”改为100，如图10-179所示。

⑱ 返回绘图区查看之前的标注，标注文字已更改完成，如图10-180所示。

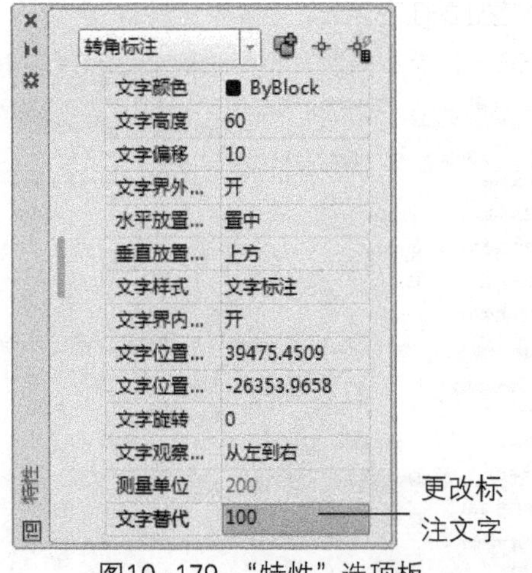


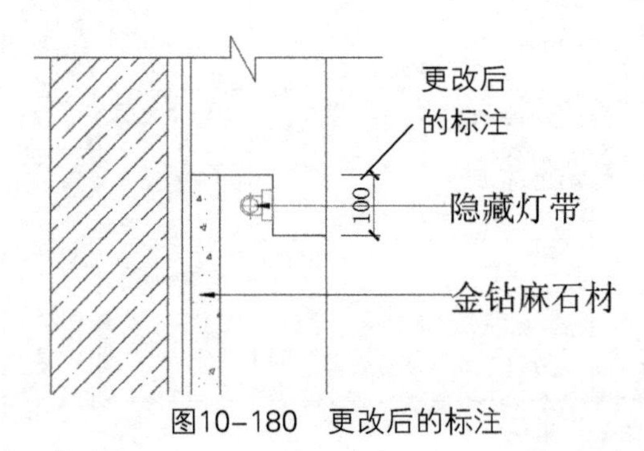


图10-179　“特性”选项板　　图10-180　更改后的标注

⑲ 执行同样命令，对详图继续进行标注，如图10-181所示。

⑳ 完成前台背景墙剖面图的绘制，如图10-182所示。

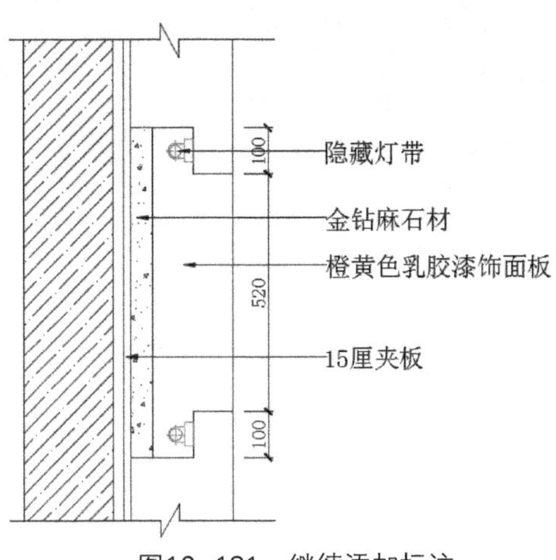

图10-181　继续添加标注

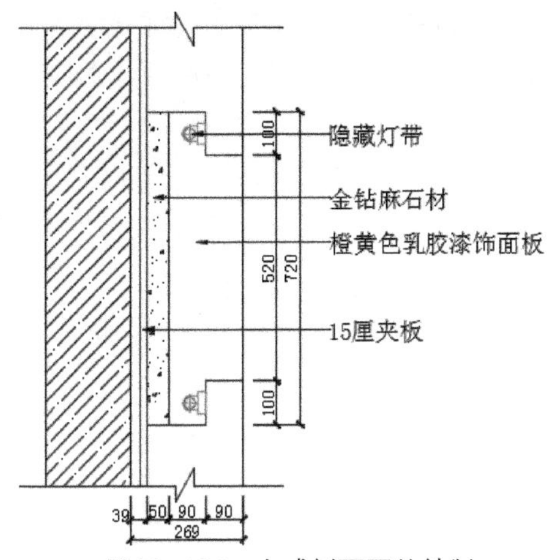

图10-182　完成剖面图的绘制

## 10.4.2 绘制前台B立面剖面图

绘制前台B立面剖面图的过程如下。

01 在前台背景墙C立面图基础上，执行“插入”命令，在合适的位置插入剖面符号，如图10-183所示。

02 执行“射线”、“修剪”命令，绘制射线，如图10-184所示。

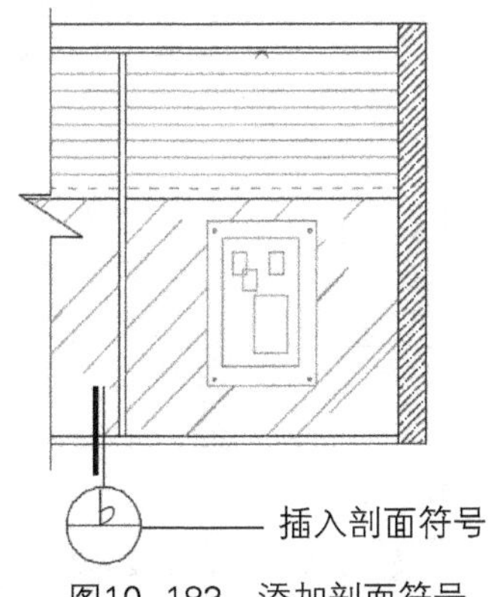

图10-183　添加剖面符号

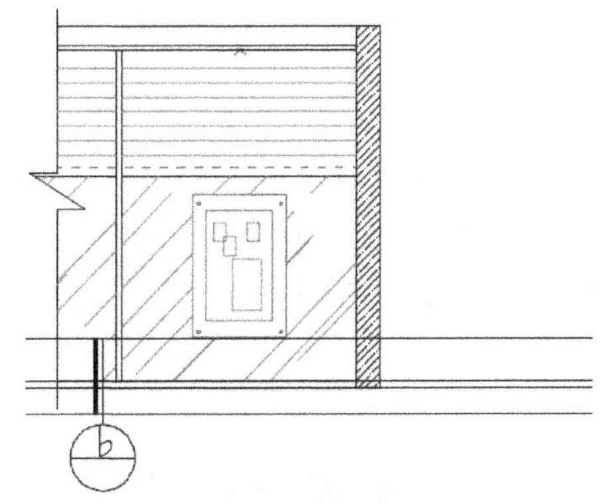
图10-184 绘制射线

03 执行“缩放”命令，放大绘制图形，如图10-185所示。

04 执行“直线”、“偏移”命令，偏移线段，具体尺寸如图10-186所示。

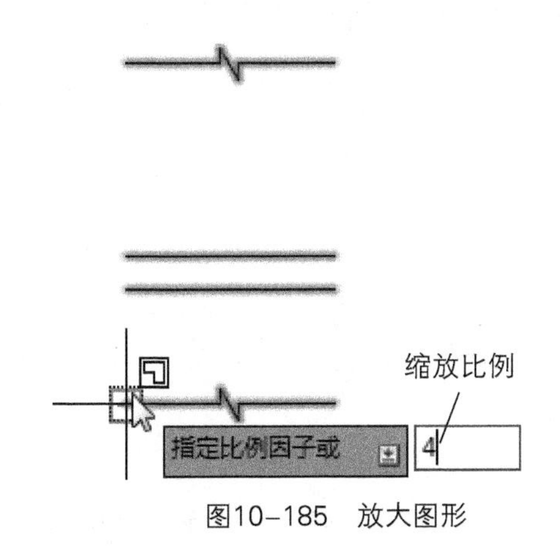

图10-185　放大图形

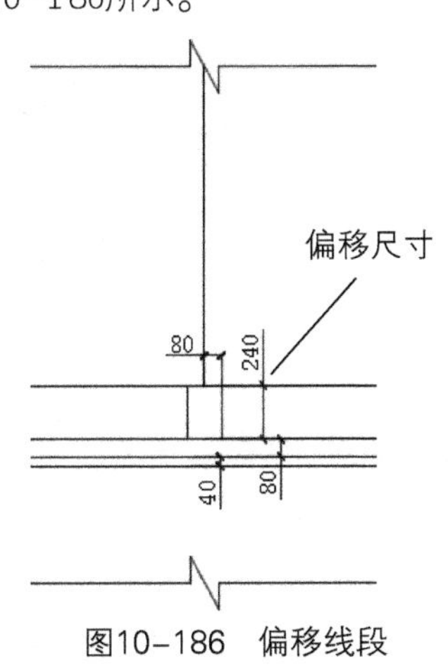

图10-186　偏移线段

05 执行“偏移”、“修剪”、“样条曲线”命令，绘制细节部分，如图10-187所示。

06 执行“插入”命令，插入膨胀螺丝图块，如图10-188所示。

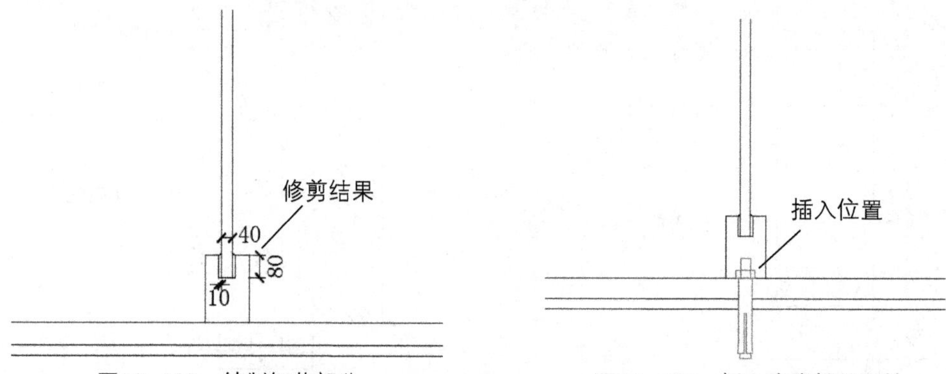


图10-187 绘制细节部分　　图10-188 插入膨胀螺丝图块

07 执行“直线”、“图案填充”命令，对剖面图进行封闭，然后依次填充，填充结果如图10-189所示。

08 删除封闭线段，执行“多重引线”命令，指定标注位置和引线方向，输入文字内容，如图10-190所示。

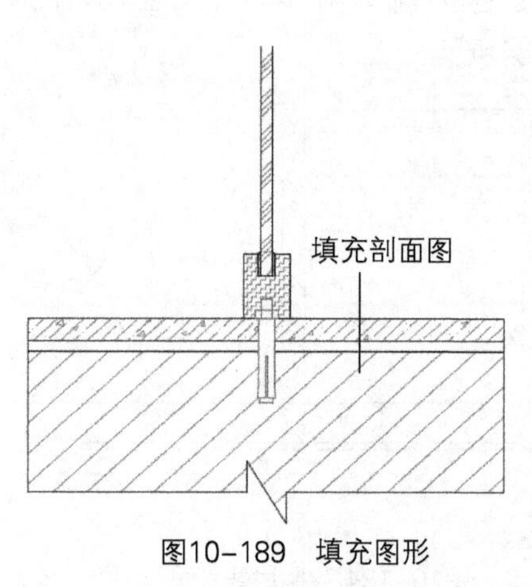


图10-189 填充图形

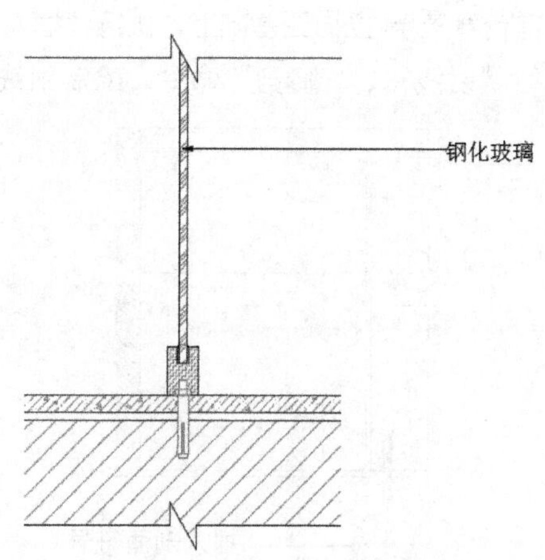


图10-190 添加文字标注

09 执行“复制”命令，复制引线至其他需要标注的位置，双击文字进行修改，如图10-191所示。

10 重复以上步骤，标注其他位置的材质，如图10-192所示。

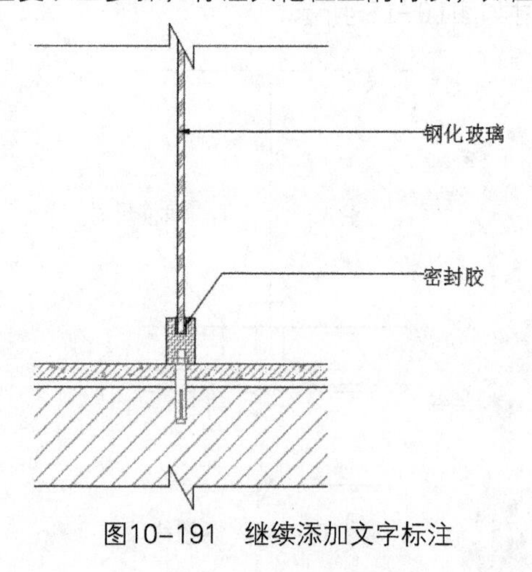


图10-191 继续添加文字标注

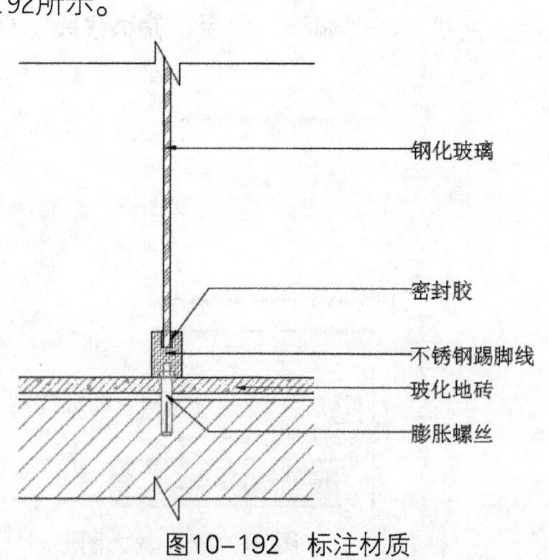


图10-192 标注材质

⑪ 执行“线性”标注命令，对详图进行尺寸标注，如图10-193所示。

⑫ 选择标注，打开“特性”选项板，将“文字替代”改为60，如图10-194所示。

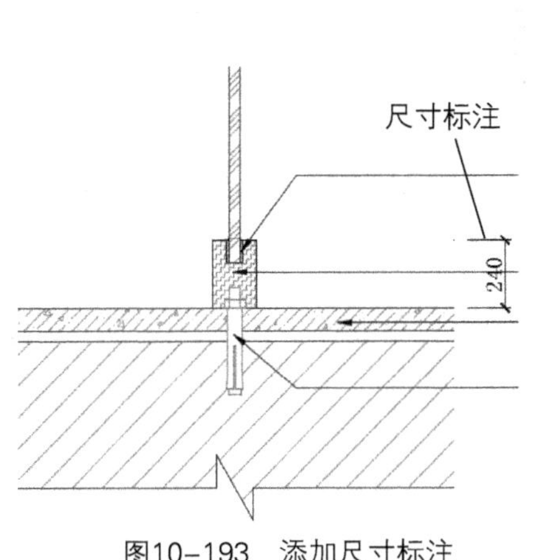


图10-193　添加尺寸标注

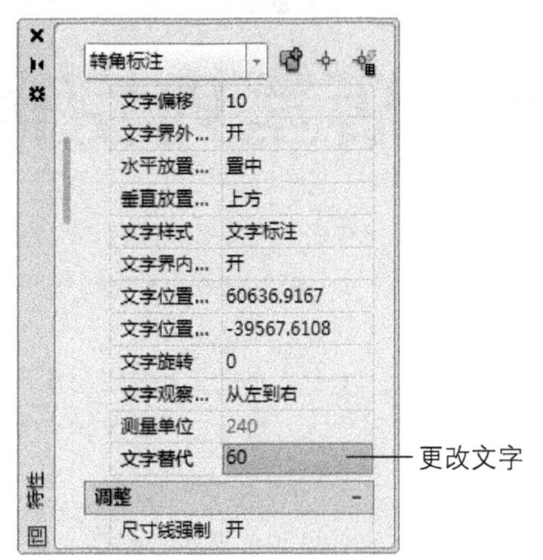


图10-194　修改标注文字

⑬ 返回绘图区查看之前的标注，标注文字已更改，如图10-195所示。

⑭ 重复执行标注命令，对其余部分进行标注，如图10-196所示。至此完成前台B立面剖面图的绘制。

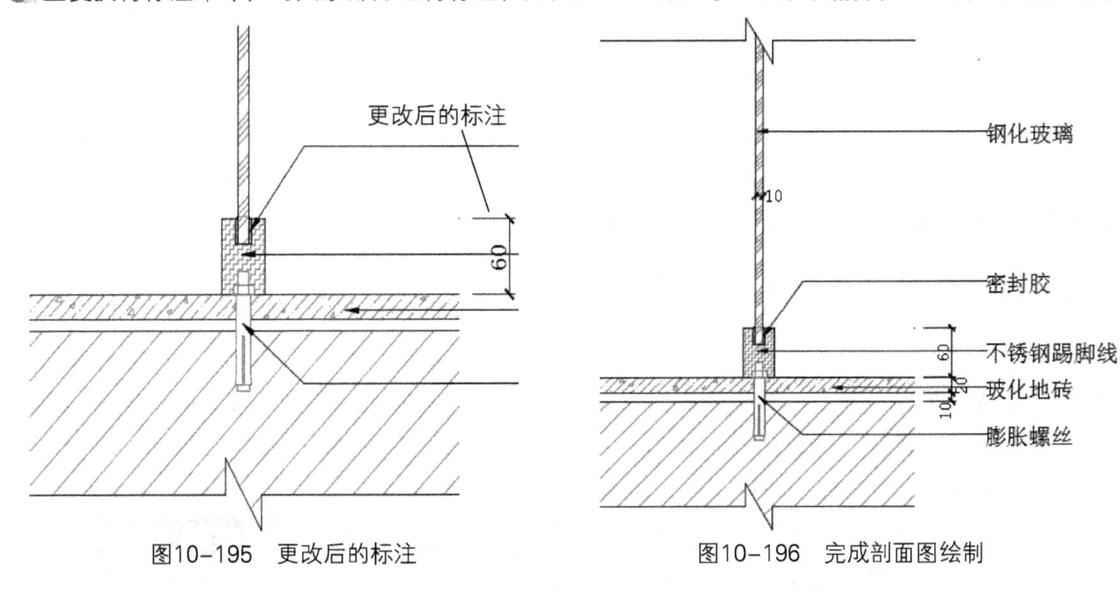


图10-195　更改后的标注

图10-196　完成剖面图绘制

# 第11章 专卖店室内空间设计

本章概述

专卖店是对品牌进行二次包装和经营的场所，这种包装更多地体现在对产品以外元素的把握上。在专卖店的商业因素分析中，空间设计环节不容忽视，设计得当与否也会和商家的现实利益息息相关。

本章将介绍专卖店空间设计的相关知识，包括专卖店空间设计的基本要素、原则和要求等内容，然后以饰品专卖店为例，介绍饰品店的平面图、立面图以及相关剖面图的绘制方法。

知识要点

- 专卖店空间设计的技巧；
- 专卖店平面图的绘制方法；
- 专卖店立面图的绘制方法；
- 专卖店剖面图的绘制方法。

## 11.1 专卖店空间设计概述

随着消费观念的改变，越来越多的企业经营者开始重视专卖店的形象设计。专卖店设计的主要目标是吸引各种类型的过往顾客停下脚步，仔细观望，吸引他们进店购买。因此专卖商店的店面应该新颖别致，具有独特风格，并且清新典雅。

### 11.1.1 专卖店空间设计的原则

企业为自己的产品以开设连锁店形式销售时，首先必须明确企业经营理念，它是连锁形象设计的基本战略指导。连锁经营也是对企业形象的宣传，因此，始终保持形象的统一与每个店面个性的和谐至关重要。连锁店在进行形象定位时，要明确自己产品的定位是什么。店只是载体，店面的设计都应与产品的属性、风貌和文化内涵保持基本的一致，如图11-1、11-2所示。

图11-1　风格统一

图11-2　专卖店整体形象

影响产品连锁店整体设计的要素主要包括以下几个方面。

- 专卖店商品的特性。

- 消费本产品的主要顾客群。
- 适合开办连锁店的地理环境、位置和面积。
- 店内部基本布局及功能分隔。
- 店内部基本格调。
- 门面统一样式设计。
- 连锁店内外装饰材质。
- 连锁店主体色调及装修造型。

贯穿以上要素的设计思想是以“消费者导向”的视觉化表现。

**1. 店面外观设计要素**

店面外观是连锁店的脸面，在设计时必须将其作为第一视觉要素进行重点考虑。店面外观包括连锁店所处位置景观、建筑体、店面灯箱、楼及遮阳棚以及透明橱窗的装饰。整个设计的原则是尽量吸引路人的驻足。连锁店营业面积一般要求在60平米以上，有较为充分的展示面积进行设计。

在外观设计上，着重从产品定位的角度考虑，根据产品的特性进行风格性设计和规划，一方面必须突现该产品固有的属性，另一方面必须与现有同类产品连锁店形象形成差异。其个性可以通过不同材质、色彩、工艺等综合运用来表现，如图11-3、11-4所示。

图11-3　专卖店外观

图11-4　专卖店门头

**2. 店面入口规划原则**

根据专卖店的地理条件及人流量预估决定入口规划标准：入口数目、入口宽度、入口与内部布局之相对关系，最终确定入口门设计（单门、旋转自动门、双开门、移门等）。入口设计的基本原则包括便于出入、便于加盟商管理、易于凸显本产品的吸引力等，如图11-5、11-6所示。

图11-5　旋转门

图11-6　双开门

**3. 店面橱窗设计原则**

橱窗具有直观性的特点，是吸引顾客进入的最直接的广告展示形式，在设计时须突出表现出以下作用：

- 起到直接展示商品，让顾客瞬间就能认识到连锁店的性质。
- 营造与产品属性相一致的格调，刺激顾客购买欲。
- 发掘潜在消费者，透过橱窗可以展示店内情景及销售状况，吸引更多客户的目光，如图11-7、11-8所示。

图11-7　橱窗设计

图11-8　橱窗设计

**4. 店内格局规划原则**

店内格局规划原则为：功能为主，装饰为辅，要突出体现产品特质及服务优势。产品基本功能可分为接待区、展示区、示范演示区、员工专区等，具体划分要视连锁店面积大小及相关面积比例确定，如图11-9、11-10所示。

图11-9　展示区

图11-10　展示区

**5. 店内通道规划原则**

连锁店通道基本要求：主通道最少要有90cm，一般均设为90—120cm；副通道最少要有60cm；一般均设在75—150cm之间。上述通道大小，应以连锁店卖场地形为依据，如图11-11、11-12所示。

图11-11 主通道

图11-12 副通道

## 11.1.2 专卖店设计案例欣赏

现在的专卖店设计无论从室内装修还是照明用色方面都十分有创意。专卖店的形象设计是品牌的灵魂，它直接影响品牌的传播和产品的销售。其次是店面风格，这是顾客进入店里之后给他们的第一感觉，也是至关重要的一环。这一部分的设计，最好结合品牌，与自己所经营的品牌相呼应。让顾客在店面设计里找到品牌所宣扬的感觉。了解专卖店设计要注意的问题有助于打造出更多与众不同的专卖店风格，下面介绍一些较常见的装修风格。

（1）照明用品专卖店

本案例运用现代元素，融入未来元素。蜿蜒延伸、曲水回环，一气呵成、简约时尚，材质的搭配与灯光色彩的谐调，让设计流光溢彩，彰显视觉张力。整个设计将璀璨的照明灯光与天花、地板巧妙结合起来，如图11-13～11-15所示。

图11-13 休息区

图11-14 产品展示

图11-15 收银台

（2）奢侈品专卖店

本案例以浅色为主，使灯光集中投射到饰品上。天花板吊顶可以创造室内的美感，与空间设计、灯光照明相配合，形成优美的购物环境，如图11-16～11-18所示。

图11-16 收银台

图11-17 产品展示

图11-18 产品展示

（3）服饰专卖店

本案例不强调华丽的装扮，用最原始装饰材料塑造店面自身的个性；用不同的商品、饰品来点缀，突出店面的主题观，有强烈的视觉吸引力，如图11-19～11-21所示。

图11-19 产品展示

图11-20 产品展示

图11-21 整体效果

（4）珠宝专卖店

本案设计融合了庄重与优雅双重气质。在中式风格中融入了后现代手法，把传统文化、设计艺术、家居因素完美统一，形成了一种民族特色的标志符号。

中式风格的展厅具有独特的内蕴，颜色体现着中式的古朴，传统中透着现代，现代中揉着古典，尽显大家风范，如图11-22～11-24所示。

图11-22 隔断Logo

图11-23 产品展示

图11-24 产品展示

（5）服装专卖店

为了突出服装，将地面、墙面、天花用白色统一起来，以弱化它们的存在感。收款台等店内设施做得好像是由地面瓷砖直接抬升而成，有简约、抽象的艺术效果。在这样的空间中，让一根连贯的通长250m的“管式衣挂”介入其中。“管”造型由透明亚克力棒上下左右支撑起来，就像是从重力中解放出来一般，立体地缠绕着浮游于空间内，增加了服装展示空间，营造出艺术的购物环境，如图11-25、11-26所示。

图11-25　产品展示

图11-26　产品展示

## 11.2 饰品店平面布置图

下面以饰品店为例，讲解绘制专卖店室内平面图的步骤，包括原始平面图、平面布置图、地面布置图及顶面布置图等。

### 11.2.1　绘制饰品店平面布置图

饰品店的墙体结构较为简单，可以用直线、偏移等命令绘制墙体轮廓。饰品店原始户型图的绘制过程如下。

01 执行“图层特性”命令，在打开的对话框中单击“新建图层”按钮，新建所需图层，并设置图层参数，如图11-27所示。

02 执行“矩形”、“分解”、“偏移”命令，绘制墙体轮廓，具体尺寸如图11-28所示。

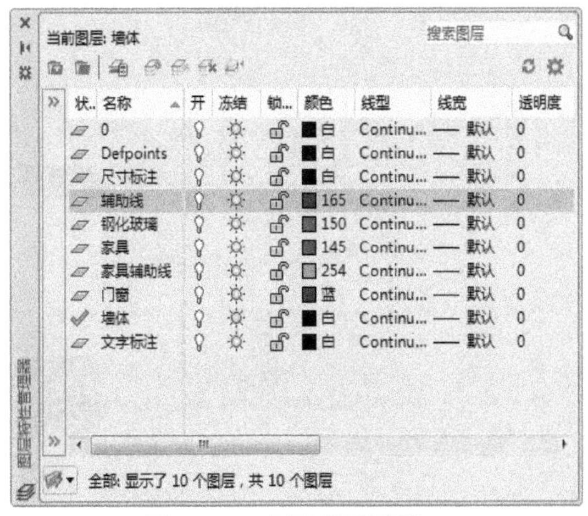


图11-27　创建所需图层

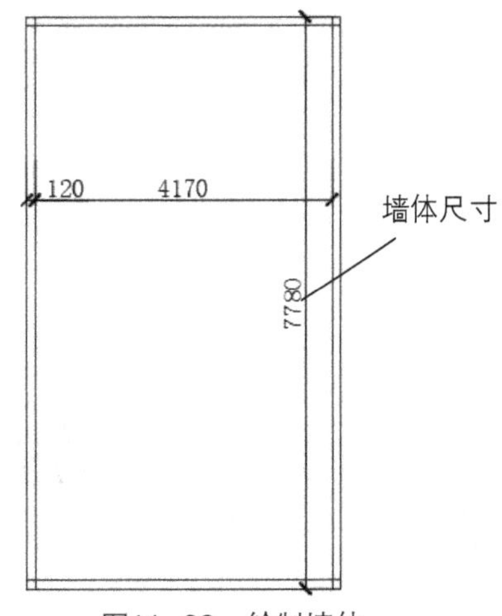


图11-28　绘制墙体

03 执行“矩形”命令，绘制墙柱，具体尺寸及位置如图11-29所示。

04 执行“图案填充”、“偏移”、“修剪”命令，填充墙柱，偏移门洞位置，修剪掉多余线段，尺寸如图11-30所示。

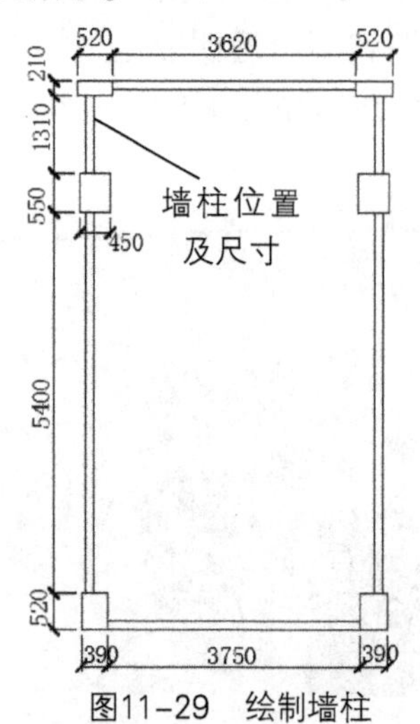

图11-29 绘制墙柱

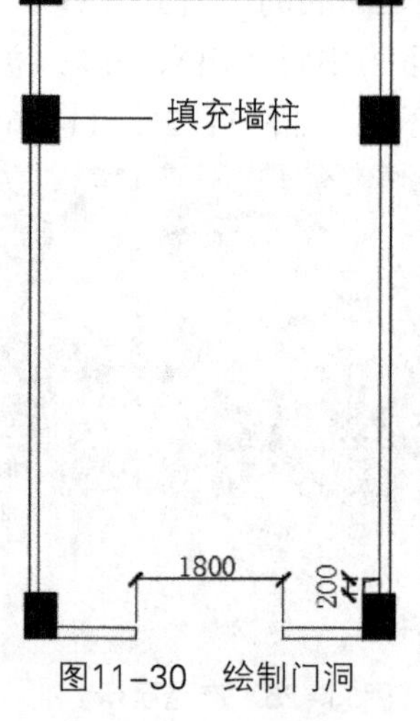

图11-30 绘制门洞

05 执行“直线”、“偏移”、“矩形”命令，绘制门及门框，如图11-31所示。

06 执行“矩形”、“圆弧”命令，绘制展示柜，具体尺寸及位置如图11-32所示。

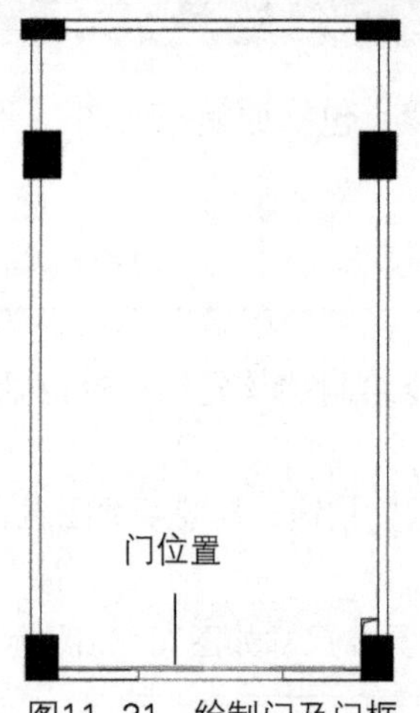

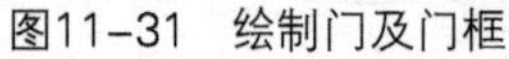
图11-31 绘制门及门框

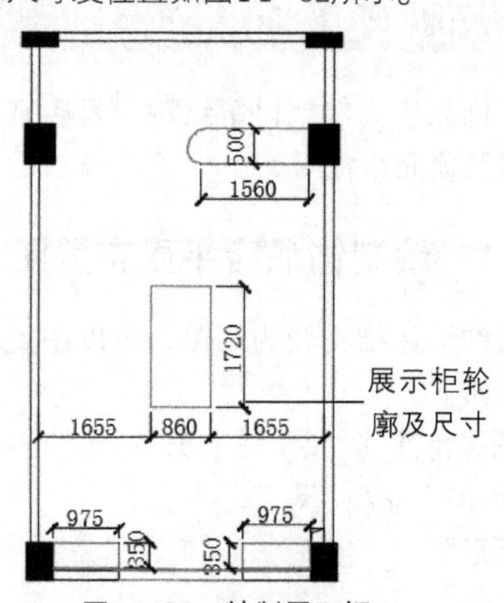

图11-32 绘制展示柜

07 玻璃隔断展示柜的具体尺寸如图11-33所示。

08 执行“矩形”、“多段线”命令，绘制细节部分，如图11-34所示。

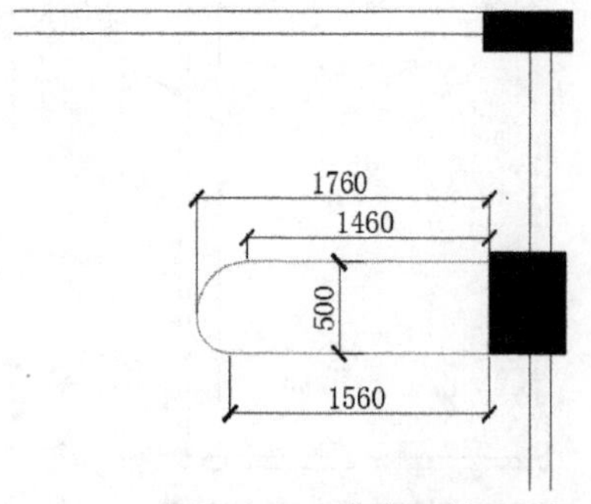

图11-33 玻璃隔断展示柜

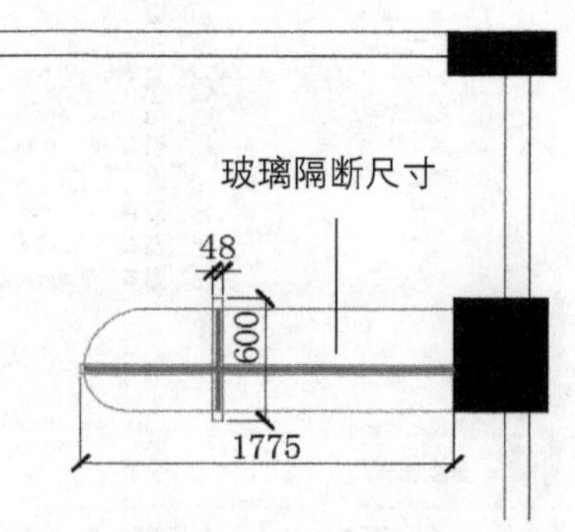

图11-34 绘制细节

09 中间岛屿式货柜的具体尺寸及位置如图11-35所示。

10 执行“偏移”、“圆弧”、“插入”命令，绘制细节部分，如图11-36所示。

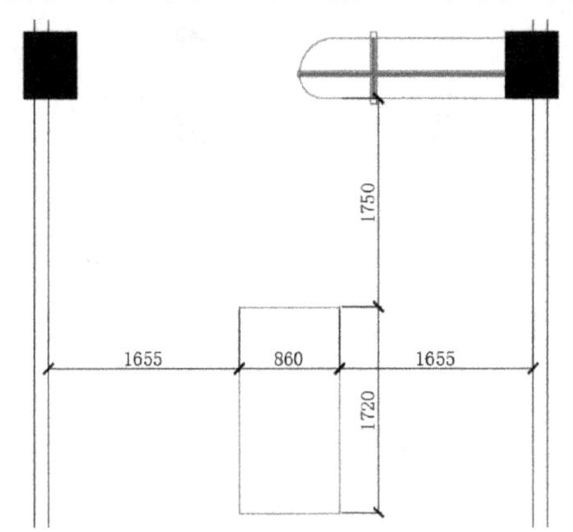

图11-35 岛屿式货柜

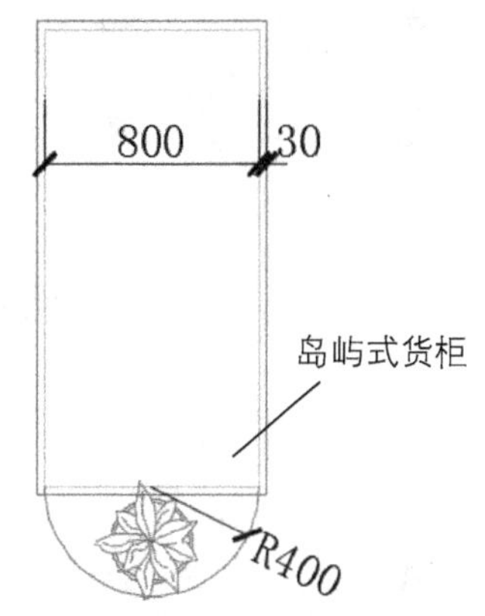

图11-36 绘制细节

11 执行“直线”、“圆弧”、“偏移”、“修剪”命令，绘制收银台，具体尺寸如图11-37所示。

12 执行“多段线”、“插入”命令，添加收银台用品图块，如图11-38所示。

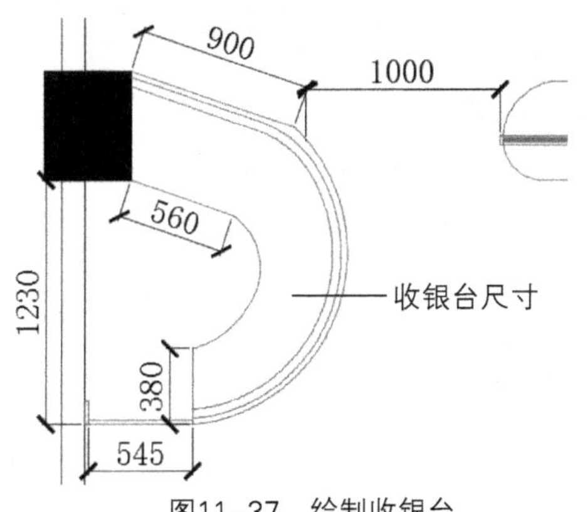

图11-37 绘制收银台

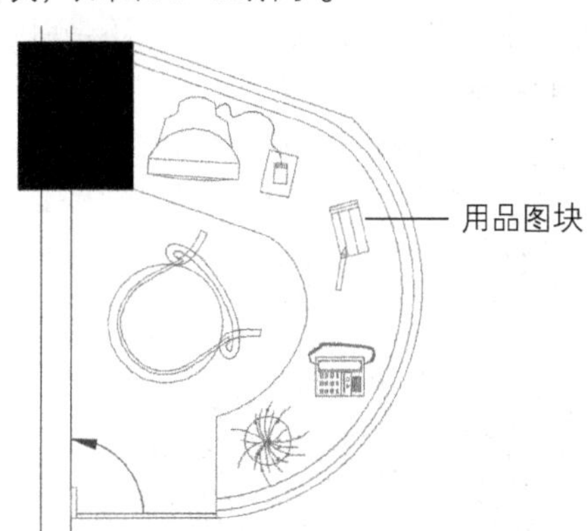

图11-38 插入图块

13 执行“偏移”、“圆弧”、“修剪”命令，绘制其他展示柜，具体尺寸如图11-39所示。

14 执行“矩形”、“定数等分”、“直线”命令，绘制展示柜细节部分，如图11-40所示。

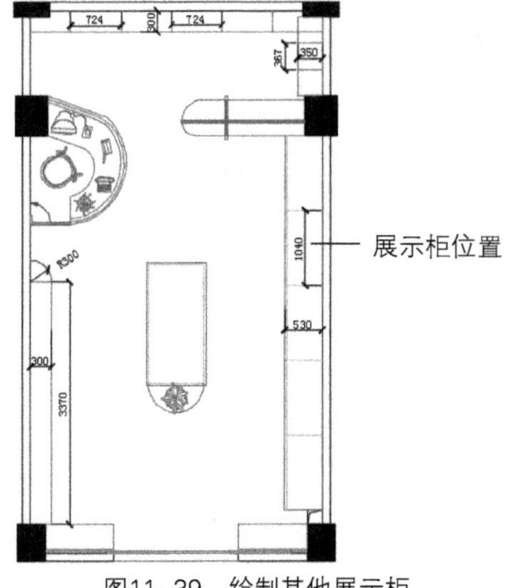

图11-39 绘制其他展示柜

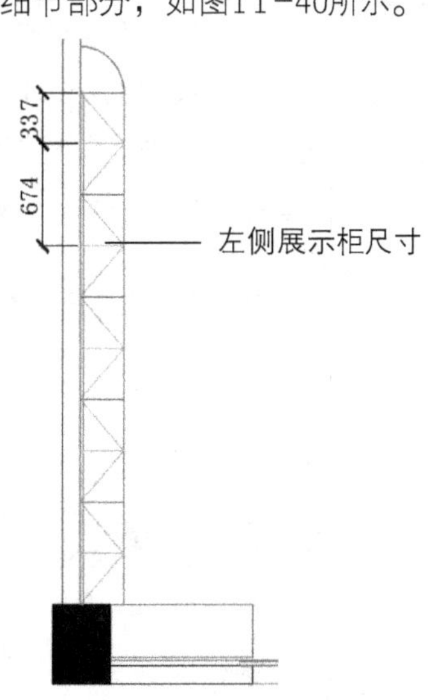

图11-40 绘制细节

⑮ 继续执行“定数等分”、“直线”命令，绘制其他展示柜细节，如图11-41所示。

⑯ 执行“插入”、“图案填充”命令，插入图块，填充地面材质，如图11-42所示。

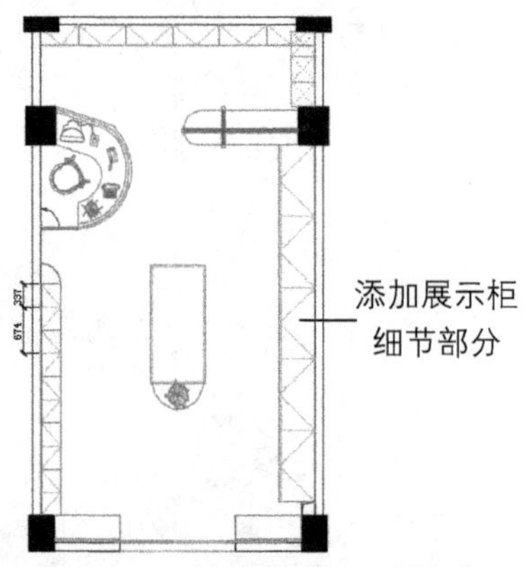


图11-41　继续绘制展示柜细节

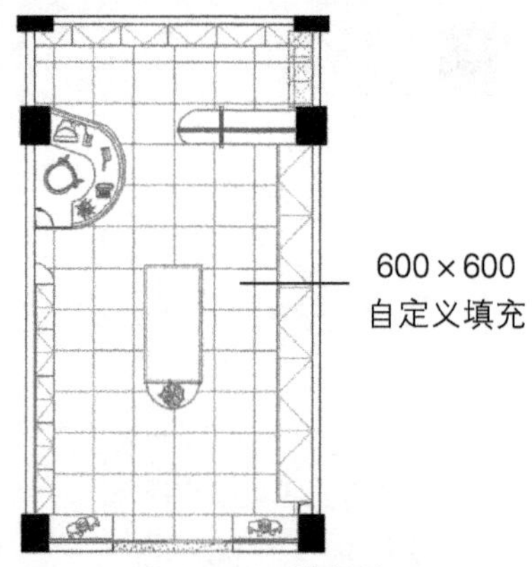


图11-42　填充地面

⑰ 执行“标注样式”命令，新建“平面标注”样式，设置起点偏移量为150，箭头和符号设置如图11-43所示。

⑱ 调整文字位置为“尺寸线上方，不带引线”选项，设置主单位线型标注精度为0，文字设置如图11-44所示。

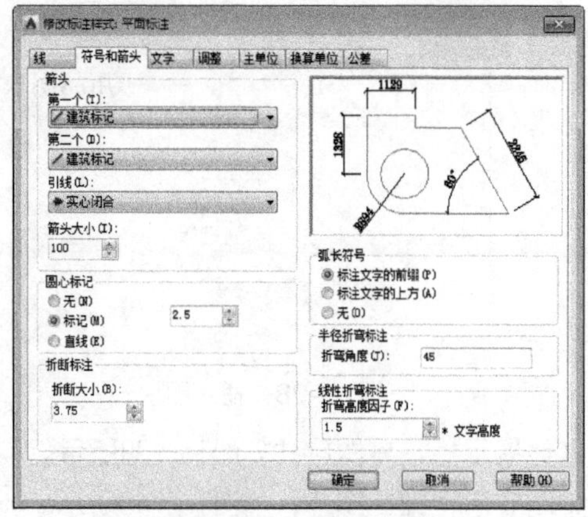


图11-43　设置标注样式

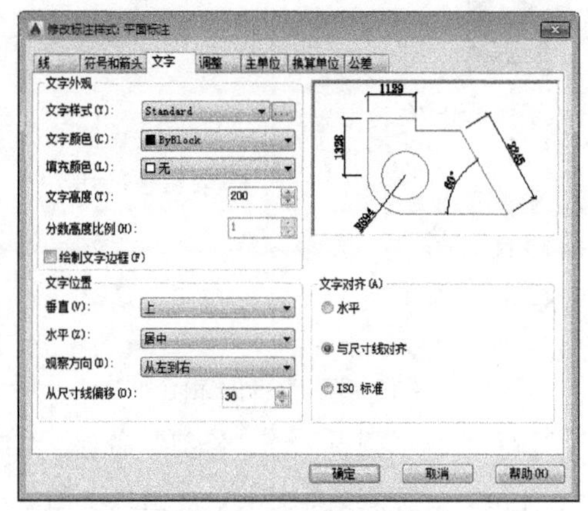


图11-44　设置文字

⑲ 执行“线性”、“连续”命令，对墙体进行标注，如图11-45所示。

⑳ 继续执行“线性”、“对齐”标注命令，添加其余尺寸标注，如图11-46所示。

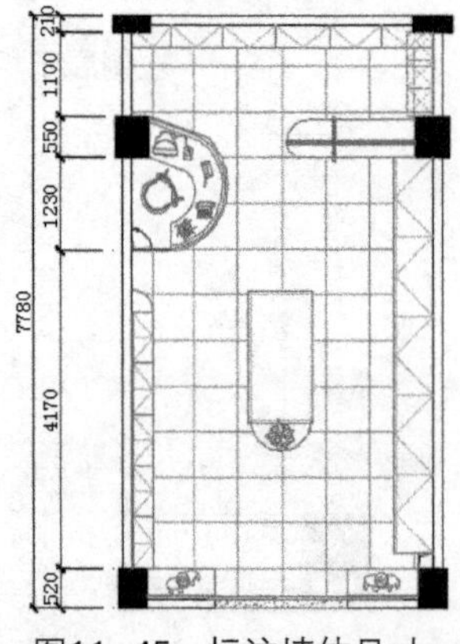


图11-45　标注墙体尺寸

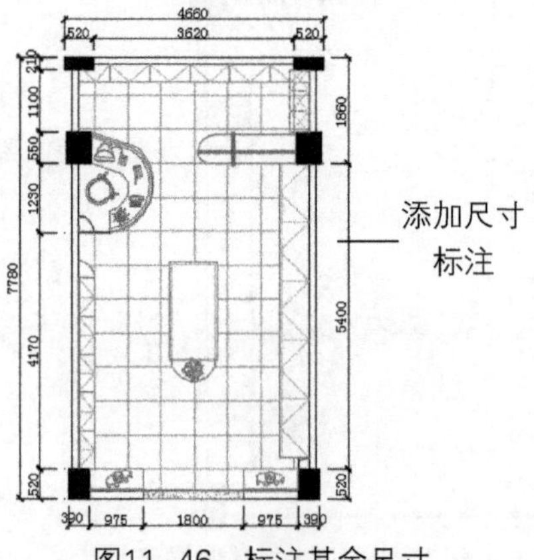


图11-46　标注其余尺寸

㉑ 新建“平面标注”多重引线样式，箭头大小为150，字体高度为200，如图11-47所示。

㉒ 执行“多重引线”命令，在图纸中指定储藏饰品吊柜位置，并指定引线位置，输入名称，如图11-48所示。

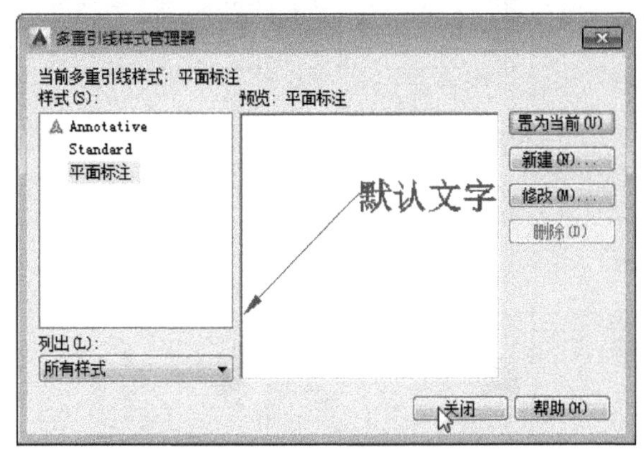


图11-47　新建“平面标注”样式　　图11-48　输入文字标注

㉓ 执行“复制”命令，复制多重引线并双击文字进行更改，完成其余文字标注如图11-49所示。至此完成饰品店平面布置图的绘制。

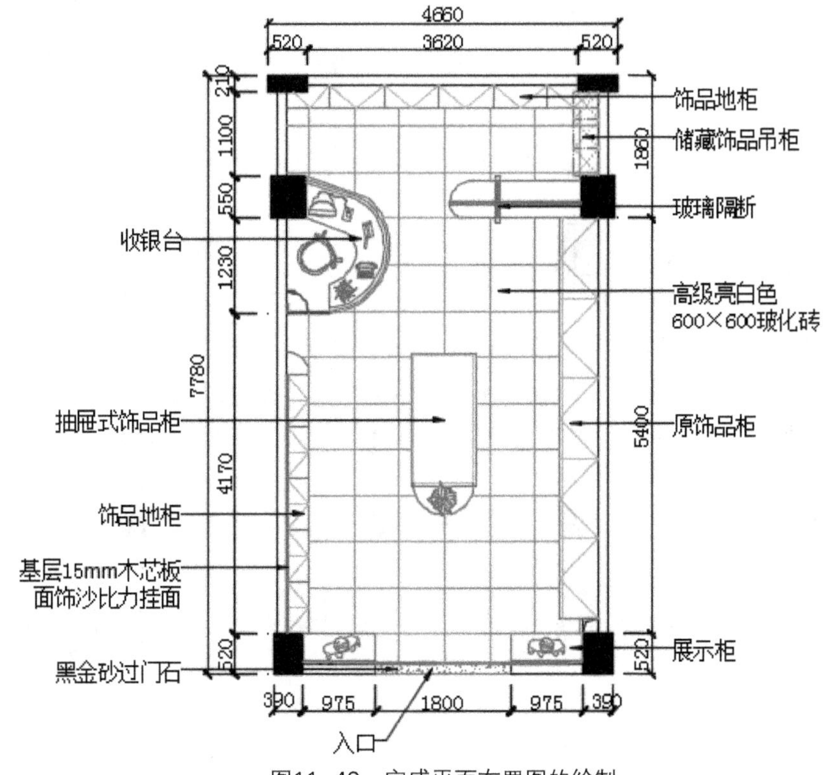


图11-49　完成平面布置图的绘制

## 11.2.2　绘制饰品店顶面布置图

绘制饰品店顶面布置图的具体过程如下。

01 复制平面布置图，删除家具及标注，如图11-50所示。

02 执行“多段线”、“偏移”、“修剪”命令，绘制吊顶，如图11-51所示。

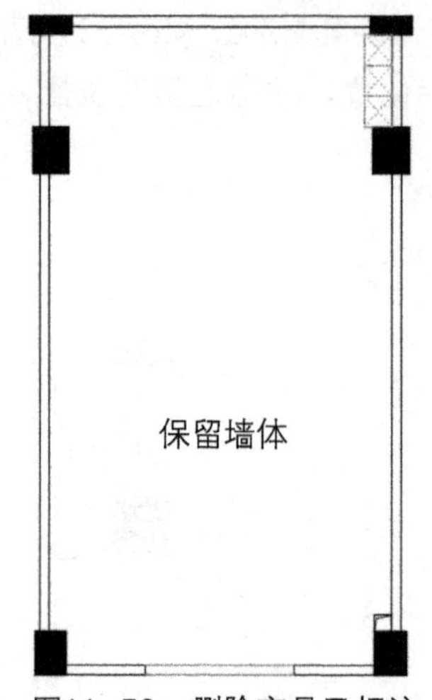


图11-50 删除家具及标注

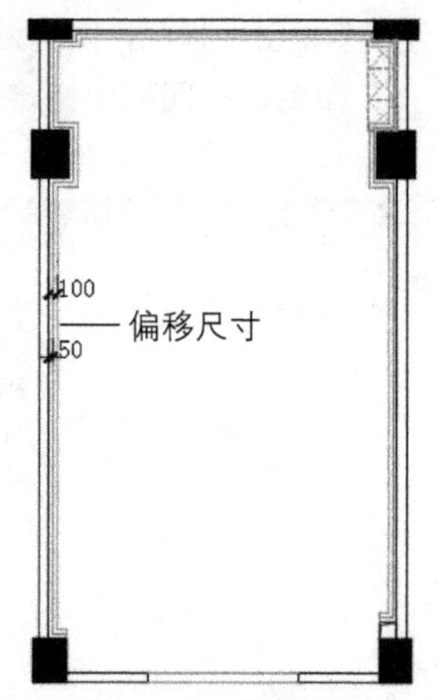


图11-51 绘制吊顶

03 执行“圆”、“偏移”命令，绘制同心圆做吊顶造型，尺寸及位置如图11-52所示。

04 执行“插入”、“定点复制”命令，添加灯具，位置如图11-53所示。

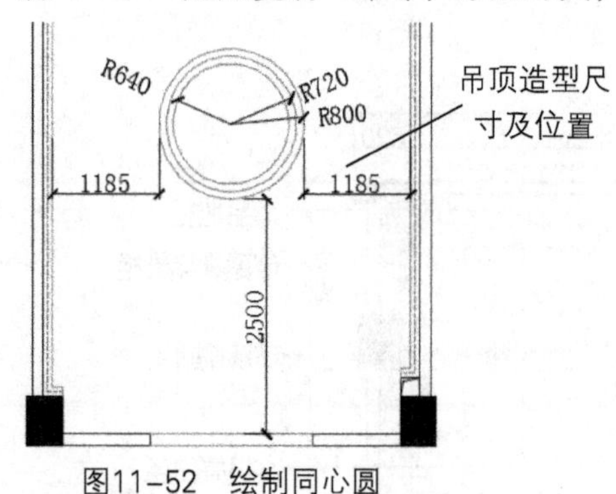


图11-52 绘制同心圆

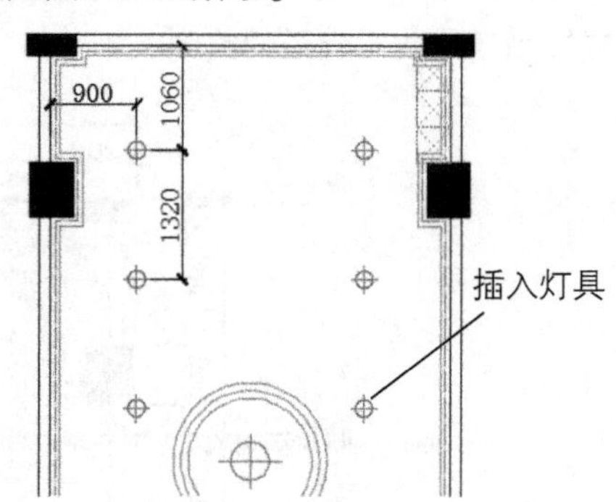


图11-53 插入灯具

05 继续执行“插入”、“复制”命令，添加灯具，如图11-54所示。

06 执行“图案填充”、“分解”、“偏移”命令，绘制吊顶，如图11-55所示。

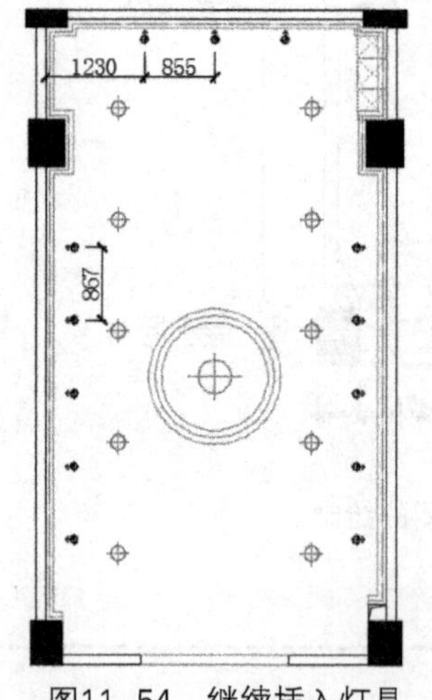


图11-54 继续插入灯具

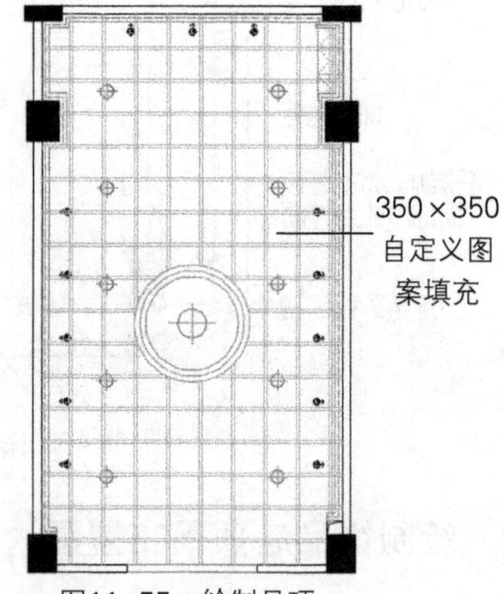


图11-55 绘制吊顶

07 执行“插入”命令，插入标高，放置于合适位置，如图11-56所示。

08 执行“复制”命令，复制标高，修改标高值，如图11-57所示。

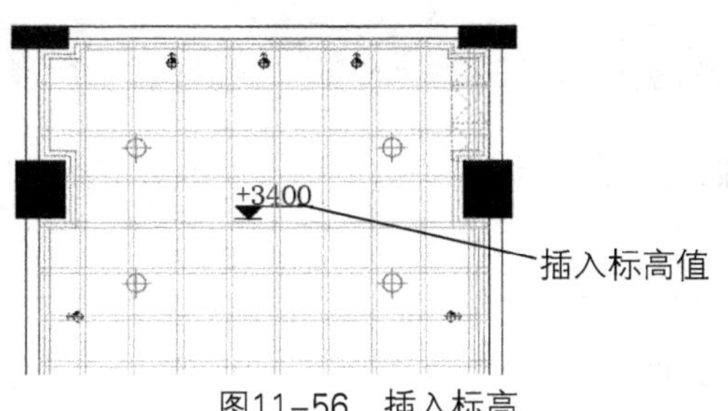


图11-56 插入标高

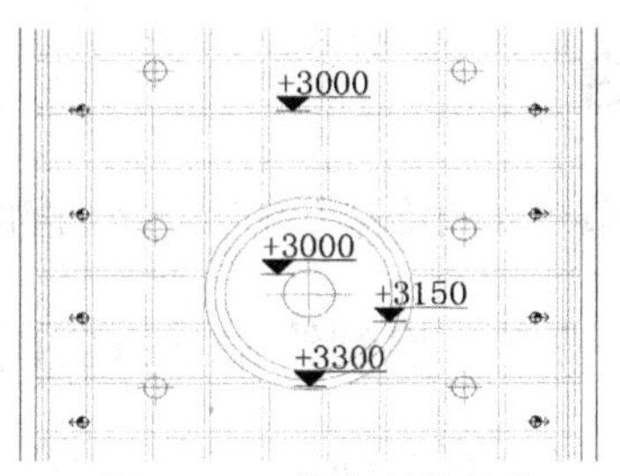


图11-57 添加其他标高

09 执行"复制"命令，复制多重引线到合适位置，双击文字内容，将其更改成所需内容，对顶面布置图进行标注，如图11-58所示。

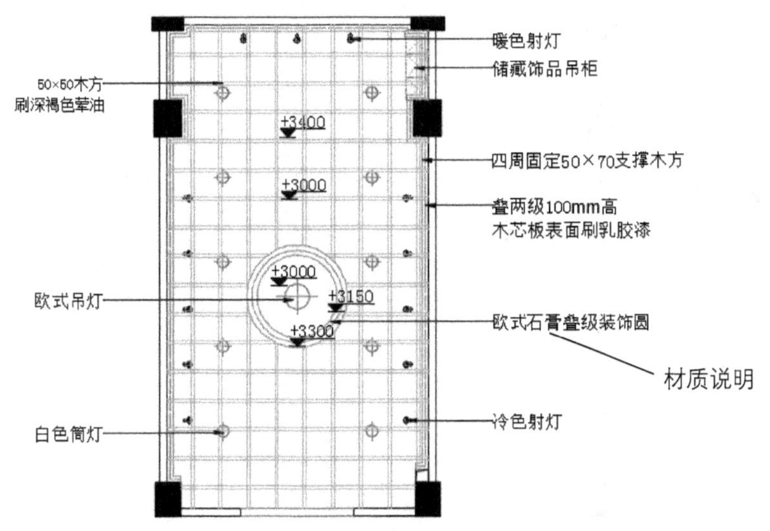


图11-58 加入文字标注

10 执行"线性"、"连续"标注命令，对顶面布置图进行尺寸标注，如图11-59所示。至此完成饰品店顶面布置图的绘制。

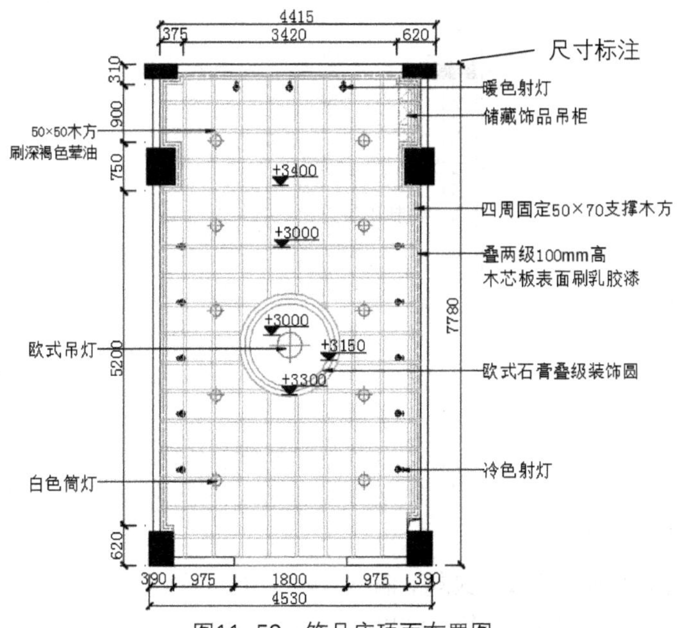


图11-59 饰品店顶面布置图

# 11.3 专卖店立面图的设计

本节将介绍饰品专卖店立面图的绘制步骤，主要介绍饰品店A、B、C立面图的绘制方法。

## 11.3.1 绘制饰品店A立面图

绘制专卖店A立面图，首先根据平面布置图的相关尺寸，用直线绘制轮廓线，再执行偏移、修剪、图案填充等命令进行绘制。下面将介绍饰品店A立面图的绘制过程。

01 复制饰品店平面图，插入立面索引符号，如图11-60所示。

02 单击“图层特性管理器”按钮，新建“轮廓线”等图层，设置图层特性，如图11-61所示。

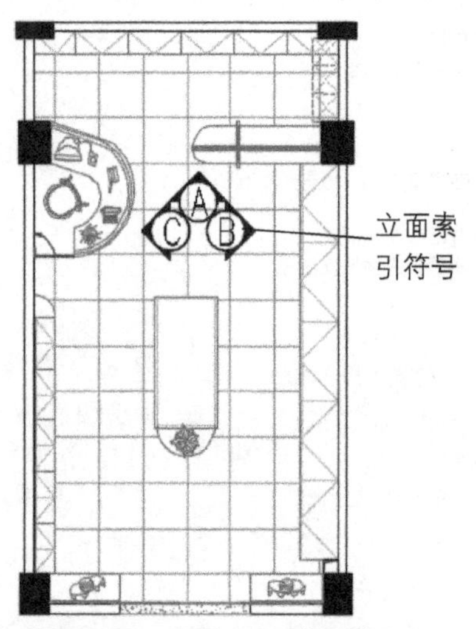


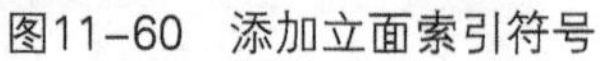
图11-60 添加立面索引符号

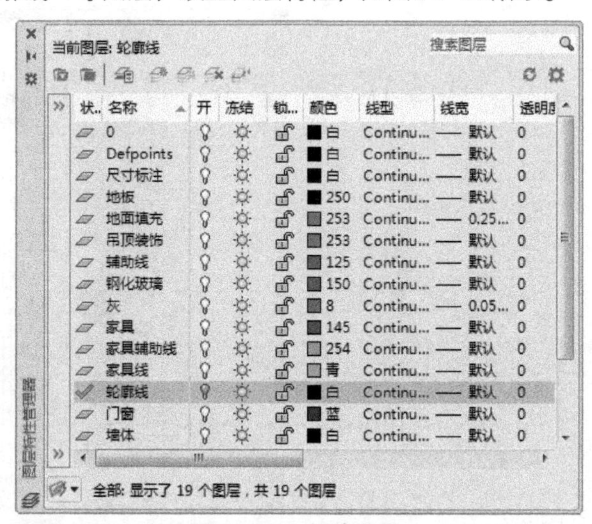


图11-61 新建图层

03 执行“射线”命令，捕捉平面图主要的轮廓位置并绘制射线，如图11-62所示。

04 执行“直线”、“偏移”命令，绘制一条线段，将线段向下偏移3400mm，绘制A立面轮廓线，如图11-63所示。

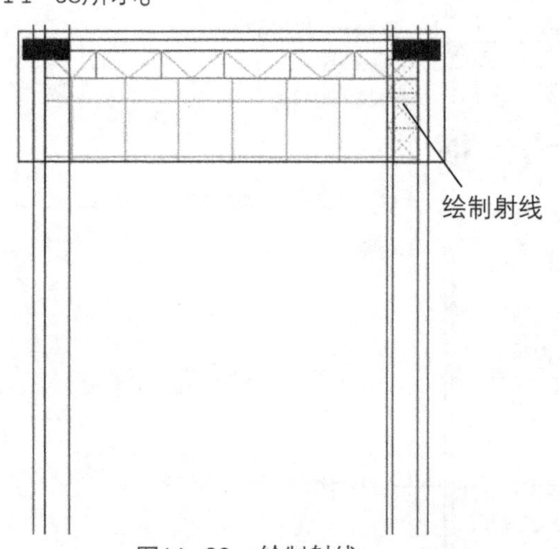


图11-62 绘制射线

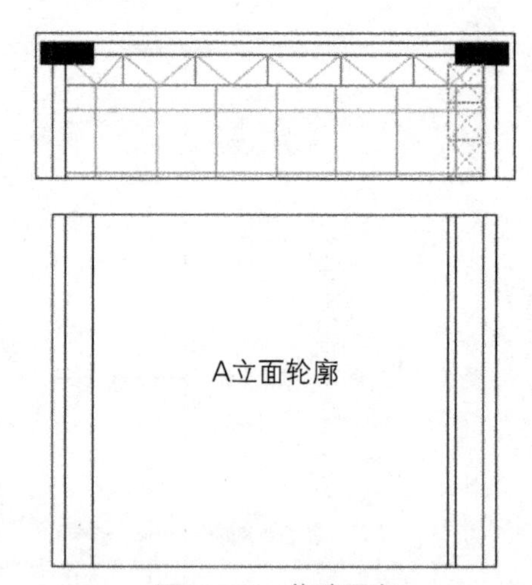


图11-63 偏移层高

05 执行“偏移”命令，将顶边线段依次向下偏移，具体尺寸如图11-64所示。

06 执行“修剪”命令，修剪掉多余线段，结果如图11-65所示。

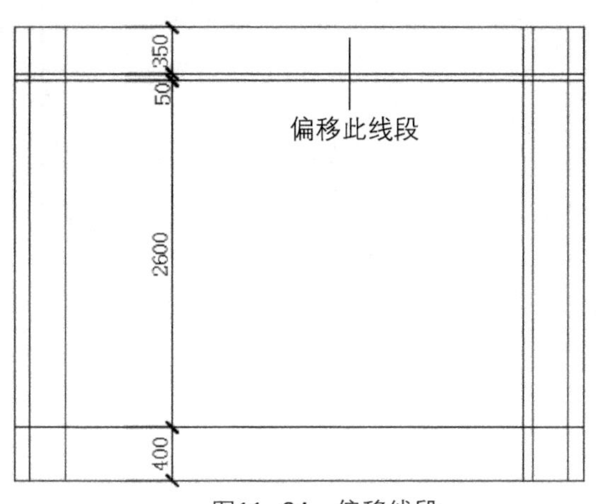


图11-64　偏移线段

修剪后的轮廓

图11-65　修剪多余线段

07 执行“偏移”、“修剪”、“执行”命令，绘制吊柜部分，尺寸如图11-66所示。

08 执行“射线”、“修剪”、“矩形”、“复制”命令，绘制柜门，如图11-67所示。

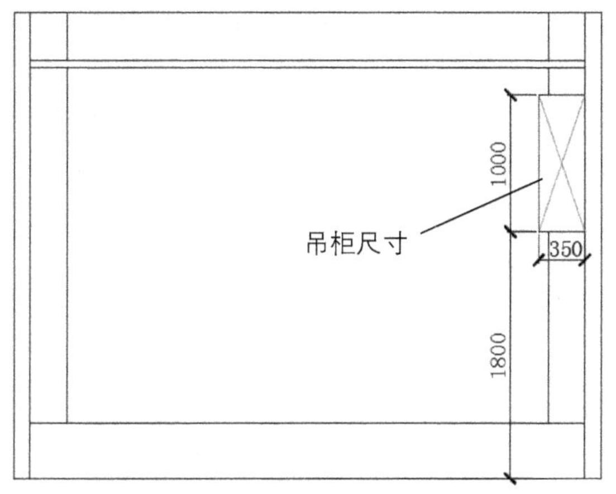


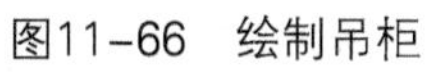

图11-66　绘制吊柜

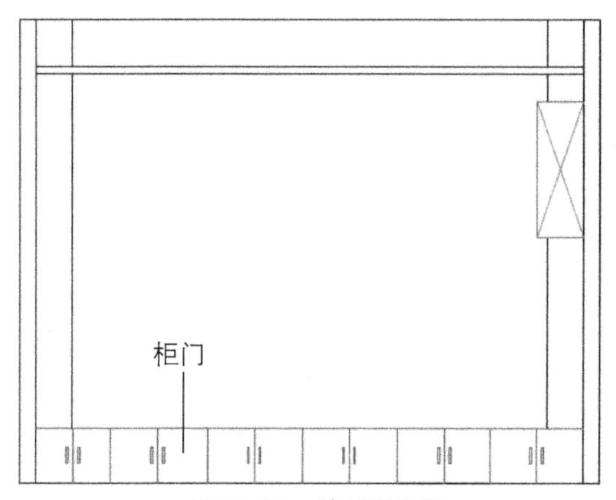


图11-67　绘制展示柜

09 执行“偏移”、“修剪”命令，绘制展示立面，具体尺寸如图11-68所示。

10 执行“偏移”、“修剪”命令，绘制隔板，具体尺寸如图11-69所示。

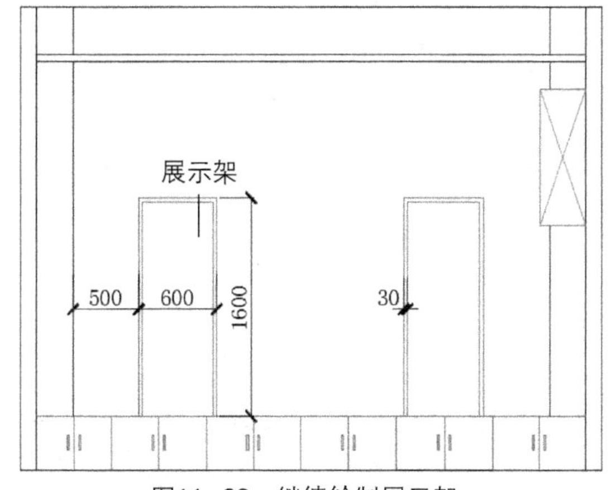


图11-68　继续绘制展示架

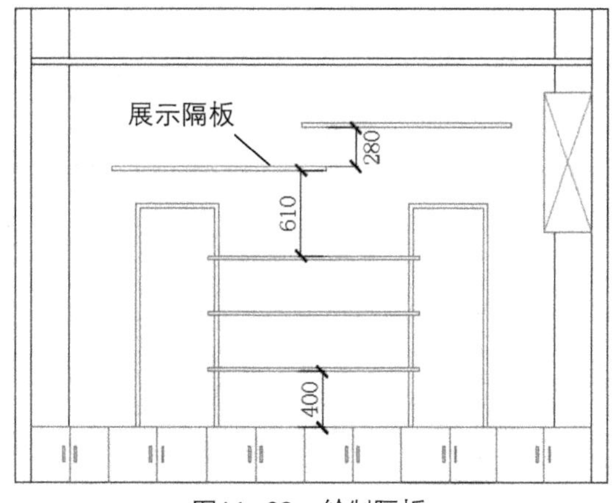


图11-69　绘制隔板

11 执行“圆”、“偏移”、“修剪”、“复制”命令，绘制细节部分，如图11-70所示。

12 执行“插入”命令，插入饰品立面图块，如图11-71所示。

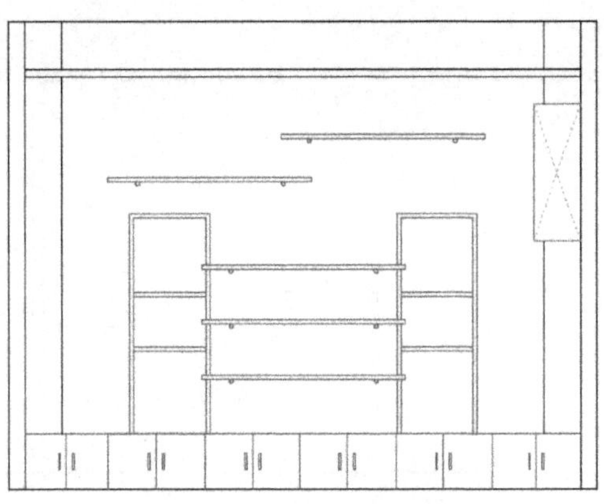

图11-70　绘制细节部分

图11-71　插入图块

⑬ 继续执行“插入”命令，插入灯具立面图块，如图11-72所示。

⑭ 执行“图案填充”命令，对立面图进行填充，如图11-73所示。

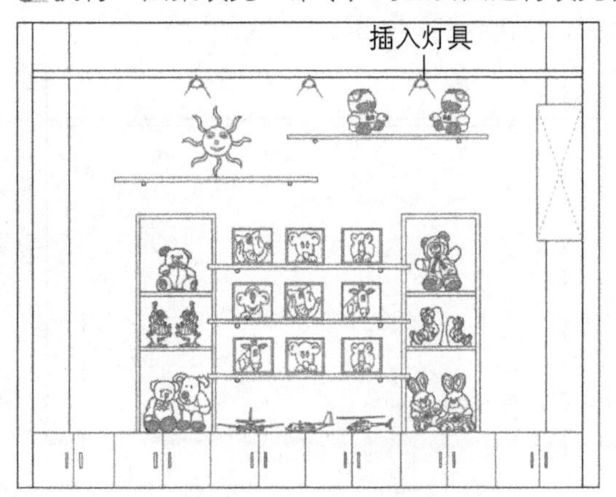


图11-72　插入灯具

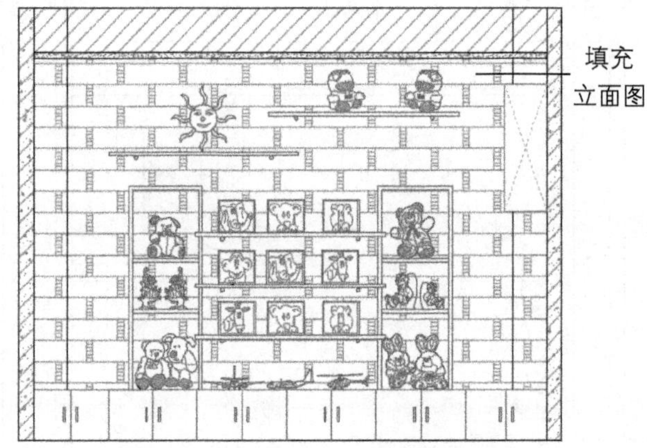


图11-73　填充图案

⑮ 执行“多重引线样式”命令，新建“立面引线”样式，设置箭头大小为80，高度为100，单击“确定”按钮，将其置为当前样式，如图11-74所示。

⑯ 执行“标注样式”命令，新建“立面标注”样式，设置超出尺寸线20，起点偏移量50，符号和箭头设置如图11-75所示。

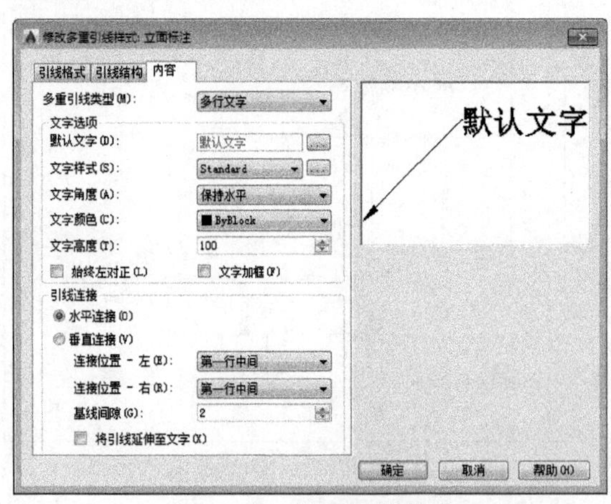


图11-74　设置引线样式

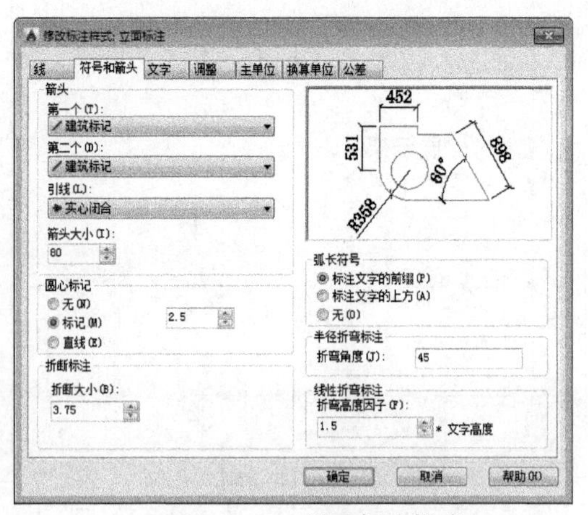


图11-75　设置标注样式

⑰ 设置文字高度为150，主单位精度为0，如图11-76所示。

⑱ 执行“多重引线”命令，指定标注的位置，输入文字，如图11-77所示。

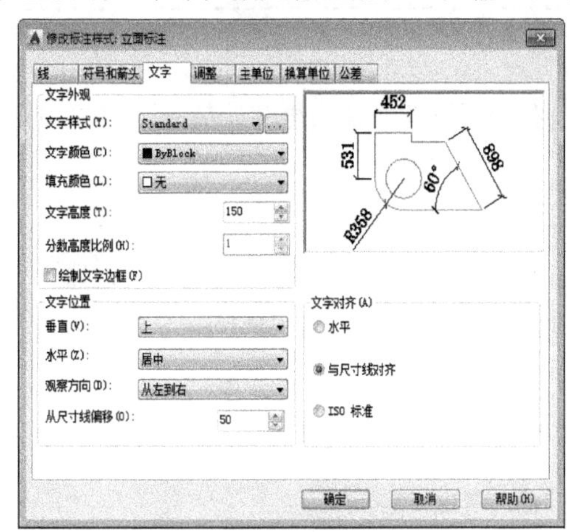


图11-76 设置标注文字

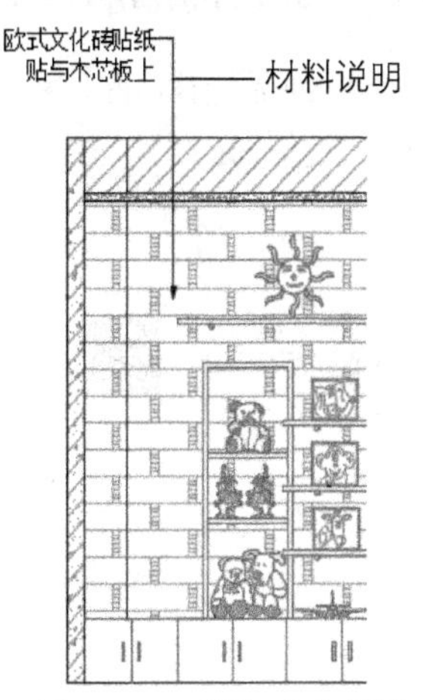


图11-77 添加文字标注

⑲ 重复执行“多重引线”命令，标注其他墙面的装饰材质，结果如图11-78所示。

⑳ 执行“线性”标注命令，对立面图进行尺寸标注，如图11-79所示。

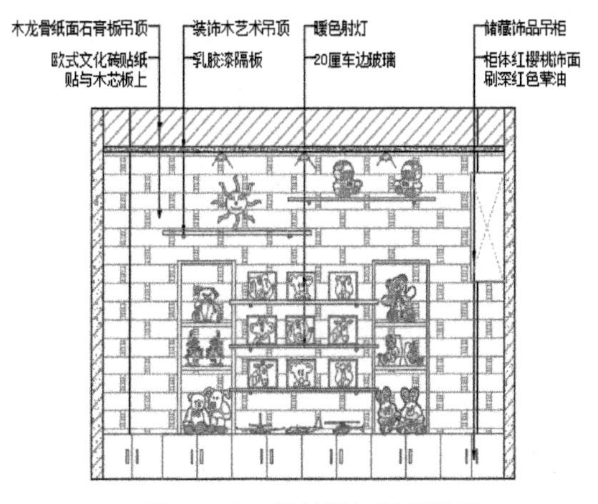


图11-78 继续添加材质说明

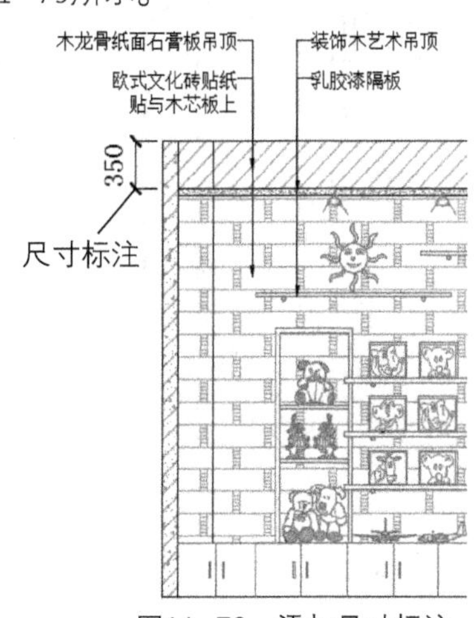


图11-79 添加尺寸标注

㉑ 执行“连续标注”命令，标注其他尺寸，如图11-80所示。

㉒ 继续标注其他位置尺寸，如图11-81所示。至此完成饰品店A立面图的绘制。

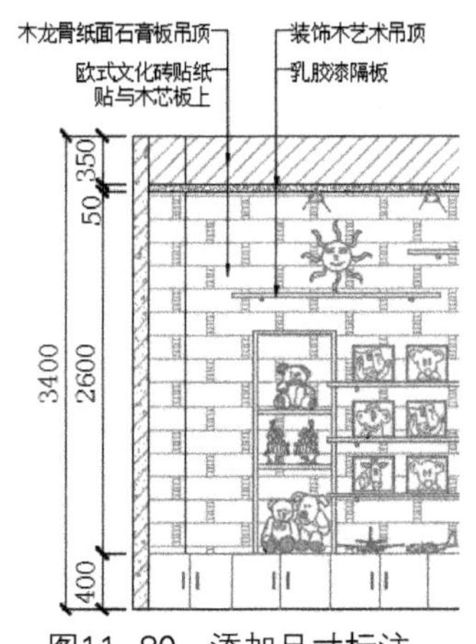


图11-80 添加尺寸标注

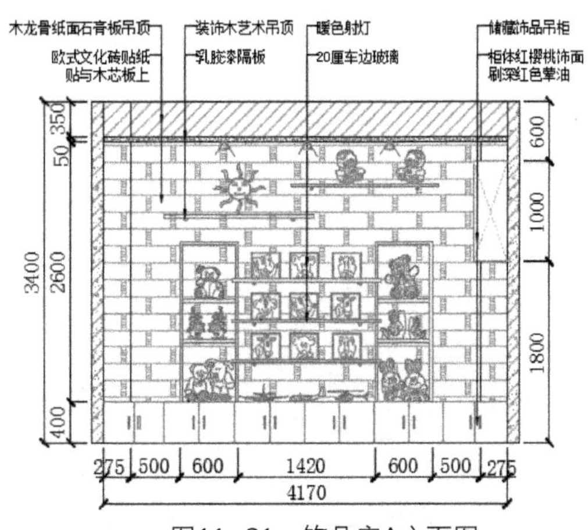


图11-81 饰品店A立面图

### 11.3.2 绘制饰品店B立面图

下面将介绍饰品店B立面图的绘制过程。

01 执行“旋转”、“矩形”、“修剪”命令，框选饰品店B立面需绘制的部分，如图11-82所示。

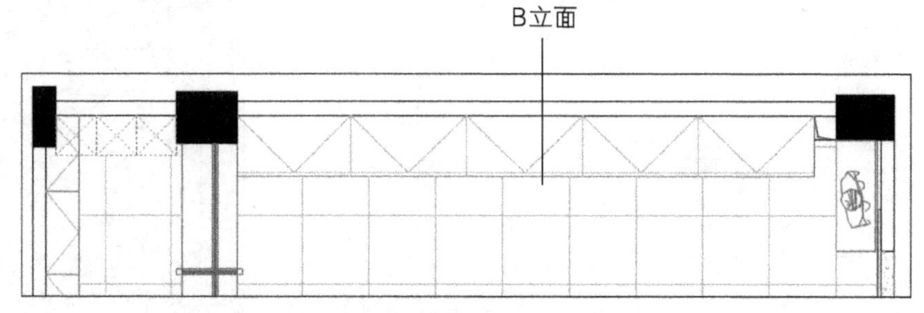


图11-82 框选需绘制部分

02 执行“射线”命令，捕捉平面图主要的轮廓位置并绘制射线，如图11-83所示。

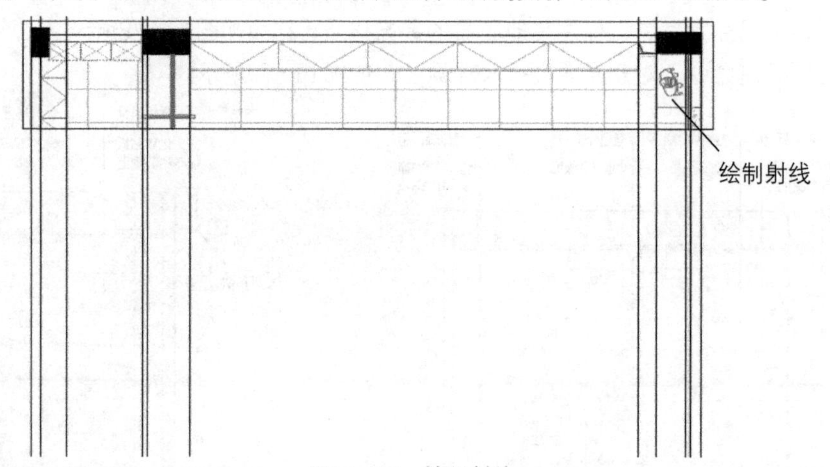


图11-83 绘制射线

03 执行“直线”、“偏移”命令，绘制线段，将线段向下偏移3400mm，如图11-84所示。

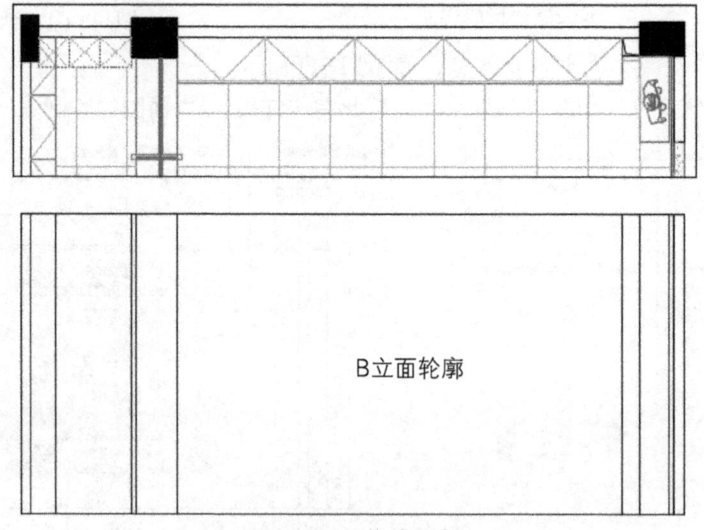


图11-84 偏移层高

04 执行“偏移”命令，将顶边线段依次向下偏移，具体尺寸如图11-85所示。

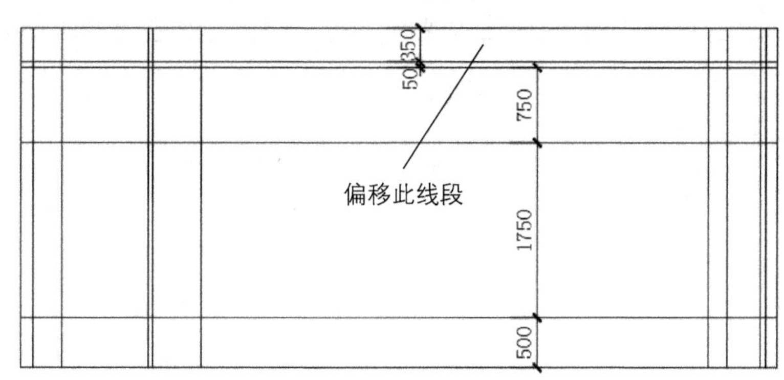


图11-85　偏移线段

05 执行“修剪”命令，修剪掉多余的线段，如图11-86所示。

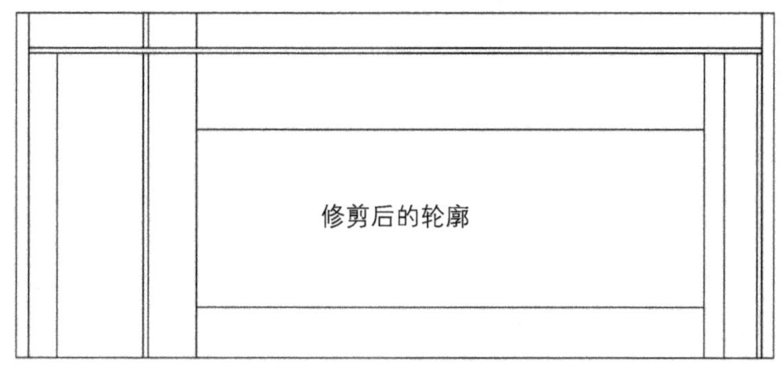


图11-86　修剪线段

06 执行“偏移”、“修剪”、“定数等分”命令，绘制展示柜及侧面，如图11-87所示。

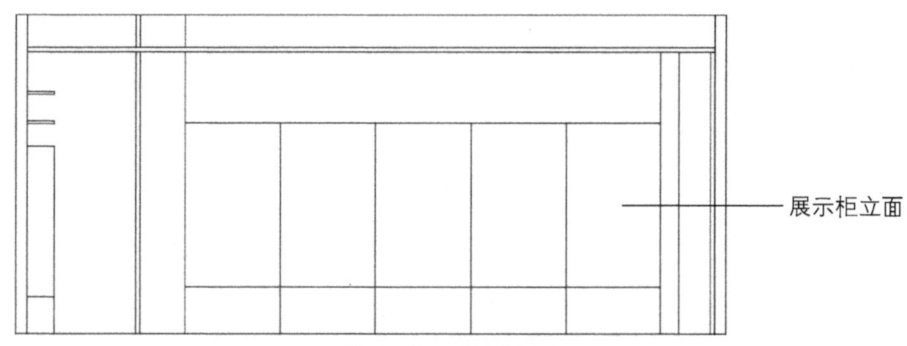


图11-87　绘制展示柜

07 执行“偏移”、“修剪”等命令，绘制展示柜细节部分，如图11-88所示。

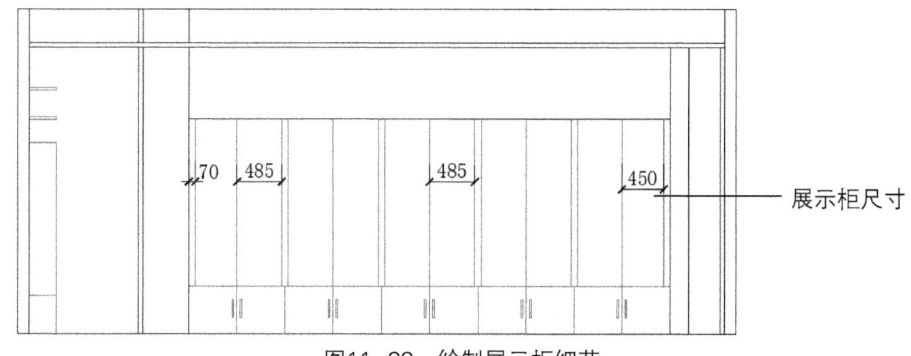


图11-88　绘制展示柜细节

08 执行“偏移”、“图案填充”等命令，绘制玻璃隔断，对其进行填充，如图11-89所示。

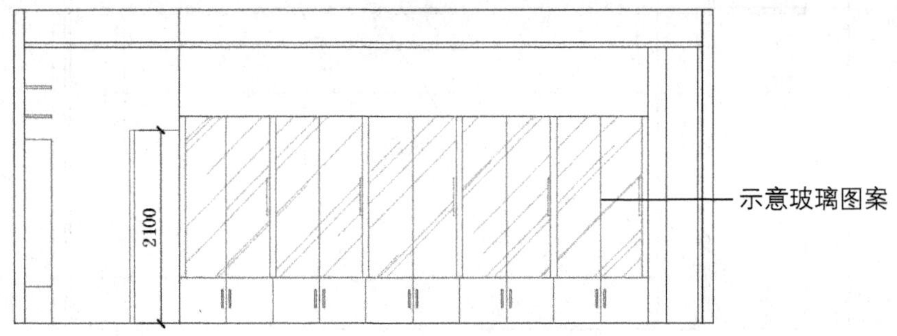


图11-89 填充图形

09 执行“偏移”、“修剪”、“图案填充”命令，绘制吊柜及镜面，如图11-90所示。

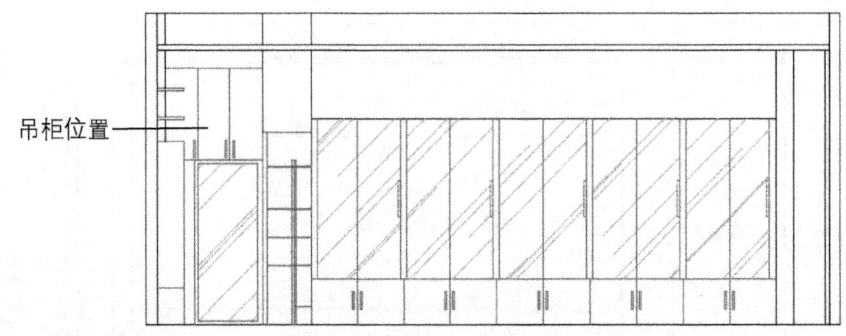


图11-90 绘制吊柜及镜面

10 执行“偏移”、“修剪”等命令，绘制橱窗，插入图块，如图11-91所示。

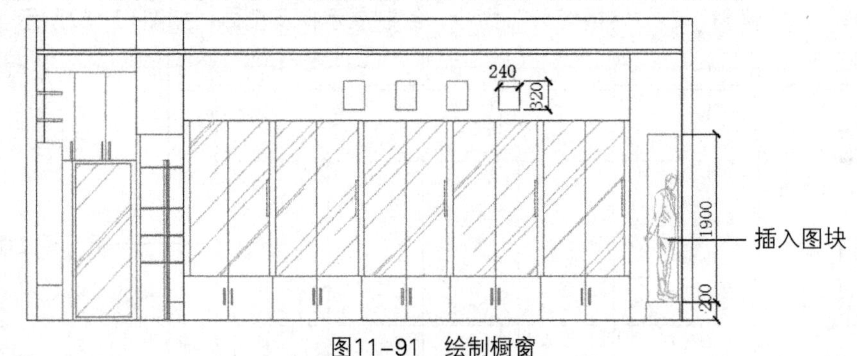


图11-91 绘制橱窗

11 执行“图案填充”命令，对立面进行图案填充，如图11-92所示。

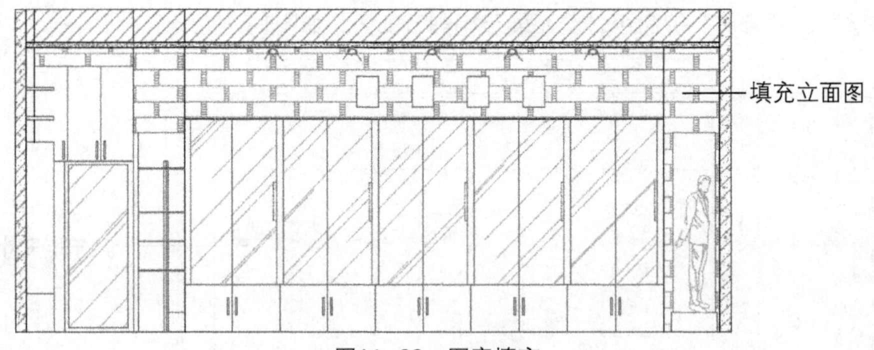


图11-92 图案填充

12 执行“多重引线”命令，标注墙面的装饰材质，结果如图11-93所示。

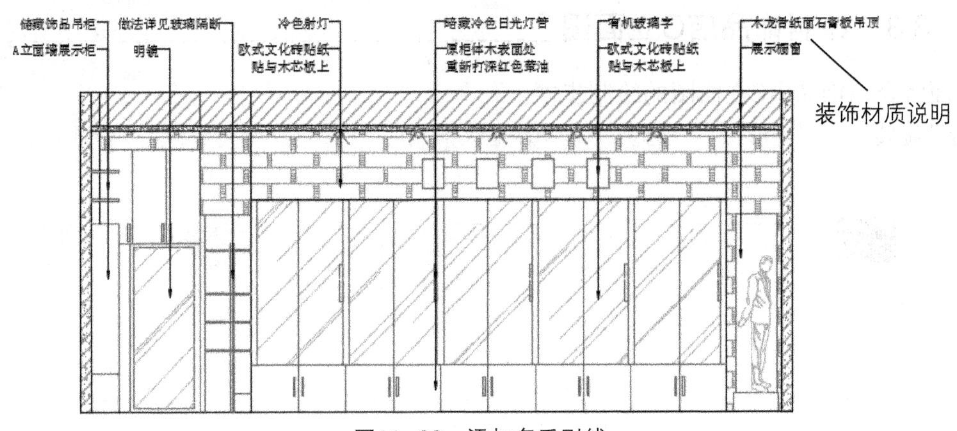


图11-93 添加多重引线

⑬ 执行“线性”、“连续”标注命令，对立面图进行尺寸标注，如图11-94所示。

⑭ 执行“线性”命令，标注总尺寸，如图11-95所示。

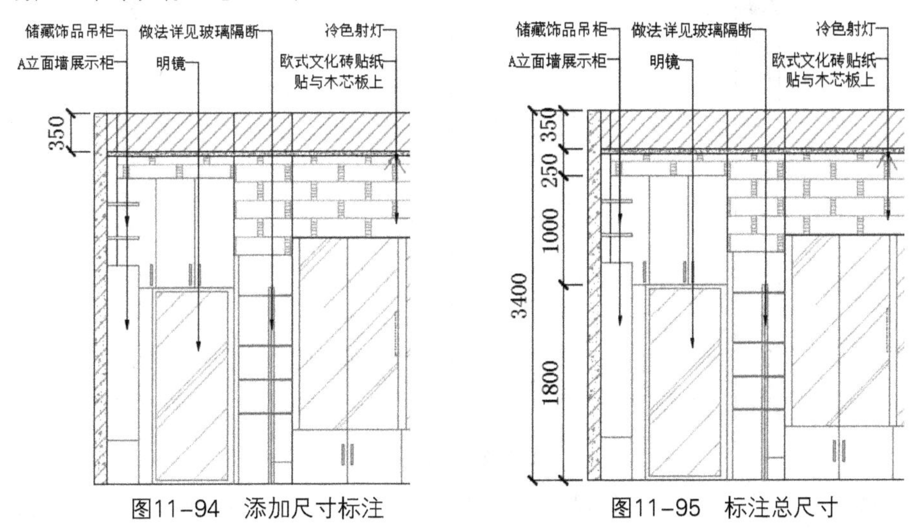


图11-94 添加尺寸标注　　图11-95 标注总尺寸

⑮ 重复执行“尺寸标注”和“连续标注”命令，标注其他位置尺寸，结果如图11-96所示。至此完成饰品店B立面图的绘制。

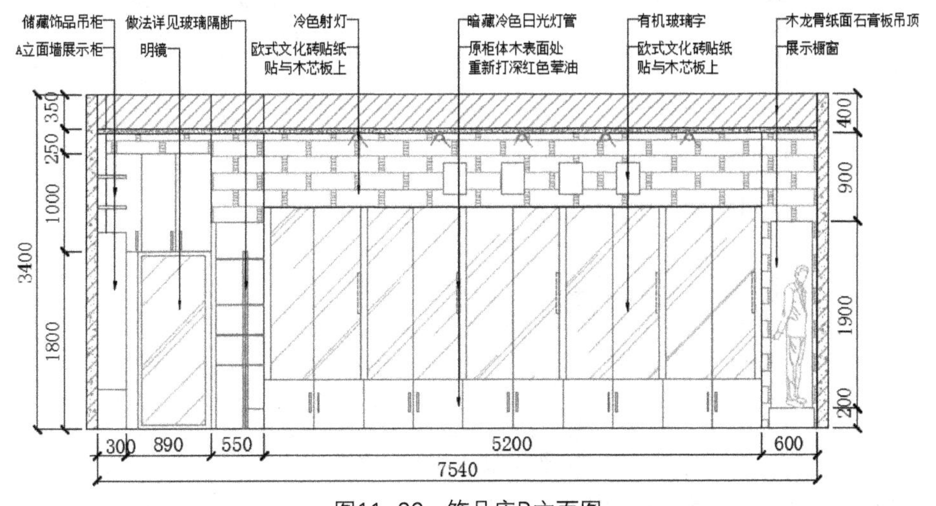


图11-96 饰品店B立面图

### 11.3.3 绘制饰品店C立面图

下面将介绍饰品店C立面图的绘制步骤。

01 执行“旋转”、“矩形”、“修剪”命令，框选饰品店C立面需绘制的部分，如图11-97所示。

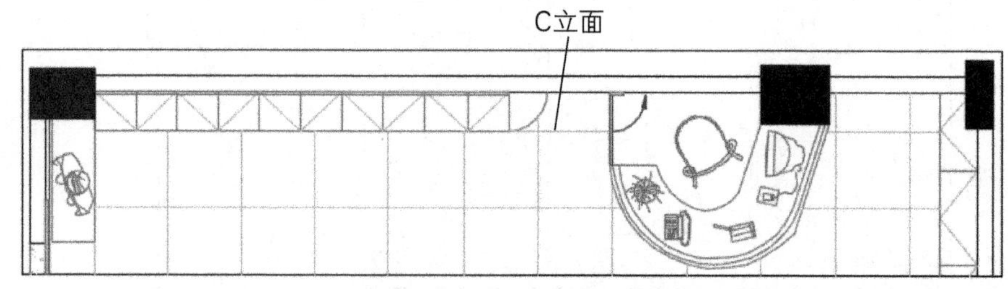


图11-97 框选需绘制部分

02 执行“射线”命令，捕捉平面图主要的轮廓位置并绘制射线，如图11-98所示。

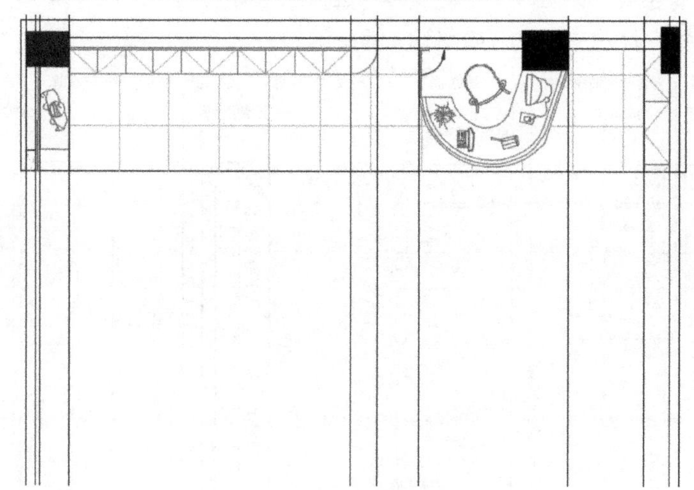

图11-98 绘制射线

03 执行“直线”、“偏移”命令，绘制一条线段，将线段向下偏移3400mm，执行“修剪”命令，保留两条线段中间的线，如图11-99所示。

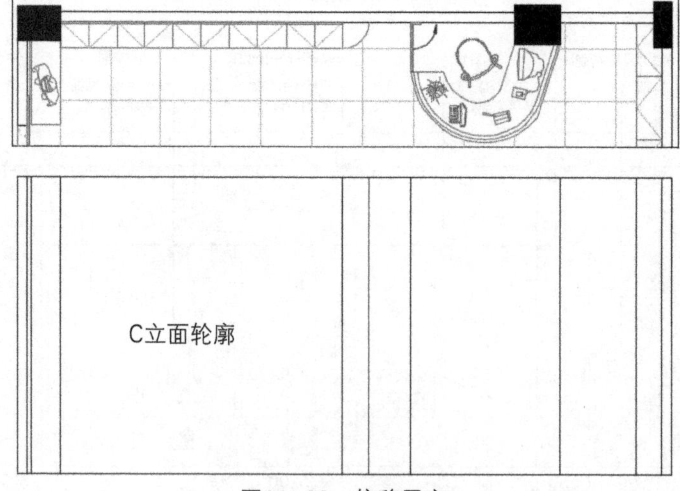


图11-99 偏移层高

04 执行“偏移”命令，将顶边线段依次向下偏移，具体尺寸如图11-100所示。

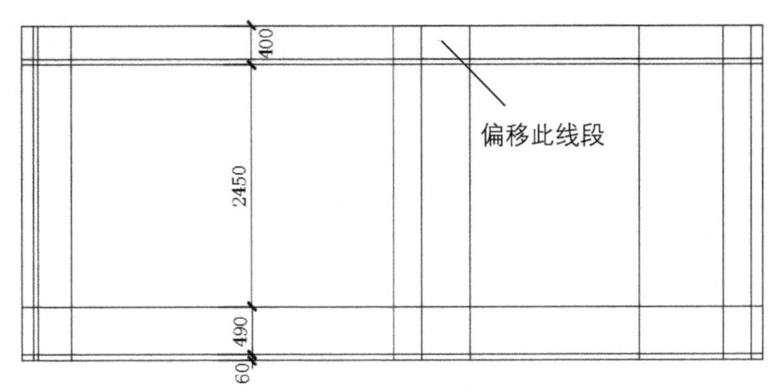

图11-100 偏移线段

05 执行“修剪”命令，修剪掉多余线段，如图11-101所示。

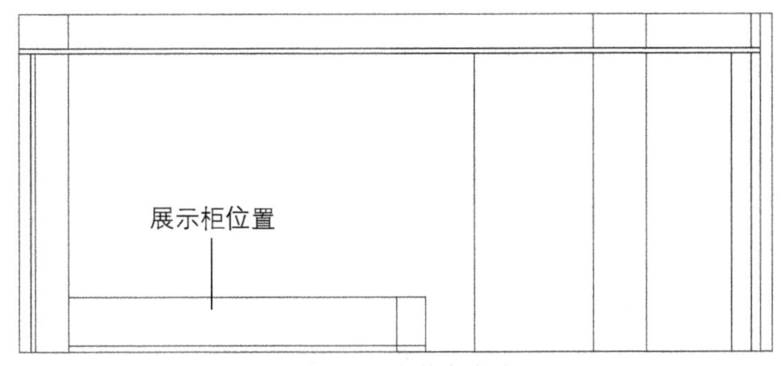

图11-101 修剪多余线段

06 执行“偏移”、“修剪”命令，绘制收银台轮廓，尺寸如图11-102所示。

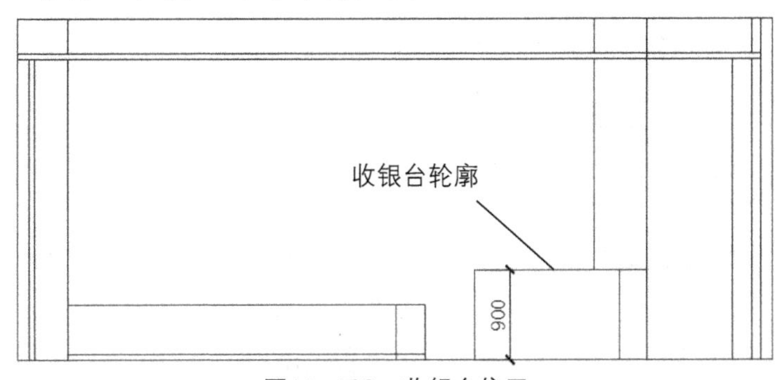

图11-102 收银台位置

07 执行“定数等分”、“矩形”等命令，绘制展示柜细节部分，如图11-103所示。

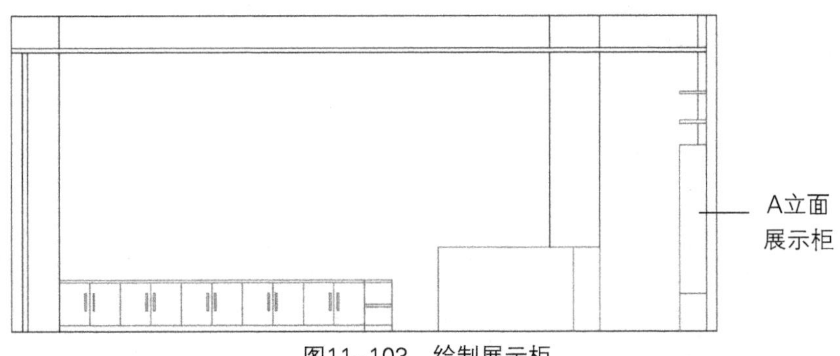

图11-103 绘制展示柜

08 分别执行“偏移”、“复制”命令，绘制收银台及展示橱窗，如图11-104所示。

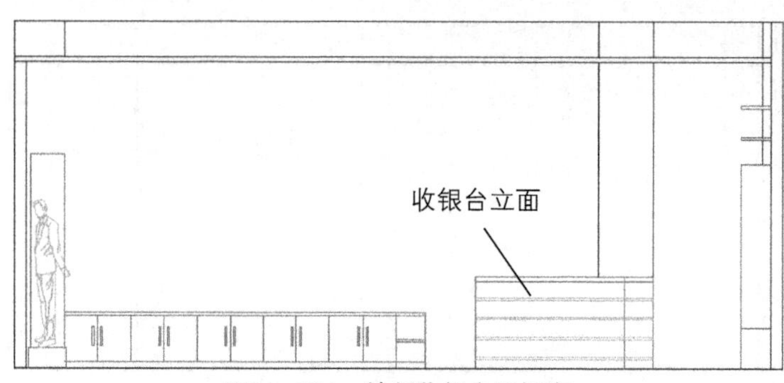


图11-104　绘制收银台区橱窗

09 执行“图案填充”、“分解”、“偏移”命令，对墙面进行装饰，如图11-105所示。

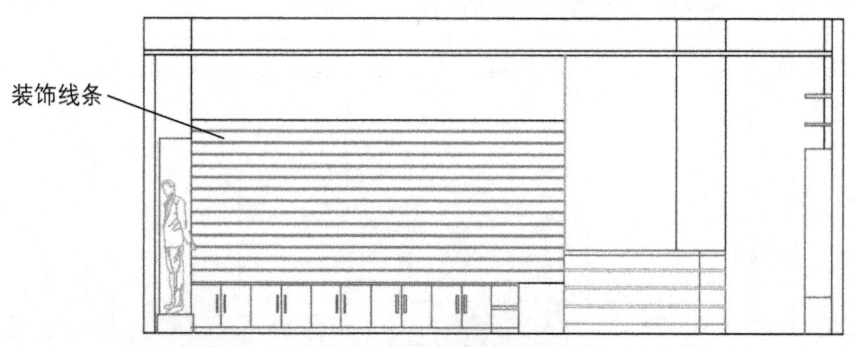


图11-105　装饰墙面

10 执行“图案填充”命令，对立面图进行填充，如图11-106所示。

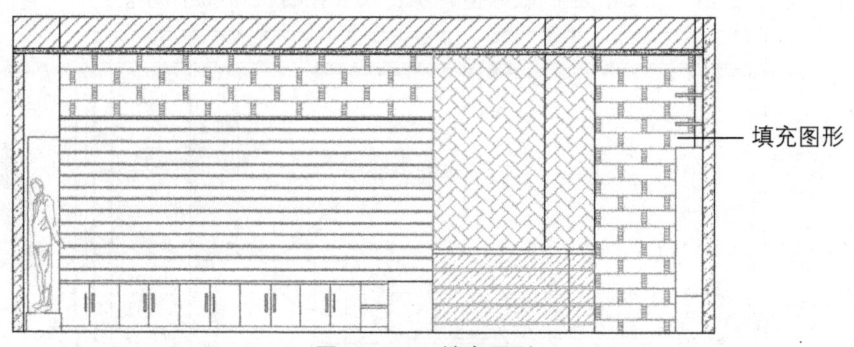


图11-106　填充图形

11 执行“复制”命令，复制射灯图块，根据顶面布置图放置于合适位置，如图11-107所示。

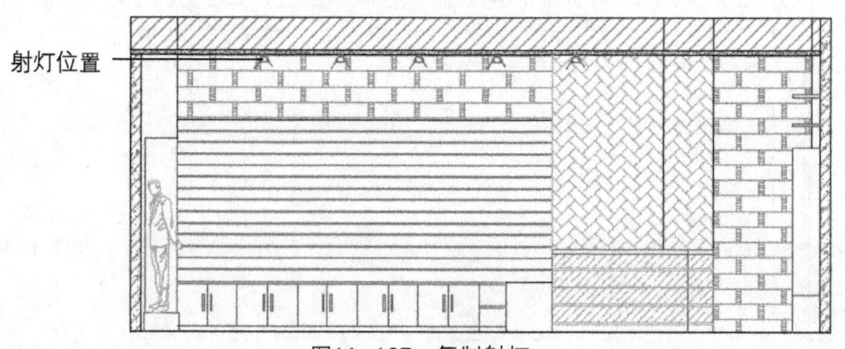


图11-107　复制射灯

12 执行“多重引线”命令，标注墙面的装饰材质，结果如图11-108所示。

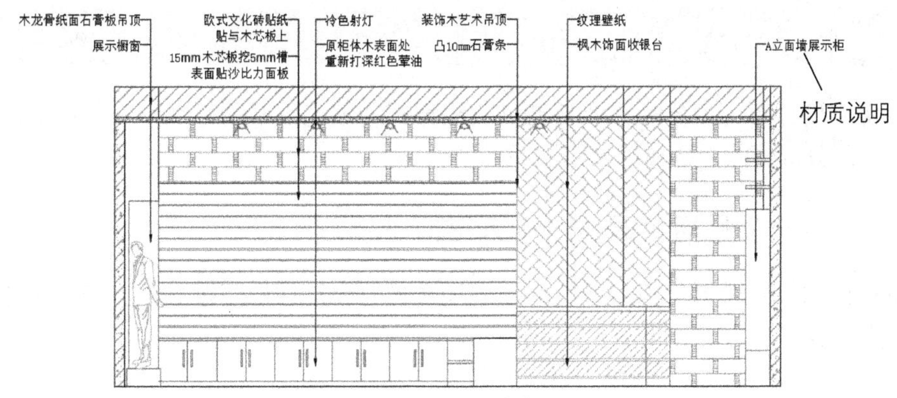


图11-108　添加文字说明

⑬ 执行“线性”标注命令，对立面图进行尺寸标注，如图11-109所示。

⑭ 执行“连续”、“线性”命令，继续添加尺寸标注，如图11-110所示。

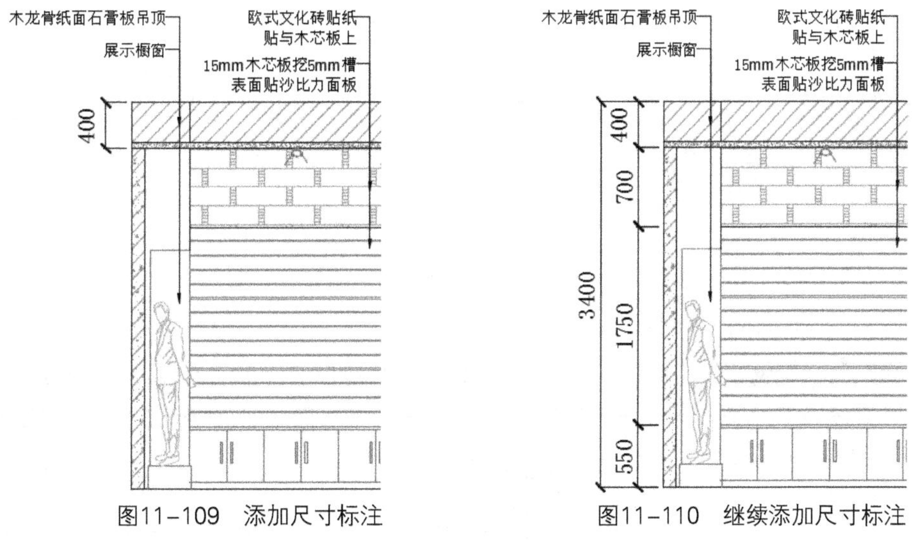


图11-109　添加尺寸标注　　　图11-110　继续添加尺寸标注

⑮ 重复执行“尺寸”、“连续”标注命令，标注其他位置尺寸，结果如图11-111所示。至此完成饰品店C立面图的绘制。

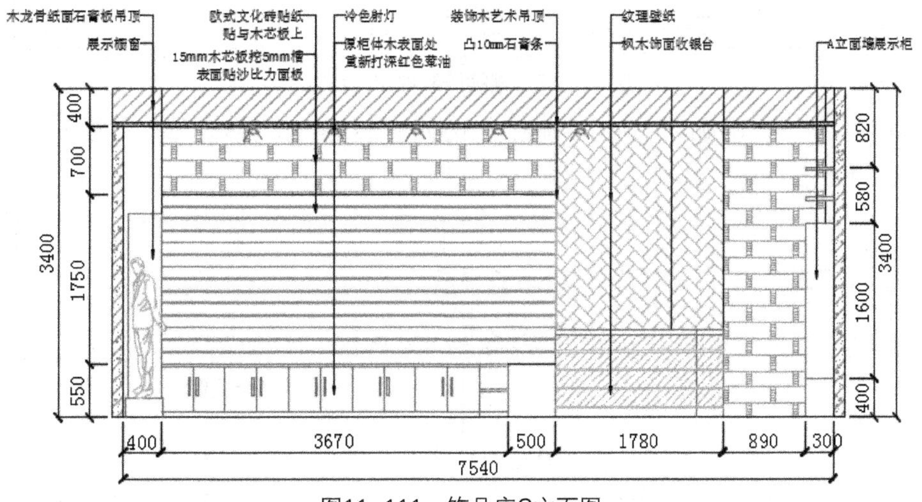


图11-111　饰品店C立面图

# 11.4 绘制饰品专卖店详图

饰品专卖店的详图，主要是介绍岛屿式货柜详图和玻璃隔断的详图。在绘制的时候要清楚地表达出每一部分的用意，再加以文字注明。

## 11.4.1 绘制饰品店岛屿式货柜详图

绘制货柜详图，要根据货柜立面图的相关尺寸进行绘制，使用矩形、直线、偏移命令即可绘制货柜的大体轮廓线。

01 根据岛屿式货柜立面图，用“直线”、“矩形”、“偏移”命令，绘制剖面图轮廓线，如图11-112所示。

02 执行“直线”、“矩形”、“偏移”命令，绘制滑动式抽屉内部结构，如图11-113所示。

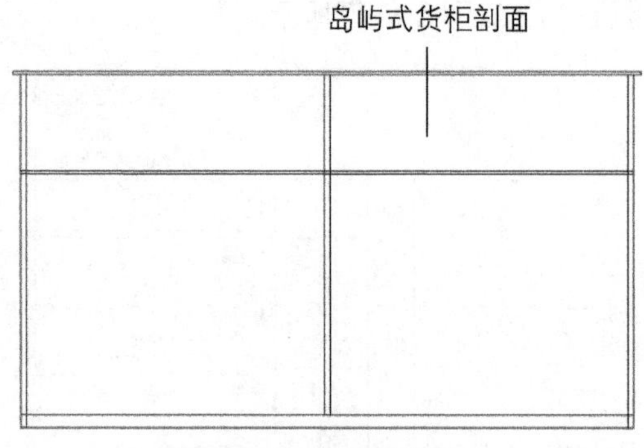


图11-112 剖面图轮廓

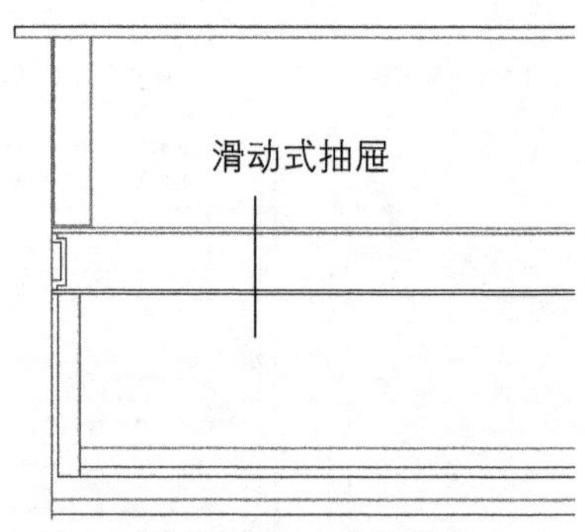


图11-113 内部结构

03 执行“圆”、“镜像”、“修剪”等命令，继续绘制抽屉内部结构，如图11-114所示。

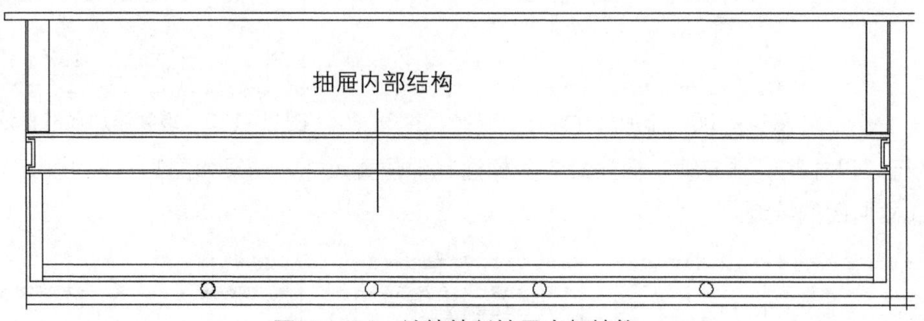


图11-114 继续绘制抽屉内部结构

04 执行“镜像”、“修剪”命令，将需要镜像的图形对象进行复制，并修剪多余的部分，如图11-115所示。

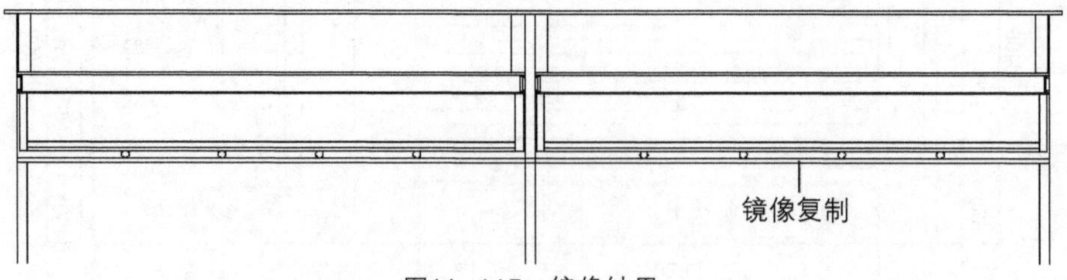


图11-115 镜像结果

05 执行“直线”、“偏移”、“镜像”等命令，绘制货柜内部结构，如图11-116所示。

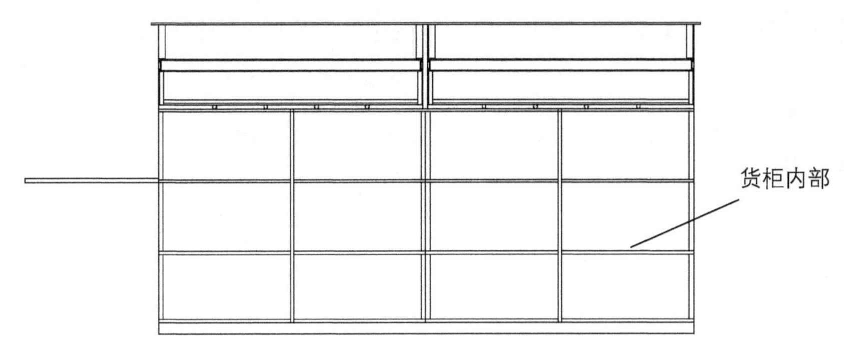


图11-116　货柜内部结构

06 打开“标注样式管理器”对话框，单击“新建”按钮，输入样式名称，再单击“继续”按钮，如图11-117所示。

07 在弹出的对话框中设置相关参数，单击“确定”按钮，如图11-118所示。

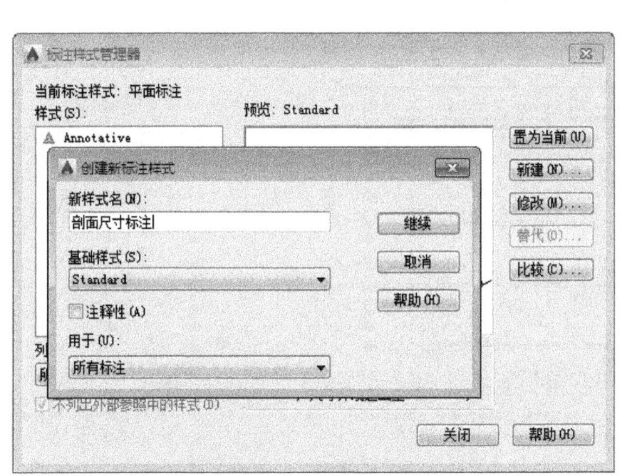


图11-117　新建标注样式

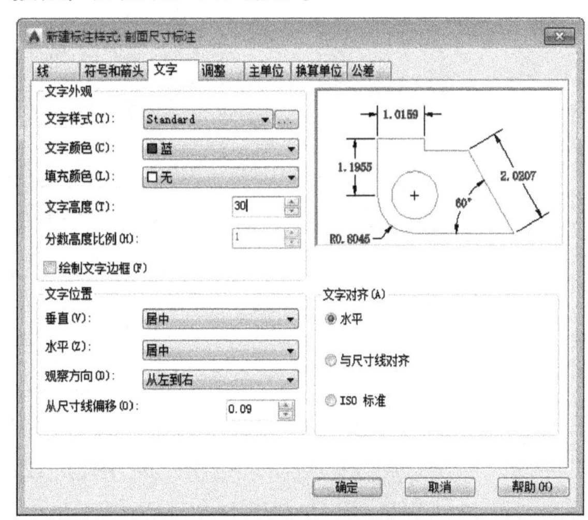


图11-118　设置参数

08 返回上一层对话框，单击“置为当前”和“关闭”按钮。执行“标注”、“连续”、“基线”命令，对剖面图添加尺寸标注，如图11-119所示。

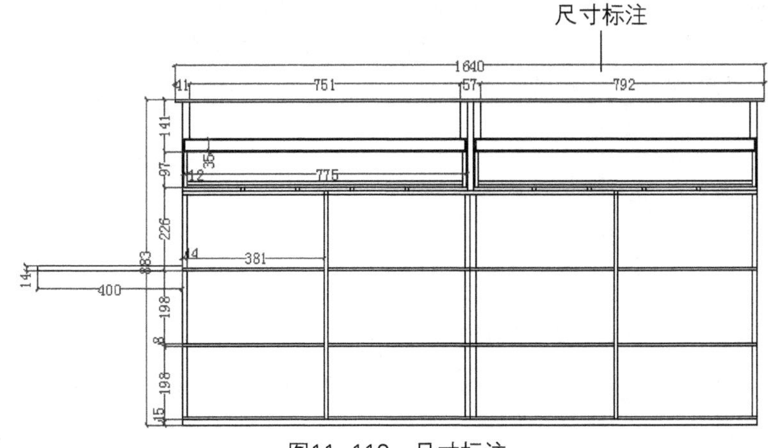


图11-119　尺寸标注

09 打开“多重引线样式管理器”对话框，单击“新建”按钮，输入样式名称，单击“继续”按钮，如图11-120所示。

⑩ 在弹出的对话框中设置相关参数，单击“确定”按钮，如图11-121所示。

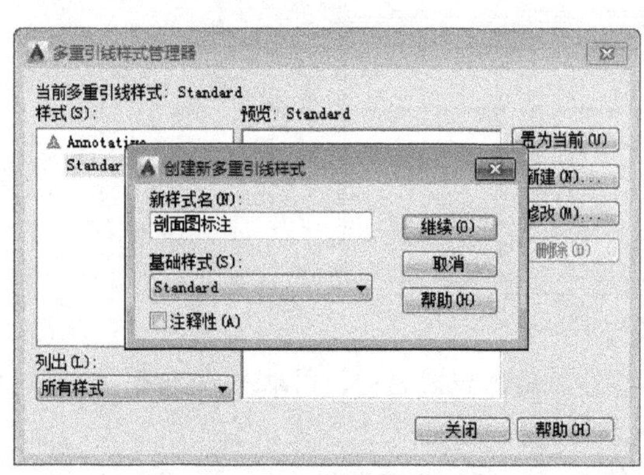


图11-120　新建引线标注

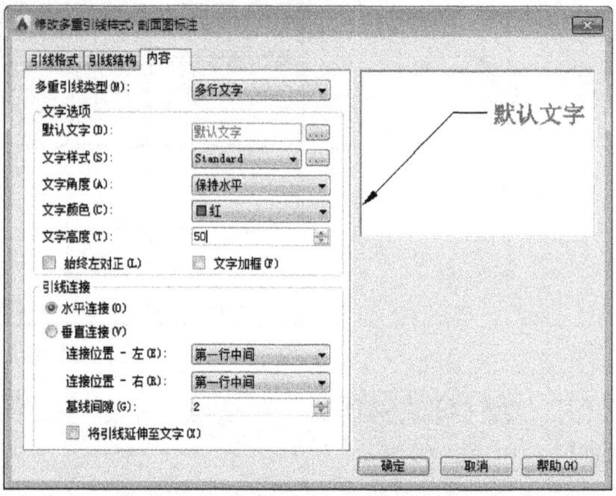

图11-121　设置引线参数

⑪ 执行“多重引线”、“多行文字”等命令，对剖面图添加引线标注和图名，如图11-122所示。

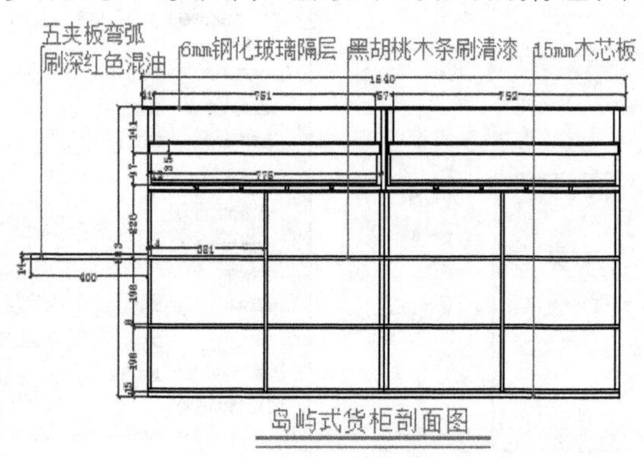


图11-122　完成绘制

## 11.4.2　绘制玻璃隔断详图

绘制玻璃隔断详图，需根据立面图在确定其大概轮廓造型之后，进行内部的细致绘制。要明确地指定引线标注的位置，方便查看。绘制玻璃隔断立面详图的过程如下。

01 执行“直线”、“矩形”、“偏移”命令，绘制玻璃隔断大概轮廓，如图11-123所示。

02 执行“直线”、“偏移”命令，绘制隔断隔板，如图11-124所示。

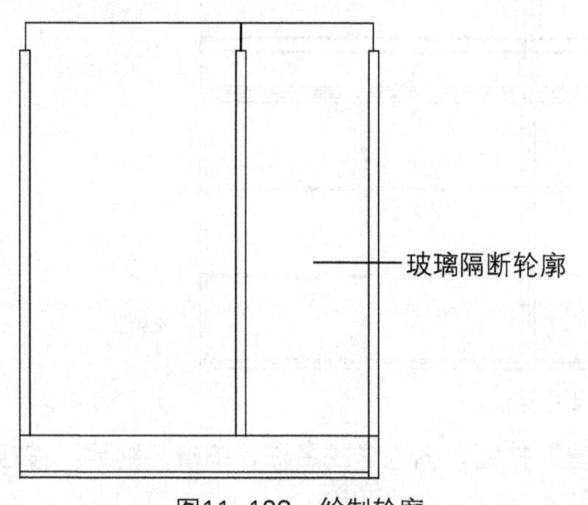


图11-123　绘制轮廓

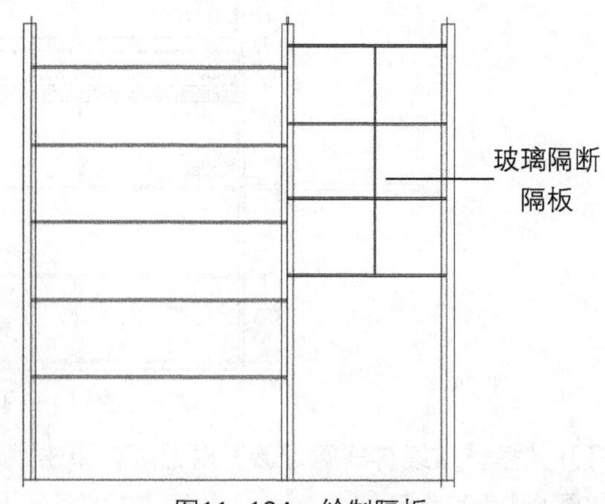


图11-124　绘制隔板

03 执行“直线”、“修剪”命令，对隔板进行修剪，如图11-125所示。

04 执行“矩形”、“复制”命令，细化隔板部分。对矩形的线型进行设置，如图11-126所示。

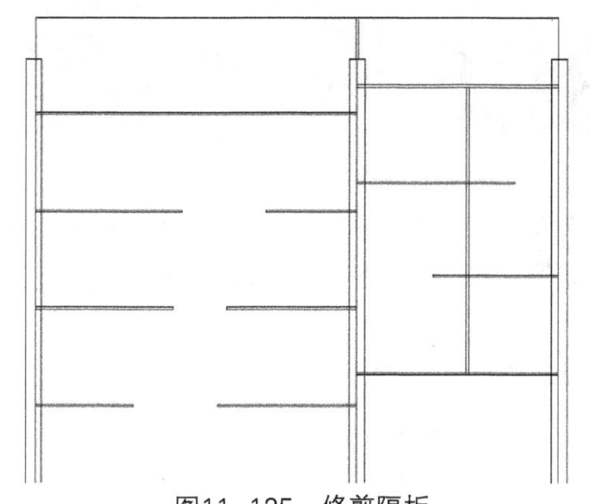

图11-125　修剪隔板

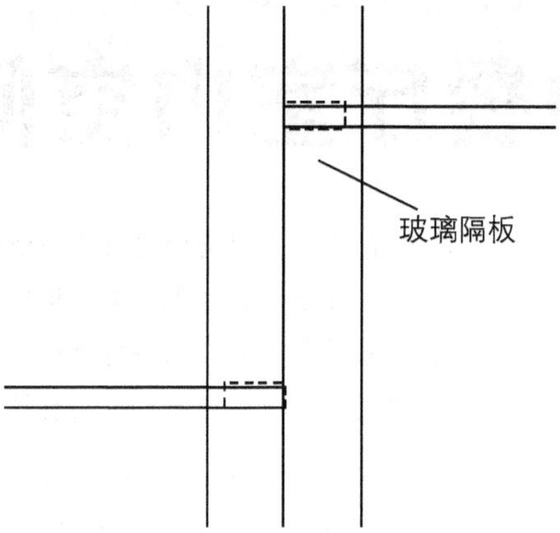

玻璃隔板

图11-126　绘制矩形并更改线型

05 执行“标注”、“连续”、“基线”命令，添加尺寸标注，如图11-127所示。

06 执行“引线”、“多行文字”命令，添加引线标注和图名，如图11-128所示。

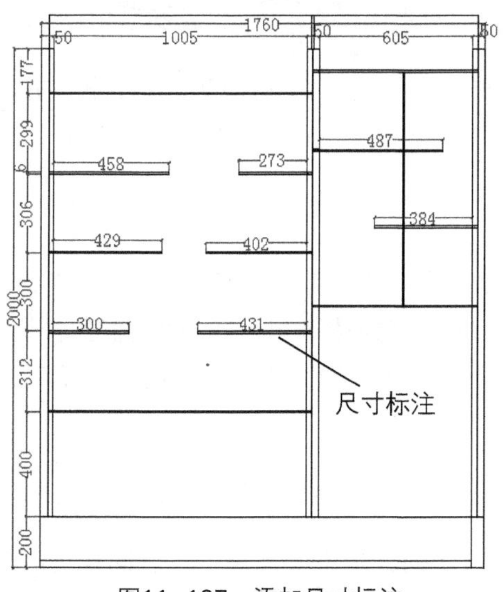


图11-127　添加尺寸标注

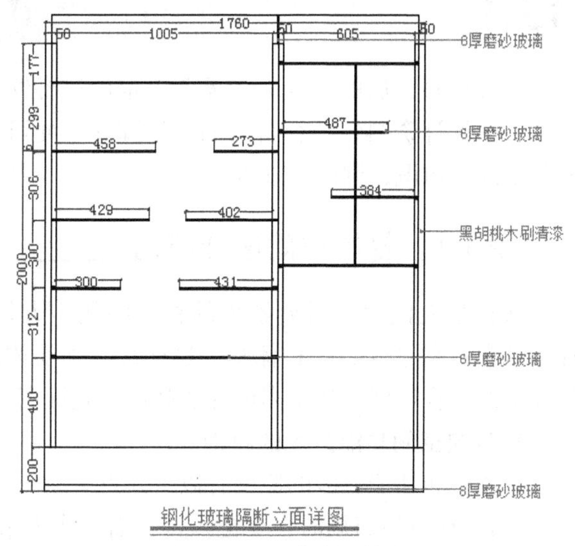


图11-128　玻璃隔断详图

# 第12章 中餐厅室内空间设计

**本章概述** 随着人们对美食要求的不断提高，大大小小的餐饮店也随之迅速发展，餐饮店装修成功与否，在很大程度上影响着该店的未来发展之路。餐饮店装修应结合当地的文化和商家的定位，设计出具有自己独特风格的作品，这才是设计的最终目的。本章将以中餐厅为例，介绍餐饮空间的设计理念，以及餐厅平面图、立面图和剖面图的绘制方法。

**知识要点**

- 餐饮空间设计的基础知识；
- 中餐厅平面图的绘制方法；
- 中餐厅立面图的绘制方法；
- 中餐厅剖面图的绘制方法。

## 12.1 餐饮空间设计概述

在进行餐饮店的设计时，需要先定位该餐饮店的种类，然后了解店主的设计需求，并收集一些好的设计资料，结合自己的设计理念，便可设计出较好的作品。下面将介绍一些餐饮空间的基本设计知识，供读者参考。

### 12.1.1 餐饮空间设计原则

饮食是人们生存需要解决的首要问题。人们对就餐内容的选择也包含着对就餐环境的选择，这是一种享受、一种体验，这些都必须要体现在就餐的环境中。重点营造符合人们观念变化要求的就餐环境，是室内设计的脉搏，是饭店营销成功的根基。

**1. 餐饮空间功能分区的原则**

餐饮空间功能分区的原则有以下几点。

（1）在总体布局时，要把入口、前室作为第一空间序列，把大厅、包房、雅间作为第二空间序列，把卫生间、厨房以及库房作为最后一组空间序列。应使其流线清晰，在功能上划分明确，以减少相互之间的干扰，如图12–1所示。

（2）餐饮空间分隔以及桌椅组合形式应尽量多样化，满足不同顾客的需求，如图12–2所示。空间的分隔也要有利于保持不同餐区、餐位之间的私密性不受干扰。

（3）餐厅空间应与厨房相连，而且应该遮挡视线。厨房以及配餐室的声音和照明灯都不能泄露到客人的坐席处，如图12–3所示。

在餐饮空间功能设计中，应注意以下设计要点。

（1）门面出入口功能区是餐厅的第一形象，也是“脸面”，最引人注目，容易给人留下深刻的印象，如图12–4所示。

（2）接待功能区和候餐功能区是承担迎接顾客、休息等候用餐的过渡区功能，一般设在用餐区的前面或者附近，面积不要过大，但要精致；不要过于繁杂，以营造成一个放松、安静、休闲、观赏、文化的候餐环境，如图12–5所示。

（3）用餐功能区是餐饮空间的经营主体区，是设计的重点，包括餐厅室内空间的尺度，分布规划的流畅，功能的布置使用，家具的尺寸和环境的舒适度等，如图12-6所示。

图12-1　功能明确

图12-2　形式多样化

图12-3　餐厅展示

图12-4　餐厅入口

图12-5　接待区

图12-6　用餐区

（4）配套功能区是餐饮空间的服务区域，也是餐厅档次的象征。餐厅的配套设施设计是不应忽视的，如图12-7所示。

（5）厨房的工作空间非常重要，一般餐厅制作功能区的面积与营业面积比为3：7左右为佳，如图12-8、12-9所示。

图12-7　配套设施

图12-8　开放式厨房

图12-9　厨房

**2. 餐饮空间动线设计的原则**

餐饮空间动线设计遵循以下几个原则。

（1）餐厅的通道设计应该流畅、便利、安全。尽量能够方便客人，避免顾客动线与服务业动线发生冲突。当发生矛盾时，应遵循先满足客人的原则。

（2）通道时刻保持通畅，简单易懂。服务线路不宜过长，尽量避免穿越到其他用餐空间，适宜采用直线，避免迂回绕道，影响或干扰到顾客的进餐情绪。

（3）员工动线要讲究高效，原则上动线应该越短越好，而且同一方向通道的动线不能太集中，要去除不必要的阻隔和曲折，如图12-10、12-11所示。

图12-10　通道畅通

图12-11　动线设计高效

**绘图秘技 | 主题餐厅的设计要点**

各类主题餐饮空间的功能是不同的。它的设计要点主要是：以地方特点为设计要点，以突出体现地方特征为宗旨；以文化内涵为设计要点；以科技手段为设计要点等。

### 12.1.2　餐饮空间设计欣赏

了解餐饮空间设计要注意多方面的问题，以打造出更多与众不同的餐饮空间风格。下面介绍一些较常见的装修风格。

**1. 欧式餐厅**

这一款欧式风情餐厅采用华丽的吊顶强调它的大气与奢华，浓烈的色彩极力表现着居室生活的温馨与豪华。暖色的空间主色调，凸显低调与华贵，乳白色的桌布以及窗帘，保存了干净的色彩。同时摒弃了欧式风格过于复杂的肌理和装饰，线条的简化塑造出高雅的居家生活情调，如图12-12~12-14所示。

图12-12　大堂

图12-13　餐桌椅

图12-14　欧式餐厅

2. 咖啡厅

咖啡厅设计整体上选用木质材料作为装饰，力求打造出一种自然的意境。大量的木质创建了坚实的空间框架，将整个的咖啡厅氛围营造得舒适、惬意，不知不觉间也体现出了木质材料的纹理视觉感，带给人们视觉上的享受，如图12-15~12-17所示。

图12-15　点餐台

图12-16　雅座

图12-17　产品展示

3. 甜品店

时间匆匆，大家越来越习惯于现代的快节奏生活，但是内心深处依然渴望着恬淡宁静。甜品不同于正餐的沉闷，偶尔在午后时分，同好友点上几个精致小点，配上甜香的奶茶、醇厚的咖啡，慢慢品味，短暂地逃脱脑海中繁杂的琐事，享受微风与暖阳。甜品不光吃的是美食，更多的是那份随意与慵懒，甜品店的设计正以表现这种意境而服务，如图12-18~12-20所示。

图12-18　甜品店入口

图12-19　用餐区

图12-20　用餐区

4. 私房菜馆

所谓私房菜，也就是在私密的自家厨房里烹制而成、无所谓菜系，无所谓章法，只要别家没有，只要味道独特的菜肴。不知何时开始，人们对酒楼食肆的喧嚣变得有些厌倦了，热爱美食者钻进横街窄巷，寻找美味佳肴，还有那份流失已久的恬淡心情，无事闲坐，清茶一杯，面前一两盆黄菊和白菊如美女梳头，绽开细细的花丝，再加上这道平淡温柔，俭约的娃娃菜，未必不是属于我自己的私房幸福，私房菜馆的设计风格以表现这种氛围而设计，如图12-21~12-23所示。

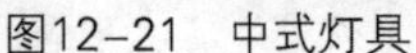
图12-21　中式灯具

图12-22　活动区

图12-23　包房

**5. 特色餐厅**

“曲径通幽处，禅房花木深。山光悦鸟性，潭影空人心。” 由这样一种意境引入设计思维，曲径通幽的布局，揭开层层的精致与细腻；清新的橡木原色，传递着和谐的氛围；大面积的玻璃好似湖水般清澈；有如天空般纯净的孔雀蓝玻璃与鲜艳的花卉草木细心镶嵌，饱满而不失节奏；缤纷的蝴蝶在空间中交错，带着勃勃生机。自然与动态的融合，好似会呼吸般生机焕然。再搭配云南的民族特色，独有的图腾、鲜明的地域景观画面。用自然与民族品质融入设计的微妙组合，是这个空间所拥有的真正定义，如图12-24~12-26所示。

图12-24　特色隔断

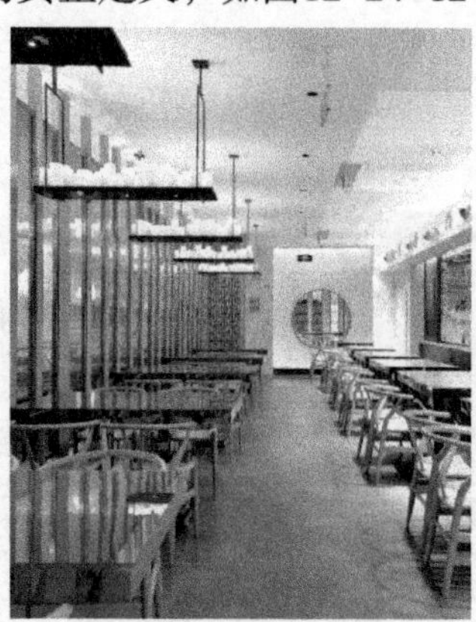
图12-25　大堂

图12-26　特色用餐区

## 12.2 绘制中餐厅平面图

中式文化延伸到餐饮界与设计界，就带来了中餐厅设计的出现。一家代表了传统文化的中餐厅，只有注入了更多的中式文化元素，空间才会有更多的生命力，才会更好地吸引人们的目光。由于人们饮食习惯和地域环境的不同，中餐厅在国内还是比较受欢迎的。下面将以中餐厅为例，来介绍如何对餐厅平面进行合理布局。

### 12.2.1 绘制餐厅平面布置图

餐厅布局的合不合理，主要还是看平面布置图。在做设计前，不可盲目按自己主观意向绘图，这种方法是不可取的。应先和业主进行沟通，了解到业主的装修要求后，再动手设计。

01 打开“中餐厅框架图.dwg”原始文件，如图12-27所示。

02 执行“图层特性”命令，新建“门窗”图层，设置图层属性，并将其设为当前层，如图12-28所示。

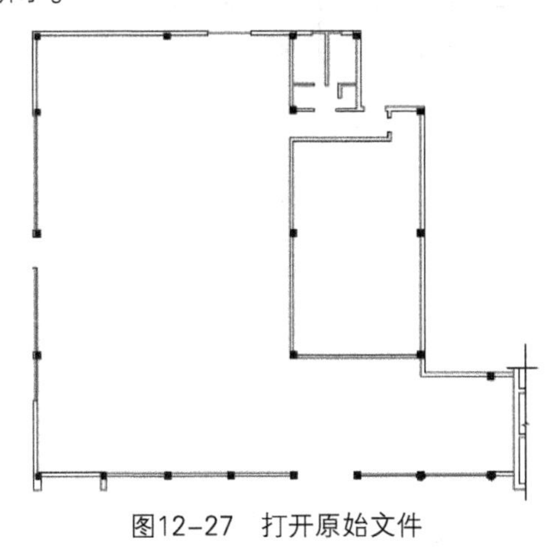

图12-27 打开原始文件

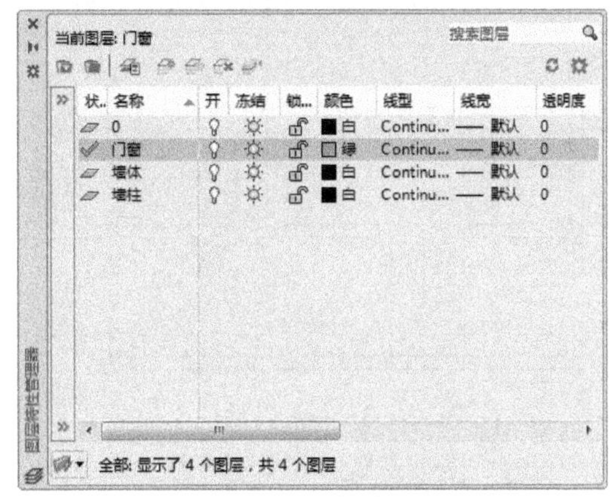


图12-28 新建图层

03 执行“直线”、“偏移”命令，绘制出餐厅窗户图形，如图12-29所示。

04 执行“矩形”、“弧线”命令，绘制餐厅的侧门图形，如图12-30所示。

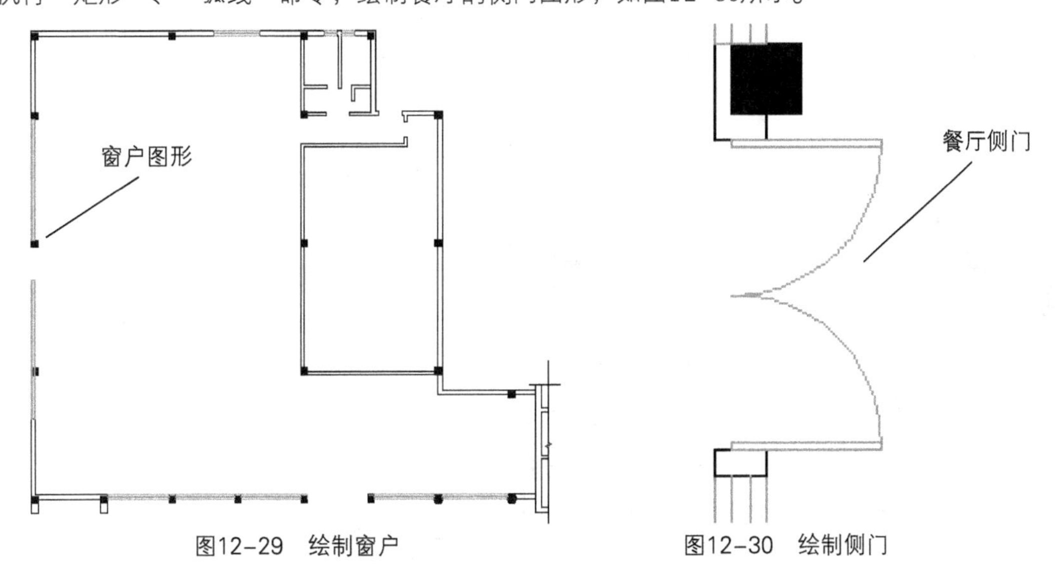


图12-29 绘制窗户

图12-30 绘制侧门

05 执行“直线”命令，绘制餐厅入口处的门跺，然后执行“矩形”、“弧线”命令，绘制门的图块，如图12-31所示。

06 执行“复制”命令，将绘制好的门图块进行复制，完成餐厅大门图形的绘制，如图12-32所示。

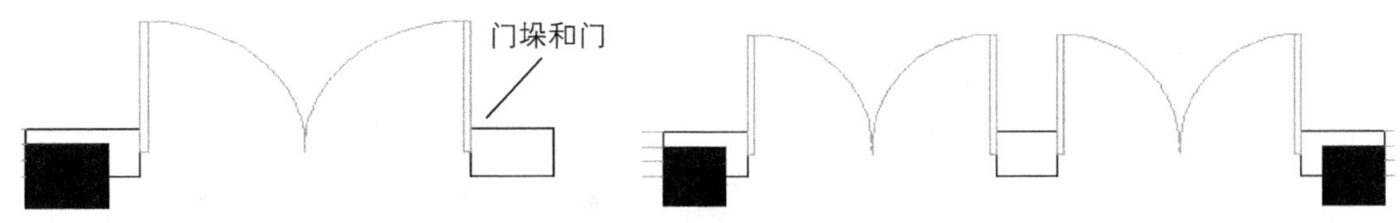


图12-31 绘制门

图12-32 复制门

07 按照同样的方法，完成餐厅其余门图形的绘制，如图12-33所示。

08 将“墙体”层设为当前层，执行“直线”命令，绘制内墙线，如图12-34所示。

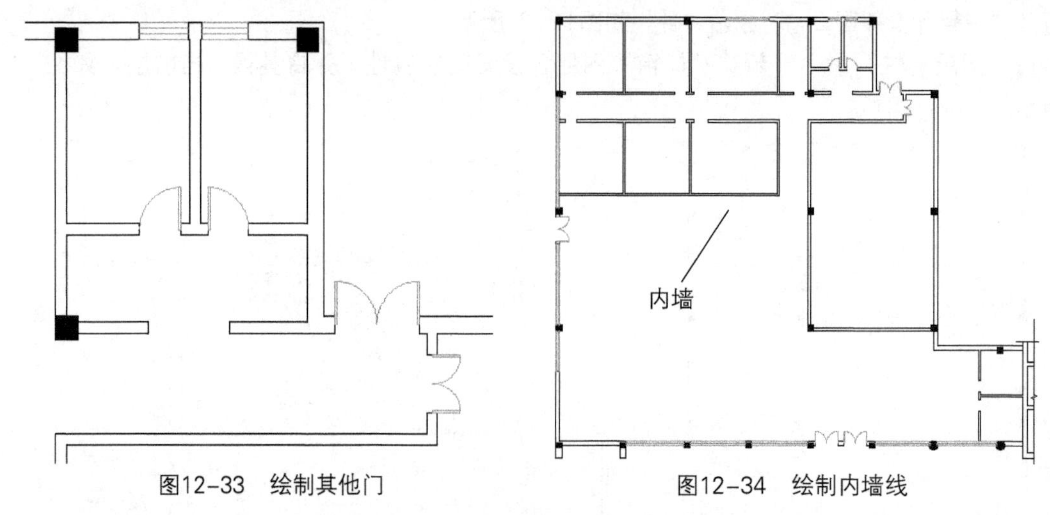


图12-33　绘制其他门　　图12-34　绘制内墙线

09 执行“直线”命令，绘制玄关平面图，然后执行“修剪”命令，绘制门洞，如图12-35所示。

10 执行“直线”和“偏移”命令，绘制出收银台平面图形，如图12-36所示。

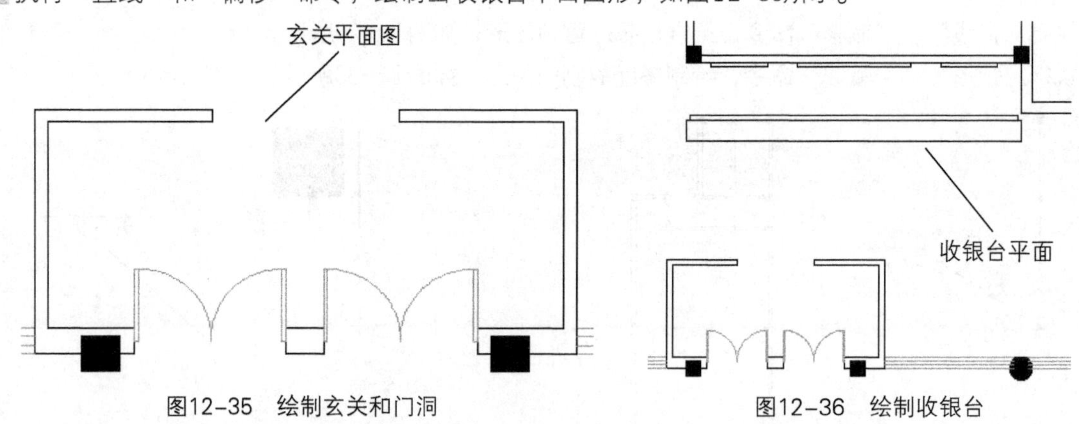


图12-35　绘制玄关和门洞　　图12-36　绘制收银台

11 执行“插入”命令，将座椅图块插入至门厅服务台的合适位置，如图12-37所示。

12 执行“矩形”和“修剪”命令，布置餐厅大堂隔断造型，如图12-38所示。

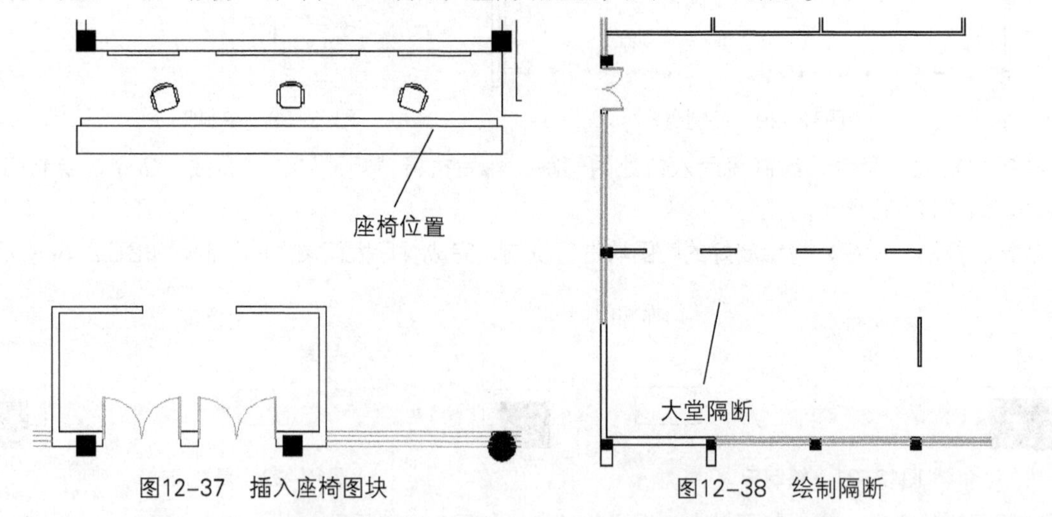


图12-37　插入座椅图块　　图12-38　绘制隔断

13 执行“插入”命令，将沙发图块插入餐厅门厅的合适位置，如图12-39所示。

14 将四人餐桌图块插入餐厅大堂中，执行“复制”命令，将其复制至合适位置，如图12-40所示。

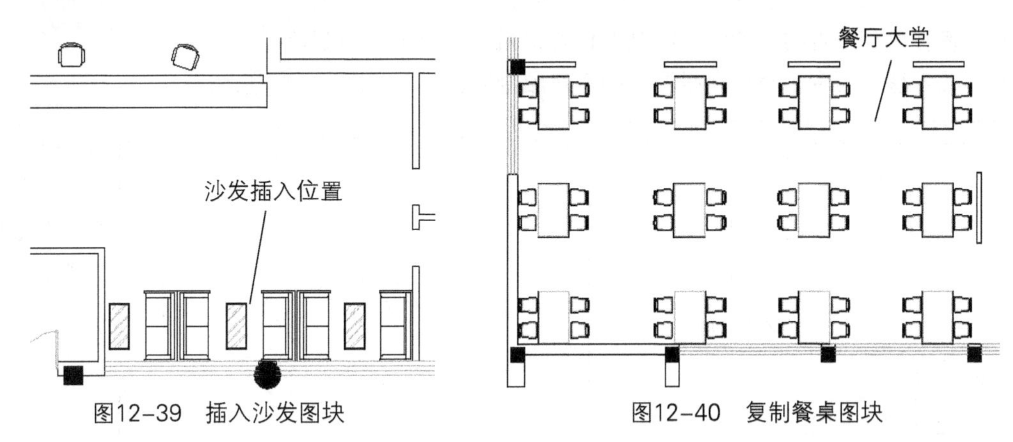


图12-39 插入沙发图块　　图12-40 复制餐桌图块

15 将多人圆形餐桌图块插入大堂合适位置，执行“复制”命令进行复制，如图12-41所示。

16 执行“圆弧”命令，绘制餐厅舞台区域，然后执行“偏移”命令，将弧线向外偏移200mm作为舞台台阶，如图12-42所示。

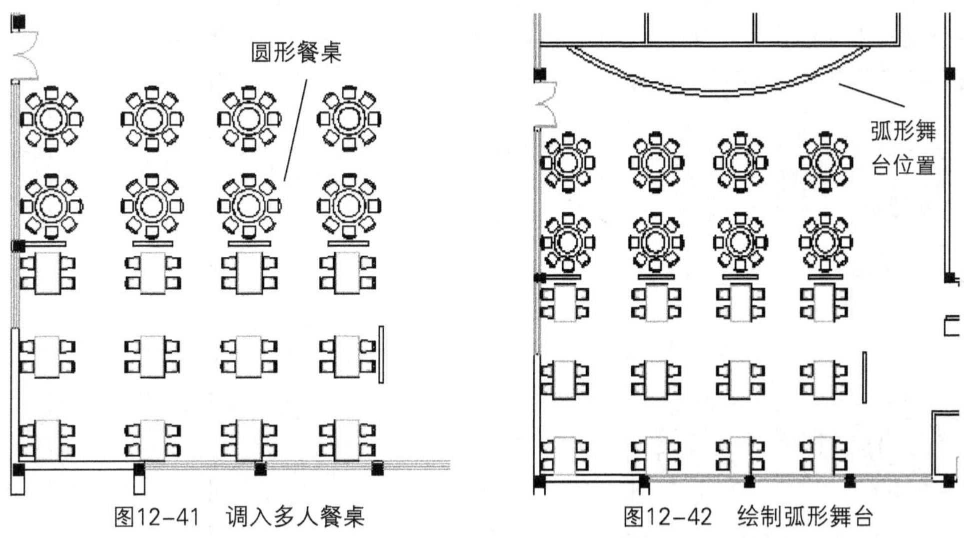


图12-41 调入多人餐桌　　图12-42 绘制弧形舞台

17 执行“插入”命令，将多人大餐桌图块插入包厢合适位置，如图12-43所示。

18 执行“直线”命令，绘制包厢衣柜轮廓线，如图12-44所示。

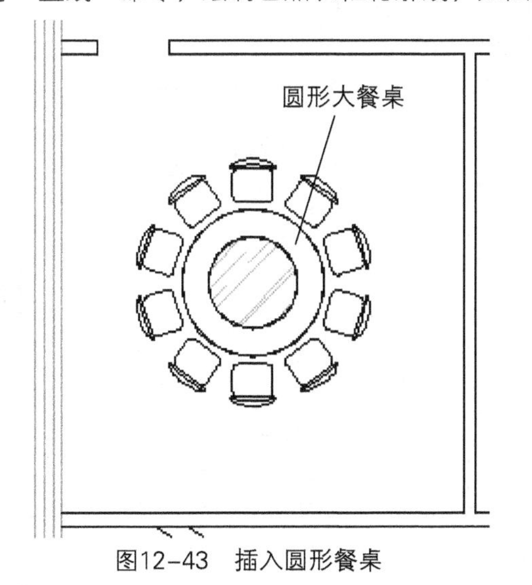


图12-43 插入圆形餐桌

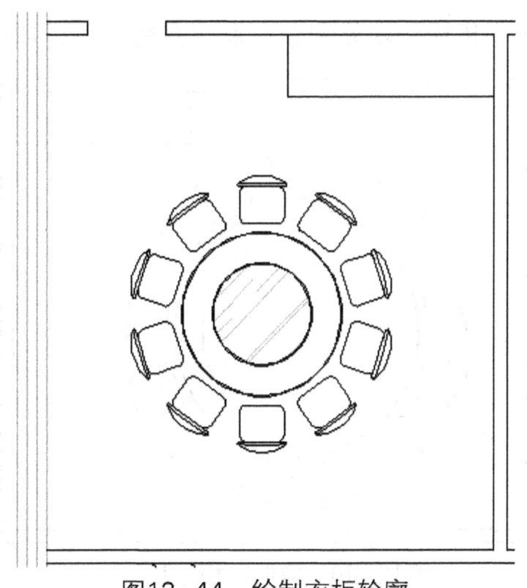

图12-44 绘制衣柜轮廓

⑲ 执行“偏移”和“直线”命令，绘制衣柜衣架图形，如图12-45所示。

⑳ 执行“插入块”命令，将电视柜图块插入包厢合适位置，如图12-46所示。

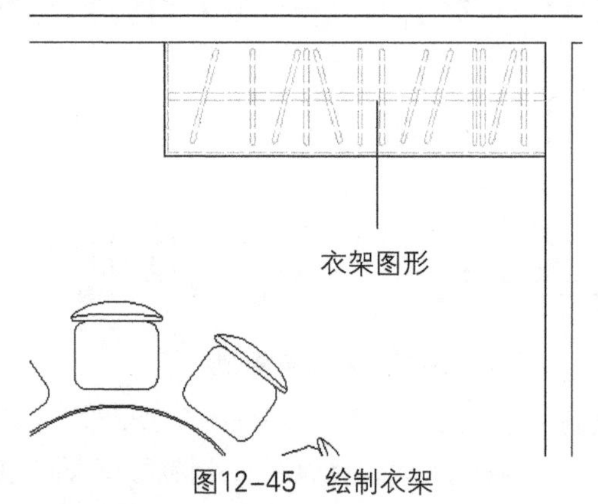


图12-45 绘制衣架

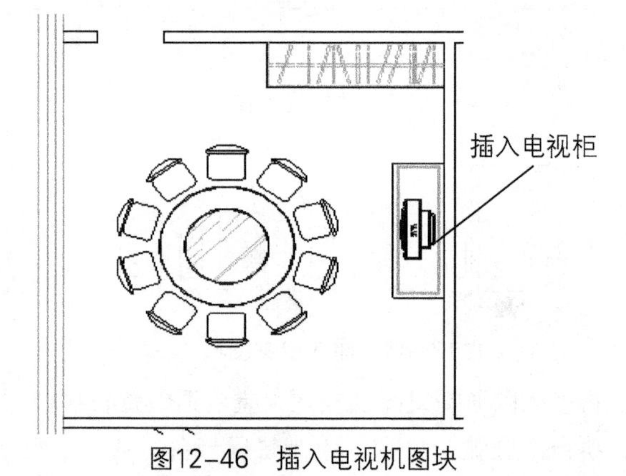


图12-46 插入电视机图块

㉑ 执行“复制”命令，将餐桌、衣柜以及电视机等图块复制到其他包厢中，如图12-47所示。

㉒ 将多人餐桌图块插入大包厢合适位置，执行“复制”命令，对其进行复制，如图12-48所示。

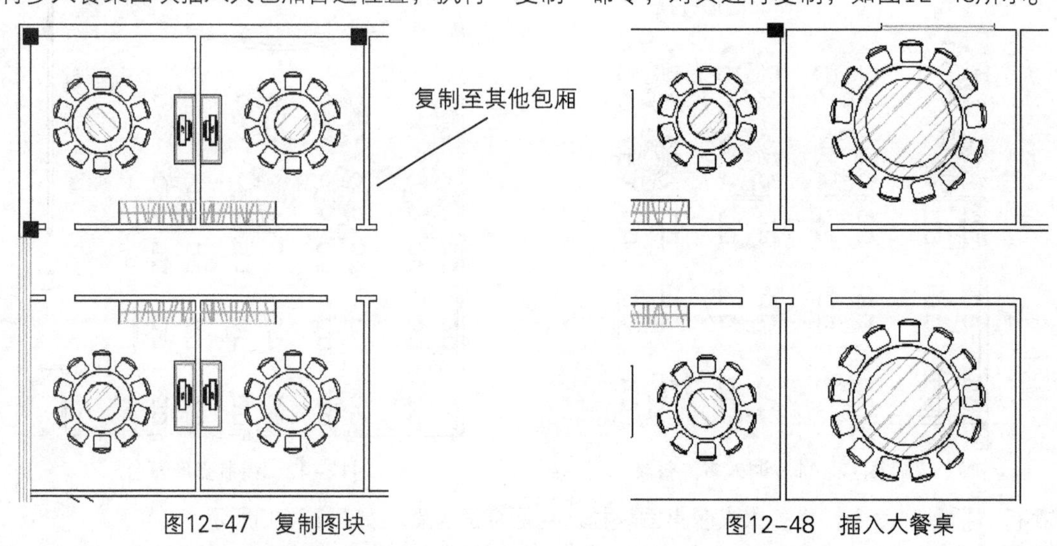


图12-47 复制图块　　图12-48 插入大餐桌

㉓ 执行“复制”命令，将衣柜图块复制到大包厢合适位置，如图12-49所示。

㉔ 将电视机柜图块复制到大包厢合适位置，如图12-50所示。

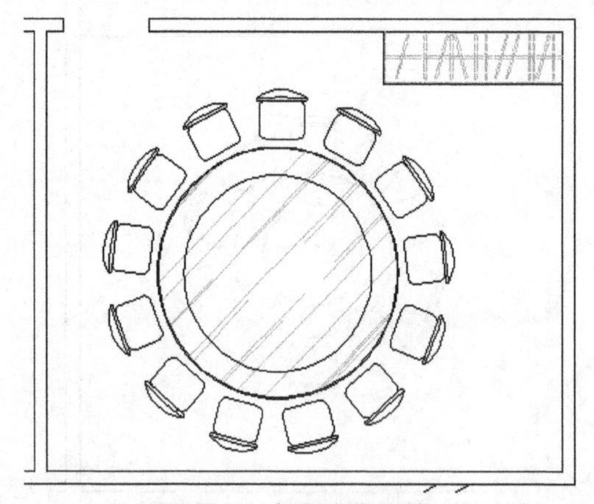

图12-49 复制衣柜图块

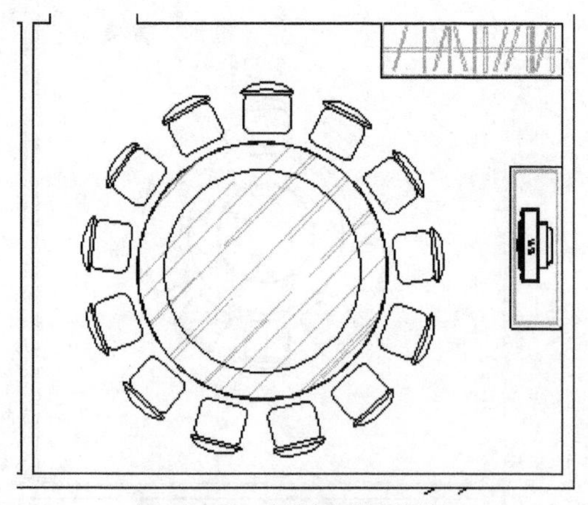

图12-50 复制电视机图块

㉕ 按照同样的方法，对另一个大包厢进行布置，如图12-51所示。

㉖ 执行“矩形”和“直线”命令，绘制员工储物柜，如图12-52所示。

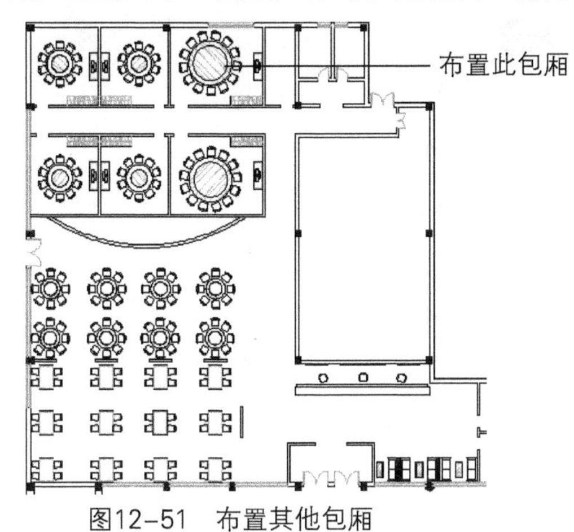


图12-51　布置其他包厢

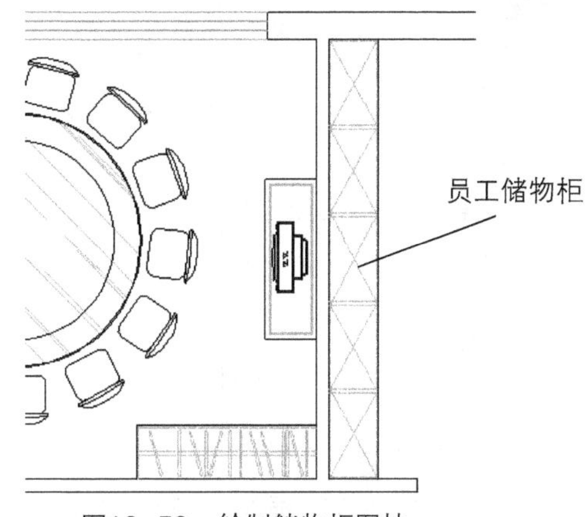


图12-52　绘制储物柜图块

㉗ 执行“偏移”命令，将洗手间墙体线向右偏移600mm，如图12-53所示。

㉘ 将洗手池图块插入图形合适位置，执行“复制”命令进行复制，如图12-54所示。

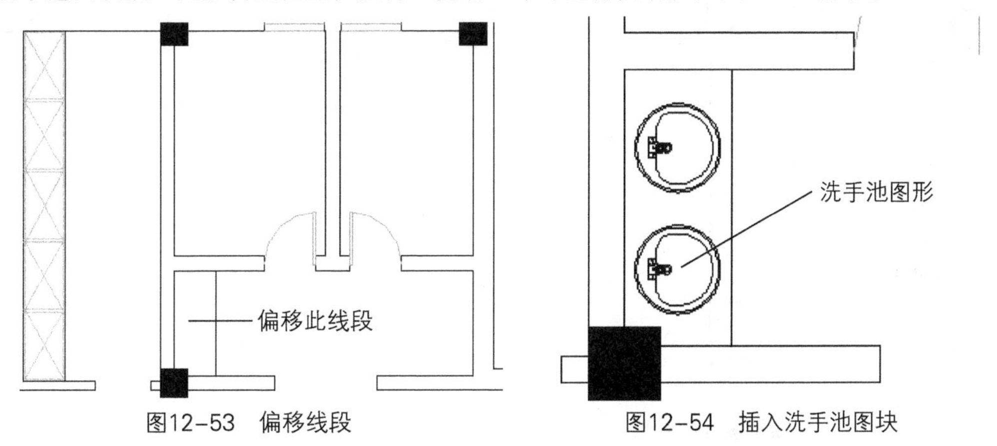


图12-53　偏移线段　　图12-54　插入洗手池图块

㉙ 执行“矩形”命令，绘制长1200mm，宽20mm的长方形作为梳妆镜，放置在洗手池上方合适位置，如图12-55所示。

㉚ 执行“镜像”命令，将绘制好的洗手池及梳妆镜以洗手间中点为镜像中心，进行镜像操作，如图12-56所示。

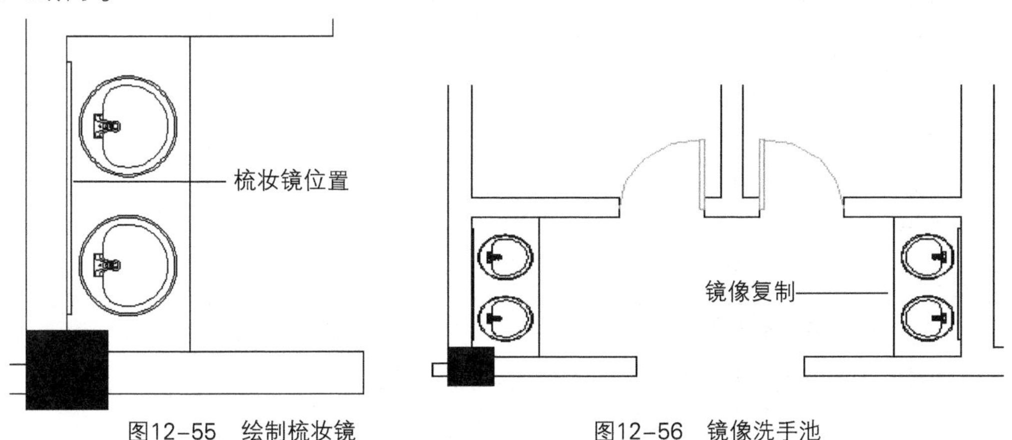


图12-55　绘制梳妆镜　　图12-56　镜像洗手池

㉛ 将蹲坑器图块插入卫生间合适位置，执行“复制”命令，将其进行等分复制，如图12-57所示。

㉜ 执行“偏移”命令，对卫生间墙体进行偏移，完成隔板的绘制，如图12-58所示。

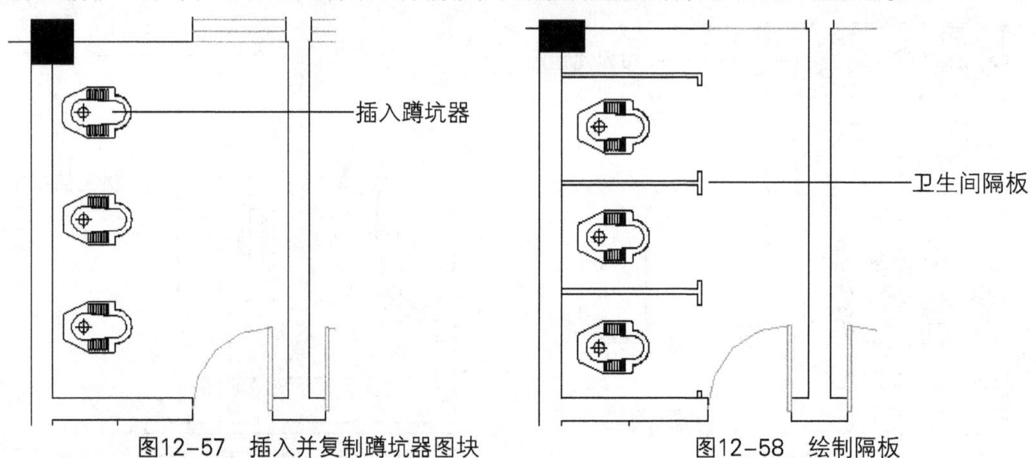


图12-57　插入并复制蹲坑器图块　　　图12-58　绘制隔板

㉝ 执行“矩形”、“圆弧”和“复制”命令，绘制隔板门图形，如图12-59所示。

㉞ 将小便池图块插入男卫生间，执行“复制”命令，对其进行复制操作，如图12-60所示。

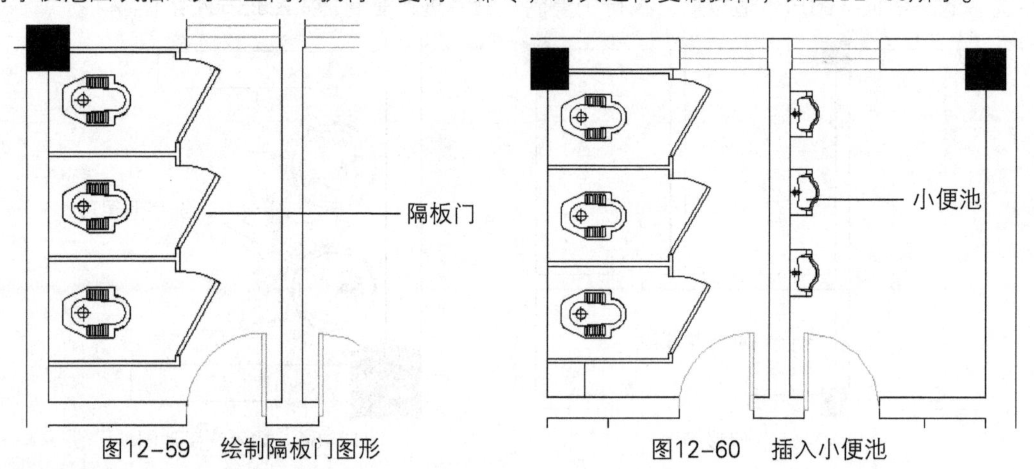


图12-59　绘制隔板门图形　　　图12-60　插入小便池

㉟ 复制蹲坑器至男卫生间合适位置，执行“镜像”、“移动”命令，绘制隔板，如图12-61所示。

㊱ 执行“直线”命令，绘制厨房隔断，如图12-62所示。

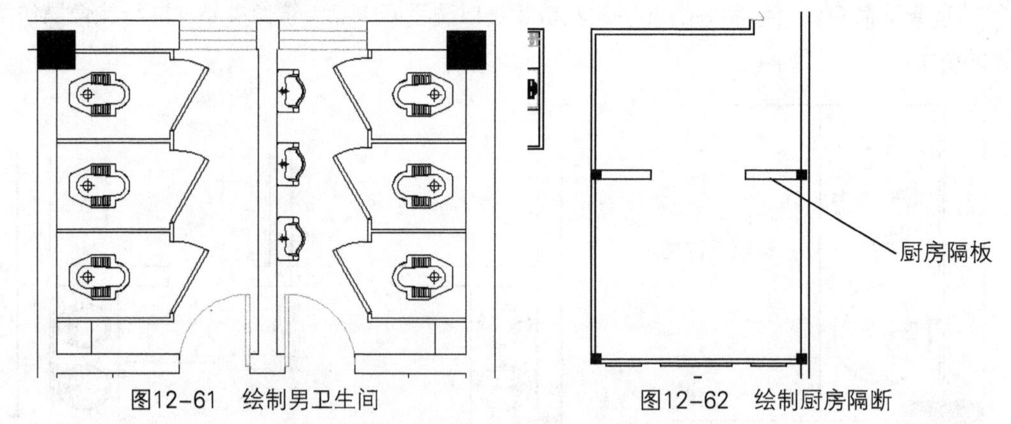


图12-61　绘制男卫生间　　　图12-62　绘制厨房隔断

㊲ 执行“偏移”命令，将厨房墙体线向内偏移，作为厨柜灶台，如图12-63所示。

㊳ 执行“偏移”和“修剪”命令，绘制厨房操作台图形，如图12-64所示。

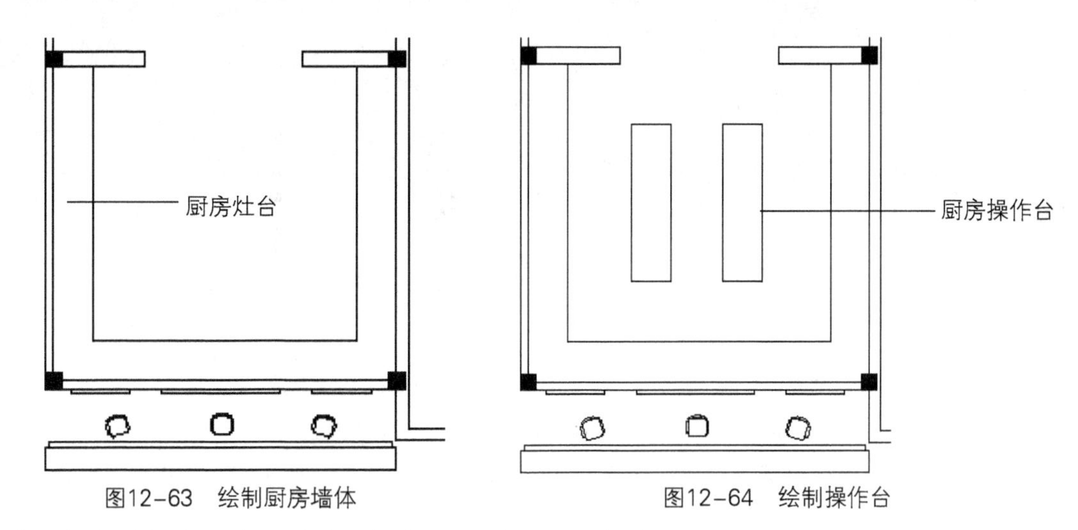


图12-63 绘制厨房墙体　　图12-64 绘制操作台

39 将办公桌图块调入餐厅办公室合适位置，如图12-65所示。

40 执行“直线”和“偏移”命令，绘制办公室书柜图形，如图12-66所示。

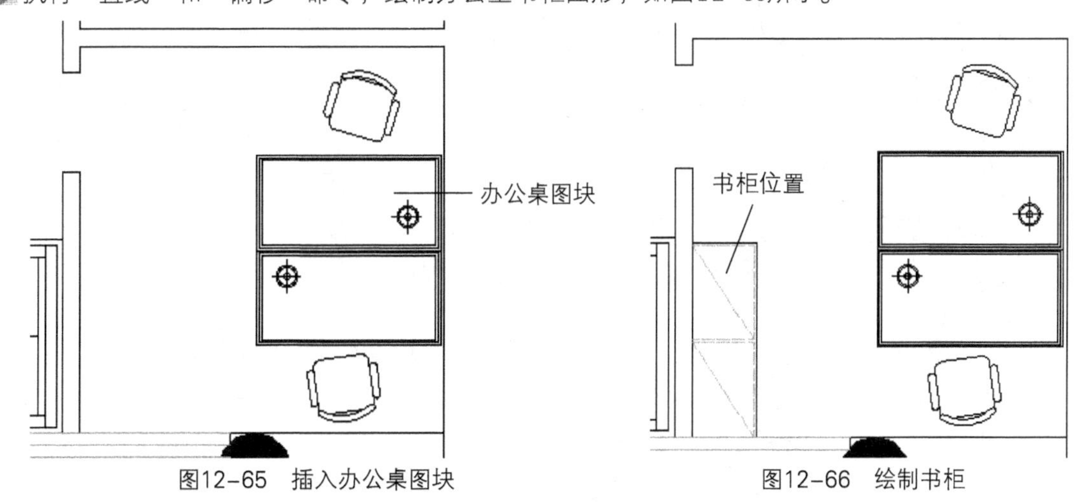


图12-65 插入办公桌图块　　图12-66 绘制书柜

41 执行“复制”命令，布置另一侧办公室，如图12-67所示。

42 执行“插入”命令，将植物装饰图块插入餐厅合适位置，如图12-68所示。

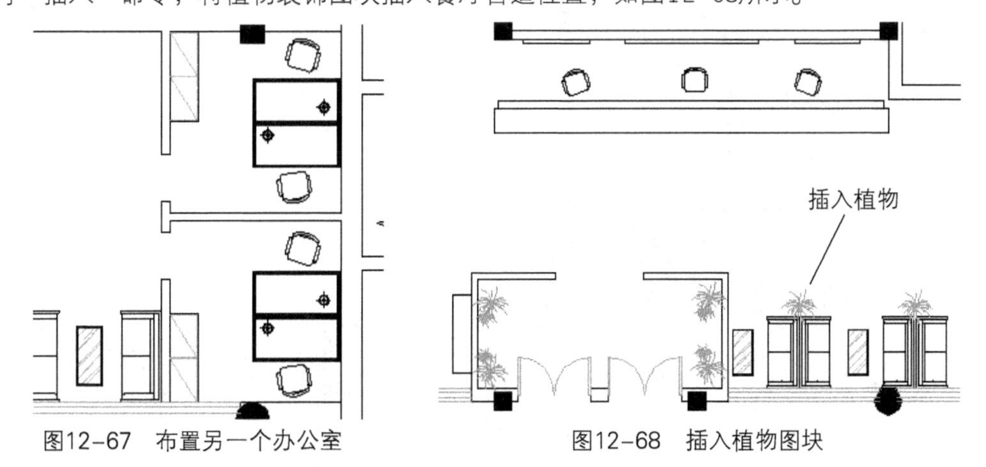


图12-67 布置另一个办公室　　图12-68 插入植物图块

43 执行“直线”命令，将其改为折线，绘制大堂隔断，如图12-69所示。

44 执行“图层特性”命令，新建“文字”图层，将其设置为当前层，如图12-70所示。

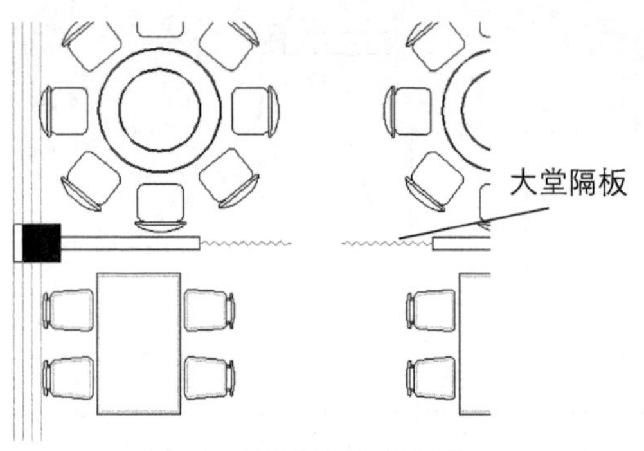


图12-69　绘制大堂隔断

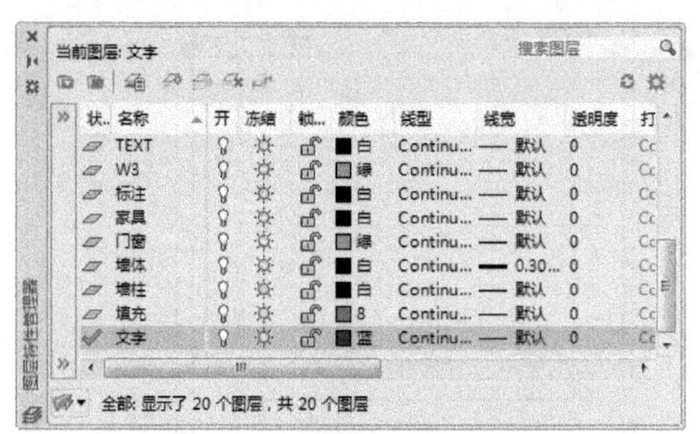


图12-70　新建“文字”图层

45 执行“多行文字”命令，对餐厅平面图进行标注，如图12-71所示。

46 新建“标注”层，执行“标注样式”命令，在打开的对话框中，对当前标注样式进行设置，如图12-72所示。

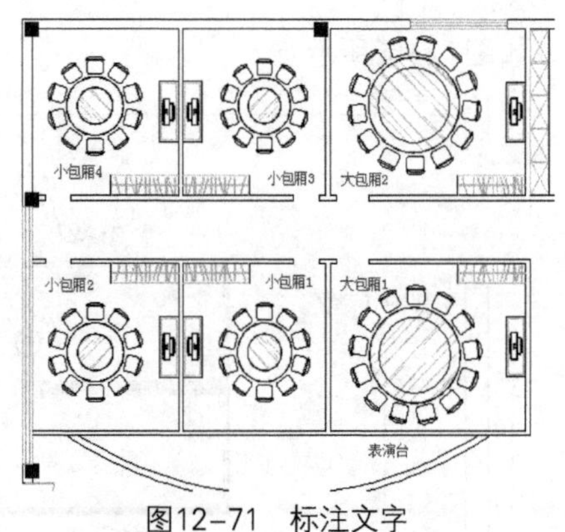


图12-71　标注文字

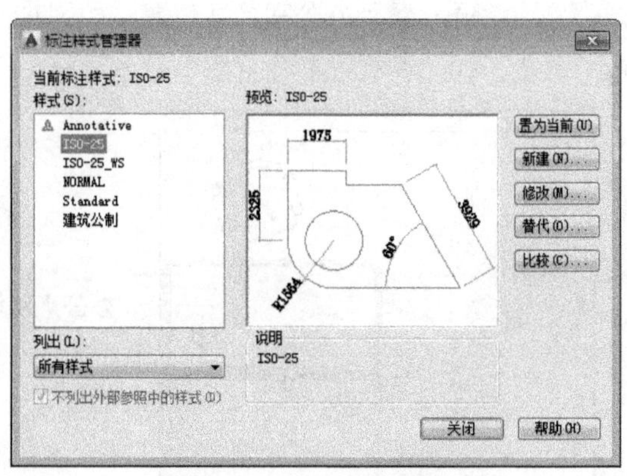


图12-72　设置标注样式

47 执行“线性”标注命令，对餐厅平面图进行尺寸标注，其后将立面索引符号插入平面图的合适位置，如图12-73所示。至此餐厅平面布置图全部绘制完毕。

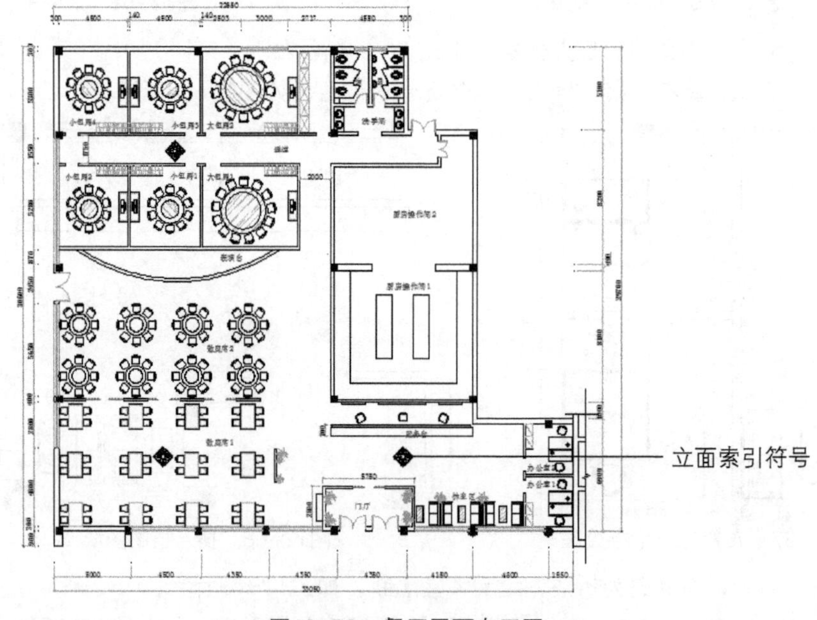


图12-73　餐厅平面布置图

## 12.2.2 绘制餐厅地面布置图

地面布置图主要反映了室内各空间地面所使用的材质情况。通常在室内使用的地面材料分为地砖和地板两大类，两者装修效果各不相同。在做设计时，设计者需根据房间功能对地面材料进行合理选择。

01 打开“中餐厅平面布置图.dwg”原始文件，删除所有的家具以及文字标注，如图12-74所示。

02 执行“直线”和“偏移”命令，将地面按照功能区域进行划分，如图12-75所示。

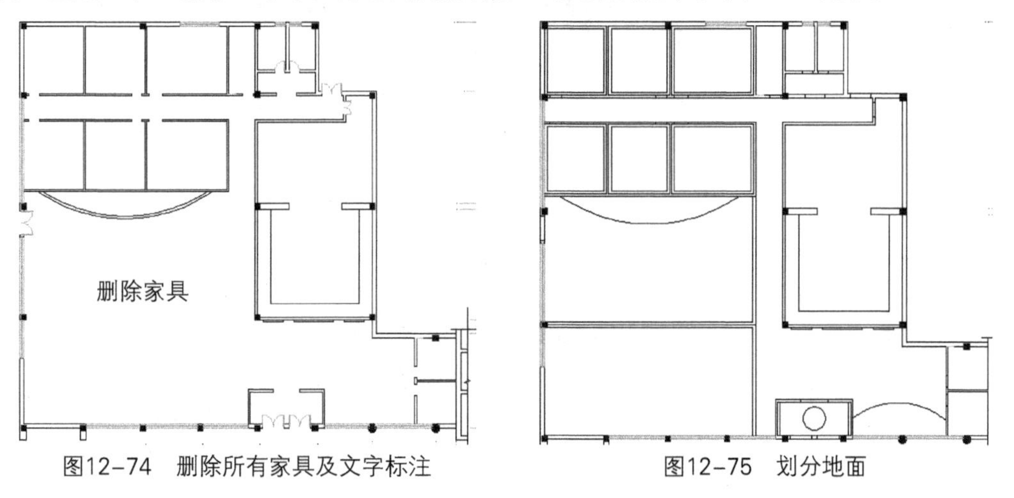


图12-74 删除所有家具及文字标注　　图12-75 划分地面

03 打开“图层特性”命令，新建“填充”层，设置图层属性，并将其设为当前层，如图12-76所示。

04 执行“图案填充”命令，将门厅地面填充合适图样，如图12-77所示。

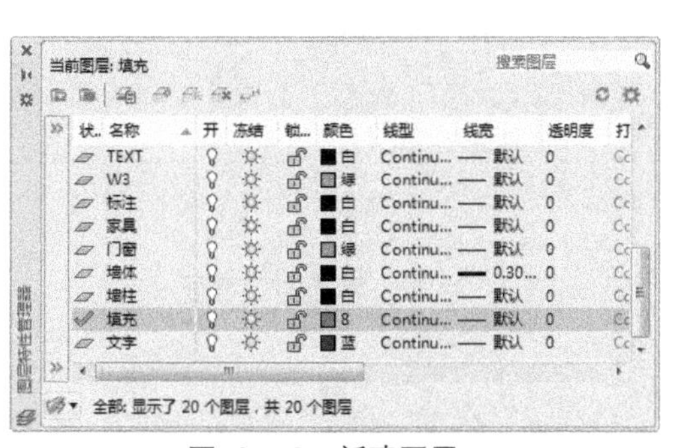


图12-76 新建图层

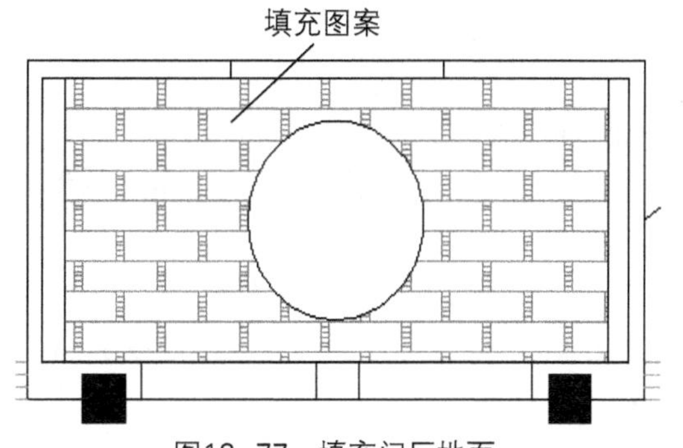


图12-77 填充门厅地面

05 选择一款合适的传统中式图块，并将其放置在门厅合适位置，如图12-78所示。

06 执行“样条曲线”命令，绘制鹅卵石图块，如图12-79所示。

图12-78 插入中式图块

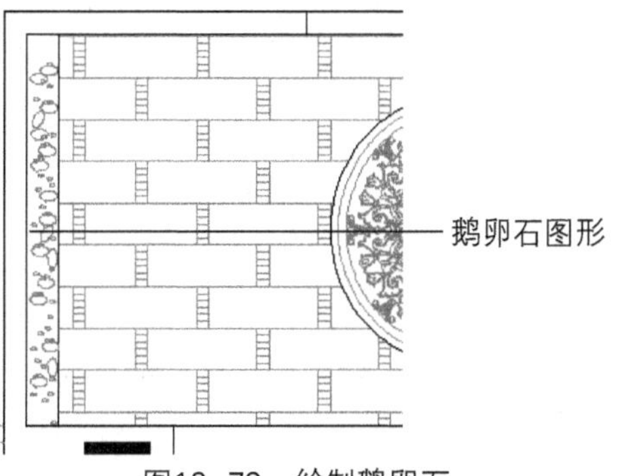


图12-79 绘制鹅卵石

07 执行“偏移”、“修剪”命令，将过道及前厅内墙线向内偏移200mm，如图12-80所示。

08 执行“图案填充”命令，对偏移后的图形进行填充，完成过道及前厅地面的绘制，如图12-81所示。

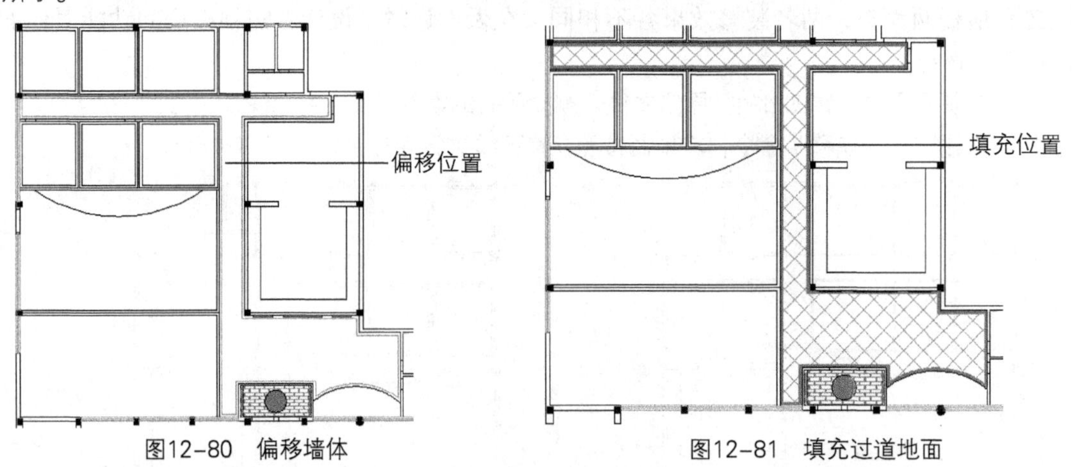


图12-80　偏移墙体　　图12-81　填充过道地面

09 执行“图案填充”命令，将休息区地面填充入合适的图案，如图12-82所示。

10 继续执行“图案填充”命令，为餐厅大堂地面填充合适图案，如图12-83所示。

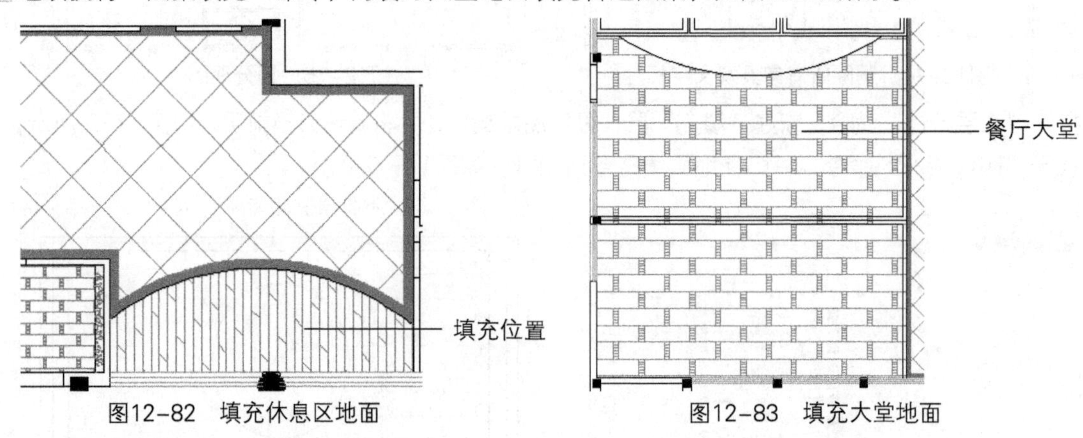


图12-82　填充休息区地面　　图12-83　填充大堂地面

11 将舞台地面填充入合适图样，如图12-84所示。

12 执行“偏移”命令，将所有包厢内墙线向内进行偏移，并进行修剪，如图12-85所示。

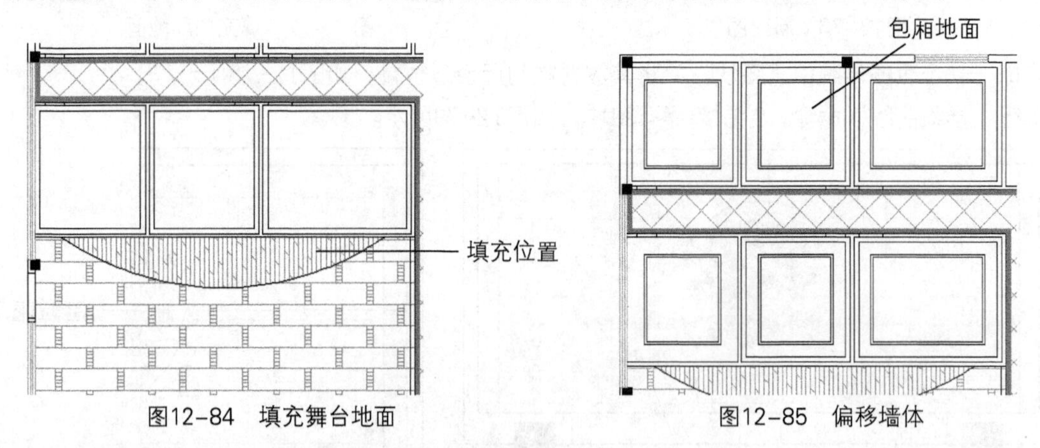


图12-84　填充舞台地面　　图12-85　偏移墙体

13 执行“图案填充”命令，对其进行填充，如图12-86所示。

14 继续执行“图案填充”命令，对卫生间地面进行填充，如图12-87所示。

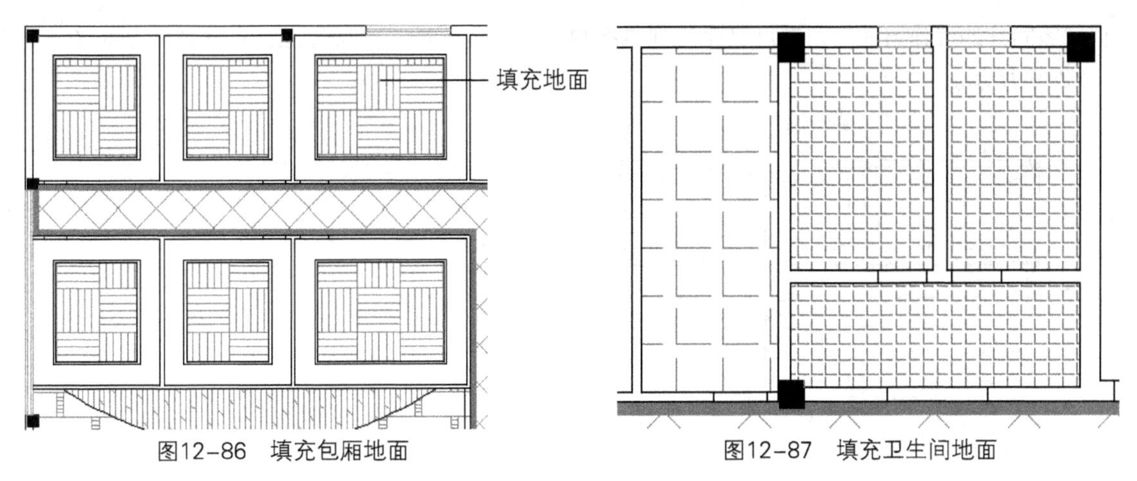


图12-86　填充包厢地面　　图12-87　填充卫生间地面

⑮ 将厨房操作间地面填充入合适的纹样，如图12-88所示。

⑯ 对餐厅办公室地面进行填充，如图12-89所示。

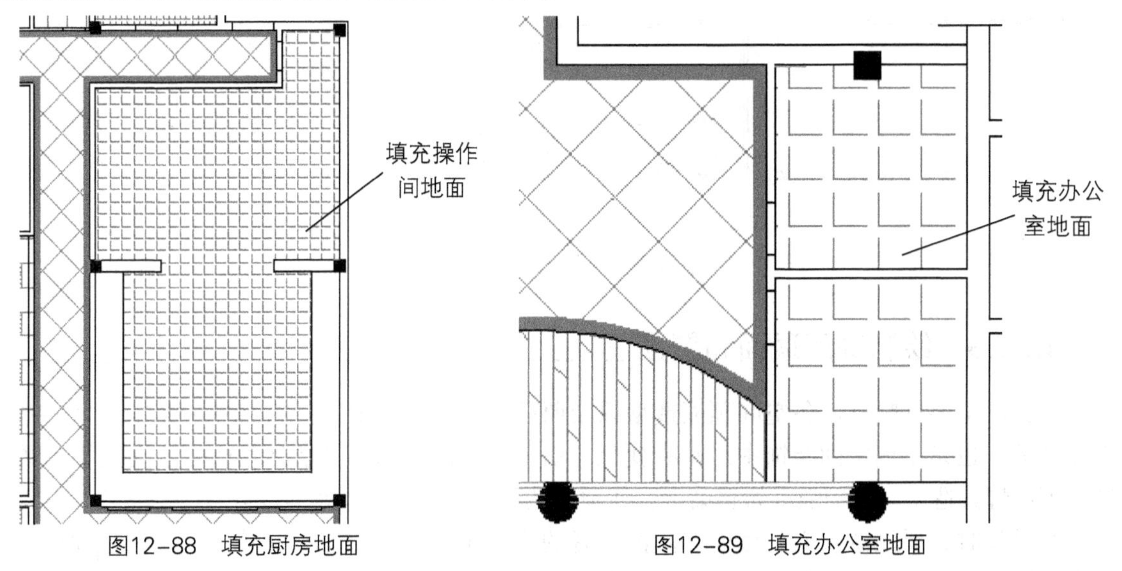


图12-88　填充厨房地面　　图12-89　填充办公室地面

⑰ 将“文字”层设为当前层，执行“多重引线样式”命令，在打开的对话框中设置引线样式，如图12-90所示。

⑱ 执行“多重引线”命令，对前厅地面进行材料标注，如图12-91所示。

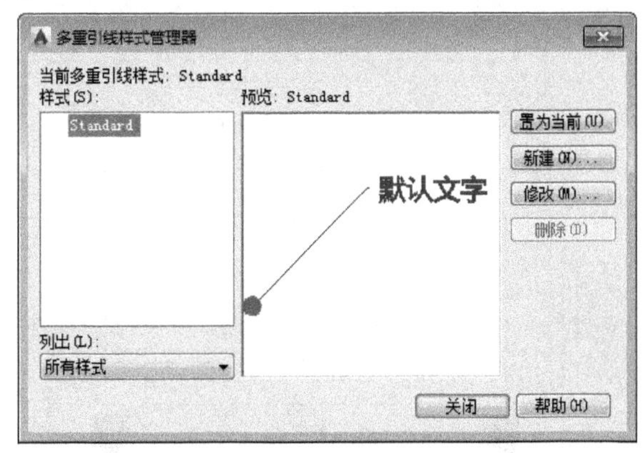


图12-90　设置引线样式

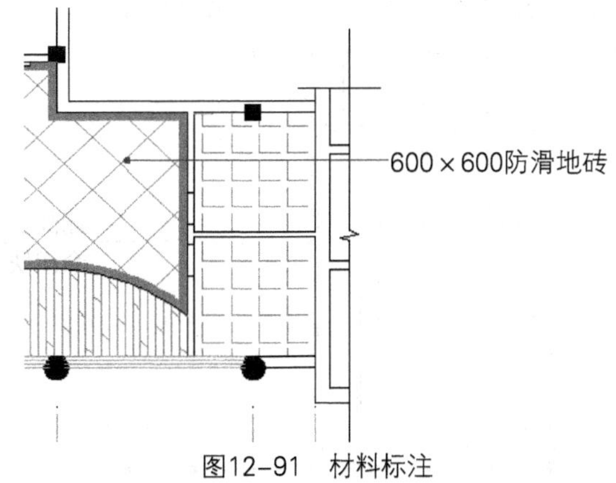


图12-91　材料标注

⑲ 按照同样的操作方法，对餐厅其余地面进行材料标注。至此，中餐厅地面布置图绘制完毕，如图12-92所示。

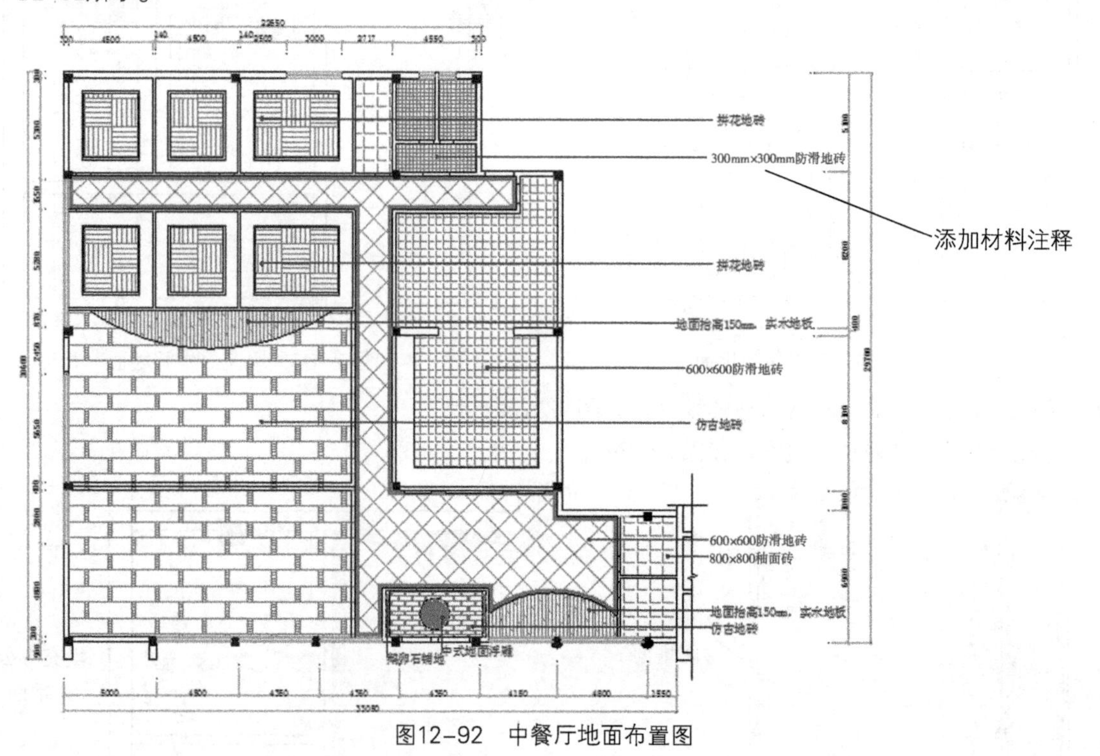


图12-92　中餐厅地面布置图

## 12.2.3　绘制餐厅顶面布置图

顶面图主要反映室内各空间顶面造型以及照明系统布置的情况。它是室内装饰设计的重要组成部分，也是室内空间装饰中最富有变化，引人注目的界面。其透视感较强，通过不同的处理，配以灯具造型，能增强空间感染力，使顶面造型丰富多彩，新颖美观。

在设计时，要注意顶面、墙面、基面三者的协调统一。在顶面装饰结构上应保证顶面结构的合理性和安全性，不能单纯追求造型而忽视安全。

01 打开“中餐厅平面布置图.dwg”文件。按平面布局样式对顶面进行划分，然后删除多余的图块及文字，如图12-93所示。

02 绘制门厅顶面造型。执行“偏移”命令，将门厅方形吊顶线向内偏移500mm，如图12-94所示。

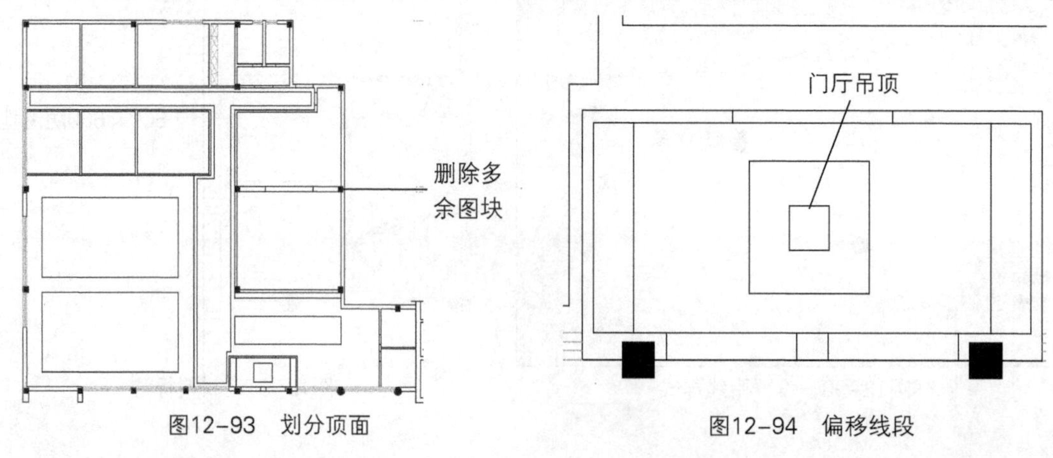


图12-93　划分顶面　　　图12-94　偏移线段

03 继续执行“偏移”命令，将偏移后的图形再次向内偏移40mm，如图12-95所示。

04 执行“直线”和“修剪”命令，绘制出中式窗格图案，如图12-96所示。

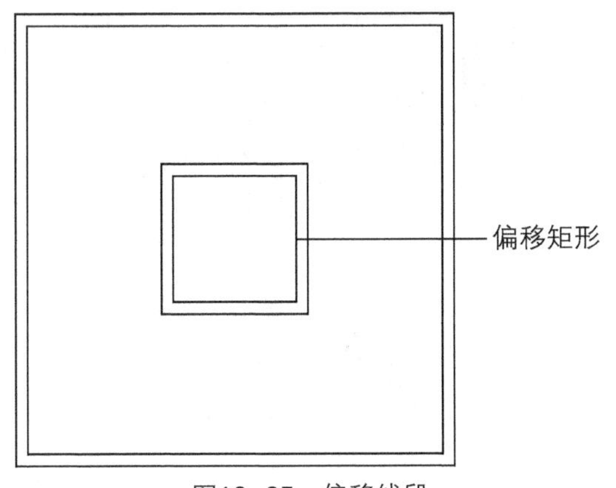


图12-95　偏移线段

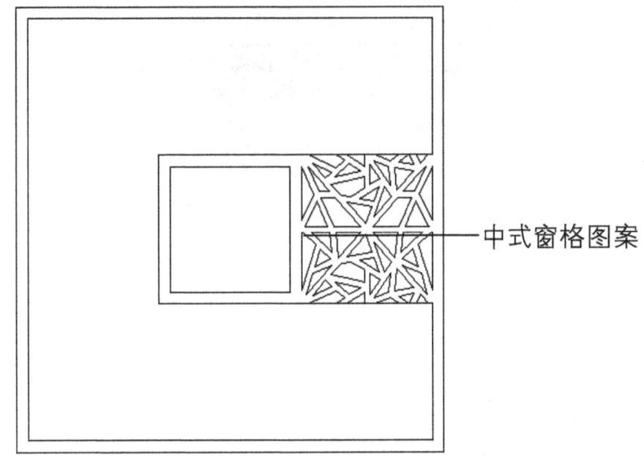


图12-96　绘制中式窗格

05 执行“复制”和“修剪”命令，对绘制好的中式窗格进行复制操作，完成门厅中式吊顶造型的绘制，如图12-97所示。

06 执行“偏移”命令，将两侧吊顶线线内偏移40mm，然后执行“直线”和“修剪”命令，在吊顶4个角上绘制窗格造型，如图12-98所示。

图12-97　复制窗格

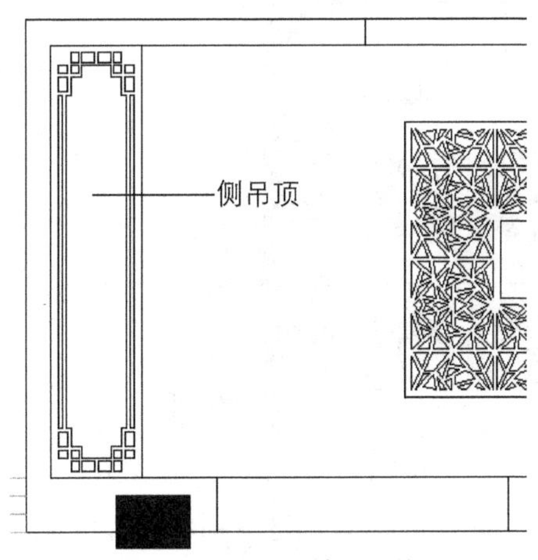


图12-98　继续绘制窗格

07 执行“镜像”命令，将绘制好的中式吊顶进行镜像操作，如图12-99所示。

08 绘制前厅吊顶造型。执行“图案填充”命令，将该造型填充成磨砂玻璃样式，如图12-100所示。

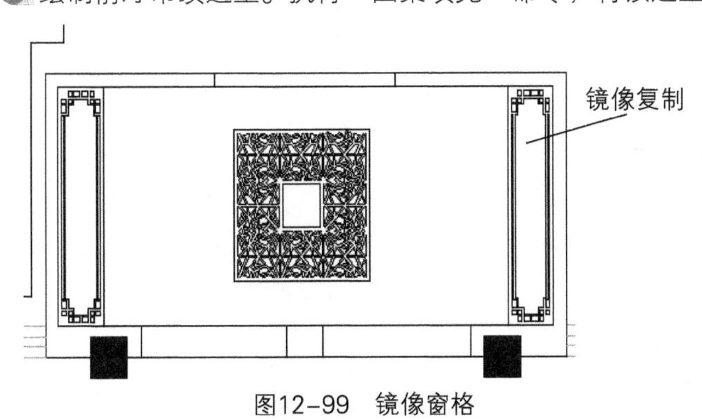


图12-99　镜像窗格

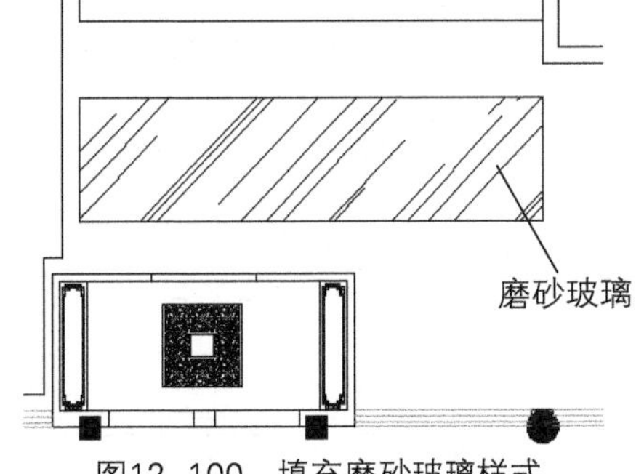


图12-100　填充磨砂玻璃样式

09 绘制大堂吊顶造型。将中式吊顶图块插入大堂合适位置，如图12-101所示。

10 执行“复制”按钮，将中式吊顶图块复制至其他合适位置，如图12-102所示。

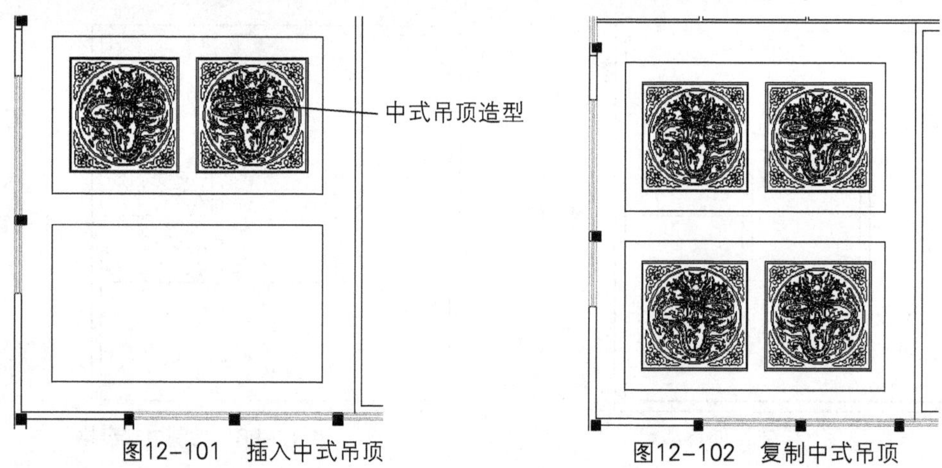


图12-101　插入中式吊顶　　图12-102　复制中式吊顶

11 绘制过道吊顶造型。执行“直线”、“偏移”命令，绘制过道线条，然后将线条进行偏移，如图12-103所示。

12 绘制包厢吊顶造型。执行“圆”命令，绘制包厢圆顶造型，如图12-104所示。

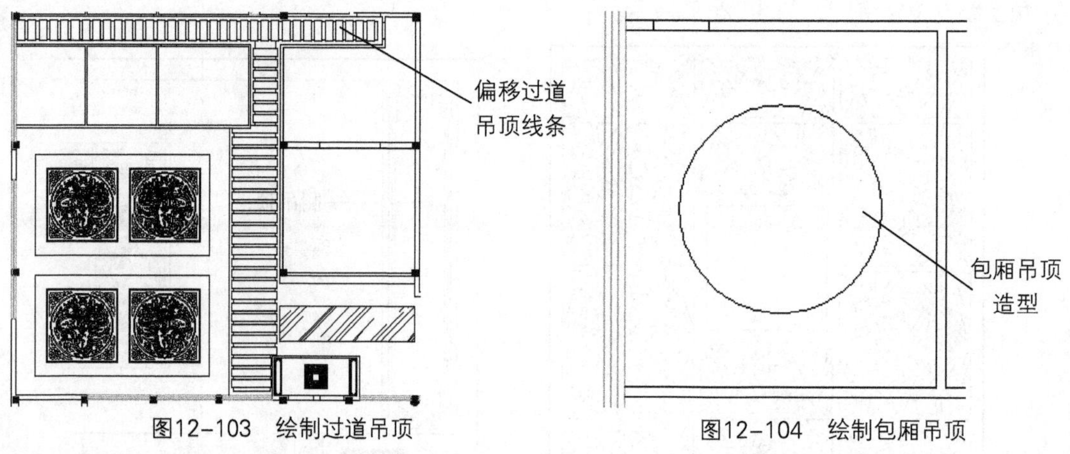


图12-103　绘制过道吊顶　　图12-104　绘制包厢吊顶

13 执行“偏移”命令，将圆分别向内偏移500mm和100mm，如图12-105所示。

14 执行“直线”、“偏移”命令，绘制木质吊顶线，然后将直线进行偏移，如图12-106所示。

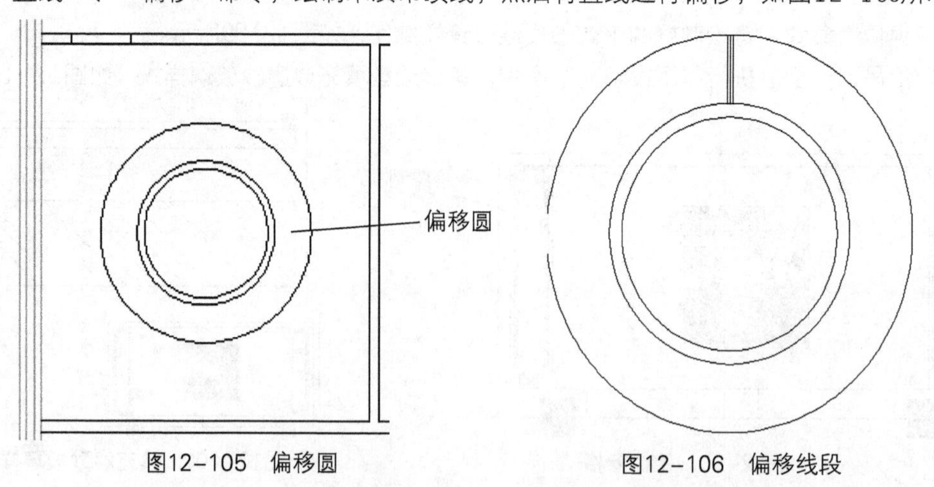


图12-105　偏移圆　　图12-106　偏移线段

⑮ 执行“环形阵列”命令，将偏移后的直线以该圆心为阵列中心，进行阵列操作，如图12-107所示。

⑯ 按照同样的操作方法，完成其他包厢吊顶的绘制，如图12-108所示。

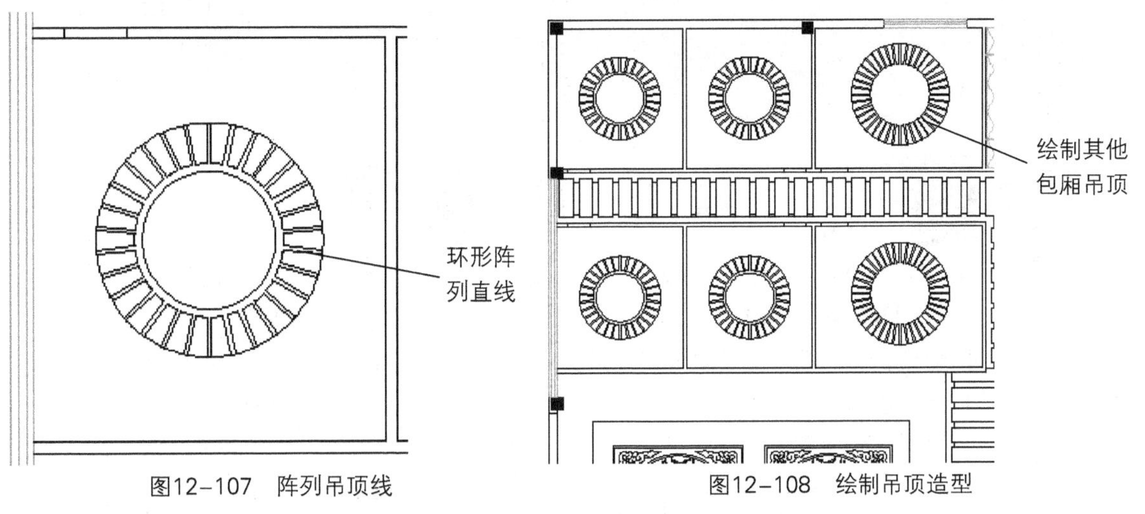


图12-107　阵列吊顶线　　　　图12-108　绘制吊顶造型

⑰ 执行“插入块”命令，将艺术吊灯图块插入门厅的合适位置，如图12-109所示。

⑱ 执行“偏移”命令，将方形吊顶线段向外偏移50mm，如图12-110所示。

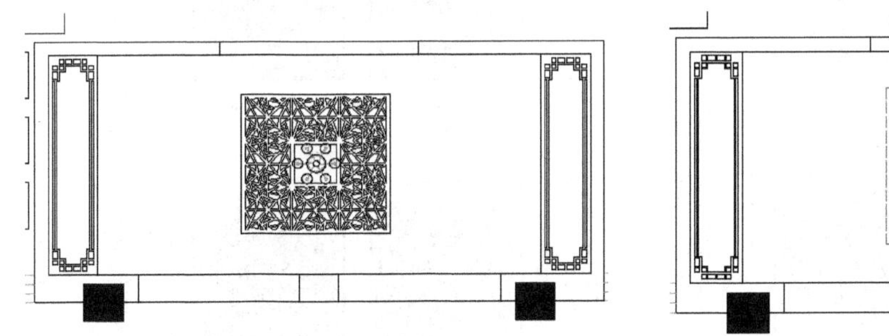

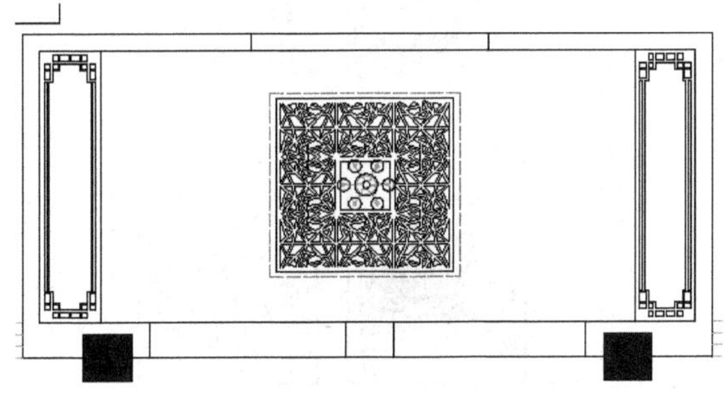

图12-109　插入吊顶图块　　　　图12-110　偏移线段

⑲ 执行“直线”命令，绘制门厅两侧灯槽线，如图12-111所示。

⑳ 将射灯图块插入门厅顶棚的合适位置，如图12-112所示。

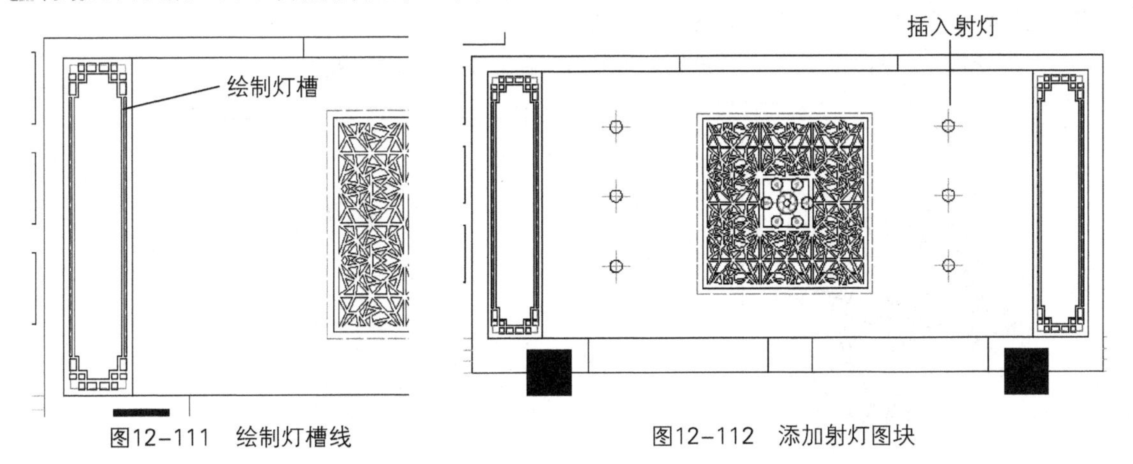


图12-111　绘制灯槽线　　　　图12-112　添加射灯图块

㉑ 执行“偏移”命令，将前厅方形吊顶线向内偏移100mm，并将其线段设置为灯槽线段，如图12-113所示。

㉒ 将射灯图块插入前厅合适位置，执行“复制”命令，对其进行复制操作，如图12-114所示。

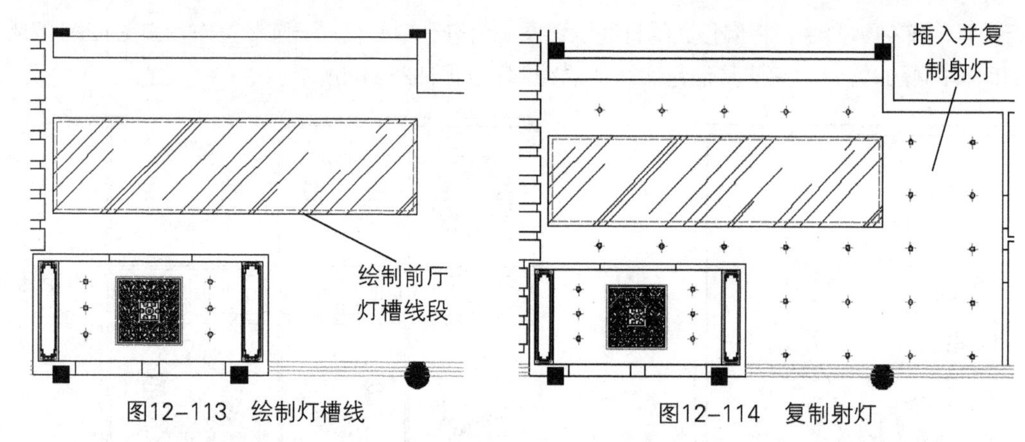


图12-113　绘制灯槽线　　　　图12-114　复制射灯

23 执行“偏移”命令，将大堂吊顶线向内偏移100mm，将其线型转换成灯槽线，如图12-115所示。

24 将射灯图块插入大堂的合适位置，执行“复制”命令进行复制，如图12-116所示。

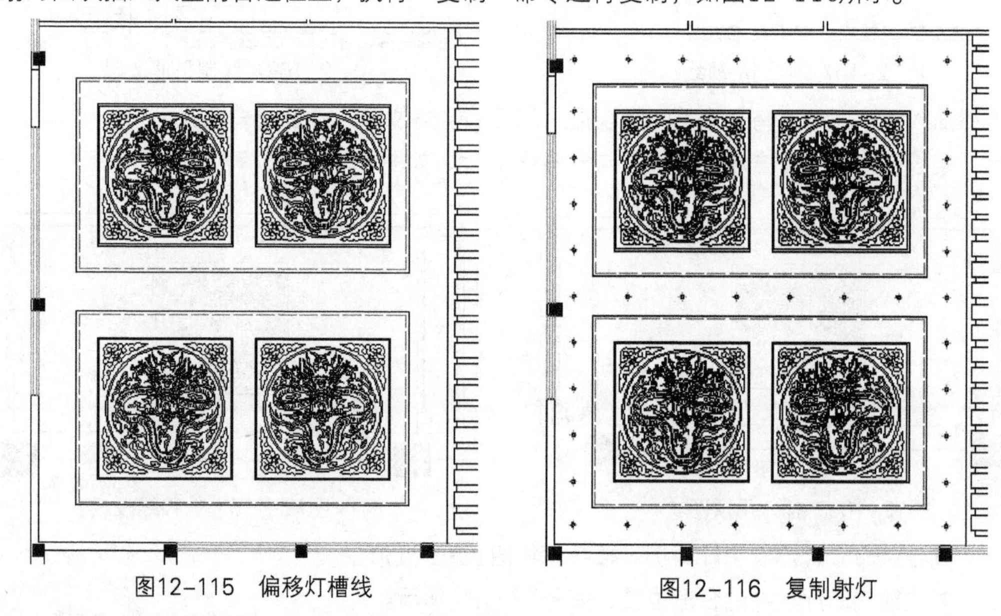

图12-115　偏移灯槽线　　　　图12-116　复制射灯

25 将吊灯图块插入包厢合适位置，如图12-117所示。

26 将射灯图块插入包厢合适位置，并进行复制操作，如图12-118所示。

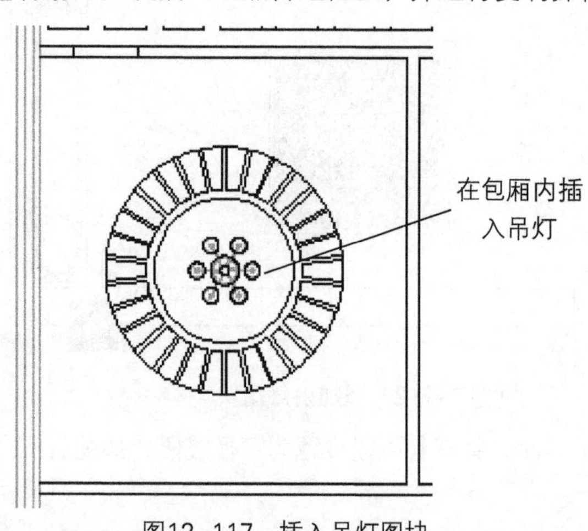


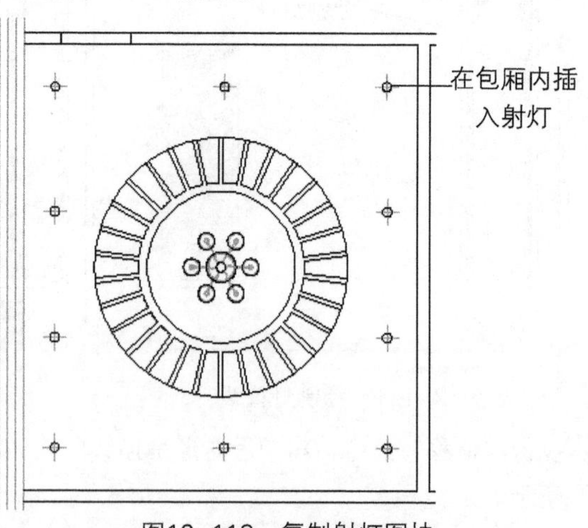


图12-117　插入吊灯图块　　　　图12-118　复制射灯图块

㉗ 按照同样的操作方法，完成其余包厢顶面的绘制，如图12-119所示。

㉘ 将过道吊灯图块插入过道合适位置，执行“复制”命令进行复制，如图12-120所示。

图12-119 完成其他包厢吊顶

图12-120 添加过道灯具

㉙ 将射灯、吸顶灯以及换气扇图块插入卫生间及厨房合适位置，如图12-121所示。

㉚ 将“文字”图层设为当前层，执行“直线”和“多行文字”命令，绘制出标高图块，并放置在门厅、前厅的合适位置，如图12-122所示。

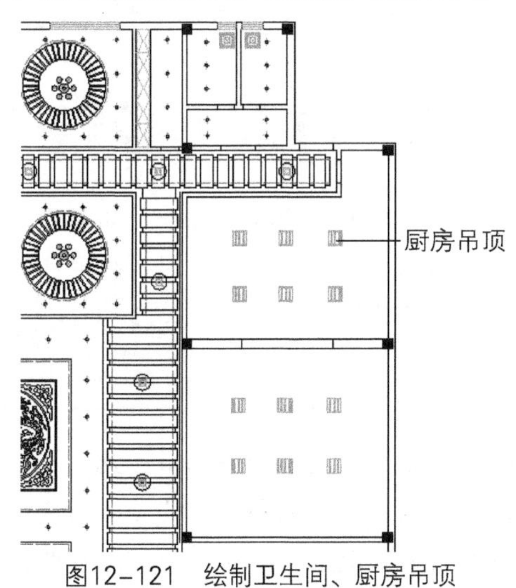


图12-121 绘制卫生间、厨房吊顶

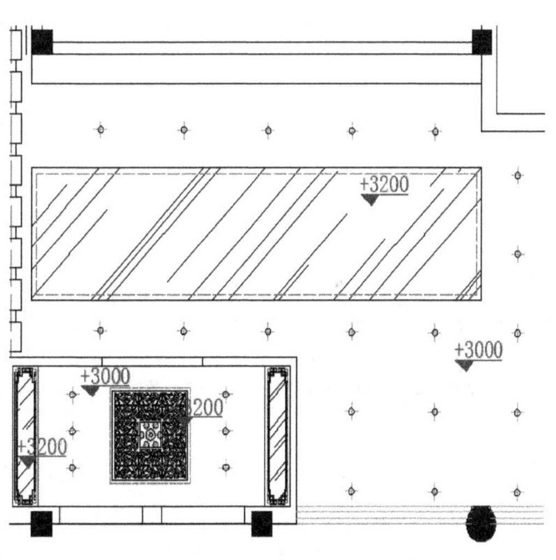


图12-122 添加标高

㉛ 执行“复制”命令，将标高图块复制至餐厅剩余区域吊顶的合适位置，根据需求修改标高值，如图12-123所示。

㉜ 执行“多重引线样式”命令，在打开的对话框中修改引线样式，如图12-124所示。

图12-123 复制并更改标高

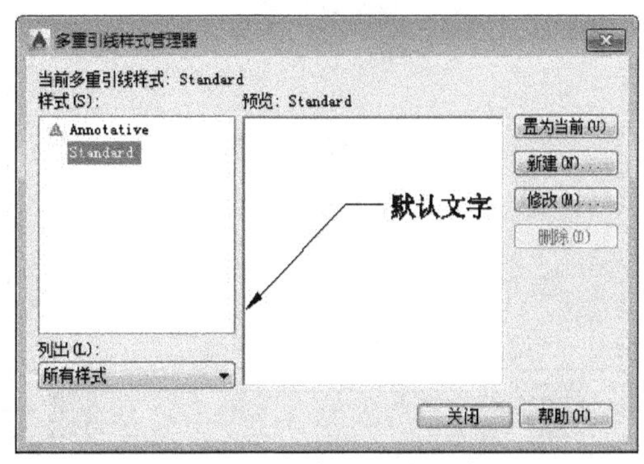


图12-124 修改引线样式

33 执行“多重引线”命令，对餐厅吊顶材料进行标注说明，如图12-125所示。至此，中餐厅顶面布置图绘制完毕。

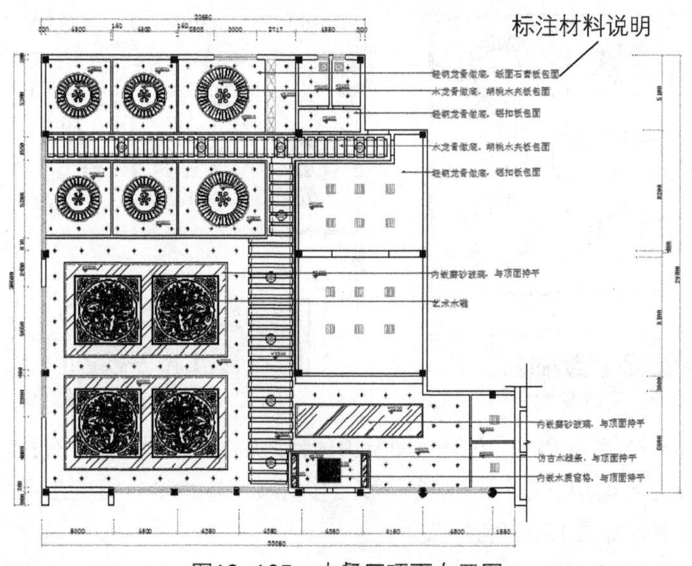


图12-125　中餐厅顶面布置图

## 12.3 绘制中餐厅主要立面图

平面布置图主要表达室内布局合理与否，而立面图则是在平面图的基础上，对其空间立面造型进行设计。绘制立面图时，房屋4个立面无论有无设计都需绘制，而在实际操作时，设计者可根据需要对其进行取舍，只需将有设计亮点的立面绘制出来即可。

### 12.3.1 绘制餐厅玄关立面图

餐饮酒店的玄关是顾客出入酒店的必经之地，是给顾客留下第一印象的重要环节。玄关的设计分为两种，分别为硬玄关和软玄关。硬玄关是采用全隔断或半隔断的方式，为将人们视线进行阻拦而设计的；而软玄关则是采用材料等物品在平面基础上进行区域划分的。在绘制中餐厅玄关立面图时，需根据其平面图的格局进行绘制。

01 打开“中餐厅平面布置图.dwg”原始文件，复制餐厅门厅平面图至空白位置，如图12-126所示。

02 执行“直线”命令，根据玄关平面图绘制立面区域，如图12-127所示。

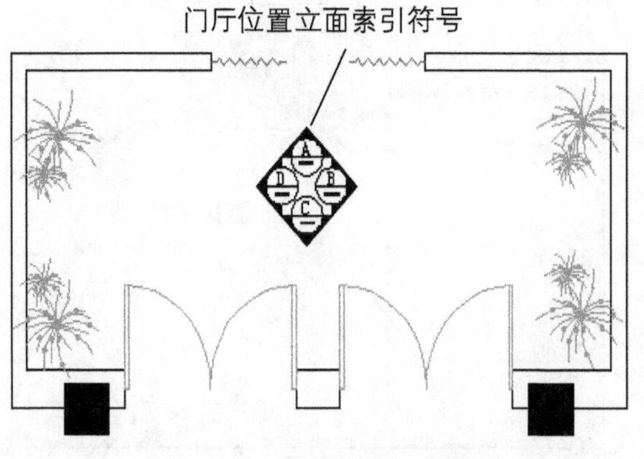


图12-126　复制门厅平面图

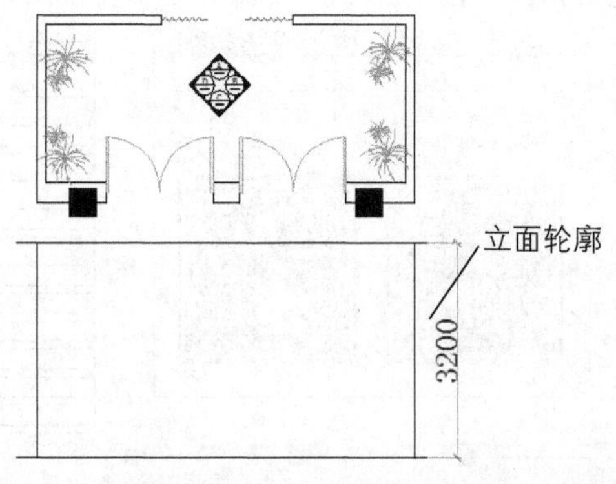


图12-127　绘制玄关区域

03 执行“直线”命令，根据平面图绘制出立面墙线，如图12-128所示。

04 执行“偏移”命令，将顶面线段向下偏移200mm，如图12-129所示。

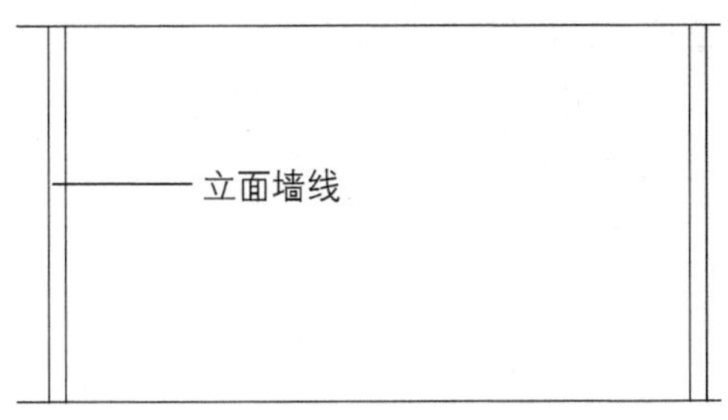


图12-128 绘制立面墙体

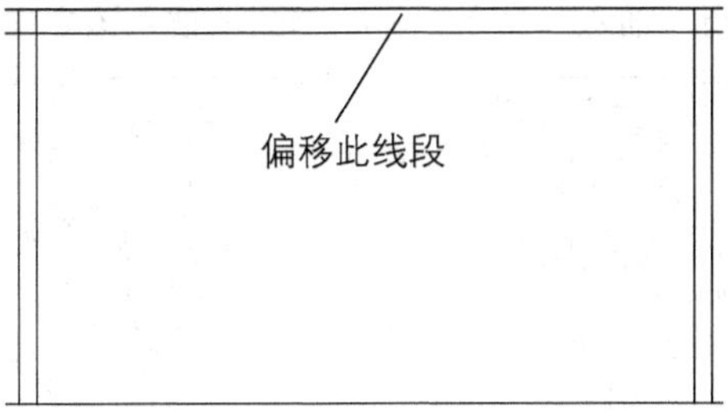

偏移此线段

图12-129 偏移线段

05 执行“直线”和“修剪”命令，绘制出玄关顶面立面造型，如图12-130所示。

06 执行“圆”命令，绘制半径为1500mm的圆形；执行“修剪”命令对圆进行修剪，完成门洞的绘制，如图12-131所示。

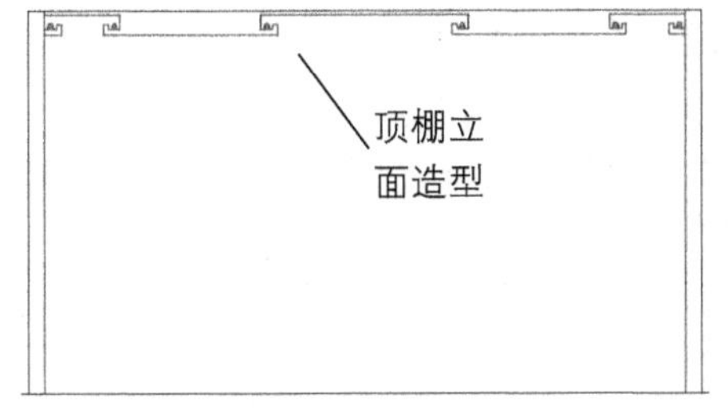


图12-130 绘制吊顶造型

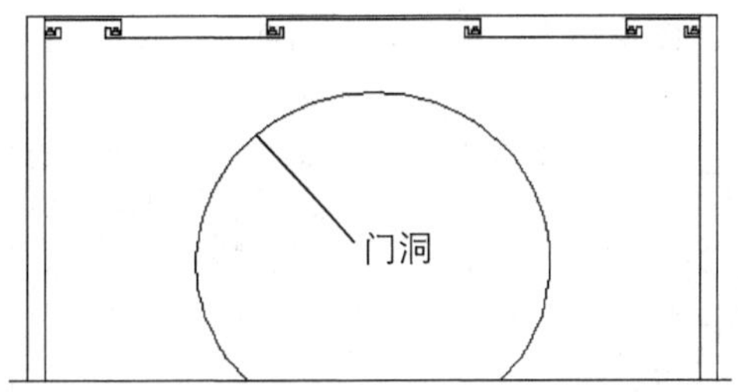


图12-131 绘制玄关门洞

07 执行“偏移”命令，将绘制好的圆弧向外偏移200mm，如图12-132所示。

08 执行“偏移”命令，将墙体和顶面线向内偏移100mm，然后对图形进行修剪，如图12-133所示。

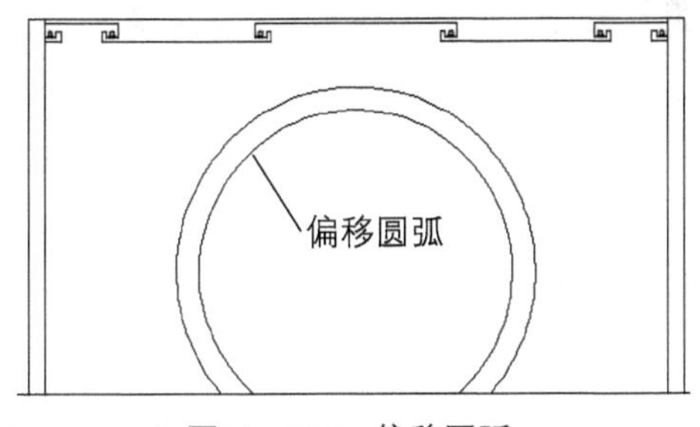


图12-132 偏移圆弧

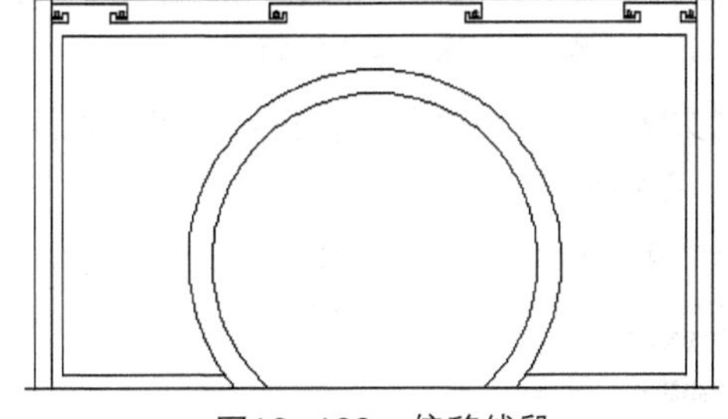

图12-133 偏移线段

09 执行“偏移”命令，将圆形门线条向内各偏移50mm，完成门套的绘制，如图12-134所示。

10 执行“直线”、“偏移”和“修剪”命令，绘制仿古窗格图样，如图12-135所示。

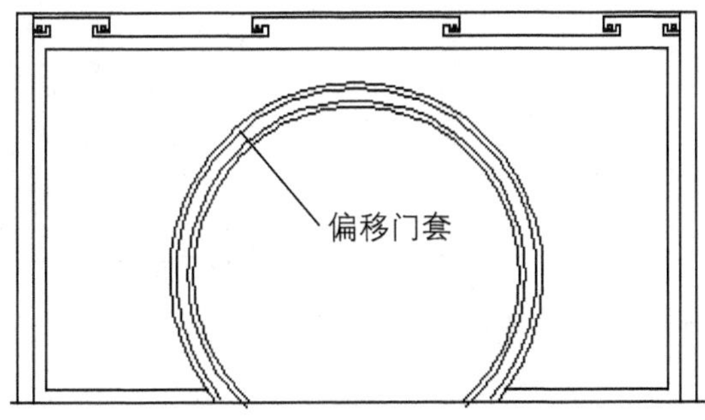


图12-134 偏移门套

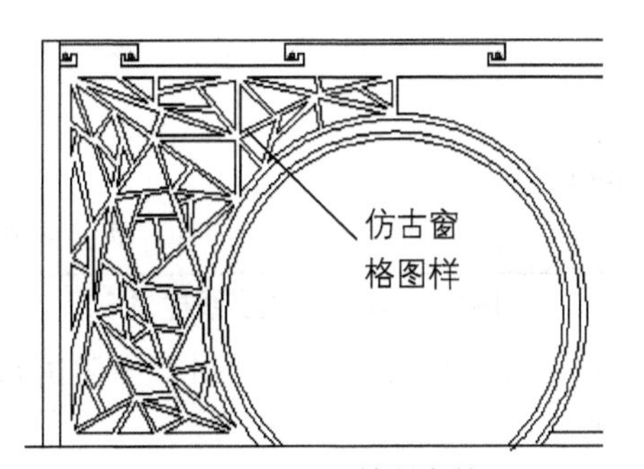


图12-135 绘制窗格

⑪ 执行“镜像”命令，将仿古窗格以圆门中点为镜像中心进行镜像，完成另一侧窗格的绘制，如图12-136所示。

⑫ 执行“插入”命令，将植物图块插入该立面图合适位置，如图12-137所示。

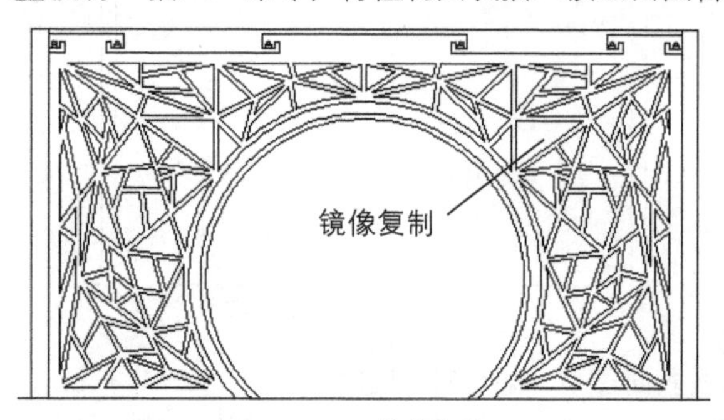

图12-136　镜像窗格

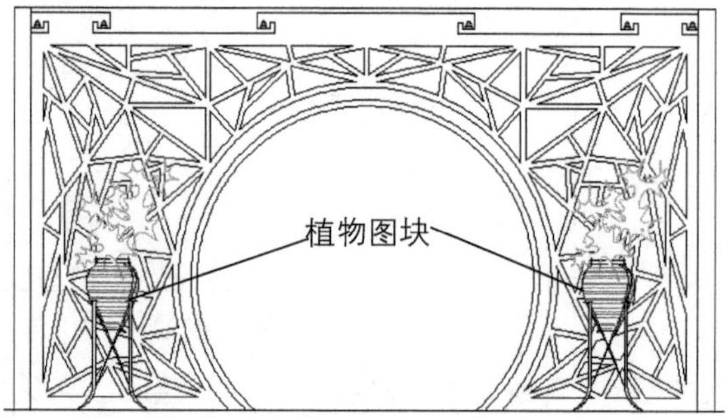

图12-137　插入植物图块

⑬ 将纱帘图块插入门洞合适位置，执行“镜像”命令，对纱帘进行镜像，如图12-138所示。

⑭ 执行“图案填充”命令，为墙体和吊顶填充合适的图案，填充结果如图12-139所示。

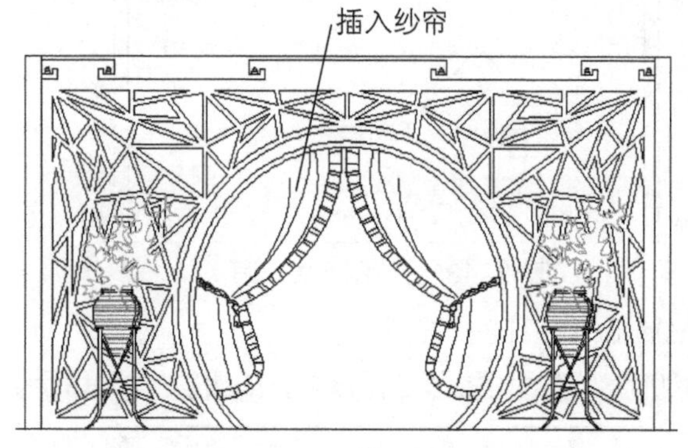

图12-138　插入纱帘

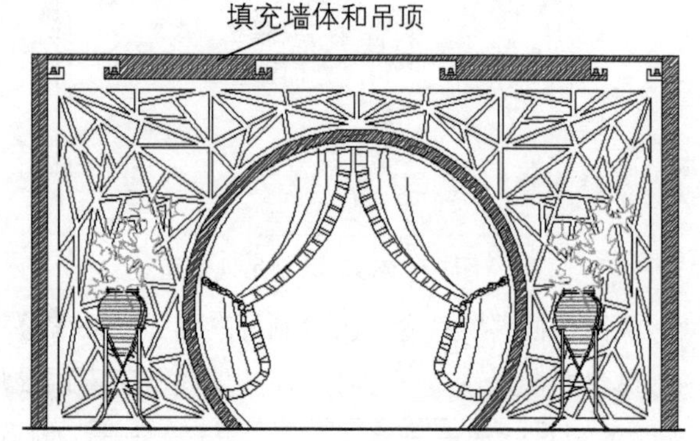

图12-139　填充吊顶

⑮ 将“文字”层设为当前层，执行“多重引线样式”命令，在打开的对话框中，设置引线样式，如图12-140所示。

⑯ 执行“多重引线”命令，对该立面图进行材料标注，如图12-141所示。

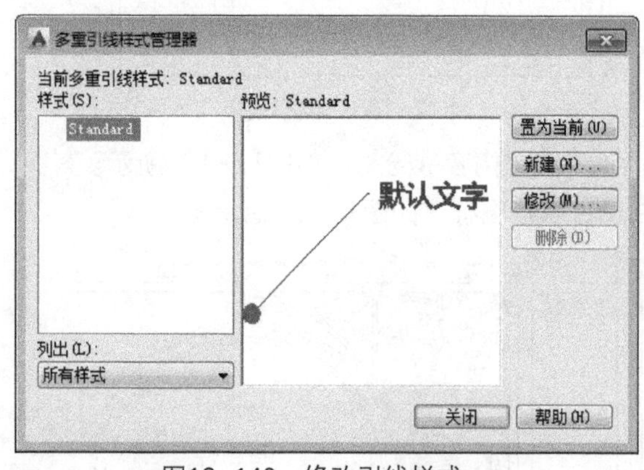

图12-140　修改引线样式

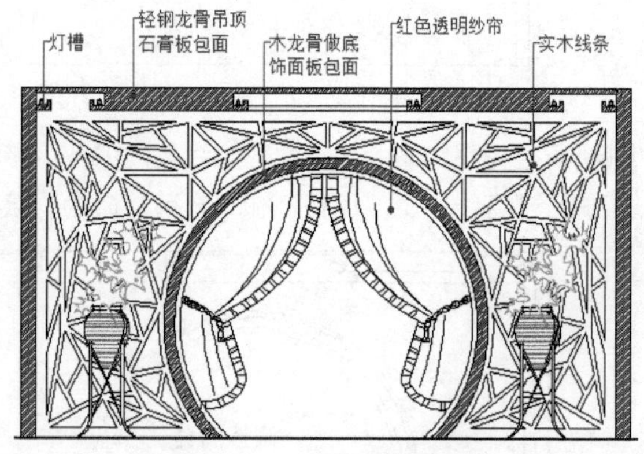

图12-141　添加材质标注

⑰ 执行“线性”标注命令，对立面图进行尺寸标注，如图12-142所示。至此玄关A立面图绘制完毕。

⑱ 绘制玄关B立面图。执行“直线”命令，绘制出玄关B立面区域，如图12-143所示。

⑲ 执行“偏移”命令，将顶面线段向下偏移200mm，绘制出两侧墙体线，如图12-144所示。

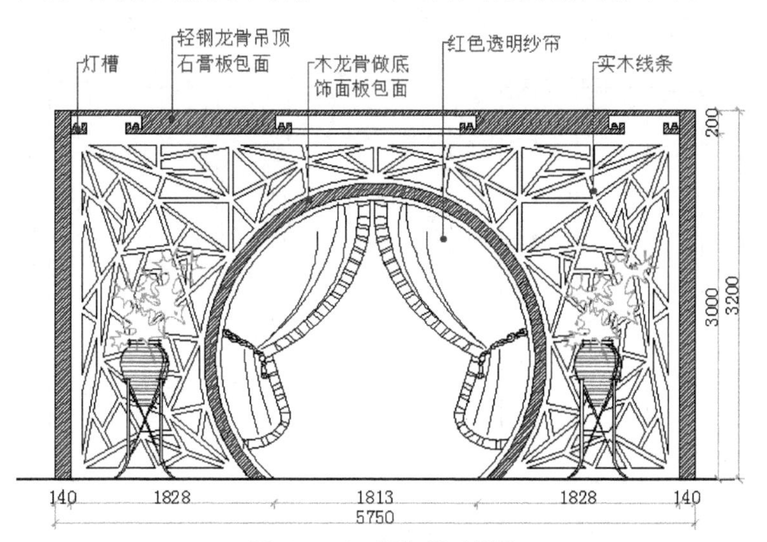


图12-142 添加尺寸标注

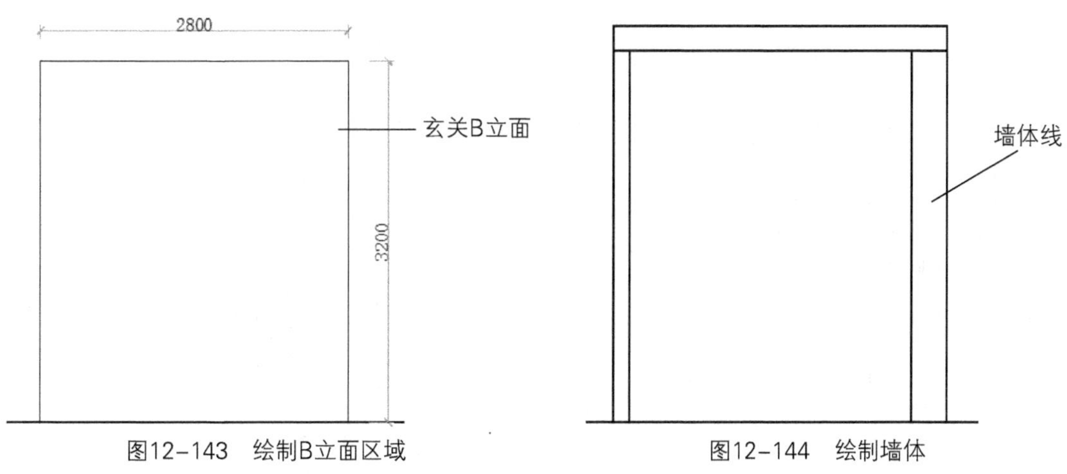


图12-143 绘制B立面区域

图12-144 绘制墙体

⑳ 执行“偏移”和“插入”命令，绘制立面吊顶造型，如图12-145所示。

㉑ 执行“偏移”、“直线”命令，绘制出餐厅大门侧的立面图形，如图12-146所示。

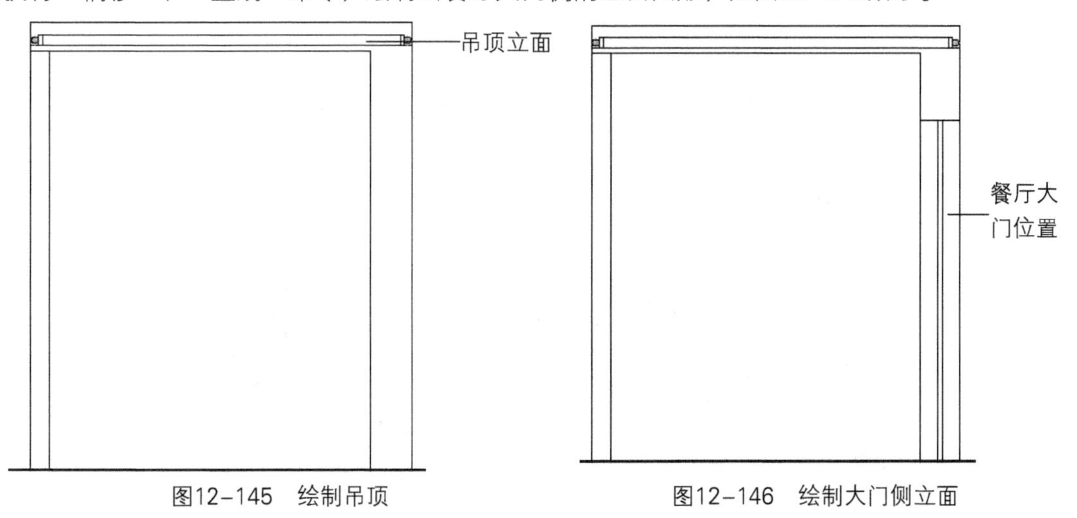


图12-145 绘制吊顶

图12-146 绘制大门侧立面

22 执行“偏移”命令，绘制出该立面造型轮廓线，如图12-147所示。

23 执行“偏移”和“修剪”命令，绘制出中式窗格图样，如图12-148所示。

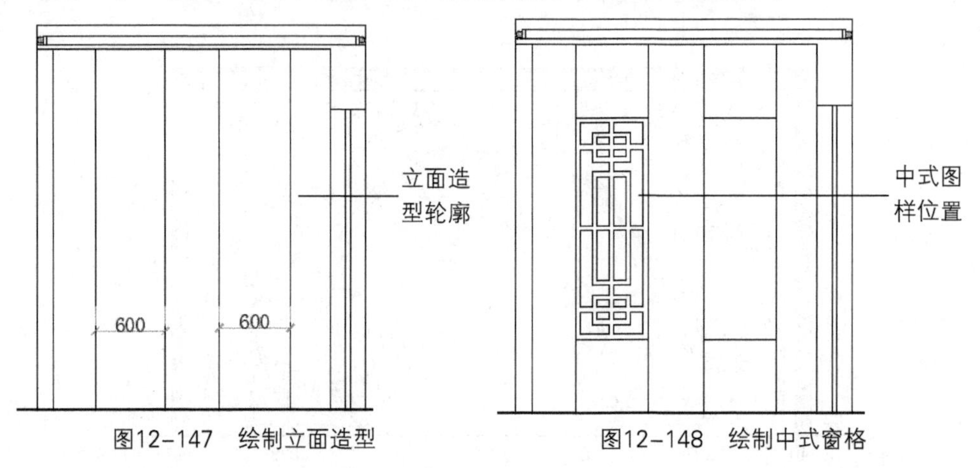


图12-147　绘制立面造型　　图12-148　绘制中式窗格

24 执行“复制”命令，将绘制好的木质窗格复制至立面图的合适位置，如图12-149所示。

25 删除多余线段，将植物图块插入图形中，如图12-150所示。

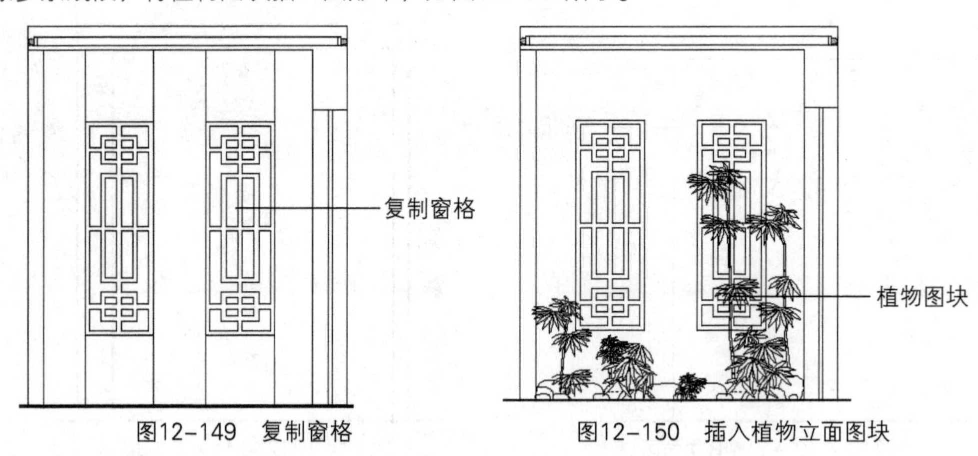


图12-149　复制窗格　　图12-150　插入植物立面图块

26 执行“多重引线”命令，对该立面进行材料标注，如图12-151所示。

27 单击“线性”标注命令，对该立面图进行尺寸标注，如图12-152所示。至此，餐厅玄关B立面图绘制完毕。

图12-151　添加材料标注

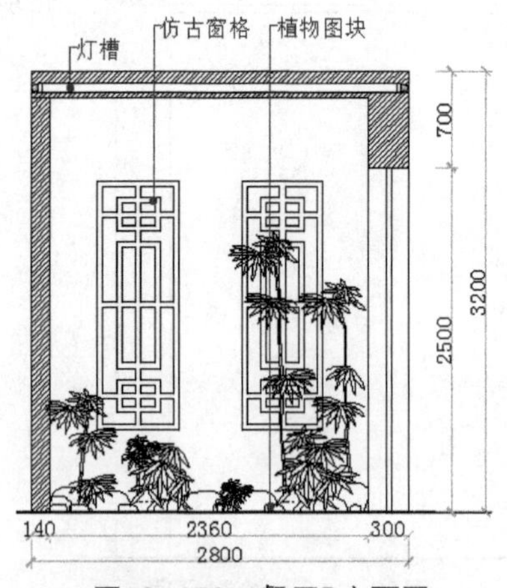


图12-152　餐厅B立面图

**绘图秘技 | 玄关造型设计**

玄关内可以组合的家具常有鞋箱、壁橱、风雨柜、更衣柜等，在设计时应因地制宜，充分利用空间。另外，玄关家具于造型上应与其他空间风格一致，互相呼应。

在设计玄关选型时应注意这几方面：1）地坪，将玄关的地坪和客厅区分开来，自成一体；2）顶棚，玄关的空间往往比较局促，容易产生压抑感，但通过局部的吊顶配合，往往能改变玄关空间的比例和尺度；3）墙面，玄关的墙面往往与人的视距很近，常只作为背景烘托；4）家具和隔断，玄关除了起装饰作用外，另有一重要功能，即储藏物品。

## 12.3.2 绘制餐厅前厅立面图

通常餐饮酒店行业的前厅由酒店入口、总服务台、休息区以及电梯等设施组成。下面将绘制中餐厅总服务台及其背景造型立面图纸。在进行总服务台设计时，其风格应与餐厅玄关风格相统一。

01 打开“中餐厅平面布置图.dwg”原始文件，单击“直线”命令，根据平面尺寸，绘制该立面区域，如图12-153所示。

02 执行“偏移”命令，将地平线向上偏移1050mm，做为服务台的总高度，如图12-154所示。

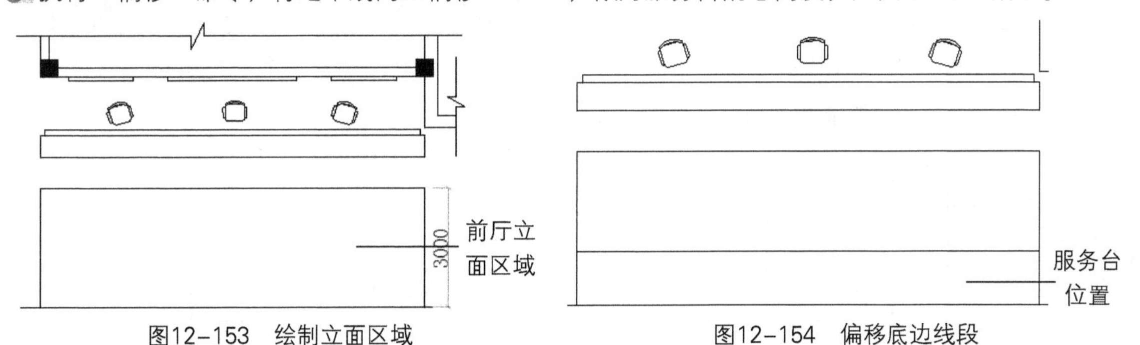


图12-153 绘制立面区域　　图12-154 偏移底边线段

03 执行“偏移”和“修剪”命令，绘制服务台轮廓，如图12-155所示。

04 执行“矩形”命令，绘制一个长1000mm，宽500mm的长方形，并将其放置于服务台合适位置，如图12-156所示。

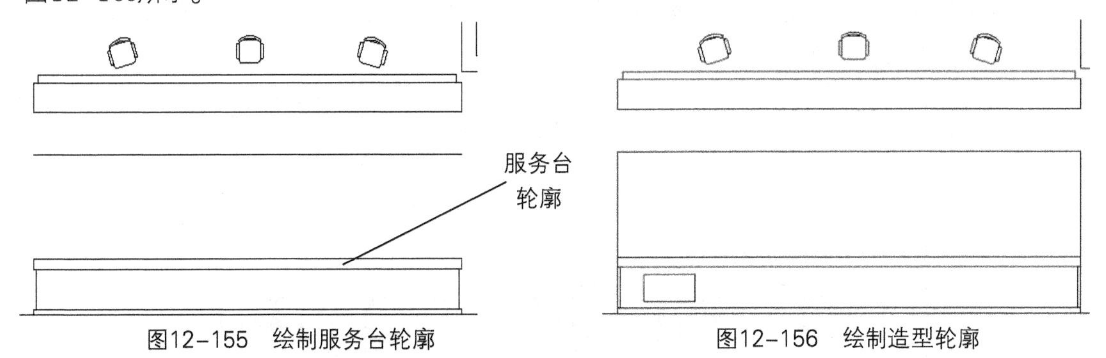


图12-155 绘制服务台轮廓　　图12-156 绘制造型轮廓

05 执行“复制”命令，将该长方形向右进行复制，如图12-157所示。

06 执行“插入”、“旋转”命令，将中式窗格图块插入长方形的4个角处，如图12-158所示。

07 执行“插入块”命令，将中式图块插入长方形内，如图12-159所示。

08 执行“复制”命令，将绘制好的图形复制至其他长方形内，如图12-160所示。

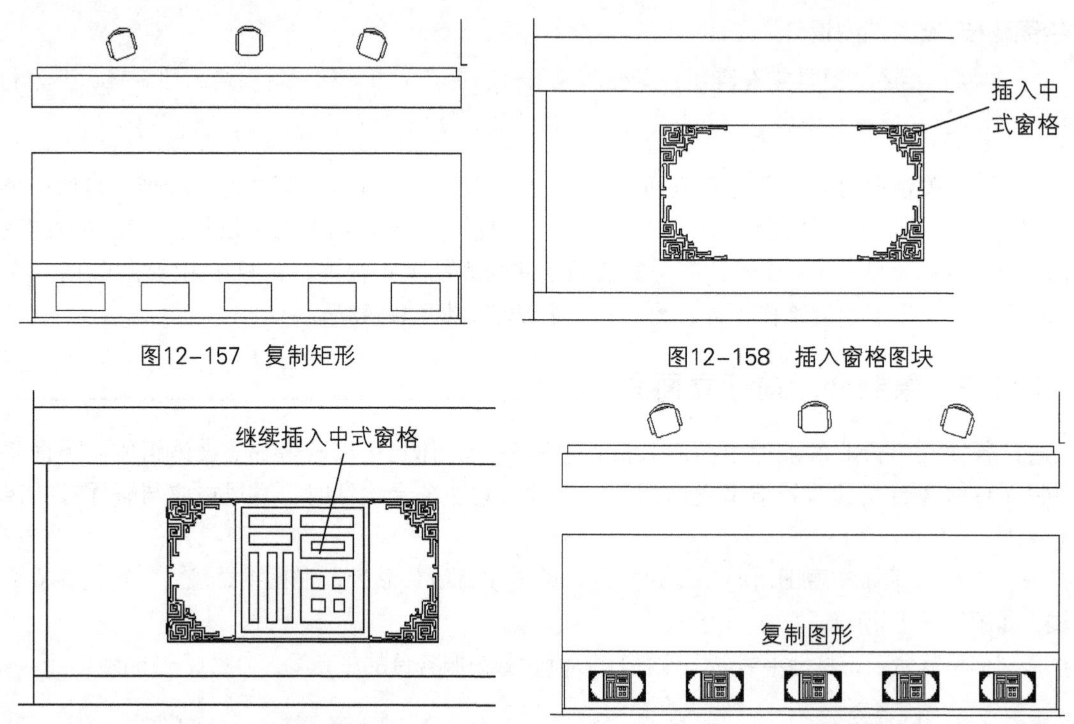


图12-157　复制矩形　　图12-158　插入窗格图块

图12-159　插入中式图块　　图12-160　复制中式图块

09 执行“直线”命令，绘制背景墙分割线，如图12-161所示。

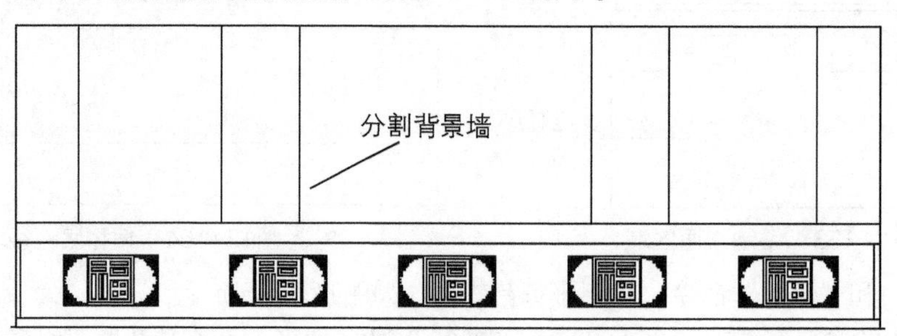


图12-161　分割背景墙

10 执行“偏移”命令，将背景墙中间两条线段向内进行偏移操作，之后，执行“修剪”命令，对偏移后的线段进行修剪，如图12-162所示。

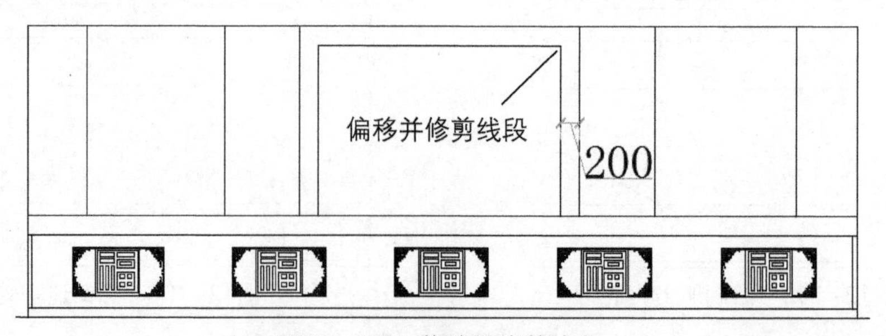


图12-162　偏移并修剪线段

11 执行“插入块”命令，将中式图块插入至图形合适位置，并执行“缩放”命令，对图块进行缩放，如图12-163所示。

12 执行“圆”、“插入”命令，插入背景墙体左侧中式图形，如图12-164所示。

图12-163　插入中式图块

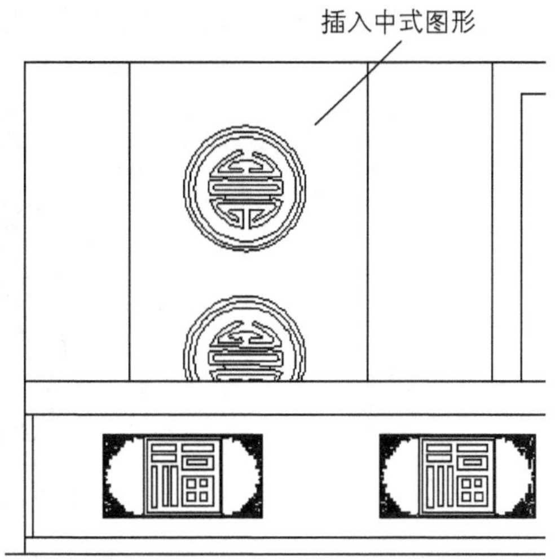


图12-164　绘制左侧装饰图形

⑬ 执行“偏移”命令，将两侧边线向外偏移，将其改为虚线，做为灯槽，如图12-165所示。

⑭ 按照同样的操作方法，完成另一侧墙体造型的绘制，如图12-166所示。

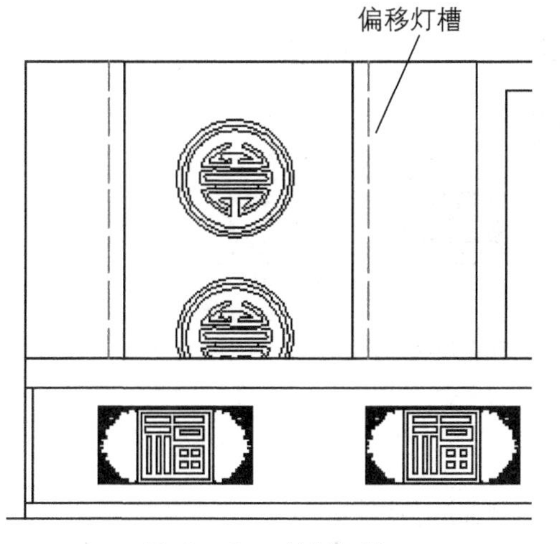


图12-165　绘制灯槽

图12-166　绘制另一侧造型

⑮ 执行“图案填充”命令，对该立面墙体进行填充，如图12-167所示。

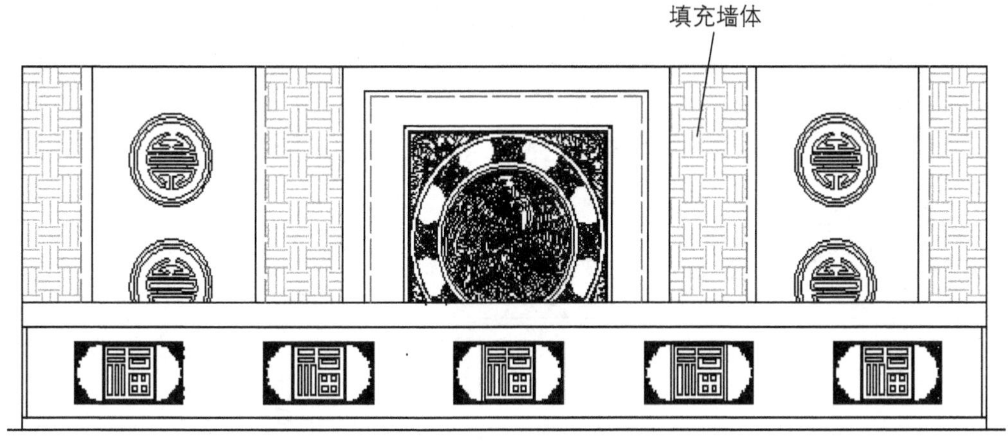


图12-167　填充背景墙

⑯ 将“文字”层设为当前层，执行“多重引线”命令，对该立面进行材料注释，如图12-168所示。

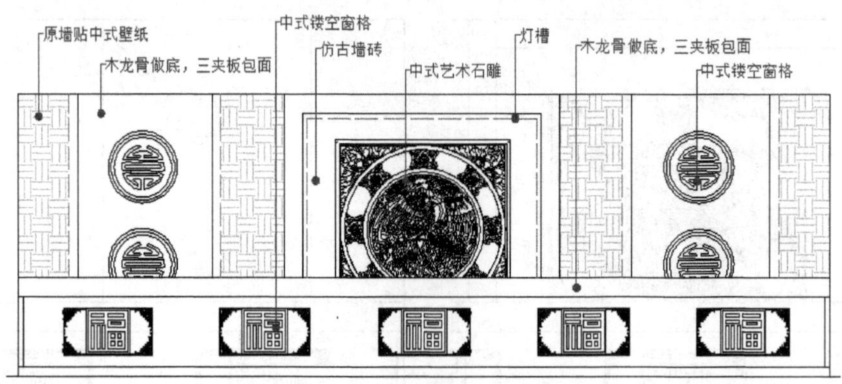


图12-168 添加材料标注

⑰ 执行“线性”命令，对立面图进行尺寸标注，如图12-169所示。至此，中餐厅前厅立面图绘制完毕。

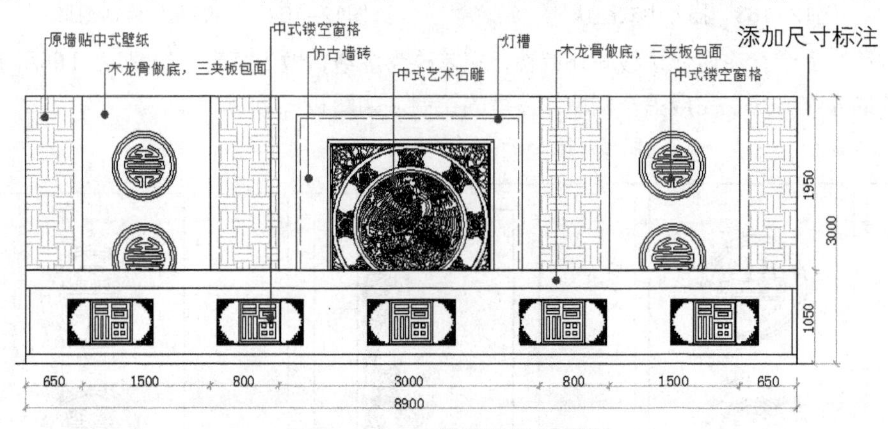


图12-169 中餐厅前厅立面图

## 12.3.3 绘制餐厅散座立面图

在对餐厅用餐区域进行设计时，需要根据餐厅种类进行功能划分。例如本案例是以中式餐厅为主，所以在桌椅摆放时，尽量避免用排桌式布局，而可通过各类玻璃、镂空花格或屏风等设施进行组合布局。这样不仅增加了装饰效果，而且更好地划分了空间区域。在对散座区域进行设计时，需要注意每张桌椅之间的距离尺寸是否合理。

01 打开“中餐厅平面布置图.dwg”原始文件，单击“直线”命令，绘制出所需的立面区域，如图12-170所示。

02 执行“直线”命令，绘制墙体和窗户侧立面图形，如图12-171所示。

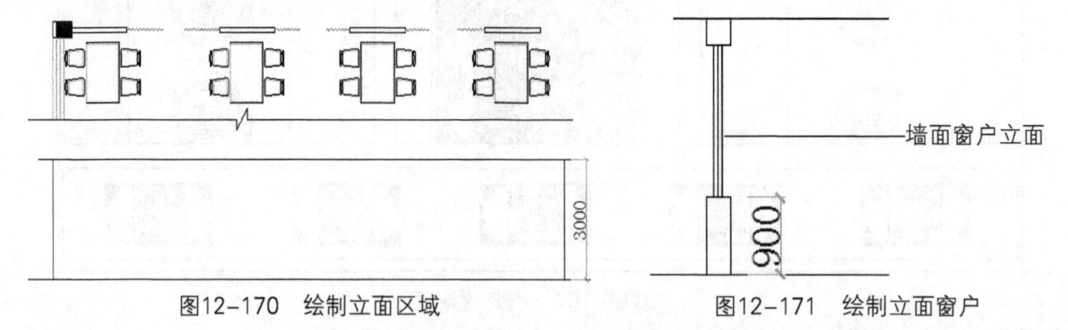


图12-170 绘制立面区域　　图12-171 绘制立面窗户

03 执行“直线”命令，绘制该区域顶面立面造型，如图12-172所示。

04 执行“插入块”命令，将餐桌图块插入立面图的合适位置，如图12-173所示。

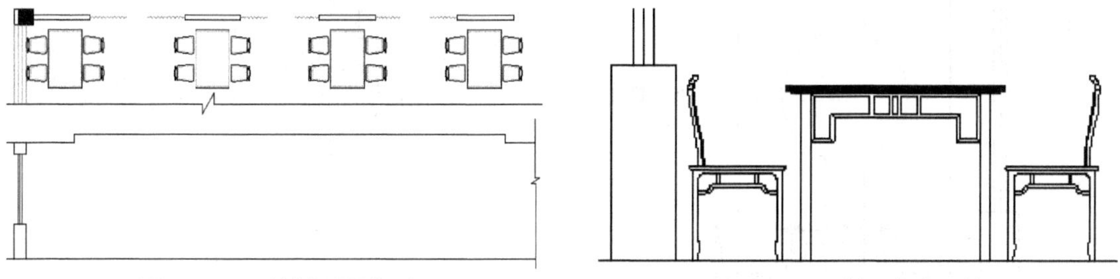

图12-172　绘制顶面立面　　图12-173　插入餐桌图块

05 执行“复制”命令，将插入的餐桌图块复制至其他区域，如图12-174所示。

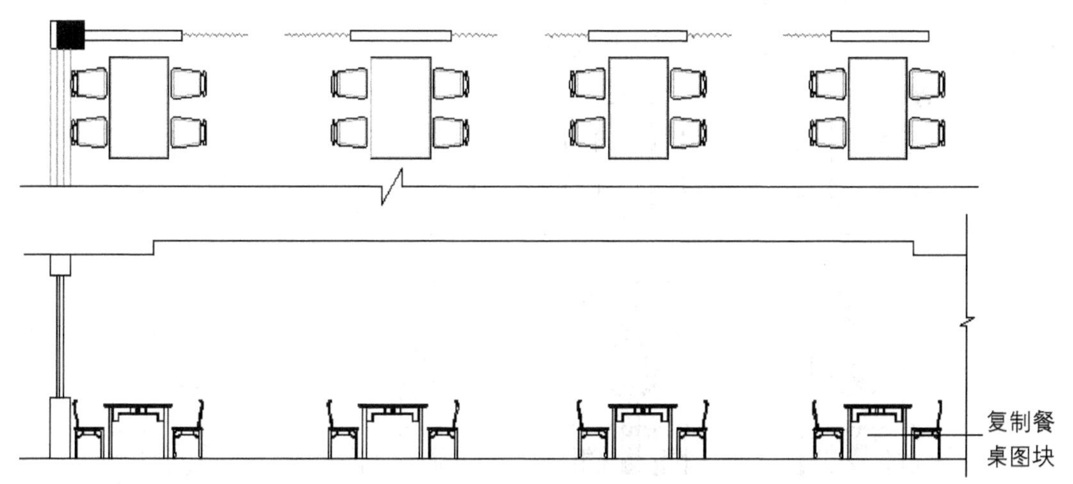


图12-174　复制餐桌图块

06 绘制餐桌隔断。执行“直线”命令，在餐桌合适位置绘制隔断区域，如图12-175所示。

07 执行“圆”命令，在隔断合适位置绘制一个半径为480mm的圆形，如图12-176所示。

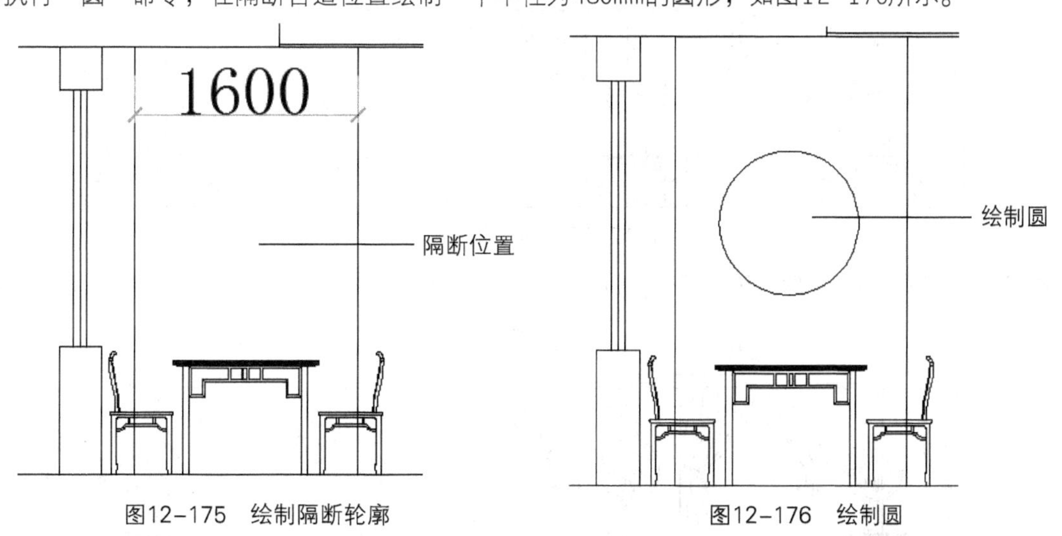


图12-175　绘制隔断轮廓　　图12-176　绘制圆

08 执行“偏移”命令，将隔断两侧线段向内偏移650mm，并对图形进行修剪，如图12-177所示。

09 执行“插入”和“直线”命令，在隔断中绘制中式窗格造型，如图12-178所示。

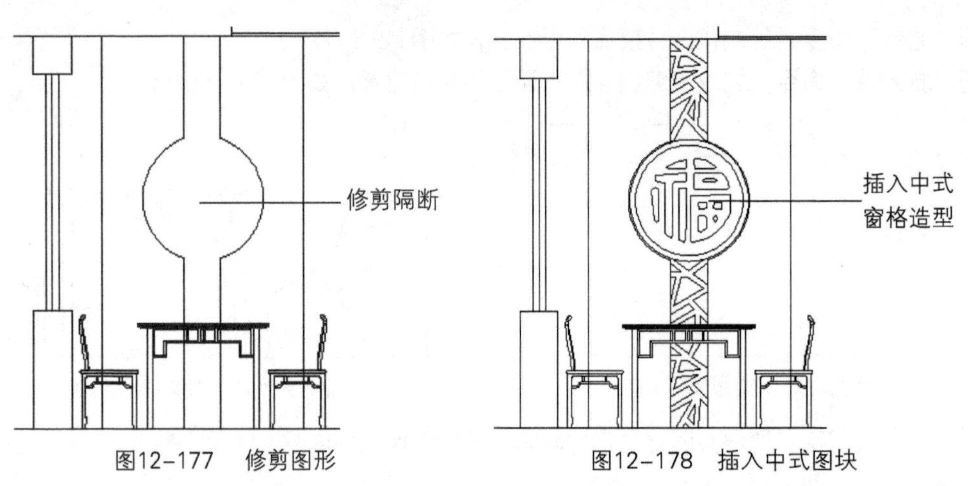


图12-177　修剪图形　　　图12-178　插入中式图块

⑩ 执行“复制”命令，将绘制好的隔断图形复制至其他位置，如图12-179所示。

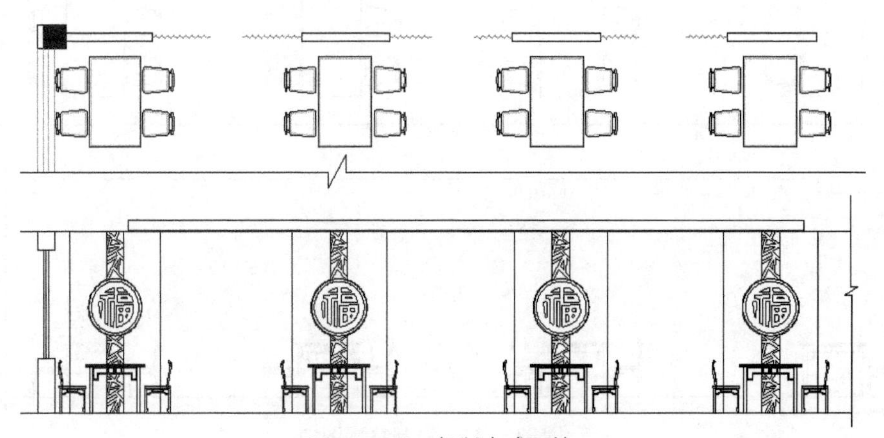

图12-179　复制中式图块

⑪ 执行“插入块”命令，将纱帘图块插入立面图合适位置，如图12-180所示。

图12-180　插入纱帘图块

⑫ 将“文字”层设为当前层，执行“多重引线”命令，为立面图添加材料注释，如图12-181所示。

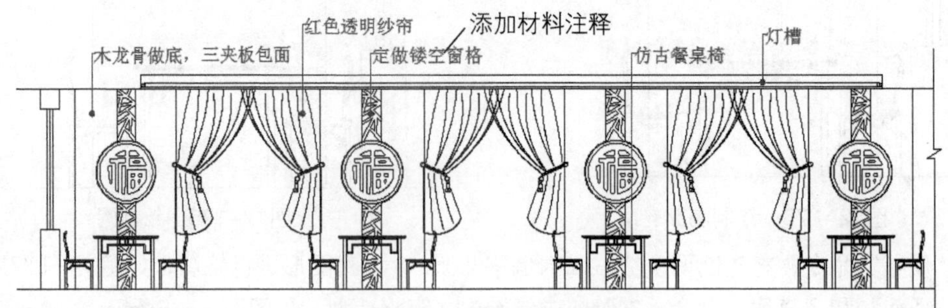


图12-181　添加材料标注

⑬ 执行“线性”标注命令，对立面图进行尺寸标注，如图12-182所示。至此，中餐厅散座立面图绘制完毕。

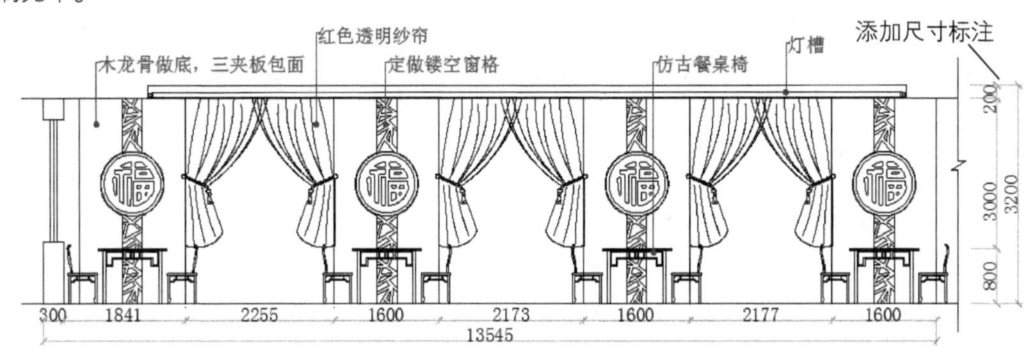

图12-182　中餐厅散座立面图

## 12.3.4　绘制中餐厅包厢立面图

在做设计时，除了设计散座席之外，还需根据餐厅营业规模适当设置一些大、小包间。在设计包厢时，包厢的风格需要和整个餐厅风格相统一。包厢的设计要比较温馨，要给顾客留有相对私密的空间。

01 打开“中餐厅平面布置图.dwg”原始文件，单击“直线”命令，绘制出包厢立面区域，如图12-183所示。

02 执行“直线”、“偏移”和“修剪”命令，绘制出两侧墙体以及吊顶造型，如图12-184所示。

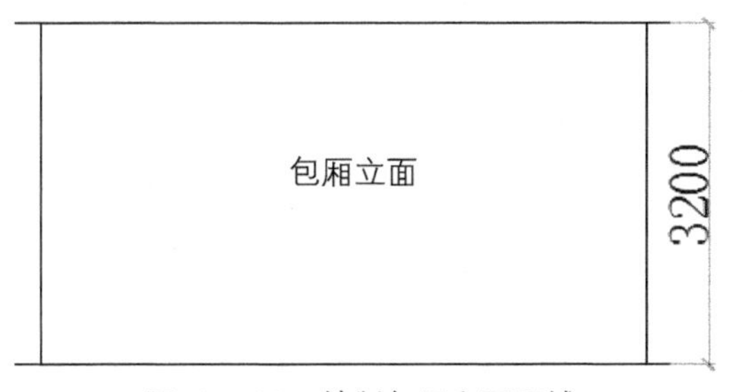

图12-183　绘制包厢立面区域

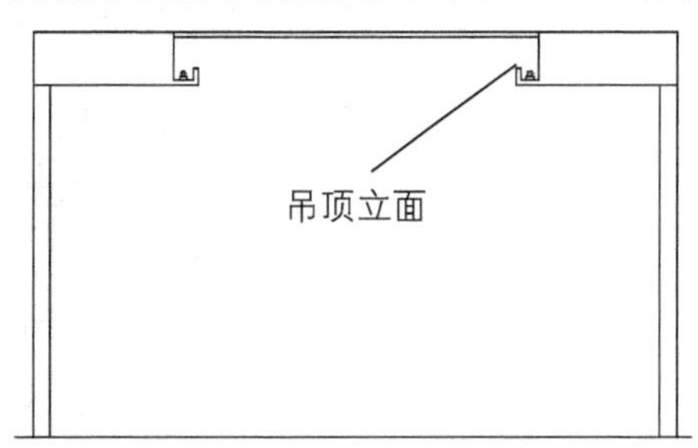

图12-184　绘制吊顶造型

03 执行“直线”命令，对包厢墙体进行划分，如图12-185所示。

04 执行“圆”命令，在合适位置绘制一个半径为800mm的圆，如图12-186所示。

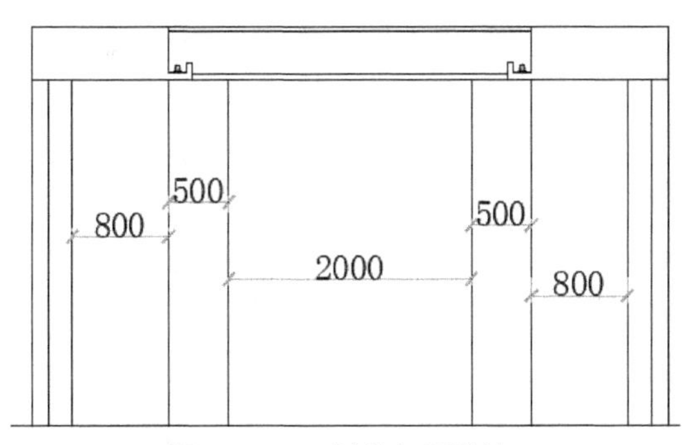

图12-185　划分包厢墙体

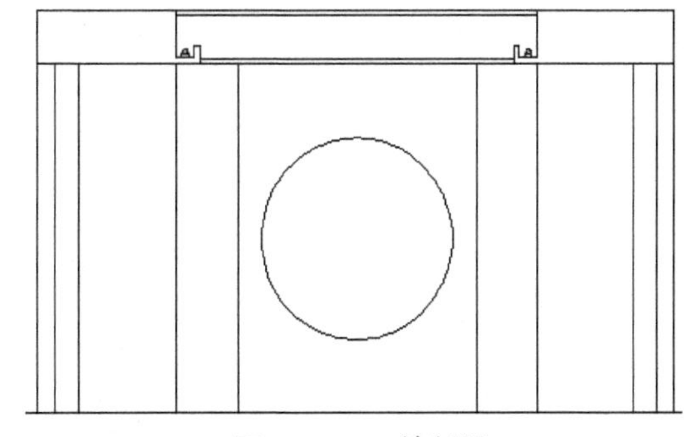
图12-186　绘制圆

05 执行“插入”命令，将合适的中式图块放置于圆内做为装饰，如图12-187所示。

06 执行“偏移”命令，将圆向外偏移50mm，做为灯槽，如图12-188所示。

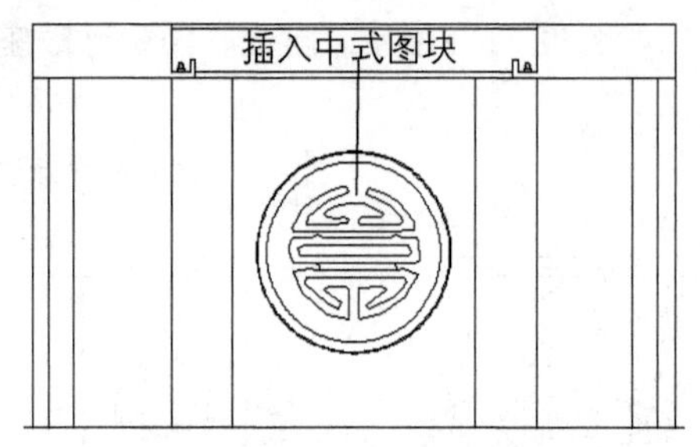

图12-187　插入装饰图块

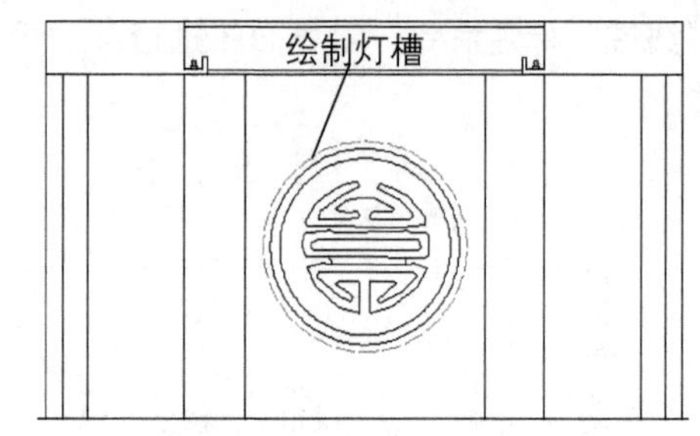

图12-188　绘制灯槽

07 按照同样的方法，完成剩余灯槽线的绘制，如图12-189所示。

08 执行"直线"、"修剪"命令，绘制右侧百骨架图形，如图12-190所示。

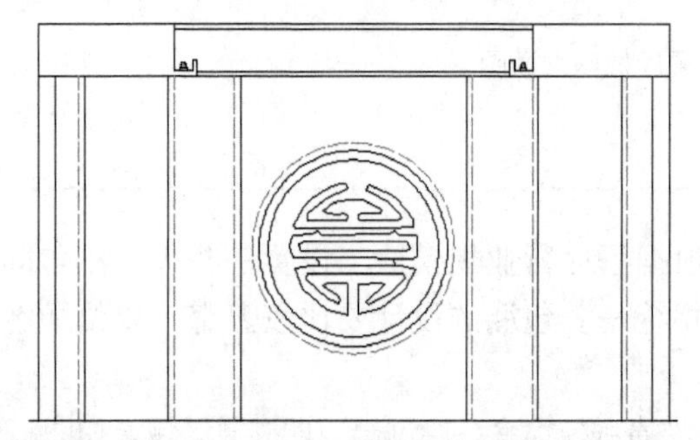
图12-189　绘制其他灯槽

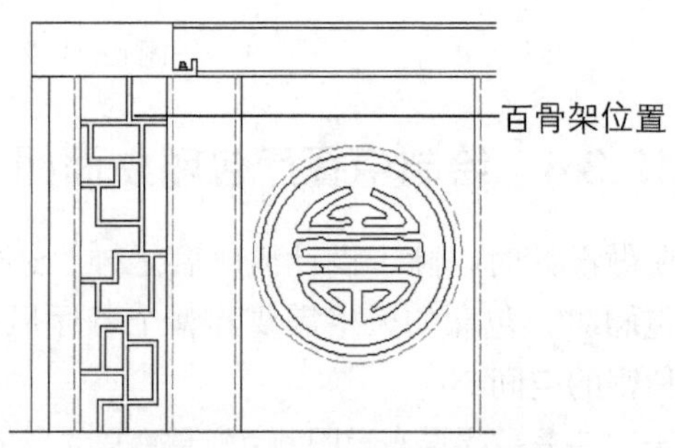

图12-190　绘制百骨架图形

09 执行"镜像"命令，将绘制好的百骨架图形进行镜像，如图12-191所示。

10 执行"插入"命令，将壁灯图块放置于图形合适位置，如图12-192所示。

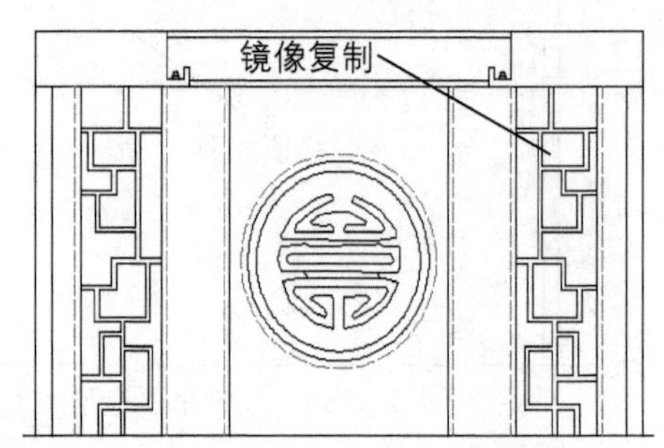

图12-191　镜像百骨架图形

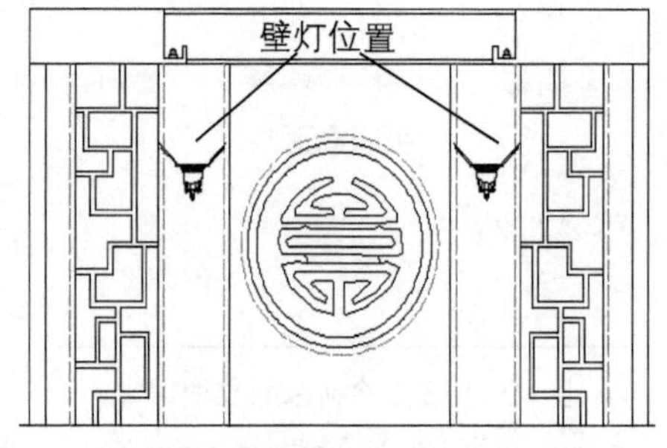

图12-192　插入壁灯

11 将"文字"层设为当前层，执行"多重引线"命令，对立面图进行材料标注，如图12-193所示。

12 执行"线性"命令，对立面图进行尺寸标注，如图12-194所示。至此，包厢立面图绘制完毕。

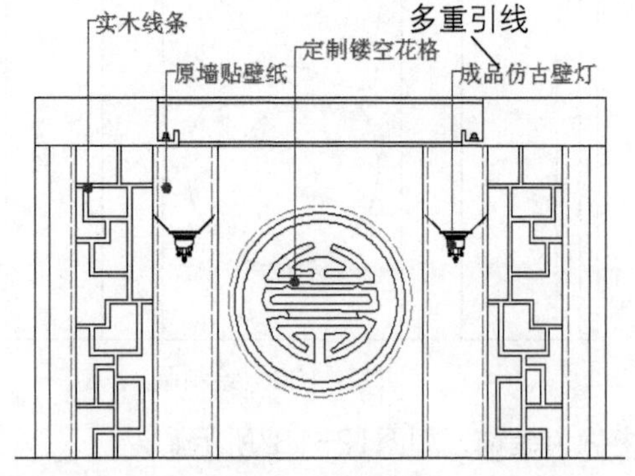

图12-193　添加材料标注

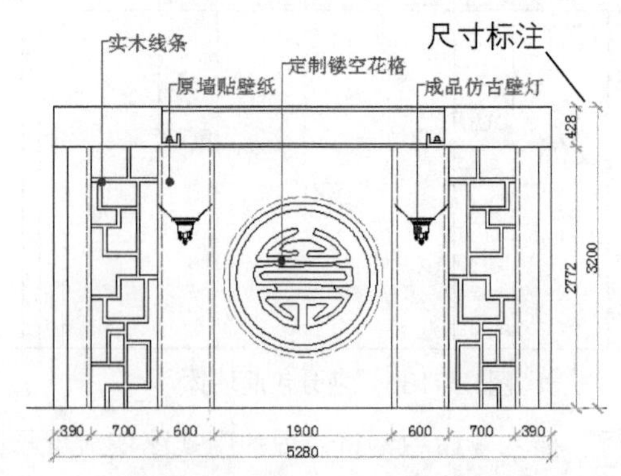

图12-194　包厢立面图

## 12.3.5 绘制中餐厅卫生间立面图

做好洗手间的设计，对于一个服务行业来说是不可缺少的。公共卫生间应设置隔断，以增加私密性；适当地选用和谐的墙、地砖，可提升卫生间的档次；洗手台镜前的壁灯对于照明及效果的体现亦很重要。

01 打开“中餐厅平面布置图.dwg”原始文件，单击“直线”命令，根据卫生间平面图绘制出其立面区域，如图12-195所示。

02 执行“直线”和“偏移”命令，绘制出门和窗的侧立面，如图12-196所示。

图12-195 绘制卫生间立面区域

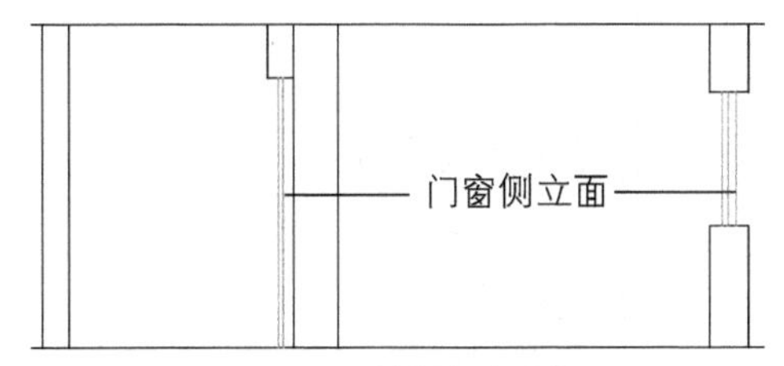

图12-196 绘制门窗侧立面

03 执行“偏移”命令，将地平线分别向上偏移700mm和100mm，如图12-197所示。

04 执行“偏移”、“直线”和“修剪”命令，完成洗手台下柜门造型的绘制，如图12-198所示。

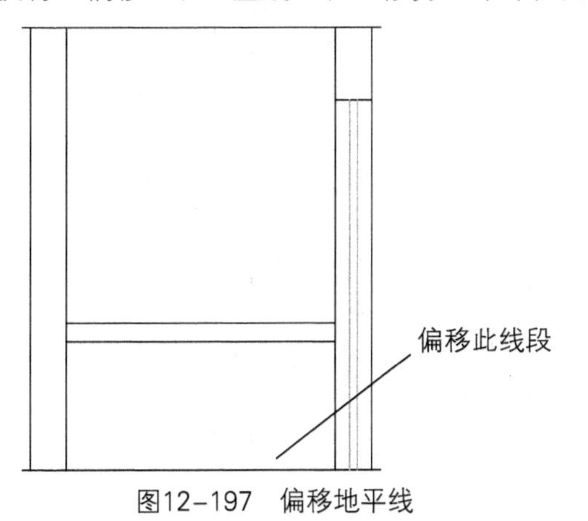

图12-197 偏移地平线

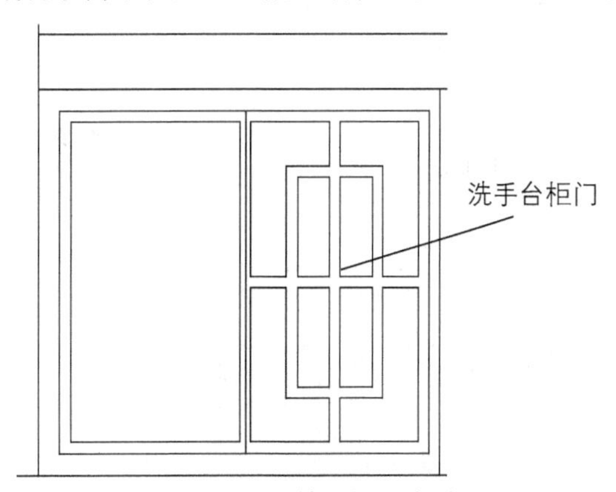

图12-198 绘制柜门造型

05 执行“镜像”命令，将绘制好的柜门进行镜像，如图12-199所示。

06 执行“插入”命令，将洗手池图块插入图形的合适位置，如图12-200所示。

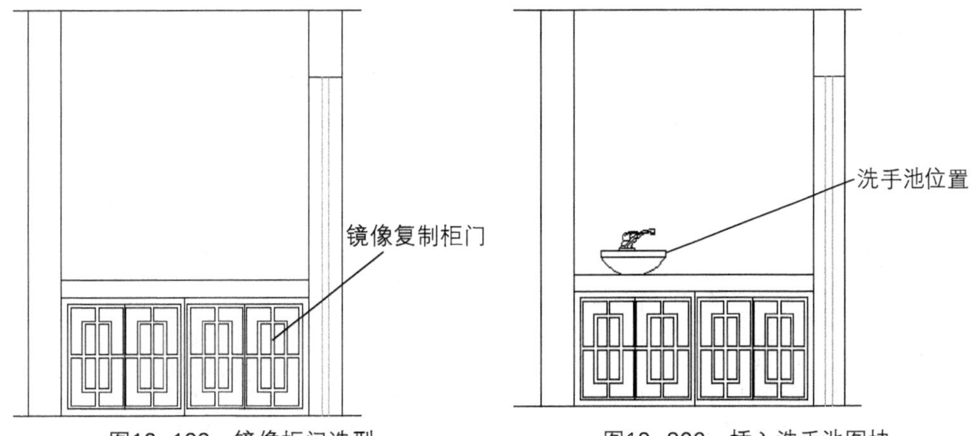

图12-199 镜像柜门造型

图12-200 插入洗手池图块

07 执行“镜像”命令，以台面中心为镜像线，对洗手池进行镜像复制，如图12-201所示。

08 执行“矩形”命令，绘制一个长1200mm、宽1200mm的矩形做为梳妆镜，放置在图形中合适位置，如图12-202所示。

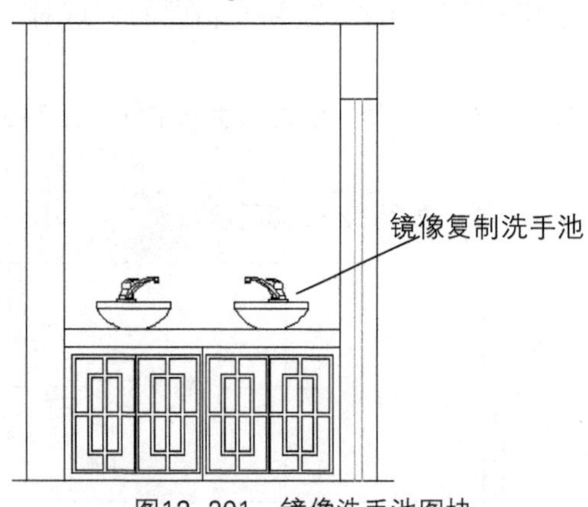


图12-201 镜像洗手池图块

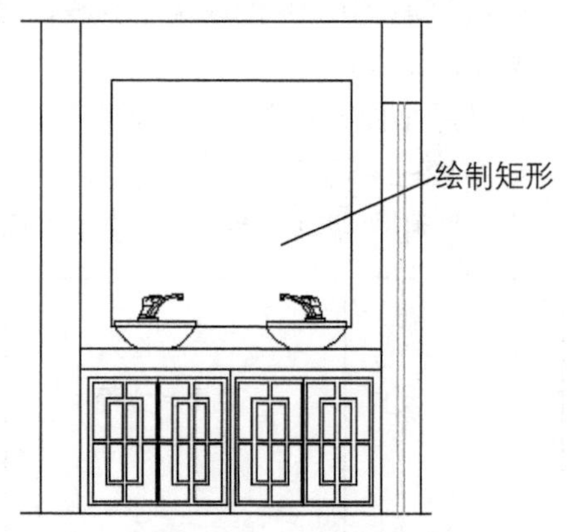


图12-202 绘制梳妆镜

09 执行“偏移”命令，将镜子向内偏移30mm，做为灯槽，如图12-203所示。

10 执行“插入”命令，将镜前灯图块插入图形合适位置，如图12-204所示。

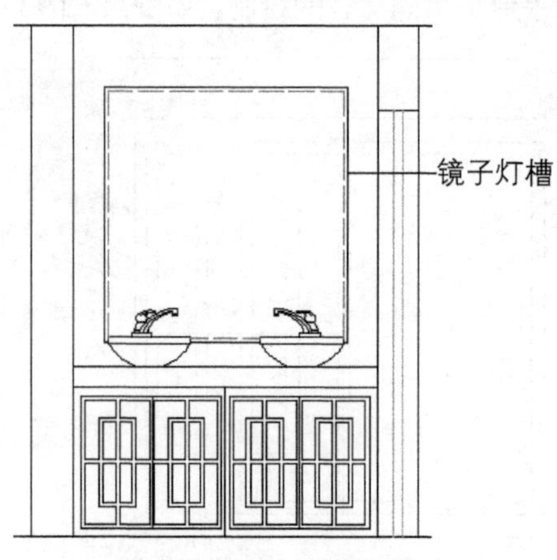


图12-203 偏移灯槽

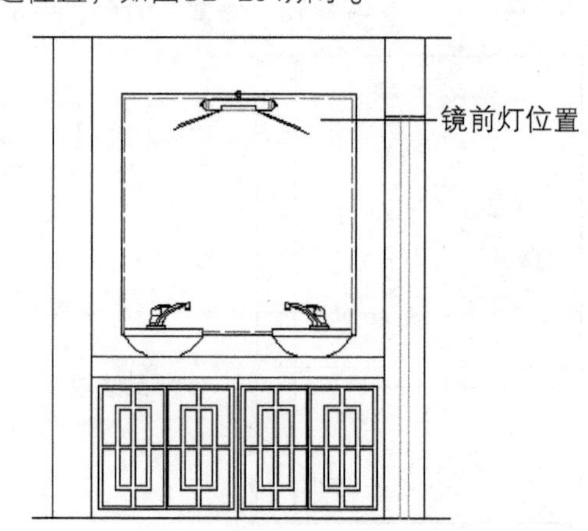


图12-204 插入镜前灯

11 将植物图块插入洗手台上合适位置，增加美观性，如图12-205所示。

12 执行“图案填充”命令，对镜面进行填充，如图12-206所示。

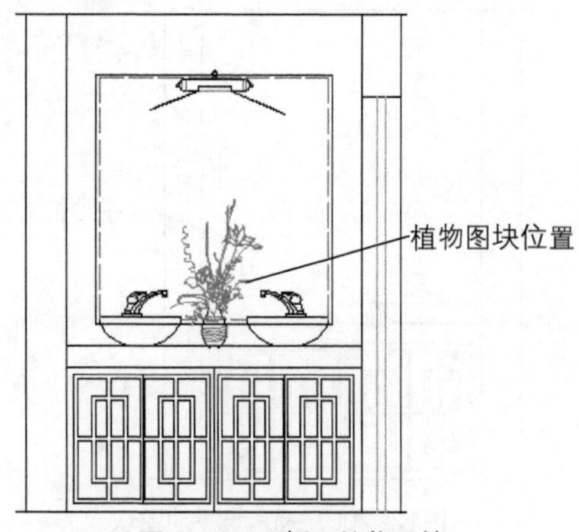


图12-205 插入植物图块

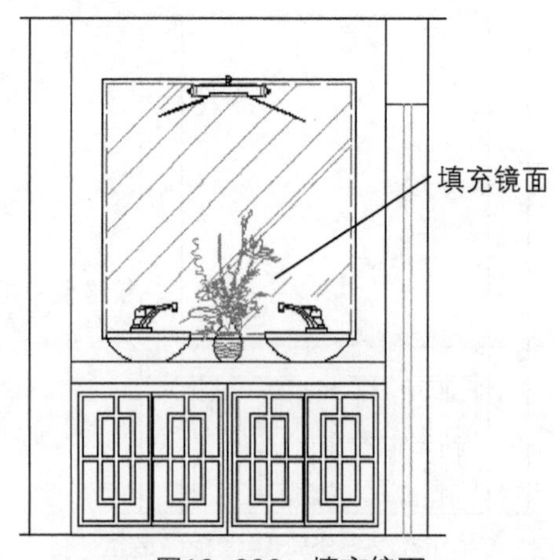


图12-206 填充镜面

⑬ 执行“直线”命令，绘制出卫生间每张隔板的区域，如图12-207所示。

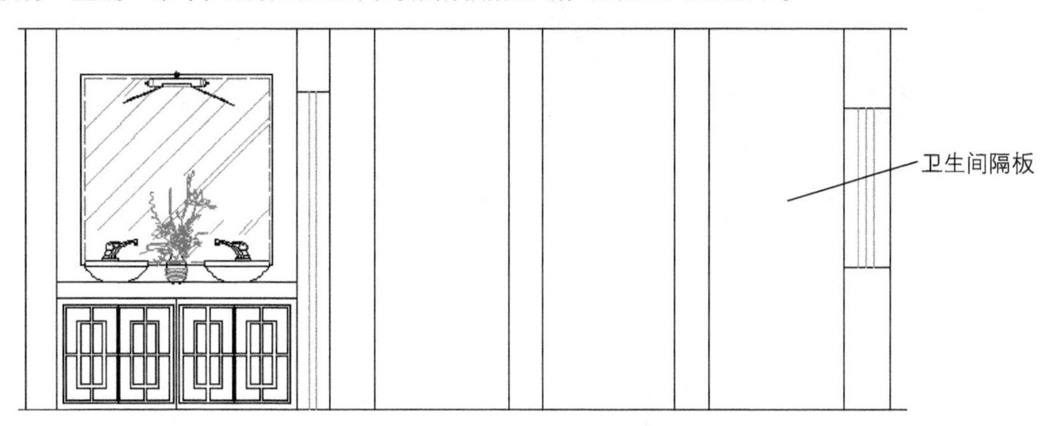


图12-207　绘制卫生间隔板

⑭ 将地平线向上偏移150mm，做为卫生间台阶，并对其进行修剪，如图12-208所示。

⑮ 执行“偏移”命令，将卫生间隔断上下线段向内偏移并进行修剪，如图12-209所示。

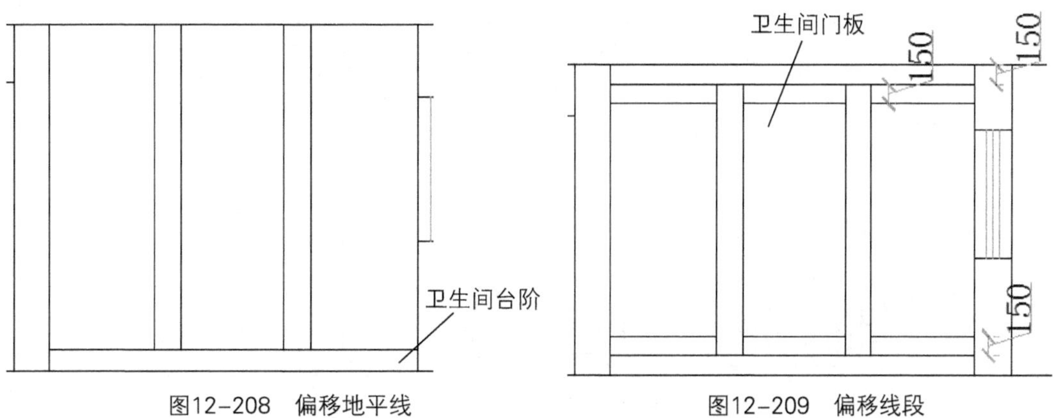


图12-208　偏移地平线　　　　图12-209　偏移线段

⑯ 执行“偏移”命令，对隔断进行偏移；执行“修剪”命令，对偏移线段进行修剪，完成卫生间隔断造型的绘制，如图12-210所示。

⑰ 执行“偏移”、“直线”和“修剪”命令，绘制卫生隔断的装饰图形，如图12-211所示。

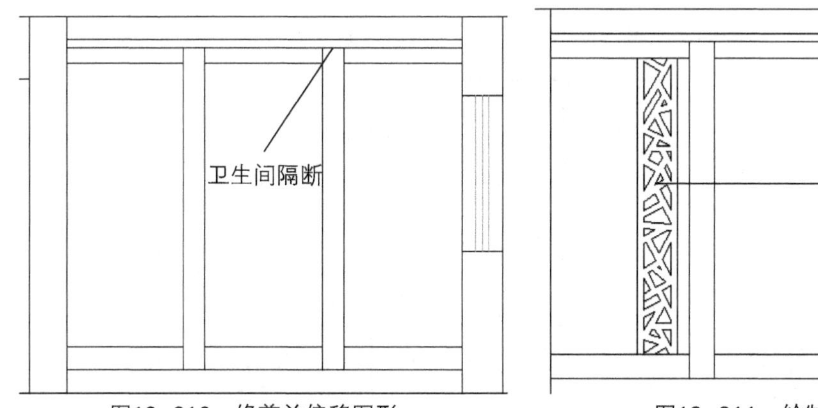


图12-210　修剪并偏移图形　　　　图12-211　绘制装饰图形

⑱ 执行“复制”命令，将绘制好的装饰图形复制到剩余隔断合适位置，如图12-212所示。

⑲ 执行“图案填充”命令，为卫生间墙填充合适的墙砖纹样，如图12-213所示。

图12-212　复制装饰图形　　　图12-213　填充卫生间墙体

⑳ 将“文字”层设为当前层，执行“多重引线”命令，对立面图进行材料注释，如图12-214所示。

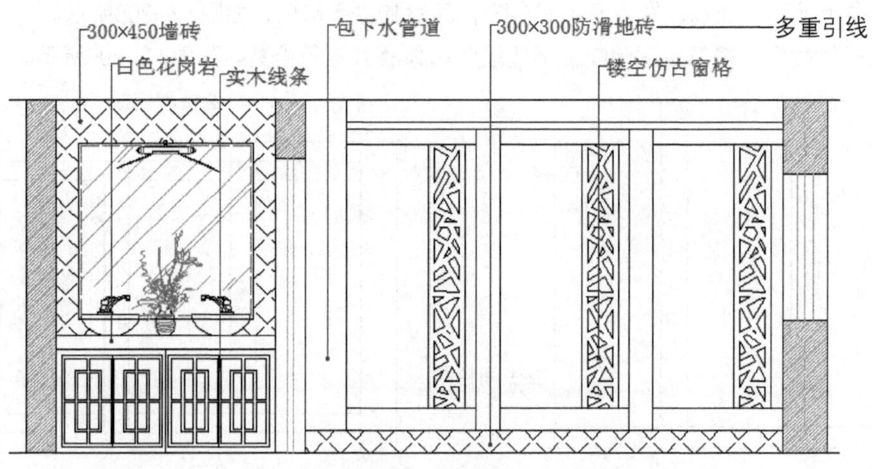


图12-214　添加文字注释

㉑ 执行“线性”标注命令，对立面图进行尺寸标注，如图12-215所示。至此，中餐厅卫生间立面图绘制完毕。

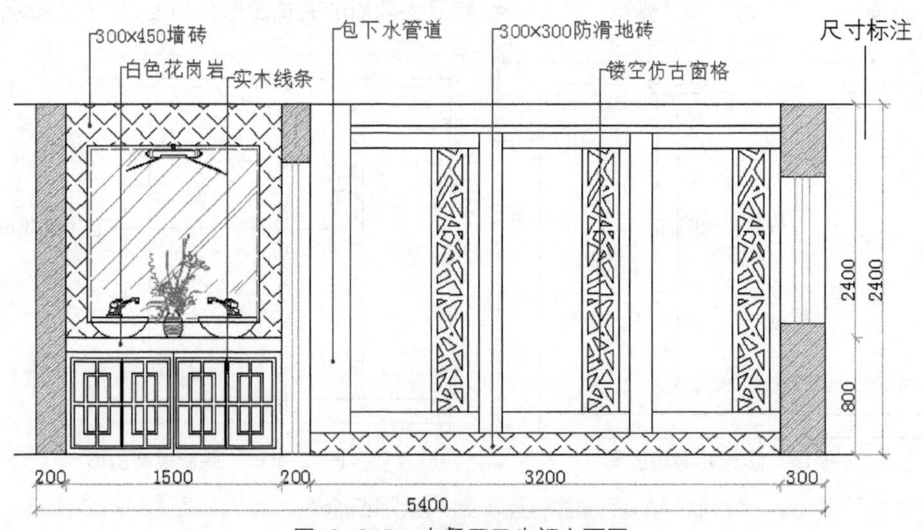


图12-215　中餐厅卫生间立面图

## 12.4 绘制中餐厅主要剖面图

剖面图用以表示房屋内部的结构或构造形式、分层情况和各部位的联系、材料及其高度等，是与平、立面图相互配合的不可缺少的重要图样之一。下面以中餐厅各剖面图为例，来介绍其绘制方法。

### 12.4.1 绘制总服务台剖面图

绘制总服务台剖面图，主要是为了表达出该服务台的施工工艺，以及所需使用的材料，好让施工人员根据剖面图轻松地完成整个服务台的制作。在绘制剖面图时，应尽量绘制出建筑物内部构造情况，并进行尺寸标注和材料注明，有时还需简单注明一些施工步骤。

01 执行“多段线”命令，并将其起点和终点线宽设为30，在总服务台平面图中绘制剖面符号，如图12-216所示。

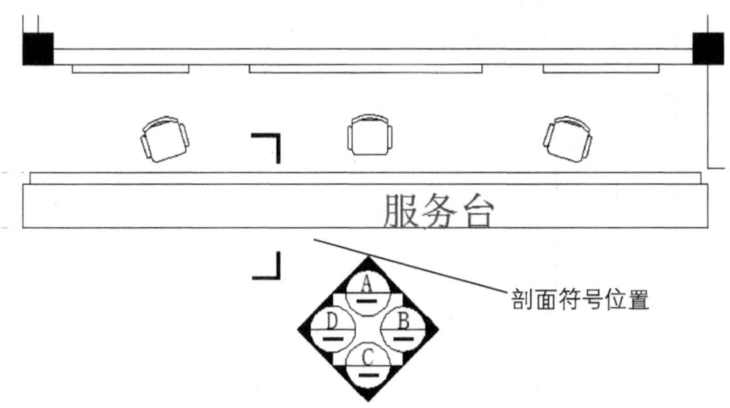


图12-216 添加剖面符号

02 执行“单行文字”命令，在剖面符号右侧输入剖面序号“B”，如图12-217所示。

03 执行“直线”和“修剪”命令，根据总服务台立面图的尺寸，绘制出服务台侧立面轮廓，如图12-218所示。

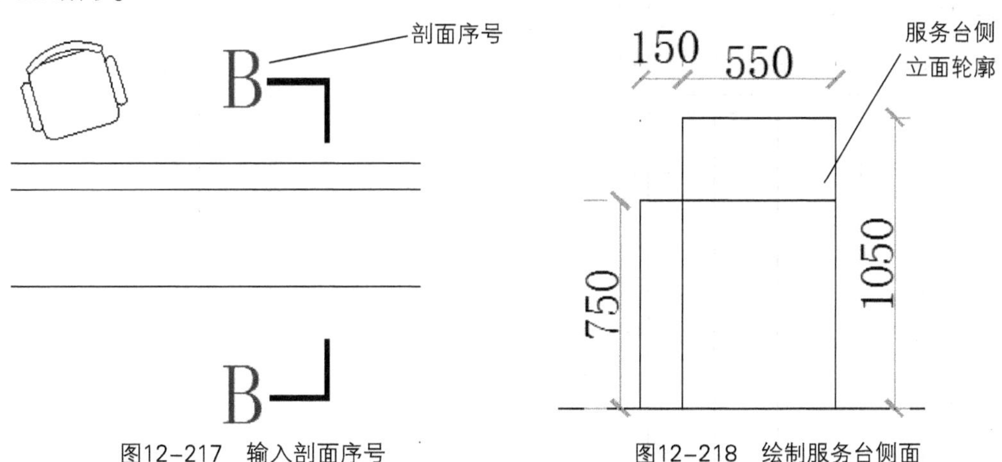


图12-217 输入剖面序号　　图12-218 绘制服务台侧面

04 执行“偏移”命令，将最上边的线段向下偏移40mm；执行“倒圆角”命令，将偏移后的两条线连接起来，如图12-219所示。

05 将服务台最右侧线段向左依次偏移45mm、155mm和150mm，如图12-220所示。

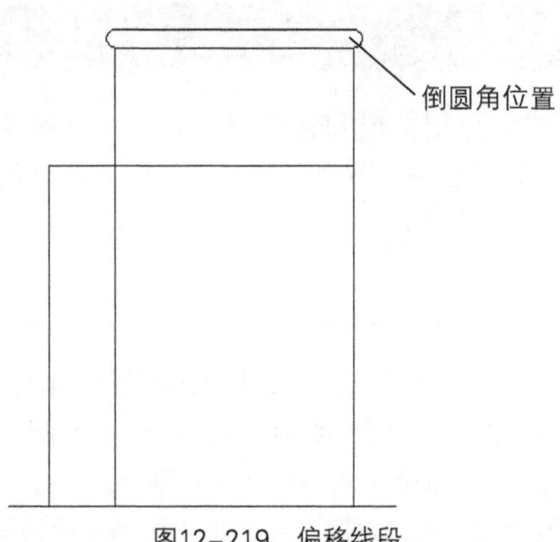


图12-219　偏移线段

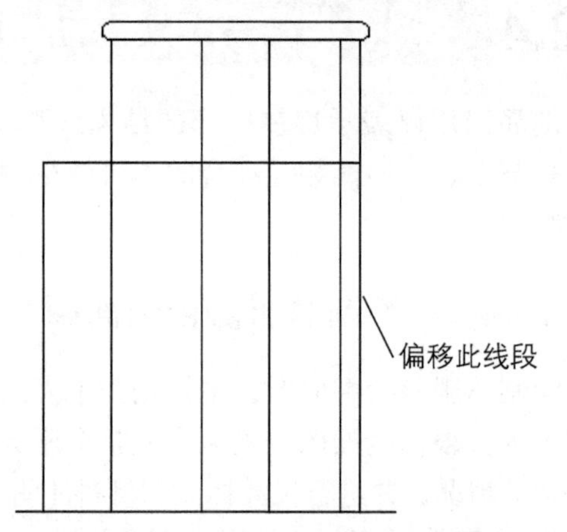


图12-220　偏移并复制线段

06 将地平线向上偏移120mm，如图12-221所示。

07 将服务台最上方线段再向下偏移177mm，如图12-222所示。

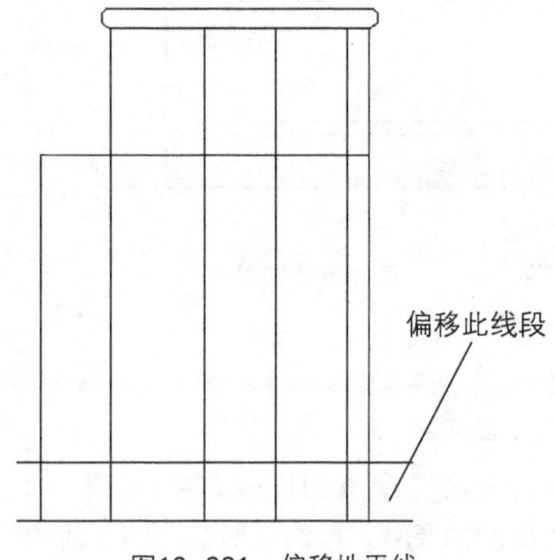


图12-221　偏移地平线

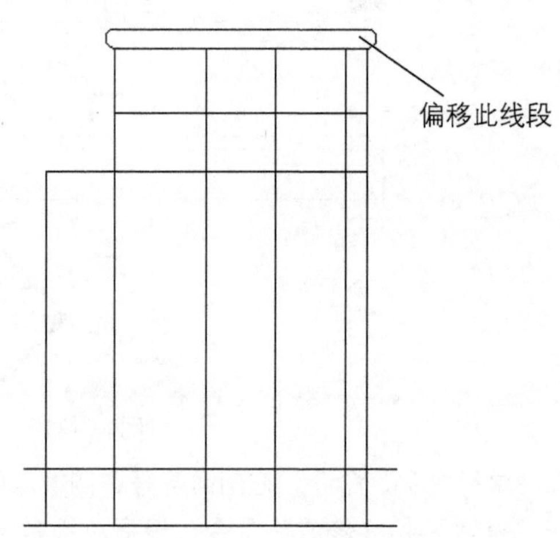


图12-222　偏移顶边线段

08 执行“修剪”命令，对偏移后的图形进行修剪，如图12-223所示。

09 执行“偏移”命令，将线段L向内偏移8mm，完成服务台前装饰玻璃的绘制，如图12-224所示。

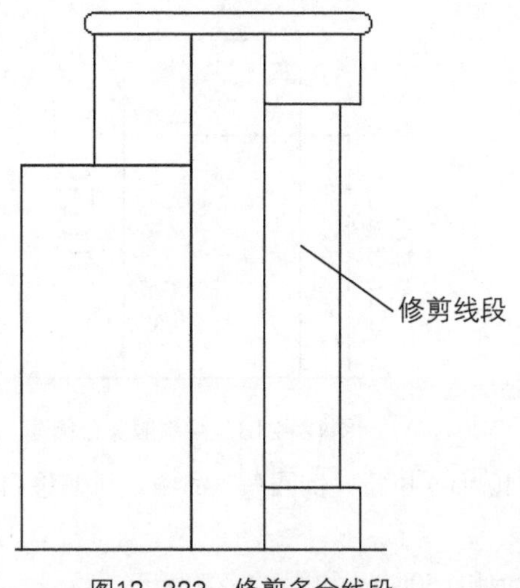


图12-223　修剪多余线段

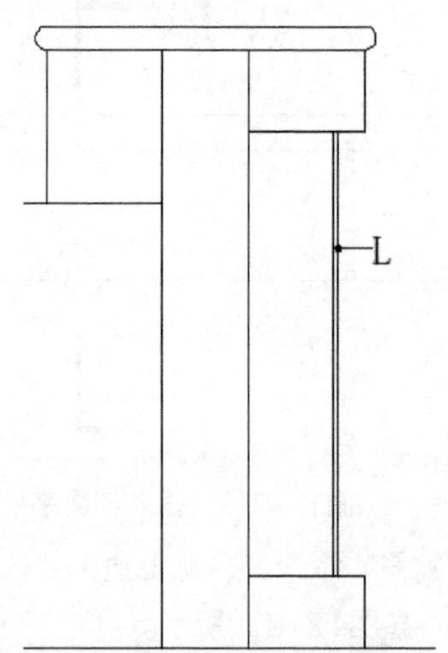


图12-224　偏移线段

⑩ 同样，将线段L向外偏移20mm，完成镂空窗格侧立面的绘制，如图12-225所示。

⑪ 执行“直线”、“偏移”和“修剪”命令，绘制服务台前装饰结构图，如图12-226所示。

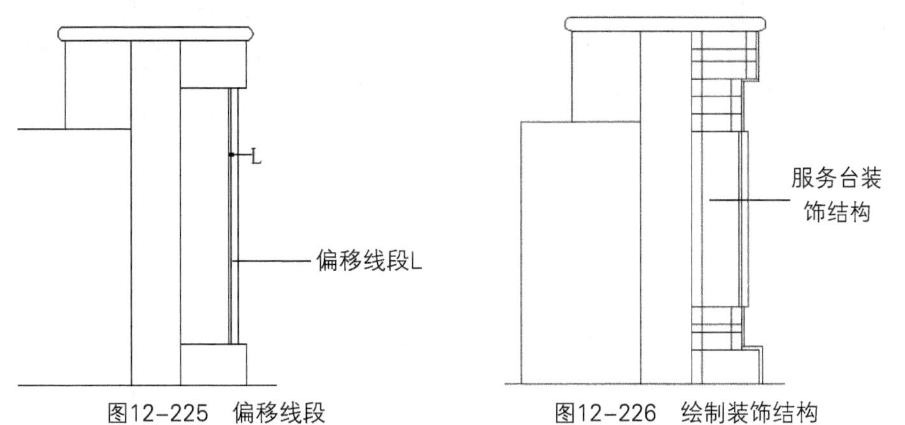


图12-225　偏移线段　　图12-226　绘制装饰结构

⑫ 执行“直线”命令，绘制木方，如图12-227所示。

⑬ 执行“插入”命令，将日光灯管图块插入至服务台内合适位置，如图12-228所示。

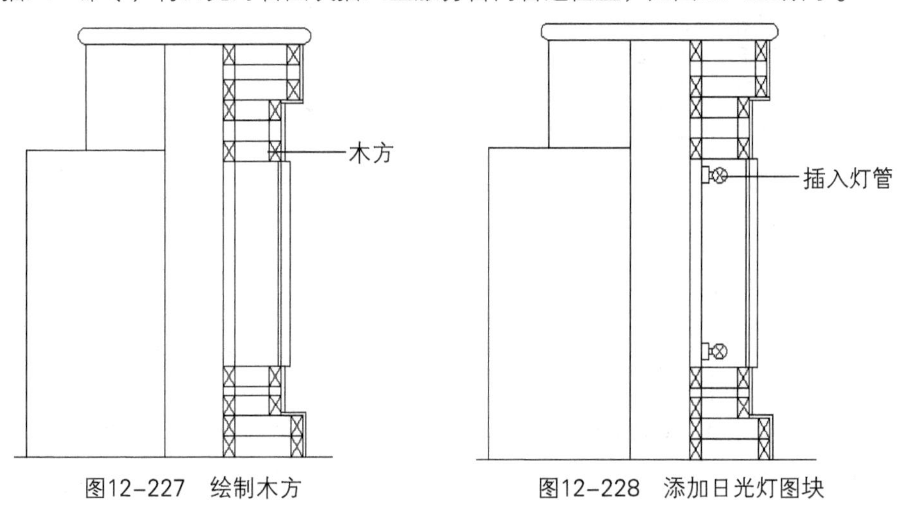


图12-227　绘制木方　　图12-228　添加日光灯图块

⑭ 执行“偏移”命令，将线段L1和线段L2向内偏移30mm，如图12-229所示。

⑮ 执行“偏移”命令，将线段L3向下偏移50mm。执行“直线”命令，绘制木方，如图12-230所示。

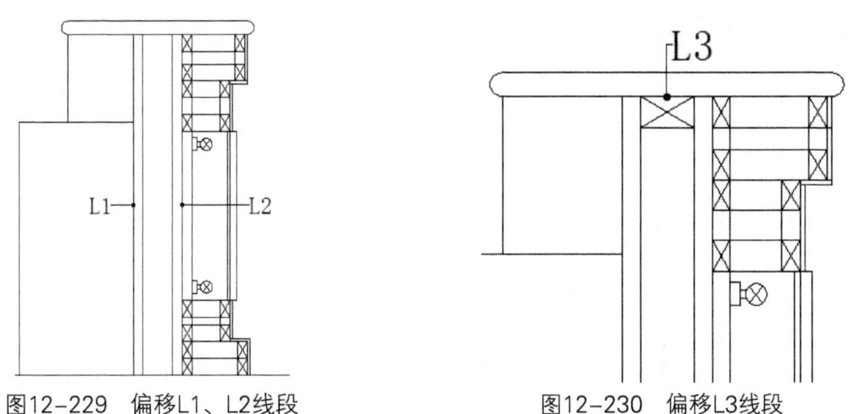


图12-229　偏移L1、L2线段　　图12-230　偏移L3线段

⑯ 执行“复制”命令，对木方进行复制，放置在图形合适位置，如图12-231所示。

⑰ 绘制柜体轮廓。执行“偏移”命令，将线段向下进行偏移，如图12-232所示。

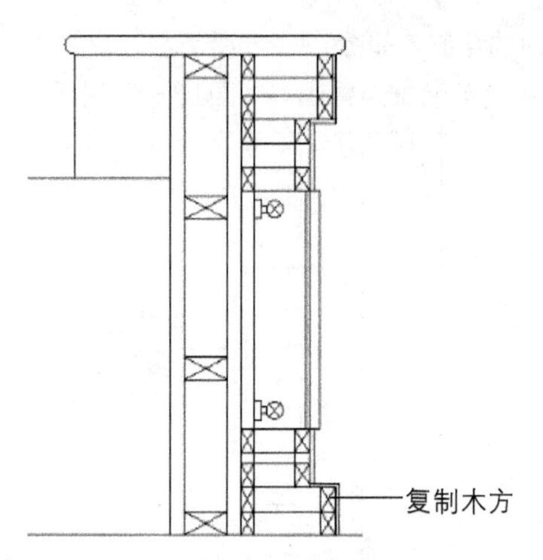

图12-231 复制木方

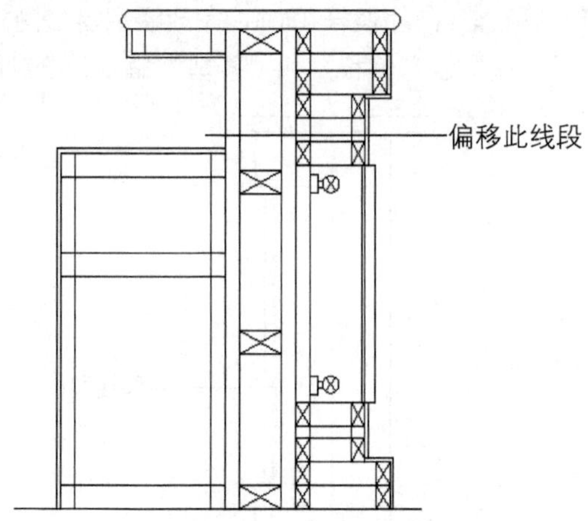


图12-232 偏移线段

⑱ 执行“直线”命令，绘制木方图块，如图12-233所示。

⑲ 执行“图案填充”命令，对服务台进行填充，如图12-234所示。

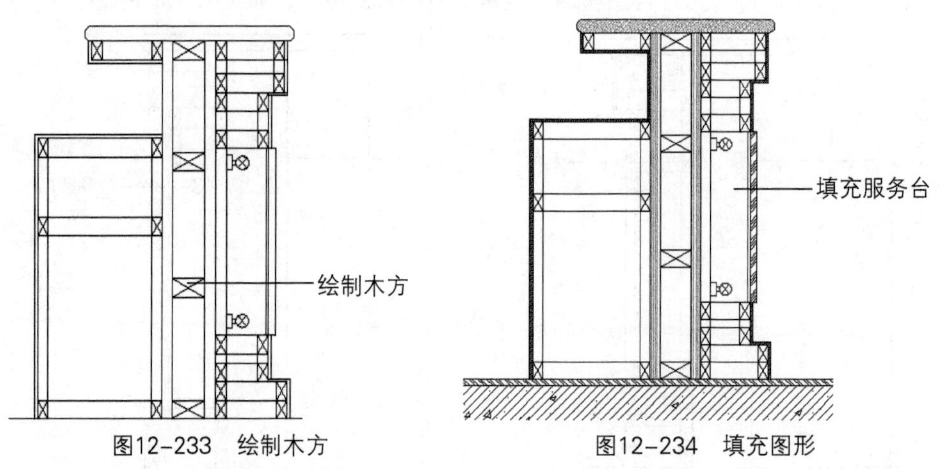


图12-233 绘制木方　　图12-234 填充图形

⑳ 执行“多重引线”命令，对剖面图进行材料标注，如图12-235所示。

㉑ 执行“线性标注”命令，对剖面图进行尺寸标注，如图12-236所示。至此，总服务台剖面图绘制完毕。

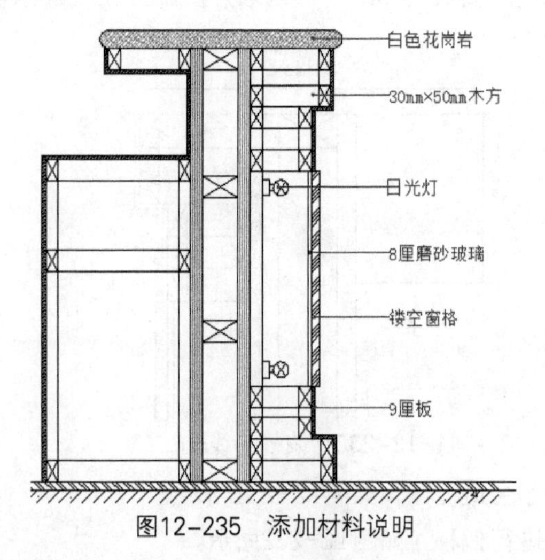


图12-235 添加材料说明

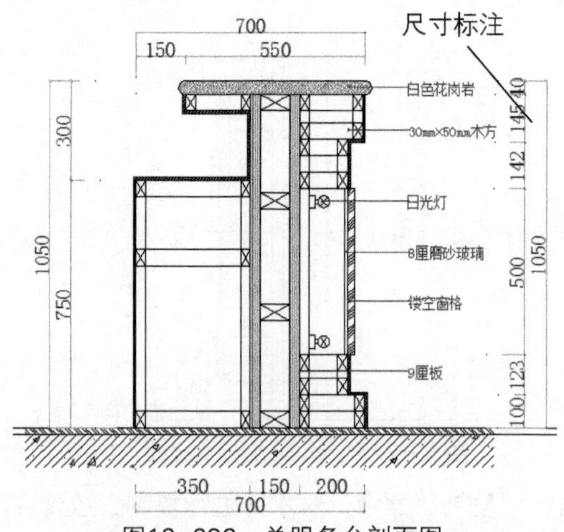


图12-236 总服务台剖面图

### 12.4.2 绘制洗手台盆剖面图

要想绘制好剖面图，如果不懂得对象的内部构造以及一些简单的施工工艺，是很难成功的。初学者在学习时，得多看看别人绘制的图纸，并要经常去施工现场了解对象的结构和安装工艺，才能绘制出合理的剖面图来。

01 打开“中餐厅卫生间立面图.dwg”文件，执行“多段线”命令，绘制出洗手池剖面符号，如图12-237所示。

02 执行“直线”命令，根据立面图台盆的尺寸，绘制出剖面轮廓，如图12-238所示。

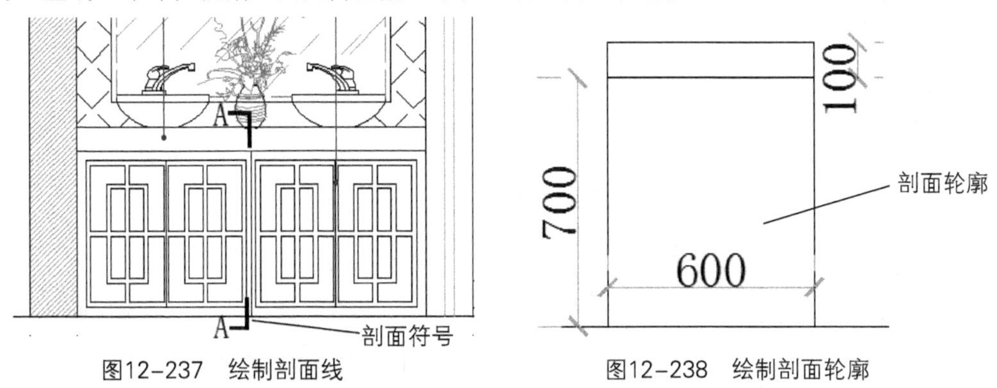


图12-237 绘制剖面线　　图12-238 绘制剖面轮廓

03 执行“偏移”命令，将台盆最上方的线段向下偏移20mm，如图12-239所示。

04 将台盆最右侧边线向内偏移20mm，再偏移20mm，如图12-240所示。

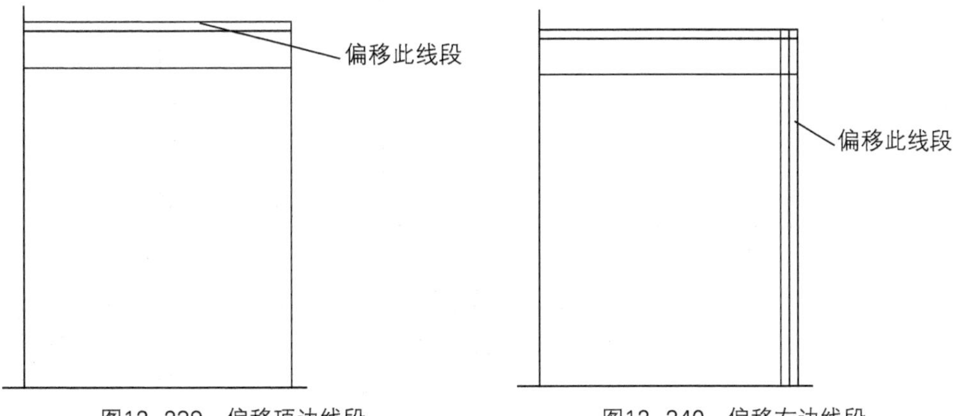


图12-239 偏移顶边线段　　图12-240 偏移右边线段

05 执行“修剪”命令修剪图形，如图12-241所示。

06 执行“圆角”命令，对洗脸台面进行倒圆角操作，如图12-242所示。

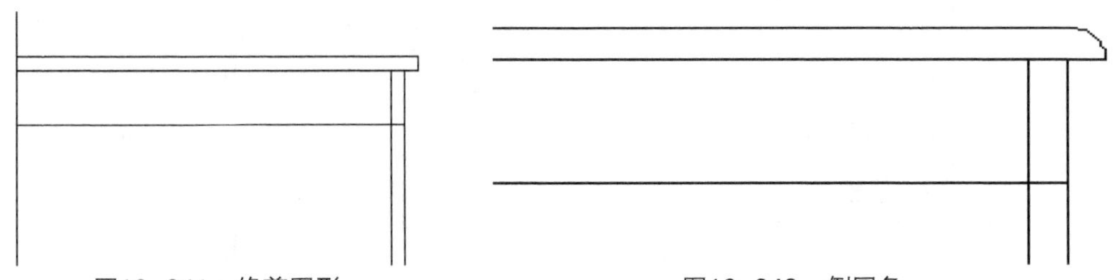

图12-241 修剪图形　　图12-242 倒圆角

07 执行“偏移”命令，将台盆最右侧边线向内偏移30mm，如图12-243所示。

08 将台盆左侧边线也向内偏移30mm，如图12-244所示。

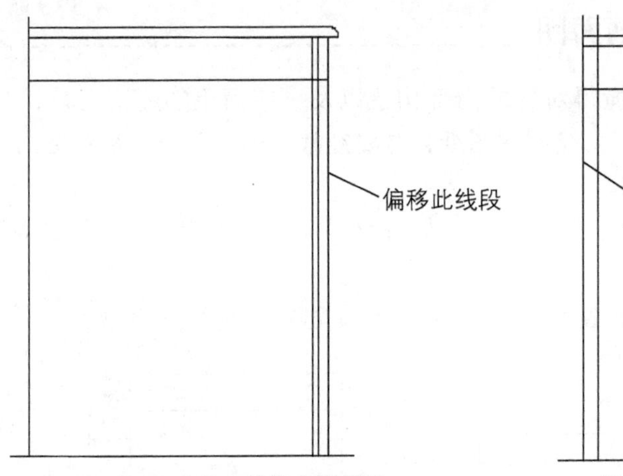


图12-243　偏移右侧线段

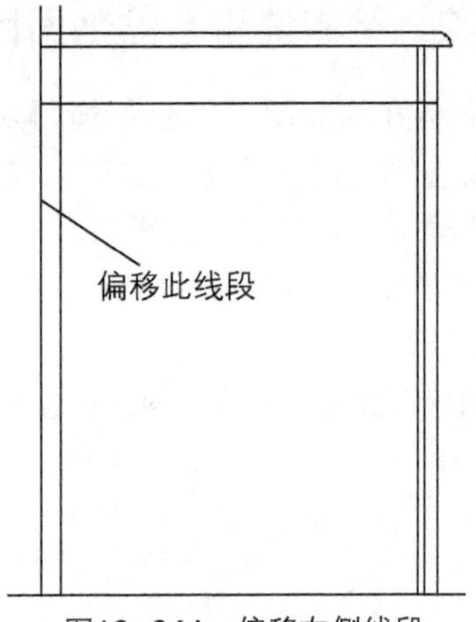


图12-244　偏移左侧线段

09 执行“偏移”和“修剪”命令，完成柜体轮廓的绘制，如图12-245所示。

10 执行“插入块”命令，将台盆图块插入图形中，如图12-246所示。

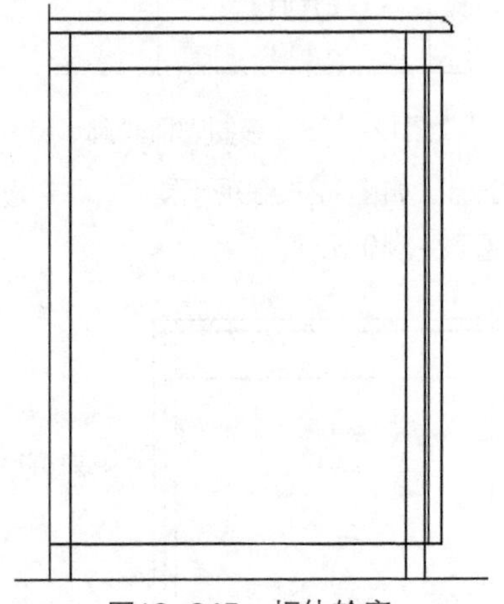

图12-245　柜体轮廓

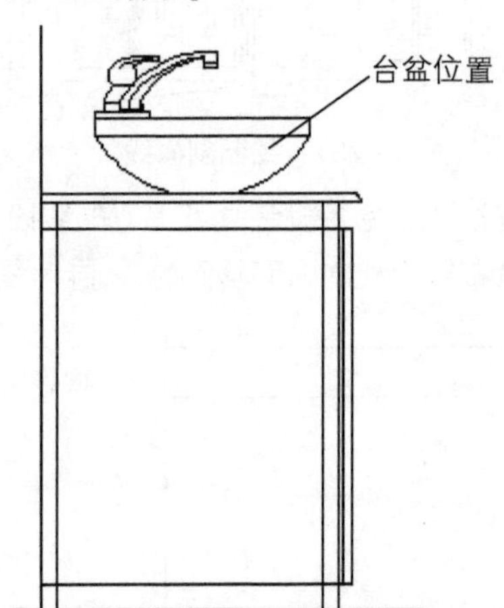


图12-246　插入台盆立面图块

11 执行“偏移”、“直线”和“修剪”命令，完成镜面后灯槽结构的绘制，如图12-247所示。

12 执行“直线”命令，绘制木方图形；执行“弧线”命令，绘制出下水管，如图12-248所示。

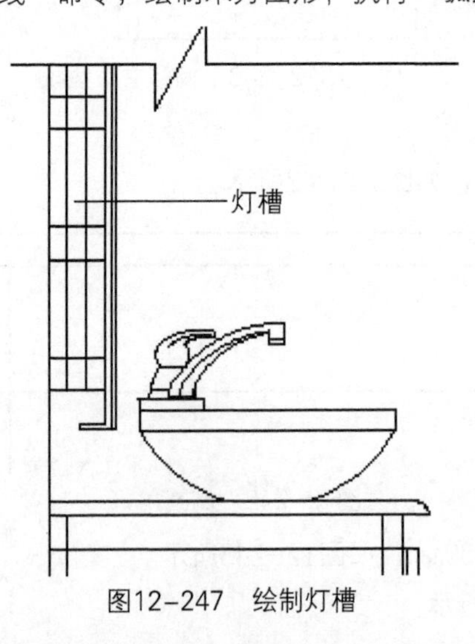


图12-247　绘制灯槽

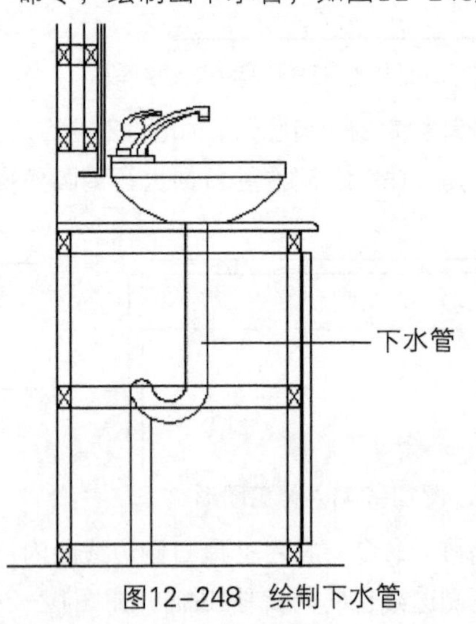


图12-248　绘制下水管

⑬ 将日光灯图块插入灯槽合适位置，执行“图案填充”命令对图形进行填充，如图12-249所示。

⑭ 执行“多重引线”和“线性”标注命令，对剖面图进行注释，如图12-250所示。至此完成洗手池台盆剖面图的绘制。

填充剖面图

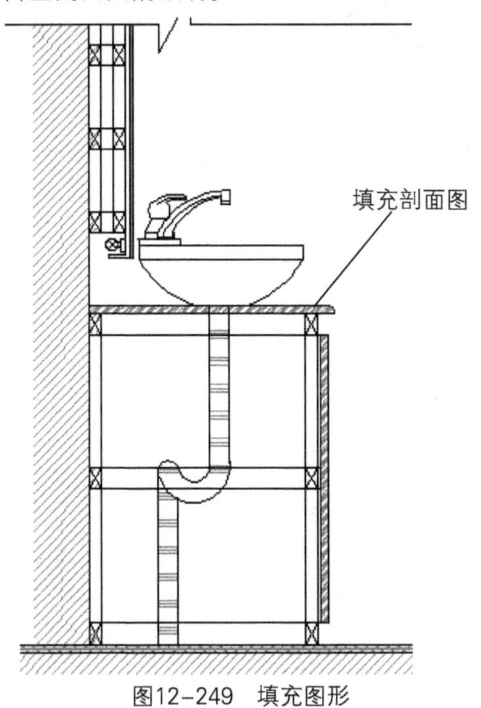

图12-249 填充图形

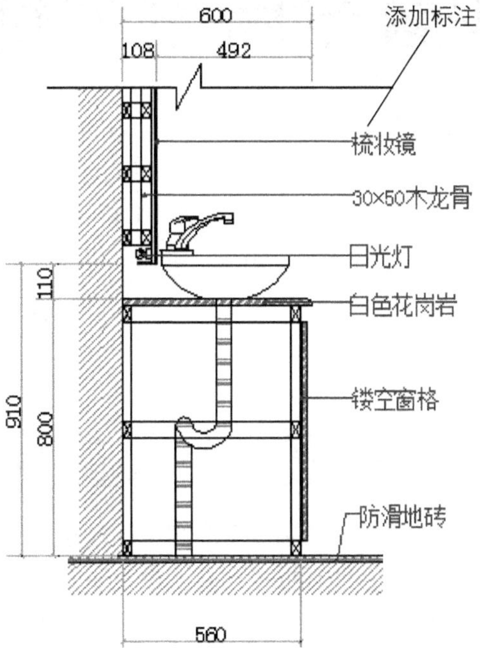

600
108
492
添加标注
梳妆镜
30×50木龙骨
日光灯
白色花岗岩
镂空窗格
防滑地砖
110
910
800
560

图12-250 洗手池台盆剖面图

# 第13章 美容会所室内空间设计

本章概述 随着经济的发展，生活水平的提高，各种类型的会所出现在大众面前。会所是以所在物业业主为主要服务对象的综合性高级康体娱乐服务设施。会所在装修设计时，风格的选择很重要，设计上的美感更重要。本案例将以常见的美容会所的空间设计为例展开介绍。

知识要点
- 会所设计的思想；
- 美容会所平面图的绘制方法；
- 美容会所立面图的绘制方法；
- 美容会所剖面图的绘制方法。

## 13.1 会所空间设计概述

会所这个概念来源于欧洲富人阶层，它是集休闲娱乐、商务聚会、文化交流、健身美容等内容为一体的具有特定消费对象、较为私密性的私人俱乐部。不是每个会所都要装修的富丽堂皇，若想打造一个有情调的会所，需要确定整个会所的基调，然后按照店面广告、店面设计、店面色彩三个方面的装修标准对会所进行设计。

### 13.1.1 会所设计的主题思想

会所在设计时应满足以下原则和要求：分区明确，布局合理，联系方便，互不干扰；合理、高效组织交通，人流、物流分开，互不干扰且又便捷；场地设计要因地制宜、集中紧凑、节约用地；充分考虑基地客观自然条件及人文景观，做到与周围环境相协调，与环境共生存。

**1. 准确的功能定位**

会所首先不应该成为目的，而应成为配套服务的结果。随着客户、业主的逐渐成熟与冷静，会所定位的准确性尤显重要，是否同客户群的需求相匹配才是成功的关键。

会所建筑面积常常与社区规模不匹配，太大或太小。其中大者有国外罕见的上万平方米的超大型会所，功能繁杂远远超出了会所应有的规模；小者功能单一，难以满足会所应起到的作用，如图13-1、13-2所示。

图13-1　会所大堂

图13-2　会所包厢

**2. 完善的功能设施**

空间的使用性质和功能要求由其中所容纳的人的行为活动决定，这种行为活动是发展变化的，于是会所建筑空间功能复杂多元，私人生活与公共空间交融，在同一空间内功能多样并存。功能的复杂性意味着它们之间联系的多样性，彼此之间并非完全独立，体现了空间的广泛适应性，最大限度地将人的行为活动融入其中，如图13-3、13-4所示。

图13-3　人际交往空间

图13-4　走廊

**3. 良好的自然环境**

人这个主体与建筑及周围环境这个客体有机结合，加入生态美学的观点，把人与自然、人与环境的关系作为一个生态系统和有机整体来研究。只有达到与自然环境的和谐共生才能真正达到健康、自然、和谐的人居观，如图13-5、13-6所示。

图13-5　良好的室外空间

图13-6　优美的环境

## 13.1.2　会所设计案例欣赏

会所的文化强调五感的塑造，如何让置身其中的客户或消费者能够在自然、轻松及舒适的环境下完全地将视觉、嗅觉、听觉、触觉和味觉舒展开来，同时直觉地感受到整个氛围所能带给他/她的愉悦感。下面介绍一些较常见的会所。

**1. SPA养生馆**

工程整体风格为欧式，每个房间风格和设计均不同，每次可以去不同的房间感受。SPA会所在装修的时候，各个细节都是要注意的，比如灯光的柔和程度，都关系着消费者的感受，要在细节之处彰显出SPA会所独特的魅力，如图13-7～13-9所示。

图13-7　养生馆休息区

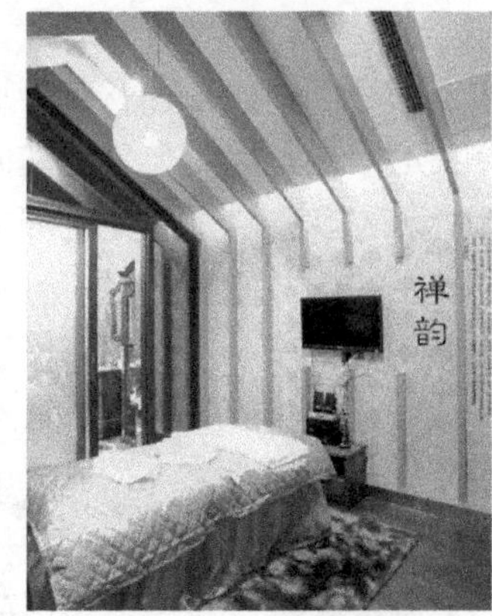


图13-8　中式房间

图13-9　欧式房间

**2. 商会**

以中国元素为主风格的商会。徽商会馆是集餐饮、客房、茶舍、宴会、戏楼等于一体的综合性会馆，如图13-10～13-12所示。

图13-10　接待区

图13-11　展示区

图13-12　走廊

**3. 私藏馆**

本案例从门头到内部均采用中式手法，用的是园林感较强的设计，如图13-13～13-15所示。

图13-13　接待区

图13-14　藏品展示

图13-15　休息区

# 13.2 绘制美容会所平面图

在室内设计制图中，平面图包括平面布置图、地面布置图、顶面图、电路布置图以及插座开关布置图等。下面将着重介绍美容会所平面图纸的绘制方法。

## 13.2.1 美容会所一层平面布置图

下面将绘制美容会所一层平面图，其具体操作过程如下。

01 执行“图层特性”命令，新建“轴线”图层，并设置好该图层的参数，如图13-16所示。

02 双击“轴线”图层，将其设为当前层，执行“直线”命令，绘制出一层平面墙体轴线，如图13-17所示。

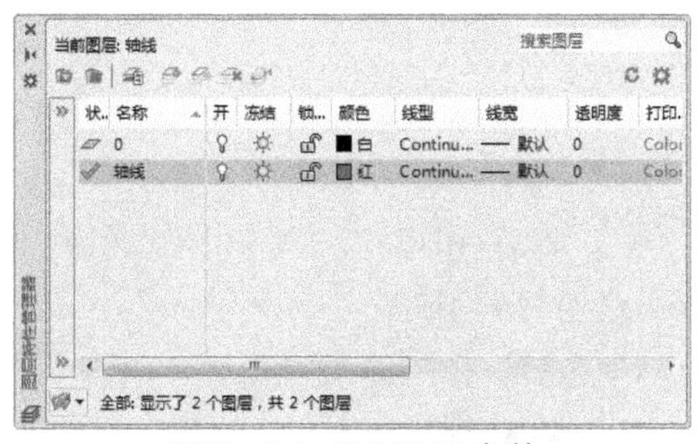


图13-16 设置图层参数

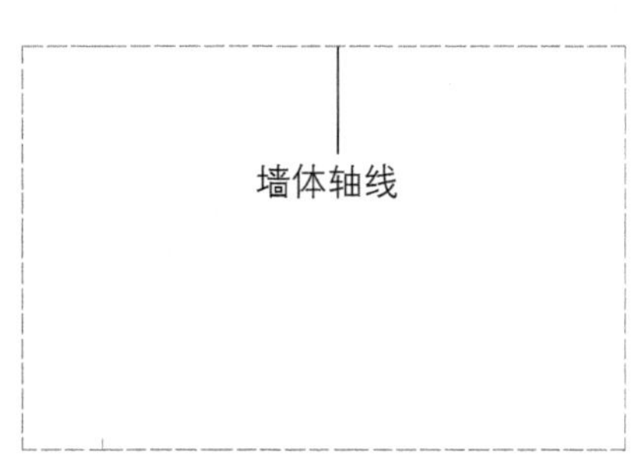


图13-17 一层墙体轴线

03 新建“墙体”图层，并设置好该图层参数，双击该层，将其设置为当前层，如图13-18所示。

04 执行“多线”命令，将多线宽度设置为200mm，其后，沿中轴线绘制一层平面墙体线，如图13-19所示。

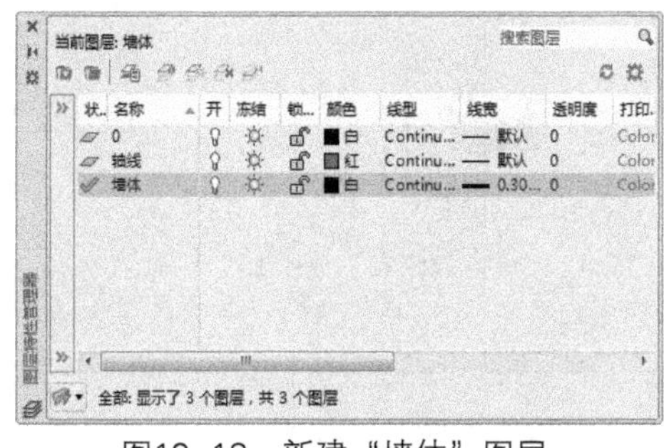


图13-18 新建“墙体”图层

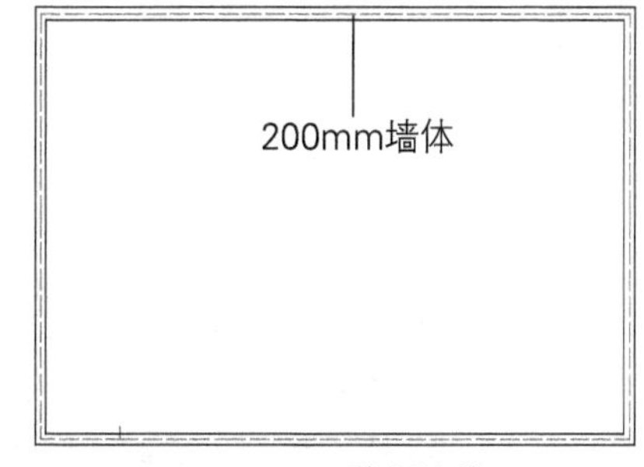


图13-19 绘制墙体

05 执行“矩形”和“图案填充”命令，绘制平面墙柱图形，如图13-20所示。

06 执行“直线”、“圆弧”和“偏移”命令，绘制内墙体线，如图13-21所示。

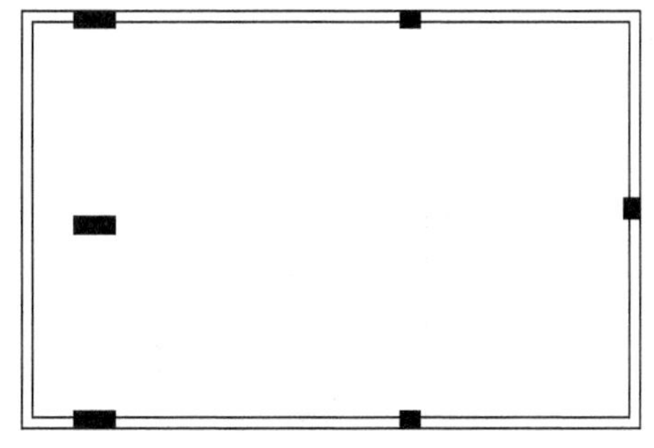

图13-20 绘制墙柱

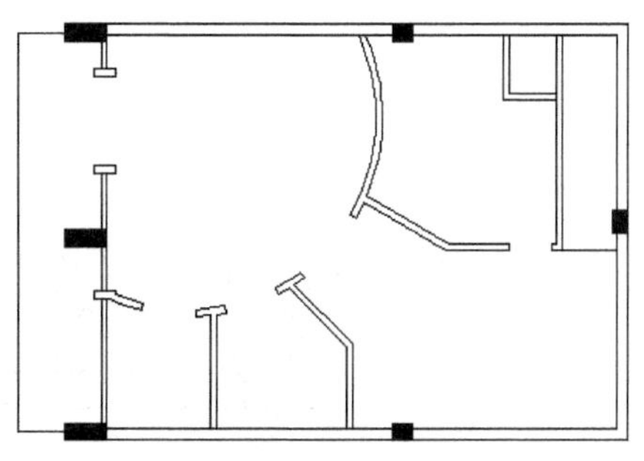

图13-21 绘制内墙

07 新建“门窗”图层，并设置其图层参数，双击该图层，将其设为当前层。执行“矩形”、“直线”命令，绘制出门窗图形，如图13-22所示。

08 执行“偏移”、“直线”命令，绘制门厅背景墙平面图，如图13-23所示。

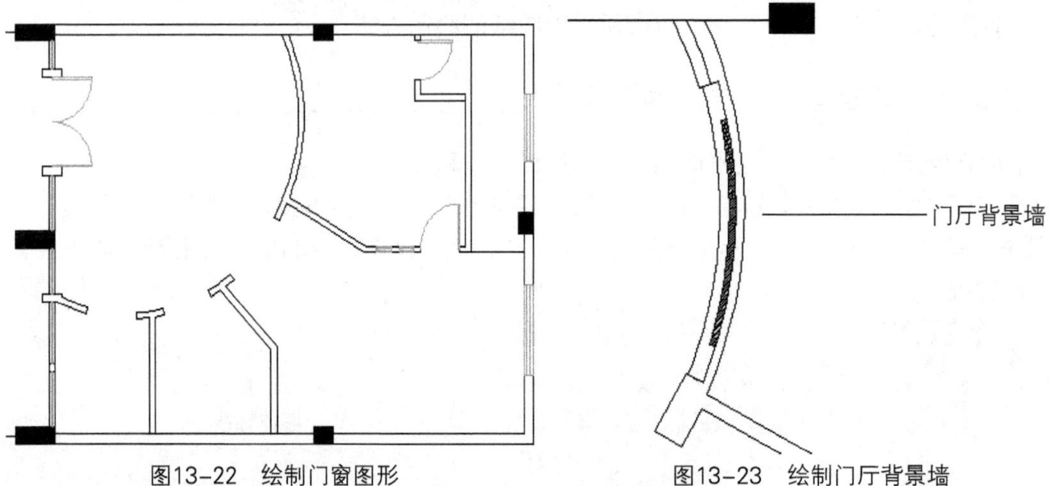


图13-22　绘制门窗图形　　图13-23　绘制门厅背景墙

09 执行“直线”命令，绘制出门厅产品展示柜图形，如图13-24所示。

10 执行“插入”命令，将前台及沙发图块插入门厅合适位置，如图13-25所示。

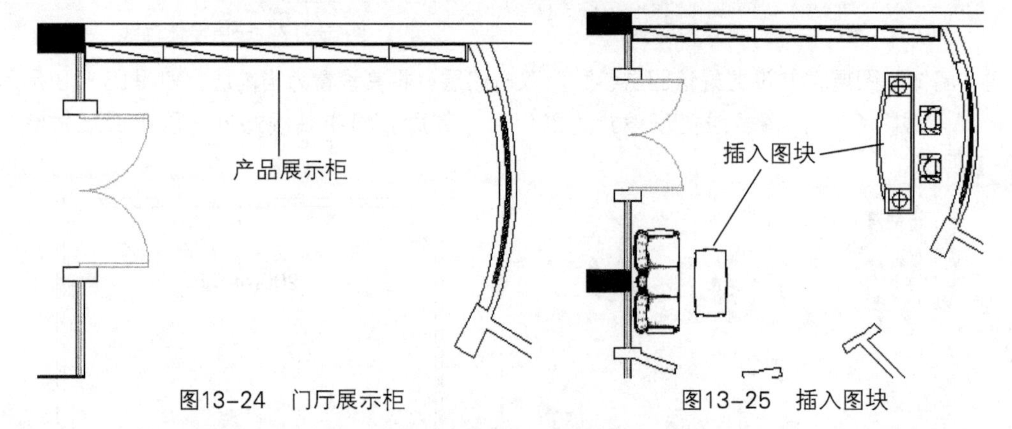


图13-24　门厅展示柜　　图13-25　插入图块

11 布置洽谈区。执行“插入块”命令，将沙发及茶几图块插入图形合适位置，如图13-26所示。

12 执行“弧线”和“偏移”命令，绘制过道水景台阶图形，如图13-27所示。

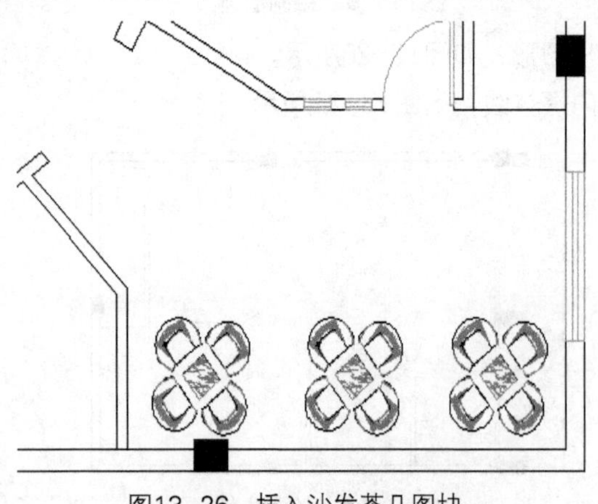

图13-26　插入沙发茶几图块

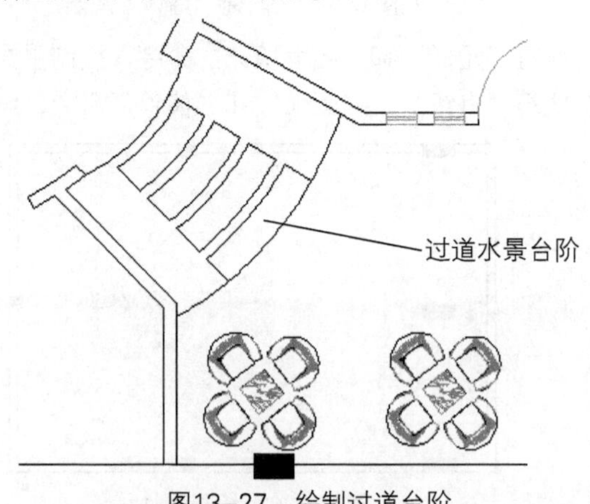


图13-27　绘制过道台阶

⑬ 执行“样条曲线”命令，绘制几个大小不等的鹅卵石图形，并将其放置示意流水的图形中；执行“图案填充”命令，对流水区域进行填充，如图13-28所示。

⑭ 执行“直线”和“矩形”命令，绘制隔断造型，如图13-29所示。

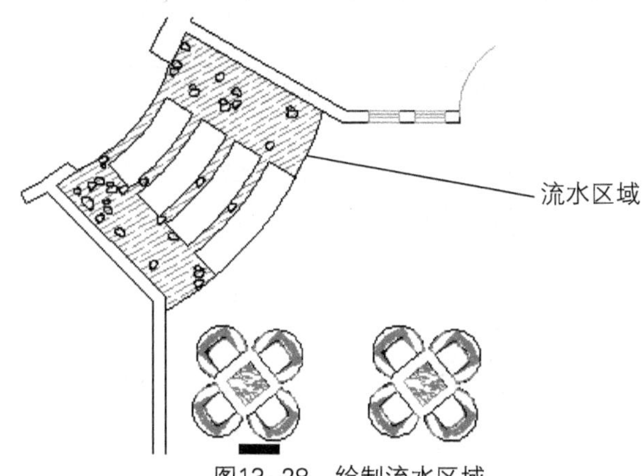


图13-28 绘制流水区域

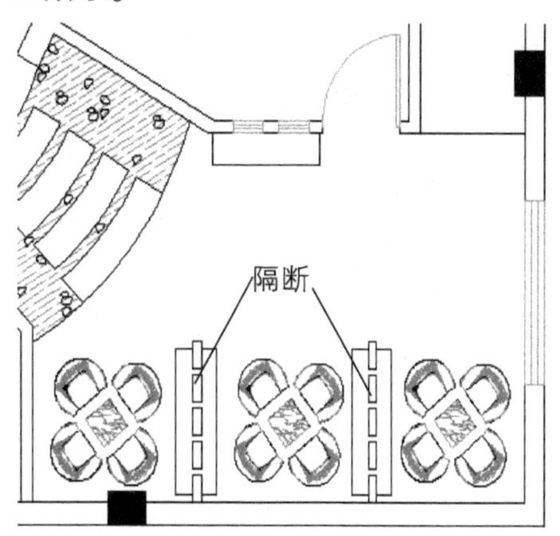


图13-29 绘制隔断造型

⑮ 执行“插入块”命令，将植物图块插入隔断适当位置，如图13-30所示。

⑯ 布置咨询室。执行“插入块”命令，将办公桌图块插入图形合适位置，如图13-31所示。

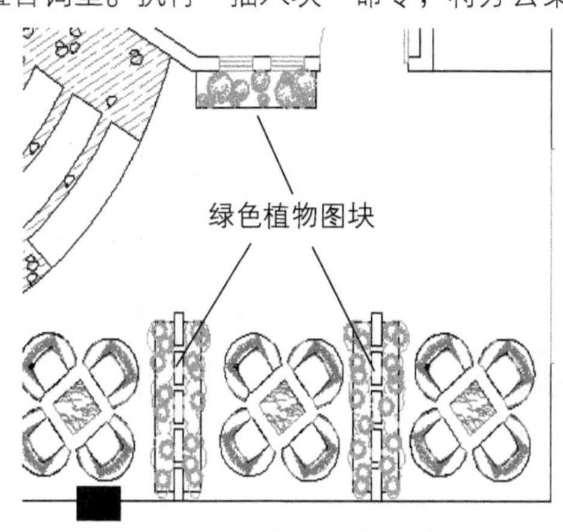


图13-30 插入植物图块

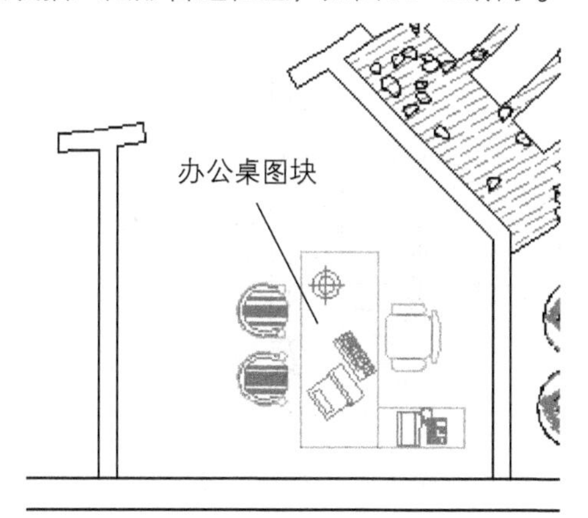


图13-31 插入办公家具

⑰ 执行“偏移”和“直线”命令，绘制办公室储物柜，如图13-32所示。

⑱ 布置彩妆室。执行“插入块”命令，将梳妆台图块插入彩妆室合适位置，如图13-33所示。

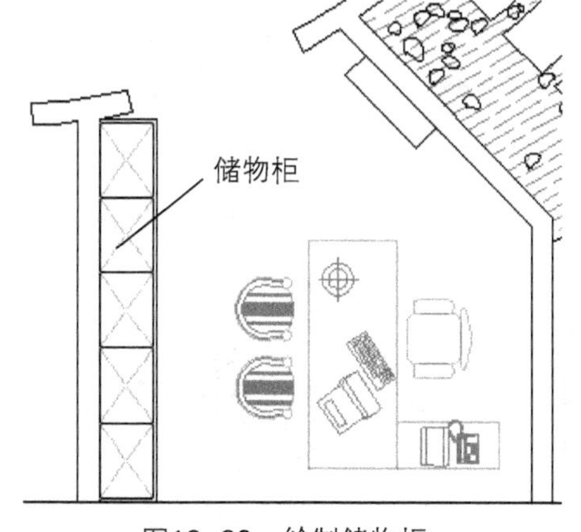


图13-32 绘制储物柜

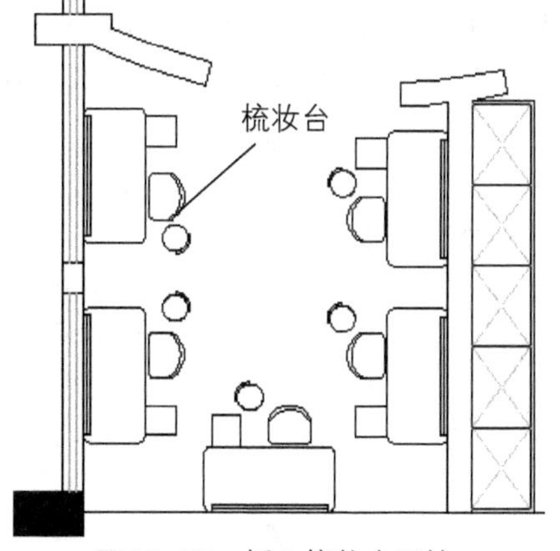


图13-33 插入梳妆台图块

⑲ 布置员工休息室。执行“插入块”命令，将休闲桌、衣柜等图块插入图形合适位置，如图13-34所示。

⑳ 继续执行“插入块”命令，将洗脸盆和蹲便器图块插入至休息室、洗手间的合适位置，如图13-35所示。

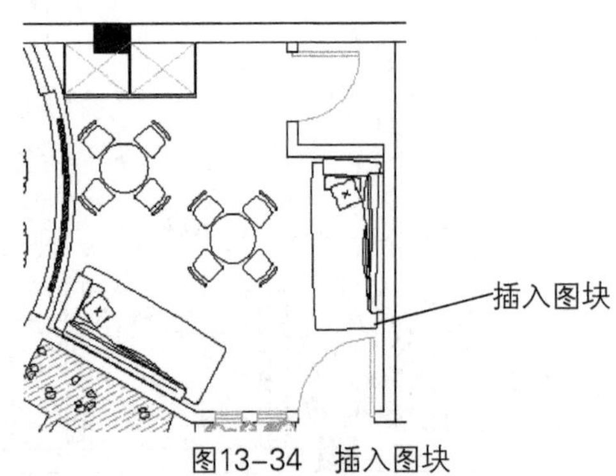


图13-34　插入图块　　图13-35　插入洗脸盆及蹲便器图块

㉑ 执行“偏移”命令，完成楼梯的绘制；执行“文字注释”命令，标注上楼标注，如图13-36所示。

㉒ 执行“单行文字”命令，对平面图添加文字注释；执行“线性标注”命令，对平面布置图进行尺寸标注，如图13-37所示。

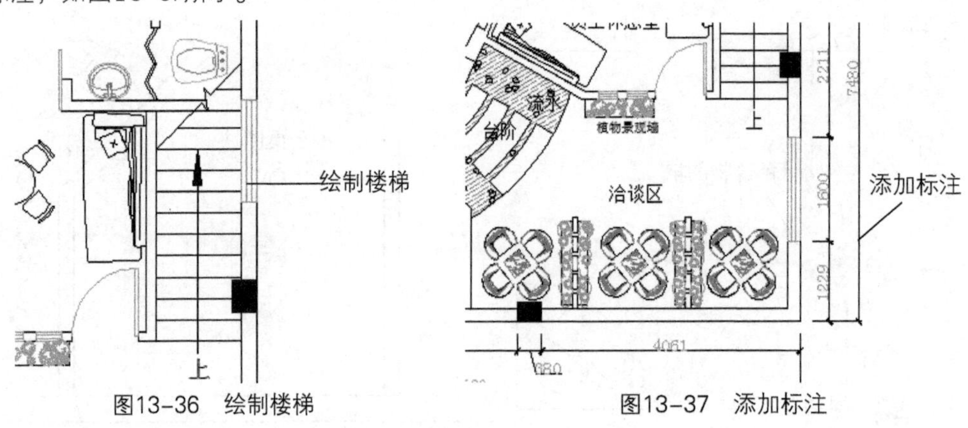


图13-36　绘制楼梯　　图13-37　添加标注

## 13.2.2　美容会所一层地面布置图

下面将绘制一层地面布置图，其具体操作过程如下。

01 复制一层平面图，删除所有家具图块以及文字标注，如图13-38所示。

02 执行“直线”、“弧线”命令，绘制门厅地面花砖轮廓线，如图13-39所示。

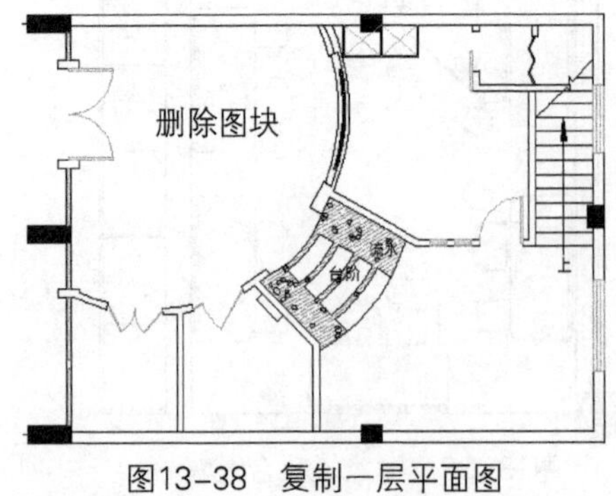


图13-38　复制一层平面图

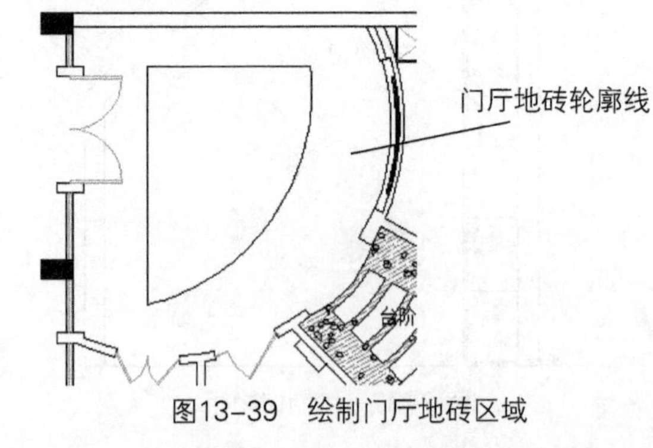


图13-39　绘制门厅地砖区域

03 执行“偏移”、“修剪”命令，将花砖轮廓线向外偏移100mm，然后修剪多余线段，如图13-40所示。

04 执行“直线”命令，绘制洽谈区地面铺贴线，如图13-41所示。

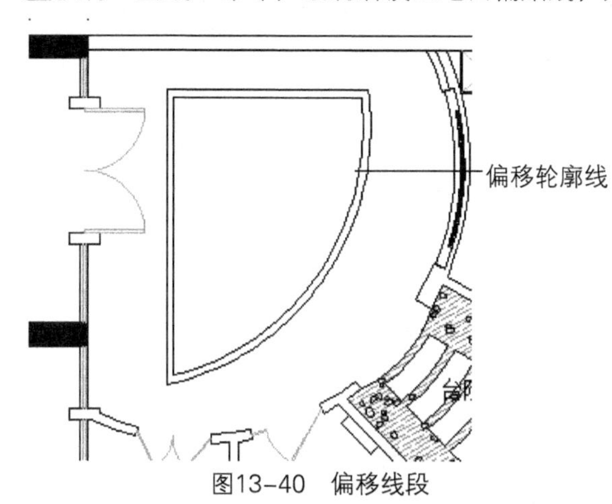

图13-40　偏移线段

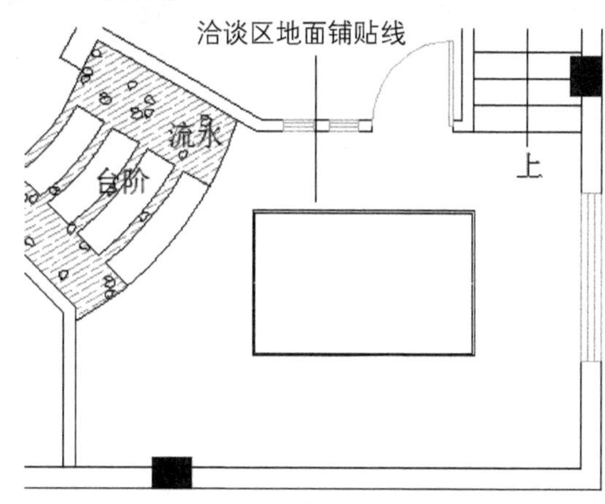

图13-41　绘制洽谈区地面

05 执行“偏移”和“修剪”命令，完成钢化磨砂玻璃的绘制，如图13-42所示。

06 执行“单行文字”命令，对各空间地面材质进行注释，如图13-43所示。

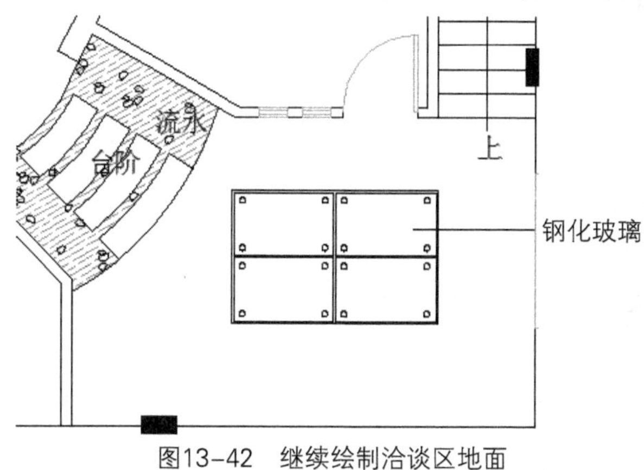

图13-42　继续绘制洽谈区地面

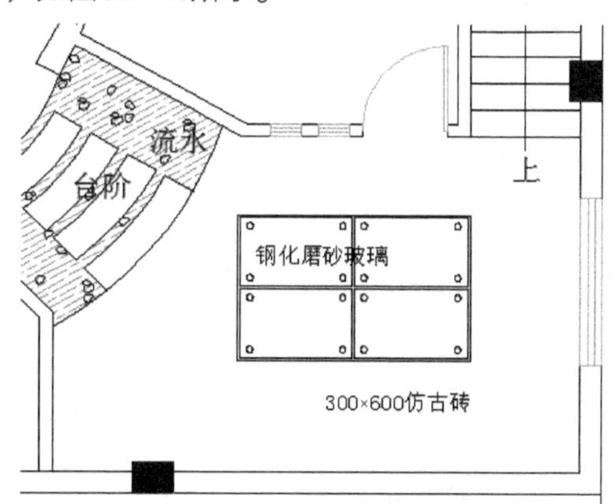

图13-43　添加材质说明

07 执行“图案填充”命令，对门厅地面进行填充，如图13-44所示。

08 按照同样的操作方法，执行“图案填充”命令，完成一层地面布置图的绘制，如图13-45所示。

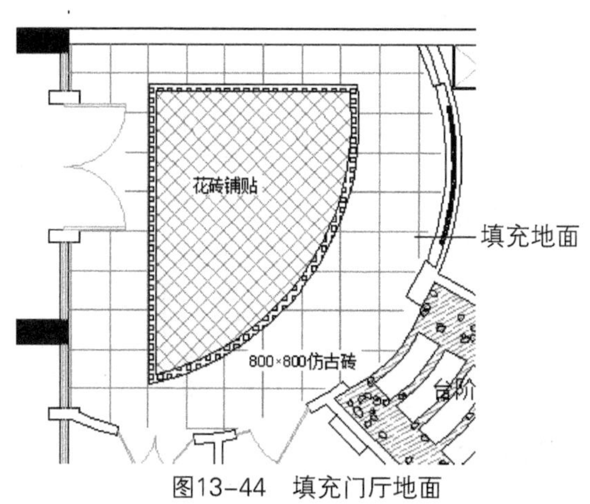

图13-44　填充门厅地面

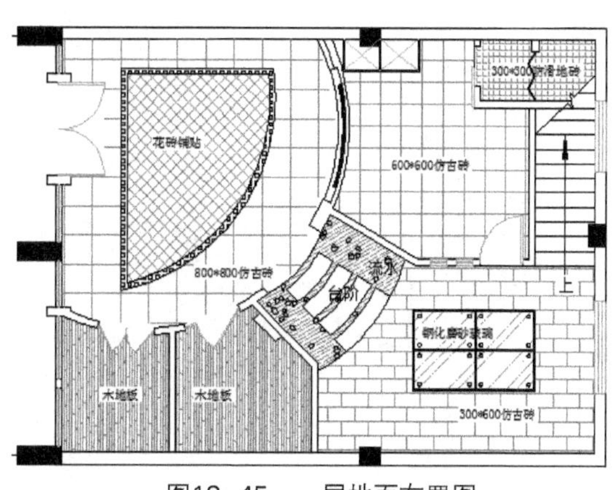

图13-45　一层地面布置图

### 13.2.3 美容会所一层顶面布置图

下面将绘制一层顶面布置图，其操作过程如下。

01 执行“复制”命令，复制地面布置图；执行“直线”命令，对各空间进行封闭，如图13-46所示。

02 执行“圆”和“偏移”命令，绘制门厅吊顶造型线，如图13-47所示。

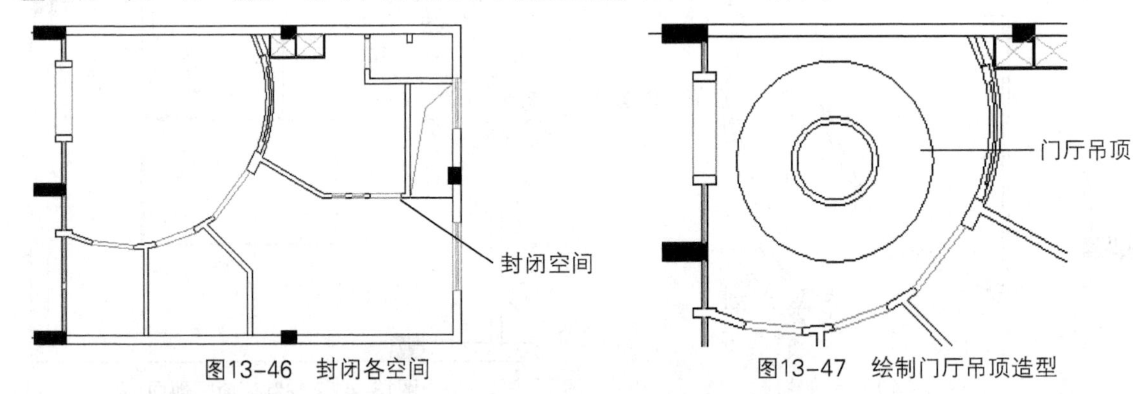


图13-46 封闭各空间　　图13-47 绘制门厅吊顶造型

03 执行“直线”、“偏移”命令，绘制圆半径，并对其进行修剪，然后偏移半径线段，如图13-48所示。

04 执行“环形阵列”命令，将刚绘制的圆半径进行环形阵列，如图13-49所示。

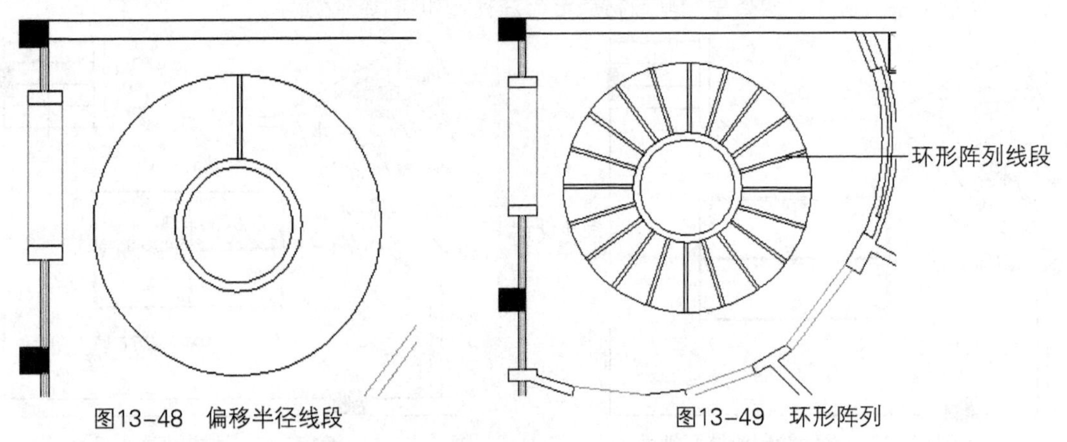


图13-48 偏移半径线段　　图13-49 环形阵列

05 执行“插入”命令，将灯具图块插入顶面合适位置，如图13-50所示。

06 执行“矩形”命令，绘制彩妆室顶面造型线；执行“插入”命令，将灯具图块插入其中，如图13-51所示。

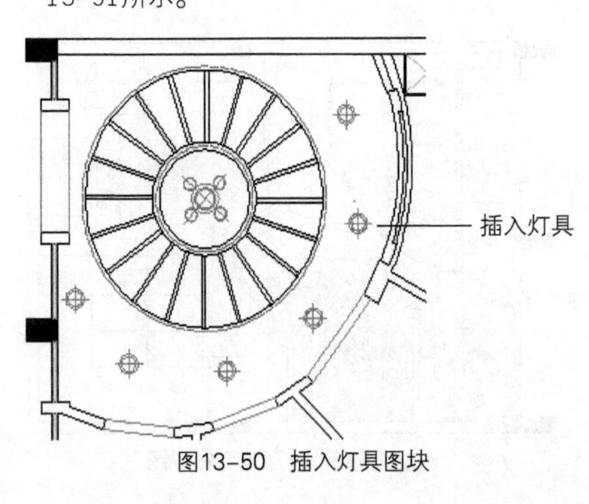


图13-50 插入灯具图块

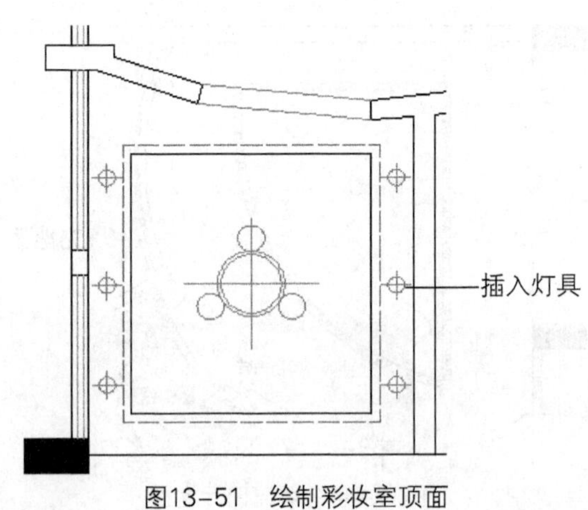


图13-51 绘制彩妆室顶面

07 执行“偏移”和“插入”命令，绘制咨询室的吊顶造型，如图13-52所示。

08 执行“圆”、“直线”、“偏移”命令，绘制洽谈区的吊顶造型，如图13-53所示。

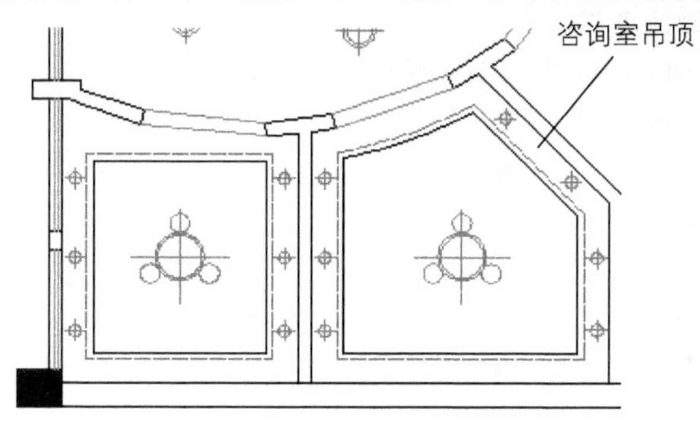


图13-52 绘制咨询室吊顶

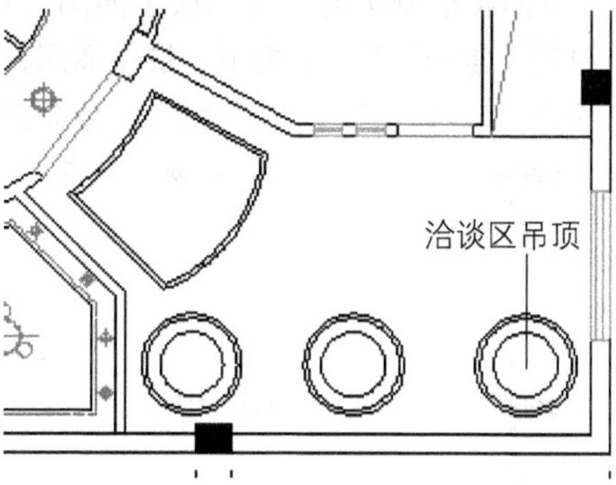

洽谈区吊顶

图13-53 洽谈区吊顶

09 执行“插入”命令，将灯具图块插入洽谈区吊顶的合适位置，如图13-54所示。

10 执行“插入”命令，将灯具图块插入员工休息室吊顶上方，如图13-55所示。

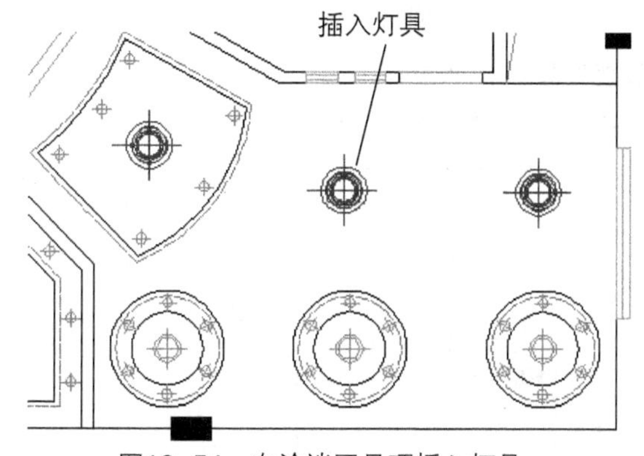


图13-54 向洽谈区吊顶插入灯具

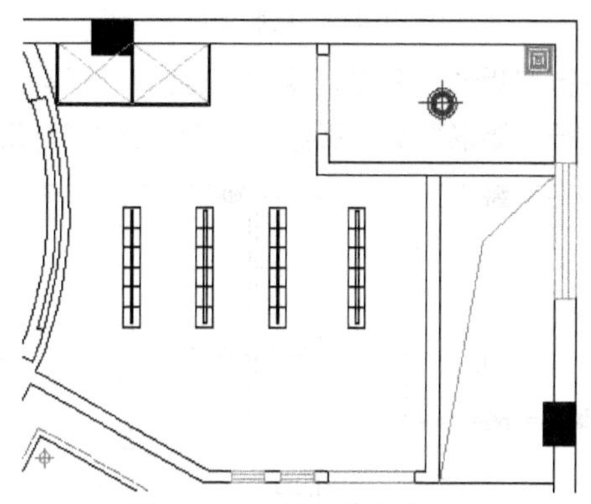

图13-55 员工休息室吊顶

11 执行“图案填充”命令，对一层顶面进行填充，如图13-56所示。

12 执行“多重引线”命令，对顶面图进行文字标注。将标高图块放置在图形合适位置并修改其参数，如图13-57所示。至此，美容会所一层顶面布置图绘制完成。

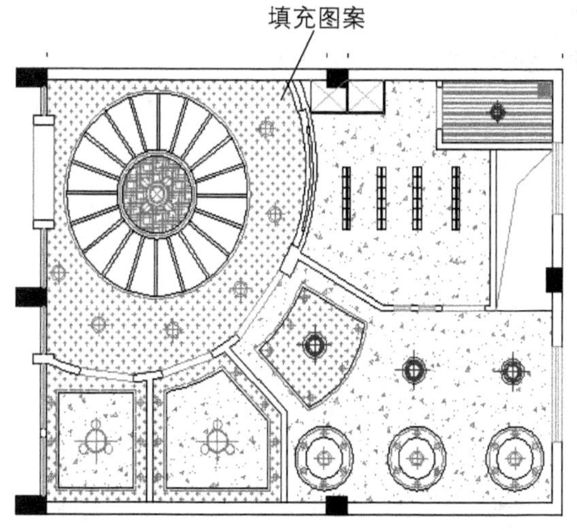


图13-56 填充吊顶

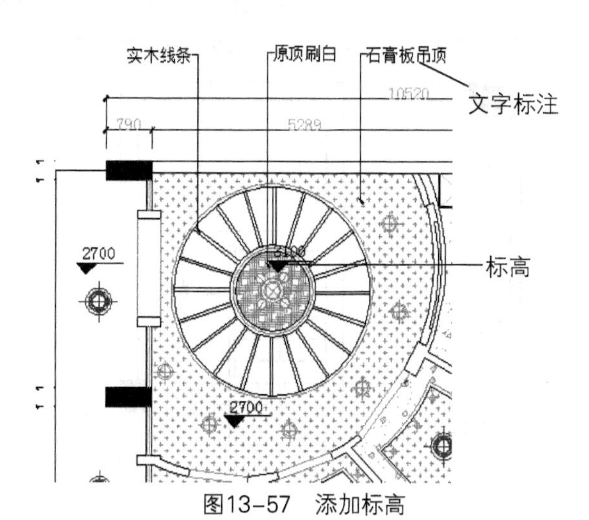


图13-57 添加标高

### 13.2.4 美容会所二层平面布置图

下面将绘制美容会所二层平面图，具体操作过程如下。

01 执行“复制”命令，复制一层平面图，删除所有图块及标注，如图13-58所示。

02 执行“直线”和“修剪”命令，绘制出二层内墙体线，如图13-59所示。

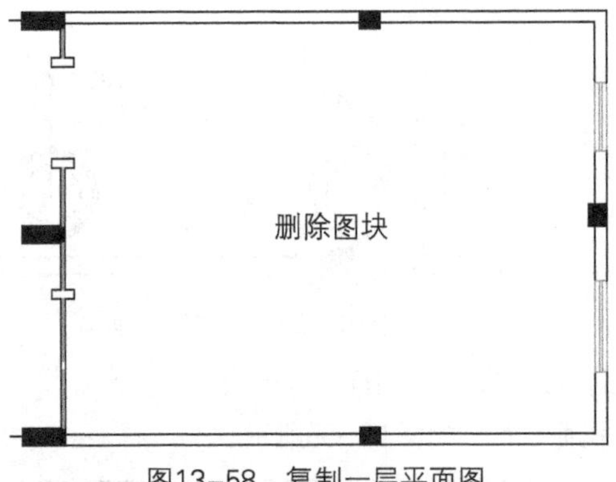


图13-58 复制一层平面图

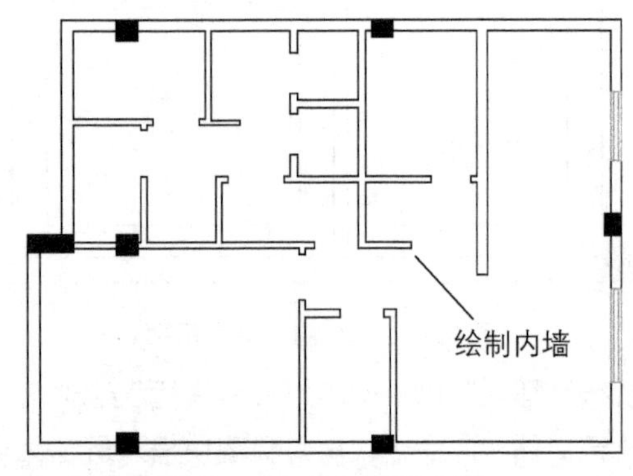


图13-59 绘制二层内墙

03 执行“矩形”命令，绘制二层窗户图形，并放置在墙体合适位置，如图13-60所示。

04 执行“矩形”和“弧线”命令，绘制门图形，并将其放置在图形合适位置，如图13-61所示。

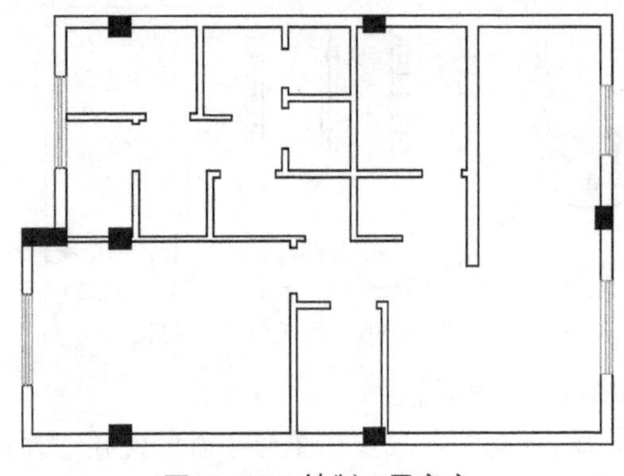

图13-60 绘制二层窗户

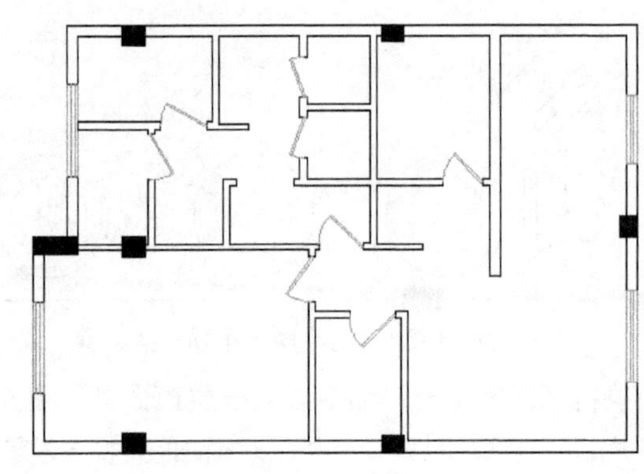

图13-61 绘制门

05 执行“直线”和“偏移”命令，完成二层楼梯的绘制，如图13-62所示。

06 执行“插入”命令，插入沙发等图块，完成休闲区空间的绘制，如图13-63所示。

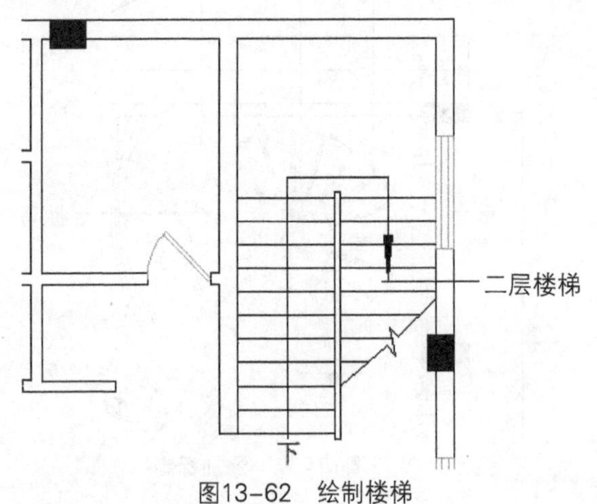


图13-62 绘制楼梯

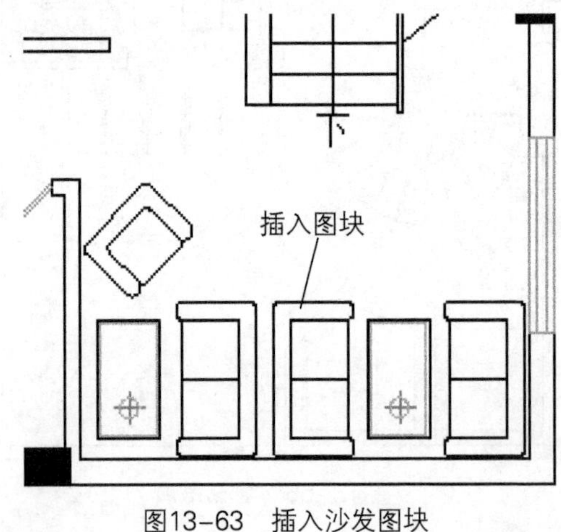


图13-63 插入沙发图块

07 执行“直线”、“偏移”命令，绘制二层所有储物柜，如图13-64所示。

08 执行“插入”命令，将洁具图块插入至图形合适位置，如图13-65所示。

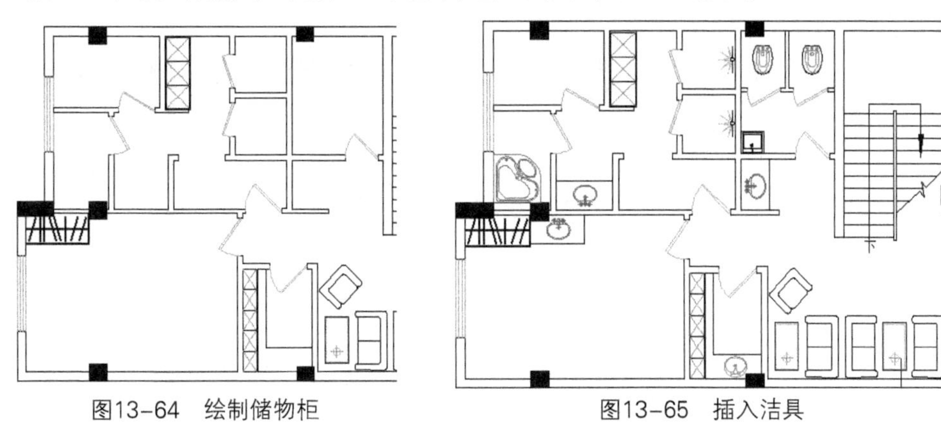

图13-64　绘制储物柜　　图13-65　插入洁具

09 执行“椭圆”命令，绘制沐浴木桶图形，并放置在图形的合适位置，如图13-66所示。

10 添加文字注释，执行“线性”标注命令，对平面图进行尺寸标注，如图13-67所示。至此，美容会所二层平面布置图绘制完成。

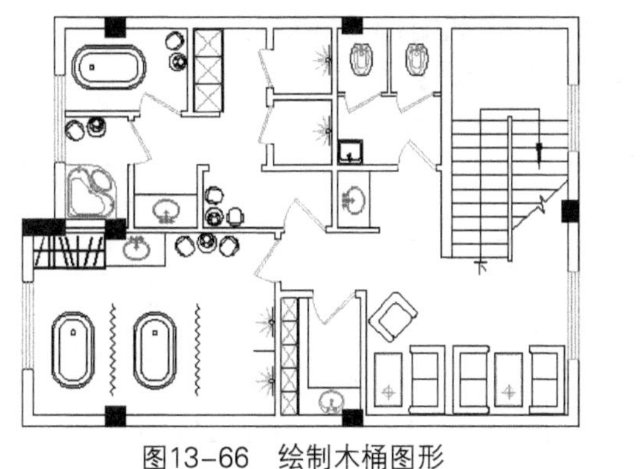

图13-66　绘制木桶图形

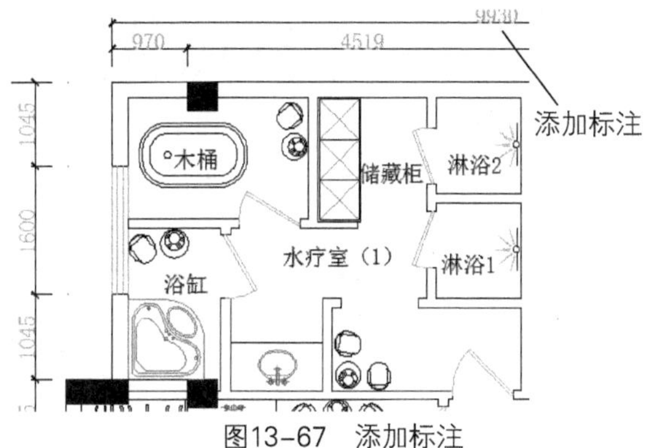


图13-67　添加标注

## 13.2.5 美容会所二层地面布置图

下面将绘制美容会所二层地面布置图，具体操作过程如下。

01 执行“复制”命令，复制二层平面图；执行“直线”命令，封闭所有空间区域，如图13-68所示。

02 执行“单行文字”命令，对二层地面材质进行注释，如图13-69所示。

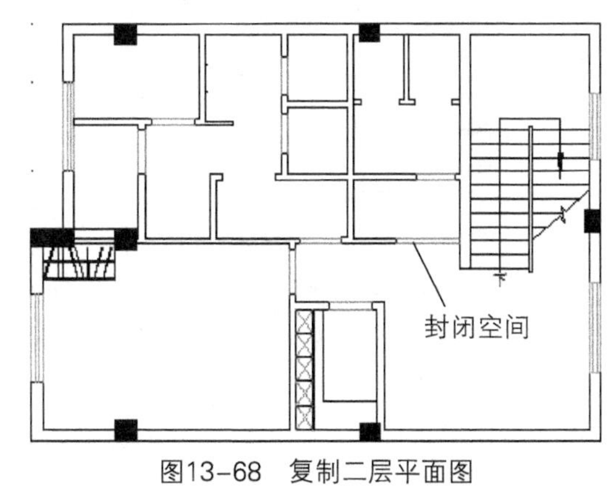


图13-68　复制二层平面图

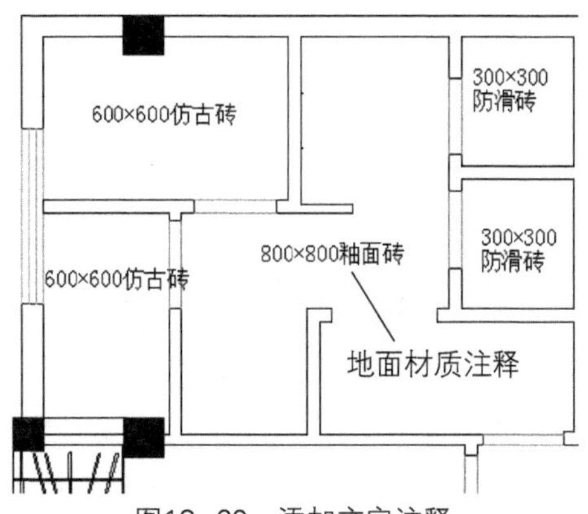


图13-69　添加文字注释

03 执行“图案填充”命令，对休闲区地面进行填充，如图13-70所示。

04 按照同样的操作方法，对二层其余地面进行填充，如图13-71所示。至此，美容会所二层地面布置图绘制完成。

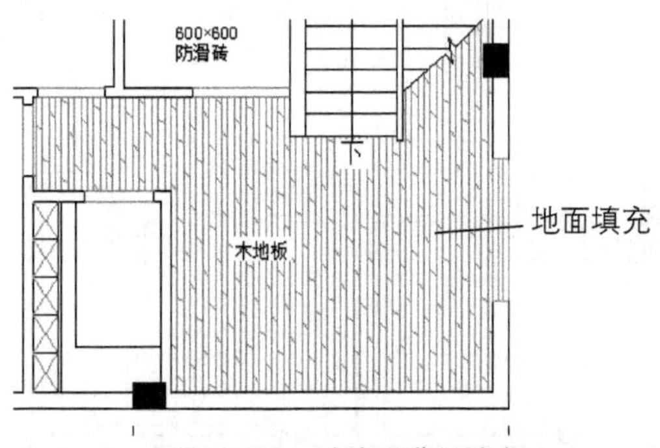


图13-70 对地面进行填充

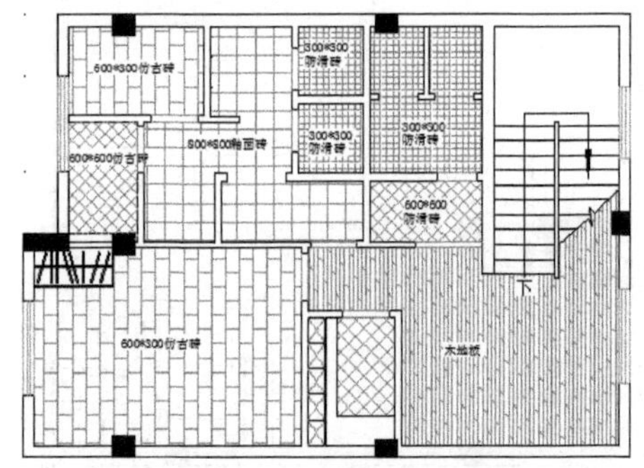


图13-71 完成地面填充

## 13.2.6 美容会所二层顶面布置图

下面将绘制美容会所二层顶面图，具体操作过程如下。

01 执行“复制”命令，复制二层地面布置图，删除填充图案，如图13-72所示。

02 执行“直线”和“偏移”命令，绘制出休息区顶面造型图，如图13-73所示。

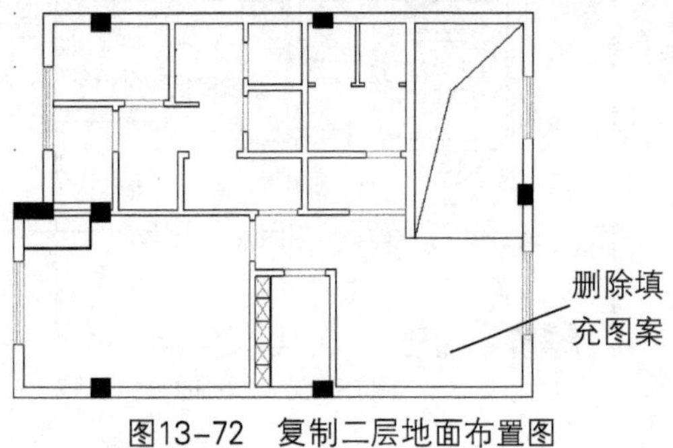


图13-72 复制二层地面布置图

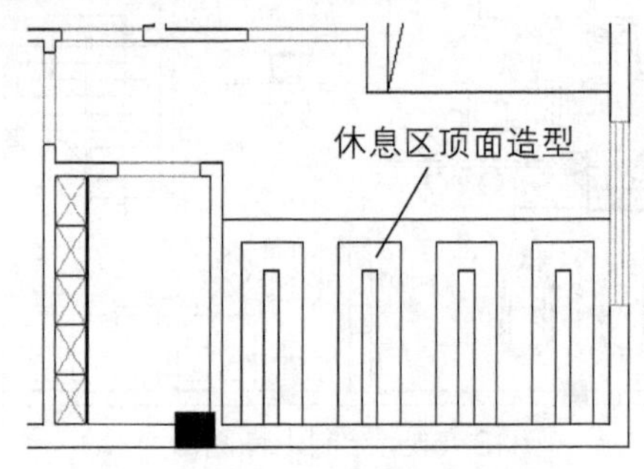


图13-73 绘制休息区吊顶

03 绘制水疗室顶面造型图。执行“矩形”、“偏移”命令，绘制水疗室顶部造型轮廓线，如图13-74所示。

04 执行“插入”命令，将灯具图块插入至图形合适位置，如图13-75所示。

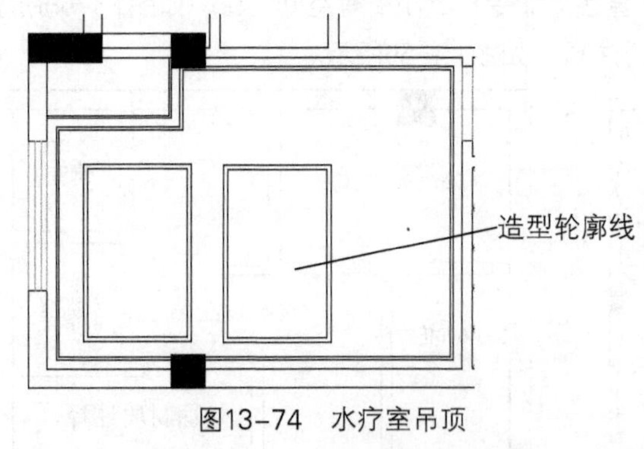


图13-74 水疗室吊顶

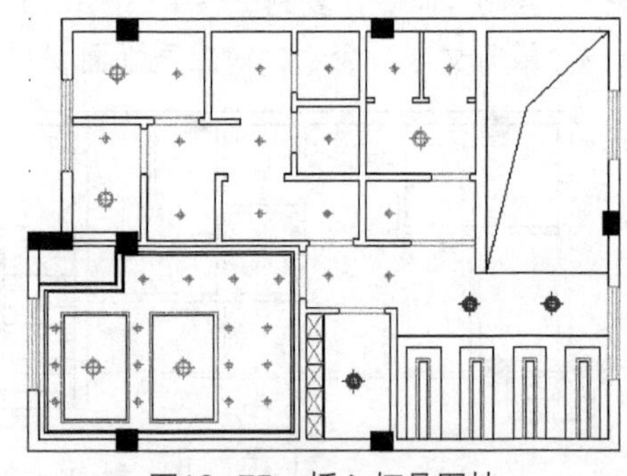

图13-75 插入灯具图块

05 执行“图案填充”命令，对顶面图进行填充，如图13-76所示。

06 将标高图块插入顶面布置图，并修改其标高值；执行“引线标注”命令，对顶面图进行材料注释，如图13-77所示。至此，美容会所二层顶面布置图绘制完成。

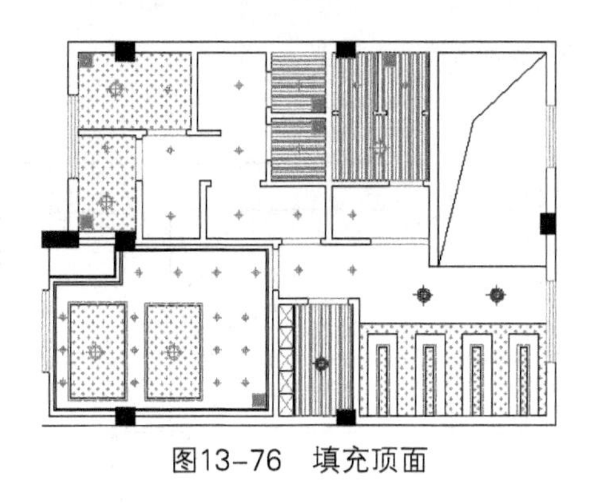
图13-76　填充顶面

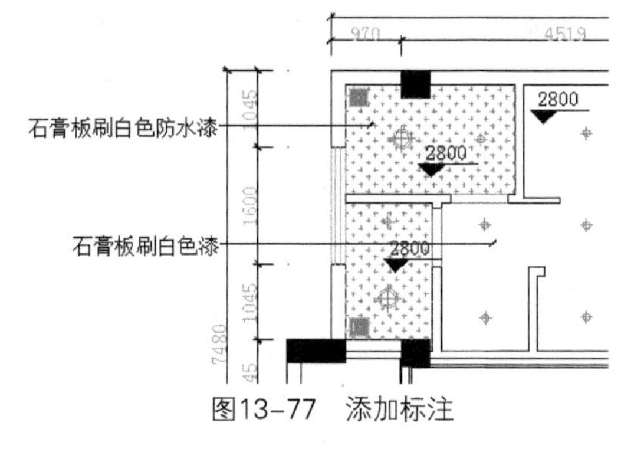

图13-77　添加标注

## 13.3 美容会所各主要立面图

下面将绘制美容会所立面图，包括一层门厅A立面图、一层洽谈区B立面图、二层休闲室B立面图、二层水疗室C立面图等。

### 13.3.1　一层门厅A立面图

绘制一层门厅服务台立面图的具体操作过程如下。

01 执行“复制”命令，复制一层服务台平面图；执行“直线”命令，绘制出其立面区域，如图13-78所示。

02 执行“直线”命令，沿着平面图各装饰墙体线，绘制出立面装饰墙体区域，如图13-79所示。

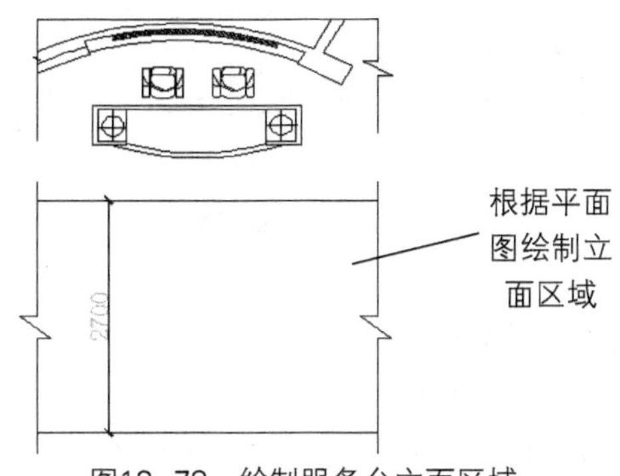

图13-78　绘制服务台立面区域

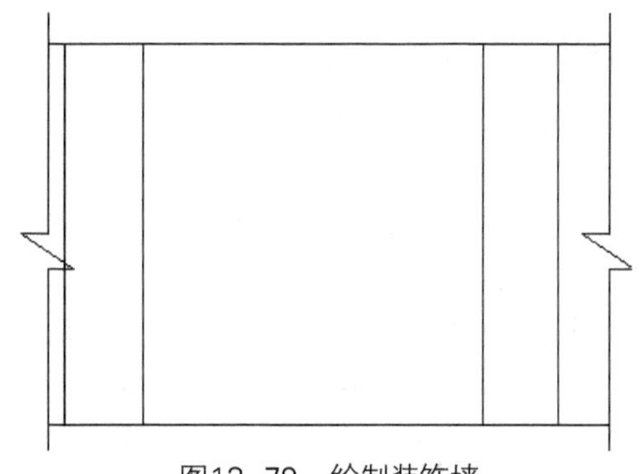
图13-79　绘制装饰墙

03 执行“偏移”命令，将地平线向上进行偏移，如图13-80所示。

04 执行“修剪”命令，对偏移后的图形进行修剪，如图13-81所示。

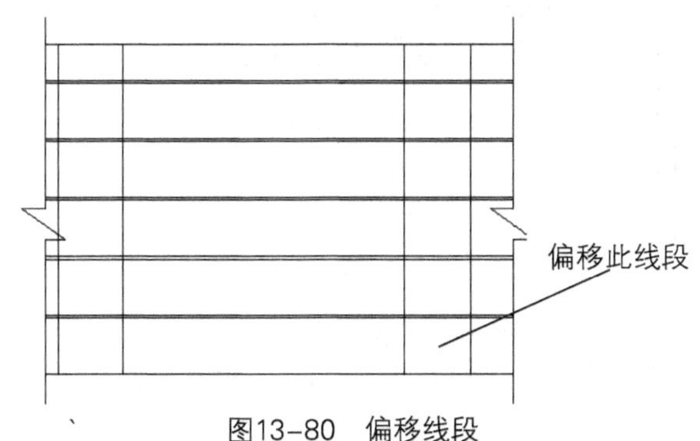

图13-80　偏移线段

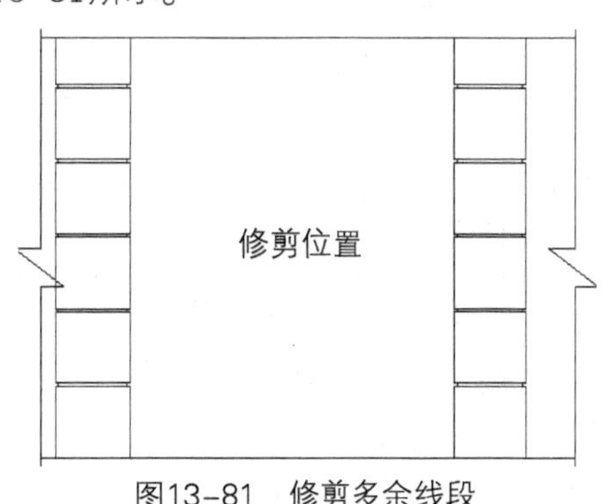

图13-81　修剪多余线段

05 执行“矩形”命令，绘制门厅装饰墙轮廓线，如图13-82所示。

06 执行“偏移”、“直线”命令，绘制服务台轮廓线，如图13-83所示。

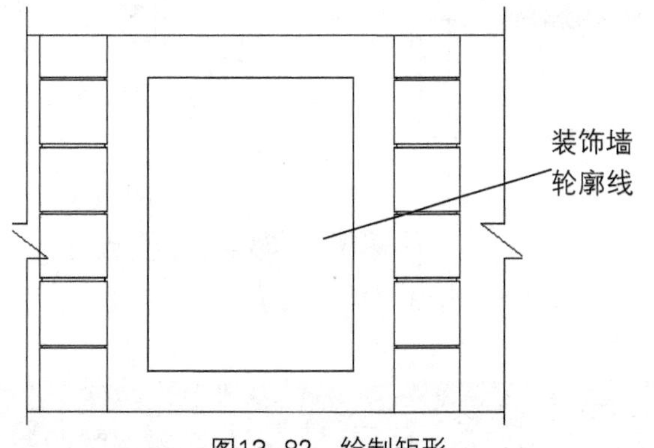


图13-82 绘制矩形

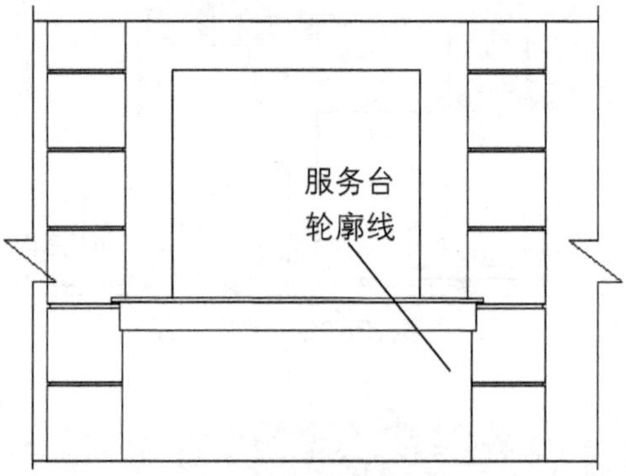

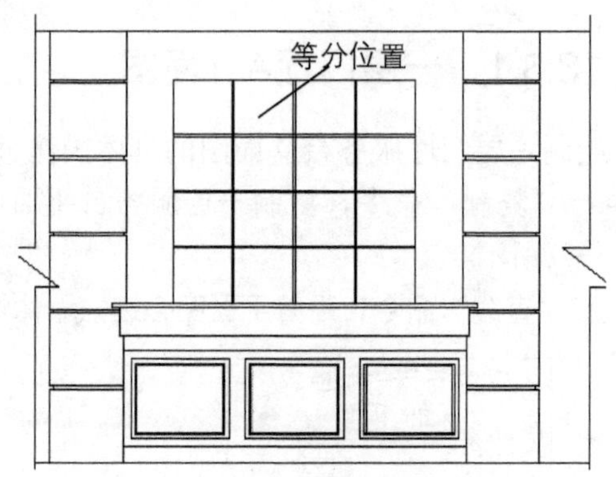


图13-83 绘制服务台

07 执行“偏移”、“直线”和“修剪”命令，完成服务台立面造型的绘制，如图13-84所示。

08 执行“定数等分”、“直线”命令，分割装饰墙轮廓线，绘制等分线，如图13-85所示。

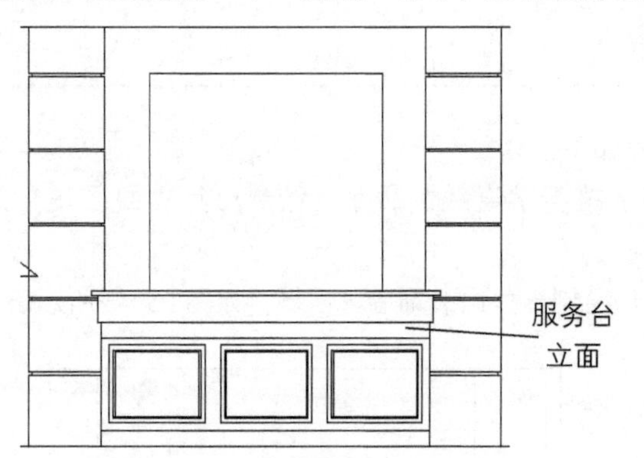


图13-84 完成服务台立面的绘制



图13-85 绘制背景墙

09 执行“修剪”命令，对背景装饰墙进行修剪；执行“偏移”命令，将分隔后的长方形向内进行偏移，如图13-86所示。

10 执行“图案填充”命令，对立面图形进行填充，如图13-87所示。

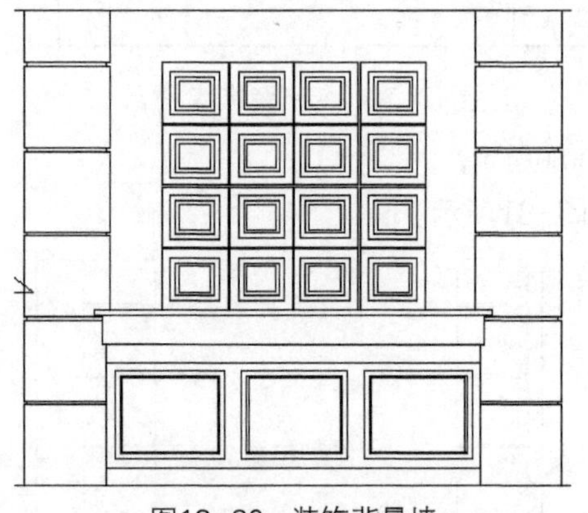

图13-86 装饰背景墙

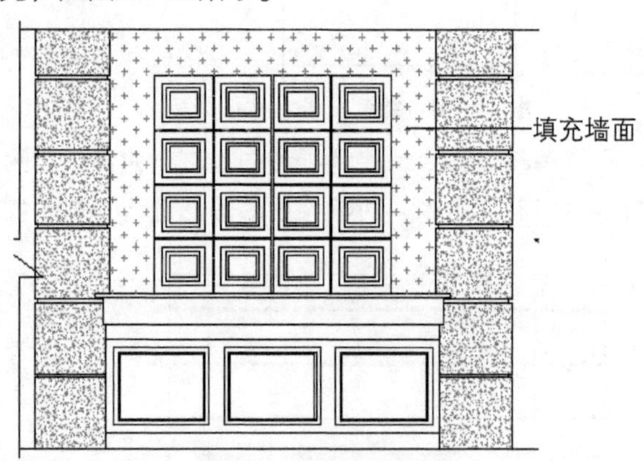


图13-87 填充立面图

11 执行“线性标注”命令，对立面图进行尺寸标注，如图13-88所示。

12 执行“多重引线”命令，对立面图进行文字标注，如图13-89所示。至此，一层门厅A立面图绘制完成。

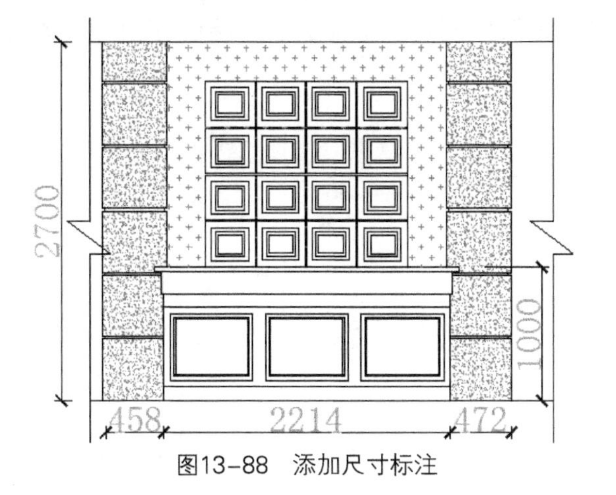


图13-88 添加尺寸标注

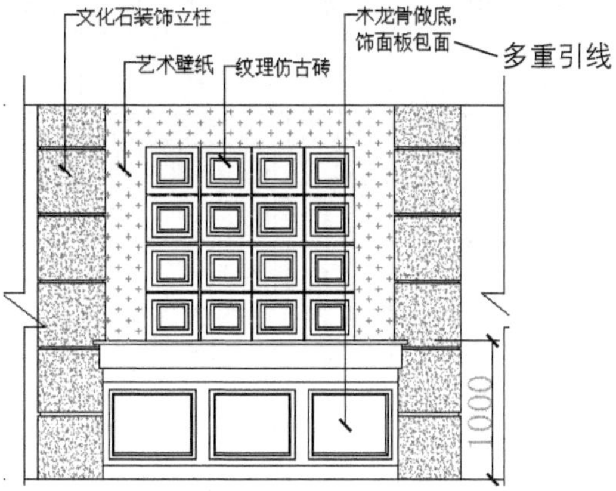

图13-89 添加文字标注

## 13.3.2 一层洽谈区B立面图

下面将绘制洽谈区B立面图，其操作过程如下。

01 执行“复制”命令，复制洽谈区B平面图；执行“直线”命令，绘制该区域轮廓，如图13-90所示。

02 执行“插入”命令，将休闲座椅图块插入该立面图形中，如图13-91所示。

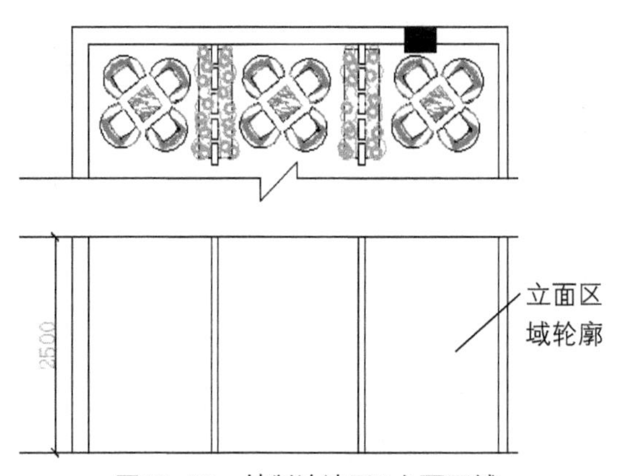


图13-90 绘制洽谈区B立面区域

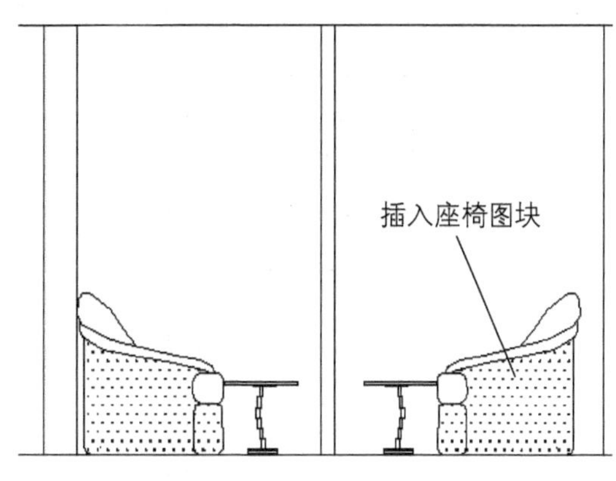


图13-91 插入座椅图块

03 执行“插入”命令，将植物图块插入隔断位置，如图13-92所示。

04 执行“插入”命令，将装饰画图块插入该立面墙体中，如图13-93所示。

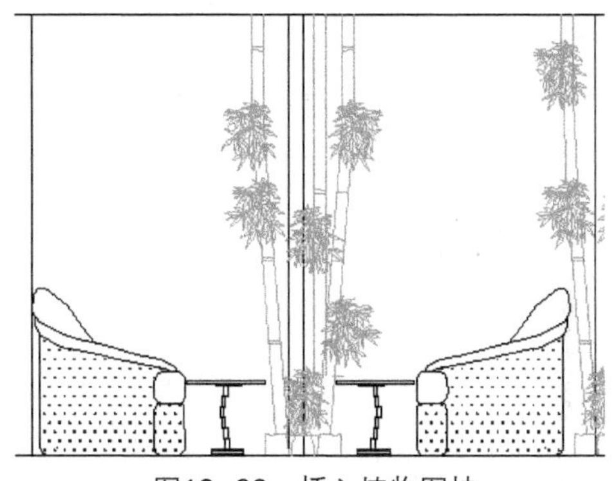

图13-92 插入植物图块

图13-93 插入装饰图块

05 执行“图案填充”命令，对图形进行填充，如图13-94所示。

06 执行“引线标注”命令，对立面图进行文字标注，如图13-95所示。至此，一层洽谈区B立面图绘制完成。

图13-94 填充立面图

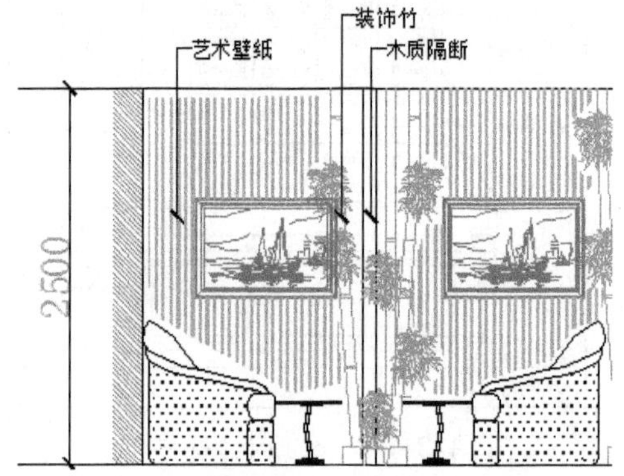

图13-95 添加标注

### 13.3.3 二层休息室D立面图

下面将绘制二层休息室D立面图，其具体操作过程如下。

01 执行“复制”命令，复制二层D平面图；执行“直线”命令，绘制出该立面区域，如图13-96所示。

02 执行“插入”命令，将沙发立面图块插入图形合适位置，如图13-97所示。

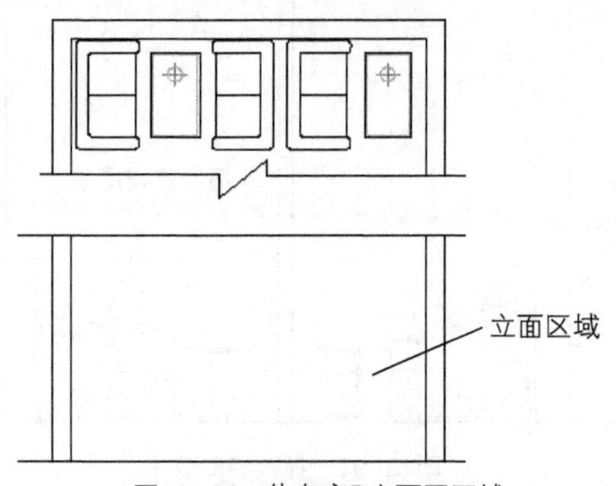

图13-96 休息室D立面图区域

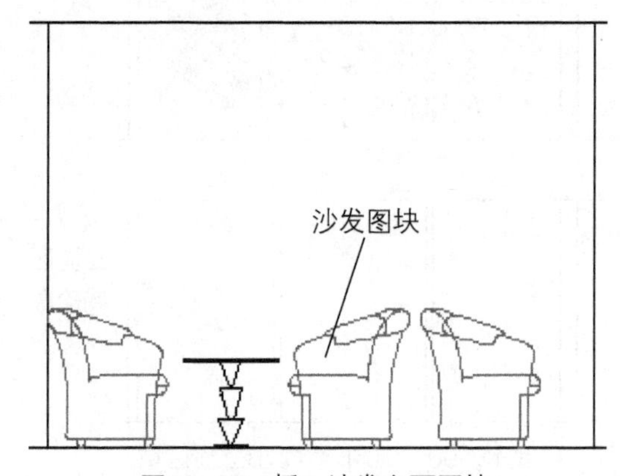

图13-97 插入沙发立面图块

03 执行“偏移”、“直线”和“修剪”命令，将双侧墙体边线向内偏移，完成墙面造型轮廓的绘制，如图13-98所示。

04 执行“图案填充”命令，对装饰墙体进行填充，如图13-99所示。

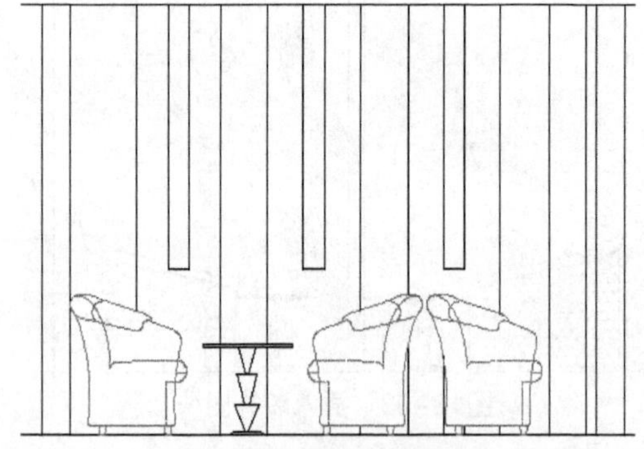
图13-98 绘制墙面造型

图13-99 填充墙面

05 执行“线性标注”命令，对立面进行尺寸标注，如图13-100所示。

06 执行“引线标注”命令，对立面图进行文字标注，如图13-101所示。至此，二层休息室D立面图绘制完成。

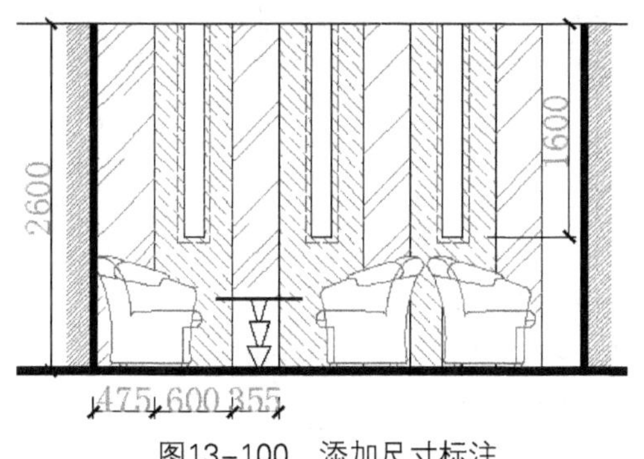


图13-100 添加尺寸标注

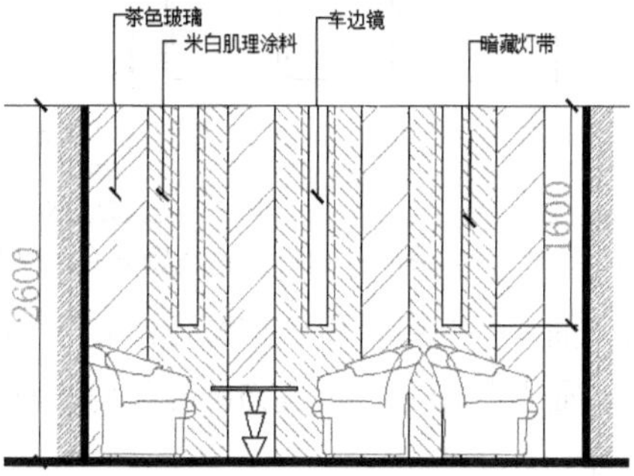

图13-101 添加文字说明

## 13.3.4 二层水疗室C立面图

下面将绘制二层水疗室C立面图，其具体操作过程如下。

01 执行“复制”命令，复制水疗室C平面图；执行“直线”命令，绘制出该立面区域，如图13-102所示。

02 执行“偏移”命令，绘制出衣柜侧立面和吊顶轮廓线，如图13-103所示。

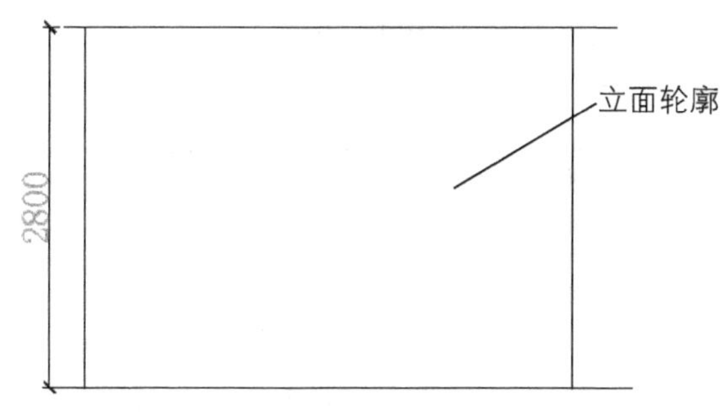


图13-102 水疗室D立面图区域

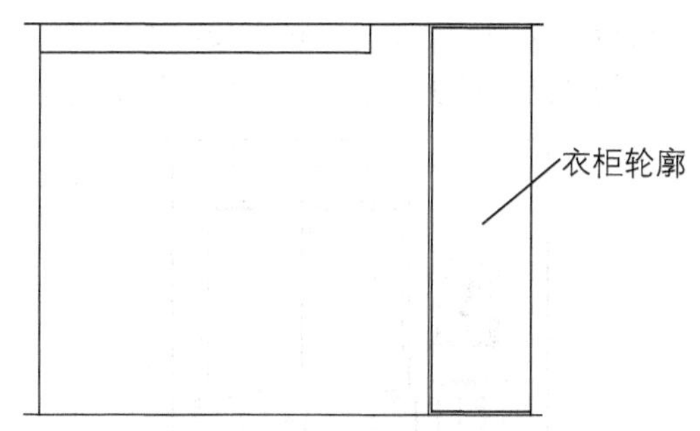


图13-103 绘制衣柜轮廓

03 执行“插入”命令，将休闲椅图块放置在图形的合适位置，如图13-104所示。

04 执行“直线”命令，完成窗洞绘制，如图13-105所示。

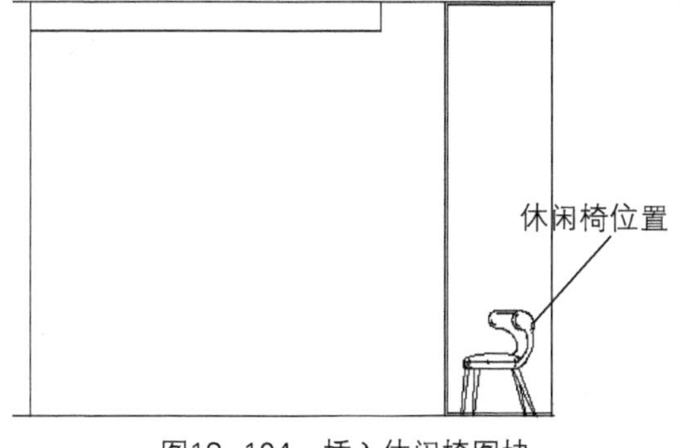


图13-104 插入休闲椅图块

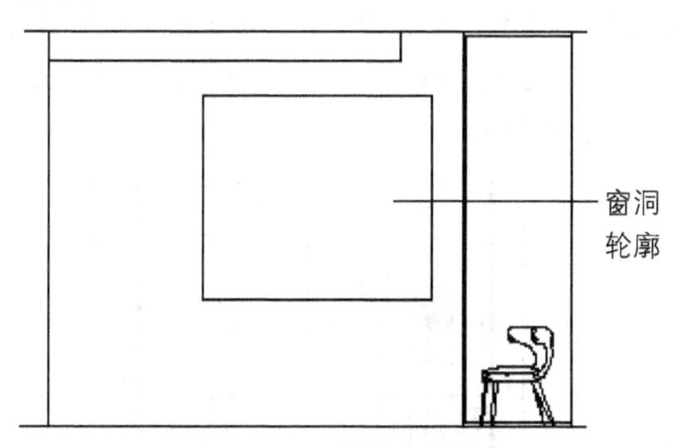


图13-105 绘制窗洞轮廓

05 执行“偏移”命令，完成窗户造型的绘制，如图13-106所示。

06 执行“直线”和“偏移”命令，绘制洗浴木桶的轮廓，如图13-107所示。

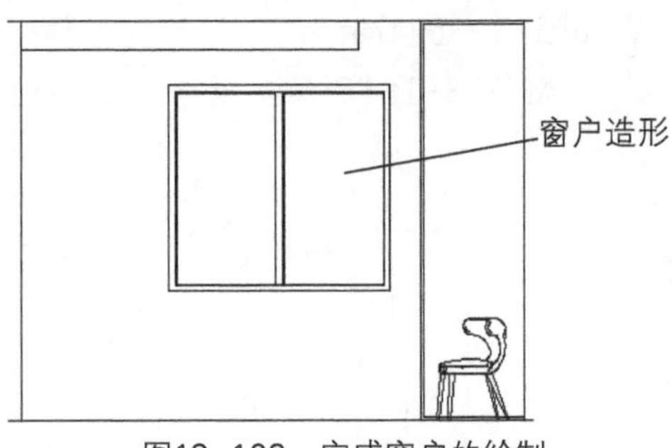


图13-106 完成窗户的绘制

图13-107 绘制洗浴木桶

07 执行“插入”命令，将纱帘图形放置于图形的合适位置，如图13-108所示。

08 执行“插入”命令，将装饰画和吊灯图块放置于合适位置，如图13-109所示。

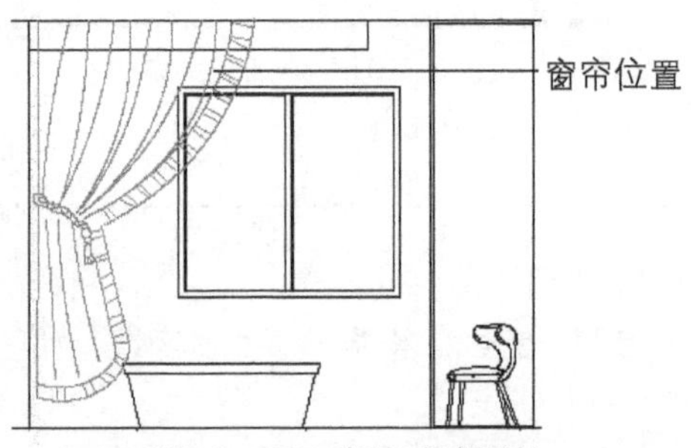


图13-108 插入窗帘图块

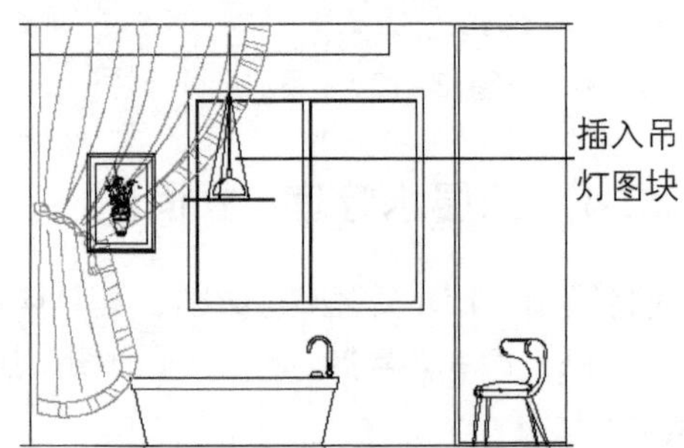


图13-109 插入吊灯图块

09 执行“偏移”命令，将地平线向上偏移，完成墙裙的绘制，如图13-110所示。

10 执行“图案填充”命令，对立面图进行填充，如图13-111所示。

图13-110 绘制墙裙

图13-111 填充立面图

11 执行“线性”标注命令，对立面图进行尺寸标注，如图13-112所示。

12 执行“多重引线”命令，对立面图形进行文字标注，如图13-113所示。至此，二层水疗室C立面图绘制完成。

图13-112 添加尺寸标注

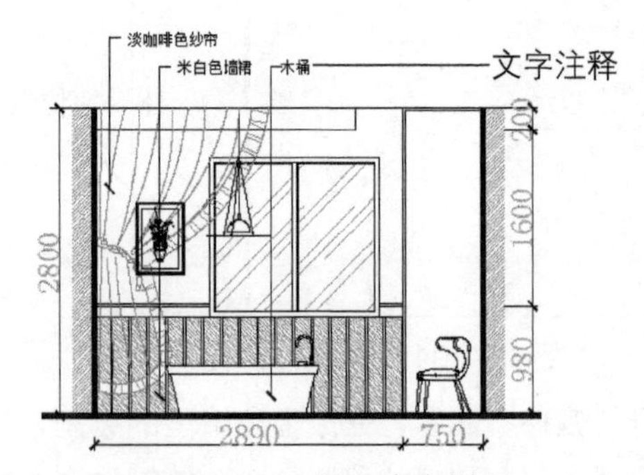


图13-113 添加文字说明

### 13.3.5 二层洗手间C立面图

下面将绘制二层洗手间C立面图，其具体操作过程如下。

01 执行“复制”命令，复制二层洗手间C平面图。执行“直线”命令，绘制出该立面区域，如图13-114所示。

02 执行“偏移”命令，将地平线向上进行偏移，完成洗手台面轮廓线的绘制，如图13-115所示。

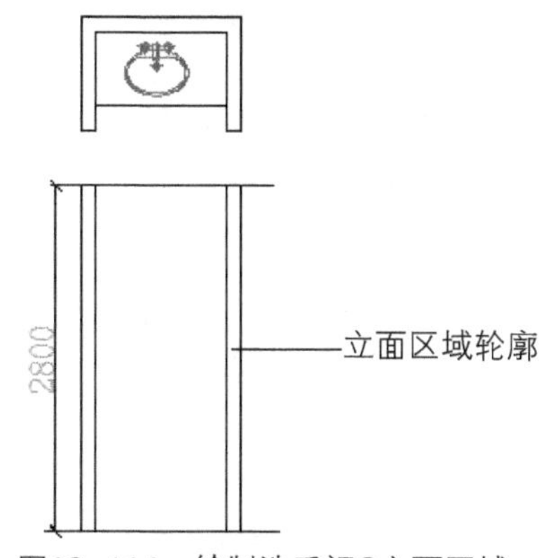


图13-114 绘制洗手间C立面区域

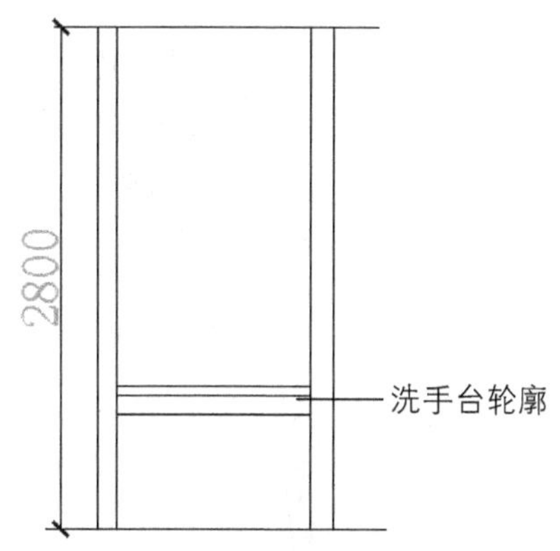


图13-115 绘制洗手台轮廓

03 执行“插入”命令，将洗脸台盆图块放置于台面合适位置，如图13-116所示。

04 执行“偏移”、“填充”命令，完成镜子的绘制，如图13-117所示。

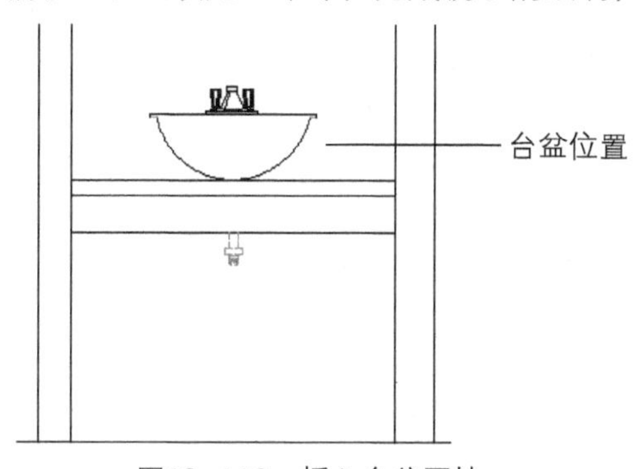


图13-116 插入台盆图块

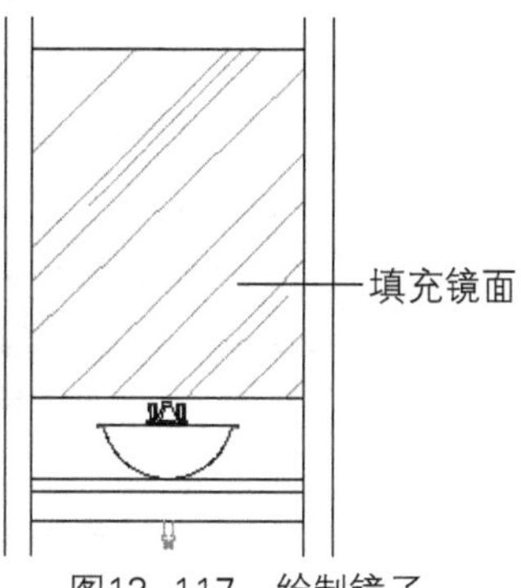


图13-117 绘制镜子

05 执行“图案填充”命令，对立面图进行填充，如图13-118所示。

06 执行“多重引线”命令，添加文字标注。执行“线性”标注命令，为图形添加尺寸标注，如图13-119所示。至此，二层洗手间C立面图绘制完成。

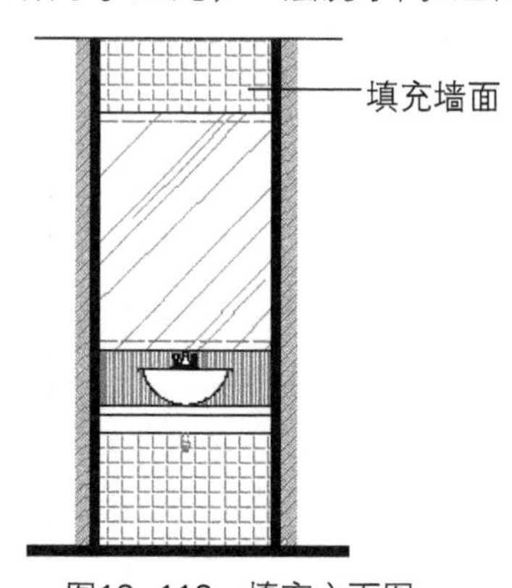


图13-118 填充立面图

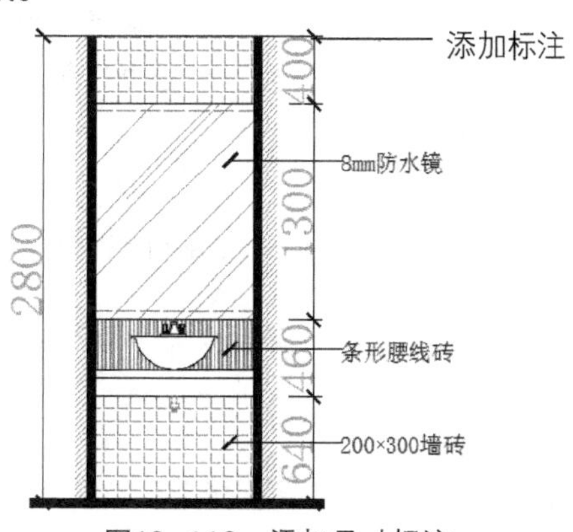


图13-119 添加尺寸标注

# 13.4 美容会所各主要剖面详图

下面将介绍美容会所各剖面图的绘制方法，包括服务台剖面图、二层休闲室吊顶剖面图、二层休闲室墙体剖面图等。

## 13.4.1 一层门厅服务台A剖面图

下面将绘制门厅服务台剖面图，其具体操作过程如下。

01 执行“多段线”命令，将其宽度设置为30，绘制门厅服务台剖面线，如图13-120所示。

02 执行“单行文字”命令，在剖面符号下方输入序号，如图13-121所示。

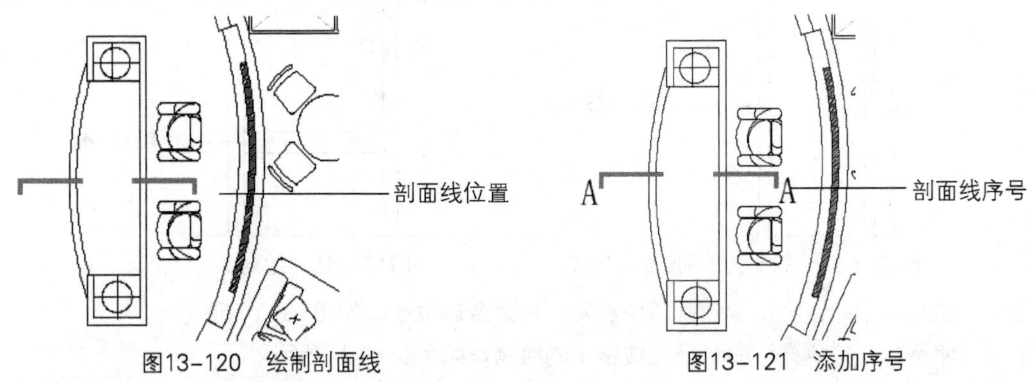


图13-120 绘制剖面线　　图13-121 添加序号

03 执行“直线”、“偏移”命令，绘制出服务台辅助线，如图13-122所示。

04 执行“修剪”命令，对偏移后的图形进行修剪，如图13-123所示。

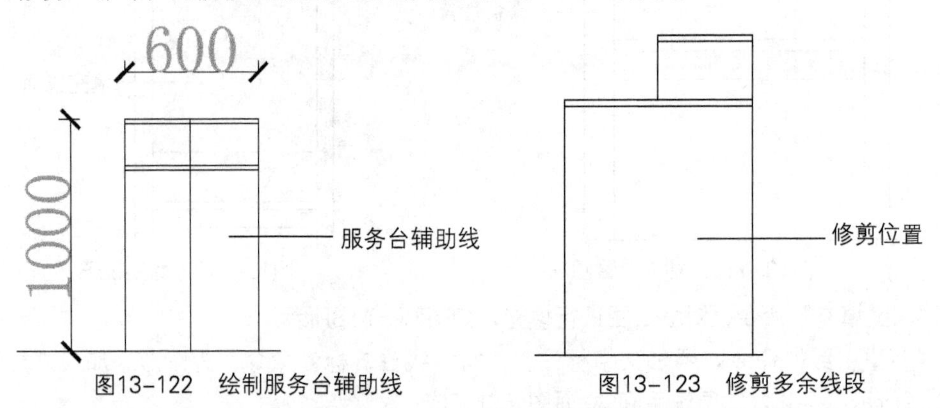


图13-122 绘制服务台辅助线　　图13-123 修剪多余线段

05 执行“偏移”和“修剪”命令，将服务台绘制完整，如图13-124所示。

06 执行“倒圆角”命令，将服务台面进行倒圆角，如图13-125所示。

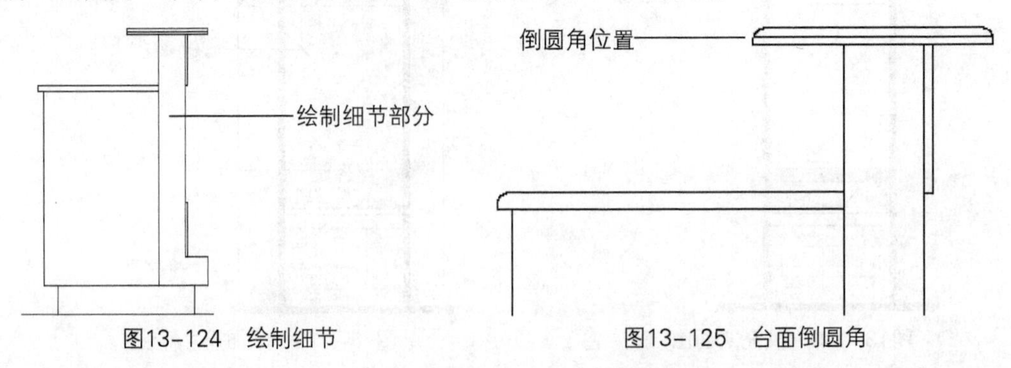


图13-124 绘制细节　　图13-125 台面倒圆角

07 执行“直线”命令，绘制出抽屉剖面轮廓图，如图13-126所示。

08 按照同样的方法，完成柜门剖面图的绘制，如图13-127所示。

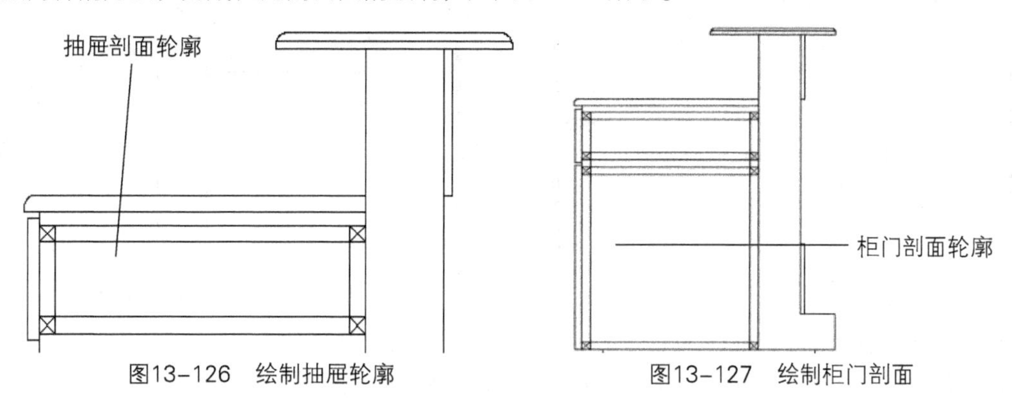


图13-126 绘制抽屉轮廓　　图13-127 绘制柜门剖面

09 将软管灯图块插入图形中，并执行“图案填充”命令，对图形进行填充，如图13-128所示。

10 执行“引线标注”和“线性尺寸”命令，对剖面图进行标注，如图13-129所示。至此，一层门厅服务台A剖面图绘制完成。

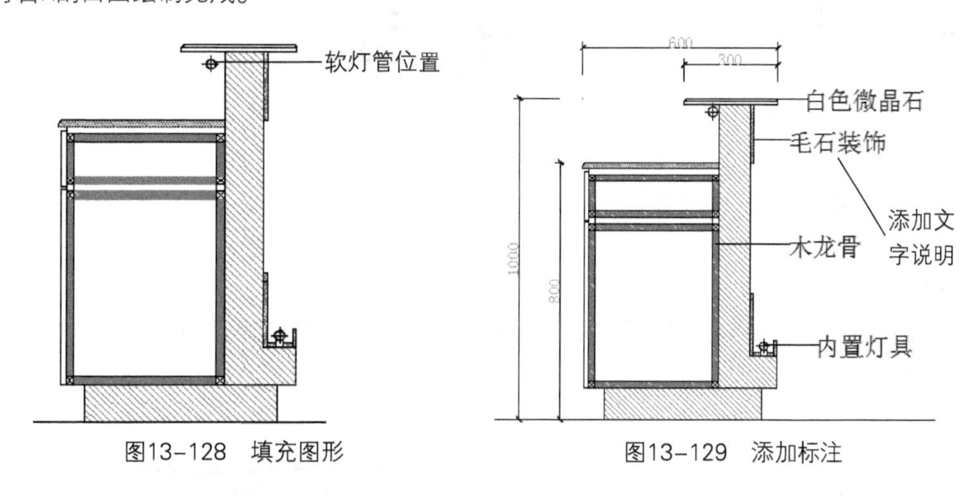


图13-128 填充图形　　图13-129 添加标注

## 13.4.2 二层休息区吊顶B剖面图

下面将绘制二层休息区吊顶剖面图，其具体操作过程如下。

01 选择二层顶面图，执行“多段线”命令，将宽度设置为30，绘制二层休息区吊顶剖面线，如图13-130所示。

02 执行“单行文字”命令，在剖面符号下方输入序号，如图13-131所示。

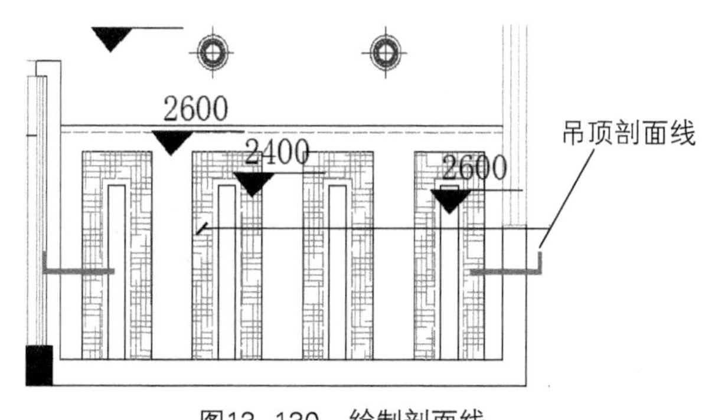


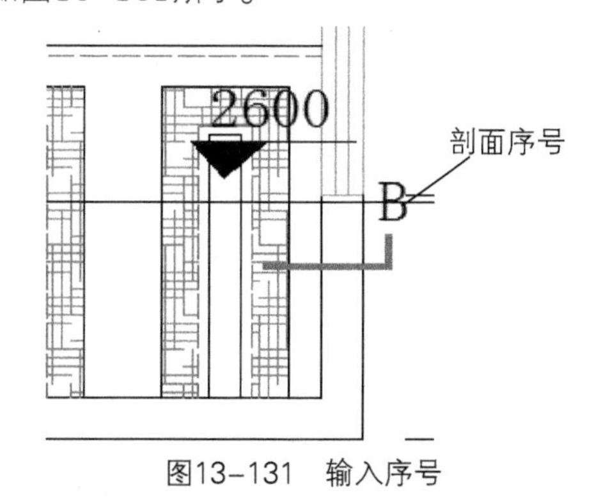


图13-130 绘制剖面线　　图13-131 输入序号

03 执行“直线”命令，绘制顶面剖面的轮廓线，如图13-132所示。

04 执行“偏移”命令，绘制出吊顶辅助线，如图13-133所示。

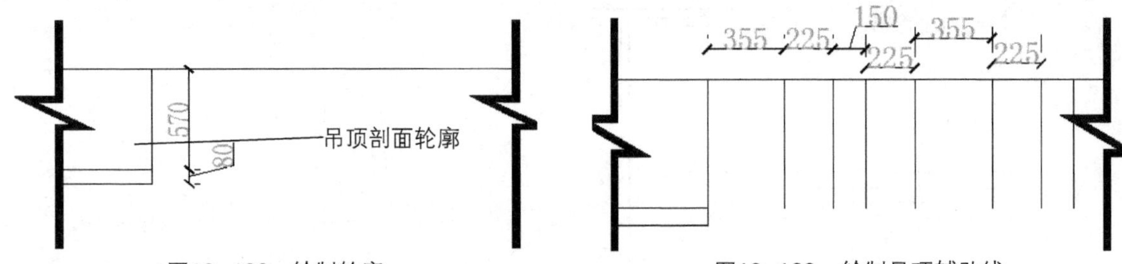


图13-132　绘制轮廓　　图13-133　绘制吊顶辅助线

05 执行“偏移”命令，将顶面线向下偏移150mm，如图13-134所示。

06 执行“偏移”和“修剪”命令，对图形进行修剪，如图13-135所示。

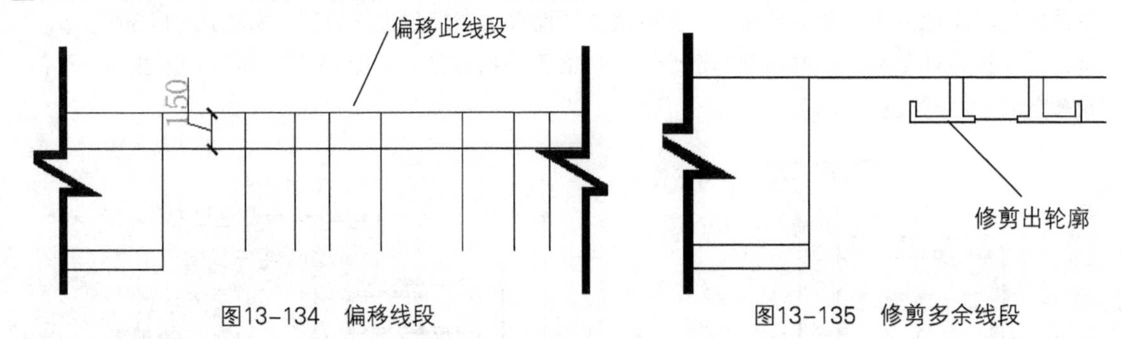


图13-134　偏移线段　　图13-135　修剪多余线段

07 执行“插入”命令，将软管灯图块插入至灯槽中；执行“复制”命令，将软管灯图块复制至其他需要的位置，如图13-136所示。

08 执行“图案填充”和“多重引线”命令，对剖面图进行标注，完成该剖面图的绘制，如图13-137所示。

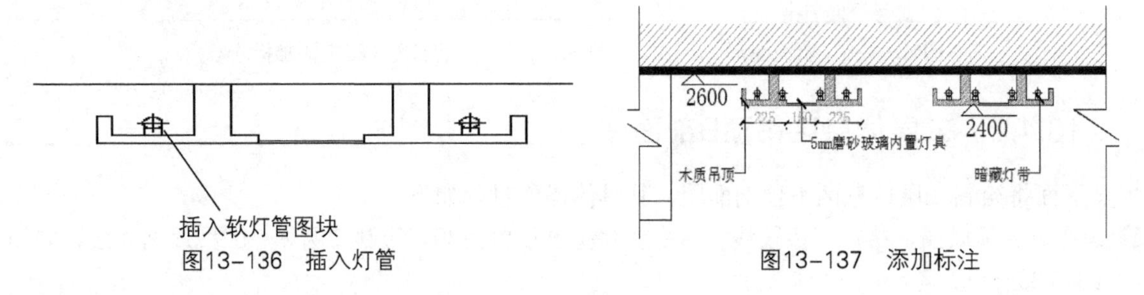


图13-136　插入灯管　　图13-137　添加标注

# 附录A　AutoCAD常用绘图命令

| 图标 | 命令 | 快捷命令 | 命令说明 |
| --- | --- | --- | --- |
| 绘图命令 | | | |
| | LINE | L | 直线 |
| | XLINE | XL | 射线 |
| | MLINE | ML | 多线 |
| | PLINE | PL | 多段线 |
| | POLYGON | POL | 多边形 |
| | RECTASG | REC | 矩形 |
| | ARC | A | 圆弧 |
| | CIRCLE | C | 圆 |
| | DONUT | DO | 圆环 |
| | SPLINE | SPL | 样条曲线 |
| | ELLIPSE | EL | 椭圆 |
| | POINT | PO | 画点 |
| | DIVIDE | DIV | 定数等分 |
| | HATCH | H | 图案填充 |
| | INSERT | I | 插入块 |
| | BLOCK | B | 编辑块 |
| | REGION | REG | 面域 |
| | MTEXT | MT,T | 多行文字 |
| 尺寸标注命令 | | | |
| | DIMLINEAR | DLI | 线性 |
| | DIMCONTINUE | DCO | 连续 |
| | DIMBASELINE | DBA | 基线 |
| | DINALIGNED | DAL | 对齐 |
| | DIMRADIUS | DRA | 半径 |
| | DIMDIAMETER | DDI | 直径 |
| | DIMANGULAR | DAN | 角度 |
| | TOLERANCE | TOL | 公差 |
| | DINCENTER | DCE | 圆心标记 |
| | QLEADER | LE | 多重引线 |
| | QDIM | QD | 快速 |
| | DIMSTYLE | D | 标注设置 |
| 编辑命令 | | | |
| | ERASE | E | 删除 |
| | COPY | CO | 复制 |
| | MIRROR | MI | 镜像 |
| | OFFSET | O | 偏移 |
| | ARRAY | AR | 阵列 |
| | MOVE | M | 移动 |
| | ROTATE | RO | 旋转 |
| | SCALE | SC | 比例缩放 |
| | STRECTCH | S | 拉伸 |
| | LENGTHEN | LEN | 拉长 |
| | TRIM | TR | 修剪 |
| | EXTEND | EX | 延伸 |
| | BREACK | BR | 打断 |
| | CHAMFER | CHA | 倒角 |
| | FILLET | F | 倒圆角 |
| | EXPLODE | X | 分解 |
| | ALIGN | AL | 对齐 |
| | PEDIT | PE | 编辑多段线 |
| | DDEDIT | ED | 修改文本 |

续表

| 图标 | 命令 | 快捷命令 | 命令说明 |
| --- | --- | --- | --- |
| 对象特性命令 | | | |
| | MATCHPROP | MA | 特性匹配 |
| | STYLE | ST | 文字样式 |
| | COLOR | COL | 设置颜色 |
| | LAYER | LA | 图层特性 |
| | LINETYPE | LT | 线型 |
| | LTSCALE | LTS | 线型比例 |
| | LWEIGHT | LW | 线宽 |
| | UNITS | UN | 图形单位 |
| | ATTDEF | ATT | 编辑属性 |
| | BOUNDARY | BO | 创建边界 |
| | QUIT | EXIT | 退出 |
| | XPORT | EXP | 输入其他文件 |
| | IMPORT | IMP | 输入文件 |
| | OPTIONS | OP | 自定义设置 |
| | PLOT | PRINT | 打印 |
| | PURGE | PU | 清理垃圾 |
| | REDRAW | R | 重新生成 |
| | RENAME | REN | 重命名 |
| | SNAP | SN | 捕捉栅格 |
| | DSETTINGS | DS | 设置极轴追踪 |
| | OSNAP | OS | 设置捕捉模式 |
| | PREVIEW | PRE | 打印预览 |

| 图标 | 命令 | 快捷命令 | 命令说明 |
| --- | --- | --- | --- |
| | TOOLBAR | TO | 工具栏 |
| | VIEW | V | 命名视图 |
| | AREA | AA | 面积 |
| | DIST | DI | 距离 |
| | IMPORT | IMP | 输入文件 |
| | OPTIONS | OP | 自定义设置 |
| | PLOT | PRINT | 打印 |
| | PURGE | PU | 清理垃圾 |
| | LIST | LI | 显示数据 |
| | WBLOCK | W | 创建图块 |
| | COPYCLIP | CTRL+C | 跨文件复制 |
| | PASTECLIP | CTRL+V | 跨文件粘贴 |
| | DDEDIT | ED | 编辑文字 |
| | UNDO | U | 退回一步 |
| | PAN | P | 平移 |
| | ADCENTER | CTRL+2 | 设计中心 |
| | PROPERTIES | CTRL+1 | 修改特性 |
| 三维命令 | | | |
| | 3DARRAY | 3A | 三维阵列 |
| | 3DORBIT | 3DO | 动态观察器 |
| | 3DFACE | 3F | 三维表面 |
| | 3DPOLY | 3P | 三维多义线 |
| | SUBTRACT | SU | 差集运算 |

# 附录B　AutoCAD 2015常用快捷键

| 快捷键 | 功能 | 快捷键 | 功能 |
| --- | --- | --- | --- |
| F1 | 获取帮助 | Ctrl +F | 控制是否实现对象自动捕捉 |
| F2 | 实现绘图区和文本窗口的切换 | Ctrl +G | 栅格显示模式控制 |
| F3 | 控制是否实现对象自动捕捉 | Ctrl +J | 重复执行上一步命令 |
| F4 | 数字化仪控制 | Ctrl +K | 超级链接 |
| F5 | 等轴测平面切换 | Ctrl +N | 新建图形文件 |
| F6 | 控制状态行上坐标的显示方式 | Ctrl +M | 打开“选项”对话框 |
| F7 | 栅格显示模式控制 | Ctrl +O | 打开图像文件 |
| F8 | 正交模式控制 | Ctrl +P | 打开“打印”对话框 |
| F9 | 栅格捕捉模式控制 | Ctrl +S | 保存图形文件 |
| F10 | 极轴模式控制 | Ctrl +U | 极轴模式控制 |
| F11 | 对象追踪式控制 | Ctrl +V | 粘贴剪切板上的内容 |
| Ctrl+1 | 打开“特性”对话框 | Ctrl +W | 对象追踪式控制 |
| Ctrl +2 | 打开图像资源管理器 | Ctrl +X | 剪切所选择的内容 |
| Ctrl +6 | 打开图像数据原子 | Ctrl +Y | 重做 |
| Ctrl +B | 栅格捕捉模式控制 | Ctrl +Z | 取消前一步的操作 |
| Ctrl +C | 复制选择对象 | | |

# 附录C　各类常用图块汇总

C.1 客厅布置常见图块

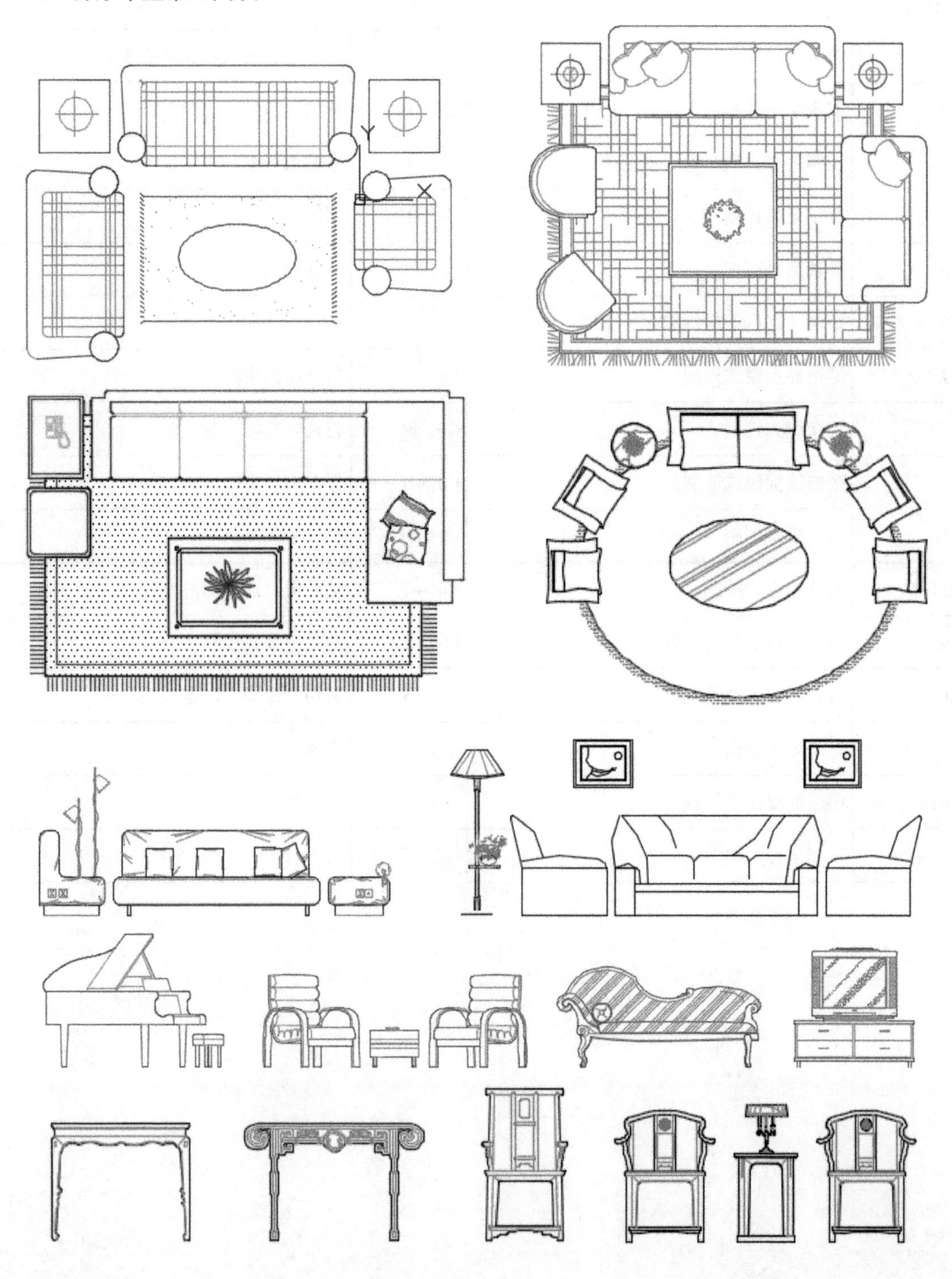

## C.2卧室书房布置常见图块

## C.3 餐厅布置常见图块

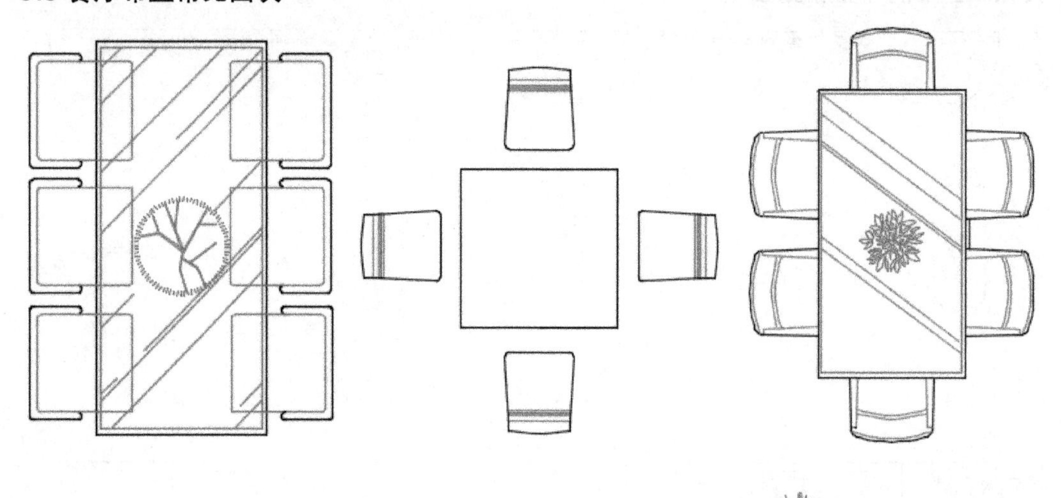

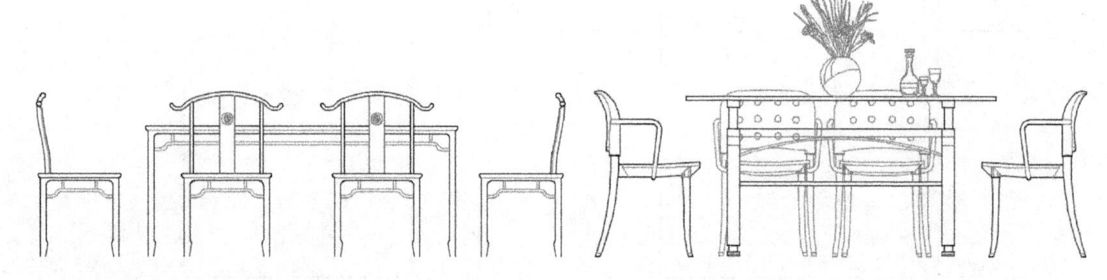

## C.4 厨卫布置常见图块

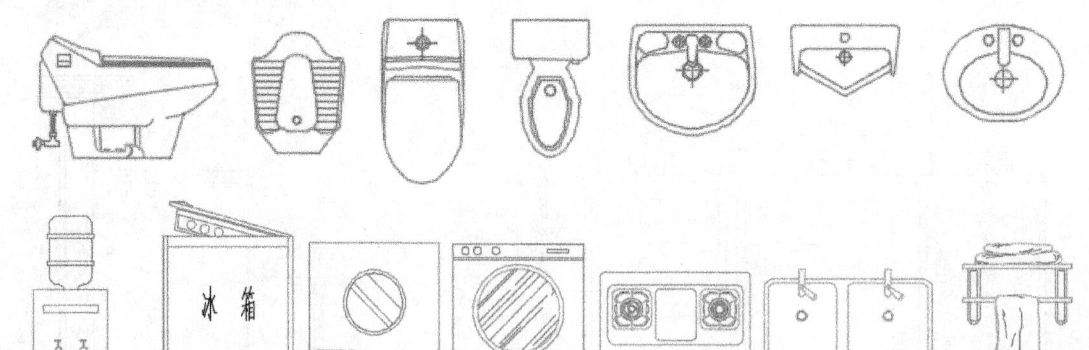

## C.5 常见的植物图块

## C.6 其他常见图块

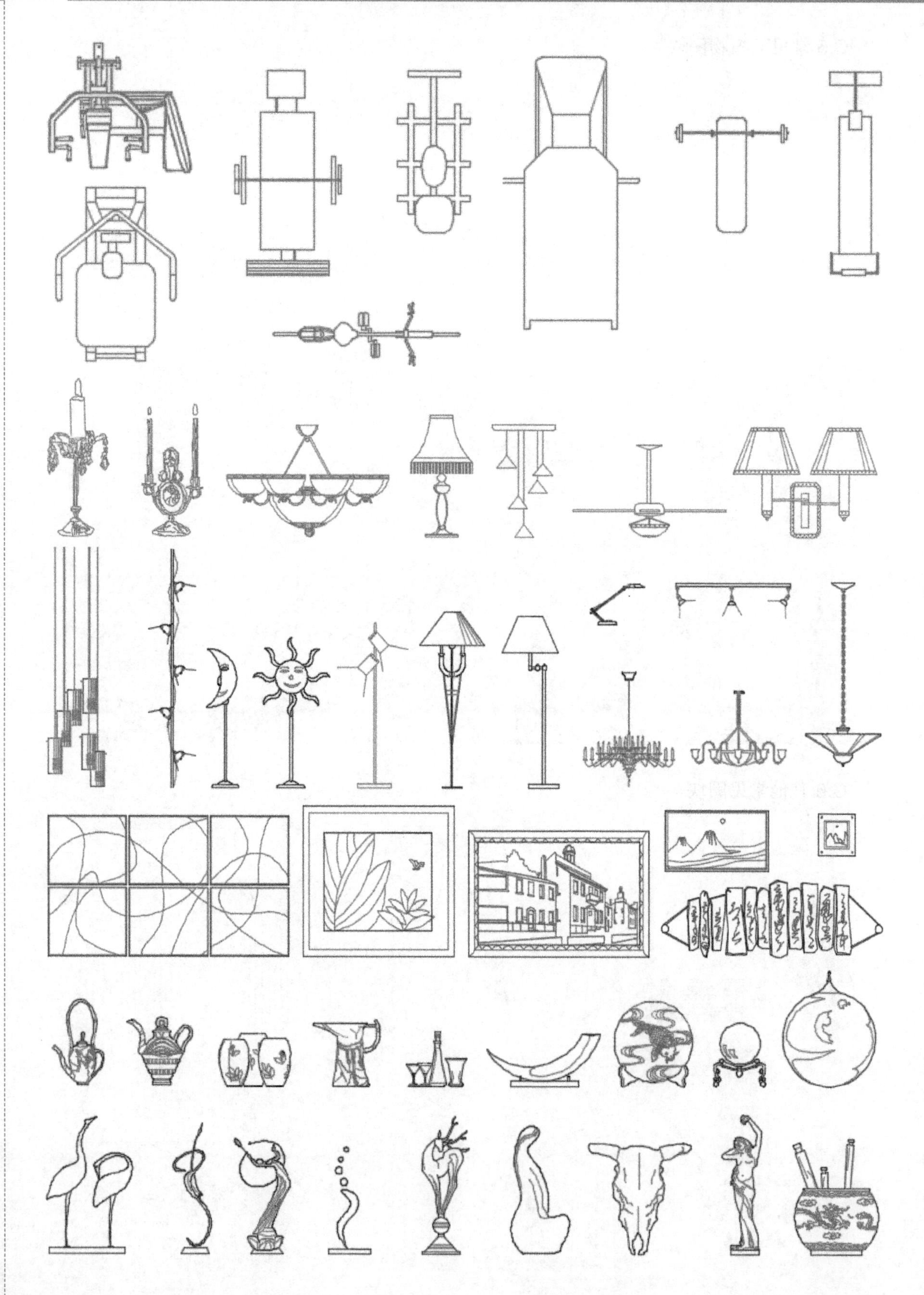